Karl Kurbel

ERP und SCM

Weitere empfehlenswerte Titel

Modellierung betrieblicher Informationssysteme.
Modelle, Methoden und Werkzeuge
Karl Kurbel, 2024
ISBN 978-3-11-106319-5, e-ISBN 978-3-11-106384-3

AutomationML.
Das Lehrbuch für Studium und Praxis
Rainer Drath, 2022
ISBN 978-3-11-078293-6, e-ISBN 978-3-11-078299-8

ERP-Systeme.
Architektur, Management und Funktionen des Enterprise Resource Planning
Norbert Gronau, 2021
ISBN 978-3-11-066283-2, e-ISBN 978-3-11-066339-6
Neuauflage geplant für 2026, englische Ausgabe geplant für 2027

Robotic Process Automation.
Management, Technology, Applications
Herausgegeben von Christian Czarnecki, Peter Fettke, 2021
ISBN 978-3-11-067668-6, e-ISBN 978-3-11-067669-3

Personalized Human-Computer Interaction
Herausgegeben von Mirjam Augstein, Eelco Herder, Wolfgang Wörndl, 2023
ISBN 978-3-11-099960-0, e-ISBN 978-3-11-098856-7

Karl Kurbel

ERP und SCM

Enterprise Resource Planning und Supply Chain Management in der Industrie

10., überarbeitete und erweiterte Auflage

DE GRUYTER
OLDENBOURG

Autor
Prof. Dr. Karl Kurbel ist emeritierter Professor für Wirtschaftsinformatik an der Europa-Universität Viadrina in Frankfurt (Oder).

ISBN 978-3-11-158936-7
e-ISBN (PDF) 978-3-11-158968-8
e-ISBN (EPUB) 978-3-11-159023-3

Library of Congress Control Number: 2025937041

Bibliografische Information der Deutschen Nationalbibliothek
Die Deutsche Nationalbibliothek verzeichnet diese Publikation in der Deutschen Nationalbibliografie; detaillierte bibliografische Daten sind im Internet über http://dnb.dnb.de abrufbar.

Einbandabbildung: adventtr/iStock/Getty Images Plus
Satz: Integra Software Services Pvt. Ltd.

www.degruyter.com
Fragen zur allgemeinen Produktsicherheit:
productsafety@degruyterbrill.com

Vorwort zur zehnten Auflage

Enterprise Resource Planning und Supply Chain Management sind dauerhafte Aufgabenstellungen eines Industrieunternehmens. Dies schlägt sich auch in der ungebrochenen Nachfrage nach dem Buch nieder.

Anlässlich der Neuauflage wurden einige kleinere Fehler beseitigt sowie alle Quellen und Literaturverweise überprüft. Mit dem Anwachsen von Online-Quellen im Internet, insbesondere solchen, die auf Webseiten residieren, und deren Volatilität ist es allerdings unvermeidbar, dass der eine oder andere Link heute nicht mehr existiert, die Quelle nicht mehr vorhanden ist, oder dass sie „umgezogen" ist. Soweit eine früher zitierte Quelle nicht mehr aufgefunden werden konnte, haben wir es bei dem alten Verweis belassen; an dem Abrufdatum erkennt man, dass der Verweis heute nicht mehr existiert. In allen anderen Fällen wurden die Verweise aktualisiert.

Allen Leserinnen und Lesern wünschen wir viel Spaß und hoffentlich Erkenntnisgewinne bei der Lektüre. Kommentare und Rückmeldungen sind willkommen!

Berlin *Karl Kurbel*

https://doi.org/10.1515/9783111589688-202

Vorwort zur neunten Auflage

In der neunten Auflage des Buchs wurden zahlreiche neue Entwicklungen im Umfeld des Enterprise Resource Planning und Supply Chain Management sowie die Implikationen dieser Entwicklungen für die Planungs- und Steuerungsaufgaben eines Industrieunternehmens berücksichtigt. Dazu gehören die Digitalisierung von Unternehmen, das Cloud Computing und die Blockchain-Technologie ebenso wie Anwendungen des Maschinellen Lernens und der (Software-) Robotertechnologie im Rahmen von Standardsoftware. Bei den praktischen Systemen wird neben SAP ERP jetzt auch S/4HANA diskutiert, das auf der In-Memory-Datenbank-Technologie basiert.

Aufgrund der Bedeutung der Vorkalkulation für mittelständische Industriebetriebe, bei denen Auftragsorientierung bis hin zur Einzelfertigung dominiert, wird nun auch ein methodischer Ansatz vorgestellt. Anhand eines branchenorientierten ERP-Systems (Segoni.PPMS) wird gezeigt, wie man in der Praxis einigermaßen „sicher" kalkulieren kann, ohne über sichere Grunddaten zu verfügen.

Das Kapitel über Fertigungsleitstände, die aus Sicht der Produktionsplanung und -steuerung wichtigste Komponente eines Manufacturing-Execution-Systems, wurde völlig neu gestaltet. Der State of the Art wird anhand von Beispielen aus in der Praxis verbreiteten Systemen (infoBoard, planeus) und mithilfe zahlreicher neuer Abbildungen veranschaulicht.

Kapitel 5 erfuhr eine Aktualisierung bezüglich der heutigen Verhältnisse auf dem ERP-Markt. Außerdem wird eine Herausforderung für Unternehmen, die ein neues ERP-System suchen, thematisiert: Wie findet man das „richtige" System? Dazu wird ein Vorgehensmodell für die Systemauswahl vorgestellt.

Über das gesamte Buch hinweg wurden Textstellen, Literaturhinweise und Internetlinks aktualisiert. Sollten dennoch einige der letzteren irgendwann ins Leere führen, so ist das der Dynamik des World Wide Web bzw. der Kurzlebigkeit von Webseiten und Sitemaps geschuldet.

Für die neuen Screenshots und zugehörigen Erläuterungen danke ich insbesondere Andreas Hinze (infoBoard Europe GmbH), Stefan Zeeb und Christoph Urlaub (th data GmbH) sowie Wilfried Huchler, Sebastian Schmich und Georg Dürrwächter (Segoni GmbH) sehr herzlich.

Berlin *Karl Kurbel*

https://doi.org/10.1515/9783111589688-203

Vorwort zur achten Auflage

Fünf Jahre nach Erscheinen der siebten Auflage erwies sich eine erneute Überarbeitung des Buchs als erforderlich. Wenngleich große Teile des Inhalts stabil blieben – die Geschäftsprozesse eines Industrieunternehmens sind auch nach fünf Jahren noch die gleichen –, gibt es doch Themen und Schwerpunktsetzungen, die im Laufe der Jahre stärkeres Gewicht erhielten, neu hinzukamen oder in den Hintergrund rückten.

Bei der Überarbeitung wurden nicht nur die „üblichen" Anpassungen – Aktualisierung der Literatur, Überprüfung der Links im Internet, Korrektur von Fehlern etc. –, sondern auch strukturelle Änderungen im Aufbau des Buchs vorgenommen. Darüber hinaus wird nun nicht mehr nur die „Standard"-Funktionalität eines ERP-Systems, die an einem „Standard"-Unternehmen orientiert ist, thematisiert, sondern es werden auch branchentypische Besonderheiten und Anforderungen diskutiert. Wie ein ERP-System diese unterstützen kann, wird am Beispiel des Systems DIAS gezeigt, das hauptsächlich auf die Formen- und Werkzeugbaubranche gerichtet ist.

Die Durchdringung der Fertigung mit Informationstechnologie schreitet weiter voran. Auf der betriebswirtschaftlichen Seite der Informationsverarbeitung ist mit ERP-, SCM- und benachbarten Systemen schon lange ein hoher Automatisierungsgrad erreicht. Dem Zusammenwachsen von technischer und betriebswirtschaftlicher Informationsverarbeitung kommt jetzt zunehmendes Gewicht zu. Dies ist einer der Gründe für die Bedeutung des Schlagworts „Industrie 4.0". In einem neuen Kapitel werden dessen Grundlagen erläutert und der Ansatz in den Kontext von Enterprise Resource Planning und Supply Chain Management eingeordnet.

Wie bei der Vorauflage fertigte Elvira Fleischer zahlreiche neue Abbildungen an und überarbeitete bereits existierende. Olga Stawnicza führte die im Buch beschriebenen Geschäftsprozesse mithilfe von SAP ERP und SAP SCM aus und erzeugte dabei die in Kapitel 6 und 10 wiedergegebenen Bildschirmabzüge. Karl-Heinz Schwirtz und Benjamin Elbracht-Hülseweh steuerten die für Abschnitt 6.5.3 benötigten Informationen und Bildschirmabzüge aus dem System DIAS bei. Dawid Nowak half schließlich bei der Aktualisierung der Literaturquellen.

In den fünfundzwanzig Jahren davor waren zahlreiche weitere Personen bei den Vorauflagen behilflich. Ihnen, ebenso wie den vorgenannten, gebührt mein besonderer Dank. Ohne ihre Unterstützung wäre eine umfassende Darstellung des Enterprise Resource Planning und Supply Chain Management, wie sie mit der achten Auflage nun vorliegt, nicht möglich gewesen. Meiner Frau Kirti schließlich danke ich, dass sie das von mir wie immer unterschätzte Arbeitsvolumen akzeptierte und auf viele gemeinsame Freizeitaktivitäten verzichtete.

Berlin *Karl Kurbel*

https://doi.org/10.1515/9783111589688-204

Inhalt

1 Einführung

1.1 Betriebliche Anwendungssysteme

Anwendungssoftware

Dieses Buch behandelt Anwendungssysteme, die die Planungs- und Steuerungsaufgaben eines Industrieunternehmens sowie die Erfüllung dieser Aufgaben unterstützen. In der Praxis spricht man traditionell von *Anwendungssystemen*, Anwendungen oder Anwendungssoftware, im akademischen Bereich (in der Wirtschaftsinformatik) von *Informationssystemen*, im IT-Jargon von *Applikationen* und – zuerst in der Entwicklerszene (insbesondere bei Entwicklern mobiler Applikationen), heute im allgemeinen Sprachgebrauch – von *Apps*.

Standardanwendungssoftware

In den Anfängen der Datenverarbeitung wurden Anwendungssysteme meist vom einzelnen Unternehmen individuell für seine spezifischen Gegebenheiten entwickelt (Individualsoftware). Im Gegensatz dazu sind es heute meist Softwareunternehmen, welche die Software produzieren. Da diese Unternehmen i. d. R. einen breiteren Markt adressieren und deshalb allgemeiner einsetzbare, standardisierte Softwaresysteme entwickeln, spricht man von betrieblicher (oder betriebswirtschaftlicher) *Standardanwendungssoftware* oder verkürzt von *Standardsoftware*. Gängige Anglizismen sind Business Software oder Business Package.

In einem typischen Industrieunternehmen kommt eine ganze Reihe von Standardsoftwaresystemen zum Einsatz, häufig ergänzt durch Individualentwicklungen.

1.1.1 Der Weg von MRP zu Industrie 4.0

MRP- und PPS-Systeme

Mit dem ersten Einsatz von Computern in Industriebetrieben entstanden schon in den 1960er-Jahren Anwendungssysteme für die Produktionsplanung und -steuerung. Im angelsächsischen Raum wurden sie als *MRP-Systeme*, im deutschsprachigen als *PPS-Systeme* bezeichnet. MRP und PPS sind Abkürzungen für Material Requirements Planning bzw. Produktionsplanung und -steuerung.

Bereits die frühen MRP- bzw. PPS-Systeme waren gegenüber anderen kaufmännischen Informationssystemen relativ anspruchsvoll, da sich sowohl die Planungsaufgaben als auch die Datenstrukturen im Produktionsbereich deutlich von anderen einfachen ein-/ausgabeorientierten Systemen der betrieblichen Datenverarbeitung abhoben.

Material Requirements Planning (MRP)

Wie die englische Bezeichnung *Material Requirements Planning (MRP)* bereits zum Ausdruck bringt, lag der Schwerpunkt auf der Mate-

https://doi.org/10.1515/9783111589688-001

rialbedarfsplanung. Die zentrale Fragestellung lautete etwas verkürzt: Welcher Materialbedarf (= Sekundärbedarf) entsteht, wenn ein bestimmtes Produktionsprogramm (= Primärbedarf) hergestellt werden soll, und wie kann dieser Bedarf gedeckt werden? Angesichts der Vielzahl und der Komplexität der Erzeugnisstrukturen war es eine durchaus anspruchsvolle Aufgabe, alle mit der Beantwortung verbundenen Details zu errechnen. Von den frühen MRP-Systemen konnten Fertigungsbetriebe ganz erheblich profitieren.

Dass eine gute Planung der Materialmengen noch lange nicht für eine gute – oder wenigstens realisierbare – Planung der Produktion ausreichend ist, liegt auf der Hand. Wenn man bei der Mengenplanung nicht die Fertigungskapazitäten und den zeitlichen Ablauf der Produktion mitberücksichtigt, kann es gut sein, dass die geplanten Mengen zu den gewünschten Terminen nicht hergestellt werden können. Oder wenn man die Absatzplanung ignoriert und die produzierten Mengen sich gar nicht verkaufen lassen, dann mag man zwar einen ordentlichen Produktionsplan erstellt haben, aber das Gesamtergebnis für das Unternehmen ist schlecht.

MRP II – Manufacturing Resource Planning

Die Grundidee des Erfinders von *MRP II*, Oliver Wight, ist deshalb eine ganzheitliche markt- und ressourcenorientierte Planung der Absatz-, Produktions- und Bestandsmengen, die die Kapazitäten berücksichtigt. Sie soll auf oberster Managementebene beginnen und eng mit dem Geschäftsplan verbunden sein [Wight 1984, S. 53 f.].

MRP II ist zwar, wie die Abkürzung nahelegt, eine Weiterentwicklung von MRP, bedeutet aber *Manufacturing Resource Planning*. Die Planung des Produktionsprogramms erfährt stärkere Unterstützung, und die für das Produktionsprogramm erforderlichen Kapazitäten werden mit den im Planungszeitraum tatsächlich verfügbaren im Rahmen einer groben Kapazitätsplanung bereits frühzeitig abgeglichen. Auch die Planung des Fertigungsablaufs und die Feinterminierung der kapazitiven Ressourcen wird in MRP II mit einbezogen.

PPS-Systeme im 20. Jahrhundert

Auf der Grundlage von MRP II arbeiteten nicht nur die in den USA entstandenen MRP-II-Systeme, sondern auch die im deutschsprachigen Raum entwickelten PPS-Systeme. Bis etwa zur Jahrtausendwende stand der Begriff PPS-System oft als Synonym für das zentrale Anwendungssystem eines Produktionsunternehmens und in diesem Sinne für sein informationstechnisches Rückgrat. PPS-Systeme deckten nicht nur unmittelbar produktionsbezogene Funktionen ab, sondern eine Vielzahl angrenzender und allgemeiner betriebswirtschaftlicher Funktionen wie Kalkulation, Beschaffung, Versand oder Personalzeiterfassung.

ERP – Enterprise Resource Planning

Die Weiterentwicklung von MRP II bzw. PPS mündete in das *Enterprise Resource Planning (ERP)*. Zum einen basiert sie auf dem Grundgedanken von MRP II, der Berücksichtigung *aller* relevanten Planungsbereiche und Ressourcen. Nimmt man den Gedanken ernst, so müssen auch andere, für den Geschäftserfolg wichtige Bereiche als nur die mit der Produktion direkt oder indirekt verbundenen bei der Planung berücksichtigt werden.

Zum anderen gibt es noch mehr Branchen und Wirtschaftszweige als die Industrie. Man denke z. B. an die Finanzwirtschaft und weitere Dienstleistungssektoren. Auch diese benötigen leistungsfähige Informationssysteme.

ERP-Systeme sind somit grundsätzlich funktions-, branchen- und wirtschaftszweigübergreifend. Der Begriff ERP-System wurde in den 1990er-Jahren von den Herstellern betriebswirtschaftlicher Standardsoftware wie SAP, Peoplesoft, Baan u. a. geprägt. Er drückt aus, dass alle Ressourcen, die für die Geschäftstätigkeit eines Unternehmens von Bedeutung sind, in die Planung einbezogen werden.

ERP enthält meist PPS

ERP-Systeme decken eine Vielzahl betriebswirtschaftlicher Funktionen ab, zu denen natürlich auch die Produktionsplanung und -steuerung gehören. Manche ERP-Systeme enthalten sehr leistungsfähige PPS-Module, manche Systeme haben ihre Stärken in anderen Bereichen. ERP-Systeme für nichtproduzierende Unternehmen benötigen offensichtlich keine Unterstützung für die Produktionsplanung und -steuerung.

PPS wurde zu ERP

Der Begriff PPS-System ist im Laufe der Zeit weitgehend verschwunden. Da die erfolgreichen PPS-Systeme ohnehin immer mehr um betriebswirtschaftliche Funktionalität erweitert wurden, benannten Ende der 1990er-Jahre viele Hersteller ihre Systeme um und bezeichneten sie nun als ERP-Systeme. Etwas vereinfacht kann man sagen, dass die PPS-Systeme mehr oder weniger in den heutigen ERP-Systemen aufgingen.

Defizite des ERP

Mit zunehmender Vernetzung der Unternehmen in Form von Lieferketten, teilweise verursacht durch sinkende Fertigungstiefe und Konzentration auf Kernkompetenzen, traten auch *Defizite* des Enterprise Resource Planning zutage.

Lieferanten-Abnehmer-Netze

Beim ERP steht das einzelne Unternehmen mit seinen internen Geschäftsprozessen im Mittelpunkt. In einem komplexen Lieferanten-Abnehmer-Netzwerk kann das einzelne Unternehmen aber nicht mehr für sich allein betrachtet werden. Selbst wenn jedes Unternehmen mithilfe eines ERP-Systems seine jeweiligen Geschäftsprozesse optimieren würde, wäre damit noch lange nicht gewährleistet, dass es nicht bessere Ergebnisse erzielen könnte, wenn es seine Planung und Steuerung mit den anderen Unternehmen abstimmen würde.

SCM – Supply Chain Management

Dies ist der Ansatz beim *Supply Chain Management (SCM)*. Wesentliche Gesichtspunkte sind der frühzeitige Informationsaustausch sowie die Abstimmung der Beschaffungs-, Produktions- und Absatzpläne unter den Partnern einer Lieferkette.

In der heutigen vernetzten Welt kommt es für das einzelne Unternehmen nicht mehr nur darauf an, dass die internen Prozesse gut funktionieren. Mit abnehmender Fertigungstiefe und zunehmender Abhängigkeit des Unternehmens von seinen Zulieferern (und teilweise auch von seinen Abnehmern) ist es für den Geschäftserfolg mindestens genauso wichtig geworden, dass die zwischenbetrieblichen Beziehungen reibungslos laufen. Dies gilt nicht nur für die Beziehungen des Unternehmens zu seinen unmittelbaren Lieferanten, sondern auch für die Beziehungen der Lieferanten zu ihren Lieferanten etc.

SCM-Systeme

Softwaresysteme zur Unterstützung des Supply Chain Management (SCM-Systeme) wurden einerseits von den Herstellern der ERP-Systeme und andererseits von Softwareanbietern, die auf Logistikprobleme spezialisiert sind, entwickelt. SCM-Systeme weisen i. d. R. Schnittstellen zu ERP-Systemen auf. Während in der Anfangszeit SCM-Systeme meist gesonderte Systeme waren, ist zunehmend zu beobachten, dass die strikte Trennung von ERP und SCM aufgegeben wird. Viele Hersteller weisen heute SCM- und ERP-Komponenten gleichrangig unter den Funktionalitäten ihrer betriebswirtschaftlichen Software aus.

Globale Planung und Steuerung

Die erweiterte Sichtweise im Supply Chain Management bedeutet, dass der eigene Beschaffungs-, Produktions- und Absatzplan unter Berücksichtigung eines Netzwerks von Unternehmen, in das man eingegliedert ist, aufgestellt und durchgeführt wird. Kapazitätsengpässe beim Lieferanten eines Lieferanten können beispielsweise Auswirkungen auf die eigenen Beschaffungs-, Produktions- und Absatzmöglichkeiten haben. SCM-Systeme sollten deshalb die Koordination im Netzwerk und die Anpassung an veränderte Bedingungen unterstützen.

APS – Advanced Planning and Scheduling

Die Produktionsplanung und -steuerung sind im Supply Chain Management nicht nur weiter, sondern auch noch komplexer geworden. Für einige schwierige Planungsprobleme existieren beispielsweise mathematische Optimierungsmethoden und fortgeschrittene mathematische Heuristiken. Früher stießen diese schnell an die Grenzen der Rechenbarkeit, heute dagegen sind einige von ihnen – dank einer leistungsfähigen Informationstechnologie – praktisch nutzbar geworden. Sie werden unter dem Begriff *Advanced Planning and Scheduling (APS)* bzw. *APS-Systeme* zusammengefasst (vgl. Abschnitt 9.5).

Abgrenzung von ERP rückt in den Hintergrund

Die Untergliederung und Abgrenzung des klassischen Enterprise Resource Planning verschwimmen heute nicht nur zum Supply Chain Management hin, sondern auch mit Blick auf weitere betriebswirtschaftliche Funktionalität. Manche Anbieter von Standardsoftware stellen in ihrer Außendarstellung nicht mehr die Softwaresysteme im engeren Sinne in den Vordergrund. Vielmehr präsentieren sie Lösungen für betriebswirtschaftliche Aufgabenstellungen und zählen Geschäftsbereiche, Geschäftsprozesse, Branchen, Funktionen oder Funktionsbereiche auf, die von ihren Informationssystemen unterstützt werden.

So findet man beispielsweise bei *Microsoft* die Angabe, dass ihre Lösung die Funktionsbereiche Vertrieb, Marketing, Kundendienst, Field Service, Lieferkette, Finanzen und Unternehmensführung unterstütze, aber nicht, wie die Software gegliedert ist. Den Einstieg auf der Homepage des Anbieters *Infor* bilden die Branchen, für die ihre Software Lösungen bereitstellt: Luft-/Raumfahrt und Verteidigung, Mode und Bekleidung, Automobilindustrie, Distribution, Lebensmittel- und Getränkeindustrie u. a.

Dass letztlich jeweils konkrete Module eines oder mehrerer Softwaresysteme – ERP, SCM und andere – die Leistungen erbringen, rückt in den Hintergrund. Wie die betriebswirtschaftliche und die softwaretechnische Sicht zusammenhängen, wird in Abschnitt 6.2.1 am Beispiel von Geschäftsprozessen und Softwaremodulen von SAP ERP aufgezeigt.

„Intelligente" Maschinen und Produkte

Fortschritte der Mikroelektronik ermöglichen es heute, „Intelligenz" nicht nur in konventionellen Computern bzw. ihren Softwaresystemen zu verankern, sondern auch in Maschinen, Transporteinrichtungen, Werkstücken und Endprodukten. Technologien wie Mikrochips, RFID (Radio Frequency Identification), CPS (Cyber-Physical Systems) und das Internet der Dinge erlauben es nun, diese Gegenstände selbst handlungsfähig zu machen und zu vernetzen.

Daraus resultieren nicht nur Effizienzpotenziale für die Produktion und Logistik, sondern auch betriebswirtschaftliche Potenziale hinsichtlich neuer Geschäftsmodelle und Geschäftsprozesse. In der Folge ergeben sich neue Anforderungen an ERP-, SCM- und andere betriebswirtschaftliche Anwendungssysteme.

Industrie 4.0

Die neuen methodischen und technologischen Ansätze wurden im deutschsprachigen Raum meist unter dem Schlagwort Industrie 4.0 zusammengefasst. Der Begriff Industrie 4.0 geht auf eine Initiative der deutschen Bundesregierung zurück, die bestrebt war, durch Digitalisierung und Automatisierung in der Produktionstechnik („Smart Factory") die Führungsposition Deutschlands im globalen Wettbewerb zu festigen und zu verbessern [Kagermann 2013].

1.1.2 Anwendungssysteme eines Industrieunternehmens

Software für Industrieunternehmen

Im Mittelpunkt dieses Buchs stehen *Industrieunternehmen* (d. h. Unternehmen, die materielle Güter herstellen), wenngleich die Ausführungen in vielen Teilen auch für andere Arten von Unternehmen gelten. In einem Industrieunternehmen trifft man typischerweise die in Abb. 1.1 skizzierten Standardsoftwaresysteme an.

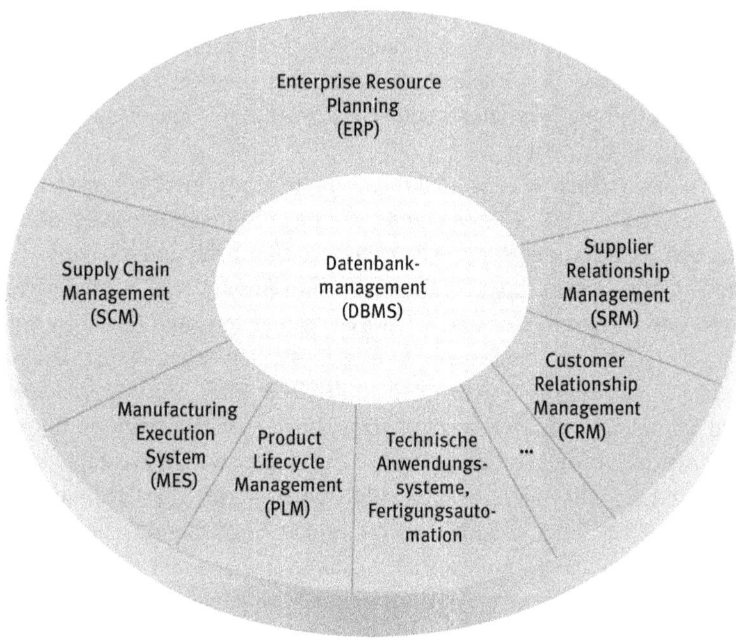

Abb. 1.1: Standardanwendungssoftware in einem typischen Industrieunternehmen.

Enterprise Resource Planning (ERP)

Der dominierende Bereich ist das *Enterprise Resource Planning*, da das ERP-System i. d. R. das informationstechnische Rückgrat eines Industrieunternehmens darstellt. Das heißt, die meisten Geschäftsprozesse und -aktivitäten werden im ERP-System abgebildet.

Definition ERP-System

Als *ERP-System* bezeichnet man ein meist sehr großes Anwendungssystem, das die wesentlichen Funktionen und Geschäftsprozesse eines Unternehmens auf den verschiedenen Planungs- und Steuerungsebenen unterstützt. Es löst Aufgaben entweder selbstständig oder stellt Benutzern auf den verschiedenen Organisationsebenen geeignete Informationen zur Verfügung, die sie zur Lösung ihrer Aufgaben benötigen.

Die Funktionalität von ERP-Systemen reicht von der Materialwirtschaft über Produktion, Vertrieb, Kostenrechnung und Finanzbuchführung bis hin zum Personalwesen. Typische Geschäftsprozesse wie Auftragsabwicklung, Material- oder Personalbeschaffung werden ebenso abgedeckt wie Controlling, Analysen und strategische Planung durch das Topmanagement. Da der Großteil dieses Buchs dem Thema Enterprise Resource Planning gewidmet ist, wird an dieser Stelle auf nähere Ausführungen verzichtet.

Definition SCM-System

Supply Chain Management (SCM) befasst sich mit den Abnehmer-Zulieferer-Beziehungen zwischen verschiedenen Unternehmen. Ein *SCM-System* unterstützt in diesem Sinne die „integrierte prozessorientierte Gestaltung, Planung und Steuerung der Güter-, Informations- und Geldflüsse entlang der gesamten Wertschöpfungskette vom Kunden bis zum Rohstofflieferanten“ hin [Kuhn 2002, S. 10].

Supply Chain Management ist ein weites Feld, das wie das Enterprise Resource Planning Aufgaben auf den verschiedensten Planungs-, Steuerungs- und Managementebenen umfasst. Diese reichen von der strategischen Auswahl der Partner und der Konfiguration der Lieferketten (bzw. -netzwerke) über die unternehmensübergreifende Bedarfsplanung bis hin zur operativen Verknüpfung von einzelnen Beschaffungs-, Produktions-, Versand- und Transportaufträgen in der Ausführungsphase.

Customer Relationship Management (CRM)

Beim *Customer Relationship Management (CRM)* steht die Orientierung am Kunden im Vordergrund. CRM hilft dabei, Kunden zu identifizieren, zu akquirieren und an das Unternehmen zu binden. Die Kundenbeziehungen gelten in vielen Unternehmen als die wertvollsten Ressourcen.

In den betrieblichen Anwendungssystemen wurden Kundeninformationen zwar schon von jeher geführt. Sie waren aber oft über unterschiedliche Systeme verteilt und z. B. im ERP-, E-Commerce-, Kundendienst- oder Call-Center-System zu finden. Mit zunehmender Bedeutung „alternativer“ Vertriebskanäle – Electronic Commerce (internetbasierte Web-Shops), Mobile Commerce, E-Mail-Bestellungen, Callcenter, Push-Dienste u. a. – wuchsen die Redundanz- und Inkonsistenzprobleme, die aus mehrfacher Datenerfassung resultieren, immer stärker an. Es wurde zunehmend schwieriger, Kundendaten einheitlich und gezielt, etwa für eine Marketingaktion, auszuwerten.

Customer Relationship Management als strategischer Ansatz

Deshalb widmete man der integrierten Sicht auf die Kundendaten verstärkte Aufmerksamkeit. Das Customer Relationship Management wird im Idealfall als ganzheitlicher Ansatz zur strategischen Ausrichtung eines Unternehmens am Kunden verstanden. Durch die Konzentration auf profitable Kundenbeziehungen soll der Unternehmenserfolg erhöht werden [Matzler 2009, S. 7 ff.; Hilbert 2019]. CRM als kundenorientierte Unternehmensstrategie versucht, auf lange Sicht profitable Kundenbeziehungen durch ganzheitliche und individuelle Marketing-, Vertriebs- und Servicekonzepte aufzubauen und zu festigen [Helmke 2017].

Definition CRM-System

Seit Ende der 1990er-Jahre wird das Customer Relationship Management durch spezifische Softwaresysteme unterstützt. Ein *CRM-System* ist ein Anwendungssystem zur Planung, Steuerung und Kontrolle der Presales- und Postsales-Aktivitäten eines Unternehmens [Finnegan 2007, S. 4]. Es unterstützt alle Vertriebskanäle und Kontakte zu gegenwärtigen, zukünftigen und früheren („Rückgewinnungsmanagement") Kunden: konventioneller Vertrieb, Callcenter, ERP-System, Website, E-Mail, Marketing, Außendienst, technischer Kundenservice u. a. Alle Kundeninformationen aus den verschiedensten Quellen werden integriert in einer Datenbank geführt, sodass alle Abteilungen des Unternehmens auf die gleichen Daten zugreifen können.

Operatives CRM

Das *operative CRM* unterstützt die Geschäftsprozesse derjenigen Unternehmensbereiche, die direkten Kontakt mit dem Kunden haben. Dazu zählen hauptsächlich Marketing, Vertrieb und Kundenservice. Wichtige CRM-Schwerpunkte sind somit Vertriebs-, Marketing- und Serviceunterstützung.

Analytisches CRM

Das *analytische CRM* baut auf konsolidierten Daten aus dem operativen CRM auf. Es benutzt analytische Methoden und Techniken, um das Kundenverhalten auszuwerten, Kaufmuster sowie Kundensegmente für ein gezieltes Marketing zu identifizieren, profitable von unprofitablen Kunden zu trennen u. v. a. Dazu werden unter anderem Ansätze aus dem Gebiet *Business Intelligence* verwendet (z. B. Online Analytical Processing und Data Mining auf der Grundlage eines Data Warehouse [Howson 2014]).

Neben diesen Hauptbestandteilen findet man in CRM-Systemen teilweise auch Unterstützung für das Mitarbeiterbeziehungsmanagement (ERM, Employee Relationship Management), das Partnerbeziehungsmanagement (PRM, Partner Relationship Management) sowie Erweiterungen hin zur Zusammenarbeit mehrerer Unternehmen im Rahmen des CRM (sog. kollaboratives CRM [Schubert 2020]).

Supplier Relationship Management (SRM)

Supplier Relationship Management (SRM) ist das Äquivalent zum Customer Relationship Management in Richtung der Lieferanten. Auch hier können unterschiedliche (Beschaffungs-)Kanäle benutzt werden. Im Mittelpunkt des SRM stehen die Beziehungen des Unternehmens mit seinen Lieferanten. Dazu gehören die Analyse existierender und potenzieller Lieferanten (Lieferantenbewertung), Lieferantenauswahl, Rahmenverträge, Überprüfung von Beschaffungsmaßnahmen auf Übereinstimmung mit den Vereinbarungen (Compliance), Angebotseinholung, Ausschreibungen, Katalogmanagement, Dokumentenmanagement u. v. a. Durch informationstechnische Hilfsmittel, z. B. ein Lieferantenportal, kann ein SRM-System den Austausch von Dokumenten (z. B. Bestellungen, Rechnungen) und anderen Informationen beschleunigen und effizienter gestalten.

Manufacturing Execution Systems (MES)

Manufacturing Execution Systems (MES) unterstützen Planungs-, Steuerungs- und Kontrollaufgaben, die von den gängigen ERP- und SCM-Systemen nicht oder nur ansatzweise abgedeckt werden. Dies sind insbesondere die in einem Produktionsunternehmen wichtigen Bereiche:

- *Fertigungssteuerung*, mit einem sehr kurzfristigen Zeithorizont und Tages-, Stunden- oder gar Minutengenauigkeit
- *Qualitätssicherung*, mit allen Aspekten der Qualitätskontrolle (wie Prüfpläne, gesetzliche Vorschriften, Nachverfolgungspflicht etc.)
- *Betriebs-* bzw. *Maschinendatenerfassung*, mit deren Hilfe Rückmeldungen über den aktuellen Stand der Produktion gewonnen werden

Diese Aufgabenbereiche wurden früher von unterschiedlichen Anwendungssystemen unterstützt, bis Anfang des 21. Jahrhunderts eine Integration der teilweise eng miteinander verbundenen Systeme unter dem Begriff Manufacturing Execution Systems erfolgte.

Product Lifecycle Management (PLM)

Product Lifecycle Management (PLM) hat sich, ähnlich wie das Enterprise Resource Planning, aus bestehenden Ansätzen über mehrere Jahrzehnte hinweg entwickelt. Während ERP einen primär betriebswirtschaftlichen Hintergrund hat, ist PLM im ingenieurwissenschaftlichen Bereich auf der Basis von technischen Daten und Systemen wie CAD (Computer Aided Design) und CAE/CAM (Computer Aided Engineering/ Computer Aided Manufacturing) entstanden. PLM unterstützt alle *produktbezogenen* Prozesse – von der ersten Produktidee über die Fertigung bis hin zum Produktservice.

Produktdatenmanagement (PDM)

Ein wichtiger Teil des PLM ist das *Produktdatenmanagement (PDM)*. Über diesen Teil bestehen enge Verbindungen zu der betriebswirtschaftlichen Datenverwaltung, wo ebenfalls Produktdaten (Materialstammdaten, Stücklisten u. a., vgl. Abschnitt 8.3) geführt werden.

Definition PLM

Das Product Lifecycle Management wird als „... Ansatz zur ganzheitlichen, unternehmensweiten Verwaltung und Steuerung aller Produktdaten und Prozesse des gesamten Lebenszyklus entlang der erweiterten Logistikkette – von der Entwicklung und Produktion über den Vertrieb bis hin zur Wartung“ definiert [Schuh 2020]. Ziel dabei ist es, den Produktentstehungsprozess sowie andere Phasen der Wertschöpfungskette ganzheitlich durch konsistente Methoden, Modelle und Werkzeuge zu unterstützen.

Definition PLM-System

Ein *PLM-System* ist ein Anwendungssystem, das die Aufgaben des PLM unterstützt. PLM-Systemen wird von Industriemanagern eine strategische Rolle bei der Einführung unternehmensweiter Plattformen für Engineering-Daten und -Prozesse beigemessen [Abramovici 2010].

Technische Anwendungssysteme

Unter dem Oberbegriff *technische Anwendungssysteme* werden in Abb. 1.1 Systeme zusammengefasst, die ingenieurwissenschaftliche Aufgaben haben. Neben dem Produktentwurf (CAD) und der Arbeitsplanung (CAP, Computer Aided Planning), die heute teilweise in PLM-Systeme integriert sind, geht es vor allem um die teil- oder vollautomatisierte Fertigung: intelligente Maschinen, flexible Fertigungssysteme, Robotersteuerung, fahrerlose Transportsysteme u. a.

Technische Anwendungssysteme stehen nicht im Vordergrund dieses Buchs. Die von ihnen unterstützten Prozesse und die verwalteten Daten weisen aber zahlreiche Schnittstellen zum Enterprise Resource Planning und Supply Chain Management auf. Im Kontext von Industrie 4.0 werden die Verbindungen noch enger, da z. B. neue Geschäftsmodelle unmittelbar von den produktionstechnischen Systemen abhängig sind.

Im Zentrum stehen Daten

Jedes der vorstehend genannten Anwendungssysteme benötigt, verarbeitet und erzeugt teilweise sehr komplexe Datenbestände, die in einer *Datenbank* gespeichert werden.

Definition Datenbankmanagementsystem (DBMS)

Als *Datenbankmanagementsystem (DBMS)* bezeichnet man die Software, die für die Organisation, Speicherung, Wiederauffindung, Sicherheit und Integrität der Daten einer Datenbank verantwortlich ist. Sie nimmt Anfragen von anderen Softwaresystemen oder von Endbenutzern entgegen, interpretiert und verarbeitet diese und stellt als Ergebnis die gewünschten Daten bereit.

Datenbanksystem (DBS)

Der Begriff *Datenbanksystem (DBS)* wird unterschiedlich verwendet. Meist fasst man darunter das Datenbankmanagementsystem sowie die von ihm verwaltete Datenbank zusammen. Umgangssprachlich wird er auch synonym zum Datenbankmanagementsystem verwendet.

Relationales Datenbankmanagementsystem (RDBMS)

Die meisten der heute verbreiteten Datenbankmanagementsysteme sind sog. *relationale Datenbankmanagementsysteme (RDBMS).* Der Begriff „relational“ ist durch den mathematischen Hintergrund des Relationenmodells begründet, das die theoretische Fundierung der RDBMS liefert.

In Abb. 1.1 steht im Mittelpunkt nur ein DBMS. Dies stellt gewissermaßen den Idealfall dar: Alle Anwendungssysteme bauen auf einer einheitlichen Datenbank auf. In allen Unternehmensteilen ist somit stets der gleiche Aktualitätsstand bezüglich der Daten gegeben.

Etwas weiter gefasst kann man das „Datenbank“-Oval in der Mitte auch als eine logisch integrierte Datenbank interpretieren, die nichtsdestoweniger aus verschiedenen physischen Datenbanken bestehen kann. Datenintegration auf der logischen Ebene ist ein schwieriges und komplexes Gebiet, das von der Datenbankforschung intensiv bearbeitet wurde.

Datenintegration

Die Praxis sieht allerdings häufig so aus, dass unterschiedliche Anwendungssysteme Datenbanken benutzen, die von unterschiedlichen Datenbankmanagementsystemen verwaltet werden und nicht integriert sind. Dies ist insbesondere der Fall, wenn die Anwendungssoftware von verschiedenen Herstellern stammt. Dann müssen Überbrückungsprogramme geschrieben werden, die Daten aus verschiedenen Datenbanken importieren bzw. exportieren und aufeinander abstimmen.

1.2 Geschäftsprozesse

1.2.1 Prozess- vs. Funktionsorientierung

Prozessorientierung

In der Unternehmenspraxis dominiert heute die *Prozessorientierung*, d. h., Unternehmen organisieren ihre Geschäftstätigkeit aus Sicht der Geschäftsprozesse, die sie durchführen. Im Gegensatz dazu stand früher die *Funktionsorientierung* im Vordergrund, d. h., die Unternehmen betrachteten ihre Geschäftstätigkeit in erster Linie aus der Sicht der betrieblichen Funktionen (z. B. Einkauf, Lagerhaltung, Rechnungswesen, Fertigung). Auch heute spiegelt sich in der Aufbauorganisation der meisten Unternehmen noch das Funktionsprinzip wider. Das heißt, die Unternehmen sind nach unterschiedlichen betrieblichen Funktionen in Bereiche, Abteilungen und Stellen gegliedert.

Die betrieblichen Aufgaben werden aber üblicherweise in Form von Prozessen abgewickelt bzw. sind in Prozesse eingekleidet. Erfolgreiche Unternehmen stellten auch früher schon die Geschäftsprozesse gegenüber den Funktionen in den Vordergrund. Dies war eine der Erkenntnisse, auf die Davenport, Hammer und Champy Anfang der 1990-Jahre ihre Forderung nach radikaler Umorganisation der Unternehmen stützten [Davenport 1993, Hammer 1993].

Business Process Reengineering (BPR)

Mit dem Begriff *Business Process Reengineering (BPR)* bezeichneten sie eine grundlegende Umorientierung im Denken und eine radikale Neugestaltung der Geschäftsprozesse mit dem Ziel, dramatische Verbesserungen im Hinblick auf Kosten, Qualität, Service und Geschwindigkeit zu erreichen („reengineering is the fundamental rethinking and radical redesign of business processes to achieve dramatic improvements in critical contemporary measures of performance, such as cost, quality, service, and speed“) [Hammer 1993, S. 32].

„Don't automate, obliterate“ [Hammer 1990]

Die Forderungen von Hammer und Champy waren insofern radikal, als sie nicht Verbesserungen oder Veränderungen der bisherigen Strukturen und Abläufe vorschlugen, sondern tatsächlich eine vollständige Neugestaltung auf der Basis des Prozessgedankens („reengineering is about business reinvention“) [Hammer 1993, S. 33]. Der erste Artikel, mit dem Michael Hammer den BPR-Ansatz publizierte, trägt den bezeichnenden Titel „Reengineering work – don't automate, obliterate“ [Hammer 1990].

Wenngleich die wenigsten Reengineering-Projekte eine derart radikale Neugestaltung des Unternehmens erfolgreich schafften, erwies sich die Betonung der Prozesssicht doch als Fortschritt und etablierte sich dauerhaft in der Praxis.

„Vorgangsketten" [Scheer 1984]

In der Wirtschaftsinformatik wurde der Prozessgedanke schnell aufgegriffen und in Form von Modellierungsmethoden für Geschäftsprozesse umgesetzt. Dazu trug auch bei, dass bereits einige Jahre zuvor August-Wilhelm Scheer in Deutschland die Prozesssicht populär gemacht hatte, wenn auch ursprünglich unter dem Namen „Vorgangsketten" [Scheer 1984, S. 21 ff.].

In der Betriebswirtschaftslehre verharrte man demgegenüber deutlich länger bei der funktionalen Sichtweise, sodass BWL-Absolventen häufig nur dann etwas von Geschäftsprozessen gehört hatten, wenn sie im Studium einen Wirtschaftsinformatik-Schwerpunkt gewählt hatten.

1.2.2 Grundkonzepte von Geschäftsprozessen

Der Begriff Geschäftsprozess wird zwar in der Praxis und in der Wissenschaft sehr häufig verwendet, aber nicht selten mit einem unscharfen Begriffsumfang. Definitionen sind in zahlreicher Form anzutreffen. Hammer und Champy charakterisierten einen Geschäftsprozess als eine Menge von Aktivitäten, die eine oder mehrere Arten von Input hat und einen Output von Wert für den Kunden erzeugt [Hammer 1993, S. 35].

Definition Geschäftsprozess

Aufbauend auf dieser Definition soll der Begriff präzisiert und wie folgt definiert werden: Ein *Geschäftsprozess* besteht aus einer Abfolge von Schritten (Prozessschritte, Aktivitäten), die nacheinander oder parallel ausgeführt werden. Jeder Schritt hat einen Input und erzeugt einen Output. Prozesse können andere Prozesse initiieren. Diese sind entweder Teilprozesse, die den übergeordneten Prozess verfeinern, oder eigenständige Prozesse. Das Ergebnis des Prozesses ist ein für das Unternehmen anstrebenswerter Zustand.

Dass das Ergebnis des Prozesses in der Definition relativ allgemein beschrieben ist, liegt daran, dass es sehr viele unterschiedliche Prozesse gibt. Manche sind interne Prozesse, andere schließen externe Partner (z. B. Kunden, Lieferanten) mit ein. Bei einem Vertriebsprozess besteht der „anstrebenswerte Zustand" beispielsweise darin, dass der Kunde zufrieden ist und termingerecht seine Waren erhält, bei einem Fertigungssteuerungsprozess hingegen, dass die Durchlaufzeiten der freigegebenen Fertigungsaufträge möglichst kurz und die Ausschussquoten möglichst gering sind.

Für die Beschreibung von Geschäftsprozessen gibt es verschiedene Sprachen und grafische Notationen, z. B. BPMN (Business Process Model and Notation) [OMG 2011], EPKs (ereignisgesteuerte Prozessketten) [Nüttgens 2019], YAWL (Yet Another Workflow Language) [Russell 2009] sowie Aktivitätsdiagramme in UML (Unified Modeling Language) [Ambler 2025]. Daneben werden von vielen Autoren auch informelle grafische Notationen verwendet.

Abbildung 1.2 zeigt das Schema eines Geschäftsprozesses in einer an EPKs angelehnten Darstellung. Die Abbildung enthält zwei Varianten der Prozessbeschreibung. Im Teil a) ist nur der Input und Output des gesamten Prozesses angegeben, während Teil b) auch die Inputs und Outputs der einzelnen Aktivitäten zeigt. Der Output eines Prozessschritts ist gleichzeitig der Input des nächsten Schritts.

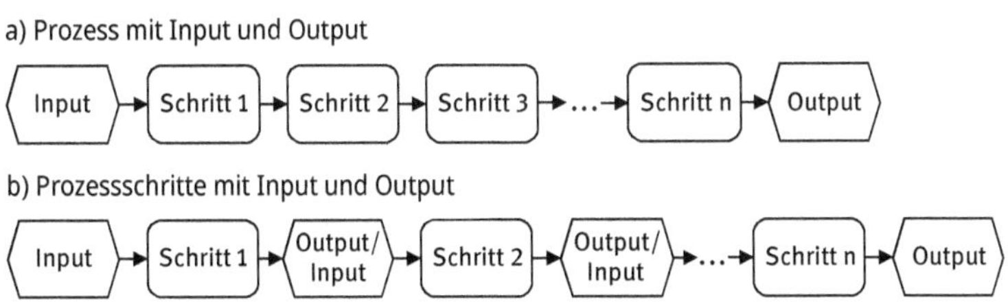

Abb. 1.2: Grafische Notation für Geschäftsprozesse.

Es muss allerdings darauf hingewiesen werden, dass die Abbildung stark vereinfacht ist. Ein Prozessschritt kann mehrere Inputs als nur den vom vorigen Schritt erzeugten erfordern, und ebenso kann der Output eines Schritts an mehreren anderen Stellen (z. B. in anderen Prozessen) benötigt werden.

Außerdem verlaufen nicht alle Prozesse so sequenziell, wie es die Abbildung suggeriert. In vielen Fällen gibt es Verzweigungen (in Abhängigkeit von Bedingungen) und Verfeinerungen (durch Teilprozesse). Auf einer hohen Abstraktionsebene, auf der zunächst nur die groben Prozessschritte von Interesse sind, ist es jedoch gerechtfertigt, Prozesse als Sequenz von linear nacheinander auszuführenden Schritten zu interpretieren.

Beispiel Beschaffungsprozess

Abbildung 1.3 zeigt ein Beispiel. Dargestellt wird ein stark vereinfachter *Beschaffungsprozess*. Auslöser ist das Ereignis, dass ein Materialbedarf festgestellt wurde. Der zuständige Mitarbeiter löst einen internen Beschaffungsantrag aus, der vom Einkauf bearbeitet wird und eventuell mit weiteren Beschaffungsanträgen aus anderen Abteilungen zusammen in eine Bestellung beim Lieferanten des Materials mündet. Nach Lieferung werden die mit dem Wareneingang verbundenen Teilaktivitäten (Mengen- und Qualitätsprüfung u. a.) durchgeführt. Die vom Lieferanten erhaltene Rechnung wird geprüft, gebucht etc. und die Zahlung veranlasst. Das Ergebnis des Prozesses ist ein (positiver) Materialbestand am Lager.

Abb. 1.3: Vereinfachter Beschaffungsprozess.

Ein anderer wichtiger Geschäftsprozess ist die *Auftragsabwicklung*. Er reicht von der Kundenanfrage über die Angebotsbearbeitung, ggf. Entwicklung und Konstruktion, bis hin zur Auslieferung des gewünschten Produkts an den Kunden. Alle erforderlichen Teilaufgaben bzw. Funktionen des ERP-Systems müssen so ineinandergreifen bzw. angestoßen werden, dass ein möglichst optimaler Durchlauf mit bestmöglichem Output realisiert wird.

Der dritte, herausragende Geschäftsprozess in einem Industrieunternehmen ist natürlich der *Produktionsprozess*. Dieser sowie die beiden anderen Kernprozesse werden in den Abschnitten 5.3 und 6.3 näher erläutert.

1.2.3 Workflowmanagement

Operative Ebene

Geschäftsprozesse beschreiben die Geschäftstätigkeit eines Unternehmens meist auf einer höheren, konzeptionellen Ebene. Auf der Ausführungsebene müssen sie weiter verfeinert und operationalisiert werden. Zu diesem Zweck können dedizierte Workflowmanagementsysteme verwendet werden.

Andererseits ist in betrieblichen Anwendungssystemen, wie ERP-Systemen, Workflowmanagementfunktionalität oft bereits integriert. Das heißt zum Beispiel, dass das Anwendungssystem „weiß", an welchem Arbeitsplatz der nächste Schritt eines Geschäftsprozesses erledigt werden muss, und dem Bearbeiter die dafür notwendigen Dokumente zur Verfügung stellt.

Workflowmanagementsystem

Ein *Workflowmanagementsystem (WFMS)* ist ein Softwaresystem, welches automatisierte Unterstützung für Arbeitsabläufe („Workflows") bietet. Dazu gehört die Definition von Abläufen, die Erzeugung konkreter Ablaufinstanzen und die Ausführung derselben. Das Gleiche gilt, wenn Workflowmanagementkomponenten in ein ERP-System eingebettet sind.

Workflow Engine

Eine *Workflow Engine* interpretiert die Ablaufdefinition, interagiert mit den menschlichen Bearbeitern in den einzelnen Ablaufschritten und ruft ggf. andere Softwarewerkzeuge und Anwendungsprogramme auf [WFMC 1999].

Voraussetzung für die Zuordnung von Bearbeitern zu Ablaufschritten ist ein *Organisationsmodell*, in dem die Organisationseinheiten des Unternehmens – Stellen, Gruppen, Abteilungen, Bereiche etc. – mit ihren Beziehungen zueinander und zu den Aufgaben sowie die Mitarbeiter abgebildet sind. Bei der Definition eines Workflows kann dann auf diese Elemente Bezug genommen werden, und bei der Ausführung werden konkrete Personen mit den für einen Arbeitsschritt notwendigen Informationen versorgt.

Prozessmodell

Das Organisationsmodell steht mit einem *Prozess-* oder *Workflowmodell* in Beziehung, in dem die Arbeitsschritte eines Workflows definiert werden. Die Schritte können dann dem Aufgabenkatalog des Organisationsmodells zugeordnet und später teil- oder vollautomatisch angestoßen werden. Abbildung 1.4 skizziert die Zusammenhänge.

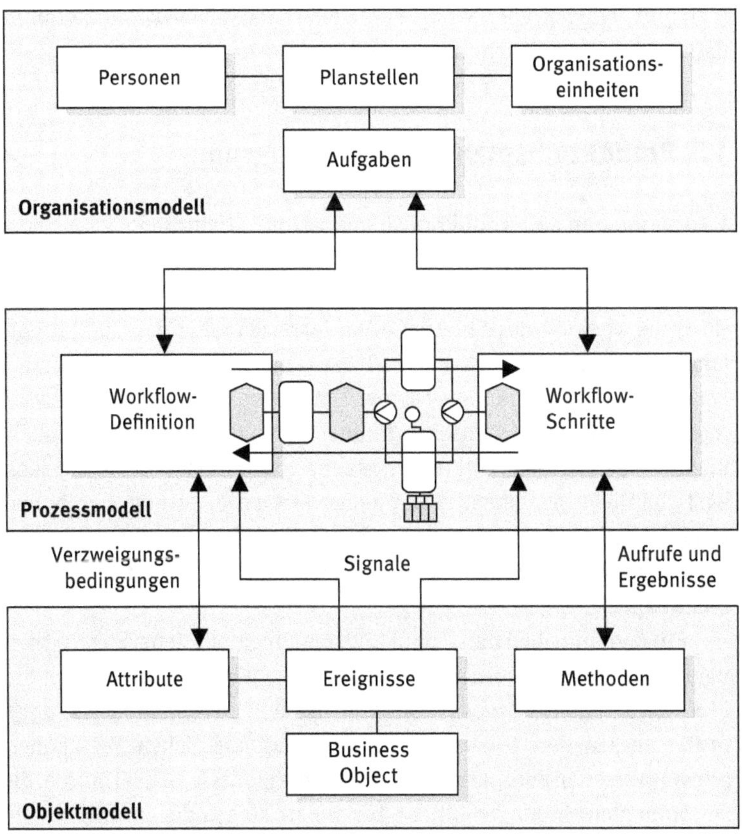

Abb. 1.4: Workflowarchitekturmodell [Buck-Emden 1999].

Als Beispiel eines Workflows sei der Fall eines Antrags auf *Produktänderung* („Change Request") skizziert [Buck-Emden 1999].

Workflowbeispiel „Engineering Change Management"

In diesem Fall müssen Mitarbeiter in verschiedenen Bereichen des Unternehmens in einer bestimmten Reihenfolge tätig werden. Der entsprechende Workflow („Engineering Change Management") wird durch den Eingang eines Änderungsantrags ausgelöst, der wiederum ein definiertes Freigabeverfahren über mehrere Stufen anstößt. Nun müssen Mitarbeiter in der Konstruktion, im Einkauf, in der Produktion etc. bestimmte Aufgaben erledigen. Den Anstoß dazu und die Weiterleitung der jeweiligen Ergebnisse übernimmt das WFMS.

Die Mitarbeiter werden zum richtigen Zeitpunkt durch eine Mitteilung in ihrem elektronischen Postkorb zum Tätigwerden aufgefordert. Beispielsweise wird der für ein bestimmtes Material zuständige Einkäufer mit der entsprechenden Vorlaufzeit über die Notwendigkeit einer Beschaffungsmaßnahme informiert. Eine Aufstellung der erforderlichen Arbeitsschritte kann das WFMS der Workflowdefinition entnehmen und beifügen, ebenso die benötigten Datenobjekte wie Teilestammdaten, Stücklisten, Zeichnungen, Arbeitspläne u. a.

1.3 Produktionsplanung und -steuerung

1.3.1 Aufgaben der Produktionsplanung und -steuerung

PPS-Systeme

In Industrieunternehmen stellt die Produktionsplanung und -steuerung (PPS) die Vorstufe des Enterprise Resource Planning dar. Sie hat eine lange Geschichte, die bis in die 1960er-Jahre zurückreicht. Die ersten komplexeren Anwendungssysteme, neben einfachen Buchungssystemen wie Lohn- und Gehaltsabrechnung, waren PPS-Systeme. Mit zunehmendem Leistungsumfang unterstützten diese immer mehr betriebswirtschaftliche Aufgaben. PPS-Systeme deckten nicht nur unmittelbar produktionsbezogene Funktionen ab, sondern eine Vielzahl angrenzender Funktionen wie Kalkulation, Beschaffung, Versand und Personalabrechnung.

Operations Research (OR)

Mit den Aufgaben der Produktionsplanung und -steuerung beschäftigten sich Praxis und Forschung schon lange vor dem Aufkommen der PPS-Systeme. Im *Operations Research (OR)* stellen Produktionsplanungsprobleme seit den 1950er-Jahren einen umfangreichen Forschungsschwerpunkt dar. Für manche PPS-Probleme gibt es heute Verfahren, die zu „optimalen" Lösungen führen, für andere stehen die Lösungsverfahren noch aus.

Veränderung der Rahmenbedingungen

Die Rahmenbedingungen der Produktionsplanung und -steuerung haben sich im Laufe der Zeit verändert, und neue Anforderungen kamen hinzu. Beispiele sind etwa:
- Weltweite Kommunikations- und Informationsbeschaffungsmöglichkeiten auf Basis des Internets
- Höhere Computerleistung mit der Folge, dass auch rechenaufwendige mathematische Verfahren zum Einsatz kommen können
- Preis-, qualitäts- und servicebewusstes Verhalten der Nachfrager, Käufer- statt Verkäufermärkte seit den 1970er-Jahren
- Die Produktionstechnik und der umfassende Computereinsatz in der Fertigung selbst (Fertigungsautomation, Cyber-Physical Systems, Industrie 4.0)
- Zusammenwachsen der betrieblichen Anwendungssysteme (EAI, Enterprise Application Integration)
- Zwischenbetriebliche Integration der Informationsverarbeitung im Supply Chain Management
- Mobilität der Menschen (Kunden, Lieferanten, Mitarbeiter u. a.), die über mobile vernetzte Geräte (Smartphone, Notebook, Tablet PC u. a.) auf ihre betrieblichen und privaten Daten zugreifen wollen

Rechnergestützte Lösungen, die vor fünf oder zehn Jahren angemessen waren, sind heute oft überholt oder zumindest ergänzungsbedürftig.

Aufgaben der Produktionsplanung und -steuerung

Die Aufgaben der Produktionsplanung und -steuerung sind je nach Betrachtungsebene sehr unterschiedlich. Ausgewählte Fragestellungen sind beispielsweise die folgenden:
- Welche Produkte sollen überhaupt hergestellt werden? Ist ein breites Produktionsprogramm sinnvoll oder liegen die Marktchancen in der Spezialisierung?
- Soll ein Standardproduktionsprogramm hergestellt oder soll nur nach Kundenwünschen gefertigt werden?
- An welchen Standorten im Inland oder Ausland soll produziert werden?
- Wie müssen die Geschäftsprozesse organisiert werden, damit die Planung und Steuerung der Produktion durchgängig die erforderliche Kundenorientierung aufweisen?
- Wie ist die Umweltverträglichkeit der Produktion zu beurteilen? Sind besondere Schutzmaßnahmen erforderlich?
- Wie wird die Produktionskapazität dimensioniert? Welche Investitionen sind erforderlich?
- Bis zu welcher Fertigungstiefe werden Vor- und Zwischenprodukte selbst hergestellt bzw. welche sollen zugekauft werden (Eigenfertigung oder Fremdbezug)?

- Welche Möglichkeiten der Beschaffung von Rohmaterialien, Vor- und Zwischenprodukten gibt es auf heimischen und weltweiten Märkten? Sollen langfristige Liefervereinbarungen für kritische Materialien geschlossen werden?
- Welche Fertigungsorganisation wird zugrunde gelegt (z. B. Fließ- oder Werkstattfertigung)? Welche technologischen Verfahren, welcher Automatisierungsgrad sind angemessen?
- Wie sollen die Fertigungsanlagen im Betrieb angeordnet werden (Fabriklayout)?
- Welche Mengen der einzelnen Produktarten sollen pro Tag, Woche, Monat oder Jahr hergestellt werden?
- Sollen Klein- oder Großserien aufgelegt werden, ist eine Massenfertigung angebracht oder muss nach Kundenspezifikationen einzeln gefertigt werden?
- Wie lange dauert es, einen bestimmten Kundenauftrag von der Auftragsaufnahme über alle Fertigungsstufen hinweg abzuwickeln?
- Wie ist zu verfahren, wenn die Kapazität einzelner Produktionsanlagen nicht ausreicht, um alle Fertigungsaufträge termingerecht durchzuführen?
- Welche Fertigungsaufträge sollen für die nächsten Tage zur Produktion freigegeben werden? Sind das benötigte Personal, Material, Werkzeug etc. verfügbar?
- In welcher Reihenfolge und zu welchen Terminen sollen die Aufträge an den einzelnen Maschinen und Arbeitsplätzen in der Fertigung abgearbeitet werden?
- Was passiert, wenn eine wichtige Produktionsanlage ausfällt oder ein wichtiger Kundenauftrag trotz Kapazitätsengpässen noch kurzfristig eingeschleust werden muss?

Manche dieser Entscheidungen legen das Unternehmen über Jahre hinweg fest (z. B. die Standortwahl oder die Art des Produktionsprogramms), andere haben eher mittelfristigen Charakter (z. B. die Dimensionierung der Produktionskapazität) und wieder andere beziehen sich auf sehr kurzfristige Zeiträume (z. B. die Auftragsfreigabe).

Strategische und operative Produktionsplanung

In der Betriebswirtschaftslehre ist es üblich, die sehr unterschiedlichen Aufgabenbereiche verschiedenen Ebenen zuzuordnen: einer *strategischen* und einer *operativen* Ebene. Auf der *strategischen* Ebene fallen grundlegende Entscheidungen mit langfristiger Tragweite, wie etwa die Wahl der Produktfelder und der Produktionsstandorte, während auf der operativen Ebene von vorgegebenen Rahmenbedingungen ausgegangen wird und Entscheidungen über konkrete Produktionsmengen und den Herstellungsprozess in einem bestimmten Zeitraum zu treffen sind.

Operative Planung und Steuerung

Wenn man von Produktionsplanung und -steuerung spricht, meint man im Allgemeinen die Planung und Steuerung auf der operativen Ebene. Aufgabe der Produktionsplanung und -steuerung ist es in diesem Sinne insbesondere festzulegen,

- welche Mengen welcher konkreten Produktarten im Planungszeitraum herzustellen sind (Produktionsprogrammplanung),
- welche Mengen an Vor- und Zwischenprodukten dafür benötigt werden (Sekundärbedarfsplanung),
- wie Kundenaufträge effizient abgewickelt werden, damit die Anforderungen und Wünsche der Kunden bestmöglich erfüllt werden (Auftragsabwicklungsplanung),
- ob und ggf. welche Mengen einer (End-, Zwischen- oder Vor-) Produktart jeweils zu einem Fertigungslos bzw. einer Bestellung zusammengefasst werden sollen (Losgrößen- bzw. Bestellmengenplanung),
- zu welchen Zeitpunkten die Herstellung der einzelnen End-, Zwischen- und Vorproduktmengen an den Arbeitsplätzen und Produktionsanlagen bzw. die Beschaffung fremdbezogener Produkte erfolgen soll (Terminplanung),
- wie die zeitlichen Anforderungen der Fertigung mit der verfügbaren Kapazität möglichst gut in Einklang gebracht werden (Kapazitätsplanung),

sowie Maßnahmen vorzusehen, die vorgenommen werden können, wenn bei Durchführung der Fertigung Abweichungen von den Plandaten zu verzeichnen sind.

Dabei wird von einer vorgegebenen Ausstattung des Unternehmens mit Produktionsanlagen und von einer mehr oder weniger feststehenden Produktpalette ausgegangen. Die Einschränkung „mehr oder weniger" bedeutet hier, dass die herstellbaren Produkte zwar der Art nach, aber nicht unbedingt in allen Details bereits festgelegt sind.

Zeithorizonte der Planung

Auch bei der obigen Charakterisierung der Aufgaben haben nicht alle Teilbereiche die gleiche zeitliche Dimension. Während Entscheidungen über die insgesamt herzustellenden Endproduktmengen (Produktionsprogrammplanung) je nach Wirtschaftszweig und Branche zum Beispiel einen Zeitraum von ein bis zwei Jahren abdecken können, bezieht sich die Termin- und Kapazitätsfeinplanung in der Regel auf wenige Tage.

Funktionale Gliederung in der PPS

In der Produktionsplanung und -steuerung, die lange vor dem Umdenken hin zu *Geschäftsprozessen* entstand, wurden die Problemkreise traditionell aus Sicht der betrieblichen Funktionen oder Funktionsbereiche betrachtet, und die sie unterstützenden PPS-Systeme waren ebenfalls funktional strukturiert.

PPS ist „innerbetrieblich“

Unter dem Begriff Produktionsplanung und -steuerung wurde im Allgemeinen die Planung und Steuerung innerhalb des einzelnen Unternehmens verstanden. Abhängigkeiten der eigenen Produktionsplanung und -steuerung von Entscheidungen der Zulieferer bzw. Abnehmer spielten keine nennenswerte Rolle. Dies war so lange unproblematisch, als der größte Teil der Produktionsaktivitäten im eigenen Haus stattfand.

Supply Chain Management

Mit sinkender Fertigungstiefe und wachsender Zahl an Zulieferern gewannen die externen Abhängigkeiten jedoch immer mehr an Gewicht. Die beste innerbetriebliche Produktionsplanung nützt wenig, wenn die bestellten Materialien nicht termingerecht geliefert werden, weil der Lieferant möglicherweise schlecht geplant hat.

Im Rahmen des *Supply Chain Management* wurden deshalb zahlreiche Probleme der Produktionsplanung und -steuerung wieder aufgegriffen. Einschlägige Lösungen werden nun unter Beachtung der zwischenbetrieblichen Zusammenhänge erarbeitet. Statt punktueller Optimierung wird z. B. die Optimierung einer gesamten Lieferkette angestrebt. Die Kapitel 9 und 10 greifen deshalb verschiedene PPS-Probleme aus dem erweiterten Blickwinkel des Supply Chain Management nochmals auf.

Planungsprinzipien

Stufenweise Sukzessivplanung

Die Teilbereiche der Produktionsplanung und -steuerung decken unterschiedliche Planungszeiträume ab. Manche Aufgaben beziehen sich auf längere, andere auf kürzere Zeiträume. In der Praxis werden sie deshalb nicht gleichzeitig behandelt, sondern nacheinander. Gröbere Pläne für längere Zeiträume werden immer weiter durch detailliertere Pläne mit kürzeren Zeithorizonten verfeinert. Das heißt, die Planung folgt dem Konzept einer *stufenweisen Sukzessivplanung.*

Planungshorizont

Den längsten Planungshorizont hat die Produktionsprogrammplanung (Monate oder Jahre). Die materialwirtschaftlichen Entscheidungen decken nur einen Teil davon ab, und in der Kapazitäts- und Zeitwirtschaft sind die Planungszeiträume noch kürzer (Wochen, Tage).

Im Allgemeinen bleibt ein einmal aufgestellter Plan nicht unverändert, bis der Planungshorizont erreicht ist. Da sich die Rahmenbedingungen, unter denen geplant wurde, aufgrund unternehmensinterner und -externer Faktoren meist schnell ändern, müssen auch die Pläne angepasst werden. Die möglichen Vorgehensweisen lassen sich anhand von zwei Kriterien differenzieren:

(1) rollierend versus ereignisorientiert
(2) Neuaufwurf versus Net change

Rollierende Planung

Rollierende Planung bedeutet, dass eine sich auf einen bestimmten Zeitraum erstreckende Planung nach einer gewissen Zeit wiederholt wird und dann einen entsprechend späteren Zeithorizont abdeckt. Sie geht häufig mit einer Einteilung des Planungszeitraums in Perioden einher, wie sie auch den meisten quantitativen betriebswirtschaftlichen Planungsmodellen zugrunde liegt.

Abbildung 1.5 verdeutlicht das Prinzip an einem Beispiel. Zum Zeitpunkt t_0 wird für sechs Perioden (bis t_6) geplant. Nach Ablauf einer Periode wird eine revidierte Planung unter Berücksichtigung neuer Daten durchgeführt, die wieder sechs Perioden umfasst und nun bis t_7 reicht, etc.

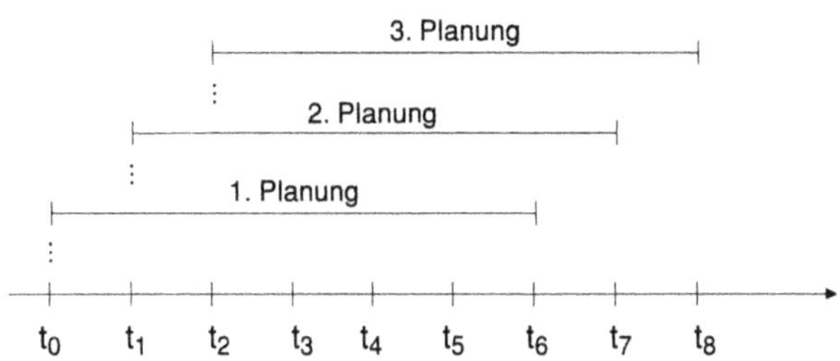

Abb. 1.5: Prinzip der rollierenden Planung.

Ereignisorientierte Planung

Das Prinzip der *ereignisorientierten Planung* [Scheer 1984, S. 30 ff.] besagt demgegenüber, dass Planungsläufe nicht zu starren, vorher festgelegten Zeitpunkten (z. B. am Beginn einer Periode), sondern in Abhängigkeit von wichtigen Ereignissen (z. B. Eingang eines Großauftrags, Ausfall einer Engpassmaschine) durchgeführt werden.

„Planungsnervosität“

Die laufende Anpassung von Plänen trägt zwar zur Planungsaktualität bei, sie kann aber auch selbst Probleme erzeugen. Als „Planungsinstabilität“ bzw. „Planungsnervosität“ wird der Sachverhalt bezeichnet, dass häufige Planänderungen auf der Ausführungsebene die Akzeptanz der Pläne beeinträchtigen und ablauforganisatorische Probleme verursachen [Inderfurth 1997]. In der Folge steigen unter Umständen die Durchlaufzeiten und Lagerbestände und die Termintreue sinkt.

Neuaufwurf

Als *Neuaufwurf* bezeichnet man den Vorgang, dass bei einem Planungslauf ein eventuell bereits existierender Plan ignoriert und demzufolge völlig neu geplant wird. Bei einer rollierenden Planung, wie in Abb. 1.6 aufgezeigt, bedeutet dies etwa, dass beim Planungslauf zum Zeitpunkt t_2 keine Rücksicht darauf genommen wird, dass für die nächsten fünf Perioden (bis t_7) bereits ein Plan vorliegt.

Net-change-Prinzip

Das *Net-change-Prinzip* besagt demgegenüber, dass nur Veränderungen gegenüber den bei der vorigen Planung erfassten Eingangsgrößen

Berücksichtigung finden. Positive und negative Abweichungen werden ggf. saldiert, sodass sich nur die Nettoveränderungen in der Rechnung niederschlagen.

Periodenorientierte Planung

In der Praxis der Produktionsplanung und -steuerung können grundsätzlich alle vier skizzierten Prinzipien zum Einsatz kommen. Bei dem in Kapitel 2 zugrunde gelegten Unternehmenstyp trifft man beispielsweise häufig eine periodenorientierte Planung an, die rollierend auf dem Wege des Neuaufwurfs aktualisiert oder nach dem Net-change-Prinzip fortgeschrieben wird.

1.3.2 Ziele der Produktionsplanung und -steuerung

Die Produktionsplanung ist Teil der Unternehmensplanung. Die Ziele müssen sich demnach in das Zielsystem des Unternehmens einordnen. Ohne die in der Betriebswirtschaftslehre ausgiebig diskutierte Problematik des unternehmerischen Zielsystems hier wiedergeben zu wollen, sollen die wichtigsten Zusammenhänge kurz dargelegt werden.

Wirtschaftlichkeitsprinzip

Als eine der Leitlinien unternehmerischen Handelns unter ökonomischen Gesichtspunkten gilt, zumindest in der Theorie, das *Wirtschaftlichkeitsprinzip*. Dieses fordert, dass die Wirtschaftlichkeit W, z. B. definiert als Quotient aus der erbrachten Leistung L (Output) des Unternehmens und den dafür entstandenen Kosten K (Input), möglichst hoch sein soll:

$$W = L / K$$

Operational wird diese Vorschrift, wenn Leistung und Kosten in Geldeinheiten gemessen werden und ein bestimmter Betrachtungszeitraum definiert wird.

Sieht man das Wirtschaftlichkeitsprinzip als Soll-Vorschrift für die Planung und Steuerung der Produktion an, dann müssen Entscheidungen getroffen und Maßnahmen ergriffen werden, die den Quotienten W maximieren.

Kosten und Leistung

Im Rahmen der produktionswirtschaftlichen Planungsentscheidungen lassen sich in erster Linie die Kosten mitgestalten. Dagegen hängt die Leistung als bewerteter Output meist von Faktoren ab, die außerhalb der Produktionsplanung festgelegt werden. Sowohl die herzustellenden Mengen als auch die Verkaufspreise werden z. B. durch die Absatzplanung, durch Marketingmaßnahmen, durch Akquisition neuer Kunden (bei Auftrags- und Einzelfertigern) o. a. beeinflusst.

Unter diesen Voraussetzungen ist das Augenmerk also auf den Nenner, auf die Kosten, zu richten. Die *Zielsetzung* kann dann, nach

Maßgabe des Wirtschaftlichkeitsprinzips, vereinfacht wie folgt formuliert werden [Zäpfel 2001, S. 40 ff.]: Die Maßnahmen der Produktionsplanung und -steuerung sind so zu treffen, dass eine vorgegebene Leistung L mit möglichst niedrigen Kosten K erbracht wird.

Für die operative Produktionsplanung ist eine Reihe von Kostenarten bereits vorgegeben. Beispielsweise liegen (Zeit-) Löhne und Gehälter durch rechtliche Verpflichtungen mehr oder weniger fest, und die Stückbearbeitungskosten auf einer Maschine sind aufgrund technologischer Bedingungen und Vorgaben aus dem Rechnungswesen (Abschreibungsart etc.) ebenfalls weitgehend fix.

Entscheidungsrelevante Kosten

Als *entscheidungsrelevante Kosten* bezeichnet man diejenigen Kosten, die durch Planungs- und Steuerungsmaßnahmen noch beeinflusst werden können. Dies sind hauptsächlich Kosten für:

- Vorbereitung der Produktionsanlagen (Einrichtungs-, Rüstkosten),
- Stillstand von Produktionsanlagen (Leer-, Stillstandskosten),
- Lagerung von Rohmaterial und fremdbezogenen Teilen, Vor-, Zwischen- und Endprodukten (Lagerhaltungskosten),
- Nichteinhaltung von Lieferterminen, z. B. Konventionalstrafen, Zukauf, Preisnachlässe, Goodwill-Verlust,
- Vermeidung absehbarer Terminüberschreitungen (Überstunden, Mehrschichtbetrieb etc.).

Die beiden zuletzt genannten Probleme sind häufig mit Folgekosten an anderen Stellen verbunden. Diese entstehen beispielsweise dadurch, dass Aufträge mit Terminverzug vorgezogen werden, auf diese Weise andere Aufträge liegen bleiben und so höhere Lagerhaltungskosten verursachen etc.

Wenn man auf der Basis von *Kosten* Pläne aufstellen bzw. Steuerungsmaßnahmen ergreifen wollte, müssten alle nötigen Kosteninformationen zu den Zeitpunkten, zu denen geplant oder gesteuert wird, umfassend zur Verfügung stehen. Dies ist in aller Regel nicht der Fall, sei es, weil die Kosten nicht durchgängig erfasst bzw. fortgeschrieben werden, sei es, weil sie sich wegen ihres Opportunitätskostencharakters gar nicht ohne Weiteres erfassen lassen.

Ersatzziele

Deshalb benutzt man in der Produktionsplanung und -steuerung häufig *Ersatzzielgrößen*, die in einem nachweisbaren oder vermuteten Zusammenhang mit den Kostenzielen stehen. Außerdem gibt es Verschiebungen im Zielsystem und im Umfeld der Produktionsplanung und -steuerung, die das Gewicht der Kostenziele relativieren. Darauf wird in Abschnitt 2.2.2 eingegangen.

Zeitziele

Als Ersatzzielgrößen kommen Zeitziele und Mengenziele in Betracht. *Zeitziele* sind etwa die Folgenden:

- Minimierung der Durchlaufzeiten (Summe der Durchlaufzeiten aller Aufträge im Planungszeitraum, durchschnittliche Durchlaufzeit o. Ä.)
- Minimierung der Wartezeiten (Liegezeiten) aller Aufträge bzw. der durchschnittlichen Wartezeit
- Maximierung der Kapazitätsauslastung aller bzw. ausgewählter Betriebsmittel (Engpassbetriebsmittel)
- Minimierung der Stillstandszeiten aller bzw. ausgewählter Betriebsmittel
- Minimierung der Terminüberschreitungen (Summe aller Terminüberschreitungen, maximale oder durchschnittliche Terminüberschreitung)

Mengenziele

Mengenziele sind vor allem auf die Lagerbestände gerichtet. Hier ist der Zusammenhang mit den Lagerhaltungskosten und der Kapitalbindung offensichtlich. Mengenziele sind etwa:
- Minimierung der Werkstatt-, Zwischen-, Eingangslagerbestände etc.
- Minimierung von Fehlmengen (d. h., es tritt Bedarf auf, aber die benötigten Vor-, Zwischen- oder Endprodukte sind nicht vorhanden)

Dass die einzelnen Ziele nicht unabhängig nebeneinanderstehen, sieht man unmittelbar. Beispielsweise kann die Minimierung von Zwischenlagerbeständen dazu führen, dass Fehlmengen entstehen, der Fertigungsfluss ins Stocken gerät, Aufträge nicht bearbeitet werden können, Durchlaufzeiten sich erhöhen, Maschinen stillstehen und Liefertermine überschritten werden.

Dilemma der Ablaufplanung

Ein möglicher Zielkonflikt wurde Ende der 1960er und Anfang der 1970er Jahre unter der Bezeichnung *Dilemma der Ablaufplanung* diskutiert. Das vermutete „Dilemma" bestand darin, dass die Verfolgung des Ziels „Minimierung der Durchlaufzeit" dazu führt, dass der Zielerreichungsgrad bezüglich „Maximierung der Kapazitätsauslastung" sich verschlechtert. Umgekehrt bewirkt das Streben nach maximaler Kapazitätsauslastung, dass die Durchlaufzeiten der Aufträge steigen.

Dass ein solcher Zielkonflikt auftreten kann, lässt sich an einfachen Beispielen zeigen. In den 1970er-Jahren wurde ausführlich erörtert, welche praktische Relevanz das Problem besitzt, d. h., unter welchen Bedingungen der Zielkonflikt tatsächlich gegeben ist [Günther 1971, Mensch 1972, Siegel 1974]. Ohne dass Einigkeit unter den Autoren erzielt werden konnte, lässt sich doch konstatieren, dass das Dilemma umso weniger ins Gewicht fällt, je kleiner die Aufträge (d. h. je kürzer die Bearbeitungszeiten), je länger der Planungshorizont und je größer der Auftragsbestand ist [Schweitzer 1994, S. 698]. Umgekehrt gilt, dass der

Zielkonflikt recht wahrscheinlich ist, wenn wenige Aufträge mit langen Bearbeitungszeiten, die also jeweils große, zusammenhängende Kapazitätsblöcke in Anspruch nehmen, in einem engen Terminraster fertigzustellen sind.

Zielprioritäten

Die Dynamik der Umwelt verändert auch die Rahmenbedingungen und Vorgaben für die Produktionsplanung und -steuerung und beeinflusst ihr Zielsystem. Bis in die 1960er-Jahre wurde hauptsächlich für ungesättigte Märkte („Verkäufermärkte") produziert [Adam 1992]. Die Produktionsprogramme wurden weitgehend durch die Produzenten und kaum durch die Kunden bestimmt. Die Fertigungsorganisation in den Industriebetrieben war häufig auf Massen- oder Großserienfertigung ausgerichtet und produziert wurde eher für den anonymen Markt. Bei den produktionswirtschaftlichen Zielen dominierte deshalb die Auslastung der *Produktionskapazitäten*. Andere Ziele – kurze Durchlaufzeiten, niedrige Lagerbestände, gute Termineinhaltung u. a. – besaßen nicht das gleiche Gewicht wie die Kapazitätsauslastung.

Wandel von Verkäufer- zu Käufermärkten

Mit zunehmender Sättigung der Märkte trat ein Wandel von Verkäufer- hin zu Käufermärkten ein. Unternehmen mussten sich stärker um ihre Kunden bemühen, auf individuelle Wünsche eingehen, Marktnischen ausfindig machen und besetzen, Produkte diversifizieren oder in verschiedenen Varianten anbieten und sich insbesondere einem erhöhten Konkurrenzdruck stellen. Wichtige Faktoren im Wettbewerb wurden kurze Lieferzeiten und Termintreue. Die Anforderungen an die Produktionsplanung und -steuerung stiegen erheblich, da nun eine wesentlich größere Zahl an Produktarten, Varianten, Baugruppen etc. zu planen und in kürzerer Zeit durch den Produktionsprozess zu schleusen war.

Angesichts der veränderten Anforderungen verschob sich auch das Gewicht der einzelnen produktionswirtschaftlichen Ziele. Die stärkere Orientierung am Kunden bedeutete etwa, dass es darauf ankam, den Kunden zufriedenzustellen, kurze Lieferzeiten zusagen und einhalten sowie auf spezielle Wünsche schnell und flexibel reagieren zu können. Hohe Lagerbestände an End-, Zwischen- oder Vorprodukten, die vielleicht gar nicht mehr benötigt werden, stünden der nötigen Flexibilität entgegen.

Niedrige Durchlaufzeiten, hohe Termintreue, niedrige Bestände und Flexibilität statt maximaler Kapazitätsauslastung

Unter diesen Rahmenbedingungen büßte die Maximierung der Kapazitätsauslastung ihren Spitzenplatz als dominierendes produktionswirtschaftliches Ziel ein. Stattdessen rückten

- kurze Durchlaufzeiten der Aufträge,
- hohe Termintreue (bzw. Vermeidung von Terminüberschreitungen),

- niedrige Lagerbestände,
- Flexibilität

in den Vordergrund. Flexibilität ist an verschiedenen Stellen erforderlich, zum Beispiel
- im absatzpolitischen Bereich beim Umgang mit dem Kunden und dem Eingehen auf produktspezifische Kundenwünsche, die dann in der Produktionsplanung und -steuerung nachvollzogen werden müssen;
- in der Produktionsplanung durch die Möglichkeit, Pläne kurzfristig aktualisieren zu können;
- in der Fertigungssteuerung durch zeitnahe Reaktion auf geänderte Anforderungen oder Produktionsbedingungen;
- in der Produktion durch schnelle Einrichtung bzw. Umrüstung der Produktionsanlagen.

Durchlaufzeit ist ein kritischer Faktor

Die *Durchlaufzeit* ist ein kritischer Faktor im Zielsystem. Wiendahl berichtete über eine Reihe von Untersuchungen in der Praxis, in denen ermittelt wurde, dass die tatsächlich realisierten Durchlaufzeiten von den geplanten erheblich abwichen, insbesondere darüber lagen und um den Mittelwert sehr stark streuten [Wiendahl 1987a, S. 87 ff.]. In einem typischen Fall, in dem 6758 Fertigungsaufträge untersucht wurden, lag etwa die mittlere Ist-Durchlaufzeit bei 80,1 Tagen, während die Plandurchlaufzeit 55,4 Tage betrug. Mehr als 70 % der Aufträge wurden verspätet fertiggestellt [Wiendahl 1987a, S. 19].

Die Durchlaufzeiten spielen im Hinblick auf die anderen Ziele eine entscheidende Rolle. Wenn sich die Terminüberschreitungen häufen, wird oft der Schluss gezogen, dass die geplanten Durchlaufzeiten wohl zu niedrig sein müssen, und man erhöht die Ansätze für zukünftige Planungen. Dies hat zur Folge, dass die Aufträge früher in die Fertigung gelangen (freigegeben werden) und so rechnerisch den Kapazitätsbedarf an den Betriebsmitteln erhöhen bzw. die Auftragswarteschlangen verlängern. Die Umlaufbestände in der Fertigung und damit die Lagerhaltungskosten steigen ebenfalls. Längere Warteschlangen bedeuten auch längere Ist-Durchlaufzeiten und eine schlechtere Termintreue. Damit schließt sich der Kreis bzw. wird zur Spirale.

„Just-in-time"-Prinzip

„Just-in-time"-Produktion

Das Phänomen zu langer Durchlaufzeiten und überhöhter Lagerbestände wurde in den 1980er-Jahren unter dem Schlagwort Produktion „just in time" (Jit-Produktion) diskutiert [Wildemann 2001]. Darunter versteht man die Produktion zum spätesten möglichen Zeitpunkt – so, dass die Erzeugnisse gerade noch rechtzeitig fertig werden („just in time"). Zu jeder Zeit soll auf allen Stufen der Beschaffung, Fertigung und Distribution gerade nur so viel und nur dann beschafft, produziert und verteilt werden, wie unbedingt nötig.

Genau genommen sind zwei Ausprägungen des Jit-Prinzips zu unterscheiden, wenngleich beide eng miteinander verbunden sind: Jit-Fertigung und Jit-Anlieferung.

Jit-Fertigung

Mit *Jit-Fertigung* wird die „Produktion auf Abruf" bei Eigenfertigung bezeichnet. Sie beinhaltet, dass der Bedarf an End-, Zwischen- oder Vorprodukten nicht auf Vorrat, sondern auf Anforderung durch fertigungstechnisch nachgelagerte Stellen produziert wird. Die Herstellung einer bestimmten Menge eines Zwischenprodukts wird also erst dadurch veranlasst, dass von einem „Verbraucher" (d. h. von einer nachfolgenden Fertigungsstufe), ein konkreter Bedarf zu einem bestimmten Zeitpunkt angemeldet wird. Eine bekannte Ausprägung des Jit-Prinzips ist die Kanban-Produktion. Darauf wird in Abschnitt 3.5 näher eingegangen.

Jit-Anlieferung

Die *Jit-Anlieferung* wird auf den zwischenbetrieblichen Materialfluss bezogen. Sie bezeichnet den Sachverhalt, dass fremdbezogene Materialien genau zu dem Zeitpunkt angeliefert werden, zu dem sie bei der eigenen Produktion benötigt werden. Man bezeichnet den Vorgang auch als „fertigungssynchrone Anlieferung" [Schweitzer 1994, S. 525 ff.; Vahrenkamp 2008, S. 289]. Der Zulieferer muss seine Liefermengen, -termine und -leistungen und schließlich auch seine Fertigung an den Anforderungen des Abnehmers ausrichten.

Durch das „Just-in-time"-Konzept überträgt der Abnehmer seine Lagerhaltung größtenteils auf den Zulieferer. Dieser wird nun teilweise selbst größere Bestände aufbauen müssen oder, falls er wiederum Zulieferer hat, seine eigenen Produktionsanforderungen an diese weitergeben. Das Prinzip der Jit-Anlieferung kann sich so über mehrere Stufen fortpflanzen.

Beim Abnehmer tritt eine erhebliche Reduktion der Lagerbestände ein. Die Kapitalbindung und die Kosten der Lagerhaltung können im Einzelfall signifikant sinken. Dafür steigt aber das Risiko von Fehlmengen und Stockungen im Produktionsablauf, die sonst durch Puffer in Form von Lagern aufgefangen würden.

Zwischen Abnehmer und Zulieferer müssen deshalb geeignete Maßnahmen vereinbart werden, die die Zuverlässigkeit der Anlieferung fördern. Dazu gehören die frühzeitige Weitergabe von Informationen über geplante Produktionsmengen und -termine, eine systematische Qualitätssicherung des Zulieferers von hoher Priorität, aber auch finanzielle Sanktionen bei Nichteinhaltung von Lieferterminen, -mengen oder -qualitäten.

Zulieferer der Automobilindustrie

Die Bereitschaft eines Zulieferers, seine Geschäftstätigkeit derart eng an den Anforderungen des Abnehmers auszurichten, hängt nicht nur von wirtschaftlichen Vorteilen, sondern insbesondere auch von den Marktverhältnissen ab. In Branchen, die durch eine Nachfragemacht der Abnehmer und eine starke Konkurrenz gekennzeichnet sind, wird sehr häufig das Jit-Konzept praktiziert. Ein typisches Beispiel sind die Zulieferer der Automobilindustrie, denen die Lieferbedingungen meist von den Automobilkonzernen gesetzt werden.

Die Abhängigkeit vom Abnehmer wird in vielen Fällen durch langfristige Liefervereinbarungen (Rahmenverträge) geregelt. Diese geben dem Zulieferer aber auch Planungssicherheit für einen längeren Zeitraum und haben so eine gewisse Schutzfunktion. Bestellungen werden nicht durch Einzelverträge, sondern durch Lieferabrufe veranlasst. In diesem Zusammenhang spielen *Fortschrittszahlensysteme* eine wichtige Rolle.

Hohe Störanfälligkeit

Nur vordergründig bewirkt das „Just-in-time“-Prinzip eine einseitige Abhängigkeit des Zulieferers vom Abnehmer. In umgekehrter Richtung begibt sich der Abnehmer ebenso in Abhängigkeit von seinen Lieferanten. Wenn bei diesen Lieferschwierigkeiten auftreten, wirken sie sich unmittelbar auf die eigene Produktion aus. Besonders deutlich wird die logistische Abhängigkeit bei gezielten Aktionen. Dies haben auch die Gewerkschaften erkannt. Durch punktuelle Streiks in wenigen Zulieferbetrieben können sich im Extremfall die Automobilhersteller innerhalb weniger Tage gezwungen sehen, ihre gesamte Produktion einzustellen.

Ausgefeilte Jit-Konzeptionen können dazu beitragen, die Entscheidung zwischen Eigenfertigung und Fremdbezug zugunsten des Fremdbezugs ausfallen zu lassen und damit tendenziell die Fertigungstiefe zu verringern. Am Beispiel der Automobilindustrie sieht man, dass die Zahl der Teile, die vom Automobilhersteller selbst gefertigt wird, immer weiter zurückgeht. Stattdessen rückt die Effektivität der Zuliefernetzwerke immer mehr in den Vordergrund.

Lagerhaltung findet auf der Straße statt

Mit zunehmendem Gewicht der zwischenbetrieblichen Logistik sind die Zahl und der Umfang von Transportvorgängen stark angestiegen. Eine überspitzte Formulierung lautet: „Die Lagerhaltung findet jetzt auf der Straße statt!“ Kritiker halten dem zwischenbetrieblichen Jit-Konzept insbesondere den Anstieg des Verkehrs und die negativen Folgen für die Verhältnisse auf den Straßen sowie die erhöhte Umweltbelastung entgegen.

Anfälligkeit globaler Lieferketten

Im Zuge der Globalisierung sind die Lieferketten oft weltumspannend geworden. Damit stieg auch die Anfälligkeit gegenüber Störungen. Treten in einem Land Probleme auf, können die Konsequenzen auf der ganzen Welt zu spüren sein. Zu Beginn der Corona-Krise 2020, die später die ganze Welt erfasste, mussten beispielsweise die deutschen Automobilhersteller und andere Industrieunternehmen bereits nach kurzer Zeit ihre Produktion einstellen, da Vor- und Zwischenprodukte aus China nicht mehr geliefert werden konnten.

Kostendruck durch Globalisierung

Die Globalisierung des Wettbewerbs setzt Produktionsunternehmen einem starken Kostendruck aus. Viele Unternehmen begegnen diesem Druck durch Maßnahmen wie den folgenden: Globalisierungsfolgen

- Beschaffung sowohl von Vorprodukten als auch höherwertigen Zwischenprodukten auf dem Weltmarkt („Global Sourcing")
- Verlagerung von Teilen der Produktion in andere Länder, in denen das Kostenniveau niedriger ist
- Verstärkte Fremdvergabe an Unterauftragnehmer (verlängerte Werkbank, „Subcontracting")
- Betreibermodelle, bei denen die Fertigungsanlagen im eigenen Haus durch Fremdfirmen bereitgestellt und betrieben werden (vgl. dazu Abschnitt 12.5.1)

1.3.3 Nutzeffekte und Schwachstellen computergestützter Produktionsplanung und -steuerung

Von der Einführung eines PPS- bzw. ERP-Systems verspricht man sich Nutzeffekte im Hinblick auf die produktionswirtschaftlichen Ziele oder auch andere positive Begleiterscheinungen. Auf der anderen Seite sollte auf Schwachstellen geachtet werden, die den Nutzen schmälern können.

Nutzeffekte

Viele Vorteile lassen sich nicht ohne Weiteres quantifizieren. Andere sind zwar quantifizierbar, können aber nicht in Geldeinheiten bewertet werden. Manche Nutzeffekte werden nur indirekt wirksam, z. B. eine reibungsärmere Abwicklung von Geschäftsprozessen.

Typische Nutzeffekte, die in der Praxis beobachtet und teilweise durch empirische Untersuchungen untermauert wurden, sind etwa die folgenden [Matsui 2002]: Typische Nutzeffekte

- Verringerung der Fertigungskosten
- Senkung der Lagerbestände
- Verkürzung der Durchlaufzeiten
- Verbesserung der Termintreue
- Höhere Flexibilität des Produktionsprogramms

- Höhere Flexibilität des Produktionsvolumens
- Höhere Geschwindigkeit bei der Einführung neuer Produkte
- Verbesserter Kundenservice
- Bessere Zusammenarbeit mit Lieferanten und Kunden
- Verbesserung bei der Produktdifferenzierung

Höhere Produktqualität

Nutzeffekte durch PPS-Einführung

Gegenüber dem Stand „null" (d. h. manuelle Planung und Steuerung) konnten durch Einführung von PPS-Systemen signifikante Verbesserungen erzielt werden. Untersuchungen in den 1970er- und 1980er-Jahren zeigten in der Regel quantifizierbare Nutzeffekte, wie eine erheblich bessere Termintreue, kürzere Durchlaufzeiten, geringere Halbfabrikate- und Fertigwarenbestände, höhere Lieferbereitschaft, weniger Eilaufträge und eine bessere Kapazitätsauslastung.

Da heute kein größeres Unternehmen eher manuell plant und steuert, sind mehr die Verbesserungen durch Ablösung des Vorgängersystems durch ein neues System von Interesse. Martin und Co-Autoren [Martin 2002] fanden heraus, dass hier der größte Nutzen bei verbesserten Geschäftsprozessen liegt, insbesondere hinsichtlich der Auftragsdurchlaufzeiten, der Liefertermintreue und der Prozesstransparenz.

Erwartungshaltung zu hoch?

Einen interessanten Effekt zeigt eine Untersuchung von Martin und Bach [Martin 2004], in der 80 mittelständische Fertigungsunternehmen nach Nutzeffekten in den Bereichen Unternehmenscontrolling, Geschäftsprozesse, Kunden- und Marktorientierung, Kapazitätsauslastung, Lagerbestandssenkung, Mitarbeitereffizienz, Verringerung des IT-Personals und Arbeitsentlastung der Mitarbeiter durch die Einführung eines neuen ERP-Systems (Microsoft Navision) befragt wurden. Obwohl in den meisten Bereichen Verbesserungen genannt wurden, lagen diese unter den Erwartungen. Daraus mag man einerseits schließen, dass die Erwartungshaltung der Unternehmen zu hoch war. Zum anderen deutet das Ergebnis auf die Bedeutung eines systematischen Einführungsprozesses hin, auf den in Kapitel 7 eingegangen wird.

Direkte und indirekte Nutzeffekte

Die detaillierten Zusammenhänge zwischen Nutzeffekten im Bereich der Produktionsplanung und -steuerung untersuchten Schumann und Mertens schon in den 1980er-Jahren [Schumann 1990]. Abbildung 1.6 gibt die von ihnen entwickelten Kausalketten wieder, ausgehend von Investitionen in den PPS-Bereich. Beispielsweise führen die erzielbare höhere Genauigkeit und Flexibilität zu einer besseren Materialdisposition, die weniger Engpässe und somit auch eine gleichmäßigere und bessere Kapazitätsauslastung verursachen kann. Wenn eine entsprechende Nachfrage vorhanden ist, lässt sich ein höherer Umsatz erzielen.

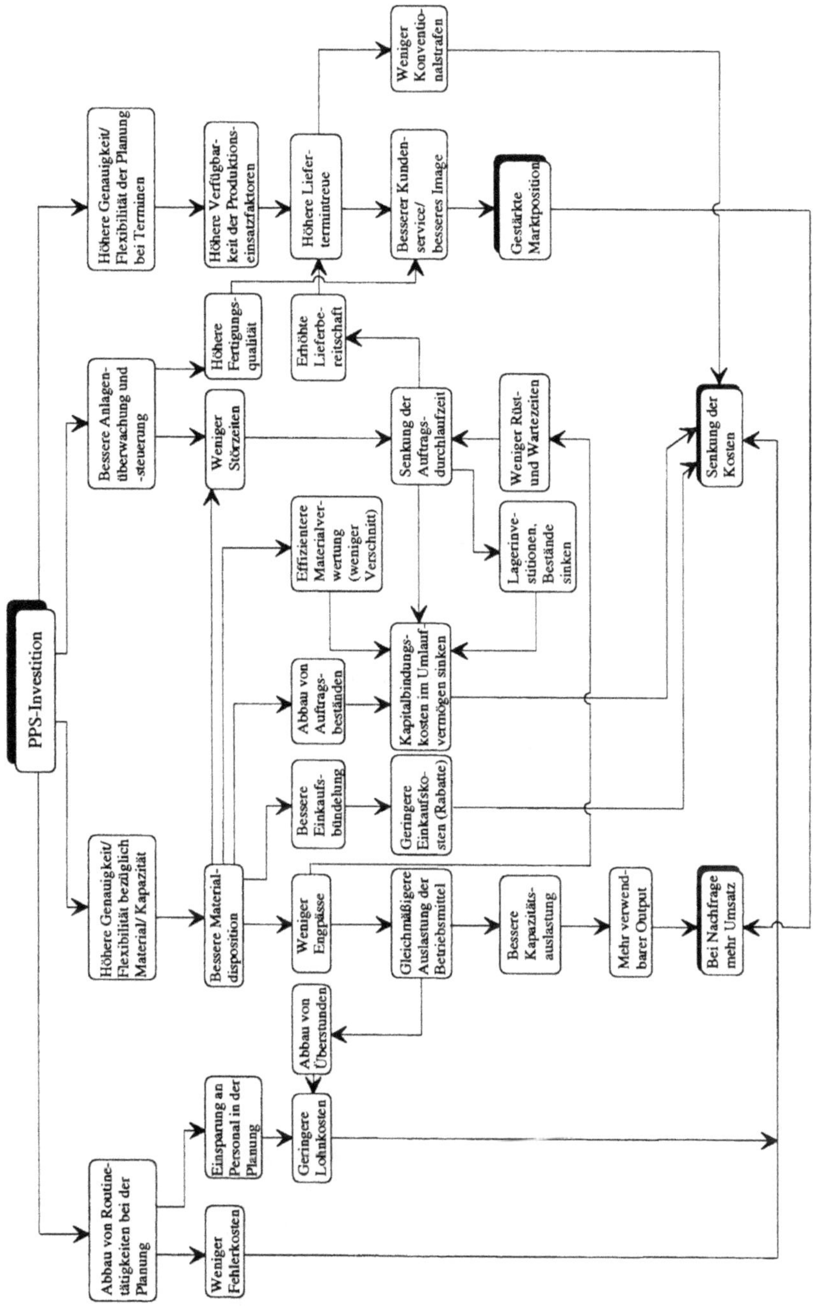

Abb. 1.6: Nutzeffekte durch PPS-Investitionen [Schumann 1990].

Die Senkung der Auftragsdurchlaufzeit – unter anderem dadurch ermöglicht, dass weniger Rüst-, Warte- und Störzeiten auftreten – führt zu einer erhöhten Lieferbereitschaft und besseren Termintreue, was das Image des Unternehmens, seine Position am Markt und möglicherweise den Umsatz verbessert. Bezüglich der Durchlaufzeiten ermittelten die Autoren eine Verkürzung um 20–25 %. Die höhere Termintreue machte sich auch darin bemerkbar, dass die Konventionalstrafen um 20–30 % niedriger waren [Schumann 1990].

Schwachstellen

Die mit der Einführung eines PPS-Systems verbundenen Erwartungen erfüllten sich in vielen Fällen nicht. So wurde z. B. in Kretzschmar [1996] von einer Studie berichtet, bei der ca. drei Viertel der befragten Unternehmen angaben, dass die Ziele „Steigerung der Termintreue", „Verringerung der Durchlaufzeiten", „Reduzierung der Lagerbestände" und „Verbesserung der Kapazitätsauslastung" nicht oder nur teilweise erreicht wurden.

Schwachstellen von Planungs- und Steuerungssystemen

Zu den bekannten Schwachstellen gehört das Auseinanderklaffen der vom System berechneten Pläne und des tatsächlichen Verlaufs der Fertigung. Die Gründe liegen vor allem darin, dass ungeplante Ereignisse auftreten oder Annahmen über die Fertigungssituation nicht zutreffen. Beispiele sind Annahmen über den zukünftigen Primärbedarf, über die Auftragsdurchlaufzeiten, über die Fertigungskapazitäten etc.

Einmal erstellte Pläne sind somit nur zum Zeitpunkt der Planung und unter den getroffenen Annahmen „korrekt". Sobald sich die Umgebungsbedingungen ändern, stimmen Plan und Ist-Situation nicht mehr überein. Besonders bei den kurzfristigen Plänen treten Änderungen sehr häufig auf: Einschleusen von Eilaufträgen, fehlendes Material oder Werkzeug, Kapazitätsengpässe u. a. stellen eher den „Normalfall" dar. Die mit hohem Aufwand errechneten Pläne sind oft schon nach wenigen Stunden überholt.

Geringe Aktualität der Pläne

Grundsätzlich könnten bei Änderungen natürlich die Pläne angepasst werden. Dies unterbleibt aber häufig, weil der Aufwand für einen neuen Planungslauf hoch ist und weil nach einem Periodenraster geplant wird. Das heißt, Planungsläufe finden nur zu bestimmten Zeitpunkten statt. Hinzu kommt, dass zeitnahe Rückmeldungen aus der Fertigung im ERP-System oft gar nicht verfügbar sind.

Sukzessivplanung

Manche Probleme hängen damit zusammen, dass die Teilbereiche der Produktionsplanung und -steuerung eng miteinander verwoben sind, traditionell aber getrennt und nacheinander behandelt werden (*Sukzessivplanung*). Bei einer Sukzessivplanung werden Teilpläne aufgestellt, die auf anderen, meist gröberen Planungen basieren und ihre Ergebnisse an andere, meist feinere Planungsbereiche weiterreichen.

Grob- und Feinplanung klaffen auseinander

Grob- und Feinplanung klaffen häufig auseinander. Beispielsweise arbeitet man auf gröberen Planungsebenen mit *Soll-Durchlaufzeiten*, die auf Durchschnittswerten der Vergangenheit basieren. Die Planung des Fertigungsablaufs geht dann von diesen Werten aus und legt Fertigungstermine an den Produktionsanlagen, Bedarfstermine für Material und Arbeitskräfte etc. fest.

Die *Ist-Durchlaufzeiten* werden jedoch von einer Vielzahl von Faktoren beeinflusst (Kapazitätsbelastung zum Zeitpunkt der Auftragsfreigabe, Verschiebungen beim Kapazitätsabgleich, Bearbeitungsreihenfolgen an den einzelnen Betriebsmitteln, Prioritäten der Aufträge u. a.). Sie streuen deshalb oft erheblich und liegen teilweise deutlich über den Planzeiten. Ungenaue Planzeiten beeinträchtigen die Zuverlässigkeit der Planungsergebnisse. Überschreitung von Lieferterminen, aber auch verfrühte Fertigstellungstermine und damit Lagerzeiten für Endprodukte sind die Folgen.

Mengenplanung vieler ERP-Systeme führt zu hohen Lagerbeständen

Die isolierte Mengenplanung im MRP kann zu hohen Lagerbeständen, Lagerhaltungskosten und damit auch zu einer hohen Kapitalbindung im Umlaufvermögen führen. Eine der Ursachen ist das Bestreben, durch Zusammenfassung von Einzelbedarfsmengen „optimale" Losgrößen zu bilden. Große Lose bedeuten aber hohe Lagerbestände, binden Kapital und behindern die Flexibilität des Unternehmens. Dem Unternehmen wird die Möglichkeit genommen, einer erkennbaren Nachfrageänderung agil zu begegnen, indem es kurzfristig eine Produktart zurückfährt und durch eine andere ersetzt.

Keine zielbezogenen Stellgrößen

Betrachtet man das betriebswirtschaftliche Handeln in der Theorie, so orientiert es sich grundsätzlich an bestimmten produktionswirtschaftlichen Zielen. Umso verwunderlicher ist es, dass die PPS-Systeme nie wirklich Stellgrößen bereithielten, die es erlaubten, eine Zielgröße wie die Minimierung der Durchlaufzeiten, die Verbesserung der Termintreue oder die Maximierung der Kapazitätsauslastung gezielt zu beeinflussen [Adam 1992; Wiendahl 1987a, S. 22 f.].

Parametrisierung ist oft kontraproduktiv

Manchmal ist sogar das Gegenteil der Fall. So bieten viele ERP-Systeme die Möglichkeit, Parameter zu setzen bzw. auf unternehmensindividuelle Werte einzustellen (vgl. z. B. Dittrich [2009a]). Die Zahl der Parameter ist jedoch teilweise so hoch, dass ihre Auswirkungen und Interaktionen gar nicht mehr überschaubar und prognostizierbar sind.

Selbst die Wirkung von Prioritätsregeln für die Maschinenbelegungsplanung, die der Disponent durch Parameter auswählen kann, ist umstritten. Mit Prioritätsregeln (vgl. Abschnitt 3.5.1) soll die Verfolgung eines oder mehrerer produktionswirtschaftlicher Ziele gefördert werden. In einer konkreten Untersuchung bei einem Maschinenbauunternehmen gelang es beispielsweise nicht, einen signifikanten Zusammenhang zwischen der Anwendung einer bestimmten Prioritätsregel und dem Zielerreichungsgrad nachzuweisen [Pabst 1985].

Falsches System

Probleme mit computergestützter Produktionsplanung und -steuerung sind manchmal auch in der Wahl des falschen Systems begründet. PPS- bzw. ERP-Systeme sind häufig auf bestimmte Betriebstypen, Fertigungsformen oder Branchen ausgerichtet. Wenn sie unter anderen Verhältnissen eingesetzt werden, können die Nutzeffekte nur teilweise zum Tragen kommen, oder sie schlagen gar ins Gegenteil um.

Ein ähnliches Problem entsteht bei einer Diversifikation der Fertigungsorganisation, d. h., manche Produktlinien werden beispielsweise in Massen- und Fließfertigung und andere nach Kundenspezifikation in Fertigungsinseln hergestellt. Wenn das Unternehmen ein für alle Bereiche einheitliches ERP-System einsetzt, dann ist die Wahrscheinlichkeit sehr hoch, dass dieses nur einen Teil der Produktion befriedigend abdeckt.

Menschliches Denkvermögen und Kreativität sind oft überlegen

Probleme kann auch ein übertrieben hoher Durchdringungsgrad der Planung bereiten. Je mehr automatisiert geplant wird, umso weniger Entscheidungsspielräume bleiben dem Mann oder der Frau „vor Ort". Dies mag vom betriebswirtschaftlichen Standpunkt aus so lange zweckmäßig sein, wie das System bessere Entscheidungen als der Mensch erzielt. Bei vielen Problemen ist dies aber nicht der Fall. Insbesondere in Situationen, in denen Zielkonflikte, Konkurrenz um knappe Ressourcen oder Inkonsistenzen in einem Produktionsplan aufgelöst werden müssen, sind menschliches Denkvermögen und Kreativität den starren Algorithmen eines Programms häufig überlegen. Während der menschliche Fertigungssteuerer etwa auf Erfahrungen, Situationskenntnisse und gesunden Menschenverstand zurückgreifen kann, stehen dem System meist nur vorgedachte Standardlösungen zur Verfügung.

Akzeptanz

Darunter kann die *Akzeptanz* des Systems erheblich leiden. Akzeptanzbarrieren treten beispielsweise auf,

- wenn das System die Entscheidungsspielräume des Menschen unangemessen beschneidet;
- wenn das System Entscheidungen fällt, die nach objektiver oder subjektiver Beurteilung schlechter als die der menschlichen Entscheidungsträger sind;
- wenn komplizierte Planungsstrategien und Algorithmen und damit auch die Ergebnisse nicht mehr nachvollziehbar und intransparent sind.

Zettelkästen

Wenn das computergestützte System von den Mitarbeitern nicht akzeptiert wird, besteht die Gefahr, dass es unterlaufen wird. Aktuelle Informationen für die Tagesarbeit, Zusatzinformationen, die nicht in das Standardraster des Datenmodells passen, u. a. werden dann nicht im System geführt, sondern in informellen Zusatzsystemen (Excel-Tabellen, Zettelkästen, Notizbüchern) oder in den Köpfen der Beteiligten. Die Aussagekraft der im System gespeicherten Informationen leidet und die nötige Flexibilität des Unternehmens, die auf der Aktualität der Datenbasis basiert, sinkt.

1.3.4 Einfluss des Betriebstyps auf die Planung und Steuerung

Die Anforderungen an die Produktionsplanung und -steuerung können sich von Unternehmen zu Unternehmen erheblich unterscheiden. Dies liegt nicht nur an branchenspezifischen Gegebenheiten, sondern auch an unterschiedlichen Ausprägungen grundlegender struktureller Merkmale.

Da im weiteren Verlauf gelegentlich Merkmale verschiedener Unternehmenstypen angesprochen werden, soll zunächst eine Typisierung von Produktionsunternehmen vorgenommen werden.

FIR-Typologie

Eine verbreitete Typologie stammt vom Forschungsinstitut für Rationalisierung (FIR) an der RWTH Aachen. Sie wurde in den 1990er-Jahren erarbeitet und wird meist in einem morphologischen Kasten dargestellt. Wie in Abb. 1.7 zu sehen ist, werden zwölf Merkmale verwendet:

- Auftragsauslösungsart
- Erzeugnisspektrum
- Erzeugnisstruktur
- Ermittlung des Erzeugnis-/Komponentenbedarfs
- Auslösung des Sekundärbedarfs
- Beschaffungsart
- Bevorratung
- Fertigungsart
- Teilefertigung
- Ablaufart in der Montage
- Fertigungsstruktur
- Kundenänderungseinflüsse während der Fertigung

Ein konkreter Betrieb ist durch Merkmalsausprägungen in jeder Zeile des morphologischen Kastens gekennzeichnet, wobei Felder in manchen Zeilen auch mehrfach besetzt sein können. Abbildung 1.8 zeigt exemplarisch einen Betriebstyp, der in Serien- und Massenfertigung ein Produktionsprogramm aus Standarderzeugnissen mit einer komplexen Struktur und mittleren Fertigungstiefe auf Lager produziert. Die Fertigungsorganisation ist teils durch Werkstattfertigung, teils durch Baustellen- und Gruppenmontage gekennzeichnet.

Merkmal	Merkmalsausprägungen				
1 AUFTRAGSAUSLÖSUNGSART	Produktion auf Bestellung mit Einzelaufträgen	Produktion auf Bestellung mit Rahmenaufträgen	kundenanonyme Vorproduktion/ kundenauftragsbezogene Endproduktion	Produktion auf Lager	
2 ERZEUGNISSPEKTRUM	Erzeugnisse nach Kundenspezifikation	typisierte Erzeugnisse mit kundenspezifischen Varianten	Standarderzeugnisse mit Varianten	Standarderzeugnisse ohne Varianten	
3 ERZEUGNISSTRUKTUR	mehrteilige Erzeugnisse mit komplexer Struktur	mehrteilige Erzeugnisse mit einfacher Struktur	geringteilige Erzeugnisse		
4 ERMITTLUNG DES ERZEUGNIS-/KOMPONENTENBEDARFS	bedarfsorientiert auf Erzeugnisebene	teilweise erwartungs-/teilweise bedarfsorientiert auf Komponentenebene	erwartungsorientiert auf Komponentenebene	erwartungsorientiert auf Erzeugnisebene	verbrauchsorientiert auf Erzeugnisebene
5 AUSLÖSUNG DES SEKUNDÄRBEDARFS	auftragsorientiert	teilweise auftragsorientiert/ teilweise periodenorientiert	periodenorientiert		
6 BESCHAFFUNGSART	weitgehender Fremdbezug	Fremdbezug in größerem Umfang	Fremdbezug unbedeutend		
7 BEVORRATUNG	keine Bevorratung von Bedarfspositionen	Bevorratung von Bedarfspositionen auf unteren Strukturebenen	Bevorratung von Bedarfspositionen auf oberen Strukturebenen	Bevorratung von Erzeugnissen	
8 FERTIGUNGSART	Einmalfertigung	Einzel- und Kleinserienfertigung	Serienfertigung	Massenfertigung	
9 ABLAUF ART IN DER TEILEFERTIGUNG	Werkstattfertigung	Inselfertigung	Reihenfertigung	Fließfertigung	
10 ABLAUFART IN DER MONTAGE	Baustellenmontage	Gruppenmontage	Reihenmontage	Fließmontage	
11 FERTIGUNGSSTRUKTUR	Fertigung mit geringem Strukturierungsgrad	Fertigung mit mittlerem Strukturierungsgrad	Fertigung mit hohem Strukturierungsgrad		
12 KUNDENÄNDERUNGSEINFLÜSSE WÄHREND DER FERTIGUNG	Änderungseinflüsse in größerem Umfang	Änderungseinflüsse gelegentlich	Änderungseinflüsse unbedeutend		

Abb. 1.7: Betriebstypologie als morphologischer Kasten [Sames 1998].

Merkmal	Merkmalsausprägungen				
1 AUFTRAGS-AUSLÖSUNGS-ART	Produktion auf Bestellung mit Einzelaufträgen	Produktion auf Bestellung mit Rahmenaufträgen	kundenanonyme Vorproduktion/kundenauftrags-bezogene Endproduktion	Produktion auf Lager	
2 ERZEUGNIS-SPEKTRUM	Erzeugnisse nach Kunden-spezifikation	typisierte Erzeug-nisse mit kunden-spezifischen Varianten	Standard-erzeugnisse mit Varianten	Standard-erzeugnisse ohne Varianten	
3 ERZEUGNIS-STRUKTUR	mehrteilige Erzeugnisse mit komplexer Struktur	mehrteilige Erzeugnisse mit einfacher Struktur	geringteilige Erzeugnisse		
4 ERMITTLUNG DES ERZEUG-NIS-/KOMPO-NENTEN-BEDARFS	bedarfsorientiert auf Erzeugnis-ebene	teilweise erwar-tungs-/teilweise bedarfsorientiert auf Kompo-nentenebene	erwartungs-orientiert auf Komponenten-ebene	erwartungs-orientiert auf Erzeugnisebene	verbrauchs-orientiert auf Erzeugnisebene
5 AUSLÖSUNG DES SEKUNDÄR-BEDARFS	auftragsorientiert	teilweise auftragsorientiert/ teilweise periodenorientiert	periodenorientiert		
6 BESCHAF-FUNGSART	weitgehender Fremdbezug	Fremdbezug in größerem Umfang	Fremdbezug unbedeutend		
7 BEVORRATUNG	keine Bevorratung von Bedarfs-positionen	Bevorratung von Bedarfspositionen auf unteren Strukturebenen	Bevorratung von Bedarfspositionen auf oberen Strukturebenen	Bevorratung von Erzeugnissen	
8 FERTIGUNGSART	Einmalfertigung	Einzel- und Klein-serienfertigung	Serienfertigung	Massenfertigung	
9 ABLAUF ART IN DER TEILE-FERTIGUNG	Werkstattfertigung	Inselfertigung	Reihenfertigung	Fließfertigung	
10 ABLAUFART IN DER MONTAGE	Baustellenmontage	Gruppenmontage	Reihenmontage	Fließmontage	
11 FERTIGUNGS-STRUKTUR	Fertigung mit geringem Strukturierungsgrad	Fertigung mit mittlerem Strukturierungsgrad	Fertigung mit hohem Strukturierungsgrad		
12 KUNDEN-ÄNDERUNGS-EINFLÜSSE WÄHREND DER FERTIGUNG	Änderungseinflüsse in größerem Umfang	Änderungseinflüsse gelegentlich	Änderungseinflüsse unbedeutend		

Abb. 1.8: Beispielhafte Abbildung eines Betriebstyps im morphologischen Kasten.

1.3.5 Betriebswirtschaftliche Planungsmodelle

In der Betriebswirtschaftslehre wurden Probleme der Produktionsplanung seit den 1950er-Jahren ausgiebig untersucht. Betriebswirtschaftliche Planungsmodelle behandeln hauptsächlich die folgenden Problemkreise:

Mengenplanung

- *Mengenprobleme:* Welche Mengen an End-, Zwischen-, Vorprodukten sollen im Planungszeitraum hergestellt werden? Sollen Lose gebildet werden? Welche Losgrößen sind zu wählen? Welche Mengen fremdbezogener Teile sollen zusammen beschafft werden?

Terminplanung

- *Terminprobleme („Scheduling"):* Zu welchen Zeitpunkten sollen die Fertigungsaufträge durchgeführt bzw. Beschaffungsaufträge ausgelöst werden?

Zuordnungsplanung

- *Zuordnungsprobleme:* Auf welchen Betriebsmitteln und ggf. mit welchem Personal, Werkzeug etc. soll die Fertigung erfolgen?

Reihenfolgeplanung

- *Reihenfolgeprobleme („Sequencing"):* In welchen Reihenfolgen sollen die Fertigungsaufträge, die teilweise dieselben Betriebsmittel und Arbeitsplätze durchlaufen, abgearbeitet werden?

Sukzessivplanung

Wegen der Komplexität der Planungsprobleme ist es schwierig, alle Teilprobleme in *einem* Modell angemessen abzubilden. Dies gilt insbesondere, wenn eine *optimale* Lösung angestrebt wird. Um zu handhabbaren Modellen zu gelangen, betrachtete man deshalb oft nur abgegrenzte Teilprobleme von geringerer Komplexität, z. B. Endproduktprogramm-, Losgrößen- oder Fertigungsablaufplanung. Die einzelnen Teilprobleme müssen dann isoliert voneinander und nacheinander gelöst werden (*Sukzessivplanung*).

Simultanplanung

Da Planungsentscheidungen in einem Teilbereich oft Auswirkungen auf andere Bereiche haben und umgekehrt, müssten alle wechselseitigen Abhängigkeiten vom theoretischen Standpunkt aus eigentlich in *einem* Modell erfasst und bei der Planung berücksichtigt werden (*Simultanplanung*). Dies führt jedoch zu sehr großen Modellen, die nicht praktikabel sind und trotz gestiegener Computerleistung auch heute nicht rechenbar wären.

Immerhin ist zu beobachten, dass einige Optimierungsmodelle für spezielle Problemstellungen im Laufe der Zeit Eingang in computergestützte Planungssysteme gefunden haben. Dies ist insbesondere im Supply Chain Management der Fall, in dem fortgeschrittene Modelle und Methoden unter dem Begriff APS (Advanced Planning and Scheduling) zusammengefasst werden (vgl. Abschnitt 9.5).

1.4 Massendatenverarbeitung

Betriebliche Anwendungssysteme sind meist datenorientierte Systeme, die große Datenmengen speichern, verarbeiten oder erzeugen. Dies gilt insbesondere für produktionswirtschaftliche Systeme, aber auch für andere Funktionskreise wie das Rechnungswesen und die Personalwirtschaft.

Größenordnungen bei einem mittleren Fertigungsbetrieb

Anders als in den betriebswirtschaftlichen Planungsmodellen, in denen das Problem der Datenbeschaffung und -verwaltung kaum thematisiert wurde, nimmt in der Praxis die Datenverwaltung breiten Raum ein. Dies ist nicht verwunderlich, denn die Datenbestände sind äußerst umfangreich und die Querbeziehungen zwischen den Datenstrukturen sind sehr komplex.

Einige Beispiele sollen die Größenordnungen verdeutlichen. Ein häufig zitiertes Zahlenwerk von Scheer charakterisiert die Grunddaten, die bereits bei einem mittleren Fertigungsbetrieb zu bewältigen sind [Scheer 1976, S. 19]:
- 40.000 Teile, davon 100 Endprodukte und 10.000 Eigenfertigungsteile
- 280.000 Erzeugnisstruktursätze
- 20.000 Arbeitspläne
- 100.000 Arbeitsgänge
- 200.000 Betriebsmittelzuordnungen zu Arbeitsgängen
- 150 Betriebsmittelgruppen
- 750 Einzelbetriebsmittel

Zusammen sind dies 640.900 Datensätze, davon 40.000 sog. Teilestammsätze. Typische Zahlen von Teilestammsätzen (auch Materialstammsätze genannt) aus der Praxis nennen Dittrich und Co-Autoren; vgl. Abb. 1.9.

Betrieb	Branche	Materialstammsätze
Universitätsklinikum Erlangen	Gesundheitsversorgung	31.000
Esselte Leitz GmbH & Co. KG	Bürobedarf	40.000
Festo AG & Co. KG	Automatisierungstechnik	175.000
Maschinenfabrik Reinhausen GmbH	Schaltanlagenbau	280.000
Robert Bosch GmbH	Elektro	350.000

Abb. 1.9: Beispiele für die Anzahl Materialstammsätze [Dittrich 2009a, S. 2].

51.400 Datenobjekte und Papierunterlagen zu 1 Kundenauftrag

Anhand eines komplexeren Produkts illustrierte Wiendahl den Umfang der Datenbestände, die an einem Kundenauftrag beteiligt sein können [Wiendahl 1997a, S. 166]. In dem Beispiel, das in Abb. 1.10 wiedergegeben ist, waren mit der Produktion einer Papiermaschine insgesamt

51.400 Datenobjekte und Papierunterlagen verbunden. Nicht berücksichtigt sind in der Zahl 144.200 Einzelteile, für die in einem ERP-System ebenfalls Daten geführt würden, und 600 Personen.

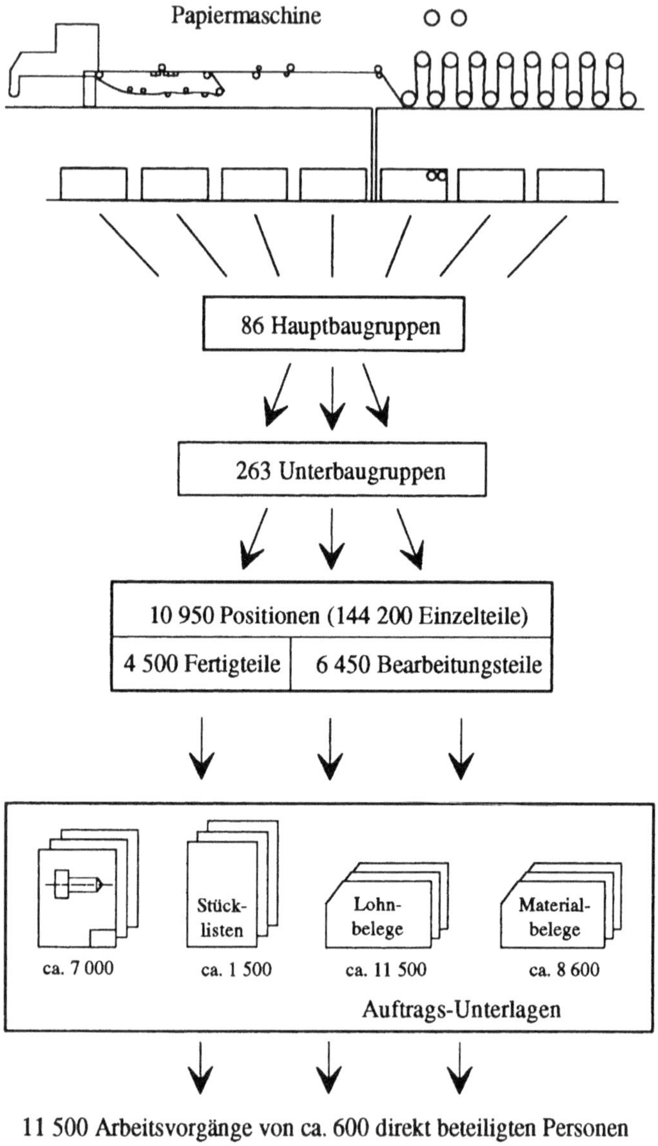

Abb. 1.10: Beispiel für Datenobjekte und Dokumente, die mit einem Kundenauftrag verbunden sind [Wiendahl 1997a, S. 166].

Komplexe Beziehungen zwischen den Daten

Der Umfang der Datensätze kann recht groß werden. So sind 100 oder mehr Datenfelder in einem Teilestammsatz keine Seltenheit. Nicht nur die Größe der Datenbestände, sondern auch die komplexen Beziehungen zwischen den Datenobjekten stellen hohe Anforderungen an die Datenmodellierung. Die in der Anfangszeit im PPS-Bereich entwickelten Techniken zur Datenorganisation flossen später in die Entwicklung von Datenbanksystemen ein, sodass die Datenverwaltungskomponenten von PPS-Systemen auch als Vorläufer der Datenbanksysteme gelten.

2 MRP – Material Requirements Planning

2.1 Grundidee des MRP und Unternehmenstyp

Wurzeln in den 1960er-Jahren

Die ersten produktionswirtschaftlichen Informationssysteme waren auf die Planung der End-, Zwischen- und Vorproduktmengen ausgerichtet. Bereits Ende der 1960er- und Anfang der 1970er-Jahre des vorigen Jahrhunderts wurden von bekannten Computerherstellern wie IBM, Honeywell Bull, Digital Equipment und Siemens Informationssysteme für die Materialbedarfsplanung entwickelt. Ein berühmtes System war etwa *PICS (Production Information and Control System)* von IBM, das bereits 1968 angeboten und später zu *COPICS (Communication Oriented Production Information and Control System)* erweitert wurde.

MRP-Systeme

PICS und ähnliche Systeme unterstützten vor allem die Materialbedarfsplanung. Deshalb wurden sie als MRP-Systeme (MRP, Material Requirements Planning) bezeichnet. Da die meisten der frühen Systeme in den USA entstanden, liegen ihnen auch die damals in Amerika vorherrschenden Marktverhältnisse zugrunde. Vereinfachend kann man sagen, dass MRP-Systeme auf Unternehmen ausgerichtet waren, die ihre Erzeugnisse zunächst auf Lager produzieren und Vorratshaltung betreiben.

Unternehmenstyp

Diese Unternehmen waren meist dadurch gekennzeichnet, dass sie ein mehr oder weniger standardisiertes Produktionsprogramm fertigten. Das bedeutet, dass sowohl die Art der herzustellenden Erzeugnisse als auch ihre Zusammensetzung, die Erzeugnisstrukturen, genau bekannt waren. Die späteren Nachfrager kannte man dagegen noch nicht bzw. sie spielten im Planungsprozess keine (oder keine wesentliche) Rolle. Anders als bei auftragsorientierter Fertigung waren also nicht individuelle Kundenaufträge Auslöser der Produktion. Vielmehr wurde nach einem mengen- und zeitmäßig festgelegten Produktionsprogramm verfahren; oder Produktionsaufträge wurden dann initiiert, wenn die Lagerbestände bestimmte Schwellen unterschritten oder wenn andere verbrauchsorientierte Kriterien erfüllt waren.

Standardproduktionsprogramm

Häufig ist bei Standardproduktionsprogrammen nicht nur die Art und Zusammensetzung der Produkte festgelegt, sondern auch der Absatz verläuft mit einer gewissen Gleichförmigkeit oder zumindest nach erkennbaren Gesetzmäßigkeiten (z. B. saisonaler Verlauf). In diesen Fällen können oft große Mengen einer Produktart am Stück hergestellt werden (Massen- oder Großserienfertigung).

Idealtypische Charakterisierung

Mit der verkürzten Bezeichnung „Produktion nach Programm“ wird im Folgenden ein Unternehmenstyp gekennzeichnet, der für den anony-

https://doi.org/10.1515/9783111589688-002

men Markt auf Vorrat produziert und dabei ein Standardproduktionsprogramm, tendenziell in Massen- oder Serienfertigung, herstellt. Dies ist natürlich eine idealtypische Charakterisierung, die aber das Herausarbeiten der grundlegenden Problemstellungen vereinfacht. In der Praxis existieren viele Zwischenformen zwischen der reinen Lagerproduktion und der reinen Auftragsfertigung, ebenso wie es etwa Auftragsfertiger gibt, die aus einer Standardproduktpalette nach Kundenauftrag fertigen. Der Betriebstyp, der in diesem Kapitel zugrunde liegt, wurde oben in Abb. 1.8 charakterisiert.

Die Hauptaufgabe des Material Requirements Planning besteht darin, den Materialbedarf auf allen Stufen der Beschaffung und Fertigung zu planen. Den Ausgangspunkt hierfür bildet das Produktionsprogramm bzw. der Primärbedarf, für deren Ermittlung MRP-Systeme ebenfalls Unterstützung boten.

Reine MRP-Systeme gibt es nicht mehr

Reine MRP-Systeme gibt es heute praktisch nicht mehr. Die MRP-Funktionalität findet sich aber in fast gleicher oder ähnlicher Form im MRP II (Manufacturing Resource Planning) und heute im Enterprise Resource Planning wieder.

2.2 Stammdaten für MRP

Die Datenstrukturen im Material Requirements Planning lassen sich, wie grundsätzlich bei betrieblichen Anwendungssystemen, unterteilen in:
- Stammdaten (Grunddaten),
- Bewegungsdaten (vorgangsbezogene Daten).

Stammdaten vs. Bewegungsdaten

Stammdaten (oder *Grunddaten*) sind Daten, die unabhängig von konkreten Produktionsplänen oder Aufträgen existieren. Sie stellen den Rahmen für die Planung und Steuerung dar. Als *Bewegungsdaten* (*vorgangsbezogene Daten*) werden diejenigen Daten bezeichnet, die im Geschäftsbetrieb entstehen, z. B. bei der Planung und Abwicklung eines Kundenauftrags, bei der Ermittlung und Produktion des Primärbedarfs und bei der Erstellung und Durchführung von Produktionsplänen.

Die wichtigsten Stammdaten für MRP, Teile (Materialien) und Erzeugnisstrukturen, werden in diesem Abschnitt beschrieben. Bewegungsdaten werden in den späteren Kapiteln im Kontext der Geschäftsprozesse behandelt, bei denen sie entstehen bzw. verarbeitet werden. Zur Veranschaulichung werden Entity-Relationship-Diagramme verwendet, deren Notation im Anhang näher erläutert ist.

2.2.1 Teilestammdaten

„Teil“ als Oberbegriff

Eine zentrale Rolle spielen in jedem produktionswirtschaftlichen Anwendungssystem die Teilestammdaten. Der Begriff „Teil“ wird meist als Oberbegriff für Endprodukte, Baugruppen, Einzelteile, Rohmaterial etc. verwendet, d. h. für alle Bestandteile eines Endprodukts, für Endprodukte selbst, aber auch für Verbrauchsmaterial u. ä. Statt von „Teil“ spricht man häufig von „Material“, gelegentlich auch von „Artikel“ oder „Produkt“. Im Weiteren wird im Kontext der produktionswirtschaftlichen Daten einheitlich der Begriff „Teil“ verwendet.

Teilestammdaten sind sehr umfangreich

Die Teilestammdaten sind sowohl von der Anzahl der Teile als auch von der Anzahl der Attribute her meist sehr umfangreich. Einige wichtige Attribute (bzw. Felder) eines Teilestammsatzes sind beispielsweise die folgenden:

Teilestammdaten

- Teilenummer
- Variantenkennzeichen
- Teilebezeichnung
- Teilebeschreibung
- Teileart (z. B. Endprodukt, Baugruppe, Hilfsstoff)
- Maßeinheit (z. B. Stück, kg, m)
- Formkennung
- Zeichnungsnummer
- Werkstoff
- Dispositionsart (z. B. Eigenfertigung, verbrauchsgesteuert)
- Wiederbeschaffungszeit
- Ausschussfaktor für mengenabhängigen Ausschuss
- Ausschussfaktor für rüstabhängigen Ausschuss
- Gültigkeitsdatum, ab dem der Teilstammsatz gilt
- Gültigkeitsdatum, bis zu dem der Teilstammsatz gilt
- Datum der letzten Änderung
- Datum der Erstanlage
- Zuständiger Sachbearbeiter

Häufig sind den Teilestammdaten noch sehr viel mehr Attribute zugeordnet. Die in SAP ERP geführten Teilestammdaten (dort „Materialstammdaten“ genannt) weisen beispielsweise mehr als 400 Attribute auf. Die Anzahl und der Differenzierungsgrad der Attribute hängen unter anderem davon ab, welche betrieblichen Bereiche in die ERP-Lösung insgesamt einbezogen werden, ob benachbarte Anwendungssysteme (z. B. CAD für die Konstruktion, CAM für die Fertigung, SCM für die Lieferbeziehungen) vorhanden sind und ob Schnittstellen zu diesen existieren.

Die verschiedenen Attribute werden manchmal nach Kategorien wie den folgenden geordnet (z. B. [Steinmetz 1987]):

Weitere Daten in Teilestammsätzen

- Identifikationsdaten (Teilenummer u. a.)
- Ordnungsdaten (technische Klassifikation u. a.)
- Konstruktionsdaten (Abmessungen u. a.)
- Dispositionsdaten (Beschaffungsart, Losgröße u. a.)
- Bedarfsdaten (kumulierter Bedarf u. a.)
- Bestandsdaten (Lagerbestand u. a.)
- Absatzdaten (Verkaufspreis u. a.)
- Beschaffungsdaten (Einstandspreis u. a.)
- Produktionsdaten (Durchlaufzeiten u. a.)
- Kalkulationsdaten (Maschinenkosten, Lagerkostensatz u. a.)

In SAP ERP werden die Attribute beispielsweise in 28 Kategorien eingeteilt. Die Kategorien werden dort „Sichten" genannt, weil sie letztlich die Benutzer-„Sicht" auf die Daten widerspiegeln (d. h. die verschiedenen Bildschirmmasken, in denen die Daten dem Benutzer präsentiert werden).

Nicht alle in einem Bildschirmfenster für Teilestammdaten angezeigten Felder sind zwangsläufig Attribute der gleichnamigen Datenbanktabelle. Vielmehr werden die angezeigten Werte oft erst berechnet oder aus anderen Tabellen besorgt. So wird etwa der in den Teilestammdaten ausgewiesene Lagerbestand häufig aus lagerortbezogenen Daten, die in anderen Tabellen gespeichert sind, ermittelt und aggregiert.

2.2.2 Erzeugnisstrukturdaten

Erzeugnisstrukturen stellt man häufig als Bäume dar

In den Erzeugnisstrukturen wird die Zusammensetzung der Teile aus ihren Bestandteilen festgehalten. Erzeugnisstrukturen stellt man häufig als Bäume dar. Die Kanten der Bäume bringen, je nach Blickrichtung, die Beziehung „besteht aus" oder „geht ein in" zum Ausdruck. Die Zahlen an den Kanten sind Mengenkoeffizienten. In Abb. 2.1 sind zwei vereinfachte Erzeugnisstrukturbäume für die beiden Endprodukte Y und Z wiedergegeben. Y besteht beispielsweise aus 2 Mengeneinheiten (ME) A und 1 ME B; umgekehrt gilt, dass A und B in Y mit 2 bzw. 1 ME eingehen.

Kehrt man die Betrachtungsweise dergestalt um, dass man von den Blättern der Erzeugnisstrukturbäume ausgeht und in Richtung der Beziehung „geht ein in" blickt, so lassen sich die Strukturen auch als Bäume wie in Abb. 2.2 darstellen. Von einem bestimmten Teil können im allgemeinen Fall mehrere Kanten ausgehen. Aus der Abbildung erkennt man nun unmittelbar, für welche anderen Teile ein bestimmtes Teil benötigt wird. Beispielsweise geht das Teil E direkt mit 1 ME in A und mit 2 ME in C sowie indirekt in Z, B und zweifach in Y (über A und B) ein.

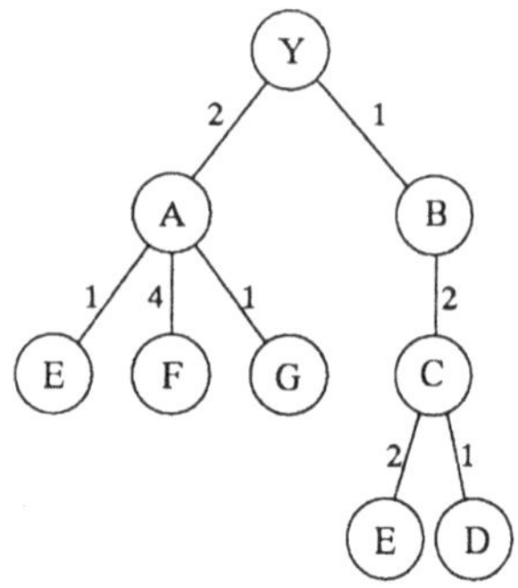

Abb. 2.1: Erzeugnisstrukturdarstellungen als Bäume („besteht aus“-Beziehungen).

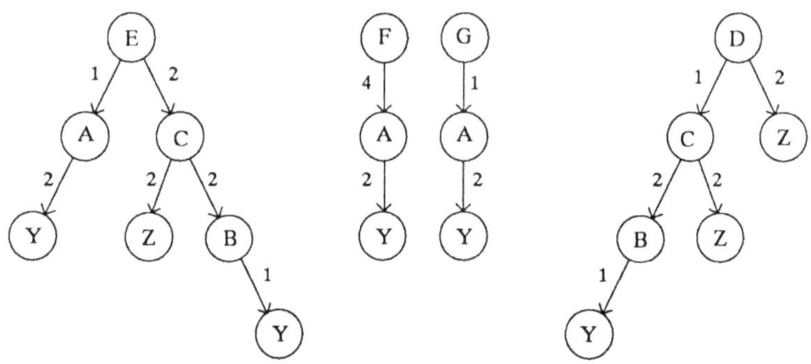

Abb. 2.2: Alternative Erzeugnisstrukturdarstellungen („geht ein in“-Beziehungen).

Gozinto-Graphen

Die beiden unterschiedlichen Sichtweisen lassen sich zusammenfassen, wenn man einen *Gozinto-Graphen* verwendet. In einem solchen Graphen sind auch netzartige Strukturen zulässig, sodass die redundanten Äste und Knoten der Erzeugnisstrukturbäume nicht mehrfach dargestellt zu werden brauchen (z. B. war in Abbildung 2.1 das Teil C zweimal, das Teil D dreimal aufgeführt). Abbildung 2.3 zeigt die beiden Erzeugnisstrukturen Y und Z nochmals in Form eines Gozinto-Graphen auf Basis der „Geht-ein-in“-Beziehung. (Die Bezeichnung „Gozinto“ soll im Übrigen vom englischen „goes into“ abgeleitet sein!)

Erzeugnisstruktur als binärer Baum

Bevor die Abbildung der Erzeugnisstrukturen in einem Datenmodell behandelt wird, soll noch kurz auf eine nützliche Transformation hingewiesen werden. Ein Erzeugnisstrukturbaum kann wie jeder andere Vielwegbaum auch in einen *binären Baum* überführt werden [Wirth 2000],

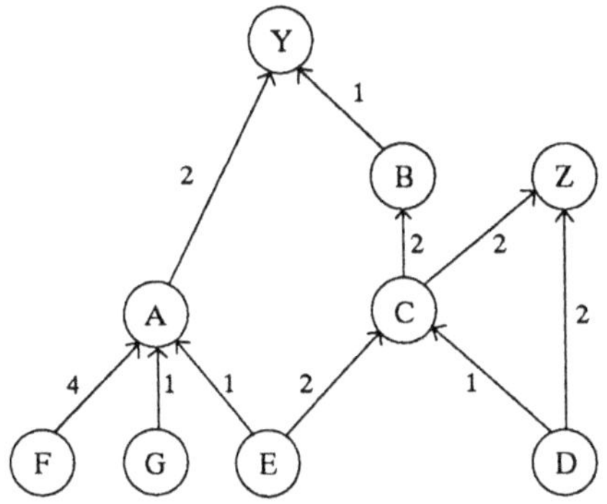

Abb. 2.3: Erzeugnisstrukturen als Gozinto-Graph.

sofern man dafür Sorge trägt, dass keine Kanteninformationen verloren gehen. In Abb. 2.4 ist eine derartige Transformation für die Erzeugnisstrukturen Y und Z durchgeführt. Gegenüber der ursprünglichen Darstellung in Vielwegbäumen sind folgende Änderungen zu beachten:

- Die Kanten eines Baums haben nun unterschiedliche Bedeutung. Eine Kante, die zum *linken* Nachfolger eines Knotens führt, verweist auf das erste Teil der nächsttieferen Stufe, das in den Vaterknoten (direkt) eingeht.
- Eine Kante, die zum *rechten* Nachfolger eines Knotens führt, verweist auf das nächste Teil derselben Stufe wie sein Vorgänger, das in denselben Vaterknoten wie sein Vorgänger (direkt) eingeht.
- Die Informationen, die an den ursprünglichen Kanten standen (insbesondere die Mengenkoeffizienten), müssen nach der Transformation auf eine andere Art und Weise repräsentiert werden. Dies wird weiter unten erläutert.

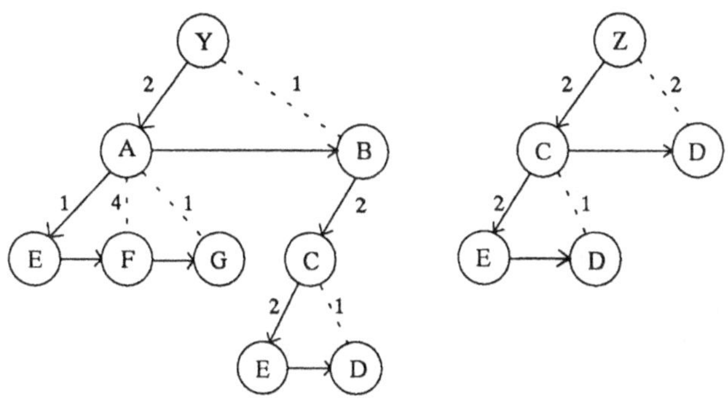

Abb. 2.4: Zu Binärbäumen transformierte Erzeugnisstrukturdarstellungen.

In der Abbildung sind die ursprünglichen Erzeugnisstrukturbäume noch durch die gepunkteten Linien skizziert.

Erzeugnisstrukturen sind Beziehungstypen zwischen Entitäten vom Typ „Teil"

Erzeugnisstrukturen drücken letztlich Beziehungen zwischen Teilen aus. In der Entity-Relationship-Terminologie können sie als Beziehungstypen zwischen Entitäten vom Typ „Teil" aufgefasst werden.

Der Beziehungstyp verbindet also Objekte des gleichen Entity-Typs miteinander. Abbildung 2.5 zeigt dies anhand des Beziehungstyps „Struktur", der je nach Rolle als „Besteht-aus"- oder als „Geht-ein-in"-Beziehung interpretiert werden kann. Die Kardinalitäten besagen, dass ein Teil aus beliebig vielen anderen Teilen bestehen kann, aber auch aus keinem anderen Teil (z. B. ein Rohmaterial oder ein fremdbezogenes Teil). Umgekehrt ist es möglich, dass ein Teil in beliebig viele andere Teile eingeht, aber auch, dass es in kein weiteres Teil eingeht (z. B. ein Endprodukt).

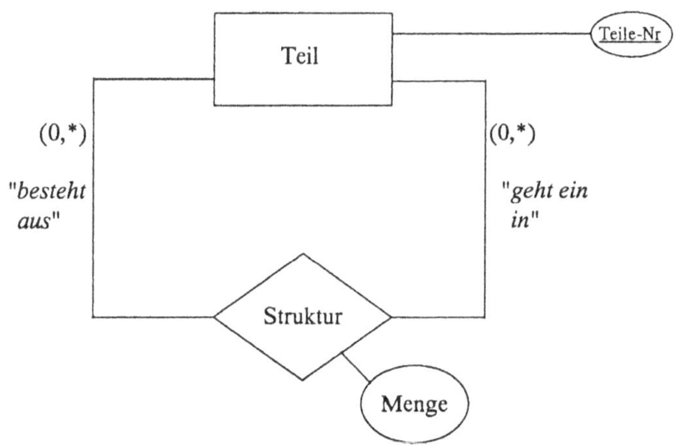

Abb. 2.5: Erzeugnisstruktur als Beziehungstyp im ER-Diagramm.

Die Abbildung scheint zunächst nur die Beziehungen zwischen Teilen auf zwei Stufen auszudrücken, aber nicht die mehrstufigen Strukturen wie in den vorigen Abbildungen. Diese können durch geeignete Datenbankabfragen erzeugt werden, in denen man einfach die einstufigen Strukturen über die Schlüsselattribute verkettet.

Von den Attributen sind im Entity-Relationship-Diagramm nur das Schlüsselattribut „Teile-Nr" und die „Menge" angegeben. Mithilfe der Teilenummern des jeweils untergeordneten und übergeordneten Teils werden die einzelnen Strukturbeziehungen identifiziert, wenn man die ER-Darstellung in eine relationale Form überführt. „Übergeordnet“ und „untergeordnet“ sind aus der Sicht einer Kante des Erzeugnisstrukturbaums zu interpretieren. Eine bestimmte Kante (Beziehung) wird durch zwei Knoten (Entitäten) beschrieben und durch Kombination ihrer Teilenummern (Schlüsselattribute) definiert.

In einer Datenbank wird das einfache ER-Modell aus Abb. 2.5 mithilfe von zwei Tabellen umgesetzt, die in der Schreibweise des Relationenmodells wie folgt aussehen:

Teil (Teile-Nr, Teilebezeichnung, Teileart, Maßeinheit,...)
Struktur (O-Teil-Nr, U-Teil-Nr, Menge, Gültigkeit-ab,...)

Der Schlüssel der Beziehungsrelation „Struktur“ ist aus zwei Komponenten zusammengesetzt: dem Schlüssel des Teils „oben“ in der Erzeugnisstruktur – grafisch betrachtet – und dem Schlüssel des Teils „unten“ (Attribute „O-Teil-Nr“ und „U-Teil-Nr“).

Abbildung 2.6 zeigt als Beispiel den Erzeugnisstrukturbaum eines kleinen Elektromotors. In der Abb. 2.7, die sich auf diese Erzeugnisstruktur bezieht, sind die beiden Tabellen der entsprechenden Teilestamm- und Erzeugnisstrukturdaten wiedergegeben.

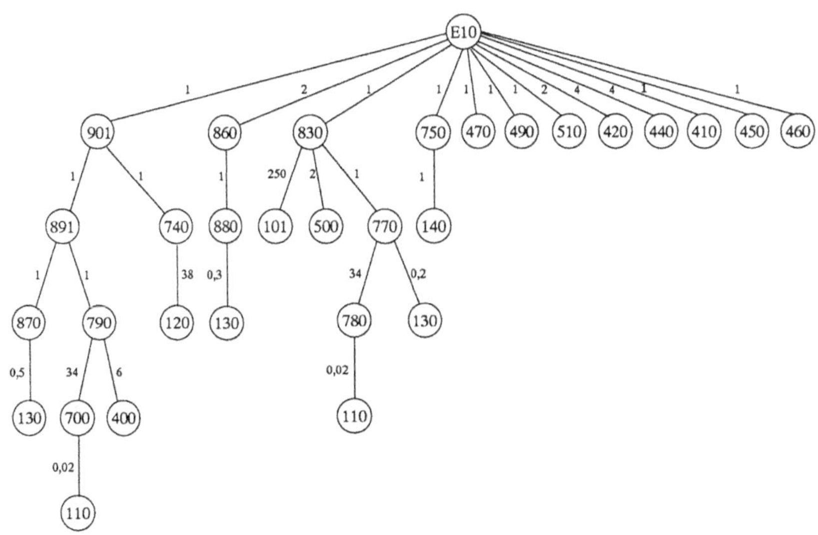

Abb. 2.6: Erzeugnisstruktur Elektromotor.

TEIL				
Teile-Nr	Teilebezeichnung	Teileart	Maßeinheit	...
E10	Elektromotor	EP	St	
901	Gehäuse (komplett)	EB	St	
891	Gehäuse m. Ständerblechpaket	EE	St	
880	Lagerdeckel (Alu)	EE	St	
870	Gehäuseblock (Alu)	EE	St	
860	Lagerdeckel m. Durchbruch	EB	St	
830	Welle komplett	EB	St	
790	Ständerblechpaket kompl.	EB	St	
780	Läuferblechlamelle	EE	St	
770	Fußplatte 30×40cm	EB	St	
750	Läuferblechpaket kompl.	EB	St	
740	Ständerwicklung	EE	St	
700	Ständerblechlamelle	EE	St	
510	Klemmenkastendeckel	FB	St	
500	Kugellager	FB	St	
490	Klemmenbrett 3-polig	FB	St	
470	Mutter M 4	FV	St	
460	Festkupplung ⌀ 14 mm	FB	St	
450	Kondensator 16 µF	FB	St	
440	Sechskantschraube M 4×200	FV	St	
420	Sechskantschraube M 4×10	FV	St	
410	Sechskantschraube M 8×30	FV	St	
400	Niete 4×150mm	FV	St	
140	Blechtafel St 37	FR	St	
130	Aluminiumbarren	FR	kg	
120	Kupferdraht ⌀ 0,5 mm	FV	m	
110	Elektroblechrolle 200 mm	FV	m	
101	Rundstahl 37×30mm	FR	St	

Abb. 2.7a: Datenbanktabellen „Teil“ und „Struktur“ (Beispiel).

Die Tabelle „Teil“ zeigt außer der Teilenummer exemplarisch drei weitere Attribute. Das Attribut „Teileart“ enthält Abkürzungen zu den Merkmalen Eigenfertigung/Fremdbezug und Endprodukt/Baugruppe/Rohmaterial etc. Zum Beispiel steht „FR“ für Fremdbezug und Rohmaterial.

In der Tabelle „Struktur“ identifiziert die erste Zeile eindeutig die Kante zwischen dem Oberteil E10 (Elektromotor) und dem Unterteil 901 (Gehäuse komplett). Als wichtigste Information der Strukturbeziehung, neben den Schlüsseln, ist hier nur die Menge angegeben. Daneben treten in einer Strukturrelation auch weitere Attribute auf. Wie bei der Teilestammrelation hängen die Art und Anzahl der Attribute vom Detail-

STRUKTUR

O-Teil-Nr	U-Teil-Nr	Menge	...
E10	901	1	
E10	860	2	
E10	830	1	
E10	750	1	
E10	510	1	
E10	490	1	
E10	470	1	
E10	460	1	
E10	450	1	
E10	440	4	
E10	420	2	
E10	410	4	
901	891	1	
901	740	1	
891	870	1	
891	790	1	
880	130	0,3	
870	130	0,5	
860	880	1	
830	770	1	
830	500	2	
830	101	250	
790	700	34	
790	400	6	
780	110	0,02	
770	780	34	
770	130	0,2	
750	140	1	
740	120	38	
700	110	0,02	

Abb. 2.7b: Datenbanktabellen „Teil" und „Struktur" (Beispiel).

lierungsgrad und von der Anwendungssystemumgebung ab. Einige typische Attribute sind die folgenden:

- Nummer des oberen Teils
- Nummer des unteren Teils
- Variantenkennzeichen
- Mengenkoeffizient
- Strukturtyp (Ist die Menge des unteren Teils von der Menge des oberen Teils abhängig oder nicht?)
- Ausschussfaktor für strukturabhängigen Ausschuss
- Gültigkeitsdatum, ab dem der Erzeugnisstruktursatz gilt

- Gültigkeitsdatum, bis zu dem der Erzeugnisstruktursatz gilt
- Datum der letzten Änderung
- Datum der Erstanlage
- Zuständiger Sachbearbeiter

Auswertungen: Stücklisten, Teileverwendungsnachweise, Ermittlung der Sekundärbedarfe

Die wichtigsten Auswertungen, die man auf der Grundlage der gespeicherten Erzeugnisstrukturen durchführt, sind a) das Erstellen von Stücklisten und Teileverwendungsnachweisen sowie b) die Ermittlung der Sekundärbedarfe im Rahmen der Materialdisposition.

Bei der Sekundärbedarfsermittlung geht es darum, die benötigten Mengen an untergeordneten Teilen, die erforderlich sind, um die gewünschten Endproduktmengen herzustellen, mithilfe der Erzeugnisstrukturdaten zu berechnen. Darauf wird in Abschnitt 2.6.1 ausführlicher eingegangen.

Stücklisten

Listenförmige Darstellung einer Erzeugnisstruktur

Als Stückliste bezeichnet man die listenförmige Darstellung einer Erzeugnisstruktur mit den relevanten Daten wie Teilenummern, Teilebezeichnungen, Mengenkoeffizienten etc. Sie beschreibt die Zusammensetzung eines Endprodukts oder eines anderen Teils aus seinen Bestandteilen. Stücklisten werden vor allem bei sog. *Stückprozessen* verwendet, d. h. bei Fertigungsprozessen, in denen die Mengeneinheiten (hauptsächlich) in Stück gemessen werden. Man spricht auch von einer diskreten Fertigung. Typische Beispiele sind Fertigungsprozesse, bei denen Montagevorgänge eine wichtige Rolle spielen, z. B. im Maschinen- oder Möbelbau.

Rezepturen bei kontinuierlicher Fertigung

Das Gegenstück ist die kontinuierliche Fertigung, die vor allem in der sog. Prozessindustrie (z. B. chemische Industrie, Lebensmittelbranche) anzutreffen ist. Die Erzeugnisstrukturen werden dort in Form von *Rezepturen* angegeben. Rezepturen sind das Äquivalent zu Stücklisten. Sie unterscheiden sich hauptsächlich darin, dass die Mengen in kontinuierlichen Einheiten (Kilogramm, Tonnen, Liter etc.) gemessen werden und dass die Erzeugnisstrukturgraphen auch Zyklen aufweisen können. Letzteres bedeutet, dass zur Herstellung eines Produkts auf einer Vorstufe auch das Produkt selbst benötigt wird.

Der Schwerpunkt liegt im Weiteren auf *Stücklisten*, die in der diskreten Fertigung verwendet werden. Stücklisten werden für unterschiedliche Zwecke eingesetzt, z. B. für die Bedarfsermittlung, die Montage, die Konstruktion etc. Der Inhalt und die Aufbereitung der Stücklisteninformationen unterscheiden sich demzufolge je nach Zielsetzung. Dies kommt auch in den Bezeichnungen zum Ausdruck. Man spricht z. B. von:

- Konstruktionsstücklisten,
- Dispositionsstücklisten,
- Fertigungsstücklisten,
- Montagestücklisten,
- Ersatzteilstücklisten u. a.

Strukturell differieren verschiedene Stücklistenarten darin, ob und bis zu welchem Grad die Strukturinformationen der Erzeugnisstrukturbäume in der Stückliste abgebildet werden. Aus dieser Sicht lassen sich drei Formen unterscheiden:

Baukastenstücklisten (einstufige Stücklisten)

Baukastenstücklisten (einstufige Stücklisten) weisen die Zusammensetzung eines Teils aus Teilen der nächsttieferen Stufe aus. Der Begriff legt die Interpretation nahe, dass typische Baukastenstücklisten die Bestandteile eines Endprodukts, nämlich hauptsächlich die Baugruppen zeigen. Der Begriff ist aber weiter gefasst. Grundsätzlich spricht man immer dann von einer Baukastenstückliste, wenn die aufgeführten Teile auf einer Fertigungsstufe stehen und in der Stückliste nicht in ihre Komponenten zerlegt sind. Abbildung 2.8 zeigt das Prinzip am Beispiel des oben schon verwendeten Elektromotors mit der Teilenummer E10.

BAUKASTENSTÜCKLISTE — **Seite 1**
Teil: Elektromotor, Teile-Nr.: E10

Teile-Nr.	Teilebezeichnung	Maßeinh.	Menge	...
901	Gehäuse (komplett)	St	1	
860	Lagerdeckel mit Durchbruch	St	2	
830	Welle komplett	St	1	
750	Fußplatte 30×40cm	St	1	
510	Klemmenkastendeckel	St	1	
490	Klemmenbrett 3-polig	St	1	
470	Mutter M 4	St	1	
460	Festkupplung ⌀ 14 mm	St	1	
450	Kondensator 16 µF	St	1	
440	Sechskantschraube M 4×200	St	4	
420	Sechskantschraube M 4×10	St	2	
410	Sechskantschraube M 8×30	St	4	

Abb. 2.8: Baukastenstückliste (Beispiel).

Die Erzeugung einer solchen Stückliste aus den gespeicherten Datenstrukturen ist recht einfach, wenn die Daten in Tabellen „Teil“ und „Struktur“, wie oben erläutert, vorliegen.

Strukturstücklisten (mehrstufige Stücklisten)

Strukturstücklisten (mehrstufige Stücklisten) lassen im Gegensatz zu Baukastenstücklisten auch die Zusammensetzung eines Produkts auf tieferen Stufen erkennen. Sie bilden die gesamte Erzeugnis-Baumstruktur in Listenform ab. Die Über-/Unterordnungsbeziehungen zwischen den Teilen werden durch Stufennummern zum Ausdruck gebracht.

Abbildung 2.9 gibt die Erzeugnisstruktur des Elektromotors E10 als Strukturstückliste wieder. Eine solche Liste kann mithilfe geschachtelter Datenbankabfragen aus den Tabellen „Teil" und „Struktur" erzeugt werden.

STRUKTURSTÜCKLISTE **Seite 1**
Teil: Elektromotor, Teile-Nr.: E10

Stufe	Teile-Nr.	Teilebezeichnung	Maßeinh.	Menge	...
1	901	Gehäuse (komplett)	St	1	
. 2	891	Gehäuse mit Ständerblechpaket	St	1	
. . 3	870	Gehäuseblock (Alu)	St	1	
. . . 4	130	Aluminiumbarren	kg	0,5	
. . 3	790	Ständerblechpaket komplett	St	1	
. . . 4	700	Ständerblechlamelle	St	34	
. . . . 5	110	Elektroblechrolle 200 mm	m	0,02	
. . . 4	400	Niete 4×150mm	St	6	
. 2	740	Ständerwicklung	St	1	
. . 3	120	Kupferdraht ⌀ 0,5 mm	m	38	
1	830	Welle komplett	St	1	
. 2	770	Läuferblechpaket komplett	St	1	
. . 3	780	Läuferblechlamelle	St	34	
. . . 4	110	Elektroblechrolle 200 mm	m	0,02	
. . 3	130	Aluminiumbarren	kg	0,2	
. 2	500	Kugellager	St	2	
. 2	101	Rundstahl 37×30mm	St	250	
1	860	Lagerdeckel m. Durchbruch	St	2	
. 2	880	Lagerdeckel (Alu)	St	1	
. . 3	130	Aluminiumbarren	kg	0,3	
1	750	Fußplatte 30×40cm	St	1	
. 2	140	Blechtafel St 37	St	1	
1	510	Klemmenkastendeckel	St	1	
1	490	Klemmenbrett 3-polig	St	1	
1	470	Mutter M 4	St	1	
1	460	Festkupplung ⌀ 14 mm	St	1	
1	450	Kondensator 16 µF	St	1	
1	440	Sechskantschraube M 4×200	St	4	
1	420	Sechskantschraube M 4×10	St	2	
1	410	Sechskantschraube M 8×30	St	4	

Abb. 2.9: Strukturstückliste (Beispiel).

Mengenübersichtsstücklisten

Mengenübersichtsstücklisten weisen zwar alle Teile aus, die in ein Produkt eingehen, zeigen aber nicht mehr die hierarchische Erzeugnisstruktur. Die Baumstruktur wird gewissermaßen auf eine Stufe zusammengepresst. Wenn ein Teil in einer Erzeugnisstruktur mehrfach vorkommt, werden die Mengen summiert, sodass letztlich zu jeder Teilenummer diejenigen Mengen aufgeführt sind, die für eine Mengeneinheit des obersten Knotens (z. B. Endprodukt) insgesamt benötigt werden. Abbildung 2.10 zeigt dies wieder am Beispiel des Elektromotors.

MENGENÜBERSICHTSSTÜCKLISTE **Seite 1**
Teil: Elektromotor, Teile-Nr.: E10

Teile-Nr.	**Teilebezeichnung**	**Maßeinh.**	**Menge**	**...**
901	Gehäuse (komplett)	St	1	
891	Gehäuse mit Ständerblechpaket	St	1	
880	Lagerdeckel (Alu)	St	2	
870	Gehäuseblock (Alu)	St	1	
860	Lagerdeckel mit Durchbruch	St	2	
830	Welle komplett	St	1	
790	Ständerblechpaket komplett	St	1	
780	Läuferblechlamelle	St	34	
770	Läuferblechpaket komplett	St	1	
750	Fußplatte 30×40 cm	St	1	
740	Ständerwicklung	St	1	
700	Ständerblechlamelle	St	34	
510	Klemmenkastendeckel	St	1	
500	Kugellager	St	2	
490	Klemmenbrett 3-polig	St	1	
470	Mutter M 4	St	1	
460	Festkupplung ⌀ 14 mm	St	1	
450	Kondensator 16 µF	St	1	
440	Sechskantschraube M 4×200	St	4	
420	Sechskantschraube M 4×10	St	2	
410	Sechskantschraube M 8×30	St	4	
400	Niete 4×150mm	St	6	
140	Blechtafel St 37	St	1	
130	Aluminiumbarren	kg	1,3	
120	Kupferdraht ⌀ 0,5 mm	m	38	
110	Elektroblechrolle 200 mm	m	1,36	
101	Rundstahl 37×30 mm	St	250	

Abb. 2.10: Mengenübersichtsstückliste (Beispiel).

Die Zusammenfassung mehrerer Mengen wird an den Teilenummern 880, 130 und 110 (vgl. Abb. 2.6) sichtbar. Da 880 (Lagerdeckel) für 860 verwendet wird und von 860 zwei ME in das Endprodukt E10 eingehen, sind für das Endprodukt insgesamt 2 ME von 880 erforderlich; an der Kante 860 – 880 steht als Mengenkoeffizient dagegen 1. Der Bedarf an Mengeneinheiten des Teils 130 (Aluminiumbarren) pro Elektromotor E10 ergibt sich durch die Multiplikation mit den Mengenkoeffizienten an den Kanten

870 – 130 (0,5)		880 – 130 (0,3)		770 – 130 (0,2)
891 – 870 (1)	bzw.	860 – 880 (1)	bzw.	830 – 770 (1)
901 – 891 (1)		E10 – 860 (2)		E10 – 830 (1)
E10 – 901 (1)				

und Addition der Produkte

$$0{,}5 \,.\, 1 \,.\, 1 \,.\, 1 + 0{,}3 \,.\, 1 \,.\, 2 + 0{,}2 \,.\, 1 \,.\, 1$$

als 1,3 kg (wie in der viertletzten Zeile der Mengenübersichtsstückliste in Abb. 2.10 angegeben).

Teileverwendungsnachweise

„geht ein in“-Sichtweise

Während Stücklisten die „Besteht-aus“-Beziehungen zwischen Teilen wiedergeben, liegt den Teileverwendungsnachweisen (TV) die „Geht-ein-in“-Sichtweise zugrunde. Wie die Stücklisten können auch die Teileverwendungsnachweise unterschiedlich strukturiert sein. Wenn man die Darstellung der „Geht-ein-in“-Beziehungen in Abb. 2.2 von der formalen Seite her betrachtet, so erkennt man Baumstrukturen ganz analog zu denen, die in den Stücklisten ausgewertet werden. Die Bezeichnungen der wichtigsten Arten von Teileverwendungsnachweisen sind deshalb sehr ähnlich:

Baukasten-TV

– *Baukasten-TV* sind einstufig und enthalten alle diejenigen Teile, in die das betrachtete Teil unmittelbar eingeht. Für das Teil 130 (Aluminiumbarren) der Abb. 2.6 würden beispielsweise die Teile 870 (mit 0,5 ME), 880 (mit 0,3 ME) und 770 (mit 0,2 ME) ausgewiesen.

Struktur-TV

– *Struktur-TV* zeigen demgegenüber alle diejenigen Teile, in welche das betrachtete Teil direkt oder indirekt (über andere Teile) eingeht. Die hierarchische Struktur des Teileverwendungsbaums bleibt erhalten und wird durch Stufennummern beschrieben. Abbildung 2.11 zeigt den schematischen Aufbau anhand des Teils 130.

- *Mengenübersichts-TV* enthalten alle Teile des „Geht-ein-in"-Baums, aber jeweils mit der Gesamtzahl aufgeführt, wie in den entsprechenden Stücklistenversionen. Der Teileverwendungsnachweis, welcher der Abb. 2.11 entspricht, ist in Abb. 2.12 skizziert. Mengenübersichts-TV

STRUKTUR-TEILEVERWENDUNGSNACHWEIS **Seite 1**
Teil: Aluminiumbarren, Teile-Nr.: 130

Stufe	Teile-Nr.	Teilebezeichnung	Maßeinh.	Menge	...
1	870	Gehäuseblock (Alu)	kg	0,5	
. 2	891	Gehäuse mit Ständerblechpaket	St	1	
. . 3	901	Gehäuse komplett	St	1	
. . . 4	E10	Elektromotor	St	1	
1	880	Lagerdeckel (Alu)	kg	0,3	
. 2	860	Lagerdeckel m. Durchbruch	St	1	
. . 3	E10	Elektromotor	St	2	
1	770	Läuferblechpaket komplett	kg	0,2	
. 2	830	Welle komplett	St	1	
. . 3	E10	Elektromotor	St	1	

Abb. 2.11: Schema eines Struktur-Teileverwendungsnachweises (Beispiel).

MENGENÜBERSICHTS-TEILEVERWENDUNGSNACHWEIS **Seite 1**
Teil: Aluminiumbarren, Teile-Nr.: 130

Teile-Nr.	Teilebezeichnung	Maßeinh.	Menge	...
770	Läuferblechpaket komplett	kg	0,2	
830	Welle komplett	kg	0,2	
860	Lagerdeckel mit Durchbruch	kg	0,3	
870	Gehäuseblock (Alu)	kg	0,5	
880	Lagerdeckel (Alu)	kg	0,3	
891	Gehäuse mit Ständerblechpaket	kg	0,5	
901	Gehäuse komplett	kg	0,5	
E10	Elektromotor	kg	1,3	

Abb. 2.12: Schema eines Mengenübersichts-Teileverwendungsnachweises (Beispiel).

Erzeugnisvarianten

In vielen Fällen werden Erzeugnisse nicht nur in einer, bis in alle Einzelheiten einheitlich festgelegten Ausprägung hergestellt, sondern in unterschiedlichen Varianten. Als Varianten bezeichnet man Teile, insbesondere Endprodukte, die Abwandlungen eines Grundtyps darstellen. Abwandlungen eines Grundtyps

Augenfällige Beispiele für Varianten sind Automobile eines bestimmten Grundtyps, die mit unterschiedlichen Motoren, Getrieben, Sitzpolstern, Scheiben, Farben, Felgen etc., mit oder ohne Nebelscheinwerfer, Anhängerkupplung, Drehzahlmesser etc., mit einer oder zwei Innenleuchten und in zahlreichen weiteren Spielarten angeboten werden.

In vielen Branchen ist eine Variantenfertigung der Normalfall. Die meisten Produktionsunternehmen führen eine Variantenfertigung durch, um den individuellen Kundenwünschen Rechnung tragen zu können. Dies gilt nicht nur für Konsumgütermärkte (z. B. PKWs, Möbel, Textilien), sondern ebenso für Investitionsgütermärkte (z. B. Werkzeugmaschinenbau).

Die Anzahl der möglichen Varianten eines Endprodukts kann sehr groß werden. Bei einem PKW sind aufgrund der vielen Kombinationsmöglichkeiten ohne Weiteres mehrere Hunderttausende oder Millionen von Varianten denkbar. In einem VW Passat gibt es allein von dem Kabelstrang, der die elektrischen und elektronischen Teile verbindet, ca. 1.000 Varianten. In einfachen Fällen treten natürlich auch geringere Variantenzahlen auf (z. B. ein Elektromotor, der mit 40- oder 80-kW-Leistung angeboten wird).

Bei den Varianten werden in der Praxis und Literatur mehrere Arten unterschieden. Man spricht von Struktur-, Mengen-, Muss-, Kann-, dispositiven Varianten u. a. Die Begriffe stehen, hier bezogen auf ein Endprodukt, im folgenden Zusammenhang:

Strukturvariante
- Eine *Strukturvariante* liegt vor, wenn mehrere unterschiedliche Ausprägungen eines Teils möglich sind und eine davon in das Endprodukt eingeht (z. B. PKW: Motor mit 110, 140 oder 180 PS, mit oder ohne Anhängerkupplung).

Mengenvariante
- Eine *Mengenvariante* liegt vor, wenn von einem bestimmten Teil eine unterschiedliche Anzahl in das Endprodukt eingebaut wird (z. B. ein oder zwei Innenleuchten).

Muss-Variante
- Von *Muss-Varianten* spricht man, wenn mehrere unterschiedliche Ausprägungen eines Teils möglich sind und eine davon in das Endprodukt eingehen muss (z. B. entweder ein 110-, ein 140- oder ein 180-PS-Motor).

Kann-Variante
- Von *Kann-Varianten* spricht man, wenn Teile zu einer Grundausprägung des Erzeugnisses zusätzlich hinzukommen können (z. B. Nebelscheinwerfer, zweiter Außenspiegel).

Dispositive Variante
- Als *dispositive Varianten* bezeichnet man manchmal Varianten, die nur für die innerbetriebliche Disposition von Bedeutung sind, ohne dass sie explizit im Endprodukt unterschieden werden (z. B. Batterien verschiedener Hersteller, die je nach aktueller Beschaffungs- und Lagerhaltungspolitik in ein Fahrzeug eingebaut werden).

Die Begriffe überlappen sich teilweise. Muss-Varianten sind Strukturvarianten. Kann-Varianten sind Strukturvarianten (z. B. zusätzliche Anhängerkupplung) oder Mengenvarianten (z. B. zweite Innenleuchte). Dispositive Varianten sind i. d. R. Strukturvarianten, die jedoch nicht nach außen (z. B. dem Kunden gegenüber) ausgewiesen werden. In der Praxis treten Struktur- und Mengenvarianten häufig zusammen auf.

Statische vs. dynamische Varianten

Die Erzeugnisstrukturen von Varianten können auf verschiedene Art und Weise repräsentiert werden. Welche die geeignete ist, hängt vom konkreten Anwendungsfall ab. Grundsätzlich kann die Vorgehensweise statisch oder dynamisch sein. *Statisch* bedeutet, dass alle möglichen Ausprägungen einer Variante in der Datenbasis beschrieben werden, *dynamisch* dagegen, dass eine bestimmte Variante erst dann erzeugt (z. B. aus anderen Datenstrukturen zusammengesetzt) wird, wenn sie konkret benötigt wird (z. B. für einen konkreten Kundenauftrag). Bei einer überschaubaren Anzahl von Ausprägungen der möglichen Teile und nicht zu vielen Kombinationen kann man die statische Beschreibung wählen. Bei einer großen Zahl von varianten Teilen mit vielen Ausprägungen verbietet aber die Kombinatorik die Speicherung jeder denkbaren Erzeugnisvariante. Deshalb arbeitet man lieber mit dynamischen Varianten, die erst im Bedarfsfalle erzeugt werden.

Zur *statischen* Beschreibung von Varianten gibt es grundsätzlich mehrere Möglichkeiten.

Statische Varianten

Die erste besteht darin, jede Variante wie eigenständige Teile zu behandeln. Das bedeutet, dass die Strukturbeziehungen teilweise redundant geführt werden. Wenn man etwa die in Abb. 2.13 aufgeführten Varianten X und X1, die sich durch die Baugruppe A bzw. A1 unterscheiden, betrachtet, dann besitzen diese zwei unterschiedliche Erzeugnisstrukturbäume, wie in Abb. 2.14 gezeigt.

In der relationalen Darstellung erhält man fünf Beziehungen, die quasi doppelt erscheinen:

X1 – A1	(X – A)
X1 – B	(X – B)
X1 – C	(X – C)
A1 – D	(A – D)
A1 – E1	(A – E)

In Abb. 2.15 sind die entsprechenden Einträge in den Tabellen „Teil“ und „Struktur“ skizziert. In dem kleinen Beispiel erscheint die Redundanz nicht erheblich. Bei Erzeugnisstrukturen in der Praxis kann die Zahl der doppelt geführten Kanten allerdings recht groß werden.

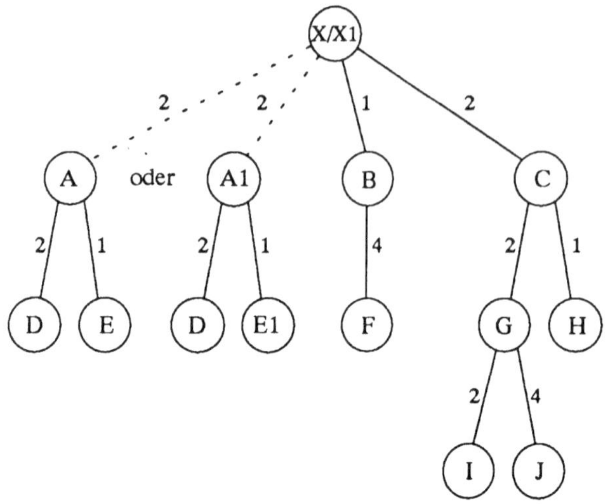

Abb. 2.13: Erzeugnisstruktur mit Varianten X und X1.

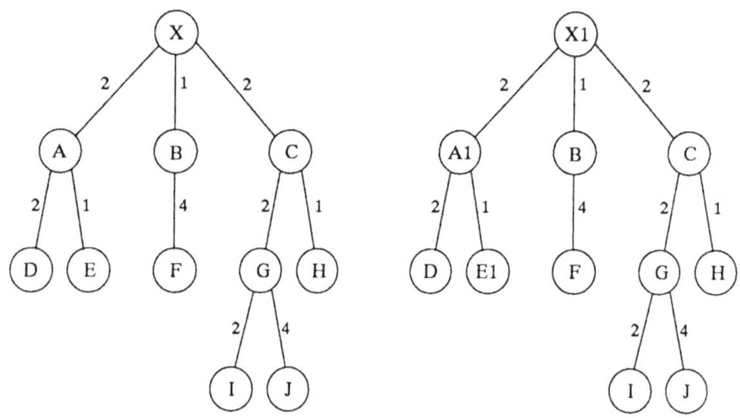

Abb. 2.14: Varianten X und X1 als eigenständige Teile.

Deshalb wurden in der Vergangenheit verschiedene Formate entwickelt, bei denen weniger Redundanz auftritt, z. B.:

- Zusammenfassung der für alle Varianten gleichen Teile zu einer fiktiven Baugruppe („Gleichteile-Baugruppe“).
- Auflisten aller möglichen Teile, Festlegung eines Basistyps und Notieren der Abweichungen vom Basistyp durch Minuszeichen (wegfallende Teile) und Pluszeichen (hinzukommende Teile). In der PPS-Literatur sprach man oft von „Plus-Minus-Stücklisten“.
- Varianten werden nicht als einzelne Entitäten, sondern als Gruppe (Variantenfamilie) behandelt.

TEIL		
Teile-Nr	**Teilebezeichnung**	**...**
X	...	
X1		
A		
A1		
B		
C		
D		
E		
E1		
F		
G		
H		
I		
J		

STRUKTUR			
O-Teil-Nr	**U-Teil-Nr**	**Menge**	**...**
X	A	2	
X	B	1	
X	C	2	
X1	A1	2	
X1	B	1	
X1	C	2	
A	D	2	
A	E	1	
A1	D	2	
A1	E1	1	
B	F	4	
C	G	2	
C	H	1	
G	I	2	
G	J	4	

Abb. 2.15: Tabellen „Teil“ und „Struktur“ mit Varianten als eigenständigen Teilen.

Variantenfamilie

Im letzteren Fall (Variantenfamilie) würde für die beiden Varianten X und X1 nur eine Entität vom Typ „Teil“ gebildet. Die Strukturtabelle enthält für jede Variante eine Spalte mit Mengenkoeffizienten. Die Strukturstückliste für eine bestimmte Variante wird dann mithilfe der Einträge in dieser Spalte erzeugt.

Abbildung 2.16 verdeutlicht das Prinzip anhand des o. g. kleinen Beispiels. Da hier nur zwei Varianten betrachtet werden, gibt es auch nur zwei Mengenspalten.

TEIL		
Teile-Nr	Teilebezeichnung	...
X	...	
A		
A1		
B		
C		
D		
E		
E1		
F		
G		
H		
I		
J		

STRUKTUR				
O-Teil-Nr	U-Teil-Nr	Menge für Variante		...
		X	X1	
X	A	2		
X	B	1	1	
X	C	2	2	
X	A1		2	
A	D	2		
A	E	1		
A1	D		2	
A1	E1		1	
B	F	4	4	
C	G	2	2	
C	H	1	1	
G	I	2	2	
G	J	4	4	

Abb. 2.16: Tabellen „Teil" und „Struktur" bei Variantenfamilien.

Der statischen Beschreibung der Varianten in den Stammdaten steht die *dynamische Erzeugung* der entsprechenden Daten erst im Bedarfsfalle gegenüber. Dieser Weg ist bei einer großen Variantenvielfalt (z. B. im Automobilbau) sinnvoll oder auch bei stark kundenorientierter Einzelfertigung, bei der ein Endprodukt erst nach Spezifikation durch den Kunden aus zusammengesetzt wird.

Als Stammdaten werden dann nur Standardteile geführt, und die Variantenstücklisten erstellt man auftragsbezogen. Dazu muss man im ERP-System vorhandene Erzeugnisstrukturen ganz oder teilweise kopieren, Zweige löschen, Teilstrukturen neu zusammensetzen und abspeichern können etc.

Dynamische Varianten kann man anhand der Produktmerkmale beschreiben. Die Erzeugnisstrukturbeziehungen, die eine konkrete Variante definieren, werden dann nicht schon durch die Teilenummern des jeweiligen oberen und unteren Teils identifiziert, sondern erst zusammen mit bestimmten Merkmalsausprägungen. (Für die Speicherung in einer relationalen Datenbank bedeutet dies, dass nicht nur die Teilenummern, sondern auch Variantenmerkmale als Schlüsselattribute behandelt werden. Auf diese Weise können Varianten über beliebig viele Fertigungsstufen dargestellt werden.)

Merkmalsausprägungen

Wenn sich etwa die Variante X1 aus den vorstehenden Abbildungen von X dadurch unterscheidet, dass die Farbe der Baugruppe A1 grün (statt rot bei A oder weiß bei anderen Varianten) ist und die Leistung des Teils E1 80 kW (statt 40 kW bei E oder 60 kW bei anderen Varianten) beträgt, dann könnten die beiden Merkmale Farbe und Leistung mit ihren Ausprägungen kombiniert werden:

Merkmal	Ausprägung
Farbe	grün
	rot
	weiß
Leistung	40
	60
	80

Variantenkennzeichen

Die Variante X1 erhielte, wenn ein entsprechender Auftrag eingeht, Kennzeichen, in denen die Informationen „Farbe = grün“ und „Leistung = 80 kW“ verschlüsselt sind, z. B. als „F = gr/L = 80“. In den Zeilen der Strukturrelation sind dann nur diejenigen Tupel relevant, die eben diese Variantenkennzeichen aufweisen oder bei denen keine Einträge unter Variantenkennzeichen stehen. Die letzteren Teile gehen in alle Varianten ein. Abbildung 2.17 zeigt die Relation „Struktur“, deren Attribute um ein Variantenkennzeichen (Merkmal, Ausprägung) erweitert wurden. (Da die varianten Teile nicht explizit als eigene Entitäten in den Teilestammdaten geführt werden, tauchen auch die oben verwendeten Teilenummern X1, A1 und E1 nicht auf.)

STRUKTUR					
O-Teil-Nr	U-Teil-Nr	Variantenkennzeichen		Menge	…
		Merkmal	Ausprägung		
X	A	F	gr	2	
X	A	F	ro	2	
X	A	F	we	2	
X	B			1	
X	C			2	
A	D			2	
A	E	L	40	1	
A	E	L	60	1	
A	E	L	80	1	
B	F			4	
C	G			2	
C	H			1	
G	I			2	
G	J			4	

Abb. 2.17: Tabelle „Struktur" mit Variantenkennzeichen als Schlüsselattribut.

Wissensbasierte Variantengenerierung

Die Variantenproblematik ist sehr komplex. In vielen Fällen kommen regelbasierte Ansätze zum Einsatz, insbesondere für die automatische Generierung von Variantenstücklisten. Hierfür können Entscheidungstabellen und Techniken der Wissensverarbeitung verwendet werden. In dem ERP-System *infor* kann beispielsweise mit einer Wissensbasis gearbeitet werden, in der fertigungstechnische und kostenbezogene Produktionszusammenhänge sowie Plausibilitäten hinterlegt wurden. Die Wissensbasis wird bei der Erzeugung von Stücklisten und Arbeitsplänen abgearbeitet und an geeigneten Stellen der Angebots- und Auftragsbearbeitung, Materialwirtschaft, Arbeitsplanung und Kalkulation dynamisch berücksichtigt.

Einen weiteren Schritt zur dynamischen Erzeugung von Erzeugnisstrukturen stellen *Produktkonfiguratoren* dar. Diese sind insbesondere im Electronic Commerce – z. B. zur Zusammenstellung eines Endprodukts am Bildschirm – sehr verbreitet. Auf Konfiguratoren wird in Abschnitt 4.4.1 näher eingegangen.

2.2.3 Lagerdaten

In diesem Abschnitt werden Stammdaten für die Lagerhaltung kurz skizziert. Die mit den Produktions-, Beschaffungs- und Absatzvorgängen verbundenen, vorgangsbezogenen Daten, insbesondere die Lagerbestandsdaten, werden zusammen mit den relevanten Funktionen und Prozessen später behandelt.

Lagerungsformen

Die physische Lagerhaltung kann sehr unterschiedlich organisiert sein. Selten gibt es nur „ein Lager", in dem alle Teile, angefangen von den Wareneingängen über Rohstoffe, Ersatzteile, Zwischenprodukte bis hin zu den Endprodukten, gelagert werden. Einerseits sind meist verschiedene Lagerorte, andererseits auch verschiedene Lagerungsformen, mit denen zum Teil unterschiedliche Ein-/Auslagerungsstrategien einhergehen, zu berücksichtigen. Beispiele sind Palettenregale, Silos, Tanks, Hochregale u. v. a.

Das Modell der Lagerung hängt demzufolge sehr stark von der Branche bzw. von dem vorhandenen Teilespektrum ab. Ein allgemeingültiges Datenmodell kann kaum angegeben werden. In Abb. 2.18 wird von der Grundstruktur ausgegangen, dass für ein bestimmtes Teil eine bestimmte Lagerungsform vorgesehen ist, dass aber auch mehrere Formen existieren können (z. B. auf Paletten oder im Regal gestapelt). Die verschiedenen Lagerorte (z. B. Lagerhallen) sind im Allgemeinen in Lagerplätze eingeteilt, an denen bestimmte Lagerungsformen möglich sind.

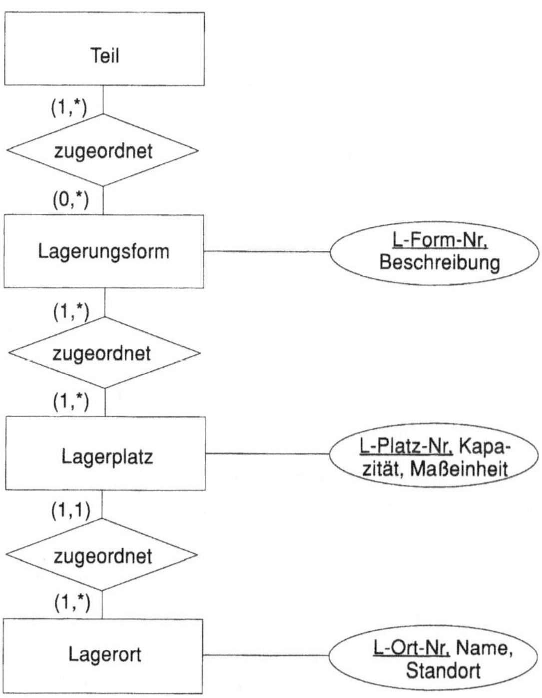

Abb. 2.18: Entity-Relationship-Diagramm für Grunddaten der Lagerung.

2.2.4 Nummernsysteme

Die Datenstrukturen der Produktionsplanung und -steuerung dienen unterschiedlichen Zwecken. Sie werden im Rahmen der Primärbedarfsplanung, Materialwirtschaft, Zeitwirtschaft, Fertigungssteuerung, aber auch an vielen anderen Stellen im Betrieb verwendet. Zum Beispiel sind Teilestammdaten für die Konstruktion, Arbeitsplanung, Beschaffung, Kalkulation und Fakturierung erforderlich. In dem oben zitierten Beispiel (Produktion einer Papiermaschine [Wiendahl 1997a, S. 166]) waren allein mit einem Endprodukt 51.400 Entities und Papierbelege verbunden (nicht gezählt 144.200 Einzelteile und 600 Personen-„Entities").

Ordnungskriterien erforderlich

Die Vielzahl an Entities und Verwendungszwecken macht Ordnungskriterien erforderlich, nach denen Dokumente und/oder Daten abgelegt und wieder aufgefunden werden können. Im Zusammenhang mit der computergestützten Speicherung der Daten sind diese Kriterien, insbesondere zur Identifizierung der Entities und ihrer Beziehungen notwendig.

Der Ordnungsbegriff für eine Entität (Datenobjekt, Papierbeleg) wird meist *Nummer* genannt. Dies bedeutet jedoch nicht, dass er einen numerischen Wert darstellt. Vielmehr können Nummern aus Buchstaben, Ziffern oder Kombinationen aufgebaut sein. Man spricht dann von Alpha-, numerischen oder alphanumerischen Nummern.

In der Datenverarbeitung werden die Nummern meist als *Schlüsselattribute* verwendet. Zum Beispiel diente die Teilenummer in Abschnitt 2.2.2 als Schlüssel für die Relation „Teil". In den Erzeugnisstrukturrelationen bildeten zwei Teilenummern gemeinsam den zusammengesetzten Schlüssel (z. B. in Abb. 2.7). Die Begriffe „Nummer" und „Schlüssel" werden im Weiteren synonym verwendet.

Zweck der Verschlüsselung

Die Verschlüsselung kann grundsätzlich mehreren Zwecken dienen [Bernhardt 1990; Wiendahl 2019b, S. 168 f.]:

a) *Identifizieren* des zugehörigen Objekts oder Sachverhalts in der Weise, dass die Kennzeichnung eindeutig ist
b) *Klassifizieren* des zugehörigen Objekts oder Sachverhalts in dem Sinne, dass seine Einordnung in eine übergeordnete Gruppe (Klasse) möglich ist
c) *Informieren* über Art und Eigenschaften eines Objekts oder Sachverhalts im Sinne einer Kurzbeschreibung oder Abkürzung

Die letztere Aufgabe wird manchmal mit sogenannten *sprechenden Nummern* oder Nummernkomponenten angegangen. Zum Beispiel könnte die Teilenummer „KUP-802" für „Kupplung, Modell 802" stehen; das Merkmal „F" könnte Fremdbezug und „E" Eigenfertigung bezeichnen (als Bestandteil eines größeren Schlüssels). Als alleiniges Kriterium für den Aufbau eines gesamten Nummernsystems sind sprechende Schlüssel wegen Problemen mit der Eindeutigkeit jedoch nicht geeignet [Grupp 1993].

Arten von Nummern

Entsprechend den Zwecken der Verschlüsselung lassen sich mehrere Arten von Nummern bzw. Nummernsystemen unterscheiden:

- *Identifikationsnummern* dienen der eindeutigen Kennzeichnung. Zu diesem Zweck werden fortlaufende Nummern („Zählnummer"), aber auch andere eindeutige Identifikatoren verwendet. Im IT-Jargon spricht man verkürzt oft von „Identnummer". Identifikationsnummern
- *Klassifikationsnummern* dienen zur Kennzeichnung der Zugehörigkeit bzw. zur Einordnung in eine oder mehrere Kategorien. Nimmt man als Beispiel eine Teilenummer, so könnten Klassifikationsmerkmale die Teileklasse, die Formkennung und der Werkstoff darstellen. Abbildung 2.19 zeigt ein entsprechendes Beispiel. „X" steht für ein beliebiges Zeichen. Klassifizierende Schlüssel sind im Allgemeinen nicht eindeutig, da es ja gerade das Merkmal der Gruppenbildung ist, dass mehrere Objekte zu einer Gruppe gehören. Die Klassifikationsmerkmale können gleichrangig oder hierarchisch geordnet sein (Hauptgruppe, Untergruppe etc.). Klassifikationsnummern
- *Verbundnummern* ergänzen eine klassifizierende Nummer um einen rein identifizierenden Teil, sodass bezüglich des Gesamtschlüssels eine Eindeutigkeit gegeben ist. Die Eindeutigkeit wird innerhalb der klassifizierten Gruppe durch eine laufende Nummer erzeugt. Im Beispiel der Abb. 2.20 wird eine bestimmte Teileart (Bolzen) beschrieben, die im Drehantrieb des Oberwagens eines Krans enthalten ist. Die Zählnummer 028 allein identifiziert also nur innerhalb derjenigen Teile eindeutig, die zur Baugruppe Drehantrieb gehören. Verbundnummern
- *Parallelnummern*: Während sich bei Verbundnummern die Eindeutigkeit erst aus der Zusammensetzung des Klassifikationsteils und der Zählnummer ergibt, werden bei einer Parallelverschlüsselung Klassifikations- und Identifikationsaufgaben im Nummernaufbau vollkommen getrennt. Eine Parallelnummer besteht aus einer klassifizierenden und einer identifizierenden Nummer. Die letztere allein bezeichnet ein Objekt bereits eindeutig; die erstere dient dem Einordnungs- und Zugehörigkeitszweck. Parallelnummern

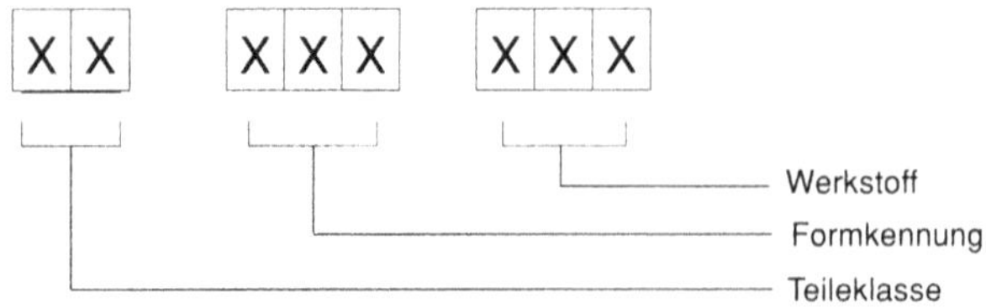

Abb. 2.19: Beispielhafter Aufbau einer klassifizierenden Teilenummer [Warnecke 1995].

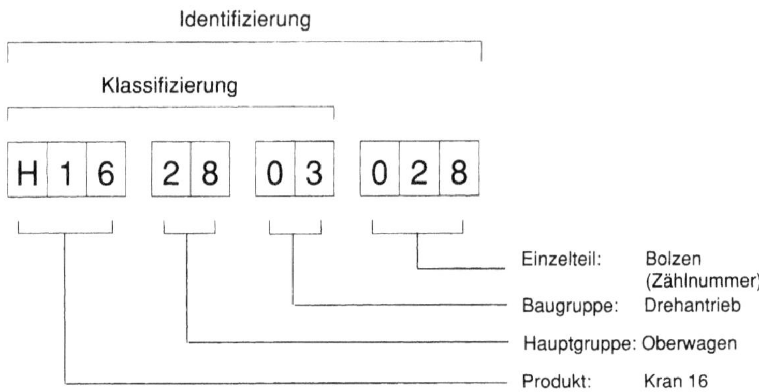

Abb. 2.20: Beispiel einer Verbundnummer [Wiendahl 1997a, S. 172].

Die identifizierende Nummer ist häufig eine laufende Nummer (Zählnummer). Ebenso kommt es aber vor, dass eine Verbundnummer verwendet wird [Grupp 1993]. Umgekehrt ist oft der Fall anzutreffen, dass ein bereits vorhandenes Verbundnummernsystem bei der Einführung eines rechnergestützten Informationssystems übernommen und um eine reine Zählnummer zu einem Parallelnummernsystem erweitert wird.

Ein Beispiel für eine Parallelverschlüsselung aus einem konkreten Anwendungsfall zeigt Abbi. 2.21 [Bernhardt 1990]. Neben einer fünfstelligen Zählnummer wird im klassifizierenden Teil zunächst die Teileart (0 = Einzelteil, 1 = Baugruppe, 2 = Endprodukt, 3 = Guss, Rohstoff etc.) unterschieden. In Abhängigkeit davon sind die weiteren Stellen mit unterschiedlicher Bedeutung belegt. Für die Endprodukte (Teileart 2) wird nach Produkttypgruppe, -untergruppe und schließlich nach der einzelnen Produktart differenziert. Darüber hinaus ist ein Variantenkennzeichen möglich. Die eingetragenen Werte beschreiben ein Produkt der zu Gruppe 01 (Rund- und Bogenmesser) gehörenden Untergruppe 0 (Rundmesser) mit der Einzelproduktausprägung 12 (120 mm Durchmesser).

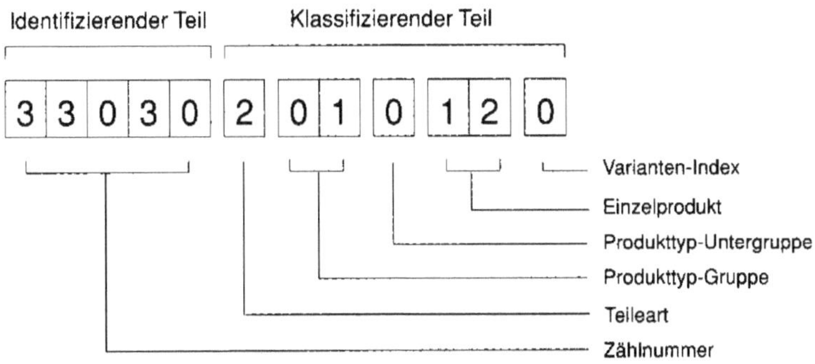

Abb. 2.21: Beispiel einer Parallelnummer [Bernhardt 1990].

Vor- und Nachteile

Die Vor- und Nachteile der verschiedenen Nummernarten wurden in der Vergangenheit intensiv diskutiert.

Identifikationsnummern sind kurz und eindeutig

So weisen reine *Identifikationsnummern* in Form von Zählnummern den Vorteil auf, dass sie kurz, eindeutig und für Zwecke der Datenspeicherung ausreichend sind. Dafür fehlt jede inhaltliche Aussage, was bei den Benutzern – Disponenten, Lageristen, Fakturisten, Ein- und Verkäufern – die Fehlergefahr erhöht. Auswertungen und Abfragen nach einzelnen Merkmalen sind über den Schlüssel nicht möglich.

Klassifikationsnummern besitzen mehr Aussagekraft

Klassifikationsnummern und Nummern, die klassifizierende Komponenten enthalten, lassen dies zu. Ein grundsätzliches Problem besteht darin, die Anzahl der klassifizierenden Merkmale und ggf. ihre Zusammenhänge (Hierarchie) festzulegen. Je mehr Merkmale berücksichtigt werden, umso mehr Aussagekraft steckt bereits in dem Schlüssel, und umso differenziertere Zuordnungen sind möglich.

Da häufig viele unterschiedliche Anforderungen und Interessen mit einem Schlüssel abgedeckt werden sollen, besteht die Gefahr, dass er zu lang wird. Mit zunehmender Schlüsselgröße erwachsen aber Probleme: Die Übersichtlichkeit sinkt, die Fehlergefahr (Übertragungsfehler, Vertippen, Verschreiben) steigt, die Handhabung ist umständlicher und aufwendiger (z. B. bei manueller Eingabe am Bildschirm), und schließlich sind auch der Verarbeitungsaufwand und der Speicherbedarf höher. Deshalb muss bei der Festlegung des Schlüsselaufbaus ein Kompromiss zwischen Aussagekraft und Praktikabilität getroffen werden.

Verbundnummern sind weitverbreitet

Verbundnummern sind weitverbreitet und in vielen Fällen historisch gewachsen. Sie weisen den Vorteil auf, dass die Mitarbeiter den Umgang mit dem Nummernsystem gewohnt sind. Der Nachteil gegenüber einer strikten Parallelverschlüsselung liegt vor allem in der engen Kopplung der klassifizierenden und der nur identifizierenden Teile. Die im ersteren Teil einmal getroffene Klassifikation kann nachträglich nicht mehr verändert werden, ohne dass die Identifikationsfunktion der Gesamtnummer gefährdet ist [Bernhardt 1990].

Parallelnummern klassifizieren und identifizieren, sind aber lang

Bei *Parallelnummern* besteht dieses Problem nicht, da der klassifizierende und der identifizierende Teil völlig getrennt sind. Änderungen in einem Nummernkreis können unabhängig vom anderen vorgenommen werden. Zudem ist es möglich, dass denjenigen Adressaten, die ausschließlich die Identifizierungsfunktion (z. B. Verkauf, Kunden) benötigen, nur die Identifikationsnummer zur Verfügung gestellt wird, sodass sie nur mit dieser zu arbeiten brauchen. Beispielsweise wird einen Kunden, der ein Ersatzteil bestellen möchte, die unternehmensinterne Klassifikation kaum interessieren. Anderen Zielgruppen kann hingegen die gesamte Nummer zugänglich gemacht werden (z. B. der Konstruktion). Ein gewisser Nachteil der Parallelnummern, die weitverbreitet sind, liegt wie bei den Verbundnummern in der Länge des Schlüssels, die die Handhabbarkeit beeinträchtigen kann.

„Optimale" Schlüssellänge

Das Problem der „optimalen" Schlüssellänge, d. h. die vorzusehende Stellenzahl, wird häufig diskutiert. Lange Schlüssel (bzw. Schlüsselteile) haben Nachteile, denen aber der Vorteil gegenübersteht, dass das „Platzen" des Schlüssels weniger wahrscheinlich ist als bei kurzen Schlüsseln (bzw. Schlüsselteilen).

Wenn die Stellenzahl eines Identifikationsschlüssels oder des identifizierenden oder klassifizierenden Teils eines Parallel- oder Verbundschlüssels nicht mehr ausreicht, muss das Nummernsystem restrukturiert werden. Dies ist einerseits mit einem erheblichen organisatorischen Aufwand verbunden. Zum anderen müssen die Schlüsselattribute aller betroffenen Datenstrukturen in der Datenbasis geändert werden. Bei geeigneter Datenmodellierung, Verwendung eines Datenbanksystems und möglicherweise eines Datenkatalogs (Data Dictionary) ist dies heute jedoch ein lösbares Problem.

Automatisch generierte Schlüssel

Anmerkung: In vielen ERP-Systemen trifft man auf Schlüssel, die automatisch vergeben werden, wenn ein Datenbankeintrag (z. B. ein Teilestammsatz) neu angelegt wird. Dies erfolgt unabhängig davon, ob es andere Ordnungsmerkmale gibt, die aus Anwendersicht als Nummern verwendet werden. Die generierten Schlüssel sind häufig fortlaufende natürliche Zahlen. Sie werden im IT-Jargon *IDs* genannt. Jeder Eintrag in einer Datenbanktabelle hat dann automatisch einen anderen Schlüsselwert. Somit ist eine wichtige Anforderung aus Datenbanksicht erfüllt, nämlich dass Schlüssel eindeutig sein müssen. Das Datenbanksystem kann dann mit seinen eigenen Schlüsseln arbeiten, z. B. um Beziehungen zwischen Entity-Typen abzubilden.

Organisatorische Fragen

Einführung eines Nummernsystems ist ein eigenes Projekt

Die Einführung eines Nummernsystems ist ein umfangreiches Vorhaben, das den gesamten Betrieb berührt und sorgfältig geplant werden muss. Der Aufbau und die Einführung eines Nummernsystems werden deshalb in vielen Fällen als eigenes Projekt von einem Team aus Fachleuten durchgeführt. Ein praxisorientiertes Vorgehen reicht von der Ist- und Bedarfsanalyse über die Entwicklung einer Systematik, die Festlegung einer Umstellungsstrategie, Wirtschaftlichkeitsüberlegungen und Schulung der Mitarbeiter bis zur konkreten Durchführung der Verschlüsselung in den Datensätzen und Unterlagen [Grupp 1993].

Lebensdauer von Nummernsystemen 15–20 Jahre

Die Lebensdauer von Nummernsystemen sollte mindestens 15–20 Jahre betragen, da mit der Vorbereitung und Einführung nicht nur ein erheblicher Aufwand verbunden ist, sondern auch tiefgreifende Auswirkungen auf organisatorische Regelungen im Betrieb einhergehen [Grupp 1993]. Schließlich ist die Anlaufphase zu berücksichtigen; es dauert im Allgemeinen längere Zeit, bis der Umgang mit einem Nummernsystem eingespielt ist, Unstimmigkeiten behoben sind und der Betriebsablauf darauf abgestimmt ist.

Vor der Festlegung einer Nummernsystematik ist zunächst zu klären, welche Objekte überhaupt mit Nummern versehen werden sollen. Letztlich sind dies alle die Objekte, die in der Unternehmensdatenbank gespeichert werden sollen. Da nicht nur die Produktion, sondern auch andere Unternehmensbereiche einzubeziehen sind, kann die Zahl recht groß werden. Mit einer zunehmenden Anzahl steigen die Schwierigkeiten, da immer mehr unterschiedliche Anforderungen mit der Systematik abgedeckt werden sollen.

Merkmale

Nach der Abgrenzung der Objekte müssen die zu verschlüsselnden Merkmale definiert werden, sofern nicht ein reiner Identifikationsschlüssel gewählt wird. Dies kann angesichts vielfältiger Interessenlagen sehr schwierig sein. Neben der *Art* der Merkmale müssen die *Beziehungen* zueinander (unverbunden, hierarchisch, andere Form der Abhängigkeit) und die Anzahl der möglichen *Ausprägungen* festgelegt werden. Letzterer Punkt ist von Bedeutung für die Stellenzahl, die im Schlüssel für ein Merkmal reserviert werden muss. Wegen der langen Lebensdauer ist besonders auch auf die *Erweiterbarkeit* in der Zukunft zu achten.

Zuständigkeit

Schließlich muss die Organisation der Einführung und des Betriebs geregelt werden; d. h., es ist festzulegen, welche Stelle im Unternehmen die Einführung durchführt, wo sie beginnt und wer später die Nummern vergibt. Wegen der übergeordneten Sichtweise wird in Bernhardt [1990] für die Einführung eine neutrale Stelle als zuständige empfohlen, nämlich die Stabsstelle Organisation.

Da es selten zweckmäßig ist, mit einem Schlag alle Unternehmensbereiche auf den Kopf zu stellen, muss über den Einstiegspunkt entschieden werden. Im Produktionsbereich zu beginnen, ist nicht unüblich, da dort Daten geboren werden, die auch im weiteren Betriebsgeschehen immer wieder benötigt werden (z. B. Teile-, Betriebsmittelnummern).

Für die Vergabe der Nummern im Tagesgeschehen werden ebenfalls zentrale Stellen mit besonders geschulten Mitarbeitern empfohlen, z. B. die Normenstelle [Bernhardt 1990]. Andernfalls besteht die Gefahr, dass Nummern doppelt belegt oder eventuelle Interpretationsspielräume unterschiedlich ausgelegt werden.

In vielen Betrieben ist es nichtsdestoweniger üblich, dass Teilenummern von der Konstruktionsabteilung vergeben werden. Diese hat jedoch nach der erfolgten Konstruktion mit den Nummern gar nichts mehr zu tun. Andere Unternehmensbereiche arbeiten dagegen tagtäglich mit den Teilenummern. Da in der Konstruktion vorrangig technische Merkmale von Interesse sind, sind die Belange anderer Bereiche (z. B. Rechnungswesen, Materialwirtschaft) möglicherweise nicht ausreichend berücksichtigt.

2.3 Produktionsprogramm und Primärbedarf

Primärbedarf/Produktionsprogramm

In der MRP-Konzeption steht am Anfang der mengen- und periodenmäßig spezifizierte Bedarf an Endprodukten. Dieser wird als Primärbedarf bezeichnet. In der Betriebswirtschaftslehre spricht man von dem *Produktionsprogramm.*

2.3.1 Produktionsprogrammplanung

Bei dem Betriebstyp in Abb. 1.8 („Produktion nach Programm") ist der Ausgangspunkt eine nach Art der Produkte vorgegebene Palette an Endprodukten und/oder verkaufsfähigen Zwischenprodukten sowie eine gegebene Ausstattung mit Betriebsmitteln und anderen Arbeitsplätzen.

Welche Mengen der einzelnen Produktarten sollen wann hergestellt werden?

Die Aufgabe der Produktionsprogrammplanung besteht dann darin festzulegen, welche Mengen der einzelnen Produktarten im Planungszeitraum (z. B. ein Jahr) hergestellt werden sollen und ggf. zu welchen Zeitpunkten bzw. in welchen Zeiträumen dies jeweils erfolgen soll. Während man vom betriebswirtschaftlichen Standpunkt aus „Optimalität" des Programms nach einem oder mehreren Zielkriterien zu fordern pflegt, begnügt man sich in der Praxis oft mit der „Machbarkeit".

Optimierungsmodell

Lineares Optimierungsmodell

Das betriebswirtschaftliche Optimierungsproblem wurde häufig als *lineares Optimierungsmodell* formuliert. Wenn man auf eine zeitliche Unterteilung des Planungszeitraums zunächst verzichtet, geht es darum, die herzustellenden Mengen x_i der n möglichen Produktarten i ($i = 1,...,n$) so zu berechnen, dass unter bestimmten Nebenbedingungen (z. B. maximal mögliche Absatzmengen, Kapazitätsrestriktionen u. a.) ein optimaler Zielfunktionswert (z. B. Gewinn) erreicht wird. Mit den Bezeichnungen

x_i = Menge der Produktart i ($i = 1,...,n$)
p_i = Umsatzerlös pro Mengeneinheit i
k_i = variable Kosten pro Mengeneinheit i
Z = Zielfunktion (Deckungsbeitrag)
a_i = maximal absetzbare Menge der Produktart i
l_i = Bedarf an Lagerkapazität pro Mengeneinheit i
b = vorhandene Lagerkapazität insgesamt
r_j = Kapazität des Betriebsmittels j ($j = 1,...,m$)
q_{ij} = Inanspruchnahme des Betriebsmittels j pro Mengeneinheit i

Deckungsbeiträge sollen maximiert werden

könnte man etwa das folgende vereinfachte Optimierungsmodell formulieren, bei de msatzerlöse minus variable Kosten) aller Produktarten maximiert werden soll:

Zielfunktion

$$Z = \sum_{i=1}^{n} (p_i - k_i) x_i \rightarrow \max$$

Nebenbedingungen

$$\begin{aligned} x_1 &\leq a_1 \\ &\vdots \\ x_n &\leq a_n \\ \sum_{i=1}^{n} l_i x_i &\leq b \\ \sum_{i=1}^{n} q_{li} x_i &\leq r_1 \\ &\vdots \\ \sum_{i=1}^{n} q_{mi} x_i &\leq r_m \end{aligned}$$

Die Nebenbedingungen bezüglich der Betriebsmittelkapazität in diesem Optimierungsmodell gehen streng genommen über die MRP-Grundidee hinaus, da die Produktionskapazitäten im Material Requirements Planning nicht im Detail betrachtet werden.

Manche Planungsparameter können nicht plausibel angegeben werden

Ausgehend von der Grundform des Modells wurden zahlreiche Modifikationen und Verfeinerungen vorgeschlagen, die jedoch zur Lösung der praktischen Probleme nur in wenigen Fällen beitrugen. Dafür ist nicht nur das früher angesprochene Problem der Rechenbarkeit verantwortlich. Bereits bei dem obigen einfachen Modell wird eine Schwierigkeit deutlich, die sich nicht nur bei quantitativen Optimierungsmodellen, sondern grundsätzlich bei einem Stufenkonzept der Planung stellt: Manche Planungsparameter hängen eigentlich von späteren Entscheidungen ab und können vorher bestenfalls in grober Näherung oder gar nicht plausibel angegeben werden. Dies ist eine Hauptschwäche des MRP und mit ein Grund für die Entstehung des MRP II.

Betrachtet man etwa den Fall der mehrstufigen Produktion mit Montageprozessen, wie er auch in den Erzeugnisstrukturdarstellungen in Abb. 2.1 zum Ausdruck kommt, dann ist es zum Zeitpunkt der Produktionsprogrammplanung kaum möglich vorherzusagen, in welchem Umfang ein bestimmtes Betriebsmittel später durch einen Fertigungsauftrag einer tieferen Stufe anteilig *pro Mengeneinheit des Endprodukts* belegt sein wird! Teilweise wird die Wahl des Betriebsmittels erst im Rahmen der Termin- und Kapazitätsplanung oder noch später getroffen. Die Inanspruchnahme eines Betriebsmittels bzw. die für die effektive Bearbeitung der Fertigungsaufträge verfügbare Zeit hängt außerdem von ablaufbedingten Stillstandszeiten ab, die durch eine geschickte Reihenfolge- und Maschinenbelegungsplanung beeinflusst werden können.

2.3.2 Prognoseverfahren

Prognoseverfahren

Anders als in betriebswirtschaftlichen Planungsmodellen, in denen die herzustellenden Endproduktmengen nach Optimalitätsgesichtspunkten ermittelt werden, geht man in der Praxis zur Ermittlung des Primärbedarfs häufig nach einer Anpassungsstrategie vor: Geplant werden diejenigen Produktmengen, die voraussichtlich produziert werden bzw. abgesetzt werden können. Dabei bedient man sich meist der Erfahrungswerte aus der Vergangenheit sowie eines Prognoseverfahrens, um die Vergangenheitsdaten in die Zukunft fortzuschreiben. Gängige Prognoseverfahren sind gleitende Mittelwerte sowie die exponentielle Glättung erster und zweiter Ordnung.

Gleitende Mittelwerte

Bezeichnet man die in Periode j abgesetzte Menge einer Produktart mit m_j, dann erhält man den Vorhersagewert v_k für die nächste Periode k als arithmetisches Mittel über den Mengen der letzten n Perioden:

$$v_k = \frac{1}{n} \sum_{j=k-n}^{k-1} m_j$$

Das Verfahren heißt „gleitend", weil es jede Periode weiterrückt: Der Vorhersagewert, der eine Periode später (für die Periode k+1) ermittelt wird, ergibt sich als Mittelwert der n Perioden von k+1–n bis k etc. Die Anzahl n der berücksichtigten Perioden, die bei diesem Verfahren gleichgewichtig in die Rechnung eingehen, kann beliebig gewählt werden. Für ein großes n spricht, dass der Prognosewert umso repräsentativer ist, je mehr Perioden erfasst werden, und zufällige Schwankungen besser ausgeglichen werden. Andererseits werden strukturelle Verschiebungen der Nachfrage dadurch eher verschleiert. Bei kleineren n schlagen sie in der Prognose schneller zu Buche.

Beispiel: Gegeben seien die realisierten Absatzmengen in der folgenden Tabelle, nach Perioden differenziert:

Periode	...	4	5	6	7	8	9	10
Menge	...	100	90	118	110	105	97	–

Bei n = 5 erhält man als Prognose für Periode 10 den Wert 104. Falls der tatsächliche Absatz in Periode 10 sich auf 100 Mengeneinheiten beläuft, würden für die elfte Periode 106 Mengeneinheiten vorhergesagt.

Exponentielle Glättung erster Ordnung

Einfluss von Prognoseabweichungen

Die Möglichkeit, weiter zurückliegende Werte mit geringerem Gewicht als jüngere Werte zu berücksichtigen, besteht beim Verfahren der exponentiellen Glättung. Dieses ist vom Prinzip her sehr einfach: Der Vorhersagewert für die nächste Periode ist gleich dem Vorhersagewert für die vorige Periode, korrigiert um die (gewichtete) Abweichung des tatsächlich eingetretenen Absatzes in der letzten Periode von der Prognose:

$$v_k = v_{k-1} + \alpha(m_{k-1} - v_{k-1})$$

Mithilfe des Faktors α, der zwischen 0 und 1 gewählt werden kann, lässt sich das Gewicht steuern, mit dem die Daten aus jüngeren Perioden gegenüber älteren Perioden in die Rechnung eingehen. Im Extremfall $\alpha = 1$ schlägt die jüngste Abweichung mit 100 % zu Buche; die neue Prognose ist gleich dem realisierten Wert der letzten Periode. Im anderen Extrem ($\alpha = 0$) wird eine Abweichung dagegen überhaupt nicht berücksichtigt; der neue Vorhersagewert ist gleich dem alten.

Dazwischen ($0 < \alpha < 1$) liegt ein Spektrum von Möglichkeiten, jüngere Werte gegenüber den älteren mehr oder weniger stark zu gewichten und das Ausschlagen von Prognoseabweichungen zu glätten. Bei einem Wert von α näher bei 1 werden Abweichungen immer relativ schnell in der Prognose nachvollzogen, während bei einem α näher bei 0 der Einfluss relativ schwach ist.

Beispiel:

Periode	**...**	**4**	**5**	**6**	**7**	**8**	**9**	**10**
Realisierte Menge m_j	**...**	**100**	**90**	**118**	**110**	**105**	**97**	**-**
Vorhersagewert v_k								
bei $\alpha = 0{,}2$		-	100	98	102	103,6	103,9	102,5
bei $\alpha = 0{,}8$		-	100	92	112,8	110,6	106,1	98,8

Exponentielle Glättung zweiter Ordnung

Schnellere Anpassung bei Trend

Der Prognosewert erster Ordnung läuft bei $\alpha > 0$ in jedem Fall den Abweichungen hinterher, ohne dass er alle Extrembewegungen voll mitmacht (außer bei $\alpha = 1$). Falls die Veränderungen alle in die gleiche Richtung zeigen (z. B. aufsteigender Trend), lässt sich eine schnellere Anpassung erreichen, wenn die Prognosewerte selbst geglättet werden. Dies ist bei der exponentiellen Glättung zweiter Ordnung der Fall. Der Vorhersagewert zweiter Ordnung wird hier anhand seiner Abweichungen vom Vorhersagewert erster Ordnung korrigiert. Mit den Bezeichnungen

$$^{2}v_k = \text{Vorhersagewert zweiter Ordnung}$$
$$^{1}v_k = \text{Vorhersagewert erster Ordnung}$$

erhält man die Formel:

$$^{2}v_k = {}^{2}v_{k-1} + \alpha\left({}^{1}v_k - {}^{2}v_{k-1}\right)$$

Man berechnet also jeweils den Vorhersagewert erster Ordnung ${}^1v_k$ und dann die mit α geglättete Abweichung $\alpha({}^1v_k - {}^2v_{k-1})$ der alten Prognose ${}^2v_{k-1}$ von demselben.

Das formale Rechenverfahren ist das gleiche wie beim exponentiellen Glätten erster Ordnung. Es unterscheidet sich nur dadurch, dass statt der realisierten Menge der Vorperiode m_{k-1} der bereits berechnete Vorhersagewert erster Ordnung ${}^1v_k$ der zu prognostizierenden Periode k herangezogen wird. Die Abweichungen werden auf diese Weise doppelt geglättet, und die Anpassung an den tatsächlichen Verlauf geht schneller, sofern der Trend in die gleiche Richtung zeigt (d. h. kontinuierlich steigend oder fallend).

Andere Verfahren, die bei einem trendförmigen Absatzverlauf zur Anwendung kommen, sind die Methode der kleinsten Quadrate und die exponentielle Glättung erster Ordnung mit Trendkorrektur [Schröder 2012].

2.4 Materialwirtschaft

Die Materialwirtschaft ist der Kernbereich des MRP. Sie schließt eine Fülle unterschiedlicher Aufgaben ein, die über die Materialbedarfsplanung im engeren Sinne hinausgehen, mit dieser aber in direkter Beziehung stehen.

Mengenplanung

Die zentrale materialwirtschaftliche Aufgabe ist die Mengenplanung. Ausgehend vom *Primärbedarf* an Endprodukten und ggf. Zwischenprodukten müssen die Mengen aller dafür benötigten Baugruppen, Einzelteile, Rohmaterialien, Hilfs- und Betriebsstoffe – der *Sekundärbedarf* – berechnet werden.

Bei der Sekundärbedarfsermittlung sind eine Reihe wichtiger Faktoren zu beachten: Manche Teile werden selbst gefertigt, andere zugekauft. Unter Umständen sind Lagerbestände vorhanden, die bei der Rechnung in Abzug gebracht werden müssen, sofern sie nicht vielleicht schon für einen erwarteten Fertigungsauftrag reserviert sind. Die Beschaffung fremdbezogener Teile dauert ebenso wie die Fertigung im Unternehmen eine gewisse Zeit, sodass ein Vorlauf zu berücksichtigen ist. Aufgabenbereiche wie die Lagerhaltung und die Beschaffung (Einkauf) stehen deshalb in enger Beziehung zur Produktionsplanung und -steuerung.

Im Folgenden wird hauptsächlich die *Mengenplanung* (Sekundärbedarfsermittlung im weiteren Sinne) behandelt und die *Lagerhaltung* dabei kurz gestreift. Beschaffungsprozesse werden später in Abschnitt 5.3.1 und 6.3.1 behandelt.

Lagerbestandsführung

Zur Ermittlung der Nettobedarfsmengen ist es erforderlich, die disponierbaren Lagerbestände zu kennen. Die Lagerbestandsführung kann unterschiedlich weit differenziert sein. Demnach sind verschiedene Bestandsarten zu unterscheiden:

Lagerbestandsarten

- Der *physische Lagerbestand* eines Teils ist der Bestand, der sich tatsächlich auf Lager befindet.
- Als *Werkstattbestand* bezeichnet man Mengen eines Teils, die zur Weiterverarbeitung in der Fertigung liegen.
- Ein *reservierter Bestand* wurde bereits für einen Fertigungsauftrag vorgemerkt und ist nicht mehr disponibel.
- Der *Bestellbestand* umfasst erwartete Lagerzugänge aus Fremdbezug oder Eigenfertigung.
- Als *Sicherheitsbestand* bezeichnet man eine Mindestmenge, die zur Absicherung gegen unvorhergesehene Ereignisse nicht unterschritten werden sollte.
- Der *Meldebestand* steht für denjenigen Lagerbestand, bei dessen Erreichen eine Bestellung oder ein Fertigungsauftrag initiiert werden muss, damit unter Berücksichtigung der Beschaffungs- bzw. Fertigungsdauer keine Fehlmengen auftreten oder der Sicherheitsbestand nicht unterschritten wird.

Teileklassifikation

Die Anzahl der Teile, die in der Materialwirtschaft zu berücksichtigen sind, ist meist sehr groß. Bereits in einem mittleren Fertigungsbetrieb können mehrere zehntausend Teile zu führen sein. Eine typische Größenordnung sind 80.000 Teile bei einem mittelständischen Hersteller von Transportanlagen [Kernler 2000]. Das Verhältnis von Eigenfertigungs- zu Fremdbezugsteilen kann, wie in einem Beispiel von Scheer, etwa 10.000 zu 30.000 betragen [Scheer 1976, S. 19]. Bei einem breiten Erzeugnisspektrum sind 100.000 Teile und mehr keine Seltenheit.

Nicht alle Teile haben die gleiche Bedeutung. Manche repräsentieren einen hohen Wert, andere sind weniger wichtig. Deshalb ordnet man die Teile oft anhand ihres Lagerwerts drei Gruppen zu: A-, B- und C-Teile.

ABC-Analyse

Sogenannte *ABC-Analysen* in der Praxis ergeben oft ein ähnliches Bild. Typische Verhältnisse sind etwa so, dass

- ein kleiner Prozentsatz (ca. 10 %) der Teile den Großteil des Gesamtwerts (ca. 65 %),
- weitere 20 % der Teile etwa 25 % des Gesamtwerts,
- die größte Zahl der Teile (ca. 70 %) nur einen kleinen Anteil am Gesamtwert (ca. 10 %)

ausmachen. Abbildung 2.22 zeigt eine grafische Darstellung dieses Sachverhalts in Form einer sogenannten *Lorenz-Kurve*. Sie verdeutlicht, dass viele Teile wertmäßig kaum ins Gewicht fallen und demnach auch großzügiger disponiert werden können, ohne dass die Lagerhaltungskosten allzu stark ansteigen. Bei anderen Teilen kommt es dagegen sehr darauf an, genaue Bedarfsmengen zu errechnen, um die Kapitalbindungskosten niedrig zu halten.

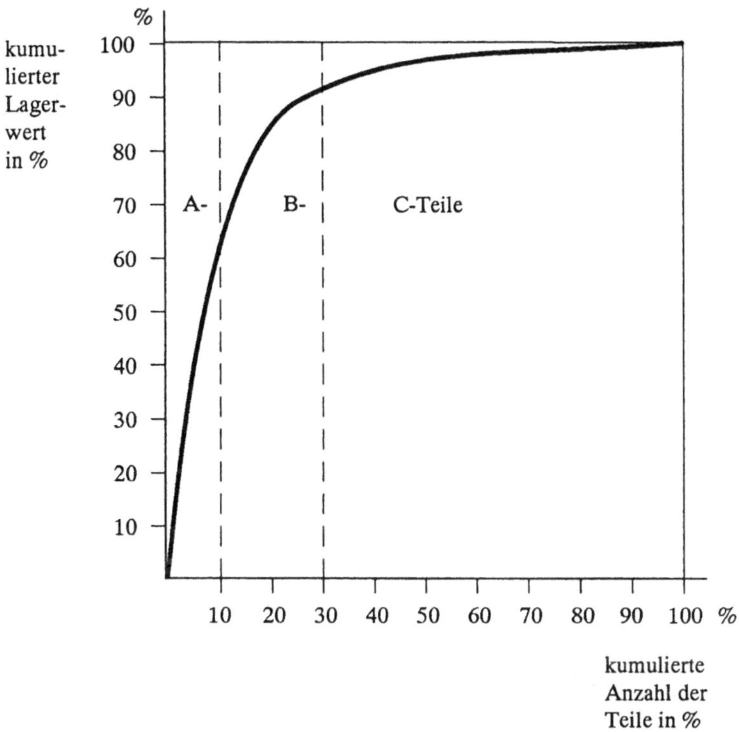

Abb. 2.22: Ergebnisse einer ABC-Analyse als Lorenz-Kurve.

Dispositionsarten

Für die Ermittlung der Sekundärbedarfsmengen kommen zwei grundsätzlich unterschiedliche Vorgehensweisen in Betracht, die sich vom Rechenaufwand und von der Genauigkeit der Ergebnisse her erheblich unterscheiden:
- Verbrauchsgesteuerte (oder stochastische) Disposition
- Bedarfsgesteuerte (oder programmgesteuerte, deterministische) Disposition

2.5 Verbrauchsgesteuerte Materialdisposition

C-Teile verbrauchsgesteuert, A und B-Teile bedarfsgesteuert

Bei der *verbrauchsgesteuerten Disposition* werden die Sekundärbedarfe anhand des in der Vergangenheit beobachteten Materialverbrauchs geschätzt, während sie bei der bedarfsgesteuerten Disposition mithilfe der Stücklisten exakt berechnet werden. Der erste Weg ist mit weniger Aufwand verbunden, dafür aber mit Ungenauigkeiten behaftet. Um Unterbrechungen der Fertigung aufgrund von fehlendem Material zu vermeiden, müssen Sicherheitspuffer eingeplant werden, die die Lagerhaltungskosten erhöhen. Dies erscheint bei geringwertigen Teilen tragbar. Eine häufig anzutreffende Regelung ist deshalb die, dass C-Teile verbrauchsgesteuert und A- und B-Teile bedarfsgesteuert disponiert werden. Grundsätzlich ist es auch denkbar, dass ein bestimmtes Teil hauptsächlich bedarfsgesteuert und teilweise verbrauchsgesteuert disponiert wird oder umgekehrt.

Zur Prognose der zukünftigen Bedarfsmengen kann man sich grundsätzlich der gleichen Verfahren bedienen, die auch bei den Absatzprognosen im Rahmen der Produktionsprogrammplanung zum Einsatz kommen: gleitende Mittelwerte, exponentielle Glättung u. a. Die Vorhersagewerte sind dann Werte, die sich auf eine gesamte Periode, z. B. ein Quartal, beziehen. Bei gleichmäßigem Verbrauch über die Periode hinweg (stetiger Lagerabgang) kann man daraus durch Division durch die Periodenlänge den Verbrauch pro Zeiteinheit errechnen, also z. B. den Lagerabgang pro Tag; diese Größe wird auch *Lagerabgangsgeschwindigkeit* genannt.

2.5.1 Zeitpunkt und Menge einer Bestellung bzw. eines Auftrags

Wenn der prognostizierte Bedarf ermittelt ist, sind als Nächstes zwei Fragen zu klären:

(1) Zu welchen Zeitpunkten soll jeweils eine Bestellung beim Lieferanten (für Fremdbezugsteile) bzw. ein Fertigungsauftrag (für Eigenfertigungsteile) initiiert werden?

(2) Wie groß soll die Bestellmenge bzw. die zu produzierende Menge („Losgröße“) jeweils sein?

(s, Q)-Politik

Die beiden Fragen sind nicht unabhängig voneinander. Je kürzer bei einem gegebenen Bedarf die Bestellintervalle sind, umso kleiner ist die Bestellmenge (bzw. Auftragsgröße) und umgekehrt. In der Praxis ist ein gebräuchliches Verfahren, den *Bestellzeitpunkt* mithilfe eines Meldebestands s zu ermitteln. Wird bei einem Lagerabgang diese Grenze unterschritten, so wird eine Bestellung bzw. ein Auftrag der Menge Q initiiert. In der Terminologie der Lagerhaltungstheorie spricht man von einer *(s, Q)-Politik*. Andere Bestellpolitiken sind die sogenannte (s, S)-Politik (Bestellpunkt-Bestellgrenzen-Politik) und die (r, S)-Politik (Bestellrhythmus-Bestellgrenzen-Politik) [Tempelmeier 2020].

Wiederbeschaffungszeit

Bei einer (s, Q)-Politik muss der Meldebestand s so bestimmt werden, dass er ausreicht, den Bedarf zu decken, bis die bestellte Menge eingegangen ist und ohne dass der Sicherheitsbestand angegriffen wird. Der wesentliche Einflussfaktor ist dabei die *Wiederbeschaffungszeit*. Diese setzt sich wie folgt zusammen [Mertens 2013, S. 112 ff.]:

- Vorbereitungszeit (Vorbereitung der Bestellung bzw. des Fertigungsauftrags)
- Lieferzeit (bei Fremdbezug) bzw. Durchlaufzeit (bei Eigenfertigung)
- Einlagerungszeit (von der Warenannahme bis zu dem Zeitpunkt, zu dem die Teile dem Lager entnommen werden können)

In grafischer Form sind die Zusammenhänge in Abb. 2.23 veranschaulicht. Es wird ein linearer Verlauf des Lagerabgangs angenommen. Wenn t_w die Wiederbeschaffungszeit darstellt, dann muss bei Erreichen einer Bestandshöhe von s eine Bestellung bzw. ein Fertigungsauftrag veranlasst werden. Als Puffer kann noch die Zeitspanne t_z dienen. Bei einer gleichbleibenden Lagerabgangsgeschwindigkeit ließe sich etwa eine Lieferverzögerung bis zu dieser Dauer verkraften, ohne dass der Fertigungsfluss beeinträchtigt würde.

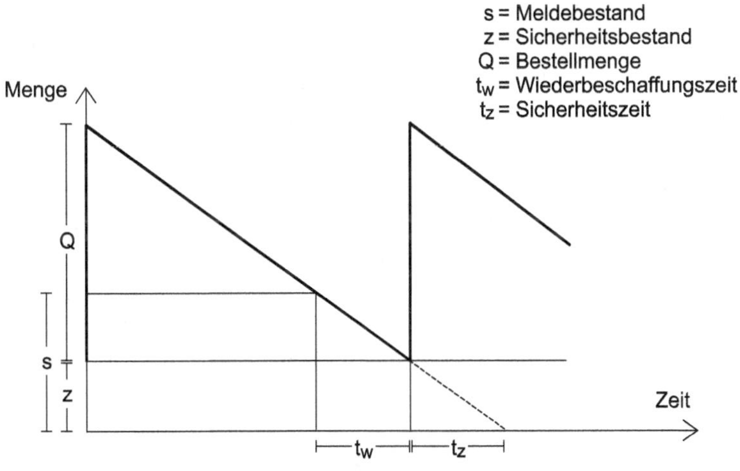

Abb. 2.23: Lagerbestandsverlauf bei gleichförmigem Lagerabgang.

In einem ERP-System kann der *Meldebestand* mit den Lager- oder Teilestammdaten eines Teils gespeichert werden, sofern die Lagerabgangsgeschwindigkeit nicht allzu sehr schwankt. Beim Verbuchen einer Lagerentnahme braucht dann nur der Restbestand mit dem Meldebestand verglichen und bei Unterschreiten eine Bestellung bzw. ein Fertigungsauftrag initiiert zu werden. Von Zeit zu Zeit empfiehlt es sich, die Höhe des Meldebestands zu überprüfen und ggf. dem veränderten Verbrauchsverhalten anzupassen. Bei starken Schwankungen ist es dagegen nicht ratsam, den Meldebestand als Konstante zu führen; vielmehr sollte er in jeder Periode neu ermittelt werden, da sonst die Gefahr besteht, dass zu hohe Lagerbestände oder Fehlmengen auftreten.

Sicherheitsbestand: Abwägen zwischen Lagerhaltungskosten und Risikobereitschaft

Gewisse Bedarfsschwankungen und Lieferverzögerungen lassen sich über den *Sicherheitsbestand* auffangen, dessen Höhe ebenfalls festzulegen ist. Ein großer Sicherheitsbestand bedeutet zwar eine bessere Absicherung gegen Risiken, aber auch dauerhaft höhere Lagerhaltungskosten. Diese könnten bei einem niedrigen Sicherheitsbestand wohl gesenkt werden; dafür steigt aber die Wahrscheinlichkeit, dass es wegen fehlenden Materials zu Stockungen oder Unterbrechungen der Produktion kommt. Die Höhe des Sicherheitsbestands wird also vor allem durch ein Abwägen zwischen Lagerhaltungskosten und Risikobereitschaft bestimmt.

2.5.2 Verfahren zur Bestellmengen-/Losgrößenrechnung

Gegenläufige Kostenbeziehung

Die zweite Aufgabe, die bei einer verbrauchsgesteuerten Disposition neben der Ermittlung der Meldebestände und Bestelltermine gelöst werden muss, ist die Berechnung der Bestellmengen und Fertigungsauftragsgrößen. Obwohl es sich in dem einen Fall um einen Fremdbezug und in dem anderen um eine Eigenfertigung handelt, können grundsätzlich die gleichen Verfahren zum Einsatz kommen. In beiden Fällen sind gegenläufige Kostenbeziehungen zu beachten, und man versucht, die Bestellmengen bzw. Fertigungsauftragsgrößen so zu dimensionieren, dass die beeinflussbaren Kosten minimiert werden. Bei fremdbezogenen Teilen spricht man dann von „optimalen Bestellmengen“, bei eigengefertigten Teilen von „optimalen Losgrößen“. Als Los (oder Fertigungslos) bezeichnet man die Menge eines Teils, die zusammenhängend produziert wird.

Vielzahl von Modellen

In der Vergangenheit wurde eine Vielzahl von Modellen und Methoden zur Berechnung optimaler Losgrößen entwickelt. Eine Bewertung von insgesamt 30 Lagerhaltungsmodellen auf der Grundlage umfangreicher Simulationsexperimente findet man in Knolmayer [1985]. Vor allem in den 1960er-Jahren war ein gewaltiger Boom in der Forschung zu verzeichnen. In der Praxis haben sich allerdings die wenigsten Vorschläge durchgesetzt. Dies lag nicht zuletzt daran, dass die Verhältnisse in der Realität, vor allem in der Fertigung, zum Teil äußerst komplex waren und sind und zu sehr aufwendigen Modellen und Rechenverfahren führen, wenn sie angemessen abgebildet werden sollen.

Verbreitung gefunden haben in den PPS- und ERP-Systemen meist nur wenige einfache Ansätze wie die folgenden:

- Fester Periodenbedarf
- Klassisches Bestellmengen-/Losgrößenmodell
- Gleitende wirtschaftliche Losgröße
- Stück-Perioden-Ausgleich

(1) Fester Periodenbedarf

Bei diesem Verfahren verzichtet man auf eine Optimierungsrechnung und legt als Bestellmenge bzw. Losgröße den Bedarf einer oder mehrerer Perioden fest. Dieser Wert kann zum Beispiel im Teilestammsatz gespeichert werden.

(2) Klassisches Bestellmengen-/Losgrößenmodell

Andler-Formel

Die wohl bekannteste Berechnungsvorschrift für optimale Bestellmengen und Losgrößen wird nach ihrem Erfinder auch *Andler-Formel* oder *Wurzelformel* genannt. Sie geht davon aus, dass der Bedarf für eine längere Planungsperiode (z. B. ein Jahr) bekannt ist und gleichförmig verläuft. Man spricht dann von „konstanter Lagerabgangsgeschwindigkeit"; d. h., in jeder Zeiteinheit des gesamten Planungszeitraums (z. B. jeden Tag) ist der Bedarf gleich. Das Ziel besteht darin, die Summe aus den gesamten bestellmengen- (bzw. losgrößen-) abhängigen Kosten im Planungszeitraum – dies sind insbesondere Lagerhaltungskosten – und den gesamten bestellmengen- (bzw. los-) fixen Kosten im Planungszeitraum – bei Eigenfertigung sind dies vor allem die Rüstkosten – möglichst niedrig zu halten.

Minimierung einer Kostenfunktion

Unter den Prämissen des Modells gelangt man durch Minimierung einer Kostenfunktion zur „optimalen" Bestellmenge bzw. Losgröße. Bezeichnet man mit

K_l die gesamten bestellmengen- (bzw. losgrößen-) abhängigen Kosten im Planungszeitraum,

K_r die gesamten bestellmengen- (bzw. los-) fixen Kosten im Planungszeitraum,

k_l bestellmengen- (bzw. losgrößen-) abhängige Kosten pro Mengen- und Zeiteinheit,
k_r fixe Kosten pro Bestellvorgang bzw. Auflage eines Loses,
a Bestell- bzw. Auflagehäufigkeit im Planungszeitraum,
T Länge des Planungszeitraums (Anzahl der Zeiteinheiten),
y Gesamtbedarf im Planungszeitraum,
x Bestellmenge bzw. Losgröße,

so erhält man zunächst für die bestellmengen- (bzw. los-) fixen Kosten

$$K_r = ak_r$$

bzw., da unter den Modellprämissen für die Bestell-/Auflagehäufigkeit $a = y/x$ gilt,

$$K_r = \frac{y}{x} k_r.$$

Für die *Lagerhaltungskosten* und die anderen, von der Bestellmenge oder der Losgröße abhängigen Kosten ergibt sich:

$$K_l = \frac{x}{2} k_l T,$$

da bei dem unterstellten konstanten Lagerabgang der durchschnittliche Lagerbestand $x/2$ beträgt. In Abhängigkeit von der Bestellmenge oder Losgröße x erhält man daraus die gesamten entscheidungsrelevanten Kosten K:

$$K(x) = K_r + K_l = \frac{y}{x} k_r + \frac{x}{2} k_l T.$$

Das Minimum dieser Funktion, differenziert nach x, liegt dann bei

$$x = \sqrt{\frac{2k_r y}{k_l T}}.$$

Optimale Losgröße

x ist die *optimale Bestellmenge* oder *optimale Losgröße*. Sie muss im Planungszeitraum a-mal geordert bzw. aufgelegt werden, damit der Bedarf gedeckt werden kann. Die Anzahl a erhält man einfach aus $a=y/x$ als

$$a = \sqrt{\frac{yk_1T}{2k_r}}.$$

Prämissen des Modells

Die „Optimalität" der Menge x ist jedoch höchstens theoretisch gegeben. Sie liegt nur dann vor, wenn die restriktiven Prämissen des Modells auch erfüllt sind. Dies sind insbesondere:

- Es treten keine Kapazitätsrestriktionen bezüglich der Lieferfähigkeit (bei Fremdbezug) bzw. der Produktionsmöglichkeit (bei Eigenfertigung) und keine Lagerbeschränkungen auf.
- Der Bedarf ist für den gesamten Planungszeitraum mit Sicherheit bekannt.
- Er ist für alle Perioden gleich. Der Lagerabgang erfolgt in jeder Periode kontinuierlich mit der gleichen konstanten Geschwindigkeit.
- Die Einstandspreise bzw. die Herstellkosten pro Mengeneinheit werden als gegeben und unabhängig von der Menge vorausgesetzt.
- Bei einer Eigenfertigung wird unterstellt, dass die betreffende Produkt- oder Teileart keine Beziehungen zu Teilen auf anderen Fertigungsstufen aufweist, bzw. diese werden vernachlässigt.

Diese Voraussetzungen sind in der Praxis selten erfüllt. Nichtsdestoweniger zieht sich die Andler-Formel durch die gesamte Lagerhaltungsliteratur und ist in den meisten ERP-Systemen als eine der Optionen enthalten.

(3) Gleitende wirtschaftliche Losgröße/Bestellmenge

Minimierung der Stückkosten

Die Annahme des bekannten Gesamtbedarfs und seiner gleichmäßigen Verteilung auf alle Perioden des Planungszeitraums wird beim Verfahren der gleitenden wirtschaftlichen Losgröße (bzw. Bestellmenge) fallen gelassen. Dieses ist ein Näherungsverfahren, welches die Minimierung der Stückkosten anstrebt.

Betrachtet man zunächst einen einzelnen Bedarf y_j einer Periode j, der in Periode i ($i \leq j$) beschafft oder gefertigt wird, dann betragen die *Lagerhaltungskosten* für diesen Bedarf

$$k_l y_j (j - i).$$

Wenn man die Bedarfe der Perioden i bis t ($i \leq t$) zu einer Bestellung (Los) zusammenfasst, entstehen somit Lagerhaltungskosten in Höhe von

$$k_l \sum_{j=i}^{t} y_j (j-i).$$

Die *gesamten Kosten* der Perioden i bis t, die mit K_{it} bezeichnet seien, betragen dann

$$K_{it} = k_r + k_l \sum_{j=i}^{t} y_j (j-i).$$

Bezogen auf eine Mengeneinheit entsprechen diesen den *Stückkosten.*

$$\mathrm{K}_{it} = \frac{\mathrm{K}_{it}}{\sum_{j=i}^{t} \mathrm{y}_j}$$

Man geht nun schrittweise von einer Periode zur nächsten und fasst so lange Periodenbedarfe zusammen, bis k_{it} sein Minimum erreicht hat. Anders ausgedrückt wird derjenige Wert von t gesucht, für den sich

$$k_{it} < k_{it+1}$$

Optimale Losgröße

ergäbe, wenn noch ein weiterer Periodenbedarf y_{t+1} hinzugefügt würde. Hat man dieses t ermittelt, so beträgt die *optimale Bestellmenge* (oder *Losgröße)*

$$x = \sum_{j=i}^{t} y_j.$$

Das Verfahren der gleitenden wirtschaftlichen Losgröße (Bestellmenge) ist auf die Gegebenheiten der Praxis recht gut anwendbar, wenn die Bedarfsmengen der einzelnen Perioden und die Kostensätze k_r und k_l bekannt sind. Es weist allerdings den theoretischen Nachteil auf, dass die Minimierung der Kosten pro Stück nicht zwingend auch die Minimierung der Gesamtkosten im Planungszeitraum bedeutet.

(4) Stück-Perioden-Ausgleich

Minimierung der Kosten pro Los

Die Zielsetzung Minimierung der Kosten pro Los bzw. Bestellmenge verfolgt ein Näherungsverfahren, das unter dem Namen Stück-Perioden-Ausgleich („Part-period algorithm“) bekannt ist [DeMatteis 1968]. Es geht von der Eigenschaft des klassischen Bestellmengenmodells aus, dass nämlich im Optimum die Lagerhaltungskosten K_l und die bestellfixen Kosten K_r gerade gleich sind. Dies sieht man unmittelbar, wenn man die erste Ableitung der oben eingeführten Kostenfunktion

$$K(x) = \frac{y}{x} k_r + \frac{x}{2} k_l T$$

bildet und gleich null setzt. Dann ergibt sich:

$$\frac{y}{x} k_r = \frac{x}{2} k_l T$$

Die linke Seite der Gleichung enthält die bestellfixen Kosten K_r, die rechte Seite die Lagerhaltungskosten K_l.

Lagerhaltungskosten gleich losfixe Kosten

Beim Verfahren des Stück-Perioden-Ausgleichs überträgt man diese Eigenschaft auf eine diskrete Betrachtungsweise mit einzelnen Periodenbedarfen. Das Optimum muss dann näherungsweise an der Stelle liegen, wo die Lagerhaltungskosten einer Bestellung bzw. eines Loses gleich den bestell- bzw. losfixen Kosten sind:

$$k_l \sum_{j=i}^{t} y_j (j-i) = k_r$$

Wenn man die Gleichung umformt, erhält man auf beiden Seiten Ausdrücke, welche die Dimension „Stück * Perioden" aufweisen (daher resultiert auch die Bezeichnung des Verfahrens):

$$\sum_{j=i}^{t} y_j (j-i) = \frac{k_r}{k_l}$$

Wie bei der gleitenden wirtschaftlichen Losgröße schreitet das Verfahren nun so voran, dass jeweils ein weiterer Periodenbedarf y_{t+1} probeweise hinzugefügt und überprüft wird, ob die linke Seite noch kleiner als die rechte Seite ist. Gilt einmal

$$k_l \sum_{j=i}^{t+1} y_j (j-i) > k_r,$$

Optimale Losgröße

dann ist das Optimum überschritten. Die zu beschaffende bzw. herzustellende Menge beträgt

$$x = \sum_{j=i}^{t} y_j.$$

Geringe Sensitivität des Optimums

Da das Optimum einer Bestellmengen- oder Losgrößenrechnung grundsätzlich nicht sehr sensibel auf Mengenänderungen reagiert, ist es nicht allzu gravierend, wenn die bestellfixen und die bestellmengenabhängigen Kosten bei der gewählten Menge nicht exakt gleich sind. Insbesondere wirken sich Veränderungen der Menge nach oben weniger auf die Kosten aus als Mengenreduktionen. Im klassischen Bestellmengenmodell führt eine Erhöhung der Bestellmenge um die Hälfte ebenso wie eine Verringerung um ein Drittel nur zu einem Anstieg der Kosten um 8 %. Folglich kann es auch beim Stück-Perioden-Ausgleich und der gleitenden wirtschaftlichen Bestellmenge durchaus günstiger sein, noch einen weiteren Bedarf hinzuzunehmen, wenn dadurch die „optimale" Menge leicht über- statt unterschritten wird.

Abschließend muss darauf hingewiesen werden, dass die Bedeutung der Losgrößenrechnung nicht überbewertet werden sollte, da die Kosten, die auf diese Weise beeinflusst werden können, insgesamt nur einen relativ kleinen Prozentsatz der Produktionskosten ausmachen.

2.6 Bedarfsgesteuerte Materialdisposition

Sekundärbedarf wird exakt berechnet

Die bedarfs- oder programmgesteuerte Disposition wird auch deterministisch genannt, weil die berechneten Sekundärbedarfsmengen nicht den Schätzunsicherheiten unterliegen, sondern mit Sicherheit auftreten werden – unter der Voraussetzung, dass der Primärbedarf wie erwartet eintritt. Der Sekundärbedarf wird hier entsprechend der Zusammensetzung der Teile, die in den Stücklisten zum Ausdruck kommt, exakt berechnet. Ausgehend von dem aus der Produktionsprogrammplanung gegebenen Primärbedarf werden mithilfe der gespeicherten Erzeugnisstrukturdaten genau diejenigen Mengen an untergeordneten Teilen abgeleitet, die zur Herstellung des Primärbedarfs erforderlich sind.

Stücklistenauflösung

Die Bedarfsermittlung über Stücklisten nennt man auch *Stücklistenauflösung*. Programme zur Stücklistenauflösung bezeichnete man im Material Requirements Planning als *Stücklistenprozessoren*. Sie stellten den algorithmischen Kern der MRP-Systeme dar.

Anders als bei der verbrauchsgesteuerten Bedarfsermittlung, bei der im Wesentlichen jedes Teil für sich allein betrachtet und disponiert wird, muss bei der bedarfsgesteuerten Vorgehensweise der Zusammenhang zwischen den Teilen unmittelbar beachtet werden. Aufgrund des

Über-/Unterordnungsverhältnisses haben Mengenentscheidungen einer höheren Stufe Auswirkungen auf tiefere Stufen.

Wenn etwa in Abb. 2.24 die Losgröße bei Baugruppe A verdoppelt wird, dann erhöht sich auch der Sekundärbedarf an Teilen, die in diese Baugruppe eingehen (D und E), zum Zeitpunkt der Fertigung des Loses im entsprechenden Umfang. Ist andererseits noch ein Lagerbestand der Baugruppe C vorhanden, reduziert sich nicht nur der zu fertigende Bedarf bei C, sondern auch bei allen untergeordneten Teilen, die direkt oder indirekt in die Baugruppe eingehen (G, H, I, J).

Das Beispiel verdeutlicht bereits, dass Brutto- und Nettobedarfsrechnung sowie Losgrößenbildung bei der bedarfsgesteuerten Disposition nicht unabhängig voneinander gesehen werden können.

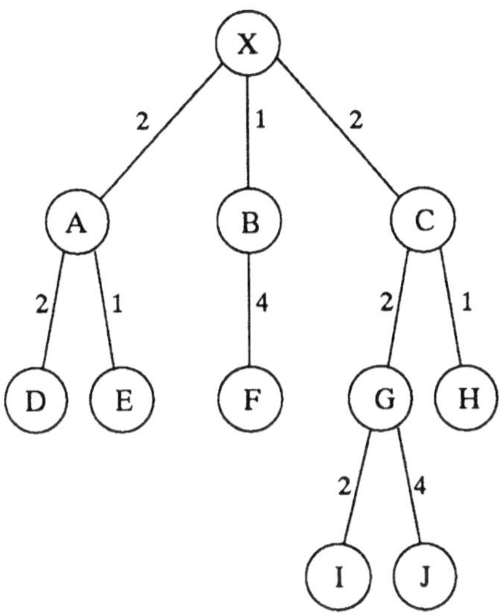

Abb. 2.24: Erzeugnisstruktur (Beispiel).

2.6.1 Teilaufgaben der bedarfsgesteuerten Disposition

Grundsätzlich müssen für jedes Teil folgende Aufgaben gelöst werden: Aufgaben
- Bruttobedarfsermittlung
- Nettobedarfsermittlung
- Losgrößenplanung (bzw. Bestellmengenplanung bei Fremdbezugsteil)
- Sekundärbedarfsermittlung
- Vorlaufverschiebung

Bei den Blättern des Erzeugnisstrukturbaums entfallen die beiden letzten Punkte.

(1) Bruttobedarfsermittlung

Ausgangspunkt für den Bruttobedarf ist zunächst bei Endprodukten und verkaufsfähigen Zwischenprodukten der Primärbedarf, bei Teilen tieferer Stufen der von höheren Stufen abgeleitete Sekundärbedarf. Zu diesem können eventuell noch weitere Komponenten hinzukommen, z. B. Ersatzteilbedarf, der auf Erfahrungswerten beruht, oder Bedarfsmengen, die verbrauchsgesteuert disponiert wurden [Mertens 2013, S. 183].

(2) Nettobedarfsermittlung

Disponierbare Lagerbestände

Vom Bruttobedarf eines Teils sind die disponierbaren Lagerbestände abzuziehen. Auch bei programmgesteuerten Teilen können Lagerbestände vorkommen, zum Beispiel dann, wenn eine verbrauchsgesteuerte Komponente existiert oder wenn Lageraufträge gefertigt werden, um Lücken in der Kapazitätsauslastung zu schließen. Je nachdem, wie differenziert die Lagerbestände geführt werden, sind Sicherheitsbestände, Werkstattbestände, Reservierungen und Bestellbestände zu berücksichtigen. Wenn Ausschuss zu erwarten ist, muss darüber hinaus der Nettobedarf noch mit dem voraussichtlichen Ausschussfaktor multipliziert werden.

Brutto- und Nettobedarfsrechnung

Ein ausgefeiltes Schema einer Brutto- und Nettobedarfsrechnung, das Mertens [2013, S. 185] entnommen wurde, ist in Abb. 2.25 wiedergegeben. Die erwähnten Einflussfaktoren sind dort mit Zahlen unterlegt und nach Perioden differenziert.

Gleiche Verfahren wie in Abschnitt 3.3.1

(3) Losgrößenplanung

Wenn die Nettobedarfe für eine gewisse Zahl von Perioden feststehen, können sie entweder unmittelbar als Vorgabe für die Bedarfsermittlung der nächsttieferen Stufe verwendet oder zunächst zu Fertigungslosen gebündelt werden. In Abb. 2.25 wurden die Nettobedarfe der Perioden 2, 3, 4 und der Perioden 5, 6 jeweils zu einem Los zusammengefasst (2208 bzw. 1887 Mengeneinheiten). Bei fremdbezogenen Teilen würden Bestellmengen gebildet, und die weiteren Schritte – Sekundärbedarfsermittlung und Vorlaufverschiebung – entfielen.

Perioden-Nr.		1	2	3	4	5	6
Gesamter Sekundärbedarf einer Baugruppe (aus Stücklistenauflösung)		700	550	1300	800	900	700
+ Verbrauchsgesteuerter Bedarf		270	400	300	140	340	250
+ Primärbedarf (Ersatzteile)		130	200	100	60	160	50
= Bruttobedarf		1100	1150	1700	1000	1400	1000
Lagerbestand	3000						
- Sicherheitsbestand	300						
- Reservierungen *)	900						
= Verfügbarer Bestand	1800	1800	700		300	600	
Bestellbestand	900						
- Erwarteter Ausschuss (10%)	90						
- Zugänge aus Recycling			50			100	
= Disponierbarer Bestellbestand	810			450	360		
= Nettobedarf (Zwischensumme)		-	400	1250	340	700	1000
+ Zusatzbedarf (gerundet) für Ausschuss (10%, Faktor 0,11)		-	44	137	37	77	110
= Erweiterter Nettobedarf		-	444	1387	377	777	1110
Losgrößenbestimmung		-	2208	-	-	1887	

*) Dieser Reservierungsbestand wird in den Perioden 4 und 5 zu verfügbarem Lagerbestand.

Periodengerechter Bedarf für die weitere Verplanung bzw. Auflösung

Abb. 2.25: Schematische Darstellung der bedarfsgesteuerten Disposition für ein Teil [Mertens 2013, S. 185].

Für die Losbildung kommen grundsätzlich die gleichen Verfahren zum Einsatz, die in Abschnitt 2.5.2 besprochen wurden. Dies ist vom theoretischen Standpunkt aus problematisch, da die Prämissen, auf denen die „Optimalität" einer Losgröße basiert, zum großen Teil nicht erfüllt sind. Während man bei der verbrauchsgesteuerten Disposition die Teile noch weitgehend für sich allein betrachtet, ist dies bei der programmgesteuerten Disposition nicht möglich. Die Losbildung auf einer bestimmten Fertigungsstufe hat nämlich Auswirkungen auf die Disposition aller Teile, die dem betrachteten Teil untergeordnet sind. Dieses Problem wird weiter unten in Zusammenhang mit der Abb. 2.29 erörtert.

(4) Sekundärbedarfsermittlung

Ausgehend von den ggf. zu Fertigungslosen gebündelten Nettobedarfsmengen können nun die Sekundärbedarfe abgeleitet werden.

Stücklistenauflösung

Dazu werden die *Erzeugnisstrukturen* herangezogen (vgl. Abschnitt 2.2.2). Durch Multiplikation mit den gespeicherten Mengenkoeffizienten erhält man die Bedarfsmengen derjenigen Teile, die direkt in das übergeordnete Teil eingehen. Angenommen, in Abb. 2.25 sei die Baugruppe C (vgl. Abb. 2.24) disponiert worden; Abb. 2.26 führt dann das Beispiel um die Sekundärbedarfsermittlung bezüglich der beiden Teile G und H fort.

Periode	1	2	3	4	5	6
Nettobedarf C (nach Losbildung)	-	2208	-	-	1887	-
Sekundärbedarf G	-	4416	-	-	3774	-
nach Vorlaufverschiebung	4416	-	-	3774	-	-
Sekundärbedarf H	-	2208	-	-	1887	-
nach Vorlaufverschiebung	2208	-	-	1887	-	-

Abb. 2.26: Sekundärbedarfsermittlung und Vorlaufverschiebung nach Losbildung.

(5) Vorlaufverschiebung

Wenngleich im Rahmen der Materialwirtschaft die Mengenplanung im Vordergrund steht, empfiehlt es sich doch, den Terminaspekt der Produktionsplanung nicht ganz außer Acht zu lassen. Da die Durchführung eines Fertigungsauftrags eine gewisse Zeit in Anspruch nimmt, müssen die Sekundärbedarfe um diese Zeitspanne früher bereitstehen. Wenn etwa die Fertigung eines Loses von C 14 Tage dauert, dann werden die Teile G und H, die in C eingehen, 14 Tage früher benötigt als C.

Grobes Zeitraster durch Vorlaufverschiebung

Mithilfe der Vorlaufverschiebung versucht man, bereits das Mengengerüst der Planung mit einem groben Zeitraster zu versehen. Dies ist jedoch nicht ohne Weiteres möglich, da Entscheidungen, die die genauen Produktionstermine betreffen, im Planungsprozess meist erst zu einem späteren Zeitpunkt fallen. Man behilft sich deshalb mit Erfahrungswerten und groben Schätzungen. Je nach Informationsstand und Sicherheit der Erwartungen werden in der Praxis verschiedene Vorgehensweisen angewendet:

- Die Durchlaufzeit des Loses der höheren Fertigungsstufe (im Beispiel: C) wird unter Beachtung von Rüst-, Übergangs- und Bearbeitungszeiten in Abhängigkeit von der Losgröße berechnet. Dazu müssen die Arbeitsplan- und Betriebsmitteldaten herangezogen werden. Die Sekundärbedarfe werden dann um die Durchlaufzeit in Richtung Gegenwart vorverschoben.
- Als Vorlaufverschiebung wird pauschal für alle Teile einer Fertigungsstufe der gleiche Wert festgelegt, z. B. ein Wert, der als Mittelwert der Vergangenheit beobachtet wurde.

– Man arbeitet mit einer pauschalen Vorlaufverschiebung (z. B. ein oder zwei Perioden), die für alle Teile und Fertigungsstufen gleich ist.

Pauschale Verschiebungen

Der erste Weg ist zweifellos der genaueste, sofern die Komponenten der Durchlaufzeit mit hinreichender Sicherheit vorhergesagt werden können. Dies ist jedoch häufig nicht möglich, setzt es doch voraus, dass im Prinzip eine vollständige Durchlauf- und eventuell sogar eine Kapazitätsterminierung durchgeführt wird. Deshalb verwendet man oft pauschale Vorlaufverschiebungen pro Fertigungsstufe oder über alle Stufen hinweg.

In dem Beispiel der Abb. 2.26 wurde eine Vorlaufverschiebung von einer Periode angenommen. Die so terminierten Bedarfe gehen nun, sofern es sich nicht um Einzelteile handelt, in die weitere Auflösung ein. Für die Baugruppe G des Beispiels würden die Schritte Brutto- und Nettobedarfsermittlung, Losgrößenplanung, Sekundärbedarfsermittlung und Vorlaufverschiebung wie eben beschrieben durchlaufen.

Konsequenzen der Losbildung

An dieser Stelle sei nochmals auf die Problematik der Losbildung hingewiesen. Wenn auf einer höheren Fertigungsstufe Einzelbedarfe zu Losen zusammengefasst werden, verändert dies die Mengen- und Zeitplanung aller direkt oder indirekt untergeordneten Teile.

Zur Erläuterung wird das Beispiel der bedarfsgesteuerten Disposition aus Abb. 2.25 aufgegriffen. Wenn *keine* Losbildung erfolgt, erhält man unter Berücksichtigung der Vorlaufverschiebung die in Abb. 2.27 dargestellten Sekundärbedarfsmengen und -termine für die Teile G und H. Werden dagegen Lose gebildet, rücken die Bedarfstermine der tieferen Teile näher in Richtung Gegenwart, und die Bedarfsmengen werden in manchen Perioden höher, während sie in anderen gleich null sind. Abbildung 2.26 zeigte bereits diesen Fall.

Periode	1	2	3	4	5	6
Nettobedarf C (ohne Losbildung)	-	444	1387	377	777	1110
Sekundärbedarf G	-	888	2774	754	1554	2220
nach Vorlaufverschiebung	888	2774	754	1554	2220	-
Sekundärbedarf H	-	444	1387	377	777	1110
nach Vorlaufverschiebung	444	1387	377	777	1110	-

Abb. 2.27: Sekundärbedarfsermittlung und Vorlaufverschiebung ohne Losbildung.

Erhöhte Lagerhaltungskosten

Die Losbildung bei dem betrachteten Teil C kann auf der nächsttieferen Stufe – für die Teile G und H – Auswirkungen auf die Höhe der Lagerbestände und damit die Lagerhaltungskosten haben. Diese werden von den üblichen Losgrößenmodellen nicht erfasst. Streng genommen müssten bei der Losbildung auch die Auswirkungen auf untergeordnete Teile berücksichtigt und die Losgrößen auf allen Stufen simultan berechnet werden. Im Operations Research wurden dazu umfangreiche Modelle formuliert, die aber keinen Eingang in die ERP-Systeme fanden.

Das oben erwähnte Problem, dass mit der Festlegung einer Losgröße auch Unterstellungen bezüglich der Produktionstermine getroffen werden, tritt nun nicht nur bei dem gerade betrachteten Teil auf. Auch die Betriebsmittel, auf denen die untergeordneten Teile gefertigt werden, müssen genau zu den Terminen verfügbar sein, die eine Fertigstellung noch zum Bedarfstermin erlauben.

Kapazitätsbedarf

Kapazitätsverfügbarkeit

Zur Veranschaulichung sei vereinfachend angenommen, dass das Teil H nur auf einem Betriebsmittel gefertigt werde und der Kapazitätsbedarf näherungsweise proportional zur Bedarfsmenge sei. Damit ergibt sich etwa eine Verteilung des Kapazitätsbedarfs wie im oberen Teil der Abb. 2.28. Durch die Losbildung wird mehr Kapazität in den Perioden 1 und 4 benötigt. Das bedeutet letztlich, dass die Fertigung auf der höheren Stufe (Teil C) in den geplanten Losgrößen nur dann realisiert werden kann, wenn die erforderliche Kapazität für das Teil H der tieferen Stufe in den Perioden 1 und 4 auch zur Verfügung steht.

Zusammenhang zwischen Losgrosen und Kapazitatsbedarf

Der Zusammenhang zwischen Losgrößen und Kapazitätsbedarf muss grundsätzlich immer beachtet werden. Er gilt natürlich auch für die Losbildung bei Teil C selbst, die nur sinnvoll ist, wenn keine Kapazitätsüberlastung bei den Betriebsmitteln auftritt, auf denen C gefertigt wird, und weiterhin auch für die eventuell zu bildenden Lose für G und H.

Nicht nur im Material Requirements Planning, auch in den späteren MRP-II-, PPS- und ERP-Systemen wurden derartige teile- oder fertigungsstufenübergreifende Zusammenhänge jedoch meist ignoriert. Die Losbildung nach den oben beschriebenen Verfahren betrachtet in der Regel jeweils nur isoliert ein bestimmtes Teil auf einer Fertigungsstufe.

In einigen betriebswirtschaftlichen Modellen wurde die Interdependenz zwischen Losgrößen und Kapazitäten explizit berücksichtigt. Aus den bereits genannten Gründen gelangten diese Modelle aber kaum zum Einsatz. In der Praxis begnügt man sich meist damit, die Grobplanung der Produktionsmengen ohne Berücksichtigung der genauen

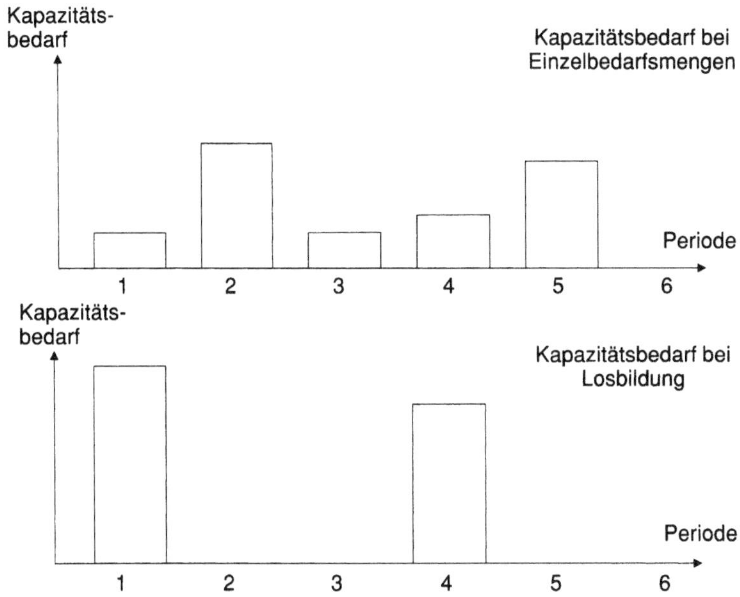

Abb. 2.28: Konsequenzen der Losbildung für den Kapazitätsbedarf.

Kapazitäten durchzuführen. Dies ist so lange unproblematisch, wie das Produktionsprogramm einigermaßen sicher feststeht, der Bedarf mehr oder weniger gleichförmig verläuft und die verfügbare Produktionskapazität im Grundsatz mit dem Kapazitätsbedarf in Einklang ist.

2.6.2 Fertigungsstufen und Dispositionsstufen

Bei der Bedarfsauflösung über Erzeugnisstrukturen kann man eine Vorgehensweise nach Fertigungsstufen und nach Dispositionsstufen unterscheiden [Mertens 2013, S. 180 f.]. Die erstere trifft man heute vor allem bei der Auflösung einer einzelnen Erzeugnisstruktur an, z. B. bei auftragsorientierter Fertigung.

Fertigungsstufenverfahren

Beim *Fertigungsstufenverfahren* werden die Erzeugnisstrukturbäume jeweils einzeln für sich von oben nach unten abgearbeitet. Wenn ein Teil in einer Erzeugnisstruktur (oder in verschiedenen Strukturen) mehrmals vorkommt, wird es auch mehrmals behandelt.

In Abb. 2.29 (oben) liegt dieser Fall bezüglich der Teile C, D und E vor. Dies bedeutet unter anderem, dass bei der Nettobedarfsrechnung eventuell vorhandene Lagerbestände zuerst zur Bedarfsdeckung bei den Teilen abgesetzt werden, die auf höheren Fertigungsstufen stehen, und der Nettobedarf eher bei den tieferen Teilen ausgewiesen wird. Da die Fertigung auf einer niedrigeren Fertigungsstufe im Allgemeinen aber der Fertigung auf höheren Stufen zeitlich vorgelagert ist, würde in einem solchen Fall unter Umständen ein Produktionsvorgang veranlasst, obwohl zum Bedarfszeitpunkt tatsächlich noch ein Lagerbestand vorhanden ist.

Dispositionsstufenverfahren

Beim *Dispositionsstufenverfahren* werden die Erzeugnisstrukturen deshalb anders organisiert, nämlich nach den sogenannten Dispositionsstufen. Darunter versteht man die tiefste Fertigungsstufe, auf der das betrachtete Teil in irgendeiner Erzeugnisstruktur vorkommt. Im Beispiel der Abb. 2.29 erhalten die Teile D und E die Dispositionsstufe 4 und Teil C die Stufe 3.

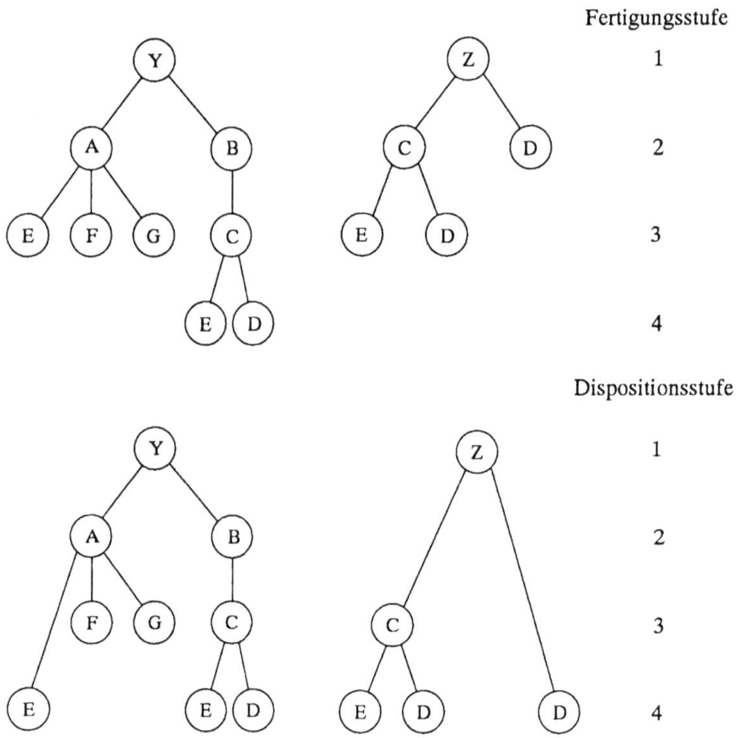

Abb. 2.29: Erzeugnisstrukturdarstellungen nach Fertigungs- und Dispositionsstufen.

Die Bedarfsermittlung läuft dann dispositionsstufenweise ab. Zuerst wird für alle Teile der Dispositionsstufe 1 die Brutto-/Nettobedarfsrechnung, Losbildung, Sekundärbedarfsermittlung und Vorlaufverschiebung durchgeführt. Abbildung 2.30 zeigt den Grobablauf in Form eines Struktogramms. Die abgeleiteten Sekundärbedarfe werden bei den entsprechenden Teilenummern gesammelt und erst dann der weiteren Behandlung zugeführt, wenn die jeweilige Dispositionsstufe an der Reihe ist. In diesem kleinen Beispiel würden die Teile in der Reihenfolge

Stufe 1: Y, Z,
Stufe 2: A, B,
Stufe 3: C, F, G,
Stufe 4: D, E,

abgearbeitet. Die Teile der nächsten Dispositionsstufe kommen erst dann zum Zuge, wenn die vorige Dispositionsstufe abgeschlossen ist.

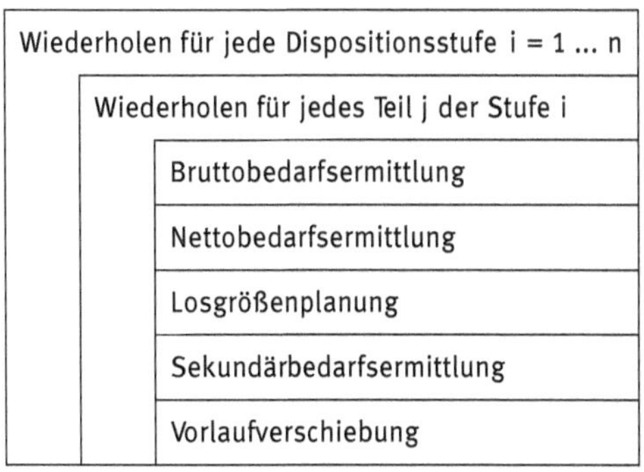

Abb. 2.30: Ablauf der bedarfsgesteuerten Materialdisposition nach dem Dispositionsstufenverfahren.

Pflegeaufwand für die Dispositionsstufen

Auf diese Weise können Fehldispositionen, wie die inadäquate Zuordnung von Lagerbeständen, vermieden werden. Gegenüber dem Fertigungsstufenverfahren müssen jedoch zwei Nachteile beachtet werden: Erstens steigt tendenziell die Kapitalbindung, da das Auseinanderziehen der Erzeugnisstrukturbäume in Richtung auf die tieferen Fertigungsstufen hin impliziert, dass Teile, die erst später benötigt werden, schon relativ früh gefertigt und gelagert werden müssen. Zweitens ist der Pflegeaufwand für die Dispositionsstufen zu berücksichtigen. Jedes Mal, wenn ein neues Teil in die Datenbasis aufgenommen wird, muss nicht nur seine Dispositionsstufe ermittelt, sondern auch bei schon vorhandenen Teilen geprüft werden, ob die Dispositionsstufe noch stimmt. Ähnlich verhält es sich, wenn ein Teil aus der Datenbasis gelöscht wird.

In Abb. 2.31 sind die beiden Fälle dargestellt. Im oberen Teil der Abbildung wird angenommen, dass das Endprodukt Z um ein Teil P angereichert wird. In P geht Q ein, welches seinerseits F enthält. Damit verändert sich die Dispositionsstufe des Teils F, welches bereits in der Erzeugnisstruktur von Y vorhanden war.

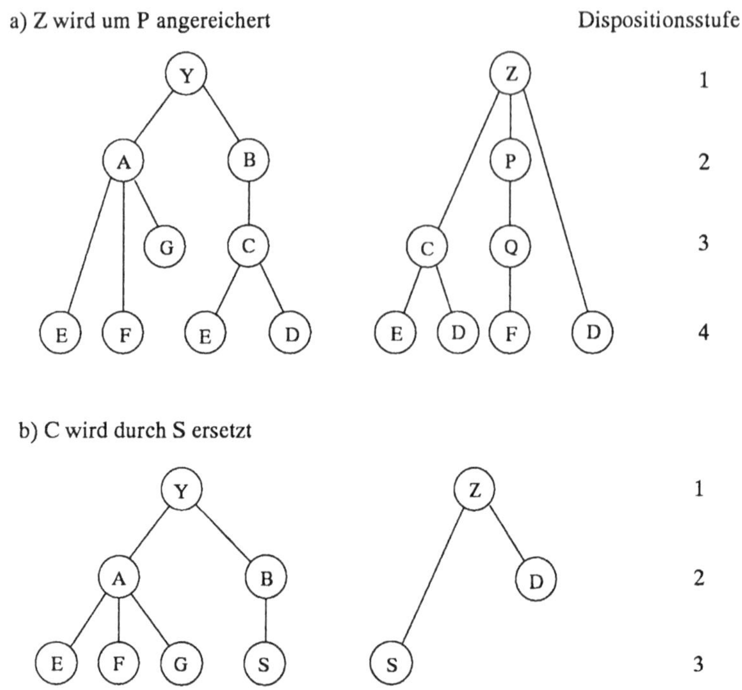

Abb. 2.31: Dispositionsstufenänderungen.

Teil b) der Abbildung zeigt den Fall, dass die Baugruppe C nicht mehr selbst gefertigt, sondern durch ein zugekauftes Teil S ersetzt wird. Die Teile D und E rücken wieder nach oben; ihre Dispositionsstufe ist nun gleich der Fertigungsstufe.

2.7 MRP-Datenmodell

Die Zusammenhänge zwischen den Teilgebieten der Materialwirtschaft sollen im Folgenden auch anhand der Datenstrukturen erläutert werden. Hierbei wird sich auf die zentralen Entity- und Beziehungstypen beschränkt, ohne auf alle denkbaren Strukturen einzugehen, die bei den verschiedenen Modellen, Methoden und Vorgehensweisen der Primär- und Sekundärbedarfsermittlung auftreten können. In Abb. 2.32 ist ein diesbezüglich vereinfachtes Entity-Relationship-Diagramm angegeben.

Entity-Typ Bedarf

Im Zentrum steht der generalisierende Entity-Typ *Bedarf*, von dem es verschiedene Spezialisierungen gibt. Ein *Primärbedarf* kann aufgrund von Bedarfsvorhersagen, wie in Abschnitt 2.3.2 erläutert (*Prognosebedarf*), oder aufgrund eines Kundenauftrags (*Vertriebsauftrag*,

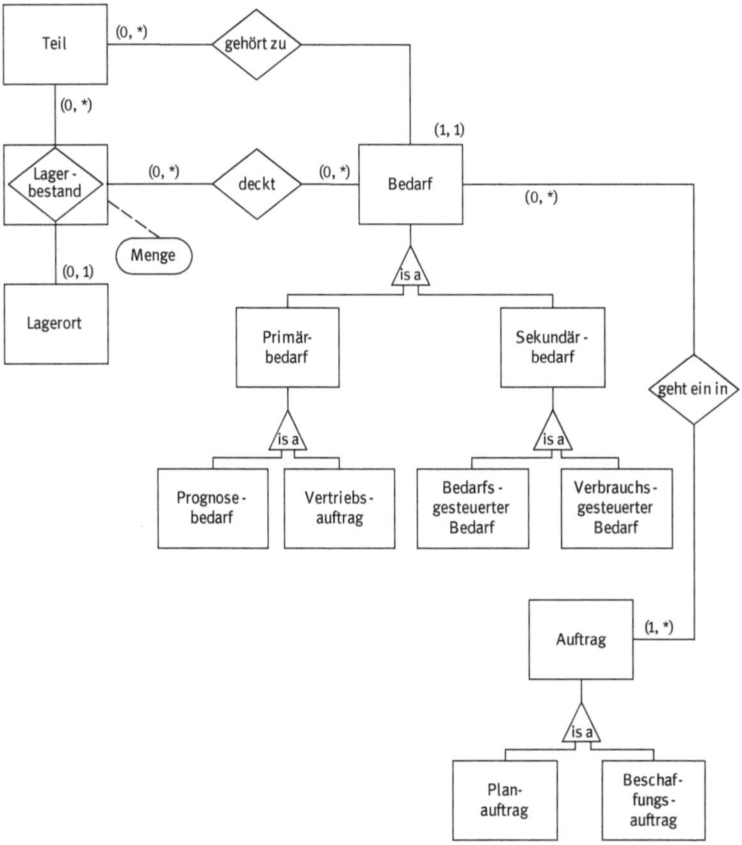

Abb. 2.32: Entity-Relationship-Diagramm zur Materialwirtschaft.

vgl. Abschnitt 5.3.2) entstanden sein. Ein *Sekundärbedarf* ergibt sich aus Bedarfsprognosen (*verbrauchsgesteuerter Bedarf*) oder aus der Stücklistenauflösung (*bedarfsgesteuerter Bedarf*).

Lagerbestand

Jeder Bedarf bezieht sich auf ein *Teil*, das im allgemeinen Fall in verschiedenen Lagern (Entity-Typ *Lagerort*) aufbewahrt werden kann. Der *Lagerbestand* eines Teils ergibt sich folglich aus der Summierung des Attributs *Menge* über alle Beziehungen zwischen dem Teil und seinen Lagerorten.

Planaufträge und Beschaffungsaufträge

Zur Bedarfsdeckung werden einerseits Lagerbestände dem Bedarf zugeordnet, woraus der Nettobedarf resultiert. Zum anderen werden *Planaufträge* (für Eigenfertigungsteile) oder *Beschaffungsaufträge* (für Fremdbezugsteile) erzeugt, in welche die Nettobedarfe eingehen (generalisierter Entity-Typ *Auftrag*).

Berücksichtigung der Zeit

Auf den Aspekt des *Zeitbezugs* soll abschließend hingewiesen werden. Die Plandaten sind in der Materialwirtschaft, aber auch in den anderen ERP-Bereichen meist mit Zeitgrößen verbunden. Beispielsweise tritt ein Bedarf in einem bestimmten Zeitraum auf, ein Fertigungsauftrag muss zu einem bestimmten Termin abgeschlossen sein etc.

Es gibt unterschiedliche Möglichkeiten, wie die Zeit berücksichtigt werden kann. Ein Weg besteht darin, sie als eigenen Entity-Typ zu führen. Viele Datenstrukturen werden dadurch zu Beziehungstypen zwischen „Zeit" und anderen Entity-Typen. Zum Beispiel müsste ein Bedarf oder ein Auftrag als Beziehung zwischen „Teil" und „Zeit" interpretiert werden (so etwa durchweg bei Scheer [1997]). Dies macht die Datenmodelle relativ unübersichtlich.

Einfacher ist es, den Zeitbezug als Attribut bei den Entity-Typen mitzuführen. Dies setzt eine Konvention voraus, in welcher Form Zeitangaben gemacht werden. Denkbar sind zum Beispiel folgende Arten:

- Periodennummer
- Datumsangabe (gregorianisch); damit wird eine tagesgenaue Planung möglich
- Betriebskalendertag

Der einzelne Bedarf oder Auftrag wird dann durch einen Identifikationsschlüssel, die Menge und die Zeitangabe gekennzeichnet, in der relationalen Darstellung z. B. als

Bedarf (<u>Bedarfs-Nr</u>, Menge, Periode,...).

Da in der Grobplanung von Programmfertigern meist periodenorientiert vorgegangen wird, sind Periodennummern hier durchaus angemessen. Sie müssen entweder in allen betroffenen Programmen und Datenstrukturen einheitlich verwendet werden oder es müssen Umrechnungsfunktionen existieren, welche eine Darstellungsform der Zeit in eine andere überführen. Derartige Zuordnungen sind auch erforderlich, wenn mit einer zunehmenden Detaillierung der Planung die Zeitraster feiner werden.

2.8 Ergebnisse des MRP

Im Rahmen der Materialwirtschaft werden hauptsächlich die Sekundärbedarfe ermittelt. Ausgehend von den aus der Produktionsprogrammplanung oder aus Kundenaufträgen resultierenden Primärbedarfen werden die erforderlichen Mengen aller untergeordneten Teile berechnet. Für geringerwertige Teile kommen meist Prognosemethoden auf der Basis des Verbrauchs in der Vergangenheit zum Einsatz, während für höherwertige Teile eine Stücklistenauflösung durchgeführt wird.

Ergebnisse des MRP: Planaufträge und Beschaffungsaufträge

Ergebnisse der Mengenplanung sind einerseits *Planaufträge*, die Bedarfsmengen einzelner Perioden repräsentieren oder zu Losgrößen gebündelt wurden. Aus ihnen werden später *Fertigungsaufträge* erzeugt, die an die eigene Fertigung gehen. Andererseits entstehen *Beschaffungsaufträge* für fremdbezogene Teile, die analog zu den Losgrößen ebenfalls zu „optimalen" Bestellmengen zusammengefasst sein können.

3 MRP II – Manufacturing Resource Planning

3.1 Planung und Steuerung im MRP II

3.1.1 Von MRP zu MRP II

Die im Material Requirements Planning (MRP) für eine Reihe von Perioden geplanten Primär- und Sekundärbedarfsmengen weisen eine entscheidende Schwachstelle auf: Man weiß nicht, ob sie sich wirklich so realisieren lassen, da die Produktionskapazitäten bei der Planung nicht berücksichtigt wurden. Es liegt also nahe, die Kapazitätsplanung mit der Materialwirtschaft zu verbinden.

Closed Loop MRP

Diesen Schritt ging der auf MRP aufbauende Ansatz des *Closed Loop MRP*. „Closed Loop" bedeutet zweierlei: Erstens wird die Ausführung der Pläne und ein daraus eventuell resultierender Korrekturbedarf mit der Planung rückgekoppelt. Zweitens wird die Kapazitätsbedarfsplanung, die eine Voraussetzung für die Überprüfung der Realisierbarkeit ist, in den Ablauf miteinbezogen.

Der Erfinder des MRP II, Oliver Wight, beschreibt Closed Loop MRP wie in Abb. 3.1 [Wight 1984, S. 47 f.]:

- Im *Sales & Operations Planning* (Absatz- und Produktionsplanung) werden die im Planungszeitraum herzustellenden Endprodukte häufig auf einer gröberen Ebene (Produktfamilien oder -gruppen), nach Mengen und Perioden festgelegt.
- Das *Master Production Scheduling* (Produktionsprogrammplanung) umfasst die Planung der verkaufsfähigen End- oder Zwischenprodukte nach Einzelerzeugnissen detailliert.
- Das *Material Requirements Planning* (Materialbedarfsplanung) hat primär die Aufgabe, die benötigten Sekundärbedarfsmengen zu ermitteln.
- Beim *Capacity Requirements Planning* (Kapazitätsbedarfsplanung) geht es darum, den Kapazitätsbedarf zu berechnen, der sich aus den geplanten Primär- und Sekundärbedarfsmengen für die involvierten Fertigungsanlagen ergibt.

Realisierbarkeit der Pläne

Die Antwort auf die Frage, ob die Pläne auch realisierbar sind (*„Realistic?"*), macht den Kern des Closed Loop MRP aus. Wenn dies nicht der Fall ist, müssen Anpassungsmaßnahmen ergriffen werden, sodass das geplante Produktionsprogramm tatsächlich hergestellt werden kann.

Der nächste Schritt – von Closed Loop MRP hin zu *MRP II* – ist mehr ein paradigmatischer als ein planungstechnischer. Das Hauptanliegen

https://doi.org/10.1515/9783111589688-003

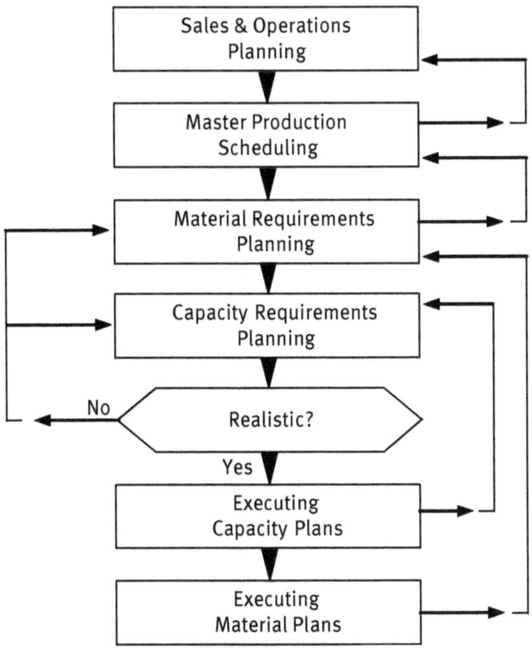

Abb. 3.1: Closed Loop MRP [Wight 1984, S. 48].

von MRP II ist die Einbindung des Topmanagements in die Produktionsplanung.

Der Vater des MRP II, Oliver Wight, stellt dies so dar: Früher machte das Topmanagement seinen Geschäftsplan. Dieser schließt zwar auch den globalen Absatz- und Produktionsplan ein. Im Produktionsbereich („down in the factory") wird ebenfalls geplant, aber losgelöst vom Geschäftsplan. Das Management plant in Dollars, die Produktionsplanung dagegen in Mengeneinheiten. Als Ziel von MRP II wird deshalb die Durchgängigkeit der Planung angestrebt: „MRP II results in management finally having the numbers to run the business" [Wight 1984, S. 54].

„Vater" von MRP II: Oliver Wight

Die Abkürzung MRP II steht nun für *Manufacturing Resource Planning* (und nicht mehr für Material Requirements Planning).

Manufacturing Resource Planning

3.1.2 Planungs- und Steuerungslogik

Die Planungs- und Steuerungslogik von MRP II liegt im Wesentlichen auch den ERP-Systemen und den früheren Produktionsplanungs- und Steuerungssystemen (PPS-Systemen) zugrunde, die im deutschsprachigen Raum seit den 1970er-Jahren des vorigen Jahrhunderts entwickelt wurden.

PPS-Systeme

Der Anspruch, auch das Topmanagement in die Produktionsplanung und -steuerung einzubinden, war jedoch ein eher idealistischer. Er wurde weder von den PPS-Systemen hierzulande noch von MRP-II-Systemen in den USA – etwa durch Bereitstellung leistungsfähiger Planungswerkzeuge – effektiv eingelöst. Dafür müssen spezielle Systeme – z. B. EIS (Executive Information Systems), MIS (Management Information Systems), DSS (Decision Support Systems), ESS (Executive Support Systems) – herangezogen werden. Erst im Rahmen des weiter gehenden Denkansatzes des Enterprise Resource Planning wurden auch Informationssysteme für das Topmanagement integriert.

Eigentlich nur „Closed Loop MRP"

Die produktionswirtschaftlichen und logistischen Module von ERP-Systemen realisieren im Wesentlichen die „Closed Loop MRP"-Konzeption. Dennoch spricht man meist von MRP II. Im Weiteren wird der MRP-II-Ansatz etwas allgemeiner und mit Blick auf die heutigen ERP-Systeme skizziert.

Leitgedanke von MRP II

Der Leitgedanke von MRP II ist eine ganzheitliche markt- und ressourcenorientierte Planung der Absatz-, Produktions- und Bestandsmengen, die auf oberster Managementebene beginnt. Wie Abb. 3.2 zeigt, ist diese eng mit dem Geschäftsplan verbunden, der unter anderem die Budget- und Erfolgspläne operationalisiert.

Langfristplanung

Auf der Grundlage der langfristigen Absatz- und Produktionsplanung (Sales and Operations Planning) wird die Planung des Produktionsprogramms durchgeführt. Dazu werden in einer Bedarfsplanung die voraussichtlichen Absatzmengen prognostiziert und Kundenaufträge berücksichtigt (Demand Management). Parallel sollen auf einer hohen Aggregationsstufe der Kapazitätsbedarf und das Kapazitätsangebot grob abgeglichen werden (Rough-cut Capacity Planning).

Produktionsprogrammplanung

Die *Produktionsprogrammplanung* kann zwei Stufen umfassen: einmal die Planung auf Produktgruppenebene (Aggregate Production Planning), zum anderen auf Enderzeugnisebene (Master Production Scheduling). Diese Aufteilung ist bei Unternehmen sinnvoll, die ein großes Spektrum an Erzeugnissen bzw. Varianten anbieten, da es dort vielfach schwierig ist, zuverlässige Werte für jedes einzelne Endprodukt festzulegen [Zäpfel 2001, S. 117 ff.]. Im Originalvorschlag für MRP II von Wight war nur die Enderzeugnisebene vorgesehen [Wight 1984, S. 54].

MRP, CRP

Das Produktionsprogramm für Enderzeugnisse bildet den Ausgangspunkt für die *Materialbedarfsplanung* (Material Requirements Planning), in der die zur Herstellung benötigten Mengen an Baugruppen, Einzelteilen und Rohmaterialien bestimmt werden. Die für das Produktionsprogramm erforderlichen und die vorhandenen Kapazitäten werden im Rahmen der *Kapazitätsbedarfsplanung* (Capacity Requirements Planning) abgeglichen.

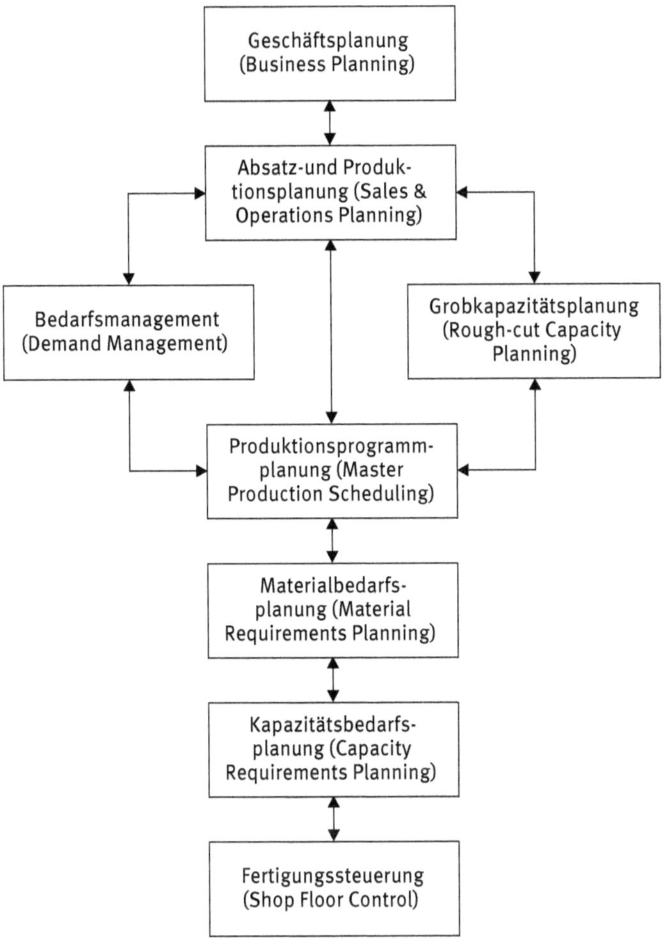

Abb. 3.2: Planungs- und Steuerungslogik in MRP II (in Anlehnung an [Wight 1984, S. 54]).

SFC

Die letzte Stufe von MRP II beinhaltet schließlich die Ausführung der Pläne. Bezüglich der Eigenfertigung wurde dies ursprünglich als „Plant Scheduling" bezeichnet [Wight 1984, S. 55]. Heute spricht man meist von „Shop Floor Control" (*Werkstattsteuerung*). Sie hat die Aufgabe, die Fertigungsaufträge kurz vor dem geplanten Startdatum freizugeben und auszuführen. Dazu gehört die Erzeugung eines auftragsspezifischen Arbeitsplans, die Entnahme der benötigten Materialien aus dem Lager und die Einplanung der Fertigungsarbeitsgänge auf den Betriebsmitteln und Arbeitsplätzen.

Praktische Systeme beginnen mit dem Produktionsprogramm

In der Praxis beginnt der Planungsablauf im Allgemeinen mit der Produktionsprogrammplanung (oder Primärbedarfsplanung) auf Enderzeugnisebene, was dem Master Production Scheduling entspricht. Die

Methoden der Bedarfsplanung (Demand Management), insbesondere Vorhersagemethoden, sowie der Grobkapazitätsplanung sind häufig in die Module zur Produktionsprogrammplanung integriert.

Voraussetzungen für MRP II

Die MRP-II-Logik geht davon aus, dass wesentliche Planungsparameter, wie die verfügbaren Kapazitäten, die Durchlaufzeiten der Aufträge und die Bearbeitungszeiten, mit hoher Sicherheit prognostizierbar sind. Produktionsengpässe müssen sich grundsätzlich durch Kapazitätsanpassungen überwinden lassen. Vor allem muss es aber möglich sein, das Produktionsprogramm mit hinreichender Genauigkeit vorherzusagen, was wiederum eine zuverlässige Absatzprognose bzw. -planung erfordert. Diese Voraussetzungen sind idealtypisch bei Massen- oder Großserienfertigung am ehesten erfüllt.

3.2 Stammdaten für MRP II

Für MRP II werden großenteils die gleichen Datenstrukturen wie für MRP (Material Requirements Planning) verwendet. Darüber hinaus gibt es aber eine Reihe weiterer wichtiger Datenstrukturen, die zur Berücksichtigung der kapazitäts- und terminmäßigen Aspekte der Produktionsplanung und -steuerung erforderlich sind. Während für MRP Teile und Erzeugnisstrukturen die zentralen Datenstrukturen darstellen, sind es für MRP II die Arbeitspläne und die Maschinen (bzw. Betriebsmittel).

3.2.1 Arbeitsplandaten

Arbeitspläne

Arbeitspläne beinhalten die Vorschriften (Arbeitsanweisungen), nach denen die Teile hergestellt werden. Grundsätzlich ist jedem Eigenfertigungsteil ein Arbeitsplan zugeordnet.

Ein Arbeitsplan, der auf Papier ausgedruckt oder am Bildschirm dargestellt wird, besteht aus einem Kopfteil, in dem übergreifende Informationen aufgeführt sind, und dem Rumpfteil, in dem die einzelnen Arbeitsgänge näher beschrieben sind.

Arbeitsplankopf

Im Kopfteil findet man häufig folgende Daten:

- Arbeitsplan-Nummer
- Ursprungsangaben (Firmendaten, Anlage-, Änderungsdatum, zuständiger Sachbearbeiter u. a.)
- Gültigkeitsbereiche (zeitlich, stückzahlabhängig u. a.)
- Teil, auf das sich der Arbeitsplan bezieht
- Teile (einschl. Rohmaterial, Werkstoffe etc.), die in das Teil eingehen

- Art des Arbeitsplans (Normal-, Anlauf-, Serien-, Reparatur-Arbeitsplan etc.)
- Zeichnungsnummer

Arbeitsgangdaten

Im Rumpfteil stehen die Beschreibungen zu den einzelnen *Arbeitsgängen*. Die wichtigsten Attribute zu einem Arbeitsgang sind die Betriebsmittel oder Arbeitsplätze, auf bzw. an denen der Arbeitsgang ausgeführt wird, sowie die Bearbeitungs- und Rüstzeiten, die für die Terminplanung benötigt werden. Im Einzelnen können, neben weiteren Angaben, bei den Arbeitsgangdaten aufgeführt sein:

- Nummer des Arbeitsgangs
- Arbeitsgangtext
- Evtl. Verweis auf weitere Beschreibungen (z. B. Zeichnungen)
- Daten zum Bearbeitungspersonal
- Betriebsmittel-/Arbeitsplatzangaben (z. B. Einzelbetriebsmittel, Betriebsmittelgruppe, Ausweichbetriebsmittel)
- Rüstzeit
- Bearbeitungszeit pro ME
- Durchschnittliche Wartezeit vor Beginn des Arbeitsgangs
- Durchschnittliche Übergangszeit zum nächsten Arbeitsgang
- Faktoren zur Durchlaufzeitverkürzung (Reduktionsfaktor für Übergangszeiten, Splittungsfaktor, Überlappungsfaktor; vgl. dazu Abschnitt 5.2.2)
- Durchschnittlicher Rüstausschuss
- Gültigkeitsdatum, ab dem der Arbeitsgangsatz gilt
- Gültigkeitsdatum, bis zu dem der Arbeitsgangsatz gilt
- Datum der letzten Änderung
- Datum der Erstanlage
- Zuständiger Sachbearbeiter

Beispiel eines Arbeitsplans

Als vereinfachtes Beispiel eines Arbeitsplans ist in Abb. 3.3 der Arbeitsplan für das Teil 860 (Lagerdeckel mit Durchbruch) aus der Erzeugnisstruktur Elektromotor (Teil E10) dargestellt. Die angesprochenen Betriebsmittel-Nummern D-40 und B-41 stehen für eine Drehbank und eine Ständerbohrmaschine; bei drei Arbeitsgängen wird auf eine Zeichnung verwiesen (Z-Nr).

Bei der Modellierung der Arbeitsplandaten muss eine Reihe von Faktoren berücksichtigt werden:

Alternativ-Arbeitspläne

Erstens tritt häufig der Fall auf, dass zur Fertigung eines Teils nicht nur ein Arbeitsplan vorhanden ist, sondern dass *Alternativ-Arbeitspläne* existieren. Welcher Arbeitsplan dann der zutreffende, günstigste etc. ist,

ARBEITSPLAN **Seite 1**
Teil: Lagerdeckel mit Durchbruch, Teile-Nr. 860
Material: Lagerdeckel (Alu), Teile-Nr. 880
Angelegt: 28.2.2015, E. Meier

AG-NR	Arbeitsgangbeschreibung	Betriebs-mittel-Nr	Rüst-zeit	Stück-zeit	Z-Nr
6200	Drehbank einrichten	D-40	5		
6300	Lagerdeckel einspannen	D-40		3	
6400	Lagerdeckel drehen lt. Zeichnung	D-40		16	31
6500	Wellendurchbruch ausdrehen lt. Zeichnung	D-40		4	32
6600	Lagerdeckel abnehmen	D-40			
6700	Lagerdeckel einspannen	B-41		2	
6800	Befestigungslöcher bohren lt. Zeichnung	B-41		2	33
6900	Lagerdeckel abnehmen	B-41			

Abb. 3.3: Beispiel eines Arbeitsplans.

kann von verschiedenen Gesichtspunkten abhängen (z. B. Stückzahl, Qualitätsanforderungen).

Alternativ-Arbeitsgänge

Zweitens gibt es auch bei den *Arbeitsgängen* Alternativen. Ein bestimmtes Ergebnis kann oft auf verschiedene Arten herbeigeführt werden. Beispielsweise lässt sich ein Loch im Lagerdeckel durch Bohren oder Stanzen erreichen.

Arbeitsgangreihenfolgen

Drittens bestehen zwischen den Arbeitsgängen meist *Reihenfolgebedingungen*. Beispielsweise muss der Lagerdeckel erst eingespannt werden, bevor das Drehen beginnen kann. In einer relationalen Datenbank sind derartige Reihenfolgen unmittelbar nicht abbildbar, da Relationen Mengen sind und mengentheoretisch keine Reihenfolge für die Elemente einer Menge definiert ist. Die Reihenfolgen müssen deshalb mittels einer Ersatzkonstruktion modelliert werden.

Abbildung 3.4 zeigt ein Datenmodell für Arbeitspläne, in dem die drei Gesichtspunkte berücksichtigt sind. Es beinhaltet, dass es zu einem Teil mehrere Arbeitspläne und zu einem Arbeitsgang mehrere Alternativen geben kann. Der dritte Gesichtspunkt wird dadurch behandelt, dass die Reihenfolgen explizit modelliert werden. Der Entity-Typ „AG-Kettenelement" definiert die zu einem bestimmten Arbeitsplan gehörenden Arbeitsgänge und insbesondere ihre Reihenfolge. Elemente einer „Arbeitsgangkette" sind Verweise auf die jeweiligen Arbeitsgangdaten (Entity-Typ „Arbeitsgang").

Die gespeicherten Arbeitsgang- und Arbeitsplandaten werden nicht nur zur Erzeugung von Arbeitsplänen auf Papier oder am Bildschirm verwendet. Sie spielen darüber hinaus eine sehr wichtige Rolle im

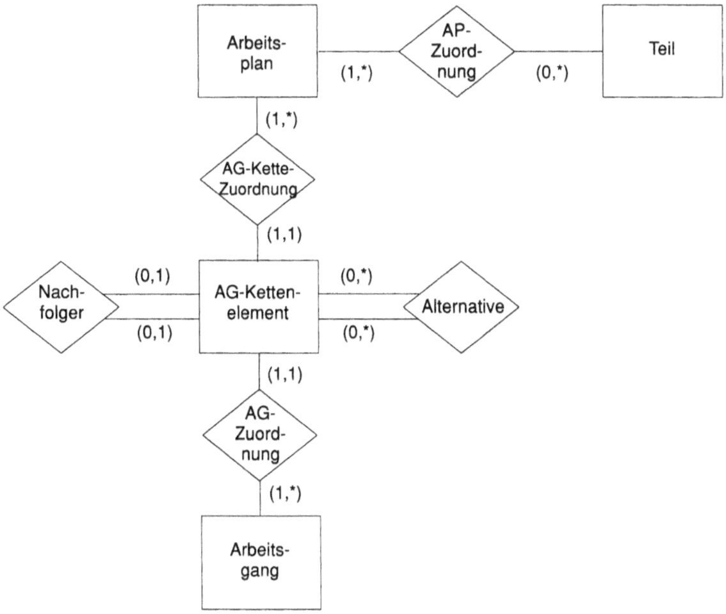

Abb. 3.4: Entity-Relationship-Diagramm zu Arbeitsplandaten.

Rahmen der Terminierung, da die Zeitansätze bei der Durchlaufterminierung und anderen Terminierungsvorgängen weitgehend auf Basis der mit den Arbeitsgängen verbundenen Daten ermittelt werden.

3.2.2 Betriebsmittel-, Arbeitsplatz- und Fertigungsstrukturdaten

Die Daten der Betriebsmittel und Arbeitsplätze werden meist zusammen in einem Datenbestand geführt. Man spricht dann einheitlich von Betriebsmitteldaten oder von Arbeitsplatzdaten. Häufig sind sie in der Weise strukturiert, dass gleichartige Betriebsmittel oder Arbeitsplätze zu Gruppen zusammengefasst werden, manchmal über mehrere Hierarchiestufen hinweg. Eine dreistufige Betriebsmittelhierarchie, wie sie in einem mittleren Industriebetrieb mit Werkstattfertigung anzutreffen sein könnte, ist in Abbildung 3.5 skizziert.

Für die *Grobplanung* werden als wichtigste Attribute die Kapazitätsdaten der Maschinen, Maschinengruppen oder Arbeitsplatzeinheiten benötigt. In vielen Fällen ist es ausreichend, die Gesamtkapazität einer Betriebsmittelgruppe zu kennen, es sei denn, dass Kapazitätsengpässe durch bestimmte Einzelbetriebsmittel verursacht werden. Darüber hinaus sind für die Termin- und Maschinenbelegungsplanung Instandhaltungsdaten (Wartungsintervalle etc.) von Bedeutung.

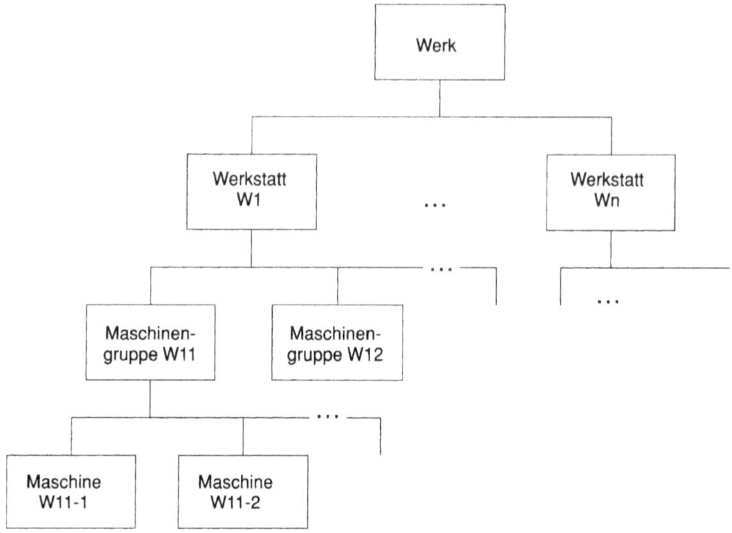

Abb. 3.5: Beispiel einer Betriebsmittelhierarchie.

Betriebsmitteldaten sind auch für das Rechnungswesen erforderlich. Maschinenstundensätze, die zu den Betriebsmitteldaten gehören, werden beispielsweise für die Erzeugniskalkulation und die Vor- oder Nachkalkulation von Kundenaufträgen benötigt.

Betriebsmitteldaten

Die Art und Anzahl der Attribute in den Betriebsmitteldaten können recht unterschiedlich sein. Einige typische Attribute sind die folgenden [Scheer 1997, S. 221 ff.]:

- Nummer des Betriebsmittels bzw. der Gruppe
- Bezeichnung
- Standort
- Zugehörige Kostenstelle
- Technische Daten (z. B. Energieanschlusswerte)
- Kapazitätsangaben: Anzahl der Schichten, Kapazität pro Schicht bzw. getrennt für jede Schicht, sofern unterschiedlich
- Personalangaben (z. B. erforderliche Personalkapazität, verantwortlicher Mitarbeiter, erforderliche Qualifikation)
- Nutzungsgrad (prozentuale Verfügbarkeit des Betriebsmittels unter Berücksichtigung von Ausfallzeiten)
- Leistungsgrad (bei unterschiedlichen Einzelbetriebsmitteln, bezogen auf die durchschnittliche Kapazität pro Betriebsmittel einer Gruppe)
- Durchschnittliche Rüstzeit (für den Fall, dass keine arbeitsgangspezifischen Rüstzeiten verfügbar sind)

- Durchschnittliche Liegezeit eines Auftrags vor dem Betriebsmittel (für den Fall, dass keine arbeitsgangspezifischen Liegezeiten verfügbar sind)
- Datum des nächsten geplanten Instandhaltungstermins
- Dauer eines geplanten Instandhaltungstermins
- Maschinenstundensatz

Die Instandhaltungs- und Rechnungswesendaten können im Einzelfall sehr viel detaillierter sein und in anderen Teilen der Datenbank gespeichert werden.

Die Betriebsmitteldaten werden im Rahmen der Produktionsplanung und -steuerung hauptsächlich für die Kapazitäts- und Terminplanung sowie für die Erstellung der Arbeitspläne herangezogen. Zu diesem Zweck muss der Bezug zu den Arbeitsgängen in der Datenbasis verfügbar sein.

Verbindung zwischen Betriebsmitteln und Arbeitsgängen

Die Verbindung zwischen den Betriebsmitteln und den Arbeitsgängen, die auf ihnen durchgeführt werden können, stellt in Abb. 3.6 der Beziehungstyp „Fertigungsstruktur“ her.

Betriebsmittelgruppen und Einzelbetriebsmittel werden in dem Entity-Relationship-Modell grundsätzlich gleichbehandelt, da ihre Attribute weitgehend identisch sind. Die Zugehörigkeit eines Einzelbetriebsmittels zu einer Gruppe bzw. – bei mehrstufiger Gliederung – einer Betriebsmittelgruppe zu einer höheren Gruppe wird durch den Beziehungstyp „Gruppe“ (im Sinne von „gehört zu Gruppe“) dargestellt.

Die Kapazität einer Betriebsmittelgruppe in einem bestimmten Zeitraum erhält man durch Auswertung der Entity- und Beziehungstypen „Betriebsmittel“, „zugeordnet“, „Betriebskalender“, „Schichtmodell“, „Betriebszeit“ und „Gruppe“.

Darstellung einer Betriebsmittelhierarchie

Sonderfälle sind z. B. Spezialmaschinen, die teils für Spezialanfertigungen und mit dem Rest ihrer Kapazität für die allgemeine Fertigung eingesetzt werden. In einem solchen Fall steht die Maschine nur mit einem Anteilswert für die Maschinengruppe zur Verfügung. Abbildung 3.7, die die Betriebsmittelhierarchie aus Abb. 3.6 als Datenbanktabelle wiedergibt, berücksichtigt die Kapazitätsverfügbarkeit, indem sie eine Spalte für den Kapazitätsanteil vorsieht.

3.2.3 Weitere Stammdaten

Die Datenstrukturen, die in den vorigen Abschnitten erläutert wurden, sind die wichtigsten für das Manufacturing Resource Planning. Da MRP II über die Fertigung hinaus jedoch auch andere Bereiche des

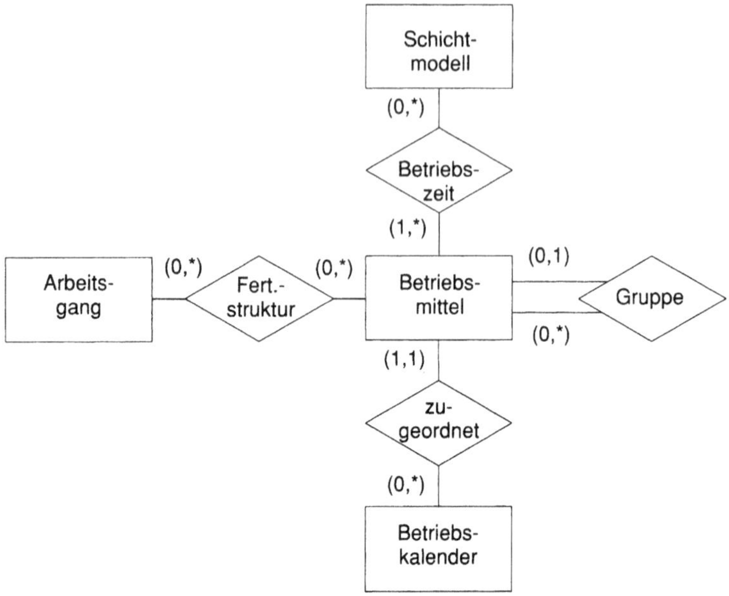

Abb. 3.6: Entity-Relationship-Diagramm für Betriebsmittel-, Fertigungsstruktur- und Zeitdaten.

GRUPPE			
<u>O-BM-Nr</u>	<u>U-BM-Nr</u>	**Kap.-Anteil**	...
W1	W11	100 %	
W1	W12	35 %	
W1	...		
...			
W11	W11-1	50 %	
W11	W11-2	100 %	
W11	...		
...			
W12	...		
...			
W2	...		
...			

Abb. 3.7: Betriebsmittelhierarchie als Datenbanktabelle (Beispiel).

Unternehmens unterstützt, sollen einige weitere Stammdaten kurz skizziert werden.

Betriebskalender

Für die Terminrechnung in den Planungs- und Kontrollfunktionen muss die Kalenderzeit unter Berücksichtigung der Arbeits- und Nicht-Arbeitstage (z. B. Wochenenden, Feiertage) im System zur Verfügung stehen. Dazu gibt es in vielen Unternehmen eine eigene Zeitrechnung auf der Basis eines sogenannten Betriebs-, Werks- oder Fabrikkalenders. Häufig werden zum Beispiel die Arbeitstage eines Jahres durchnummeriert.

Mehrere Betriebskalender gleichzeitig

In der Abb. 3.6 ist eine sehr flexible Lösung skizziert. Sie erlaubt es, mehrere Betriebskalender gleichzeitig zu führen und den Betriebsmitteln unterschiedliche Kalender zuzuordnen. Dies ist etwa erforderlich, wenn manche Betriebsmittel an Wochenenden betrieben werden und andere nicht, oder wenn ein Unternehmen mehrere Standorte mit unterschiedlichen Feiertagsregelungen hat.

Schichtmodelle

Wenn nicht im ganzen Unternehmen ein einheitlicher Ein-Schicht-Betrieb gefahren wird, müssen Daten über die verschiedenen Schichten verfügbar sein. In Abb. 3.6 ist hierfür ein Entity-Typ „Schichtmodell" vorgesehen, welcher die täglichen Arbeitszeiten beschreibt. Dies kann zum Beispiel so erfolgen, dass die Arbeitsabschnitte eines Tages, jeweils mit Beginn und Ende unter Berücksichtigung von Pausen, aufgeführt werden.

Unterschiedliche Schichtmodelle auf verschiedenen Betriebsmitteln

Mithilfe des Beziehungstyps „Betriebszeit" können verschiedenen Betriebsmitteln unterschiedliche Schichtmodelle zugeordnet werden. Dies ist beispielsweise der Fall, wenn teure Spezialmaschinen im 2- oder 3-Schichtbetrieb laufen, während in anderen Betriebsteilen nur eine Schicht gefahren wird.

Lieferantendaten

Lieferantenstammdaten

Sofern nicht ausschließlich bei vorher unbekannten Lieferanten eingekauft wird, führt man die Stammdaten der Lieferanten ebenfalls in der Unternehmensdatenbank. Die Detaillierung der lieferantenbezogenen Daten kann unterschiedlich weit gehen. Für die Dispositionen im Rahmen der Produktionsplanung und -steuerung sollten mindestens der Entity-Typ „Lieferant" und die Beziehungstypen „Lieferstruktur" sowie „Konditionen" wie in Abb. 3.8 verfügbar sein. Die beiden Beziehungstypen stellen Beziehungen zwischen Fremdbezugsteilen und Lieferanten her.

Die „Lieferstruktur" gibt an, von welchem Lieferanten welches Teil bezogen werden kann. Hier können Informationen wie Mengen- oder Qualitätsabhängigkeiten (z. B. „Lieferant X liefert Teil Y nur bis zur Qualitätsstufe z") geführt werden.

Der Beziehungstyp „Konditionen" legt die Liefer- und Zahlungsbedingungen (Zahlungsziel, Rabatte, Skonto, durchschnittliche Lieferzeit etc.) in Abhängigkeit von den Teilen fest. Sofern Bedingungen, die im Geschäftsverkehr mit einem Lieferanten gelten, nicht teilespezifisch sind, würden sie stattdessen beim Entity-Typ „Lieferant" angesiedelt.

Der Entity-Typ „Lieferant" wird durch Attribute wie die folgenden beschrieben:

Lieferantendaten

- Lieferantennummer
- Name des Lieferanten
- Anschrift(en)
- Bankverbindung(en)
- Ansprechpartner
- Zuverlässigkeit (z. B. Prozentsatz beanstandeter Lieferungen, Qualität, durchschnittlicher Terminverzug)
- Zahlungsziel, Skonto

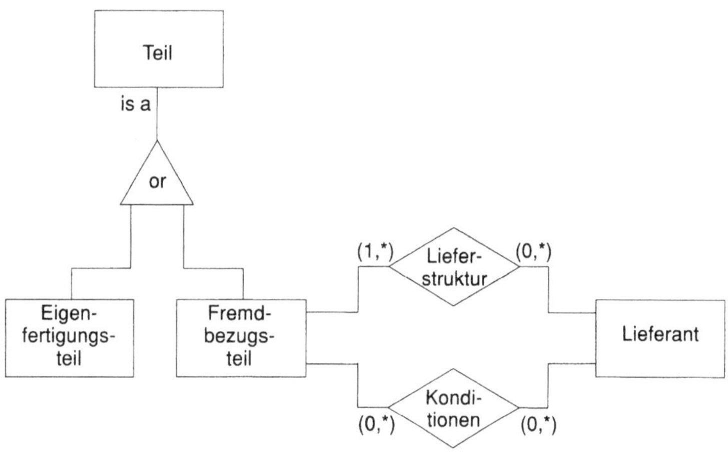

Abb. 3.8: Entity-Relationship-Diagramm zu Lieferantendaten.

Kundendaten

Ähnliche Strukturen wie im Beschaffungsbereich zwischen Lieferanten und Fremdbezugsteilen liegen im Vertriebsbereich, nur aus der umgekehrten Blickrichtung, zwischen Kunden und Eigenfertigungsteilen vor. Auch dort gibt es Lieferstrukturen (bestimmte Teile werden an bestimmte Kunden geliefert) und Konditionen, die an Teile gebunden oder unabhängig davon sind. Die Attribute der Beziehungstypen und des Entity-Typs „Kunde" sind deshalb analog zu denen aus dem Lieferantenbereich.

Personal

Personaldaten gehören primär zu den Bereichen Lohn- und Gehaltsabrechnung bzw. allgemeiner zur Personalwirtschaft. Manche Daten sind jedoch auch für die Produktionsplanung und -steuerung von Bedeutung. So werden beispielsweise für die Termin- und Kapazitätsplanung Daten über die verfügbare Personalkapazität an Handarbeitsplätzen benötigt.

Personaldaten gehören primär zur Personalwirtschaft

Darüber hinaus sind an vielen Arbeitsplätzen Expertise oder Spezialqualifikationen erforderlich. Die Verfügbarkeit eines bestimmten Spezialisten kann die gleichen (oder noch einschneidendere) Restriktionen setzen wie die Kapazität eines Betriebsmittels. Deshalb ist es zweckmäßig, insbesondere für die Feinplanung und Steuerung, wenn Qualifikationsdaten der Mitarbeiter zur Verfügung stehen.

Werkzeuge/Vorrichtungen

Ähnliche Argumente gelten für Daten über Werkzeuge und Vorrichtungen. Insbesondere bei Spezialwerkzeugen und -vorrichtungen spielt die Verfügbarkeit eine wichtige Rolle, sodass sie wie die der Betriebsmittel oder des Personals geplant werden muss. Dazu werden häufig Werkzeuge und Vorrichtungen explizit als Datenbankobjekte gespeichert. Manchmal behandelt man die Werkzeuge und Vorrichtungen auch einfach wie Betriebsmittel, d. h., sie werden bei den Betriebsmitteldaten mitgeführt.

Verfügbarkeit

Lagerdaten

Bei der Lagerhaltung sind die vorgangsbezogenen Daten von den Stammdaten zu trennen. In diesem Abschnitt werden nur die Stammdaten angesprochen. Die mit den Produktions-, Beschaffungs- und Absatzvorgängen verbundenen Daten, insbesondere die Lagerbestandsdaten, werden zusammen mit den Funktionen und Prozessen später behandelt.

Die physische Lagerhaltung kann sehr unterschiedlich organisiert sein. Selten gibt es nur „ein Lager“, in dem alle Teile, angefangen von den Wareneingängen über Rohstoffe, Ersatzteile, Zwischenprodukte bis hin zu den Endprodukten, gelagert werden. Einerseits sind meist verschiedene Lagerorte, andererseits auch verschiedene Lagerungsformen, mit denen zum Teil unterschiedliche Ein-/Auslagerungsstrategien einhergehen, zu berücksichtigen. Beispiele sind Palettenregale, Silos, Tanks, Hochregale u. v. a.

Lagerungsformen

Das Modell der Lagerung hängt demzufolge sehr stark von der Branche bzw. von dem vorhandenen Teilespektrum ab. Ein allgemeingültiges Datenmodell kann kaum angegeben werden. In Abb. 3.9 wird von der Grundstruktur ausgegangen, dass für ein bestimmtes Teil eine bestimmte Lagerungsform vorgesehen ist, dass aber auch mehrere Formen existieren können (z. B. auf Paletten oder im Regal gestapelt). Die verschiedenen Lagerorte (z. B. Lagerhallen) sind im Allgemeinen in Lagerplätze eingeteilt, an denen bestimmte Lagerungsformen möglich sind.

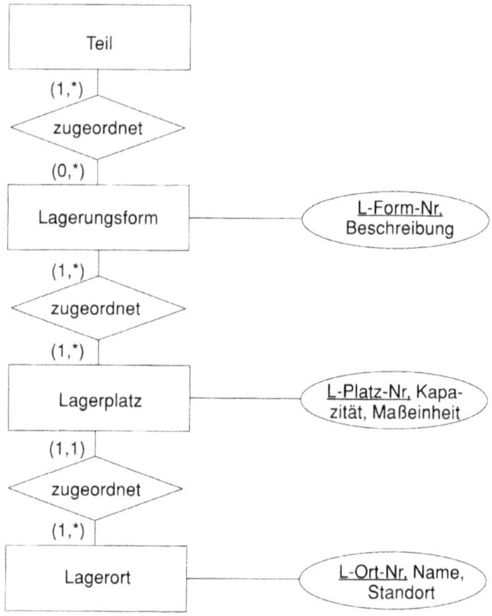

Abb. 3.9: Entity-Relationship-Diagramm für Stammdaten der Lagerung.

3.2.4 Ressourcenlisten

Die Hauptaufgabe der Stammdatenverwaltung besteht darin, die „Ressourcen“ der Produktionsplanung und -steuerung im weitesten Sinne sowie die Beziehungen zwischen ihnen zu verwalten. Solche Ressourcen sind etwa die Teile, Betriebsmittel, Mitarbeiter, Kunden und Lieferanten.

Ressourcenlisten

Der Grundgedanke, dass für die Planung und Steuerung der Auftragsdurchführung *alle* erforderlichen Ressourcen gleichzeitig bekannt sein müssen, schlägt sich in einer Datenstruktur nieder, die als *Ressourcenliste* bezeichnet wird [Kernler 2000]. Eine Ressourcenliste vereinigt in sich die Informationen einer Stückliste und eines Arbeitsplans. Mithilfe einer solchen Datenstruktur soll vermieden werden, dass Material und Betriebsmittel isoliert voneinander disponiert werden, was unter Umständen zu einem nicht realisierbaren Gesamtplan führt.

Bei der konventionellen Trennung der Datenstrukturen werden demgegenüber die Mengendaten in den Stücklisten und die Zeit- und

Arbeitsplatzdaten in den Arbeitsplänen geführt. Demzufolge arbeitet die Bedarfsauflösung nur mit den Mengendaten, und die Termin- und Kapazitätsplanung erfolgt erst im Anschluss daran.

Ressourcenlisten als Stammdatenstruktur wurden beispielsweise in dem ERP-System *Infor COM* verwendet [Infor 2015]. Im Supply Chain Management wurde die Idee der Ressourcenlisten später mit den sog. *Produktionsprozessmodellen (PPM)* aufgenommen und weiterverfolgt, so z. B. in dem Advanced Planner and Optimizer (APO) im Rahmen von *SAP SCM* (vgl. Abschnitt 10.2).

Abbildung 3.10 zeigt das Prinzip der Ressourcenliste an einem Beispiel. Das Endprodukt Notbremswagen mit der Teilenummer 965-1100 entsteht letztlich durch die Endmontage im Arbeitsgang 1200 („Montieren lt. Zeichnung"). Dazu werden 4 Druckspeicher 965-1386, 1 Abdeckung 965-1396, 4 Bremsbackenhalter 965-1328, 16 Bremsbacken 965-1322, 2 Laufwerke 965-1390 etc. benötigt. Die Arbeitsgänge zur Herstellung der letzteren reichen vom Absägen des Materials Rundstahl 602-0012 in der Menge 0,38 m bis zum Lackieren der Laufwerke.

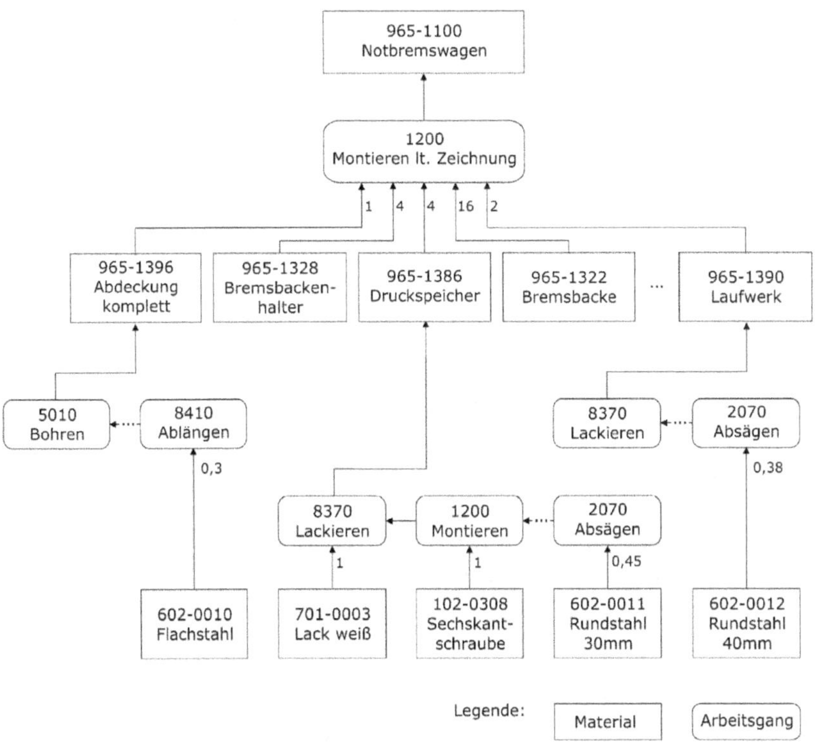

Abb. 3.10: Informationen in einer Ressourcenliste (Beispiel).

3.3 Kapazitäts- und Zeitwirtschaft

Ausgangspunkt MRP

Im Folgenden werden die Komponenten der MRP-II-Logik besprochen, die sich an die Materialbedarfsplanung (Material Requirements Planning) anschließen. Da MRP im engeren Sinne ein Bestandteil von MRP II ist, wird in diesem Kapitel davon ausgegangen, dass die greifbaren Ergebnisse des MRP – Planaufträge für Eigenfertigung, Beschaffungsaufträge für Fremdbezug – bereits vorliegen.

Fertigungsaufträge

Aus den Planaufträgen (oder aus Vertriebsaufträgen, vgl. Abschnitt 5.3.2) erzeugt das ERP-System im MRP II zunächst *Fertigungsaufträge*. Dies erfolgt zum Beispiel im Rahmen des Geschäftsprozesses „Produktion", der in Abschnitt 5.3.3 erläutert wird.

Terminplanung und Kapazitätsplanung

Nachdem die Auftragsmengen bekannt sind, geht es im Rahmen der Kapazitäts- und Zeitwirtschaft nun darum, der Fertigung ein Zeitgerüst zu geben und die Belegung der Betriebsmittel sowie der anderen Arbeitsplätze in Einklang mit den verfügbaren Kapazitäten zu planen.

Die Terminplanung und die Kapazitätsplanung stehen in enger Beziehung zueinander. Wenn Produktionstermine festgelegt werden, wird damit gleichzeitig unterstellt, dass die Fertigungsanlagen zu den vorgesehenen Terminen auch freie Kapazitäten aufweisen, was nicht unbedingt der Fall sein muss. Wenn man umgekehrt bei der Kapazitätsplanung Aufträge verschieben muss, weil Über- oder Unterauslastungen in einzelnen Perioden beseitigt werden sollen, so ist damit automatisch ein Eingriff in die Terminstrukturen verbunden.

Dennoch ist es in der Praxis recht üblich, die beiden Aufgabenbereiche getrennt zu behandeln. Dies lässt sich dann rechtfertigen, wenn Kapazitätsüberlastungen erfahrungsgemäß nicht allzu häufig auftreten.

3.3.1 Durchlaufterminierung

Start- und Endtermine der Fertigungsaufträge

Aufgabe der Durchlaufterminierung ist es, die Arbeitsgänge der Fertigungsaufträge und damit auch die Fertigungsaufträge selbst mit Start- und Endterminen zu versehen. Die Durchlaufterminierung nimmt keine Rücksicht auf Kapazitätsdaten. Grundsätzlich lassen sich zwei Vorgehensweisen unterscheiden: Rückwärts- und Vorwärtsterminierung.

Rückwärtsterminierung

Ausgangspunkt Liefertermin

Bei der Rückwärtsterminierung (retrograde Terminierung) ist der Ausgangspunkt der Endtermin des Auftrags auf der höchsten Fertigungsstufe, z. B. der Bedarfstermin des Endprodukts. Von dort aus werden rückwärtsschreitend die Arbeitsgänge, die zu diesem Auftrag gehören, aneinandergereiht, anschließend die Arbeitsgänge der Fertigungsaufträge auf der nächsttieferen Fertigungsstufe etc. Man erhält ein Netz von Arbeitsgängen und Aufträgen, welches letztlich die Erzeugnisstrukturen widerspiegelt. In Abb. 3.11 ist als Beispiel ein *Auftragsnetz* dargestellt, welches bei einer Rückwärtsterminierung für die im vorigen Kapitel benutzte Erzeugnisstruktur Y (vgl. Abb. 2.29) entsteht.

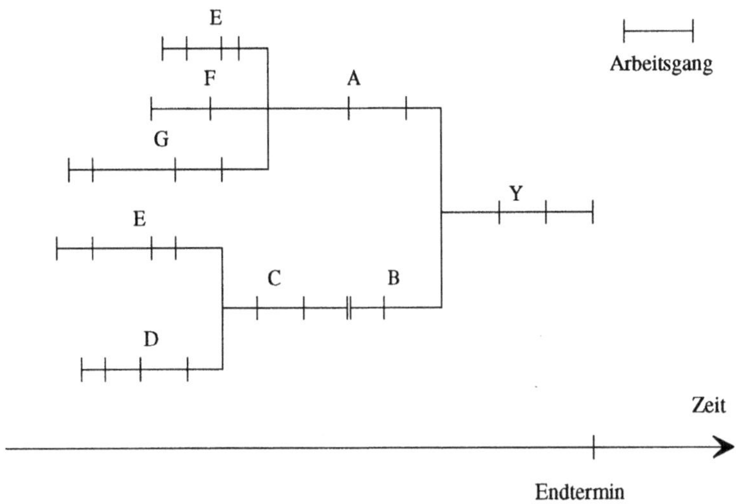

Abb. 3.11: Fertigungsauftragsnetz bei Rückwärtsterminierung.

Wenn mit Dispositionsstufen gearbeitet wird oder Bedarfe zu Losen zusammengefasst werden, können die einzelnen Endprodukte nicht mehr für sich allein terminiert werden. Abbildung 3.12 zeigt das Auftragsnetz, das sich ergibt, wenn man beide Endprodukte Y und Z zusammen behandelt und bei Teilen, die auf einer Dispositionsstufe mehrmals vorkommen – dies sind die Teile C, D und E –, unterstellt, dass die Einzelbedarfe zu jeweils einem Los zusammengefasst wurden. Die entsprechenden Balken sind gegenüber der vorigen Abbildung länger, da nun größere Mengen die Arbeitsgänge durchlaufen.

An der grafischen Darstellung wird auch der oben erwähnte Nachteil des Dispositionsstufenverfahrens sichtbar: Bedarfsmengen werden tendenziell zu früh gefertigt und müssen gelagert werden. In Abb. 3.12 wird dies durch gestrichelte Linien zum Ausdruck gebracht. So bleiben etwa die für Z benötigten Mengen von C bis zum Starttermin des ersten Arbeitsgangs von Z liegen. Die frühen Produktionstermine für C und D resultieren daher, dass beide Teile auf dem „kritischen Pfad“ für Y liegen. Liegezeiten

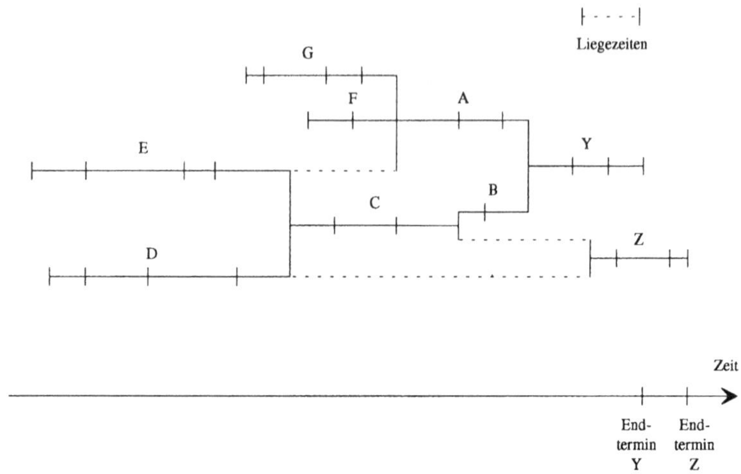

Abb. 3.12: Fertigungsauftragsnetz bei Rückwärtsterminierung mit Losbildung und Dispositionsstufen.

Liegezeiten entstehen auch für die Mengen von E, die in A eingehen, weil E zu einem früheren Zeitpunkt bereits für C benötigt wird.

Sieht man einmal von den durch Dispositionsstufen und Losbildung verursachten Liegezeiten ab, so besteht ein Vorteil der Rückwärtsterminierung darin, dass die Teile erst zum spätesten möglichen Zeitpunkt gefertigt werden. Dies bedeutet, dass grundsätzlich die Kapitalbindung minimiert wird. Andererseits besteht jedoch die Gefahr, dass eine Störung im Fertigungsablauf nicht aufgefangen werden kann. Wenn beispielsweise eine Engpassmaschine ausfällt, die für einen Arbeitsgang von E benötigt wird, dann ist die Wahrscheinlichkeit sehr groß, dass die Endtermine von C, B und Y überschritten werden, da keine Puffer auf dem entsprechenden Pfad liegen.

Vorwärtsterminierung

Ausgangspunkt Gegenwart

Die Vorwärtsterminierung (progressive Terminierung) startet anders als die Rückwärtsterminierung nicht mit den Aufträgen der höchsten, sondern der niedrigsten Fertigungsstufe. Die Arbeitsgänge dieser Aufträge werden, beginnend mit dem frühestmöglichen Starttermin (Gegenwart bzw. Beginn der Planperiode), vorwärtsschreitend aneinandergereiht. Daran schließen sich die Arbeitsgänge der folgenden Fertigungsaufträge an etc., bis die Endproduktstufe erreicht ist.

Abbildung 3.13 zeigt die Vorgehensweise wieder am Beispiel der Erzeugnisstruktur von Y. Liegezeiten treten nun bei den Teilen E, F, D und A auf. Mit der Fertigung des jeweils übergeordneten Teils kann noch nicht begonnen werden, da auf andere Teile gewartet werden muss.

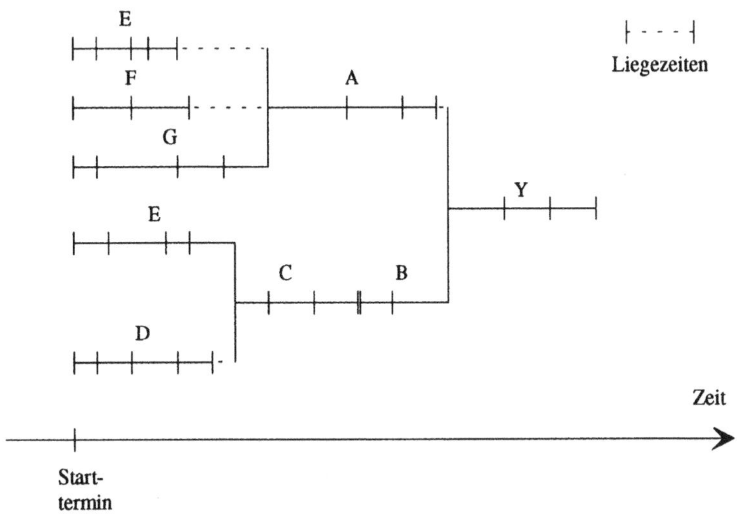

Abb. 3.13: Fertigungsauftragsnetz bei Vorwärtsterminierung.

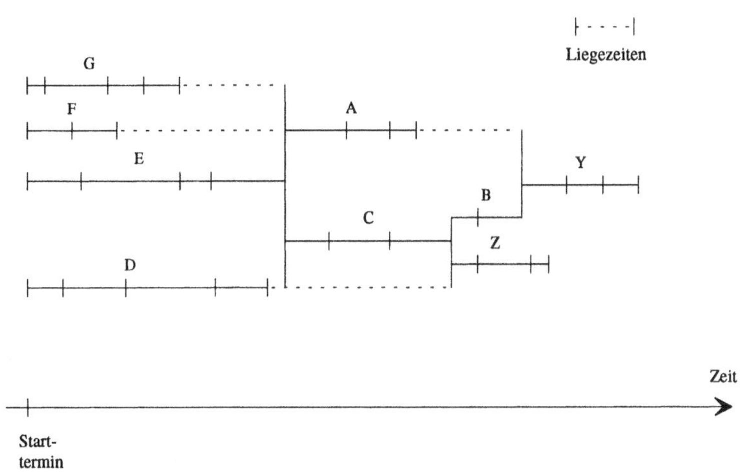

Abb. 3.14: Fertigungsauftragsnetz bei Vorwärtsterminierung mit Losbildung und Dispositionsstufen.

In Abb. 3.14 ist der Netzplan für die Endprodukte Y und Z unter Berücksichtigung von Dispositionsstufen und der Losbildung dargestellt. Die langen Liegezeiten von C und D in Abb. 3.12 sind nun verkürzt, da mit den Arbeitsgängen von Z unmittelbar nach der Fertigstellung des Loses C begonnen wird.

Bei der Vorwärtsterminierung entstehen in den meisten Fällen Liegezeiten. Diese können die Funktion von Puffern zum Auffangen von Störungen übernehmen, sodass die Gefahr von Terminüberschreitun- Liegezeiten gen sinkt. Die Fertigung zum jeweils frühestmöglichen Zeitpunkt erhöht aber tendenziell die Kapitalbindung, da die Zwischenprodukte und eventuell auch die Endprodukte länger gelagert werden müssen.

Doppelte Terminierung

Systematische Ermittlung der Zeitpuffer

Da in der Produktionsplanung und -steuerung *Zeitpuffer* eine wichtige Rolle spielen, versuchen zeitwirtschaftliche Systeme oft, diese von vornherein systematisch zu ermitteln. Geht man von den terminlichen Restriktionen auf beiden Seiten des Netzplans aus – d. h. vorgegebener Endtermin auf der einen und Gegenwart bzw. frühester Starttermin auf der anderen Seite –, so stellen diese die Grenzen dar, innerhalb derer Arbeitsgänge und Fertigungsaufträge unter Berücksichtigung der Vorgänger-Nachfolger-Beziehungen verschoben werden können.

Zweifache Durchlaufterminierung

Wenn man nun die Aufträge eines Netzes einer zweifachen Durchlaufterminierung unterzieht, d. h. sowohl vorwärts als auch rückwärts terminiert, dann erhält man die Puffer, die für spätere Anpassungsmaßnahmen genutzt werden können, ohne dass ein Start- oder Endtermin unzulässig wird. Grundsätzlich bestehen mehrere Möglichkeiten, die unterschiedliche Flexibilitätsgrade implizieren:

(1) Die im ersten Terminierungslauf – im Allgemeinen bei einer Rückwärtsterminierung – ermittelten Ecktermine (Start- und Endtermine) aller Fertigungsaufträge werden beibehalten. Puffer können nur dadurch geschaffen werden, dass die Durchlaufzeiten verkürzt werden. Dieser Fall wird in Abschnitt 3.3.2 besprochen.

(2) Die bei der Rückwärtsterminierung entstandenen Endtermine der einzelnen Fertigungsaufträge werden als späteste Grenzen beibehalten. Die Starttermine werden neu bestimmt, ausgehend von dem Starttermin des ersten Arbeitsgangs auf dem kritischen Pfad. Bei dieser Vorgehensweise können Puffer nur bezüglich der Aufträge und Arbeitsgänge entstehen, die nicht auf dem kritischen Pfad liegen.

(3) Die zweite Terminierung geht vom frühestmöglichen Starttermin der ersten Arbeitsgänge aus (z. B. Gegenwart) und terminiert alle Arbeitsgänge bzw. Fertigungsaufträge vorwärts. Die frühesten Starttermine der Aufträge, die später auf der Zeitachse liegen, sind dann wie im Fall (2) nicht unabhängig vom tatsächlichen Verlauf der Fertigung, sondern hängen von den realisierten Endterminen der Vorgänger ab. Sie können also nicht als „sichere" Vorgaben mit den Fertigungsauftragsdaten gespeichert werden.

(4) Auch bei den Fällen (2) und (3) werden die Möglichkeiten der Durchlaufzeitverkürzung herangezogen und damit weitere Puffer geschaffen (vgl. weiter unten).

Abbildung 3.15 verdeutlicht den Fall (3) am Beispiel des Netzplans für das Endprodukt Y. Die Arbeitsgänge können nun in gewissen Grenzen variabel platziert werden. Für die Arbeitsgänge der niedrigsten Fertigungsstufe ist dies exemplarisch durchgeführt. Die gepunkteten Linien zeigen die Zeitpuffer, innerhalb derer Verschiebungen möglich sind. Die senkrechten Linien deuten an, wie weit die nachfolgenden Aufträge (Y, A und B mit C) maximal vorgezogen werden können, wenn die davor liegenden jeweils zum frühestmöglichen Zeitpunkt fertiggestellt werden. Auch für diese Aufträge existieren somit Zeitpuffer; aus Gründen der Übersichtlichkeit wurden sie in der Abbildung nicht mit eingezeichnet.

Zeitpuffer

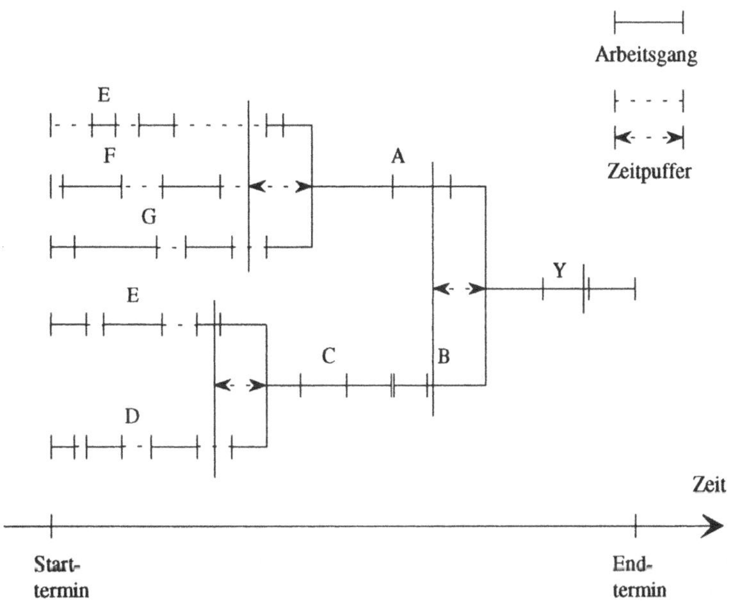

Abb. 3.15: Pufferzeiten durch Rückwärts- und Vorwärtsterminierung.

3.3.2 Maßnahmen zur Durchlaufzeitverkürzung

Bei der Durchlaufterminierung kann der Effekt eintreten, dass die verfügbare Zeitspanne nicht ausreicht, das Auftragsnetz ohne Verletzung von Terminrestriktionen zu realisieren. Im Falle einer Rückwärtsterminierung bedeutet dies, dass man zu einem Starttermin in der Vergangen-

Maßnahmen zur Verkürzung der Durchlaufzeiten

heit bzw. vor Beginn des Planungszeitraums gelangt, bei einer Vorwärtsterminierung, dass der vorgesehene Endtermin überschritten wird.

Damit braucht aber noch nicht festzustehen, dass das Auftragsnetz innerhalb der vorgegebenen Zeitspanne nicht zu bewältigen ist. Vielmehr versucht man zunächst, Maßnahmen zur Verkürzung der Durchlaufzeiten zu ergreifen. Als wichtigste Maßnahmen kommen

- Übergangszeitenreduktion,
- Splitten von Fertigungsaufträgen und
- Überlappung von Arbeitsgängen

in Betracht. Diese werden nachfolgend erläutert.

Übergangszeitenreduktion

Übergangszeit

Die bei der Durchlaufterminierung verwendeten Durchlaufzeiten der Fertigungsaufträge basieren auf Erfahrungswerten und stellen meist grobe Durchschnittswerte dar, die mit Sicherheitszuschlägen versehen sind. Auffällig ist, dass die eigentliche Bearbeitungszeit nur einen kleinen Anteil der Durchlaufzeit eines Auftrags ausmacht. Den überwiegenden Teil stellen verschiedene Liege- und Transportzeiten dar, die unter dem Begriff *Übergangszeit* zusammengefasst werden. Es handelt sich dabei um Komponenten wie die folgenden [Vahrenkamp 2008, S. 182 f.; Mertens 2013, S. 196]:

- Durchschnittliche Wartezeit, bevor ein Arbeitsgang begonnen wird
- Prozessbedingte Liegezeit vor dem Arbeitsgang (z. B. zum Anreißen)
- Prozessbedingte Liegezeit nach dem Arbeitsgang (z. B. zum Abkühlen)
- Wartezeit auf Kontrolle
- Wartezeit auf Transport
- Transport zum nächsten Arbeitsplatz

Bei verschiedenen Untersuchungen in der Praxis wurden Anteile der Übergangszeiten an den Durchlaufzeiten ermittelt, die in der Größenordnung von 80–95 % lagen, während die Bearbeitungszeiten nur 5–20 % betrugen. Obwohl viele dieser Untersuchungen aus den 1960er- und 1970er-Jahren stammen, sind auch heute noch ähnliche Diskrepanzen zwischen Übergangs- und Bearbeitungszeiten zu beobachten.

Übergangszeiten im ERP-System

Die Übergangszeiten können von einem ERP-System unterschiedlich differenziert geführt werden. Mertens führt dazu folgende Möglichkeiten auf [Mertens 2013, S. 196 f.]:

- Die Übergangszeit wird als Prozentsatz der Stückbearbeitungszeit des vorhergehenden Arbeitsgangs bzw. der Bearbeitungszeit des

gesamten Loses angenommen; dies ist denkbar, wenn Kontroll- und Liegezeiten mit den Bearbeitungszeiten korrelieren.
- Die Übergangszeit wird als fester Wert mit den Arbeitsgangstammdaten gespeichert; dies ist möglich, wenn kontroll- und prozessbedingte Liegezeiten den größten Anteil ausmachen und nicht proportional zur Bearbeitungszeit sind.
- Die Übergangszeiten zwischen Arbeitsgängen auf verschiedenen Betriebsmitteln bzw. Arbeitsplätzen werden in Form einer Matrix gespeichert; dieser Weg empfiehlt sich, wenn die Transportzeiten überwiegen.
- Die Übergangszeit wird aus mehreren Komponenten, z. B. den obigen und anderen, zusammengesetzt.

Dispositions- und Sicherheitspuffer

Die Festlegung der Übergangszeiten bleibt im Allgemeinen dem Anwender überlassen. Objektive und verallgemeinerbare Berechnungsvorschriften sind in der Literatur nicht zu finden. Deshalb behilft man sich in der konkreten Anwendung meist mit Daumenregeln und Durchschnittswerten. Da mit einer zunehmenden Konkretisierung der stufenweisen Planung die Wahrscheinlichkeit von Umdispositionen immer größer wird, neigt man oft dazu, bereits bei der Bemessung der Übergangszeiten Dispositions- und Sicherheitspuffer einzubauen. Dies ist natürlich eine zweischneidige Angelegenheit. Dem Vorteil späterer Dispositionsspielräume steht der Nachteil entgegen, dass von vornherein recht lange Durchlaufzeiten, insbesondere Liegezeiten, entstehen, die bei einem „normalen" Verlauf der Fertigung gar nicht benötigt würden. Auch dies kann erheblich zur Kapitalbindung und zur Erhöhung der Lagerhaltungskosten beitragen.

Reduzierungsfaktor

Die Puffer in den Übergangszeiten können zur Verkürzung der Durchlaufzeiten herangezogen werden. Eine Reduktion ist im Allgemeinen nur bis zu einem gewissen Grad möglich. Deshalb wird häufig ein maximaler Reduzierungsfaktor vorgegeben, z. B. 30 % oder 50 %. Je nachdem, wie differenziert die Übergangszeiten geführt werden, können auch unterschiedliche Reduzierungsfaktoren für die einzelnen Komponenten angesetzt werden. Bei Durchführung der Kürzung können dann entweder alle Komponenten der Übergangszeit bis zu den entsprechenden Faktoren gekürzt werden oder auch nur einzelne Komponenten in einer bestimmten Reihenfolge [Wiendahl 1987a, S. 33].

Weiter ist zu entscheiden, ob die Übergangszeiten bei allen Arbeitsgängen mit dem (den) gleichen konstanten Faktor(en) behandelt werden oder ob etwa nur so lange Arbeitsgänge herangezogen werden, wenn die Zulässigkeit der Lösung noch nicht erreicht ist. Wenn nur so weit reduziert wird, wie gerade erforderlich, bleiben für spätere Anpassungsmaßnahmen im Zuge der Kapazitätsplanung und Feinterminierung Dispositionspuffer erhalten.

Splitten von Fertigungsaufträgen

Aufspalten in Teillose

Bei großen Fertigungsaufträgen (Losen) kann die Bearbeitungszeit wesentlich zur absoluten Durchlaufzeit beitragen. Eine Möglichkeit der Durchlaufzeitverkürzung besteht dann darin, die Gesamtmenge in mehrere Teile aufzuspalten. Voraussetzung ist, dass mehrere Betriebsmittel/Arbeitsplätze zur Verfügung stehen, auf denen der Fertigungsauftrag parallel bearbeitet werden kann.

Mehrfaches Rüsten

Durch die gleichzeitige Herstellung von Teillosen reduziert sich aber nur die Zeitspanne der Bearbeitungszeit. Die *Rüstzeit*, die bei einem Los nur einmal auftritt, fällt nun mehrfach an. Dies verringert in der Summe die verbleibende Gesamtkapazität der Betriebsmittel. Gravierend ist ferner, dass sich auch die *Rüstkosten* vervielfachen. Die bei der Losgrößenplanung errechneten Auftragsgrößen verlieren spätestens hierdurch ihre „Optimalität".

Splittungskriterien

Abbildung 3.16 verdeutlicht an einem Beispiel mit drei parallelen Betriebsmitteln, wie sich die Zeiteinsparung gegenüber der ungesplitteten Lösung unter Berücksichtigung der zusätzlichen Rüstzeiten verhält. Wenn die Betriebsmittel, auf die ein Los verteilt wird, nicht völlig identisch sind, werden auch die Rüstzeiten und die Stückbearbeitungszeiten nicht gleich sein. In Abb. 3.16 nimmt zum Beispiel das Rüsten auf der zweiten Maschine weniger und auf der dritten mehr Zeit als auf der ersten Maschine in Anspruch, und die Stückbearbeitungszeiten auf Maschine 2 sind deutlich größer.

Diesen Gegebenheiten kann man beim Splitten Rechnung tragen, indem die Teillose so gebildet werden, dass die Summe aus Rüst- und Bearbeitungszeit auf allen Maschinen ungefähr gleich ist. Wiendahl spricht dann von einem „Zeitsplit"; dem steht der reine „Mengensplit" gegenüber, bei dem die Losgröße einfach durch die Zahl der Maschinen dividiert wird [Wiendahl 1987a, S. 35 f.].

Dem durch das Splitten erzielbaren Zeitgewinn stehen zusätzliche Rüstkosten, Rüstzeiten und dadurch auch eine Verminderung der Gesamtkapazität sowie ein erhöhter administrativer Aufwand gegenüber. Dass der Zeitgewinn unter Umständen gar nicht so groß ist, veranschaulicht das Beispiel in der Abbildung. Dort macht er deutlich weniger als die Hälfte aus, obwohl das Los auf drei Maschinen gesplittet wird. Deshalb sollten die Vor- und Nachteile dieser Maßnahme zur Durchlaufzeitverkürzung sorgfältig gegeneinander abgewogen werden.

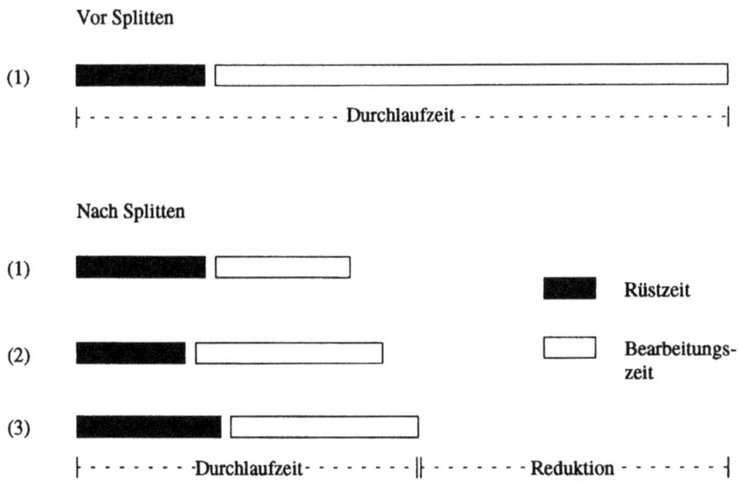

Abb. 3.16: Durchlaufzeitverkürzung durch Splitten eines Loses.

Überlappung von Arbeitsgängen

Weitergabe von Teillosen

Bei großen Losen kann es sinnvoll sein, mit dem Transport zum folgenden Arbeitsgang nicht zu warten, bis die Gesamtmenge bearbeitet ist, sondern schon vorher Teillose weiterzugeben. An dem nächsten Betriebsmittel bzw. Arbeitsplatz kann dann mit dem Folgearbeitsgang schon zu einem entsprechend früheren Zeitpunkt begonnen werden.

Da die Bearbeitungszeiten bei verschiedenen Arbeitsgängen im Allgemeinen unterschiedlich sind, können an der nächsten Maschine Wartezeiten oder Maschinenstillstandszeiten auftreten. Wenn die Stückbearbeitungszeit an der Folgemaschine größer ist, müssen Teillose zunächst liegen bleiben; die Summe der (Teil-) Übergangszeiten wird also größer. Im umgekehrten Fall muss die Folgemaschine warten, bis das nächste Teillos eintrifft, es sei denn, es können nun kürzere (Teil-) Übergangszeiten realisiert werden.

Abbildung 3.17 zeigt den Fall, dass die Bearbeitungszeiten an der Folgemaschine größer sind und für die Teillose 2 und 3 Wartezeiten auftreten. Aus Darstellungsgründen sind die Übergangszeiten in der Abbildung ungewöhnlich klein. Außerdem wurde angenommen, dass die Übergangszeit unabhängig von der Losgröße ist. Deshalb sind die Übergangszeiten für das Gesamtlos im oberen Teil der Abbildung und für das erste Teillos im unteren Teil der Abbildung gleich. Die längeren Übergangszeiten für die beiden anderen Teillose resultieren daher, dass Maschine 2 vorher noch belegt ist und Wartezeiten auftreten. Die eingesparte Durchlaufzeit ist rechts unten abzulesen.

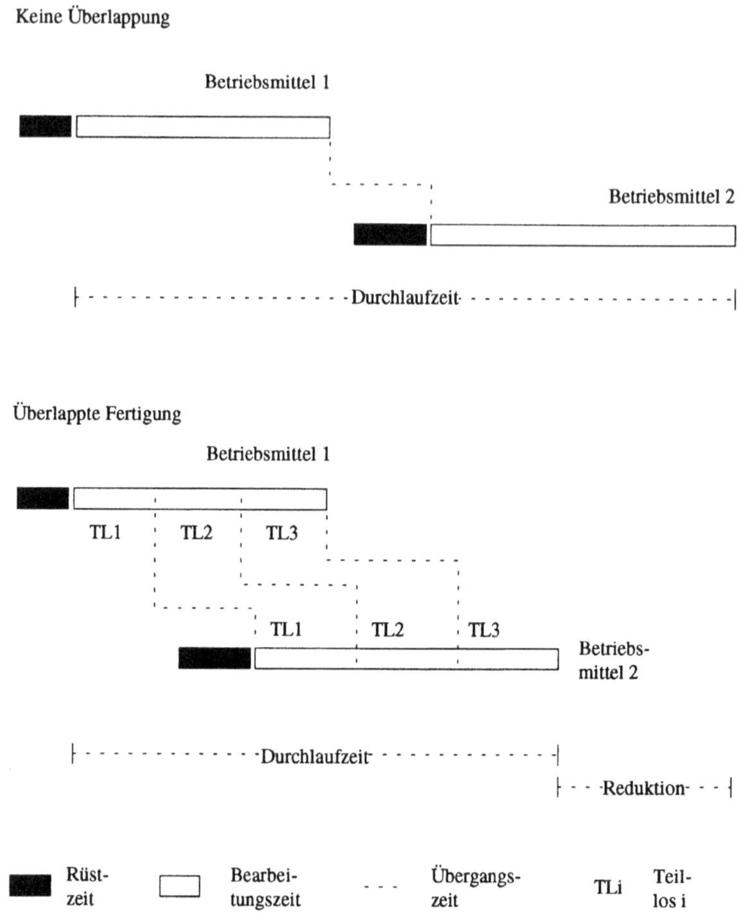

Abb. 3.17: Durchlaufzeitverkürzung durch eine überlappte Fertigung.

Mindestzeit oder Mindestmenge

Durch die überlappte Fertigung steigt der dispositive und administrative Aufwand. Die Abstimmung zwischen den aufeinander folgenden Betriebsmitteln bzw. Arbeitsplätzen muss wesentlich genauer sein, damit der Zeitgewinn auch eintritt [Wiendahl 1987a, S. 35]. Aus diesem Grund wird oft eine *Mindestzeit* für die Überlappung und/oder eine *Mindestmenge* vorgegeben, damit sich der Mehraufwand überhaupt lohnt [Mertens 2013, S. 197].

Die Übergangszeitenreduktion, das Splitten von Fertigungsaufträgen und die überlappte Fertigung von Arbeitsgängen sind die standardmäßig in ERP-Systemen vorgesehenen Maßnahmen zur Durchlaufzeitverkürzung. Bei Terminüberschreitungen nach der Durchlaufterminierung geht man häufig so vor, dass zunächst versucht wird, die Übergangszeiten zu reduzieren. Reicht dies noch nicht aus, kommen Überlappung und/oder Splitten zum Zuge. Wenn die Terminüberschreitungen dadurch nicht beseitigt werden konnten, müssen die Endtermine der betroffenen Fertigungsaufträge in die Zukunft verschoben werden.

Kurieren an Symptomen

Abschließend sei darauf hingewiesen, dass die Maßnahmen zur Durchlaufzeitverkürzung letztlich nur ein Kurieren an Symptomen darstellen. Die Ursachen für Terminprobleme liegen meist schon in den früheren Phasen der Planung begründet. Bei dem im MRP und MRP II implizit zugrunde gelegten Unternehmenstyp, der nach einem Produktionsprogramm fertigt, ist die Ursache häufig die fehlende Abstimmung mit den verfügbaren Kapazitäten im Rahmen der Produktionsprogrammplanung. Wenn der Primärbedarf einseitig aufgrund von Absatzprognosen und ohne Einbeziehung der Produktionskapazitäten bestimmt wird, ist es nicht verwunderlich, dass später Kapazitätsprobleme entstehen, die sich letztlich in überdimensionalen Übergangszeiten niederschlagen.

Noch gravierender sind die Probleme bei einer auftragsorientierten Fertigung, bei der die Endtermine oft durch Kundenwünsche diktiert werden. Wenn bei der Auftragsannahme nicht Informationen über die Kapazitätssituation zur Verfügung stehen und berücksichtigt werden, kann die Einhaltung einer Terminzusage eventuell unmöglich sein.

3.3.3 Kapazitätsplanung

Die Festlegung der Fertigungstermine im Rahmen der Durchlaufterminierung erfolgt bei der skizzierten Vorgehensweise zunächst ohne Berücksichtigung der tatsächlich vorhandenen Kapazitäten. Das Ergebnis der Durchlaufterminierung – Start- und Endtermine der Fertigungsarbeitsgänge, ggf. mit Maßnahmen der Durchlaufzeitverkürzung modifiziert und mit Puffern versehen – impliziert jedoch eine ganz bestimmte Kapazitätsbelastung der Betriebsmittel und Arbeitsplätze in der Fertigung. Wenn diese nicht zufällig mit der verfügbaren Kapazität in Einklang steht, werden zwangsläufig nachträgliche Anpassungsmaßnahmen erforderlich.

Arbeitsgang	Betriebsmittel
A1	(1)
A2	(2)
A3	(4)
B1	(3)
B2	(4)
C1	(–)
C2	(1)
C3	(2)

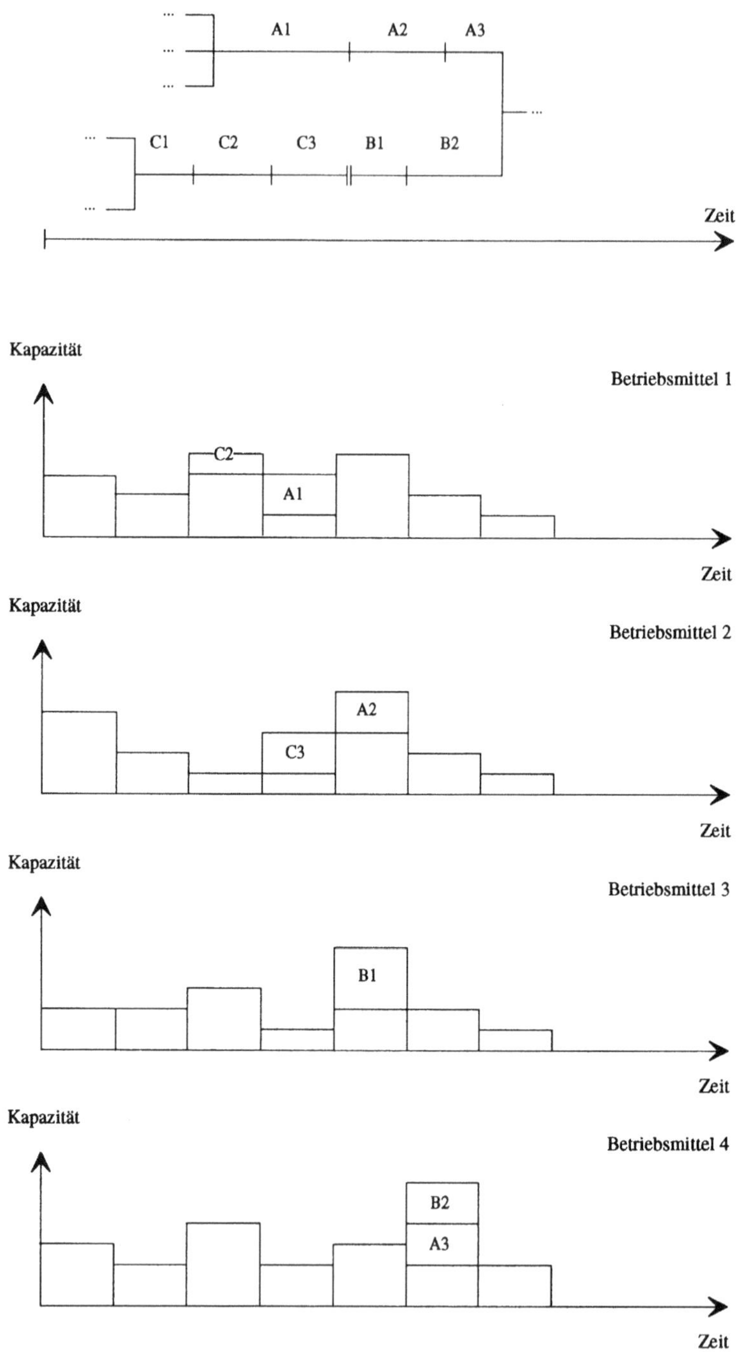

Abb. 3.18: Zusammenhang zwischen Durchlaufterminierung und Kapazitätsbelastung.

Abbildung 3.18 verdeutlicht die Zusammenhänge zwischen Durchlaufterminierung und Kapazitätsplanung am Beispiel von vier Betriebsmitteln, auf denen Arbeitsgänge der Fertigungsaufträge A, B und C aus Abbildung 3.11 durchzuführen sind. Die Arbeitsgänge werden mit A1, A2, A3, B1, B2, C1, C2 und C3 bezeichnet und angenommen, dass folgende Zuordnung von Arbeitsgängen zu Betriebsmitteln gilt:

Zusammenhänge zwischen Durchlaufterminierung und Kapazitätsplanung

Im oberen Teil der Abbildung ist nochmals der Ausschnitt aus dem Terminnetz angegeben, der die Fertigungsaufträge A, B und C umfasst. Der untere Teil zeigt die Kapazitätsbelastung der vier Betriebsmittel, die aus den Arbeitsgängen verschiedener Aufträge – auch anderer als der drei genannten – resultiert. Die zu A, B und C gehörenden Arbeitsgänge sind besonders gekennzeichnet.

Die Zeitpunkte aus der Durchlaufterminierung (Start- und Endtermine) stimmen im Allgemeinen nicht mit dem Periodenraster der Kapazitätsplanung überein. In der Abbildung wurden die Kapazitätsbedarfe der Arbeitsgänge der Einfachheit halber derjenigen Periode zugerechnet, in die der überwiegende Teil der Betriebsmittelinanspruchnahme fällt.

Kapazitätsplanung für ausgewählte Kapazitätseinheiten

Im Prinzip entstehen Kapazitätsbelastungsprofile wie in Abb. 3.18 bei der Durchlaufterminierung für alle Kapazitätseinheiten, wenngleich nicht alle explizit aufgestellt bzw. vom ERP-System ausgegeben werden; angesichts der großen Zahl von Betriebsmitteln und Arbeitsplätzen wäre dies recht aufwendig. Stattdessen erstellt man Belastungsübersichten eher für ausgewählte Kapazitätseinheiten und bei Bedarf. Meist gibt es wichtigere und weniger wichtige Fertigungsanlagen, und oft sind es ganz bestimmte Aggregate, die als Engpässe bekannt sind und einer besonders sorgfältigen Kapazitätsplanung bedürfen.

Schließlich ist darauf hinzuweisen, dass die Kapazitätsplanung einen mittelfristigen und damit gröberen Charakter hat. Bis zur tatsächlichen Fertigung vergehen noch Wochen oder Monate. Deshalb ist es häufig gar nicht sinnvoll, die Planung bis auf die Ebene der einzelnen Maschine zu detaillieren. Vielmehr begnügt man sich meist mit gröberen Kapazitätseinheiten, z. B. *Betriebsmittelgruppen* oder Werkstätten, und/oder beschränkt die Kapazitätsplanung auf Engpassaggregate und -arbeitsplätze.

Nach der isolierten Durchlaufterminierung erhält man höchstens zufällig eine im ganzen Planungszeitraum ausgeglichene und mit den vorhandenen Ressourcen problemlos realisierbare Kapazitätssituation. Vielmehr sind Über- und Unterauslastungen in einzelnen oder allen Perioden an der Tagesordnung.

Abbildung 3.19 verdeutlicht die grundsätzlichen Schwierigkeiten an einem Beispiel. Die einzelnen Kästchen stehen für Arbeitsgänge, die im Allgemeinen zu unterschiedlichen Fertigungsaufträgen gehören. In zwei

Perioden treten Kapazitätsspitzen auf, während in den anderen Perioden eine Unterauslastung herrscht. Die Kapazitätsgrenze ist nicht im ganzen Planungszeitraum gleich. In den Perioden 2 und 3 liegt sie etwas tiefer. Gründe können z. B. geplante Instandhaltungsarbeiten, Feiertage o. Ä. sein.

Anpassung von Kapazitätsbedarf und Kapazitätsangebot

Um die Divergenz zwischen verfügbarer Kapazität und Kapazitätsbedarf zu beseitigen, gibt es grundsätzlich zwei Möglichkeiten: Das Kapazitätsangebot wird dem Bedarf oder der Kapazitätsbedarf wird der verfügbaren Kapazität angepasst.

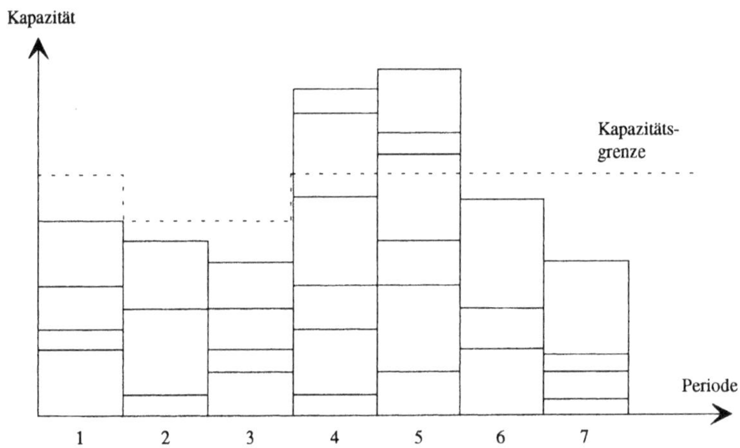

Abb. 3.19: Kapazitätsangebot und -bedarf einer Betriebsmittelgruppe.

Für den ersten Fall, die Veränderung des Kapazitätsangebots, sind verschiedene Wege denkbar:

- Einführung (bzw. Abbau) von Überstunden und Zusatzschichten
- Beschäftigung von Aushilfspersonal (Zeitarbeit)
- Auswärtsvergabe von Fertigungsaufträgen („verlängerte Werkbank"), Zukauf von Teilen
- Variation der Produktionsgeschwindigkeit, sofern dies technologisch möglich ist („intensitätsmäßige Anpassung" nach Gutenberg [1983, S. 361 ff.])

Generelle Über- oder Unterauslastung

Bei einer generellen, längerfristigen Über- oder Unterauslastung sind weiter reichende Maßnahmen in Betracht zu ziehen:

- Erhöhung bzw. Senkung der Produktionskapazität durch Investitionsmaßnahmen bzw. Stilllegungen von Anlagen

- Einstellung von zusätzlichem Personal, Umsetzung von Personal aus unterbeschäftigten Betriebsteilen bzw. Personalfreisetzung, Kurzarbeit oder Umsetzung in andere Betriebsteile

Die zweite Möglichkeit zur Beseitigung des Auseinanderklaffens von Kapazitätsbedarf und -angebot ist die Anpassung des Kapazitätsbedarfs an die verfügbare Kapazität. Dies kann durch quantitative oder terminliche Anpassung versucht werden:

Flexibilität durch Lageraufträge

Quantitative Anpassung

(1) *Quantitative Anpassungsmaßnahmen* zielen auf eine Veränderung der Produktionsmengen. Eine Flexibilität ist hier häufig in Bezug auf sogenannte *Lageraufträge* gegeben. Dies sind Aufträge, die nicht unmittelbar zur Deckung eines deterministisch berechneten Bedarfs erforderlich sind, sondern zur Auffüllung des Lagers dienen. Sie werden primär für solche Teile erzeugt, die verbrauchsgesteuert disponiert werden und als Bauteile in verschiedene andere Teile eingehen. Manchmal werden Lageraufträge bei der Bedarfsermittlung auch zur Vermeidung einer vermuteten Unterbeschäftigung in späteren Perioden eingeplant.

Wenn in einer Periode mit Kapazitätsüberlastung Lageraufträge enthalten sind, können diese nach Prüfung des aktuellen Lagerbestands und der Bedarfssituation eventuell reduziert, gestrichen oder verschoben werden. Umgekehrt ist es denkbar, dass in eine Periode mit Unterauslastung Lageraufträge aufgenommen werden, um das Beschäftigungsniveau zu halten.

Ausweichmaschinen

Eine quantitative Reduktion des Kapazitätsbedarfs ist weiterhin möglich, wenn zu dem betrachteten Aggregat *Ausweichmaschinen* existieren, bei denen noch Kapazitätsreserven vorhanden sind. Diese Möglichkeit kommt in Betracht, wenn die Kapazitätsplanung auf der Ebene der Einzelbetriebsmittel durchgeführt wird.

Terminliche Anpassung

(2) Bei *terminlichen Anpassungsmaßnahmen* versucht man, das Kapazitätsgebirge durch Verlagerung von Arbeitsgängen in andere Perioden zu glätten. Dies kann natürlich nur funktionieren, wenn im mittelfristigen Schnitt Kapazitätsbedarf und -angebot ungefähr übereinstimmen. Andernfalls müssen weitere der oben genannten Maßnahmen hinzukommen. In Abb. 3.19 wäre etwa zu überprüfen, ob Arbeitsgänge aus den überbelasteten Perioden 4 und 5 in die Perioden 3, 6 und 7 verschoben werden können.

Kapazitätsabgleich

Als *Kapazitätsabgleich* (oder -ausgleich) bezeichnet man im engeren Sinne oft die Anpassung des Kapazitätsbedarfs an die gegebenen Kapazitätsgrenzen durch Terminverschiebungen. Für diese Form der Anpassung wurden früher auch Algorithmen vorgeschlagen (und teilweise in

PPS-Systemen implementiert), die *automatisch* die Glättung eines Kapazitätsgebirges herbeiführen. Einer der bekannten Algorithmen stammt von Brankamp [1973].

Grundsätzlich geht man beim Kapazitätsabgleich i.e.S. von der Überlegung aus, dass die Kapazitätsplanung noch den Charakter einer Grobplanung hat und deshalb Verlagerungen von Fertigungsaufträgen ohne größere Schwierigkeiten möglich sind. Auf die Problematik dieser Annahme wird weiter unten eingegangen. Wenn man den Kapazitätsbedarf und das Kapazitätsangebot in jeweils einer Kurve kumuliert, erhält man eine Darstellung wie in Abb. 3.20. Sie lässt erkennen, ob der Kapazitätsbedarf in der Summe bzw. in einzelnen Zeiträumen größer oder kleiner als das Kapazitätsangebot ist.

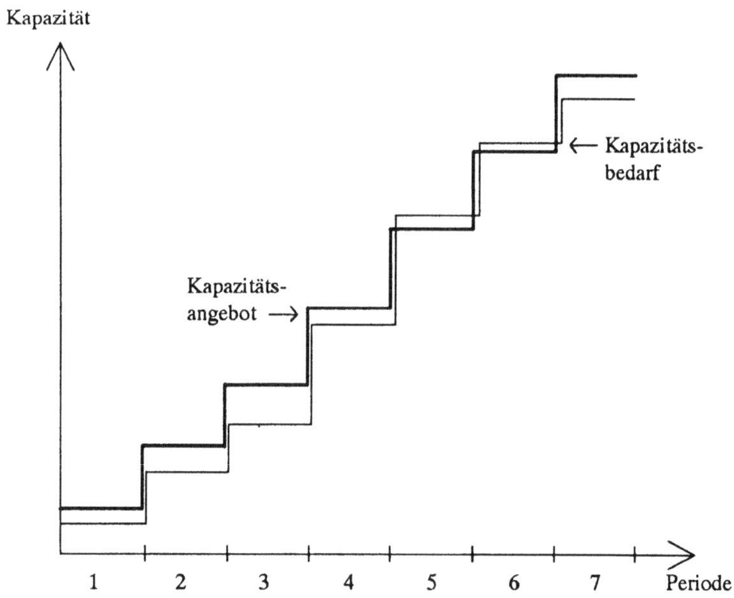

Abb. 3.20: Gegenüberstellung von kumuliertem Kapazitätsbedarf und Kapazitätsangebot.

In dem Beispiel zeigt sich etwa, dass bei der kumulierten Betrachtung bis einschließlich Periode 4 eine Netto-Unterauslastung zu verzeichnen ist. In den Perioden 5 bis 6 herrscht eine Überlastung, die in Periode 7 wieder abgebaut wird. Auf diese Erkenntnisse kann dann – wie in dem Algorithmus von Brankamp – die Entscheidung basiert werden, ob die Verlagerung eines Arbeitsgangs aus einer über- oder unterbelasteten Periode eher in Richtung Gegenwart oder Zukunft sinnvoll ist [Brankamp 1973; Kurbel 1983, S. 252 ff.].

Zeitpuffer

Wenn man den Gedanken der Gegenüberstellung von kumuliertem Kapazitätsbedarf und -angebot weiterverfolgt, so lassen sich auch die Zeitpuffer einbeziehen, die im Rahmen der Durchlaufterminierung ermittelt wurden. Sie ergaben sich dort durch Vorwärts- *und* Rückwärtsterminierung der Fertigungsaufträge. Geht man einmal davon aus, dass alle Arbeitsgänge zum frühesten Termin durchgeführt werden, und zum Zweiten davon, dass alle so spät wie möglich gefertigt werden, so erhält man zwei Kurven, die der Kurve des Kapazitätsangebots gegenübergestellt werden können. Abbildung 3.21 zeigt diesen Fall. Zwischen den beiden Kurven liegt ein „Kapazitätskorridor". Der Planer kann diese Information für Umplanungsentscheidungen mit heranziehen.

Kapazitätskorridor

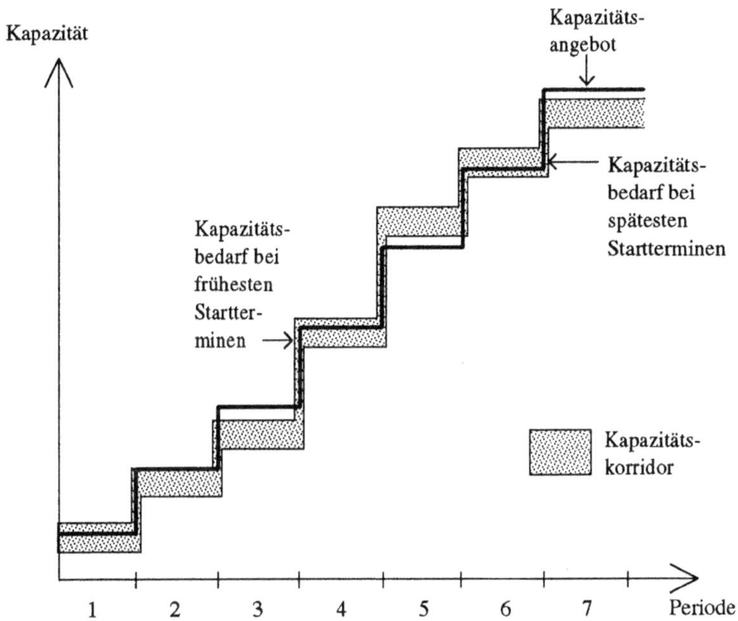

Abb. 3.21: Kapazitätsangebot und Kapazitätsbedarfskurven bei den frühesten Start- und spätesten Endterminen.

Ein entscheidender Nachteil der skizzierten Vorgehensweisen ist die isolierte Betrachtung einer einzelnen Kapazitätseinheit. Zwar lässt sich durch Verschiebungen unter Umständen ein ausgeglichenes und realisierbares Kapazitätsgebirge erzeugen. Da die Arbeitsgänge jedoch im allgemeinen Fall in einem Auftrags-/Arbeitsgangnetz stehen, ist eine Verlagerung nur solange problemlos, wie sie durch Zeitpuffer noch aufgefangen wird.

Folgen einer Verschiebung

Wenn dies nicht mehr der Fall ist, können Folgeprobleme entstehen: Arbeitsgänge, die Vorgänger (bei Verschiebung in Richtung Gegenwart) bzw. Nachfolger (bei Verschiebung in Richtung Zukunft) eines verlagerten Arbeitsgangs sind, müssen ebenfalls verschoben werden. Dies kann wiederum Auswirkungen für andere vor- bzw. nachgelagerte Fertigungsaufträge haben, die sich ggf. bis hin zu den Startterminen der ersten Arbeitsgänge des Netzes bzw. den Endterminen der Endprodukte fortpflanzen.

Wenn Vorgänger- oder Nachfolgerarbeitsgänge (oder -aufträge) verschoben werden müssen, bleibt dies nicht ohne Konsequenzen für die Kapazitätssituation anderer Betriebsmittel(gruppen) und Arbeitsplätze. Möglicherweise werden dort zuvor realisierbare Lösungen nun unzulässig etc. Die Folgewirkungen können sich in unvorhersehbarem Maße fortpflanzen.

Menschlicher Sachverstand statt Abgleichsalgorithmus

Die Problematik des Kapazitätsabgleichs unter den Bedingungen mehrstufiger Fertigung ist in der Praxis zu komplex, als dass sie durch automatisierte Verfahren befriedigend in den Griff zu bekommen wäre. Der Sachverstand der Fertigungsdisponenten und Meister vor Ort verspricht oft bessere Lösungen als ein Abgleichsalgorithmus. In diesem Sinne ist es zweckmäßiger, wenn das ERP-System dem menschlichen Problemlöser Informationen zur Verfügung stellt, die er für Kapazitäts- und Terminentscheidungen benötigt.

Die Unterstützung des Kapazitätsabgleichs durch leistungsfähige Softwarewerkzeuge für die Fertigungssteuerung wird in Abschnitt 8.1 (Manufacturing Execution Systems) nochmals aufgegriffen und ausführlicher behandelt.

OPT (Optimized Production Technology)

Vermeidung von Kapazitätsüberlastungen durch Simultanplanung

Wenn man die material-, zeit- und kapazitätswirtschaftlichen Probleme nicht nacheinander, sondern gleichzeitig behandeln würde, entstünden Kapazitätsüberlastungen im Grundsatz erst gar nicht. Das Gesamtproblem würde aber viel zu komplex, als dass es umfassend optimiert werden könnte. Eine Möglichkeit besteht deshalb darin, die Engpassbetriebsmittel in den Vordergrund der Betrachtung zu stellen und von den Engpässen ausgehend die Termine zu planen.

Von Engpässen ausgehend Termine planen

Ein solcher, bekannter Ansatz wurde in den 1980er-Jahren von Eliyahu Goldratt und Jeff Fox unter dem Namen OPT (Optimized Production Technology) propagiert. Er ging ausdrücklich davon aus, dass nicht die Kapazitätsbelastung auszugleichen sei, sondern vielmehr der Fertigungsfluss, und Engpasskapazitäten die wesentlichen Bestimmungsfaktoren sowohl für die Durchlaufzeiten als auch für die Bestände seien [Goldratt 2014]. Fertigungsaufträge, die Engpasskapazitäten belasten, wurden vorab und von vornherein mit höherer Priorität behandelt als Aufträge, die nur unkritische Bearbeitungsstationen durchlaufen. Auf diese Weise wurde versucht, die Ablaufengpässe möglichst zu entschärfen.

3.3.4 Datenstrukturen der Kapazitäts- und Zeitwirtschaft

Wichtige Stammdaten für die Termin- und Kapazitätsplanung sind insbesondere die Arbeitspläne und -gänge, welche die Bearbeitungszeiten pro Mengeneinheit des zu fertigenden Teils enthalten, sowie die Betriebsmitteldaten, denen die Kapazitäten entnommen werden können. Diese wurden oben (vgl. Abschnitt 3.2) behandelt.

Vorgangsbezogene Daten

Vorgangsbezogen kommen nun die Daten über die Fertigungsaufträge und ihre inneren und äußeren Zusammenhänge hinzu, d. h. über die auftragsbezogenen Arbeitsgänge und über die Auftragsnetze, sofern die Aufträge in übergreifende Strukturen eingeordnet sind. Außerdem ist die Inanspruchnahme der Produktionskapazitäten durch die Aufträge bzw. ihre Arbeitsgänge darzustellen.

Auftragsbezogene Arbeitspläne

Die Arbeitspläne in den Stammdaten sind als Standardarbeitspläne zu interpretieren. Sie enthalten die auftragsunabhängigen Daten und beziehen ihre mengenabhängigen Größen auf eine Standardgröße, z. B. pro Stück, lfd. Meter oder Behälter. Zeitangaben sind relativ zu diesen Bezugsgrößen und naturgemäß frei von absoluten Kalenderdaten.

Die auftragsabhängigen Mengen- und Termindaten kommen mit den konkreten *Fertigungsaufträgen* hinzu. Dazu werden aus den Standardarbeitsplänen *auftragsbezogene Arbeitspläne* abgeleitet, die absolute Mengen, Zeitdauern und nach der Terminierung auch Zeitpunkte (z. B. frühester Start-, spätester Endtermin) enthalten. Die Begriffe Fertigungsauftrag und auftragsbezogener Arbeitsplan (Auftragsarbeitsplan) werden häufig synonym verwendet.

Die Fertigungsauftragsdaten sind den Standardarbeitsplänen in den Stammdaten großenteils ähnlich oder mit ihnen identisch. Deshalb stellt sich die Frage, ob sie bei der Erzeugung der Fertigungsaufträge kopiert und redundant geführt oder ob lediglich über geeignete Beziehungstypen Verweise zu den Stammdaten aufgebaut werden. In der Praxis findet man auch Zwischenstufen zwischen beiden Formen. Die Ausprägung hängt unter anderem davon ab, wie „stabil“ die Stammdaten sind; d. h., können die Stammdaten unverändert übernommen und nur den absoluten Mengen und Terminen angepasst werden, oder sind Änderungen erforderlich?

Bei dem hier zugrunde liegenden Unternehmenstyp des Programmfertigers kann man weitgehend von stabilen Stammdaten ausgehen. Anders ist dies bei kundenauftragsorientierter Produktion (vgl. dazu Kapitel 4). Im Folgenden werden deshalb die vorgangsbezogenen Daten unter Bezug auf die Stammdaten modelliert.

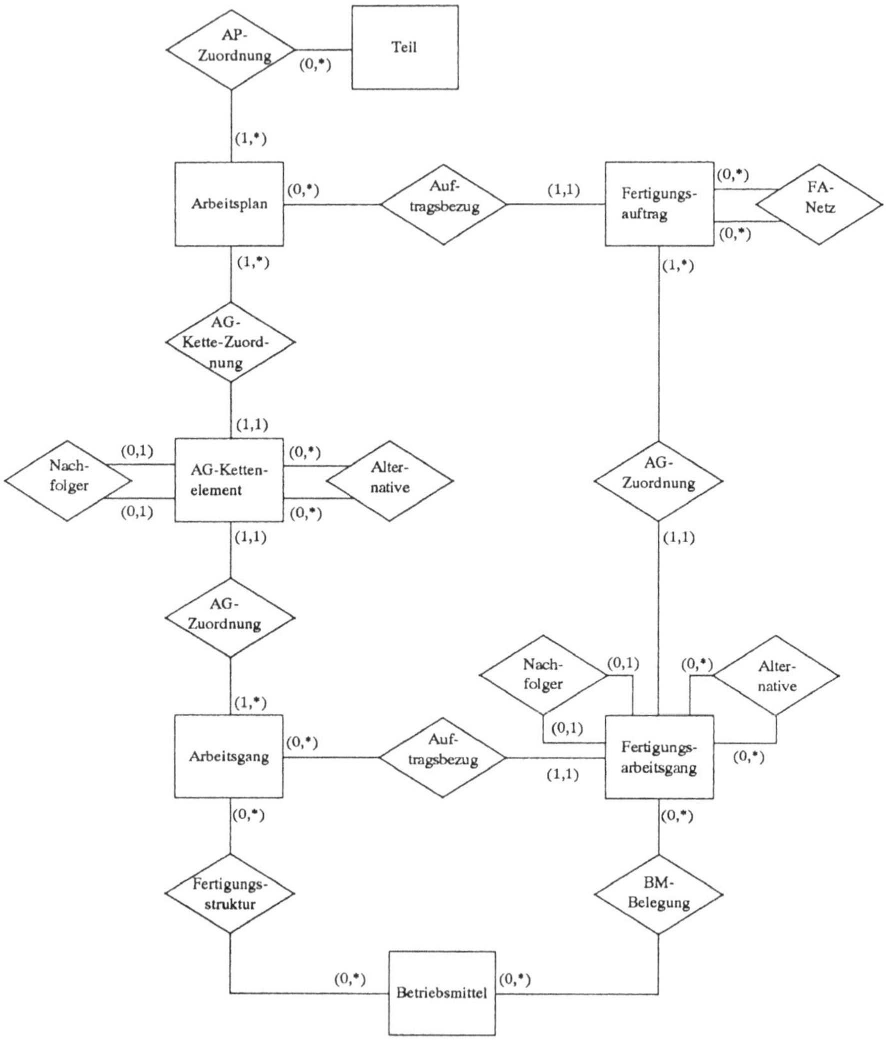

Abb. 3.22: Entity-Relationship-Diagramm zur Kapazitäts- und Zeitwirtschaft.

Beziehungstypen „Auftragsbezug“

Das in Abb. 3.22 dargestellte Datenmodell zeigt die enge Verwandtschaft der Standardarbeitspläne und -arbeitsgänge aus den Stammdaten mit den entsprechenden auftragsabhängigen Datenstrukturen. Der linke Teil der Abbildung ist identisch mit dem Entity-Relationship-Diagramm der Abb. 3.4. Im rechten Teil stehen ähnliche Strukturen; die Zuordnung zwischen den Entity-Typen (Standard-) „Arbeitsplan" und „Fertigungsauftrag" sowie zwischen (Standard-) „Arbeitsgang" und „Fertigungsarbeitsgang" wird durch die Beziehungstypen „Auftragsbezug" hergestellt.

Die Kardinalitäten aufseiten der Standard-Datenstrukturen sind (0,*), d. h., zu einem Standardarbeitsplan kann es mehrere Fertigungsaufträge geben, es braucht aber nicht unbedingt einer vorzuliegen. Aus der Blickrichtung der Fertigungsaufträge und -arbeitsgänge sind sie mit (1,1) notiert, eine Konsequenz aus der idealisierenden Prämisse dieses Kapitels: Wenn ein Unternehmen ein Standardproduktprogramm herstellt, gibt es zu allen Eigenfertigungsteilen auch Arbeitspläne. Jedem Fertigungsauftrag kann dann ein Standardarbeitsplan zugeordnet werden. Dies ist anders bei Auftrags- und Einzelfertigung (vgl. Kapitel 4), wo eine (0,1)-Kardinalität – oder in Extremfällen gar eine „(0,0)-Kardinalität", d. h. es gibt keine Arbeitspläne – angebracht ist.

Man erkennt, dass die Beziehungen der auftragsabhängigen Arbeitsgänge zueinander (Alternativ-, Nachfolger-Arbeitsgänge) ähnlich denen bei den Stammdatenstrukturen gebildet werden. Die Reihenfolge der Arbeitsgänge wird durch den Beziehungstyp „Nachfolger" definiert. Die Konstruktion der Arbeitsgang-Kettenelemente ist hier nicht erforderlich. Sie dient in den Stammdaten dazu, alle Wahlmöglichkeiten bei der Gestaltung eines Arbeitsplans offenzuhalten und darzustellen. Da mit der Bildung der konkreten Fertigungsaufträge eine verfahrensmäßige Zuordnung der Arbeitsgänge getroffen wurde, gibt es nicht mehr beliebige Pfade durch das Netz möglicher Arbeitsgänge. Nur zu einem bestimmten Fertigungsarbeitsgang sind jetzt noch Alternativ-Arbeitsgänge definiert.

Fertigungsauftragsnetz

Wenn die Fertigungsaufträge in einem Fertigungsauftragsnetz miteinander verbunden sind, müssen die Zusammenhänge abgebildet werden. Im Entity-Relationship-Modell erfolgt dies über den Beziehungstyp „FA-Netz". Er verbindet Entities des Typs „Fertigungsauftrag" miteinander. Da ein Auftrag im allgemeinen Fall mehrere Vorgänger und mehrere Nachfolger haben kann, handelt es sich um einen $n : m$-Beziehungstyp. Es gibt natürlich auch andere Möglichkeiten, Fertigungsaufträge, -arbeitsgänge und -netze darzustellen (vgl. z. B. Scheer [1997, S. 229]).

Kapazität einer Betriebsmittelgruppe

Die für die Fertigungsarbeitsgänge erforderliche Kapazitätsbereitstellung muss mit den Daten über die verfügbaren Kapazitäten verbunden werden. Die Kapazitätsbeanspruchung wird über die Beziehungen „BM-Belegung" (Betriebsmittelbelegung) den Betriebsmitteln zugerechnet. Die verfügbaren Kapazitäten gehören zu den Stammdaten, die bei den Betriebsmitteln oder Betriebsmittelgruppen geführt werden.

Bei dem Datenmodell zu den Standard-Datenstrukturen in Abb. 3.6 wurden Einzelbetriebsmittel und Betriebsmittelgruppen grundsätzlich gleichbehandelt. Die Zugehörigkeit eines Einzelbetriebsmittels (oder einer Gruppe) zu einer übergeordneten Gruppe wird durch den Beziehungstyp „Gruppe“ hergestellt. In der Grobplanung, zu der die zeit- und kapazitätswirtschaftlichen Funktionen in diesem Abschnitt gehören, arbeitet man im Allgemeinen noch mit Betriebsmittelgruppen und deren Kapazitäten.

3.4 Auftragsfreigabe

Nach der Durchlaufterminierung und Kapazitätsplanung liegt ein mengen- und zeitmäßig fixierter Grobplan für einen längeren Zeitraum vor. Dieser stellt jedoch noch keine definitive und bindende Vorgabe für den Fertigungsbereich dar.

Bindeglied zwischen Planung und Steuerung

Verbindliche Vorgaben entstehen dann, wenn die für einen überschaubaren Zeitraum (z. B. einen oder mehrere Tage) grobgeplanten Aufträge zur Fertigung freigegeben werden. Die Auftragsfreigabe stellt in diesem Sinne das Bindeglied zwischen der Planungsphase und der Steuerung der Produktion in der Realisierungsphase dar [Scheer 1997, S. 278]. Aufgabe der Auftragsfreigabe ist es insbesondere, die in den Freigabehorizont fallenden Aufträge auszuwählen, die Verfügbarkeit der benötigten Ressourcen sicherzustellen und die Arbeitsdokumente zu drucken. Die freigegebenen Aufträge können dann an die Feinterminierung weitergeleitet werden.

3.4.1 Verfügbarkeitsprüfung

Wenn die Umwelt des Unternehmens sich tatsächlich so verhalten und die Fertigung so verlaufen würde, wie zum Zeitpunkt der (Grob-)Planung unterstellt, dann müssten bei Durchführung der Fertigungsaufträge alle benötigten Materialien und Betriebsmittel termingerecht zur Verfügung stehen.

Dass dies eine unrealistische Annahme ist, lehrt die Erfahrung. Ungeplante Ereignisse, Eilaufträge, Maschinenausfälle und andere Störungen haben in der Wirklichkeit meist eine veränderte Situation geschaffen, sodass es angeraten ist, vor der Fertigungsveranlassung zu überprüfen, ob alle für einen Auftrag benötigten Ressourcen auch tatsächlich vorhanden sind.

Andernfalls besteht die Gefahr, dass Aufträge vor den Betriebsmitteln und Arbeitsplätzen liegen bleiben und rechnerisch Kapazität binden, obwohl diese nicht in Anspruch genommen werden kann. Außerdem gibt es Ressourcen, die unter Umständen nicht vom ERP-System verwaltet werden und dennoch kritische Faktoren darstellen, z. B. Fachexperten, spezielle Werkzeuge, NC-Programme etc.

Verfügbarkeit von Material, Vorrichtungen, Werkzeugen etc.

Die Verfügbarkeitsprüfung kann unterschiedlich ausgebaut werden. Als Minimallösung wird das Vorhandensein aller für einen Fertigungsauftrag benötigten untergeordneten Teile überprüft (Materialverfügbarkeit). Wenn auch Vorrichtungen und Werkzeuge im System geführt werden, können sie in die automatische Verfügbarkeitsprüfung einbezogen werden.

Die Verfügbarkeitsprüfung wird im Allgemeinen, wie hier beschrieben, nach der Kapazitätsplanung und für kürzere Zeiträume durchgeführt. In manchen Fällen, z. B. wenn Sondermaterialien mit langen Lieferzeiten oder knappe Fachspezialisten erforderlich sind, kann dies jedoch unzweckmäßig sein. So ist es denkbar, dass man mit viel Aufwand eine vermeintliche Kapazitätsüberlastung beseitigt, um anschließend festzustellen, dass einer oder mehrere der verursachenden Fertigungsaufträge wieder ausgeplant werden müssen, weil Material o. a. fehlt.

Gegen eine frühere Verfügbarkeitsprüfung spricht indessen, dass die Zeitspanne bis zur tatsächlichen Fertigung zu groß wird und die Wahrscheinlichkeit, dass die getroffenen Aussagen auch zum Zeitpunkt der Fertigung noch gelten, wieder sinkt. Hat man es umgekehrt mit einer relativ stabilen Fertigungssituation zu tun, so ist es auch denkbar, dass die Verfügbarkeitsprüfung zusammen mit der Feinterminierung oder im Anschluss daran durchgeführt wird.

Die Verfügbarkeitsprüfung kann grundsätzlich statisch oder dynamisch durchgeführt werden [Scheer 1997, S. 282 ff.]. Eine statische Prüfung bedeutet, dass nur für diejenigen Aufträge eine Verfügbarkeit bestätigt wird, bei denen zum Zeitpunkt der Prüfung alle benötigten Ressourcen vorhanden sind. Die Materialien müssen also physisch oder zumindest logisch (buchungstechnisch) auf Lager liegen.

Dynamische (dispositive) Verfügbarkeitsprüfung

Bei einer *dynamischen* oder *dispositiven Verfügbarkeitsprüfung* wird auch der Zeitablauf berücksichtigt. Die Verfügbarkeit wird dann nicht auf die Gegenwart, sondern auf den tatsächlichen Bedarfszeitpunkt bezogen. Dies bedeutet, dass auch Aufträge freigegeben werden können, für die alle benötigten Ressourcen zwar noch nicht physisch vorhanden sind, aber bis zum Bedarfszeitpunkt vorliegen werden. Erwartete Lagerzugänge, Bestellbestände, Werkzeugreservierungen und -rückgaben etc. können so in die Freigabeentscheidung einbezogen werden. Bei einer fortschrittlichen Lösung wird sogar der Fertigungsablauf im Freigabezeitraum simuliert, sodass Entwicklungen, die wie Bestellbestände noch nicht buchmäßig erfasst sind, ebenfalls Berücksichtigung finden.

ATP-Prüfung

Im Enterprise Resource Planning und Supply Chain Management trifft man heute oft eine Form der dispositiven Verfügbarkeitsprüfung unter der Bezeichnung *ATP-Prüfung („Available to Promise")* an. Diese wird in Abschnitt 10.2.5 erläutert.

Belastungsorientierte Auftragsfreigabe

Freigabe unter Beachtung der Kapazität

Bei der sogenannten „belastungsorientierten Auftragsfreigabe" werden Aufträge unter Beachtung der verfügbaren Kapazität freigegeben. Das Verfahren basiert auf einer eigenen Fertigungssteuerungsphilosophie, die in Abschnitt 3.5.6 beschrieben wird.

3.4.2 Arbeitsdokumente

Typische Dokumente

Bei der Auftragsfreigabe werden die Begleitpapiere und andere Belege erstellt. Typische Dokumente sind die folgenden:
- *Fertigungsauftrag*, auch Betriebsauftrag oder auftragsabhängiger Arbeitsplan genannt; dieser unterscheidet sich vom (Standard-) Arbeitsplan insbesondere dadurch, dass die Auftragsmenge sowie konkrete Start- und Endzeiten angegeben sind
- *Laufkarte* zur Begleitung des Auftrags durch den Betrieb
- *Terminkarte* zur Terminkontrolle aufgrund von Rückmeldungen aus dem Betrieb
- *Materialscheine* zur Materialbereitstellung sowie als Entnahme- und Buchungsbelege
- *Lohnscheine* oder *Arbeitskarten* als individuelle Arbeitsanweisungen für die Werker, als Rückmeldeinstrumente für die Fortschrittskontrolle, als Grundlage für die Lohnabrechnung und Nachkalkulation u. a.

Rückmeldescheine für die Fortschrittskontrolle

Spezielle *Rückmeldescheine* für die Fortschrittskontrolle und andere Belege trifft man ebenfalls noch an. Trotz einer zunehmenden Digitalisierung werden Papierdokumente oft als unverzichtbare Hilfsmittel angesehen. Jedoch ist zu beobachten, dass Papier immer mehr durch elektronische Informationsträger ersetzt oder zumindest „automatisierungsfreundlicher" gemacht wird. Sichtbares Zeichen dafür sind Barcodes und andere maschinenlesbare Darstellungen, die die Rückmeldungen und deren weitere Verarbeitung erleichtern. RFID-Etiketten

Automatisierungsfreundlichere Informationsträger

(RFID, Radio Frequency Identification) gewinnen für die Rückmeldeaufgaben zunehmend an Bedeutung (vgl. dazu auch Abschnitt 12.1).

3.5 Fertigungssteuerung

3.5.1 Feinterminierung

Shop Floor Control

Für die in den Freigabezeitraum fallenden Aufträge muss nun eine detaillierte Feinplanung durchgeführt werden. Dies bedeutet insbesondere, dass *genau* festgelegt werden muss, 1) auf welchen Betriebsmitteln und 2) zu welchen Terminen die einzelnen Arbeitsgänge der Fertigungsaufträge durchgeführt werden sollen. Im MRP II heißt diese Funktion *Shop Floor Control (SFC).*

Der erste Punkt ist dann von Bedeutung, wenn in der Grobplanung noch mit Betriebsmittelgruppen oder anderen gröberen Kapazitätseinheiten gearbeitet wurde. Spätestens jetzt müssen die Auswahl der konkreten Einzelbetriebsmittel und die Zuordnung der einzuplanenden Arbeitsgänge zu diesen erfolgen.

Maschinenbelegungsplanung

Die Hauptaufgabe der Feinterminierung ist jedoch eine detaillierte Planung der Betriebsmittelbelegung. Da hier die Reihenfolge, in der die Arbeitsgänge auf einer Fertigungsanlage nacheinander abgearbeitet werden, und damit der Fertigungsablauf festgelegt werden, spricht man auch von *Reihenfolge-* oder *Ablaufplanung*. Andere Bezeichnungen sind *Maschinenbelegungsplanung* und *Kapazitätsterminierung*. Sie beleuchten das gleiche Problem aus der Perspektive der Betriebsmittel.

Optimierungsverfahren

Die Planung der Betriebsmittelbelegung ist ein Feld, das ähnlich wie die Losgrößenplanung von Generationen von Forschern bearbeitet wurde. Die Zahl der Modelle und Methoden, die im Laufe der letzten Jahrzehnte vorgeschlagen wurden, ist unübersehbar. Vor allem Ansätze aus der ganzzahligen linearen Programmierung, Branch-and-Bound-Verfahren, aber auch viele heuristische Methoden wurden entwickelt.

Anders als bei den Losgrößenmodellen ist die praktische Relevanz des Problems durchaus signifikant. Dennoch ist es selbst unter vereinfachenden Prämissen bis heute nicht gelungen, verallgemeinerbare optimale Lösungen bei praktisch relevanten Größenordnungen zu finden. Die Komplexität der Problematik ist bereits bei linearen Fertigungsprozessen zu groß; bei den vernetzten Auftragsstrukturen ist sie mit formalen Modellen meist nicht mehr zu bewältigen.

In einer gewissen Nostalgie ziehen sich auch heute noch Algorithmen durch die Lehrbücher, die bestenfalls bei Minibetrieben funktionieren können. Ein Beispiel ist der viel zitierte Johnson-Algorithmus, der in der Lage ist, das Problem von *n* Aufträgen, die 2 (in Worten: zwei!) Maschinen oder andere Kapazitätseinheiten in gleicher Reihenfolge zu durchlaufen haben, einer optimalen Lösung zuzuführen [Johnson 1954]. Der Leser mag selbst beurteilen, wie viele Betriebe in der Praxis wohl ein Fertigungssteuerungsproblem dieser Größenordnung haben!

Bei der praktischen Problemlösung geht man deshalb anders vor. Das Optimierungsproblem, das auch den formalen Modellen zugrunde liegt, basiert unter anderem darauf, dass bei der Betriebsmittelbelegungsplanung unterschiedliche Ziele verfolgt werden. Dies sind zum Beispiel:

Produktionswirtschaftliche Ziele

- Minimierung der Gesamtdurchlaufzeit aller Fertigungsaufträge oder der mittleren Durchlaufzeit im Planungszeitraum
- Maximierung der Kapazitätsauslastung bzw. Minimierung der Stillstandszeiten aller Betriebsmittel
- Minimierung von Terminüberschreitungen bzw. Maximierung der Termintreue
- Minimierung der Kapitalbindung in der Fertigung
- Minimierung der Umrüstkosten zwischen aufeinander folgenden Aufträgen

Zielkonflikt

Diese Ziele stehen nicht unabhängig nebeneinander, sondern unterstützen bzw. behindern sich teilweise gegenseitig; in der Betriebswirtschaftslehre spricht man von „komplementären“ bzw. von „konkurrierenden“ Zielen. Insbesondere zwischen der Minimierung der Durchlaufzeiten und der Maximierung der Kapazitätsauslastung kann ein Zielkonflikt entstehen. Gutenberg prägte dafür bereits in den 1950er-Jahren das Schlagwort vom *Dilemma der Ablaufplanung* [Gutenberg 1983, S. 216] (vgl. auch Abschnitt 2.2.1). Über die Existenz des Dilemmas bzw. die Bedingungen, unter denen es auftritt, wurde in den 1960er- und 1970er-Jahren heftig argumentiert (z. B. [Günther 1971, Siegel 1974]). Andere Autoren erweiterten das „Dilemma“ zum „Trilemma“ [Mensch 1972] bzw. „Polylemma“ [Schweitzer 1967].

Prioritätsregeln

Prioritätsregeln zur Festlegung der Bearbeitungsreihenfolgen

An den obigen Zielsetzungen orientieren sich die sogenannten Prioritätsregeln, die in der Praxis häufig zur Festlegung der Bearbeitungsreihenfolgen verwendet werden. Eine Prioritätsregel ist ein Auswahlkriterium. Es gibt an, wie derjenige Fertigungsauftrag zu ermitteln ist, der an einem bestimmten Betriebsmittel oder Arbeitsplatz *als nächster* bearbeitet werden soll. Gängige Prioritätsregeln sind etwa die folgenden:

Wähle den Auftrag mit

- der kürzesten Bearbeitungszeit (KOZ-Regel, „kürzeste Operationszeit")
- der längsten Bearbeitungszeit
- den geringsten Zeitpuffern bis zum Liefertermin („Schlupfzeitregel")
- der größten Zahl noch unerledigter Arbeitsgänge
- der längsten Wartezeit vor der Maschine (Fifo-Regel, „first in first out")
- der kürzesten Wartezeit vor der Maschine (Lifo-Regel, „last in first out")
- der größten Kapitalbindung
- den geringsten Umrüstkosten
- der höchsten externen Priorität („Chefauftrag")
- der stärksten Reduktion der Übergangszeiten (die in der Durchlaufterminierung vorgenommen wurde)

Die Anzahl möglicher Prioritätsregeln ist recht groß. Zäpfel nennt z. B. 11 elementare Regeln, Hoitsch 14 und Mertens 18 [Zäpfel 2001, S. 217 ff.; Hoitsch 1993; Mertens 2013, S. 212]. Sie unterstützen die verschiedenen Ziele in unterschiedlichem Maße.

Die Auswirkungen wurden in den 1960er- und 1970er-Jahren in Simulationsstudien ausgiebig untersucht (vgl. z. B. Hoss [1965]). Damals zeigte sich beispielsweise, dass die erstgenannte Regel (KOZ-Regel) in Bezug auf die Kapazitätsauslastung und die Durchlaufzeiten recht gute Ergebnisse verspricht, während sie die Termintreue nur schlecht unterstützt. Hierfür ist die Schlupfzeitregel besser, die sich aber hinsichtlich der Durchlaufzeiten nur mäßig verhält [Hoss 1965; Hoitsch 1993].

In einer Simulationsstudie für ein mittelständisches Unternehmen der Lackindustrie zeigen Schultmann und Co-Autoren, dass gegenüber der Einplanung nach dem frühesten Fälligkeitstermin andere Prioritätsregeln nur teilweise zu besseren Ergebnissen führen [Schultmann 2002].

Allgemeinere Aussagen zur Eignung von Prioritätsregeln lässt ein Ansatz von Nyhuis et al. zu, der den Einfluss auf produktionswirtschaftliche Zielgrößen modellbasiert beschreibt [Nyhuis 2009]. Die Autoren untersuchen die Fifo-, Lifo-, KOZ- und Schlupfzeitregel.

Kombination von elementaren Prioritätsregeln

Durch geeignete Kombination von elementaren Prioritätsregeln lassen sich auch die oben genannten Zielkonflikte berücksichtigen. Die Verknüpfungen können alternativer, dominanter sowie additiver und multiplikativer Art sein [Kistner 2001, S. 123 ff.]:

Von einer *alternativen* Verknüpfung spricht man, wenn in unterschiedlichen Situationen jeweils eine andere Regel zum Einsatz kommt. So ist es etwa denkbar, dass normalerweise die KOZ-Regel, bei drohendem Terminverzug dagegen die Schlupfzeitregel verwendet wird. Eine *dominante* Verknüpfung liegt vor, wenn andere Regeln als die „Hauptregel" nur dann herangezogen werden, wenn die Hauptregel gegenüber zwei Aufträgen indifferent ist.

Gewichtungsfaktoren

Bei *additiven* und *multiplikativen* Verknüpfungen werden die einzelnen Komponenten häufig mit Gewichtungsfaktoren versehen. Ein Beispiel ist die folgende Regel, bei der sich die Gesamtpriorität G aus der Verknüpfung von Reduzierungsfaktor, Schlupfzeit und externer Prioritätsvorgabe ergibt [Mertens 2013, S. 213 f.]:

$$G = g_r \cdot R - g_s \cdot (t_1 - t_0 - t_b) + g_p \cdot P$$

mit
G = Gesamtpriorität
R = Reduzierungsfaktor, der in der Durchlaufterminierung für den Auftrag verwendet wurde
t_1 = Endtermin des Arbeitsgangs aus der Durchlaufterminierung
t_0 = Gegenwart
t_b = Restbearbeitungszeit des Auftrags
P = externe Priorität

Dynamische Prioritätsregeln

Die Symbole g_r, g_s und g_p stehen für geeignet zu wählende Gewichtungsfaktoren. Die Priorität G ist bei dieser Regel dynamisch veränderlich und hängt vom Zeitpunkt des Programmlaufs ab. Eine Prioritätsregel, welche sowohl Terminaspekte als auch die Kapitalbindung berücksichtigt, könnte etwa lauten:

$$G = g_1 \cdot \frac{n_A}{t_1 - t_0 - t_b} + g_2 \cdot K$$

mit
n_A = Zahl der offenen Arbeitsgänge
K = durch den Auftrag bereits gebundenes Kapital
g_i = Gewichtungsfaktor

Wenngleich die Prioritätsregeln einen wichtigen Beitrag zur Lösung des Reihenfolgeproblems in der Fertigung leisten können, wird ihre Wirkung oft überschätzt. Dies liegt vor allem daran, dass die tatsächlichen Einflussfaktoren auf die Zielgrößen sehr vielfältig sind. Der Benutzer eines ERP-Systems ist kaum in der Lage, die Konsequenzen der Auswahl einer bestimmten Regel für seine spezielle Fertigungssituation oder die Auswirkungen einer subjektiven Veränderung von Gewichtungsfaktoren abzuschätzen. In einem konkreten Fall, der in Pabst [1985] untersucht wurde, konnte zwischen der Wahl der Prioritätsregel und der Auftragswartezeit kein Zusammenhang nachgewiesen werden.

Umrüstreihenfolge (Sortenschaltung)

In manchen Unternehmen spielt die Umrüstung der Produktionsanlagen eine wichtige Rolle. Dies ist z. B. der Fall, wenn die Rüstvorgänge zeitaufwendig sind und einen signifikanten Teil der Produktionskapazität binden.

Rüstaufwand hängt von der Reihenfolge der Aufträge ab

Häufig hängt der Rüstaufwand, mit dem ein Betriebsmittel zur Durchführung eines bestimmten Arbeitsgangs für eine Teileart X vorbereitet wird, davon ab, welches Teil bzw. welcher Arbeitsgang zuvor auf dem Betriebsmittel bearbeitet wurde. Als Beispiel seien etwa Färbearbeitsgänge genannt; dort dauert die Reinigung einer Anlage beim Umstellen von einer dunkleren auf eine hellere Farbe länger als umgekehrt. In der metallverarbeitenden Industrie reichen die Rüstarbeiten vom einfachen Justieren einer Vorrichtung für einen ähnlichen Arbeitsgang über das Anbringen neuer Vorrichtungen bis zum Umbau der gesamten Anlage.

Als Optimierungsproblem betrachtet, geht es in solchen Fällen darum, diejenige Reihenfolge der anstehenden Fertigungsaufträge zu bestimmen, bei der eine oder mehrere Zielgrößen ihr Optimum erreichen. Zielgrößen können z. B. die Summe aller Rüstkosten oder die Summe aller Rüstzeiten im Freigabezeitraum sein.

Für eine einzelne Fertigungsanlage ergeben sich bei n Aufträgen $n!$ mögliche Reihenfolgen. Für n=15 Aufträge sind dies bereits 1.307.674.368.000 Möglichkeiten (≈1,3 Billionen), bei n=20 Aufträgen 2.432.902.008.176.640.000 (≈2,4 Trilliarden). Eine vollständige Enumeration mit dem Ziel, die optimale Reihenfolge zu finden, verbietet sich somit von vornherein. Wenn man, wie vom theoretischen Standpunkt aus eigentlich erforderlich, auch noch die Beziehungen der betrachteten Arbeitsgänge zu den anderen Arbeitsgängen und Fertigungsaufträgen im gesamten Auftragsnetz berücksichtigen wollte, explodiert das Problem vollends.

Bei n Aufträgen $n!$ mögliche Reihenfolgen

In der Literatur wurden zahlreiche Verfahren zur Ermittlung günstiger Reihenfolgen vorgeschlagen, z. B. Branch-and-Bound-Verfahren und – angesichts des Problems der Rechenbarkeit – insbesondere heuristische Verfahren.

In der Praxis behilft man sich oft mit sehr einfachen Vorgehensweisen, beispielsweise mit einer Sortierung nach den Umrüstzeiten. In Abb. 3.23 ist zur Veranschaulichung eine Rüstzeitenmatrix für fünf Teile A, B, C, D und E dargestellt. Sie gibt an, welche Umrüstzeiten entstehen, wenn von einem Arbeitsgang für Teil i auf einen Arbeitsgang für

Teil j umgestellt wird. Nimmt man an, dass vor Beginn des Planungszeitraums gerade ein Auftrag für Teil B gefertigt wurde, dann bietet es sich an, mit Teil B anzufangen, weil das erste Rüsten in diesem Fall entfällt. Nach dem Kriterium „Übergang jeweils zu dem Teil, für das der Rüstaufwand am niedrigsten ist" erhält man somit die Bearbeitungsreihenfolge und Rüstzeiten

B	0 min
C	35 min
D	45 min
E	50 min
A	55 min

mit der Summe der Rüstzeiten = 185 Minuten. Das Verfahren liefert zwar nicht immer die optimale Reihenfolge, es gelangt aber in vielen Fällen doch zu ausreichend guten Ergebnissen.

Umrüstzeit nach / von	**A**	**B**	**C**	**D**	**E**
A	–	120	9	50	75
B	80	–	35	40	70
C	90	60	–	45	110
D	60	40	30	–	50
E	55	80	25	90	–

Abb. 3.23: Umrüstzeitenmatrix.

Weitere Faktoren für die Umrüstreihenfolge

Häufig sind wesentlich mehr Faktoren für die Wahl der adäquaten Bearbeitungsfolge maßgebend als nur die Rüstzeiten oder -kosten. Die Bedeutung einzelner Fertigungsaufträge ist oft unterschiedlich. Wenn beispielsweise der Lagerbestand eines für die Marktstellung des Unternehmens wichtigen Produkts auszugehen droht, kann es geraten erscheinen, trotz höherer Rüstkosten die entsprechenden Fertigungsaufträge vorzuziehen. Bestimmte Rahmenbedingungen der Fertigung, wie etwa bevorstehende Wartungsarbeiten, können es nahelegen, vorher noch wichtige Aufträge durchzuschleusen. Wenn Maschinenverschleiß zu beobachten ist, mögen die Toleranzen für manche Teile noch ausreichen, für andere dagegen nicht mehr.

Derartige Faktoren lassen sich nur schwer in Algorithmen für ein Sortenschaltungsprogramm gießen. Sie sind eher in den Köpfen der Fertigungsleiter und Disponenten verankert. Noch komplexer sind die

Rahmenbedingungen bei kundenauftragsorientierter Fertigung. Heute stehen leistungsfähige Gestaltungs- und Umplanungswerkzeuge zur Verfügung, mit denen der menschliche Bearbeiter gute Reihenfolgen am Bildschirm erzeugen und verändern kann (vgl. Abschnitt 8.1).

3.5.2 Methodische Ansätze für die Feinterminierung

Für die Lösung der Feinterminierungsprobleme wurden zahlreiche Ansätze entwickelt, Optimierungsverfahren ebenso wie heuristische Methoden. Eine kurze Übersicht findet man bei Sauer [2002].

Optimierungsverfahren

Optimierungsverfahren

Im Operations Research entstand eine große Zahl von Optimierungsverfahren für Reihenfolge- und Terminierungsprobleme, wie sie bei der Maschinenbelegungsplanung auftreten. Ein Optimierungsverfahren versucht, eine Zielfunktion (z. B. die Summe der Durchlaufzeiten) durch das Berechnen geeigneter Werte der Entscheidungsvariablen (z. B. der Auftragsstarttermine) unter Beachtung von Nebenbedingungen (z. B. der Arbeitsgangfolgen lt. den Arbeitsplänen) zu maximieren oder zu minimieren.

Mathematische Optimierungsverfahren sind exakte Verfahren; d. h., die Lösungen, die sie ermitteln, sind garantiert die optimalen Lösungen – soweit überhaupt Lösungen existieren und in akzeptabler Zeit gefunden werden können.

Heuristische Verfahren

Angesichts der Schwierigkeiten, Optimierungsprobleme von praxisrelevanter Größenordnung zu lösen, wurden verstärkt *heuristische Verfahren* entwickelt. Diese erzielen zwar i. d. R. keine optimalen Lösungen – zumindest nicht in dem Sinne, dass die Optimalität nachgewiesen werden könnte –, erreichen häufig jedoch befriedigend gute Lösungen.

Neuronale Netze

Künstliche neuronale Netze

Neuronale Netze sind durch Analogien zu Strukturen und Abläufen des menschlichen Denkens motiviert. Im Unterschied zu den natürlichen neuronalen Netzen spricht man häufig von *künstlichen neuronalen Netzen (KNN)*. Im Laufe der Zeit wurden verschiedenartige Netztypen entwickelt. Am bekanntesten sind mehrschichtige Feed-forward-Netze mit Backpropagation, Hopfield-Netze, Boltzmann-Maschinen sowie selbstorganisierende Mappen, auch als Kohonen-Netze bezeichnet [Anderson 1995; Hertz 1995].

Parallelverarbeitung

Allen Netztypen ist gemeinsam, dass sie auf einer Nachbildung von Neuronen des menschlichen Gehirns, der Verbindungen zwischen Neuronen und des Zusammenwirkens der Neuronen beim Problemlösen (oder allgemeiner beim „Denken") basieren. Jedes Neuron ist mit einer Vielzahl anderer Neuronen verbunden. Demzufolge stellen natürliche ebenso wie künstliche Netze massiv parallele Informationsverarbeitungsarchitekturen dar. Die einzelnen Verarbeitungselemente, die Neuronen, sind dagegen ganz einfach aufgebaut. Die „Intelligenz" eines neuronalen Netzes ergibt sich somit erst aus dem Zusammenwirken einer Vielzahl von Neuronen.

Reihenfolgeplanung

In der Forschung und teilweise auch in der Praxis wurden KNN auf verschiedene Fertigungssteuerungsprobleme angewendet, insbesondere auf die Ermittlung von Fertigungsauftragsreihenfolgen. Allerdings zeigte sich in Vergleichsuntersuchungen, dass KNN anderen Verfahren unterlegen sind. In Tests des Autors erwiesen sich zum Beispiel Hopfield-Netze, die oft für Optimierungsaufgaben eingesetzt werden, als nicht konkurrenzfähig [Singh 1995, Kurbel 1996]. Auch in den Untersuchungen von Schultz und Mertens schnitten KNN sehr schlecht ab [Schultz 2000].

Für Prognoseprobleme, wie sie etwa bei der Primärbedarfsplanung und der verbrauchsgesteuerten Materialdisposition auftreten, lassen sich dagegen mithilfe neuronaler Netze zufriedenstellende Lösungen erzielen [Corsten 1994].

Heuristische Suchverfahren

In den 1980er- und 1990er-Jahren wurden verstärkt Methoden erprobt, die auf Analogien zu biologischen oder physikalischen Phänomenen basierten. Herausragende Vertreter sind genetische Algorithmen und Simulated Annealing. Erkenntnisse aus dem Verhalten dieser Methoden wurden teilweise verwendet, um weitere effiziente Suchverfahren wie Tabu Search [Glover 1989] und Threshold Accepting [Dueck 1990] zu entwickeln. Man spricht von Suchverfahren, da die wesentliche Aufgabe darin besteht, in einem großen Raum möglicher Lösungen die optimale (oder zumindest eine gute) Lösung zu suchen.

Genetische Algorithmen

Genetische Algorithmen (GA) beruhen auf Prinzipien der Evolutionstheorie und Mechanismen der Genetik [Goldberg 1989]. Wie in natürlichen Evolutionsprozessen überleben die besseren Individuen und pflanzen sich mit ihren Eigenschaften fort („Survival of the fittest").

Mutation, Inversion, Cross-over

Bei einem Optimierungsproblem, etwa der Maschinenbelegungsplanung für eine Werkstatt, steht ein Individuum für *eine* bestimmte Lösung des Problems. Man arbeitet immer mit vielen Lösungen gleichzeitig, d. h.

mit einer *Population*, und erzeugt fortlaufend neue Generationen von Lösungen. Eine Nachfolgergeneration (Kinder) wird aus der Elterngeneration mithilfe genetischer Operatoren (Mutation, Inversion, Cross-over) und Auswahl der Kinder entsprechend ihrer „Fitness" gebildet. Das heißt, es werden neue Lösungen des Optimierungsproblems erzeugt und bewertet. Wenn alle Lösungen gleich sind (Konvergenz), ein zufriedenstellendes Lösungsniveau erreicht ist oder nicht noch mehr Rechenzeit investiert werden soll, wird das Verfahren beendet.

Über die Eignung Genetischer Algorithmen für die Maschinenbelegungsplanung gibt es unterschiedliche Aussagen. In Macchiaroli [2002] werden für einen GA-Ansatz Vorteile gegenüber der nichtlinearen ganzzahligen Programmierung hervorgehoben. Kopfer, Bierwirth und Co-Autoren erzielten bei Testproblemen aus der Literatur ebenfalls sehr gute Ergebnisse [Bierwirth 1993]. Auch bei den Untersuchungen von Schultz und Mertens zeigten genetische Algorithmen ein passables Verhalten [Schultz 2000]. Dagegen wurde am Lehrstuhl des Autors bei Laufzeituntersuchungen mit Praxisdaten festgestellt, dass genetische Algorithmen anderen Suchverfahren deutlich unterlegen sind [Kurbel 1995b].

Simulated Annealing

Simulated Annealing [Aarts 1989; Kirkpatrick 1983] ist ein stochastisches Verfahren, das auf Analogien zum Prozess der Kristallbildung in der Physik basiert. Ausgehend von einer sehr hohen Temperatur kühlt man dort eine Substanz sehr langsam ab, um am Ende, wenn die Energie auf ein Minimum abgesunken ist, perfekte Kristalle zu erhalten.

Beim „simulierten Ausglühen" werden in Analogie zu diesem Prozess fortlaufend Veränderungen einer Ausgangslösung erzeugt und mit einer gewissen Wahrscheinlichkeit für die nächste Iteration akzeptiert. Die Annahmewahrscheinlichkeit hängt von einem Parameter ab, der in Anlehnung an das reale Ausglühen „Temperatur" genannt und in jeder Iteration etwas verringert wird. Je geringer die Schritte sind, in denen die Temperatur abnimmt, umso besser sind die Lösungen, die man beim „Ausglühen" erhält, umso mehr verlängern sich aber auch die Rechenzeiten.

Testsieger Simulated Annealing

Die Anwendung des Simulated Annealing auf Feinterminierungsprobleme wird in Kurbel [1996] beschrieben. In Tests zur Lösungsgüte und zur Rechenzeit verschiedener Heuristiken – genetische Algorithmen, Simulated Annealing, Tabu Search, Threshold Accepting – erwies sich Simulated Annealing unterm Strich als das leistungsfähigste Verfahren [Kurbel 1995b; Singh 1995; Kurbel 1998]. Es ist jedoch darauf hinzuweisen, dass bei allen Verfahren die Ergebnisse, sowohl in Bezug auf die Lösungsgüte als auch die Laufzeit, entscheidend von den jeweiligen Parametern abhängen, die der Anwender setzen muss.

3.5.3 Fortschrittskontrolle und Rückmeldungen

Die freigegebenen Aufträge gehen nach der Feinterminierung schließlich in die Realisierungsphase. Ob die tatsächliche Durchführung der Aufträge auch in Einklang mit der Planung steht, ob Störungen und Verzögerungen auftreten etc., muss parallel zum Fertigungsablauf überwacht und ggf. an die betroffenen Planungsbereiche rückgemeldet werden. Die Rückmeldungen dienen unter anderem dazu, die erforderliche Aktualisierung der Teilpläne vorzunehmen. Fertiggestellte Arbeitsgänge oder Aufträge müssen aus der Planung genommen, gestörte zurückgestellt bzw. neu geplant werden etc.

Betriebsdatenerfassung (BDE)

Die Fortschrittskontrolle wird in der Regel auf dem Wege der *Betriebsdatenerfassung* (BDE) durchgeführt. Die Rückmeldungen werden dabei teilweise automatisch erzeugt. Da die Betriebsdatenerfassung im Zusammenhang mit den Manufacturing Execution Systems (MES) in Abschnitt 8.1.4 behandelt wird, beschränken wir uns hier auf den Verweis.

3.5.4 Dezentrale Fertigungssteuerung

Zentral gesteuerte Vorgaben für die Fertigung auf der Ausführungsebene sind zwar vom theoretischen Standpunkt aus zweckmäßig, angesichts des erforderlichen hohen Detaillierungsgrads sind sie aber häufig nicht praktikabel. Die Planung im ERP-System müsste kontinuierlich den aktuellen Gegebenheiten – unvorhergesehene Änderungen, Störungen, Ausfälle, Eilaufträge etc. – angepasst werden. Dezentrale Lösungen sind hier vorteilhafter, da sie die Gegebenheiten vor Ort schneller berücksichtigen können.

Dedizierte Systeme für die Fertigungssteuerung

In den 1980er-Jahren wurden Teile der Produktionsplanungs- und Steuerungsfunktionalität auf dedizierte Systeme verlagert bzw. dort erstmals implementiert. Dies hatte insbesondere zwei Gründe: zum einen den beschränkten Funktionsumfang der klassischen MRP-II-basierten Systeme, zum anderen den Trend zur Nutzung dezentraler Rechnerkapazität.

Kurzfristige Funktionen unzureichend

Von den MRP-II-basierten-Systemen wurden die länger- und mittelfristigen Bereiche (Material-, Kapazitäts- und Zeitwirtschaft) recht breit unterstützt, während die kurzfristigen Funktionen der Feinplanung und Steuerung nur unzureichend abgedeckt wurden. Je näher es an die Realisierung der lang- und mittelfristigen Pläne ging, umso schwächer wurde der Grad der Unterstützung. Diese endete oft mit der Auftragsfreigabe und dem Ausdruck mehr oder weniger dicker Listen.

Fertigungssteuerung „von Hand"

Die kurzfristige Fertigungssteuerung musste somit häufig „von Hand" – mit Zettelkästen, Plantafeln an der Wand oder einfachen PC-gestützten Werkzeugen – durchgeführt werden.

Dezentrale grafische Systeme („Leitstand")

Mit der breiten Verfügbarkeit von leistungsfähigen Workstations und Personal Computern bot sich die Möglichkeit, die Lücken der Systeme zu schließen und insbesondere die kurzfristigen und fertigungsnahen Funktionen der Produktionsplanung und -steuerung besser zu unterstützen. Ein sichtbares Ergebnis waren die sogenannten „grafischen" oder „elektronischen Fertigungsleitstände". Diese wurden zuerst als eigenständige Systeme eingesetzt und später in die heutigen Manufacturing Execution Systems (MES) integriert. Abschnitt 8.1 behandelt Fertigungsleitstände im Detail.

Industrie 4.0

Im Rahmen von Industrie 4.0 erfahren heute bestimmte Aspekte der Fertigungssteuerung eine gewissermaßen technologiegetriebene Dezentralisierung. Da Anlagen, Werkstücke und Produkte in Industrie 4.0 mit „Intelligenz" versehen sind, können sie Aufgaben wie die Bestimmung von Auftragsreihenfolgen selbstständig lösen, ohne dass ein zentrales Steuerungssystem mitwirkt. Kapitel 12 geht auf Industrie 4.0 näher ein.

Kanban-Prinzip

Fertigungssteuerung bei Toyota

Ein einfaches Steuerungsverfahren basiert auf dem Kanban-Prinzip. Dieses stammt aus Japan, wo es bereits in den 1970er-Jahren entwickelt und bei Toyota für die Fertigungssteuerung eingesetzt wurde. Angesichts des erhöhten Marktdrucks und der tendenziell geringen Kapitalausstattung japanischer Unternehmen hatte man sich dort schon frühzeitig nach Wegen umgesehen, die Kapitalbindung in den (Zwischen-) Lagerbeständen zu senken. Die grundlegende Idee von Kanban ist ein System von selbststeuernden Regelkreisen zur Abstimmung zwischen den Fertigungsstufen.

Selbststeuernde Regelkreise

Den Unterschied zu einer zentralen Fertigungssteuerung verdeutlicht Abb. 3.24 an einer beispielhaften Fertigungskette [Wildemann 1989]. Wenn aus dem Fertigwarenlager aufgrund eines Kundenauftrags, einer Bestellung o. Ä. Endprodukte entnommen werden, löst diese Information eine Nachbestellung bei der letzten Fertigungsstufe (Endmontage) aus. Jeder Fertigungsstufe ist ein Pufferlager mit einem definierten Mindestbestand zugeordnet. Die Endmontage kann also auf ein Lager mit einer bestimmten Anzahl an Vorprodukten zurückgreifen.

Die Nachbestellung (bei der Endmontage) löst Fertigungsvorgänge aus, bei denen Vor- oder Zwischenprodukte verarbeitet werden. Wird dadurch der Mindestbestand im Pufferlager unterschritten, so muss bei der vorgelagerten Fertigungsstufe (der Vormontage im Beispiel der Abb. 3.24) nachbestellt werden. Dort setzt der gleiche Ablauf – Fertigung, Einbau von Vorprodukten, evtl. Nachbestellung bei der (den) vorgelagerten Fertigungsstufe(n) – ein. Die Kette setzt sich ggf. bis zu dem Rohmateriallager bzw. dem Einkauf fort.

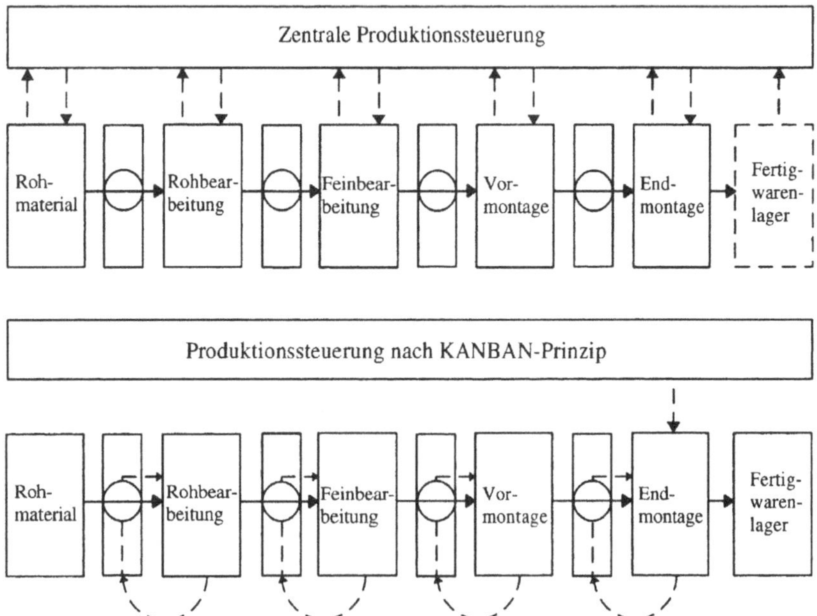

Abb. 3.24: Informations- und Materialfluss bei einer zentralen und dezentralen Fertigungssteuerung nach dem Kanban-Prinzip [Wildemann 1989].

Kanban

Die Informationsträger für die Anforderungen und die Materialweitergabe zwischen den Fertigungsstufen sind bestimmte Karten, die *Kanbans*. Kanban ist das japanische Wort für Karte, Schild, Zettel. Es gibt unterschiedliche Kanban-Systeme, die sich augenscheinlich durch die Aufgabe und die Anzahl unterschiedlicher Kanbantypen, die verwendet werden, unterscheiden.

Entnahmekanban

Bei einem mit zwei Kanbantypen arbeitenden System wird dem Anforderer aufgrund eines „Entnahmekanbans" (Transportkanbans) ein Transportbehälter mit Teilen der benötigten Art bereitgestellt [Monden 1981a; Monden 1998]. Der aus der Produktion kommende Behälter ist mit einem „Produktionskanban" versehen. Der Transporteur lässt diesen im Pufferlager zurück. Wenn eine bestimmte Anzahl von verbrauchten

Produktionskanban

Produktionskanbans zusammengekommen ist, werden sie in die vorgelagerte Fertigungsstufe gegeben und lösen dort Fertigungsprozesse aus. (Falls die dazu benötigten Sekundärbedarfsteile im Pufferlager vor der Fertigungsstufe nicht in ausreichender Menge vorhanden sind, werden sie mit einem „Entnahmekanban" angefordert etc.)

„Just-in-time"-Produktion

Die gefertigten Teile gehen schließlich in dem (den) Transportbehälter(n), mit Produktionskanban(s) versehen, an das nachfolgende Pufferlager. Die „Losgröße" ist somit durch das Fassungsvermögen der Transportbehälter bzw. Vielfache davon vorgegeben.

Hol-Prinzip

Beim Kanban-Verfahren wird ein *Hol-Prinzip* realisiert, bei dem die Fertigungsaufträge auf Bedarfsanforderung aus Richtung der Endprodukte her durch das System „gezogen" werden. Demgegenüber werden beim konventionellen MRP II die Aufträge, von den tieferen Fertigungsstufen ausgehend, durch das System „geschoben" [Zäpfel 1992]. Das Hol-Prinzip bewirkt unter anderem, dass die Fertigung jeweils erst dann veranlasst wird, wenn ein konkreter Bedarf der nachfolgenden Fertigungsstufe angemeldet wurde. Das Kanban-Verfahren kann somit als eine Ausprägung der *„Just-in-time"-Produktion* angesehen werden.

Die Bestandshöhe in den Pufferlagern wird global geregelt – über die Gesamtzahl der Kanbans, die sich im Umlauf befinden. Zusammen mit der Idee des Hol-Prinzips können die Lagerbestände auf diese Weise gegenüber anderen PPS-Ansätzen tendenziell reduziert werden.

Manuelle und elektronische Kanbans

Das Kanban-Verfahren bietet sehr hohe Flexibilität zur Steuerung des Materialflusses und der Fertigungsveranlassung. Es war ursprünglich auf manuelle Steuerung ausgerichtet; jedoch gibt es auch Implementierungen in PPS- und ERP-Systemen („E-Kanban", z. B. in SAP ERP). Mithilfe der RFID-Technologie (vgl. Abschnitt 12.1) kann heute sogar auf die manuellen Karten verzichtet werden, wenn die Kanban-Behälter mit RFID Tags versehen sind [Graef 2010].

Bei der DaimlerChrysler AG führte man schon im Jahr 2000 Pilotprojekte durch, bei denen eine manuelle Kanban-Steuerung wegen des Datenvolumens in einem computergestützten System abgebildet wurde [Bodin 2000]. Die Autoren beschreiben die Kanban-Anwendung als sehr erfolgreich: reduzierter Aufwand für die Materialflusssteuerung, harmonischerer Arbeitsfluss (keine Zusatzschichten und Überstunden mehr), höhere Produktivität und geringere Lagerbestände.

Voraussetzungen

Den erfolgreichen Anwendungen des Kanban-Prinzips liegen meist Verhältnisse zugrunde, die durch gleichförmige Abläufe gekennzeichnet sind. Als wichtige Voraussetzungen werden die folgenden genannt [Monden 1981a; Monden 1981b; Wildemann 1989]:

Standardisierung

- Harmonisierung des Produktionsprogramms durch Standardisierung der verwendeten Teile, Bildung von Teilefamilien (d. h. Klassen ähnlicher Teile), absatzpolitische Maßnahmen u. a. mit dem Ziel, einen möglichst kontinuierlichen und konstanten Teileverbrauch zu erreichen.

Materialflussorientierte Fertigungsorganisation

- Materialflussorientierte Fertigungsorganisation, d. h. Anordnung der Betriebsmittel und Arbeitsplätze in der Reihenfolge des Fertigungsablaufs, durch Realisierung des Fließprinzips oder zumindest Annäherung an dasselbe.
- Angleichung des Arbeitsrhythmus im gesamten Produktionsbereich; auf diese Weise werden die Bestände in den Pufferlagern gesenkt, da sie nicht mehr die Funktion des Ausgleichs unterschiedlicher Arbeitsgeschwindigkeiten und Arbeitstakte übernehmen müssen.

Verfügbarkeit der Betriebsmittel

- Hohe Verfügbarkeit und kurze Umrüstzeiten der Betriebsmittel, aber dennoch möglichst universell einsetzbare Betriebsmittel, ersatzweise auch Vorhalten von Fremdkapazitäten oder Ausweichmaschinen, zeitnahes Instandhaltungskonzept.
- Relativ geringe Losgrößen, z. B. Tageslose, Lose im Umfang von Behälterinhalten oder Vielfachen davon.
- Gute Angleichung der Einzelkapazitäten an den gleichförmigen Bedarfsverlauf.

Qualitätssicherung

- Ausgefeiltes Qualitätssicherungskonzept mit dem Ziel der Kostensenkung durch niedrige Ausschussraten und Minimierung von Stockungen im Materialfluss. Dazu wird unter anderem „Qualitätssicherung durch automatische Prozessüberwachung“ und „Qualitätssicherung durch Selbstkontrolle“ vorgeschlagen; die letztere basiert auf einer Förderung und Einbindung der Motivation der Mitarbeiter.

Das Kanban-Prinzip wurde hierzulande zunächst mit großer Euphorie aufgenommen und unter anderem von Wildemann populär gemacht [Wildemann 1989]. Wenngleich über erfolgreiche Anwendungen berichtet wird, kann eine Kanban-Steuerung in den meisten Fällen ein umfassendes Fertigungssteuerungssystem nicht ersetzen.

3.5.5 Datenstrukturen der Fertigungssteuerung

Im Rahmen der Fertigungssteuerung werden grundsätzlich die gleichen Datenstrukturen benutzt wie in den vorgelagerten Planungsstufen. Eine Hauptaufgabe besteht darin, Zeitangaben, Betriebsmittelzuordnungen etc. in der Kurzfristplanung zu verfeinern, zu aktualisieren und ggf. im Rahmen der Steuerung zu modifizieren. Die dazu erforderlichen Entity- und Beziehungstypen kommen auch bereits in der Zeitwirtschaft vor.

Beispielsweise erhält ein Fertigungsarbeitsgang bei der Durchlaufterminierung Ecktermine für Beginn und Ende. In der Feinplanung werden diese durch die genauen Start- und Endtermine ersetzt (oder um diese ergänzt); das heißt, der Entity-Typ „Fertigungsarbeitsgang" wird weiter benutzt, aber seine Attribute erhalten neue Werte.

Unterschiedliche Zustände derselben Entität

Die unterschiedlichen Zustände derselben Entität können durch ein spezielles Attribut („Status" o. Ä.) des Entity-Typs berücksichtigt werden. Alternativ dazu ist es denkbar, Spezialisierungen des Entity-Typs einzuführen. Der Entity-Typ „Fertigungsarbeitsgang" könnte beispielsweise selbst als Spezialisierung des Typs „Arbeitsgang" und als Generalisierung mehrerer Ausprägungen, wie in Abb. 3.25 (a) oder 3.25 (b) gezeigt, betrachtet werden. Ähnlich könnte man die anderen Entity- und Beziehungstypen, die früher bereits verwendet wurden, spezialisieren. Diese Vorgehensweise findet man z. B. in Scheer [1997].

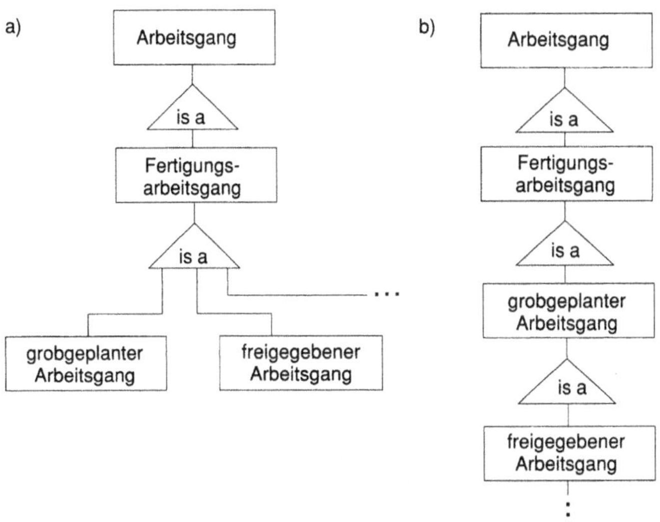

Abb. 3.25: Spezialisierungen des Entity-Typs „Arbeitsgang".

Statusattribute

Wenn man bedenkt, dass ein Fertigungsarbeitsgang im Laufe seiner Existenz ohne Weiteres 15 und mehr Zustände annehmen kann (z. B. „grobgeplant", „freigegeben", „gestört"), ist es jedoch einfacher und übersichtlicher, ein Statusattribut beim Grundtyp mitzuführen, als neue Entity-Typen zu erzeugen. Wollte man jeden Status durch eine eigene Spezialisierung berücksichtigen, würde das Datenmodell unnötig aufgebläht. In Abb. 3.26 und im Weiteren wird deshalb davon ausgegangen, dass Spezialisierungen durch Statusattribute repräsentiert werden.

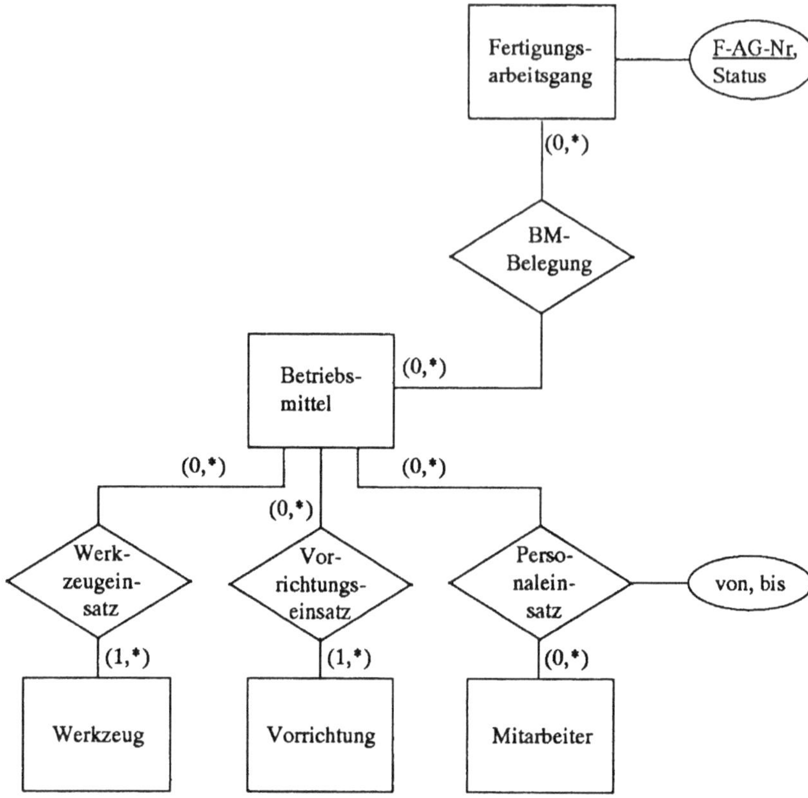

Abb. 3.26: Elemente des Entity-Relationship-Modells für die Fertigungssteuerung.

Zusätzliche Entity-Typen

Zu den Elementen des Datenmodells aus Abb. 3.22, in dem die Datenstrukturen der Zeitwirtschaft dargestellt wurden, kommen mit der Verfügbarkeitsprüfung bei der Auftragsfreigabe und ggf. der Einsatzplanung für Personal, Werkzeuge und Vorrichtungen zusätzliche Entity-Typen hinzu. In Abb. 3.26 werden diese zu den Betriebsmitteln (bzw. übergeordneten Kapazitätseinheiten) in Beziehung gesetzt. Andere Zuordnungen sind ebenfalls denkbar; zum Beispiel kann im konkreten Fall eine Mitarbeiterzuordnung zu einem Arbeitsgang statt zu einem Betriebsmittel sinnvoll sein.

Das Entity-Relationship-Diagramm in Abb. 3.26 setzt am unteren Teil der Abb. 3.22 an. Es sei nochmals darauf hingewiesen, dass der Entity-Typ „Betriebsmittel“ auch Betriebsmittelgruppen, Werkstätten und andere Aggregationsstufen einschließt und dass die Betriebszeiten, Schichtmodelle und Kalenderführung ebenfalls mit ihm verbunden sind (vgl. dazu Abb. 3.6). Der Übersichtlichkeit halber wurden sie hier nicht noch einmal aufgeführt.

Mit der Verfeinerung der Plandaten in der Fertigungssteuerung kann ein Wechsel der Zeitskala verbunden sein. Während den materialwirtschaftlichen und zeitwirtschaftlichen Planungsschritten meist ein grobes Periodenraster zugrunde liegt, muss für die Feinterminierung eine detailliertere Zeiteinteilung verwendet werden, z. B. Betriebskalendertage oder Schichten. Manchmal arbeitet man auch direkt mit Datums-, Stunden- und Minutenangaben oder mit einer geeigneten Ersatzgröße (z. B. Industrieminuten). Die Zuordnung einer Zeitskala zu einer anderen sollte vom ERP-System automatisch unterstützt werden.

Wechsel der Zeitskala

Exkurs: Browser für Datenstrukturen

Das benutzergesteuerte Durchlaufen der Datenbasis kann ein *Datenbrowser* unterstützen. Darunter versteht man ein Softwarewerkzeug, welches das Navigieren zwischen Datenobjekten erlaubt und die Strukturen und Informationen grafisch zur Anzeige bringt.

Datenbrowser

Die Visualisierung von Datenstrukturen ist an vielen Stellen eines ERP-Systems von Nutzen, da es zahlreiche, komplexe Informationsbeziehungen gibt. Als Beispiel wird in Abb. 3.27 die grafische Aufbereitung von Erzeugnisstrukturdaten wiedergegeben. Für das Teil Nr. A 200, von dem zwei Varianten bezüglich des Netzteils (Teilenummer V) existieren, sind links die Erzeugnisstruktur sowie die Teilestammdaten und rechts unten der Arbeitsplan mit einem Arbeitsgang eingeblendet. Die Variantenknoten stehen als Platzhalter für Subnetze mit weiteren Knoten, die auf Wunsch aufgespannt und wieder zusammengefasst werden können.

3.5.6 Belastungsorientierte Auftragsfreigabe und Fertigungssteuerung

Einen hohen Bekanntheitsgrad erlangte das Verfahren der „belastungsorientierten Auftragsfreigabe“, später erweitert zur „belastungsorientierten Fertigungssteuerung“ [Wiendahl 2019a]. Seine Anwendung ist nicht auf Programmfertiger beschränkt, sondern bei auftragsorientierter Fertigung ebenso anzutreffen. Das Verfahren wurde am Institut für Fabrikanlagen der Universität Hannover von Bechte „erfunden“ und von Wiendahl und anderen in den 1980er-Jahren zur Marktreife weiterentwickelt. Es ist in marktgängigen ERP-Systemen integriert und befindet sich bei zahlreichen Unternehmen im Einsatz.

Institut für Fabrikanlagen der Universität Hannover (Wiendahl)

Die belastungsorientierte Auftragsfreigabe ist durch die Zielsetzungen kurzer Lieferzeiten, Termintreue und hohe Flexibilität motiviert.

Kurze Lieferzeiten, Termintreue, Flexibilität

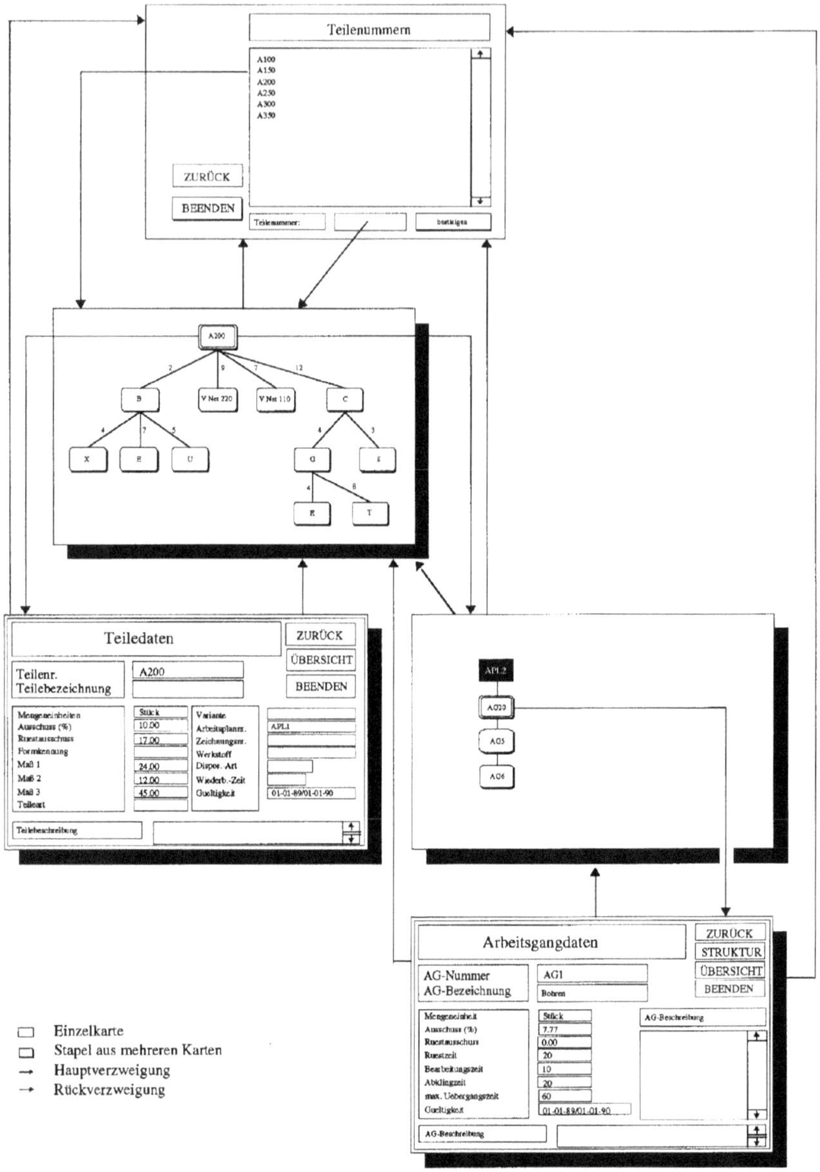

Abb. 3.27: Erzeugnisstrukturen und Arbeitspläne in einem Browser [Kurbel 1991].

Kurzen Auftragsdurchlaufzeiten, niedrigen Werkstattlagerbeständen und Termineinhaltung wird somit höhere Bedeutung beigemessen als der Maximierung der Kapazitätsauslastung.

Zusammenhang zwischen Durchlaufzeit und Lagerbeständen

In Untersuchungen über typische Auftragsdurchlaufzeiten in Industrieunternehmen und in Simulationsexperimenten fanden Wiendahl und andere heraus, dass ein direkter Zusammenhang zwischen der mittleren Durchlaufzeit und der Höhe der Lagerbestände besteht [Wiendahl 1987a, S. 123 f.]. Zum Anwachsen beider Größen trägt bei einer „konventionellen" Produktionsplanung die Planungsunsicherheit bei. Da man bei der Grobplanung die genauen Durchlaufzeiten noch nicht kennt, arbeitet man (etwa bei der Durchlaufterminierung) mit Erfahrungs- oder Näherungswerten, die um Sicherheitszuschläge erhöht werden. Die Sicherheitszuschläge sollen Pufferfunktionen übernehmen.

Sicherheitszuschläge

Größere Durchlaufzeiten führen aber auch zu früherer Auftragsfreigabe. Dies bedeutet, dass grundsätzlich zu viele Aufträge in der Fertigung sind und vor den Bearbeitungsstationen warten. Dadurch steigen nicht nur die Werkstattlagerbestände, auch die Durchlaufzeiten wachsen weiter an.

Pufferfunktion geht schnell verloren

Ein unangenehmer Seiteneffekt besteht außerdem darin, dass die Pufferfunktion der erhöhten Durchlaufzeitansätze schnell verloren geht. Wenn man nach der Durchlaufterminierung, die ja Kapazitätsgrenzen bzw. Überschneidungen der Kapazitätsbedarfe zunächst ignoriert, die Machbarkeit des Terminplans herstellen will, dann verschiebt man in der Regel einen Arbeitsgang innerhalb seines Terminpuffers und nicht selten bis zum Ecktermin hin. Das heißt aber, dass anschließend der Puffer verbraucht ist. Wenn später Störungen auftreten, können diese nicht mehr aufgefangen werden, und der mit viel Mühe erstellte Terminplan ist nicht mehr realisierbar.

Trichtermodell

Beim Verfahren der belastungsorientierten Auftragsfreigabe wird angestrebt, möglichst nur so viele Aufträge für die Fertigung freizugeben, wie mit den Kapazitäten verträglich ist, ohne dass andererseits Stillstandszeiten auftreten. Zur Veranschaulichung wird häufig die Analogie eines *Trichtermodells* bemüht (vgl. Abb. 3.28). Danach lassen sich die Bearbeitungsstationen – Maschinen, Werkstätten, Arbeitsplätze oder andere Kapazitätseinheiten – jeweils durch Trichter darstellen, in die Fertigungsaufträge eingehen und aus denen Fertigungsaufträge (durch die Trichteröffnung) abfließen. Die Öffnung eines Trichters, die im Verfahren beeinflusst werden kann, entspricht der Leistung der Bearbeitungsstation pro Zeiteinheit, d. h. der tatsächlich nutzbaren Kapazität.

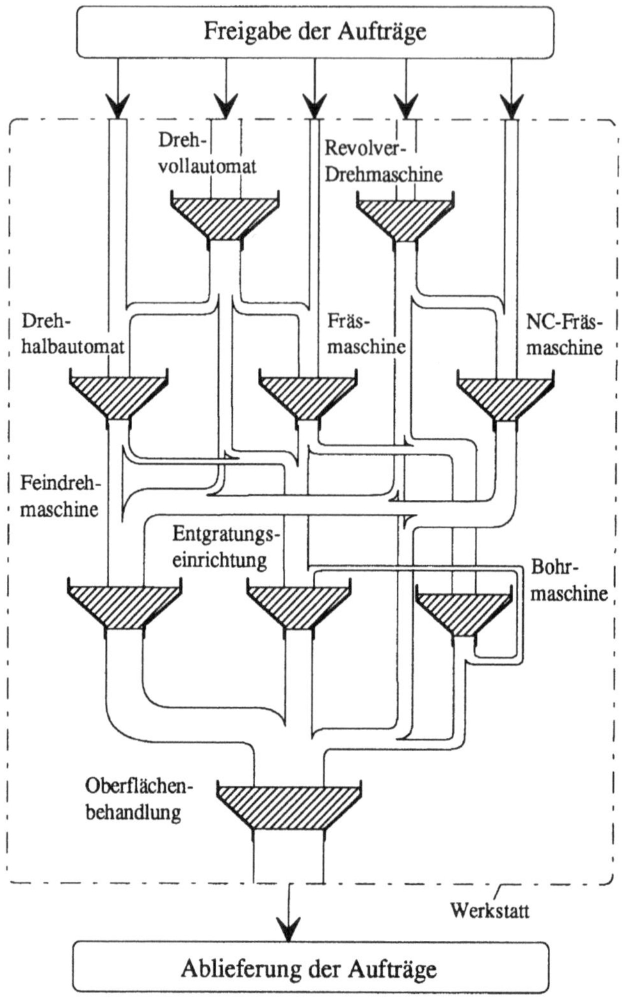

Abb. 3.28: Trichtermodell einer Werkstattfertigung [Wiendahl 1987b].

Dass die Bearbeitungsstationen nicht jeweils für sich allein behandelt werden dürfen, bringt die Abbildung klar zum Ausdruck. Die Belastungssituation des einzelnen Arbeitsplatzes wird maßgeblich dadurch beeinflusst, wie viele Aufträge ihm von anderen, vorgelagerten Stationen zufließen. Rückwärts betrachtet ist der Ausgangspunkt der Belastungsverursachung die Auftragsfreigabe, bei der festgelegt wird, welche und wie viele Aufträge in die Fertigung gehen. Die Auftragsfreigabe determiniert letztlich, wie voll die Trichter an allen Arbeitsplätzen laufen, und damit die Höhe der Werkstattlagerbestände.

Trichterformel

Der Zusammenhang zwischen Durchlaufzeit, Werkstattbestand und Leistung einer Bearbeitungsstation kommt in der sogenannten *Trichter-*

formel zum Ausdruck. Diese besagt, dass die mittlere gewichtete Durchlaufzeit t_d gleich dem Quotienten aus dem mittleren Bestand B und der mittleren Leistung L ist:

$$t_d = B/L$$

Die Gewichtung der Durchlaufzeit erfolgt anhand der Auftragszeiten (Rüstzeiten plus Bearbeitungszeiten pro Auftrag). Die Trichterformel verdeutlicht, dass eine Senkung des mittleren Bestands auch eine Reduktion der mittleren Durchlaufzeit zur Folge hat. Dies funktioniert natürlich nur bis zu einer Untergrenze, die sich aus den Rüst- und Bearbeitungszeiten ergibt. Da es sich um Mittelwerte handelt, können bei einer zu starken Absenkung auch Stillstandszeiten vorkommen. Die Bestandshöhe sollte demnach für jede Bearbeitungsstation individuell festgelegt werden – bei teuren Engpassmaschinen höher als bei weniger kostenintensiven, unkritischen Aggregaten.

Vorgriffshorizont

Das Verfahren der belastungsorientierten Auftragsfreigabe geht von diesen Zusammenhängen aus und läuft folgendermaßen ab [Wiendahl 2019a; Wiendahl 1997b]: Zunächst werden die Fertigungsaufträge nach ihren Startterminen aus der Durchlaufterminierung sortiert. Die sogenannten „dringlichen Aufträge" – das sind Aufträge, deren Starttermine innerhalb eines zu definierenden *Vorgriffshorizonts* liegen und bei denen die Materialverfügbarkeit gesichert ist – werden ausgewählt.

Nicht alle Arbeitsgänge eines dringlichen Auftrags können gleichzeitig – innerhalb der nächsten Periode, für die die Freigabe erfolgt – durchgeführt werden. Im Zeitverlauf steigt aber die Gefahr, dass unvorhergesehene Ereignisse eintreten und das Eintreffen des Auftrags an späteren Bearbeitungsstationen verzögern. Deshalb wird ein Mechanismus benötigt, der die Wahrscheinlichkeit des Eintreffens berücksichtigt. Im Verfahren der belastungsorientierten Auftragsfreigabe ist dies die sogenannte „Abwertung" späterer Arbeitsgänge. Sie bewirkt, dass ihr Kapazitätsbedarf nicht mit 100 %, sondern mit einem geringeren Prozentsatz angesetzt wird.

Belastungsschranke

Nach dieser Modifikation müssen die dringlichen und ggf. abgewerteten Aufträge an den betreffenden Bearbeitungsstationen eine *Belastungsschranke* überwinden, um eingelastet zu werden. Die Belastungsschranke stellt den maximal zulässigen Arbeitsvorrat (Summe aus bereits wartenden sowie neu hinzukommenden Aufträgen) an einer Bearbeitungsstation dar. Sie wird mithilfe des sogenannten Einlastungsprozentsatzes e gesteuert; dieser ergibt sich als Quotient aus Belastungsschranke S und geplantem Abgang A in der Periode:

Einlastungsprozentsatz

$$e = (S/A) \cdot 100\%$$

Die Einlastungsprozedur versucht nun, beginnend mit dem dringlichsten Auftrag, die Arbeitsgänge aller Aufträge an den jeweiligen Bearbeitungsstationen einzuplanen. Sie überprüft dazu, ob die Belastungsschranke schon überschritten ist. Falls dies zutrifft, muss der Arbeitsgang für die nächste Periode zurückgestellt werden.

Werden die Parameter Belastungsschranke bzw. Einlastungsprozentsatz aus Sicherheitsgründen zu hoch eingestellt, steigen die Lagerbestände und Durchlaufzeiten; sind sie dagegen zu niedrig angesetzt, treten Stillstandszeiten und Stockungen im Materialfluss auf. Aus den Untersuchungen von Wiendahl geht hervor, dass etwa in der Maschinenbaubranche Einlastungsprozentsätze zwischen 200 und 300 % zweckmäßig sind [Wiendahl 1987a, S. 210]. Die Belastungsschranken wirken letztlich auf die Freigabeentscheidung zurück. Je nachdem, wie sie eingestellt sind, werden mehr oder weniger Aufträge freigegeben.

Die beiden entscheidenden Parameter beim Verfahren der belastungsorientierten Auftragsfreigabe sind also der „Vorgriffshorizont" und der „Einlastungsprozentsatz". Abbildung 3.29 veranschaulicht die Zusammenhänge nochmals an einer Trichter- und Regleranalogie.

Belastungsorientierte Fertigungssteuerung

Die geschilderte Vorgehensweise zur Auftragsfreigabe bildet den Kern eines umfassenderen Systems, das Wiendahl als „belastungsorientierte Fertigungssteuerung" bezeichnet. Statt der üblichen Funktionsbereiche Durchlaufterminierung, Kapazitätsplanung/-abgleich und Reihenfolgeplanung werden dort eigene Verfahrensschritte vorgestellt, die in einem ganzheitlichen Prozessmodell den Zielen kurze Durchlaufzeiten, niedrige Bestände, Termintreue und gute Kapazitätsauslastung besser gerecht werden sollen. Im Einzelnen sind dies die Bereiche [Wiendahl 1987a, S. 289 ff.; Wiendahl 1992]:

Ganzheitliches Prozessmodell

(1) „Kapazitätsplanung"; hier wird versucht, den Verlauf des mittelfristigen Kapazitätsbedarfs termingerecht in Einklang mit dem möglichen Kapazitätsangebot zu bringen.
(2) „Freigabeplanung"; diese entspricht im Wesentlichen der belastungsorientierten Auftragsfreigabe, wie oben beschrieben.
(3) „Reihenfolgeplanung"; hier geht es um die Festlegung der Reihenfolgen, in denen die Auftragswarteschlangen vor den Bearbeitungsstationen abgearbeitet werden sollen.
(4) „Kontrollsystem"; dessen Hauptaufgabe ist es, den tatsächlichen Verlauf der Fertigung zu verfolgen und die wichtigsten Kennzahlen, insbesondere die aktuellen Bestands- und Durchlaufzeitdaten, jeweils für den nächsten Periodenzeitraum verfügbar zu machen.

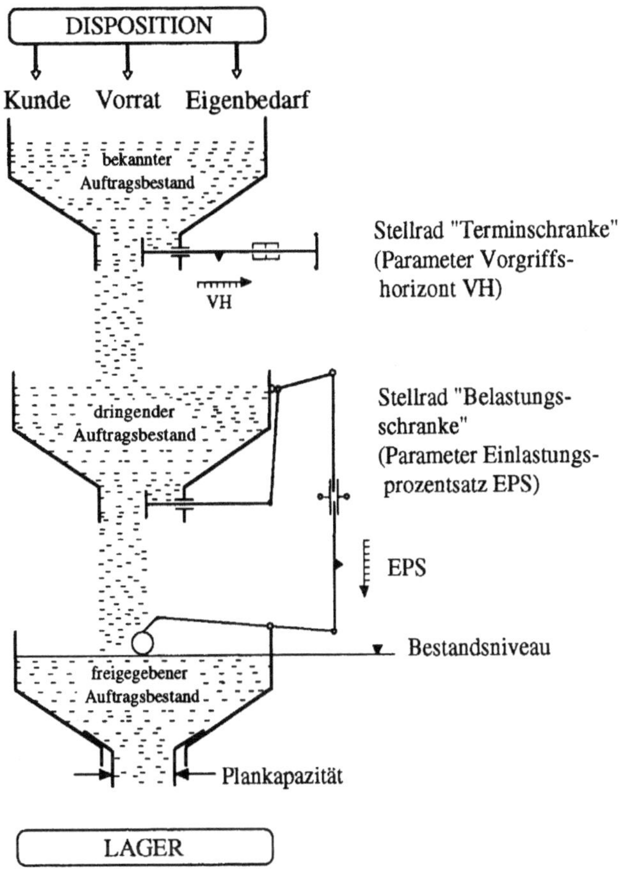

Abb. 3.29: Wirkung der Parameter im Trichtermodell [Wiendahl 1992].

Verrichtungsprinzip

Die belastungsorientierte Auftragsfreigabe mit ihren Erweiterungen ist vor allem bei Produktionsverhältnissen geeignet, die durch eine Einzel- und Kleinserienfertigung und Organisation nach dem Verrichtungsprinzip (Werkstattfertigung) gekennzeichnet sind [Wiendahl 2019a].

Liegt dagegen ein sehr gleichförmiger Fertigungsverlauf vor – z. B. bei Massen- oder Großserienfertigung, die nach dem Erzeugnisprinzip organisiert ist (Reihen-, Linien- oder Fließfertigung) und bei der die Auslastungsschwankungen an einzelnen Arbeitsplätzen erst gar nicht auftreten –, so besteht kaum Bedarf, die Abstimmung mithilfe des Trichtermodells durchzuführen. Ebenso wenig eignet sich das andere Extrem – eine Einzel- oder Einmalfertigung mit sehr langen, unterschiedlichen Bearbeitungszeiten – für die belastungsorientierte Auftragsfreigabe, da das Arbeiten mit mittleren Durchlaufzeiten oder Beständen hier einer sinnvollen Grundlage entbehrt.

Lineare Prozesse

Montageprozesse mit einer mehrstufigen Baugruppenfertigung können durch das Verfahren der belastungsorientierten Auftragsfreigabe nicht abgebildet werden. Es unterstützt nur lineare Prozesse, bei denen eine im Prinzip gleichbleibende Anzahl von Mengeneinheiten eines Teils verschiedene Bearbeitungsstationen durchläuft. Aufgrund der Priorität, die das Verfahren der Termintreue beimisst, ist die Wahrscheinlichkeit für die Einhaltung der Endtermine generell sehr hoch. Insofern kommt es auch bei einer mehrstufigen Produktion mit Montageprozessen zur Erzeugung lokaler Teillösungen durchaus in Betracht.

3.6 Exkurs: Kalkulation

Die Kalkulation gehört zum Bereich des Rechnungswesens, der heute ebenso wie die Materialwirtschaft und die Produktion von ERP-Systemen abgedeckt wird. Auch die früheren MRP-II- und PPS-Systeme wiesen bereits Kalkulationsmodule auf. Dies war insofern naheliegend, als in der produktionswirtschaftlichen Datenbasis alle Detailinformationen gespeichert sind, die man für eine Erzeugniskalkulation benötigt.

Zuschlagskalkulation

Bei einer *Zuschlagskalkulation* werden die Gesamtkosten nach Einzel- und Gemeinkosten unterschieden. In der betriebswirtschaftlichen Literatur (z. B. Plinke [2020], Fandel [2009, S. 175 ff.]) wird im Allgemeinen ein Schema wie in Abb. 3.30 angewendet.

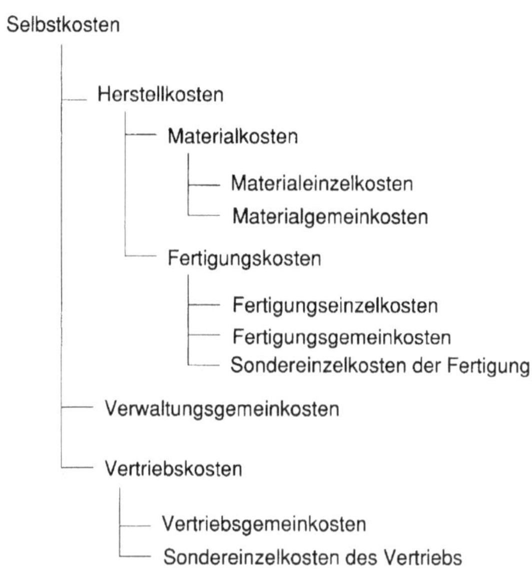

Abb. 3.30: Kalkulationsschema bei Zuschlagskalkulation.

Materialeinzelkosten entstehen vor allem durch den Verbrauch von Rohstoffen und anderen Teilen, Materialgemeinkosten durch den Verbrauch von Hilfs-, Betriebsstoffen u. a. Fertigungseinzelkosten sind insbesondere die direkt zurechenbaren Löhne, während den Fertigungsgemeinkosten Abschreibungen und nicht direkt zurechenbare Personalkosten zugrunde liegen.

Sondereinzelkosten der Fertigung können z. B. entstehen, wenn Materialanalysen durchgeführt oder Patente benutzt werden müssen. Die Fertigungsgemeinkosten werden meist als prozentuale Zuschläge auf die Fertigungseinzelkosten aufgeschlagen. Dies kann *summarisch* (d. h. ein einheitlicher Prozentsatz für alle Kostenarten und Kostenstellen) oder *differenziert* (d. h. unterschiedliche Prozentsätze) erfolgen.

Die Summe dieser Kosten macht die *Herstellkosten* aus. Wenn man noch die Verwaltungsgemeinkosten und die Vertriebskosten hinzuaddiert, erhält man die *Selbstkosten*.

Kalkulation bei Programmfertigern

Die Kostenrechnungsmodule von ERP-Systemen sind in der Lage, die Gemeinkosten wesentlich differenzierter als nur durch pauschale Zuschläge umzulegen. In der Datenbasis sind die erforderlichen Informationen grundsätzlich vorhanden. Die Betriebsmitteldaten enthalten z. B. Kostensätze für die Maschinen, in denen Abschreibungen u. a. berücksichtigt sind. Die Inanspruchnahme eines Betriebsmittels durch das zu kalkulierende Produkt kann mithilfe der Zeitangaben berechnet werden, die in den Arbeitsplänen gespeichert sind. Wenn man alle notwendigen Arbeitsgänge und Betriebsmittel durchläuft und die Kosten kumuliert, hat man die Betriebsmittelkosten genauer erfasst als bei prozentualen Zuschlägen. Über die Maschinenkostensätze werden die Fertigungsgemeinkosten also nicht mehr pauschal zugeschlagen, sondern mengenabhängig verrechnet. (Auf die Problematik der „richtigen“ Maschinenkostensätze sei hier nicht näher eingegangen.)

Die Kalkulation auf der Basis einer produktionswirtschaftlichen Datenbasis sieht dann grundsätzlich so aus, dass die Fertigungskosten über die Arbeitspläne, die Materialeinzelkosten über die Stücklisten und die Materialgemeinkosten als Zuschläge ermittelt werden:

Fertigungskosten

Für die *Fertigungskosten* werden fast alle grundlegenden Entity- und Beziehungstypen benötigt, die in Kapitel 3 vorgestellt wurden. In den entsprechenden Abbildungen (z. B. 3.4 und 3.22) wären dies die Entity-Typen

- Teil,
- Arbeitsplan,
- Arbeitsgang,
- Arbeitsgang-Kettenelement,
- Betriebsmittel

und die Beziehungstypen
- (Erzeugnis-) Struktur,
- Arbeitsplanzuordnung,
- Fertigungsstruktur,
- Arbeitsgang-Kette-Zuordnung,
- Arbeitsgangzuordnung.

Ausgehend von den Teilestammdaten des herzustellenden Teils werden über die Arbeitsplanzuordnung und die Arbeitsgang-Kettenelemente die erforderlichen Arbeitsgänge ermittelt. (Der Einfachheit halber sei von Alternativ-Arbeitsplänen und -Arbeitsgängen abgesehen.)

Die Bearbeitungszeiten an Maschinen (pro ME), die in den Arbeitsgangdaten stehen, werden mit den Kostensätzen aus den Betriebsmitteldaten multipliziert; die richtigen Betriebsmittel liefert der Beziehungstyp „Fertigungsstruktur".

Die Rüstzeiten, die als Attribute der Arbeitsgänge oder der Betriebsmittel geführt werden, können analog behandelt werden. Problematisch ist dabei allerdings die Proportionalisierung, d. h. der Bezug der Rüstzeit auf eine Mengeneinheit. Sie lässt sich im Grunde genommen nur rechtfertigen, wenn man von konstanten Losgrößen (Auftragsgrößen) ausgehen kann.

Die Fertigungszeiten für menschliche Arbeit werden in ähnlicher Weise wie die Maschinenzeiten behandelt. Die Zeitgrößen (Bearbeitungszeit pro ME, Rüstzeit) sind ebenfalls in den Arbeitsplänen enthalten. Für die Kostensätze wird auf Personal- oder Kostenstellendaten zurückgegriffen. Zu diesem Zweck muss ein analoger Beziehungstyp wie „Fertigungsstruktur" existieren, der die Verbindung zwischen einem Arbeitsgang und der Personal- oder Kostenstellenentität herstellt, welche den durchschnittlichen Stundensatz für den Arbeitsgang enthält.

Mehrere Fertigungsstufen

Wenn ein Teil zu kalkulieren ist, dessen Erzeugnisstruktur sich über mehrere Fertigungsstufen erstreckt, dann müssen auch mehrere Arbeitspläne – für die untergeordneten Teile – herangezogen werden. Die betreffenden Teile und die Mengeneinheiten findet man über die Erzeugnisstrukturbeziehungen, die Arbeitspläne wieder über die „Arbeitsplanzuordnung". Für jedes Teil wird dann die gleiche Berechnung wie oben vollzogen. Zu beachten ist aber, dass die Bezugseinheit für die Fertigung eines Teils tieferer Stufe nicht 1 Mengeneinheit, sondern die in der Erzeugnisstrukturbeziehung angegebene Menge pro Mengeneinheit des übergeordneten Teils ist.

Materialkosten

Die *Materialkosten* werden ebenfalls auf dem Wege der Erzeugnisstrukturauflösung ermittelt. Dazu traversiert man den Strukturbaum bis zu den Blättern, die für fremdbezogene Teile (z. B. Rohmaterial) stehen.

Die Bezugspreise (oder eine andere Größe) aller Materialien, multipliziert mit den Mengeneinheiten, mit denen sie in den übergeordneten Knoten eingehen, ergeben die direkten Materialeinzelkosten dieses Knotens. Dazu werden ggf. noch prozentuale Materialgemeinkosten zugeschlagen.

Herstellkosten

Die *Herstellkosten* des Teils sind dann die Summe aus Material- und Fertigungskosten.

Folgt man den Erzeugnisstrukturbeziehungen im Baum von unten nach oben, so werden die Materialkosten für die Knoten der nächsten Stufe aus den bereits ermittelten Herstellkosten der untergeordneten Knoten sowie eventuell weiteren Fremdmaterialien, jeweils multipliziert mit den Mengenkoeffizienten der Stückliste, berechnet. Zusammen mit den Materialgemeinkosten und den Fertigungskosten erhält man wie zuvor die Herstellkosten des übergeordneten Knotens. Die Vorgehensweise wird bis zu der Endproduktstufe fortgesetzt.

Speicherung der Herstellkosten in den Teilestammdaten

Für jeden Knoten der Erzeugnisstruktur (außer den Blättern) werden so die Material- und die Fertigungskosten ermittelt. Auf diese Art ergeben sich nicht nur für die Endprodukte, sondern für alle gefertigten Teile die jeweiligen Herstellkosten. Sie können in den Teilestammdaten gespeichert und später von dort abgerufen werden. Wenn für manche Teile, z. B. Standardteile, bereits Herstellkosten vorliegen, ist es nicht mehr erforderlich, bei jeder Kalkulation die ganze Erzeugnisstruktur über alle Stufen hinweg zu durchlaufen.

Ein Beispiel soll die grundsätzlichen Zusammenhänge verdeutlichen. In Abb. 3.31 wird die Kalkulation der Selbstkosten für das Teil Y durchgeführt, dessen Erzeugnisstruktur in den früheren Beispielen mehrfach verwendet wurde (vgl. z. B. Abb. 2.1). Zuerst werden die untersten Teile kalkuliert, die eigengefertigt werden und in die Material eingeht; in der Erzeugnisstruktur von Y sind dies A und C, wobei im Beispiel unterstellt wird, D, E, F und G seien fremdbezogene Materialien. Für A erhält man bei den angenommenen Kostensätzen Fertigungskosten von 620 € und Materialeinzelkosten von 190 €, zu denen noch 20 % Materialgemeinkosten zugeschlagen werden. Die Herstellkosten pro ME A belaufen sich dann auf 848 €.

Kalkulation eines Standardprodukts ist relativ einfach und genau

Bei der Kalkulation der Herstellkosten von Teilen höherer Stufen ist zu beachten, dass die Mengenkoeffizienten der Erzeugnisstruktur andere als 1 sein können. In den Materialkosten pro ME des Endprodukts Y schlägt sich A beispielsweise nicht mit 848 €, sondern mit 1.696 € nieder, weil der Mengenkoeffizient 2 beträgt. Um zu den Selbstkosten zu gelangen, werden die Herstellkosten von Y (2.705,80 €) nochmals um jeweils 10 % Verwaltungs- und Vertriebsgemeinkosten erhöht. Sondereinzelkosten des Vertriebs fallen im Beispiel nicht an. Die *Selbstkosten* pro ME des Endprodukts betragen 3.246,96 €.

Wie man sieht, ist die Kalkulation eines immer wieder produzierten Standardprodukts auf der Basis von produktionswirtschaftlichen Datenstrukturen relativ einfach und genau, sofern ein funktionierendes Rechnungswesen zuverlässige Kostensätze und Preisgerüste liefert. Eine

Kalkulationsschema Teil A

	Arbeits-gang-Nr.	Kosten-stelle (BMG)	Vorgang	Dimen-sion	Kostensatz (EUR)	Zeit pro Rüstvorgang/ ME A (Min.)	Kosten pro ME
1	1	BMG 5	Rüsten	EUR/Min	4	10	40,00
2			Fertigen	EUR/Min	9	20	180,00
3	2	BMG 6	Rüsten	EUR/Min	10	5	50,00
4			Fertigen	EUR/Min	35	10	350,00
5	Fertigungskosten (1 + 2 + 3 + 4)						620,00
	Material/Halberzeugnis			Dimen-sion	Kosten- bzw. %-Satz	benötigte Anzahl pro ME A	Kosten pro ME
6	Materialeinzelkosten G			EUR/ME	20	1	20,00
7	Materialeinzelkosten E			EUR/ME	40	4	160,00
8	Materialeinzelkosten F			EUR/ME	10	1	10,00
9	Materialgemeinkosten			%	20		38,00
10	Materialkosten (6 + 7 + 8 + 9)						228,00
11	Herstellkosten (Teil A) (5 + 10)						848,00

Kalkulationsschema Teil C

	Arbeits-gang-Nr.	Kosten-stelle (BMG)	Vorgang	Dimen-sion	Kostensatz (EUR)	Zeit pro Rüstvorgang/ ME C (Min.)	Kosten pro ME
1	1	BMG 3	Rüsten	EUR/Min	6	10	60,00
2			Fertigen	EUR/Min	18	5	90,00
3	Fertigungskosten (1 + 2)						150,00
	Material/Halberzeugnis			Dimen-sion	Kosten- bzw. %-Satz	benötigte Anzahl pro ME C	Kosten pro ME
4	Materialeinzelkosten D			EUR/ME	5	1	5,00
5	Materialeinzelkosten E			EUR/ME	40	2	80,00
6	Materialgemeinkosten			%	20		17,00
7	Materialkosten (4 + 5 + 6)						102,00
8	Herstellkosten (Teil C) (3 + 7)						252,00

Abb. 3.31a: Selbstkostenermittlung auf Basis einer ERP-Datenbank.

Kalkulationsschema Teil B							
	Arbeits-gang-Nr.	Kosten-stelle (BMG)	Vorgang	Dimen-sion	Kostensatz (EUR)	Zeitpro Rüstvorgang/ ME B (Min.)	Kosten pro ME
1 2	1	BMG 19	Rüsten Fertigen	EUR/Min EUR/Min	6 25	0 3	0,00 75,00
3	Fertigungskosten (1 + 2)						75,00
	Material/Halberzeugnis			Dimen-sion	Kosten- bzw. %-Satz	benötigte Anzahl pro ME B	Kosten pro ME
4 5	Halberzeugnis C Materialgemeinkosten			EUR/ME %	252 20	2	504,00 100,80
6	Materialkosten						604,80
7	Herstellkosten (Teil B) (3 + 6)						679,80

Kalkulationsschema Teil Y							
	Arbeits-gang-Nr.	Kosten-stelle (BMG)	Vorgang	Dimen-sion	Kostensatz (DM)	Zeitpro Rüstvorgang/ ME Y (Min.)	Kosten pro ME
1 2	1	BMG 15	Rüsten Fertigen	EUR/Min EUR/Min	10 30	3 10	30,00 300,00
3	Fertigungskosten (1 + 2)						330,00
	Material/Halberzeugnis			Dimen-sion	Kosten- bzw. %-Satz	benötigte Anzahl pro ME Y	Kosten pro ME
4 5 6	Halberzeugnis A Halberzeugnis B Materialgemeinkosten			EUR/ME EUR/ME %	848,00 679,80 0	2 1	1696,00 679,80 0,00
7	Materialkosten (4 + 5 + 6)						2375,80
8	Herstellkosten (Teil Y) (3 + 7)						2705,80
9	Verwaltungsgemeinkosten (10% auf 8)						270,58
10	Vertriebsgemeinkosten (10% auf 8)						270,58
11	Sondereinzelkosten des Vertriebs						0,00
12	Selbstkosten (8 + 9 + 10 + 11)						3246,96

Abb. 3.31b: Selbstkostenermittlung auf Basis einer ERP-Datenbank.

ausreichende Korrektheit der Herstell- bzw. Selbstkosten ist gewährleistet, da in der Kostenträgerrechnung eine periodische Nachkalkulation erfolgt und anfängliche Ungenauigkeiten, die bei einem neuen Produkt vielleicht auftreten, im Laufe der Zeit behoben werden.

4 Auftrags- und Einzelfertigung

Den in Kapitel 2 und 3 geschilderten Lösungsansätzen des MRP (Material Requirements Planning) und MRP II (Manufacturing Resource Planning) liegen idealtypische Unternehmen zugrunde, welche ihre Fertigung an einem standardisierten Produktionsprogramm ausrichten und (Groß-) Serien- oder Massenfertigung betreiben.

Heute produzieren sehr viele Unternehmen aber nicht standardisierte, sondern kundenindividuelle Produkte. Auf die Abweichungen von den MRP- bzw. MRP-II-„Standardannahmen" wird im Folgenden näher eingegangen.

4.1 Unternehmenstyp

Sehr viele Unternehmen arbeiten *auftragsorientiert*. Angesichts der Marktmacht der Kunden können sie im Wettbewerb nur bestehen, wenn sie den individuellen Vorstellungen und Wünschen möglichst weit entgegenkommen. Dies gilt für einen Großteil der Fertigungsunternehmen, insbesondere der kleinen und mittleren Betriebe.

Auftragsfertigung, Einzelfertigung

Unter *Auftragsfertigern* versteht man Betriebe, die ihre Produkte nicht auf Vorrat, für den anonymen Markt, sondern aufgrund konkreter Kundenaufträge und zunehmend auch nach den speziellen Wünschen der Kunden produzieren. Ein Extremfall ist die *Einzelfertigung*, bei der jeder Auftrag durch eine individuelle Konstruktion und Herstellung gekennzeichnet ist, z. B. im Sondermaschinenbau.

Eine auftragsorientierte Fertigung herrscht zum Beispiel bei Unternehmen auf dem Investitionsgütersektor vor (bei Werkzeugmaschinen, Produktionsanlagen, Pumpen etc.). Andererseits ist die Programmfertigung häufig im Konsumgüterbereich anzutreffen, z. B. bei Fernsehern und anderen Haushaltsgeräten.

Orientierung am Kundenauftrag

Die Orientierung am Kundenauftrag hat Auswirkungen auf die Grundphilosophie der Produktionsplanung und -steuerung und damit auch auf die Anforderungen, denen ein ERP-System genügen muss. Alle Aktivitäten orientieren sich mehr oder weniger an individuellen Kundenaufträgen. Es findet nicht, wie bei Programmfertigern, eine anonyme Planung von Bedarfen, Fertigungsaufträgen u. a. statt. Bei der Bestimmung des Liefertermins, der Konstruktion, der Fertigungsdurchführung etc. steht immer der Kundenwunsch im Vordergrund. Dies bedeutet auch, dass der Vertriebs- und Absatzbereich in enger Wechselbeziehung mit der Produktionsplanung und -steuerung steht.

https://doi.org/10.1515/9783111589688-004

Abstufungen der Auftragsfertigung

Wenn man die Möglichkeiten betrachtet, wie ein Unternehmen die individuellen Kundenaufträge erfüllen kann, dann lassen sich fünf idealtypische Abstufungen identifizieren, die unterschiedlich weit vom Typ der Programmfertigung entfernt sind:

a) Es gibt ein Spektrum standardisierter Produkte; gefertigt wird aber nur auf Bestellung von Kunden (keine Vorratshaltung).

Variantenfertigung

b) Es gibt ein Spektrum von Standardprodukten, die in unterschiedlichen *Varianten* hergestellt werden. Die Varianten und ihre Kombinationsmöglichkeiten können entweder mit dem Produktionsprogramm vordefiniert sein oder erst nach Kundenwünschen erzeugt werden.

Kundenindividuelle Fertigung

c) Die möglichen Produktarten sind nicht im Detail festgelegt, sondern nur grob, z. B. nach Produktbereichen, abgegrenzt. Produkte werden kundenindividuell, in Verbindung mit konkreten Anfragen oder Aufträgen, spezifiziert. Es kann einerseits Grunderzeugnisse geben, die nach Kundenwunsch abgewandelt werden; andererseits ist es möglich, dass die Produktspezifikation teilweise oder ganz vom Kunden vorgegeben wird.

Einzelfertigung

d) *Einzelfertigung*: Ein Produkt wird vollständig und nur auf Kundenwunsch konstruiert und gefertigt.

Einmalfertigung

e) *Einmalfertigung*: Ein Extremfall der Einzelfertigung wie unter d) liegt vor, wenn ein Produkt nur ein einziges Mal in dieser Form hergestellt wird. Dies ist vorrangig bei Großanlagen der Fall (z. B. ein Schiff, eine Brücke).

Merkmale von Auftrags- und Einzelfertigern

Wenn man zur Veranschaulichung den morphologischen Kasten aus Kapitel 1 (vgl. Abb. 1.7) heranzieht, dann lassen sich die Betriebstypen der Auftrags- und Einzelfertiger etwa wie in Abb. 4.1 beschreiben. Gekennzeichnet wurden nur diejenigen Merkmale, bei denen typspezifische Ausprägungen auftreten.

Natürlich gibt es zwischen den beiden Idealtypen der reinen Programmfertiger und der reinen Auftragsfertiger auch zahlreiche Zwischenformen. Wenn man etwa prozessbezogen die groben Stufen Beschaffung, Teilefertigung, Vormontage und Endmontage unterscheidet, kann die Nähe zur reinen Programm-/Lagerfertigung einerseits und zur rein auftragsgetriebenen Fertigung andererseits anhand dieser Stufen beschrieben werden [Zäpfel 1996]:

Auftrags- vs. prognosegetriebene Prozesse

– *Make-to-stock*: Keine der Stufen hat einen direkten Bezug zu Kundenaufträgen. Es wird auf Lager gefertigt, und spätere Kundenaufträge werden aus dem Lagerbestand befriedigt.

Merkmal	Merkmalsausprägungen				
1 AUFTRAGS-AUSLÖSUNGS-ART	Produktion auf Bestellung mit Einzelaufträgen	Produktion auf Bestellung mit Rahmenaufträgen	kundenanonyme Vorproduktion/kundenauftrags-bezogene Endproduktion	Produktion auf Lager	
2 ERZEUGNIS-SPEKTRUM	Erzeugnisse nach Kunden-spezifikation	typisierte Erzeug-nisse mit kunden-spezifischen Varianten	Standard-erzeugnisse mit Varianten	Standard-erzeugnisse ohne Varianten	
3 ERZEUGNIS-STRUKTUR	mehrteilige Erzeugnisse mit komplexer Struktur	mehrteilige Erzeugnisse mit einfacher Struktur	geringteilige Erzeugnisse		
4 ERMITTLUNG DES ERZEUG-NIS-/KOMPO-NENTEN-BEDARFS	bedarfsorientiert auf Erzeugnis-ebene	teilweise erwar-tungs-/teilweise bedarfsorientiert auf Kompo-nentenebene	erwartungs-orientiert auf Komponenten-ebene	erwartungs-orientiert auf Erzeugnisebene	verbrauchs-orientiert auf Erzeugnisebene
5 AUSLÖSUNG DES SEKUNDÄR-BEDARFS	auftragsorientiert	teilweise auftragsorientiert/teilweise periodenorientiert	periodenorientiert		
6 BESCHAF-FUNGSART	weitgehender Fremdbezug	Fremdbezug in größerem Umfang	Fremdbezug unbedeutend		
7 BEVORRATUNG	keine Bevorratung von Bedarfs-positionen	Bevorratung von Bedarfspositionen auf unteren Strukturebenen	Bevorratung von Bedarfspositionen auf oberen Strukturebenen	Bevorratung von Erzeugnissen	
8 FERTIGUNGSART	Einmalfertigung	Einzel- und Klein-serienfertigung	Serienfertigung	Massenfertigung	
9 ABLAUF ART IN DER TEILE-FERTIGUNG	Werkstattfertigung	Inselfertigung	Reihenfertigung	Fließfertigung	
10 ABLAUFART IN DER MONTAGE	Baustellenmontage	Gruppenmontage	Reihenmontage	Fließmontage	
11 FERTIGUNGS-STRUKTUR	Fertigung mit geringem Strukturierungsgrad	Fertigung mit mittlerem Strukturierungsgrad	Fertigung mit hohem Strukturierungsgrad		
12 KUNDEN-ÄNDERUNGS-EINFLÜSSE WÄHREND DER FERTIGUNG	Änderungseinflüsse in größerem Umfang	Änderungseinflüsse gelegentlich	Änderungseinflüsse unbedeutend		

Abb. 4.1: Unternehmenstyp „Auftragsfertiger“ im morphologischen Kasten.

- *Assemble-to-order*: Die Endmontage wird kundenauftragsbezogen ausgelöst, die davor liegenden Teilprozesse werden anhand von Bedarfsprognosen geregelt.
- *Subassemble-to-order*: Die Baugruppenfertigung und Endmontage sind auftrags-, die Teilefertigung und Beschaffung dagegen erwartungsbezogen.
- *Make-to-order*: Alle Produktionsteilprozesse werden auftragsbezogen ausgelöst, nur die Beschaffung von Fremdbezugsteilen bzw. Materialien erfolgt anhand von Erwartungswerten.
- *Purchase-and-make-to-order*: Alle Teilprozesse, von der Beschaffung bis zur Endmontage, werden ausschließlich durch Kundenaufträge veranlasst.

4.2 Anforderungen von Auftragsfertigern an die Planung und Steuerung

Aus der Kundennähe und dem Wettbewerbsdruck, unter dem Auftragsfertiger stehen, resultiert eine andere Struktur des Zielsystems als bei reinen Programmfertigern. Während bei den letzteren eine insgesamt möglichst kostengünstige Produktionsdisposition – durch eine gute Kapazitätsauslastung, wirtschaftliche Losgrößen, niedrige Lagerstände etc. – im Vordergrund steht, muss ein auftragsorientiertes Unternehmen bestrebt sein, alles zu tun, damit die einzelnen Kundenaufträge termingerecht und zur Zufriedenheit der Kunden abgewickelt werden.

Absatzwirtschaftlich orientierte Ziele

Die klassischen produktionswirtschaftlichen Ziele, die vor allem die Kostenseite betonen, treten damit in den Hintergrund gegenüber absatzwirtschaftlich orientierten Zielen. Um die individuellen Kundenwünsche zu befriedigen, werden erhöhte Produktionskosten (z. B. Überstunden, Zusatzschichten, schlechte Maschinenauslastung) in Kauf genommen; die Unzufriedenheit eines Kunden, verbunden mit der Gefahr, dass Aufträge in der Folgezeit ausbleiben, wird als schwerwiegender eingeschätzt.

Termintreue und Produktqualität als Wettbewerbsfaktoren

Neben dem Eingehen auf Kundenwünsche spielen die *Termintreue* und die *Produktqualität* eine wichtige Rolle als Wettbewerbsfaktoren. Die Einhaltung von Lieferterminzusagen genießt in vielen kleinen und mittleren Unternehmen hohe Priorität, ebenso die Qualität der Produkte. Die Qualitätssicherung nimmt einen breiten Raum ein und muss sowohl von der technischen als auch der dispositiven Seite unterstützt werden.

Die Dominanz der Auftragsabwicklung verlangt unter anderem, dass zu jedem Zeitpunkt Informationen über den aktuellen Stand eines

Kundenauftrags verfügbar sein müssen. Dies gilt bei einer mehrstufigen Fertigung zum Beispiel auch für die einzelnen Fertigungsaufträge und -arbeitsgänge, die mit einem Kundenauftrag direkt oder indirekt verbunden sind. Wenn Störungen auftreten (z. B. Ausfall einer Produktionsanlage), dann muss es möglich sein, die letztlich betroffenen Kundenaufträge zu identifizieren. An das ERP-System ist deshalb die Anforderung zu stellen, dass es entsprechende Vernetzungen verwalten kann.

Fehlende Stammdaten

Da das „Produktionsprogramm" eines Auftragsfertigers nicht fest vorgegeben ist, existieren nicht in gleicher Weise *Stammdaten* wie bei Unternehmen, die ein Standard-Produktionsprogramm haben. Bei den letzteren gibt es (zumindest in der Theorie) Stücklisten und Arbeitspläne für alle Eigenfertigungsteile, oder sie könnten grundsätzlich angefertigt werden. Da es sich um „Standardteile" handelt, sind die Grunddaten über längere Zeit relativ stabil.

Keine Stücklisten und Arbeitspläne

Anders verhält es sich bei stark auftragsorientierten Unternehmen. Dort gibt es häufig keine definitiven Stücklisten und Arbeitspläne, da die genauen Produktstrukturen letztlich erst mit dem Kundenauftrag festgelegt werden. Oft verzichtet man darauf, Stücklisten, Arbeitspläne, Zeichnungen u. a. Grunddaten für einen einzelnen Kundenauftrag anzulegen oder abzuspeichern, da der Aufwand als nicht lohnend angesehen wird. Das Fehlen von Stammdaten erschwert die Produktionsplanung und -steuerung erheblich; dennoch müssen Mengen, Termine, Kapazitätsbelegungen etc. geplant werden.

Selbst wenn man die Stammdaten auftragsabhängig anlegen würde, wären nicht alle Probleme ausgeräumt. Anders als bei Standard-Produktionsprogrammen, wo die gleichen Stücklisten und Arbeitspläne immer wieder benutzt und ggf. korrigiert werden, kann man bei den erst- und einmalig erstellten Datenstrukturen eines Auftragsfertigers nicht mit der gleichen Erwartung von Fehlerfreiheit ausgehen. Dies hat Auswirkungen auf die Planungssicherheit. Wenn ein Arbeitsplan zum ersten Mal eingesetzt wird, kann es sein, dass Fehler, „Kinderkrankheiten" und andere Schwächen entdeckt werden, die bei einem Standardarbeitsplan schon lange ausgemerzt sind. Besonders gravierend ist es, wenn Konstruktionsfehler erst in der Produktionsphase zum Vorschein kommen und die Termineinhaltung gefährden.

Vorteilhaftigkeit eines Kundenauftrags

Die Beurteilung der Vorteilhaftigkeit eines Kundenauftrags ist ein schwieriges Problem. In der betriebswirtschaftlichen Theorie wurden schon früh vereinzelte Planungsmodelle vorgeschlagen [Jacob 1971; Czeranowsky 1975]. Die Entscheidung über die anzunehmenden oder abzulehnenden Aufträge sollte danach anhand der Deckungsbeiträge und unter Berücksichtigung der erforderlichen und verfügbaren Produktionskapazitäten erfolgen. Wie häufig bei betriebswirtschaftlichen Modellen wird das Vorhandensein der nötigen Modellkoeffizienten (Daten) unterstellt. Dies ist in der Praxis jedoch nicht der Fall. Bei erstmalig zu fertigenden Produkten liegen weder Deckungsbeiträge noch Kapazitätsdaten vor.

Vorkalkulation

Dieses Problem stellt sich auch bei der praktischen Entscheidung über die Auftragsannahme. Anders als bei Standardprodukten kann man nicht auf eine stabile Preiskalkulation, z. B. beruhend auf der Nachkalkulation früherer Produktionen, zurückgreifen, sodass der Entscheidung über die Annahme oder Ablehnung eines möglichen Kundenauftrags eine wichtige Grundlage fehlt. Von herausragender Bedeutung wäre deshalb eine zuverlässige *Vorkalkulation*. Diese ist jedoch schwierig, da die Grunddaten fehlen.

Beurteilung der Kapazitätssituation

Von ähnlicher Bedeutung für die Auftragsannahme wie die Vorkalkulation ist die Beurteilung der Kapazitätssituation, sowohl von der Verfügbarkeit als auch von der Inanspruchnahme durch den infrage stehenden Auftrag her. Die Schwierigkeiten sind im Prinzip die gleichen: Da wichtige Grunddaten wie Arbeitspläne oft nicht vorhanden sind, fehlt einer Kapazitätsaussage eine verlässliche Basis. Wenn dennoch Aufträge angenommen werden, kann es später zu erheblichen Kapazitätsproblemen kommen, die dann durch teure Anpassungsmaßnahmen (Überstunden, Zusatzschichten, Fremdvergabe etc.) beseitigt werden müssen.

Grobplanung

Die kurzen Ausführungen zeigen, dass eine gute *Rahmenplanung* notwendig ist. Eine solche Grobplanung setzt die Rahmenbedingungen für die Produktionsmöglichkeiten der Zukunft. Von vielen mittelständischen Auftragsfertigern wird die Unterstützung der Grobplanung als wesentlich wichtiger als die Feinplanung angesehen, zumal man oft der Meinung ist, die Detailplanung und Feinabstimmung von Hand, d. h. im Kopf des Fertigungsleiters, sei ohnehin besser und effektiver als die eines Computerprogramms.

In den folgenden Abschnitten werden Lösungsansätze für die spezifischen Produktionsplanungsprobleme von Auftragsfertigern beschrieben. Insbesondere wird auf diejenigen Aspekte eingegangen, die sich von den klassischen MRP-II-Ansätzen unterscheiden. Auch bei einem System, das die Anforderungen von Auftragsfertigern unterstützt, ist natürlich nicht alles anders als in einem „konventionellen“ System. Terminierungsalgorithmen, Teiledaten, Betriebsmittel etc. gibt es auch in einem ERP-System für Auftragsfertiger, wenngleich sie teilweise unterschiedliches Gewicht haben.

PPS-Systeme für Auftragsfertiger

PPS-Systeme für Auftragsfertiger entstanden in den 1980er-Jahren aus der Unzufriedenheit vieler Unternehmen mit den konventionellen

MRP-II-Systemen heraus. Letztere hatten ihre Wurzeln meist in den USA und waren auf Massen- und Großserienfertigung für den anonymen Markt ausgerichtet. Demgegenüber stammen PPS-Systeme für Auftragsfertiger weitgehend aus Deutschland und anderen mitteleuropäischen Ländern.

Wandel im Systemangebot

Die meisten ERP-Systeme decken heute auch die Anforderungen von Auftragsfertigern mehr oder weniger gut ab. Für viele typische Probleme, die speziell bei einer kundenauftragsorientierten Produktion auftreten (z. B. Vorkalkulation ohne vollständige Stammdaten, Auftragsfortschrittskontrolle in Echtzeit), existieren Lösungen. Insbesondere gibt es eine große Zahl an branchenorientierten ERP-Systemen, die auf kleine und mittlere Fertigungsunternehmen ausgerichtet sind und Auftrags-/Einzelfertigung gezielt unterstützen. Auf diese wird in Abschnitt 6.5.3 näher eingegangen.

4.3 Verwaltung und Bereitstellung der Grunddaten

Verschiedene Herausforderungen der Auftragsfertigung hängen damit zusammen, dass es in der Regel keinen vollständigen Grunddatenbestand gibt. Wichtige Stammdaten (z. B. Teile, Erzeugnisstrukturen, Fertigungsvorschriften u. a.) sind nicht oder zumindest nicht durchgängig vorhanden. Dies kommt nicht zuletzt daher, dass stabile Produktspezifikationen nicht vorliegen, sondern erst mit dem Kundenauftrag entstehen. Besonders schwierig ist die Situation bei Einzelfertigern, wo häufig erst eine technische Klärung erfolgen muss, bevor Daten über die Produktzusammensetzung, die Arbeitsschritte und die zu beschaffenden Materialien verfügbar sind.

Standardteile auf tieferen Fertigungsstufen

Selbst bei einem extremen Auftragsfertiger wird aber nicht jedes Teil einer komplexen Erzeugnisstruktur jedes Mal neu konstruiert. Auf tieferen Fertigungsstufen werden doch standardisierte Baugruppen und Einzelteile verwendet, für die manchmal Stücklisten, Arbeitspläne und Zeichnungen existieren.

Einmalige Teilstamm- und Erzeugnisstrukturdaten anzulegen, wird meist als unangemessen empfunden. Deshalb sind die voll- oder teilautomatische Übernahme vorhandener Datenstrukturen und Kopiermöglichkeiten sowie flexible Unterstützung bei der Modifikation derselben wünschenswert. Das ERP-System sollte es beispielsweise erlauben, dass auftragsbezogene, verkürzte Stammdaten definiert und unvollständige Stücklisten aus anderen, vorhandenen Stücklisten zusammengestellt werden.

Anlegen von Erzeugnisstrukturen ohne Teilestammdaten

Ein ERP-System kommt den Erfordernissen von Auftragsfertigern umso besser entgegen, je flexibler es bei der Handhabung von Stammdaten (insbesondere Teilstamm- und Erzeugnisstrukturdaten) ist. Beispielhafte Anforderungen sind:

- Das System stellt seine gesamte Funktionalität zur Verfügung, auch wenn typische Stammdaten fehlen oder unvollständig sind.
- Teilestammdaten können in verkürzter Form und unvollständig angelegt werden, z. B. auch ohne Teilenummer, da die Nummernvergabe manchmal aufwendige organisatorische Maßnahmen voraussetzt (Materialklassifikation, Einordnung technischer Eigenschaften etc.). Das ERP-System wird in einem solchen Fall z. B. eigene, interne Identifikationsschlüssel verwenden.
- Erzeugnisstrukturen können im Dialog angelegt werden, auch wenn Teilestammdaten weder existieren noch angelegt werden sollen und Strukturdaten tieferer Stufen noch nicht im Detail bekannt sind.

Auftragsspezifische Arbeitspläne

Eine ähnliche Flexibilität sollte in Bezug auf die *Arbeitsplandaten* gegeben sein. Auftragsspezifische Arbeitspläne werden ebenfalls erst angelegt, wenn ein Kundenauftrag für ein Teil vorbereitet wird. Das Anlegen sollte möglich sein, ohne dass Teilestammdaten existieren und darüber hinaus auch, ohne dass Erzeugnisstrukturdaten und Stücklisten vorhanden sind. In vielen Fällen legen Auftragsfertiger zwar Arbeitspläne an, sie verzichten aber auf Stücklisten; der umgekehrte Fall ist ebenso anzutreffen.

In manchen Branchen ist es üblich, dass im Zuge der Vorkalkulation die notwendigen Arbeitsvorgänge und/oder Materialien gleich mitgeplant werden, sodass die Vorkalkulation quasi die Arbeitsplanung und Stücklistenerstellung ersetzt. Dass auf das Anlegen auftragsspezifischer Datenstrukturen (wie Stücklisten und Arbeitspläne) wegen des Aufwands und des meist herrschenden Termindrucks ganz verzichtet wird, kommt in kleinen und mittleren Betrieben häufig vor.

ERP-System muss mit unvollständigen Grunddaten umgehen können

Grundsätzlich sollte ein ERP-System, das die Auftragsfertigung unterstützt, in der Lage sein, mit unvollständigen Grunddaten umzugehen. Natürlich darf man dann nicht erwarten, dass Ergebnisse von gleicher Güte wie die von einem konventionellen ERP-System ermittelten, die auf einer durchgängigen Datenbasis beruhen, automatisch abgeleitet werden. In der Praxis stößt man allerdings durchaus auf diese – unrealistische – Erwartung („keine Grunddaten, aber exakte Ergebnisse“).

Statt einer vollautomatischen Grunddatenverwaltung und Planung durch das Computersystem schließt der menschliche Benutzer (Disponent, Kundensachbearbeiter, Arbeitsplaner, Konstrukteur etc.) die

Lücken. Beispielsweise kann das ERP-System ihm die Möglichkeit geben, bei der Erstellung einer neuen Stückliste oder eines neuen Arbeitsplans auf *ähnliche* Erzeugnisstruktur- bzw. Arbeitsplandaten, die bei früheren Aufträgen entstanden, zurückzugreifen und vorhandene Strukturen zu übernehmen, zu kopieren oder zu erweitern sowie neue Strukturen zu generieren.

Menschlicher Sachverstand

Menschlicher Sachverstand ist an der Stelle gefordert, wo die „Ähnlichkeit" mit früheren Vorgängen erkannt werden muss. Dies setzt einerseits fachspezifische Kenntnisse voraus (z. B. über Fertigungstechnik, Materialeigenschaften, Normteile), andererseits eine Erfahrung mit früheren Fertigungsaufträgen.

Flexible Mensch-Maschine-Schnittstelle

Von den Datenverwaltungskomponenten des ERP-Systems ist zu fordern, dass sie eine flexible Mensch-Maschine-Schnittstelle vorsehen und die Einbindung des menschlichen Sachverstands in geeigneter Weise unterstützen. Bei Planungsaufgaben stößt man im Übrigen auf ähnliche Anforderungen; darauf wird weiter unten eingegangen.

Vorgangsbezogene Daten besitzen stärkere Bedeutung als die Grunddaten

Prinzipiell weisen die Grunddaten eines Auftragsfertigers die gleichen Strukturen wie im MRP II auf. Zu berücksichtigen ist jedoch, dass manche zwar formal gleichen Entity- und Beziehungstypen einen anderen Stellenwert haben. So mögen etwa Standard-Erzeugnisstrukturen, -Teile und -Arbeitspläne vorhanden sein; sie beziehen sich aber nur auf diejenigen Teile tieferer Fertigungsstufen, die tatsächlich standardisiert sind, und nicht auf die Endprodukte. Die *vorgangsbezogenen Daten* – auftragsabhängige Arbeitspläne und, anders als bei Programmfertigern, auftragsabhängige Stücklisten – besitzen demgegenüber eine wesentlich stärkere Bedeutung als die reinen Grunddaten.

Varianter Schlüssel

Wenn man diese unterschiedliche Gewichtung berücksichtigt, gelten auch für Auftragsfertiger die gleichen Datenstrukturen, die in Abschnitt 3.2 vorgestellt wurden. Eine Erweiterung muss ggf. bei dem Entity-Typ „Teil" vorgenommen werden, damit unvollständige Teilestammdaten wie oben skizziert geführt werden können. Abbildung 4.2 zeigt den Entity-Typ „Teil" als Generalisierung zu „Standardteil" und „Temporäres Teil". Die beiden Spezialisierungen unterscheiden sich dadurch, dass ein Standardteil durch vollständige Teilestamm-Attribute, ein temporäres Teil dagegen durch unvollständige Angaben gekennzeichnet ist.

Da auch die oben erwähnte Möglichkeit zugelassen werden soll, auf die Vergabe einer problembezogenen Teilenummer zu verzichten, erhalten die temporären Teile eine intern vergebene Identifikationsnummer (Id-Nr) als Schlüsselattribut. Für den generalisierenden Entity-Typ „Teil" könnte hierbei ein zusammengesetzter Schlüssel aus „Teileart" und „Nr" konstruiert werden, bei dem „Teileart" das Merkmal temporär oder stan-

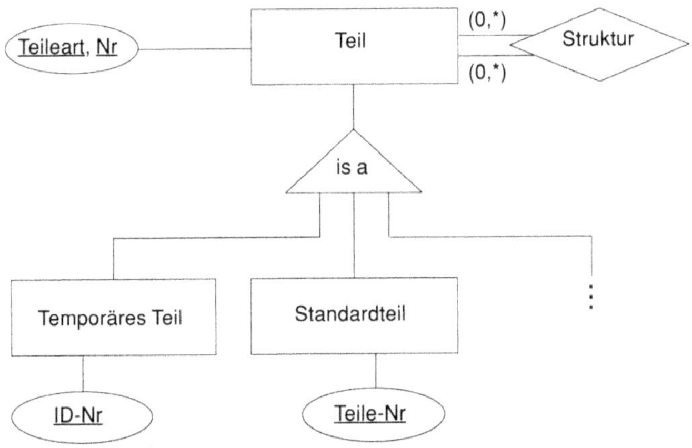

Abb. 4.2: Entity-Relationship-Diagramm zu Teilestamm- und Erzeugnisstrukturdaten von Auftragsfertigern.

dardisiert angibt und „Nr" für die „Teile-Nr" oder die „Id-Nr" steht (varianter Schlüssel).

Erzeugnisstrukturen ohne Teile-Entities

Wenn man die Flexibilität für den Benutzer so hoch halten will, dass zwar die Erstellung von Stücklisten und Arbeitsplänen möglich sein, auf das Anlegen der entsprechenden Teilestammdaten aber ganz verzichtet werden soll, dann müssen Daten über Teile, die in den beiden Dokumenten auftreten, bei den Erzeugnisstruktur- bzw. Arbeitsplan-Entities geführt werden.

In Abb. 4.3 ist als Beispiel die Zuordnung der Attribute skizziert, wenn die Erzeugnisstrukturdaten ohne Bezug zu Teile-Entities gespeichert werden. Die Datenstruktur bildet im Prinzip eine Baukastenstückliste wie in Abbildung 2.8 ab. Das Attribut „Teilebezeichnung" des Entity-Typs „Erzeugnisstruktur" bezieht sich auf das Teil, für das die Stückliste angelegt wird.

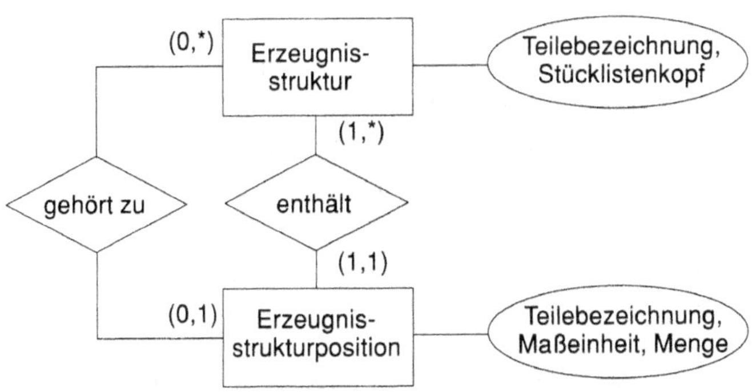

Abb. 4.3: Entity-Relationship-Diagramm für Erzeugnisstrukturen ohne Teile-Entities.

Die Mehrstufigkeit einer Erzeugnisstruktur, über den Baukasten hinaus, kann auch hier repräsentiert werden. Dazu dient in der Abbildung der Beziehungstyp „gehört zu". Er stellt die Verbindung zwischen einer „Erzeugnisstrukturposition" und einer (Baukasten-) „Erzeugnisstruktur" her. Die Leserichtung ist von unten nach oben, d. h., zu einer Zeile einer Baukastenstückliste kann selbst wieder eine Erzeugnisstruktur gehören.

4.4 Primärbedarfsplanung

Wenn man von einem idealtypischen Unternehmen mit ausschließlich kundenauftragsbezogener Fertigung ausginge, dann fände eine Produktionsprogrammplanung wie im MRP nicht statt. Da weder die einzelnen „Endproduktarten" noch die Kundennachfrage genau feststehen, würde es wenig Sinn machen, wenn man Produktionsmengen von hypothetisch spezifizierten Erzeugnissen im Detail vorab festlegen wollte

Primärbedarf

In der Praxis sind Auftragsfertiger aber nicht idealtypisch, und es ist durchaus üblich, auf einer höheren Betrachtungsebene auch den Primärbedarf längerfristig zu planen. In den wenigsten Fällen stellen Auftragsfertiger Erzeugnisse her, die völlig anders als alle zuvor gefertigten sind und von Grund auf, bis zur letzten Stufe der Erzeugnisstruktur, neu entwickelt werden müssen.

Grobplanung

Produktbereiche, Produktgruppen

Häufig bewegen sich die individuellen Kundenwünsche im Rahmen von *Produktbereichen* oder *Produktgruppen*, für die durchaus eine Programmplanung durchgeführt werden kann. Diese hat gröberen Charakter als in Unternehmen, deren einzelne Endproduktarten standardisiert und genau spezifiziert sind. Auf der Bereichsebene lassen sich dann Prognosemethoden wie die in Abschnitt 2.3.2 behandelten anwenden, die auf den Absatzwerten der Vergangenheit basieren.

Eine Grobplanung auf der Ebene von Produktbereichen oder -gruppen ist sinnvoll, da andere Planungsbereiche wie die Beschaffungsplanung, die Fertigungsplanung für Vor- und Zwischenprodukte oder auch die Investitionsplanung von ihr abhängen. Im Rahmen der Ausführungen zur Materialwirtschaft weiter unten wird dieser Aspekt nochmals aufgegriffen.

Kundenaufträge

Die eigentliche Quelle des Primärbedarfs bei Auftragsfertigung sind jedoch die individuellen *Kundenaufträge*. Der Auftragserteilung und

-annahme gehen im allgemeinen Fall Anfrage, Angebot, Verhandlungen etc. voraus. (Der entsprechende Geschäftsprozess – Auftragsabwicklung – wird in Kapitel 5 behandelt.) Der Ablauf lässt sich in die folgenden Schritte unterteilen:

Kundenanfrage

Mit einer Kundenanfrage sind hauptsächlich vier Problemkreise verbunden:

a) *Technische Machbarkeit*: Wenn der Kunde eine Produktspezifikation mitliefert, muss geprüft werden, ob das gewünschte Erzeugnis im Unternehmen gefertigt werden kann. Sofern es sich nicht um eine Variante eines Standardteils handelt (für die vielleicht sogar Lagerbestände existieren), muss häufig erst die Konstruktionsabteilung und die Arbeitsplanung eingeschaltet werden. Technische Machbarkeit

b) *Liefertermin*: Eine Terminzusage setzt voraus, dass zukünftige Durchlaufzeiten, Kapazitätsbelastungen, Beschaffungsfristen abgeschätzt werden können, was bei neuen Produkten oft mit erheblichen Problemen verbunden ist.

c) *Preis*: Die Preisgestaltung ist ähnlich schwierig wie eine Terminzusage, da sie auf einer Kalkulation für teilweise noch nicht existierende Produktdaten aufbauen muss. Preis

d) *Konditionen*: Andere Vereinbarungen als über Liefertermin und Preis beziehen sich häufig auf Konventionalstrafen bei Terminüberschreitung, Rabatte, Zahlungsbedingungen u. a. Konditionen

Angebotsbearbeitung

Antworten auf die vier genannten Fragen bzw. Voraussetzungen für diesbezügliche Absprachen mit dem Kunden werden im Zuge der Angebotsbearbeitung geschaffen. Kundenanfrage und Angebotsbearbeitung sind nicht unbedingt streng getrennte Phasen, die nacheinander durchlaufen werden. Häufig verlangt der Kunde Aussagen unmittelbar (gewissermaßen „am Telefon"); der Kundensachbearbeiter oder Außendienstmitarbeiter kann diese nur machen, wenn ihm ein sehr leistungsfähiges System die erforderlichen Informationen schnell und geeignet aufbereitet zur Verfügung stellt. Da im Wettbewerb der Kunde leicht an einen Konkurrenten verloren gehen kann, der in der Lage ist, schneller zu reagieren, stellt die Qualität der Entscheidungsunterstützungsfunktionen, die das ERP-System bereitstellt, einen wichtigen Wettbewerbsfaktor dar. Schnelligkeit

Angebotsabgabe

Die bei der Angebotsbearbeitung ermittelten Antworten zu den obigen vier Punkten werden dem Kunden übermittelt, sofern sich nicht schon im Zuge der Anfragebehandlung herausstellt, dass kein weiteres Interesse besteht. Das schriftliche oder elektronische Angebot enthält u. a. die Produktbeschreibung, Preis und Liefertermin sowie Lieferungs- und Zahlungsbedingungen.

Auftragserteilung/Auftragsbestätigung

Kundenauftrag

Mit der Auftragserteilung durch den Kunden und der Auftragsbestätigung wird schließlich beim herstellenden Unternehmen ein Kundenauftrag angelegt. Häufig besteht er aus mehreren Einzelpositionen, sodass im Weiteren auch von „Kundenauftragsposition“ gesprochen werden kann.

Abbildung 4.4 zeigt als Beispiel die Erfassungsmaske für einen Kundenauftrag, der mit dem Vertriebsmodul des ERP-Systems SAP ERP angelegt wurde. (In der SAP-spezifischen Terminologie heißt er „Terminauftrag“). Der Auftrag Nr. KA1002 wurde von dem Kunden Saarbergwerke AG (Kundennummer 1700) erteilt. Er enthält den Kundenwunschtermin und die Positionen „Tragrolle 650 ohne Halterung“, „Federpaket“, „Hydraulikanlage“ sowie „Bremsbacke mit Sicherung“ mit Mengen und Preisen.

4.4.1 Produktspezifikation

Technische Machbarkeit

Für den Vertrieb ist eine schnelle Antwort auf die Frage, ob das Produkt nach Kundenwunsch gefertigt werden kann (und zu welchem Preis), von erheblicher Bedeutung. Angesichts der technischen Komplexität vieler Produkte ist die Antwort aber schwierig. Wenn ein Außendienstmitarbeiter beim Kundenbesuch erst mit den Spezifikationen des Kunden im Werk nachfragen muss und Wochen später sein Angebot erstellt, dann ist der Konkurrent im Vorteil, der sein Angebot direkt an Ort und Stelle abgeben kann.

Produktspezifikation

Intelligente Lösungen für die *Produktspezifikation*, z. B. ein effektives Variantenmanagement oder Produktkonfiguratoren [Wüpping 2003], können bei der Machbarkeitsprüfung helfen. Die Grenzen zwischen beiden Lösungsansätzen sind fließend. Das gemeinsame Ziel ist es, ein Endprodukt anhand vorgegebener Merkmale oder Komponenten zusammenzusetzen. Im Sinne der in Abschnitt 4.1.1 beschriebenen Abstufungen geht es also um die Fälle b) und c).

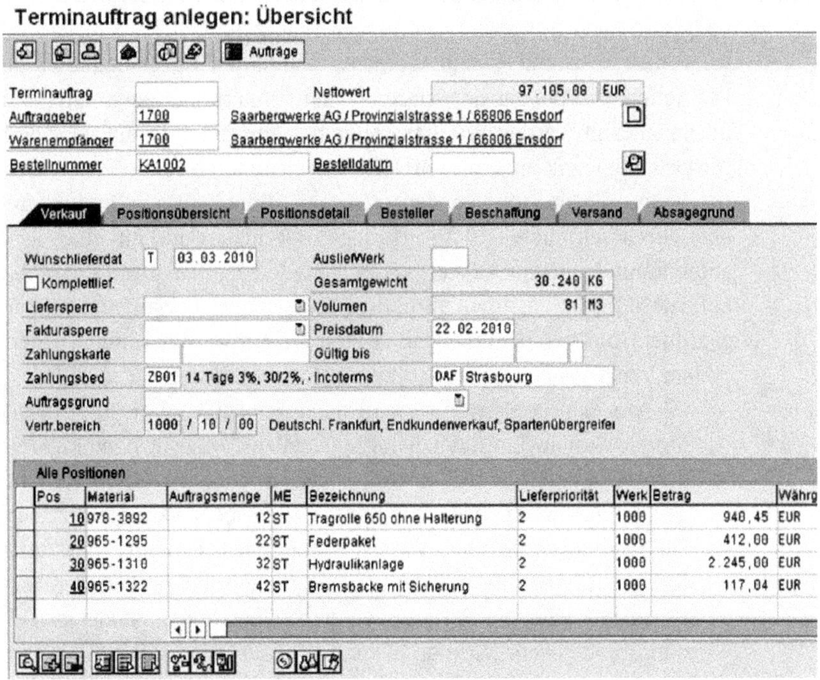

Abb. 4.4: Kundenauftrag mit Auftragspositionen in SAP ERP.

Variantenmanagement

Variantenmanagement

Die Variantenproblematik wurde in Kapitel 2 bereits geschildert. Praktische Lösungen verwirklichen häufig den Ansatz, Varianten durch *Merkmalsausprägungen* zu definieren. In dem System *Sage ERP b7* werden beispielsweise die für ein Produkt angebotenen Optionen in Form von Kriterien (z. B. Farbe) und den dazu möglichen Ausprägungen (z. B. rot, grün, blau) definiert [Sage 2025]. Es wird nur eine einzige Erzeugnisstruktur angelegt, die aus einer Strukturstückliste und einem zugehörigen Regelwerk besteht.

Die Anzahl der im ERP-System zu führenden Teile reduziert sich damit drastisch. Statt 100.000 Produkte können z. B. nur 5.000 Grundtypen mit Varianten übrig bleiben [Leypold 2002]. Damit sinkt auch der Pflegeaufwand gegenüber anderen Formen der Variantenspeicherung, da sich spätere Änderungen in der Konstruktion oder Arbeitsplanung nur auf die Regeln auswirken.

Variantenstücklisten

Auf der Basis der Regeln können Maximal- und Prinzipstücklisten erzeugt werden. *Maximalstücklisten* beinhalten alle vorkommenden Möglichkeiten in Form von Alternativpositionen. Das Regelwerk legt dann nur noch fest, unter welchen Bedingungen welche Alternativen verwendet werden. *Prinzipstücklisten* beinhalten nur Platzhalter als Positionen. Erst bei der Generierung einer konkreten Erzeugnisstruktur im Bedarfsfall werden die Platzhalter mit konkreten Daten versehen. Die gesamte Logik muss also im Regelwerk enthalten sein.

Beim Anlegen eines Kundenauftrags wird die konkrete Produktvariante durch Merkmale und Ausprägungen spezifiziert und mit einer Variantennummer versehen. Da die varianten Erzeugnisstrukturen sich oft bis auf tiefere Fertigungsstufen auswirken, müssen auch Varianten für untergeordnete Knoten einer Erzeugnisstruktur erzeugt werden können. In dem System *IntelliVariants* gibt es dafür zwei Möglichkeiten [O. S. E. 2020]:

Erzeugnis- und baugruppenbezogenes Variantenmanagement

- Ein *erzeugnisbezogenes Variantenmanagement* kommt zur Anwendung, wenn auch auf der Baugruppenebene weitestgehend kundenauftragsbezogen gearbeitet wird, d. h. keine Standardvarianten vorliegen. Dann werden nur auf der Enderzeugnisebene Varianten erzeugt.
- Ein *baugruppenbezogenes Variantenmanagement* bedeutet, dass auch für die untergeordneten Baugruppen Varianten generiert werden. Dies ist sinnvoll, wenn die Baugruppen durch einen hohen Wiederverwendungsgrad gekennzeichnet sind und auch auf Lager gefertigt werden.

Merkmale und Merkmalsausprägungen

Ein Beispiel für Merkmale und Merkmalsausprägungen, die bei einer Pumpe auftreten können, zeigt die Übersicht in Abb. 4.5. Merkmale sind beispielsweise die Flüssigkeit, die gepumpt werden soll („Pumpmedium“, nämlich Öl, Wasser, Schmutzwasser oder Suspension), die Antriebsart, die Art der Pumpe, der maximale Betriebsdruck, die Farbe u. a.

Beziehungswissen

Zwischen den Merkmalen gibt es Beziehungen, die beachtet werden müssen. Die Konfigurationstabelle im Bildschirmausschnitt der Abb. 4.6 fasst die Beziehungen zwischen Pumpmedium, Pumpenart (Kolben-, Tauch-, Kreisel- oder Flügelzellenpumpe) und Gehäusebeschaffenheit zusammen. Je nachdem, welche Flüssigkeit gepumpt werden soll, gibt es unterschiedliche Materialanforderungen. Beispielsweise muss eine Kreiselpumpe aus Stahl bestehen, wenn das Pumpmedium Wasser ist, oder aus Aluminium, wenn es sich um Schmutzwasser handeln wird.

Die Zusammenhänge zwischen Pumpmedium, Pumpenart und Gehäusebeschaffenheit werden als Regeln hinterlegt. In dem ERP-System, aus dem die Bildschirmausschnitte stammen (SAP ERP), werden die Regeln mehrschichtig definiert, was nicht sehr übersichtlich ist und deshalb hier nicht näher erläutert wird. Sinngemäß lauten sie etwa:

Wenn Pumpmedium = Wasser *und* Pumpenart = Kreiselpumpe,
dann Gehäuse = Stahl

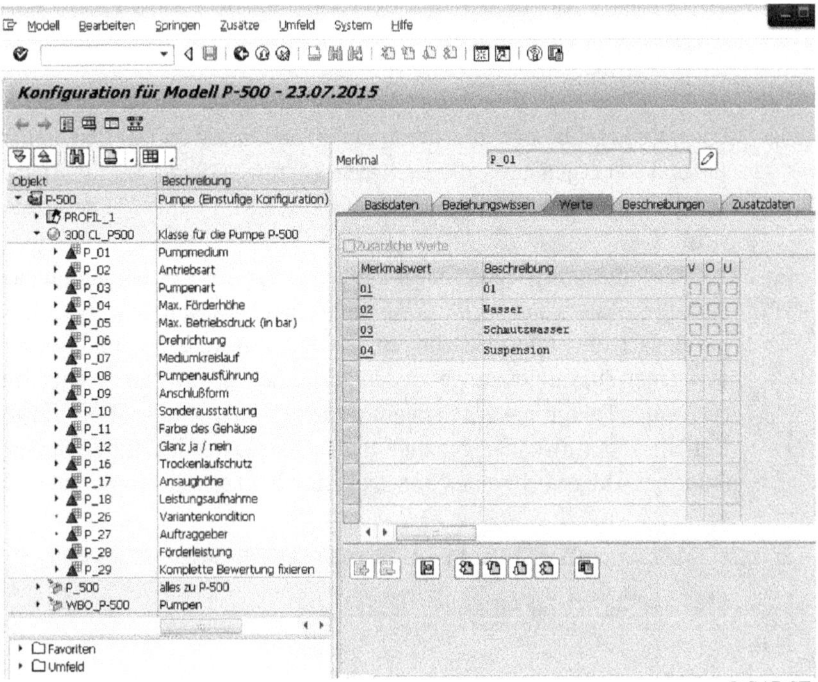

Abb. 4.5: Merkmale und Merkmalsausprägungen bei einer Pumpe.

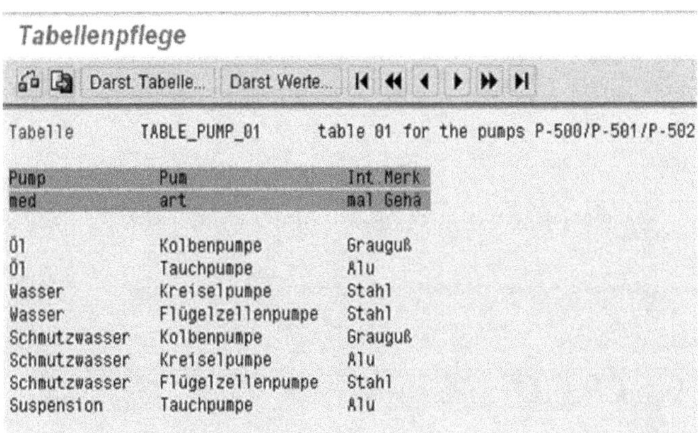

Tabellenpflege

Darst. Tabelle... Darst. Werte...

Tabelle TABLE_PUMP_01 table 01 for the pumps P-500/P-501/P-502

Pump med	Pum art	Int Merk mal Gehä
Öl	Kolbenpumpe	Grauguß
Öl	Tauchpumpe	Alu
Wasser	Kreiselpumpe	Stahl
Wasser	Flügelzellenpumpe	Stahl
Schmutzwasser	Kolbenpumpe	Grauguß
Schmutzwasser	Kreiselpumpe	Alu
Schmutzwasser	Flügelzellenpumpe	Stahl
Suspension	Tauchpumpe	Alu

Abb. 4.6: Beziehungen zwischen Merkmalen einer Pumpe.

Auch andere Einschränkungen, Plausibilitäts- und Berechnungsvorschriften werden auf diese Weise definiert. In dem Beispiel der Pumpe könnten etwa Regeln wie die folgenden definiert sein [Schäffer 2002]:

(1) MW >100 und MW ≥300
(2) M(11) + 355

Merkmalsbeschreibungen

Die erste Regel besagt, dass der aktuelle Merkmalswert (MW) zwischen 100 und 300 liegen muss, die zweite, dass der betreffende Merkmalswert aus der konkreten Ausprägung des Merkmals Nr. 11 plus 355 berechnet wird.

Wissensbasis zur dynamischen Generierung von Varianten

Wie eine typische Regelbasis aussieht, zeigt Abb. 4.7. Sie stammt aus dem ERP-System *Infor ERP COM* [Infor 2010]. Varianten werden hier bei Bedarf unter Berücksichtigung fertigungstechnischer und kostenbezogener Zusammenhänge sowie Plausibilitätsprüfungen erzeugt. Die relevanten Faktoren werden in einer sogenannten „Wissensbasis" abgelegt, die vom Anwender, genauer von Fachexperten des Unternehmens (Meister, Arbeitsvorbereiter, Konstrukteure o. a.), gefüllt werden muss.

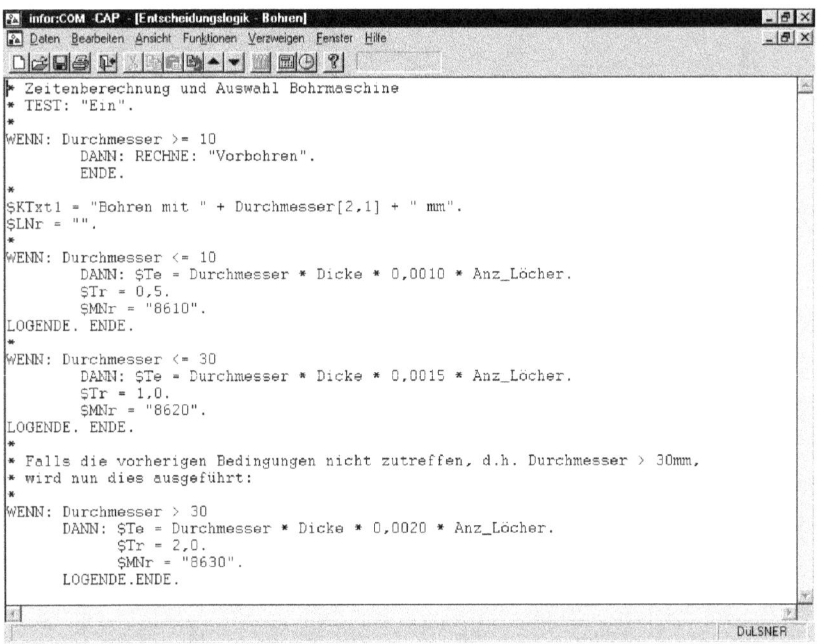

Abb. 4.7: „Wissensbasis" zur Variantengenerierung in Infor ERP COM [Infor 2010].

Die Wissensbasis enthält Vorschriften und Kriterien für die Auswahl von Materialien, Arbeitsgängen und Arbeitsplätzen. Im Wesentlichen werden diese als Wenn-dann-Regeln formuliert, die soweit detailliert sind, dass aus ihnen die in einer Ressourcenliste zu führenden Informationen (z. B. Rüst-, Bearbeitungszeiten) erzeugt werden können.

Wenn-dann-Regeln

Das Beispiel in Abb. 4.7 zeigt Abhängigkeiten bei einem Bohrarbeitsgang zwischen dem zu bohrenden Lochdurchmesser und den möglichen Arbeitsplätzen. Je nach Durchmesser werden alternativ die Arbeitsplätze Nr. 8610, 8620 oder 8630 ausgewählt und dementsprechend unterschiedliche Rüst- und Stückzeiten definiert.

Die Auswahl der Merkmale hat offensichtlich einen Einfluss auf die Herstellkosten und damit auf den Preis des Endprodukts. Wenn in dem ERP-System Einstandspreise bzw. Material- oder Herstellkosten hinterlegt sind, kann das System den Endpreis für die gewählte Produktkonfiguration automatisch ermitteln.

Bei dem Auftrag in Abb. 4.8, der sich auf eine Pumpe wie in Abbildung 4.5 bezieht, wurden beispielsweise die Merkmale „Pumpmedium" mit „Schmutzwasser", „Antriebsart" mit „elektrisch", „Pumpenart" mit „Kreiselpumpe" etc. belegt. Insgesamt ergibt sich ein Verkaufspreis von 1.644,20 € zzgl. Mehrwertsteuer.

Manche der ausgewählten Merkmale sind kostenwirksam, andere nicht. Die Zuschläge zum Basispreis der Pumpe (869,20 €) aufgrund von teureren Komponenten sind in Abb. 4.9 einzeln ausgewiesen.

Produktkonfiguratoren

Konfiguratoren gehen noch einen Schritt weiter als Werkzeuge zum Variantenmanagement. Ein *Produktkonfigurator* ist ein Programm, welches es einem fachkundigen Benutzer erlaubt, ein Endprodukt interaktiv aus vorgegebenen Bestandteilen zusammenzusetzen. Das Programm überprüft dabei, welche Kombinationen von Baugruppen, Einzelteilen und anderen Materialien vorteilhaft oder überhaupt zulässig sind. Dabei müssen ggf. zahlreiche komplexe Vorschriften beachtet werden. Produktkonfiguratoren werden häufig auch als Endbenutzerschnittstellen zu Backend-Systemen (wie ERP- oder Electronic-Shopping-Systemen) angeboten.

Produktkonfiguratoren sind nicht nur komfortable Werkzeuge für die Kunden, sondern auch effiziente Hilfsmittel zur Steigerung der Effizienz im Vertrieb. Baltes und Co-Autoren zeigen dies beispielhaft anhand einer Reihe von Fallstudien auf [Baltes 2010].

Wissensbasierte Systeme, Expertensysteme

Da für die Produktkonfigurierung Wissen und Expertise erforderlich sind, wurde bereits in den 1980er- und 1990er-Jahren die Technologie der *wissensbasierten Systeme* bzw. *Expertensysteme* [Kurbel 1992] auf Konfigurierungsprobleme angewendet. Sie bietet sich vor allem an, wenn Endprodukte aus vielen Bauteilen zusammengesetzt werden können, zahlreiche Kombinationsmöglichkeiten bestehen und Wechsel-

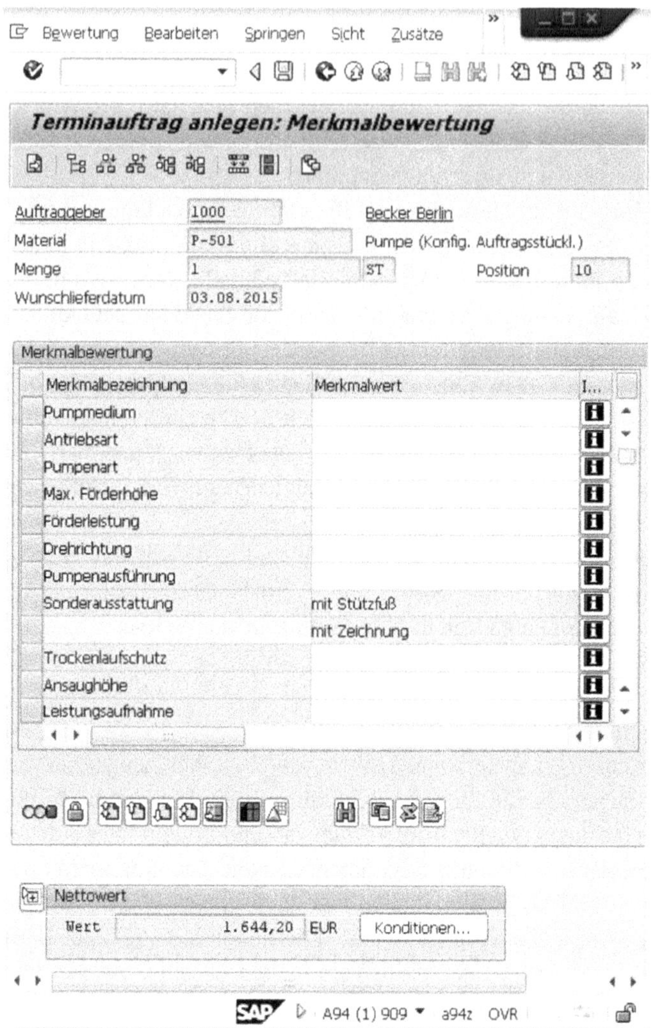

Abb. 4.8: Merkmalsauswahl beim Anlegen eines Kundenauftrags.

wirkungen, Unverträglichkeiten und andere Nebenbedingungen zu beachten sind.

Die ersten Konfigurierungssysteme wurden für die Zusammenstellung von Computersystemen entwickelt. Später folgten Systeme für die unterschiedlichsten Produkte (Turbinen, Fahrstühle, Rollläden u. v. a.; einen Überblick findet man in Mertens [1993]). Heute werden sehr viele Konfiguratoren für Endbenutzer im Rahmen des Electronic Commerce angeboten.

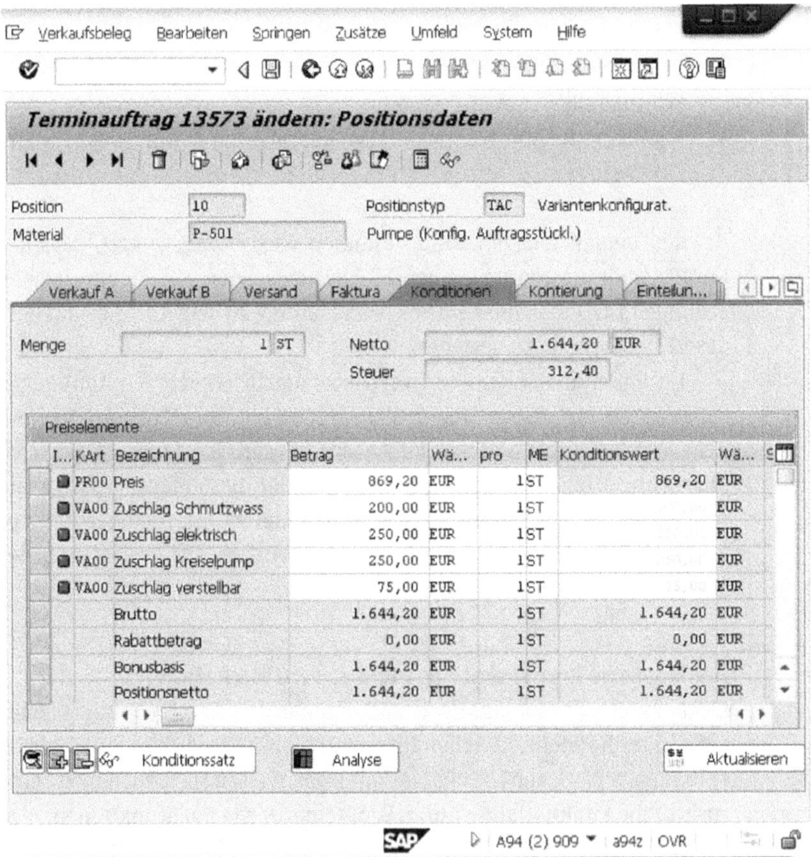

Abb. 4.9: Merkmalsbewertung.

Funktionsumfang eines Konfigurators

Ein interaktiver Konfigurator stellt unter anderem folgende Funktionen zur Verfügung [Hüllenkremer 2003]:

- Konfiguration auf Basis von Regeln
- Sofortiges Anzeigen von erlaubten und verbotenen Auswahlmöglichkeiten
- Automatische Erklärung von Konfigurationsfehlern und Widersprüchen
- Vorschlagen zulässiger oder vorteilhafterer Alternativen
- Grafische Darstellung des konfigurierten Produkts, Manipulation direkt in der Grafik
- Integrierte technische Berechnungen
- Simultane Preiskalkulation
- Automatische Generierung des Angebotstexts (einschl. Geschäftsbedingungen)

- Internationalität (Mehrsprachigkeit, unterschiedliche Währungen)
- Prüfung der Verfügbarkeit und des Liefertermins durch Online-Schnittstellen zum ERP-System
- Automatische Aufbereitung und Weitergabe von Auftragsdaten an das ERP-System

Bei den beiden letztgenannten Punkten wird vorausgesetzt, dass der Konfigurator Bestandteil eines ERP-Systems oder mit einem solchen gekoppelt ist. Dabei muss eine Netzverbindung zu dem Rechner, auf dem das ERP-System läuft, bestehen.

Außendienstunterstützung

Im Außendienst kann ein Vertriebsmitarbeiter, der ein Konfigurierungssystem auf seinem Notebook installiert hat, vor Ort zusammen mit dem Kunden die Produktspezifikation anlegen. Sie wird automatisch überprüft, d. h., der Mitarbeiter benötigt kein besonderes Fachwissen, weil dieses weitgehend im Konfigurator hinterlegt ist. Dennoch kann er unmittelbar ein verbindliches Angebot bezüglich des Preises und der Machbarkeit abgeben.

Elektronische Produktkataloge und andere Werkzeuge

Elektronische Produktkataloge sind digitalisierte Formen traditioneller gedruckter Kataloge, in denen Informationen zu Produkten und Preisen enthalten sind. Gegenüber Papierkatalogen weisen sie jedoch meist eine zusätzliche Funktionalität auf, z. B. automatisierte Suchfunktionen.

Produktkataloge

Außerdem stellen elektronische Produktkataloge oft Schnittstellen bereit, über die andere Programme auf die Produktinformationen zugreifen können, sofern der Produktkatalog nicht ohnehin Bestandteil des ERP-Systems des Unternehmens ist.

Die Funktionalität von Produktkonfiguratoren und Produktkataloge ist häufig miteinander verbunden [Hahn 2003]. Das heißt, ein elektronischer Produktkatalog bietet auch Konfigurierungsmöglichkeiten an, oder ein Produktkonfigurator basiert auf einem Produktkatalog.

4.4.2 Auftragsterminierung und Kapazitätsbelastung

Kundenwunschtermin

Die Festlegung des möglichen *Liefertermins* wird von zwei Faktoren bestimmt, einerseits dem Kundenwunsch nach einer möglichst schnellen Lieferung und andererseits der Fertigungssituation. Während der Kundenwunsch häufig mit Nachdruck artikuliert wird, ist der von der Fertigungssituation her mögliche Termin schwieriger zu ermitteln. Aus diesem Grund und auch wegen des Wettbewerbsdrucks wird nicht selten der Kundenwunschtermin ohne genaue Prüfung der Machbarkeit akzeptiert, was später zu Kapazitätsproblemen und Terminüberschreitungen führen kann.

Damit der Vertriebssachbearbeiter oder Außendienstmitarbeiter Terminaussagen über den möglichen Kundenauftrag treffen kann, benötigt er unter anderem Informationen über:
- die Erzeugnisstruktur des gewünschten Produkts,
- die Bearbeitungs- und Rüstzeiten für die im Unternehmen zu fertigenden Teile,
- die Beschaffungsfristen für fremdbezogene Teile,
- die Kapazitätseinheiten, die der Auftrag durchläuft (Werkstätten, Betriebsmittel, Arbeitsplätze etc.),
- die Kapazitätsauslastung bzw. freie Kapazität dieser Einheiten.

Ob und in welchem Umfang ihm diese Informationen zur Verfügung gestellt werden können, hängt hauptsächlich vom Neuheitsgrad des gewünschten Produkts ab.

Simulationsmöglichkeiten

Bekannte Teile

Wenn es sich um ein „bekanntes" Teil handelt, z. B. um die Variante eines Standardteils oder um ein Teil, das einem anderen, schon einmal gefertigten ähnlich ist, dann sind möglicherweise die erforderlichen Grunddaten, insbesondere Erzeugnisstrukturen, Arbeitspläne und Fertigungsvorschriften (Betriebsmittelzuordnungen), vorhanden. Für diesen Fall wird das ERP-System folgende Schritte unterstützen, wobei *Simulationsmöglichkeiten* zweckmäßig sind:

(1) Auflösung der *einzelnen* Erzeugnisstruktur, Ermittlung der Sekundärbedarfe und probeweise Generierung von Fertigungsaufträgen.

(2) Vorwärtsterminierung der Fertigungsaufträge ab heute bzw. frühestem Starttermin unter Beachtung der schon existierenden Kapazitätsbelegungen. Wenn nicht eine weitgehende Unterbeschäftigung herrscht, wird dies erfahrungsgemäß zunächst in vielen Fällen zu einer Überschreitung des Kundenwunschtermins führen. Maßnahmen zur Durchlaufzeitverkürzung sollten probeweise angestoßen werden können.

(3) Vorwärtsterminierung der Fertigungsaufträge *ohne* Beachtung der schon existierenden Kapazitätsbelegungen, ggf. um Maßnahmen zur Durchlaufzeitverkürzung ergänzt. Auf diese Weise kann der fertigungstechnisch frühestmöglich realisierbare Liefertermin ermittelt werden, der gelten würde, wenn die Produktionskapazität keine Restriktionen auferlegte.

(4) Anzeige der Kapazitätssituation bei den in Anspruch genommenen Betriebsmittelgruppen, Betriebsmitteln oder Arbeitsplätzen, insbesondere bei bekannten Engpasseinheiten.

Anpassungsmaßnahmen

Nach der Bereitstellung dieser Informationen durch das ERP-System beginnt der schwierigere Teil der Aufgabe. Wenn sich nach den Schritten (2) und (3) ein akzeptabler Liefertermin abzeichnet, der aber von der Kapazitätssituation verhindert wird, dann sind Anpassungsmaßnahmen in Betracht zu ziehen:

- Erhöhung des Kapazitätsangebots durch Überstunden oder Zusatzschichten, eine insbesondere bei mittelständischen Unternehmen gängige Form der Anpassung
- Kapazitätsabgleich durch Verschiebung anderer Aufträge

Da die Kapazitätsbelastung das Ergebnis früherer, gewollter Dispositionen ist, liegt es auch im Ermessen der Planer, sie wieder zu ändern. Zum Beispiel kann man für einen neuen Kundenauftrag bereits terminierte Aufträge wieder ausplanen oder verschieben. Eine derartige Entscheidung kann allerdings den Effekt haben, dass bei anderen Kundenaufträgen ein Terminverzug entsteht. Deshalb müssen Prioritäten gesetzt werden, die sich z. B. an der Wichtigkeit der Aufträge bzw. der Kunden orientieren. (Als optisches Hilfsmittel können die grafischen Anzeige- und Manipulationsmöglichkeiten genutzt werden, die „elektronische Leitstände" und ähnliche Systeme zur Verfügung stellen, vgl. Abschnitt 8.1.2).

Unbekannte Teile

Handelt es sich bei dem vom Kunden gewünschten Produkt um ein „unbekanntes" Teil, dann lassen sich die oben genannten Schritte nicht ohne Weiteres durchführen, da die grundlegenden Daten (Erzeugnisstrukturen für die Sekundärbedarfsermittlung, Arbeitspläne für die Terminierung und Betriebsmittelbelegungen) nicht vorhanden sind.

Frühere, ähnliche Aufträge

Eine Hilfe ist es, wenn das ERP-System zumindest Daten von „ähnlichen" Kundenaufträgen, die früher einmal gefertigt wurden, zur Verfügung stellt. Der Sachbearbeiter kann dann diese auf die Gegebenheiten des aktuellen Falls – mithilfe eigenen oder fremden Sachverstands – anpassen und der Terminierungs- und Kapazitätssimulation zugrunde legen. Um eilige Aussagen treffen zu können, ist es auch denkbar, dass er die alten Daten verwendet und um Korrekturfaktoren, die auf Experteneinschätzung beruhen, bereinigt.

Wenn überhaupt keine Daten verfügbar sind, bleiben nur Schätzungen als Ausweg offen. Auch in diesem Fall ist es hilfreich, wenn das ERP-System möglichst umfassende und griffig aufbereitete Informationen bereitstellt, insbesondere Informationen über die Kapazitätssituation in den relevanten Zeiträumen. Mit vorläufigen Erzeugnisstrukturen, die vielleicht nur als kritisch angesehene Teile enthalten, und grob geschätzten Durchlaufzeiten lassen sich die Simulationsmöglichkeiten des ERP-Systems dennoch nutzen.

Schließlich sei erwähnt, dass eine langjährige Erfahrung und der Sachverstand es einem Fertigungsleiter oder Meister oft erlauben, auch bei diffusen Problemstrukturen zu realistischen Schätzungen zu gelangen. Der umgekehrte Fall ist jedoch ebenso häufig zu beobachten: Nicht abgesicherte Terminzusagen, möglicherweise durch Konventionalstrafen bedroht, erzeugen bei der Produktionsdurchführung erhebliche Zwänge bis hin zum totalen Chaos in der Fertigung, bei dem nur noch „Terminjäger" nicht haltbaren Zusagen hinterherlaufen.

Ab wann soll ein möglicher Kundenauftrag im System geführt werden?

Eine schwierige Frage ist es, *ab welchem Zeitpunkt* ein möglicher Kundenauftrag im System geführt und mit seiner voraussichtlichen Kapazitätsbelastung in der Kapazitätsdisposition und in den Maschinenbelegungsplänen angesetzt werden soll. Die Entscheidung hat bei einem Auftragsfertiger, dessen Produktionsprogramm sich ausschließlich oder überwiegend aus solchen Aufträgen zusammensetzt, gravierende Auswirkungen auf zukünftige Dispositionsmöglichkeiten bei Anfragen, Angeboten und bei der internen Produktionsplanung und -steuerung:

- Werden die Aufträge erst dann kapazitätsmäßig berücksichtigt, wenn es tatsächlich zu einer Auftragserteilung gekommen ist, dann kann es sein, dass die zum Zeitpunkt der Kundenanfrage oder Angebotserteilung freien Kapazitäten mittlerweile anderweitig verplant wurden. Damit fehlt auch den gemachten Lieferterminzusagen die Grundlage.
- Plant man schon bei der Anfrage oder Angebotserstellung die erforderlichen Kapazitäten ein, dann sind diese für andere Kundenanfragen blockiert. Wenn man bedenkt, dass in manchen Branchen nur 30 % oder weniger der Angebote auch zu Aufträgen führen, dann wird klar, dass die prophylaktische Kapazitätsreservierung für jeden potenziellen Auftrag nicht der richtige Weg sein kann.

Eine allgemeingültige Lösung kann nicht angegeben werden. Wenn man über hinreichende Erfahrungswerte bezüglich der „Erfolgswahrscheinlichkeit" eines Angebots verfügt, dann kann man den Kapazitätsbedarf an den einzelnen Betriebsmitteln mit einem entsprechenden Anteilswert in Ansatz bringen. Bei strategisch wichtigen Aufträgen kann es andererseits aus unternehmerischer Sicht angezeigt sein, schon im Anfragestadium eine Kapazität zu reservieren, um nicht später den erteilten Auftrag ablehnen zu müssen, weil alle Kapazitäten anderweitig verplant wurden.

Bereitstellung von Statusinformationen

Das ERP-System sollte als Entscheidungshilfe Statusinformationen über die bereits eingeplanten Aufträge bereitstellen. Der Disponent kann daran erkennen, welche Art von Fertigungsaufträgen und ggf. auch Angeboten die Werkstätten, Betriebsmittelgruppen etc. belasten.

Abschließend sei darauf hingewiesen, dass die skizzierten Terminierungsansätze sich auf „normale“ Produktionsaufträge beziehen. Umfangreiche Vorhaben, z. B. einmalige Großobjekte im Schiff- oder Anlagenbau, die zu sehr großen, differenzierten Aktivitätennetzen führen, werden dagegen als *Projekte* und nicht als Produktionsaufträge betrachtet und mit Methoden des Projektmanagements behandelt (vgl. Abschnitt 4.7). Für die Terminplanung werden dann zum Beispiel Methoden der Netzplantechnik herangezogen.

4.4.3 Datenstrukturen des Primärbedarfs

Vorstufen von Kundenaufträgen

Die Besonderheiten der kundenauftragsorientierten Produktion verlangen, dass nicht nur die tatsächlich erteilten Kundenaufträge, sondern auch die Vorstufen im Datenmodell berücksichtigt werden. Für die Kapazitätsplanung, die Maschinenbelegungsplanung und andere dispositive und administrative Bereiche können aus den genannten Gründen sowohl die schon erteilten Aufträge als auch die noch im Anfrage- bzw. Angebotsstadium befindlichen von Interesse sein.

Die wichtigsten Auftragsmerkmale (Menge, Erzeugnisstruktur, Wunschtermin etc.) unterscheiden sich in den drei Stufen nicht oder wenig. Deshalb werden im Entity-Relationship-Diagramm der Abbildung 4.10 für den gene-

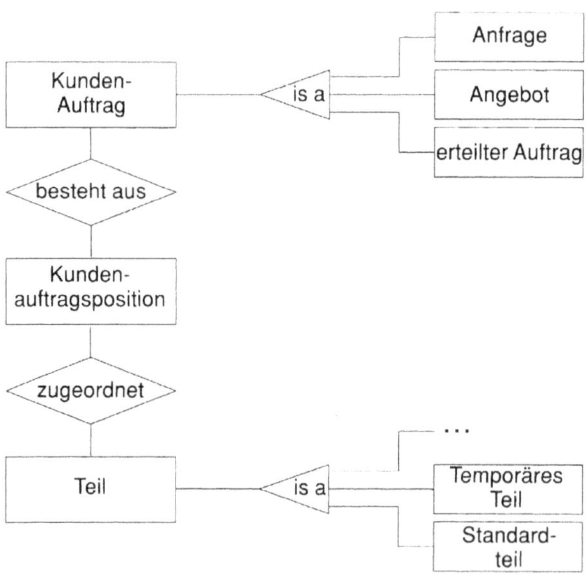

Abb. 4.10: Entity-Relationship-Diagramm zum Primärbedarf.

rellen Entity-Typ „Kundenauftrag" drei Spezialisierungen für die Stufen, die er in seiner Entstehungsphase durchläuft, vorgesehen.

4.4.4 Vorkalkulation

Die Vorkalkulation besitzt bei Unternehmen mit stark kundenauftragsorientierter Produktion einen anderen Stellenwert als bei Serien- und Massenfertigern. Sie ist mit einer wesentlich größeren Unsicherheit behaftet und birgt somit auch erhebliche Gefährdungspotenziale für den Unternehmenserfolg. Eine adäquate Vorkalkulation kann für einen Auftragsfertiger lebenswichtig sein.

Zuschlagskalkulation

Als Kalkulationsverfahren kommt grundsätzlich die *Kalkulation nach Fertigungsstufen* in Betracht, bei der die Gesamtkosten wie bei der Zuschlagskalkulation nach Einzel- und Gemeinkosten unterschieden werden. In Abschnitt 3.6 wurde gezeigt, wie auf der Grundlage von produktionswirtschaftlichen Daten die Kalkulation relativ differenziert, genau und unter weitgehendem Verzicht auf pauschale Zuschläge erfolgen kann.

Kalkulation bei Auftragsfertigern

Gegenüber diesem Idealfall treten bei Unternehmen mit *auftragsorientierter Produktion* eine Reihe von Problemen auf. Diese hängen hauptsächlich damit zusammen, dass ein Auftragsfertiger im Allgemeinen nicht Grunddaten von gleicher Stabilität besitzt wie ein Programmfertiger.

Vergleichbar einfach ist die Kalkulation nur dann, wenn das Unternehmen standardisierte Erzeugnisse, eventuell mit Varianten, nach Kundenbestellung produziert (Typen a und b in Abschnitt 4.1.1). In diesem Fall können wie bei einem Programmfertiger die Grunddaten ausgewertet und ein Angebotspreis kalkuliert werden. Bei der Auftragskalkulation ist die Bezugsgröße nicht eine Mengeneinheit, sondern die Menge des Auftrags.

In allen anderen Fällen (Typen c bis e) ist eine zuverlässige Kalkulation wegen der fehlenden Datenbasis schwierig. Stücklisten und Arbeitspläne vor der Kalkulation auftragsbezogen völlig neu zu erstellen, lohnt sich für einen einzelnen Auftrag nicht. Der Aufwand wird meist als unangemessen angesehen. In der Praxis behilft man sich deshalb meist mit heuristischen Vorgehensweisen.

Schnellkalkulationsverfahren

In manchen Fällen können bereits im Zuge der Konstruktion sogenannte *Schnellkalkulationsverfahren* zum Einsatz kommen, die auf Erfahrungswerten und Ähnlichkeiten basieren [Mertens 2013, S. 292 ff.]:

- *Tabellenverfahren* zieht man heran, wenn ähnliche Produktarten vorliegen, die mithilfe von Deskriptoren klassifiziert werden

können. In den Tabellen stehen Vorkalkulationswerte oder Rechenvorschriften, wie diese zu ermitteln sind.
- *Regressionsverfahren* sind für die gleichen Anwendungsfälle wie Tabellenverfahren geeignet. Hier werden Vorkalkulationswerte mittels Regressionsrechnung aus Kenngrößen des Produkts abgeleitet.

Merkmalsdatenbasis

Die Tabellen- und Regressionsverfahren setzen voraus, dass erstens die Erzeugnismerkmale und -strukturen bekannt sind, zweitens genügend vergleichbare Produkte früher hergestellt wurden und drittens eine entsprechende Merkmalsdatenbasis gepflegt wurde. Bei einem Auftragsfertiger, bei dem die Vorkalkulation schon in der Anfrage- und Angebotsphase einsetzt, kommen sie für Produktbereiche in Betracht, in denen starke Ähnlichkeiten unter den Produkten bestehen.

Suchkalkulation

Ein Kalkulationsverfahren, das auf der Verwendung von Kosten ähnlicher, früher schon einmal gefertigter Teile beruht, ist in Mertens [2013, S. 302] unter der Bezeichnung *Suchkalkulation* skizziert. Die infrage kommenden Teile werden hier durch Vergleiche von Merkmalen und logischen Verknüpfungen gesucht. Mithilfe von Distanzmaßen o. a. wird das am besten passende Teil ermittelt, und dessen Kosten werden, ggf. nach Anpassung, übernommen.

Kalkulation nach Gewicht

Branchenspezifisch kommen auch Kalkulationsverfahren zum Einsatz, bei denen das Gesamtgewicht des Produkts geschätzt wird. Wenn man über genügend frühere Aufträge verfügt, kennt man deren jeweilige Kosten und Gewicht und kann einen Durchschnittswert pro Kilogramm berechnen. Bei einer neuen Kundenanfrage multipliziert man diesen Durchschnittswert mit dem geschätzten Gewicht und kann darauf aufbauend einen Angebotspreis ermitteln.

1 kg Spritzgießwerkzeug kostet 43 €

In der *Werkzeugbaubranche* (vgl. auch Abschnitt 6.5.3) kostet beispielsweise nach Untersuchungen des Werkzeugmaschinenlabors der RWTH Aachen und der Aachener Werkzeugbau Akademie im Schnitt ein Kilogramm Spritzgießwerkzeug 43 € und ein Kilogramm Blech-/Massivumformwerkeug 21 € [Boos 2015, S. 12]. Wenn das zu kalkulierende Umformwerkzeug also auf 1 Tonne Gesamtgewicht geschätzt wird, liegen die Herstellkosten voraussichtlich um die 21.000 € herum. Damit hat man eine vorläufige Schätzung, die natürlich mit einer Unsicherheit behaftet ist.

Angesichts der Schwierigkeiten, eine zuverlässige Vorkalkulation durchzuführen, entsteht der Angebotspreis oft auch als „Marktpreis", d. h. durch Verhandlungen, auf Basis dessen, was der Kunde zu zahlen bereit ist, oder was nach Einschätzung des einen oder des anderen Partners wohl ein Konkurrent am Markt verlangen würde. Besonders bei kleinen und mittleren Unternehmen herrscht ohnehin die Tendenz vor,

Aufträge lieber anzunehmen als abzulehnen, auch wenn man noch keine genauen Vorstellungen hat, ob der Auftrag auch wirtschaftlich vorteilhaft ist oder wie er technisch durchgeführt wird (Arbeitsplanung).

Das Fehlen einer soliden Selbstkostenkalkulation als Grundlage des Angebotspreises kann in der Folge die Wirtschaftlichkeit gefährden. Wenn die Selbstkosten höher als der erzielte Preis sind, kann im Extremfall oder bei einer Häufung sogar die Überlebensfähigkeit des Unternehmens bedroht sein. Dieses Problem ist umso gravierender, je näher sich das Unternehmen im Schnitt mit den erzielten Preisen an den tatsächlichen Selbstkosten bewegt.

Umgekehrt gibt es aber gerade im mittelständischen Bereich auch Unternehmen, die sich eine ungenaue oder fehlende Kalkulation leisten können. Manche Unternehmen konzentrieren sich auf ganz bestimmte Marktsegmente oder -nischen und besitzen dort eine sehr starke Stellung. Sie sind durch Kalkulationsmängel weniger gefährdet.

Sensitivitätsanalysen und Simulationen

Die Ungewissheit bezüglich der Erzeugnisstruktur- und Arbeitsplandaten stellt bei der Kalkulation das größte Hindernis dar. Zur Abschätzung der Auswirkungen unsicherer Parameter können Sensitivitätsanalysen und Simulationen verschiedener Parameterkonstellationen eine wertvolle Hilfe sein. Während es früher relativ aufwendig war, derartige Rechnungen durchzuführen, werden sie heute von vielen ERP-Systemen bereits im Standardumfang unterstützt. Auch *Tabellenkalkulationsprogramme* (wie z. B. MS Excel) können hierfür genutzt werden.

Erfahrungswissen

Die Vorkalkulation bei einem Auftragsfertiger ist, wie die obigen Ausführungen zeigten, stark von Erfahrungen und Ähnlichkeiten mit früheren Aufträgen oder Produkten gekennzeichnet. Dies gilt sowohl für die einfachen Schnellkalkulationsmethoden, die z. T. explizit auf Erfahrungswerten beruhen, als auch für die „Kalkulation über den Daumen".

Faktoren bei der Kostenschätzung

Gerade bei der letzteren ist eine „gefühlsmäßige" oder „intuitive" Vorgehensweise keineswegs mit willkürlichen Kostenansätzen zu verwechseln. Ein versierter Disponent, Arbeitsvorbereiter oder Sachbearbeiter mit technischen und kaufmännischen Kenntnissen, der über eine langjährige Erfahrung mit der Produktion bestimmter Produkte verfügt, zieht bei der Kostenschätzung implizit Faktoren wie die folgenden heran:

- Kalkulationsergebnisse (z. B. aus der Nachkalkulation) und andere Kenntnisse ähnlicher Produkte, die schon einmal gefertigt wurden
- Einschätzungen über das gewünschte Produkt

- Abweichungen bei dem neuen Produkt, die vermutlich zu erwarten sind
- Erinnerungen an bestimmte Probleme, die bei früheren ähnlichen Aufträgen auftraten
- Kenntnisse der gegenwärtigen Produktionsbedingungen
- Allgemeine Erfahrung mit Produktionsproblemen, gesundem Menschenverstand u. v. a.

Diese Faktoren spielen auch in anderen Bereichen, z. B. der Konstruktion, der Arbeitsplanerstellung und der Generierung von Erzeugnisstrukturdaten für auftragsspezifische neue Produkte, grundsätzlich die gleiche Rolle wie für die Vorkalkulation.

In Abschnitt 6.5.3, Unterabschnitt Kalkulation, wird anhand eines ERP-Systems für Auftragsfertiger gezeigt, wie eine auf Erfahrungswissen basierende Kalkulation konkret unterstützt werden kann.

Fallbasierte Wissensverarbeitung

In der Wissenschaft wurde als Lösungsansatz in den 1980er- und 1990er-Jahren die *fallbasierte Wissensverarbeitung* intensiv diskutiert (z. B. Bareiss [1989], Riesbeck [1989], vgl. auch „Schwerpunktthema" in Wirtschaftsinformatik [1996]). Sie basiert auf dem Prinzip, dass frühere *Fälle* zur Bearbeitung des gegenwärtigen Falls herangezogen werden.

Ähnliche Fälle

Auf die Vorkalkulationsproblematik bezogen sollte also das ERP-System dem Sachbearbeiter *ähnliche Fälle* aus der Vergangenheit bereitstellen und ihn darin unterstützen, Abweichungen beim gegenwärtigen Fall (z. B. Auswirkungen, die sich aus anderen Werkstoffeigenschaften ergeben) effizient und zuverlässig einzuarbeiten.

4.5 Materialwirtschaft

Im Bereich der Materialwirtschaft unterscheiden sich die Probleme bei der Auftragsfertigung von denen bei der Programmfertigung zunächst darin, dass es noch keine Erzeugnisstrukturdaten für kundenspezifische Produkte gibt. Dies hat Auswirkungen auf die Beschaffungspolitik, die Lagerhaltung und vor allem die Sekundärbedarfsermittlung.

Auch bei der Auftragsfertigung werden jedoch nicht alle Teile erst nach Auftragseingang produziert oder gar kundenspezifisch konstruiert. Vielmehr ist man bestrebt, soweit es geht Standardteile zu verwenden. Im „Idealfall" würde ein Auftragsfertiger nur standardisierte Baugruppen und Einzelteile einsetzen und diese für einen konkreten Kundenauftrag geeignet kombinieren („assemble-to-order"; vgl. Abschnitt 4.1.1), sofern er nicht schon über Produktvarianten die Kundenwünsche befriedigen kann.

Das Streben nach Standardisierung hat nicht nur Kostengründe. Die vom Markt geforderten kurzen Lieferfristen wären nicht zu verwirklichen, wenn erst mit Vorliegen eines Kundenauftrags (oder einer Anfrage) mit der Produktion auf der untersten Fertigungsstufe begonnen würde. Da andererseits die endgültigen Produktspezifikationen noch nicht bekannt sind, kann eine Lösung nur in einem Zwischenbereich liegen, der die Verwendung von Standardteilen einschließt. Streben nach Standardisierung

Aus diesem Grund definierte Zimmermann sog. *Dispositionsebenen*, die anhand einer Bevorratungsebene unterschieden werden [Zimmermann 1989]: Dispositionsebenen

- Erwartungsbezogene Dispositionsebene
- Kundenauftragsbezogene Dispositionsebene

Abbildung 4.11 zeigt das Prinzip anhand von zwei Erzeugnisstrukturen. In der Festlegung der *Bevorratungsebene* kommt die Entscheidung zum Ausdruck, welche Teile verbrauchsorientiert (erwartungsbezogen) und welche bedarfsorientiert (kundenauftragsbezogen) disponiert werden sollen. Dies ist ähnlich wie bei Programmfertigern.

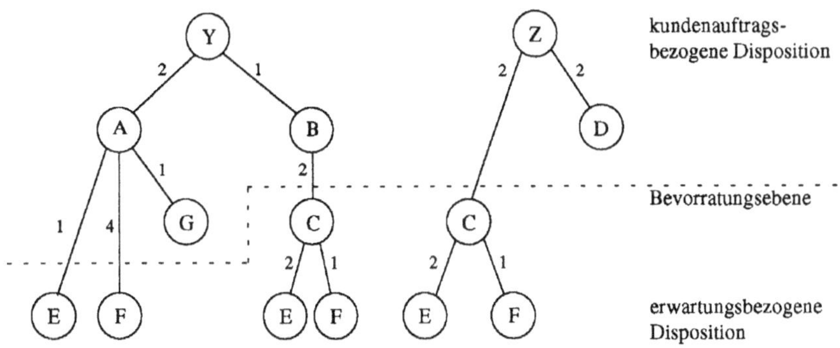

Abb. 4.11: Bevorratungsebene: erwartungs- und kundenauftragsbezogene Disposition.

Während die erwartungsbezogene Disposition sich auf Standardteile bezieht, muss bei den auftragsbezogen disponierten Teilen weiter unterschieden werden: Einerseits gehören Teile dazu, die kundenspezifisch sind und erst mit den konkreten Aufträgen bekannt werden, andererseits aber auch Standardteile, die wegen der Lagerhaltungskosten oder des Lagerhaltungsrisikos nur nach Bedarf gefertigt werden. Die letzteren können von den Teilen unterhalb der Bevorratungsebene beispielsweise mithilfe einer ABC-Analyse abgegrenzt werden. Die Dispositionsarten sind somit weiter zu differenzieren: Erwartungsbezogene vs. auftragsbezogene Disposition

– Erwartungsbezogene Disposition: geringwertige Standardteile
– Kundenauftragsbezogene Disposition: kundenspezifische Teile und höherwertige Standardteile

Auswirkungen auf die Lagerhaltungspolitik

Die „erwartungsbezogene" Disposition hängt, wie der Name sagt, von Erwartungen über den zukünftigen Verbrauch ab. Bei kundenauftragsorientierter Fertigung ist die Unsicherheit über den zukünftigen Verbrauch erheblich größer als bei der Produktion nach Programm. Dies hat Auswirkungen auf die *Lagerhaltungspolitik*.

Zum einen sind bezüglich der Lagermengen höhere Sicherheitszuschläge erforderlich. Zum anderen muss unter Umständen ein breiteres Teilespektrum am Lager geführt werden, da nicht von vornherein genau feststeht, welche Teile später gebraucht werden. Demgegenüber kennt ein Serien- oder Massenfertiger im Allgemeinen das Teilespektrum recht genau und kann seine Prognosen auf mehr oder weniger regelmäßigen Verbrauchswerten der Vergangenheit aufbauen.

Trade-off zwischen Lagerhaltung und Kosten der Eilbeschaffung

Die Unsicherheit bezüglich des zukünftigen Teileverbrauchs lässt sich teilweise auch durch einen Trade-off zwischen Lagerhaltungskosten und Kosten der Eilbeschaffung behandeln. So gibt es in manchen Branchen Spezialfirmen, die z. B. Sondermaterialien, die sonst lange Lieferzeiten aufweisen, vorrätig halten und sie – zu erhöhten Preisen – auch kurzfristig liefern.

Grundsätzlich werden die drei Kategorien von Teilen – geringwertige Standardteile, höherwertige Standardteile und kundenspezifische Teile – auf folgende Arten disponiert:

(1) Für *geringwertige Standardteile* (unterhalb der Bevorratungsebene) können die verbrauchsorientierten Methoden der stochastischen Bedarfsermittlung (vgl. Abschnitt 2.3.2 und 2.5.1) und die Lagerhaltungsmodelle herangezogen werden. Allerdings werden die Sicherheitsbestände aus den oben genannten Gründen höher anzusetzen sein.
(2) *Höherwertige Standardteile* werden nach den Prinzipien der bedarfsorientierten Disposition, d. h. in Abhängigkeit von Kundenaufträgen und auf dem Wege der Stücklistenauflösung, behandelt. Vorausgesetzt sei an dieser Stelle, dass für Standardteile Stücklisten existieren.
(3) *Kundenspezifische Teile* werden in Abhängigkeit von Kundenaufträgen disponiert.

Kundenauftragsbezug bei Losbildung

Aus der Bedeutung des individuellen Kundenauftrags und dem Bedürfnis, jederzeit Informationen über den aktuellen Stand eines Kundenauftrags abrufen zu können, resultiert eine Anforderung an die Datenmodellierung, die sich bei der Produktion „anonymer" Lageraufträge nicht stellt: Wenn Einzelbedarfe, die aus verschiedenen Kundenaufträgen abgeleitet sind, zu *Fertigungslosen* (Fertigungsaufträgen) zusammengefasst werden, muss die Information erhalten bleiben, welche Kundenaufträge mit einem Los verbunden sind.

Da aus den Losen im allgemeinen Fall über die weitere Stücklistenauflösung Sekundärbedarfe abgeleitet werden, die eventuell in andere Lose eingehen, kann sich das Problem über mehrere Fertigungs- oder Dispositionsstufen fortpflanzen. Bei den Erzeugnisstrukturen in Abb. 4.11 tritt dieser Fall zum Beispiel auf, wenn die Teile A und G auch in anderen Erzeugnisstrukturen vorkommen und Lose gebildet werden, die aus verschiedenen Kundenaufträgen stammende Bedarfe zusammenfassen. Die Zusammenhänge müssen in jedem Fall erhalten bleiben; beispielsweise muss die Möglichkeit bestehen, zu einem Los von G diejenigen Kundenaufträge für Y (oder andere Endprodukte) zu identifizieren, welche die in dem Los zusammengefassten Einzelbedarfe direkt oder indirekt verursachten.

Die Information über den Bedarfsverursacher ist von Bedeutung, wenn Änderungen gegenüber der Planung eintreten. Ist beispielsweise die Herstellung eines Loses von einem Maschinenausfall oder von einer kurzfristigen Umdisposition betroffen, die zu Verzögerungen führt, dann lassen sich über geeignete Verknüpfungen in der Datenbank diejenigen Fertigungs- und Kundenaufträge auffinden, die unter den Auswirkungen zu leiden haben. Der Kundensachbearbeiter kann aufgrund dieser Information tätig werden, Ersatzmaßnahmen einleiten oder den Kunden verständigen.

Zusammenhänge zwischen Losbildung und Sekundärbedarfen

Die Zusammenhänge zwischen Losbildung und Sekundärbedarfen sind in Abbildung 4.12 schematisch dargestellt. Die Abbildung zeigt den allgemeinen Fall, dass Einzelbedarfe zu Losen zusammengefasst werden, aus denen selbst wieder Sekundärbedarfe abgeleitet werden. w, x, y und z stehen für Teilenummern.

Die Verbindungen zwischen den Losen und Bedarfen sind in der Abbildung durch Linien skizziert. Aus Gründen der Übersichtlichkeit wurden nur die Verbindungen „von oben nach unten" vollständig eingezeichnet. In der umgekehrten Richtung sind die Zeiger dagegen nur teilweise aufgeführt und stattdessen mit dem Buchstaben p angedeutet. Beispielsweise führt von den drei Einzelbedarfen des Teils y nur ein Pfeil zu dem Los w. Bei einer vollständigen Darstellung würden drei Pfeile auf Lose höherer Stufen zeigen.

Abbildung im Datenmodell

Im Datenmodell müssen die Verbindungen durch geeignete Beziehungstypen abgebildet werden. Die Zusammenhänge sind grundsätzlich die gleichen, wie bereits in Abschnitt 2.7 dargestellt. Die Beziehungen

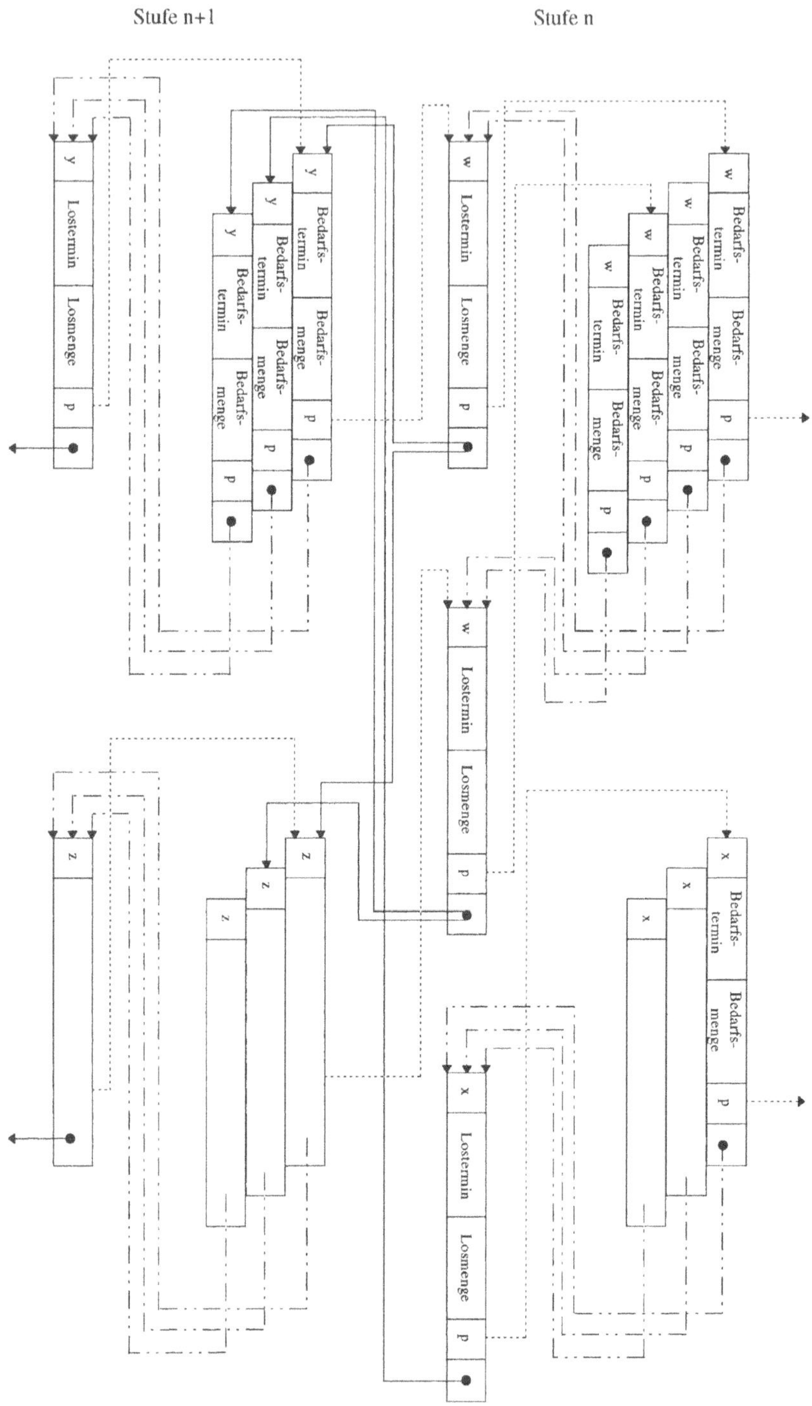

Abb. 4.12: Verknüpfungen zwischen Einzelbedarfen und Losen [Kurbel 1983, S. 227].

zwischen den Losen (Planaufträgen) und den abgeleiteten Bedarfen wurden in Abbildung 2.32 über den Beziehungstyp „geht ein in" hergestellt. Die den Primärbedarf verursachenden betroffenen Kundenaufträge erreicht man über die Spezialisierung „Vertriebsauftrag" zu „Primärbedarf".

Herstellung des Kundenauftragsbezugs

Wenngleich im Datenmodell alle Verbindungen zwischen Kunden- und Fertigungsaufträgen abgebildet sind und ausgewertet werden könnten, wählt man in der Praxis datenbanktechnisch oft einen einfacheren Weg: Der *Kundenauftragsbezug* wird dadurch hergestellt, dass die Nummer des Vertriebsauftrags, der für den Kundenauftrag gebildet wurde, explizit als Attribut (Fremdschlüssel) bei allen betroffenen Sekundärbedarfen mitgeführt wird.

Reservierungen

Reservierung von Lagerbeständen

Bei der Auftragsfertigung spielt die Reservierung von Lagerbeständen im Rahmen der Bedarfsermittlung eine wichtige Rolle. Die Bedeutung kommt daher, dass alles getan werden muss, damit die ordnungsgemäße und termingerechte Durchführung und Fertigstellung der Kundenaufträge gewährleistet sind. Dazu gehören auch die frühzeitige Überprüfung und Sicherstellung der Materialverfügbarkeit. Die Reservierung bezieht sich häufig nicht nur auf den physisch am Lager vorhandenen Bestand (physischer Lagerbestand), sondern auch auf den Bestand, der im Zeitablauf durch Produktions- oder Beschaffungsaufträge erwartet wird (dispositiver Lagerbestand).

Materialverfügbarkeit

Frühzeitige Reservierung

Grundsätzlich werden bei der Auftragsfertigung die Reservierungen schon recht früh vorgenommen. Manchmal verlangt die Orientierung am Kunden sogar, dass Material vorsichtshalber schon bei einer Kundenanfrage oder bei der Angebotsabgabe reserviert wird, damit es bei der Auftragserteilung später nicht zu Engpässen kommt und frühere Zusicherungen gefährdet werden. Die Notwendigkeit kann sich zum Beispiel ergeben, wenn Fremdmaterialien lange Lieferzeiten oder eigengefertigte Teile lange Durchlaufzeiten aufweisen. Prophylaktische Reservierungen werden unter Umständen nicht nur im eigenen Hause, sondern auch bereits bei Zulieferern vorgenommen.

4.6 Zeitwirtschaft und Fertigungssteuerung

Die isolierte Betrachtung der Primärbedarfs-, Termin- und Kapazitätsplanung, die dem MRP-II-Ansatz zugrunde liegt, ist bereits bei Programmfertigern problematisch, da Abhängigkeiten und Wechselwirkungen zwischen den Teilgebieten bestehen. Bei einer auftragsorientierten Fertigung wäre eine Trennung noch weniger zu rechtfertigen.

Primärbedarfs-, Termin- und Kapazitätsplanung müssen zusammen durchgeführt werden

Der Primärbedarf ergibt sich im Wesentlichen aus den Kundenaufträgen. Die Annahme eines Kundenauftrags ist in der Regel mit Terminaussagen (bzw. -zusagen) verbunden. Diese können abgesichert nur dann getroffen werden, wenn bereits bei der Anfrage, Angebotserteilung oder Auftragsannahme die kapazitätsmäßige Realisierbarkeit des Auftrags geprüft wurde. Primärbedarfs-, Termin- und Kapazitätsplanung müssen bei Auftragsfertigung deshalb, zumindest in grober Form, zusammen und bereits bei der Anfrage- oder Angebotsbearbeitung durchgeführt werden.

Der simultanen Planung von Primärbedarfen, Terminen und Kapazitätsbelegungen sind allerdings Grenzen gesetzt. Bezüglich der gleichzeitigen Berücksichtigung der Aufträge müssen zwei Fälle unterschieden werden:

(1) Der *einzelne* Kundenauftrag lässt sich in der Angebotsphase grundsätzlich unter Berücksichtigung der Kapazitätssituation terminieren, falls die erforderlichen Grunddaten (Erzeugnisstrukturen, Arbeitspläne mit Zeitdaten) vorhanden oder Schätzungen möglich sind. Auf diese Weise könnte der zusätzliche Auftrag in die Termin- und Maschinenbelegungspläne aufgenommen werden, d. h., die Pläne würden inkrementell erweitert. Aus der Sicht der produktionswirtschaftlichen Ziele wäre aber keineswegs gewährleistet, dass die so entstehenden bzw. sich verändernden Pläne sinnvoll (oder gar „optimal“) sind. Es könnten sich zufällig auch höchst ungünstige Konstellationen ergeben.
(2) Die gleichzeitige Behandlung (Terminplanung und Einlastung auf Kapazitätseinheiten) *aller* Aufträge in einem Betrachtungszeitraum ist grundsätzlich wünschenswert, aber nicht realisierbar, da die Kundenaufträge nicht gleichzeitig anfallen. Gegen eine simultane Detailplanung spricht auch, dass im allgemeinen Fall die erforderlichen Grunddaten zum Zeitpunkt der Angebotsbearbeitung noch nicht verfügbar sind.

Kompromiss zwischen simultaner und isolierter Planung

Ein praktischer Kompromiss zwischen simultaner Primärbedarfs-, Termin- und Kapazitätsplanung für alle Aufträge und der isolierten Behandlung des einzelnen Auftrags sieht wie folgt aus:

– Wenn ein Kundenauftrag erstmalig eingeplant werden soll, wird er auf der Grundlage geschätzter Durchlaufzeiten und unter Berücksichtigung grober Kapazitätsbelegungen näherungsweise terminiert.

- Wenn sich die Zeitannahmen konkretisieren (d. h., wenn beispielsweise die Arbeitspläne erstellt sind), werden die geschätzten Grobtermine durch genauere Ecktermine für die einzelnen Fertigungsaufträge ersetzt.
- Mit den Eckterminen werden die Fertigungsaufträge auf die jeweiligen Betriebsmittelgruppen (oder Einzelbetriebsmittel, Arbeitsplätze) eingeplant. Wenn sich ungleichmäßige Kapazitätsbelastungen ergeben, wird eine Glättung durch zeitliche Verlagerung von Aufträgen (bzw. genauer von Arbeitsgängen) herbeigeführt. Dies sollte grundsätzlich möglich sein, wenn Kapazitätsaspekte bereits bei der Primärbedarfsplanung berücksichtigt wurden. Das heißt, eine durchgehende Überlastung in allen Perioden ist dann unwahrscheinlich.
- Wenn eine kapazitiv realisierbare Terminplanung vorliegt, erfolgt die Verfeinerung in Form der Maschinenbelegungsplanung. Hierbei werden alle Arbeitsgänge, die in einen bestimmten Zeitraum fallen, gleichzeitig berücksichtigt. Nun können vorteilhafte Auftragsreihenfolgen gebildet werden. Unter Umständen sind sogar Optimierungen möglich.

Simultane Maschinenbelegungsplanung für alle Arbeitsgänge

Die Ausführungen machen deutlich, dass bei der auftragsorientierten Produktion die klassische Unterteilung in Durchlaufterminierung, Kapazitätsplanung und Feinterminierung, wie sie in Kapitel 3 behandelt wurde, nur bedingt aufrechterhalten bleiben kann. Zumindest sind die Inhalte unterschiedlich zu interpretieren: Die Kapazitätsplanung erfolgt zum Teil bereits mit der Primärbedarfsplanung zusammen. Wenn eine Grobterminierung – im Sinne einer Durchlaufterminierung – durchgeführt wird, dann ist der Hauptgrund, dass die genauen Zeitdaten (Arbeitspläne) noch nicht bekannt sind. Sonst könnten Grob- und Feinterminierung zusammenfallen.

Auswirkungen der Unsicherheit

In diesem Zusammenhang soll nochmals auf die Auswirkungen der *Unsicherheit* hingewiesen werden, die bei Auftragsfertigung erheblich höher als bei der Programmfertigung ist. Einerseits sind die Annahmen über die Grunddaten unsicher. Die für ein noch „unbekanntes" Teil benötigten Materialien, Bearbeitungszeiten etc. müssen geschätzt werden. Die erstellten Arbeitspläne können Fehler enthalten. Grundsätzlich resultiert daraus ein Änderungsbedarf, der auch Kapazitätswirkungen hat. Außerdem können Änderungen der bisherigen Planung erforderlich werden, wenn zusätzliche Aufträge entgegengenommen wurden, obwohl keine Plankapazität mehr vorhanden war.

Für die Kapazitätsdisposition bedeutet dies etwa, dass ein Ausgleich allein durch zeitliche Verlagerungen eventuell nicht möglich ist und

Anpassungsmaßnahmen anderer Art erforderlich werden. In der Feinterminierung ist die Wahrscheinlichkeit sehr groß, dass aufgrund der Unsicherheiten ein häufiges Umplanen nötig wird. Flexible, computergestützte Werkzeuge sind deshalb unbedingt erforderlich.

Die Beziehungen zwischen Kapazitäts- und Terminplanung werden in Abschnitt 8.1 in Zusammenhang mit den „elektronischen Leitständen" nochmals aufgegriffen.

Auftragsfreigabe

Die Auftragsfreigabe spielt in Unternehmen, die kundenauftragsbezogen arbeiten, teilweise eine andere Rolle als in Unternehmen, die für den anonymen Markt produzieren. Während bei den letzteren erst mit der Freigabe ein Produktionsvorhaben definitiv in Auftrag gegeben wird, fällt bei den ersteren diese Entscheidung schon viel früher.

Bereits durch die Angebotserstellung oder die Auftragsannahme ist ein starker Druck da, den Kundenauftrag wie vorgesehen auch durchzuführen. Spätestens nach erfolgter Konstruktion laufen alle Aktivitäten darauf hinaus, den Auftrag zielgerichtet abzuwickeln. Die Erstellung der Arbeitspapiere erfolgt häufig nicht in einem gesonderten und relativ späten Schritt „Auftragsfreigabe". Oft werden sie schon mit der Kalkulation bei der Angebotsplanung angefertigt und bei Auftragserteilung in Umlauf gebracht. Oben wurde auf die frühzeitigen Materialreservierungen oder auch auftragsbezogenen Bestellungen schon in der Angebots- oder Anfragephase hingewiesen. Die „Verfügbarkeitsprüfung" ist deshalb mit einer geringeren Unsicherheit behaftet als bei Programmfertigern, die nach wesentlich pauschaleren Produktionsplänen vorgehen. Die Unsicherheit kann sich jedoch aus Änderungswünschen des Kunden ergeben, was bei der Auftragsfertigung nicht ungewöhnlich ist.

Verhältnisse bei Auftragsfertigern sind sehr unterschiedlich

In der Praxis sind die Verhältnisse bei Auftragsfertigern sehr unterschiedlich. Praktische Erfahrung, Intuition und Ad-hoc-Lösungen spielen eine wesentliche Rolle. Dies gilt insbesondere für Klein- und Mittelbetriebe.

Auftrag wird zum „Selbstläufer"

Ein Beispiel aus einem mittelständischen Unternehmen der metallverarbeitenden Industrie mag die Situation veranschaulichen. In dem Unternehmen wird bei der Angebotsbearbeitung eine Kalkulation durchgeführt und gleichzeitig der Arbeitsplan erstellt, der jedoch keine Betriebsmittelangaben enthält. Eine Terminierung erfolgt nur für den ersten Arbeitsgang des Auftrags (genauer des Fertigungsauftrags, der dem Kundenauftrag auf der höchsten Stufe entspricht); d. h., für den ersten Arbeitsgang wird ein Starttermin festgelegt. Der Auftrag geht dann in die Produktion und wird gewissermaßen zum „Selbstläufer".

Von diesem Zeitpunkt an fehlt dem Unternehmen jeder Überblick über den Stand des Auftrags. Er wird zwar irgendwann fertiggestellt; niemand in dem Unternehmen kann aber genau sagen, wann dies sein wird, da es eine große Zahl von Aufträgen gibt. Als Folge sind Überschreitungen der zugesagten Liefertermine die Regel.

4.7 Projektmanagement

Einmalfertigung

Bei einer Einzelfertigung und insbesondere bei der Einmalfertigung (vgl. Fälle d und e in Abschnitt 4.1.1) werden die Aufträge meist nicht nach dem konventionellen Schema der Produktionsplanung und -steuerung abgewickelt. Bei einem Schiff, einer Förderanlage oder einer Sondermaschine, die nur einmal hergestellt wird, sind nicht Primärbedarfsplanung, Materialwirtschaft, Durchlaufterminierung, Kapazitätsterminierung und Werkstattsteuerung die charakteristischen Phasen. Vielmehr müssen Aktivitäten wie die Standortplanung und ggf. Verteilung der Arbeiten auf Standorte; Neu- oder Umbau und ggf. Rückbau der Produktionseinrichtungen; Personalplanung; Konstruktion verschiedener Aggregate, Materialbeschaffung und Arbeitsplanung für diese Aggregate; Fertigung und andere vorgesehen werden. Noch extremer als bei den zuvor beschriebenen Auftragsfertigern gilt hier, dass Zeichnungen, Stücklisten und Arbeitspläne anfangs nicht existieren, sondern erst im Zeitverlauf angelegt werden.

Derartige Aufträge werden meist in Form von *Projekten* abgewickelt. Die Planung, Durchführung und Kontrolle von Projekten fallen in den Bereich *Projektmanagement.*

Projektmanagement-Normen

Mit dem Projektmanagement befassen sich einschlägige Fachvereinigungen und Verbände. Die wesentlichen Begriffe sind national und international genormt. In Deutschland gibt es eine Reihe von DIN-Normen, die projektbezogene Begriffe definieren. Beispielsweise wird in der Norm DIN 69901 ein *Projekt* als ein „ ... Vorhaben, das im Wesentlichen durch Einmaligkeit der Bedingungen in ihrer Gesamtheit gekennzeichnet ist“, charakterisiert.

Definition „Projekt“

Das Project Management Institute (PMI) definiert in dem PMBOK Guide (Project Management Body of Knowledge Guide) ein *Projekt* als „ ... ein zeitlich begrenztes Vorhaben, das unternommen wird, um ein einmaliges Produkt, eine einmalige Dienstleistung oder ein einmaliges Ergebnis zu erstellen“ [PMI 2021].

Das Projektmanagement schließt eine große Zahl von Aufgaben und Teilgebieten ein. In DIN 69904 werden 19 Unterpunkte genannt:

Projektmanagementaufgaben

Zieldefinition, Strukturierung, Organisation, Personalmanagement, Vertragsmanagement, Nachforderungsmanagement, Konfigurationsmanagement, Änderungsmanagement, Aufwandsermittlung, Kostenmanagement, Einsatzmittelmanagement, Ablauf- und Terminmanagement, Multiprojektkoordination, Risikomanagement, Informations- und Berichtswesen, Controlling, Logistik, Qualitätsmanagement und Dokumentation.

Der PMBOK Guide beschreibt diese Aufgaben im Rahmen von Projektmanagementprozessen, die in 49 Einzelprozesse unterteilt sind [PMI 2021].

Projektmanagementsysteme

Eine große Zahl von computergestützten *Projektmanagementsystemen* ist auf dem Markt verfügbar. Sie unterstützen in mehr oder weniger breitem Umfang die genannten Aufgaben. Beispiele sind MeisterTask (https://www.meistertask.com/de), Wrike (https://www.wrike.com/de/), Artemis (https://www.aurea.com/library/artemis-7/), MS Project (www.microsoft.com), PlanningForce (http://www.planningforce.com), Planisware (http://www.planisware.com) und OmniPlan (https://www.omnigroup.com/omniplan/).

Auf der anderen Seite sind Projektmanagementmodule auch in ERP-Systeme eingebaut. So enthält beispielsweise SAP ERP ein spezielles Modul für das Projektmanagement [SAP 2025d]. Wenn die Projektmanagementfunktionalität mit dem ERP-System integriert ist, lassen sich Medienbrüche vermeiden. Das heißt etwa, dass Aktivitäten im Projektmanagementsystem auf die benötigten Daten aus dem ERP-System direkt zugreifen können [Müller 2004].

Methoden und Techniken für die Projektablaufplanung und -kontrolle sind Balkendiagramme (Gantt-Charts), PDM (Precedence Diagramming Method), CPM (Critical Path Method) und PERT (Programme Evaluation and Review Technique) [Schwalbe 2019]. Der wesentliche Vorteil der auf Netzplantechnik basierenden Verfahren besteht darin, dass sie Abhängigkeiten zwischen Aktivitäten, Verantwortlichkeiten, Terminen und Meilensteinen gut erkennen lassen.

5 ERP – Enterprise Resource Planning

5.1 Leitgedanken und Überblick

5.1.1 Prozess- und Integrationsorientierung

Geschäftsprozesse

Die Abwicklung der Geschäfte eines Unternehmens wird heute meist aus der Perspektive der *Geschäftsprozesse* betrachtet. Statt der funktionsorientierten Einzelsichten auf das Unternehmen – Materialwirtschaft, Einkauf, Finanzbuchführung, Rechnungswesen, Produktion, Vertrieb etc. – stehen die funktions- und datenbezogenen Zusammenhänge, die im Zuge der verschiedenen Geschäftsprozesse des Unternehmens von Bedeutung sind, im Vordergrund.

MRP, MRP II, ERP

Die Bezeichnung „Enterprise Resource Planning" (ERP) kann als Fortführung der MRP-Begriffe verstanden werden. Während MRP zunächst nur als „Material Requirements Planning" verstanden wurde und MRP II („Manufacturing Resource Planning") dann auch andere für die Produktion erforderliche Ressourcen umfasste, werden im ERP *alle* für die Geschäftstätigkeit eines Unternehmens notwendigen Ressourcen einbezogen.

Ein wichtiges Merkmal, das ERP-Systeme von den früher verbreiteten, funktionsorientierten Einzelsystemen unterscheidet, ist die *Integration*.

Im Idealfall stellt sich ein ERP-System nach außen als *ein* unternehmensweites Anwendungssystem mit *einer* Datenbank und *einer* durchgängig einheitlichen Benutzeroberfläche dar. Dies bedeutet, dass die einzelnen Module (bzw. Teilsysteme) für die verschiedenen Funktionsbereiche oder Prozesse eines Unternehmens konzeptionell und operational miteinander integriert werden.

Problematik der Insellosungen

Dagegen bereiten nicht integrierte Teilsysteme, sogenannte *Insellösungen*, in der Praxis der Informationsverarbeitung erhebliche Probleme. Am häufigsten sind zu beobachten:

- *Redundanz*: Die gleichen Informationen werden mehrfach gespeichert, mit der Folge, dass sie ggf. auch mehrfach erfasst, gepflegt oder gelöscht werden müssen.
- *Inkonsistenz*: Die gleiche Information in verschiedenen Teilsystemen hat unterschiedlichen Inhalt. Dies ist häufig eine Folge der Redundanz. Da in der Praxis die zeitgleiche Aktualisierung in allen Teilsystemen meist nicht reibungslos funktioniert, z. B. wegen unterschiedlicher organisatorischer Zuständigkeiten, treten unterschiedliche Informationsstände auf.

https://doi.org/10.1515/9783111589688-005

– *Mangelnde Integrität*: Die Datenbanken, in denen die Informationen abgelegt werden, sind nicht korrekt (Datenbankverweise führen beispielsweise ins „Leere").

Einige Beispiele mögen die beim Einsatz von *Insellösungen* auftretenden Schwierigkeiten verdeutlichen:

Inkonsistente Kundendaten

Ein verbreitetes Problem sind nicht einheitliche *Kundendaten*. Angenommen, die Kundendaten werden bei der Auftragserfassung im Vertriebssystem, später dann erneut bei der Lieferscheinschreibung im Versandsystem und schließlich bei der Rechnungsstellung im Fakturierungssystem erfasst und/oder verändert. Möglicherweise werden unterschiedliche Anforderungen bzw. Attribute berücksichtigt oder die gleichen Attribute unterschiedlich ausgelegt. So mag etwa ein Attribut „Anschrift" für den Vertriebsmitarbeiter die Anschrift des Auftraggebers bedeuten, während der Versanddisponent unter „Anschrift" die Lieferanschrift und der Finanzbuchhalter die Rechnungsanschrift versteht. Aus der redundanten Datenhaltung resultieren Inkonsistenzprobleme und Mehrarbeit für alle.

Mehraufwand

Als zweites Beispiel sei die Gewinnung von *Managementinformationen* aus Vertriebsstatistiken, -berichten und -auswertungen genannt. Dazu wertet man oft die Summenzeilen der Rechnungen oder Lieferscheine aus, die dann den Input für ein Statistiksystem bilden. Die Summenzeilen bzw. die dafür erforderlichen Daten sind in dem Rechnungswesensystem enthalten. Wie gelangen die Daten von dort in das Statistiksystem? Wenn die Systeme nicht integriert sind, kann dies recht mühsam sein. Ein Mensch wird sie möglicherweise von Hand übertragen, mit einem Editor kopieren oder im günstigsten Fall aus dem einen System exportieren und nach Anpassung der Formate in dem anderen System importieren. Wären die Systeme integriert, könnten diese Arbeiten entfallen und die Daten würden automatisch übernommen.

Zwei Aussagen zum gleichen Problem

Als drittes Problem sei die *Lieferterminbestimmung* genannt. Man stelle sich vor, dass ein Verkaufsmitarbeiter das Terminierungsverfahren des Vertriebsmoduls aufruft, um dem Kunden eine abgesicherte Lieferterminzusage geben zu können. Wenn der zugrunde liegende Algorithmus ein anderer ist als der im Durchlaufterminierungsmodul der Produktionsplanung verwendete, wird der Kundenauftrag möglicherweise „termingerecht" fertiggestellt, aber nach dem Endtermin der Produktionsplanung, und der dem Kunden zugesagte Termin wird trotzdem überschritten.

Integrierte Informationssysteme

Probleme wie diese gaben in der Wirtschaftsinformatik schon vor vielen Jahren den Anstoß, die *Integration* von Informationssystemen zu einem ihrer Hauptforschungsgegenstände zu machen. Integration muss unter unterschiedlichen Blickwinkeln und auf unterschiedlichen Ebenen geplant und realisiert werden. Mertens unterscheidet hierzu die Dimensionen [Mertens 2013, S. 1 ff.]:

- Integrationsgegenstand (s. u.)
- Integrationsrichtung (horizontal vs. vertikal)
- Integrationsreichweite (innerhalb eines Bereichs, übergreifend, innerbetrieblich, zwischenbetrieblich)
- Automatisierungsgrad (Vollautomation, Teilautomation)

Nach dem Integrationsgegenstand lassen sich die folgenden Aspekte der Integration unterscheiden [Becker 1991, S. 166, Mertens 2013, S. 1 ff.]:

(1) *Datenintegration*: Konzeptionelle, logische und/oder physische Zusammenführung von Datenmodellen, Datenbanken bzw. Datenbeständen mit dem Ziel, die gemeinsame Nutzung der gleichen Daten durch Informationssysteme für Einkauf, Disposition, Marketing, Produktionsplanung, Fakturierung etc. zu ermöglichen. Daten

(2) *Funktionsintegration*: Vorher getrennte Funktionen werden miteinander verknüpft; z. B. Zusammenführung von CAD (Computer Aided Design) und Kalkulation zur konstruktionsbegleitenden Kalkulation. Funktionen

(3) *Vorgangsintegration*: Logisch zusammengehörige (z. B. aufeinander folgende) Vorgänge werden semantisch aufeinander abgestimmt. Dies kann beispielsweise so erfolgen, dass ein Vorgang den nächsten auslöst („triggert") und die relevanten Daten an diesen weitergibt. Vorgänge

(4) *Prozessintegration*: Verbindung von unterschiedlichen Geschäftsprozessen oder Teilprozessen (z. B. Kundenauftragsabwicklungs- und Produktionsprozess). Prozesse

(5) *Methodenintegration*: Betriebswirtschaftliche Methoden werden aufeinander abgestimmt. Beispielsweise sollte die Methode zur Bestimmung der Bestellmengen mit dem Verfahren zur Absatzprognose abgestimmt sein, damit nicht unnötig hohe Lagerbestände und Lagerhaltungskosten entstehen. Methoden

(6) *Programmintegration*: Darunter wird die softwaretechnische Integration verstanden. Es sollte möglich sein, dass Programme zusammen ablaufen und sich aufrufen, dass Erweiterungsmodule integriert werden und dass Module wieder verwendet werden. Programme

Abbildung 5.1 fasst die nach dem Gegenstand unterschiedenen Integrationsformen zusammen.

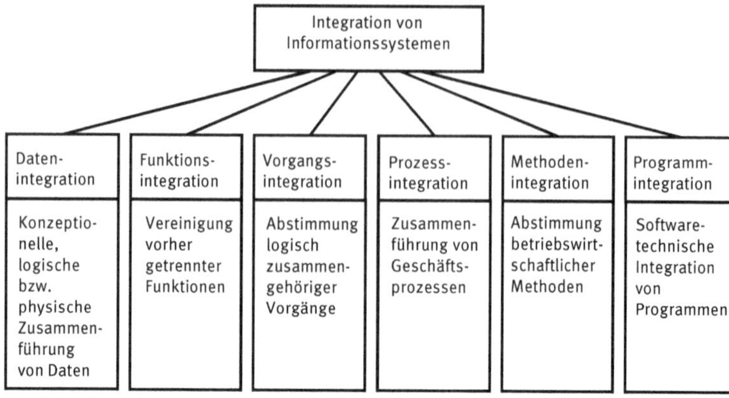

Abb. 5.1: Gegenstände der Integration von Informationssystemen.

Integrationsrichtung

Unter inhaltlichen Gesichtspunkten ist die *Integrationsrichtung* zu betrachten. Von *horizontaler Integration* spricht man, wenn auf die gleiche Organisationsebene ausgerichtete Informationssysteme integriert werden, z. B. alle mengenorientierten, operativen Systeme oder alle Abrechnungssysteme. *Vertikale Integration* meint demgegenüber die funktionsbereichsorientierte Integration über die Unternehmensebenen hinweg, z. B. technische Informationssysteme, Anlagenbuchführung, Investitionscontrolling und Investitionsinformationssysteme für das Topmanagement. Die Pyramidendarstellung von Scheer in Abb. 5.2 verdeutlicht die beiden Richtungen der Integration.

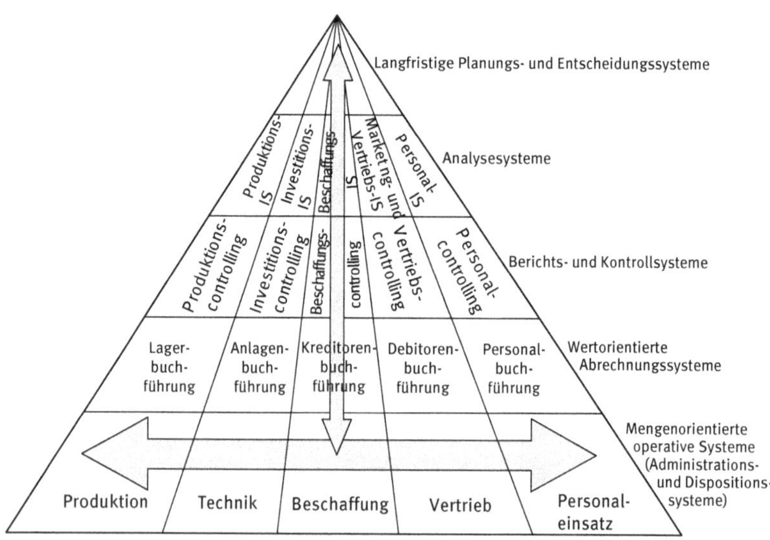

Abb. 5.2: Integrationsrichtungen [Scheer 1997, S. 5].

5.1.2 Integrierte Informationssysteme

Wie kommt man zu einer unternehmensweit integrierten Anwendungssystemlandschaft (oder, in der Wirtschaftsinformatikterminologie, zu „integrierten Informationssystemen")? Zwei grundsätzlich unterschiedliche Vorgehensweisen sind denkbar:

Nachträgliche Integration existierender Systeme

Enterprise Application Integration (EAI)

Da es in den meisten Unternehmen bereits eine Vielzahl unterschiedlicher Anwendungssysteme gibt, besteht ein Ansatz darin, die existierenden Systeme nachträglich zu integrieren. Angesichts der Heterogenität der Systeme kann dies ein schwieriges Unterfangen darstellen. Aus diesem Grund entstand sogar ein eigenes Teilgebiet der Wirtschaftsinformatik, das als *Enterprise Application Integration (EAI)* bezeichnet wird. Früher sprach man auch, in einer Weiterentwicklung des aus der Informatik stammenden Begriffs „Software Reengineering", vom „integrationsorientierten Reengineering" [Eicker 1992].

Altsysteme

Im EAI und im Reengineering geht es darum, sogenannte Altsysteme („Legacy Systems", manchmal auch diskriminierend als Software-Altlasten bezeichnet) oder allgemeiner gesprochen Softwaresysteme, die auf unterschiedlichen, meist älteren Softwaretechnologien basieren, unter einem Dach zu integrieren. Häufig ist die Vorstufe zur eigentlichen Integrationsarbeit die Nachdokumentation und die Erzeugung von Systemmodellen (Datenmodelle, Funktionenmodelle, Ablaufmodelle etc.), damit man die Systeme erst einmal besser versteht. Bei Altsystemen ist es an der Tagesordnung, dass solche Unterlagen fehlen.

Integrationsplattform

Die Integration erfolgt dann meist technikunterstützt, mithilfe von Integrationsplattformen, die gewisse Standards anbieten bzw. deren Einhaltung erzwingen. Sie basieren z. B. auf CORBA (Common Object Request Broker Architecture [OMG 2025]), SOA (Service-oriented Architecture) oder Webservices [Kurbel 2008, S. 105 ff.]. Die Grundidee ist dabei, die zu integrierenden Altsysteme mit standardisierten Schnittstellen zu versehen, über die die Funktionalität der Altsysteme von außen angesprochen werden kann.

Neuentwicklung bzw. -beschaffung

Neuentwicklung integrierter Informationssysteme

Die nachträgliche Zusammenführung der bereits vorhandenen Anwendungssysteme kann ein mühsamer Weg sein, insbesondere wenn dazu ein Reengineering notwendig ist. Der alternative Ansatz ist deshalb eine *ganzheitliche Konzeption* und Entwicklung oder Beschaffung neuer Systeme, die auf einer unternehmensweiten Informationssystemarchitektur aufsetzen und von vornherein die Integrationserfordernisse berücksichtigen.

ERP-Systeme sind Standardsoftware

Im Vergleich zur nachträglichen Integration bestehender Teilsysteme ist die Neuentwicklung unternehmensweiter ERP-Systeme von Grund auf allerdings eine noch wesentlich umfangreichere Aufgabe. Sie erfordert i. d. R. ein sehr hohes Investitionsvolumen, das sich für ein einzelnes Unternehmen kaum amortisiert. Deshalb sind ERP-Systeme auch nur im Ausnahmefall als Individualsoftware anzutreffen. In der Regel sind es professionelle Softwarefirmen, die diese Systeme als *Standardsoftware* entwickeln und über einen vielfachen Einsatz bei unterschiedlichen Unternehmen die Entwicklungs-, Wartungs- und Weiterentwicklungskosten amortisieren.

Eine unternehmensweite Integration bedeutet nicht unbedingt, dass ein ERP-System für das ganze Unternehmen mit einem Schlag eingeführt wird. Auch ERP-Systeme sind modular konzipiert. In der Regel ist es möglich, Systemkomponenten einzeln oder nacheinander zu erwerben und in Betrieb zu nehmen.

In einem ERP-System sind heute alle wesentlichen betrieblichen Funktionsbereiche auf allen Arbeits- und Managementebenen integriert. In der Wirtschaftsinformatik wurde die Forderung nach umfassender Integration schon lange vor dem Entstehen der ERP-Systeme erhoben. Die Integrationspyramide, die in Abb. 5.2 wiedergegeben ist, wurde von Scheer zum ersten Mal bereits 1988 veröffentlicht. Insofern kann man sagen, dass mit den ERP-Systemen eines der Kernanliegen der Wirtschaftsinformatik erfüllt wurde.

5.1.3 Funktionalität von ERP-Systemen

Unterschiedlicher Funktionsumfang

Der Funktionsumfang von ERP-Systemen ist unterschiedlich. Teilweise hängt dies mit der Entstehungsgeschichte der Systeme zusammen, teilweise mit der Zielgruppe. Viele ERP-Systeme sind ursprünglich als PPS-Systeme entstanden und wurden dann zu ERP-Systemen weiterentwickelt – oder auch nur „umgetauft". Bei solchen Systemen ist naturgemäß diejenige Funktionalität besonders ausgeprägt, welche von Industriebetrieben benötigt wird, mit dem Kern Produktionsplanung und -steuerung.

Typische ERP-Funktionskreise

ERP-Systeme für kleine und mittlere Unternehmen sind gegenüber Systemen für Großunternehmen nicht nur im allgemeinen Funktionsumfang begrenzter, sondern weisen zum Beispiel, im Sinne der Pyramide von Abb. 5.2, weniger Unterstützung für die Topmanagementaufgaben in der Spitze der Pyramide auf. „Große“ ERP-Systeme werden gerade in diesem Teil immer weiter ausgebaut.

Die wichtigsten Funktionsbereiche, die in der einen oder anderen Form von einem ERP-System abgedeckt werden, sind meist:
- Produktionsplanung und -steuerung, Materialwirtschaft, Einkauf, Lagerhaltung, Instandhaltung, Qualitätssicherung u. a.
- Marketing, Vertrieb, Versand, Tourenplanung und -steuerung u. a.
- Personalwirtschaft (Lohn- und Gehaltsabrechnung, Personalmanagement, Personaleinsatz u. a.)
- Finanzbuchhaltung, Jahresabschluss, Liquiditätsplanung u. a.
- Rechnungswesen, Kalkulation, Controlling u. a.

Die Bezeichnungen der Module oder Teilsysteme sind allerdings höchst unterschiedlich und teilweise auch marketingabhängigen Wandlungen unterworfen. Beispielsweise findet man für die produktionsorientierten Funktionen im ersten Aufzählungspunkt auch Oberbegriffe wie „Logistik“, „Operations“, „Ressourcenmanagement“ und andere.

Zur Veranschaulichung der Funktionalität eines ERP-Systems wird in diesem Kapitel beispielhaft das System SAP ERP herangezogen. Mithilfe von SAP ERP wird auch die Abbildung der Unternehmensorganisation in einem ERP-System sowie die Abwicklung typischer Geschäftsprozesse veranschaulicht.

5.2 Abbildung der Unternehmensorganisation

Wenn ein Unternehmen sich für den Einsatz eines ERP-Systems entscheidet, dann erwartet es, dass das System seine spezifischen Geschäftsprozesse unterstützt und dabei die spezifischen Gegebenheiten des Unternehmens berücksichtigt. Bei einem ERP-System handelt es sich aber i. d. R. um eine *Standardsoftware*. Das heißt, die vom ERP-System unterstützten Aufgaben und Problemlösungen gehen von *Standardannahmen* aus.

Customizing

Die Anpassung der standardisierten Aufgaben und Probleme an die individuellen Verhältnisse erfolgt bei der Einführung eines ERP-Systems im Unternehmen im Rahmen des sogenannten *Customizing*. Dieses wird in Abschnitt 7.3 näher erläutert.

Aufbauorganisation des Unternehmens

Ein wesentlicher Gesichtspunkt bei der Systemeinführung ist die Abbildung des Unternehmens aus Sicht seiner *Aufbauorganisation*. Die verfügbaren ERP-Funktionen bzw. die Berechtigungen, diese zu benutzen, sind in der Regel an bestimmte Organisationseinheiten geknüpft.

Einer der ersten Schritte bei der Systemeinführung ist deshalb die Definition der *Organisationsstruktur*. Das heißt, die existierende (oder zukünftig gewünschte) Organisation des Unternehmens muss mithilfe der im ERP-System vorgesehenen generischen Organisationselemente und der vorgegebenen Terminologie beschrieben werden.

Diese Aufgabe ist nicht nur sehr umfangreich, sondern erfordert zahlreiche Gestaltungs- und Zuordnungsentscheidungen, da die individuelle Aufbauorganisation eines Unternehmens meist nicht ohne Weiteres in das vorgegebene Standardraster passt. Einmal festgelegte Strukturen können später nur mit einem erheblichen Aufwand revidiert werden. Deshalb muss die Abbildung sorgfältig geplant und in ihren Konsequenzen durchdacht werden.

Organisationsstrukturen sind zweckorientiert

Die Organisationsstrukturen in den verschiedenen Teilen eines Unternehmens genügen unterschiedlichen Zwecken. In der Logistik geht es beispielsweise um Fabriken, Niederlassungen und Zweigstellen eines Unternehmens, im Rechnungswesen um Buchungskreise und um Geschäftsbereiche, die eigene interne oder externe Bilanzen aufstellen. Dementsprechend unterschiedlich sind auch die Organisationsstrukturen und die Terminologie, die das ERP-System in seinen verschiedenen Teilen erwartet.

Im Folgenden wird am Beispiel der in SAP ERP vorgesehenen Organisationselemente skizziert, wie eine konkrete Unternehmensorganisation in diesem System abgebildet wird. Dabei ist zu beachten, dass vom Anwendungskontext abhängig mehrere Strukturen definiert werden müssen: für die Materialwirtschaft, den Einkauf, den Vertrieb, die Buchhaltung, die Personalwirtschaft u. a.

5.2.1 Organisationsstruktur im Rechnungswesen

Mandant

Das oberste Element in jeder der Organisationsstrukturen ist der sog. „Mandant“. Vereinfacht kann man sich darunter ein Unternehmen vorstellen. In einem SAP-System gibt es immer einen Mandanten, es können aber auch mehrere Mandanten sein. Letzteres ist zum Beispiel der Fall, wenn mehrere Unternehmen eines Konzerns das gleiche System nutzen, oder wenn im Zuge der Systemeinführung unterschiedliche Installationen benötigt werden (Testsystem, Schulungssystem, Produktivsystem o. a.).

Im *Rechnungswesen* spielen vor allem die Organisationselemente Buchungskreis, Geschäftsbereich, Kostenrechnungskreis und Ergebnisbereich eine Rolle.

Buchungskreis

Der Buchungskreis ist ein sehr wichtiges Organisationselement für das *externe Rechnungswesen*. Er definiert Vorschriften für diejenige Organisationseinheit, für die nach den gesetzlichen Bestimmungen eine Bilanz und eine Gewinn- und Verlustrechnung aufgestellt werden müssen. Im einfachsten Fall hat ein Unternehmen einen Buchungskreis. Wenn es aus mehreren rechtlich selbstständigen Gesellschaften besteht (z. B. eine Konzernholding, ein Unternehmen mit Tochtergesellschaften oder Auslandsniederlassungen), dann müssen mehrere Buchungskreise eingerichtet werden.

Externes Rechnungswesen

Für jeden Buchungskreis wird auch der zu verwendende *Kontenplan* festgelegt. Wenn verschiedene Buchungskreise den gleichen Kontenplan benutzen, dann bedeutet dies, dass die Hauptbücher dieser Buchungskreise in derselben Art und Weise aufgebaut sind.

Kontenplanzuordnung

Da sehr viele Transaktionen im Enterprise Resource Planning finanzielle oder vermögenswirksame Auswirkungen haben, wird der Buchungskreis bei einer Transaktion meistens mitgeführt bzw. mit angegeben.

Geschäftsbereich

Wenn ein Unternehmen für interne Zwecke bereichsspezifische Bilanzen und Gewinn- und Verlustrechnungen aufstellen möchte, dann kann es sich des Organisationselements Geschäftsbereich bedienen. Wenn ein Unternehmen beispielsweise nach Sparten organisiert ist, kann es erwünscht sein, für jede Sparte eine interne Bilanz aufzustellen. Auch in dem Fall, dass gesetzliche Vorschriften ein Berichtswesen für Geschäftssegmente verlangen (z. B. für bestimmte Produktlinien), verwendet man das Organisationselement Geschäftsbereich.

Interne Bilanzen

Ein Buchungskreis kann aus mehreren Geschäftsbereichen bestehen, während umgekehrt ein Geschäftsbereich auch mehreren Buchungskreisen zugeordnet sein kann (z. B. eine Sparte, die im Inland und Ausland angesiedelt ist).

Kostenrechnungskreis

Wie der Name sagt, wird das Organisationselement Kostenrechnungskreis für die Kostenrechnung *(internes Rechnungswesen)* verwendet. Es definiert den Rahmen, innerhalb dessen Kosten und Erlöse gebucht und verrechnet werden. Die Kostenarten-, Kostenstellen-, Produktkosten- und Profit-Center-Rechnung finden innerhalb eines Kostenrechnungskreises statt.

Internes Rechnungswesen

Im einfachsten Fall hat ein Unternehmen einen Kostenrechnungskreis und einen Buchungskreis. Da das interne Rechnungswesen aber anderen Vorschriften als das externe Rechnungswesen folgt, kann es erforderlich sein, einem Kostenrechnungskreis mehrere Buchungskreise zuzuordnen. Dies ist etwa der Fall, wenn das Unternehmen aufgrund gesetzlicher Vorschriften mehrere Buchungskreise hat (z. B. Tochterunternehmen), aber ein einheitliches Controlling durchführen möchte. In diesem Fall muss überall der gleiche Kontenplan benutzt werden.

Ergebnisbereich

Ergebnisbereich

Das Organisationselement Ergebnisbereich wird ebenfalls im internen Rechnungswesen verwendet. Die Ergebnis- und Marktsegmentrechnung wird für einen Ergebnisbereich durchgeführt. Im einfachsten Fall gehört zu einem Ergebnisbereich nur ein Kostenrechnungskreis. Wenn mehrere Kostenrechnungskreise existieren, kann man sie dem gleichen Ergebnisbereich zuordnen.

Abbildung 5.3 verdeutlicht die Zusammenhänge zwischen den Begriffen Ergebnisbereich, Kostenrechnungskreis, Buchungskreis und Geschäftsbereich in schematischer Form.

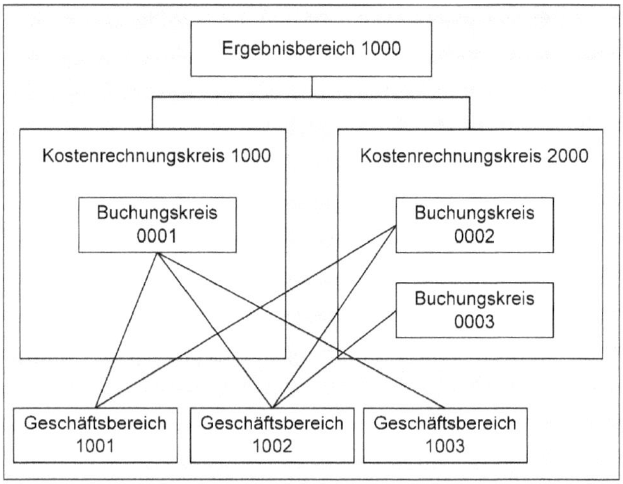

Abb. 5.3: Organisationsstruktur im Rechnungswesen [Benz 2011, S. 48].

5.2.2 Organisationsstrukturen in Materialwirtschaft und Produktion

In den verschiedenen Teilbereichen der Materialwirtschaft und Produktion werden teilweise die gleichen Organisationselemente benutzt.

Neben den bereits eingeführten Begriffen Mandant und Buchungskreis spielen hier insbesondere das Werk und der Lagerort eine Rolle.

Werk

Werk als Sammelbegriff

Ein Unternehmen wird grundsätzlich in „Werke" untergliedert. Die Terminologie ist die eines klassischen Produktionsunternehmens. In einem Werk findet die Herstellung und Lagerung von Produkten (Materialien oder Dienstleistungen) statt. Als Werke werden alle Organisationseinheiten eingerichtet, in denen Leistungen erbracht werden, z. B. Fertigungsstätten, Distributionszentren und Zweigniederlassungen.

Im einfachsten Fall hat das Unternehmen ein Werk, im Allgemeinen aber mehrere. Jedes Werk ist genau einem Buchungskreis zugeordnet.

Lagerort

Lagerorte gehören zu Werken

Zu den Werken gehören die Lagerorte. Als Lagerorte werden Organisationseinheiten bezeichnet, für die Lagerbestände getrennt ausgewiesen werden, z. B. ein Wareneingangslager oder ein Fertigwarenlager. Ein Lagerort ist immer eindeutig einem Werk zugeordnet, wie Abb. 5.4 verdeutlicht. Auf der Ebene der Lagerorte erfolgt die Bestandsführung und die Inventur.

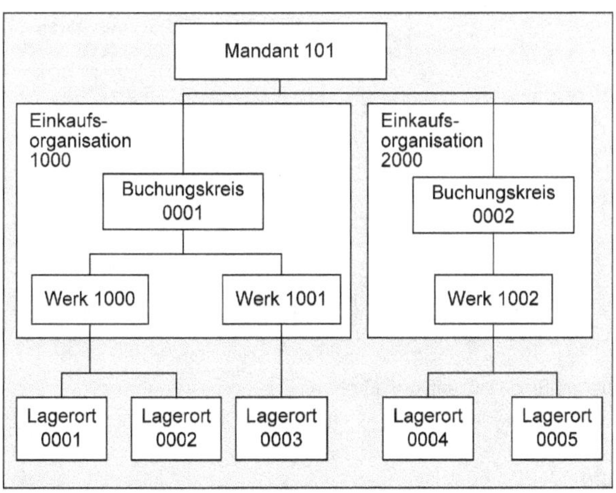

Abb. 5.4: Werke, Lagerorte und werksübergreifende Einkaufsorganisation [Benz 2011, S. 50].

Organisationsstruktur im Einkauf

Für die *externe Beschaffung (Einkauf)* werden neben Werken und Lagerorten die Organisationselemente Einkaufsorganisation und Einkäufergruppe unterschieden.

Einkaufsorganisation

Einkaufsorganisation

Mithilfe des Elements Einkaufsorganisation wird die organisatorische Zuständigkeit für den Einkauf festgelegt, d. h., das Unternehmen wird nach den Erfordernissen des Einkaufs untergliedert. Dabei können beliebige Zwischenformen von zentralem und dezentralem Einkauf definiert werden.

Als Einkaufsorganisation wird diejenige Organisationseinheit bezeichnet, die für ein oder mehrere Werke die Konditionen mit den Lieferanten vereinbart. Wenn eine *werksbezogene* Einkaufsorganisation gewählt wird, hat jedes Werk seine eigene Einkaufsorganisation. Eine *werksübergreifende* Einkaufsorganisation ist demgegenüber für mehrere Werke zuständig, wie auch Abb. 5.4 zeigt.

Bei einer starken Zentralisierung des Einkaufs kann die Einkaufsorganisation auch *buchungskreisübergreifend* definiert werden. Sie gilt dann für alle Buchungskreise des Unternehmens. Abbildung 5.5 verdeutlicht diesen Fall.

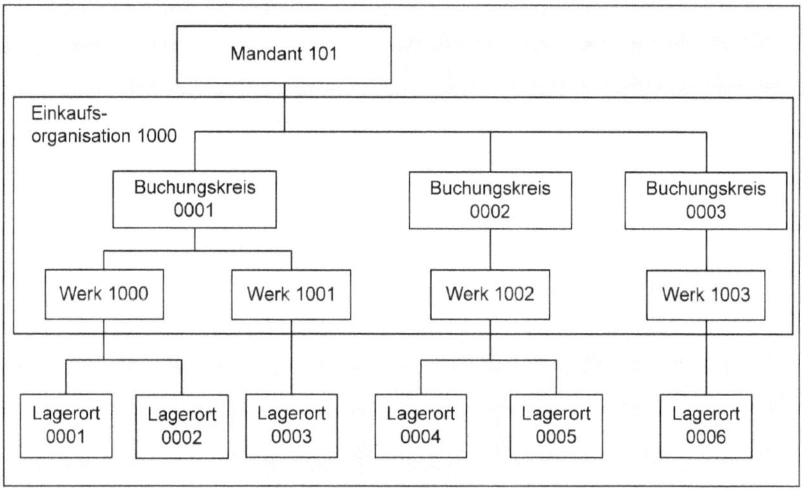

Abb. 5.5: Buchungskreisübergreifende Einkaufsorganisation.

Einkäufergruppe

Einkäufergruppe

Mithilfe des Organisationselements Einkäufergruppe werden Zuständigkeiten für die Beschaffung bestimmter Materialien oder Dienstleistungen bzw. allgemeiner für bestimmte Einkaufsaktivitäten definiert. Damit wird auch festgelegt, wer für welchen Lieferanten als Ansprechpartner verantwortlich ist.

5.2.3 Organisationsstrukturen im Vertrieb

Die zentralen Organisationselemente, mit denen man die Vertriebsstruktur beschreibt, sind die Verkaufsorganisation, der Vertriebsweg und die Sparte. Für den Verkauf und den Versand der Waren werden weitere Organisationselemente modelliert.

Verkaufsorganisation

Vertriebssicht

Das Organisationselement Verkaufsorganisation dient dazu, das Unternehmen aus Sicht des Vertriebs zu untergliedern. Eine Verkaufsorganisation ist für den Vertrieb von Gütern zuständig. Auch die rechtliche Verantwortung (Produkthaftung, Regressforderungen) liegt bei der Verkaufsorganisation. Eine Verkaufsorganisation ist eindeutig einem Buchungskreis zugeordnet. Wie Abb. 5.6 zeigt, können zu einem Buchungskreis auch mehrere Verkaufsorganisationen gehören. Dieser Fall ist häufig gegeben, wenn sich eine Marktsegmentierung, z. B. nach nationalen und internationalen Märkten oder nach anderen regionalen Gesichtspunkten, als zweckmäßig erweist.

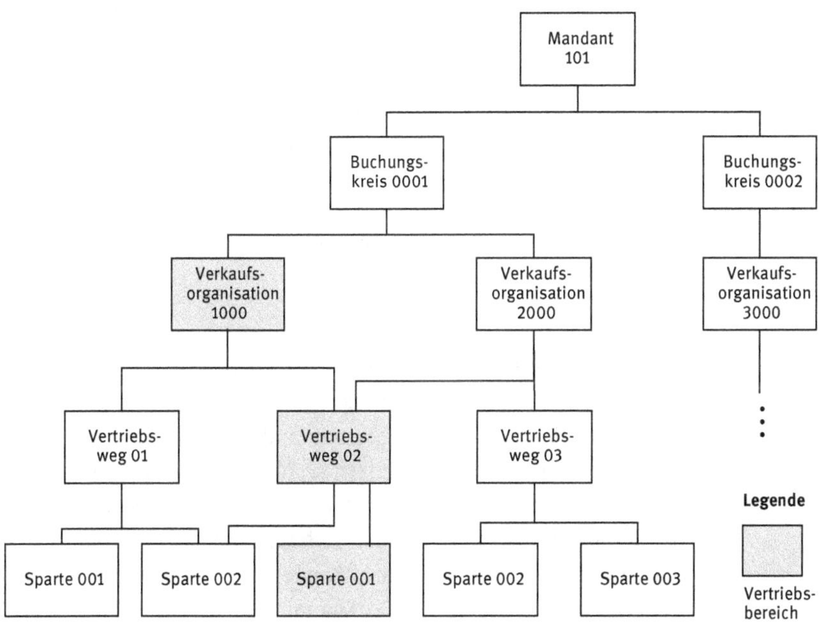

Abb. 5.6: Organisationsstruktur im Vertriebsbereich.

Vertriebsweg

Vertriebswege

Die gleichen Waren und Dienstleistungen können auf verschiedenen Wegen zum Abnehmer gelangen, zum Beispiel über Einzelhandel, Direktvertrieb oder Internet. Die unterschiedlichen Kanäle werden mithilfe des Organisationselements Vertriebsweg modelliert. Eine Verkaufsorganisation kann mehrere Vertriebswege nutzen. Ebenso kann der gleiche Vertriebsweg von mehreren Verkaufsorganisationen genutzt werden, wie auch in Abb. 5.6 zu sehen ist. Verantwortlichkeiten, Preisgestaltung und Verkaufsstatistiken sind häufig an Vertriebswege geknüpft.

Sparte

Produktgruppierung

Das Organisationselement Sparte ermöglicht eine Gruppierung von Waren und Dienstleistungen. Ein Computerfachhändler mag beispielsweise die Produktlinien Personal Computer, Drucker und Software als Sparten definieren. Dann kann er Preis- und Liefervereinbarungen mit Kunden spartenbezogen treffen.

Vertriebsbereich

Kombination Verkaufsorganisation – Vertriebsweg – Sparte

Ein Vertriebsbereich definiert den Vertriebsweg (z. B. Direktvertrieb, Großhandel), auf dem eine Verkaufsorganisation (z. B. Inland) Produkte einer bestimmten Sparte (z. B. Drucker) vertreibt. Wie Abb. 5.6 verdeutlicht, handelt es sich beim Vertriebsbereich um eine bestimmte Kombination aus Vertriebsweg, Verkaufsorganisation und Sparte. Sie gibt an, welche Produkte auf welchem Weg verkauft werden können. Ein Vertriebsbereich gehört zu genau einem Buchungskreis.

Abbildung 5.7 zeigt ein Beispiel. Im linken Teil (IT-Vertrieb GmbH 0001) gibt es genau acht Vertriebsbereiche:

Vertrieb Deutschland 1000	–	Direktvertrieb 01	–	Drucker 001
Vertrieb Deutschland 1000	–	Direktvertrieb 01	–	PCs 002
Vertrieb Deutschland 1000	–	Internethandel 02	–	Drucker 001
Vertrieb Deutschland 1000	–	Internethandel 02	–	PCs 002
Vertrieb International 2000	–	Internethandel 02	–	Drucker 001
Vertrieb International 2000	–	Internethandel 02	–	PCs 002
Vertrieb International 2000	–	Großhandel 03	–	PCs 002
Vertrieb International 2000	–	Großhandel 03	–	Software 003

Vertriebsbereiche sind in SAP ERP sehr wichtig, da die Verkäufe nach Vertriebsbereichen erfasst und gebucht werden. Im Rahmen des Vertriebsprozesses (vgl. Abschnitt 5.3.2) werden beispielsweise die Belege

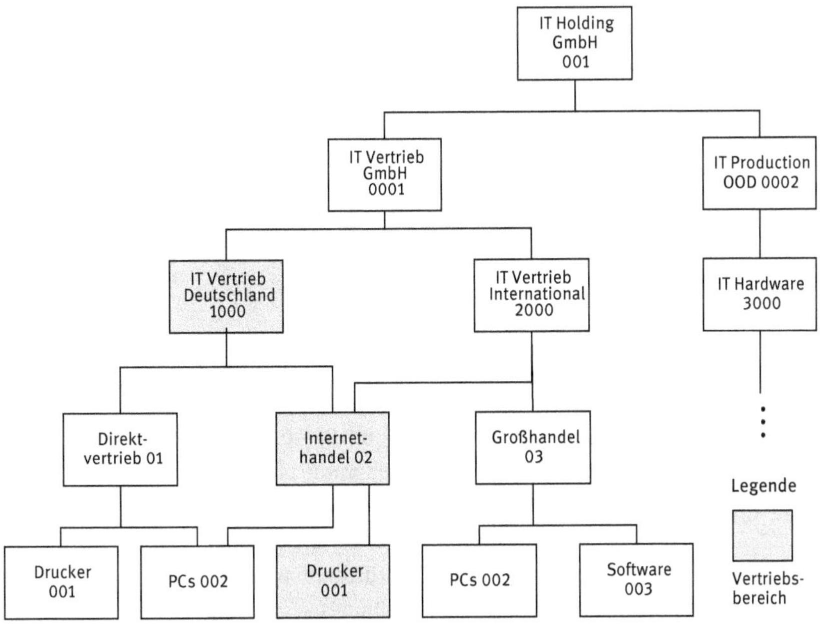

Abb. 5.7: Vertriebsstruktur (Beispiel).

(Verkaufsbelege u. a.) einem Vertriebsbereich zugeordnet. Auch vertriebsrelevante Stammdaten (z. B. Teile der Debitoren- und Materialstammdaten; Konditionen) werden vertriebsbereichsbezogen organisiert.

Versandstelle

Voraussetzung für Auslieferung

Die Auslieferung der Waren an Kunden erfolgt von Versandstellen aus. Eine Versandstelle kann für mehrere Werke arbeiten. Die Versandstelle ist i. d. R. ein physischer Ort, z. B. eine Laderampe, ein Bahnfrachtdepot oder eine Postsendungsstelle. Die Existenz einer Versandstelle ist Voraussetzung dafür, dass ein Kundenauftrag überhaupt ausgeliefert werden kann (zumindest buchungstechnisch).

Verkaufsbüro, Verkäufergruppe und Verkäufer

Organisation des Verkaufs

Die räumliche und personelle Organisation des Verkaufs wird mithilfe der Elemente Verkaufsbüro, Verkäufergruppe und Verkäufer beschrieben. Verkaufsbüros unterstützen den Vertrieb. Ein Verkaufsbüro wird einem *Vertriebsbereich* (oder mehreren Vertriebsbereichen) zugeordnet. Es setzt sich aus Verkäufergruppen zusammen, die wiederum aus (Einzel-) Verkäufern bestehen.

5.2.4 Organisationsstrukturen in der Personalwirtschaft

Für die Personalwirtschaft, heute auch als *Human Resources (HR)* oder *Human Capital Management (HCM)* bezeichnet, werden Organisationselemente zur Abbildung der Unternehmenshierarchie aus Sicht der personellen Zuständigkeit („Unternehmensstruktur"), der Personalzusammensetzung („Personalstruktur") sowie der Aufbauorganisation verwendet.

Unternehmensstruktur

Die Unternehmensstruktur wird mithilfe der Elemente Mandant, Buchungskreis, Personalbereich und Personalteilbereich beschrieben. Ein Unternehmen (bzw. im engeren Sinne ein Buchungskreis) wird also erneut, hier für die Belange des Personalwesens, gegliedert.

Personalbereich

Personalbereiche sind abgegrenzte Unternehmensbereiche, die für personalwirtschaftliche Zwecke zusammengefasst werden, z. B. nach Standorten des Unternehmens. Abbildung 5.8 beinhaltet diesen Fall.

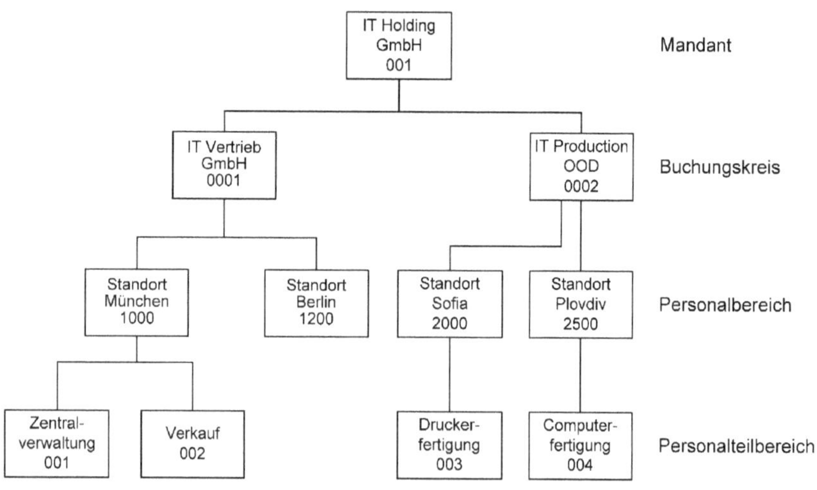

Abb. 5.8: Unternehmensstruktur (Beispiel).

Personalteilbereich

Personalteilbereiche untergliedern einen Personalbereich weiter in Unterbereiche, für die personalwirtschaftliche Regelungen getroffen werden (z. B. Arbeitszeitregelungen, Tarifstruktur, Eingruppierung in Lohn-/Gehaltsgruppen). In der Abbildung sind dies beispielsweise die Teilbereiche Zentralverwaltung, Verkauf, Drucker- und Computerfertigung.

Personalstruktur

Die Personalstruktur spiegelt die Stellung und den Status der Mitarbeiter im Unternehmen wider. Zur Abbildung werden die Organisationselemente Mitarbeitergruppe, Mitarbeiterkreis und Abrechnungskreis verwendet.

Mitarbeitergruppe

Mit dem Element *Mitarbeitergruppe* definiert man den möglichen Status der Personen, die in der Personalwirtschaft geführt werden. Beispiele sind aktive Mitarbeiter, Rentner, Vorruheständler, Freelancer (Freiberufler) etc.

Mitarbeiterkreis

Mitarbeiterkreise werden zur feineren Untergliederung der Mitarbeitergruppen verwendet. Zum Beispiel kann man die aktiven Mitarbeiter in Tarifangestellte, außertarifliche Angestellte, Auszubildende und gewerbliche Arbeitnehmer unterscheiden. Über die Mitarbeiterkreise werden Arbeitszeitpläne, Tarifgruppen, Lohn-/Gehaltsabrechnungsverfahren und andere Merkmale zugeordnet.

Abrechnungskreis

Ein *Abrechnungskreis* definiert diejenige Menge der Mitarbeiter, für die die Personalabrechnung zum gleichen Zeitpunkt und für die gleiche Abrechnungsperiode durchgeführt wird.

Aufbauorganisation

Die Aufbauorganisation eines Unternehmens beschreibt die organisatorischen Einheiten (z. B. Abteilungen, Unterabteilungen, Gruppen), die Über-/Unterordnungsverhältnisse, die zu den Einheiten gehörenden Planstellen sowie deren Rollen.

Organisationseinheiten

Organisationseinheiten können nach beliebigen Kriterien gebildet werden. Aus der Zuordnung von Organisationseinheiten zueinander ergibt sich die hierarchische Struktur der Aufbauorganisation. Da sich in SAP ERP beliebig viele Zuordnungen „nach oben“ und „nach unten“ definieren lassen, können auch beliebige Organisationsformen modelliert werden (z. B. Linien- oder Matrixorganisation).

Planstelle

Planstellen sind die durch Mitarbeiter besetzten oder für die Besetzung durch Mitarbeiter vorgesehenen Positionen. Planstellen sind einer Organisationseinheit zugeordnet. In einer mehrstufigen Organisationsstruktur kann es Planstellen auf allen Ebenen geben, wie Abb. 5.9 zeigt. Das heißt, ein Knoten in der Organisationsstruktur kann sowohl (direkt zugeordnete) Planstellen als auch untergeordnete Organisationseinheiten enthalten. Beispielsweise hat die Abteilung OE 3 zwei Mitarbeiter (Planstellen) und eine Unterabteilung (OE 5).

Rolle („Stelle“)

Die Zuständigkeit für bestimmte Aufgaben, die der (die) Inhaber(in) einer Planstelle wahrnehmen soll, wird durch ihre Rolle definiert. In der Terminologie von SAP ERP ist der hierfür verwendete Begriff die *Stelle*.

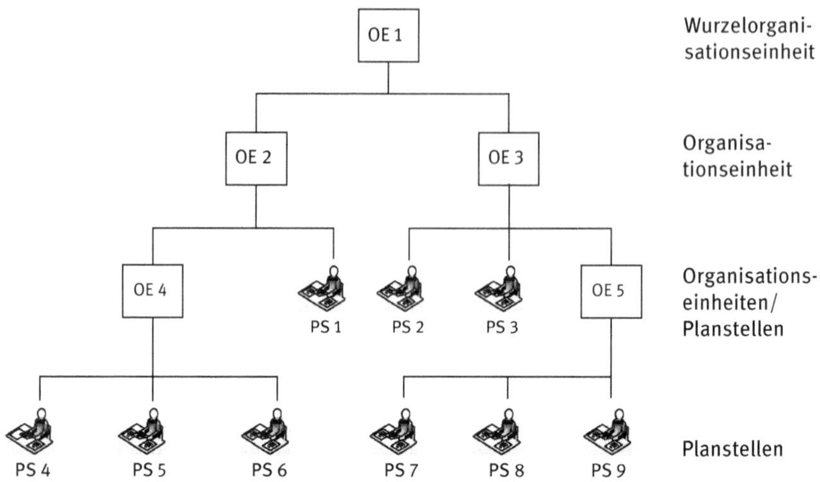

Abb. 5.9: Organisationseinheiten und Planstellen in der Aufbauorganisation.

Eine Stelle steht also nicht für eine konkrete Instanz in der Aufbauorganisation (dafür wird der Begriff „Planstelle" verwendet), sondern für eine allgemeinere Aufgabenbeschreibung wie Sachbearbeiter, Verkäufer oder Abteilungsleiter. Planstellen im Unternehmen werden dann auf der Basis von Stellen eingerichtet.

5.3 Geschäftsprozesse im Enterprise Resource Planning

In diesem Abschnitt werden typische Geschäftsprozesse skizziert, die heute mithilfe von ERP-Systemen ausgeführt werden. Dabei erkennt man, wie die funktionalen ERP-Grundlagen, die in den Kapiteln 2–4 behandelt wurden, im Prozessablauf zusammenspielen.

Die meisten ERP-Systeme sind funktionsorientiert aufgebaut, ihre Einzelfunktionen werden aber im Rahmen von Geschäftsprozessen benutzt. Das heißt, die Funktionen müssen in einer bestimmten Reihenfolge und in Abhängigkeit vom Vorliegen bestimmter Voraussetzungen, die im Prozessablauf durch Aufruf anderer Funktionen geschaffen werden, angewendet werden.

Ereignisse

In den verschiedenen Notationen zur Geschäftsprozessmodellierung werden die Zusammenhänge zwischen Voraussetzungen und Prozessschritten auf unterschiedliche Weise ausgedrückt. Bei den in Abschnitt 1.2.2 verwendeten ereignisgesteuerten Prozessketten (EPKs) dienen hierzu die Ereignisse. Ein *Ereignis* ist ein betriebswirtschaftlich relevanter Übergang von einem Zustand in einen anderen [Nüttgens 2013].

In dem stark vereinfachten Beispiel eines Beschaffungsprozesses in Abb. 1.3 wurde nur das den Prozess auslösende Ereignis (Materialbedarf eingetreten) und ein weiteres Ereignis am Ende des Prozesses (Materialbestand vorhanden) angegeben. Würde man die vor bzw. nach jedem Schritt vorliegenden Ereignisse explizit nennen, dann hätte der Geschäftsprozess das in Abb. 5.10 gezeigte Aussehen.

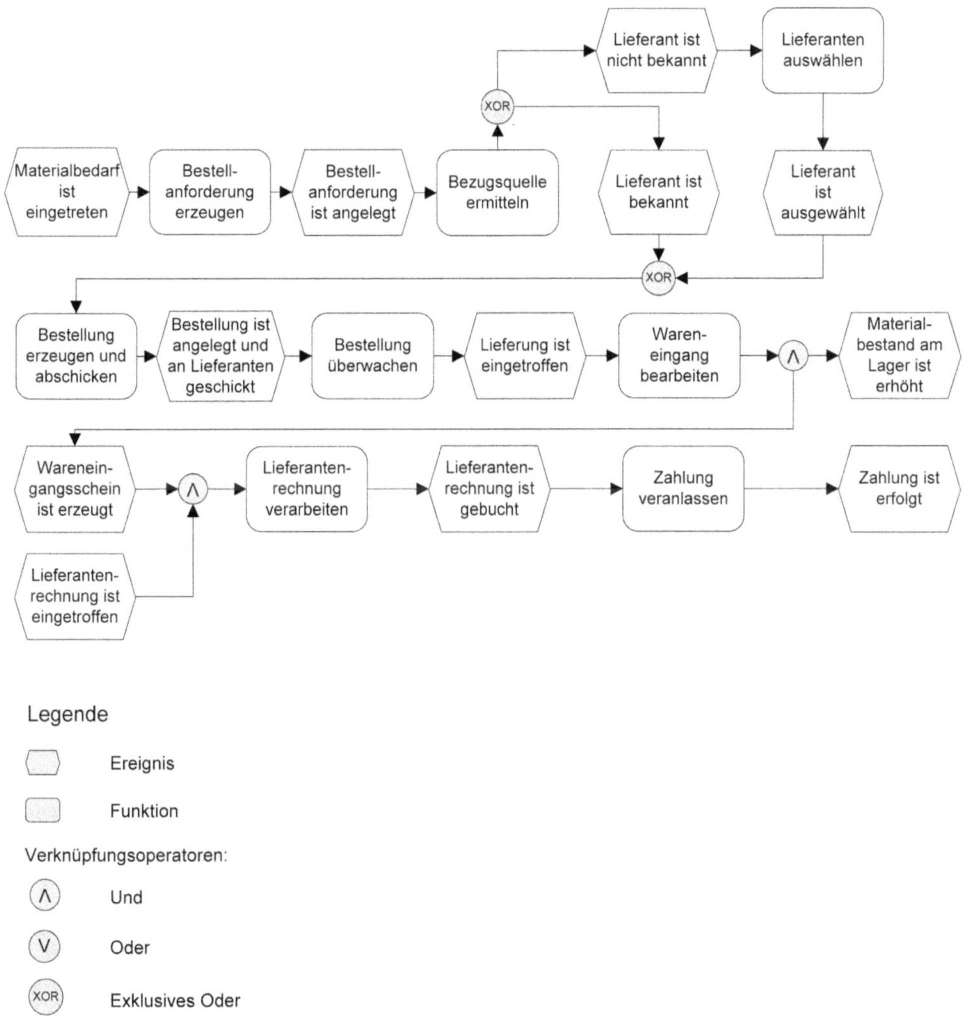

Abb. 5.10: Beschaffungsprozess.

Dokumente (Belege)

Die Geschäftsprozesse im Enterprise Resource Planning basieren durchgängig auf *Dokumenten* (oder *Belegen*). Das bedeutet, dass in den verschiedenen Aktivitäten zahlreiche Dokumente erzeugt und angelegt werden bzw. vorhanden sein müssen. Beispiele sind Kundenaufträge, Lieferscheine, Qualitätsprüfungsdokumente, Rechnungen etc. In einem ERP-System sind dies weitestgehend elektronische Dokumente, die der Benutzer im Allgemeinen in Gestalt von Formularen auf dem Bildschirm sieht.

Die Dokumente werden in der Datenbank gespeichert und durch Nummern und/oder den Kontext identifiziert. Damit stehen sie funktions- und prozessübergreifend auch Benutzern in anderen Funktionsbereichen des Unternehmens zur Verfügung, sofern diesen entsprechende Zugriffsberechtigungen eingerichtet wurden.

5.3.1 Beschaffung

Für die externe Beschaffung kommen insbesondere Funktionen aus den ERP-Funktionsbereichen Materialwirtschaft und Rechnungswesen zur Anwendung. Ausgangspunkt für den Beschaffungsprozess ist ein festgestellter Materialbedarf. Dieser kann sich je nach Organisation der Materialwirtschaft auf unterschiedliche Weise ergeben, bei verbrauchsgesteuerter Disposition des Materials beispielweise durch Überprüfung des Lagerbestands (vgl. Abschnitt 2.5.1), bei bedarfsgesteuerter Disposition im Rahmen der Sekundärbedarfsermittlung (vgl. Abschnitt 2.6.1) oder auch aufgrund anderer Erkenntnisse.

Auslöser ist eine Bestellanforderung

In Abb. 5.10 löst dementsprechend das Ereignis, dass ein Materialbedarf erkannt wurde, den ersten Prozessschritt, nämlich die Erzeugung einer Bestellanforderung, aus. Eine *Bestellanforderung* ist ein Dokument, mit dem angezeigt wird, dass ein Bedarf gedeckt werden muss. Bei der manuellen Bearbeitung handelt es sich um ein Stück Papier, das dem Einkauf (für ein fremdbezogenes Material) oder der Produktionsplanung (für ein eigengefertigtes Material) übergeben wird. Bei Verwendung eines ERP-Systems ist die Bestellanforderung ein elektronisches Dokument, das im System angelegt und gespeichert wird.

Da Bestellanforderungen für das gleiche Material nicht unbedingt nur an einer Stelle des Unternehmens, sondern im allgemeinen Fall auch an mehreren Stellen entstehen können, werden sie ggf. im Einkauf zu vorteilhaften Bestellmengen gebündelt (vgl. Abschnitt 2.5.1).

Lieferantenauswahl

Bevor der Einkauf tatsächlich eine Bestellung tätigen kann, muss der Lieferant bekannt sein. Bei manchen Materialien steht der Lieferant schon fest und ist z. B. im Materialstammsatz gespeichert (vgl. Abschnitt 2.2.1).

Wenn dies nicht der Fall ist, muss zunächst eine Lieferantenauswahl erfolgen. In der Abbildung ist diese nur als einfacher Prozessschritt dargestellt. Die Auswahl des Lieferanten kann jedoch auch deutlich komplexer sein (Anfragen, Angebotseinholung, Verhandlungen etc.), sodass sie ggf. als eigener Prozess betrachtet werden muss.

Bestellung und Wareneingang

Nachdem die Bestellung im System angelegt und dem Lieferanten übermittelt wurde, wartet der Prozess, bis die Lieferung eintrifft. Im Wareneingang wird die Lieferung qualitäts-, preis- und mengenmäßig gegen die Bestellung geprüft. Wenn das Ergebnis zufriedenstellend ist, wird die eingegangene Menge dem Lager zugeführt und erhöht den Lagerbestand. (Der Fall, dass die Wareneingangsprüfung Mängel bzw. Abweichungen ergibt und Folgeaktionen wie Mängelrügen, Nachbearbeitung, Teillieferungen o. a. verursacht, ist in der Abbildung der Einfachheit halber nicht dargestellt.) Der Wareneingangsschein dokumentiert das Ergebnis der Wareneingangsprüfung.

Lieferantenrechnung und Zahlung

Die Lieferantenrechnung kann von der Buchhaltung geprüft und gebucht werden, wenn eine Rechnung eingegangen ist und ein übereinstimmender Wareneingangsschein vorliegt. Zur Begleichung der Rechnung vergleicht die Buchhaltung die Dokumente Bestellung, Wareneingangsschein und Lieferantenrechnung und veranlasst schließlich die Zahlung. Damit ist der Prozess abgeschlossen.

Obwohl der Prozess in Abb. 5.10 immer noch stark vereinfacht ist, zeigt er doch, wie verschiedene ERP-Funktionen grundsätzlich zusammenspielen. In einem vollständigen Prozessmodell kämen zahlreiche weitere Aktivitäten, Ereignisse und ggf. Teilprozesse (wie die erwähnte Lieferantenauswahl) hinzu.

EPK-Elemente: Funktionen, Ereignisse, Daten, Organisationseinheiten, Prozessverknüpfungen, logische Operatoren

Da ereignisorientierte Prozessketten hier nur zur Veranschaulichung der ablauforientierten Zusammenhänge verwendet werden, wurden in der Abbildung verschiedene EPK-Elemente weggelassen. Zu einer vollständigen EPK gehören auch die verwendeten Datenbestände (Stamm- und Bewegungsdaten), die Organisationseinheiten, die für die einzelnen Prozessschritte zuständig sind, sowie die Schnittstellen zu anderen Prozessen (vgl. z. B. Nüttgens [2019]). Diese Elemente werden später eingeführt.

5.3.2 Auftragsabwicklung

Mit dem Begriff *Auftragsabwicklung* wird der Prozess der Abwicklung von Kundenaufträgen bezeichnet, beginnend mit der ersten Anfrage bzw. Kontaktaufnahme bis hin zur Auslieferung der Güter und Begleichung der Rechnung durch den Kunden. Für diesen Prozess werden

Funktionen des Vertriebs, der Materialwirtschaft und des Rechnungswesens benötigt.

Kundenanfrage

Vielen Kundenaufträgen geht eine Anfrage- und Angebotsphase voran. Ein typischer Auftragsabwicklungsprozess beginnt deshalb oft mit einer Kundenanfrage, die sich auf bestimmte Waren oder Dienstleistungen sowie die Preise, Liefertermine, Konditionen u. a. bezieht. Die Anfrage wird vom Vertrieb erfasst und im ERP-System gespeichert (vgl. Abb. 5.11). Wenn der Kunde im System noch nicht existiert, muss er (d. h. die wichtigsten Kundenstammdaten) i. d. R. zuerst angelegt werden.

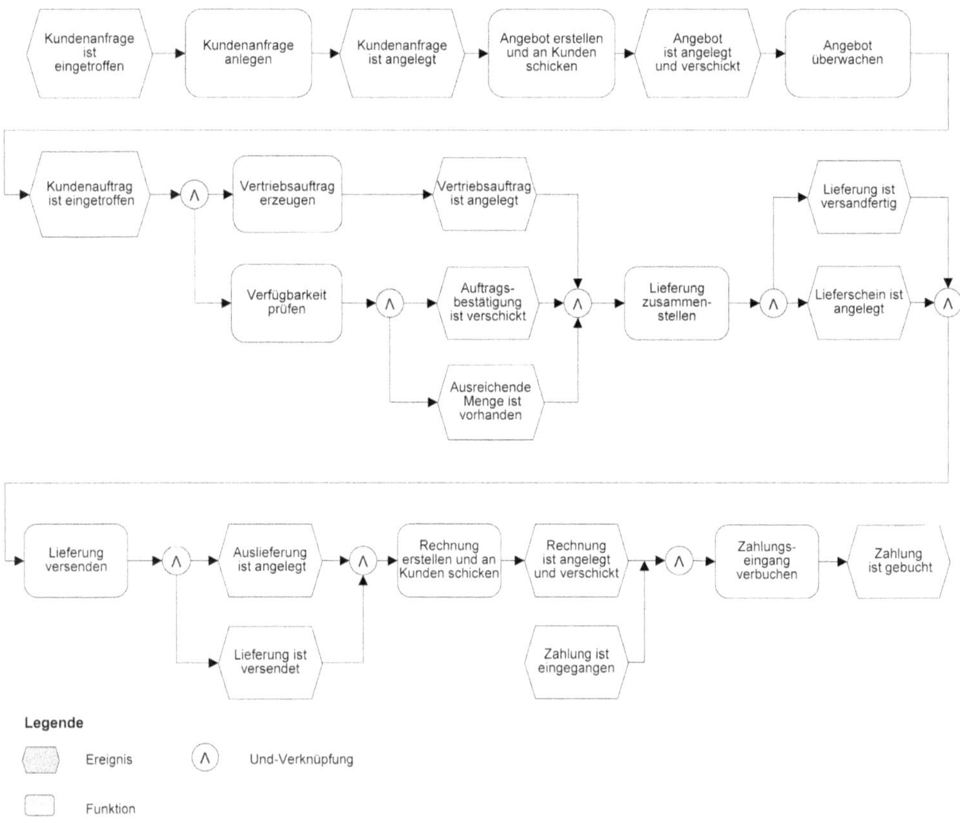

Abb. 5.11: Auftragsabwicklungsprozess.

Angebotserstellung

Auf Basis der Kundenanfrage erstellt der Vertriebsmitarbeiter ein *Angebot* und übermittelt dieses an den Kunden. Das Angebot wird mit Bezug auf die Anfrage im System gespeichert. Es enthält neben den vom Kunden angefragten Informationen auch weitere, die für den Prozess der Auftragsabwicklung relevant sind: Mengen und Preise der einzelnen

Positionen, Umsatzsteuer, Gültigkeitsdauer des Angebots, Liefer- und Zahlungsbedingungen u. a.

Kundenauftragserteilung

Generell kann der Kunde das Angebot annehmen, ablehnen oder neu verhandeln wollen (z. B. über die Angebotspreise). In der EPK ist nur der erste Fall modelliert: Nimmt der Kunde das Angebot an, dann erteilt er einen Auftrag. Dieser *Kundenauftrag* wird mit dem Angebot abgeglichen. Im Normalfall enthält er neben weiteren Angaben des Kunden die gleichen Daten wie das Angebot.

Vertriebsauftrag

Der Kundenauftrag ist jedoch ein *externes* Dokument (d. h. ein Dokument des Kunden und nicht des empfangenden Unternehmens). Für den weiteren Prozessablauf wird ein internes Dokument im ERP-System benötigt. Dazu wird der Kundenauftrag im System angelegt (in der Abbildung als *Vertriebsauftrag* bezeichnet).

Wenn der Kundenauftrag als Papierdokument eingeht, müssen die Daten im System erfasst werden. Da jedoch das Angebot schon gespeichert ist und weitgehend die gleichen Angaben wie der Auftrag enthält, brauchen die Daten normalerweise nicht erneut eingetippt zu werden. Das ERP-System wird stattdessen eine voll- oder teilautomatische Datenübernahme aus dem Angebot erlauben.

Der in der Abbildung dargestellte Prozessablauf unterstellt, dass es genügend Lagerbestand für die im Kundenauftrag spezifizierten Positionen gibt. Das heißt, die *Verfügbarkeitsprüfung*, die der Vertriebsmitarbeiter mithilfe materialwirtschaftlicher Funktionen des ERP-Systems durchführte, hatte ein positives Ergebnis.

Verfügbarkeitsprüfung

Der Ablauf bezüglich der Verfügbarkeitsprüfung ist in dem Beispiel in einer bestimmten Weise und unter bestimmten Annahmen modelliert. Die Verfügbarkeitsprüfung wird nach Eintreffen des Kundenauftrags durchgeführt und beinhaltet die Bestätigung des Liefertermins an den Kunden.

Es gibt aber auch viele andere Möglichkeiten, wann und wie die Verfügbarkeitsprüfung durchgeführt werden kann. Die Verfügbarkeit kann z. B. im Zuge der Angebotserstellung überprüft werden. Sofern der Vertriebsmitarbeiter gleichzeitig auch eine Reservierung des Lagerbestands für den Kunden anlegt, dann sollte davon ausgegangen werden können, dass die Reservierung zum Zeitpunkt des Auftragseingangs noch existiert. Eine erneute Verfügbarkeitsprüfung wäre dann nicht erforderlich. Wenn der Vertriebsmitarbeiter keine Reservierung getätigt hat, dann muss die Verfügbarkeit geprüft werden, bevor die Lieferung zusammengestellt werden kann.

Der Fall, dass die Verfügbarkeitsprüfung negativ ausgeht, bleibt in der Abbildung zunächst ausgeklammert. Er wird in Abschnitt 5.3.6 behandelt. In diesem Fall muss die Herstellung der fehlenden Mengen veranlasst werden, d. h., ein Produktionsprozess wird ausgelöst. Erst nach Abschluss desselben und Auffüllung des Lagers kann der Prozess der Kundenauftragsabwicklung fortgesetzt werden.

Warenentnahmeschein und Lieferschein

Da in Abb. 5.11 ausreichende Mengen als vorhanden unterstellt werden, kann im nächsten Schritt die Lieferung zusammengestellt und versendet werden, sofern auch die Auftragsbestätigung verschickt und der Vertriebsauftrag angelegt ist. Dabei werden weitere Dokumente angelegt: ein Warenentnahmeschein, der die Entnahmen aus dem Lager dokumentiert und im Unternehmen verbleibt, sowie ein Lieferschein für den Kunden, der der Lieferung beigefügt wird.

Zahlungseingang

Wenn die Lieferung versendet ist, wird mithilfe von ERP-Funktionen aus dem Rechnungswesen die Kundenrechnung erstellt und im System gespeichert. Nach Eingang der Zahlung wird diese gebucht, und der Auftragsabwicklungsprozess ist abgeschlossen.

Viele der groben Prozessschritte müssen zur weiteren Operationalisierung verfeinert werden. Dazu definiert man eigene Prozesse und verbindet sie mit dem übergeordneten Prozess. Im Fall der Abb. 5.11 würde man beispielsweise einen Versandprozess für den Schritt „Lieferung versenden“ modellieren, sofern diese Aktivität nicht trivial ist.

Versandprozess

Versandschritte und -dokumente

Die Auslieferung der Waren an Kunden erfolgt von Versandstellen (vgl. Abschnitt 5.2.3) aus. Dabei sind verschiedene Einzelschritte zu berücksichtigen, die jeweils eigene Dokumente erzeugen können. In SAP ERP sind dies beispielsweise die folgenden:

- Lieferschein
- Auslieferung
- Transportauftrag
- Versandelement
- Warenausgangsbeleg

Auslieferung

Der Lieferschein, den der Kunde erhält, wurde bereits oben erwähnt. Im Allgemeinen wird es mehrere Lieferungen geben, die zu einem Zeitpunkt bzw. in einem Zeitraum versendet werden müssen. Diese fasst man dann zu einer gemeinsamen Sendung („*Auslieferung*“ in Abb. 5.12) zusammen. Bei großen Mengen kann auch der umgekehrte Fall eintreten: Eine Lieferung wird auf mehrere Sendungen („Auslieferungen“) aufgeteilt.

Transportauftrag, Versandelement

Für jede Auslieferung wird ein *Transportauftrag* erstellt. Bevor die Güter tatsächlich versendet werden können, müssen sie meist verpackt

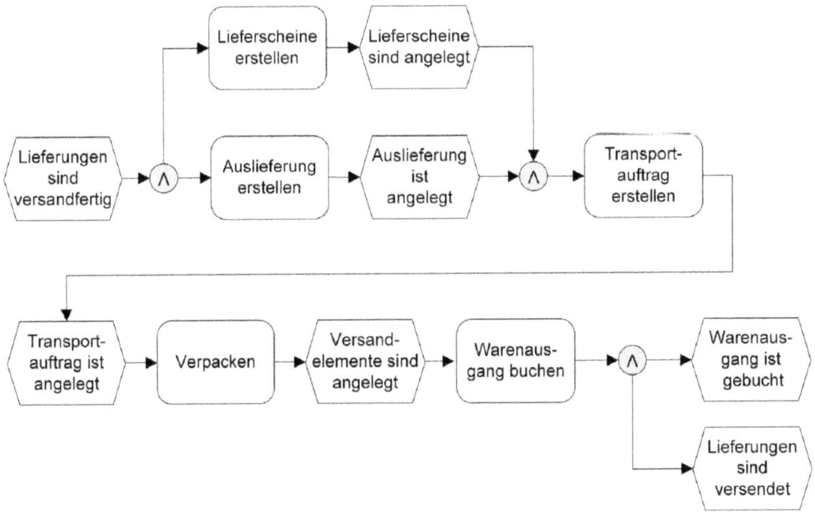

Abb. 5.12: Versandprozess.

werden. Da das Verpacken anderen Regeln gehorcht als die Auslieferungslogik, müssen u. U. die verpackten Einheiten – in SAP ERP *Versandelemente* genannt – gesondert identifiziert werden.

Da Versandelemente oft mit anderen zusammengepackt werden (z. B. mehrere Kartons in einer Palette, mehrere Paletten in einem Container), ist es weiterhin erforderlich, die Zusammenhänge zwischen den Versandelementen explizit mitzuführen. Abbildung 5.13 zeigt einen solchen Fall.

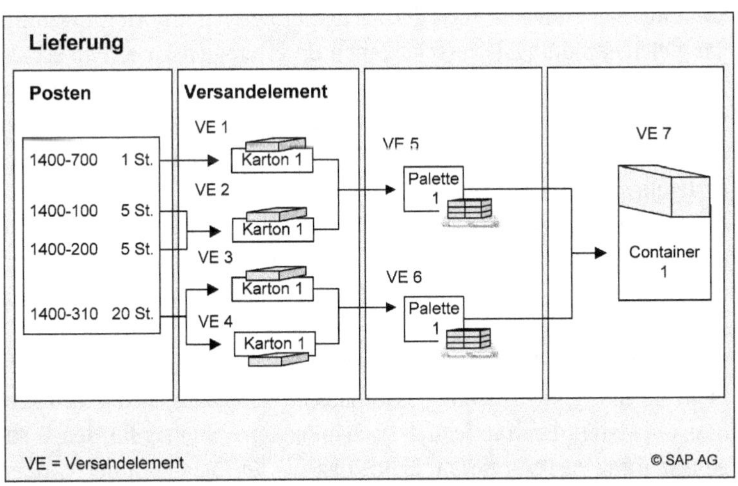

Abb. 5.13: Zusammenhang zwischen Versandelementen.

Warenausgang

Als letzter Schritt sind schließlich die Warenausgänge zu buchen. Wenn dies erfolgt ist und die Lieferungen tatsächlich das Unternehmen verlassen haben, ist der Versandprozess beendet. Damit kann der übergeordnete Prozess der Auftragsabwicklung mit der Fakturierung fortgesetzt werden.

5.3.3 Produktion

Ausgangspunkt: Vertriebsaufträge und Planaufträge

In diesem Abschnitt werden die prozessbezogenen Gesichtspunkte der Produktion erläutert. Den Ausgangspunkt bilden entweder konkrete *Vertriebsaufträge* (Kundenaufträge), für die fehlende Materialverfügbarkeit festgestellt wurde (vgl. Abschnitt 5.3.2), oder die in der Materialbedarfsplanung (MRP) erzeugten *Planaufträge* (vgl. Abschnitt 2.8).

Fertigungsaufträge

Damit die Produktion angestoßen werden kann, müssen im ersten Schritt des Prozesses, wie Abb. 5.14 zeigt, die Plan- oder Vertriebsaufträge in konkrete *Fertigungsaufträge* überführt werden. Wer diese Aufgabe erledigt, hängt von der Organisation der Aufgaben und Zuständigkeiten im Fertigungsbereich ab, z. B. der Fertigungs-, Werks- oder Werkstattleiter. Bei einer automatisierten Lösung könnte auch das ERP-System eine dispositive Entscheidung wie das Anlegen eines Fertigungsauftrags treffen.

Im einfachsten Fall wird ein Planauftrag oder ein Vertriebsauftrag eins zu eins in einen Fertigungsauftrag umgesetzt. Es ist jedoch auch denkbar, dass zu Beginn des Produktionsprozesses noch eine Losbildung erfolgt. Wenngleich die Zusammenfassung von Einzelbedarfen zu Losen bereits Teil der Materialbedarfsplanung ist (vgl. Abschnitt 2.5.1), kann der Fall auftreten, dass der Fertigungsbereich Anforderungen für das gleiche Produkt aus verschiedenen Unternehmensbereichen erhält. Wenn mehrere Plan- bzw. Vertriebsaufträge gleichzeitig vorliegen, werden sie evtl. zu einem Fertigungsauftrag zusammengefasst. Auch der umgekehrte Fall ist denkbar (ein sehr großer Auftrag wird auf mehrere Fertigungsaufträge aufgeteilt).

Sofern ein *Planauftrag* die Basis für einen Fertigungsauftrag ist, können die Daten des Planauftrags (d. h. die Arbeitsgänge, die benötigten Materialien u. a.) unmittelbar in den Fertigungsauftrag übernommen werden.

Verfügbarkeitsprüfung

Um das Produkt fertigen zu können, werden in der Regel ein oder mehrere Materialien benötigt. Deshalb ist es wichtig sicherzustellen, dass die Materialien tatsächlich vorhanden sind, und sie für den Fertigungsauftrag zu reservieren. Ebenso ist die Verfügbarkeit der nötigen Produktionskapazitäten zu prüfen. Worauf sich die Verfügbarkeitsprüfung im Einzelnen erstreckt, wird meist bei der Einführung bzw. Konfi-

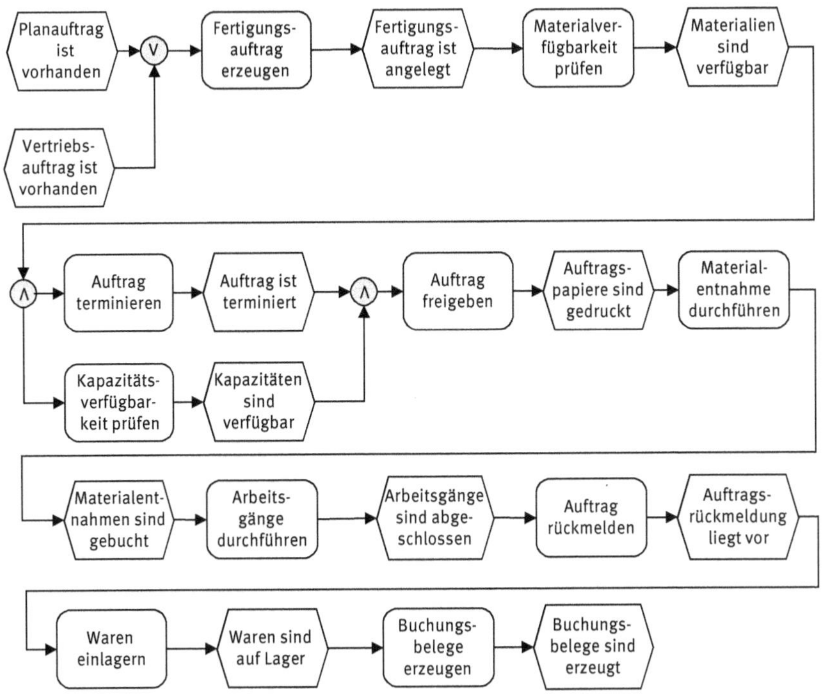

Abb. 5.14: Produktionsprozess.

gurierung eines ERP-System festgelegt (Customizing, vgl. Abschnitt 7.3). So können neben Materialien und Kapazitäten z. B. auch kritische Fertigungshilfsmittel wie Spezialwerkzeuge in die Prüfung einbezogen werden.

Da der Kapazitätsbedarf zeitlich von den Ergebnissen der Durchlaufterminierung abhängt, ist es oft zweckmäßiger, die Kapazitätsverfügbarkeit im Zuge des Schritts Terminierung zu prüfen bzw. die Kapazitätsverfügbarkeitsprüfung zusammen mit der Terminierung vorzunehmen. Aussagen über die Kapazitätsbelegung ohne Terminprüfung bleiben zwangsläufig unverbindlich.

Durchlaufterminierung

Beim Anlegen eines Fertigungsauftrags sind meist noch keine definitiven Termine für die Arbeitsgänge des Auftrags vorhanden, sondern allenfalls die bei der Materialbedarfsplanung oder der Angebotskalkulation ermittelten Grobtermine. Deshalb ist eine exakte Durchlaufterminierung erforderlich (vgl. Abschnitt 3.3.1).

Auftragsterminierung

Bei einer auftragsorientierten Fertigung wird in vielen Fällen die zuständige Instanz im Unternehmen, z. B. der Fertigungleiter, eine manuelle Feinteminierung vornehmen und im System abspeichern.

Automatische Terminierung

Wenn der Fertigungsauftrag auf der Basis eines *Planauftrags* erstellt wird, sind die Bearbeitungs- und Rüstzeiten aus den Arbeitsplänen bereits bekannt. In diesem Fall kann das ERP-System beim Anlegen des Fertigungsauftrags die Terminierung grundsätzlich *automatisch* durchführen. Andernfalls muss sie explizit angestoßen werden.

Neben der Terminierung der Arbeitsgänge sind die durch die Arbeitsgänge induzierten Kapazitätsbedarfe zu berechnen und auf den entsprechenden Fertigungsanlagen einzuplanen, wie in Abschnitt 3.3 erläutert wurde.

Wenn das ERP-System der MRP-II-Logik folgt und periodenorientiert arbeitet, wird es mehrere (bzw. viele) Fertigungsaufträge zusammen terminieren und anschließend in der Kapazitätsplanung die Realisierbarkeit der Ecktermine aus der Durchlaufterminierung herbeiführen.

Kapazitätsverfügbarkeit

Wird dagegen ein einzelner Fertigungsauftrag terminiert, wie bei dem Prozess in Abb. 5.14 unterstellt ist, dann kann die Terminierung auch so erfolgen, dass die kapazitätsmäßige Realisierbarkeit gleichzeitig hergestellt wird. Gegebenenfalls sind Maßnahmen zum Kapazitätsausgleich (vgl. Abschnitt 3.3.3) zu ergreifen.

Auftragsfreigabe

Wenn alle Voraussetzungen vorliegen, kann der Auftrag zur Fertigung *freigegeben* werden. Damit wird seine Durchführung verbindlich eingeplant. Ebenso ist es denkbar, dass nicht der gesamte Auftrag, sondern nur einzelne Arbeitsgänge freigegeben werden. Mit der Freigabe wird der Druck bzw. die elektronische Erstellung der Auftragsbegleitpapiere und anderer Dokumente (wie Warenentnahme- und Rückmeldescheine) angestoßen.

Materialentnahme und Warenausgangsbuchung

Die für den Auftrag benötigten Materialien müssen dem Lager entnommen und dementsprechend verbucht werden. Dies erfolgt mithilfe einer *Warenausgangsbuchung*. Dass die Materialien tatsächlich verfügbar sind, wurde zuvor mithilfe der Reservierungen sichergestellt.

Auftrags-/Arbeitsgangrückmeldungen

Der Fertigungsauftrag als ganzer oder alle freigegebenen Arbeitsgänge werden nun ausgeführt und dann *rückgemeldet*. Abbildung 5.14 geht der Einfachheit halber nur auf den Fall ein, dass der vollständige Fertigungsauftrag rückgemeldet wird. Da normalerweise ein BDE-System (vgl. Abschnitt 8.1.4) angebunden ist, das die meisten Rückmeldeinformationen erfasst, können diese über eine Schnittstelle automatisch an das ERP-System weitergegeben werden. Andernfalls müssen sie manuell im ERP-System gebucht werden.

Wareneingangsbuchung und Auftragsabrechnung

Wenn die Fertigung beendet ist, werden die Produkte dem Lager zugeführt, wo ein *Wareneingang* gebucht wird. Gleichzeitig müssen Belege für das Rechnungswesen erzeugt bzw. Buchungen veranlasst werden, da wert- und mengenmäßige Veränderungen stattgefunden haben (Buchhaltungs-, Kostenrechnungs-, Materialbelege u. a.). Damit ist der Produktionsprozess abgeschlossen.

Die Buchungsbelege werden in einem anderen Prozess, der *Auftragsabrechnung*, verwendet. In diesem Prozess werden dann die für den Fertigungsauftrag angefallenen Kosten in Abhängigkeit vom gewählten Kostenrechnungsverfahren auf einen Kostenträger (z. B. Kundenauftrag, Produkt) weiter verrechnet.

5.3.4 Personalbeschaffung

Prozesse in der Personalwirtschaft

In dem großen Bereich der *Personalwirtschaft* (Human Resources, Human Capital Management) gibt es eine ganze Reihe von Geschäftsprozessen. Beispielsweise unterstützt das System SAP ERP unter anderem die Prozesse:

- Personalbeschaffung (Personalbedarf, Stellenausschreibungen, Bewerberauswahl, Einstellung u. a.)
- Personalentwicklung (Qualifikationskatalog, Stellenanforderungsprofile, Mitarbeiterqualifikationsprofile, Profilvergleiche, Weiterbildung, Laufbahn-, Nachfolgeplanung u. a.)
- Personalzeiterfassung und -bewertung (Arbeitszeiten, Urlaub, Krankheit, Dienstreisen, Genehmigung der Zeitdaten u. a.)
- Personalabrechnung (Lohn- und Gehaltsarten, Zulagen, Zuschläge, Abzüge für Steuern und Versicherungen, Zahlungsdurchführung, Entgeltnachweise u. a.)

Personalbeschaffungsprozess

In diesem Abschnitt wird exemplarisch der Prozess der *Personalbeschaffung* beschrieben. Dieser Prozess unterstützt den Personalverantwortlichen bei der Suche, Auswahl und Einstellung geeigneter Bewerber. Voraussetzung ist im Normalfall, dass ein Qualifikationskatalog und ein Stellenanforderungsprofil existieren, auf die bei der Ausschreibung und der Bewerberauswahl zurückgegriffen werden kann.

Stellenvakanz und Ausschreibung

Der erste Schritt des Prozesses ist, wie Abb. 5.15 zeigt, das Anlegen einer Stellenvakanz, nachdem ein Personalbedarf erkannt wurde. Die Suche nach geeigneten Bewerbern beginnt meistens mit einer Stellenausschreibung. Da man Ausschreibungstexte häufig nicht von Grund auf neu entwirft, sondern frühere Ausschreibungen teilweise oder ganz wiederverwendet, greift das ERP-System auf die personalwirtschaftliche Datenbank zurück und generiert ggf. Vorschläge.

Veröffentlichung

Stellenausschreibungen können intern oder extern auf vielen Wegen veröffentlicht werden. Heute erfolgt dies überwiegend in Online-Medien (Job-Portale, Online-Stellenbörsen, Homepage des Unternehmens u. a.), daneben weiterhin in konventionellen Papiermedien.

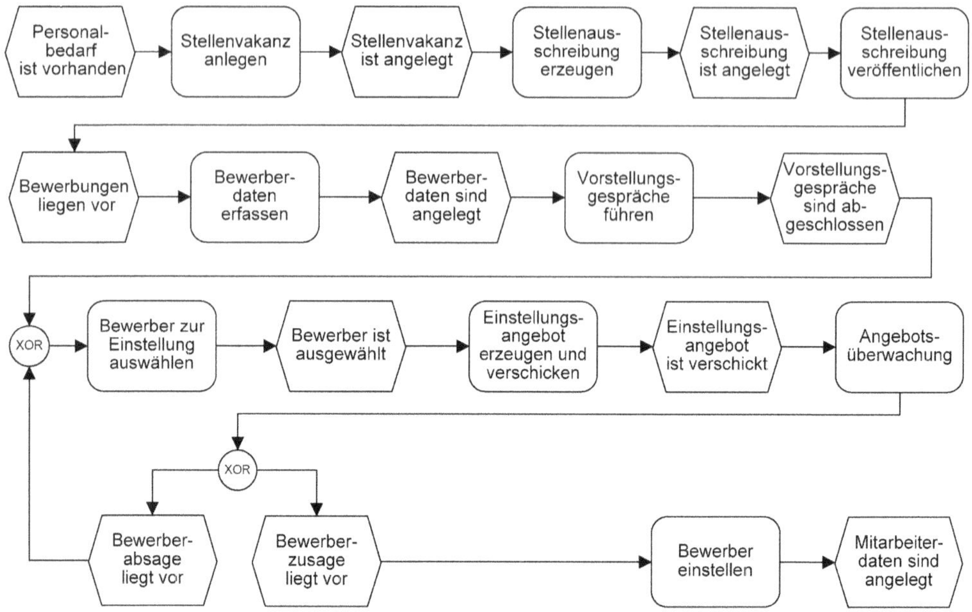

Abb. 5.15: Personalbeschaffungsprozess.

Bewerbungseingang

In der Folge werden auch Bewerbungen auf verschiedenen Wegen akzeptiert, z. B. per E-Mail oder über Online-Formulare. Letztere haben den Vorteil, dass die Bewerberdaten, wenn das Formular geeignet konstruiert wurde, direkt in das personalwirtschaftliche Modul des ERP-Systems übernommen werden können. Zusätzlicher Erfassungsaufwand wie bei Papierbewerbungen entfällt dann.

Erfassung, Klassifizierung, Profilabgleich

Der Schritt „Bewerberdaten erfassen" beschränkt sich häufig nicht auf die Erfassung der Rohdaten, sondern kann auch die Klassifizierung der Bewerber nach Kriterien einschließen, die in der Personal- und Unternehmensstruktur definiert wurden (vgl. Abschnitt 5.2.4). Wenn die Stellenvakanz mit Bezug auf den Qualifikationskatalog des Unternehmens und ein Stellenanforderungsprofil angelegt wurde, kann ein automatischer Abgleich der Anforderungen mit den Merkmalen des Bewerbers erfolgen.

Vorstellungsgespräche und Bewerberauswahl

Nach einer Vorauswahl müssen die in Betracht kommenden Bewerber zu Vorstellungsgesprächen eingeladen werden. Das ERP-System wird hierzu Einladungsschreiben oder E-Mails generieren und den Versand veranlassen. Ebenso kann man erwarten, dass es einen Vorschlag für das schriftliche Einstellungsangebot erzeugt, wenn die Bewerberauswahl abgeschlossen ist.

Einstellung

Der konkrete Einstellungsvorgang wird initiiert, wenn der Bewerber das Angebot annimmt. Nun wird aus dem „Bewerber" ein „Mitarbeiter", d. h., ein neuer Mitarbeiterstammsatz muss angelegt werden.

Damit geht die Erfassung einer Vielzahl von Einzeldaten einher. Diese sind jedoch teilweise im ERP-System bereits vorhanden, wenn zuvor die Bewerberdaten angelegt wurden, und können von dort teil- oder vollautomatisch übernommen werden.

Nimmt der Bewerber das Einstellungsangebot nicht an, wird der Prozess mit der Erstellung eines Angebots an einen anderen Bewerber fortgesetzt. (Andere Problemfälle wie Mangel an weiteren geeigneten Bewerbern und Neuausschreibung werden der Einfachheit halber ausgeklammert.)

Der Prozess der Personalbeschaffung ist abgeschlossen, wenn ein Bewerber eingestellt ist.

5.3.5 Weitere Prozesse

Prozesse im Rechnungswesen

Auch in den weiteren Funktionsbereichen eines ERP-Systems gibt es eine große Anzahl von Prozessen. Für den Schwerpunkt dieses Buch sind hiervon vor allem die Prozesse des internen und externen Rechnungswesens von Bedeutung. Diese sollen kurz skizziert, jedoch nicht im Detail beschrieben werden.

Finanzbuchhaltungsprozesse

Im *externen Rechnungswesen* findet die Verarbeitung eingehender und ausgehender Rechnungen sowie damit in Verbindung stehender Belege statt (Kreditoren- und Debitorenbuchhaltung). Typische Finanzbuchhaltungsprozesse sind die folgenden:
- Rechnungseingang (Verbuchung von Lieferantenrechnungen, Vorsteuerbehandlung, Gegenbuchungen u. a.)
- Rechnungsausgang (Erstellung und Buchung von Kundenrechnungen)
- Stornierung von Rechnungen, Erteilung von Gutschriften
- Mahnungen (Definition von Mahnverfahren und Mahnstufen, automatische Auslösung von Mahnungen)
- Zahlungen (Begleichung fälliger Rechnungen, Berücksichtigung von Zahlungsvereinbarungen/Skonti, Zahlwegen u. a.)

Kostenrechnungsprozesse u. a.

Das *interne Rechnungswesen* umfasst einen weiten Bereich von Aufgaben, wie die Kostenarten-, Kostenstellen-, Prozesskosten- und Kostenträgerrechnung, ebenso wie die Produktkostenplanung (Erzeugniskalkulation), Profit-Center- und Ergebnisrechnung. Dementsprechend gibt es zahlreiche Geschäftsprozesse. Einige Beispiele sind:
- Kostenstellenplanung (Planung von statistischen Kennzahlen, Leistungsarten und -mengen, Primär- und Sekundärkosten der Kostenstellen u. a.)

- Erzeugniskalkulation (pauschal oder detailliert auf Basis von Stücklisten und Arbeitsplänen)
- Innerbetriebliche Leistungsverrechnung (Verrechnung von Sekundärkosten auf Kostenträger)

5.3.6 Prozessintegration

Prozesse sind miteinander verbunden

In den vorstehenden Abschnitten wurden mehrere typische Geschäftsprozesse unabhängig voneinander erläutert. In der Wirklichkeit laufen die Prozesse jedoch nicht isoliert ab, sondern haben im Gegenteil gemeinsame Schnittstellen.

Der in Abschnitt 5.3.2 geschilderte Auftragsabwicklungsprozess ging zum Beispiel davon aus, dass ausreichende Produktmengen am Lager verfügbar sind, um die Positionen des Kundenauftrags zu decken. Wenn dies nicht der Fall ist, dann müssen die fehlenden Mengen erst produziert werden: Das heißt, ein Produktionsprozess muss ausgelöst, durchgeführt und beendet werden, bevor der Auftragsabwicklungsprozess fortgesetzt werden kann.

Ein zweites Beispiel sind die Schnittstellen zwischen dem Produktionsprozess und dem Beschaffungsprozess. In Abb. 5.14 wurde vereinfachend unterstellt, dass die für den Fertigungsauftrag benötigten Materialien (Vor-, Zwischenprodukte etc.) verfügbar sind. Trifft diese Annahme nicht zu, sind weitere Maßnahmen erforderlich. Je nachdem, ob es sich um ein eigengefertigtes oder fremdbezogenes Teil handelt, muss ein Produktions- oder ein Beschaffungsprozess (Bestellung beim Lieferanten) angestoßen werden.

Beziehungen zwischen Auftragsabwicklung und Produktion

Im Folgenden sollen die Beziehungen zwischen *Auftragsabwicklungs-* und *Produktionsprozess* näher untersucht werden. Bei der Beschreibung des ersteren (vgl. auch Abb. 5.11) wurde zunächst angenommen, dass genügend Lagerbestände für die vom Kunden bestellten Güter vorhanden sind. Trifft dies nicht zu, dann muss der auf den Schritt „Verfügbarkeit prüfen“ folgende Ablauf neugestaltet werden. Dies ist in Abb. 5.16 dargestellt.

Produktionsprozess

Wenn die Lagerbestände ausreichen, wird der Auftrag unter Angabe eines Liefertermins bestätigt und die Lieferung zusammengestellt. Ist dagegen keine ausreichende Menge vorhanden, muss ein Produktionsprozess gestartet werden. Der Kunde bekommt dann eine Auftragsbestätigung, die noch keinen verbindlichen Termin enthält. Dieser kann erst angegeben werden, wenn die Produktion abgeschlossen ist.

Prozesswegweiser

Das in der EPK verwendete Symbol ist der sog. Prozesswegweiser, der den aktuellen Prozess mit einem anderen – dem Produktionspro-

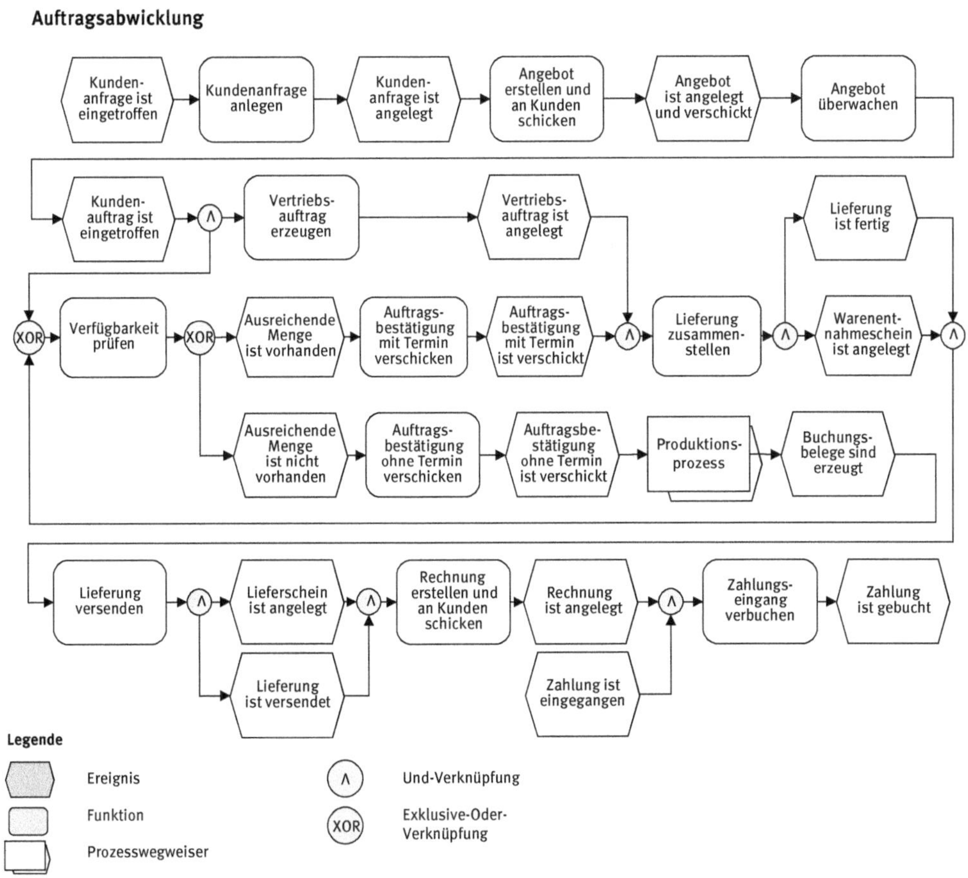

Abb. 5.16: Integration von Auftragsabwicklungs- und Produktionsprozess.

zess – verbindet. Sobald der Produktionsprozess abgeschlossen ist (mit dem Erzeugen der Buchungsbelege im Anschluss an den Wareneingang im Lager), kann der Auftragsabwicklungsprozess fortgesetzt werden.

Der Pfeil vom Ereignis „Buchungsbelege sind erzeugt" zum Konnektor „xor" zeigt, dass die Verfügbarkeit für alle Fälle nochmals geprüft wird. Wenn nun eine ausreichende Menge vorhanden ist, kommt die Funktion „Auftragsbestätigung mit Termin verschicken" zur Ausführung, sodass die Lieferung zusammengestellt werden kann. (Der Fall, dass die Verfügbarkeitsprüfung immer noch keine ausreichende Menge ergibt, wird der Einfachheit halber nicht weiter ausdifferenziert. In der EPK in Abb. 5.16 könnte deshalb der Fall auftreten, dass der Kunde mehrfach Auftragsbestätigungen ohne verbindlichen Termin erhält.)

Beziehungen zwischen Produktion und Beschaffung

Für das zweite Beispiel wird noch einmal den Produktionsprozess in Abb. 5.14 betrachtet. Als Ergebnis des Prozessschritts „Materialverfügbarkeit prüfen“ wurde dort angenommen, dass die für die Fertigung benötigten Materialien verfügbar sind. Käme die Prüfung jedoch zu dem Ergebnis, dass Material fehlt, dann müsste eigentlich eine Bestellung oder eine Produktion ausgelöst werden.

In Abb. 5.17, die nochmals den Produktionsprozess zeigt, sind deshalb zwei Prozesswegweiser eingefügt – einer zum Beschaffungsprozess und einer zum Produktionsprozess hin, je nachdem, ob es sich um Fremdbezug oder Eigenfertigung handelt.

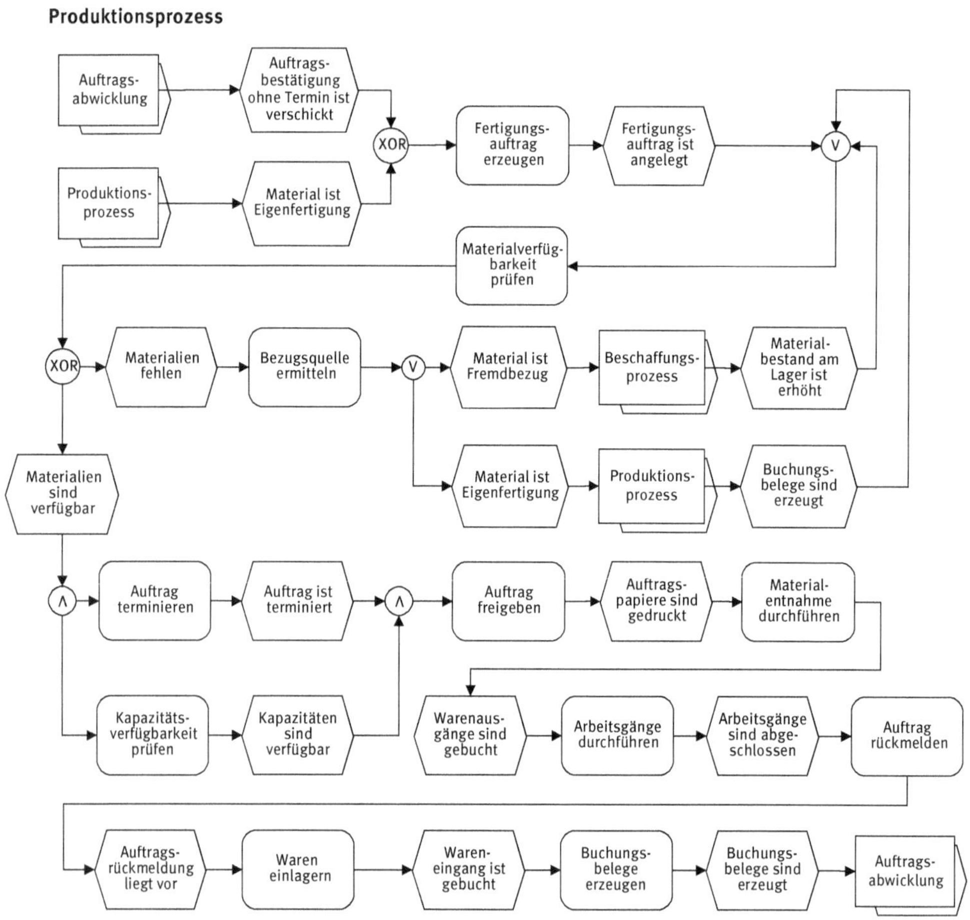

Abb. 5.17: Integration von Produktions- und Beschaffungsprozess.

Der relevante Zweig des Beschaffungsprozesses endet mit dem Ereignis „Materialbestand am Lager ist erhöht“. Dieses wird nach dem Prozesswegweiser in Abb. 5.17 nochmals aufgeführt. Analog wird auch das Ereignis „Buchungsbelege sind erzeugt“ (am Ende des Produktionsprozesses) hinter dem Prozesswegweiser nochmals notiert. In beiden Zweigen kann der übergeordnete Produktionsprozess dann mit einer erneuten Materialverfügbarkeitsprüfung fortgesetzt werden.

Prozesswegweiser für den „Rückweg“

Zu beachten ist, dass bei Verwendung von ereignisgesteuerten Prozessketten der Beschaffungsprozess aus Abb. 5.10 ebenso wie der Produktionsprozess um Prozesswegweiser für den „Rückweg“ zum aufrufenden Prozess ergänzt werden müssen.

Der Rückweg vom Beschaffungsprozess aus kann eingeschlagen werden, sobald der Wareneingang bearbeitet und das Ereignis „Materialbestand am Lager ist erhöht“ eingetreten ist (vgl. Prozesswegweiser „Produktionsprozess“ in Abb. 5.18). Analog wurde am Ende des Produktionsprozesses in Abb. 5.17 der Rückweg zum Auftragsabwicklungsprozess mit dem Prozesswegweiser „Auftragsabwicklung“ markiert.

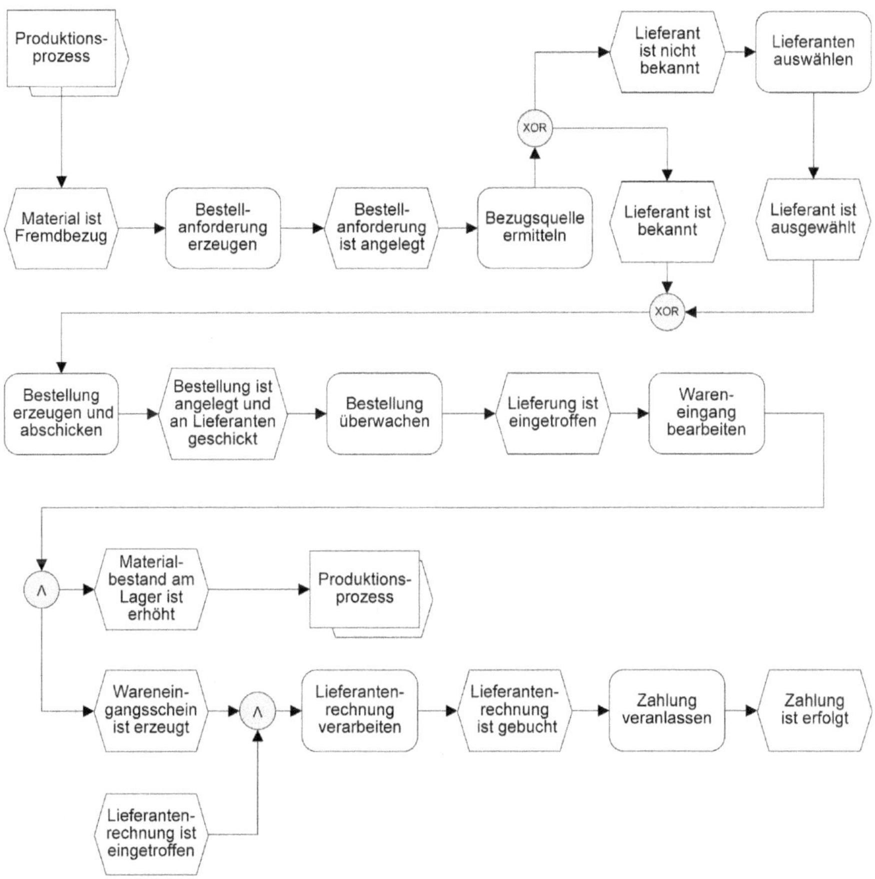

Abb. 5.18: Beschaffungsprozess mit Prozesswegweisern.

Entsprechende Prozesswegweiser sind im Übrigen auch am Anfang der jeweiligen Prozesse angegeben. So zeigt etwa die EPK für den „Beschaffungsprozess“ mit dem ersten Symbol in Abb. 5.18, dass der Ablauf aus dem Produktionsprozess hierher verzweigt, und zwar aufgrund des Ereignisses „Material ist Fremdbezug“ in der EPK „Produktionsprozess“.

5.4 ERP und Internet

Internetbasierte Komponenten eines ERP-Systems

Internetbasierte Komponenten gehören heute zum Standardumfang der meisten ERP-Systeme. Unterstützt werden beispielsweise der Zugang zum ERP-System mithilfe eines Web-Frontends, das elektronische Beschaffen und Verkaufen über Lieferantenportale bzw. angegliederte Shopsysteme sowie die Kommunikation mit Geschäftspartnern und Mitarbeitern.

Außerdem gibt es eine Reihe von ERP-Systemen, die mithilfe der Internettechnologie entwickelt wurden und somit vollständig webbasiert sind. „ERP on Demand“ (d. h. Nutzung von ERP-Funktionalität, die auf einem Server im Netz angeboten wird) und cloudbasierte ERP-Systeme basieren selbstredend auf einer Internettechnologie.

Unternehmensportale (Enterprise Portals)

Während der einfache Zugang zu den Informationsangeboten eines Unternehmens bereits über die Homepage erreicht wird, bieten *Unternehmensportale* (Enterprise Portals) wesentlich mehr Funktionalität. Der Begriff Portal steht für einen einheitlichen Einstiegspunkt zu einem Themenbereich oder Informationsangebot über eine WWW-Seite. Es werden also Informationen, Dienste und Funktionen integriert. Ein Unternehmensportal integriert in diesem Sinne geschäftliche Informationen, Dienste und Funktionen, die entweder nur für die Mitarbeiter des Unternehmens (internes Portal, z. B. über Intranet zugänglich), auch für Geschäftspartner (Zugang z. B. über Extranet) oder für die Allgemeinheit (Zugang über Internet) zur Verfügung gestellt werden.

Integration heterogener Informationssysteme

Unternehmensportale werden auch als Instrumente für die Integration heterogener betrieblicher Informationssysteme verwendet. Für den Benutzer stellt das Portal dann einen einheitlichen Einstiegspunkt mit einer einheitlichen Oberfläche dar, unter der die verschiedensten Funktionalitäten personalisiert gebündelt werden können.

Hersteller von ERP-Systemen (z. B. SAP, Oracle) ebenso wie andere Softwareanbieter (z. B. IBM, Microsoft) bieten leistungsfähige Werkzeuge zur Erstellung von Unternehmensportalen an. Beispielsweise ist in die Plattform SAP NetWeaver, auf der SAP ERP basiert, eine Portalkomponente für den einheitlichen Zugriff integriert (vgl. dazu Abschnitt 7.4.2).

5.4.1 Elektronische Produktkataloge und Bestellungen

Produktkataloge und -konfiguratoren

Viele Unternehmen bieten ihren Kunden die Möglichkeit, Bestellungen elektronisch aufzugeben, z. B. über einen angekoppelten Web-Shop oder das Web-Frontend ihres ERP-Systems. Voraussetzung für den Bestellvorgang ist ein *elektronischer Produktkatalog*, in dem Produkt- und Verfügbarkeitsdaten aus der ERP-Datenbank in Form von WWW-Seiten aufbereitet und dargestellt werden. Häufig wird dem Kunden die Möglichkeit eingeräumt, das gewünschte Produkt online zu konfigurieren. Die elektronisch übermittelten Daten initiieren dann beim Produktanbieter einen Vorgang zur Abwicklung der Bestellung.

Automatisierung des Auftragserfassungsprozesses

Der Kunde steigt über eine Seite des elektronischen Produktkatalogs in den Bestellprozess ein. Die Katalogeinträge werden aus der ERP-Datenbank übernommen (z. B. aktuelle Preise, Sonderangebote, Mengenrabatte). Grundsätzlich können die Katalogeinträge auch kontextbezogen zusammengestellt werden (z. B. kundenspezifische Konditionen). Wählt der Kunde ein Produkt aus, werden die Verfügbarkeit und der mögliche Liefertermin ermittelt.

Elektronischer Warenkorb

Die Bestellung selbst erfolgt meist mithilfe eines *elektronischen Warenkorbs*. Vor dem Bezahlvorgang wird gegebenenfalls, zumindest im Business-to-Business-Geschäftsverkehr, das Kreditlimit des Kunden durch Zugriff auf die Kundenstammdaten überprüft oder eine Kreditwürdigkeitsprüfung angestoßen. Aus den Bestelldaten wird dann ein Kundenauftrag erzeugt und dem Vertriebsmodul des ERP-Systems zur weiteren Abwicklung übergeben. Nach dem Anlegen der Bestellung bzw. des Kundenauftrags im ERP-System werden die Auftragsbestätigung und die weiteren Schritte zur Abwicklung des Auftrags automatisch angestoßen.

5.4.2 Vermittlungssysteme

Zu Beginn des Internetaufschwungs in der Wirtschaft entstand eine Vielzahl von branchenbezogenen und -unabhängigen Vermittlern, die relevante Informationen für den Geschäftsverkehr elektronisch bereitstellten, weiterleiteten oder auch abgeglichen. Beispiele im Business-to-Business-Bereich sind auch heute noch elektronische Produktkataloge, Produktbörsen und elektronische Marktplätze.

Elektronische Kataloge

Ein *elektronischer Produktkatalog* ist hierarchisch nach Branchen oder Produktgruppen gegliedert und stellt ein Suchwerkzeug zur Verfügung, das die Suche nach Produktgruppen, Produktarten oder Firmen unterstützt. Als Suchbegriffe dienen z. B. Produkt-, Unternehmens- oder Branchenbezeichnungen, manchmal auch Teilenummern der Hersteller.

Produktbörsen

Einen Schritt weiter gehen *Produktbörsen*, bei denen der Vermittler auch den Abgleich von Nachfrage und Angebot unterstützt. Wenn etwa ein Unternehmen bestimmte Vorprodukte oder Baugruppen in einer bestimmten Menge benötigt, sucht das Vermittlungssystem die infrage kommenden Anbieter heraus und bietet ggf. automatisierte Hilfen für die Abwicklung der Geschäftstransaktionen.

Elektronische Marktplätze

Elektronische Marktplätze sind Systeme, die es wie bei einem physischen Marktplatz Anbietern und Nachfragern erlauben, Informationen auszutauschen, zu verhandeln und Markttransaktionen durchzuführen. Die Funktionalität ist umfangreicher als bei Produktbörsen. Die Betreiber bieten eine Unterstützung für Verhandlungsprozesse sowie für Waren- und Finanztransaktionen zwischen den Geschäftspartnern an.

Die Zahl der elektronischen Marktplätze war besonders in der Zeit der Interneteuphorie sehr groß. Während um die Jahrtausendwende etwa 1.500 solcher Marktplätze weltweit gezählt wurden, ging die Zahl später sehr stark zurück.

Die Vermittlungsfunktion von Produktbörsen und Marktplätzen nimmt heute – vor allem im Business-to-Consumer-Bereich – verstärkt Preissuchmaschinen (auch Preisvergleichsmaschinen genannt) und Online-Shopping-Portale (Online-Versandhändler) wahr. Bei diesen sind die Produktgruppen und Produkte zwar hierarchisch gegliedert, der Benutzer gelangt aber über mächtige Suchfunktionen direkt an die richtige Stelle.

Preissuchmaschinen

Einige bekannte Beispiele für *Preissuchmaschinen* in Deutschland sind: idealo.de, billiger.de, geizhals.de und preisvergleich.de.

Online-Shopping-Portale

Bei den *Online-Shopping-Portalen* dominieren weltweit US-amerikanische und chinesische Anbieter mit einem breiten Produktspektrum, wie z. B. Amazon.com (in Deutschland Amazon.de), Alibaba.com und JD.com. In Deutschland sind Onlinehändler mit einem konventionellen Produktspektrum (Kleidung, Schuhe, Elektronik etc.) die stärksten, z. B. Otto.de, Zalando.de und MediaMarkt.de.

5.5 Der ERP-Markt: die Qual der Wahl?

5.5.1 Marktübersichten

Es gibt nicht „das“ für alle Industriebetriebe optimale ERP-System

Industrieunternehmen unterscheiden sich in einer Vielzahl von Merkmalen, sodass es auch nicht das eine ERP-System geben kann, das alle Anforderungen eines Unternehmens optimal erfüllt. Ein Unternehmen des in Abb. 1.8 skizzierten Typs, der Standarderzeugnisse in Serien- oder Massenfertigung herstellt, hat andere Anforderungen wie ein Unternehmen, das bei jedem Auftrag im engen Kontakt mit dem Kunden steht und nach seinen Vorgaben individuelle Erzeugnisse in Einzelfertigung produziert.

ERP-Systeme decken die unterschiedlichen Anforderungen in einem unterschiedlichen Maße ab. Wenngleich die großen ERP-Hersteller ihre Systeme immer mehr erweitern, um möglichst viele Branchen und Wirtschaftszweige zu erreichen, erfüllen sie manche Anforderungen besser und andere schlechter. Abschnitt 6.5 geht auf branchenorientierte ERP-Systeme näher ein. Viele kleinere Systeme entstanden ursprünglich als branchen- oder unternehmenstypspezifische PPS-Systeme und gingen später in ERP-Systemen auf.

Auf dem Markt findet man eine große Zahl an ERP-Systemen. Andererseits gibt es auch einen Trend zur Marktkonsolidierung. Durch Zukäufe und Fusionen sind einige wenige, sehr große Anbieter entstanden, deren Marktanteile zusammen ein Vielfaches des „Rests" (d. h. vieler Hunderter anderer Anbieter) ausmachen.

Marktübersichten

Das Angebot an ERP-Systemen wird von verschiedenen Einrichtungen gesammelt und veröffentlicht. Übersichten, teilweise mit Auswahlhilfen verbunden, findet man beispielsweise bei den folgenden Einrichtungen:

IT-Matchmaker

- Die Trovarit AG, ein Spin-Off-Unternehmen des Forschungsinstituts für Rationalisierung (FIR) an der RWTH Aachen, erstellt und verkauft regelmäßig eine Marktstudie zu ERP/PPS-Systemen. Die Leistungsmerkmale der untersuchten Systeme werden auch der Internetplattform *IT-Matchmaker* zugrunde gelegt. Gegenwärtig sind dort 675 Systeme von 534 Anbietern aufgeführt [http://www.it-matchmaker.com; vgl. auch Schuh 2019]. Auf der Plattform können interessierte Unternehmen gegen Entgelt nach dem für sie passenden ERP-System suchen.

ERP Booklet

- Die SIS Consulting GmbH, Innsbruck, gibt jährlich ein „ERP Booklet" heraus [SIS 2024]. In der Ausgabe für 2022 wurden 265 ERP-Systeme von 214 Anbietern verglichen [Keckeis 2020].

SoftSelect Studie

- Die regelmäßige ERP-Studie der *SoftSelect GmbH* untersuchte im Jahr 2024 insgesamt 208 Systeme von 175 Anbietern [SoftSelect 2024].

CER-Datenbank (Universität Potsdam)

- Das *Center for Enterprise Research (CER)* an der Universität Potsdam führt eine Datenbank über Anwenderprojekte zur Einführung von ERP-Systemen [Eggert 2013]. Im Frühjahr 2020 wies die Datenbank 2.713 Projekte aus, in denen 443 unterschiedliche Systeme eingeführt wurden.

Marktübersichten und Sammlungen von ERP-Systemen werden darüber hinaus von einschlägigen Zeitschriften (z. B. ERP Management, IT&Production) und Web-Plattformen (z. B. www.erpfuehrer.de, www.erpkompass.de, www.softwarecheck.de) angeboten.

5.5.2 Auswahl eines ERP-Systems

Auswahl des „richtigen" Systems

Die Auswahl eines ERP-Systems ist eine anspruchsvolle Aufgabe. Die Schwierigkeit liegt verkürzt gesagt darin, aus der Vielzahl von Systemen auf dem Markt das „richtige" für das eigene Unternehmen auszuwählen.

Auswahlprojekte haben häufig sehr lange Laufzeiten. Es ist nicht unüblich, dass ein halbes Jahr, ein Jahr oder auch mehr allein mit der Systemauswahl verbracht werden.

Schwierig ist der Auswahlprozess auch deshalb, weil der Funktionsumfang unterschiedlicher ERP-Systeme sich zunehmend annähert. Manchmal wird argumentiert, dass man bei den zehn verbreitetsten ERP-Systemen schon im Standardumfang einen Abdeckungsgrad von ca. 90 % und bei den drei führenden Systemen von 95 % der Anforderungen erwarten könne [Scherer 2004]. Der „Knackpunkt" sind dann die letzten 5–10 % bzw. der Aufwand, der zu leisten wäre, um für den fehlenden oder ungeeigneten Teil der Funktionalität Systemerweiterungen und -anpassungen vorzunehmen.

Der Funktionsumfang eines Systems ist zwar ein wesentliches, aber bei Weitem nicht das einzige Auswahlkriterium. Von Bedeutung sind ebenfalls Punkte wie die folgenden:

- Können die organisatorischen Voraussetzungen für den Einsatz des Systems im Unternehmen geschaffen werden bzw. welchen Aufwand erfordert dies?
- Wie einfach oder schwierig ist es, das System an die eigenen Anforderungen anzupassen?
- Wie sieht der Einführungsprozess aus und lässt sich dieser adäquat planen und durchführen?

Viele Anwenderunternehmen sind von Fragen wie diesen überfordert und ziehen deshalb Unternehmensberater zurate, die sich auf die Auswahl und Einführung von ERP-Systemen spezialisiert haben.

In vielen Fällen wird ein Projektteam eingerichtet, das ein Pflichtenheft und eine Checkliste erstellt, Angebote einholt, eine Vorauswahl mehrerer Systeme trifft und die Endauswahl vorbereitet. Dies ist ein umfangreicher Prozess, auf den weiter unten eingegangen wird.

Das *Projektteam* wird häufig zusammengesetzt aus Managern und Mitarbeitern der betroffenen Abteilungen, die die fachlichen Anforderungen kennen, der IT-Abteilung, die das System später betreiben muss, sowie externen Beratern, die Erfahrungen aus anderen Auswahl- und Einführungsprojekten mitbringen.

Projektteam

Checklisten

Checklisten dienen dazu, die unterschiedlichen Darstellungen der Systeme und die Informationsstände bezüglich der Systeme zu vereinheitlichen. Die Systembeschreibungen der Hersteller unterscheiden sich meist erheblich, da sie eher unter Marketinggesichtspunkten angefertigt werden. Die Hersteller wollen naturgemäß ihre Systeme verkaufen und stellen deshalb die Stärken heraus. Die harten Fakten sind viel schwieriger zu ermitteln.

Vielzahl von Einzelkriterien

In einer Checkliste werden die Anforderungen in Form von Systemfunktionen oder Teilaufgaben, die im Rahmen von Prozessschritten zu bearbeiten sind, meist in sehr detaillierter Form aufgeführt. Dann ist es allerdings keine Seltenheit, dass eine Checkliste Tausende von Kriterien enthält. Wählt man einen geringeren Detaillierungsgrad, dann kommt man zwar mit weniger Kriterien aus, aber die Aussagen sind auch von geringerem Wert.

Grobe vs. detaillierte Kriterien

Dies erkennt man an Abb. 5.19, die eine sehr grobe Checkliste enthält. Würde man beispielsweise statt des allgemeinen Kriteriums „Produktionsplanung und -steuerung" (Zeile 35) gezielte Einzelkriterien aufführen (z. B. welche Formen der Verfügbarkeitsprüfung bei der Auftragsfreigabe gibt es – statische, dispositive, Material-, Kapazitäts-, Werkzeug-, Personal-Verfügbarkeit etc.?), dann hätte man griffigere Auswahlkriterien, aber auch Hunderte von Zeilen in der Checkliste mehr, allein für den Bereich PPS.

Die „J"-Einträge in Zeile 35 sind relativ aussagelos, denn ein Produktionsunternehmen würde ohnehin kein ERP-System in Betracht ziehen, das die Produktionsplanung und -steuerung nicht unterstützt. Wenn das Unternehmen jedoch starken Wert darauf legt, dass z. B. die belastungsorientierte Auftragsfreigabe zur Verfügung steht, dann hilft ihm die Checkliste nur weiter, wenn dieses Kriterium auch explizit genannt wird.

Da manuell auszufüllende Checklisten bei einer großen Zahl von Kriterien sehr unübersichtlich und unhandlich sind, bieten Beratungsunternehmen und Plattformbetreiber computergestützte Werkzeuge an, die das Anwenderunternehmen bei der Systemauswahl unterstützen.

Ref	Softwarefunktionalität	Feldtyp	Produkt 1	Produkt 2	Produkt 3
1	Integriertes ERP/PPS-System für Industrieunternehmen	J/N	J	J	J
2	Integriertes ERP/WWS-System für Handelsunternehmen	J/N	N	J	J
3	Integriertes ERP-System für Dienstleistungsunternehmen	J/N	J	J	J
4	Lösung aus dem Bereich Business Intelligence (BI)				
5	Business-Intelligence-Anwenderwerkzeuge	J/N	J	J	J
6	Reporting, Management Information (MIS)	J/N	J	J	J
7	Daten-Management	J/N	J	J	J
8	Speicherkonzepte	J/N	N	J	J
9	Business Process Management (BPM)	J/N	N	J	J
10	Lösung aus den Bereichen Finanz- & Personalwesen				
11	Finanzbuchhaltung, Rechnungswesen	J/N	J	J	J
12	Controlling, Kostenrechnung	J/N	J	J	J
13	Personalverwaltung (HRM)				
14	Lohn- & Gehaltsabrechnung	J/N	N	J	J
15	Personalzeiterfassung (PZE)	J/N	J	J	J
16	Lösung aus dem Bereich Produktentwicklung	J/N	J	J	J
17	Product Lifecycle Management (PLM)	J/N	J	J	J
18	Produktdatenmanagement (PDM)	J/N	J	J	J
19	Computer Aided Design (CAD)	J/N	J	J	J
20	Laborinformationssystem (LIMS)	J/N	J	J	J
21	Digitale Fabrikplanung	J/N	J	J	J
22	Lösung aus dem Bereich Marketing & Vertrieb				
23	Integriertes Customer Relationship Management (CRM)	J/N	J	J	J
24	Vertriebsplanung & -steuerung	J/N	J	J	J
25	E-Commerce- bzw. Shop-System	J/N	J	J	J
26	Produkt-/ Variantenkonfigurator	J/N	J	J	J
27	Electronic Data Interchange (EDI)	J/N	J	J	J
28	Kassensystem	J/N	J	J	J
29	Kaufmännische Auftragsabwicklung	J/N	J	J	J
30	Kontaktmanagement	J/N	J	J	J
31	Analytisches CRM	J/N	J	J	J
32	Call-Center	J/N	J	J	J
33	Lösung aus den Bereichen Planung & Disposition				
34	Projektmanagement (PMS)	J/N	N	J	J
35	Produktionsplanung- & steuerung (PPS)	J/N	J	J	J
36	Personaleinsatzplanung (PEP)	J/N	J	J	J
37	Supply Chain Management (SCM)	J/N	J	J	J
38	Bestandsoptimierungs & -managementsystem	J/N	J	J	J
39	Lösung aus den Bereichen Einkauf, Lager & Logistik				
40	Warenwirtschaft (WWS)	J/N	J	J	J
41	Supplier Relationship Management (SRM)	J/N	J	J	J
42	E-Procurement	J/N	J	J	J
43	Warehousemanagement Systeme (WMS)	J/N	J	J	J
44	Steuerung für automatisierte Lagertechnik	J/N	J	J	J
45	Gefahrgut-, Gefahrstoffmanagement	J/N	J	J	N
46	Transportoptimierung & -management (TOM)	J/N	J	J	J
47	Zollabwicklung	J/N	N	J	N
48	Lösung aus dem Bereich Betrieb & Produktion				
49	Manufacturing Execution System (MES)	J/N	N	J	N
50	Betriebsdatenerfassung (BDE)	J/N	N	J	N
51	Maschinendatenerfassung (MDE)	J/N	N	J	N
52	Qualitätsmanagement (CAQ/QMS)	J/N	N	J	N
53	Produktionsoptimierung, Advanced Planning (APS)	J/N	J	J	N

Abb. 5.19: Auszug aus einer Checkliste für eine ERP-System-Auswahl [Trovarit 2010].

Die vom Projektteam erstellte Checkliste wird in vielen Fällen an die in Betracht gezogenen ERP-Anbieter weitergegeben, mit der Bitte, Eintragungen bei allen Kriterien zu machen. Alternativ oder ergänzend kann das Projektteam versuchen, die gewünschten Angaben zusammenzutragen.

Die Eintragungen in den ausgefüllten Checklisten dienen dazu, die Liste der Anbieter bzw. Systeme auf diejenigen einzugrenzen, die die Anforderungen des Unternehmens möglichst gut erfüllen. Dabei sind meist Abwägungen zu treffen, denn bei Hunderten oder Tausenden von Kriterien ist es nahezu ausgeschlossen, dass ein System jedes Kriterium erfüllt. Die Bedeutung der einzelnen Kriterien ist auch durchaus unterschiedlich. Manche Kriterien sind unabdingbar, andere zwar wichtig, aber doch nicht entscheidend, und wieder andere zwar wünschenswert, aber letztlich doch verzichtbar („nice to have").

Bei der Anfertigung der Checkliste bzw. des Pflichtenhefts besteht die Gefahr, dass der Istzustand im Unternehmen unkritisch beschrieben und dem Anforderungskatalog zugrunde gelegt wird. Damit vergibt man die Chance, Verbesserungspotenziale mit der Einführung eines neuen Systems auszuschöpfen. Unternehmen, die das ERP-Projekt zum Anlass nehmen, ihre Ablauforganisation bzw. ihre Geschäftsprozesse kritisch zu durchleuchten, schöpfen diese Potenziale besser aus.

Gefahren von Checklisten Systemfunktionen?

Außerdem tendieren Auswahlprojekte dazu, das zukünftige System überzuspezifizieren, d. h., es werden alle erdenklichen Anforderungen zusammengetragen. Berater und erfahrene Anwender von ERP-Systemen weisen demgegenüber darauf hin, dass viele der in Checklisten aufgeführten Funktionen im praktischen Betrieb kaum oder gar nicht verwendet werden, weil sie sich später als doch nicht so wichtig entpuppen, wie in der Auswahlphase zunächst vermutet wurde.

Anpassungsfreundlichkeit ist eines der wichtigsten Kriterien für ein modernes ERP-System

Wichtiger als ein perfekter Abgleich zwischen der heute erwünschten Detailfunktionalität und ihrer Abdeckung durch den Standardfunktionsumfang ist die *Anpassungsfreundlichkeit* eines ERP-Systems. Statt einen nur für den Augenblick gültigen maximalen Erfüllungsgrad hinsichtlich einer Vielzahl von Einzelanforderungen anzustreben, sollte man das Augenmerk eher darauf richten, dass die unvermeidlichen Änderungen und Erweiterungen des Systems mit möglichst geringem Aufwand durchgeführt werden können („Customizing", vgl. Abschnitt 7.3).

Ausschreibung und Angebote

Checklisten stellen oft einen Teil der *Ausschreibung* bzw. Aufforderung zur Abgabe eines Angebots dar, mit der das Unternehmen an potenzielle Lieferanten herantritt. Angaben, die das Angebot enthalten sollte, sind dann beispielsweise:

- Funktionalität des Systems (vgl. Checkliste)
- Hardware- und Softwareanforderungen (z. B. Antwortzeiten, Skalierbarkeit)
- Installation beim Kunden oder außer Haus (z. B. Cloud-Lösung)
- Service und Support im Betrieb, Service Level Agreement (SLA)

- Benutzerschulung und -hilfe (z. B. Hotline, Helpdesk)
- Kosten (Lizenz, Upgrades, Wartung, Schulung etc.)
- Rechtliche Fragen (Vertragsgestaltung, Haftung, Schadenersatz u. a.)

Nutzwertanalyse

Bei der Auswertung der Angebote können Checklisten zwar helfen, die Zahl der Anbieter bzw. Systeme zu reduzieren, aber als alleinige Entscheidungsgrundlage sind sie ungeeignet. Bei Hunderten oder Tausenden von Einzelkriterien ist es sehr wahrscheinlich, dass die Kreuzchen oder Ja/Nein-Einträge so verteilt sind, dass manche das System x und andere das System y als vorteilhaft erscheinen lassen. Auch mag der Fall auftreten, dass System x zwar mehr Kriterien erfüllt als System z, das letztere aber nur 80 % der Kosten des ersteren verursacht. Wie soll das Projektteam dann entscheiden?

Nutzwertanalyse

Um die Vorteile und Nachteile der verbliebenen Systeme gegeneinander abzuwägen und zu einer Entscheidung für ein System zu gelangen, wird häufig das auf Zangemeister zurückgehende Verfahren der *Nutzwertanalyse* herangezogen [Zangemeister 1976]. Dieses Verfahren erlaubt es insbesondere, Vorteile und Nachteile, die nicht in Geldeinheiten gemessen werden können, zu objektivieren. Ein typisches Beispiel für nicht monetär quantifizierbaren Nutzen sind die Ergebnisse der Checklisten. Welchem Geldwert vorhandene Kreuzchen bei einem oder fehlende Kreuzchen bei einem anderen System entsprechen, lässt sich meist nicht sagen.

Kriterien mit Gewichten

Bei der Nutzwertanalyse werden einige wenige, für die Managemententscheidung bedeutsame Kriterien formuliert und gewichtet. Das heißt, im ersten Schritt werden die Kriterien aufgestellt, und im zweiten Schritt versehen die Entscheidungsträger die Kriterien mit Gewichten, die ihrer jeweiligen Bedeutung entsprechen. Für beide Schritte muss eine Einvernehmlichkeit unter den Mitgliedern des Projektteams hergestellt werden. Da in einem Unternehmen unterschiedliche Interessen, Ziele und Machtverhältnisse herrschen, ist die Verständigung auf eine gemeinsame Liste und Gewichtung der Kriterien häufig ein sehr schwieriger Prozess.

In Abb. 5.20 sind beispielhaft sieben Kriterien aufgeführt, die so gewichtet sind, dass die Summe 100 % ergibt. Bei der Durchführung der Nutzwertanalyse geht man nun so vor, dass man Punkte dafür vergibt, wie gut bzw. zu welchem Grad ein System das jeweilige Kriterium erfüllt. Die Punkteskala kann z. B. den Bereich von 0 (sehr schlecht) bis 10 (sehr gut) abdecken.

a) Evaluierungsergebnisse

Kriterium	ERP-Systeme		
	System A	System B	System C
Systemfunktionalität	70%	90%	60%
Technische Anforderungen	sehr gut	OK	gut
Kosten (Lizenz, Hardware/ Software, Wartung)	1.200.000	1.750.000	1.150.000
Anpassungsaufwand	10 PM	4 PM	12 PM
Technischer Service & Support	hervorragend	durchschnittlich	durchschnittlich
Benutzerschulung, Hilfe	durchschnittlich	gut	gut
Referenzinstallation	26	>500	80

PM = Personenmonate

b) Bewertung der Systeme

Kriterium	Gewicht %	ERP-Systeme		
		System A	System B	System C
Systemfunktionalität	30	7	9	6
Technische Anforderungen	10	9	6	8
Kosten (Lizenz, Hardware/ Software, Wartung)	20	5	2	5
Anpassungsaufwand	20	4	7	3
Technischer Service & Support	10	10	5	4
Benutzerschulung, Hilfe	5	5	7	7
Referenzinstallation	5	2	10	5
Summe	100	615	645	520

Abb. 5.20: Nutzwertanalyse (Beispiel).

Der obere Teil der Abbildung zeigt die Ergebnisse der Untersuchung von drei ERP-Systemen. Die Ergebnisse werden im nächsten Schritt auf der Punkteskala abgebildet. Beispielsweise erhält das ERP-System B für das Kriterium „Anpassungsaufwand“ 7 Punkte, weil der Aufwand mit 4 Personenmonaten im Vergleich zu den anderen Systemen relativ niedrig ist. Seine Funktionalität, die 90 % der Kriterien aus der Checkliste erfüllt, wird mit 9 Punkten gewichtet etc.

Berechnung der Nutzwerte

Multipliziert man nun die Punkte mit den Gewichten und summiert die Produkte auf, erhält man für jede Alternative eine Zahl, ihren Nutzwert. Im Beispiel belaufen sich die Nutzwerte auf 615, 645 und 520. Demzufolge ist der Gewinner das ERP-System B. Wollte man die Entscheidung ausschließlich auf der Nutzwertanalyse basieren, würde das Unternehmen das ERP-System B beschaffen.

Das ist i. d. R. natürlich nicht der Fall. Die Nutzwertanalyse kann eine Entscheidungshilfe sein, aber die Entscheidung für ein System ist letztlich eine Managementaufgabe, bei der nicht nur die schematisierten Faktoren der Nutzwertanalyse eine Rolle spielen.

Checklisten und Nutzwertanalyse sind Hilfsmittel, die im Auswahlprozess eine wichtige Rolle spielen können. Sie stellen aber nur Teilschritte eines meist umfangreicheren Prozesses dar.

Vorgehensmodelle für den Auswahlprozess

Die Auswahl eines ERP-Systems ist ein umfangreiches Projekt, das sorgfältig geplant und umgesetzt werden muss. Fehler, die im Auswahlprojekt begangen werden, können fatale Folgen haben. Sie gefährden die Erreichung der Ziele, die man sich von der Einführung eines neuen ERP-Systems versprochen hat, oder lassen das Projekt gar als Misserfolg enden.

Vorgehensmodelle für die ERP-Auswahl

Erfahrene Unternehmensberater wenden deshalb häufig *Vorgehensmodelle* für die ERP-Auswahl an, die sich in der Praxis bereits bewährt haben. Beispielhaft seien die in Gronau [2023], Dreher [2025], Infosoft [2025] und SüdIB [2025] beschriebenen Modelle genannt. Vorgehensmodelle sind meist in Phasen untergliedert, die nacheinander durchlaufen werden.

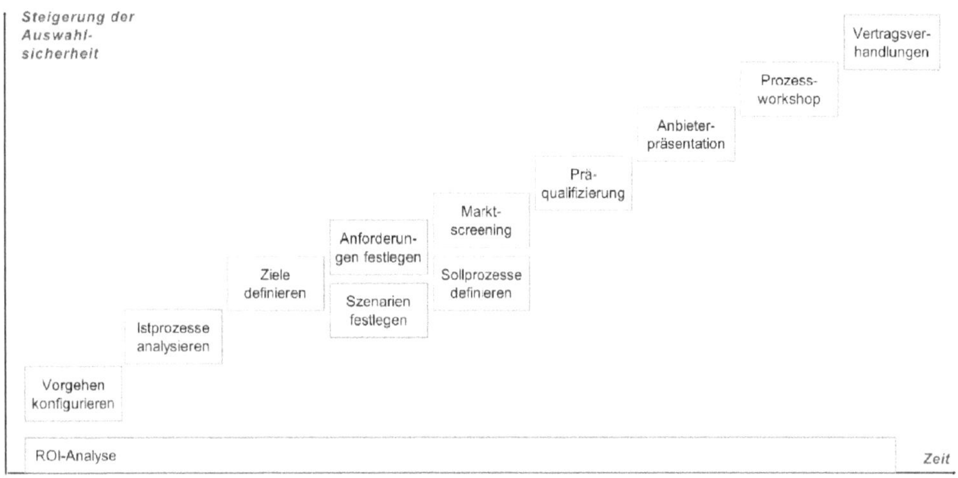

Abb. 5.21: Vorgehensmodell für die ERP-Auswahl [Gronau 2023].

Abbildung 5.21 zeigt schematisch ein Vorgehensmodell, das Gronau [2023] entnommen wurde. Es weist folgende Phasen auf:

ROI-Analyse

(0) *ROI-Analyse:* Aus betriebswirtschaftlicher Sicht muss die Wirtschaftlichkeit des Projekts nachgewiesen werden. Dies ist häufig

eine Voraussetzung für eine positive Entscheidung des Managements zugunsten der Projektdurchführung. Der ROI („Return on Investment") ist durch Aussagen zu der Kostensenkung, Produktivitätssteigung, dem Umsatzwachstum u. a., eventuell ergänzt durch Modellrechnungen, glaubhaft darzulegen. In Abb. 5.21 zieht sich die ROI-Analyse durch den gesamten Projektverlauf. Das heißt, das Projekt steht nicht nur am Anfang, sondern auch weiterhin unter betriebswirtschaftlichem Rechtfertigungszwang. Die ROI-Analyse muss kontinuierlich fortgeschrieben werden.

(1) *Vorgehen konfigurieren:* Das Vorgehensmodell stellt ein Schema allgemeiner Art dar, das zunächst konfiguriert, d. h. auf den konkreten Anwendungsfall hin angepasst werden muss.

Vorgehen konfigurieren

(2) *Ist-Prozesse analysieren:* Die gegenwärtigen Prozesse werden in dieser Phase analysiert und dokumentiert, auch wenn sie mit der neuen Lösung nicht unbedingt eins zu eins weitergeführt werden sollen. Die Analyse ist eine wesentliche Voraussetzung für die spätere Festlegung der Anforderungen an das neue System. Sie dient außerdem dazu, die Schwachstellen der gegenwärtigen Vorgehensweisen aufzudecken.

Istprozesse analysieren

(3) *Ziele definieren:* Die Ziele des Projekts sollten explizit festgestellt und dokumentiert werden, damit man später überprüfen kann, inwieweit sie erreicht wurden bzw. ob das Projekt auf dem richtigen Weg ist.

Ziele definieren

(4) *Anforderungen festlegen:* Das Unternehmen spezifiziert die Anforderungen an das ERP-System. In dieser Phase können die oben behandelten Checklisten zum Einsatz kommen, auf deren Schwachstellen bereits hingewiesen wurde. Das Anforderungsdokument wird häufig in Form eines Lastenhefts erstellt.

Anforderungen festlegen

(5) *Szenarien festlegen:* Um die Eignung von potenziellen Systemkandidaten beurteilen zu können, muss man wissen, ob bzw. inwieweit sie die eigenen Geschäftsprozesse adäquat unterstützen und die wichtigsten Stammdaten des Unternehmens zu speichern gestatten. Dazu wird empfohlen, drei bis fünf Szenarien zu spezifizieren, die man den ausgewählten Systemanbietern zur Vorbereitung ihrer Präsentationen übergibt (s. u.) [Gronau 2019b, S. 7].

Szenarien festlegen

(6) *Marktscreening:* Hier geht es darum, aus den Hunderten auf dem Markt verfügbaren ERP-Systemen die *relevanten* auszuwählen, d. h. diejenigen, die die Anforderungen des Unternehmens voraussichtlich am besten erfüllen. Ein wichtiges Kriterium ist dabei häufig, inwieweit die spezifischen Bedürfnisse der eigenen Branche durch eine gezielte Funktionalität unterstützt werden.

Marktscreening

Sollprozesse definieren

(7) *Sollprozesse definieren:* Da man sich von der Einführung eines neuen ERP-Systems grundsätzlich Verbesserungen verspricht, wird man in vielen Fällen die bisherigen Prozesse nicht unkritisch weiterführen, sondern in irgendeiner Form verbessern. Deshalb spezifiziert man die zukünftigen Prozesse ggf. neu, insbesondere diejenigen Stellen, an denen Schwachstellen festgestellt wurden.

Präqualifizierung, Anbieterpräsentation

(8) *Präqualifizierung und Anbieterpräsentation:* Einige Anbieter der als relevant eingestuften Systeme werden zu Präsentationen eingeladen. Grundlage bilden die oben spezifizierten Szenarien; d. h., die Anbieter werden aufgefordert vorzuführen, wie sich die spezifischen Aufgaben des Unternehmens mithilfe ihrer jeweiligen Systeme lösen lassen. Bei der Beurteilung ist der Sachverstand erfahrener Experten gefragt. Anbieter neigen in der Angebotsphase und bei Präsentationen gerne dazu, unrealistische Versprechungen zu machen und Probleme unter den Tisch zu kehren. Erfahrene Experten können die Aussagen auf ihre Realitätsnähe hin abklopfen und kritische Punkte hinterfragen.

Prozessworkshops

(9) *Prozessworkshops:* Das System oder die Systeme in der engeren Wahl werden in Workshops, die das Projektteam zusammen mit dem Anbieter durchführt, im Detail untersucht. Insbesondere die Frage, ob der zu erwartende Anpassungs- und Erweiterungsaufwand vom Anbieter realistisch angegeben wurde, bedarf einer sorgfältigen Prüfung. Auch hier gilt es zu beachten, dass Anbieter im Wettbewerb mit Konkurrenten den Aufwand gern herunterspielen, um kostengünstig dazustehen. Dies ist für den Anbieter relativ „ungefährlich", da der Anpassungsaufwand („Customizing") im Allgemeinen nicht zu einem Festpreis, sondern nach Aufwand berechnet wird. Wenn der Anbieter also nur 150 Personentage als Schätzung angibt, hinterher aber 400 Personentage anfallen, dann hat der Kunde eben „Pech gehabt".

Vertragsverhandlungen

(10) *Vertragsverhandlungen:* Mit dem letztendlich ausgewählten Anbieter werden die Details des Vertrags ausgehandelt: Lizenzkosten und -modalitäten, Zahlungsbedingungen, Wartungsvereinbarungen und -kosten, Nachbesserung und Fehlerbehebung u. v. a.

Anmerkungen

Aufwand für den Auswahlprozess

a) Wie man aus der Beschreibung der Phasen erahnen kann, verursacht ein systematischer Auswahlprozess einen signifikanten Aufwand. Dieser liegt bei 15–20 % des Aufwands für das gesamte ERP-Projekt (d. h. Einführung eines neuen bzw. Ablösung des alten ERP-Systems, vgl. dazu Kapitel 7) [Gronau 2019, S. 8]. Er lohnt sich aber, denn die nachträglichen Korrekturmaßnahmen bei der Wahl des falschen Systems sind in der Regel erheblich teurer.

b) Das Vorgehensmodell ist als mehr oder weniger linearer Prozess dargestellt, mit der Ausnahme zweier parallel laufender Phasen. Es ist aber durchaus denkbar, dass es zu *Schleifen im Ablauf* kommt. Wenn man beispielsweise bei den Anbieterpräsentationen feststellt, dass keiner der Anbieter in der Lage ist, bestimmte Wünsche des Unternehmens zu plausiblen Konditionen zu erfüllen, wird man vielleicht zu der Phase „Anforderungen analysieren" oder „Sollprozesse definieren" zurückkehren und hier Änderungen vornehmen.

Schleifen im Vorgehensmodell

c) Anbieter und Kunde verfolgen *unterschiedliche Ziele*. Während der Kunde eine möglichst umfassende Unterstützung seiner Anforderungen und Wünsche erwartet, möchte der Anbieter sich gegen den Wettbewerb durchsetzen und sein System verkaufen. Es kommt nicht selten vor, dass dabei Kosten heruntergespielt und Probleme (z. B. fehlende Funktionen) kleingeredet werden. Das Projektteam bewegt sich im Spannungsfeld zwischen dem, was das System bereits leistet, was sich mit überschaubarem Aufwand umsetzen lässt, was nur als „einfach machbar" in Aussicht gestellt wird und was gar nicht machbar ist. In den beiden letzteren Fällen muss evtl. ein Drittsystem beschafft werden, was bedeutet, dass Schnittstellen zwischen ERP-System und Drittsystem geprüft oder erst geschaffen werden müssen. Die Herausforderung für das Projektteam besteht darin herauszufinden, wie die Fakten sind und was es kosten würde, die letztlich erforderliche Gesamtfunktionalität zu erreichen.

Ziele Anbieter vs. Kunde

d) Anbieter haben in der Regel gut ausgearbeitete Standardpräsentationen, die schön anzusehen sind, aber nicht die Verhältnisse des speziellen Kunden widerspiegeln. Am Beispiel eines bestimmten Produktsegments (z. B. Drucker, PCs, Fahrräder) werden Abläufe, Formulare u. a. live vorgeführt, was dann auch gut funktioniert. Was aber, wenn der Kunde ein Sondermaschinenhersteller ist, der nach Kundenauftrag und Kundenspezifikationen produziert? Ihm nützen die Abläufe eines PC-Herstellers relativ wenig. Im Vorgehensmodell oben wurde deshalb die Phase „Szenarien festlegen" vorgesehen. Bei den Präsentationen sollen die Anbieter vorführen, wie sich diese Szenarien mit ihrem System umsetzen lassen.

Standardpräsentationen vermeiden

Aus Sicht des Kunden wäre der „Idealfall" einer Anbieterpräsentation, dass der Anbieter zumindest Folgendes präsentiert:

„Ideale" Anbieterpräsentation

– Wie werden die wichtigsten Geschäftsprozesse des Unternehmens mithilfe des jeweiligen Systems durchgeführt?

- Können alle wesentlichen Stamm- und Bewegungsdaten mit den benötigten Attributen (Feldern) gespeichert werden?
- Lassen sich alle benötigten Dokumente, Auswertungen und Berichte (Reports) mit dem System erzeugen?

Die Vorbereitung einer solchen Präsentation bereitet einen sehr hohen Aufwand, setzt sie doch voraus, dass der Anbieter das Unternehmen mit seinen Daten und Prozessen zu einem guten Teil im ERP-System abbildet. Die Bereitschaft, diesen Aufwand bereits in der Auswahlphase zu leisten, ist meist gering. Deshalb besteht eine Herausforderung für das Projektteam darin, auf der Implementierung und Präsentation wenigstens einiger geschäftskritischer Prozesse zu bestehen.

5.5.3 Anbieter auf dem ERP-Markt

Wurzeln des ERP liegen in Europa

Die Wurzeln des Enterprise Resource Planning liegen zu einem signifikanten Teil in Europa und speziell in Deutschland. In den 80er- und 90er-Jahren des vorigen Jahrhunderts stammten vier der fünf führenden ERP-Systeme aus Europa. Heute hat sich die Situation etwas gewandelt, da mehrere Weltmarktkonzerne in den ERP-Markt eingestiegen sind. Immerhin hat der Weltmarktführer, SAP SE, seinen Konzernsitz weiterhin in Deutschland.

Wenige große und viele kleine ERP-Systeme

Der Markt für ERP-Systeme ist einerseits durch zunehmende Konzentration auf wenige große Anbieter gekennzeichnet. Dies gilt insbesondere für die „großen“ ERP-Systeme. Andererseits gibt es neben den großen ERP-Systemen sehr viele kleinere Systeme, die überwiegend von mittelständischen Software- und Beratungsfirmen entwickelt wurden und teilweise aus PPS-Systemen hervorgegangen sind. Der Markt, den diese Firmen bedienen, besteht hauptsächlich aus Klein- und Mittelbetrieben.

Der Markt der *großen ERP-Systeme* wird heute von vier Firmen dominiert: SAP, Oracle, infor und Microsoft.

SAP ist der bekannteste ERP-Anbieter und Weltmarktführer bei den großen ERP-Systemen. SAP vertreibt mehrere Systeme:

SAP ERP

- Am bekanntesten ist *SAP ERP*, das hauptsächlich auf große Unternehmen ausgerichtet ist. Sein „berühmter“ Vorgänger war viele Jahre lang *SAP R/3*, das später mit dem Übergang auf eine neue technologische Plattform als *SAP ECC* bezeichnet wurde (vgl. dazu Abschnitt 6.1).

S/4HANA

- *S/4HANA* heißt die Nachfolgeversion von SAP ERP. Der Name kommt daher, dass das System auf dem SAP-eigenen In-Memory-Datenbanksystem *HANA* basiert (vgl. dazu Abschnitt 7.4.3).

Für den Mittelstand gibt es weitere Systeme von SAP:

Business One, All-in-One, Business ByDesign

- Business One
- All-in-One
- Business ByDesign

Cloud-Lösungen von SAP

Die SAP-Systeme werden zunehmend auch als *Cloud-Lösungen* (vgl. Abschnitt 12.5.3) angeboten. Das zuletzt genannte (Business ByDesign) steht heute nur noch als Cloud Service zur Verfügung.

Unter dem Dach von *Oracle* trifft man mehrere, durch Zukäufe und vorhergehende Fusionen zusammen gekommene ERP-Systeme an, insbesondere:

Oracle E-Business Suite

- Oracle E-Business Suite (Oracle-eigenes ERP-System)
- Peoplesoft Enterprise
- J. D. Edwards EnterpriseOne
- J. D. Edwards World
- Oracle Cloud ERP

Während die ersten vier sogenannte „On-Premise-Systeme" sind (d. h., sie laufen auf Servern auf dem Unternehmensgelände), stellt das letztgenannte die ERP-Funktionalität auf dem Weg des Cloud Computing zur Verfügung.

infor

Nicht nur bei Oracle wurden früher eigenständige ERP-Systeme im Zuge von Akquisitionen und Fusionen unter neuen Marken umbenannt und/oder von Firmen erworben, die heute ein ganzes Spektrum von ERP-Systemen vertreiben. Ein weiteres Beispiel ist die Firma *infor Global Solutions* (USA), die nicht nur das ursprünglich in Deutschland entwickelte System *infor COM* im Angebot hat, sondern zahlreiche weitere Systeme, z. B. *infor M3* (früher Lawson) und *infor Ln* (früher Baan).

Microsoft

Auch *Microsoft* ist auf dem ERP-Markt aktiv. Unter dem Markennamen *Microsoft Dynamics 365* wird eine Reihe zugekaufter betriebswirtschaftlicher Standardsoftwaresysteme angeboten, darunter die ERP-Systeme:

Microsoft Dynamics 365

- Dynamics 365 Business Central (frühere Namen: Dynamics NAV, davor Navision)
- Dynamics 365 for Finance and Operations (frühere Namen: Dynamics AX, davor Axapta)

Einige der am weitesten verbreiteten ERP-Systeme sind in Abb. 5.22 aufgeführt.

Marktführer bei kleinen und sehr kleinen ERP-Systemen ist Sage

Der Markt der *kleinen und sehr kleinen Systeme* wird schließlich von dem britischen Unternehmen *Sage* dominiert, das durch eigene Entwicklungen und Zukäufe Firmen von 1 bis 1.000 Mitarbeitern bedient. Die sehr kleinen Systeme, z. B. für Handwerksbetriebe, werden als Regalware verkauft („Shrink-wrapped Software"). Verschiedene deut-

ERP-System	Anbieter
SAP ERP	SAP
S/4HANA	SAP
Business One	SAP
All-in-One	SAP
E-Business Suite	Oracle
Peoplesoft	Oracle
J. D. Edwards EnterpriseOne	Oracle
J. D. Edwards World	Oracle
Dynamics 365 Business Central	Microsoft
Dynamics 365 for Finance and Operations	Microsoft
infor COM	Infor
Sage X3	Sage

Abb. 5.22: Einige bekannte ERP-Systeme.

sche Softwarelösungen sind im Zeitablauf zu Sage gekommen, so die frühere KHK-Software, der PC-Kaufmann und die ERP-Systeme „bäurer Industry“ und „bäurer Trade“ (heutiger Name: *Sage b7*).

Es gibt Hunderte von branchenorientierten ERP-Systemen

Darüber hinaus gibt es Hunderte von meist kleineren ERP-Systemen, deren Marktanteile, bezogen auf den Gesamtmarkt aller Unternehmen, relativ gering sind. Der Grund liegt darin, dass diese Systeme überwiegend branchenorientiert sind, d. h., sie adressieren die Bedürfnisse einzelner, auch mehrerer Branchen oder Marktnischen. In diesen eingeschränkten Marktsegmenten bieten sie häufig eine bessere Funktionalität als die „allgemeinen“, branchenübergreifenden ERP-Systeme.

Die Branchendifferenzierung ist teilweise sehr stark ausgeprägt. Beispielsweise gibt es Systeme, die innerhalb der Fertigungsindustrie nur eine oder mehrere Teilbranchen, wie Anlagenbau, Automobilindustrie, Werkzeugmaschinenbau, Werkzeug- und Formenbau oder andere, unterstützen (vgl. dazu auch Abschnitt 6.5).

Open-Source ERP

Open-Source-ERP

Neben lizenzpflichtigen ERP-Systemen existiert auch eine Reihe von *Open-Source-Systemen.* Beispiele sind [Nesbitt 2020; Bahr 2024]: ADempiere, Apache OFBiz, Axelor ERP, Compiere, Dolibarr ERP, ERPNext, ERP5, iDempiere, Metafresh, MixERP, monday.com, odoo (früher OpenERP), OpenBravo, Tryton, xTuple PostBooks und Vienna Advantage. Einschränkend sei darauf hingewiesen, dass es sich trotz der Einordnung unter ERP nicht in jedem Fall um vollwertige ERP-Systeme handelt.

Um die Jahrtausendwende wurden in Open-Source-Systeme große Erwartungen gesetzt. Diese haben sich jedoch nur teilweise erfüllt. Zum einen sind die meisten Open-Source-Systeme im Funktionsumfang mit den kommerziellen Systemen kaum vergleichbar. Zum anderen trügt der erste Anschein, dass Open-Source-Systeme kostenlos sind.

Einführungsprojekte sind genauso aufwendig wie bei der kommerziellen Software

Zwar ist der Quellcode öffentlich zugänglich und kostet in diesem Sinne nichts. Die Einführung, Anpassung, Erweiterung und Pflege der Software beim Anwender verursachen jedoch einen ähnlichen Aufwand wie bei einem kommerziellen System. Das einzelne Anwenderunternehmen, vor allem wenn es sich um einen Klein- oder Mittelbetrieb handelt, verfügt in der Regel nicht über das hierfür erforderliche Know-how. Somit ist es auf eine externe Unterstützung angewiesen, beispielsweise durch ein Software- und Beratungsunternehmen, das Erfahrung mit dem betreffenden System besitzt (und natürlich nicht kostenlos arbeitet).

Cloud ERP

In der Anfangszeit des Cloud Computing wurden cloudbasierte ERP-Systeme nur von spezialisierten Anbietern angeboten. Heute sind auch die meisten „klassischen" ERP-Anbieter, die ihre Systeme früher on-premise (d. h. beim Kunden vor Ort) installierten, dazu übergegangen, diese als Cloud-Lösungen zentral vorzuhalten.

Software-as-a-Service (SaaS)

Das einzelne Anwenderunternehmen kann sein ERP-System dann als *Software-as-a-Service (SaaS*, vgl. Abschnitt 12.5.3) beziehen. Statt eines einmaligen Kaufpreises oder jährlicher Lizenzkosten bezahlt das Unternehmen für die Nutzung nach einem serviceorientierten Bezahlmodell.

Einige cloudbasierte ERP-Systeme wurden oben bereits bei der Erörterung des Marktangebots erwähnt:

- SAP S/4HANA Cloud
- SAP Business ByDesign
- SAP Business One
- Oracle Cloud ERP
- Microsoft Dynamics 365
- Sage X3
- Sage 100

Außer SAP Business ByDesign, das nur cloudbasiert angeboten wird, sind die Systeme sowohl als On-Premise- als auch Cloud-Lösungen verfügbar.

Cloudbasierte ERP-Systeme

Über die erwähnten Systeme hinaus gibt es mittlerweile ein breites Angebot an cloudbasierten ERP-Systemen. Weitere Beispiele sind (Abruf jeweils am 22.8.2020):

- Comarch Cloud ERP (https://www.comarch.de/produkte/erp/cloud-erp)
- Infor CloudSuite (https://www.infor.com/de-de)
- myFactory (https://hgisystems.com/erp/myfactory)
- kameon ERP (https://www.kameon.de/erp-system)
- Scopevisio (https://www.scopevisio.com)

6 Beispielhafte ERP-Systeme: SAP ERP und mehr

Im ersten Teil dieses Kapitels wird das ERP-System des Marktführers, SAP ERP, als Beispiel für ein „großes" ERP-System beschrieben. Wie bereits im vorigen Kapitel erwähnt, gibt es auch viele kleine Systeme, die eine Marktnische oder bestimmte Branchen bedienen. Im zweiten Teil des Kapitels wird deshalb ein branchenorientiertes ERP-System vorgestellt und aufgezeigt, wie sich ein solches System von einem „allgemeinen" ERP-System unterscheidet.

6.1 Die Evolution von SAP ERP

Das bekannteste ERP-System seit Jahren stammt von der SAP SE aus Walldorf (Baden). Die Antwort auf die Frage, wie das System heißt, war im Zeitablauf allerdings häufigen Wandlungen unterworfen.

SAP R/3

Für viele ERP-Anwender stand lange Zeit der Name „R/3" synonym für SAP. R/3 wurde weltweit auf den unterschiedlichsten Hardware- und Softwareplattformen eingesetzt. Wie bereits erwähnt, nutzten hauptsächlich mittlere und große Unternehmen dieses System. Die letzte Version, die R/3 im Namen trug und bis ins Jahr 2004 hinein beworben wurde, war R/3 Enterprise. Trotzdem haben zahlreiche SAP-Anwender R/3 auch heute noch im Einsatz.

mySAP ERP, SAP ERP

Etwa um die Jahrtausendwende wurde das System als *mySAP ERP* bezeichnet und als eine Komponente der *mySAP Business Suite* präsentiert. Mit dem Zusatz „mySAP" wurde zum Ausdruck gebracht, dass die Anwendungssysteme von SAP immer stärker im Internet oder Intranet betrieben wurden und zunehmend auf Internet-Technologie basierten. Im Jahr 2008 gab es eine erneute Umbenennung von „mySAP xyz" hin zu „SAP xyz". mySAP ERP wurde *SAP ERP*.

SAP S/4HANA

Eine vereinfachte und leistungsstärkere Version von SAP ERP, die die HANA-Technologie (vgl. Abschnitt 7.4.3) nutzt, wurde 2015 unter dem Namen SAP *S/4HANA* vorgestellt. Sie wird heute als das Hauptprodukt von SAP beworben.

SAP Business Suite

Die *SAP Business Suite* ist ein umfassendes Paket von Anwendungssystemen, das ERP und weitere Bereiche einschließt, insbesondere:

- SAP ERP: Enterprise Resource Planning
- SAP CRM: Customer Relationship Management
- SAP SRM: Supplier Relationship Management

https://doi.org/10.1515/9783111589688-006

- SAP SCM: Supply Chain Management
- SAP PLM: Product Lifecycle Management

SAP ERP

Der umfangreichste Teil der SAP Business Suite ist *SAP ERP*. Er umfasst vier große Bereiche:
- SAP ERP Financials: Externes und internes Rechnungswesen
- SAP ERP Human Capital Management: Personalwirtschaft
- SAP ERP Operations: Planung und Steuerung von Logistik und Produktion sowie angrenzende Gebiete
- SAP ERP Corporate Services: Konzerndienste und Serviceleistungen für Unternehmensmitarbeiter

SAP ERP Solution Map

SAP präsentierte früher die wichtigsten Bereiche des ERP-Systems in aggregierter Form in einer sogenannten „SAP ERP Solution Map" (teilweise auch als „Business Map" bezeichnet). Diese sehr hilfreiche Übersicht steht mittlerweile nicht mehr zur Verfügung. Deshalb wird in Abb. 6.1 auf die zuletzt veröffentlichte Darstellung aus dem Jahr 2012 zurückgegriffen.

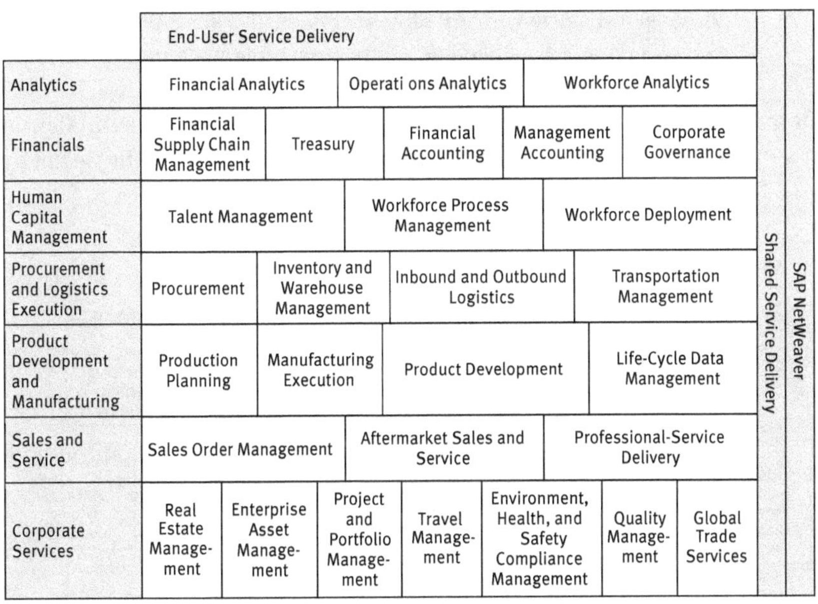

Abb. 6.1: SAP ERP Solution Map [SAP 2012].

Die Solution Map war eine Übersicht auf der Ebene der *betriebswirtschaftlichen* Funktionen und Prozesse, die laut SAP „... Orientierungshilfe bei der Visualisierung, Planung und Implementierung einer konsistenten, integrierten und umfassenden Unternehmenslösung" bieten sollte [SAP 2012].

Solution Map ist prozessorientiert

In den Beschreibungen zu den Eintragungen der Solution Map ist meist von „Prozessen“ die Rede, wenngleich es sich bei manchen Teilbereichen eher um Funktionskreise als um Prozesse im eigentlichen Sinne handelt. Dennoch ist die Sichtweise überwiegend *prozessorientiert*. Das heißt, in der Solution Map werden grundsätzlich Prozesse, Teilprozesse oder Prozessschritte dargestellt.

Softwaresystem ist funktionsorientiert

Eine ganz andere Frage ist, wie die Kästchen in der Solution Map durch die SAP-*Software* unterstützt werden. Wenn ein Unternehmen die skizzierten (Teil-) Prozesse implementieren möchte, dann muss es auf das Softwaresystem SAP ERP zurückgreifen, und dieses ist *funktionsorientiert*. Das heißt, die (Teil-) Prozesse benutzen die Funktionen von SAP ERP oder anders ausgedrückt, das Unternehmen muss die Prozesse auf Funktionen abbilden und diese im korrekten ablauforientierten Zusammenhang anwenden.

Demzufolge ist die Sichtweise auf das System, die der Benutzer bekommt, wenn er seine Arbeit mithilfe von SAP ERP erledigen möchte, eine nach *Funktionskreisen* und *Einzelfunktionen* gegliederte. Überwiegend sind dies Funktionen, die auf SAP R/3 zurückgehen. Dies hängt mit der langen Historie von SAP ERP zusammen, das aus SAP R/3 hervorgegangen und auf der Ebene der Softwaremodule noch in großen Teilen mit diesem identisch ist.

SAP R/3 Anwendungsmodule

SAP R/3 war funktional in zwölf Module unterteilt, die in Abb. 6.2 wiedergegeben sind. Der Benutzer, der beispielsweise für die Geschäfts-

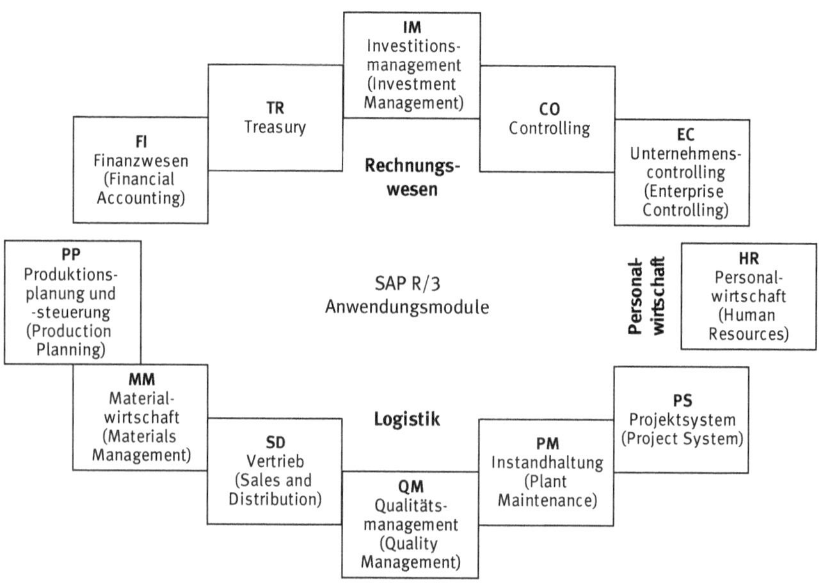

Abb. 6.2: Anwendungsmodule von SAP R/3.

prozesse im Bereich „Inventory and Warehouse Management" (Bestandsführung und Lagerverwaltung) zuständig war, arbeitete also konkret mit den Funktionen des Moduls MM (Materials Management). Wie die Abbildung zeigt, wurden die Module thematisch zu drei großen Bereichen zusammengefasst: Logistik, Rechnungswesen und Personalwirtschaft.

Der Zusammenhang zwischen SAP R/3 und SAP ERP ist in vereinfachter Form in Abb. 6.3 dargestellt. SAP NetWeaver ist die technologische Plattform, auf die SAP seit 2004 neue Anwendungssysteme basiert und alte migriert hat. SAP ERP enthält sowohl den „alten Kern" von R/3, der jetzt auf der Plattform NetWeaver läuft und als SAP ECC (ERP Central Component) bezeichnet wird, als auch zusätzliche Komponenten, die von vornherein für NetWeaver entwickelt wurden. SAP ECC

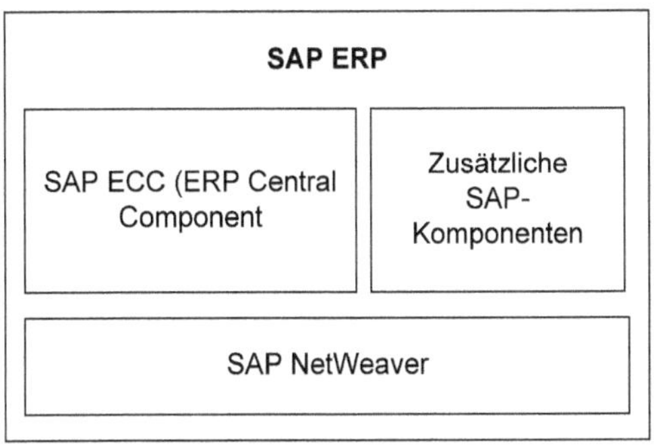

Abb. 6.3: Softwaretechnische Bestandteile von SAP ERP.

6.2 Funktionen von SAP ERP

Im Folgenden werden die Funktionen zu den einzelnen Bestandteilen der in Abb. 6.1 gezeigten Übersicht kurz skizziert. Während die „SAP ERP Solution Map" früher auch in deutscher Sprache verfügbar war, wurde sie später nur noch in Englisch veröffentlicht. Um mit der Darstellung von SAP konsistent zu bleiben, werden im Weiteren teilweise ebenfalls die englischen Bezeichnungen verwendet und die deutschen Übersetzungen mit angegeben.

6.2.1 Operations

Operations ist derjenige Bereich von SAP ERP, der die Kernprozesse eines Unternehmens abdeckt. In der Terminologie von SAP R/3 wurde er „Logistik"

als „Logistik“ bezeichnet, wie auch Abb. 6.2 zeigt. Er schließt große Teile des MRP II (Manufacturing Resource Planning) und der Funktionalität der früheren PPS-Systeme ein: Beschaffung, Produktion, Lagerhaltung, Vertrieb und Instandhaltung.

In der SAP ERP Solution Map ist der Bereich Operations hauptsächlich auf drei große Teilbereiche aufgespalten:
- Procurement and Logistics Execution (Beschaffung und Logistikdurchführung)
- Product Development and Manufacturing (Produktentwicklung und Fertigung)
- Sales and Service (Vertrieb und Dienstleistung)

Procurement and Logistics Execution

Procurement and Logistics Execution

Die Prozesse im Bereich der Beschaffung und Logistikdurchführung werden überwiegend von Funktionen der Module *MM (Materials Management)* sowie *SD (Sales and Distribution)* unterstützt. Sie gehören zu den folgenden Teilbereichen:
(1) Procurement (Beschaffung)
(2) Inventory and Warehouse Management (Bestandsführung und Lagerverwaltung)
(3) Inbound and Outbound Logistics (Eingangs- und Ausgangslogistik)
(4) Transportation Management

Abbildung 6.4 veranschaulicht exemplarisch den Zusammenhang zwischen den Prozessen im Bereich Procurement and Logistics Execution und den verwendeten Modulen von SAP ERP.

Procurement

Beschaffung: Zu diesem Teilbereich gehören die Aufgaben der Bestellungsbearbeitung (Ermittlung der Bestellbedarfe, Planung, Auslösung und Überwachung von Bestellaufträgen), Ermittlung der Bezugsquellen (Lieferantenauswahl), Wareneingangsbestätigung, Materialbewertung und Rechnungsprüfung (Rechnungseingang, Verifizierung der Rechnung, Freigabe blockierter Rechnungen u. a.).

Inventory and Warehouse Management

Der Teilbereich *Bestandsführung und Lagerverwaltung* bietet Funktionen insbesondere für die
- Eingangsverarbeitung (d. h. die bzgl. einer Bestellung nach Wareneingang durchzuführenden Schritte)
- Ausgangsverarbeitung (Vorbereitung und Auslieferung der Güter an die Bestimmungsorte; Warenausgangsdokumente, Distribution, Liefernachweise)
- Cross-Docking (Warenausgang direkt nach Wareneingang ohne Zwischenlagerung)

- Inventur (periodisch, mitlaufend, auf Stichprobenbasis u. a.)
- Lagerung

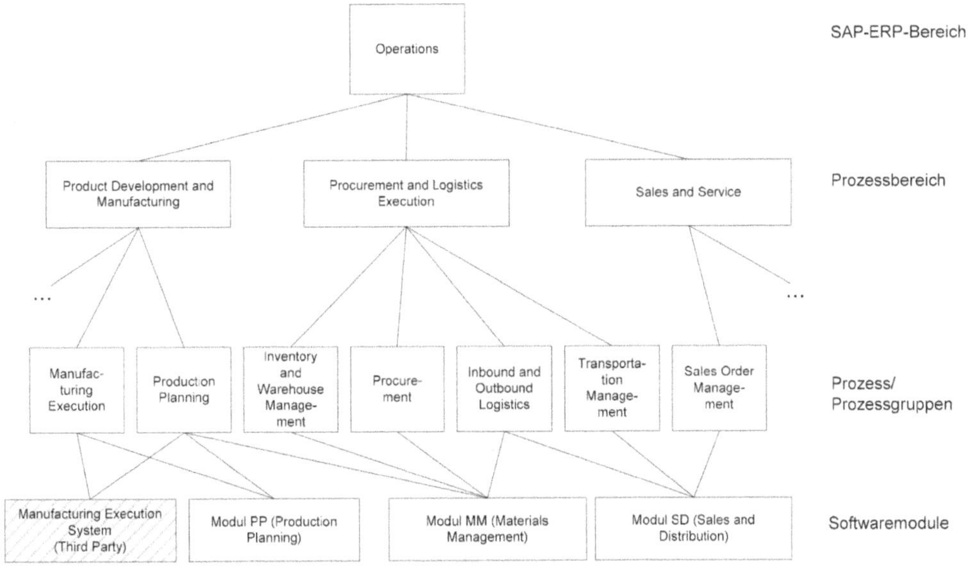

Abb. 6.4: Zusammenhang zwischen Prozessen der Solution Map und Modulen von SAP ERP.

Das Gebiet der Lagerverwaltung ist dabei sehr umfassend. Es werden die verschiedensten Lagerstrukturen (z. B. Hochregal, Blocklager) und differenzierte Lagerorte und -plätze berücksichtigt. Die Funktionen reichen von Ein- und Auslagerungsstrategien über Materialnachschub für die Produktion, Handling Unit Management (d. h. Lagerungsfunktionen auf der Basis von Verpackungseinheiten), Chargen- und Gefahrgutverwaltung und vielen anderen bis hin zur Erkennung von Barcodes und RFID Tags (RFID, Radio Frequency Identification; vgl. Abschnitt 12.1).

Für die *Bestandsführung* werden zahlreiche Funktionen des Moduls MM für die mengen- und wertmäßige Führung der Materialbestände, das Verbuchen von Wareneingängen, Entnahmen, Rücklieferungen, Reservierungen, Umlagerungen etc. verwendet.

Inbound and Outbound Logistics

Eingangs- und Ausgangslogistik: Die Eingangslogistik umfasst alle Schritte der externen Beschaffung ab der Lieferung der Waren (Wareneingang, Transport an Lagerorte/-plätze entsprechend einer Einlagerungsstrategie u. a.). Zur Ausgangslogistik gehören die Vorbereitung und der Versand der Güter an ihre Empfänger (Warenentnahme, Warenausgang, Versanddokumente u. a.). Beim Import und Export von Gütern werden die den Einfuhr- und Ausfuhrbestimmungen entsprechenden Begleitdokumente erstellt und Zölle berechnet.

Während die Funktionen für die Eingangslogistik im Modul MM enthalten sind, wird die Ausgangslogistik vom Modul SD unterstützt. Für den Außenhandel gibt es mit *SAP BusinessObjects Global Trade Services* spezielle Funktionen.

Transportation Management

Das *Transportation Management* benutzt ebenfalls SD-Funktionen für die Transportplanung (Routenplanung, Transporteursauswahl u. a.), die Transportabwicklung (alle mit der Auslieferung verbundenen Aktivitäten), die Frachtkostenberechnung unter Berücksichtigung von Konditionen, Zahlungsmodalitäten u. a.

Product Development and Manufacturing

Der Bereich der Produktentwicklung und Fertigung ist in der Solution Map nach den folgenden Teilbereichen untergliedert:

(1) Production Planning (Produktionsplanung)
(2) Manufacturing Execution (Fertigungsdurchführung)
(3) Product Development (Produktentwicklung)
(4) Life-Cycle Data Management (Lebenszyklusdatenmanagement)

Production Planning

Die *Produktionsplanung* umfasst im Wesentlichen die Funktionalität von MRP II, genauer gesagt derjenigen Teile von MRP II, die nicht durch die Funktionen der Beschaffung, Bestandsführung und Lagerverwaltung abgedeckt sind: Sekundärbedarfsermittlung, Vorlaufverschiebung, Erzeugung von Planaufträgen, Durchlaufterminierung, Kapazitätsplanung und -abgleich etc.

Die MRP-bezogene Funktionalität wird dabei durch das *Modul MM* abgedeckt, insbesondere die verbrauchs- und bedarfsgesteuerte Materialdisposition, Nettobedarfsermittlung, Losgrößenrechnung, Vorlaufverschiebung sowie die Erzeugung von Bestellvorschlägen bzw. Planaufträgen. Für die Durchlaufterminierung und Kapazitätsplanung werden Funktionen des *Moduls PP (Production Planning)* benutzt.

Manufacturing Execution

Im Rahmen der *Fertigungsdurchführung* werden nicht nur Werkstatt- und Fließfertigung, sondern zahlreiche andere Formen unterschieden: von Auftrags-, Lager-, Serien- und Chargenfertigung bis hin zur Prozessfertigung. Auch Sonderformen wie Kanban, schlanke Fertigung (Lean Production), Fertigung nach dem Pull-Prinzip (Pull Production) und integrierte Produkt- und Prozessentwicklung (iPPE) werden angeboten.

Für die Fertigungsdurchführung werden ebenfalls PP-Funktionen genutzt. Die Integration anderer Systeme wird über standardisierte Schnittstellen unterstützt, wobei insbesondere dedizierte Systeme für die Fertigungssteuerung wie MES (Manufacturing Execution Systems, vgl. Kapitel 10) von Bedeutung sind.

Product Development

Produktentwicklung bietet eine Unterstützung für die Produktdefinition, Ermittlung der Anforderungen an das Produkt, Entwicklung, Ermittlung potenzieller Lieferanten u. a. Dazu muss eine effektive Zusammenarbeit aller Beteiligten (Projektmanager, Entwickler, Designer, Ingenieure etc.) gewährleistet werden. Deshalb gibt es eine explizite Unterstützung für die Zusammenarbeit, insbesondere auch bei unternehmensübergreifender Kooperation zwischen internen und externen Projektteams.

Zur Unterstützung des gesamten Prozesses der Neuentwicklung und Einführung von Produkten steht ein Modul von SAP ERP zur Verfügung, das nicht auf R/3 zurückgeht: *NPDI (New Product Development and Introduction).*

Life-Cycle Data Management

Das *Lebenszyklusdatenmanagement* bezieht sich auf die Verwaltung und Präsentation produktbezogener Informationen wie Erzeugnisstrukturen, Varianten, Zeichnungen, Rezepturen, Arbeitspläne sowie Zusatzspezifikationen wie die Klassifikation gefährlicher Substanzen und Güter (Dokumentenmanagement). Da sich produktbezogene Daten häufig ändern, werden ebenfalls Funktionen für das Änderungs- und Konfigurationsmanagement in diesem Teil angeboten.

Sales and Service

Die Prozesse und Funktionen im Bereich Vertrieb und Kundendienst werden den folgenden Teilbereichen zugeordnet:

(1) Sales Order Management (Kundenauftragsmanagement)
(2) Aftermarket Sales and Service
(3) Professional-Service Delivery (projektbezogene Services)

Sales Order Management

Das *Kundenauftragsmanagement* unterstützt die Prozesse des Vertriebs. Die wichtigsten Funktionen sind in dem Modul SD enthalten und auf das Angebots- und Auftragsmanagement gerichtet: die Bearbeitung von Anfragen, Angeboten, Preisgestaltung (unter Berücksichtigung von Konditionen, Zuschlägen, Fracht, Steuern etc.), Kreditkartenzahlung, Kreditprüfung, Substitutionsprodukte, Einhaltung von Mindestbestellmengen, Verfügbarkeitsprüfung und Terminierung.

Daneben sind die Funktionen für das Kontraktmanagement mit zahlreichen Unterfunktionen und die Fakturierung aufgrund von Aufträgen und Lieferungen zu erwähnen. Unter *Internet Sales* wird eine Plattform mit der für Electronic Commerce erforderlichen Funktionalität (elektronischer Produktkatalog, Produktsuche, Warenkorb etc.) angeboten.

Incentive and Commission Management

Provisionen und Leistungsanreize sind in der Solution Map in Abb. 6.1 dem Kundenauftragsmanagement zugeordnet. Es wird eine

Unterstützung für die Erstellung von Vergütungsplänen, variable Vergütungsabrechnung, direkte Verkaufsprovisionen, leistungsbezogene Vergütung, Effektivitätsanalyse und Organisationsmanagement (z. B. Spezifizierung regionaler Zuständigkeiten) angeboten.

Aftermarket Sales and Service

Der *Aftermarket-Vertrieb und Service* unterstützt alle Aspekte der Serviceauftragsbearbeitung innerhalb einer Serviceorganisation – von der Bearbeitung der ersten Anfrage über die Auftragsbestätigung und Fakturierung bis hin zur Produktwartung und langfristigen Supportleistungen. Unter anderem werden Funktionen für das Installations- und Konfigurationsmanagement für Kunden des Unternehmens (beim Kunden installierte Konfiguration), Abwicklung von vertrags- und garantiebasierten Serviceleistungen, Unterstützung von Instandhaltungszyklen, Serviceanforderungs- und Serviceauftragsabwicklung sowie Garantieabwicklung bereitgestellt. Die Funktionen für das Vertragsmanagement und den Kundendienst vor Ort sind ebenfalls vorhanden.

Professional-Service Delivery

Professional-Service Delivery ist der Teilbereich für das Management von Beratungsleistungen. Es werden Funktionen für das Verkaufen, Planen, Bereitstellen und Abrechnen von projektbezogenen Services angeboten. Diese unterstützen Aufgaben wie die Projektplanung, -durchführung und -abrechnung und das Ressourcen- und Zeitmanagement für Beratungsprojekte.

6.2.2 Financials (Rechnungswesen)

Die Aufgaben zur Steuerung und Kontrolle der Finanzen, Zahlungstransaktionen und Kosten sowie zur Analyse des Geschäftsverlaufs sind in dem Bereich *Financials* zusammengefasst und fünf Teilbereichen zugeordnet:

(1) Financial Accounting (externes Rechnungswesen)
(2) Management Accounting (internes Rechnungswesen)
(3) Corporate Governance
(4) Financial Supply Chain Management (Finanzlogistik)
(5) Treasury

Für das *externe Rechnungswesen* gibt es in dem *Modul FI (Financials)* zahlreiche Funktionen, die das Hauptbuch und die Debitoren- und Kreditorenbuchhaltung sowie verschiedene andere Arten der Buchhaltung (Anlagen-, Material-, Bank-, Kassen-, Steuerbuchhaltung) abdecken. Periodenabgrenzungen, Fast Close und der Jahresabschluss sowie eine parallele Bewertung nach unterschiedlichen Buchhaltungsvorschriften werden unterstützt [SAP 2012].

Management Accounting

Für das *interne Rechnungswesen* und *Controlling* stehen die wesentlichen Funktionen zur Profit-Center-Rechnung (Gewinne und Verluste von Organisationseinheiten), Kostenstellenrechnung, Innenauftragsrechnung (Nachkalkulation interner Aufträge), Projektbuchhaltung, Investitionsmanagement für Investitionsmaßnahmen im engeren und weiteren Sinne, Produktkostencontrolling, Ergebnis- und Vertriebscontrolling, Erlös- und Kostenplanung, Konsolidierung und Transferpreisfindung (d. h. Preise zwischen Organisationseinheiten oder Gesellschaften eines Konzerns) zur Verfügung.

Die Funktionen für das Rechnungswesen des einzelnen Unternehmens enthält dabei das *Modul CO (Controlling)*, während konzernbezogene Aufgaben durch das *Modul EC (Enterprise Controlling)* abgedeckt werden.

Corporate Governance

Für die *Corporate-Governance-Prozesse* existieren Funktionen, mit denen Transparenz und Kontrolle im Hinblick auf eine wertorientierte Unternehmensführung geschaffen werden können. Ziel ist es dabei, der Vielzahl an rechtlichen Vorschriften zu genügen und das Vertrauen von Aktionären, Kunden, Arbeitnehmern und anderen Bezugsgruppen in das Unternehmen zu festigen [Wagener 2018].

Financial Supply Chain Management

Financial Supply Chain Management (Finanzlogistik) unterstützt das Finanzmanagement im Unternehmen und in Unternehmensnetzwerken. Ziele sind die Verringerung des eingesetzten Kapitals und die Verbesserung der Liquidität. Der Begriff der „Financial Supply Chain" deutet an, dass es um das Management von Finanzprozessen über mehrere Stufen in Richtung der Lieferanten bzw. der Kunden geht. Funktionen sind z. B. das Kreditmanagement, die elektronische Rechnungsstellung und Zahlungsabwicklung, das Cash Management, die Liquiditätssteuerung und das Risikomanagement. Diese werden teilweise von dem *Modul FI*, teilweise von dem *Modul TR (Treasury)* und teilweise von anderen SAP-ERP-Komponenten abgedeckt.

Treasury

Zu dem als *Treasury* bezeichneten Bereich in der Solution Map gehören die Aufgaben des Liquiditäts-, Portfolio- und Risikomanagements, insbesondere Cash-Management, Treasury-Management (Finanzgeschäfte), Marktrisiko-Management, Haushaltsmanagement (Fonds-Management) und die elektronische Kommunikation mit Banken [SAP 2012]. Für die Treasury-Aufgaben werden Funktionen des gleichnamigen Moduls genutzt.

6.2.3 Human Capital Management (Personalwirtschaft)

Personalwirtschaft

Durch das *Human Capital Management (HCM)* – früher als Human Resources (HR) bezeichnet – sollen das Potenzial und die Produktivität der Mitarbeiter möglichst gut ausgeschöpft werden. Der veränderte Begriff drückt auch aus, dass SAP dem Wandel des Personalwesens zum Human Capital Management (HCM) strategische Bedeutung beimisst: „Maximizing the investment in the organization's human capital is crucial to business success. This requires transforming the human resource (HR) function from an administration department into a strategic contributor of human capital management (HCM) strategies." [SAP 2012]

HCM ist ein äußerst umfangreicher Teil von SAP ERP. Er bietet ein umfassendes Spektrum von der Rekrutierung über den Einsatz bis zur Qualifizierung und Bindung von Mitarbeitern an das Unternehmen. Dabei werden länderspezifische, rechtliche und betriebswirtschaftliche Gegebenheiten berücksichtigt.

Als Hauptaufgabenbereiche des Human Capital Management zeigt die ERP Solution Map die folgenden:

(1) Talent Management
(2) Workforce Process Management
(3) Workforce Deployment (Personaleinsatz)

Für diese Bereiche werden weitgehend die Funktionen des SAP-ERP-Moduls *HR (Human Resources)* genutzt.

Talent Management

Das *Talent Management* deckt den Lebenszyklus der Verbindung von den Mitarbeitern und dem Unternehmen ab – von der Akquisition und Einstellung über die Zuteilung von Aufgaben und Verantwortlichkeiten, Vergütungsstrategien, Beurteilungen und Weiterbildung bis hin zur Qualifizierung [SAP 2004]. Die wesentlichen Prozesse und Funktionsbereiche sind Personalbeschaffung, Laufbahn- und Nachfolgeplanung, unternehmensweites Lernen, Performance Management, Vergütungsmanagement und Personaleinsatzplanung.

Workforce Process Management

Das *Workforce Process Management* unterstützt neben anderem die Personaladministration, das Organisationsmanagement (Organisationsstrukturen und -grundsätze), den Personaleinsatz im Ausland (temporär, permanent), die Verwaltung von Arbeitgeberleistungen, Verwaltung von Personalzeiten und Anwesenheiten und insbesondere die Lohn- und Gehaltsabrechnung (Payroll) unter Berücksichtigung nationaler Regelungen und Vorschriften.

Workforce Deployment

Unter dem Teilbereich Personaleinsatz (Workforce Deployment) werden spezielle Funktionen für die Projektressourcenplanung (insbesondere für Dienstleistungsunternehmen, die projektorientiert arbeiten), Resource & Program Management (portfolioorientierter Ansatz für das Projektmanagement kombiniert mit Zeit-, Finanz- und Eignungsinformationen), Call-Center-Besetzung und Personaleinsatzplanung für den Einzelhandel angeboten.

End-User Service Delivery

Wie für andere Bereiche von SAP ERP gibt es für personalwirtschaftliche Tätigkeiten zahlreiche Möglichkeiten des *Self-Service*. Dazu gehören Self-Service-Leistungen für Manager (z. B. Genehmigungen, Beurteilungen) und für Mitarbeiter (z. B. Beantragung von Urlaub und Dienstreisen, Reisekostenabrechnung). Daneben gibt es ein Interaction Center (zur effektiveren Bearbeitung von Mitarbeiteranfragen u. a.) sowie verschiedene Zugangsmöglichkeiten zu den Self-Services (über ein Web-Portal, Mobilfunkkommunikation, Sprachzugang u. a.).

6.2.4 Analytics (Unternehmensanalyse)

Managementanalysen

Die Teilprozesse und Funktionen in diesem Bereich liefern Analysen und Auswertungen für die Unternehmenssteuerung. Sie unterstützen die Definition von Zielen und Messgrößen und die Begleitung der Umsetzung in operationale Pläne [SAP 2004]. Speziell werden Analysen der Logistikketten, Unternehmensabläufe, Mitarbeiterleistungen und Kundenbeziehungen ermöglicht.

„Informationssysteme“

Die konventionellen Analysefunktionen sind weitgehend in den sog. *Informationssystemen* enthalten, die Auswertungen zu den Anwendungsmodulen von SAP R/3 liefern: Vertriebsinformationssystem, Fertigungsinformationssystem, Finanzinformationssystem, Controllinginformationssystem u. a.

Der Bereich Analytics ist in folgende Teilbereiche untergliedert:

(1) Financial Analytics
(2) Operations Analytics
(3) Workforce Analytics

Financial Analytics

Der Teilbereich *Financial Analytics* soll zur Steigerung der Umsätze und Gewinne, zur Senkung des eingesetzten Kapitals und der Betriebskosten sowie zur Verbesserung der Geschäftsprozesse beitragen. Mithilfe der angebotenen Funktionen können Finanz- und Managementberichte, Finanzpläne und Prognosen erstellt, Rentabilitätsmanagement betrieben sowie Produktions- und Dienstleistungscontrolling, Gemeinkostencontrolling und Analysen des Zahlungsverhaltens durchgeführt werden. Auch die Verwaltung des Umlaufvermögens und des Geldmittelflusses wird unterstützt.

Operations Analytics

Operations Analytics ist der umfangreichste Teilbereich, da er sich um die Analyse und Verbesserung der Geschäftsprozesse und des laufenden Betriebs kümmert. Analysefunktionen werden für die Beschaffung (Procurement Analytics), die Lagerhaltung (Inventory & Warehouse Management Analytics), die Fertigung (Manufacturing Analytics), den Versand (Transportation Analytics), den Vertrieb (Sales Analytics), den Kundendienst (Customer Service Analytics), die Produktentwicklung und das Projektmanagement (Program & Project Management Analytics), die Qualitätssicherung (Quality Management Analytics) und die Produktionsanlagen (Enterprise Asset Management Analytics) angeboten.

Workforce Analytics

Die *Workforce Analytics* sollen dazu beitragen, dass alle Organisationseinheiten und Beschäftigte des Unternehmens die strategische Richtung des Unternehmens in ihren Aktionen unterstützen. Dazu werden Funktionen für Balanced Scorecards und Management-by-Objectives angeboten. Entsprechende personalwirtschaftliche Berichts- und Benchmarkingfunktionen stehen zur Überprüfung der Maßnahmen zur Verfügung.

Neuere Analytics-Funktionalität

Die vorstehend skizzierte Analysefunktionalität gehört seit jeher zum Funktionsumfang von SAP ERP (bzw. R/3). Im Zeitablauf wurde sie deutlich erweitert, insbesondere aufgrund der Akquisition des früheren Marktführers im Bereich Analytics (Business Objects) durch SAP und später der HANA-Technologie (vgl. Abschnitt 7.4.3), die Echtzeitanalysen sehr effizient unterstützt.

6.2.5 Corporate Services

Konzerndienste

Corporate Services sind zentral oder dezentral bereitgestellte Dienste eines Unternehmens. Diese umfassen im Wesentlichen die Bereiche:
(1) Travel Management (Reisemanagement)
(2) Environment, Health and Safety Compliance Management (Umweltschutz, Gesundheitsschutz und Arbeitsschutz)
(3) Project and Portfolio Management (Projekt- und Portfoliomanagement)
(4) Real Estate Management (Immobilienmanagement)
(5) Enterprise Asset Management
(6) Quality Management (Qualitätsmanagement)
(7) Global Trade Services (Außenhandel)

Travel Management

Für das *Reisemanagement* stehen Funktionen für die Planung und Abrechnung von Geschäftsreisen bereit (Reiseantrag und Genehmigung,

Reiseplanung mit Online-Buchung in weltweiten Reservierungssystemen, Reisekostenabrechnung, Einhaltung von Reiserichtlinien, mobile Zeit- und Kostenerfassung bzgl. der Reisenden, Analysen und Berichte).

Environment, Health and Safety Compliance Management

Die Prozesse und Funktionen des Teilbereichs *Umweltschutz, Gesundheitsschutz und Arbeitsschutz* beinhalten Lösungen für die Produktsicherheit, Gefahrstoffverwaltung, Gefahrgutabwicklung, Arbeitsmedizin, Vorbeugung, Abfallmanagement und Emissionsmanagement.

Project and Portfolio Management

Das *Projekt- und Portfoliomanagement* stellt Funktionen bereit, mit denen man ein Produktportfolio sowie produktbezogene Projekte planen, steuern und überwachen kann. Diese stammen teilweise aus dem *Modul PS (Project System)*. Sie decken die Projektplanung (Planung der Projektstruktur, des Ressourcen- und Mitarbeitereinsatzes, der Kosten, des Budgets und der Projekttermine), die Projektdurchführung (projektbezogene Beschaffung und Fertigung, Projektfortschrittskontrolle, Kostenüberwachung u. a.), das Programm-Management (Produkt-Portfolio-Management, Szenario-Simulation, Planung des Produktlebenszyklus u. a.) und viele andere Teilaufgaben ab.

Real Estate Management

Im *Immobilienmanagement* gibt es zahlreiche Funktionen zur Verwaltung von Immobilien in deren gesamten Lebenszyklus. Die Funktionen unterstützen die kaufmännische Bewirtschaftung (z. B. Vertrags- und Flächenverwaltung, An- und Vermietung, Mietenbuchhaltung und -anpassungen, Fremdverwaltung) ebenso wie das technische Gebäudemanagement. Für das Controlling und Berichtswesen werden Werkzeuge zur Analyse und Auswertung des Immobilienportfolios bereitgestellt.

Enterprise Asset Management

Das *Enterprise Asset Management* hat Aufgaben um die technische Ausstattung des Unternehmens herum. Die wichtigsten sind das technische Anlagenmanagement über den Lebenszyklus der Anlagen hinweg (Asset Life-Cycle Management) von der Erstinvestition über den Produktivbetrieb bis hin zur Ersatzinvestition, die Planung und die Durchführung der Instandhaltung (vorbeugende und vorausschauende Instandhaltung nach verschiedenen Kriterien (periodisch, leistungsbezogen, nach anderen Bedingungen) und die Freischaltabwicklung (sicherheitsbezogene Aufgaben bei Wiederanlauf). Hierfür werden Funktionen des *Moduls PM (Plant Maintenance)* benutzt.

Quality Management

Aufgaben des Teilbereichs Qualitätsmanagement, für die verschiedene Funktionen zur Verfügung stehen, sind die Qualitätsplanung nach internationalen Standards (ISO 9000 u. a.), die Qualitätssicherung/-kontrolle mit vielfältigen Methoden sowie die Qualitätsverbesserung nach anerkannten Methoden, z. B. Audit Management (ISO 19011) und Corrective and Preventive Action (CAPA). Die Funktionen sind im Modul QM (Quality Management) enthalten.

Global Trade Services

Für das *Außenhandelsmanagement* werden Funktionen zur Verwaltung internationaler Logistikketten und zur elektronischen Kommunikation mit den IT-Systemen von Regierungsbehörden angeboten. Insbesondere müssen bei grenzüberschreitenden Warengeschäften die lokalen Gesetze und Außenhandelsvorschriften eingehalten und die erforderlichen Dokumente erzeugt werden. Spezielle Funktionen für die Anforderungen des Außenhandels werden in dem Modul *SAP BusinessObjects Global Trade Services* bereitgestellt.

6.3 Implementierung von Geschäftsprozessen mit SAP ERP

In Abschnitt 6.3 wurden mehrere Geschäftsprozesse skizziert, jedoch unabhängig von Computerunterstützung und somit auch ohne Bezugnahme auf ein ERP-System. Im Folgenden soll nun aufgezeigt werden, wie die früher skizzierten Geschäftsprozesse mithilfe eines konkreten ERP-Systems, SAP ERP, implementiert werden können. Dabei geht man davon aus, dass der Prozessablauf, d. h. die Abfolge der Prozessschritte, im Wesentlichen der gleiche wie zuvor beschrieben ist.

Die Hauptunterschiede bei einer computergestützten Implementierung der Prozesse liegen in a) dem Wegfall bzw. der unterschiedlichen Rolle von Dokumenten, b) weniger bzw. kürzeren Unterbrechungen des Prozessablaufs und c) der verbesserten Sichtbarkeit über die Prozessschritte hinweg [Magal 2009, S. 16 ff.].

Rolle von Dokumenten

a) Dokumente: Wenn man die oben skizzierten Prozesse manuell, d. h. ohne Unterstützung durch ein ERP-System, durchführt, dann sind es vielfach Papierdokumente, die die Prozessschritte miteinander verbinden. Der nächste Prozessschritt – möglicherweise von einer anderen Abteilung auszuführen –, wird dadurch angestoßen, dass ein entsprechendes Dokument dort eintrifft.

Beispielsweise löst in dem Beschaffungsprozess von Abb. 5.10 das Dokument „Bestellanforderung“, welches der für die Überprüfung der Materialbestände zuständige *Lagerverwalter* erzeugt hat, ein Tätigwerden des *Einkaufs* aus („Bezugsquelle ermitteln“), sobald das Dokument dort eingetroffen ist. Das vom *Wareneingang* erstellte Dokument „Wareneingangsschein“ stößt zusammen mit dem von außerhalb eingetroffenen Dokument „Lieferantenrechnung“ die Aktivität „Lieferantenrechnung verarbeiten“ in der *Buchhaltung* an, wenn beide Dokumente an diese geschickt wurden.

Elektronische Dokumente

Bei Nutzung eines ERP-Systems sind die grundsätzlichen Zusammenhänge und Abhängigkeiten ähnlich, aber es gibt keine (oder zumindest weniger) Papierdokumente. Auch hier werden Dokumente erzeugt und weitergegeben, aber es sind *elektronische Dokumente*, die in der Datenbank abgelegt werden. Papier wird im einen oder anderen Fall zwar auch gedruckt, aber es spielt nicht die Schlüsselrolle wie bei manuellen Prozessen.

Geschwindigkeit

b) Unterbrechungen/Verzögerungen: In Verbindung mit einem Workflowsystem und/oder anderen technisch-organisatorischen Regelungen verstreicht keine unnötige Zeit, bis der nächste Prozessschritt ausgeführt werden kann. Da die den Ablauf steuernden Dokumente zu dem Zeitpunkt, an dem sie erzeugt und gespeichert werden, bereits für den nächsten Bearbeiter verfügbar sind, kann dieser sofort tätig werden. Bei einem manuellen Prozess müssen dagegen die Dokumente zunächst auf Papier erzeugt und dann physisch transportiert werden. Erst mit dem Eintreffen der „Hauspost“ erfährt der nächste Bearbeiter von dem Vorgang.

Prozessweite Sichtbarkeit

c) Sichtbarkeit: Aufgrund der zentralen Datenspeicherung haben alle am Prozess Beteiligten grundsätzlich den gleichen Informationsstand. Als Beispiel sei der Auftragsabwicklungsprozess genannt. Wenn ein Kunde sich nach dem Stand seiner Bestellung erkundigt, braucht der Vertriebsmitarbeiter nicht die Abteilungen, die mit dem Auftrag zu tun haben (z. B. Lagerverwaltung, Produktionsplanung, Werkstatt), abzutelefonieren und zu bitten, in den diversen Auftragspapieren (z. B. Bestellung, Vertriebsauftrag, Fertigungsauftrag, Warenentnahmeschein) nachzusehen. Stattdessen kann er den Status des Kundenauftrags dem ERP-System entnehmen, da dieses die Statusinformationen in der zentralen Datenbank mitführt. Der Kunde erhält die Antwort in kürzester Zeit und nicht erst nach Abschluss aller Recherchen wie bei dem manuellen Prozess.

6.3.1 Beschaffungsprozess

In der allgemeinen Beschreibung des Beschaffungsprozesses in Abschnitt 5.10 wurden die den Ablauf steuernden Dokumente implizit in den Funktionen und Ereignissen angesprochen. Beispielsweise wurde angenommen, dass in dem Prozessschritt „Wareneingang bearbeiten“ das Dokument „Wareneingangsschein“ angelegt wird und mit dem Ereignis „Wareneingangsschein ist erzeugt“ bestätigt wird, dass das Dokument nun existiert.

Datenbankeinträge steuern den Ablauf

Wenn der Prozess auf einem ERP-System mit einer zentralen Datenbank basiert, dann werden die Prozessschritte zwar auch weiterhin durch das Eintreten von Ereignissen angestoßen. Bei den Ereignissen stehen jedoch weniger die Dokumente als solche im Vordergrund, sondern vielmehr Informationen *über* die Dokumente (z. B. Status angelegt, verändert) sowie andere Informationen über den Stand des Prozesses. Da alle diese Informationen in der Datenbank gespeichert werden, können im Prinzip alle Prozesssschritte lesend oder schreibend darauf zugreifen.

Stammdaten und Bewegungsdaten beim Beschaffungsprozess

Die für den Beschaffungsprozess benötigten Datenobjekte (je nach Betrachtungsebene Entity-Typen bzw. Datenbanktabellen) sind in Abb. 6.5 zusammengefasst. Insbesondere wird auf die *Stammdaten* „Material" und „Lieferant" zugegriffen. *Bewegungsdaten*, die im Zuge des Prozesses erzeugt bzw. verarbeitet werden, sind „Bestellanforderung", „Bestellung", „Wareneingang", „Lieferantenrechnung" und „Zahlung".

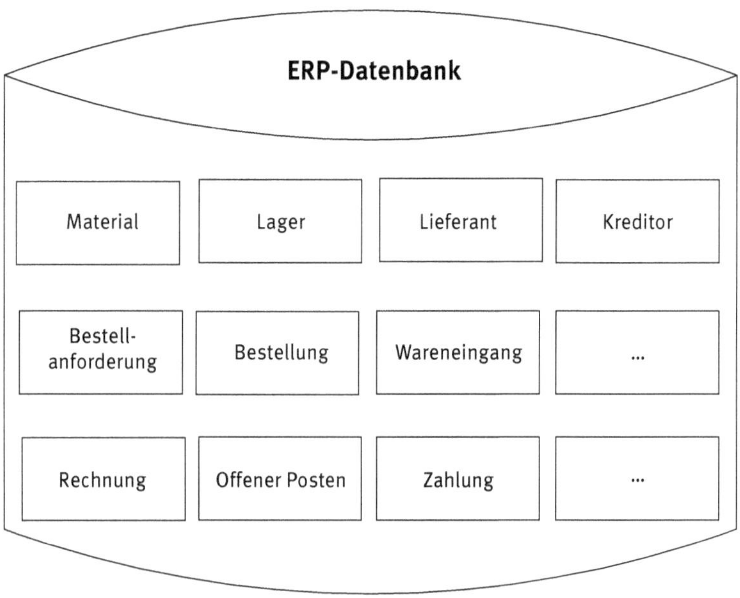

Abb. 6.5: Daten des Beschaffungsprozesses.

EPK: Informationsobjekte

Die ablauforientierten Zusammenhänge zeigt Abb. 6.6. Die Abbildung enthält die ereignisorientierte Prozesskette aus Abb. 5.10, ergänzt um die verwendeten bzw. erzeugten Daten. In der EPK-Terminologie werden diese als *Informationsobjekte* bezeichnet.

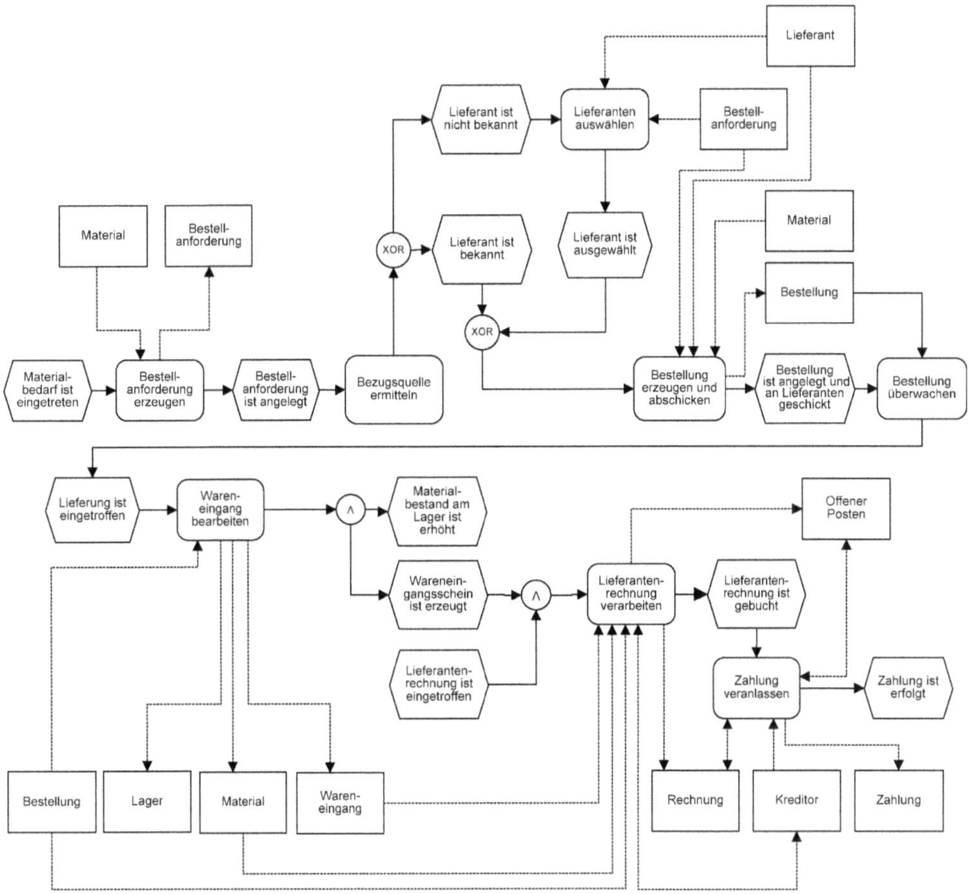

Abb. 6.6: Beschaffungsprozess ergänzt um Informationsobjekte.

Wenn ein Materialbedarf eingetreten ist und die Bestellanforderung erzeugt werden soll, wird auf die Materialstammdaten zugegriffen. Dort sind die Details des zu bestellenden Materials gespeichert. Auch auf die Lagerbestände greift man über die Materialstammdaten zu; tatsächlich werden die Lagerbestände in SAP ERP aber nach Lagerorten getrennt geführt und gesondert gespeichert.

Elektronisches Formular für Bestellanforderung

Die *Bestellanforderung* ist ein elektronisches Dokument, das in der Datenbank gespeichert wird. Genau genommen stellt das ERP-System ein elektronisches Formular für das Anlegen einer Bestellanforderung zur Verfügung. In dieses Formular trägt teilweise der Benutzer (in diesem Fall der Lagerverwalter) die einschlägigen Daten von Hand ein, teilweise werden die Felder automatisch vom System gefüllt.

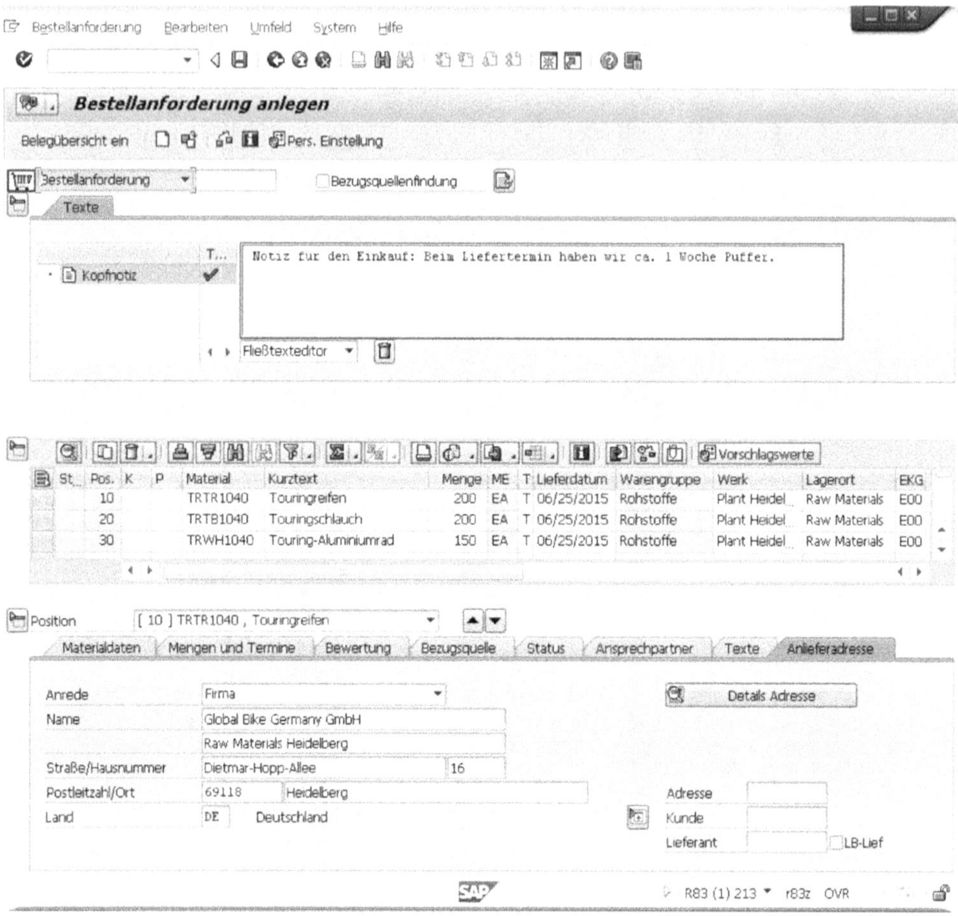

© SAP SE

Abb. 6.7: Elektronisches Formular für eine Bestellanforderung.

Abbildung 6.7 zeigt das elektronische Formular für eine Bestellanforderung in SAP ERP. In dem Beispiel werden drei Positionen zusammen angefordert, nämlich 200 Stück „Touringreifen“, 200 Stück „Touringschlauch“ und 100 Stück „Touring-Aluminiumrad“. Der gewünschte Liefertermin sowie das Werk, für das die Lieferung bestimmt ist („Plant Heidelberg“), sind ebenfalls eingetragen.

Elektronisches Formular für Bestellung

Beim Abspeichern des Formulars in der Datenbank erzeugt das System eine Nummer, über die der Einkäufer die Bestellanforderung identifizieren und in eine Bestellung überführen kann. Diese Nummer („10000318“) ist im linken Teil des *Bestellformulars* in Abb. 6.8 zu sehen.

Um die Bestellung zu erzeugen, wird erstens auf die in der Datenbank gespeicherte Bestellanforderung, zweitens auf die Lieferantenstammdaten, in denen u. a. die Adresse des Lieferanten zu finden ist, und drittens auf die Materialstammdaten (für die Details des Materials) zurückgegriffen. Die Bestellung enthält die Bestellpositionen, die Preise, den Lieferanten („124040 Run & Fun") sowie die Konditionen, die automatisch aus den Lieferantenstammdaten übernommen wurden.

Elektronischer Wareneingangsschein

Beim Abspeichern des Formulars erzeugt das System eine Nummer, über die beim *Wareneingang* die zugrundeliegende Bestellung identifiziert wird. Auch der Wareneingangsschein ist ein elektronisches Dokument. Ein Teil der Einträge wird manuell erzeugt; einen Teil der Daten übernimmt das ERP-System automatisch aus der Bestellung.

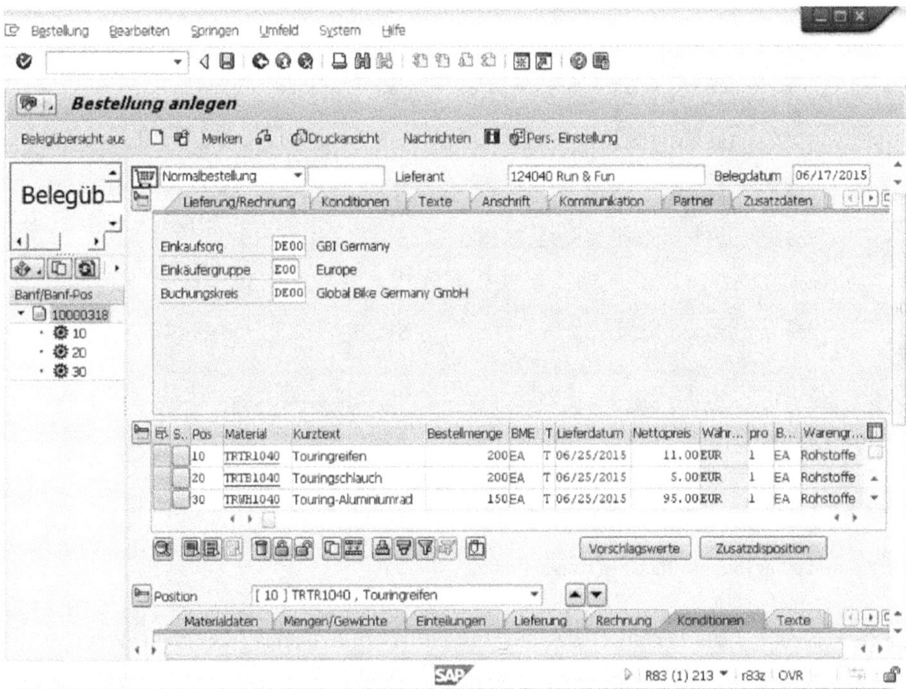

© SAP SE

Abb. 6.8: Elektronisches Formular für eine Bestellung.

Das Formular zur Buchung des Wareneingangs, das in Abb. 6.9 zu sehen ist, weist in der Kopfzeile die Nummer der Bestellung („4500000119") sowie den Namen der Bestellerin („Olga Stawnicza") aus. Der Wareneingangsbearbeiter bestätigt im Beispiel die mengenmäßige Übereinstimmung mit der Bestellung (Spalte „OK") und spezifiziert das Werk, den Lagerort sowie die Bestandsart („frei verwendbarer Bestand") für die Weiterleitung der Lieferung. Dazu wird auf die Materialstamm- und die Lagerdaten zugegriffen. Beim Abspeichern des Formulars wird der Wareneingang gebucht, die Bestände werden im Hintergrund aktualisiert und eine Nummer für den Wareneingang wird erzeugt.

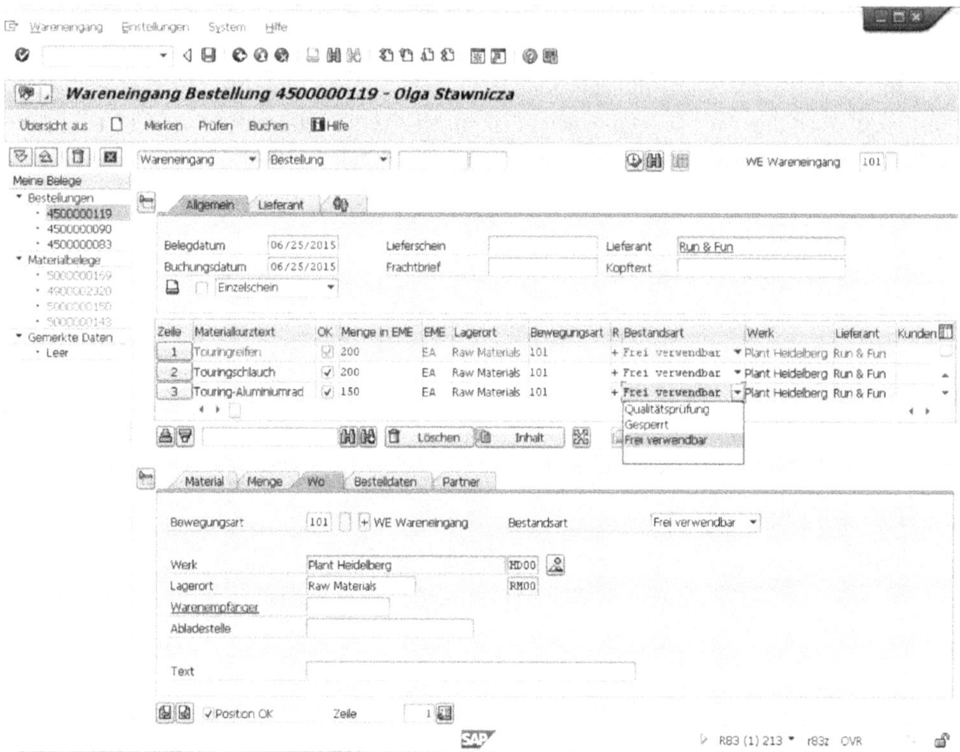

© SAP SE

Abb. 6.9: Elektronisches Formular für einen Wareneingang.

Elektronische Abbildung der Rechnung

Die *Rechnung des Lieferanten* ist ein externes Dokument. Wenn es auf Papier eingeht, dann muss es manuell erfasst und in der Datenbank dargestellt werden. Geht die Lieferantenrechnung in einem standardisierten elektronischen Austauschformat ein (z. B. EDIFACT), dann wird ein Großteil der Einträge automatisch erzeugt.

Da in der Abb. 6.6 nur diejenigen Informationsobjekte explizit angezeigt sind, die zum Datenmodell des Unternehmens gehören, kommt das Rechnungsdokument des Lieferanten nur implizit vor (in dem Ereignis „Lieferantenrechnung ist eingetroffen"). Das als Output der Aktivität „Lieferantenrechnung verarbeiten" erzeugte Informationsobjekt „Eingangsrechnung" steht für das im Unternehmen angelegte Abbild der Lieferantenrechnung.

Die Buchhaltung prüft unter Rückgriff auf die gespeicherten Bestellungs-, Wareneingangs-, Material- und Kreditorendaten die Lieferantenrechnung und legt das interne Objekt „Rechnung“ an. Abbildung 6.10 zeigt das entsprechende elektronische Formular („Eingangsrechnung hinzufügen“).

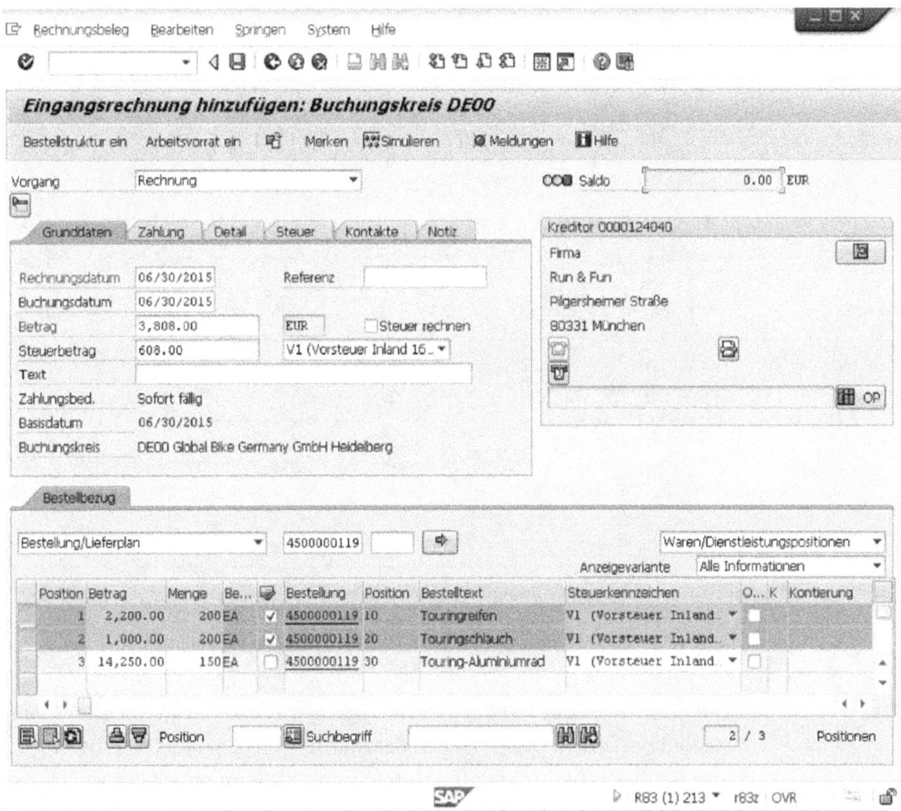

Abb. 6.10: Elektronisches Formular für eine Lieferantenrechnung.

Offener Posten und Zahlung

Mit dem Abspeichern der Eingangsrechnung wird automatisch ein offener Posten erzeugt, der später ausgebucht wird, wenn die *Zahlung* veranlasst wird. Letzteres erfolgt in einem eigenen Formular („Zahlungsausgang buchen“ in Abb. 6.11), in dem insbesondere die codierten Bankdaten („100000“) sowie der zu überweisende Betrag enthalten sind. Der offene Posten des Kreditors wird gesucht und ausgebucht. Außerdem wird der Status der Rechnung geändert (von „offen“ auf „beglichen“).

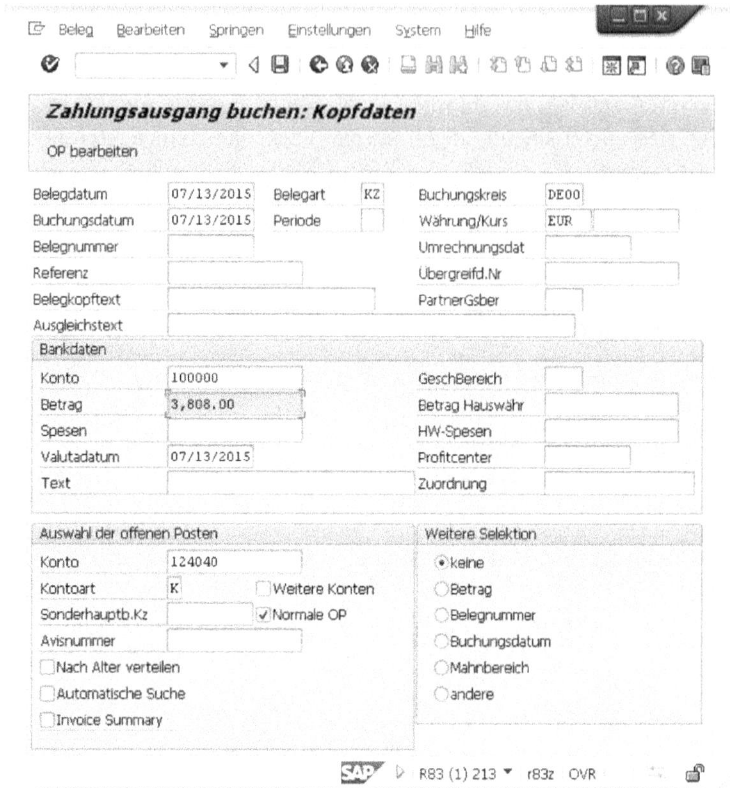

Abb. 6.11: Elektronisches Formular für die Verbuchung einer Zahlung.

Die „Zahlung“ ist ein weiteres Bewegungsdatum, das in der Datenbank gespeichert wird. Damit ist der Beschaffungsprozess abgeschlossen.

Bei Bedarf können alle elektronischen Dokumente auch auf Papier ausgedruckt werden. Tatsächlich werden sie erzeugt, indem das ERP-System auf die aktualisierten Bewegungs- und Stammdaten zugreift und die relevanten Datenelemente in die Felder des elektronischen Formulars einträgt.

6.3.2 Auftragsabwicklung

Im Folgenden wird nochmals der Prozess der Auftragsabwicklung betrachtet, der in Abb. 5.11 skizziert wurde. Während der Prozess in Abschnitt 5.3.2 in allgemeiner Form beschrieben wurde, soll nun gezeigt werden, wie er unter Zuhilfenahme von SAP ERP abläuft.

Stamm- und Bewegungsdaten für die Auftragsabwicklung

Die bei der Auftragsabwicklung benutzten Daten sind in Abb. 6.12 zusammengefasst. Es handelt sich hauptsächlich um die *Stammdaten* „Kunde", „Debitor", „Konditionen", „Material" und „Lager" sowie um die *Bewegungsdaten* „Anfrage", „Angebot", „Terminauftrag", „Warenentnahme", „Auslieferung", „Rechnung", „Offener Posten" und „Zahlung". Die Bewegungsdaten werden im Zuge des Prozesses erzeugt.

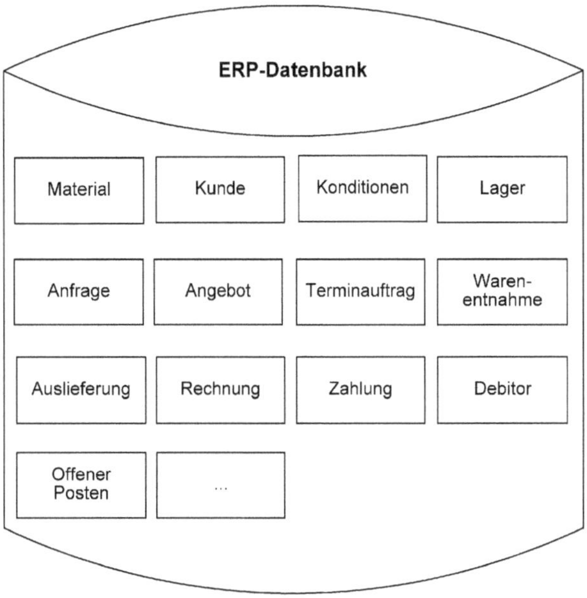

Abb. 6.12: Daten bei der Auftragsabwicklung.

Der erste Zugriff auf die Stammdaten (hier des *Kunden* und des *Materials*) erfolgt, wenn eine Anfrage eines Kunden eingeht und im System angelegt werden soll (vgl. Abb. 6.13).

Kundenanfrage

Wenn es sich nicht um einen Neukunden handelt, werden in das Formular für eine *Kundenanfrage* einige der Kundenstammdaten automatisch eingetragen (z. B. die Anschrift). Wie Abb. 6.14 zeigt, werden auch Preisangaben („Nettowert") automatisch aus den Materialstammdaten übernommen sowie ein „erwarteter Auftragswert" ermittelt. Dieser lässt sich berechnen, wenn es Erfahrungswerte gibt, wie viele Anfragen des speziellen Kunden in der Vergangenheit tatsächlich zu einer Auftragserteilung geführt haben.

Angebot

Bei der Erstellung des *Angebots* greift der Vertriebsmitarbeiter auf die gespeicherte Anfrage sowie auf die auf den Kunden anwendbaren Konditionen zu. Da in der Anfrage schon die meisten Angaben zum Kunden und zu den angefragten Materialien enthalten waren, werden

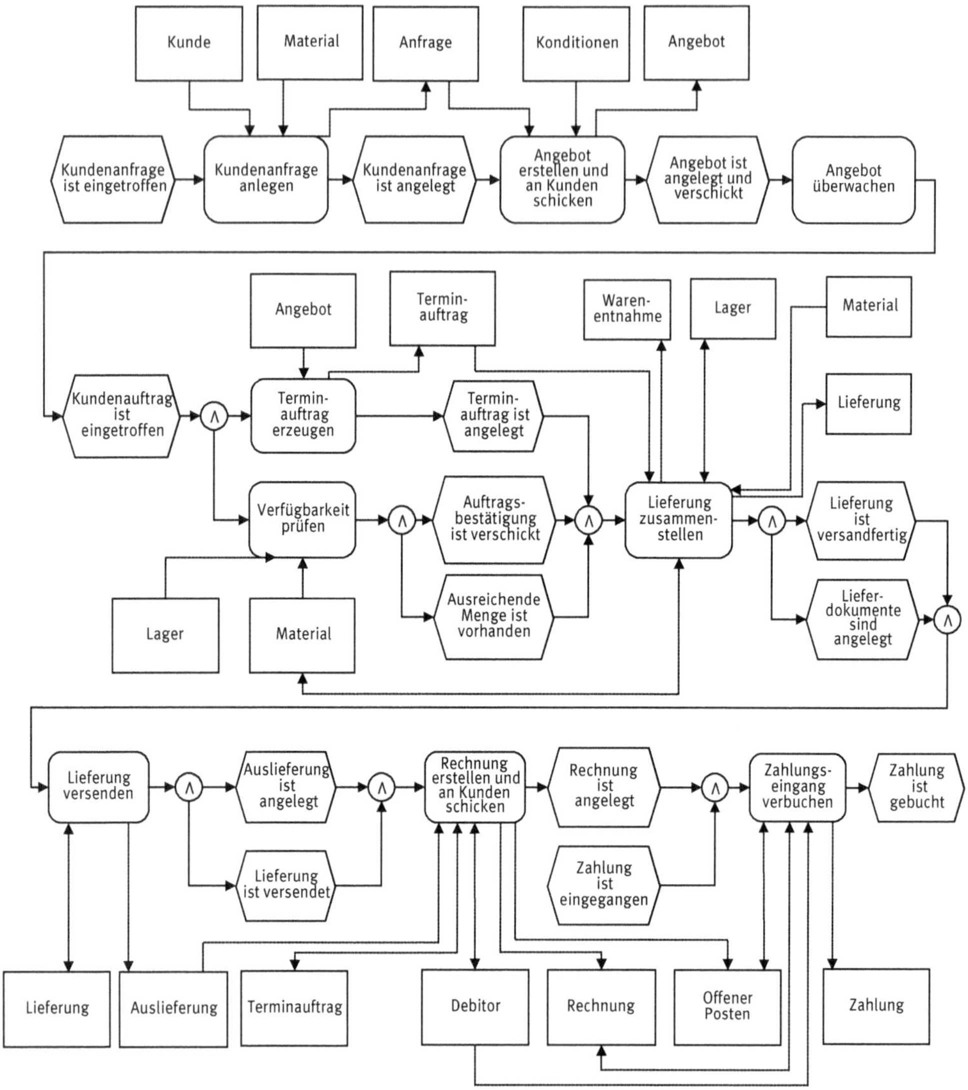

Abb. 6.13: Auftragsabwicklungsprozess ergänzt um Informationsobjekte.

diese einfach übernommen. Auch das Angebot wird in der Datenbank abgelegt.

Terminauftrag

Wenn der Kunde den Auftrag erteilt, geht dieser entweder auf Papier oder in elektronischer Form ein. Da es sich um ein externes Dokument handelt, erzeugt der zuständige Mitarbeiter als internes Äquivalent zum Kundenauftrag nun einen Vertriebsauftrag, der in SAP ERP *Terminauftrag* heißt. Er überprüft, ob das Angebot und der Auftrag übereinstimmen, und speichert den Vertriebsauftrag in der Datenbank ab.

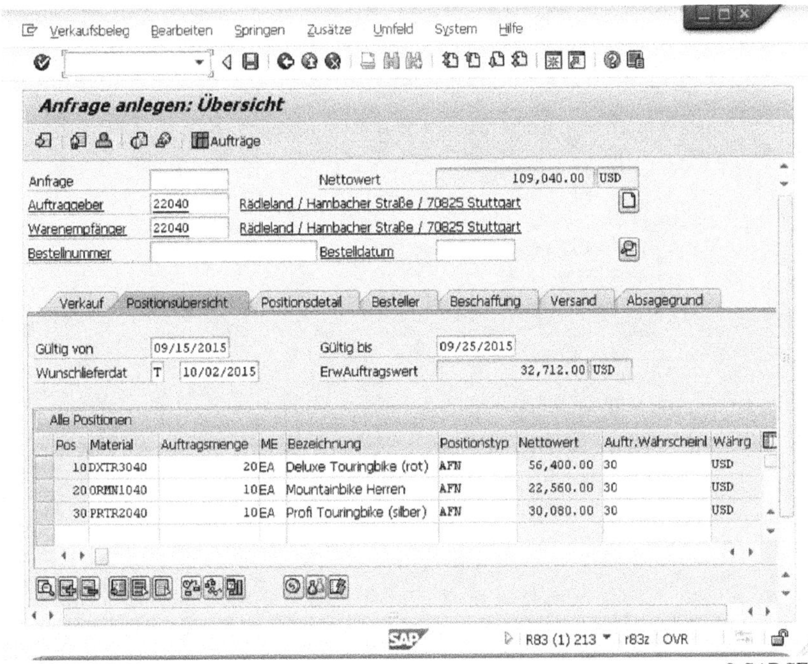

Abb. 6.14: Elektronisches Formular für eine Kundenanfrage.

Abbildung 6.15 zeigt das elektronische Formular zum Anlegen eines Terminauftrags. Der Kunde hat 20 Deluxe Touringbikes (rot), 10 Mountainbikes (Herren) und 10 Profi Touringbikes (silber) bestellt. Neben den Daten aus dem Angebot werden nun weitere Angaben angezeigt, die aus den Kunden- bzw. Materialstammdaten übernommen wurden (z. B. die für den Kunden geltenden Zahlungsbedingungen und das Gewicht des Materials, das später für den Transport benötigt wird).

Materialverfügbarkeit

Eine einfache Verfügbarkeitsprüfung erlaubt der Aufruf der *Bestandsübersicht*, die unter Zugriff auf die Material- und Lagerdaten erzeugt wird. Die in Abb. 6.16 gezeigte Bestandsliste weist insgesamt 368 Mengeneinheiten frei verwendbaren Bestand aus. Davon befinden sich 162 ME in Deutschland, an zwei unterschiedlichen Lagerorten (68 ME in Hamburg, 94 ME in Heidelberg), und 206 ME in den USA (104 ME in Dallas, 102 ME in Miami).

Lieferdokumente und Lieferung

Bei der Aktivität „Lieferung zusammenstellen“ erzeugt das ERP-System aus dem Terminauftrag und den Lagerdaten verschiedene Dokumente, die für die weiteren Prozessschritte erforderlich sind (Kommissionierungsliste, Transportauftrag, Lieferschein u. a.). Die Lagerdaten beschreiben u. a. die physische Lagerhaltung (d. h. an welchen Lager-

© SAP SE

Abb. 6.15: Elektronisches Formular für einen Terminauftrag.

plätzen sind welche Waren in welchen Mengen gelagert). Die *Lieferung* wird in der Datenbank angelegt.

Warenentnahme

Der Lagerarbeiter entnimmt mithilfe des Kommissionierungs- oder Transportdokuments die Waren von den angegebenen Lagerplätzen und aktualisiert ggf. die vorgedruckten Dokumente. Abweichungen können sich beispielsweise dadurch ergeben, dass die vorgesehenen Mengen doch nicht an den vorgegebenen Lagerplätzen liegen. Möglicherweise sind aber Teilmengen vorhanden oder die Mengeneinheiten werden von anderen Lagerplätzen entnommen. Die *Warenentnahme* wird als Bewegungsdatum gebucht und der Lagerbestand in den Material- bzw. Lagerstammdaten aktualisiert.

Mit der Lieferung erfolgt eine wertmäßige Veränderung des Lagerbestands. Deshalb wird gleichzeitig der wertmäßige Warenausgang

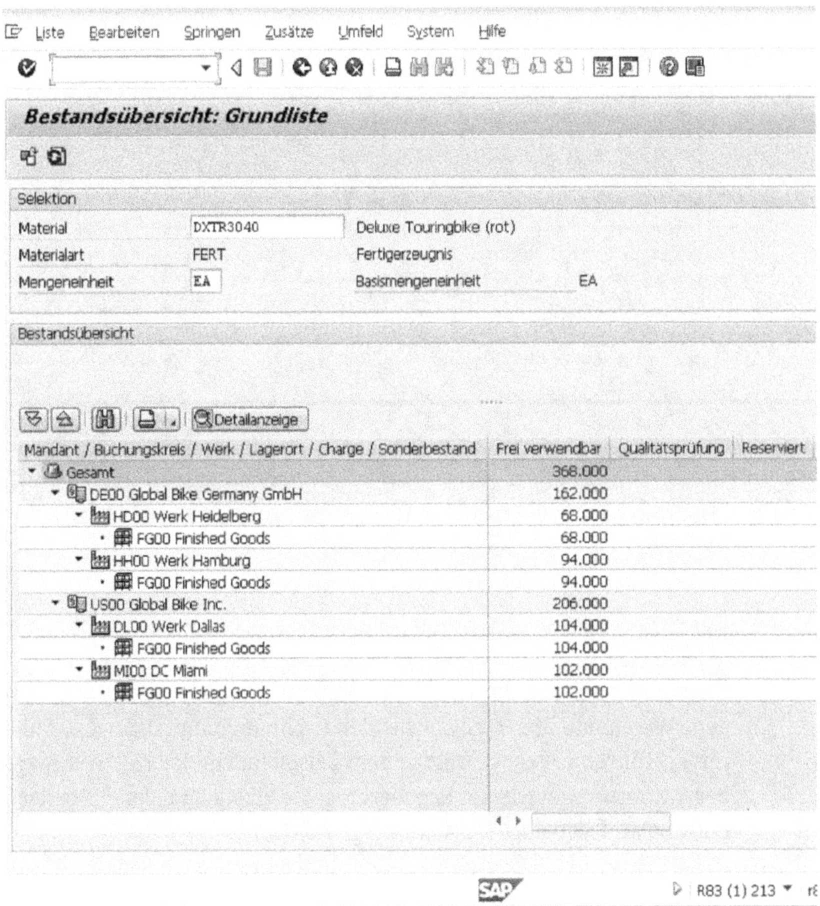

Abb. 6.16: Bestandsübersicht.

aus dem Lager gegen ein Ertragskonto gebucht. Abbildung 6.17 zeigt den im Beispiel erzeugten Buchungsbeleg. Die in der Lieferung enthaltenen Produkte im Wert von 28.000, 12.000 und 15.000 € werden von dem Bestandskonto „200100 Mat Fertig“ auf das Ertragskonto „780000 Umsatz“ umgebucht.

Auslieferung

Im Rahmen der Aktivität „Lieferung versenden“ wird das Bewegungsdatum *Auslieferung* angelegt, das in SAP ERP für den tatsächlichen Versand der Lieferung erforderlich ist. In dem Prozess in Abb. 6.13 muss die Auslieferung erfolgt sein, bevor eine Rechnung erstellt werden kann.

Rechnung

Für die *Fakturierung* greift die Buchhaltung auf die Auslieferung, den Terminauftrag und die Debitorenstammdaten zu, erzeugt die Rech-

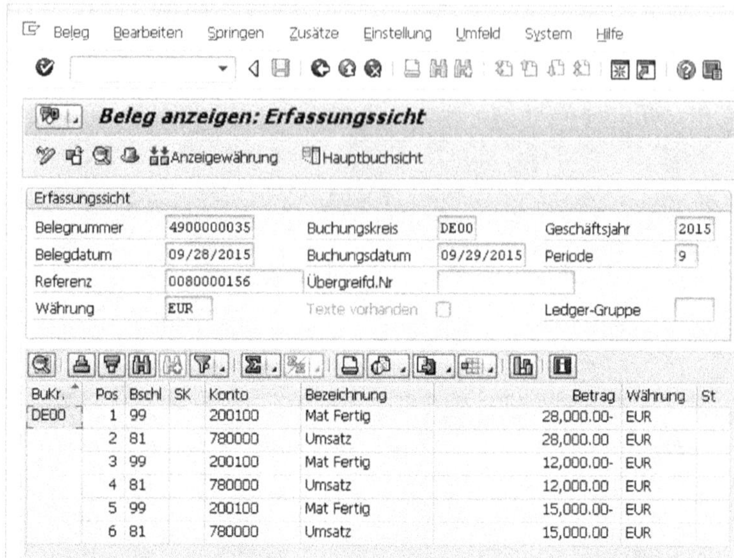

Abb. 6.17: Buchungsbeleg für Bestandswertveränderung.

nung und speichert diese. In den Debitorenstammdaten kann ein von dem Warenempfänger abweichender Rechnungsempfänger („Regulierer") geführt werden. Dies ist in dem Beispiel nicht der Fall. Auftraggeber, Warenempfänger und Regulierer ist die Firma Rädleland. Die Rechnung beläuft sich auf 109.040 US$ (vgl. Abb. 6.18).

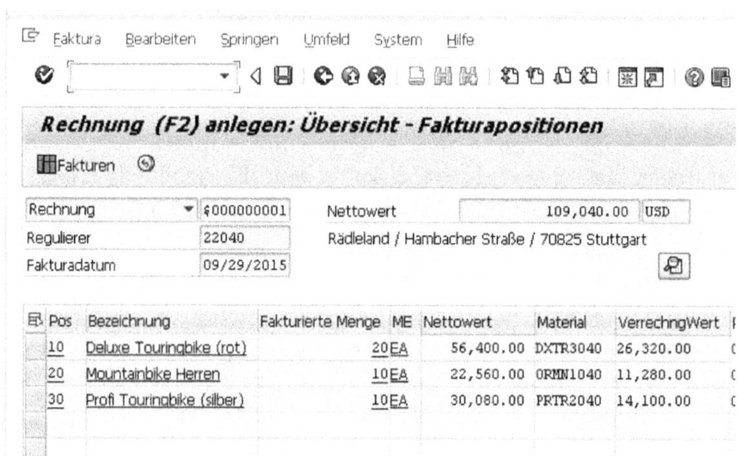

Abb. 6.18: Elektronisches Formular für die Rechnung.

Zahlung

Am Ende des Auftragsabwicklungsprozesses stehen die Durchführung des Zahlungsvorgangs und die Speicherung des entsprechenden Bewegungsdatums. Bereits beim Anlegen der Rechnung wird ein offener Posten erzeugt. Wenn später die *Zahlung* eingeht und verbucht werden soll, wird sie gegen die gespeicherte Rechnung geprüft. Bei Übereinstimmung wird der Status der Rechnung aktualisiert (von „offen" auf „beglichen"). Der eingegangene Betrag wird erfasst und den offenen Posten des Kunden zugeordnet.

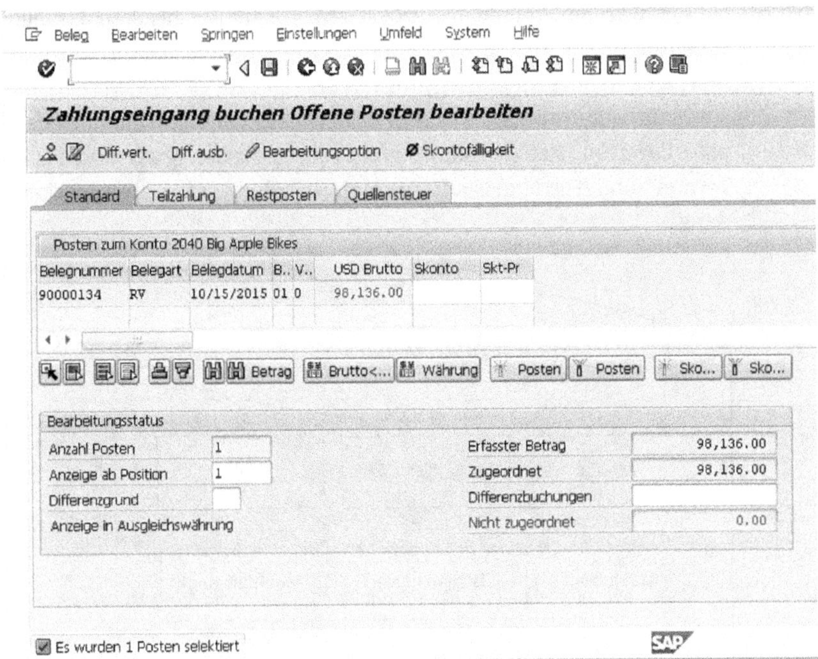

© SAP SE

Abb. 6.19: Formular zur Buchung eines Zahlungseingangs.

Abbildung 6.19 zeigt eine Maske zur Buchung eines Zahlungseingangs (zu einem anderen Kundenauftrag). Auch in diesem Beispiel gibt es nur einen offenen Posten. Eingegangen sind 98.136 US$. Diese können vollständig einer Rechnung zugeordnet werden. Es verbleibt also kein "Nicht-zugeordnet"-Teilbetrag, und Differenzbuchungen sind ebenso wenig erforderlich.

6.3.3 Produktion

In diesem Abschnitt wird gezeigt, wie der in Abschnitt 5.3.3 erläuterte Produktionsprozess mithilfe von SAP ERP umgesetzt werden kann. Die in Abb. 5.14 skizzierten Prozessschritte sind weiterhin vorhanden, sie werden jedoch teilweise automatisch oder im Hintergrund durchgeführt. Deshalb erscheinen manche Funktionen im Prozessablauf in zusammengefasster Form oder in anderer Reihenfolge.

Daten für den Produktionsprozess

Da nun alle relevanten Datenbestände in einer zentralen Datenbank geführt werden, können alle Prozessschritte auf die gleichen aktuellen Daten zugreifen. Abb. 6.20 fasst die wichtigsten Datenstrukturen zusammen, die für den Produktionsprozess benötigt bzw. erzeugt werden. Dies sind zum einen die *Stammdaten* Material, Erzeugnisstruktur, Arbeitsplan, Lager und Betriebsmittel, zum anderen die *Bewegungsdaten* Plan-, Termin- und Fertigungsauftrag, Materialbeleg und Auftragsrückmeldung.

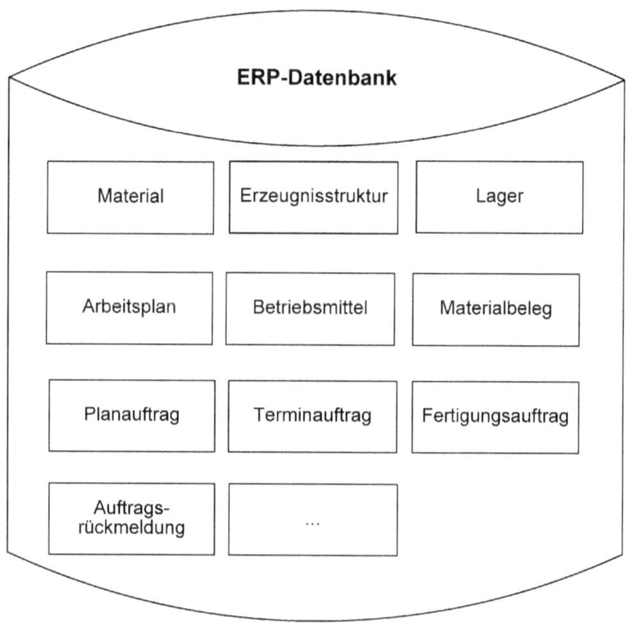

Abb. 6.20: Daten des Produktionsprozesses.

Ausgangspunkt Planauftrag

Der um die Daten erweiterte Produktionsprozess ist in Abb. 6.21 wiedergegeben. Startpunkt des Prozesses ist das Vorliegen eines Planauftrags, der in der Bedarfsplanung erzeugt wurde, oder eines Vertriebsauftrags, dem ein Kundenauftrag zugrunde liegt („Terminauftrag" in SAP-Termi-

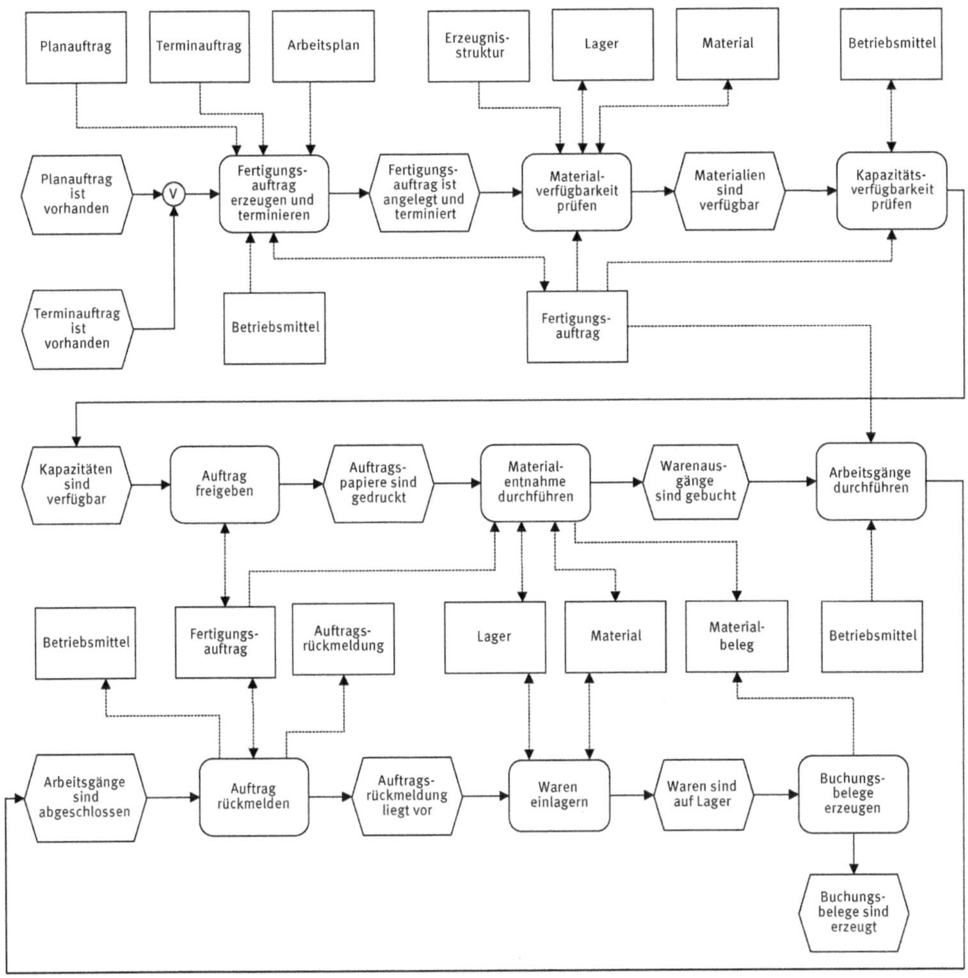

Abb. 6.21: Produktionsprozess ergänzt um Informationsobjekte.

nologie), oder auch mehrerer solcher Aufträge, die ggf. nun zu einem Fertigungsauftrag zusammengefasst werden.

Wie Abb. 6.22 zeigt, enthält ein *Planauftrag* schon einige Bestandteile dessen, was auch im Fertigungsauftrag angegeben werden muss (z. B. Material-, Termin-, Werksdaten). Diese Daten können automatisch beim Anlegen des Fertigungsauftrags übernommen werden. Die im Planauftrag angezeigten Ecktermine des Auftrags sind die Grobtermine, die im Zuge der Materialdisposition (vgl. Abschnitt 2.6.1) ermittelt wurden.

Fertigungsauftragskopf

Der auf der Basis des Planauftrags erzeugte Fertigungsauftrag ist in Abb. 6.23 zu sehen. Ein Fertigungsauftrag ist eine umfangreiche Datenstruktur mit zahlreichen Bestandteilen. Im *Fertigungsauftragskopf*

Abb. 6.22: Planauftrag.

werden die für den Auftrag als ganzen geltenden Daten geführt, z. B. die Auftragsmenge und die Ecktermine des Auftrags (Start 01.08.2015, 0:00 Uhr, Ende 05.08.2015, 0:00 Uhr).

Terminierung des Fertigungsauftrags

Neben den Eckterminen zeigt das Formular für den Fertigungsauftrag auch die sich aus einer erneuten, genaueren Zeitrechnung ergebenden Anfangs- und Endtermine (Überschrift „Terminiert“). Das System ist so konfiguriert, dass beim Anlegen eines Fertigungsauftrags gleichzeitig eine Auftragsterminierung erfolgt. Der tatsächlich geplante Produktionszeitraum ist nun 02.08.2015, 9:05 Uhr, bis 03.08.2015, 17:00 Uhr.

Arbeitsgänge des Fertigungsauftrags

Zur Terminierung des Fertigungsauftrags wurden die *Arbeitsgänge* herangezogen, die der Arbeitsplan des zu fertigenden Materials „Deluxe Touringbike (rot)“ beinhaltet. In der SAP-Terminologie spricht man von *Vorgängen*. Die Start- und Endtermine der Arbeitsgänge werden – unter

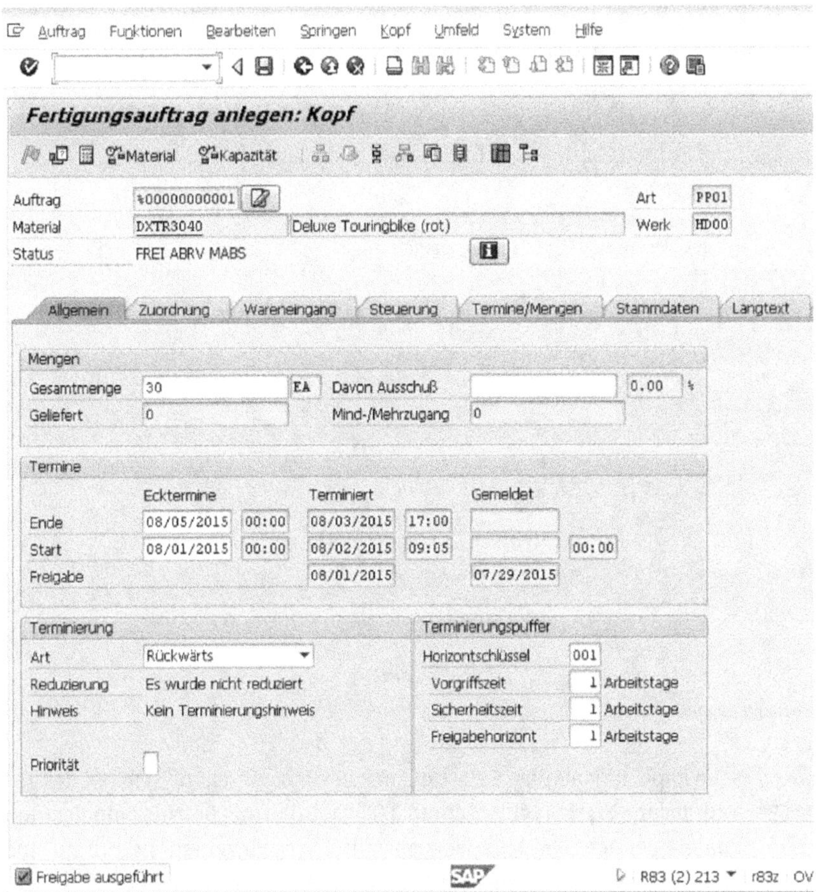

Abb. 6.23: Fertigungsauftragskopf.

Berücksichtigung der Betriebsmittelrüstzeiten – anhand der Stückzeiten und der Auftragsmenge berechnet, wie in Abschnitt 3.3.1 erläutert wurde. Abbildung 6.24 zeigt die von SAP ERP erzeugte Vorgangsübersicht für den Fertigungsauftrag, die nun die terminierten Arbeitsgänge ausweist.

Materialverfügbarkeitsprüfung

Die Prüfung der *Materialverfügbarkeit* wird mithilfe der Schaltfläche „Material" angestoßen, die oben im Formular des Fertigungsauftragskopfs in Abb. 6.23 zu sehen ist. Um herauszufinden, welche Materialien für den Auftrag erforderlich sind (d. h., welche Teile gehen in das zu fertigende Teil ein), wird auf die Erzeugnisstrukturdaten zugegriffen. Die verfügbaren Bestände sind wieder den jeweiligen Lager- bzw. Materialstammdaten zu entnehmen.

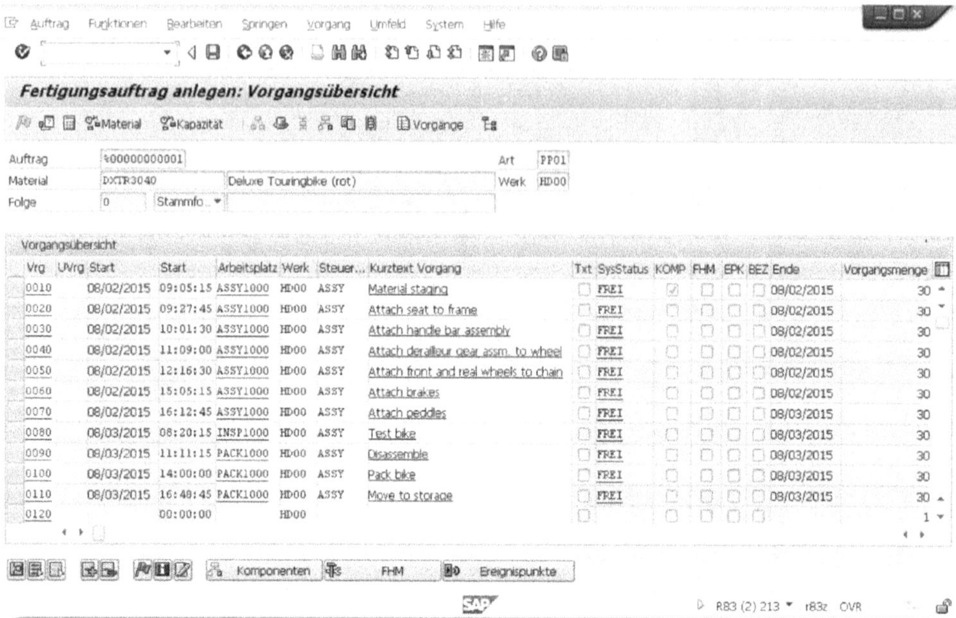

Abb. 6.24: Fertigungsauftrag mit Arbeitsgängen.

Kapazitätsbelastung der Betriebsmittel

Die kapazitätsmäßige Belastung der Betriebsmittel, die sich bei der Terminierung ergibt (vgl. Abschnitt 3.3.3), wird in den Betriebsmittelstammdaten gebucht. Welche Betriebsmittel im Einzelnen betroffen sind, wird – wie die Stück- und Rüstzeiten – dem Arbeitsplan entnommen und mit den Arbeitsgängen im Fertigungsauftrag gespeichert.

Kapazitätsverfügbarkeitsprüfung und Auftragsfreigabe

Die Prüfung der *Kapazitätsverfügbarkeit* wird ebenfalls im Fertigungsauftragskopf (Schaltfläche „Kapazität“ in Abbildung 6.23) angestoßen. Wenn sie zu einem positiven Ergebnis kommt, kann der *Auftrag freigegeben* und mit der Durchführung begonnen werden. Der erste Schritt ist die Entnahme des benötigten Materials aus dem Lager. Dies erfolgt analog zu den früher beschriebenen Materialentnahmevorgängen: Ein Materialentnahmeschein wird vom System automatisch erzeugt, als elektronisches Formular bereitgestellt und gespeichert („Materialbeleg“); zum Auffinden des Materials wird auf die Lagerdaten zugegriffen und die Materialbestände in den Lager- bzw. Materialstammdaten werden aktualisiert.

Auftragsrückmeldung

Abgeschlossene Arbeitsgänge oder der gesamte Auftrag werden *rückgemeldet*. Der Einfachheit halber zeigt Abb. 6.25 wie vorher nur den Fall, dass der Auftrag als ganzer rückgemeldet wird. Auf die Darstellung einzelner Arbeitsgangrückmeldungen wird verzichtet.

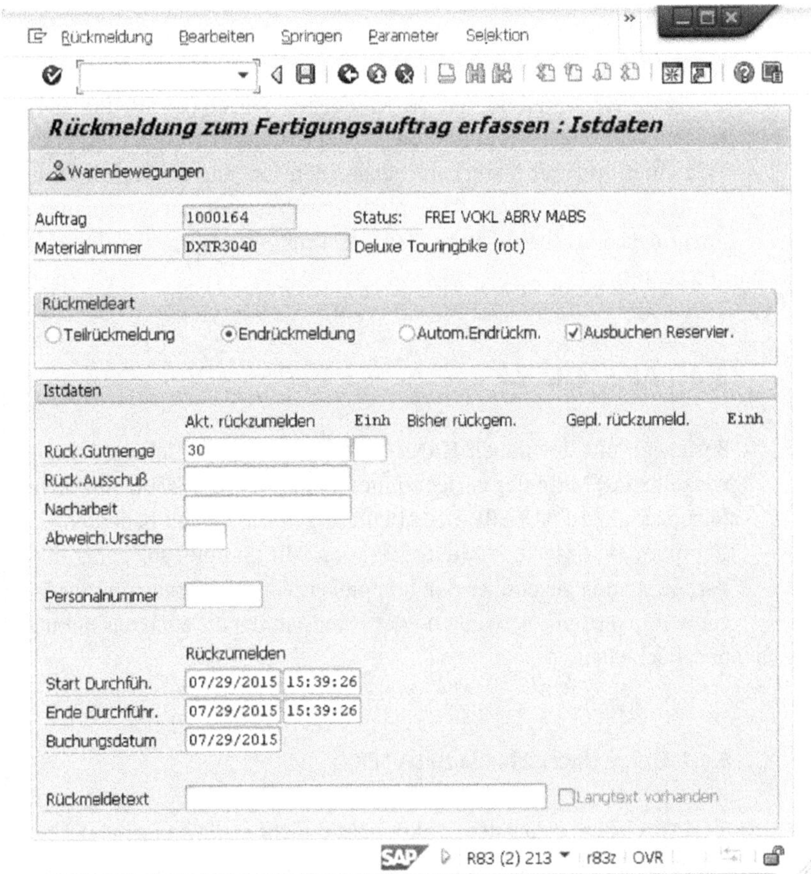

© SAP SE

Abb. 6.25: Auftragsrückmeldung.

Das elektronische Formular für die Rückmeldung ist in diesem Fall ein „Lohnrückmeldeschein". Die Art der Rückmeldung ist eine „Endrückmeldung", d. h., der Auftrag ist insgesamt beendet. Es werden 30 ME „Deluxe Touringbike (rot)" gebucht.

Mit der Rückmeldung werden gleichzeitig die Betriebsmittel um die für den Auftrag gebuchten Kapazitäten entlastet und der Fertigungsauftrag wird mit dem Status „rückgemeldet" versehen.

Wareneingang

Die fertigen Produkte werden in der Aktivität „Waren einlagern" (vgl. Abb. 6.21) dem Lager zugeführt. Die Teilschritte sind analog zu den früher beschriebenen Wareneingängen. Dabei werden verschiedene *Buchungsbelege* erzeugt und gespeichert, mit denen die Buchhaltung die Kosten des Auftrags verrechnen und die betroffenen Konten des internen und externen Rechnungswesens aktualisieren kann. Die Erzeugung der Belege sowie das Anstoßen der entsprechenden Prozesse erfolgt in SAP ERP weitgehend automatisch.

Auf die Darstellung der verschiedenen Belege (Buchhaltungs- und Kostenrechnungsbelege) und der Folgeprozesse wird in der Abbildung verzichtet. Nur der Materialbeleg, der den Eingang der Auftragsmenge im Lager widerspiegelt, ist explizit erwähnt. Mit der Erzeugung der Buchungsbelege betrachten wird der Produktionsprozess als beendet betrachtet.

6.4 SAP S/4HANA

Basierend auf der neuen HANA-Technologie (vgl. Abschnitt 7.4.3) entwickelte SAP Mitte des vorigen Jahrzehnts mit *SAP S/4HANA* das Nachfolgeprodukt zu SAP ERP. Die Abkürzungen im Namen bedeuten: „S" – „Simple", „4" – vierte Produktgeneration. Mit „Simple" soll generell eine Vereinfachung gegenüber den komplexen Vorprodukten zum Ausdruck gebracht werden – sowohl von der Handhabung als auch der Benutzeroberfläche her.

6.4.1 Einige Unterschiede zu SAP ERP

S/4HANA ist bezüglich der Funktionalität nicht völlig anders als SAP ERP, vielmehr bietet es im Wesentlichen weiterhin dessen Funktionalität sowie leistungsfähige Erweiterungen. Neu ist die Handhabung des Systems, die Benutzeroberfläche und das vereinfachte Datenmodell.

SAP Fiori

Für die Benutzeroberfläche benutzte SAP ERP die desktoporientierte Client-Software SAP GUI. Bei S4/HANA kommt bevorzugt *SAP Fiori* [SAP 2025i] zum Einsatz. Dies ist ein Werkzeug, mit dem Benutzeroberflächen unabhängig von einem bestimmten Endgerät entwickelt werden können. Sie sind damit im Prinzip auf beliebigen Endgeräten (z. B. auch Smartphones) lauffähig.

Keine Trennung von OLTP und OLAP

Der signifikanteste Unterschied zwischen SAP ERP und S/4HANA liegt darin, dass die konventionelle Trennung von OLTP und OLAP konzeptionell aufgehoben wurde. OLTP heißt *Online Transaction Processing* und meint die operative Verarbeitung der Geschäftstransaktionen im Tagesbetrieb. OLAP steht für *Online Analytical Processing* und umfasst Analysen, Auswertungen, Berichte u. ä.

SAP Business Warehouse (SAP BW)

Analytische Auswertungen sind sehr zeitaufwendig, da sie i. d. R. sehr große Datenmengen verarbeiten müssen. Sie werden deshalb unter dem Stichwort *Business Intelligence* meist in eigenständige Systeme ausgelagert. Bei SAP waren dies in der Vergangenheit insbesondere das *SAP Business Warehouse (SAP BW)* sowie weitere Systeme unter dem Dach *SAP Business Intelligence (SAP BI).*

„Single source of truth“

Da die HANA-Technologie im Vergleich zu konventionellen relationalen Datenbanken extrem schnell ist, besteht beim Analytical Processing der Performance-Engpass aufgrund der Verarbeitung sehr großer Datenmengen nicht mehr. Das heißt, Business-Intelligence-Anwendungen benötigen grundsätzlich keine separaten Datenbanken mehr. Sowohl die Transaktionsverarbeitung in den Geschäftsprozessen als auch die analytischen Anwendungen können auf derselben Datenbank laufen („single source of truth“ [Plattner 2014, S. 19]). Zeitaufwendige Auswertungen werden sozusagen „on the fly“ erledigt.

6.4.2 Funktionen von S/4HANA

Die Funktionen von S/4HANA sind in der Außendarstellung etwas anders zusammengefasst bzw. unterteilt als in SAP ERP. Die einzelnen Teilfunktionen und Merkmale sollen im Folgenden nur aufgelistet werden, um dem Leser einen Eindruck von den jeweiligen Schwerpunkten zu vermitteln. Eine detaillierte Beschreibung würde den Rahmen dieser Übersicht sprengen.

Die von SAP herausgebildeten Funktionsbereiche sind [SAP 2020, SAP 2025 m]:

Finanzwesen

(1) Finanzwesen. Hierunter fallen Funktionen in den Bereichen:
- Echtzeit-Reporting (u. a. Rentabilitätsberichte in Echtzeit), vorausschauende Analysen und integrierte Geschäftsplanung
- Dauerabrechnung und Einnahmenmanagement, abonnementbasierte Umsatzmodelle, konsolidierte Rechnungen, Kreditwürdigkeitsprüfung
- Buchführung und Finanzabschluss, Buchhaltung von Joint Ventures, Bücher in Echtzeit, vorausschauende Buchhaltung
- Treasury- und Finanzrisikoprozesse, automatisierte Echtzeitanalysen, Prüfketten und Compliance-Berichte, Cashflow-Prognose, Liquiditätsverwaltung, proaktive Risikominderung
- Kooperative und automatisierte Finanzprozesse, Bewertung des Kreditrisikos, Priorisierung der Inkassoprozesse u. a.
- Unternehmensrisiken und Compliance, Automatisierung der Prozesse des Risikomanagements, der Sicherstellung der Compliance und des internationalen Handels

- Immobilienmanagement, Raumauslastung und -belegung, aktives Management der Mietverträge, Investitionen und Bauprojekte sowie der Inspektion, Wartung und Instandhaltung der Infrastruktur
- Handelswarenverwaltung, Behandlung des finanziellen Risikos aufgrund von Marktschwankungen, Automatisierung der auf Rohstoffen basierenden vertraglichen Preise, Rationalisierung von Rechnungsprozessen

Logistik

(2) Logistik. Hierunter fallen Funktionen in den Bereichen:
- Berücksichtigung von Geschäftsregeln, Materialverfügbarkeit und Zuteilungsrichtlinien bei Kundenzusagen bezüglich Terminen/Produktverfügbarkeit
- Transportmanagement, Unterstützung des gesamten Transportverlaufs für nationale und internationale Fracht
- Lagerverwaltung, Steuerung aller Lageraktivitäten und -prozesse, Best Practices für Kommissionierung, Verpackung und Versand
- Koordination der Warenbewegungen in allen Eingangs-, Ausgangs- und Inventurprozessen, um Ausschuss, Verlust, Beschädigung und Produktionsunterbrechungen zu minimieren

Fertigung

(3) Fertigung. Hierunter fallen Funktionen in den Bereichen:
- Produktionsplanung vom Materialbedarf bis zum Lagerbestand, Anpassung der Pläne auf der Grundlage von Echtzeitinformationen aus den Geschäftsbereichen, dem Lieferantennetzwerk und der Fertigung
- Planung komplexer Montageprozesse in den Bereichen Materialbedarfs-, Produktions- und Kapazitätsplanung sowie Stücklisten, Arbeitspläne, Produktionsabläufe und Maschinenmodelle
- Beschleunigung von Produktion und Materialfluss mit Methoden wie Lean Control, kontinuierlicher Verbesserung und Just-in-time-Nachschub
- Integration von F&E und Fertigung bzgl. relevanter Daten, reibungslose Übergabe von technischen Unterlagen, Stücklisten und Konstruktionsänderungen
- Qualitätsmanagement, lückenlose Qualitätsmanagementprozesse von der Planung bis zum Betrieb, Unterstützung kontinuierlicher Verbesserungen im gesamten Unternehmen

F&E und Konstruktion

(4) F&E und Konstruktion. Hierunter fallen Funktionen in den Bereichen:
- Projektsteuerung und Produktentwicklung, qualitativ hochwertige und pünktliche Projektausführung durch strenge Designstandards

- Projektportfolio, Verwalten von Projektressourcen, Analysieren der Finanzleistung von der Projektanbahnung bis zum Abschluss
- Produktlebenszyklusmanagement, beschleunigte Überführung von technischen Stammdaten in Produktionsdaten
- Beschleunigung der Konstruktionsprozesse, effizientes Stücklistenmanagement, lückenlose Prüfplanung unter Einhaltung von Industriestandards wie ISO/TS 16949 und ISO 9000
- Definition, Verwaltung und Priorisierung von Produktanforderungen, Rückverfolgbarkeit durch Verknüpfung von Anforderungen mit den Produktdaten

Vertrieb

(5) Vertrieb. Hierunter fallen Funktionen in den Bereichen:
- Auftrags- und Vertragsmanagement, Steuerung der Auftragsabwicklung für alle Interaktionspunkte, Kanäle und Funktionen, rollenbasierter Multichannel-Zugriff auf präzise Echtzeitinformationen
- Prämien- und Provisionsverwaltung, variable Vergütungsprogramme, Überwachung der Vertriebsleistung, Erstellung und Pflege genauer, strategisch ausgerichteter Pläne
- Vertriebs-Pipelines und Leads, Koordinierung der Kundeninteraktionen und -aktivitäten, Analysieren von Kunden und Vertriebsgebieten, Erstellung präziser Lösungskonfigurationen

Dienstleistungsbranche

(6) Dienstleistungsbranche. Hierunter fallen Funktionen in den Bereichen:
- Automatisierte Buchhaltungs-, Zeiterfassungs- und Ausgabenprozesse, integrierte Projektabwicklungs- und Abrechnungsprozesse, Einblicke in Echtzeit
- Effektive Feststellung des Personalbestands, Allokation von Personalressourcen für bevorstehende Projekte, Zusammenarbeit zwischen Teams, Organisationen und Partnern, schneller Zugriff auf Kontaktdaten
- Zeiterfassung in der Cloud, schnelle Korrektur von Fehlern durch Mitarbeiter – jederzeit, überall und mit jedem Gerät
- Durchsetzung von Abrechnungslimits für Zeit und Kosten, Beachtung von Höchstgrenzen aus Verkaufs- und Serviceverträgen
- Quote-to-Cash-Prozess: Erstellung von Kundenverträgen mit wettbewerbsfähigen Preisen, personalisierten Zahlungsplänen und mehreren Abrechnungsmethoden, Abrechnung durch konsolidierte Fakturierung für alle Auftragsarten

Beschaffung

(7) Beschaffung. Hierunter fallen Funktionen in den Bereichen:
- Analyse von Bestellungen, Bestellanforderungen, Rechnungen und Verträgen, Bewertung der Lieferantenleistung unter Verwendung von Echtzeitdaten
- Operativer Einkauf: Nachfragebündelung, Freigabeverfahren, Automatisierung der Einkaufsprozesse unter Einhaltung der Unternehmensrichtlinien
- Automatisierung des Einkaufs- und Vertragsmanagements, Verwaltung und Analyse aller einkaufsbezogenen Informationen in nur einem System
- Zentrales Genehmigungsverfahren für Bestellanforderungen aller Geschäftsbereiche und Regionen
- Automatisierte Preiskalkulationen, Fakturierung, Vertragsgestaltung zur Beschaffung von Rohstoffen und Waren auf Basis von Marktnotierungen
- Verbesserung der Transparenz der Lieferkette durch Lieferantenmix zur Verminderung von Lieferrisiken

Anlagenmanagement

(8) Anlagenmanagement. Hierunter fallen Funktionen in den Bereichen:
- Planung und Steuerung der Instandhaltungsaufgaben, Simulation der Instandhaltungskapazität, Aufgabenterminierung, Aufgabenstatus
- Steuerung ungeplanter Instandhaltungsaufgaben, effektive Unterstützung zum schnellen Erkennen, Weiterleiten und Beheben von Störungen und Notfällen, Erfassung und Minderung von Störereignissen
- Proaktive Überwachung wichtiger und zeitkritischer Instandhaltungsarbeiten unter Beachtung des Ersatzteillagerbestands
- Beachtung von Umweltschutzvorschriften, Gewährleistung sicherer Arbeitsbedingungen, Zuverlässigkeit der technischen Systeme

Weitere Bereiche

(9) Weitere Bereiche. Hierunter fallen Funktionen in verschiedenen Bereichen:
- Umwelt-, Gesundheits- und Arbeitsschutzrisiken, Maßnahmen in Bezug auf Sicherheit und Compliance vor gefährlichen Arbeiten, Einrichten von Kontrollmechanismen, Nachverfolgen von Vorfällen
- Anlagenbetrieb und Instandhaltung mit ganzheitlicher Sicht auf den Anlagenstatus, Planung von Wartungsaktivitäten mit den richtigen Personen, Werkzeugen, Ressourcen und einer integrierten Dokumentation

- Service-Vereinbarungen, Konsolidierung und einheitliche Pflege von Aufgabenlisten, Katalogen, Wartungsplänen und Garantieinformationen, ein Vertrag für alle ergebnisorientierten Dienste
- Übermittlung von kundenorientierten Services über eine Vielzahl an Kanälen, gebündelte Serviceangebote, Verwaltung von Beschwerden, Reklamationen, Retouren und Rückerstattungen, Disposition der Außenmitarbeiter
- Ersatzteilversorgung, weltweite Teilelogistik und Lagerprozesse, Echtzeittransparenz über alle Lieferstandorte, Sicherstellung der Verfügbarkeit
- Integration von Mitarbeiterstammdaten, Organisationsdaten und Kostenstelleninformationen aus SAP SuccessFactors Employee Central (SAPs cloudbasiertes Personalwirtschaftssystem) zur Straffung der HR- und Abrechnungsprozesse

6.4.3 Neue methodische Ansätze

An verschiedenen Stellen in S/4HANA kommen fortschrittliche Methoden zum Einsatz, aus der künstlichen Intelligenz z. B. Maschinelles Lernen (ML), intelligente robotergesteuerte Prozessautomatisierung (IRPA) sowie Situation Handling. Einige Beispiele werden im Folgenden beschrieben.

Maschinelles Lernen (ML)

Konstruktion

Algorithmen des Maschinellen Lernens [SAP 2025j] werden etwa im Rahmen der *Konstruktion zu einem Kundenauftrag* benutzt, um unstrukturierte Daten zu extrahieren und klassifizieren, die Genauigkeit der Kostenprognose zu verbessern, Pufferbestände zu dimensionieren und Verzögerungen im Materialtransfer vorherzusagen.

Rechnungsstellung und Zahlung

Bei der *Rechnungsstellung und Zahlung* dienen sie dazu, unausgeglichene Buchungen zu analysieren, Aktionsempfehlungen zu Bestellpositionen für einen genaueren und schnelleren Periodenabschluss zu liefern und Zahlungseingänge offenen Posten zuzuordnen.

ML-Algorithmen lernen von früheren Aktionen das Kundenverhalten, indem sie Zahlungseingänge und offene Rechnungen automatisch gegenüberstellen und Problemfälle zur manuellen Überprüfung identifizieren.

Beschaffung

Im *Beschaffungsprozess* liefert ML Vorhersagen von Lieferverzögerungen und empfiehlt Maßnahmen, um die Planungsgenauigkeit zu verbessern.

Auftragsfertigung

Die *Auftragsfertigung* unterstützen ML-Algorithmen unter anderem dadurch, dass sie die Lagerbestände durch dynamische Pufferanpassungen optimieren.

Treasury Management

Im *Treasury Management* helfen ML-Algorithmen, Betrugsversuche zu erkennen. Sie identifizieren Liquiditätstrends, abnormale Liquiditätselemente und Variablen, die sich auf die Cashflow-Zeitpunkte auswirken.

Intelligente robotergesteuerte Prozessautomatisierung (IRPA)

Robotic Process Automation (RPA)

Bei *RPA (Robotic Process Automation*, robotergesteuerte Prozessautomatisierung) handelt es sich um einen neuen „... Ansatz zur Prozessautomatisierung, bei dem manuelle Tätigkeiten durch sogenannte Softwareroboter erlernt und automatisiert ausgeführt werden. Dabei emulieren Softwareroboter die Eingaben auf der bestehenden Präsentationsschicht, sodass keine Änderungen an vorhandenen Anwendungssystemen notwendig sind“ [Czarnecki 2018, S. 113].

SAP „Intelligente robotergesteuerte Prozessautomatisierung (IRPA)“

SAP verwendet für RPA die Bezeichnung „intelligente robotergesteuerte Prozessautomatisierung (IRPA)“ [SAP 2025k]. IRPA kommt an mehreren Stellen zum Einsatz:

Konstruktion

Im Rahmen der *Konstruktion zu einem Kundenauftrag* automatisiert IRPA das Hochladen von Arbeitsgangrückmeldungen und Lagerinventurmengen aus MES (Manufacturing Execution Systems).

Im Bereich *Zahlung/Zahlungseingang* reduziert IRPA den Aufwand für die manuelle Erzeugung von Zahlungsplänen, koordiniert und administriert bei Streitfällen den E-Mail-Verkehr mit Kunden und hilft, Fehler zu vermeiden.

Beschaffung

Beim *Beschaffungsprozess* reduziert IRPA den manuellen Aufwand durch Automatisierung der Erzeugung von Beschaffungsforderungen aus Excel-Daten und angeforderten Abschlagszahlungen sowie der Extraktion von Auftragsbestätigungen aus E-Mails.

Auftragsmanagement

Auch beim *Auftragsmanagement* hilft IRPA, den manuellen Aufwand zu reduzieren, einmal durch Automatisierung des Anforderns von Abschlagszahlungen für Vertriebsaufträge, zum zweiten durch automatisches Hochladen von Arbeitsgangrückmeldungen und Lagerinventurmengen aus MES.

Situation Handling

Situation Handling

Situation Handling (manchmal auch *Situations Handling*) ist ein Ansatz ähnlich dem Event Management (vgl. Abschnitt 10.4.3), der aber für weniger gut strukturierte Situationen als die im Event Management behandelten gedacht ist.

Beispiele für „Situationen“

Beim Situation Handling werden Personen darauf aufmerksam gemacht, dass Umstände eingetreten sind, die möglicherweise für sie relevant sind, und ggf. auch Lösungsvorschläge mitgeliefert [Wilson 2020]. Beispiele für „Situationen“ können etwa sein:

- Eine Deadline steht kurz bevor.
- Eine offene Aufgabe muss gelöst werden.
- Abweichungen bei der Nachfrage nach einem Produkt sind aufgetreten.
- Die Umschlagsgeschwindigkeit hat sich verändert.
- Ein Schwellenwert wurde erreicht.

Benachrichtigung der relevanten Personen

In jedem dieser Fälle gibt es zuständige Personen, Gruppen oder Rollen, die tätig werden sollten. Diese werden auf dem SAP Fiori Launchpad (d. h. der Benutzeroberfläche von SAP Fiori [SAP 2025i]), per E-Mail oder durch spezifische Situation-Management-Messages benachrichtigt.

SAP stellt Vorlagen für eine Reihe von Situationen zur Verfügung, die das Anwenderunternehmen anpassen und erweitern kann.

In S/4HANA wird Situation Handling bei mehreren Gelegenheiten benutzt. Einige Beispiele sind [SAP 2025l]:

Konstruktion

Bei der *Konstruktion* zu einem Kundenauftrag überwacht Situation Handling proaktiv die Ausschöpfung des zugeteilten Budgets und identifiziert Überziehungen. Der Projektmanager kann dann rechtzeitig korrigierend eingreifen. Außerdem hilft es, den Materialeinsatz hier, wie auch in anderen Fällen der Auftragsfertigung, gezielt zu steuern.

Zahlungswesen

Im Bereich des *Zahlungswesens* ergänzt Situation Handling Rechnungen um alle relevanten Zusatzinformationen und Aktionen, überwacht Zahlungseingänge und benachrichtigt den für die Forderungen zuständigen Buchhalter, wenn eine Zahlung den fälligen Betrag nicht abdeckt.

Beschaffung

Im *Beschaffungsprozess* weist Situation Handling auf vorhandene Verträge hin und ordnet sie Beschaffungsanforderungen zu. Wenn ein Lieferdatum bevorsteht, die Auftragsbestätigung jedoch noch nicht eingegangen ist, informiert es den zuständigen Einkäufer, der daraufhin tätig werden kann. Wenn es eine überfällige Beschaffungsanforderung feststellt, fordert es den Aussteller derselben auf, den Wareneingang zu bestätigen (oder er muss anderweitig tätig werden).

6.5 Branchenspezifische ERP-Systeme

6.5.1 Terminologie

Unternehmen unterscheiden sich in Geschäftsmodellen und Produktangeboten

ERP-Systeme sind zunächst einmal als *Standardsoftware* konzipiert, die unternehmensweit eingesetzt wird und alle wichtigen Geschäftsprozesse unterstützt. Während manche Prozesse in allen Arten von Unternehmen einheitlich oder zumindest ähnlich sind (z. B. Personalbeschaffung), gibt es andere, die sich von Unternehmen zu Unternehmen stark unterscheiden. Dies ist einerseits in unterschiedlichen Geschäftsmodellen begründet, andererseits in den unterschiedlichen Arten von Produkten (bzw. Dienstleistungen), mit denen das Unternehmen sein Geld verdient.

Fokussiert man den Blick auf Fertigungsunternehmen, die diesem Buch zugrunde liegen, so ist das traditionelle Geschäftsmodell meist sehr ähnlich: Das Unternehmen produziert Güter und verkauft diese an Kunden. (Auf neuere, davon abweichende Geschäftsmodelle wird in Abschnitt 12.5 eingegangen.) Unterschiede zwischen Fertigungsunternehmen resultieren aus unterschiedlichen Produktmerkmalen und Marktanforderungen. Man denke etwa an zwei Unternehmen, von denen das eine Werkzeuge für die Automobilindustrie und das andere Milchprodukte für den Endkunden-Massenmarkt herstellt.

Branchen

Mit anderen Worten: Die Zugehörigkeit eines Unternehmens zu einer bestimmten *Branche* beeinflusst die Anforderungen des Unternehmens an die betriebswirtschaftliche Software erheblich. Der Begriff „Branche" ist eine „Sammelbezeichnung für Unternehmen, die weitgehend substituierbare Produkte oder Dienstleistungen herstellen (z. B. Automobilbranche, Elektronik, Pharmaindustrie). Als weitere Abgrenzungskriterien können die eingesetzte Fertigungstechnik oder die verwendeten Grundmaterialien herangezogen werden" [Engelhard 2025].

Wirtschaftszweig

Häufig wird der Begriff „Wirtschaftszweig" mit „Branche" gleichgesetzt. Dies ist sprachlich zwar naheliegend, aber zweckmäßiger erscheint eine begriffliche Trennung. In diesem Sinne wird „Wirtschaftszweig" mit einer gröberen Granularität auf einer höheren Abstraktionsebene verwendet, während „Branchen" eine feinere Differenzierung innerhalb eines Wirtschaftszweigs erlauben.

Als Wirtschaftszweige werden häufig Bereiche wie Industrie (d. h. industrielle Produktion), Handwerk, Bergbau/Energie, Handel, Banken und Versicherungen, Dienstleistungen sowie Landwirtschaft genannt. Innerhalb eines Wirtschaftszweigs können dann Branchen identifiziert werden, innerhalb der Industrie beispielsweise Maschinenbau, Automobilherstellung, Luft- und Raumfahrt und Werkzeugbau.

„Industrie“

Neben „Wirtschaftszweig“ und „Branche“ ist teilweise als Synonym der Begriff „Industrie“ anzutreffen. Hier ist Vorsicht angeraten, denn damit ist häufig nicht die Industrie im Sinne einer industriellen Produktion gemeint, sondern eine Branche. Die Begriffsverwendung ist einer Eindeutschung des englischen Begriffs „Industry“ geschuldet, die im Sinne der vorstehenden Erörterungen korrekt mit „Branche“ zu übersetzen wäre.

Es gibt offizielle Einteilungen der Wirtschaftszweige bzw. Branchen, die insbesondere von statistischen Einrichtungen und Behörden verwendet werden, so etwa die „International Standard Industrial Classification“ der UNO, aus der in Europa die „Nomenclature statistique des activités économiques dans la Communauté européenne (NACE)“ abgeleitet wurde.

NACE-Klassifikation

In der NACE-Klassifikation werden 21 Hauptgruppen („Abschnitte“) unterschieden, die auf vier weiteren Ebenen verfeinert werden. In der Summe ergeben sich 1.835 Kategorien, die für Branchen bzw. Teilbranchen stehen. So wird beispielsweise im „Abschnitt C – Verarbeitendes Gewerbe“ ein Pfad über „28 Maschinenbau“, „28.4 Herstellung von Werkzeugmaschinen“, „28.49 Herstellung von sonstigen Werkzeugmaschinen“ bis zu „28.49.2 Herstellung von Werkzeugmaschinen zur Bearbeitung von Steinen, Beton und sonstigen mineralischen Stoffen“ verfeinert [Statistisches Bundesamt 2008].

6.5.2 Branchenlösungen „großer“ ERP-Anbieter

Für die Anbieter von ERP-Systemen stellen 1.835 Kategorien natürlich keine wirkliche Orientierungshilfe dar. Ihre jeweilige Brancheneinteilung ist eher von spezifischen Umsatz-/Gewinnerwartungen, dem im eigenen Hause verfügbaren Know-how sowie der Positionierung im Markt geprägt und von Anbieter zu Anbieter demzufolge sehr unterschiedlich.

Microsoft

Microsoft differenziert seine Branchenlösungen beispielsweise nach 14 Branchen [Microsoft 2025]:

- Konsumgüter
- Nationale Sicherheit und Verteidigung
- Education
- Energie und Ressourcen
- Finanzdienstleistungen
- Behörden
- Gesundheitswesen
- Fertigung

- Mobilität
- Medien und Unterhaltung
- Gemeinnützige Organisationen
- Einzelhandel
- Nachhaltigkeit
- Telekommunikation

Microsoft-Partner ändern oder erweitern die Branchendifferenzierung in verschiedene Richtungen. Beispielsweise konzentriert sich der Partner *Kumavision* auf Fertigungsindustrie, Handel, Dienstleistung und Gesundheitsmarkt, wobei jeder dieser Wirtschaftszweige weiter nach Branchen verfeinert wird. Bei „Fertigungsindustrie" sind dies etwa die „Branchen" [Kumavision 2020]:

- Maschinenbau
- Anlagenbau
- Serienfertigung
- Medizintechnik

infor

Zu dem ERP-System *infor COM* macht der Anbieter unterschiedliche Angaben. In der englischsprachigen Fassung werden 12 bis 14 Branchen ausgewiesen, während es in der deutschen Fassung 16 sind [Infor 2025]:

- Automobilindustrie
- Bank- und Finanzdienstleister
- Bauwesen
- Chemieindustrie
- Gesundheitsversorgung
- Hightech und Elektronik
- Hotels und Resorts
- Industrielle Fertigung
- Industriemaschinen und -ausrüstung
- Lebensmittel- und Getränkeindustrie
- Logistikdienstleister
- Luft-/Raumfahrt und Verteidigung
- Maschinen
- Mode- und Bekleidungsbranche
- Professionelle Dienstleistungen
- Vertrieb

Oracle, SAP

Andere große Hersteller haben eine noch breitere Branchendifferenzierung. So führt *Oracle* etwa 22 Branchen auf, für die spezielle Branchenlösungen angeboten werden [Oracle 2025], während es bei *SAP* 24 Branchen sind [SAP 2025b]. Letztere sind in Abb. 6.26 aufgeführt.

Unsere maßgeschneiderten Branchenlösungen		
Luft- und Raumfahrtindustrie	Agrarindustrie	Automobilindustrie
Bankwesen	Chemieindustrie	Konsumgüter
Baugewerbe und Immobilien	Innere und äußere Sicherheit	Behörden
Hightec	Hochschulen und Forschungseinrichtungen	Industrielle Fertigung
Versicherungen	Life Sciences und Gesundheitswesen	Medien, Sport und Unterhaltung
Metall-, Holz- und Papierindustrie	Bergbau	Öl-, Gas- und Energiesektor
Dienstleistungen	Einzelhandel	Telekommunikation
Reise und Logistik	Versorgungswirtschaft	Großhandel

Abb. 6.26: Branchenlösungen auf der Basis von SAP S/4HANA [SAP 2025].

Die Unterschiede zwischen einem allgemeinen ERP-System und branchenspezifischen ERP-Systemen bzw. Erweiterungen kommen vor allem in einer zusätzlichen oder speziell konfigurierten Funktionalität zum Ausdruck. Wenn man etwa die Vielzahl der Branchenlösungen von SAP betrachtet, sieht man, dass sich in der Tat die Funktionalität des Systems von Branche zu Branche unterscheidet.

Branchenspezifische Anforderungen

Einige Beispiele für unterschiedliche branchenspezifische Funktionalitäten sollen anhand von *infor COM* und *SAP ERP* skizziert werden:

– Im *Maschinen- und Anlagenbau* müssen viele Hersteller Produkte und Leistungen exakt nach den individuellen Spezifikationen des Kunden liefern. In der Beschreibung von infor [infor 2015] wird darauf hingewiesen, dass es sich häufig um Teile hoher Komplexität handle. Deshalb sei eine gezielte Unterstützung der Konstruktion und Arbeitsplanung erforderlich. Die Herstellung erfolgt oft in langlaufenden Projekten mit anschließenden langjährigen Wartungsverpflichtungen. Deshalb muss u. a. ein leistungsfähiges Projektmanagementmodul angeboten werden, das die Komplexität der Teilestrukturen adäquat berücksichtigt. Weiterhin muss ein umfassendes Servicemanagement geboten werden, einschließlich der Reparatur der installierten Maschinen und Anlagen beim Kunden und der Rückverfolgbarkeit von Seriennummern, z. B. für das Gewährleistungsmanagement.
– Die *kunststoffverarbeitende Industrie* hat wiederum ganz andere Anforderungen [infor 2015]. So muss das ERP-System Chargen verfolgen sowie Rezepturen, umweltrelevante Stoffe und recyclingrelevante Daten (z. B. Regranulierung) verwalten können. Technologie-

daten müssen in einer Datenbank für Einstellungen für Spritzdaten (wie Einsatzgewicht, Schussgewicht u. v. m.) gepflegt werden.

- In der *Konsumgüterindustrie* sind das Kampagnenmanagement (Planung, Durchführung von Kampagnen, Messung der Wirkung und Reichweite von Kampagnen u. a.), die Interaktion mit Endverbrauchern, das Kundenservicemanagement (Interaction Center zur Lösung von Kundenanliegen und Problemen) sowie die Produktsicherheit und Rückverfolgbarkeit wichtig. (Dieser sowie die folgenden drei Punkte sind der Funktionsbeschreibung von SAP entnommen [SAP 2015].)
- In der *Hightech- und Elektronikindustrie* bedürfen dagegen das Lizenz- und Rechtemanagement, der Vor-Ort-Service, Garantiefälle und Retouren sowie die Einbindung der Fertigung von Drittanbietern der Unterstützung.
- Für die *Chemieindustrie* stehen wiederum das Betriebsrisikomanagement (Einhalten aller Umwelt-, Gesundheits- und Arbeitsschutzbestimmungen mit transparenten Abläufen und ganzheitlichem „Operational Risk Management“), das Energie- und Umweltmanagement (Einsparungen im Energieverbrauch, das Überwachen des Verbrauchs und der Emissionen von Anlagen), die Einhaltung der europäischen Chemikalienverordnung (REACH) sowie die Produktsicherheit und -verantwortung (Reduktion der Compliance-Risiken durch effizientes Sicherheits- und Umweltmanagement) im Vordergrund.
- Ganz andere Leistungen werden von einem ERP-System in einer Dienstleistungsbranche wie der *Versicherungsindustrie* erwartet: Rückversicherungsmanagement (sowohl für Erstversicherer als auch für Rückversicherer), Schadenmanagement (Schadensabwicklungsprozesse), Steuerung des Außendiensts und Provisionsmanagement (Vergütungsplanung, Umsetzung einer Multichannel-Strategie, Leistungsanreize für Versicherungsmitarbeiter), Vermögensverwaltung (mithilfe einer zentralen Plattform für die Portfolioverwaltung), Rechnungslegung gemäß Multi-GAAP, Reporting-Framework für Analysen und Risikomanagement u. a.

Die vorstehenden Beispiele zeigen die Vielfalt der branchenspezifischen Anforderungen, denen sich die Anbieter von ERP-Systemen im Wettbewerb stellen müssen. Die „großen“ Hersteller bauen die Erweiterungen meist um ihr Kernsystem herum. Dagegen verfolgen viele „kleine“ Hersteller eher eine Nischenstrategie. Darauf wird im nächsten Abschnitt eingegangen.

6.5.3 Branchenlösungen „kleiner“ ERP-Anbieter

Eine sehr große Zahl von ERP-Systemen ist auf bestimmte Branchen spezialisiert. In dieser Einengung bieten die Systeme den Anwendern in der jeweiligen Branche häufig eine zielgenauere Unterstützung als „allgemeine“ (d. h. branchenunabhängige) ERP-Systeme, die um gewisse branchentypische Funktionalitäten ergänzt wurden.

Viele Nischenanbieter

Die hohe Zahl von ERP-Systemen auf dem Markt erklärt sich nicht zuletzt daraus, dass es viele unterschiedliche Branchen gibt (s. o.) und zahlreiche Nischenanbieter diese Branchen mit funktional eingeschränkten Systemen bedienen.

Bei branchenorientierten ERP-Systemen unterscheiden sich die funktionalen Schwerpunkte häufig von denen allgemeiner ERP-Systeme, da die Geschäftsprozesse in der Branche anders ausgestaltet sind. Manche Funktionen werden nur in der speziellen Branche und nicht in anderen Branchen benötigt.

Entscheidungen „aus dem Bauch“

In Klein- und Mittelbetrieben kommt hinzu, dass viele Entscheidungen nicht aufgrund von Daten, sondern „gefühlsmäßig“ (d. h. aufgrund von Erfahrung und subjektiver Einschätzung) getroffen werden und die operative Planung nicht explizit erfolgt. Beispielsweise wird in manchen Branchen auf eine detaillierte Durchlaufterminierung (vgl. Abschnitt 3.3.1) auf Basis von Arbeitsplänen verzichtet, entweder, weil es keine Arbeitspläne gibt, oder weil diese trivial sind.

Ein branchenspezifisches ERP-System: DIAS

Im Folgenden werden charakteristische Merkmale eines branchenorientierten ERP-Systems aufgezeigt. Als Beispiel dient *DIAS*, ein ERP-System vorwiegend für die Branchen Formen-, Modell- und Werkzeugbau (www.fidetis.de). In einem Teilsegment des Formenbaus – Stanzformenbau/Kartonagen – ist DIAS weitverbreitet.

Stanzformenbau

Die Branche der *Stanzformenbauer* für die *Kartonagenindustrie* ist dadurch gekennzeichnet, dass die Stücklisten sehr einfach sind und Arbeitsgänge selten detailliert spezifiziert werden. Vielmehr belässt man es bei einer groben Einteilung nach betrieblichen Abteilungen, die ein Auftrag durchläuft (z. B. Arbeitsvorbereitung, Programmierung, Laser, Werkzeugbau, Gummierung etc.). Ein Grund für den Verzicht auf Details liegt darin, dass die Durchlaufzeit eines Auftrags oft nur einen Tag und selten mehr als drei Tage beträgt.

Formen- und Modellbau

Im (allgemeinen) *Modell-*, *Formen-*, *Werkzeug-* und *Lehrenbau* sind die Verhältnisse oft wesentlich komplexer. Zum Beispiel ist eine Form zur Verformung von Fahrzeugteilen deutlich höherwertig und erfordert entsprechend aufwendigere Fertigungsprozesse.

Stanzformen

Stanzformen für Kartonagen sind schablonenartige Vorlagen, mit deren Hilfe vielfältige Kartonagen und Folien durch Stanzen hergestellt werden. Diese reichen von sehr einfachen Formen, wie Dichtungsringen, bis hin zu verästelten Strukturen. Beispiele sind Faltschachteln, Displays/Aufsteller und unterschiedlichste Arten von Folien. Meist gibt es ein Hauptmaterial (z. B. Bandstahl, aus dem die Schnittmesser der Form gefertigt werden) sowie ein Basismaterial (z. B. Holz- oder Kunststoffplatten, auf der die Schnittmesser angebracht werden).

„Bandstahlschnitt“

Fast alle Formen werden mithilfe von Bandstahl (auch „Linien“ genannt) hergestellt, der zu Schneidlinien (sog. „Messer“) oder Ritz- bzw. Rill-Linien auf einer Grundplatte verbaut wird. In Abb. 6.27 sieht man den Bandstahlschnitt in Form des senkrecht stehenden Bandstahls, der teilweise an den Seiten mit Gummis beklebt ist. Das Gummi drückt das gestanzte Material nach dem Stanzen wieder aus der Stanzform. Die Form in der Abbildung dient dazu, Kartonagen zu stanzen.

Abb. 6.27: Stanzform zur Herstellung von Kartonagen.

Da für eine Stanzform oft viele Meter an Bandstahl verarbeitet werden, bildet dieser meist den größten Materialkostenfaktor. Für die Auftragskalkulation und den Angebotspreis stellt die Größe „Bandstahlschnittpreis nach Metern“ deshalb ein häufig benutztes, vereinfachtes

Berechnungskriterium dar, das z. B. zum Vergleich von Angeboten herangezogen wird.

Datenstruktur Ressourcenliste

Aufgrund des Sachverhalts, dass es bei Stanzformen nur wenige Stücklistenpositionen gibt und die Hersteller Arbeitsgänge nicht differenziert führen, kommt in DIAS als wichtigste Datenstruktur eine vereinfachte *Ressourcenliste* (vgl. Abschnitt 3.2.4) zum Einsatz. In Abb. 6.28 ist diese im unteren Teil zu sehen. Der obere Teil zeigt die Produkte, die der Stanzformenhersteller herstellen kann.

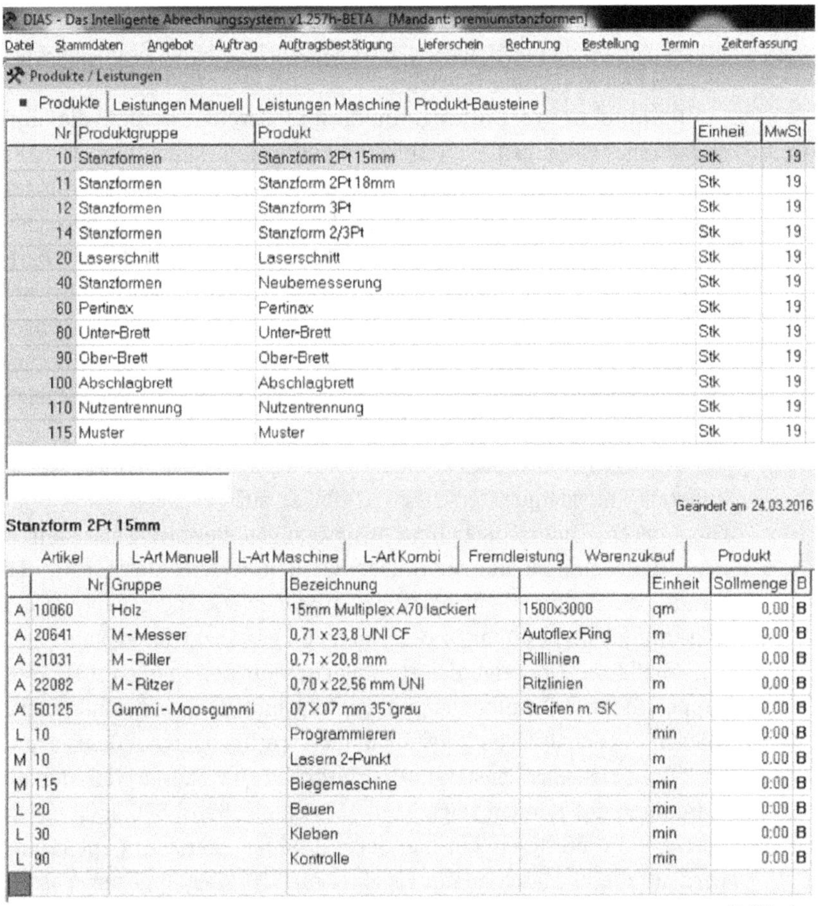

DIAS - Das Intelligente Abrechnungssystem v1.257h-BETA [Mandant: premiumstanzformen]

Datei Stammdaten Angebot Auftrag Auftragsbestätigung Lieferschein Rechnung Bestellung Termin Zeiterfassung

Produkte / Leistungen

Produkte | Leistungen Manuell | Leistungen Maschine | Produkt-Bausteine

Nr	Produktgruppe	Produkt	Einheit	MwSt
10	Stanzformen	Stanzform 2Pt 15mm	Stk	19
11	Stanzformen	Stanzform 2Pt 18mm	Stk	19
12	Stanzformen	Stanzform 3Pt	Stk	19
14	Stanzformen	Stanzform 2/3Pt	Stk	19
20	Laserschnitt	Laserschnitt	Stk	19
40	Stanzformen	Neubemesserung	Stk	19
60	Pertinax	Pertinax	Stk	19
80	Unter-Brett	Unter-Brett	Stk	19
90	Ober-Brett	Ober-Brett	Stk	19
100	Abschlagbrett	Abschlagbrett	Stk	19
110	Nutzentrennung	Nutzentrennung	Stk	19
115	Muster	Muster	Stk	19

Geändert am 24.03.2016

Stanzform 2Pt 15mm

Artikel | L-Art Manuell | L-Art Maschine | L-Art Kombi | Fremdleistung | Warenzukauf | Produkt

	Nr	Gruppe	Bezeichnung		Einheit	Sollmenge	B
A	10060	Holz	15mm Multiplex A70 lackiert	1500x3000	qm	0.00	B
A	20641	M-Messer	0,71 x 23,8 UNI CF	Autoflex Ring	m	0.00	B
A	21031	M-Riller	0,71 x 20,8 mm	Rilllinien	m	0.00	B
A	22082	M-Ritzer	0,70 x 22,56 mm UNI	Ritzlinien	m	0.00	B
A	50125	Gummi-Moosgummi	07 X 07 mm 35°grau	Streifen m. SK	m	0.00	B
L	10		Programmieren		min	0:00	B
M	10		Lasern 2-Punkt		m	0.00	B
M	115		Biegemaschine		min	0:00	B
L	20		Bauen		min	0:00	B
L	30		Kleben		min	0:00	B
L	90		Kontrolle		min	0:00	B

© fidetis

Abb. 6.28: Ressourcenliste für eine Stanzform.

Der untere Teil des Formulars gibt die Ressourcenliste für das ausgewählte Produkt („Stanzform 2Pt 15mm") wieder. An Material werden Holz, Messer, Riller, Ritzer und Gummi, jeweils nach bestimmten Spezifikationen, benötigt, z. B. Holz „15mm Multiplex A70 lackiert". Erforderliche Arbeitsgänge sind Programmieren der Form, Lasern, Biegen des Bandstahls (mit Biegemaschine), Bauen, Kleben und Kontrollieren.

Funktionalität von DIAS

Der Großteil der Funktionalität von DIAS ist entlang des Auftragsabwicklungsprozesses (vgl. Abschnitt 5.3.2) organisiert. Daneben werden Fertigungssteuerung, Rechnungserstellung und -verarbeitung, Beschaffung sowie Zeiterfassung unterstützt.

Die wichtigsten DIAS-Module sind: Stammdatenverwaltung, Angebots-, Auftrags-, Bestell-, Termin- und Rechnungswesen sowie Fertigungssteuerung und eine Reihe von Zusatzmodulen. Im Folgenden werden exemplarisch die Module Stammdaten-, Angebots- und Auftragsverwaltung sowie Fertigungssteuerung kurz skizziert, in denen Branchenspezifika am besten sichtbar werden.

Stammdatenverwaltung: In diesem Bereich werden die üblichen Stammdaten geführt: (End-) Produkte, Materialien (hier „Artikel" genannt), Kunden, Lieferanten, Personal, Arbeitsgänge u. a. Es fällt auf, dass Maschinen nicht dazu gehören. Der Grund hierfür ist, dass viele Stanzformenbauer im Wesentlichen nur eine (umkonfigurierbare) Maschine einsetzen, auf der alle Aufträge bearbeitet werden. Bei den Arbeitsgängen wird nach manuellen und maschinellen Leistungen unterschieden. Im unteren Teil der Abb. 6.28 sind diese mit „L" (manuelle Leistung) bzw. „M" (maschinelle Leistung) in Spalte 1 gekennzeichnet.

Wenngleich die Stammdaten oberflächlich nicht anders als in anderen Unternehmen erscheinen, gibt es auf der Detailebene branchentypische Unterschiede bzw. Ausprägungen. Beispielsweise kann in den Kundenstammdaten spezifiziert werden, welche Maschine(n) der Kunde besitzt und wie demzufolge ein Stanzwerkzeug gebaut werden muss, damit ein bestimmtes Material damit gestanzt werden kann.

Kundenspezifikationen

Abbildung 6.29 zeigt dies exemplarisch für den Kunden „STG Wellpappe", dessen Stammdaten im Hintergrund zu sehen sind. Durch Klicken der Schaltfläche „Spezifikationen" rechts oben auf dem Formular öffnet sich das Fenster im Vordergrund. Im oberen Teil, der die Maschinen des Kunden zeigt, ist die Maschine „Bobst SPO 1600" selektiert. Das im mittleren Teil markierte Produkt „Stanzform 2pt 15mm" wird auf dieser Maschine mittels einer für STG Wellpappe angepassten Ressourcenliste (im unteren Teil des Formulars zu sehen) hergestellt.

Kundenspezifische Ressourcenliste

Die kundenspezifische Ressourcenliste weicht von der Standardressourcenliste (vgl. Abb. 6.28) ab, da STG Wellpappe spezielle Messer („0,71 × 23,8 Top Duroflex ES Profil" statt „0,71 × 23,8 UNI CF") und Riller („0,71 × 23,3 mm Kopf 0,5 mm" statt „0,71 × 20,8 mm") verwendet.

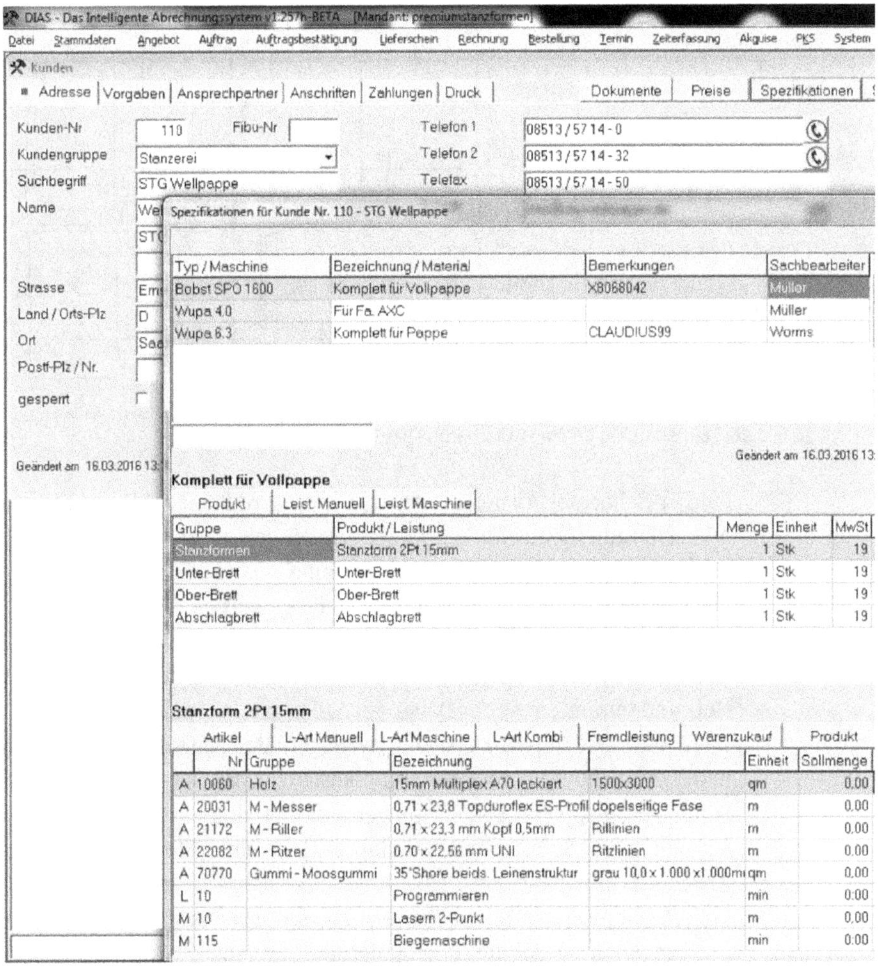

Abb. 6.29: Kunden-/maschinenspezifische Ressourcenliste.

Angebotsverwaltung: Im Rahmen des *Auftragsabwicklungsprozesses* wird zunächst die Angebotserstellung unterstützt. Die dem Kunden wichtigsten Fragen sind auch im Stanzformenbau: 1) Machbarkeit, 2) Preis und 3) Liefertermin.

ad 1): Die Frage, ob der Hersteller die vom Kunden gewünschte Stanzform fertigen kann, wird durch eine *Machbarkeitsprüfung* geklärt. Häufig liefert der Kunde die Spezifikation in einem Standardformat (CFF2, Common File Format, Version 2), das von CAD-Systemen interpretiert werden kann.

Machbarkeitsprüfung

Abbildung 6.30 zeigt ein Beispiel. Auf der linken Seite steht der CFF2-Code, der der grafischen Darstellung des zu stanzenden Produkts entspricht und als reiner Text (ASCII) gespeichert wird. Das Produkt ist

CFF2 (Common File Format, Version 2)

```
...
MAIN, Faltschachtel
LL, 0, 0
UR, 943,588
SCALE, 1, 1
C, 20box, 0, 49, 270, 1, 1
C, 20box, 230, 49, 270, 1, 1
C, 20box, 696, 49, 270, 1, 1
END

SUB, 20box
L, 2, 1, 0, -26, 0, 26, 0, 0, 0
...
L, 2, 90, 0, -48, 19, -27, 6, 0, 0
A, 2, 1, 0, 0, 78, 0, 78, 0, 93, 1 ,0, 0
END
$EOF
```

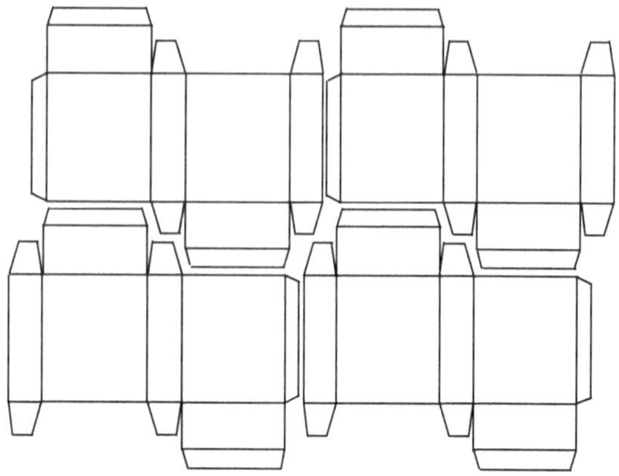

Abb. 6.30: Stanzkonturen für eine Faltschachtel [Hedler 2013, S. 55].

eine Faltschachtel. An den Linien der Grafik wird Bandstahl wie Schneid- oder Rill-Linien eingebaut. An den Außenlinien erfolgt der „Bandstahlschnitt“. Man erkennt, dass auch für eine relativ kleine Faltschachtel viele Meter Bandstahl (bzw. Messer) benötigt werden.

Angebotskalkulation

ad 2): Der *Angebotspreis* ergibt sich nach der Abschätzung der benötigten laufenden Meter Messer, Riller und Ritzer und der Quadratmeter Holz und Gummi sowie der Dauer der Arbeitsgänge (Spalte „Soll-Menge“). Das Mengengerüst wird mit den jeweiligen Materialkosten pro Mengeneinheit (Spalte „EK“) bzw. Fertigungskosten pro Minute multipliziert. Die Summe der in Spalte „Soll EK“ aufgeführten Produkte ergibt die Herstellkosten für die „Stanzform 2Pt 15mm“ in Höhe von 248,51 €. Die anderen Angebotspositionen (Unter-, Ober- und Abschlagbrett) werden analog kalkuliert. Die gesamten Herstellkosten belaufen sich dann auf 754,11 €.

Bandstahlschnitt-Meter

Die oben erwähnte Pauschalgröße „laufende Meter Bandstahlschnitt“, die manchen Kunden als Anhaltspunkt zur Beurteilung eines Angebots dient, ist in der linken unteren Ecke zu sehen. Insgesamt werden 12,40 m Messer, Riller und Ritzer verbaut. Der Preis pro Meter ist 27,57 €. Der Angebotspreis für alle Positionen einschließlich der Zuschläge beläuft sich auf 1.105,02 €.

Kundenwunschtermin

ad 3): Wie bereits im Kapitel Auftragsfertigung erwähnt, ist der *Terminwunsch des Kunden* in der Regel dominierend. Die Termine der durchzuführenden Arbeiten werden dann der Zeitspanne angepasst, die zwischen Auftragseingang und Kundenwunschtermin verbleibt. Auf eine detaillierte Terminierung wird im Stanzformenbau meist verzichtet. Dass dies problematisch ist, wurde bereits in Kapitel 4 diskutiert. Das Unternehmen kann sich Kapazitätsprobleme einhandeln, die es später nur mit erhöhten Kosten (z. B. Überstunden, Fremdvergabe, Konventionalstrafen) oder gar nicht bewältigen kann.

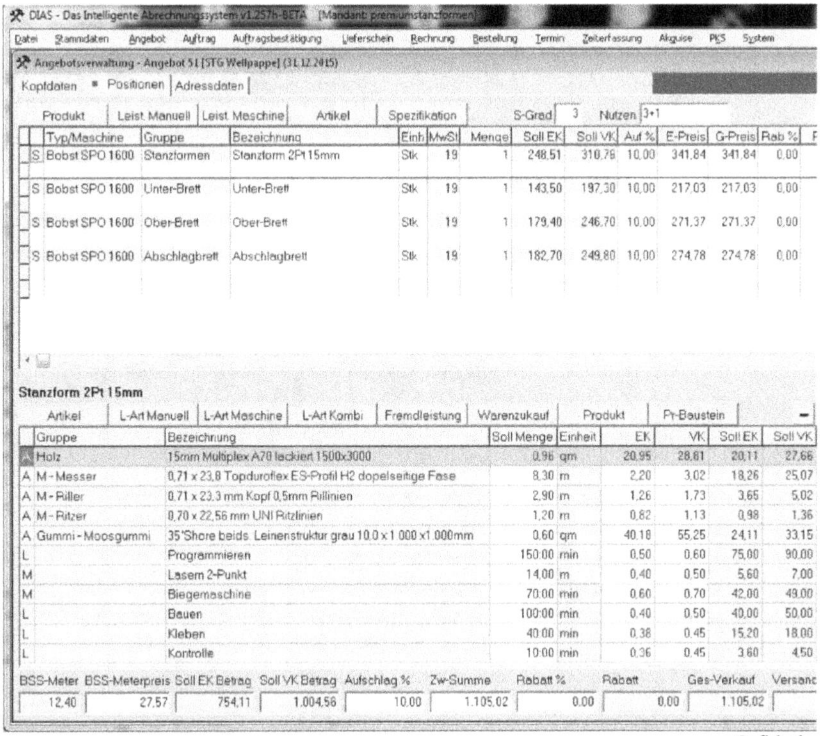

Abb. 6.31: Angebotskalkulation in DIAS.

Auftragsverwaltung: Nachdem der Kundenauftrag eingegangen ist, wird ein interner Auftrag angelegt. Dies ist im Formenbau nicht anders als in anderen Branchen und wurde bereits in Abschnitt 6.3.2 beschrieben. Da die meisten Datenelemente bereits im Angebot enthalten waren, werden sie automatisch in den Auftrag übernommen.

Auftragsbestätigung ohne detaillierte Terminierung

In der *Auftragsbestätigung* werden dem Kunden die wichtigsten Eckdaten bestätigt: Preis, Liefertermin sowie Liefer- und Zahlungsbedingungen. Da im Stanzformenbau die Auftragsdurchlaufzeiten im Bereich von einem bis maximal drei Tagen liegen und sowohl der Auftragswert als auch die Zahl der Arbeitsgänge niedrig ist, wird auf eine exakte Terminierung im Sinne einer Durchlaufterminierung (vgl. Abschnitt 3.3.1) meist verzichtet.

Bei höherwertigen Aufträgen, wie sie im (allgemeinen) Formen- und Modellbau anzutreffen sind, steigt die Bedeutung einer adäquaten Terminierung. Beispielsweise wurden für die „Kontrolllehre ZB Verkl A-Säule" in Abb. 6.32 (Kontrolllehre für eine PKW-Säule) immerhin Herstellkosten von 7.885,95 € (Summe der Spalte „Soll EK") kalkuliert. Trotzdem wird eine exakte Feinterminierung in den mittelständischen Unternehmen der Branche relativ selten praktiziert.

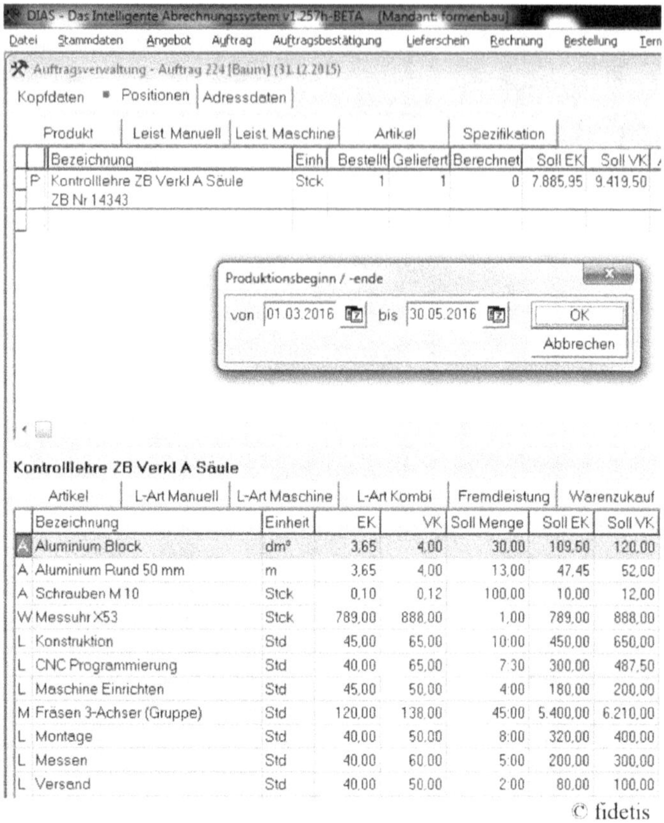

Abb. 6.32: Auftragspositionen und -kalkulation in DIAS.

DIAS bietet mit Blick auf die Branchengepflogenheiten zwei Optionen für die Terminierung an: Entweder der Arbeitsvorbereiter trägt die Termine der wichtigsten Meilensteine manuell ein oder es wird eine prozentuale Aufteilung der Zeitspanne zwischen Auftragseingang und Kundenwunschtermin auf Projektphasen automatisiert vorgenommen. Welche Phasen dies sind, kann das Unternehmen festlegen. Typisch für den Formenbau sind etwa die Phasen:

(1) Konstruktion (CAD)
(2) Freigabe der Konstruktion durch den Kunden
(3) CNC-Programmierung
(4) Zerspanung
(5) Abnahme durch den Kunden
(6) Lieferung

Grobterminierung mit prozentualer Zeitverteilung auf Phasen

In das eingeblendete Dialogfenster in Abb. 6.32 gibt der Arbeitsvorbereiter die Ecktermine ein: Produktionsstart und -ende (= Liefertermin). DIAS verteilt dann die Projektphasen entsprechend der definierten prozentualen Verteilung und gibt als Ergebnis die Termine der Meilensteine im rechten Teil des Auftragsfensters aus. (Aufgrund der begrenzten Satzspiegelbreite des Buchs wird das Teilformular in einer eigenen Abb. 6.33 wiedergegeben.)

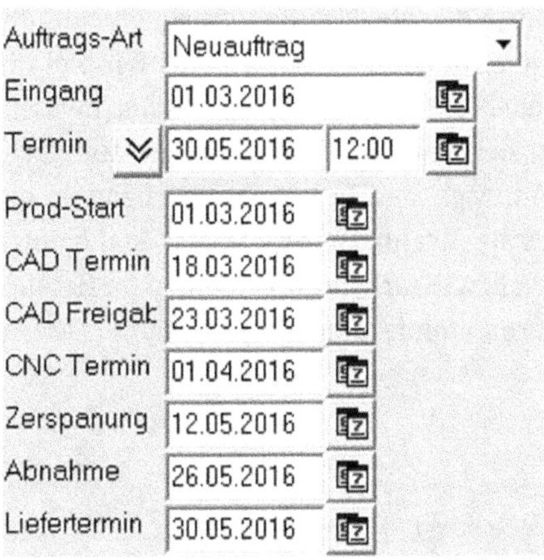

Abb. 6.33: Grobterminierung nach Projektphasen der Auftragsabwicklung.

Welcher Anteil der verfügbaren Zeit bis zum Meilenstein (Ende der Phase) verbraucht sein darf, wurde zuvor in den Systemeinstellungen im Rahmen des Customizing (vgl. Abschnitt 7.3) definiert. Dem Beispiel in Abb. 6.31 liegt eine Zeitverteilung wie folgt zugrunde:

Zeitanteil	Meilenstein
20 %	Konstruktion (CAD)
25 %	CAD-Freigabe
35 %	CNC-Programmierung
80 %	Zerspanung
95 %	Kundenabnahme
100 %	Liefertermin

Fertigungssteuerung: Die Produktionsprozesse werden in vielen Unternehmen des Stanzformenbaus ohne explizite Feinplanung und Steuerung durchgeführt. Dies gilt umso mehr, je kleiner das Unternehmen ist. Die erforderliche Expertise ist meist in den Köpfen der Fertigungsleiter,

Meister oder Vorarbeiter verankert, ohne dass es explizit in einem computergestützten System abgebildet wird.

Wichtig ist nichtsdestoweniger, dass die mit der Fertigungssteuerung betrauten Entscheider stets einen aktuellen Überblick über den Auftragsstand haben. Das bedeutet insbesondere, dass eine Transparenz bezüglich der zur Fertigung anstehenden Aufträge, des Arbeitsfortschritts und des Workflows (Weitergabe des Auftrags an den nächsten Bearbeitungsschritt) herrschen muss.

Spezifische Auftragsübersichten

DIAS unterstützt den Informationsbedarf hauptsächlich mithilfe spezifischer Auftragsübersichten. Abbildung 6.34 zeigt als Beispiel die Kundenaufträge, die im Zeitraum 20. bis 22.12. fertiggestellt sein müssen. Im rechten Teil der Abbildung sieht man den Bearbeitungsstand, farblich unterschieden. Manche Aufträge sind bereits in Bearbeitung, bei anderen muss entschieden werden, wann und in welcher Reihenfolge sie gefertigt werden. Die Phasen bzw. Bearbeitungsstationen im Herstellungsprozess sind hier CAD-Programmierung (Konstruktion), Lasern, Biegen, Kleben und Versand.

Termine bis: 22.12.15

Produkt-Termin	Auftrags-Nr	Kunde	Produkt-Bezeichnung	Fortschritt	verbleibend	Produkt-Leistungen
20.12.15 - 12:00	1103	STG Wellpappe	Multiplex-Stanzform 18mm	38 %	0:30	CAD LASR BIEG KLEB VERS
20.12.15 - 12:00	1103	STG Wellpappe	Unter-Brett	30 %	0:20	CAD LASR BIEG
20.12.15 - 12:00	1103	STG Wellpappe	Ober-Brett	25 %	0:30	CAD LASR BIEG KLEB
20.12.15 - 12:00	1103	STG Wellpappe	Abschlagbrett	45 %	0:10	CAD LASR
20.12.15 - 12:00	1105	FW Kartonagen	Stanzform 18mm	2.5 %	3:15	CAD LASR BIEG KLEB VERS
20.12.15 - 12:00	1105	FW Kartonagen	Unter-Brett	0 %	0:50	CAD LASR BIEG
20.12.15 - 12:00	1105	FW Kartonagen	Ober-Brett	0 %	0:40	CAD LASR BIEG KLEB
20.12.15 - 12:00	1105	FW Kartonagen	Abschlagbrett	0 %	0:30	CAD LASR
21.12.15 - 12:00	1104	Pai Verpackung	Bandstahlschnitte 2Pt 15mm	0 %	0:50	CAD LASR BIEG KLEB VERS
21.12.15 - 12:00	1107	STG Wellpappe	Abschlagbrett	0 %	-	CAD LASR
21.12.15 - 12:00	1107	STG Wellpappe	Präge-Stanzform	0 %	0:50	CAD LASR BIEG KLEB VERS
21.12.15 - 12:00	1107	STG Wellpappe	Unter-Brett	0 %	0:40	CAD LASR BIEG
21.12.15 - 12:00	1107	STG Wellpappe	Ober-Brett	0 %	-	CAD LASR BIEG KLEB
22.12.15 - 12:00	1109	Pai Verpackung	Abschlagbrett	0 %	-	CAD LASR
22.12.15 - 12:00	1109	Pai Verpackung	Stanzform 2Pt 15mm	0 %	0:50	CAD LASR BIEG KLEB VERS
22.12.15 - 12:00	1109	Pai Verpackung	Unter-Brett	0 %	0:40	CAD LASR BIEG
22.12.15 - 12:00	1109	Pai Verpackung	Ober-Brett	0 %	-	CAD LASR BIEG KLEB

Abb. 6.34: Auftragsliste für die Fertigungssteuerung.

Für die einzelnen Bearbeitungsstationen werden ähnliche Übersichten erstellt. Der Bearbeiter sieht dann genau, welche Aufträge er zu bearbeiten hat. Wenn der Auftrag die Station durchlaufen hat, wird er dem Workflow entsprechend virtuell an die nächste Station weitergegeben.

Wie bereits bei den mit SAP ERP unterstützten Geschäftsprozessen in Abschnitt 6.3 gezeigt, findet der nächste Bearbeiter den Auftrag unmittelbar in seiner Übersicht offener Aufträge wieder.

Abbildung 6.35 verdeutlicht dies am Beispiel der Auftragsliste für die Station (CAD-) Programmierung. Vier Teilaufträge zum Auftrag 1103 sind zurzeit in Bearbeitung (vgl. oberer Teil der Abbildung), während die im unteren Teil aufgeführten Teilaufträge noch auf eine Erledigung warten. Wenn der Programmierer einen Teilauftrag abgeschlossen hat, geht dieser automatisch an den nächsten Bearbeiter weiter.

Anton Schrauber — Programmieren (Programmierung)

Laufende Aufträge

Auftrags-Nr	Kunde	Typ/Maschine	Produkt-Bezeichnung	Produkt-Termin	Ist Menge	Bearbeiter	Fortschritt
1103	STG Wellpappe	Wupa 4.0	Multiplex-Stanzform 18mm	20.12.15 - 12:00	57:00	Andi Möller	87,7 %
1103	STG Wellpappe	Wupa 4.0	Unter-Brett	20.12.15 - 12:00	22:00	Peter Packer	22 %
1103	STG Wellpappe	Wupa 4.0	Abschlagbrett	20.12.15 - 12:00	16:00	Anton Schrauber	16 %
1105	FW Kartonagen	Wupa 4.0	Ober-Brett	20.12.15 - 12:00	16:00	Adam Schröder	20 %

Verfügbare Aufträge

Auftrags-Nr	Kunde	Typ/Maschine	Produkt-Bezeichnung	Produkt-Termin	Ist Menge	letzter Bearbeiter	Fortschritt
1105	FW Kartonagen	Wupa 4.0	Stanzform 18mm	20.12.15 - 12:00	5:00	Peter Worms	25 %
1105	FW Kartonagen	Wupa 4.0	Unter-Brett	20.12.15 - 12:00	0:00		0 %
1105	FW Kartonagen	Wupa 4.0	Abschlagbrett	20.12.15 - 12:00	0:00		0 %
1104	Pai Verpackung	Wupa 4.0	Bandstahlschnitte 2Pt 15mm	21.12.15 - 12:00	0:00		0 %
1107	STG Wellpappe	Wupa 4.0	Präge-Stanzform	21.12.15 - 12:00	0:00		0 %
1107	STG Wellpappe	Wupa 4.0	Unter-Brett	21.12.15 - 12:00	0:00		0 %
1107	STG Wellpappe	Wupa 4.0	Ober-Brett	21.12.15 - 12:00	0:00		0 %
1107	STG Wellpappe	Wupa 4.0	Abschlagbrett	21.12.15 - 12:00	0:00		0 %
1109	Pai Verpackung	Wupa 4.0	Stanzform 2Pt 15mm	22.12.15 - 12:00	0:00		0 %
1109	Pai Verpackung	Wupa 4.0	Unter-Brett	22.12.15 - 12:00	0:00		0 %
1109	Pai Verpackung	Wupa 4.0	Ober-Brett	22.12.15 - 12:00	0:00		0 %
1109	Pai Verpackung	Wupa 4.0	Abschlagbrett	22.12.15 - 12:00	0:00		0 %

Abb. 6.35: Auftragsliste für CAD-Programmierung.

Im Beispiel wird der Teilauftrag für das Produkt „Multiplex-Stanzform 18mm“ rückgemeldet (vgl. Abbildung 6.36). Der Bearbeiter an der nächsten Bearbeitungsstation (Laser) findet den Teilauftrag „Multiplex-Stanzform 18mm“ nun in seiner Auftragsliste, sobald er diese öffnet (vgl. Abb. 6.37).

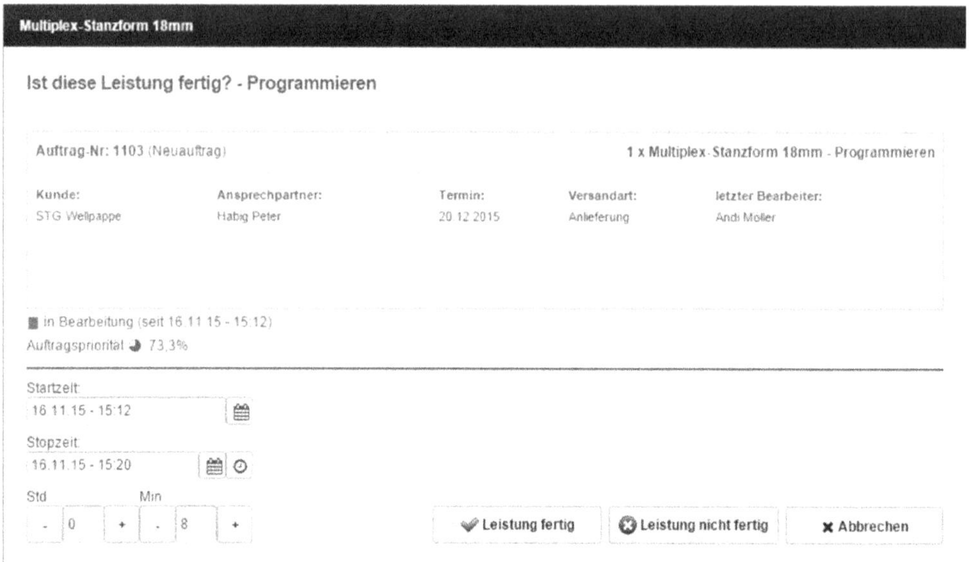

© fidetis

Abb. 6.36: Fertigmeldung CAD-Programmierung.

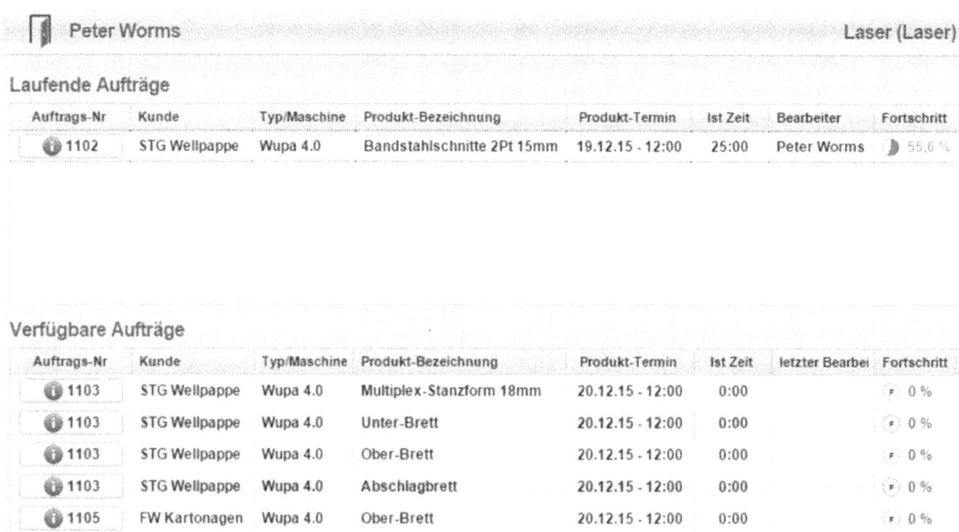

© fidetis

Abb. 6.37: Auftragsliste für Laser.

Kalkulation

Für Auftragsfertiger, die nach Kundenwunsch produzieren, ist eine gute Vorkalkulation äußerst wichtig. Darauf wurde bereits mehrfach hingewiesen. Eine Auftragsfertigung ist in vielen Branchen und Marktnischen dominierend. Deshalb ist die Unterstützung der Kalkulation, insbesondere der Vorkalkulation, bei branchenorientierten ERP-Systemen häufig besonders ausgeprägt. Die spezifischen Gegebenheiten der Branche sind von Branche zu Branche unterschiedlich, sodass auch die bei der Kalkulation zu berücksichtigenden Faktoren sich unterscheiden.

Bei vielen Auftragsfertigern, vor allem bei einer Einmalfertigung, kommt hinzu, dass vor der Auftragsdurchführung ein Großteil der relevanten Stammdaten noch nicht vorhanden ist. Damit fehlt die Grundlage für eine Kalkulation wie in Abschnitt 3.6. Für die Angebotsabgabe ist aber eine zumindest grobe Kalkulation des Kundenwunschs unabdingbar.

Viele kleinere ERP-Systeme tragen diesem Sachverhalt Rechnung, indem sie mehrere Kalkulationsformen anbieten, die sich im Genauigkeitsgrad unterscheiden.

Im Folgenden wird der Grundgedanke am Beispiel des ERP-Systems *Segoni.PPMS* erläutert [Segoni o. J.]. Dieses auf die Werkzeug- und Formenbaubranche spezialisierte System zeichnet sich durch eine differenzierte Funktionalität für die Kalkulation aus. Unterstützt werden: Segoni.PPMS

a) Grobkalkulation
b) Feinkalkulation
c) Mitlaufende Kalkulation
d) Nachkalkulation

ad a): Bei der *Grobkalkulation* behilft man sich mit groben Annahmen über die Produktionsschritte, Materialien und ggf. Fremdleistungen. Ziel ist, zu einer Kundenanfrage realistische Aussagen bzgl. des Preises und des Liefertermins machen zu können. Auch wenn noch keine Konstruktionszeichnungen und Arbeitspläne vorliegen, wird das gewünschte Teil doch nicht völlig aus dem Produktspektrum des Unternehmens fallen. Das heißt, der Vertriebsmitarbeiter besitzt i. d. R. gewisse Vorstellungen darüber, Grobkalkulation

- welche Abteilungen bzw. Arbeitsbereiche der Auftrag durchlaufen wird (z. B. Konstruktion/CAD, CAM-Programmierung, Arbeitsvorbereitung, Fräsen, Erodieren, Montage, Qualitätsprüfung).
- welchen Arbeitsaufwand er dort voraussichtlich verursachen und wie lange es dauern wird.

- ob eventuell Fremdleistungen in Anspruch genommen werden müssen (d. h. Arbeitsschritte, die an Spezialfirmen ausgelagert werden).
- was das benötigte Material ungefähr kosten dürfte.

Kostensätze sind in der Datenbank gespeichert

Für diese Kostenarten sind in der Datenbank Kostensätze gespeichert (z. B. Maschinenstundensätze, Personalkostensätze, Pauschalen für Materialien und Fremdleistungen), die zur Berechnung der jeweiligen Teilsummen herangezogen werden. Das heißt, der Vertriebsmitarbeiter gibt seine Schätzungen (z. B. Anzahl der Stunden für das Fräsen) in das System ein, das daraufhin die Kosten selbst berechnet.

Grobe Terminrechnung

Eine grobe *Terminrechnung* wird auf der Grundlage der vom Vertriebsmitarbeiter geschätzten Verweildauern (in Wochen) des Auftrags in den einzelnen Abteilungen angefertigt. Der voraussichtliche Fertigstellungstermin ergibt sich dann durch Summierung der Verweildauern. Dem Kunden kann nun ein vorläufiger Liefertermin genannt werden.

Die Einheit, in der der Zeitaufwand pro Arbeitsbereich bei der Grobkalkulation gemessen wird, sind Stunden. Die daraus ermittelten Durchlaufzeiten werden dann in Wochen angezeigt.

Kalkulationsbeispiel

Die Abbs. 6.38 ff. veranschaulichen die Vorgehensweise bei der Grobkalkulation an einem Beispiel. Aus Gründen der Lesbarkeit werden die beiden Hauptteile der Abbildung in zwei weiteren Abbildungen vergrößert dargestellt.

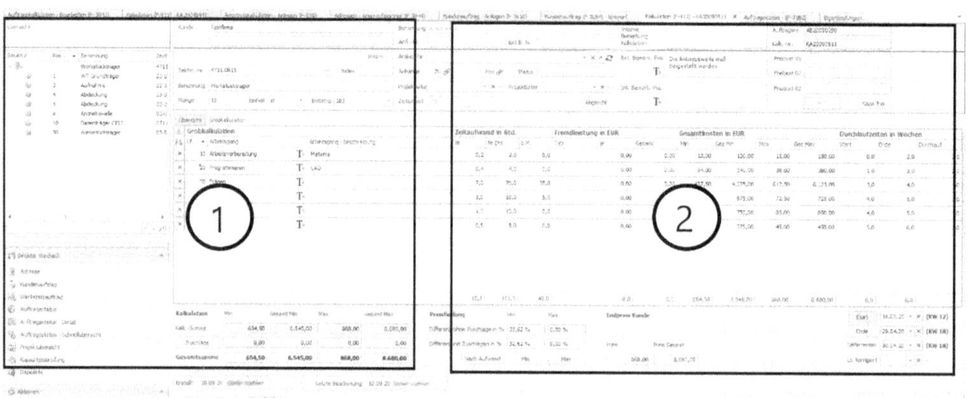

Abb. 6.38: Bildschirmmaske für eine Grobkalkulation in Segoni.PPMS.

Der zu kalkulierende Auftrag bzw. die Kundenanfrage bezieht sich auf 10 Werkstückträger, die jeweils aus 7 Baugruppen/Einzelteilen bestehen. Diese Struktur ist in Abb. 6.39 links oben zu sehen.

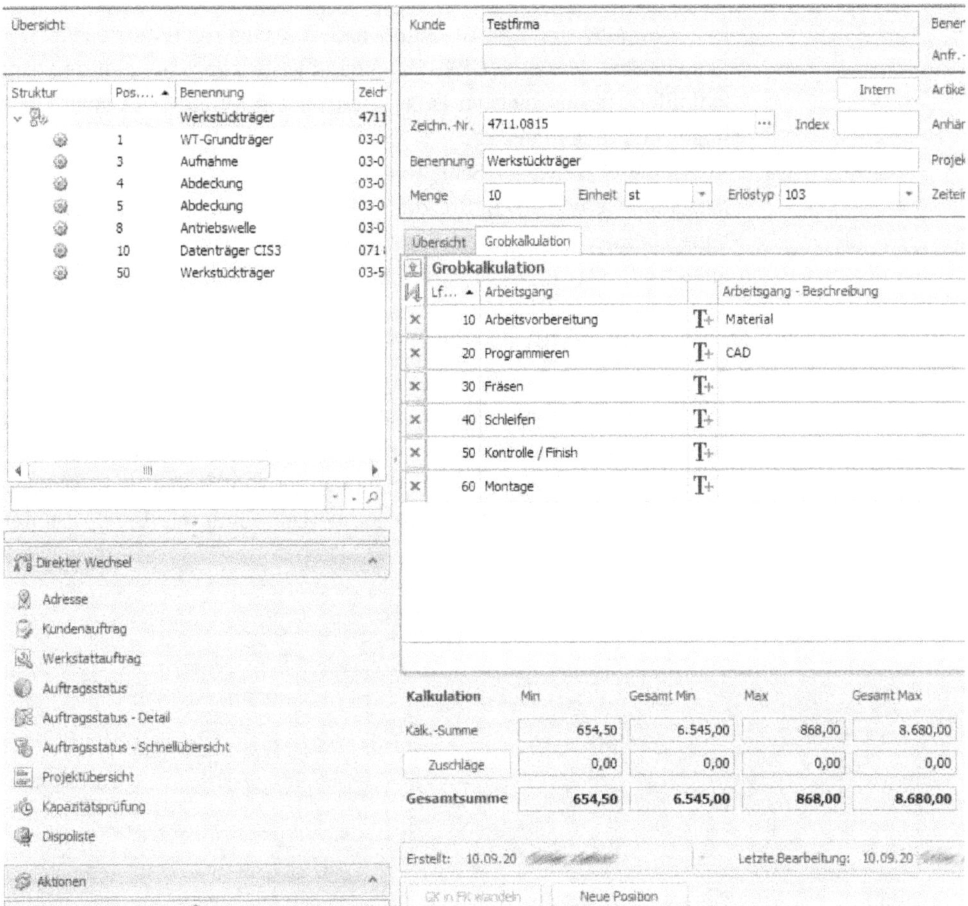

Abb. 6.39: Ausschnitt ① aus der Grobkalkulationsmaske (Segoni.PPMS).

Aufgrund seiner Fachkenntnis und Erfahrung geht der Vertriebsmitarbeiter davon aus, dass für den Auftrag voraussichtlich die Fertigungsbereiche (bzw. Arbeitsgänge) Arbeitsvorbereitung, Programmieren, Fräsen, Schleifen, Kontrolle/Finish und Montage durchlaufen werden. Insgesamt schätzt er grob für:

- Arbeitsvorbereitung 2 Std. (0,2 Std. pro Stück)
- Programmieren 4 Std. (0,4 Std. pro Stück)
- Fräsen 70 Std. (7,0 Std. pro Stück)
- Schleifen 10 Std. (1,0 Std. pro Stück)
- Kontrolle/Finish 10 Std. (1,0 Std. pro Stück)
- Montage 5 Std. (0,5 Std. pro Stück)

In der Summe sind dies 101 Stunden. Sie werden mit unterschiedlichen Kostensätzen, die in der ERP-Datenbank gespeichert sind, automatisch kalkuliert. In den meisten Fällen sind sowohl Mindest- als auch Maximalkostensätze hinterlegt.

„Mannlose“ Zeiten

Beim Fräsen und Schleifen nimmt der Disponent an, dass die Maschinen etwa die Hälfte der Zeit ohne einen Maschinenbediener laufen können („o.M.“, d. h. „ohne Mann“). Offensichtlich sind die Kosten dann niedriger, als wenn eine volle Arbeitskraft zu 100 % ihrer Zeit die Maschine bedienen muss.

Kalkulierte Gesamtkosten

Die *Gesamtkosten* pro Fertigungsbereich oder Arbeitsgang sind in Abb. 6.39 unten zu sehen. In der Summe ergeben sich 6.545,00 € (bei Anwendung der Minimalkostensätze) oder 8.680,00 € (bei Anwendung der Maximalkostensätze). Im Beispiel entscheidet sich der Disponent dafür, dem Kundenangebot erst einmal den vom System vorgeschlagenen Maximalwert zugrunde zu legen (vgl. „Endpreis Kunde“, unten sichtbar in Abb. 6.40).

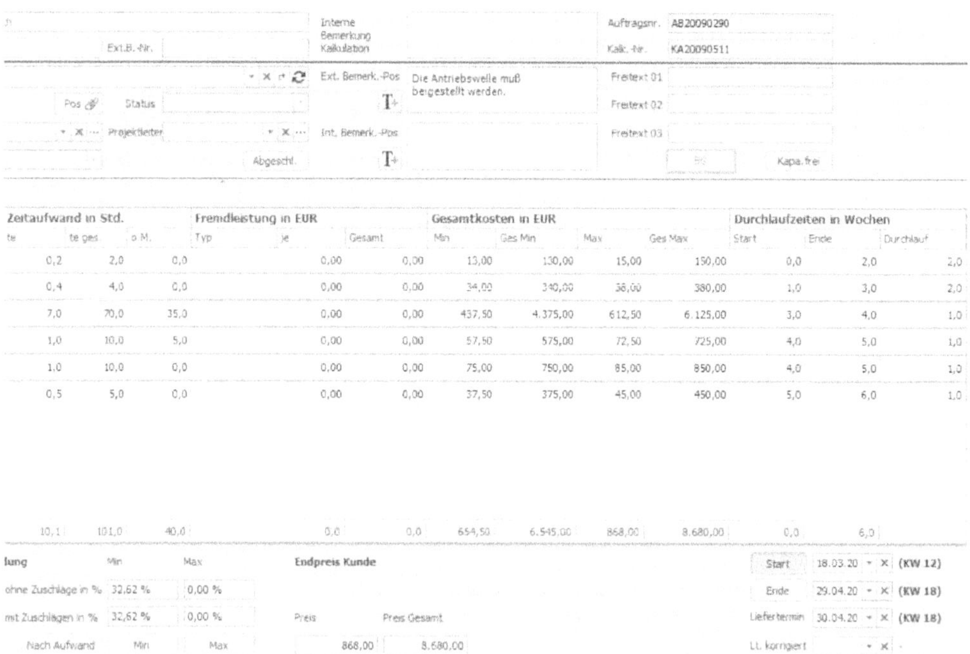

Abb. 6.40: Ausschnitt ② aus der Grobkalkulationsmaske (Segoni.PPMS).

Kalkulierte Durchlaufzeit

Aus den obigen Zeitannahmen errechnet das System dann automatisch eine grobe *Durchlaufzeit* in Wochen (vgl. rechter Teil der Abb. 6.40). Schleifen und Kontrolle überlappen sich, Arbeitsvorbereitung und Programmieren ebenfalls; deshalb beträgt die effektive Durchlaufzeit nur ca. 6 Wochen. Wenn der Auftrag am 18. März beginnt, könnte er ab dem 30. April ausgeliefert werden.

Angebotspreis und Liefertermin

Der Vertriebsmitarbeiter ist nun in der Lage, dem Kunden ein realistisches Angebot zu machen. Sowohl der Angebotspreis als auch der Liefertermin sind besser abgesichert, als es bei einer bloßen „Über-den-Daumen"-Schätzung der Fall wäre. Trotzdem muss der Vertriebsmitarbeiter die automatisch berechneten Werte nicht unbedingt übernehmen. Er kann sie auch anpassen, z. B. den Liefertermin sicherheitshalber etwas hinausschieben (oder bei einem starken Kundendruck vorziehen). Der von Hand gesetzte Liefertermin würde im Feld „Lt. korrigiert" eingetragen.

Feinkalkulation

ad b): Eine *Feinkalkulation* wird durchgeführt, wenn die Annahmen der Grobkalkulation hinreichend verfeinert und präzisiert werden können. Sie unterscheidet sich von der Grobkalkulation unter anderem dadurch, dass der Zeitaufwand jetzt in Minuten und die Durchlaufzeit in Tagen angegeben werden.

Basis: Arbeitsgänge

Bei der Feinkalkulation werden die einzelnen Bestandteile des vom Kunden gewünschten Produkts genauer betrachtet. Für jede Position werden nun die erforderlichen *Arbeitsgänge* mit ihren Bearbeitungszeiten spezifiziert. Dazu müssen in der Regel die Konstruktionszeichnungen der Teile zur Verfügung stehen. Auf Basis der Arbeitsgänge können eine genauere Terminrechnung und Präzisierung des Liefertermins erfolgen.

Auch die Materialien werden jetzt differenziert betrachtet. Statt Materialpauschalen wie in der Grobkalkulation berücksichtigt man z. B. Materialeigenschaften mit den entsprechenden Preisen sowie ggf. auch Sonderformen wie Staffelpreise.

Kalkulation einer Position

Die Abb. 6.41 ff. verdeutlichen die Vorgehensweise bei der Feinkalkulation am Beispiel des Werkstückträgers, der oben grob kalkuliert wurde. Nun werden alle sieben Bestandteile des Werkstückträgers im Detail betrachtet. Die Kalkulation für Position 1 („WT-Grundträger"), basierend auf der Zeichnung „03-057105.80.07-101", ist in Abb. 6.42 zu sehen. Aus Gründen der Lesbarkeit werden wieder zwei Abbildungsteile herausgezogen und vergrößert.

Fremdarbeit

Neben den bereits in der Grobkalkulation berücksichtigten Arbeitsgängen „Fräsen" und „Kontrolle/Finish" wurde bei der Detailbetrachtung erkannt, dass auch noch „Beschichten" erforderlich ist. Dieses kann nicht im Unternehmen erfolgen, sondern muss an einen Dienstleister vergeben werden. Deshalb gibt es nun einen Arbeitsgang für die Fremdleistung, „Nach Zeichnung beschichten" (hier konkret „Vernickeln"), für welchen 300,00 € (30,00 € pro Stück) anzusetzen sind (vgl. Abb. 6.43). Bei der Berechnung der Gesamtkosten kommen diese 300,00 € hinzu.

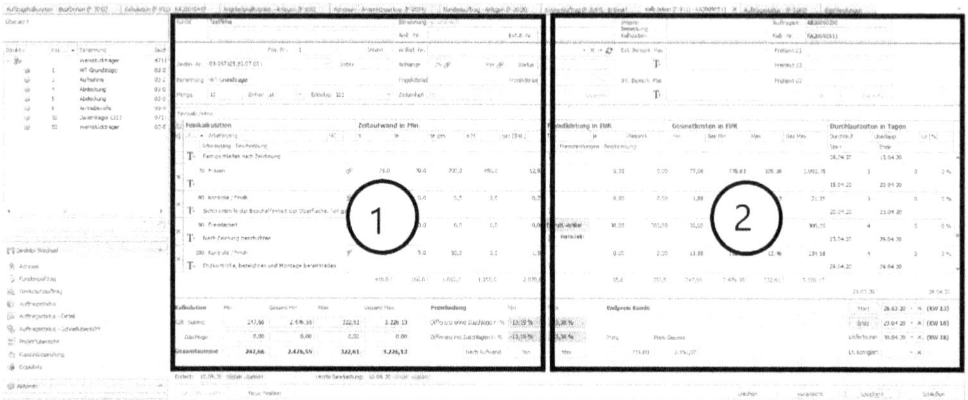

Abb. 6.41: Bildschirmmaske für die Feinkalkulation in Segoni.PPMS.

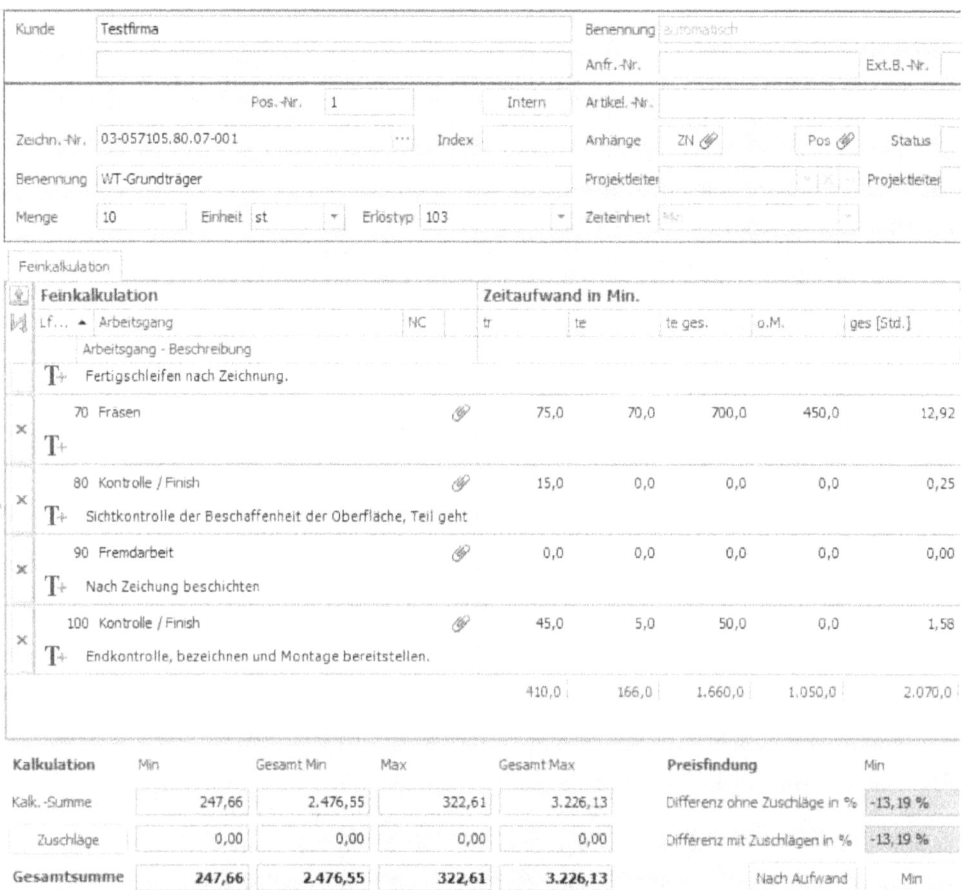

Abb. 6.42: Ausschnitt ① aus der Feinkalkulationsmaske (Segoni.PPMS).

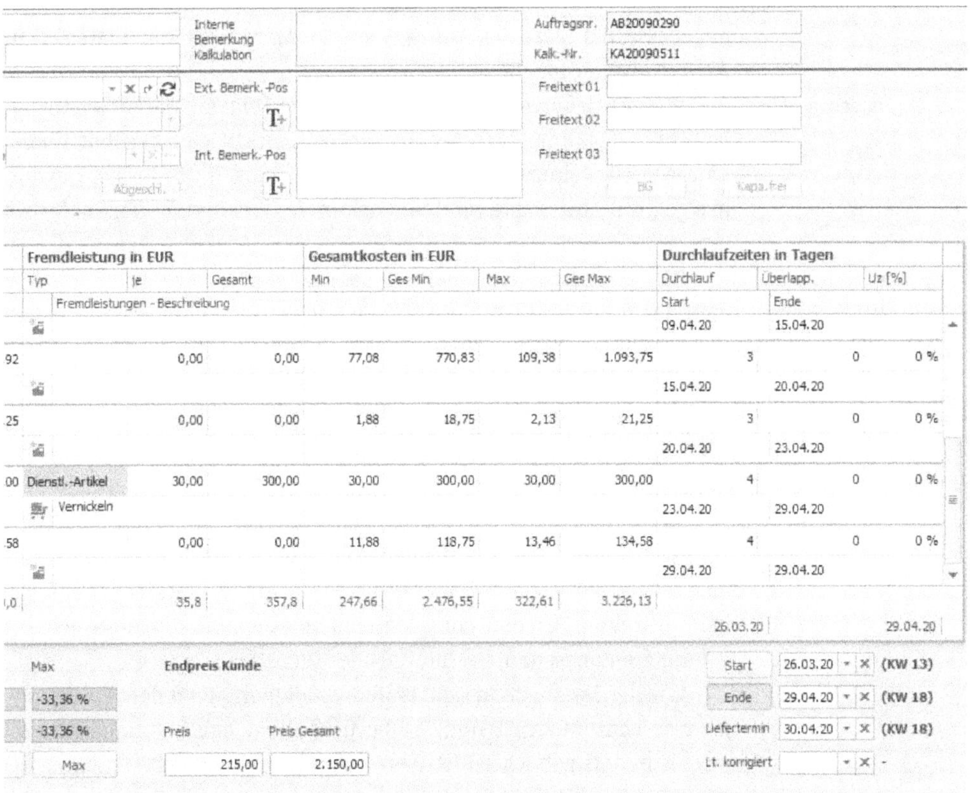

Abb. 6.43: Ausschnitt ② aus der Feinkalkulationsmaske (Segoni.PPMS).

Gegenüber der Grobkalkulation sind beim Fräsen jetzt auch Rüstkosten angesetzt (Spalte „tr"), und die Laufzeit ohne Maschinenbediener („o.M.") beträgt bei einer genauen Betrachtung deutlich mehr als die Hälfte, nämlich 450 von 700 Stunden. Rüstkosten

Die feinkalkulierten Gesamtkosten für den WT-Grundträger betragen 2.476,55 € (minimal) bzw. 3.226,13 € (maximal). Dies ist unten in Abb. 6.42 zu sehen. Nach Einschätzung des Fertigungsdisponenten sind beide Beträge zu hoch bzw. dem Kunden nicht vermittelbar. Er setzt deshalb den an den Kunden zu verrechnenden Preis auf 2.150,00 € (vgl. Abb. 6.43 unten) und nimmt in Kauf, dass dieser um 13,19 % bzw. 33,36 % unter den vom System berechneten Kosten liegt.

Die Termine und Durchlaufzeit wurden auf Basis der vorliegenden Daten neu berechnet (rechter Teil der Abb. 6.43). Für den WT-Grundträger beträgt die Durchlaufzeit 21 Tage. Wenn der erste Arbeitsgang am 9. April beginnt, wäre der Träger am 29. April fertig. Auch die Durchlaufzeit des vom Kunden gewünschten Produkts „Werkstückträger" wurde Durchlaufzeit angepasst. Bei Start des Auftrags am 26. März wäre der Liefertermin 30. April weiter möglich.

Kundenangebot

Wie die Grobkalkulation kann auch die Feinkalkulation als Grundlage für ein automatisiertes *Angebot* dienen. In das Angebot fließen häufig noch weitere Faktoren ein, wie Zuschläge (z. B. Risiko, Gewinnmarge), die Anpassung an den Marktpreis, Verkürzung der Lieferfrist u. a.

Zentrale Rolle der Feinkalkulation

Die Feinkalkulation spielt bei Segoni.PPMS eine zentrale Rolle. Sie dient nicht nur als Grundlage für die Angebotserstellung, sondern auch für das Anlegen von Kunden- und Fertigungsaufträgen (bei Segoni „Werkstattaufträge“ genannt) und das Erzeugen diverser Dokumente (z. B. Arbeitspläne, Bedarfsanforderungen für den Einkauf). Für die Fortschrittskontrolle, die mitlaufende Kalkulation und die Nachkalkulation ist sie der entscheidende Bezugspunkt.

Mitlaufende Kalkulation

ad c): Mitlaufende Kalkulation bedeutet, dass die im Zuge des Fertigungsprozesses bereits aufgelaufenen Ist-Werte bei der Kalkulation angesetzt werden. Dabei handelt es sich z. B. um die tatsächlichen Bearbeitungszeiten, Personal- und Maschinenkosten, um Eingangsrechnungen für fremdbeschafftes Material oder Dienstleistungen etc.

Wie der Name schon sagt, läuft die Kalkulation mit dem Fertigungsprozess kontinuierlich mit. Sie berücksichtigt dabei automatisch die jeweils bereits gebuchten Ist-Werte. Durch eine Gegenüberstellung der aktuellen mit der Grob- oder Feinkalkulation sieht die Fertigungs-, Vertriebs- oder Geschäftsleitung, ob der Auftrag sich im geplanten Kostenrahmen entwickelt.

Nachkalkulation

ad d): Der Zweck der *Nachkalkulation* ist es zu erkennen, welche tatsächlichen Kosten der abgeschlossene Auftrag gegenüber der Vorkalkulation verursacht und ob das Unternehmen mit dem Auftrag Gewinn oder Verlust gemacht hat. Wenn es größere Abweichungen gibt, wird man zukünftig vielleicht höhere Zuschläge für die Unsicherheit beim Schätzen in Erwägung ziehen.

In Segoni.PPMS erhält man die Nachkalkulation, indem man die mitlaufende Kalkulation bis zum Abschluss des Fertigungsauftrags fortführt.

Unterschiede zwischen Auftrags- und Serien- bzw. Massenfertigung

Das Beispiel der Kalkulationsunterstützung in Segoni.PPMS zeigt auch deutlich die Unterschiede zwischen der Vorgehensweise eines Auftragsfertigers und der eines Serien- oder Massenfertigers (vgl. Abschnitt 3.6). Während im letzteren Fall mit stabilen Stücklisten und Arbeitsplänen und damit „sicheren“ Bearbeitungszeiten und Materialeinsatzmengen kalkuliert werden kann, muss das auftragsorientierte Unternehmen sich auf der Basis von Annahmen und unsicheren Daten schrittweise den tatsächlichen Kosten annähern.

7 Einführung und Technologie eines ERP-Systems

7.1 Vorbemerkungen

Die Einführung eines ERP-Systems in einem Unternehmen ist ein komplexes Unterfangen. Dafür sind mehrere Gründe ausschlaggebend.

Organisatorische Vorarbeiten

Zum einen setzt die Einführung umfangreiche *organisatorische Vorarbeiten* voraus. Wenn das ERP-System beispielsweise die Geschäftsprozesse des Unternehmens effektiv unterstützen soll, dann müssen diese Prozesse vorher explizit definiert werden. Da ein ERP-System, wie in Abschnitt 5.2 erläutert wurde, von bestimmten Organisationsstrukturen ausgeht, muss die konkrete Unternehmensorganisation auf die generischen Organisationseinheiten des ERP-Systems abgebildet werden. Zahlreiche weitere Fragen dieser Art sind zu beantworten und umzusetzen.

Anpassung der „Standardsoftware"

Zum anderen sind *Anpassungen des Systems* erforderlich. Wenngleich ein ERP-System als „Standardsoftware" bezeichnet wird, handelt es sich doch keineswegs um einen „Standard", der genauso wie vom Softwarehersteller vorgesehen eingeführt wird. Das Gegenteil ist der Fall. Jedes Unternehmen hat andere Anforderungen, die der Hersteller der Standardsoftware natürlich nicht in allen Einzelheiten vorhersehen kann. Deshalb passt der „Standard" in der Regel nicht genau auf das konkrete Anwenderunternehmen und muss abgeändert werden.

Wie umfangreich die Aufgaben bei der Systemeinführung sind, lässt sich an den Geschäftszahlen typischer ERP-Anbieter ermessen. Häufig macht der reine Softwareumsatz (Lizenzen etc.) nur einen kleineren Teil des Geschäfts aus. Der größere Teil des Umsatzes wird mit Beratungsleistungen (Service und Support) erzielt, die überwiegend Einführungs- und Anpassungsaufgaben beinhalten.

ERP-Einführung ist ein Beratungsgeschäft

Daneben gibt es eine ganze Consulting-Branche, die ERP-Einführungsprojekte abwickelt oder beratend begleitet. Insbesondere im SAP-Umfeld ist eine große Zahl von Unternehmen und Beratern anzutreffen, die Anwenderunternehmen bei der Systemeinführung unterstützen.

Dies ist nicht verwunderlich, da für die Einführung eines ERP-Systems ein umfassendes Fachwissen auf allen Ebenen – Prozesse, Funktionen, Daten, Technik – benötigt wird. Das einzelne Unternehmen, das einmal in 10 oder 20 Jahren ein ERP-System einführt, hat dieses Wissen i. d. R. nicht im eigenen Haus. Deshalb ist es auf externe Unterstützung

https://doi.org/10.1515/9783111589688-007

von Fachleuten angewiesen, deren tagtägliches Geschäft es ist, mit den organisatorischen und technischen Problemen der Systemeinführung umzugehen.

Unternehmen begibt sich in Abhängigkeit von Beratern

Ein *Nachtteil* dieser Vorgehensweise soll nicht unerwähnt bleiben. Das Unternehmen begibt sich in die Abhängigkeit von Unternehmensberatern, deren Ziele nicht identisch mit den Zielen des Unternehmens sind. Wu und Cao zitieren einen Informationsmanager mit der Aussage, Berater seien primär daran interessiert, ein Einführungsprojekt schnell auf ihre Weise abzuschließen, das Unternehmen dagegen, die bestmögliche Lösung zu erhalten. Welche Alternativen es gibt, wisse das Unternehmen aber gar nicht, da es nur die von den Beratern gewählte Variante kenne [Wu 2009, S. 50].

7.2 Einführungsprozess

7.2.1 Einführungsmethodik

Bei der Einführung eines ERP-Systems sind zahlreiche Faktoren und unterschiedliche Gesichtspunkte zu berücksichtigen. Die Gefahr, dass ein Aspekt vergessen oder nicht optimal umgesetzt wird, ist erheblich. Deshalb empfehlen nicht nur Berater, sondern auch die Hersteller von ERP-Systemen, eine Einführungsmethodik zu verwenden, die sich in anderen Einführungsprojekten (d. h. bei anderen Unternehmen) bereits bewährt hat.

Einführungsmethodik

Wie kommt ein Unternehmen, das ein neues ERP-System einführen will, zu einer solchen Methodik? Im Wesentlichen können drei Wege unterschieden werden:

(1) Das Unternehmen *hat* eine Einführungsmethodik, die es möglicherweise selbst entwickelt, im Zeitablauf verbessert und bei der Einführung anderer Softwaresysteme bereits angewendet hat.
(2) Das Unternehmen zieht für die Einführung den *Hersteller* des ERP-Systems zurate, der über eine Einführungsmethodik verfügt und diese anwendet.
(3) Das Unternehmen zieht ein externes *Beratungsunternehmen* heran, das entweder einer eigenen, auf Erfahrungen bei der ERP-Einführung basierenden Methodik folgt oder die Einführungsmethodik des ERP-Herstellers anwendet.

Der erste Fall ist eher bei Großunternehmen anzutreffen, die häufiger unternehmensweit eine neue Software einführen und die alte ersetzen. Dennoch birgt diese Vorgehensweise Risiken. Ein ERP-System ist vom

Umfang und den Implikationen für die gesamte Organisation her mit anderen Anwendungssystemen kaum zu vergleichen. Eine Einführungsmethodik, die bei anderen, überschaubaren Systemen gut funktioniert hat, mag bei einem ERP-System dennoch versagen.

Extern entwickelte Einführungsmethodik

Typische Einführungsprojekte sind durch den zweiten oder dritten Weg gekennzeichnet. Große Beratungsfirmen haben teilweise ihre eigenen Vorgehensweisen, während die Hersteller von ERP-Systemen und viele Beratungsfirmen die vom ERP-Hersteller empfohlene Einführungsmethodik anwenden.

Werkzeugunterstützung

Aufgrund der Vielschichtigkeit des Einführungsprozesses besteht bei jeder Methodik die Gefahr, dass ein Aspekt vergessen oder nicht rechtzeitig berücksichtigt wird. Deshalb wird eine Einführungsmethodik heute meist durch *Softwarewerkzeuge* unterstützt. Dies bedeutet, dass der Anwender teilweise durch den Einführungsprozess geleitet und an kritische Aufgaben erinnert wird.

Vorgehensmodelle

Begrifflich kann man die einer Einführungsmethodik zugrundeliegende Ablaufstruktur auch als *Vorgehensmodell* auffassen. Ein Vorgehensmodell im Software Engineering beschreibt eine nach Phasen gegliederte, strukturierte Vorgehensweise, die beispielsweise bei der Entwicklung von Anwendungssystemen eingeschlagen wird. Alternative Vorgehensmodelle orientieren sich an agilen Ansätzen der Softwareentwicklung wie SCRUM [Gronau 2016].

7.2.2 ASAP – ein herstellerspezifisches Vorgehensmodell

Accelerated SAP (ASAP)

Im Folgenden wird beispielhaft die von SAP für die ERP-Einführung entwickelte ASAP-Methodik erläutert. *ASAP* steht für *Accelerated SAP*, d. h. beschleunigte SAP (-Einführung), soll aber natürlich auch die englische Abkürzung für „as soon as possible“ assoziieren. ASAP definiert nicht nur ein Vorgehensmodell, sondern schließt einen Werkzeugkasten mit computergestützten Werkzeugen und zahlreiche weitere Hilfsmittel mit ein.

ASAP wurde von SAP in den 1990er-Jahren unter Einbezug von Erfahrungen und Erkenntnissen entwickelt, die Kunden, Berater und SAP selbst bei der Einführung von R/3-Systemen gemacht hatten. Einführungsprojekte dauerten oft unverhältnismäßig lange und verursachten hohe Kosten oder schlugen gar völlig fehl. Dies war nicht nur für die betroffenen Unternehmen schlecht, sondern auch für SAP sehr nachteilig, da sich potenzielle Neukunden von dem zu erwartenden Aufwand abschrecken ließen.

ASAP war lange Zeit das von SAP bevorzugte Vorgehensmodell für die ERP-Einführung. Es wurde ab 1997 weltweit angeboten und wird teilweise immer noch genutzt, nicht nur für die Einführung von SAP ERP, sondern auch anderer SAP-Systeme wie SCM, CRM, SRM und PLM. 2016 veröffentlichte SAP mit *SAP Activate* eine neue Einführungsmethodik, die sich an agilen Vorgehensweisen orientierte [Denecken 2022].

ASAP Roadmap

Eine bekannte Darstellung des Vorgehensmodells ist die sog. *ASAP Roadmap*, die die fünf Phasen des Modells visuell auf einer Landkarte positioniert (vgl. Abb. 7.1). Die Roadmap beschreibt einen Referenzablauf, der von der Projektvorbereitung über die Gestaltung der Geschäftsprozesse, technische Fragestellungen, das Testen und Schulungen bis hin zum produktiven Betrieb reicht.

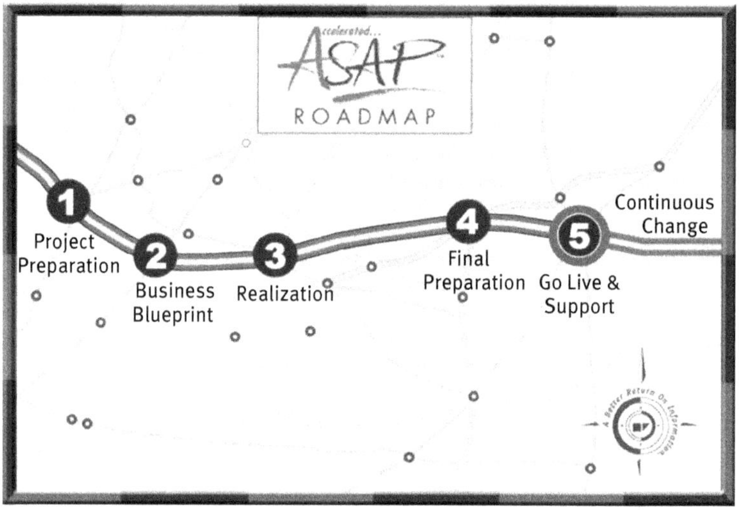

© SAP AG

Abb. 7.1: ASAP Roadmap.

(Teil-) Projekte

Jede der Phasen wird durch konkrete Vorgaben für die Planung der Phase (im Sinne einer Teilprojektplanung) und das Projektmanagement innerhalb der Phasen begleitet. Dazu werden Projektmanagementhilfsmittel im MS-Project-Format bereitgestellt. Alle Aktivitäten innerhalb der Phasen werden mithilfe eines automatisierten Leitfadens unterstützt und überwacht.

Die fünf Phasen der ASAP Roadmap – Projektvorbereitung, Business Blueprint, Realisierung, Produktionsvorbereitung, Go Live & Support – sollen nachfolgend kurz skizziert werden.

Phase 1: Projektvorbereitung (Project Preparation)

Planung und Vorbereitung des Einführungsprojekts

Die erste Phase umfasst die Planung und Vorbereitung des gesamten Einführungsprojekts. Dazu gehören ein Projektplan (Zeit-, Kosten-, Ressourcenplan), die Projektorganisation und die Zusammenstellung des Projektteams. Das Projektteam wird aus internen und externen Personen zusammengesetzt, die unterschiedliche Sichten und Interessen einbringen: Vertreter der Geschäftsführung, der Fachabteilungen (bzw. Geschäftsprozesse), Berater, technisches Personal, Qualitätssicherer u. a.

Change Management

Da anlässlich der Einführung eines ERP-Systems häufig auch organisatorische Veränderungen im Unternehmen und an den Schnittstellen nach außen (Kunden, Lieferanten, Banken u. a.) vorgenommen werden, muss das Änderungsmanagement („Change Management") geplant und an alle Betroffenen kommuniziert werden. Die Geschäftspartner des Unternehmens werden interessiert sein zu erfahren, dass ihre Interaktion mit dem Unternehmen auch während des Umstellungsprozesses ungestört weiterläuft [Murray 2009, S. 333].

Messgrößen

Aus betriebswirtschaftlicher Sicht ist es wichtig, die Maßgrößen zu definieren, mit denen der Erfolg oder Misserfolg des Projekts gemessen werden kann [Murray 2009, S. 333]. Von der Einführung eines ERP-Systems verspricht man sich i. d. R. Verbesserungen gegenüber dem vorherigen Zustand. Beispiele sind niedrigere Lagerbestände, eine geringere Kapitalbindung im Umlaufkapital, kürzere Auftragsdurchlaufzeiten oder weniger Außenstände. Über die gewünschten Verbesserungen und die zu messenden Indikatoren muss in der Phase „Projektvorbereitung" ein Einvernehmen erzielt werden.

Projektauftrag

Wesentliche Gesichtspunkte des Projekts werden in einem *Projektauftrag* festgehalten. Die Entscheidungsträger legen hier die Projektziele, den Projektumfang („Scope"), die Einführungsstrategie (z. B. inkrementell, parallel, „Big Bang"), die Datenübernahmestrategie (d. h. die Übernahme der bisher genutzten Datenbestände in das ERP-System) und die Vorgehensweise zur Entscheidungsfindung fest. Ebenso werden in dieser Phase die technischen Anforderungen definiert und in einen Grobentwurf der Systemlandschaft überführt.

Unter „Systemlandschaft" werden vor allem die unterschiedlichen Installationen des ERP-Systems verstanden, die in der Einführungsphase und später in der Betriebsphase genutzt werden sollen. In der Regel sind es mindestens drei Installationen, wie auch Abb. 7.2 zeigt:

Systemlandschaft

a) *Produktivsystem* (für den operativen Betrieb des ERP-Systems nach der Einführung),
b) *Test-* oder *Qualitätssicherungssystem* (für das Test-Team)
c) *Entwicklungssystem* (für unternehmensindividuelle Einstellungen, Erweiterungen und Änderungen der Software)

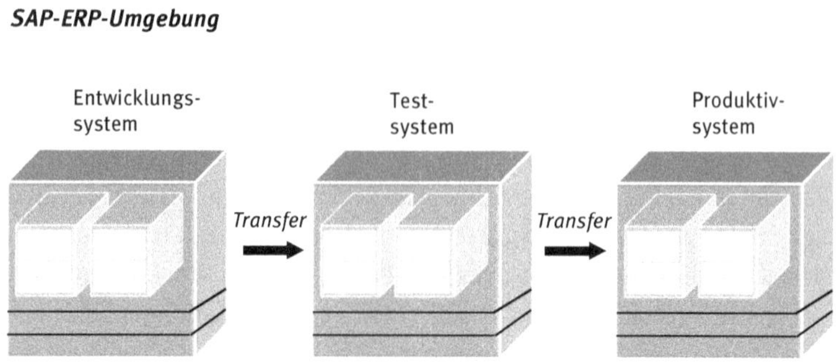

Abb. 7.2: Systemlandschaft mit drei Installationen.

Im Zuge eines Einführungsprojekts wird zunächst das Entwicklungssystem genutzt. Wenn das System so weit konfiguriert ist, dass es funktional den Anforderungen entspricht, erfolgt der Übergang zum Testsystem. Nach einem erfolgreichen Abschluss der Tests wird die getestete Installation als Produktivsystem übernommen und nun mit den operativen Daten gefahren. (In der SAP-Terminologie wird die Übernahme als „Transport" bezeichnet.)

Über diese drei Systemvarianten hinaus kann es zweckmäßig sein, weitere dedizierte Installationen für spezielle Aufgaben zu betreiben, damit der operative Betrieb nicht behindert wird. Beispiele sind etwa ein gesondertes *Schulungssystem* (für Benutzerschulungen) oder ein *Customizing-System* für Anpassungsarbeiten (vgl. Abschnitt 7.3.2).

Projekt-Kickoff

Im Rahmen der ersten Phase erfolgt auch der „Projekt-Kickoff", d. h. der offizielle Projektstart im Unternehmen. Während zuvor hauptsächlich Berater und ausgewählte Mitarbeiter die Aktivitäten durchführten, wird mit dem Kickoff signalisiert, dass das Projekt jetzt mit voller Kraft losgeht.

Qualitätsprüfung

Die Phase „Projektvorbereitung" wird wie alle Phasen mit einer *Qualitätsprüfung* abgeschlossen, um sicherzustellen, dass die einzelnen Aufgaben durchgeführt wurden und keine unerwünschten Nebenwirkungen auftreten.

Phase 2: Business Blueprint

Entwurf des zu installierenden ERP-Systems

In der zweiten Phase wird der sog. *Business Blueprint* erstellt. Dabei handelt es sich um Entwurfsdokumente, die in der dritten Phase (Realisierung) als Vorlage für die Umsetzung im ERP-System dienen. Der Blueprint kann somit als abstrakte Beschreibung des zukünftigen ERP-Systems verstanden werden.

Business Blueprint = Soll-Konzept

Für den Business Blueprint sind Analyse- und Entwurfsarbeiten erforderlich. Anders als bei Phasenmodellen im Software Engineering wird jedoch keine explizite Ist-Analyse durchgeführt bzw. dokumentiert, sondern es wird gewissermaßen gleich das Soll-Konzept entwickelt. Dazu werden die in der ersten Phase im Projektauftrag grob beschriebenen Anforderungen verfeinert. Es wird überprüft, ob die Anforderungen mit den Funktionalitäten von SAP ERP abgedeckt werden können. Anforderungen, bei denen dies nicht der Fall ist, werden identifiziert. Sie müssen gesondert diskutiert und ggf. durch Individualentwicklungen außerhalb des ERP-Systems abgedeckt werden.

Regelmäßige Treffen und Workshops

Die Phase „Business Blueprint" ist durch regelmäßige Treffen des Projektteams und Workshops gekennzeichnet. In den Workshops werden die Anforderungen unter der vorrangigen Mitwirkung von erfahrenen Beratern und in die Geschäftsprozesse involvierten Mitarbeitern herausgearbeitet.

SAP-Referenzmodell

Ein Großteil der Aktivitäten in dieser Phase erstreckt sich auf die Definition und Dokumentation der Geschäftsprozesse. SAP stellt zusammen mit der ERP-Software ein *Referenzmodell* zur Verfügung, das die typischen Geschäftsprozesse und die vorhandenen Systemfunktionen enthält. Das Referenzmodell beschreibt die in SAP ERP verfügbaren Funktionen mit Bezug zu den Geschäftsprozessen, in denen die Funktionen verwendet werden. Die Notation, in der die Geschäftsprozesse grafisch dargestellt werden, sind *ereignisgesteuerte Prozessketten (EPKs)*, die bereits in Kapitel 5 und 6 benutzt wurden.

Teilmodelle des Referenzmodells

Das Referenzmodell umfasst neben den Prozessen auch andere Bestandteile, die in weiteren *(Teil-) Modellen* repräsentiert werden. Seine Bestandteile sind:
- Prozessmodell (Ablauf der Geschäftsvorgänge)
- Datenmodell (bzw. Objektmodell; Daten bzw. Objekte und ihre Beziehungen)
- Komponentenmodell (Hierarchie der Systemfunktionen)
- Organisationsmodell (Aufbauorganisation, Beziehungen zwischen Organisationseinheiten)
- Interaktionsmodell (Kommunikation zwischen den Beteiligten)

Die Entity-Typen des Datenmodells (bzw. Objekttypen des Objektmodells) werden in die EPKs als *Informationsobjekte* aufgenommen. Dies war bereits in den Abbildungen in Abschnitt 6.3 zu sehen. Auch die für die Durchführung der Aktivitäten jeweils verantwortlichen *Organisationseinheiten* (Abteilung, Gruppe, Person etc.) werden in den EPKs des

Referenzmodells angegeben. In der EPK-Notation sind dafür spezielle Symbole vorgesehen.

Ereignisgesteuerte Prozesskette ergänzt um Organisationseinheiten

Abbildung 7.3 zeigt als Beispiel die ereignisgesteuerte Prozesskette für den Beschaffungsprozess, die bereits in Abschnitt 5.3 und 6.3 erläutert wurde, ergänzt um die zuständigen Organisationseinheiten. Die Aktivität „Bestellanforderung erzeugen" wird beispielsweise von der Lagerverwaltung durchgeführt, die Aktivität „Bezugsquelle ermitteln" vom Einkauf.

Weitere Arbeitspakete beim Business Blueprint

Die Phase „Business Blueprint" umfasst neben der Geschäftsprozessdefinition eine Reihe weiterer *Arbeitspakete* wie:

- Schulung des Projektteams im Hinblick auf die Aufgaben in der Business-Blueprint-Phase
- Weiterentwicklung der Systemlandschaft (u. a. Verteilung der Systemfunktionalität im Netzwerk, Installation eines Entwicklungssystems für die Projektmitarbeiter, Konfigurierung des Einführungsleitfadens)
- Definition der Aufbauorganisation mit dem Ziel, diese in der nächsten Phase in die Organisationsstrukturen von SAP ERP abbilden zu können
- Definition von Datenschnittstellen mit anderen Anwendungssystemen, die auch nach der ERP-Einführung weiterbetrieben werden sollen
- Spezifikation von Programmen für die Datenübernahme und -konversion aus Vorläufersystemen (d. h. aus Altsystemen bzw. Anwendungssystemen, die nicht weiterbetrieben werden)
- Qualitätsprüfung am Ende der Phase; sie bezieht sich auf die angefertigten Business-Blueprint-Dokumente sowie die Angemessenheit der Entwurfsentscheidungen, der Annahmen über Mengengerüste, der Auswahl der Systeminstallationen (welche, wie viele) und der geplanten Nutzung bestimmter Systemfunktionen

Phase 3: Realisierung (Realization)

Umsetzung des Business Blueprint

In der Realisierungsphase werden die im Business Blueprint dokumentierten Anforderungen und Entwurfsentscheidungen umgesetzt – das heißt, a) eine auf das Unternehmen zugeschnittene Version der Standardsoftware wird konfiguriert und b) ggf. um nicht von der Standardsoftware abgedeckte Funktionen erweitert.

Customizing

Die Realisierung ist eine sehr umfangreiche Phase, die den Hauptteil des Aufwands bei einem Einführungsprojekt verursacht. Insbesondere findet in dieser Phase das sog. *Customizing* statt, in dem alle für das Unternehmen relevanten Einstellungen der Software vorgenommen

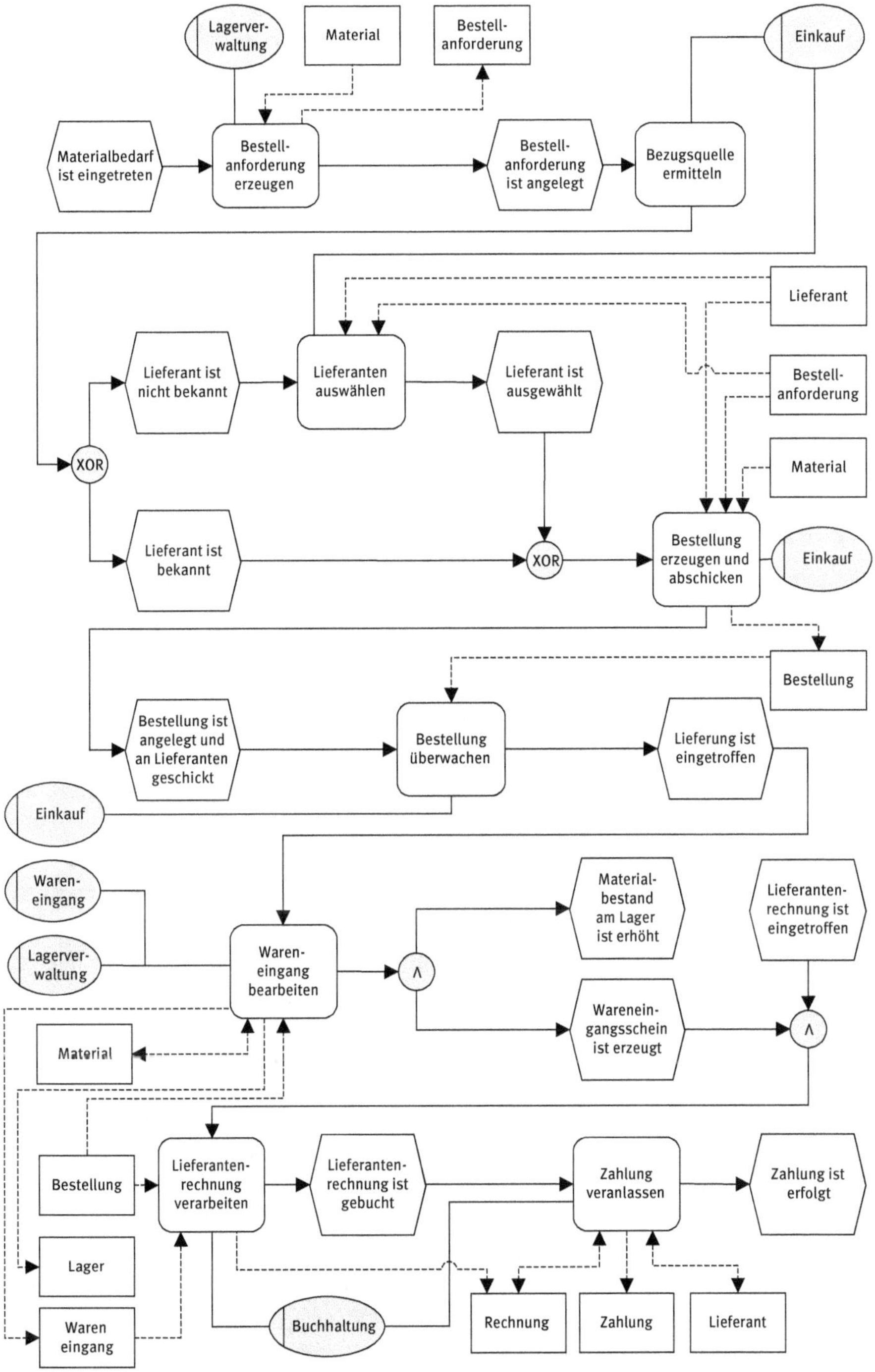

Abb. 7.3: EPK mit Funktionen, Ereignissen, Daten und Bearbeitern (Beschaffungsprozess).

werden. Das Customizing wird unten (vgl. Abschnitt 7.3) im Detail erläutert.

Arbeitspakete

Darüber hinaus sind in der ASAP Roadmap eine Reihe weiterer Arbeitspakete für die Realisierungsphase vorgesehen, die nur kurz aufgezählt werden sollen:

- Schulung des Projektteams im Hinblick auf die Aufgaben in der Realisierungsphase
- Globale Einstellungen, Abbildung der Unternehmensorganisation im Softwaresystem wie im Business Blueprint spezifiziert
- Entwicklung der Datenkonvertierungs- und Schnittstellenprogramme sowie der individuellen Systemerweiterungen, Berichte und Formulare
- Baseline-Konfiguration (d. h. Konfigurierung eines Systems, das die Geschäftsprozesse, Funktionen und Daten abbildet und etwa 80 % der Anforderungen abdeckt), Test und Abnahme dieser Konfiguration
- Detail-Konfiguration (Konfigurierung eines Systems, das alle Anforderungen abdeckt), Test und Abnahme dieser Konfiguration
- Erarbeiten des Berechtigungskonzepts („wer darf was?"), basierend auf der Definition von Rollen, dafür benötigten Funktionalitäten und Berechtigungsprofilen
- Entwurf und Umsetzung eines Archivierungsverfahrens für nicht mehr benötigte Daten, die aufbewahrt werden müssen (z. B. aufgrund gesetzlicher Vorschriften)
- Abschließende Tests zur Vorbereitung des Produktivbetriebs
- Festlegung und Vorbereitung der zu erstellenden Benutzerdokumentation und Schulungsunterlagen
- Qualitätsprüfung im Hinblick auf die Erreichung der Ziele der Realisierungsphase und der Gesamtprojektziele

Phase 4: Produktionsvorbereitung

Die Aufgaben in der Phase der Produktionsvorbereitung haben das Ziel, den produktiven Betrieb auf der Basis eines funktionierenden Produktivsystems zu ermöglichen. Das heißt, mit Abschluss der Phase soll das Unternehmen in der Lage sein, das installierte ERP-System unmittelbar für das Tagesgeschäft zu nutzen.

„Cut Over"

Der sog. *Cut Over*, d. h. der Wechsel vom Vorläufersystem bzw. vom vorherigen Zustand auf das neue ERP-System, muss sorgfältig vorbereitet werden.

Arbeitspakete

Zu diesem Zweck wird die *Systemadministration* (Systemmanagement) etabliert, deren Aufgabe es ist, die technische Verfügbarkeit des

ERP-Systems sicherzustellen. Es werden die letzten *Tests* durchgeführt (insbesondere hinsichtlich nichtfunktionaler Anforderungen wie Recovery-, Last- und Sicherungstests), die *Daten* aus den Vorläufersystemen übernommen und ggf. konvertiert sowie die Schnittstellenprogramme zur Datenversorgung von und zu anderen Anwendungssystemen hin in Gang gesetzt. Bei der Datenübernahme treten erfahrungsgemäß Fehler auf, deren Korrektur zeitaufwendig sein kann.

Benutzerschulung

Ein wesentlicher Punkt der Phase §Produktionsvorbereitung§ ist die *Schulung der Benutzer*. Dazu müssen zunächst die in der Phase 3 spezifizierten Unterlagen angefertigt und dann die Schulungsmaßnahmen durchgeführt werden.

Die zuvor im Entwicklungs- oder Customizingsystem vorgenommenen und getesteten Einstellungen und Erweiterungen werden in das *Produktivsystem* übernommen, das zuvor eingerichtet werden muss. Mit dem *Cut Over* läuft der Produktivbetrieb mit dem neuen System an. Die *Qualitätsprüfung* stellt dabei sicher, dass die Arbeiten der Produktionsvorbereitungsphase ordnungsgemäß abgeschlossen sind und der Produktivbetrieb aufgenommen werden kann.

Phase 5: Go Live & Support

Ziel: Erreichung eines stabilen Systembetriebs

Die Aufgaben in der letzten ASAP-Phase sind hauptsächlich darauf gerichtet, einen stabilen Betrieb des ERP-Systems zu erreichen. Im Vordergrund steht die Unterstützung der Benutzer (Support, Helpdesk u. a.). Wenn ein weiterer Schulungsbedarf erkannt wird, müssen ggf. zusätzliche Schulungsunterlagen erstellt und Schulungsmaßnahmen durchgeführt werden.

Fehler und Schwachstellen der neuen Lösung, die erst jetzt, im praktischen Betrieb, zutage treten, werden dokumentiert und behoben oder als später zu behandelnde Punkte festgehalten.

Weiterhin werden die eingangs definierten Maßgrößen zur Feststellung des Projekterfolgs oder -misserfolgs erhoben und ggf. neue Verfahren und Maßstäbe entwickelt, anhand derer das ERP-System regelmäßig im Betrieb überprüft wird.

Projektende

Zum Abschluss der Phase „Go Live & Support“ wird das Einführungsprojekt förmlich beendet und das Projektteam aufgelöst.

Das Ende des gegenwärtigen Projekts ist jedoch nicht das Ende der ASAP Roadmap. Ein umfassendes Anwendungssystem, wie ein ERP-System, ist im Laufe seines Lebenszyklus‘ kontinuierlichen Wandlungen ausgesetzt, wie Abb. 7.4 veranschaulicht. Nachdem die Einführung der ersten Systemversion („Release 1“) abgeschlossen ist, stellen sich i. d. R. neue Erkenntnisse, Erfahrungen und Anforderungen ein. Diese können in Veränderungen der marktgängigen Technologien, einem Wandel im Wettbewerbsumfeld des Unternehmens, der Erschließung neuer Geschäftsfelder, der Verfügbarkeit einer neuen Funktionalität des ERP-Systems u. v. a. begründet sein.

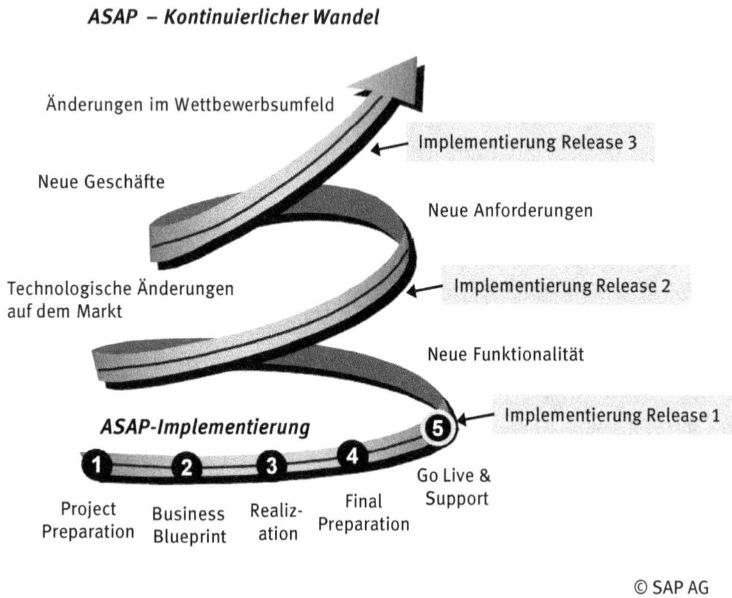

Abb. 7.4: Kontinuierlicher Wandel eines ERP-Systems.

ASAP Continuous Change

Daraus folgt, dass es nach dem ersten ASAP-Projekt weitere geben wird. Dies können kleinere Projekte sein, wenn es sich um die Einführung neuer Versionen mit begrenzten Erweiterungen und Änderungen handelt, aber auch große Projekte, wenn z. B. eine weitgehend neue Systemversion mit veränderter Funktionalität und Benutzerschnittstelle installiert werden soll.

Im ersteren Fall wird der Business Blueprint im Wesentlichen beibehalten werden können, während im letzteren Fall eine Anpassung der Modelle und der Realisierung erforderlich sein kann. Dafür müssen wieder externes Know-how herangezogen, umfassende Benutzer- und Administratorenschulungen durchgeführt, eventuell Daten übernommen und eine vollständige Folge von Tests (Funktions-, Last-, Recovery- und andere Tests) vorgenommen werden.

7.2.3 Kosten der Einführung – Total Cost of Ownership (TCO)

Die mit der Einführung eines ERP-Systems einhergehenden Kosten sind vielfältiger Natur. Sie fallen zu unterschiedlichen Zeitpunkten und in unterschiedlichen Häufigkeiten (einmalig, wiederkehrend u. a.) an.

TCO wurde von der Gartner Group entwickelt

Der Ansatz der *Total Cost of Ownership (TCO)* versucht, alle Facetten der Kostenverursachung bei Informationstechnologieprojekten zu erfassen. Er wurde ursprünglich von der Gartner Group entwickelt. Diese hatte in Untersuchungen festgestellt, dass oft die Anschaffungskosten im Vergleich zu den „sonstigen" Kosten – für die Unterstützung der Systemnutzer, die Wartung und Pflege von Hard- und Software sowie für Leerkosten bei Systemausfällen – relativ wenig ins Gewicht fallen [vom Brocke 2019].

Zur Erfassung der Total Cost of Ownership wird hauptsächlich zwischen direkten und indirekten Kosten unterschieden.

Direkte Kosten

Direkte Kosten stehen mit der Einführung eines ERP-Systems in unmittelbarer Beziehung (z. B. Lizenzkosten, Hardwarebeschaffung). Sie können nach einmaligen und wiederkehrenden Kosten differenziert werden. Die einmaligen Kosten werden meist im Budget des Einführungsprojekts angesetzt, während die wiederkehrenden Kosten, soweit vorhersehbar, bereits im Projektvorschlag und der Projektbegründung enthalten sein sollten [Kurbel 2008, S. 38 ff.].

Einmalige und wiederkehrende Kosten

Abbildung 7.5 gibt einen Überblick über die wichtigsten einmaligen und wiederkehrenden Kosten bei der Einführung eines ERP-Systems [Murray 2009, S. 342 ff.]. Manche Kostenarten tauchen in beiden Spalten auf. Der Grund ist hauptsächlich der, dass diese Kosten sowohl einmaliger Art sein als auch wiederholt anfallen können. So hängen etwa die Softwarelizenzen vom Vertragsmodell ab (jährliche Zahlungen, einmalige Zahlung für die installierte Systemversion, spätere Zahlungen im

Einmalige Projektkosten	Wiederkehrende Kosten
Softwarelizenzen	Softwarelizenzen
Serverhardware	Softwarewartung
Infrastruktur	Software-Upgrades
Beratung (extern)	Benutzer-Support (extern)
Projektmitarbeiter (intern)	Benutzer-Support (intern)
IT-Support (intern)	Schulung der Betreuer des ERP-Systems
Schulung des Projektteams	Schulung der Benutzer und Administratoren
Schulung der Benutzer	Betrieb der Hardware und Infrastruktur
Schulung der Administratoren	Wartung der Serverhardware und Infrastruktur
Datenübernahme und -konversion	Server- und Infrastruktur-Upgrades

Abb. 7.5: Direkte Kosten eines ERP-Einführungsprojekts [Murray 2009, S. 342 f.].

Zuge von Upgrades o. a.). Die Benutzerschulung findet grundsätzlich mit der Einführung des Systems statt, aber weitere Schulungen für neue Mitarbeiter oder Schulungen bezüglich System-Upgrades müssen meist auch später noch durchgeführt werden.

Indirekte Kosten

Indirekte Kosten lassen sich nicht so einfach quantifizieren wie die direkten Kosten, die meist unmittelbar in Geldbeträgen gemessen werden können. Oft muss man sich mit Abschätzungen behelfen. Teilweise ist es auch sehr schwierig, sinnvolle Kostenansätze zu finden. Beispielweise ist es kaum möglich, die Folgekosten von Systemfehlern oder einer Verschiebung des Cut-Over-Termins zu beziffern. Die ersteren hängen z. B. davon ab, wie gravierend die Arbeit der betroffenen Benutzer beeinträchtigt wird.

Abbildung 7.6 führt einige typische Kostenverursacher auf, die häufig mit der Einführung eines ERP-Systems einhergehen. Gravierende Folgen können anfängliche Schwachstellen der neuen Lösung haben, die sich auf die Zufriedenheit der Kunden auswirken. Wenn die Kunden zum Beispiel nicht mehr pünktlich beliefert werden und zur Konkurrenz abwandern, sind unter Umständen langfristige Umsatzeinbußen zu verzeichnen.

Indirekte Kosten
Folgen von Systemausfällen
Folgen von schlechter Performance und Systemfehlern
Nachschulung der Benutzer
Zusätzliche Supportleistungen des ERP-Lieferanten
Geringere Arbeitsproduktivität der Benutzer
Inadäquate Geschäftsprozesse

Abb. 7.6: Verursachung indirekter Kosten infolge einer ERP-Einführung [Murray 2009, S. 343 f.].

Indirekte Kosten sind hoch

Trotz der Schwierigkeiten, die indirekten Kosten zu messen, werden sie gemeinhin als hoch angesehen. Murray zitiert eine Aussage der Gartner Group, der zufolge indirekte Kosten einer IT-Infrastruktur bis zu 60 % der Gesamtkosten ausmachen können [Murray 2009, S. 343 f.]. Angesichts des Problems der Messbarkeit mögen derartige Zahlen angreifbar sein; sie zeigen aber, dass die Größenordnung der indirekten Kosten als signifikant hoch eingeschätzt wird.

Die direkten und die indirekten Kosten der Einführung eines ERP-Systems sind nicht unabhängig voneinander. Einsparungen bei den direkten Kosten schlagen sich häufig in höheren indirekten Kosten nieder. Zwei Beispiele mögen die Folgen einer unangemessenen Reduktion des Projektbudgets verdeutlichen [Murray 2009, S. 344 f.]:

Beziehungen zwischen direkten und indirekten Kosten

Wenn man weniger externe Beratungsleistungen einkauft, verringern sich die direkten Kosten. Damit wächst jedoch die Gefahr, dass die Systeminstallation nicht adäquat ist und Nachbesserungen in der Betriebsphase (einschließlich externer Beratungsleistungen) erforderlich werden, die die indirekten Kosten erhöhen.

Das zweite Beispiel gibt einen Praxisfall wieder, in dem die Ansätze für Benutzerschulung reduziert wurden. Anstatt der 40 Produktions- und Lagermitarbeiter wurden nur die 4 Schichtleiter geschult. Nach Aufnahme des Produktivbetriebs waren die Schichtleiter die Einzigen, die mit dem System umgehen konnten. Da sie nun ihre Zeit mit Dateneingabe und Durchführung der Geschäftstransaktionen verbringen mussten, hatten sie keine Zeit, sich um die Produktion und Lagerhaltung zu kümmern und Entscheidungen zu treffen. Dies verlangsamte die Prozesse mit der Folge, dass Lieferungen an Kunden verspätet erfolgten und die Kundenunzufriedenheit anstieg. Das Unternehmen musste alle Benutzer nachschulen und hatte zusätzlich die Folgen der Produktionsverzögerungen und Überschreitungen der Liefertermine zu tragen.

Unangemessene Reduktion der direkten Kosten führt zu höheren indirekten Kosten

7.2.4 Wechsel des ERP-Systems

Kaum ein Unternehmen arbeitet heute ohne ein ERP-System, sieht man einmal von Klein- und Kleinstunternehmen ab. Das heißt, wenn die Einführung eines neuen ERP-Systems ansteht, dann gibt es i. d. R. schon ein Vorgängersystem, in dem die Geschäftsprozesse und Geschäftsregeln des Unternehmens abgebildet und seine Daten gespeichert sind.

Mit diesem System hat das Unternehmen viele Jahre gearbeitet, seine Prozesse und Verfahrensweisen sind darauf ausgerichtet. Die „Lebensdauer" eines ERP-Systems beträgt in der Praxis häufig 15, 20, 25 Jahre oder mehr.

Lebensdauer eines ERP-Systems

Die Einführung eines ERP-Systems bedeutet demnach in den meisten Fällen, dass ein vorhandenes System abgelöst und durch ein neues ersetzt wird. Die *Gründe* hierfür können mannigfaltig sein:

Einführung eines neuen Systems bedeutet meist Ablösung eines alten

(a) Man ist mit dem gegenwärtigen System (oder Anbieter) unzufrieden.
(b) Das für die Zukunft vorgesehene Geschäftsmodell lässt sich in dem System nicht vernünftig abbilden.
(c) Die Software- oder Hardwaretechnologie ist veraltet.
(d) Der Anbieter vollzieht einen Technologiewechsel, kündigt die Einstellung der Wartung für das alte System an und/oder forciert ein neues System u. v. a.

Geschäftsprozesse, Geschäftsregeln, Datenbank

Die Herausforderung für das Unternehmen besteht darin herauszufinden, wie die bisherigen Geschäftsprozesse und -regeln in dem neuen System abgebildet werden können. Häufig ist der Systemwechsel auch dadurch veranlasst, dass das Unternehmen neue Geschäftsprozesse oder auch ein neues Geschäftsmodell einführen möchte. Dann ist zu planen, wie die neuen Ansätze umgesetzt werden können. Eine sehr umfangreiche Aufgabe ist es darüber hinaus, die Datenbestände vom alten in das neue System zu migrieren. Sie wird dadurch erschwert, dass die zugrunde liegenden Datenmodelle sich normalerweise unterscheiden.

In den 2020er-Jahren sehen sich zahlreiche SAP-Anwender mit dem o. g. Fall d) konfrontiert. SAP forciert die Ablösung von SAP ERP durch S/4HANA. Da S/4HANA völlig andere Technologien für die Datenhaltung und die Benutzerschnittstelle als SAP ERP benutzt, kommt der Wechsel der Einführung eines völlig neuen Systems nahe. Das Beispiel zeigt einige typische Fragestellungen auf.

Anwender stehen vor der strategischen Entscheidung, eine der folgenden Optionen zu wählen [ASUG 2020, S. 8 ff.]:

Neuimplementierung von S/4HANA

(1) *Neuimplementierung* von S/4HANA. Das heißt, der Betrieb von SAP ERP wird an einem Stichtag eingestellt. Bis dahin muss S/4HANA installiert sein, und alle Geschäftsprozesse und -regeln sowie die Datenbank müssen in S/4HANA laufen. Der Übergang kann entweder für das gesamte Unternehmen gleichzeitig erfolgen („Big-Bang-Szenario"), oder die einzelnen Geschäftseinheiten werden nacheinander von SAP ERP zum neuen System migriert (stufenweise Einführung).

Systemkonvertierung

(2) *Systemkonvertierung*; hierbei wird das bestehende SAP-ERP-System in ein SAP-S/4HANA-System umgewandelt („in-place system conversion"). Technisch erfolgt eine Datenbankmigration zu SAP HANA, die Systemdaten werden vom SAP-ERP-Datenmodell in das S/4HANA-Datenmodell konvertiert, und es wird ein Softwareupdate

durchgeführt, d. h., der Anwendungscode von SAP ERP wird durch den S/4HANA-Anwendungscode ersetzt.

Selektive Datenübertragung

Darüber hinaus gibt es für SAP-Anwender weitere Optionen, insbesondere die sog. „selektive Datenübertragung" (dies ist ein Ansatz für komplexe Konfigurationen, in denen mehrere SAP-Systeme zusammengeführt werden sollen) sowie der Betrieb von S/4HANA als Cloud-System.

S/4HANA Cloud

Als *Projektdauern* für die Optionen „Neuimplementierung" und „Systemkonvertierung" wurden in einer Studie der SAP-Anwendervereinigungen folgende Größenordnungen ermittelt [ASUG 2020, S. 62 ff.]:

Projektlaufzeiten

- Neuimplementierung „on Premise" (d. h. Installation beim Anwender): 9 Monate
- Neuimplementierung als Cloud-System (d. h. Installation in der S/4HANA-Cloud): 6 Monate
- Systemkonvertierung: 6 Monate

Diese Richtwerte erhöhen (oder erniedrigen) sich nach Maßgabe verschiedener Faktoren, die man überschlagsweise anhand einer informativen Tabelle der Anwendervereinigungen berechnen kann, z. B. der Anzahl der einzuführenden ERP-Module, der Anzahl der Schnittstellen zu Drittsystemen, dem Umfang kundenspezifischen Anpassungscodes im Altsystem u. a. Für die „selektive Datenübertragung" werden in einer konkreten Fallstudie 10 Monate angegeben [ASUG 2020, S. 19].

7.3 Customizing

Änderungsbedarf im Lebenszyklus

Meist wird als Customizing das Anpassen eines Informationssystems an die spezifischen Anforderungen eines Unternehmens im Rahmen der *Systemeinführung* bezeichnet. Ein Änderungsbedarf kann jedoch auch später, beim *Betrieb* des ERP-Systems, noch auftreten. Beispielsweise resultiert aus kurzen Produktlebenszyklen und Marktänderungen oft die Notwendigkeit, Erweiterungen oder Änderungen im ERP- oder SCM-System vorzunehmen.

Zwischenbetrieblicher Anpassungsbedarf

Auch Unternehmenszusammenschlüsse, virtuelle Unternehmen sowie Formen der Unternehmenskooperation, wie Collaborative Planning, Forecasting and Replenishment (CPFR) und Vendor Managed Inventory (VMI), die in Abschnitt 9.2.4 erläutert werden, verlangen Änderungen in den ERP-, SCM- und anderen Informationssystemen der beteiligten Partner. In allen diesen Fällen müssen unterschiedliche Systeme verschiedener Unternehmen aufeinander abgestimmt werden.

7.3.1 Formen des Customizing

Unter *Customizing* versteht man allgemein die Anpassung eines Standardsoftwaresystems an individuelle Anforderungen. Bei einem ERP-System bedeutet Anpassung, dass das Unternehmen nicht die Standardprozesse und Datenstrukturen übernimmt, die der Hersteller des ERP-Systems implementiert hat (bzw. dass es sie nicht in der „Standard"-Form übernimmt), sondern seine eigenen Prozesse und Detailanforderungen umsetzt.

Standardsoftware implementiert Best Practices

Dies ist oft erwünscht, hat aber auch den Nachteil, dass das Unternehmen nicht von den in die Standardsoftware „gegossenen" Best Practices und Erfahrungen profitiert, die andere Unternehmen und insbesondere der ERP-Hersteller bei einer Vielzahl von Einführungsprojekten bereits gewonnen haben. Erfahrene Berater und ERP-Hersteller empfehlen deshalb, möglichst nahe an den Standardprozessen zu bleiben, die eigene Organisation kritisch zu überprüfen und ihre Abläufe zumindest in Teilen an die Standardsoftware anzupassen.

Customizing kann auf unterschiedlichen Ebenen und in verschiedenen Abstufungen betrieben werden. Im Folgenden werden die wichtigsten Formen beschrieben.

(1) Parametrisierung (Customizing im engeren Sinne)

Parametrisierung

Customizing im engeren Sinne bezeichnet die Anpassung des Systems mithilfe von Einstellungen, die das individuelle Unternehmen bei der Systemeinführung vornimmt. Man spricht auch von *Parametrisierung*, da der Anwender vorgegebene Parameter des Systems mit Werten belegt.

Individualisierung durch Parametersetzung

Die Hersteller großer Informationssysteme wissen, dass unterschiedliche Anwenderunternehmen unterschiedliche Funktionen und Daten benötigen werden. Deshalb implementieren sie bereits eine große Zahl von Funktionen und Datenstrukturen, aus denen der Anwender die gewünschten auswählen kann. Dazu setzt er entsprechende Systemparameter so, dass die unternehmensspezifischen Anforderungen und Gegebenheiten möglichst weitgehend Berücksichtigung finden.

Eine Parametrisierung ist der allen anderen Anpassungsformen vorzuziehende Weg, da die Umsetzung im System vom Hersteller bereits vorgenommen wurde und der Anwender „nur" noch auswählen muss.

Umfangreiche Systemfunktionalität

Dennoch hat auch dieser Ansatz Nachteile, sowohl für die ERP-Hersteller als auch für die Anwender. Der Hersteller muss alle denkbaren Möglichkeiten der Systemeinstellung bereits bei der Entwicklung des

Systems berücksichtigen und alle entsprechenden Funktionen implementieren. Parametrisierbare Systeme sind deshalb oft sehr groß und unhandlich.

Der Anwender muss die Wirkungen der Parameter und ihrer Einstellungen einschätzen können. Dies ist praktisch unmöglich, wenn man die große Zahl möglicher Parameterkonstellationen bedenkt. In dem ERP-System SAP R/3 bot allein das Modul Produktionsplanung (PP) 150–200 Parameter an, von denen etwa 40 an das einzelne Teil gebunden sind. Daraus resultieren in einem mittelgroßen Betrieb bereits ca. 1 Mio. Parameter, die einzustellen und zu pflegen sind [Dittrich 2009a, S. 1]. Da nicht nur die Menge der Parameter kaum zu bewältigen ist, sondern insbesondere die Wechselwirkungen zwischen verschiedenen Parametern nicht offensichtlich sind, gilt die Parametrisierung eines Systems als eine äußerst schwierige Aufgabe.

Wechselwirkungen zwischen Parametern sind schwer einzuschätzen

(2) User Exits (Program Exits)

User Exits („Benutzerausgänge", auch „Program Exits" oder „Customer Exits" genannt) sind vordefinierte Stellen im Programmcode, an denen externe Programme aufgerufen werden können [Kurbel 2008, S. 450 ff.]. Mit diesen Programmen kann der Anwender seine eigenen Prozeduren zur Ausführung bringen. User Exits werden häufig zur Umsetzung unternehmensindividueller Lösungen benutzt, bei denen der ERP-Hersteller zwar vorhersehen kann, dass sie benötigt werden, aber nicht in der Lage (oder willens) ist, sie in allgemeingültiger Form zu implementieren.

User Exits

(3) Application Programming Interfaces (APIs)

Damit andere als der Systemhersteller Änderungen oder Erweiterungen vornehmen können, werden heute meist Programmierschnittstellen vorgesehen. Diese heißen im Sprachgebrauch der Softwareentwicklung *APIs (Application Programming Interfaces)*). Über APIs können von Programmen, die das Anwenderunternehmen individuell entwickelt, die vom Systemhersteller vorgefertigten Module aufgerufen werden.

Programmierschnittstellen

Umfangreiche APIs sind bei moderneren Systemen weitverbreitet. Insbesondere in der Java-Welt sind APIs der gängige Schnittstellenmechanismus. Über APIs und Modulbibliotheken werden darüber hinaus auch wiederverwendbare Softwarebausteine in Informationssysteme eingebunden.

(4) Änderungen des Programmcodes

Code-Änderungen

Änderungen direkt in den Programmen des ERP-Systems sind ein Weg, wie die im System implementierten Standardlösungen in Individuallösungen „umgebogen" werden können. Dazu muss der Anwender den Programmcode (im Quelltext) zur Verfügung haben, ihn verstehen und die Berechtigung besitzen, ihn zu ändern. Auf diese Weise können im Prinzip beliebige Teile des ERP-Systems umprogrammiert werden, was jedoch alles andere als empfehlenswert ist (s. u.).

(5) Individualentwicklung

Individualentwicklungen

Individualentwicklung außerhalb des ERP-Systems ist ein Weg, für Probleme, die das ERP-System nicht abdeckt, eigene Lösungen zu erstellen. Wünschenswert ist es nichtsdestoweniger, dass sie in das ERP-System eingebunden werden können, z. B. über User Exits oder APIs. Wenn dies nicht möglich ist, müssen die Endbenutzer mit mehreren Anwendungssystemen arbeiten und ggf. Nachteile wie unterschiedliche Benutzerschnittstellen und Datenredundanz in Kauf nehmen.

(6) Modellbasierte Generierung

Software aus Modellen

Im weiteren Sinne kann man auch das Generieren von Programmcodes aus Modellen zum Customizing rechnen. Zur Reduktion der hohen Kosten, die mit der Softwareentwicklung allgemein und mit der Anpassungsprogrammierung im Besonderen verbunden sind, wurde in der Informatik schon früh daran gearbeitet, eine Software aus *Spezifikationen* zu generieren. Die Entwicklungsarbeit verlagert sich dann auf eine höhere Ebene, die der Modelle.

Informationsmodell

Generierbare Systeme zeichnen sich dadurch aus, dass ein *Informationsmodell* zugrunde liegt, auf dessen Basis die Systemkomponenten automatisch erzeugt werden. In einem Informationsmodell sind je nach Paradigma Geschäftsprozesse, Vorgänge, Funktionen, Daten und Organisationsstrukturen beschrieben. Anpassungen können dann grundsätzlich auf der Modellebene erfolgen. Das heißt zum Beispiel, dass Anpassungen bezüglich der Daten in Klassendiagrammen bzw. -modellen und Anpassungen bezüglich der Abläufe in Prozess- bzw. Vorgangsmodellen durchgeführt werden. Wenn das Modell mit einem Modellierungswerkzeug angelegt wurde und im Rechner gespeichert ist, können der Programmcode und das Datenbankschema von Generatoren automatisch erzeugt werden.

CASE-Tools

Ansätze für die modellbasierte Generierung von Informationssystemen wurden vor allem im Zuge der Arbeiten an CASE-Tools (CASE, Computer Aided Software Engineering) in den 1990er-Jahren entwickelt. Mit dem Information-Engineering-Ansatz von James Martin stand dazu ein umfassender konzeptioneller Rahmen zur Verfügung [Martin 1989].

Ein ERP-Generator

Die Systemgenerierung kann als Paradigma für die Erzeugung betriebswirtschaftlicher Standardsoftware im Bereich des Enterprise Resource Planning dienen, wenn konfigurierbare ERP-Bausteine in ausreichender Zahl und Flexibilität in einer Modulbibliothek vorhanden sind. Diese Idee verfolgte z. B. der Ansatz eines „ERP-Software Power Generator" [Weber 2004]. Er erlaubt es, aus ERP-spezifischen Templates (Code-Bausteinen) ein fertiges ERP-System zusammenzustellen und den Programmcode zu generieren.

(7) Componentware

Wiederverwendbare Komponenten

Ein ähnlicher Grundgedanke wie der Systemgenerierung liegt auch der Verwendung von *Komponenten* zur Erzeugung eines Informationssystems zugrunde: die Senkung der Entwicklungs- und Wartungskosten und die Verkürzung der Entwicklungszeiten. Die entsprechende Softwaretechnologie wird auch als *Componentware* bezeichnet [Möhle 1998, S. 702].

Was genau als „Komponente" anzusehen ist, wird unterschiedlich interpretiert. In der Java-Welt versteht man darunter Klassenbibliotheken, in Microsoft-Office-Umgebungen auf Basis von Excel, Access, Word o. a. entwickelte Lösungen und in webbasierten Systemen Webservices, d. h. über das Internet einbindbare Programm-Module.

Componentware für SCM

Ein komponentenbasiertes System für das Supply Chain Management kleinerer und mittlerer Unternehmen wird in Friedrich [2002] beschrieben. Das System CW-SCM benutzt Funktionalitäten für die Datenverwaltung, Optimierungsrechnung, den E-Mail-Versand etc. aus den MS-Office-Programmen Access, Excel, MapPoint, NetMeeting, Outlook und Word, die auf einem Server (CW-SCM-Server) liegen. Die clientseitigen Systemkomponenten sind in Java realisiert.

Nachteile der Eigenentwicklung

Nachteile

Gegenüber dem Customizing i. e. S. (Parametrisierung) weisen die o. g. Formen 2) bis 5) entscheidende *Nachteile* auf. Jede von ihnen beinhaltet eine „Programmierung" im weiteren Sinne – mit allen zeitaufwendigen Folgen, die eine Programmentwicklung mit sich bringt: Spezifikation, Entwurf, Test, Schnittstellenprobleme, Dokumentation u. a.

Customizing als Software Engineering

Letztere sind typische Aufgaben des Software Engineering – allerdings mit einem anderen Schwerpunkt als bei einer „konventionellen" Softwareentwicklung, denn das Gesamtsystem existiert schon. Es geht im Wesentlichen darum, die vorhandene Systemstruktur und den Programmcode zu verstehen und diesen geeignet zu verändern bzw. zu erweitern.

Nutzung von Erfahrungswissen

Die zu beachtenden Besonderheiten aus Sicht des Software Engineering diskutieren Dittrich und Co-Autoren auf der Basis des Customizing der Microsoft-ERP-Systeme Dynamics Nav und Dynamics AX [Dittrich 2009b]. Wissen und Erfahrungen aus früheren Customizing-Projekten spielen hierbei eine wichtige Rolle. Eine Softwareunterstützung für die Nutzung von Erfahrungswissen untersuchen Wu und Cao [Wu 2009].

Neben dem hohen Aufwand für die Eigenentwicklung sind die Auswirkungen für die Zukunft zu bedenken. Wenn der Hersteller des ERP-Systems eine neue Systemversion auf den Markt bringt und das Unternehmen sich entschließt, diese zu installieren, sind die Konsequenzen unterschiedlich:

Einstellungen werden automatisch in die neue Version übernommen

(1) Beim *Customizing i. e. S.* kann man in der Regel davon ausgehen, dass die in der Vorversion durchgeführten Einstellungen automatisch in die neue Version übernommen werden und kein zusätzlicher Anpassungsaufwand entsteht.
(2) Erweiterungen mithilfe von *User Exits* sind ebenfalls relativ stabil, da die Aufrufstelle vom Hersteller des ERP-Systems definiert wurde und diesem bekannt ist. Dennoch wird empfohlen, das ordnungsgemäße Funktionieren der User Exits in der neuen Version zu testen.
(3) Ähnlich verhält es sich bei der Nutzung von *APIs*. Da diese unter der Kontrolle des Systemherstellers sind, kann der Anwender erwarten, dass sie bei einer neuen Systemversion weiterhin funktionsfähig sind.

Änderungen müssen von Version zu Version übertragen werden

(4) *Code-Änderungen* im ERP-System sind bei Versionswechsel sehr problematisch, da sie nicht in der Standardsoftware, sondern nur in der unternehmensindividuellen Variante existieren. Der ERP-Hersteller entwickelt die nächste Version des ERP-Systems natürlich auf Basis seiner Standardfassung. Dies bedeutet, dass das Anwenderunternehmen die gemachten Änderungen selbst in die neue Version übertragen und durch eigene Systemtests sicherstellen muss, dass die geänderten Module weiterhin funktionieren.
(5) Auch bei *Individualentwicklungen* außerhalb des ERP-Systems muss das Anwenderunternehmen durch eigene Tests überprüfen, ob die Schnittstellen mit dem ERP-System von der neuen Version korrekt bedient werden. Falls mit der neuen Version ein Wechsel der Softwaretechnologie einherging, kann eine teilweise Neuentwicklung der Individualprogramme erforderlich werden.

7.3.2 Herstellerspezifisches Customizing: SAP ERP

Mandantenunabhängiges und mandantenabhängiges Customizing

Im Rahmen des ASAP-Vorgehensmodells, das in Abschnitt 7.2 erläutert wurde, erfolgt das Customizing in der Realisierungsphase (Phase 3). Grundsätzlich wird zwischen mandantenunabhängigem und mandantenabhängigem Customizing unterschieden:

- Ein *mandantenunabhängiges Customizing* umfasst Einstellungen, die für alle Mandanten eines Systems gelten. Dabei werden beispielsweise Informationen über Währungen oder den Kalender hinterlegt.
- Ein *mandantenabhängiges Customizing* hat Auswirkungen nur auf einen einzelnen Mandanten. Beispiele sind die für einen Mandanten definierten Buchungskreise oder Werke. Benutzerdaten und Anwendungsdaten werden dann auf Mandantenebene verwaltet und können nicht von mehreren Mandanten genutzt werden.

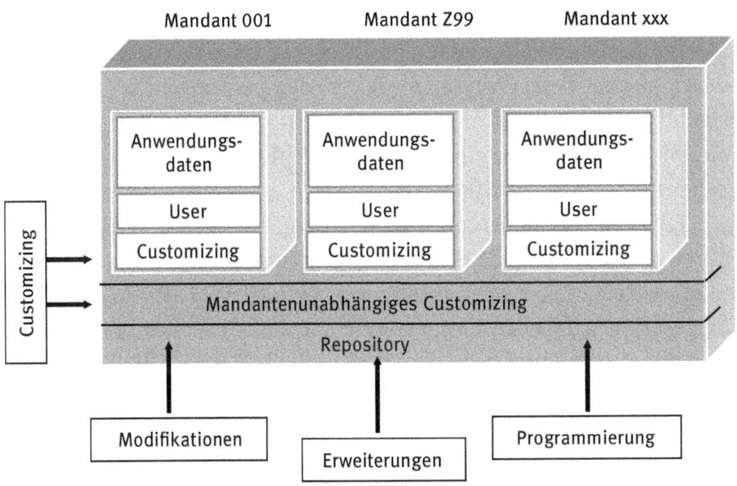

Abb. 7.7: Aufbau eines SAP-Mandanten und Customizing-Möglichkeiten.

Repository

Abbildung 7.7 zeigt den Unterschied am Beispiel von drei Mandanten. Das Repository ist der Speicher, in dem Programme, Bildschirmmasken, Menüs und andere Entwicklungsobjekte abgelegt werden. Auch die vom Anwenderunternehmen erstellten Programme (s. o.) werden im Repository gespeichert.

Customizing-Ebenen

Die Aufgaben beim Customizing sind auf unterschiedlichen Ebenen angesiedelt. Sie umfassen:

a) Globale Einstellungen, wie die Definition von Ländern, Währungen oder Zeitzonen.

b) Abbildung der Unternehmensorganisation in der Terminologie bzw. mit den generischen Organisationseinheiten von SAP ERP. Dies ist die Voraussetzung für die Anpassung und Nutzung der Geschäftsprozesse, da Prozesse immer auf bestimmte Organisationseinheiten Bezug nehmen.
c) Einstellung funktionsbereichs- bzw. prozessorientierter Parameter in den einzelnen Modulen von SAP ERP.

Referenzmodell

Für die Konfigurierung der Geschäftsprozesse greift man üblicherweise auf das *Referenzmodell* (vgl. Abschnitt 7.2.2) zurück, in dem standardisierte Prozesse bereits definiert sind, und ändert diese entsprechend den in der Phase „Business Blueprint" spezifizierten Prozessen des Unternehmens ab.

Einführungsleitfaden (Implementation Guide, IMG)

Das Werkzeug, mit dem das Customizing i. e. S. durchgeführt wird, ist der sog. *Einführungsleitfaden* (Implementation Guide, IMG), der in SAP ERP integriert ist. Der Einführungsleitfaden ist ähnlich wie das ERP-System selbst weitgehend nach Funktionsbereichen gegliedert. Dass er in die Systemstruktur integriert ist, bedeutet unter anderem, dass man auch beim Customizing durch Menühierarchien navigiert und letztlich vorgegebene Transaktionen (Customizing-Transaktionen) durchführt. In diesem Sinne „leitet" der Einführungsleitfaden den Bearbeiter tatsächlich durch das Customizing.

Eine gewisse Reihenfolge bei der Vornahme von Einstellungen ist durch die Anordnung im Einführungsleitfaden vorgegeben. Die Einhaltung der Reihenfolge wird sozusagen erwartet, da zwischen den Einstellungen Abhängigkeiten bestehen, die auf diese Weise implizit korrekt berücksichtigt werden.

Referenz-IMG

Der in SAP ERP integrierte Einführungsleitfaden ist der sog. *Referenz-IMG*. Er enthält alle Anpassungsmöglichkeiten (inkl. der Voreinstellungen) des Systems – für alle Module und alle globalen Einstellungen.

Unternehmens-IMG

Da kaum ein Unternehmen die gesamte Funktionalität des ERP-Systems benötigt – eine Bank wird beispielsweise keine Werkstattsteuerung betreiben wollen –, erstellt man aus dem Referenz-IMG meist einen unternehmensspezifischen Einführungsleitfaden, den *Unternehmens-IMG*. Dieser stellt eine Teilmenge des Referenz-IMG dar und enthält nur die für das Unternehmen relevanten Customizing-Transaktionen. Der Unternehmens-IMG bezieht sich auf eine gesamte Installation und ist somit mandantenübergreifend.

Projekt-IMG

Angesichts des Umfangs und der Dauer einer ERP-Einführung teilt man diese oft in mehrere (Teil-) Projekte auf. Ein erstes Projekt bezieht sich dann z. B. auf die Einführung eines Moduls oder einiger weniger Module, ein späteres auf die Einführung weiterer Module etc. Für die einzelnen Projekte erzeugt man häufig aus einem Unternehmens-IMG projektspezifische Einführungsleitfäden, sog. *Projekt-IMGs.*

Sichten auf das Projekt-IMG

Mithilfe sog. *Sichten* auf das Projekt lassen sich innerhalb eines Projekt-IMGs weitere Einschränkungen vornehmen. Teilteams mit unterschiedlichen Aufgabenbereichen werden dann nur mit den für sie jeweils relevanten Customizing-Möglichkeiten konfrontiert.

Globale Einstellungen

Die mandantenübergreifenden Einstellungen werden am Anfang des Einführungsleitfadens angeboten, wie Abb. 7.8 zeigt. Unter dem Menüpunkt „Allgemeine Einstellungen" gibt es Abschnitte für Länder-, Kalender-, Zeitzonen- und andere Einstellungen.

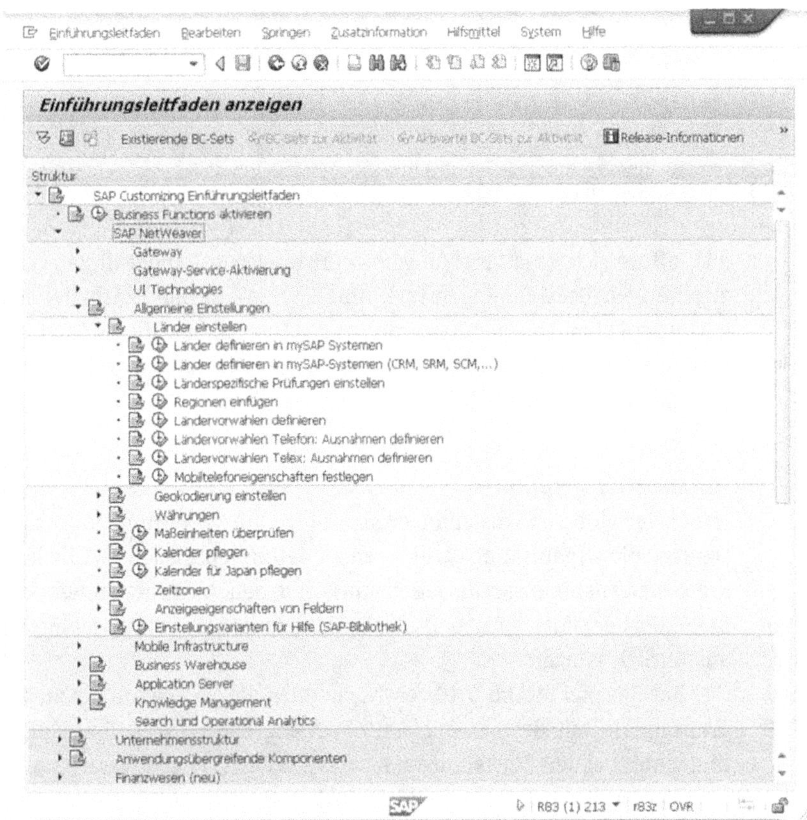

Abb. 7.8: Globale Einstellungen im Customizing.

Länder definieren

Im Beispiel der Abb. 7.8 sind die Einstellmöglichkeiten bezüglich der Länder aufgeklappt. Wählt man den Unterpunkt „Länder definieren"

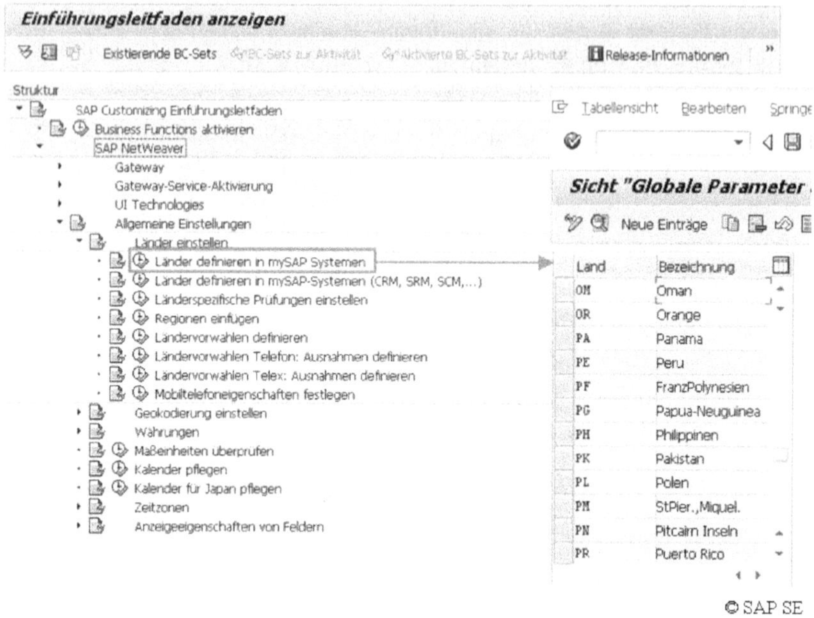

Abb. 7.9: Länderauswahl im Customizing.

aus, öffnet sich eine tabellarische Auflistung von Länderkürzeln und zugehörigen Bezeichnungen (vgl. Abb. 7.9). Wenn der Bearbeiter das gewünschte Land auswählt, werden in der Folge die für dieses Land geltenden Regelungen, soweit sie im ERP-System abgebildet sind, bei den Transaktionen berücksichtigt.

Organisationsstrukturen

Neben den globalen Einstellungen sind zu Beginn des Customizing insbesondere die Organisationsstrukturen zu definieren. Das heißt, die konkrete Unternehmensorganisation muss mit den Ausdruckmitteln von SAP ERP abgebildet werden. Dieser Problemkreis wurde in Abschnitt 5.2 ausführlich erörtert.

Definition eines Buchungskreises

Das Beispiel in Abb. 7.10 veranschaulicht die Navigation hin zu der Transaktion, mit der ein *Buchungskreis* angelegt wird. Offensichtlich findet dies bei den Einstellungen für das Modul FI (Finanzwesen) statt.

Die bereits vorhandenen Buchungskreise sieht man in der Aufstellung im linken Teil von Abb. 7.11. Für einen neuen Eintrag gibt man erst den Namen und einige Grunddaten ein und gelangt dann zu den Details des Buchungskreises, die beispielhaft in Abb. 7.12 angegeben sind.

Für ein Produktionsunternehmen spielt die Definition von *Werken* eine zentrale Rolle. Die Herstellung von Produkten (Materialien oder

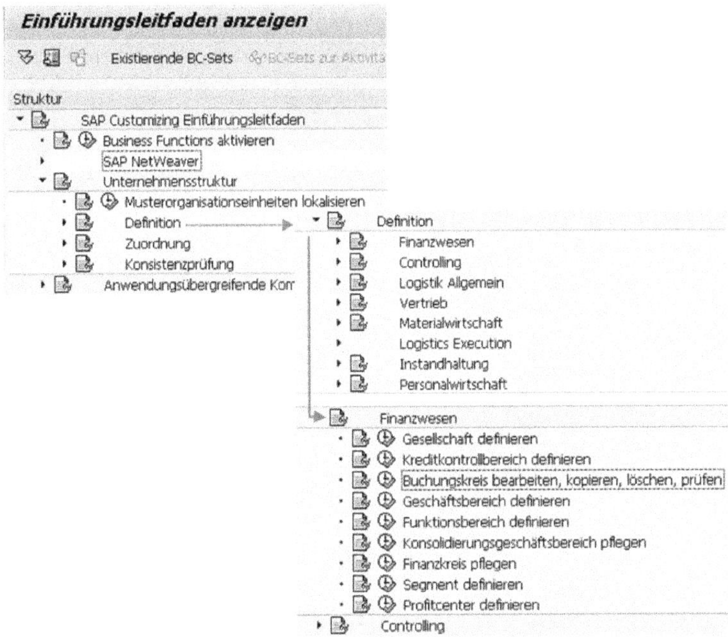

© SAP SE

Abb. 7.10: Navigation beim Anlegen der Organisationsstruktur.

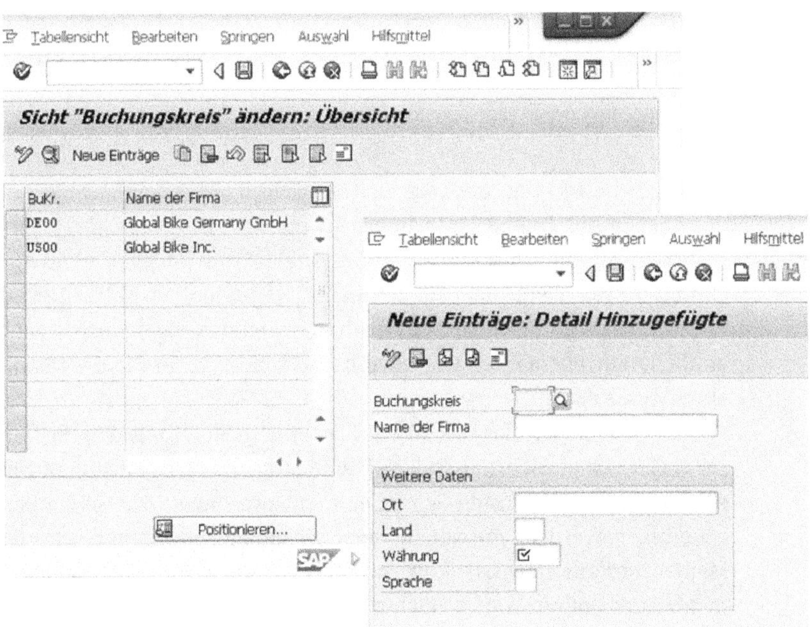

© SAP SE

Abb. 7.11: Anlegen eines neuen Buchungskreises.

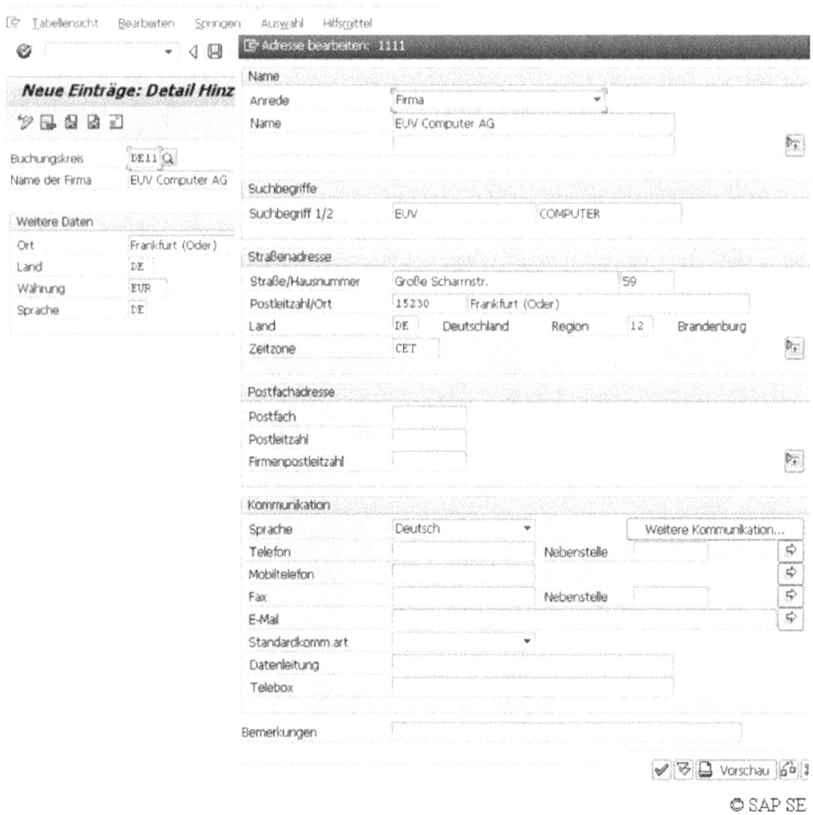

Abb. 7.12: Details eines neuen Buchungskreises.

Dienstleistungen) und die Lagerhaltung sind den Werken zugeordnet, wie oben in Abschnitt 5.2.2 erläutert wurde.

Definition eines Werks

Das Anlegen eines Werks erfolgt analog zum Anlegen eines Buchungskreises. Wenn man im Teilmenü „Definition“ in Abb. 7.10 den Eintrag „Logistik Allgemein“ auswählt und weiter navigiert, erhält man ähnliche Eingabemasken wie in Abb. 7.11 und 7.12, in die die Details eines Werks eingetragen werden.

Im Beispiel ist dies das „Werk Frankfurt (Oder)“ mit dem Schlüssel „1112“. Da ein Werk in SAP ERP eindeutig zu einem Buchungskreis gehört, muss im nächsten Schritt eine entsprechende *Zuordnung* vorgenommen werden. Ausgehend vom gleichnamigen Menüpunkt des Menüs „Unternehmensstruktur“ im linken Teil von Abb. 7.10 navigiert man zu der Option „Werk – Buchungskreis zuordnen“ (vgl. Abb. 7.13).

Zuordnung eines Werks zu einem Buchungskreis

Die ausgegebene Übersicht der vorhandenen Werke und Buchungskreise im linken Teil von Abb. 7.14 weist die vorhandenen Buchungskreise aus, u. a. den Buchungskreis „1111 EUV Computer AG“ aus. Über

© SAP SE

Abb. 7.13: Navigation zur Zuordnung Werk – Buchungskreis.

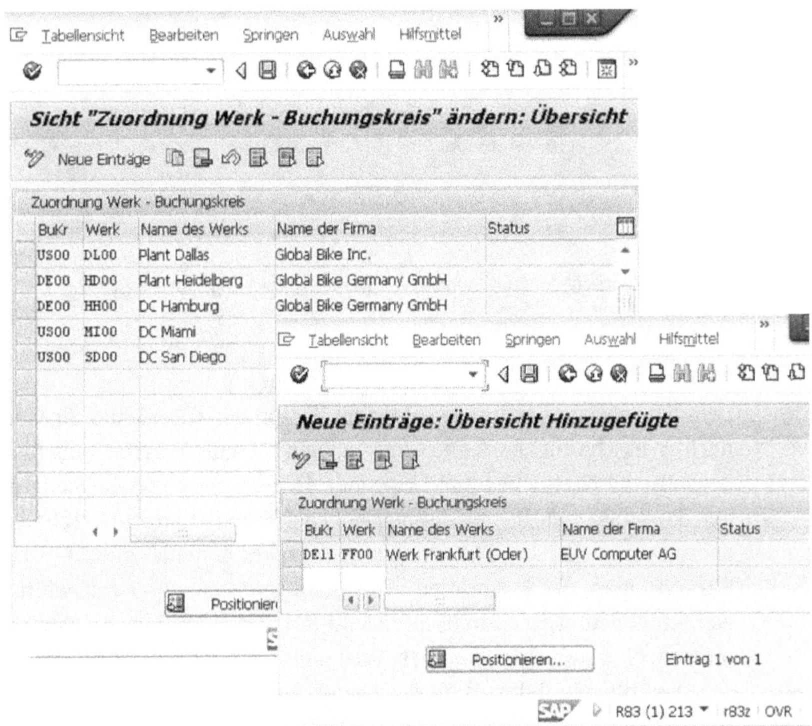

© SAP SE

Abb. 7.14: Zuordnung des Werks zum Buchungskreis.

den Button „Neue Einträge“ erhält man eine Eingabemaske, in der man einem Buchungskreis Werke zuordnen kann. Im Beispiel wird dem Buchungskreis 1111 das Werk „1112 Werk Frankfurt (Oder)“ zugeordnet.

Abbildung 7.15 zeigt schließlich das Ergebnis. Das Werk „1112 Werk Frankfurt (Oder)“ wird als zum Buchungskreis „1111 EUV Computer AG“ zugehörig aufgeführt.

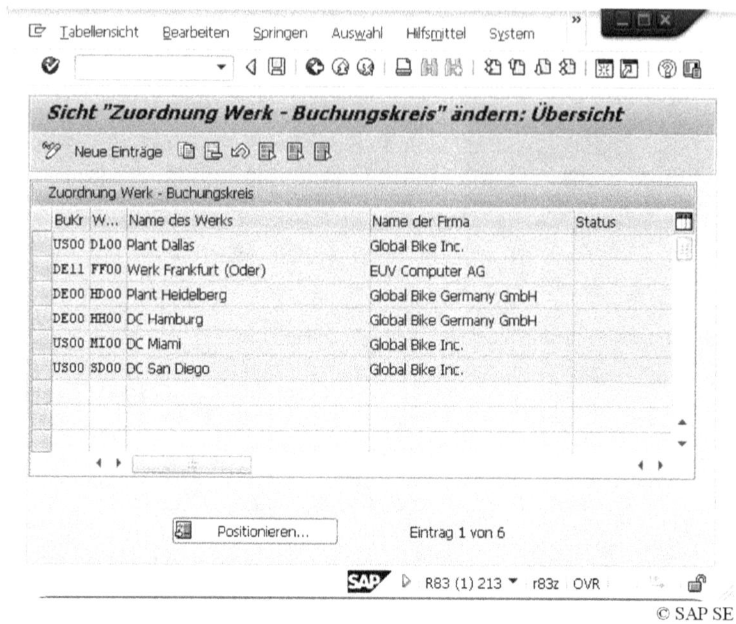

BuKr	W...	Name des Werks	Name der Firma	Status
US00	DL00	Plant Dallas	Global Bike Inc.	
DE11	FF00	Werk Frankfurt (Oder)	EUV Computer AG	
DE00	HD00	Plant Heidelberg	Global Bike Germany GmbH	
DE00	HH00	DC Hamburg	Global Bike Germany GmbH	
US00	MI00	DC Miami	Global Bike Inc.	
US00	SD00	DC San Diego	Global Bike Inc.	

Abb. 7.15: Übersicht der Zuordnungen von Werken zu Buchungskreisen.

Prozess- und funktionsbezogene Einstellungen

Betriebswirtschaftliche Ziele

Dem betriebswirtschaftlichen Handeln liegt in der *Theorie* das Streben nach Wirtschaftlichkeit und einer möglichst guten Erreichung der betriebswirtschaftlichen Ziele zugrunde. In der *Praxis* sind die Stellgrößen dazu über viele Stellen der betrieblichen Funktionen und Geschäftsprozesse verteilt. Da Funktionen und Prozesse heute mithilfe von ERP-Systemen und anderen Anwendungssystemen durchgeführt werden, bedeutet dies praktisch, dass die *Systeme* so konfiguriert werden müssen, dass sie sich zielkonform verhalten.

Parameter beeinflussen Planungs- und Steuerungsalgorithmen

Das Hilfsmittel dazu sind *Parameter*, die die Auswahl und Arbeitsweise von Planungs- und Steuerungsalgorithmen beeinflussen. Beispielsweise werden die Lagerhaltungskosten und damit die Kapitalbindung im Umlaufvermögen durch Parameterwerte, die im Einkauf, der Produktion und der Lagerverwaltung gesetzt werden, und ihre Wechselwirkungen determiniert.

Kontraproduktive Parameterwerte

Was plausibel klingt, ist in der Praxis dennoch sehr schwierig oder gar unlösbar, da es in einem ERP-System Tausende von Parametern gibt und ihre Abhängigkeiten kaum durchschaubar sind. Dittrich und Co-Autoren, die die Wirkungen und Wechselwirkungen von Parametern für die Produktionsplanung umfassend untersuchten, geben zahlreiche Praxisbeispiele, in denen Parametersetzungen kontraproduktiv waren. Als Gründe für Fehleinstellungen identifizieren sie insbesondere [Dittrich 2009a, S. 2 ff.]:

- Termindruck im Projekt
- Hohe Kosten für externe Berater und freigestellte interne Mitarbeiter
- Beibehaltung von Defaultwerten (Voreinstellungen)
- Fehlendes Controlling hinsichtlich Konfigurationsqualität
- Qualifikationsdefizite und mangelnde Kenntnis betriebswirtschaftlicher Methoden
- Beratungsmängel
- Unkritische Übernahme der Parameterwerte aus Altsystemen oder von vergleichbaren Betrieben

Hinzu kommt, dass manchmal auch gut konfigurierte Parameterwerte später nicht genutzt werden, wenn manuelle Eingriffe des Disponenten zugelassen werden. Der Disponent kann dann seinen eigenen Vorstellungen folgen und Parameter ansetzen, die möglicherweise schlechter als die im System eingestellten sind.

Beispiel: Parameter für Materialverfügbarkeitsprüfung

Aus der Vielzahl der Parameter, mit denen die Geschäftsprozesse eines Produktionsunternehmens beeinflusst werden können, sollen nachfolgend die für die Prüfung der *Materialverfügbarkeit* relevanten demonstriert werden. Dieser Prozessschritt wird z. B. beim Auftragsabwicklungs- und beim Produktionsprozess durchlaufen (vgl. Abbs. 6.13 und 6.21).

SAP-Terminologie: Prüfgruppe, Prüfregel, Prüfungsumfang, Prüfungssteuerung

Die Einstellung der Parameter hat mehrere Teilschritte. Dazu müssen die Begriffe Prüfgruppe, Prüfregel, Prüfungsumfang und Prüfungssteuerung erläutert werden.

Prüfgruppe

Prüfgruppe: Als erstes wird eine Prüfgruppe benötigt, der das Material zugeordnet werden kann. Eine Prüfgruppe legt man wie in Abb. 7.16 mithilfe des Einführungsleitfadens an, indem man im Abschnitt „Produktion" über „Fertigungssteuerung" und „Vorgänge" zu „Verfügbarkeitsprüfung" navigiert und den Menüpunkt „Prüfgruppe definieren" auswählt.

Eine Prüfgruppe dient zur Zusammenfassung von Materialien, die nach den gleichen Kriterien geprüft werden (z. B. gleiches/ähnliches Grundmaterial oder Dispositionsmerkmal). Mithilfe der Prüfgruppe kann auch gesteuert werden, ob die bei der Verfügbarkeitsprüfung bestätigte Menge reserviert, d. h. für andere Aufträge gesperrt werden soll.

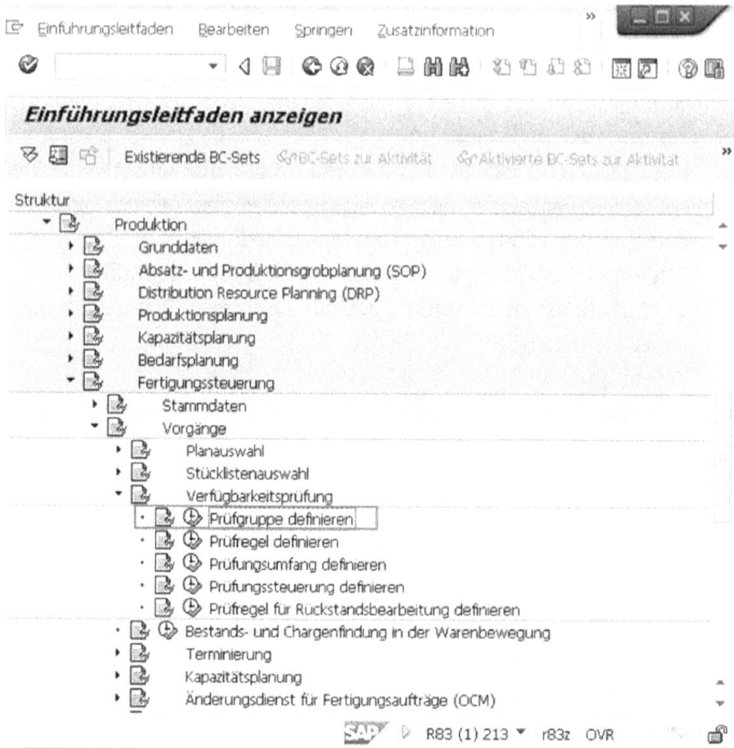

Abb. 7.16: Navigation zum Anlegen einer Prüfgruppe.

Prüfregel

Die Zuordnung des Materials zu der Prüfgruppe erfolgt im Materialstammsatz unter den Dispositionsdaten (im Feld Verfügbarkeitsprüfung).

Prüfregel: Eine sog. Prüfregel legt fest, nach welcher Prüfvorschrift (d. h. in welchem „Prüfungsumfang", s. u.) die Verfügbarkeitsprüfung für die Materialien einer Prüfgruppe durchgeführt wird. Für ein Material kann es mehrere Prüfregeln geben (z. B. eine aus der Sicht des Vertriebs, eine zweite aus der Sicht der Fertigungssteuerung etc.).

Prüfungsumfang

Prüfungsumfang: Durch die Prüfgruppe und die Prüfregel wird der sog. Prüfungsumfang bestimmt. Interessant sind hier die Details, die Abb. 7.17 zeigt. Unter anderem kann festgelegt werden,

- ob Bedarfe pro Tag oder pro Woche aufsummiert werden sollen,
- ob mehrere Benutzer bei einer Verfügbarkeitsprüfung gleichzeitig auf dasselbe Material zugreifen dürfen („Sperre Mng"),
- wie auf eine Fehlmenge reagiert werden soll,

– ob für die betreffende Prüfgruppe überhaupt eine Verfügbarkeitsprüfung durchgeführt werden soll.

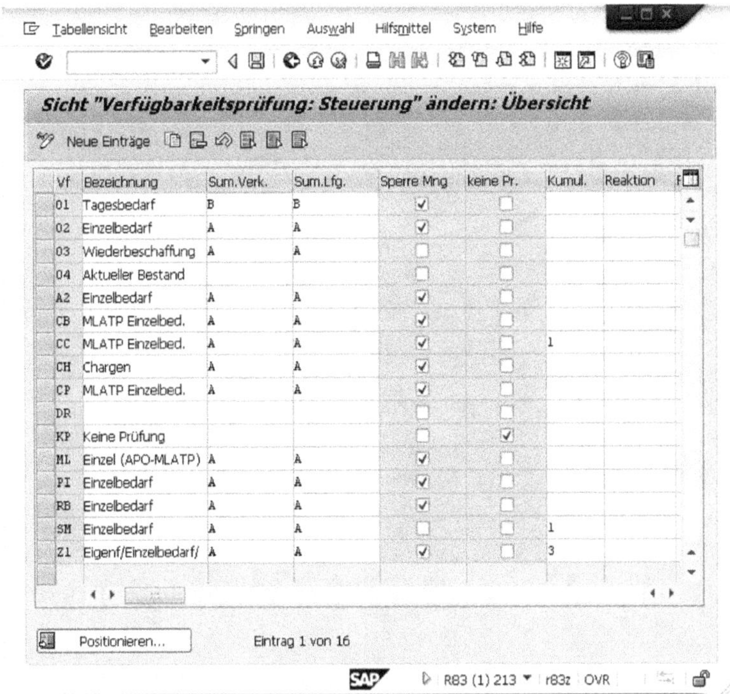

Vf	Bezeichnung	Sum.Verk.	Sum.Lfg.	Sperre Mng	keine Pr.	Kumul.	Reaktion
01	Tagesbedarf	B	B	☑	☐		
02	Einzelbedarf	A	A	☑	☐		
03	Wiederbeschaffung	A	A	☐	☐		
04	Aktueller Bestand			☐	☐		
A2	Einzelbedarf	A	A	☑	☐		
CB	MLATP Einzelbed.	A	A	☑	☐		
CC	MLATP Einzelbed.	A	A	☑	☐	1	
CH	Chargen	A	A	☑	☐		
CP	MLATP Einzelbed.	A	A	☑	☐		
DR				☐	☐		
KP	Keine Prüfung			☐	☑		
ML	Einzel (APO-MLATP)	A	A	☑	☐		
PI	Einzelbedarf	A	A	☑	☐		
RB	Einzelbedarf	A	A	☑	☐		
SM	Einzelbedarf	A	A	☐	☐	1	
Z1	Eigenf/Einzelbedarf/	A	A	☑	☐	3	

Abb. 7.17: Bestands-, Zugangs- und Abgangsarten bei der Verfügbarkeitsprüfung.

Prüfungssteuerung

Prüfungssteuerung: Hier wird schließlich definiert, mit welcher Prüfregel ein Auftrag einer bestimmten Auftragsart geprüft und wie auf das Ergebnis der Verfügbarkeitsprüfung reagiert werden soll. Abbildung 7.18 zeigt am Beispiel eines Auftrags der Auftragsart „PP01“ (Fertigungsauftrag Standard), dass die Prüfregel „PP“ angewendet und keine Verfügbarkeitsprüfung für Fertigungshilfsmittel und die Kapazität durchgeführt werden soll.

Die so definierte Prüfregel wird später bei konkreten Materialverfügbarkeitsprüfungen herangezogen. Wenn für das zu prüfende Material unter den in der Prüfgruppe, der Prüfregel und dem Prüfungsumfang gesetzten Bedingungen keine ausreichende Menge ermittelt werden kann, gibt das System die Meldung aus, dass Teile fehlen und der geplante Termin nicht bestätigt werden kann.

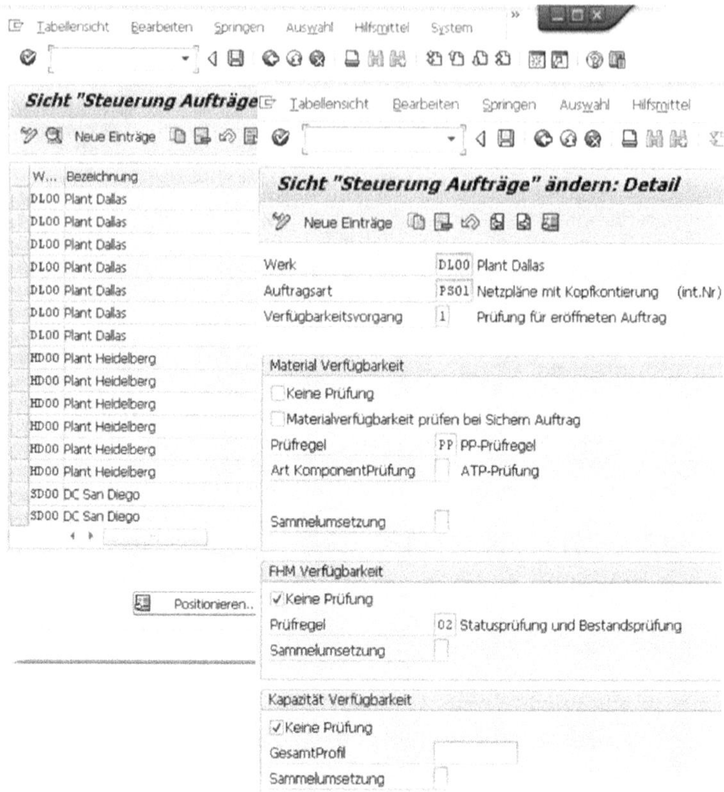

Abb. 7.18: Details der Prüfungssteuerung.

User Exits

Es gibt mehrere Tausend User Exits in SAP ERP

Für die Anbindung von unternehmensindividuellen Erweiterungen der Standardfunktionalität von SAP ERP steht eine große Zahl vordefinierter User Exits zur Verfügung. Eine in SAP ERP abrufbare Liste führt 3.307 User Exits auf (für die Version SAP ECC 6.0). Diese haben codierte Namen, die für Außenstehende wenig aussagefähig sind. Sie gehen auf SAP R/3 zurück. Abbildung 7.19 zeigt einen Ausschnitt aus der Liste.

Wenn mithilfe von User Exits Systemerweiterungen vorgenommen werden sollen, muss der Entwickler

(1) den richtigen User Exit und seine Import- und Exportschnittstelle (bereitgestellte bzw. abzuliefernde Daten) herausfinden;

(2) den Erweiterungscode schreiben, austesten und insbesondere die Korrektheit der vom SAP-System weiterzuverarbeitenden Ergebnisse überprüfen;

(3) den Erweiterungscode an der vorgesehenen Stelle des SAP-Codes einbetten.

Exitname	Kurzbeschreibung
/SAPHT/E	Menü-Exit mit MES-Menüeinträgen
0VRF0001	Kundeneigene Routenfindung
AAIC0001	Verdichtung IM: Bearbeitung Werte nach der Selektion
AAIC0002	Verdichtung IM: Bearbeitung zugeordnete Entitäten nach Sel.
AAIC0003	IM Verdichtung: Definition kundeneigener Merkmale
AAIP0001	IM Recherche: Zuordnung Istwerte zu Budgetarten
AAIP0002	IM-Recherche: Definition kundeneigener Kennzahlen
AAIP0003	IM Recherche: Definition kundeneigener Merkmale
AAIR0001	IM-IS: User-Wertfelder im MAnf-Reporting
AAIR0002	IM-FA: Benutzerfelder für Manfen
AAIR0003	IM: Arbeitsplatz-Zuordnung beim Anlegen PM-Auftrag aus MANF
AAIR0004	IM Recherche: Definition kundeneigener Merkmale
AAIR0006	IM-FA-IA: Datenübergabe von Manf an PSP-Element
AAIS0003	Ist-Abrechnungen von Investitionsmaßnahmen an Anlagen
AAIS0004	Nachträge zum Gesamtplanwert oder Budgetwert
AAPM0001	Integration Anlagenbuchhaltung / Instandhaltung
ACBAPI01	Accounting: Kundenerweiterung der Bapi-Schnittstellen
ACCID001	Verarbeitung von IDos für das Rechnungswesen
ACCID002	Verarbeitung von IDos für das Rechnungswesen Ausgang
ACCOBL01	Kundenexits für PAI und PBO im Kontierungsblock
ACCR0001	Abgrenzungen User-Exits Stammdaten
AD010001	Objektliste und deren Hierarchie ändern
AD010002	Selektion einschränken und/oder ermittelte Daten filtern
AD010003	Benutzerdefinierte DP-Merkmale anlegen
AD010005	Benutzerdefinierte Quellen anlegen
AD010007	DP-Prozessierungsinformationen ändern
AD010010	Modifiziere Druckkopf

Abb. 7.19: Einige User Exits in SAP R/3 Enterprise 4.7 [Easy 2020].

Da der Kern von SAP ERP in der SAP-eigenen Programmiersprache ABAP geschrieben ist, muss der Erweiterungscode i. d. R. ebenfalls in ABAP geschrieben werden und den Konventionen und Restriktionen der SAP-Software genügen.

Abbildung 7.20 gibt einen Eindruck, wie ein SAP User Exit aussieht. In dem Beispiel handelt es sich um den User Exit „SAPMF02D“, der Erweiterungen hinsichtlich der Debitorenstammdaten erlaubt. Am Anfang werden gewisse Datentabellen bekannt gemacht. Den Erweiterungscode in ABAP muss der Entwickler in dem Beispiel zwischen die Zeilen „INCLUDE ZXF04U01“ und „ENDFUNCTION“ schreiben.

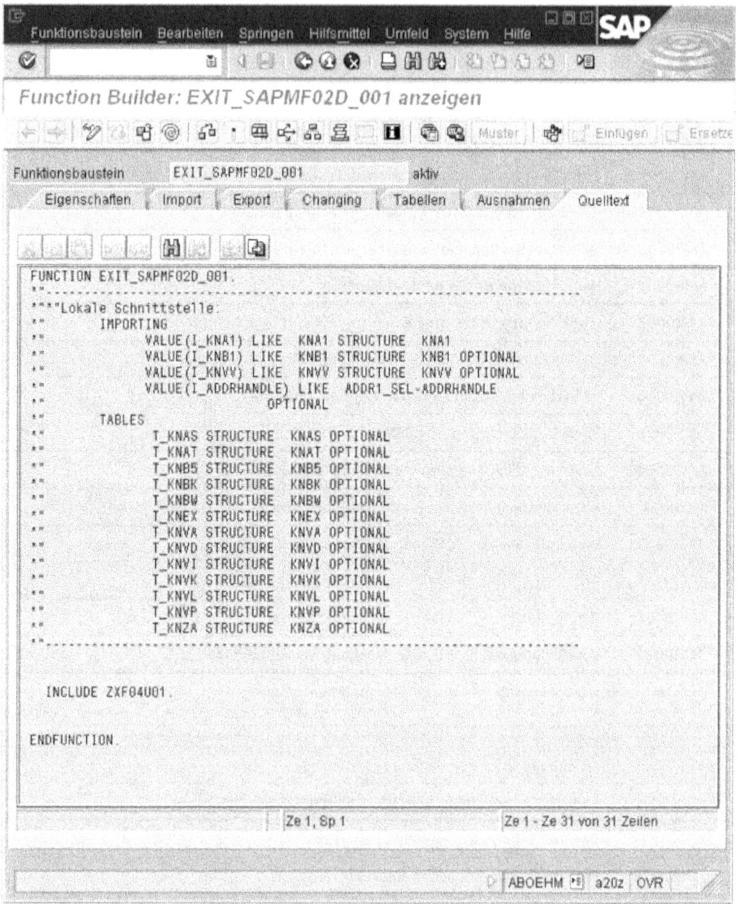

© SAP AG

Abb. 7.20: Beispiel für einen User Exit zu Debitoren-Stammdaten in SAP R/3 FI [Quelle: SAP SE].

Das Programmieren von User Exits ist ein mühseliges Geschäft, wie man auch an den zahlreichen Hilfeersuchen in einschlägigen Internet-Newsgroups und Foren erkennt. Da die Stellen, an denen Erweiterungen vorgenommen werden können, jedoch gut abgegrenzt und dokumentiert sind, sind User Exits dennoch wesentlich einfacher als direkte Manipulationen im komplexen Quellcode des ERP-Systems.

7.4 Technologie von SAP ERP

Die rechte Spalte in der SAP ERP Solution Map (vgl. Abb. 6.1) repräsentiert die Technologie, auf der SAP ERP aufbaut. Sie soll im folgenden Abschnitt kurz erläutert werden. Dazu sind einige Vorbemerkungen angebracht.

7.4.1 Historisches

Drei-Schichten-Architektur

Das heutige System SAP ERP hat Wurzeln in den früheren Systemen SAP R/3 und R/2. Das System R/3 war zunächst ein typisches Client-Server-System mit einer üblichen Drei-Schichten-Architektur. In einer solchen Architektur haben die Schichten folgende Aufgaben:

- Die *Präsentationsschicht* ist für die Kommunikation mit dem Benutzer über eine grafische Benutzeroberfläche zuständig, nimmt die Benutzereingaben entgegen, interpretiert sie und initiiert die entsprechenden Anwendungsprogramme.
- Die *Anwendungsschicht* enthält die betriebswirtschaftliche Funktionalität des Systems und entkoppelt damit die Anwendungslogik von der Benutzeroberfläche und der Datenbank.
- Die *Datenhaltungsschicht* ist für die Daten, mit denen die Anwendungsschicht arbeitet, zuständig. Sie speichert und verwaltet diese, in der Regel mithilfe eines Datenbankservers.

Im einfachsten, idealtypischen Fall sind die Funktionen der Präsentationsschicht auf den Endgeräten der Benutzer (z. B. Personal Computer), die Anwendungsmodule auf mehreren Abteilungsservern und die Datenhaltung auf einem zentralen Datenbankserver gespeichert, und die verschiedenen Rechner sind über ein LAN (Local Area Network) miteinander verbunden.

Mehr-Schichten-Architektur

Mit einer zunehmenden Heterogenität der Informationsverarbeitungslandschaft und der Notwendigkeit, den Zugang zum ERP-System über Internet und Intranet zu ermöglichen, wurde die Drei-Schichten-Architektur modifiziert und erweitert. Eine SAP-Broschüre aus dem Jahr 1997 wies beispielsweise vier Schichten aus – neben den drei oben genannten noch eine „Internetschicht“ [SAP 1997].

ABAP Workbench

Die Softwaretechnologie, auf der R/3 basierte, wurde in großen Teilen von SAP selbst entwickelt. Grundlage ist die Entwicklungsumgebung „ABAP Workbench“, die eine eigene Programmiersprache, ABAP (Advanced Business Application Programming), sowie ein Repository zur Ablage aller bei der Anwendungsentwicklung entstehenden Objekte

(Bildschirmmasken, Anwendungsprogramme, Daten- und Prozessmodelle etc.) enthält.

Dynpro

Da R/3 ein transaktionsorientiertes System war, wurden die Programme in Dialogschritten ausgeführt, die von sog. *Dynpros* („dynamische Programme") gesteuert wurden. Eine Transaktion wurde i. d. R. durch mehrere verkettete Dynpros realisiert.

Objektorientierter Ansatz

Im Unterschied zu der „alten" Softwaretechnologie, mit der R/3 entwickelt worden war, versprach die *objektorientierte Technologie* in den 1990er-Jahren wesentliche Vorteile, wie die Wiederverwendbarkeit und lose Kopplung von Modulen. Diese schlagen sich letztlich in einer einfacheren Systemwartung und -weiterentwicklung, geringeren Kosten und schnelleren Reaktionsmöglichkeiten im Hinblick auf neue Anforderungen nieder. Teile von R/3 wurden im Sinne des objektorientierten Entwicklungsansatzes umgestaltet, und neue Systeme (für Supply Chain Management, Customer Relationship Management u. a.) wurden außerhalb von R/3 objektorientiert entwickelt.

Business Framework, Business Objects

SAP stellte um 1997 ein sog. *Business Framework* als neue strategische Produktarchitektur für komponentenorientierte betriebswirtschaftliche Anwendungen vor [SAP 1997]. Den Kern des Ansatzes bildeten die sog. *Business Objects*. Darunter sind betriebswirtschaftliche Objekte wie „Kunde", „Auftrag", „Rechnung" etc. zu verstehen, die mit aller zugehörigen Funktionalität als „Objekte" im Sinne der objektorientierten Programmierung gekapselt sind. Aus den Business Objects wurden *Business Components* zusammengesetzt, die ganze Anwendungsbereiche, wie z. B. die Personalwirtschaft, abdeckten. Business Objects haben definierte Schnittstellen, sog. BAPIs (Business Application Programming Interfaces), und kommunizieren miteinander über einen von SAP entwickelten Mechanismus (ALE, Application Link Enabling).

Da nicht alle einzelnen Bestandteile von SAP ERP von Grund auf neu entwickelt wurden, finden sich auch in der heutigen SAP-Software weiterhin die älteren Technologien. Sie stehen neben neueren wie Java EE (Java Enterprise Edition) und Web-Technologien, mit denen sie auf Basis der Plattform SAP NetWeaver integriert sind.

7.4.2 SAP NetWeaver

Integrations- und Anwendungsplattform

SAP NetWeaver ist die technologische Plattform, auf der nicht nur SAP ERP, sondern die ganze SAP Business Suite und andere Entwicklungen von SAP basieren. Sie stellt eine umfassende Integrations- und Anwendungsplattform dar, die Informationen und Anwendungen aus den verschiedensten Quellen integriert und Anwender und Geschäftsprozesse technologie- und unternehmensübergreifend zusammenführt [SAP 2003a]. Die Entwicklung von NetWeaver war nach SAP-Angaben hauptsächlich wie folgt motiviert [SAP 2003b]:

- Die Gesamtkosten für die IT-Landschaften werden entscheidend dadurch bestimmt, wie gut die Anwendungssysteme der wichtigsten Zulieferer miteinander funktionieren.
- Bei großen SAP-Kunden entfällt der größte Teil des Integrationsaufwands auf die Integration von SAP-Lösungen mit anderen, kundenspezifischen Unternehmenssystemen.
- Endbenutzer erwarten trotz der Systemvielfalt eine nahtlose Integration aller Systeme, Funktionen für die uneingeschränkte Zusammenarbeit und einen uneingeschränkten Zugriff von überall sowie einen jederzeitigen Zugriff auf sämtliche Daten.

SAP NetWeaver als Integrationsplattform

Diesen Anforderungen sollte die Plattform NetWeaver genügen. Als Integrationsplattform unterstützt NetWeaver die Integration von Menschen (People Integration), von Informationen (Information Integration) und von Geschäftsprozessen (Process Integration), wie Abb. 7.21 veranschaulicht. Dafür werden jeweils umfassende Funktionalitäten zur Verfügung gestellt [SAP 2003a, SAP 2003b, SAP 2025c].

People Integration

People Integration steht etwas verkürzt für die Zusammenführung der richtigen Funktionen und Informationen für die jeweiligen Personen. Zu diesem Zweck werden vier Funktionskreise angeboten:

- *Enterprise Portal* (einheitliche Oberfläche für den Zugriff auf SAP- und Nicht-SAP-Systeme)
- *Collaboration* (unternehmensübergreifende Zusammenarbeit mithilfe von Groupware und anderen Werkzeugen)
- *Portal Content* (sog. Business Packages mit vordefinierten Portalinhalten für Anwender (z. B. Reisekostenabrechnung), Manager und Spezialisten)
- *Multichannel Access* (Zugriff auf ERP-Funktionalität über PC, Internet, mobile Endgeräte und sprachgesteuerte Systeme)

Information Integration

Durch *Information Integration* werden strukturierte und unstrukturierte Informationen im Unternehmen in einer konsistenten Form zugänglich gemacht. Dafür werden Funktionen in den folgenden vier Teilbereichen bereitgestellt:

- Business Intelligence
- Knowledge Management
- Master Data Management (Stammdatenverwaltung)
- Organisation von Inhalten

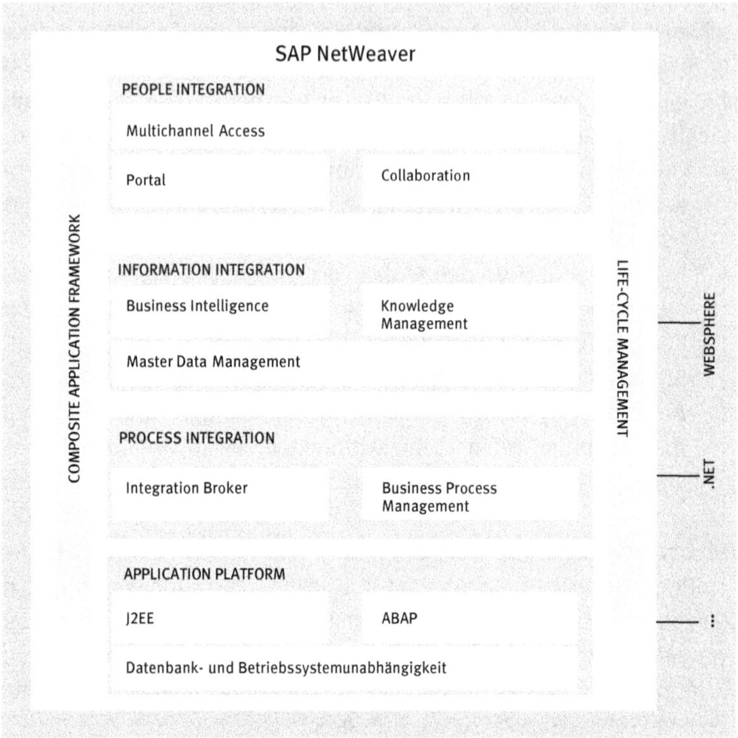

Abb. 7.21: Integrations- und Applikationsplattform SAP NetWeaver [SAP 2003b].

Process Integration

Durch die *Process Integration* soll der effiziente Ablauf der Geschäftsprozesse über heterogene Informationssystemlandschaften hinweg ermöglicht werden.

- Das *Business Process Management* unterstützt die Modellierung und Beschleunigung von Geschäftsprozessen.
- Der *Integration Broker* realisiert die Kommunikation zwischen Anwendungskomponenten aus verschiedenen Quellen über gängige Standards wie XML, SOAP, WSDL u. a.

Applikationsplattform

Als *Applikationsplattform* stellt NetWeaver eine vollständige Softwareentwicklungs- und Laufzeitumgebung für Programme dar. Sie unterstützt sowohl Java EE als auch ABAP-basierte Entwicklung. Die beiden Ansätze existieren in der Plattform gleichberechtigt nebeneinander.

Offenheit und Interoperabilität werden durch Betriebssystem- und Datenbankunabhängigkeit, offene Standards (XML, SOAP etc.) und spezielle Funktionen für die Interoperabilität mit IBM WebSphere und Microsoft.NET gewährleistet.

Das *Composite Application Framework* ist eine Entwicklungsumgebung für sog. Composite Applications und basiert auf der serviceorientierten Architektur (s. u.). *Composite Applications* sind vorgefertigte Anwendungspakete, die auf bestehenden Informationssystemen aufsetzen und funktionsübergreifende Prozesse unterstützen. Damit können durchgängige Prozesse über heterogene Systeme hinweg ablaufen [SAP 2025c].

Composite Application Framework

Enterprise Services und SOA

SAP NetWeaver als Plattform stellt die technologische Basis für eine serviceorientierte Informationssystemarchitektur (SOA, Service Oriented Architecture) dar. In einer service-orientierten Architektur arbeiten sog. Services (meist Webservices) zusammen, um die Anwendungsprobleme zu lösen.

Service Oriented Architecture (SOA)

SAP entwickelte das softwaretechnische Konzept der Webservices anwendungsorientiert weiter zu sog. *Enterprise Services*. Dies sind Webservices auf einer höheren, betriebswirtschaftlichen Ebene, zum Beispiel eine Verfügbarkeitsprüfung oder eine Preiskalkulation. Enterprise Services bilden den Kern des Architekturansatzes, den SAP zeitweise als ESA (Enterprise Services Architecture), ESOA (Enterprise SOA) und später wieder, wie sonst üblich, als SOA bezeichnete.

Enterprise Services

7.4.3 SAP HANA

Seit 2008 arbeitete SAP an einem völlig neuen Plattformansatz, der im Kern auf einer innovativen Datenbankstruktur basiert und Ende 2010 unter dem Namen HANA vorgestellt wurde [Plattner 2009]. Neue Anwendungssysteme wurden ab diesem Zeitpunkt auf HANA-Basis entwickelt und vorhandene Systeme nach und nach auf HANA umgestellt.

Neuer Plattformansatz

Der Leser wird sich vorstellen können, dass es enorm aufwendig ist, ein so umfangreiches Softwareprodukt wie SAP ERP oder SAP SCM auf eine völlig andere Plattform zu portieren. Seit 2015 bietet SAP nun unter dem Namen S/4HANA eine neue Version der SAP Business Suite (vgl. Abschnitt 6.1) an.

S/4HANA

Anwenderunternehmen, die bereits SAP ERP einsetzen, sind nicht unbedingt geneigt, ihrer Organisation den erheblichen Umstellungsaufwand von SAP ERP auf S/4HANA aufzubürden, es sei denn, dass er durch das Kosten-Nutzen-Verhältnis gerechtfertigt ist. Deshalb ist zu erwarten, dass der Umstieg langsam vor sich geht. Der Druck auf die Anwender dürfte sich, wie in anderen Fällen im IT-Bereich, aber erhöhen, wenn die Einstellung der Wartung für die Vorversion durch den Hersteller bevorsteht.

HANA-Datenbankstruktur

HANA weist im Vergleich zu konventionellen datenbankbasierten Anwendungssystemen enorme Geschwindigkeitsvorteile auf. Diese resultieren hauptsächlich aus einer neuartigen Datenbankstruktur. Während konventionelle relationale Datenbanken, die bei betrieblichen Anwendungssystemen üblicherweise zum Einsatz kommen,

„Verlangsamende“ Datenbankeigenschaften

(1) alle Datenelemente mit ihren Werten,
(2) zeilenweise (d. h. in Datensätzen) und
(3) auf externen Speichermedien (z. B. Magnetplatten)

speichern, verfolgt HANA das Ziel, alle diese „verlangsamenden“ Datenbankeigenschaften zu eliminieren. Das bedeutet insbesondere:

In-Memory-Datenbank

– Verzicht auf externe Speicher: Da Plattenzugriffe mechanische Vorgänge darstellen, sind sie gegenüber elektronischen Vorgängen um Größenordnungen langsamer. Bei HANA werden alle Daten im Hauptspeicher, d. h. auf Speicherchips, gehalten.

Datenbank- und Anwendungsserver integriert

– Verzicht bzw. Reduktion des Netzwerkverkehrs: Bei einer konventionellen Drei-Schichten-Architektur ist die Datenbank von den Anwendungsprogrammen getrennt (vgl. Abschnitt 7.4.1). Das heißt vom Grundsatz her, dass die Datenbank und die Programme jeweils auf getrennten Servern installiert sind und über ein Netzwerk kommunizieren. Jeder der zahlreichen Datenbankzugriffe in einem betrieblichen Anwendungssystem verlangt, dass Daten über das Netz transportiert werden. Bei HANA werden im Idealfall Datenbank- und Anwendungsserver nicht getrennt, d. h., auf der Datenbankebene ist auch ein Anwendungsserver integriert.

Spaltenweise Speicherung

– Spaltenweise statt zeilenweiser Speicherung: Daten werden nicht nach Zeilen (d. h. in konventionellen Datensätzen), sondern nach Spalten (d. h. attributweise) gespeichert, da die Mehrzahl von Datenbankabfragen nur einzelne Spalten auswertet.

Verweise statt Datenwerte

– Speicherung von Verweisen statt Werten: Während üblicherweise in einer Datenbanktabelle die Datenwerte gespeichert werden, arbeitet man bei HANA mit *Verweisen* auf Datenwerte. Dies hilft in hohem Maße, Redundanz zu vermeiden.

Speicherplatzreduktion

Wenn man als Beispiel eine Kundentabelle mit 1.500 Kunden in München, 500 in Garmisch-Partenkirchen, 600 in Friedrichshafen und 2.500 in Berlin betrachtet, dann würde in einer konventionellen Datenbank die Spalte „Ort“ 1.500-mal den Text „München“, 500-mal „Garmisch-Partenkirchen“, 600-mal „Friedrichshafen“ und 2.500 „Berlin“ enthalten. Bei einer Feldlänge von 40 Zeichen sind dies 408.000 Byte

(Unicode). Speichert man dagegen jeden Wert nur einmal (an anderer Stelle) und verweist aus der Spalte „Ort“ mit einer ganzen Zahl dorthin (etwa 1 für „München“, 2 für „Garmisch-Partenkirchen“ etc.), dann reduziert sich der Speicherbedarf auf 20.480 Byte (bzw. 10.280 Byte, je nach gewähltem Datentyp), was etwa 1/20 (bzw. 1/40) entspricht.

„Single point of truth“

Mit weiteren Kompressionstechniken und intelligenten Maßnahmen erreicht man bei HANA eine erhebliche Reduktion der Datenbankgröße. Durch den Verzicht auf eine Trennung von Datenbank- und Anwendungsserver wird die Laufzeit der Programme um Größenordnungen schneller. Dies geht so weit, dass der „Erfinder“ der HANA-Konzeption (Hasso Plattner) die Trennung von Transaktionsdatenbanken (z. B. einer ERP-Datenbank) und Analysedatenbanken (basierend auf einem Data Warehouse) als obsolet ansieht. Da HANA extrem schnell ist, könne jede Art von analytischer Auswertung (insbesondere Aggregationen) auf den Originaldaten erfolgen („computation on the fly“) [Plattner 2012, S. 6 ff.].

8 Das Umfeld von ERP: MES, CAx und PDM

8.1 MES – Manufacturing Execution Systems

Verbindung zwischen ERP-System und technischen Systemen

Manufacturing Execution Systems (MES) schließen die Lücke zwischen der Planung im ERP-System und der Ausführung in der Fertigung. Da die Fertigung heute zunehmend durch eine Automatisierung gekennzeichnet ist, kann man aus Sicht der computergestützten Informationssysteme auch sagen, dass MES die Verbindung zwischen der betriebswirtschaftlichen Informationsverarbeitung im ERP-System und den technischen Steuerungssystemen herstellen. Sie unterstützen in diesem Sinne eine integrierte Informationsverarbeitung [Obermaier 2010].

„Pläne"

Die Planung im MRP, MRP II bzw. ERP erzeugt über mehrere Verfeinerungsstufen hinweg verschiedene Grob- und Feinpläne – aber eben nur „Pläne". Es ist fraglich, ob sie tatsächlich verwirklicht werden können. Selbst wenn man fest entschlossen ist, einen Plan umzusetzen, können Ereignisse auftreten, die verhindern, dass weiterhin „planmäßig" verfahren wird. Derartige Ereignisse treten vornehmlich vor Ort in der Fertigung auf, weit weg vom dispositiven Planungssystem, z. B. Maschinenausfall, Materialengpass, Krankheit o. a.

Kein „S" in „PPS"-Systemen

Das Fehlen von Steuerungsmechanismen in den früheren PPS-Systemen führte dazu, dass eigenständige Lösungen für die Fertigungssteuerung und die Verbindung von Steuerungssystem und Planungssystem geschaffen wurden. Den ersten Ansatz dazu bildeten Ende der 1980er-Jahre die elektronischen Leitstände, die Anfang des 21. Jahrhunderts in den Manufacturing Execution Systems aufgingen.

Planungshorizonte

Die Planung im ERP-System hat im Vergleich zu den Zeiträumen der Fertigungssteuerung den Charakter einer Grobplanung. Für die Umsetzung im täglichen Fertigungsgeschehen bedarf sie erstens der Verfeinerung bis auf Stunden- oder Minutenebene (Feinplanung) und zweitens der laufenden Überwachung und Rückkopplung. Diese Aufgaben übernehmen die Manufacturing Execution Systems.

Abbildung 8.1 zeigt die Aufgabenbereiche von ERP-Systemen, MES und CAx-Systemen, die in Abschnitt 8.2 behandelt werden. Teilweise überlappen sich die Funktionalitäten. So wird die Feinplanung sowohl von ERP-Systemen als auch von MES unterstützt. Auch weitere typische ERP-Funktionen findet man in MES wieder, sodass eine Entscheidung getroffen werden muss, wie genau die Arbeitsteilung zwischen den beiden Systemen organisatorisch gestaltet wird.

https://doi.org/10.1515/9783111589688-008

Aufgabenbereich	Zeithorizont	System
Grobplanung		ERP-System (MRP II)
Programmplanung	Jahre/Monate	
Absatzplanung	Jahre/Monate	
Materialplanung	Monate	
Feinplanung		
Durchlaufterminierung	Monate/Wochen	
Kapazitätsplanung	Monate/Wochen	
Fertigungssteuerung	Wochen/Tage	
Ausführungsplanung und -steuerung		Manufacturing Execution System
Kurzfristplanung	Tage/Stunden	
Steuerung	Stunden/Minuten	
Kontrolle	Minuten/Sekunden	
Technische Fertigungsprozesse		CAx-Systeme

Abb. 8.1: Zeithorizonte und Aufgabenverteilung zwischen MES und ERP-System.

MESA, APICS

Der Begriff Manufacturing Execution System wird sehr unterschiedlich definiert. Bekanntere Definitionen stammten von *MESA International* (http://www.mesa.org) und *APICS* (http://www.apics.org). Angelehnt an diese kann man ein MES etwa wie folgt kennzeichnen:

Definition MES

Ein *Manufacturing Execution System (MES)* ist ein Anwendungssystem für die Fertigung, das ERP-, CAx- und technische Steuerungssysteme um die Feinplanung, Steuerung und Überwachung der Fertigungsressourcen und der Fertigungsaufträge ergänzt. Wesentliche Funktionen eines MES sind:

- Kurzfristige Feinplanung und Steuerung der Fertigungsabläufe, der Betriebsmittelbelegung, der Instandhaltung und des Personaleinsatzes
- Verwaltung und Überwachung der Fertigungsressourcen und der Fertigungsaufträge (Auftragsverfolgung)
- Erfassung, Aufbereitung und Verarbeitung von Betriebs-, Maschinen- und Personaldaten, Rückkopplung und Anpassung der Feinpläne
- Auftrags-, Material- und Chargenverfolgung und -rückverfolgung
- Qualitätsmanagement, Dokumentenmanagement und Performanceanalysen

VDI-Richtlinie 5600

In der VDI-Richtlinie 5600 (VDI, Verein Deutscher Ingenieure), die den Bereich „Fertigungsmanagementsysteme (Manufacturing Execution Systems)“ umfassend zu beschreiben versucht, werden zehn Aufgabenbereiche identifiziert, die ein MES unterstützen sollte [VDI 2016]:
- Auftragsmanagement
- Feinplanung und Feinsteuerung
- Betriebsmittelmanagement
- Materialmanagement
- Personalmanagement
- Datenerfassung
- Leistungsanalyse
- Qualitätsmanagement
- Informationsmanagement
- Energiemanagement

Die Begriffswahl deutet an, dass die Aufgaben sehr weit gesehen werden. Dies zeigt sich auch in der Aufstellung der „Unternehmensprozesse“, die lt. VDI von einem MES profitieren [VDI 2016]: Arbeitsvorbereitung, Produktion, Transport, Materialwirtschaft, Qualitätssicherung, Personalwirtschaft, Rückverfolgung, Instandhaltung, kontinuierliche Verbesserung (KVP) und Controlling. Sieht man einmal von der zu hinterfragenden Verwendung des Prozessbegriffs ab, so erkennt man doch, dass wesentliche Aufgabenfelder im Enterprise Resource Planning Nutzen aus dem MES-Einsatz ziehen können.

Herkunft der MES

Die Funktionalität von MES reflektiert die unterschiedliche Herkunft der Systeme. Viele entstanden aus dedizierten Fertigungssteuerungs- bzw. Leitstandsystemen heraus, andere aus Personalzeit- oder Betriebsdatenerfassungssystemen und wieder andere aus Qualitätssicherungssystemen, die jeweils um die fehlenden Funktionalitäten angereichert wurden. Darüber hinaus gibt es heute auch MES-Module als Bestandteile von ERP-Systemen.

Das Marktangebot ist entsprechend groß. In Marktübersichten werden teilweise mehr als 100 Systeme genannt (vgl. z. B. Wiendahl [2019]).

Die Kernfunktionalitäten eines MES sind, wie Abb. 8.2 verdeutlicht, in den Komponenten Fertigungsleitstand, Betriebs-/Maschinendatenerfassung (BDE/MDE), Personal- sowie Qualitätsmanagement gebündelt. Daneben gibt es häufig weitere Module, z. B. für das Dokumentenmanagement sowie Analysen und Berichte (vgl. zum Aufbau und zur Funktionalität von MES z. B. [Kletti 2015]).

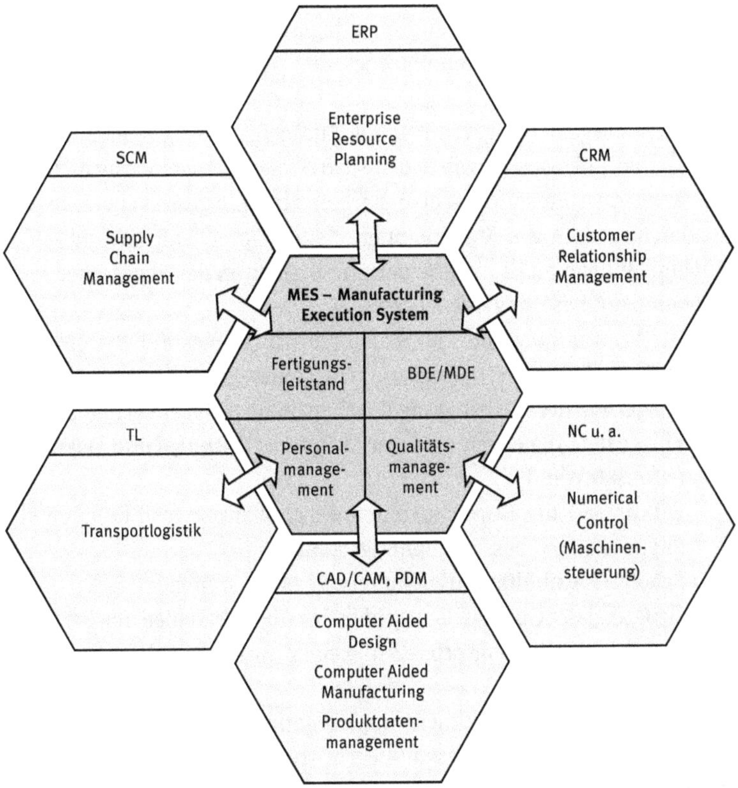

Abb. 8.2: Umfeld und Schnittstellen von Manufacturing Execution Systems.

Kontext von MES

Ein MES steht im Kontext anderer Systeme. Insbesondere bestehen Schnittstellen zum Enterprise Resource Planning, Supply Chain Management und Customer Relationship Management sowie zu Computer Aided Design/Computer Aided Manufacturing, Produktdatenmanagement, Transportlogistik und Maschinensteuerung (DNC/CNC/NC, Direct/Computerized/Numerical Control u. a.).

Unterschiede zu ERP

Zwei wesentliche Unterschiede zur konventionellen Produktionsplanung, wie sie von ERP-Systemen angeboten wird, sind folgende. *Erstens* wird in diesen Systemen im Prinzip für unbeschränkte und verfügbare Kapazitäten geplant, wenn auch im Zuge der Grobplanung eine gewisse Glättung von sich abzeichnenden Über- oder Unterbelastungen erfolgt. Dem steht entgegen, dass später die Ressourcen (Menschen, Maschinen u. a.) möglicherweise doch nicht so zur Verfügung stehen, wie Wochen zuvor geplant. *Zweitens* stehen in ERP-Systemen die Ist-Daten aus der Produktion nicht oder nicht zeitnah zur Verfügung. Diese können somit auch nicht für eine tagesaktuelle Terminierung bzw. Anpassung der Terminplanung oder der Auftragskalkulation berücksichtigt werden.

MES spiegeln demgegenüber die tatsächlich herrschenden Verhältnisse im Produktionsbereich wider. Sie führen die Feinplanung im Lichte der konkreten Ressourcenverfügbarkeit durch, erfassen die aktuellen Ist-Daten, passen die Kurzfristpläne dementsprechend an und geben Rückmeldungen an das übergeordnete System (in der Regel, aber nicht notwendigerweise, das ERP-System).

Nutzeffekte von MES

Die Verwendung eines MES als Ergänzung eines ERP-Systems verspricht Nutzeffekte im Hinblick auf [Obermaier 2010; Berlak 2004]:

- Steigerung der Ausbringung durch erhöhte Anlagenverfügbarkeit
- Kostensenkung durch geringeren Datenerfassungs- und Dokumentationsaufwand
- Verkürzung der Durchlaufzeiten durch frühzeitiges Erkennen von Engpässen und bessere Planungsqualität
- Erhöhte Flexibilität durch kürzere Reaktionszeiten
- Sicherung der Qualität durch ein frühzeitiges Erkennen von Schwachstellen im Produktionsprozess und einer Nachvollziehbarkeit

„Alter Wein in neuen Schläuchen"?

Zur Bewertung von Manufacturing Execution Systems sei angemerkt, dass vieles, was unter diesem Begriff zusammengefasst wird, nicht unbedingt neu ist. Die Kurzfristplanung und Steuerung mithilfe von Fertigungsleitständen gibt es im Prinzip seit Mitte der 1980er-Jahre, die Personalzeit- und Betriebsdatenerfassung war schon lange davor ein ausgeprägter Bereich in der Praxis, und das Qualitätsmanagement ist ebenfalls, spätestens seit Entstehung des Computer Integrated Manufacturing (CIM) in den 1980er-Jahren und Managementphilosophien wie Total Quality Management (TQM), fest etabliert.

Während es sich in der Vergangenheit aber eher um getrennte Ansätze handelte, ist mit dem Begriff Manufacturing Execution Systems ein gemeinsames Dach entstanden. Dennoch wurde mit dem Begriff MES häufig auch bereits Existierendes nur umetikettiert.

Leitstandsorganisation

Einstieg in die Dezentralisierung

Die aus Planungs- und Steuerungssicht wichtigste MES-Komponente ist der Fertigungsleitstand. Sogenannte „elektronische" oder „grafische" Leitstände gab es schon lange vor den Manufacturing Execution Systems. Die ersten Systeme entstanden Mitte der 19080er-Jahre, als sich mit leistungsfähigen Workstations, lokalen Netzen und grafischen Benutzeroberflächen erstmals die technischen Möglichkeiten boten, Aufgaben der Fertigungssteuerung auf dedizierte dezentrale Rechnersysteme zu verlagern.

Instanz in der Aufbauorganisation

Elektronische Leitstände gehen auf die Organisationsform des *Fertigungsleitstands* zurück. Darunter versteht man eine Instanz in der Aufbauorganisation, welche für die Fertigungssteuerung, insbesondere unter terminlichen Gesichtspunkten, und die Fortschrittskontrolle in einem Produktionsunternehmen zuständig ist.

Aufgaben eines Leitstands

Wichtige Aufgaben eines solchen Leitstands sind die Einplanung der Fertigungsarbeitsgänge auf den Betriebsmitteln und Arbeitsplätzen, die Entgegennahme und Behandlung von Rückmeldungen aus der Produktion (z. B. über Beginn, Ende, Störung von Arbeitsgängen), die Verfolgung des Auftragsfortschritts, die Beantwortung von Anfragen bezüglich des Auftragsstands u. v. a.

Plantafel

Zentrales Hilfsmittel für die Planung, Steuerung und Kontrolle ist die *Plantafel*. Ein konventioneller Fertigungsleitstand ist meist daran zu erkennen, dass an der Wand eine oder mehrere Plantafeln hängen und eine Sprechanlage existiert, über die die Kommunikation mit den Fertigungsbereichen abgewickelt wird. Eine Plantafel kann z. B. vertikal nach Betriebsmittelgruppen, Einzelbetriebsmitteln und anderen Arbeitsplätzen gegliedert sein, während die Horizontale der Zeitachse entspricht, sodass eine tabellenähnliche Struktur vorliegt.

Stecktafel

Konventionelle Plantafeln sind häufig als *Stecktafeln* aufgebaut. In den Fächern der Tafel können Belege (z. B. Laufkarten, Fertigungsauftragspapiere oder andere Dokumente) eingesteckt und dem Fertigungsfortschritt gemäß weiterbewegt werden. Die Plantafel realisiert damit eine Darstellungsform ähnlich einem Gantt-Diagramm. Die physische Ausdehnung ist entsprechend groß. Sie kann schnell 5, 10 oder 15 Quadratmeter erreichen.

Mehrere Plantafeln

Deshalb führt man häufig nicht alle Informationen in einer einzigen Plantafel, sondern in mehreren. Die Verteilung kann nach unterschiedlichen Kriterien erfolgen, z. B. nach Fertigungsbereichen, nach dem Detaillierungsgrad der Planung oder nach dem Fertigungsfortschritt.

Transparenz

Die Organisationsform des Fertigungsleitstands schafft grundsätzlich mehr Transparenz in der Produktion. Die Visualisierung in Form der Plantafel kann die Übersicht über die Fertigungssituation verbessern, sofern es gelingt, die Plantafel ständig aktuell zu halten.

Schwachstellen der konventionellen Fertigungsleitstände

Hierin liegen jedoch auch die *Schwachstellen* der konventionellen Leitstandsorganisation:

– Angesichts des großen Datenvolumens – in manchen Betrieben befinden sich mehrere hundert oder tausend Arbeitsgänge gleichzeitig in der Fertigung – ist es schwierig, stets den aktuellen Stand nachzuhalten und in der Tafel durch Umstecken etc. zu berücksichtigen.

- Die Auswirkung einer Störung oder Umdisposition sind nicht unmittelbar zu erkennen. Wenn etwa ein Arbeitsgang aufgrund einer Störung verschoben werden muss, können unter Umständen andere Arbeitsgänge des Auftragsnetzes nicht unverändert gesteckt bleiben. Die inhaltlichen Zusammenhänge muss der Fertigungssteuerer kennen oder mühsam „von Hand" überprüfen, um die Konsistenz des Plans erhalten zu können.
- Als Planungsinstrument ist die Stecktafel nur bedingt von Nutzen. Soll etwa ein Auftrag unter Berücksichtigung aller Interdependenzen probeweise einplant werden, müssten Karten o. Ä. von Hand gesteckt, wieder entfernt, neu gesteckt werden etc. Die Simulation alternativer Betriebsmittelbelegungspläne ist auf diese Weise kaum durchführbar.

Elektronische Leitstände

Das Prinzip des Fertigungsleitstands, repräsentiert durch die Plantafel, beeinflusste sehr stark die Entstehung der *elektronischen Leitstände*. Hier lassen sich zwei zeitlich parallele Entwicklungslinien ausmachen: einmal in der anwendungsnahen Hochschulforschung und zum anderen in fortschrittlichen Unternehmen der Softwarebranche.

Wirtschaftsinformatik

Im Hochschulbereich, insbesondere in der Wirtschaftsinformatik, waren die Aktivitäten durch das Aufkommen grafischer Benutzeroberflächen in der ersten Hälfte der 1980er-Jahre motiviert. Wegweisende Arbeiten wurden in einem von der Deutschen Forschungsgemeinschaft (DFG) ab 1984 geförderten Schwerpunktprogramm geleistet, das sich unter anderem der Dialogisierung betriebswirtschaftlicher Informations- und Steuerungssysteme annahm [Kurbel 1989a]. In diesem Programm entstanden Konzepte für die Fertigungssteuerung mit grafischen Hilfsmitteln und erste Prototypen der elektronischen Leitstände *L1* [Kurbel 1988] und *FI-2* [IDS o. J.].

Deutsche Forschungsgemeinschaft (DFG)

Softwarehäuser

Parallel dazu wurden in Softwarehäusern, die im Produktionsbereich tätig waren, grafische oder grafisch orientierte Systeme entwickelt, welche die PPS-Systeme „nach unten", in die kurzfristige Feinplanung und Fertigungssteuerung hinein, ergänzen sollten. Als eines der ersten Leitstandsysteme kam um 1986 der „CIM-Leitstand" der Firma AHP – meist kurz als „AHP-Leitstand" bezeichnet – auf den Markt [Havermann 1990]. Obwohl ab 1988/89 ein wahrer Boom bei den Leitstandsystemen einsetzte, blieb der AHP-Leitstand lange Zeit der Marktführer.

AHP-Leitstand

Aufgaben eines elektronischen Leitstands

Die Aufgaben eines elektronischen Leitstands lassen sich grob den folgenden Bereichen zuordnen:

- Betriebsmittelbelegungsplanung (Maschinenbelegungsplanung) mithilfe der auf dem Bildschirm dargestellten elektronischen Plantafel
- Kapazitätsdisposition mithilfe von Kapazitätsbelastungsprofilen (z. B. in Form von Kapazitätsgebirgen)
- Auftragsfreigabe, eventuell verbunden mit der Belegerstellung
- Fertigungsüberwachung, insbesondere Behandlung von Rückmeldungen und Auftragsfortschrittskontrolle

Arbeitsteilung

Da sich die Funktionalität von MES und Planungssystem hier überlappt, sind organisatorische Regelungen erforderlich, die das Miteinander regeln. Für die grundsätzliche Darstellung der Aufgaben eines elektronischen Leitstands sei zunächst die folgende, idealisierte Arbeitsteilung angenommen:

- Das ERP-System führt die Grobplanung durch, erzeugt insbesondere die Fertigungsaufträge und -arbeitsgänge und versieht diese auf dem Wege der Durchlaufterminierung mit Eckterminen.
- Der so entstehende Vorrat an Arbeitsgängen für einen Feinplanungszeitraum (Arbeitsvorrat) wird an den Leitstand übergeben und dort weiterbehandelt. Insbesondere finden im Leitstand die Belegungsplanung für die Betriebsmittel, die Kurzfristplanung für die Arbeitsgänge, die Behandlung von Störungen und Planabweichungen sowie die Fortschrittskontrolle statt.
- Rückmeldungen (z. B. über die Fertigstellung von Aufträgen oder Arbeitsgängen oder Störungen) gehen vom Leitstand an das ERP-System zurück, das auf diese Weise seine Pläne aktualisieren kann.

Fertigungsleitstand“ versus „Fertigungsleitsystem“

Hinzuweisen ist auf die unterschiedlichen Begriffe „Fertigungsleitstand“ und „Fertigungsleitsystem“. Der letztere stammt aus der Fertigungsleittechnik und umfasst insbesondere Funktionen zur Prozesssteuerung und -überwachung bei automatisierten Fertigungssystemen, manchmal auch die Lager- und Transportsteuerung für automatisierte Systeme. Ein Fertigungsleitsystem weist über die technische Steuerung hinaus oft auch Funktionen wie einen Leitstand auf (z. B. Terminierungs-, Kapazitätsfunktionen). Im Unterschied zu einem Fertigungsleitsystem ist ein elektronischer Leitstand eher ein „dispositiver“ als ein „technischer“ Leitstand.

8.1.1 (Elektronische) Plantafel

Aufgaben einer Plantafel

Die *elektronische Plantafel* dient insbesondere dazu, feingeplante Fertigungsaufträge auf den Betriebsmitteln bzw. Fertigungsressourcen einzuplanen, deren Belegung zu visualisieren, bei Planungsentscheidungen Hilfestellung zu geben und Umplanungen zu unterstützen.

Neben Maschinen können grundsätzlich alle Organisationselemente und Objekte, deren Kapazität beschränkt ist (z. B. Hand-, Prüfarbeitsplätze, Personalressourcen, Werkzeuge und andere) in einer Plantafel dargestellt werden. Der Einfachheit halber wird im Weiteren nur von Betriebsmitteln gesprochen. Die Belegungsplanung erfolgt meist detailliert auf der Ebene der Einzelbetriebsmittel.

Plantafel und ERP-System

Sofern der Leitstand zusammen mit einem ERP-System (oder einem anderen System, das Fertigungsaufträge verwaltet) betrieben wird, sieht die logische Schnittstelle so aus:

Arbeitsvorrat

An die Plantafel wird ein Vorrat an grobterminierten Fertigungsaufträgen bzw. -arbeitsgängen, versehen mit Start- und Endterminen, übergeben (*Arbeitsvorrat*). Die Arbeitsgänge werden entweder manuell (durch Planungsentscheidungen des Fertigungsdisponenten) oder automatisch, nach einem vorgegebenen Einplanungsalgorithmus, in die Plantafel eingelastet.

Bestehende Belegungen des Betriebsmittels

Bei der Einlastung in die Plantafel werden bereits bestehende Belegungen des Betriebsmittels berücksichtigt. Grundsätzlich kann dies so erfolgen, dass neue Aufträge erst einmal um die bereits eingeplanten herum eingelastet werden. Das mag nicht optimal sein und kann deshalb nachträglich verbessert werden.

Automatisierte Einplanungsalgorithmen gehen unterschiedlich vor, beispielsweise wie folgt:

– Ein einfacher Algorithmus arbeitet die Arbeitsgänge des Arbeitsvorrats nach einer vorgegebenen Terminierungsstrategie (z. B. Einplanung zum spätesten möglichen Zeitpunkt) nacheinander ab und ordnet sie in die Plantafel ein. Dabei muss als Minimalanforderung beachtet werden, dass die Konsistenz der Fertigungsauftragsnetze gewahrt bleibt.
– Etwas anspruchsvoller sind Algorithmen, die die Vorteilhaftigkeit von Reihenfolgen mitberücksichtigen. Zum Beispiel können Umrüstzeiten und -kosten das Aufeinanderfolgen bestimmter Arbeitsgangtypen als zweckmäßig oder unzweckmäßig erscheinen lassen.

Operations-Research-Verfahren

– Grundsätzlich sind heute auch manche *Operations-Research-Verfahren* anwendbar. Die Betriebsmittelbelegungsplanung ist ein klassisches OR-Problem, für das zahlreiche Lösungsansätze existieren. Da sie sich auf einen eng abgegrenzten Teilbereich bezieht, ist die Modellgröße beschränkt, sodass auch Optimierungsverfahren eine Lösung in begrenzter Zeit ermitteln können.

Optimierung

– Leistungsfähige Heuristiken werden ebenfalls eingesetzt. Beispiele sind Simulated Annealing, Tabu Search, genetische Algorithmen und bestimmte Formen künstlicher neuronaler Netze (vgl. Abschnitt 3.5.2).

Neuronale Netze und naturanaloge Verfahren

Priorisierung bei Konflikten

Bei der *Einzelfertigung* ist die Vorgehensweise etwas anders: Es werden nicht mehrere Aufträge zusammen als Arbeitsvorrat übergeben, sondern der einzelne Auftrag wird in die Plantafel eingetragen. Dies kann automatisiert erfolgen, wird aber in vielen Fällen manuell durchgeführt, sodass der Fertigungsdisponent bestehende Ressourcenkonflikte durch Priorisierung gleich auflösen kann. Bei einem Belegungskonflikt wird er wahrscheinlich den „wichtigeren" Auftrag zu den gewünschten Terminen einplanen und andere Aufträge, die im Weg sind, verschieben.

Rückmeldungen

Durch die Einlastung in die Plantafel erhalten die Arbeitsgänge konkrete, feingeplante Start- und Endtermine. Diese können an das ERP-System rückgemeldet werden, was aber nicht immer erfolgt. Rückgemeldet wird jedoch in der Regel die Beendigung eines Arbeitsgangs und die Beendigung des Fertigungsauftrags.

Darstellungsform: Gantt-Diagramm

Plantafeln werden grundsätzlich in Form von *Gantt-Diagrammen* dargestellt. Die vertikale Achse zeigt die relevanten Betriebsmittel, die horizontale Achse die Zeit. Je nach Aggregierungsgrad sind die Zeiteinheiten Stunden, Tage, Wochen oder andere.

Plantafel von *infoBoard*

Das *Aussehen von Plantafeln* kann dennoch sehr unterschiedlich sein. Abbildung 8.3 zeigt eine typische Plantafel in einem gut ausgelasteten Fertigungsbetrieb. Die Abbildung stammt aus einer *infoBoard-Plantafel.* Die Firma infoBoard ist einer der führenden Anbieter elektronischer Plantafeln [infoBoard 2025].

Die zahlreichen kleinen Kästchen im Hauptteil der Plantafel sind Arbeitsgänge unterschiedlicher Fertigungsaufträge. Der zeitlichen Skalierung liegt ein Stundenraster zugrunde. Wie man sieht, dauern die meisten Arbeitsgänge in dieser Fertigung mehrere Stunden, einige wenige auch länger als einen Tag.

Die Heutelinie ist am Donnerstag, 16. Juli. Das heißt, die Arbeitsgänge links davon sind bereits fertig (oder in Bearbeitung), die Arbeitsgänge rechts davon liegen in der Zukunft und könnten grundsätzlich auch noch umterminiert werden.

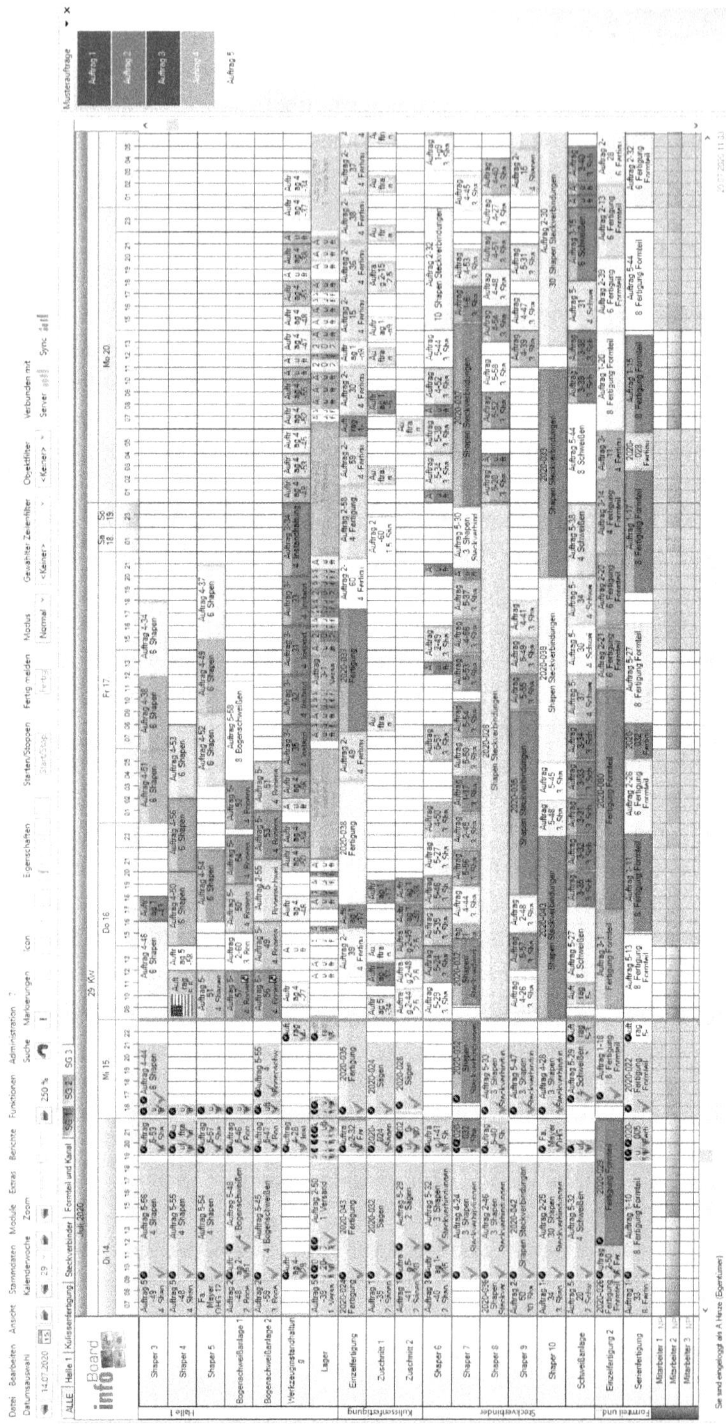

Abb. 8.3: Elektronische Plantafel (infoBoard) [infoBoard 2025].

Eine etwas andere Form der Darstellung hat die Plantafel in Abb. 8.4. Sie stammt aus dem MES *planeus*, das als Cloud-Lösung von der Firma *th data* angeboten wird [th data 2020]. Dem Screenshot liegt ein Fertigungsunternehmen zugrunde, das Modellautos wie VW Golf, Mercedes G-Klasse, Porsche 911 etc. maßstabsgetreu herstellt. Plantafel von planeus

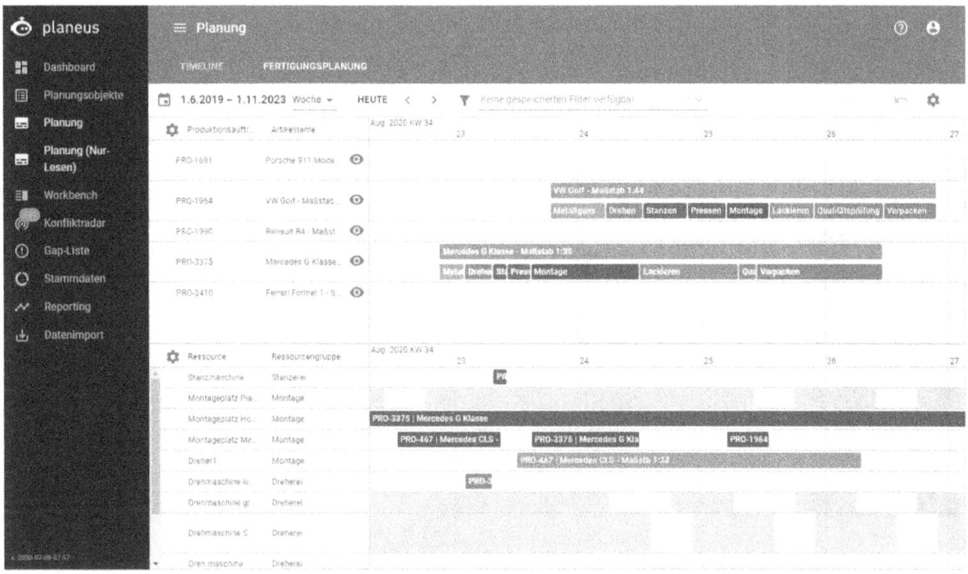

Abb. 8.4: Elektronische Plantafel (planeus) [th data 2025].

Im unteren Teil sind wie bei der infoBoard-Plantafel die Fertigungsressourcen und die sie belegenden Aufträge zu sehen (d. h. Stanzmaschine, Montageplätze, Drehmaschinen etc., belegt durch die Aufträge PRO-3375, PRO-467, PRO-1964 u. a.). Ressourcensicht

Im oberen Teil ist eine sog. *Auftragssicht* realisiert, d. h. dargestellt, welche Arbeitsgänge ein Fertigungsauftrag durchläuft. Beispielsweise weist der Auftrag „VW Golf – Maßstab 1:44" die Arbeitsgänge Metallguss, Drehen, Stanzen, Pressen, Montage, Lackieren, Qualitätsprüfung und Verpacken auf. Auftragssicht

Bei Auftrags- und Einzelfertigung werden die Fertigungsaufträge meist im größeren Kontext als *Projekte* betrachtet. Die Fertigung im engeren Sinne ist nur ein Teil des gesamten Projekts, das noch verschiedene weitere Phasen umfasst. In der Plantafel von planeus wird die Darstellung des Gesamtprojekts in der sog. *Projektsicht* angezeigt. Diese hat ein gröberes Zeitraster (hier: Wochen) und erstreckt sich naturgemäß über einen längeren Zeitraum als die reine Fertigungssicht. Projektsicht

Abbildung 8.5 zeigt ein Beispiel. Das Projekt P4 läuft über fast 8 Wochen und besteht aus den Phasen Einkauf, Konstruktion, Erstmusterbau, Test Muster, Werkzeugbau, Produktion, Testfahrt und Versand.

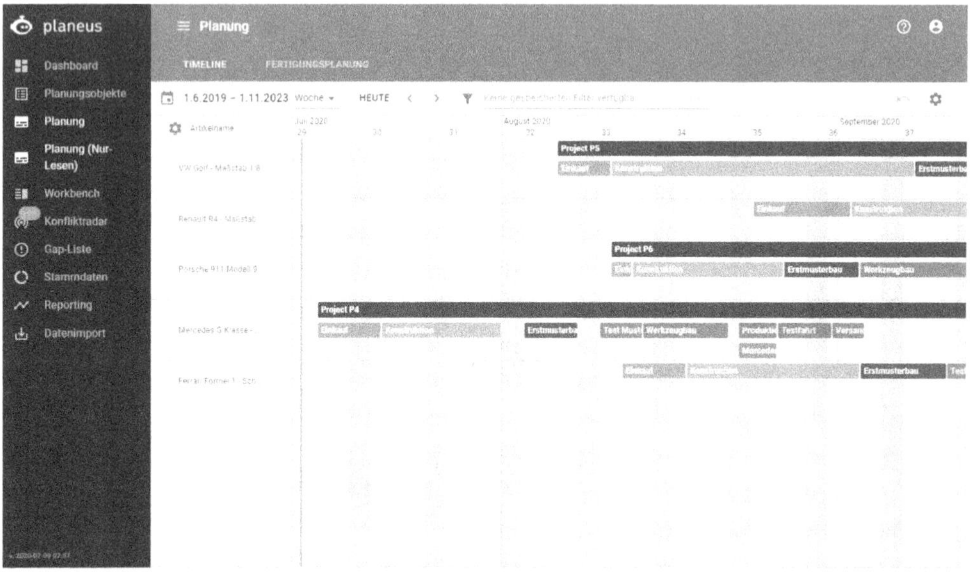

Abb. 8.5: Plantafel mit Projektsicht (planeus) [th data 2020].

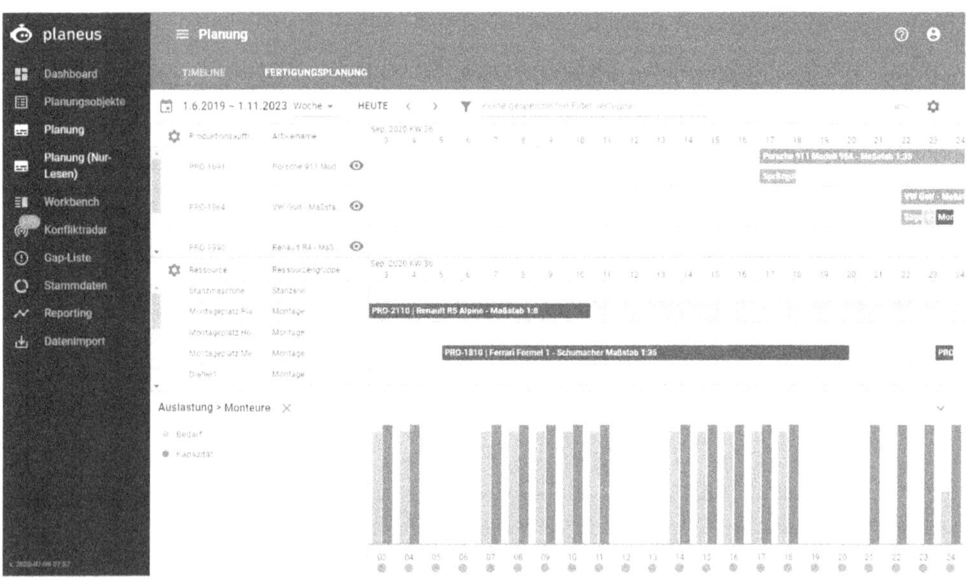

Abb. 8.6: Plantafel mit Auslastung einer weiteren Ressource (planeus) [th data 2020].

Für die Feinplanung in der Plantafel können außer den Betriebsmitteln auch andere Ressourcen kapazitätsmäßig beschränkt sein. Es ist hilfreich, wenn diese ebenfalls in der Plantafel zu sehen sind. In dem Beispiel in Abb. 8.6 spielt beispielsweise die Verfügbarkeit bzw. Auslastung der Monteure eine Rolle. Wie man sieht, ist die Planung mit der vorhandenen Monteurskapazität kompatibel. Personalrestriktionen

Die Personalverfügbarkeit und die Einplanung des Personals für bestimmte Aufträge kann in der infoBoard-Plantafel auch im Detail dargestellt werden. In Abb. 8.7 sind auf der vertikalen Achse neben den Arbeitsplätzen (obere Hälfte) auch die konkreten Personen aufgeführt, die an den Aufträgen in der Plantafel arbeiten. Einplanung des Personals

Umplanen in der Plantafel

Häufig kommt es vor, dass die Belegung der Plantafel geändert werden muss. Dafür gibt es eine Vielzahl von Gründen, zum Beispiel:

- Ein neuer Kundenauftrag mit hoher Priorität ist eingegangen und muss eingeplant werden. Bei einer voll ausgelasteten Fertigung bedeutet dies, dass andere Aufträge verschoben bzw. umterminiert werden müssen.
- Eine Maschine ist ausgefallen, alle Aufträge müssen neu terminiert bzw. auf Ausweichmaschinen verlagert werden.
- Material fehlt, ein Auftrag kann nicht weiterbearbeitet werden. Andere Aufträge könnten die Lücke füllen.
- Ein verspäteter Auftrag muss vorgezogen werden, da der Liefertermin bevorsteht und eine Konventionalstrafe droht.
- Ein Maschinenbediener ist krank. Seine Vertreter sind bereits zu 100 % verplant. Aufträge auf der Maschine müssen umgeplant werden.

Kritische Aufträge, d. h. Aufträge, bei denen die Termineinhaltung gefährdet ist, werden in elektronischen Plantafeln häufig besonders hervorgehoben, z. B. farblich gekennzeichnet. In der infoBoard-Platafel werden beispielsweise alle Arbeitsgänge, die zu einem kritischen Auftrag gehören, rot umrandet. Kritische Aufträge

Das Umplanen in einer Plantafel kann einfach sein, wenn genügend zeitliche Puffer vorhanden sind, aber auch extrem schwierig, wenn die Kapazitäten wie in Abb. 8.3 weitestgehend ausgeschöpft und keine Lücken mehr vorhanden sind. Neue Aufträge/Arbeitsgänge lassen sich dann nicht einfach durch Verschieben anderer einfügen. Vielmehr ist zu beachten, dass fast alle Arbeitsgänge in Abhängigkeitsbeziehungen zu anderen stehen. Das heißt, sie haben Vorgänger und Nachfolger mit feingeplanten Terminen. Unter Umständen müssen ganze Auftragsnetze wie in Abb. 3.11 neu terminiert werden. Umplanen kann extrem schwierig sein

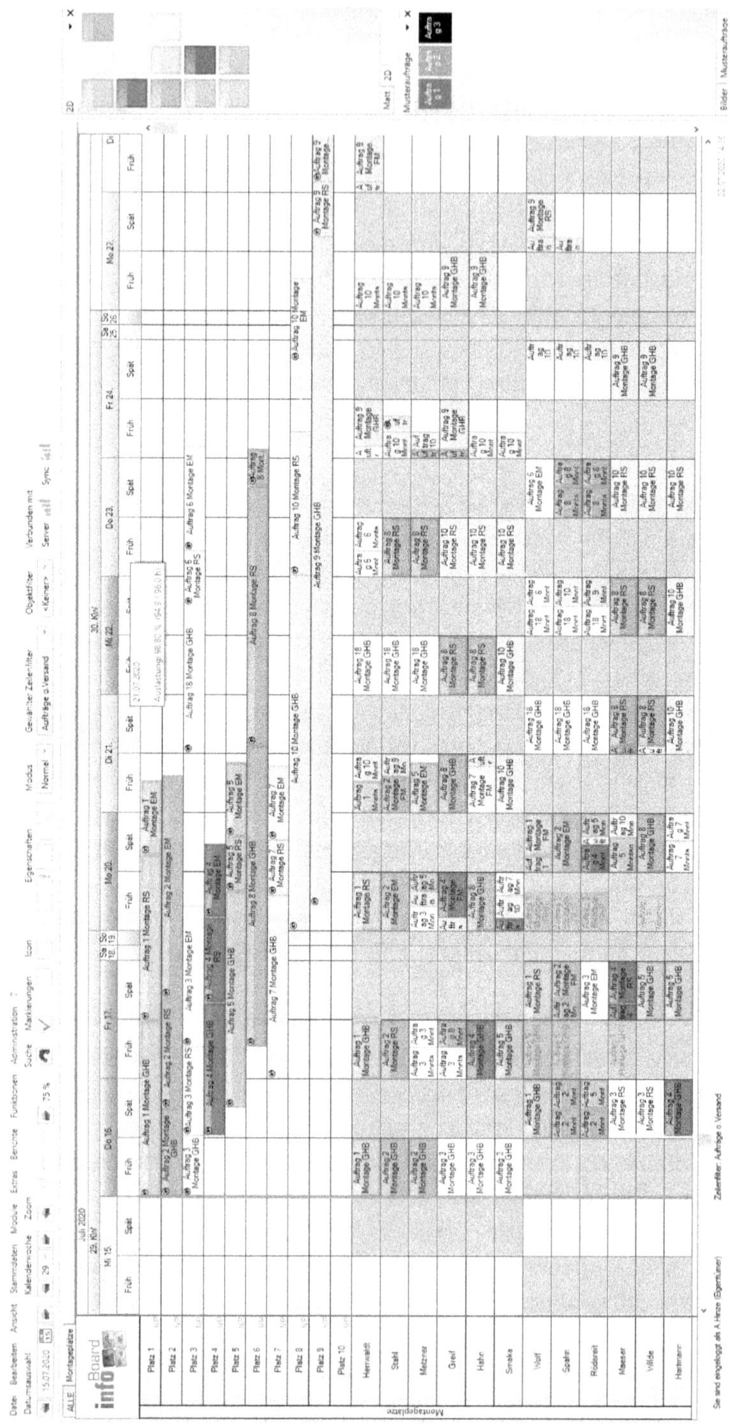

Abb. 8.7: Plantafel mit Personalressourcen (infoBoard) [infoBoard 2025].

In der *Auftragssicht* wie in Abb. 8.4 sind die Vorgänger/Nachfolger eines Arbeitsgangs einfach zu erkennen. Wenn etwa der Arbeitsgang „Montage" beim Auftrag PRO-3375 wegen Ausfalls der Presse erst nach einer dreitägigen Reparatur erfolgen kann, dann sieht man direkt, dass auch der nächste Arbeitsgang (Lackieren) erst 3 Tage später beginnen kann. Ob die Verschiebung mit den Terminen der Montageabteilung verträglich ist, sieht man in der Auftragssicht jedoch nicht, dies sieht man nur in der *Ressourcensicht*. Offenbar ist nur eine Verschiebung um knapp einen Tag unproblematisch, da anschließend der Auftrag PRO-1964 eingeplant ist.

Auswirkungen einer Verschiebung

Ob nun der Auftrag PRO-1964 nach hinten verschoben werden kann (oder vorgezogen – in die durch Wegfall der Belegung mit PRO-3375 entstehende Lücke), hängt von den Start- und Endterminen seiner Arbeitsgänge ab. Diese müssen überprüft werden, und ggf. müssen weitere Arbeitsgänge/Aufträge verschoben werden. Das Problem kann sich über zahlreiche Stufen fortsetzen.

Das skizzierte Beispiel ist sehr einfach, da die Plantafel nur mäßig besetzt ist. Bei einer vollen Plantafel wie in Abb. 8.3 erkennt man unmittelbar, dass Umplanungen sehr schwierig sein und schnell ausufern können.

8.1.2 Kapazitätssicht und Kapazitätsplanung

Wie hoch die Kapazitätsbelastung der Fertigung ist, sieht man zwar häufig „auf den ersten Blick", wenn man eine Plantafel betrachtet. Offenbar ist die Fertigung in Abb. 8.3 sehr stark, die in Abb. 8.4 weniger stark ausgelastet.

Kapazitätsgebirge

Für die Kapazitätsdisposition ist es oft wünschenswert, dass die Auslastung explizit berechnet und angezeigt wird. Dafür verwendet man üblicherweise *Kapazitätsgebirge*, die bereits in Abschnitt 3.3.3 erwähnt wurden (vgl. Abb. 3.19). Der Fertigungsdisponent erkennt daran, wie die Kapazitätssituation bei den Betriebsmitteln aussieht, wann es Über- oder Unterauslastung gibt und ob noch Aufträge eingeplant werden können.

Abbildung 8.8 zeigt ein Kapazitätsgebirge, wie es in *planeus* dargestellt wird. Die Lackiererei ist offensichtlich an manchen Tagen stark überbelastet, an anderen gerade zu 100 % ausgelastet, während es an wieder anderen Tagen noch freie Kapazitäten gibt.

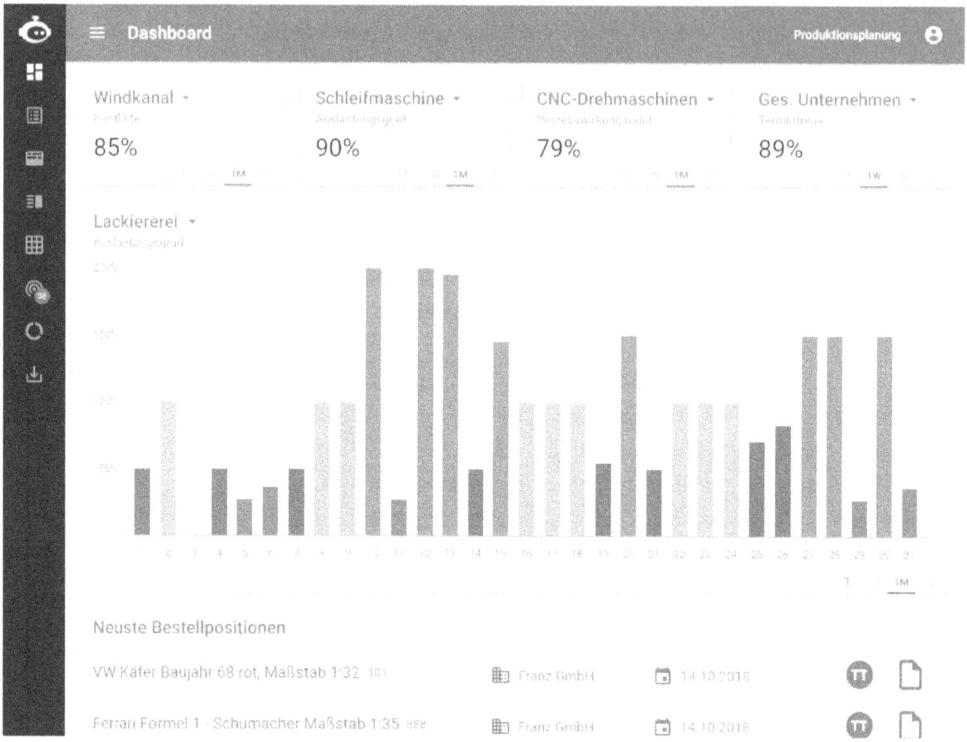

Abb. 8.8: Kapazitätsgebirge (planeus) [th data 2020].

Grafische Auswertungen der Kapazitätssituation wie in Abb. 8.8 bieten die meisten MES an. Sie stellen aber in der Regel nur bildlich dar, was kapazitätsmäßig anderweitig geplant wurde.

Wünschenswert wäre es natürlich, wenn der Fertigungsdisponent die unausgewogene Kapazitätssituation in Abb. 8.8 direkt bearbeiten könnte. Dazu müsste er z. B. Aufträge in andere Perioden verschieben können – gewissermaßen durch Drag-and-Drop wie in der Plantafel. Die Säulen eines Kapazitätsgebirges entstehen ja dadurch, dass verschiedene Aufträge in einer bestimmten Weise terminiert wurden. Er müsste also z. B. einen Auftrag aus einer mit 200 % belasteten Säule in eine nur mit 50 % unterbelastete Säule schieben können.

Proaktive Kapazitätsdisposition wird von den meisten MES nicht unterstützt

Die Manipulation eines Kapazitätsgebirges zur Umsetzung von Planungsentscheidungen unterstützen die meisten MES bedauerlicherweise nicht. Dies mag daran liegen, dass Umplanungen auf der Ressourcenebene noch komplexer als die oben beschriebenen Umplanungen in der Plantafel sind. Es gibt jedoch Vorbilder. Eines der ersten Leitstandsysteme, das oben erwähnte System *L1* [Kurbel 1988], wies bereits die nötige Funktionalität für eine proaktive Kapazitätsdisposition auf.

Kapazitätsdisposition in *DiCM*

Die grundsätzliche Vorgehensweise soll am Beispiel des prototypischen Systems *DiCM (Digital Capacity Manager)* [SoP 2025] erläutert werden. DiCM unterstützt sowohl die Kapazitätsplanung als auch die Feinplanung in der Plantafel.

Die Kapazitätsplanung kann auf beliebigen Aggregationsstufen erfolgen. In Abb. 8.9 ist die Kapazitätsbelegung eines Einzelbetriebsmittels dargestellt. Eine aggregierte Darstellung des Kapazitätsbedarfs – hier für alle Betriebsmittel des Fertigungsbereichs Fräsen – zeigt Abb. 8.10.

Abb. 8.9: Kapazitätsbelegung eines Einzelbetriebsmittels in DiCM.

Säulen zeigen Kapazitätsbedarf der Arbeitsgänge

Die Säulen der Kapazitätsgebirge zeigen den Kapazitätsbedarf an, der durch die Arbeitsgänge der Fertigungsaufträge verursacht wird. Jedes Kästchen in einer Säule repräsentiert den Kapazitätsbedarf eines Arbeitsgangs.

Die geblockt wirkende Struktur rührt daher, dass die verfügbare Kapazität pro Zeiteinheit exakt (hier: tagesgenau) ausgewiesen und in den durchgezogenen Linien angezeigt wird. Da im Beispiel an den Wochenenden und am 1. Mai (Feiertag) nicht gearbeitet wird, folgt nach vier bzw. fünf senkrechten Säulen jeweils ein Einschnitt mit der Kapazität null.

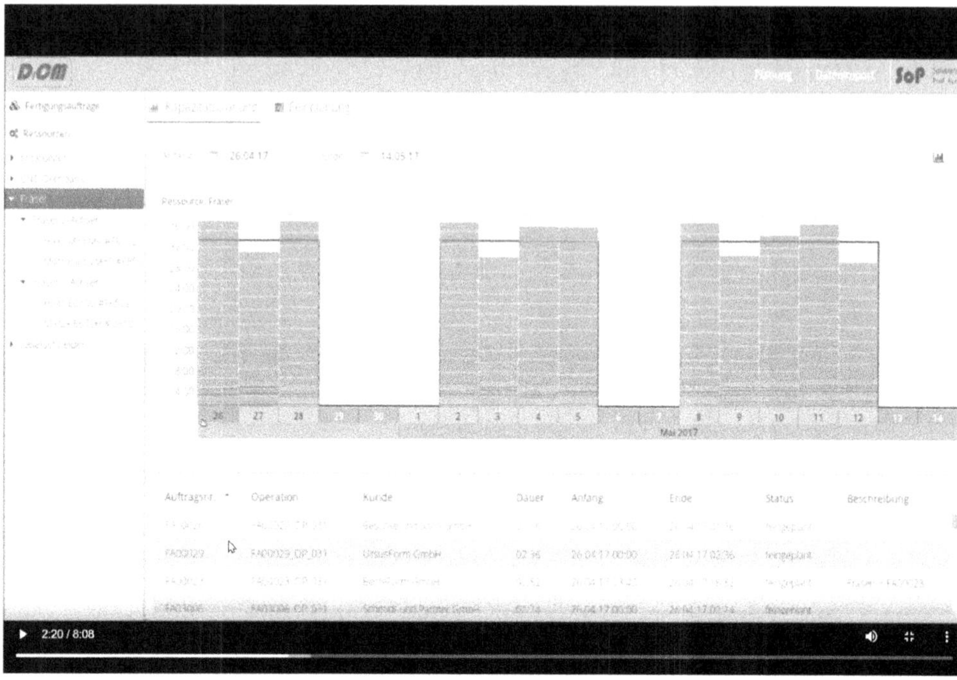

Abb. 8.10: Kapazitätsbelegung eines Fertigungsbereichs in DiCM.

Proaktive Kapazitätsdisposition

Wie eine proaktive Kapazitätsdisposition aussehen kann, verdeutlicht die Abb. 8.11. Auf der links in der Ressourcenstruktur hervorgehobenen Ressource (Fräsmaschine „Haas Mini Mill #302") gibt es am 27. April eine Kapazitätsspitze, die auf den ersten Blick leicht durch Verschieben eines Auftrags auf den 28. April abgebaut werden könnte. Im mittleren Bild greift der Bearbeiter einen Auftrag vom 27. April und zieht ihn mit der Maus auf den 28. April. Das untere Bild zeigt als Ergebnis das geglättete Gebirge.

Konsistenzprüfung im Hintergrund

Natürlich kann es vorkommen, dass die Verschiebung nicht ohne Weiteres möglich ist. Das heißt, bei jeder Verschiebeaktion muss im Hintergrund die Konsistenz des Auftragsnetzes geprüft werden. Verstößt eine Verschiebung gegen Start-/Endtermine von Vorgänger- oder Nachfolgerarbeitsgängen (oder -aufträgen), wird der Bearbeiter gewarnt, und die Verschiebung wird erst einmal nicht durchgeführt.

Behebung der Konsistenzkonflikte

Soll die Verlagerung des Arbeitsgangs trotz Verletzung der Terminrestriktion vorgenommen werden, muss der Bearbeiter sich um die Konsistenzkonflikte kümmern. Die Probleme sind hier ähnlich kompliziert wie bereits oben in Zusammenhang mit Verschiebungen in der Plantafel diskutiert (vgl. Abschnitt 8.1.1).

Abb. 8.11: Kapazitätsausgleich in DiCM.

Dreidimensionale Kapazitätsgebirge in *Segoni.PPMS*

Eine übergreifende Sicht auf die Kapazitätssituation des Fertigungsbereichs bietet das System *Segoni.PPMS* (vgl. auch Abschnitt 6.5.3). Gewisse Kapazitätsauswertungen sind dort bereits in das ERP-System integriert, ohne dass es eines zusätzlichen MES bedarf.

Nützlich ist die dreidimensionale Darstellung über mehrere Fertigungsbereiche hinweg, wie Abb. 8.12 beispielhaft zeigt. Die Dimensionen sind Zeit (hier: Kalenderwoche), Kapazität (hier: Stunden pro Woche) und Fertigungsbereich. In dem speziellen Unternehmen durchläuft ein Fertigungsauftrag normalerweise die Bereiche Konstruktion, Fräsen (3-Achs und/oder 5-Achs), Schleifen, Erodieren, Montage.

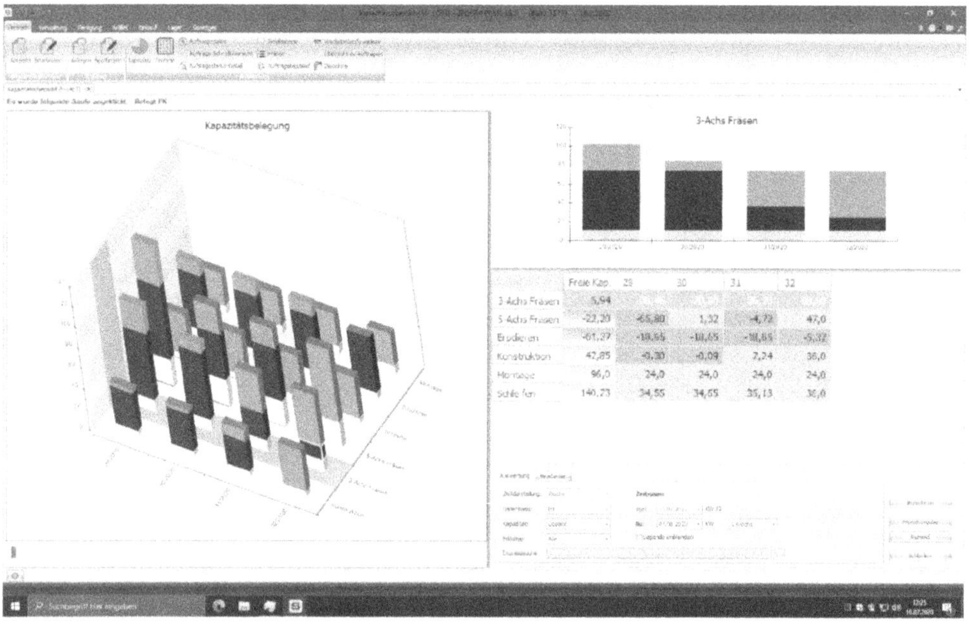

Abb. 8.12: Kapazitätsbelegung mehrerer Fertigungsbereiche in Segoni.PPMS [Segoni o. J.].

Steht ein neuer Kundenauftrag an oder liegt eine Kundenanfrage vor, dann sieht der Fertigungs- oder Vertriebsmitarbeiter auf einen Blick, wie die Lage ist. Die Farben der Säulenelemente drücken die Belegungslage aus: Rote Kästchen bedeuten überlastet, grüne stehen für freie Kapazität.

In dem Beispiel gibt es 4 Wochen lang Engpässe beim Erodieren, erst in der 5. Woche entspannt sich die Situation etwas. 3-Achs-Fräsen ist in den ersten 2 Wochen stark belegt, bei der Montage gibt es keine Engpässe.

Der Benutzer kann den neuen Auftrag probeweise anlegen und einlasten und seine Kapazitätswirkungen auf die jeweiligen Fertigungsbereiche betrachten. Darauf aufbauend ist er in der Lage, dem Kunden gegenüber realistische Aussagen zur Durchlaufzeit und zum Liefertermin zu machen.

Kapazitätswirkungen eines neuen Auftrags

8.1.3 Weitere Leitstandsfunktionen

Neben den Ein- und Umplanungsfunktionen, die im Wesentlichen die Positionierung von Arbeitsgängen bestimmen, muss ein Leitstand aktuelle Informationen entgegennehmen und diese in Echtzeit sowohl an der grafischen Oberfläche als auch in der Datenbasis umsetzen.

Aktualisierung

Die wichtigsten Informationen, die zur Aktualisierung der Plantafel und der Kapazitätsgebirge benötigt werden, sind:

- *Statusänderungen* (Änderung des Arbeitsgangstatus), z. B. von „begonnen“ in „gestört“, von „freigegeben“ in „inkonsistent“ etc.
- *Rückmeldungen* über den Beginn oder die Beendigung eines Arbeitsgangs, Mengenangaben, ggf. auch teilweise Fertigstellung zusammen mit der Mengenangabe

Im Rahmen eines MES ist der Leitstand i. d. R. mit einem Betriebsdaten-/Maschinendatenerfassungssystem (BDE/MDE-System) gekoppelt, sodass aktuelle Daten automatisch aufgenommen und verarbeitet werden. Wenn dies nicht der Fall ist, müssen Rückmeldungen manuell eingegeben werden.

BDE-Kopplung

Ein nützliches Hilfsmittel für die Kurzfristplanung ist die *Simulation*. Der Fertigungsdisponent kann zum Beispiel daran interessiert sein, alternative Maschinenbelegungen durchzuspielen, oder auszuprobieren, welche Auswirkungen eine Umdispositionsmaßnahme auf andere Betriebsmittel oder Fertigungsaufträge hätte. Leitstandsfunktionen für What-if-Simulationen („was wäre, wenn ... ?“) sind hier sehr hilfreich.

What-if-Simulation

Auch die simulative Generierung von Maschinenbelegungen kann die Kurzfristplanung wirksam unterstützen. Bei derartigen Simulationen wird allerdings eine sehr große Zahl von Plänen generiert, sodass das Problem gelöst werden muss, wie die Auswahl des besten oder zumindest eines günstigen Plans erfolgen soll.

Simulative Erzeugung von Maschinenbelegungen

Zusatzfunktionen

Zahlreiche weitere Funktionen werden von elektronischen Leitständen, in einem unterschiedlichen Ausmaß, angeboten, darunter etwa die folgenden:

Weitere Funktionen von Leitständen

– *Auftragsfreigabe*, teilweise auf Arbeitsgangebene, und damit verbunden *Belegerstellung*
– *Verfügbarkeitsprüfungen* für Material, Maschinen, Personal, NC-Programme, Werkzeuge, Prüfmittel u. a.
– *Erfassung und Verwaltung von Aufträgen*, die nicht vom ERP-System übergeben wurden (Eilaufträge, Nacharbeit u. a.)
– *Statistiken* und *Auswertungen*, z. B. Übersichten über alle Aufträge mit Verzug, über alle Maschinenstörungen etc.
– *Rückmeldungen* vom Leitstand an das Planungssystem (ERP-System)

Viele Zusatzfunktionen der Leitstände überlappen sich mit den Funktionen angrenzender Systeme. Deshalb muss im Unternehmen auf organisatorischer Ebene entschieden werden, welches System für welche Funktion zuständig ist.

Managementsichten

Leitstandsysteme unterstützen die Feinplanung und -steuerung auf der Ausführungsebene. Von ihnen profitieren primär Fertigungsdisponenten, Meister und Werker in der Fertigung.

Informationen für das Management

Für das Management sind die Detailinformationen in der Plantafel im Allgemeinen weniger von Interesse als aggregierte Informationen oder Auswertungen bzw. Berichte (Reports). Bereits etwas näher an den Managementanforderungen als Plantafeln sind Kapazitätsgebirge, vor allem wenn sie wie in Abb. 8.10 über aggregierte Fertigungseinheiten gebildet werden.

Dashboard

Weitergehende Managementinformationen bieten sog. *Dashboards*. Dies sind Übersichtsdarstellungen, in denen wichtige Unternehmensdaten, insbesondere Kennzahlen wie KPIs (Key Performance Indicators), grafisch, textlich oder tabellarisch aufbereitet präsentiert werden. Die Menge der Informationen ist i. d. R. auf eine Bildschirmseite zugeschnitten.

Dashboards gehören beispielsweise zum Standardumfang von Business-Intelligence-Systemen. Sie können i. d. R. auf die eigenen Bedürfnisse angepasst werden; d. h., das Unternehmen oder der einzelne Benutzer kann auswählen, welche Informationen für das Dashboard erzeugt und dargestellt werden sollen.

Dashboards für MES

Auch im *MES-Bereich* bieten einige Systeme eine Dashboard-Funktionalität an. Hier konzentrieren sich die Auswertungen und

Kennzahlen naturgemäß auf Verhältnisse in der Produktion. Das Dashboard in Abb. 8.13 wurde beispielsweise so konfiguriert, dass im oberen Teil Kennzahlen und im unteren Teil zwei Kapazitätsgebirge angezeigt werden. Letztere wurden für das Dashboard vermutlich ausgewählt, weil der Benutzer regelmäßig die Kapazitätssituation zweier kritischer Fertigungsanlagen (Trennmaschine, Montagelinie) überprüfen möchte.

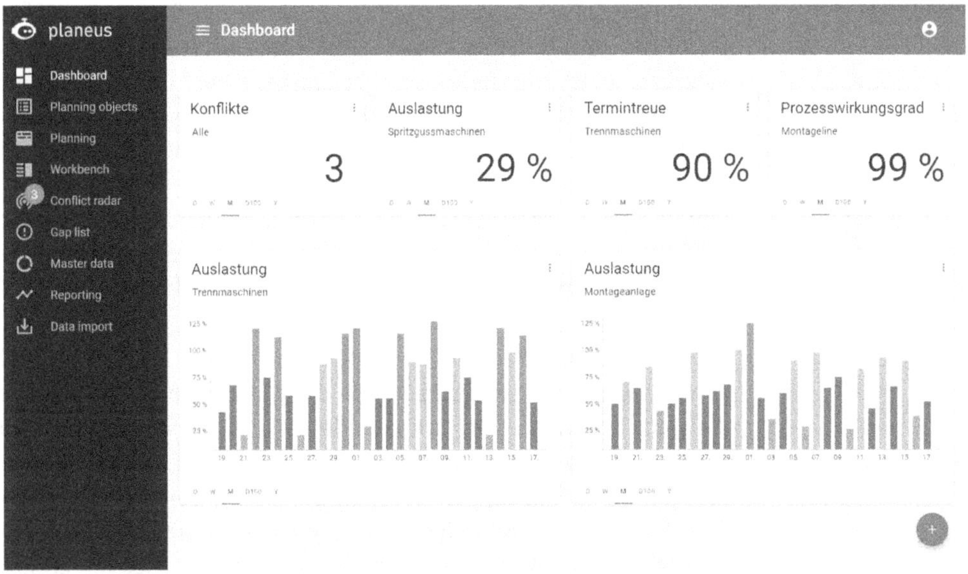

Abb. 8.13: Dashboard (planeus) [th data 2020].

Kennzahlen

Die Kennzahlen im oberen Teil beziehen sich auf einen Monat. Die gewünschte Auswertungszeitspanne kann der Benutzer selbst wählen: ein Tag (D), eine Woche (W), ein Monat (M), hundert Tage (D100) oder ein Jahr (Y). Die angezeigten Kennzahlen sind:

- *Konflikte*: Anzahl von Konflikten im Zeitraum (wie „Ressource ist überlastet", „Liefertermin überschritten", „Werkzeug defekt" u. a.)
- *Auslastung*: Wie sah die Auslastung eines ausgewählten Fertigungsbereichs (hier: Spritzgussmaschinen) aus?
- *Termintreue*: Wie gut wurden die Arbeitsgangtermine eines ausgewählten Fertigungsbereichs (hier: Trennmaschinen) eingehalten?
- *Prozesswirkungsgrad*: Wie war das Verhältnis von effektiver Bearbeitungszeit zur Durchlaufzeit der Aufträge auf einer ausgewählten Fertigungsanlage (hier: Montagelinie)?

8.1.4 Beziehungen zwischen Leitstand und ERP-System

In der Praxis werden Manufacturing Execution Systems meist zusammen mit einem ERP-System eingesetzt.

Stand-alone-MES

Allerdings gibt es auch Unternehmen, die nur ein MES nutzen. Mit einem Stand-alone-MES beginnt in diesen Unternehmen der Einstieg in die computergestützte Produktionsplanung und -steuerung bei den kurzfristigen zeitwirtschaftlichen und fertigungsnahen Funktionen.

Demgegenüber führt der Einstieg mit einem ERP-System meist über die MRP-Komponenten. Bevor diese angewendet werden können, müssen aber erst umfangreiche Stammdaten (insbesondere Teilestammdaten und Stücklisten) erfasst werden.

MES-ERP-Schnittstelle

Von besonderer Bedeutung ist die *Schnittstelle* zwischen MES und ERP-System, weil sich die Funktionalität teilweise überlappt. So gibt es ERP-Systeme, die nur Grobplanungsfunktionen enthalten und mit der Auftragsfreigabe enden. Andere Systeme beziehen auch die Feinplanung einschließlich einer detaillierten Reihenfolge- und Betriebsmittelbelegungsplanung ein.

Auftragsfreigabe als Schnittstelle

Für das Zusammenspiel von ERP-Systemen und Leitständen sind verschiedene Varianten denkbar. Man geht im Prinzip davon aus, dass die „Auftragsfreigabe“ die Schnittstelle darstellt. Es sind jedoch auch andere Abgrenzungen denkbar. Beispielsweise kann die Zuständigkeit für die Auftragsfreigabe dem Leitstand übertragen werden.

Wenn im ERP-System bereits eine genaue Terminierung von Auftragsnetzen bis auf die Ebene der einzelnen Arbeitsgänge hin erfolgt, können an den Leitstand *terminierte Arbeitsgänge* übergeben werden. Beschränkt sich das ERP-System dagegen darauf, *Fertigungsaufträge* mit Grobterminen zu versehen, muss im Leitstand noch die Terminierung der Arbeitsgänge erfolgen.

Organisationsformen

Organisationsformen für das Zusammenwirken von ERP-System und Leitständen sind in Abb. 8.14 skizziert.

Ein Leitstand

Fall (a) kommt in kleineren Fertigungsbetrieben vor. Ein Leitstand übernimmt die gesamte Fertigungssteuerung. Die Aufgaben des ERP-Systems gehen bis zur Schnittstelle „Auftragsfreigabe“. An den Leitstand wird der gesamte Arbeitsvorrat für einen Feinplanungsabschnitt übergeben. Das ERP-System erhält Rückmeldungen über die Fertigstellung von Fertigungsaufträgen oder Arbeitsgängen.

Mehrere Leitstände

Wechselbeziehungen zwischen Leitständen

Fall (b) zeigt die Situation in größeren Unternehmen mit mehreren Leitständen in der Fertigung. An den einzelnen Leitstand wird nur der Teil der Arbeitsgänge übergeben, der in seinen Zuständigkeitsbereich

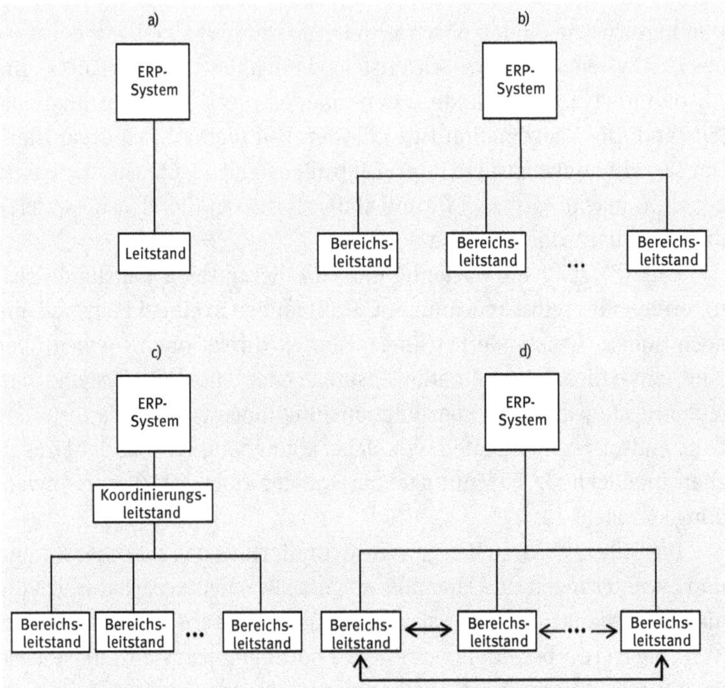

Abb. 8.14: Zusammenwirken zwischen ERP-System und Leitständen.

(z. B. Werkstatt) fällt. Zu berücksichtigen ist dabei, dass die Organisationseinheiten über die Fertigungsauftragsnetze miteinander in Beziehung stehen: Fertigungsaufträge, deren Arbeitsgänge in einer Werkstatt durchgeführt sind, müssen zur nächsten Werkstatt weitergegeben werden; ein Terminverzug, der in einem Leitstand markiert wird, hat Auswirkungen auch auf den Arbeitsvorrat in anderen etc.

Bei mehreren Leitständen ist deshalb eine Koordination erforderlich. In der Abbildung wird unterstellt, dass diese vom ERP-System geleistet wird. Das heißt beispielsweise, dass alle Start- und Endtermine, Statusangaben, Planänderungen etc. die Arbeitsgänge betreffend im ERP-System geführt und dorthin rückgemeldet werden. Auf diese Weise kann das ERP-System z. B. die Information, dass ein Fertigungsauftrag in Werkstatt x nicht wie geplant beginnen kann, weil in der zuvor durchlaufenen Werkstatt y eine Störung auftrat, mit der nächsten Datenübergabe an den Leitstand x weiterreichen, der sie in seiner Plantafel entsprechend berücksichtigt.

Fall (c) beschreibt eine Struktur, bei der die Koordinationsfunktion einer speziellen Instanz (Koordinationsleitstand) zwischen ERP-System

Koordinationsknoten

und Bereichsleitständen übertragen wird [Reinhart 1997]. Auf der Seite des ERP-Systems bleibt die Schnittstelle dann ähnlich wie im Fall (a). Die Abstimmung der Leitstände untereinander regelt der Koordinationsleitstand. Die Koordination ist in diesem Fall hierarchisch organisiert. Der Koordinationsleitstand (auch Zentralleitstand oder Master-Leitstand genannt) macht Vorgaben für die anderen Knoten (Bereichsleitstände), die sich unterordnen müssen.

Selbstabstimmung

Fall (d) zeigt die Variante, dass die dezentralen Leitstände sich untereinander selbst koordinieren. Maßnahmen in einem Leitstand, die auch andere Leitstände betreffen, werden direkt, ohne Umweg über eine zusätzliche Koordinationsinstanz oder das ERP-System, den anderen mitgeteilt. Die Koordinationsfunktionen müssen dann in der Leitstandsoftware enthalten sein. Dabei können Ansätze aus der künstlichen Intelligenz (z. B. Multi-Agenten-Systeme [Kirn 2002]) zur Anwendung kommen.

Die Fälle a) bis d) stellen gewisse Grundformen dar. Zwischenformen und Erweiterungen sind ebenfalls möglich. Beispielsweise kann sich die hierarchische Struktur im Fall c) auch über mehrere Stufen fortsetzen (d. h. mehrere über-/untergeordnete Koordinationsinstanzen). Ebenso ist eine teils dezentrale Abstimmung untereinander und eine teils hierarchische Koordination denkbar.

Synchronisation (Multi-Sync-Server)

Die technische Verbindung mehrerer Leitstände kann unterschiedlich realisiert sein. Bei *infoBoard* kommt beispielsweise ein Cloud-Server, mit dem die verschiedenen Leitstände verbunden sind, zum Einsatz (vgl. Abb. 8.15). Dieser sog. *Multi-Sync-Server* synchronisiert die Termine in verschiedenen Anwendungsszenarien. In der Regel gibt es einen Master-Leitstand (im Sinne der Abb. 8.14c), der Vorgaben für die anderen Leitstände macht.

Einige Anwendungsszenarien für den Multi-Sync-Server werden nachfolgend kurz skizziert [infoBoard 2020]. Während das erste Beispiel unmittelbar den obigen Fall c) innerhalb eines Unternehmens widerspiegelt, zeigen die beiden anderen Beziehungen zwischen Plantafeln mehrerer Unternehmen.

Zentrale Projektplantafel

(1) Zentrale Projektplantafel: Wenn das Unternehmen so organisiert ist, dass neue Kundenprojekte/Aufträge von einem Projektleiter geplant werden, kann er diese auf einer Projektplantafel verwalten. Die Fachabteilungen bekommen ihre Aufgaben aus den Projekten dadurch, dass der Projektleiter sie an deren jeweilige Plantafeln übermittelt. Die Plantafelverantwortlichen verteilen die Aufgaben dann an ihre Ressourcen. Dadurch entstehende Termine und deren Veränderungen werden

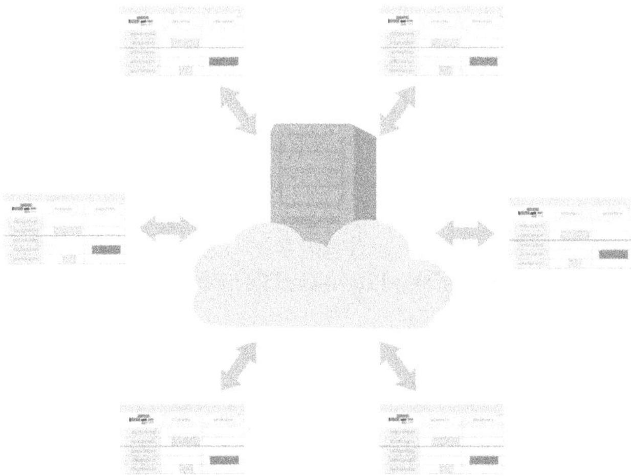

Abb. 8.15: Synchronisation mehrerer Plantafeln mit Multi-Sync-Server [infoBoard 2020].

zurück auf die Projektplantafel synchronisiert, sodass der Projektleiter immer den aktuellen Status kennt.

Automatische Terminabstimmung zwischen Zulieferer und Abnehmer in Supply Chain

(2) Zulieferer-Abnehmer in einer Supply Chain: Dieses Szenario ist im Prototypen- und Werkzeugbau angesiedelt, aber auch auf andere Branchen anwendbar. Jeder der Zulieferer plant mit einer infoBoard-Plantafel. Der oder die Abnehmer planen ihre Arbeiten ebenfalls mit infoBoard-Plantafeln. Der Produzent fordert mit einem gewünschten Endtermin an, jeder Zulieferer plant seinen Auftrag zur Fertigung seiner Teile und verknüpft seinen letzten Arbeitsschritt mit der Anforderung seines Auftraggebers. Wenn es eine Terminüberschreitung gibt, ist diese unmittelbar auch in der Plantafel des Abnehmers sichtbar. Die Terminabstimmung zwischen Zulieferer und Abnehmer erfolgt also automatisch! Dies ist ein wesentlicher Fortschritt gegenüber den konventionellen Kommunikationswegen (individuelle Projektstatusberichte, E-Mail, Telefonate etc.).

General- und Subunternehmer

(3) General- und Subunternehmer: Mehrere selbstständige Unternehmen (u. a. Handwerker) arbeiten gemeinsam an einem Bauprojekt. Sie bestellen jeweils für sich Material oder Produkte, der Bauherr will vielleicht auch noch eine Eigenleistung einbringen oder eigene Handwerker integrieren. Bei Handwerksleistungen kann es an jeder Stelle unvorhergesehene Verzögerungen oder Unterbrechungen geben (z. B. Material wurde nicht geliefert). Andere Beteiligte können dann unter Umständen nicht weiterarbeiten. Wenn alle Betriebe infoBoard-Plantafeln benutzen, werden terminliche Abhängigkeiten berücksichtigt. Es gibt immer einen

aktualisierten Plan für alle Beteiligten. Der Bauherr erhält einen eingeschränkten Zugriff auf die Plantafel des Generalunternehmers und ist so ebenfalls stets auf dem aktuellen Stand.

Weitere Anwendungsszenarien, beispielsweise für die Personaleinsatzplanung in der Fertigung, findet man bei infoBoard [2020].

8.1.5 Betriebsdaten-, Maschinendaten- und Personalzeiterfassung

Rückmeldungen

Ist-Daten aus dem Betriebsgeschehen sind sowohl für die Erstellung realistischer Pläne als auch für die Aktualisierung der Pläne und für korrektive Maßnahmen unabdingbar. Wenn bei der Durchführung Ereignisse eintreten, die Abweichungen von der Planung verursachen, müsste eigentlich der Plan revidiert werden. Geschieht dies nicht, ist die Wahrscheinlichkeit recht groß, dass sich auch das weitere Produktionsgeschehen vom geplanten Verlauf entfernt.

Theoretisch scheint die Forderung nach Aktualität durch laufende Rückmeldungen selbstverständlich; praktisch lässt sie sich aber nicht so einfach umsetzen. Eine Voraussetzung ist die laufende Erfassung der Ist-Daten (Betriebsdaten).

Betriebsdaten

Als *Betriebsdaten* bezeichnet man im engeren Sinne die im Laufe des Produktionsprozesses anfallenden Daten wie produzierte Mengen, benötigte Zeiten, Zustände von Fertigungsanlagen, Lagerbewegungen, Qualitätsmerkmale u. a. [Roschmann 1996]. Die zur Identifikation verwendeten Kennzeichnungen der Objekte sind meist Nummern (vgl. Abschnitt 2.2.4), die als *Ident-Nummern* bezeichnet werden. Etwas weiter gefasst fallen auch andere Daten, die mittelbar mit dem Betriebsgeschehen in Verbindung stehen (z. B. Auftragsdaten, Personalanwesenheitszeiten), unter die Betriebsdaten.

Betriebsdatenerfassung (BDE)

Zur *Betriebsdatenerfassung (BDE)* gehören alle Maßnahmen, die erforderlich sind, um die Betriebsdaten in maschinell verarbeitbarer Form am Ort ihrer Verarbeitung bereitzustellen [Roschmann 1996]. Außerdem rechnet man auch gewisse Vorverarbeitungs- und Aufbereitungsfunktionen zur BDE. Ein *Betriebsdatenerfassungssystem (BDE-System)* besteht aus der Hardware (einschließlich der Spezialhardware) und der Software, die erforderlich ist, um die BDE-Aufgaben zu erbringen.

BDE-System

Maschinendatenerfassung (MDE)

Wenn die Daten automatisiert an den Produktionsanlagen erfasst werden, spricht man von einer *Maschinendatenerfassung (MDE)*. Die Daten werden dabei entweder aus den Anlagensteuerungen ausgelesen (z. B. bei CNC-Maschinen), über Sensoren ermittelt (z. B. bei einem Transportband) oder von speziellen Lesestationen (z. B. einem RFID-Reader, vgl. Abschnitt 12.2) aufgenommen [Kletti 2015, S. 82 ff.]. Sehr viele Maschinen laufen heute computergesteuert und verfügen über Schnittstellen, über die automatisch Informationen über Laufzeiten, Geschwindigkeit, Taktungen, Anzahl gefertigter Teile, Stör- und Rüstzeiten, Temperatur etc. an das MES übermittelt werden können.

BDE/MDE

Da ein zunehmender Teil der Betriebsdaten direkt von den Maschinen gewonnen bzw. übermittelt wird, benutzt man die Begriffe BDE und MDE heute meist in Kombination (BDE/MDE).

Entstehung von BDE

Wie für die elektronischen Leitstände gilt auch für das Gebiet der Betriebsdatenerfassung, dass es schon lange vor den Manufacturing Execution Systems existierte. In den 19080er- und 1990er-Jahren erlebte es einen Aufschwung, da die Erfassung und Verarbeitung aktueller Ist-Daten immer dringender wurden.

BDE-Funktionen wurden teils in eigenständigen Systemen (BDE-_Systemen) realisiert, teils in andere Systeme integriert, z. B. in PPS-, Leitstand-, CAM (Computer Aided Manufacturing)- oder CAQ (Computer Aided Quality Assurance)-Systeme (vgl. Abschnitt 8.2) sowie in Systeme zur Personalzeiterfassung. Aufgrund der engen Beziehungen der Betriebsdatenerfassung zur Kurzfristplanung und Steuerung ist es naheliegend, dass sie in Manufacturing Execution Systems integriert wurden.

Personalzeiterfassung (PZE)

Die *Personalzeiterfassung (PZE)* bezieht sich zunächst auf die Anwesenheits- und Abwesenheitszeiten der Mitarbeiter (Kommt/Geht-Erfassung) unter Beachtung von Urlaubs- und Krankheitszeiten. Darüber hinaus kann die zeitliche Zuordnung des Personals zu Fertigungsaufträgen, Projekten, Arbeitsplätzen oder Fertigungsanlagen berücksichtigt und im Rahmen der Kapazitätsplanung, der Kalkulation, des Controlling oder der Personaleinsatzplanung ausgewertet werden.

Technologien zur Zeiterfassung

PZE-Systeme verwenden verschiedene Technologien zur Datenerfassung. Während früher Stechuhren das bekannteste Merkmal waren, kommen heute überwiegend elektronische Zeiterfassungsgeräte zum Einsatz. Diese lesen die Personendaten von Ausweisen bzw. Plastikkarten mit Barcodes, Magnetstreifen oder RFID-Chips oder von berührungslosen Medien. Biometrische Erfassung (z. B. Fingerabdruck, Netzhaut) kommt in bestimmten Bereichen ebenfalls zur Anwendung, ebenso wie die formulargestützte Eingabe von Zeit-/Personendaten über normale Bildschirme mit Zugangskontrolle (z. B. Benutzernamen, Passwort).

Abdeckung personalwirtschaftlicher Aufgaben

Personalzeitsysteme beschränken sich meist nicht auf die reine Erfassung der Daten, sondern decken teilweise auch personalwirtschaftliche Aufgaben bis hin zur Lohn- und Gehaltsabrechnung ab.

Wenn das Unternehmen ein ERP-System einsetzt, wird es jedoch eher die personalwirtschaftlichen Funktionen des ERP-Systems nutzen. Deshalb stellen PZE-Systeme i. d. R. auch Schnittstellen zu gängigen ERP-Systemen zur Verfügung.

PZE-Systeme als Ursprung von MES

Viele Anbieter von PZE-Systemen reicherten ihre Systeme im Laufe der Zeit um Erfassungs- und Verarbeitungsfunktionen für andere Betriebsdaten als Personalzeiten an und integrierten sie mit Leitstands- und Qualitätssicherungsmodulen. Auch auf diesem Wege entstanden schließlich einige der heutigen Manufacturing Execution Systems.

Arten und Verwendung von Betriebsdaten

Die Erfassung von Betriebsdaten erfolgt im Hinblick auf ihren Verwendungszweck, der sehr unterschiedlich sein kann. Ein Anlagenbauer interessiert sich beispielsweise primär für Zeitdaten und weniger für Mengendaten, während für einen Serienfertiger die Prozessgeschwindigkeit der ausschlaggebende Faktor ist. Die verschiedenen Arten von Betriebsdaten lassen sich grob den folgenden Kategorien zuordnen (vgl. z. B. Kletti [2007, S. 121 ff.]):

Fortschrittskontrolle

- *Auftragsdaten:* Die Fortschrittskontrolle hängt entscheidend von der Verfügbarkeit und Qualität aktueller Auftragsdaten ab. Dazu gehören z. B. die Start- und Endtermine von Arbeitsgängen, differenzierte Zeitkomponenten (Liege-, Transport-, Bearbeitungs-, Kontroll-, Unterbrechungszeiten u. a.), Bearbeitungszustände, gefertigte Stückzahlen (Gutstückzahl, Ausschuss), Personaleinsatz (Mitarbeiter, Qualifikation, Zeit), Materialeinsatz (Art, Menge), Fremdleistungen u. a.

Stillstands- und Laufzeiten, Störungen

- *Maschinen-* oder *Betriebsmitteldaten* beinhalten Informationen über Stillstands- und Laufzeiten, Nutzungsgrade, Einhaltung von Taktzeiten, Störungen und Störungsursachen, gefertigte Stückzahlen u. a.
- *Fertigungshilfsmitteldaten* (Daten über Werkzeuge, Vorrichtungen, Maschinenprogramme u. a.) erfassen die Orte und Zeiten des Einsatzes, Entnahmen, Zustände, Defekte (Art, Zeit, Bruchursachen) u. a.
- *Lager-* und *Materialdaten* geben Auskunft über Zugänge, Bestände und Verbrauch an Roh-, Hilfs- und Betriebsstoffen oder allgemeiner an verbrauchsgesteuert disponierten Teilen. Reservierungen können auf diesem Wege ebenfalls erfasst werden.

Prozessdaten

- *Prozessdaten* spielen bei stark automatisierten Prozessen und in Fertigungsumgebungen, in denen die Produktqualität in erheblichem Maße von einzelnen Prozesswerten abhängt, eine wichtige

Rolle. Zur Erfassung werden die relevanten Signale direkt aus dem Prozess aufgenommen, dargestellt und in der Qualitätsdatenbank gespeichert [Kletti 2015, S. 115 ff.]. Bei einer chargenorientierten Fertigung besteht häufig die Anforderung, dass bestimmte Prozesswerte gespeichert und nachgewiesen werden müssen.

- *Qualitätsdaten* beinhalten Prüf- und Messwerte, z. B. Prozessdaten wie Temperatur, Druck oder Spannung, ferner Fehlerkennziffern, Ausschussgründe oder Daten aus Qualitätsanalysen. Qualitätsdaten
- *Personaldaten* sind meist zeitbezogene Daten, auf deren Grundlage die geleistete Arbeit einem Kostenträger (z. B. Auftrag) zugeordnet werden kann. Neben der reinen Erfassung von *An- und Abwesenheitszeiten* ist insbesondere die zeitliche Zuordnung von Mitarbeitern, Betriebsmitteln und Fertigungsaufträgen von Interesse (z. B. Rüstzeit an einer Maschine, Bearbeitungszeit für einen Fertigungsauftrag). Auch die Art der Tätigkeit (Einrichten, Warten, Rüsten, Bearbeiten) spielt eine Rolle. Die Personaldatenerfassung ist eine wichtige Quelle für die Leistungsentlohnung (Akkord-, Prämienlohnsysteme) und die Kalkulation. Personaldaten

Ein Hauptabnehmer von Betriebsdaten im Rahmen eines MES ist der Fertigungsleitstand. Sowohl für die kurzfristige Planung und Steuerung als auch für die Fortschrittskontrolle und die Überwachung der Betriebsmittel sind zeitnah erfasste Daten über das Produktionsgeschehen unabdingbar. Wenn Leitstand und BDE/MDE in einem Manufacturing Execution System integriert sind, erfolgt die Übernahme von Betriebsdaten im Leitstand i. d. R. automatisch. Leitstand ist ein Hauptabnehmer von Betriebsdaten

Betriebsdaten für Enterprise Resource Planning

Über die Fertigungssteuerung hinaus stellen Ist-Daten auch für andere ERP-Funktionen wichtige Eingangsgrößen dar. Dies beginnt bereits mit der *Primärbedarfsplanung* und der Bedarfsermittlung im Rahmen der *Materialwirtschaft*, für die neben Vergangenheitsdaten über Absatzverläufe bzw. Materialverbrauch Daten über die vorhandenen Lagerbestände und die Mengenbewegungen (Zugänge, Abgänge) erforderlich sind.

Für die *zeitwirtschaftlichen* Aufgaben sind Rückmeldungen über den Arbeitsfortschritt der Fertigungsaufträge von Bedeutung. Die *Kapazitätsplanung* benötigt Maschinen- und Auftragsdaten zur Ermittlung des Kapazitätsangebots in den bevorstehenden Perioden und zur Aktualisierung des Kapazitätsbedarfs.

Die Grobplanung kann auf eine realistischere Basis gestellt werden, wenn statt Pauschalannahmen über Planungsparameter die tatsächlich realisierten Werte zugrunde gelegt werden. Solche Parameter sind beispielsweise der Auslastungsgrad der Kapazitäten, die Streuung der Auftragsdurchlaufzeiten und das Ausmaß von Fremdvergaben. Wenn man die Detailrückmeldungen geeignet zu Kennzahlen verdichtet, können die Parameter für die Grobplanung entsprechend aktualisiert werden.

Auch andere betriebswirtschaftliche Funktionskreise als die Produktionsplanung und -steuerung profitieren von den Betriebsdaten:

Lohn- und Gehaltsabrechnung

– Die *Lohn- und Gehaltsabrechnung* erhält Personal- und Zeitdaten (An-, Abwesenheitszeiten, Leistungsdaten) zur Bruttolohnberechnung. Insbesondere bei Akkord- oder Prämienentlohnung sind die differenzierten BDE-Daten erforderlich.

Nachkalkulation

– Die *Nachkalkulation* ist auf exakte Daten über Materialverbrauch, tatsächliche Inanspruchnahme von Betriebsmitteln, Maschinenlauf- und Ausfallzeiten, Personaleinsatz (Dauer, Qualifikation) u. a. angewiesen. Bei hinreichender Aktualität der Daten kann auch eine *mitlaufende Kalkulation* eingerichtet werden. Generell stellen Betriebsdaten eine wichtige Informationsquelle für die *Kostenrechnung* dar.

Controlling

– Ein wirksames *Controlling* ist ohne genaue und zeitnahe Rückmeldungen kaum denkbar. Je nachdem, welche Ausprägungen bzw. Spezialformen des Controlling (Profit-Center-, Gemeinkosten-, Logistik-Controlling o. a.) praktiziert werden, fließen unterschiedliche Betriebsdaten ein.

Wartungs- und Instandhaltungsplanung

– Die *Wartungs- und Instandhaltungsplanung* verarbeitet insbesondere Maschinendaten (Laufzeiten, Intensitätsgrade, Störungen u. a.) und verwendet diese zur Terminierung vorbeugender Maßnahmen oder Reparaturen.

BDE-Funktionen im Leitstand- oder ERP-System

Am Rande sei angemerkt, dass Unternehmen, die kein integriertes MES einsetzen, Rückmeldungen auf andere Weise dem Leitstand- oder dem ERP-System mitteilen müssen. Dazu gibt es in Leitstand- und in ERP-Systemen meist manuelle Rückmeldefunktionen. Abbildung 8.16 zeigt beispielhaft eine Erfassungsmaske aus einem ERP-System, mit der Zeit- und Mengenangaben zu einem Arbeitsgang rückgemeldet und der Arbeitsgangstatus verändert werden können. Die möglichen Formen von Rückmeldungen sind gerade in einem Kasten rechts eingeblendet. Wie man sieht, können auch Personalzeiten über die Erfassungsmaske eingegeben werden (z. B. „Kommt“, „Geht“).

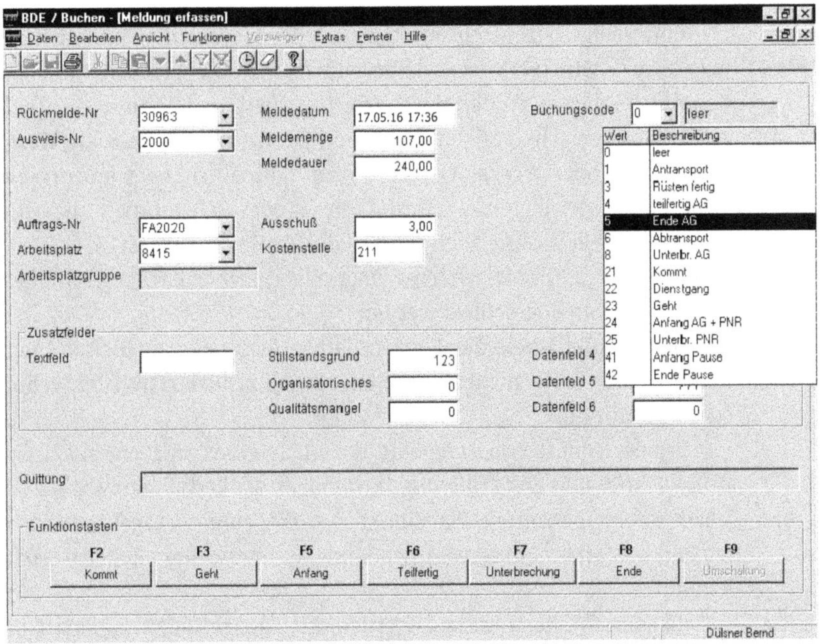

Abb. 8.16: Rückmeldemaske in einem ERP-System.

Betriebsdaten für technische Systeme

Auch für die technischen Informationssysteme liefert die Betriebsdatenerfassung nützliche Informationen.

Maschinen-, Prüf- und Messdaten

Beispielsweise stellen die Maschinen-, Prüf- und Messdaten die Rückkopplung zum CAM (Computer Aided Manufacturing) und CAP (Computer Aided Planning) her. Auch für automatisierte Transportsysteme und ihre Verbindung zu Fertigungsautomaten finden Betriebsdaten Verwendung; z. B. kann die Fertigmeldung eines Arbeitsgangs auf einer DNC-Anlage (Direct Numerical Control) die automatische Bereitstellung, das Füllen und den Transport eines Behälters initiieren.

Qualitätsdaten

Die Qualitätssicherung (CAQ) greift nicht nur zur Regelung der technischen Systeme auf die erfassten Betriebsdaten zurück, sondern auch zur Planung von qualitätssichernden Maßnahmen (Prüfplanung) und zur Verfolgung von Einzelaufträgen, bei denen ein lückenloser Qualitätsnachweis erforderlich ist.

Organisation und Technologie der BDE/MDE

Da Betriebsdaten an unterschiedlichen Orten anfallen, ist auch ihre Erfassung in der Regel mehr oder weniger dezentralisiert.

Dezentrale und zentrale Erfassung

Eine völlige Dezentralisierung liegt z. B. vor, wenn die Maschinendaten vollautomatisch erfasst und übermittelt oder BDE-Terminals direkt an den Aufstellungsorten der Maschinen installiert sind. Eine starke Zentralisierung herrscht manchmal bei der Zeiterfassung vor (z. B. am Werkstatteingang oder Werkstor), sofern nicht maschinen- oder auftragsbezogene Personalzeiten erforderlich sind. Gelegentlich ist die Betriebsdatenerfassung auch noch in der Weise organisiert, dass Rückmeldungen z. B. im Meisterbüro eingegeben oder zunächst gesammelt und gemeinsam abgeschickt werden.

Aktualität der Betriebsdaten

Die Art und Weise der Betriebsdatenerfassung, -verarbeitung und -übermittlung hängt nicht zuletzt vom Aktualitätsbedarf und der technischen Lösung ab.

Bei der *Online-Erfassung* sind der MES-Server oder ein spezieller BDE-Rechner und das Erfassungsterminal direkt verbunden, sodass die Daten sofort übermittelt, Plausibilitätsprüfungen unterzogen, verarbeitet und ggf. an ein anderes Anwendungssystem weitergeleitet werden können.

Offline-Erfassung

Bei der *Offline-Erfassung* werden die Betriebsdaten zunächst im BDE-Endgerät, evtl. auch auf Papier (z. B. Lohnscheine), zwischengespeichert und später gesammelt dem BDE-Rechner übergeben.

Einige Hardwarekomponenten, die bei der Erfassung von Betriebs- und Maschinendaten zum Einsatz kommen, sind in Abb. 8.17 zusammengefasst.

Datenträger für BDE

Während bei der Maschinendatenerfassung Daten i. d. R. auf direktem Wege elektronisch übermittelt werden, kommen bei der konventionellen Betriebsdatenerfassung oft zusätzliche *Belege* zur Anwendung.

Lohnscheine

Ein wichtiges Rückmeldemedium stellen seit jeher die *Lohnscheine* dar. Als alleinige Rückmeldemedien sind sie allerdings problematisch, da sie aus Sicht der Werker primär den Entlohnungsinteressen und nicht dem Zweck möglichst genauer Rückmeldungen dienen. Es ist durchaus üblich, dass Lohnscheine „gehortet" und zum Ausgleich von Leistungsschwankungen erst später zu einem geeigneten Zeitpunkt abgerechnet werden. Deshalb versucht man, Lohnfindung und Fortschrittsmeldungen möglichst zu entkoppeln.

Rückmeldescheine

Rückmeldescheine oder Fertigungsauftragspapiere, die auch Rückmeldeinformationen tragen können, werden häufig bei der Auftragsfreigabe mitgedruckt. Da die manuelle Erfassung von Rückmeldungen aufwendig ist, werden meist maschinenlesbare Datenträger verwendet. Zumindest die Identifikationsdaten (Ident-Nummern) werden dann automatisch erkannt, während die auftragsbezogenen Daten entweder manuell eingegeben (z. B. gefertigte Menge und Personalzuordnung)

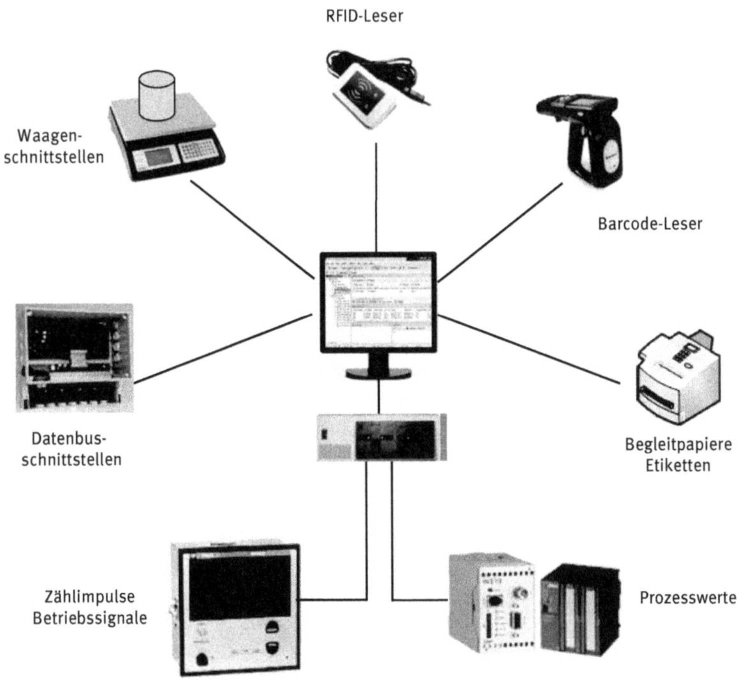

Abb. 8.17: Hardware-Infrastruktur für BDE/MDE.

oder auf dem Wege der Maschinendatenerfassung automatisch erzeugt werden (z. B. Arbeitsgangzeiten).

Für *maschinenlesbare Datenträger* kommen meist Technologien wie die folgenden zur Anwendung:

Barcodes

Strichcodierungen (Barcodes), auf Auftragspapiere, Materialbegleit-, Entnahmescheine etc. aufgedruckt, werden mit entsprechenden Leseeinrichtungen (Lesestifte und -pistolen, Laser- oder Kamera-Scanner) decodiert. Daneben besitzen *Markierungsbelege* (z. B. für Lohn- und Materialscheine) und Belege in OCR-Schrift eine gewisse Verbreitung. Klarschriftleser sind ebenfalls im Einsatz.

Markierungsbelege

Plastikkarten

Stabilere Datenträger, wie sie z. B. für *Ausweise* Verwendung finden, sind Kunststoffkarten, die codierte Informationen aufnehmen können. Für die Codierung kommen neben Barcodes hauptsächlich magnetische, aber auch mechanisch-induktive, elektronische und andere Formen in Betracht. Die elektronische Verschlüsselung in Form von *Chipkarten* bietet darüber hinaus die Möglichkeit, die Informationen auf dem Datenträger zu verändern. Da in den Chip auch Informationen eingetragen werden können, ist es z. B. möglich, einem Werkzeug an einer Schreib-/Lesestation Statusinformationen mitzugeben oder Behälter in

Chipkarten

einem automatischen Transportsystem mit Steuerungsinformationen zu versehen, die den zurückzulegenden Weg beschreiben.

RFID

Auf *RFID Tags* (Etiketten) werden Daten gespeichert, die über elektromagnetische Wellen an Lesestationen übermittelt und dort weiterverarbeitet werden können. Die zunehmende Verbreitung der RFID-Technologie (RFID, Radio Frequency Identification) lässt erwarten, dass in der Zukunft ein Großteil der Rückmeldeinformationen auf diesem Wege gewonnen werden (vgl. auch Abschnitt 12.2).

Schnittstellen für MDE

Daten von Maschinen und anderen computergesteuerten Betriebsmitteln können auf unterschiedliche Weise erfasst werden. Moderne Anlagen verfügen über Datenschnittstellen, während bei älteren z. B. noch die Betriebssignale abgegriffen werden müssen. Maschinendaten können u. a. auf folgenden Wegen gewonnen werden [Kletti 2007, S. 133 f.; Kletti 2015, S. 82 ff.]:

Maschinendatenerfassung

- Erfassung von Zählimpulsen, Taktungen und Betriebssignalen der Maschinen.
- Übernahme von Gewichtsdaten von einer Waagensteuerung. Die von der Waage gemessenen Werte werden einem BDE-Terminal zur Verfügung gestellt, wo sie bearbeitet und weitergeleitet werden können.
- Direkte Kommunikation mit der herstellerspezifischen Anlagensteuerung zur Übernahme von Maschinendaten bzw. zur Bereitstellung von Maschinenprogrammen.
- Prozesskommunikation per OPC (Object Linking and Embedding for Process Control), einem standardisierten Protokoll für den Datentransfer zwischen einer Anlagensteuerung und einem externen Kommunikationspartner über ein Netzwerk.
- Kommunikation über branchenspezifische Protokolle (z. B. das Euromap-Protokoll E63 für Spritzgussmaschinen der führenden Maschinenhersteller).

BDE-Geräte

Betriebsdaten, die nicht wie Maschinendaten automatisch aufgezeichnet und übermittelt werden, müssen auf andere Weise erfasst und zum MES oder ERP-System hin übertragen werden. Je nach Organisation der BDE/MDE kommen dafür unterschiedliche Technologien zum Einsatz.

Terminals

An Fertigungsanlagen trifft man fest installierte *Terminals* zur manuellen oder halbautomatischen Datenerfassung an. Sie sind häufig mit

Leseeinrichtungen versehen und können Eingaben über die Tastatur, den Scanner oder eine andere Peripherie entgegennehmen. Oft ist eine halbautomatische Erfassung eingerichtet, bei der manche Daten vom Datenträger gelesen oder von einer Anlage automatisch übernommen werden und andere zur Ergänzung eingegeben werden müssen. Beispielsweise kann eine Fertigungsanlage automatisch Maschinendaten (Laufzeiten, Unterbrechungen etc.) an ein gekoppeltes BDE-Terminal liefern, sodass der Werker nur noch ergänzende Angaben (z. B. Störungsursache) zu machen braucht.

Halbautomatische Erfassung

Barcodeleser (Lesepistolen) werden zum Einscannen von Strichcodemarkierungen auf Dokumenten, z. B. auf Fertigungsauftragspapieren, verwendet. Oft gibt es am Erfassungsort ausgelegte Barcodevorlagen für typische An-/Rückmeldefunktionen (z. B. Arbeitsgangstart, -ende oder -unterbrechung für Fertigungsaufträge; Kommt, Geht, Pausenbeginn und -ende für PZE).

Barcodeleser (Lesepistolen)

RFID Reader lesen kontaktlos An-/Rückmeldeinformationen von RFID-Etiketten (RFID Tags, vgl. auch Abschnitt 12.2). Die Daten werden durch Funkwellen über kurze Entfernungen von dem Transponder auf dem Etikett hin zur Lesestation übermittelt. Manche Leseeinrichtungen sind stationär, andere tragbar. Hildebrandt et al. beschreiben beispielsweise einen mobilen Inventurroboter, der durch das Lager fährt und über RFID Inventurdaten aufnimmt [Hildebrandt 2010].

RFID Reader

Für die *mobile Datenerfassung* kommen tragbare Geräte zur Anwendung. Diese speichern entweder die aufgenommenen Daten zunächst lokal und übermitteln sie von Zeit zu Zeit an ein stationäres BDE-Terminal; oder sie sind direkt über eine Form der Datenkommunikation (Mobilfunk, Bluetooth, Infrarot) mit einer BDE-Empfangsstation verbunden, der sie laufend die aktuellen Daten zusenden können.

Mobile Datenerfassung

Neben speziellen BDE-Geräten werden für die mobile Datenerfassung zunehmend *Tablets* und *Smartphones* verwendet. Da diese Geräte einen vergleichsweise kleinen Bildschirm haben und anders bedient werden als PCs mit Computerbildschirm, sind auch die Benutzerschnittstellen stark vereinfacht. Die Abbs. 8.18 und 8.19 zeigen dies an einem Beispiel (aus dem MES *planeus* [th data 2020]).

Der Benutzer, hier ein Drehmaschinenbediener mit Kürzel „TS“, findet auf seinem Tablet im persönlichen Bereich („Meine Aufgaben“) vier Arbeitsgänge, die er in den nächsten Tagen erledigen soll. Die Aufträge haben den Status „Verplant“. Er nimmt einen davon, den Arbeitsgang „P2 ... Sägen“, bei dem 4 Stück bereits fertig und 36 noch offen sind, und startet diesen um 12:10 Uhr durch Klicken auf das Start-Icon. In Abb. 8.19 (Mitte) sieht man, dass der Status jetzt „Gestartet“ lautet.

Beispiel: BDE über Tablet (planeus)

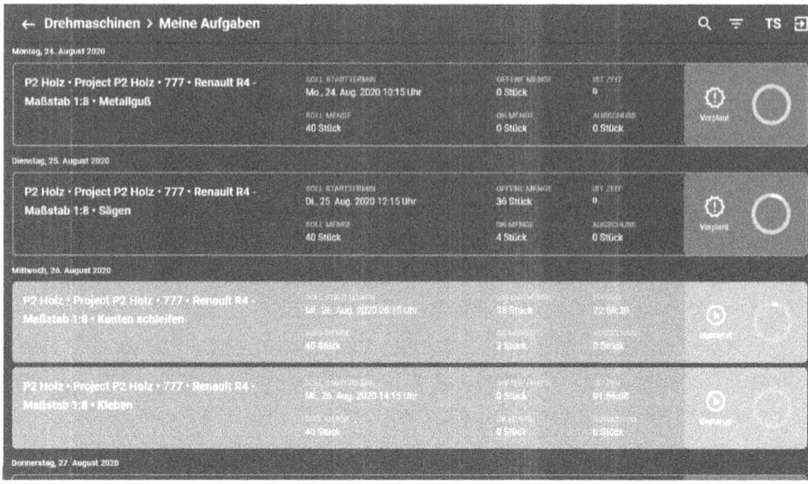

Abb. 8.18: „Meine Aufgaben" in planeus-Workbench [th data 2020].

Der Arbeitsgang läuft, aber nach einigen Stunden stellt der Bearbeiter fest, dass er nicht weiter machen kann, weil Material fehlt. Durch Klicken auf das Pause-Icon hält er den Auftrag um 16:45 Uhr an. Der Arbeitsgang bekommt jetzt automatisch den Status „Unterbrochen" (unteres Bild). Wenn das Material wieder verfügbar ist, kann der Auftrag durch Klicken auf das Start-Icon fortgesetzt werden.

Gerätevielfalt

Aufgrund der unterschiedlichsten Anforderungen an die Betriebsdatenerfassung sind BDE-Lösungen und Geräte weitgefächert. In manchen Fällen werden Geräte eingesetzt, die über eine zweckentsprechende, vereinfachte Tastatur (z. B. nur Ziffern und Funktionstasten) und eine optische Anzeige (LCD-Anzeige, kleiner Bildschirm) verfügen. Eingaben gelangen nicht nur über die Tastatur, sondern auch über optische Leseeinrichtungen (z. B. Lesepistole), den Touchscreen und manchmal über die Spracheingabe in das System.

Folientastatur

Die Umgebungsbedingungen, unter denen Betriebsdaten erfasst werden, sind häufig durch Schmutz, Öl, Lärm, Temperaturschwankungen, Erschütterungen, Magnetfelder und ähnliche Faktoren gekennzeichnet. Die Geräte müssen deshalb besonderen Anforderungen hinsichtlich der Stabilität und Robustheit genügen. Terminals, die im Fertigungsbereich eingesetzt werden, besitzen z. B. oft eine Folientastatur, bei der keine Zwischenräume für das Eindringen von Schmutzpartikeln bleiben. Die Tasten sind manchmal überdimensioniert (2 × 2 cm und größer), damit sie auch von einem Werker mit Schutzhandschuhen gedrückt werden können.

Abb. 8.19: Arbeitsgang- und BDE-Aktionen in planeus-Workbench [th data 2020].

Biometrische Daten

Lesegeräte für *biometrische Daten* findet man vor allem bei der Zugangskontrolle und in sicherheitskritischen Umgebungen. Beispiele sind Fingerabdruck- und Netzhautscanner. Die aufgenommenen Daten werden zu einem Server übertragen und gegen gespeicherte Muster verglichen.

Alarmgeber

Alarmgeber sind spezielle Geräte, die bei kritischen Situationen Meldungen im MES sowie unter Umständen akustische oder optische Signale erzeugen. Je nach Eskalationsstufe können darüber hinaus die verantwortlichen Mitarbeiter per E-Mail, SMS oder Pager automatisch von der Alarmsituation benachrichtigt werden.

BDE-Server

BDE-Server

Während an den BDE-Terminals und anderen Geräten Betriebsdaten primär nur erfasst und eventuell vorverarbeitet werden (z. B. Prüfung auf formale Richtigkeit einer Eingabe), findet die Aufbereitung, Verarbeitung, Verdichtung und Weiterleitung in der Regel auf einem Server statt. Dies kann der Rechner sein, auf dem das MES läuft, häufig ist es auch ein dedizierter *BDE-Server*. Früher wurden diese Rechner als „BDE-Zentrale“ bezeichnet. Ebenso kann ein mehrstufiges Rechnerkonzept zur Anwendung kommen. Dabei werden für die einzelnen Fertigungsbereiche Vorrechner benutzt, die bereits dezentrale Aufbereitungs- und Verarbeitungsfunktionen übernehmen.

Funktionalität eines BDE-Servers

Die Funktionalität eines BDE-Servers geht weit über die reine Datenerfassung hinaus. Zunächst sind Aufbereitungs-, Verdichtungs- und Auswertungsfunktionen mit entsprechenden Anzeigen oder Berichten zu nennen. Da mit den Betriebsdaten eine Vielzahl von Informationen gesammelt werden, lassen sich die verschiedensten Auswertungen erzeugen (z. B. über Maschinenauslastung, Ausschuss, Verspätungen, Unterbrechungen und Unterbrechungsursachen).

Industrie 4.0

Auswertungen von Massendaten, wie sie bei Maschinendatenerfassung anfallen, und darauf aufbauende Prognosen sind ein Themenschwerpunkt im Rahmen von *Industrie 4.0*, worauf in Kapitel 12 ausführlicher eingegangen wird.

8.1.6 Qualitätsmanagement

Qualitätsmanagement

Das *Qualitätsmanagement (QM)* wird als dritte wichtige Komponente von Manufacturing Execution Systems angesehen. Wie für die beiden anderen Komponenten, Fertigungsleitstand und Betriebsdatenerfassung, gilt auch für das Qualitätsmanagement, dass es nicht mit den MES neu erfunden wurde. Vielmehr wurde es aufgrund seiner Bedeutung für eine reibungslose Durchführung der Fertigung in das MES-Konzept integriert.

Das Qualitätsmanagement wurde früher im Rahmen des Computer Integrated Manufacturing (CIM) unter der Bezeichnung CAQ (Computer Aided Quality Assurance) eingeordnet (vgl. Abschnitt 8.3). Das Qualitätsmanagement umfasst die Planung, Durchführung und Kontrolle aller Maßnahmen, welche die Produktqualität beeinflussen. Der Begriff bringt zum Ausdruck, dass die Sicherung der Qualität nur dann zur vollen Wirkung gelangt, wenn sie phasenübergreifend erfolgt und bereits mit der Produktplanung einsetzt [Wiendahl 1997a, S. 370]. Entwurfs- oder Konstruktionsfehler, die z. B. zu einer erhöhten Ausschussquote führen, lassen sich später oft nur mit erheblichen Kosten wieder korrigieren [Wildemann o. J.].

Das Qualitätsmanagement muss somit den Produktionsprozess von der Produktplanung bis zur Fertigung hin kontrollierend und regelnd begleiten. Der Aufwand für eine umfassende und systematische Qualitätssicherung in diesem Sinne darf nicht unterschätzt werden. In Einzelfällen kann er bis zu 50 % der Fertigungskosten betragen [Scheer 1990, S. 53].

Prüfpläne, Prüfprogramme

Die Grunddaten für das Qualitätsmanagement sind *Prüfpläne* und *Prüfprogramme*. Sie ähneln den Arbeitsplänen bzw. den NC-Programmen und beschreiben die Schritte, die für die Verifikation von Qualitätsvorgaben, bezogen auf Endprodukte, Baugruppen oder Einzelteile, notwendig sind.

Qualitätsdatenerfassung

Die Qualitätsmanagementkomponenten von Manufacturing Execution Systems umfassen vor allem Module für die Erstellung und Verwaltung von Prüfplänen und -programmen. Weiterhin beinhalten sie Funktionen zur Qualitätsdatenerfassung, die für die Rückmeldung von Ist-Daten, wie Ausschussquote oder Ausfallhäufigkeit eines Betriebsmittels, zuständig sind. Derartige Rückmeldungen können für die Planung zukünftiger Qualitätssicherungsmaßnahmen herangezogen werden.

Beispiel eines QM-Moduls: Hydra-FEP

Beispielsweise stellt *Hydra*, ein weitverbreitetes MES, im Modul Fertigungsprüfung die folgenden Funktionen zur Verfügung [MPDV 2020, MPDV 2025]:

- Planung der fertigungsbegleitenden Prüfungen
- Flexible Merkmalsdefinition (variabel, attributiv, Fehlersammelkarte, visuelle Fehlererfassung, Probenzug)
- Zeit-, Mengen- und Ereignis-basierte Fälligkeitsintervalle
- Intuitive Prüfdatenerfassung direkt am BDE-Terminal oder an Prüfplätzen
- Automatische Übernahme von Messwerten aus digitalen Messmitteln

- Nutzung kontinuierlicher Datenströme (z. B. aus der Prozessdatenerfassung)
- Anbindung komplexer Messmaschinen
- Kontextbezogene Prüfinformationen am Shopfloor-Terminal
- Umfangreiche Auswertungen, Diagramme, Regelkarten und Berichte
- Erstellung von Prüfzertifikaten
- Funktionen für Warenausgang und Erstmusterprüfung
- Übergreifender Produktlenkungsplan (Control-Plan) zur Erfüllung von QS9000 und TS 16949
- Prüfdatenerfassung und Fehler-Monitoring auf mobilen Geräten

Eine Qualitätsdatenerfassung erfolgt meist nicht gesondert über eigene Terminals, sondern auf dem gleichen Wege wie die Betriebsdatenerfassung (BDE) im MES. Viele qualitätsrelevante Daten können darüber hinaus direkt aus den Fertigungsprozessen im Rahmen der Maschinendatenerfassung (MDE) gewonnen werden.

Schnittstellen zur Produktionsplanung und -steuerung

Qualitätseckdaten

Bereits bei der langfristigen *Produktionsprogrammplanung* bzw. mit den *Kundenaufträgen* werden häufig Qualitätseckdaten (z. B. Temperaturbeständigkeit, Materialstärke, Toleranzen etc.) festgeschrieben. Diese stellen Vorgaben für die weiteren Qualitätssicherungsmaßnahmen dar. Umgekehrt übernimmt das ERP-System im weiteren Verlauf Qualitätsplandaten aus dem Qualitätsmanagement im MES, die aus der statistischen Analyse von Ist- und Korrekturdaten resultieren.

Ausschussquoten

Die *Materialwirtschaft* benötigt Informationen aus der Qualitätsdatenerfassung für die Brutto- und Nettobedarfsermittlung im Rahmen der Mengenplanung. Hier müssen Ausschussquoten berücksichtigt werden (vgl. zum Beispiel Abb. 2.25), die auf der Basis der Ist-Werte berechnet bzw. aktualisiert werden. Für die *Beschaffung* sind Qualitätsdaten aus den Wareneingangsprüfungen und der Lieferantenbewertung von Bedeutung.

Prüfarbeitsgänge und Arbeitsgangalternativen

Für die *Termin-* und *Kapazitätsplanung* im MRP II spielt das Qualitätsmanagement in mehrfacher Hinsicht eine Rolle. Zum einen müssen die Prüfarbeitsgänge eingeplant und mit einem entsprechenden Zeitbedarf in Ansatz gebracht werden. Zum anderen können Qualitätsanforderungen die Auswahl aus Arbeitsgangalternativen beeinflussen. So ist es etwa denkbar, dass Qualitätsvorgaben besser eingehalten werden, wenn statt einer Universalmaschine eine Spezialmaschine zum Einsatz kommt.

Die *Kapazitätsplanung* kann von Qualitätssicherungsmaßnahmen betroffen sein, wenn die zur Prüfung einzusetzenden Betriebsmittel (z. B. Messgeräte, Sensoren) selbst Engpässe darstellen. Sie müssen dann im Rahmen der Kapazitätsdisposition wie andere Betriebsmittel berücksichtigt werden.

Prüfbetriebsmittel

8.2 CAx-Systeme

Die meisten Fertigungsanlagen werden heute computergestützt betrieben, d. h., sie verarbeiten Informationen und erzeugen Informationen. Produkte werden mit computergestützten Werkzeugen konstruiert und entworfen. Technische Anwendungssysteme unterstützen die Vorbereitung und Durchführung der Fertigung.

Technische Anwendungssysteme

Die von diesen Systemen benötigten bzw. erzeugten Informationen sind teilweise die gleichen, die auch in der betriebswirtschaftlichen Informationsverarbeitung eine Rolle spielen, z. B. Erzeugnisstrukturen und Arbeitspläne. Deshalb werden im Folgenden die wichtigsten technischen Anwendungssysteme und ihre Beziehungen zu den betriebswirtschaftlichen Systemen erläutert.

8.2.1 Rückblick: Computer Integrated Manufacturing (CIM)

Schon vor dem Entstehen von ERP-Systemen gab es im Produktionsbereich intensive Anstrengungen, technische und betriebswirtschaftliche Informationsverarbeitung zusammenzubringen. In den 1980er-Jahren entstand das *Computer Integrated Manufacturing (CIM)* als eine weitreichende Konzeption zur Integration der Informationssysteme für betriebswirtschaftliche und technische Aufgaben eines Industriebetriebs [Scheer 1990]. Den betriebswirtschaftlichen Zweig repräsentierte dabei die Produktionsplanung und -steuerung, während die technische Seite durch die sogenannten *CAx-Systeme* gebildet wurde:

Computer Integrated Manufacturing (CIM)

- Produktentwurf: Computer Aided Engineering (CAE)
- Konstruktion: Computer Aided Design (CAD)
- Arbeitsplanung: Computer Aided Planning (CAP)
- Fertigung: Computer Aided Manufacturing (CAM)
- Qualitätssicherung: Computer Aided Quality Assurance (CAQ)

Die Betrachtungsweise von Planung und Realisierung aus zwei Perspektiven kommt in Abb. 8.20 zum Ausdruck. Die Darstellung der CIM-Komponenten in Form eines Y geht auf Scheer zurück [Scheer 1990]. Sie

Y-Modell für CIM

wurde in den 1990er-Jahren zu einem „Markenzeichen“ des Instituts für Wirtschaftsinformatik an der Universität des Saarlandes.

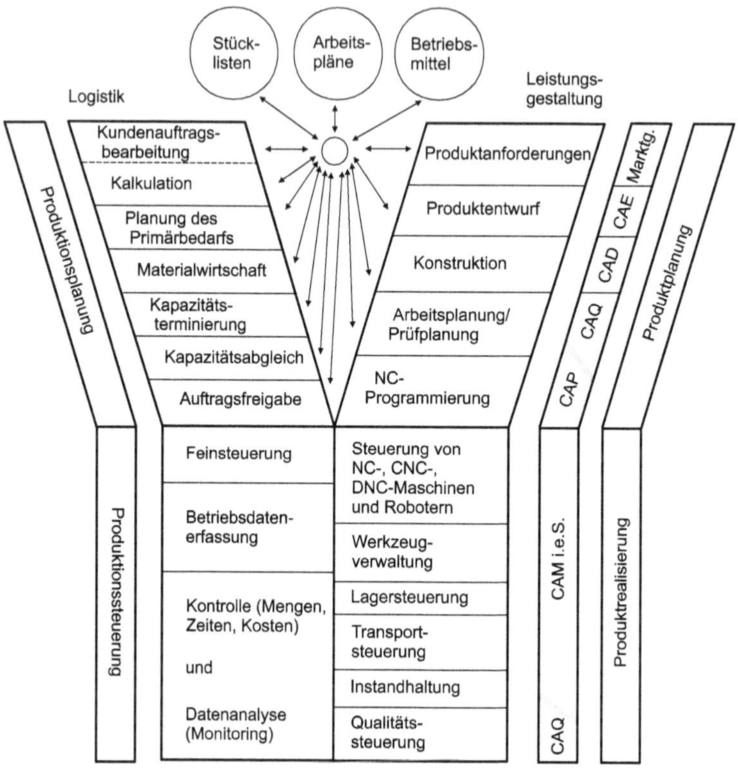

Abb. 8.20: CIM-Komponenten im Y-Modell [Scheer 1997, S. 87].

„I“ für Integration

Die Y-Form symbolisiert die unterschiedlichen Planungsaufgaben auf betriebswirtschaftlichem und technischem Gebiet sowie die Zusammenführung der Planungsergebnisse bei der konkreten Realisierung in der Fertigung. Der entscheidende Buchstabe im Akronym CIM ist das „I“ (für Integration). Integration bezieht sich hauptsächlich auf die Daten und auf die Funktionen der Teilsysteme [Scheer 1990, Becker 1991]. Insbesondere durch die Integration werden wesentliche Nutzeffekte erzielt.

Die Vorteile der CAx-Techniken liegen nicht zuletzt in der Vermeidung bzw. schnelleren Beseitigung von Fehlern. Abb. 8.21 skizziert die Zusammenhänge zwischen der Wahrscheinlichkeit des Erkennens von Fehlern und dem Aufwand für die Behebung von Fehlern im Zeitablauf. CAx-Systeme helfen dabei, Fehler früh zu erkennen und mit geringerem Aufwand zu beheben.

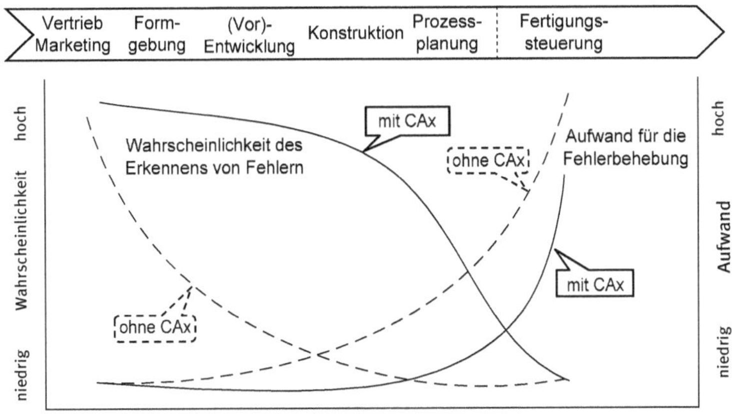

Abb. 8.21: Fehlererkennung und -behebung [Vajna 2018, S. 18].

Überblick CAx-Systeme

Während der Begriff Computer Integrated Manufacturing heute nur noch selten verwendet wird, gibt es nach wie vor die unter ihn gefassten technischen Informationssysteme. Statt von CIM spricht man heute jedoch meist nur von den *CAx-Systemen.*

Abbildung 8.22 gibt einen Überblick über die gängigen CAx-Systeme und ihren Bezug zu den wichtigsten Phasen der Produktentstehung und -herstellung. Sie zeigt insbesondere, in welchen Phasen die verschiedenen CAx-Systeme schwerpunktmäßig zum Einsatz kommen.

Die noch nicht erläuterte Abkürzung CAID steht für Computer-Aided Industrial Design. Darunter versteht man Systeme zur rechnerunterstützten Formgebung im Sinne des technischen Designs bzw. Stylings [Vajna 2018, S. 15]. CAID

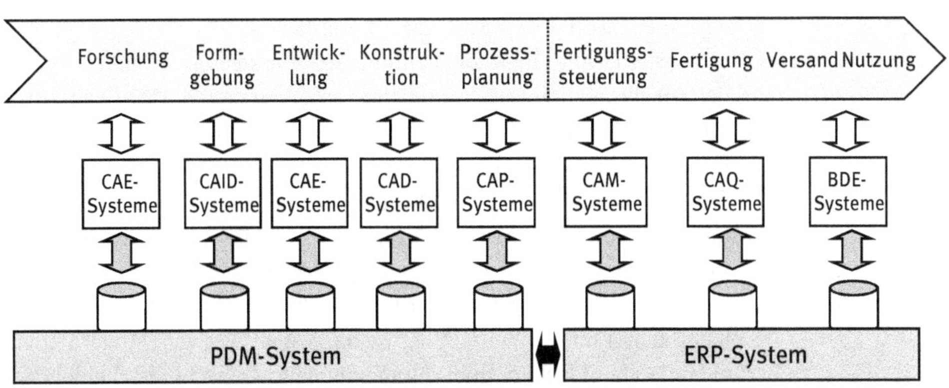

Abb. 8.22: CAx- und benachbarte Systeme (in Anlehnung an Vajna [2018, S. 15]).

CAD/CAE

CAE (Computer Aided Engineering) dient dem Produktentwurf und wird häufig im Zusammenhang mit Computer Aided Design (CAD) behandelt, welches die Konstruktion im engeren Sinne thematisiert. Man spricht dann auch von CAD/CAE.

8.2.2 Computer Aided Design (CAD)

CAD = computergestützte Konstruktion

Computer Aided Design (CAD) bedeutet ein computergestützter Entwurf, wird aber meist im Sinne von computergestützter Konstruktion verwendet. Von Entwurf (im Sinne von Produktentwurf) spricht man im Deutschen dagegen beim Computer Aided Engineering (CAE), wobei Engineering im Wortsinn eigentlich ingenieursmäßige Gestaltung bedeutet.

CAD-Systeme

CAD-Systeme dienen im engeren Sinne zur Unterstützung des Konstrukteurs bei der Konstruktion eines Produkts (bzw. Teils). Häufig wird auch schon der Grobentwurf eines Produkts durch Simulationsmodelle unterstützt; derartige Funktionen fasst man dann unter *Computer Aided Engineering* zusammen. Es ist jedoch darauf hinzuweisen, dass der Begriff CAE nicht einheitlich verwendet wird.

Grafikeditor

In allen Phasen des Produktentwurfs und der Konstruktion hat das Erzeugen und Bearbeiten von Zeichnungen einen hohen Stellenwert. Kernstück jedes CAD-Systems ist deshalb ein Softwarewerkzeug zur Erstellung, Veränderung und Anzeige maßstabsgetreuer mehrdimensionaler Konstruktionszeichnungen *(Grafikeditor)*.

2D-Darstellung

Bei den CAD-Systemen lassen sich verschiedene Entwicklungsstufen unterscheiden. Die erste Generation war durch Systeme gekennzeichnet, bei denen die dreidimensionalen physischen Objekte auf eine zweidimensionale Bildschirmrepräsentation reduziert werden *(2D-Darstellung)*. Objekte können nur in ihrer zweidimensionalen „Aufsicht" aus verschiedenen Perspektiven gezeigt werden.

$2\frac{1}{2}$ D-Darstellung

Systeme mit einer sogenannten $2\frac{1}{2}$ *D-Darstellung* erlauben zusätzlich eine Projektion der zweidimensional erzeugten Objekte in eine dreidimensionale Gesamtdarstellung. Ein Nachteil liegt darin, dass vom Konstrukteur hohes Abstraktionsvermögen gefordert wird. Er muss dreidimensionale Gebilde in zweidimensionale Komponenten zerlegen und Anknüpfungspunkte definieren, über die die Komponenten in drei Dimensionen wieder zusammengefügt werden.

3D-Darstellung

Bei der *3D-Darstellung* werden die Objekte in einem dreidimensionalen Raum mit X-, Y- und Z-Achse dargestellt. Verwendet werden vor allem Draht-, Flächen- und Volumenmodelle. Diese unterscheiden sich durch die Menge an Daten, die erfasst, gespeichert und bei den Berechnungen berücksichtigt werden müssen.

Fortgeschrittene CAD-Systeme weisen einen höheren Automatisierungsgrad auf. Wenn sich etwa ein Entwurfsparameter ändert, nimmt das System Anpassungen des Konstruktionsprozesses teilweise oder ganz automatisch vor. Die objektorientierte Softwaretechnologie unterstützt darüber hinaus die Wiederverwendbarkeit von Konstruktionselementen. Wenn beispielsweise bestimmte Standardelemente wie Bohrungen oder Federungen immer wieder vorkommen, können diese unter Rückgriff auf gespeicherte Informationen und Anpassung an die Eigenschaften des vorliegenden Werkstücks automatisch generiert werden [Wiendahl 1997a, S. 130].

Archivierung und Retrieval

Die Effektivität eines CAD-Systems hängt sehr stark von der zugrunde liegenden Datenverwaltung ab. Neben konventionellen „Daten“ wie Teilenummern oder Maßen spielen z. B. Grafiken, insbesondere Zeichnungen, in der Konstruktion eine herausragende Rolle. Eine leistungsfähige Archivierungskomponente, die es gestattet, Zeichnungen und andere Daten aus früheren Konstruktionsvorgängen effizient wiederzufinden, ist wichtig (Retrieval). Das Produktdatenmanagement, das in Abschnitt 8.3 behandelt wird, unterstützt deshalb auch die effiziente Suche nach früheren Konstruktionsdaten.

Werkstückklassifikation

Funktionen zur *Werkstückklassifikation* helfen dem Bearbeiter bei der Konstruktion neuer Teile, indem sie ähnliche, früher gefertigte Teile in einer Bauteiledatenbank suchen und zur Verfügung stellen. Die Voraussetzung ist, dass eine Klassifikation nach geeigneten Kriterien durchgeführt wurde.

CAD-Entwicklungsstufen

Die Nutzung eines CAD-Systems erfordert eine sorgfältige Modellierung der Produkte. Die Grundlagen der 3D-Modellierung sind in der VDI-Richtlinie 2209/2009 beschrieben. Abbildung 8.23 skizziert die Entwicklungsstufen [Vajna 2009, S. 172 f.]:

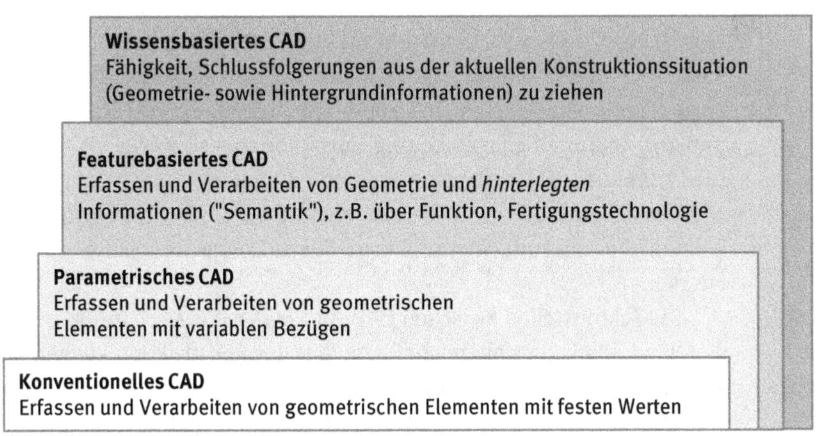

Abb. 8.23: Entwicklungsstufen der 3D-Modellierung lt. VDI [Vajna 2009, S. 173].

Konventionell

Beim *konventionellen CAD* arbeitet man mit festen Werten der geometrischen Elemente (Punkte, Linien, Flächen, Körper).

Parametrisch

Parametrisches CAD bedeutet, dass variable Größen für Eigenschaften und Abhängigkeiten der Elemente verwendet werden. Parameter betreffen z. B. die Geometrie (Gestalt des Produkts), die Topologie (Struktur des Produkts), die Technologie sowie physikalische Eigenschaften.

Feature-basiert

Feature-basiertes CAD berücksichtigt nicht nur geometrische Eigenschaften, sondern auch Semantik (d. h. zusätzliche hinterlegte Informationen zu den Konstruktionselementen). Features sind Abstraktionen von geometrischen Elementen, die mit einer Semantik versehen sind und einer Bibliothek entnommen werden können. Die Semantik bezieht sich z. B. auf die Fertigungstechnologie oder Eigenschaften des Fertigungsprozesses.

Wissensbasiert

Ein *wissensbasiertes CAD* benutzt Techniken der Wissensverarbeitung, um bei der Konstruktion Schlussfolgerungen aufgrund von abgelegtem Geometrie- oder Zusatzwissen zu ziehen.

Schnittstellen zum Enterprise Resource Planning

Produktentwurf

Der Konstruktionsprozess wird durch den Produktentwurf bzw. die Kundenauftragsannahme initiiert. Dort wird festgelegt, welche Produktarten in welchen Ausprägungen hergestellt werden sollen, und somit mittelbar, welche Teile neu konstruiert und welche in welcher Weise modifiziert werden müssen.

Bei einer *auftragsorientierten Fertigung* werden mit den Kundenaufträgen die auftragsspezifischen Produktmerkmale erfasst, soweit es nicht um Produkte aus einer Standardpalette geht. Wenn die Merkmale eine Konstruktion bestimmter Teile notwendig macht, müssen die entsprechenden Daten als Input an das CAD-System geliefert werden. Die Beziehungen zwischen Konstruktion und ERP, insbesondere zum Vertrieb, sind hier besonders eng. Wenn noch Konstruktionsschritte erforderlich sind, gibt es zunächst keine Stücklisten, die der Kalkulation und der Materialbedarfsplanung zugrunde gelegt werden könnten. Die Produktionsplanung muss dann erst einmal mit ungenauen Daten oder Pauschalannahmen arbeiten. Wenn die Konstruktion erfolgt ist, können die vorläufigen Annahmen durch konkretere Daten ersetzt werden.

Materialwirtschaft

Die Schnittstellen zwischen CAD und *Materialwirtschaft* liegen auf der Hand. Die Explosionszeichnungen aus der Konstruktion können als grafische Darstellung von Stücklisten angesehen werden. Es liegt nahe, die Geometrie- und insbesondere die Bauteilinformationen in die Teilestammdaten des ERP-Systems zu übernehmen und der Materialwirtschaft zur Verfügung zu stellen. Grundsätzlich können im CAD-System auch (Konstruktions-) Stücklisten zur Weiterverarbeitung im ERP-System generiert werden.

Kalkulation

Eine betriebswirtschaftlich wichtige Verbindung ist die von der *Kalkulation* hin zum CAD-System. Wenn dem Konstrukteur Kosteninformationen (z. B. Herstellkosten bestimmter Teile, Beschaffungspreise von Materialien) zur Verfügung gestellt werden, kann er bei seinen Entwurfs- und Ausführungsentscheidungen darauf Rücksicht nehmen. Da bis zu 70 % der Herstellkosten bereits durch die Konstruktion festgelegt werden [Becker 1990; Wiendahl 1997a], lassen sich auf diese Weise unter Umständen signifikante Einsparungen erzielen.

70 % der Herstellkosten werden bereits durch die Konstruktion festgelegt

8.2.3 Computer Aided Planning (CAP)

Technische Arbeitsplanung

Mit *Computer Aided Planning (CAP)* bezeichnet man im Ingenieurbereich die computergestützte technische Arbeitsplanung [Wiendahl 2019b, S. 61 f.; Vajna 2009, S. 363]. Sie erfolgt auf der Basis von Standarderzeugnisstrukturen und/oder von Auftragsspezifikationen. Als Grunddaten müssen dem CAP-System Konstruktionsmerkmale, Materialeigenschaften, Stücklisten, Toleranzen, Betriebsmittelstammdaten u. a. zur Verfügung gestellt werden. CAP-Module sind manchmal auch in CAD-Systeme integriert.

Ergebnisse des Computer Aided Planning

Das sichtbare Ergebnis des CAP sind Arbeitspläne bzw. Arbeitsanweisungen in Form von NC-Programmen und Programmen für Industrieroboter:

Arbeitspläne

- Bei konventioneller Fertigungstechnologie werden *Arbeitspläne* erzeugt, die ausgedruckt und in Papierform in die Fertigung geleitet werden.

NC-Programme

- Bei automatisierten Fertigungsanlagen werden die Arbeitsanweisungen in *NC-Programme* (Programme für numerisch gesteuerte Werkzeugmaschinen, s. u.) umgesetzt und über ein Netzwerk oder auf Datenträger an die Maschinen weitergegeben.

Programme für Industrieroboter

- *Programme für Industrieroboter* sind den NC-Programmen ähnlich. Industrieroboter haben jedoch andere Eigenschaften als Werkzeugmaschinen. Sie können nicht nur mit textuell beschriebenen Anweisungen, sondern auch durch „Erlernen“ programmiert werden (z. B. Vormachen einer Bewegung, wobei der Roboter die Koordinaten und Geschwindigkeit speichert) [Vajna 2009, S. 378 ff.].

Formen der Arbeitsplanung

CAP-Systeme unterstützen verschiedene Formen der Arbeitsplanung [Mertens 2013, S. 61 ff.; Wiendahl 2019b, S. 194 f.]:

- Bei der *Wiederholplanung* werden Standardarbeitspläne zugrunde gelegt. Zur Erzeugung eines auftragsspezifischen Arbeitsplans (Fertigungsauftrag) wird der Standardarbeitsplan kopiert und um die Mengen- und Terminangaben ergänzt.
- Eine *Anpassungsplanung* liegt vor, wenn gespeicherte Arbeitspläne manuell verändert oder ergänzt werden können.
- Die *Variantenplanung* greift auf Plandaten für Teilefamilien (das sind Teile gleicher oder ähnlicher Funktion) zurück und verwendet diese zur Zusammenstellung eines neuen Arbeitsplans. Bereits vorhandene Gruppen von Arbeitsgängen werden aus den Arbeitsplänen der Teilefamilien herauskopiert, ggf. modifiziert und zu einem neuen Gesamtarbeitsplan zusammengefügt.
- Eine *Neuplanung* bedeutet, dass Arbeitspläne ohne Rückgriff auf gespeicherte Arbeitspläne erstellt werden. Dies ist insbesondere der Fall, wenn bei stark kundenauftragsorientierter Fertigung die Teilebzw. Auftragsmerkmale vom Kunden spezifiziert werden.

Bestandteile eines CAP-Systems

Zu den Bestandteilen eines CAP-Systems gehören eine Datenverwaltungskomponente (Arbeitspläne, Arbeitsgänge), Grafikeditoren für Arbeitspläne und Werkstücke, eine Simulationskomponente für die Kontrolle und Verbesserung manuell angelegter Arbeitsgänge, eine Programmierumgebung für NC- und Industrieroboter-Programme sowie eine Verwaltungskomponente für die Programme.

Schnittstellen zum Enterprise Resource Planning

Arbeitspläne werden sowohl vom ERP-System als auch vom CAP-System verwaltet

Die Überlappung von ERP-Komponenten und CAP ist besonders bei den Arbeitsplänen offensichtlich. Die im CAP erzeugten Arbeitspläne sind zwar nicht identisch mit den Arbeitsplänen im ERP, sie überlappen sich aber. Wenn keine Integration zwischen der betriebswirtschaftlichen und der technischen Informationsverarbeitung besteht, werden Daten in beiden Systemen redundant geführt.

Auch Funktionalität für die Abwicklung von Fertigungsaufträgen (im CAP *Arbeitssteuerung* genannt) findet man sowohl in ERP-Systemen als auch in CAP-Systemen.

Die Gründe für die Redundanz liegen hauptsächlich in der unterschiedlichen Herkunft der Systeme: Während ERP-Systeme aus dem betriebswirtschaftlichen Bereich stammen, sind CAP-Systeme unabhängig davon in den Ingenieurwissenschaften entstanden.

Eine unkontrollierte Redundanz zwischen beiden Systemen kann zu widersprüchlichen Datenbeständen und damit zu Fehlern bei der Generierung von Fertigungsaufträgen bzw. NC-Programmen führen. Im ERP-System ist zum Beispiel die Terminierung betroffen (mit der Folge, dass vielleicht Engpässe oder Terminüberschreitungen auftreten), im CAP die Korrektheit der NC-Programme (mit der Folge einer eventuell erhöhten Ausschussquote).

Redundanz erzeugt Fehler

Wenn ERP- und CAP-System nicht auf derselben Datenbasis aufgesetzt werden, kann eine lose Kopplung mit definierten Schnittstellen realisiert werden. Kopplung bedeutet hier, dass Daten systematisch ausgetauscht werden. Dies sieht wie folgt aus:

ERP-CAP-Kopplung

Die Schnittstelle zwischen der *Primärbedarfsplanung* und dem CAP beinhaltet vor allem die Weitergabe der Mengen- und Zeitangaben aus den Kunden- bzw. Lageraufträgen, die in die Wiederhol- oder Anpassungsplanung übernommen und ggf. modifiziert werden. Bei einer kundenauftragsbezogenen Fertigung ist außerdem die Spezifikation der gewünschten Teile notwendig, damit individuelle bzw. angepasste Arbeitspläne erstellt werden können.

Primärbedarfsplanung

In umgekehrter Richtung kann die Bereitstellung von Arbeitsplänen aus dem CAP-System für die Primärbedarfsplanung von Bedeutung sein. Dies ist der Fall, wenn im Rahmen der Kundenauftragsbearbeitung eine *Vorkalkulation* durchgeführt wird.

Vorkalkulation

Die *Materialwirtschaft* bzw. die *Stammdatenverwaltung* weist insofern Beziehungen zur Arbeitsplanung auf, als in den Stammdaten auch Merkmale wie Materialeigenschaften geführt werden (z. B. im Teilestammsatz). Darüber hinaus können weitere Angaben wie Konstruktionsmerkmale, die im Teilestamm gespeichert sind, oder Informationen aus Stücklisten für die Arbeitsplanung von Interesse sein. Beispielsweise ist in Stücklisten häufig vermerkt, welcher Standardarbeitsplan einer Baugruppe zugeordnet ist.

Materialwirtschaft, Stammdatenverwaltung

Da sowohl im ERP- als auch im CAP-System eine *Terminierung* von Fertigungsaufträgen durchgeführt werden kann, muss ggf. überprüft werden, ob die Terminierungsverfahren kompatibel sind oder zu widersprüchlichen Ergebnissen führen (z. B. bei Verwendung unterschiedlicher Prioritätsregeln). Wenn eine ERP-CAP-Kopplung existiert und die Zuständigkeit für die Terminierung bei einem der beiden Systeme liegt, muss für einen konsistenten Austausch gesorgt werden. So ist es etwa denkbar, dass das CAP-System einen Arbeitsplan erzeugt, diesen dem Durchlaufterminierungsmodul des ERP-Systems übergibt und dort die Terminierung anstößt.

Terminierung

Soweit die Auftragsterminierung im CAP-System erfolgt, ist im ERP-System mittelbar auch die *Kapazitätsplanung* betroffen, da die

Kapazitätsplanung, Fertigungssteuerung

induzierte Kapazitätsbelastung ggf. mit der planmäßig verfügbaren Kapazität abgeglichen werden muss. Wenn für die *Fertigungssteuerung* ein MES eingesetzt wird, arbeitet dieses letztlich mit Auftrags- und Arbeitsgangterminen, die aus der Arbeitssteuerung im CAP stammen.

8.2.4 Computer Aided Manufacturing (CAM)

Betriebswirtschaftliche und technische Informationsverarbeitung treffen aufeinander

Während CAD- und CAP-Systeme dem Fertigungsgeschehen vorgelagert sind, kommen CAM-Systeme (Computer Aided Manufacturing) unmittelbar im Produktionsgeschehen zum Einsatz. Hier treffen betriebswirtschaftliche und technische Informationsverarbeitung direkt aufeinander. Teilweise lassen sich die fertigungsnahen Planungs- und Steuerungsfunktionen gar nicht mehr eindeutig dem einen oder anderen Zweig zuordnen. Manchmal sind auch Fertigungssteuerungsfunktionen in die technischen Systeme integriert.

CAM als Kreuzungspunkt von betriebswirtschaftlicher und technischer Informationsverarbeitung kommt in der Abb. 8.24 zum Ausdruck [Mertens 2013, S. 354]. Die X-Form stellt eine Abwandlung des Scheer-Y-Modells dar. Im Kreuzungspunkt stehen vor allem kurzfristige Steuerungsfunktionen, die primär in den (technischen) CAM-Systemen zu finden sind.

Technische Basissysteme

Als *technische Basissysteme* werden dem CAM-Bereich numerisch gesteuerte Werkzeugmaschinen (NC-Maschinen), Roboter, fahrerlose Transportsysteme, Handhabungssysteme sowie flexible Fertigungssysteme und automatische Lagerhaltungs- und Logistiksysteme zugeordnet.

NC-Maschinen

– NC-Maschine*n* (Numeric Control) lassen sich nach dem Umfang der Rechnerunterstützung in einfache NC-, CNC- und DNC-Maschinen unterscheiden [Kief 2015, S. 523 ff., 619 ff.]. Sie werden grundsätzlich mit NC-Programmen gesteuert. Das Programm beschreibt alle Arbeitsschritte, die die Maschine zusammenhängend ausführen soll.

CNC-Maschinen

– Eine *CNC-Maschine* (Computerized Numeric Control) enthält einen Mikrocomputer. Programme können somit an der Maschine modifiziert werden. Eine automatische Abstimmung zwischen mehreren Maschinen ist aber nicht möglich, da die Maschinen im Prinzip isolierte Einheiten darstellen.

DNC-Maschinen

– Bei *DNC-Maschinen* (Direct Numeric Control) existiert ein übergeordneter Steuerungsrechner für mehrere Maschinen. Er überwacht und steuert die zeitliche Abstimmung zwischen den Maschinen. Die NC-Programme werden hier in der Regel über ein Netzwerk zu den Maschinen hin übertragen.

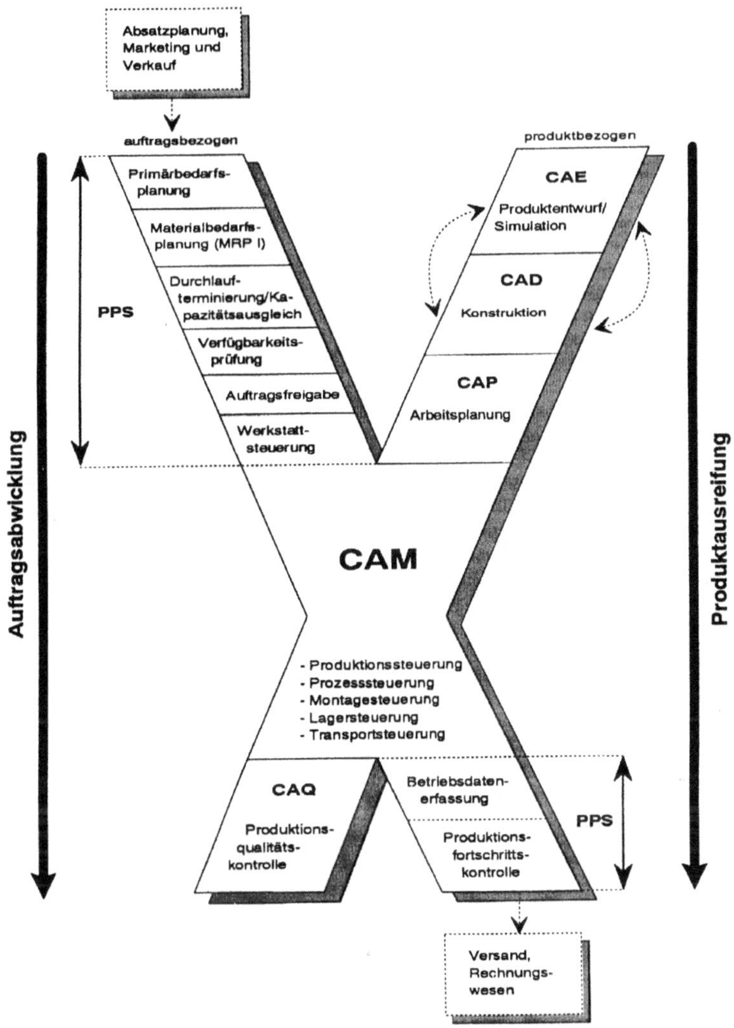

Abb. 8.24: Stellung des CAM im Rahmen von CIM [Mertens 2013, S. 254].

– Als *Industrieroboter* bezeichnet man programmgesteuerte Handhabungseinrichtungen, die sich in alle Richtungen bewegen können [Kief 2015, S. 402 ff.]. Sie sind in der Lage, Vorgänge zur eigenen Orientierung und zur Positionierung von Werkstücken, Werkzeugen und Spannmitteln durchzuführen. Zur Ausstattung gehören in der Regel Greifer, Werkzeuge und Sensoren. Mithilfe der letzteren können z. B. auch Oberflächenbeschaffenheiten bestimmt werden. Industrieroboter sind in der Lage, komplexe und verschiedenartige Arbeitsgangfolgen abzuarbeiten. Ihre Einsatzgebiete sind unter Industrieroboter anderem die automatisierte Montage und die variantenreiche Fertigung, bei denen Einzweckmontagemaschinen nicht mehr hinreichend flexibel sind. Das Schweißen stellt einen weiteren Anwendungsschwerpunkt dar. Die meisten Industrieroboter werden in der Automobilindustrie eingesetzt. Die Leistungsfähigkeit und die Einsatzmöglichkeiten der Industrieroboter steigen ständig weiter. Dies liegt nicht zuletzt daran, dass den Maschinen immer mehr „Intelligenz“ vermittelt wird. Auf dem Gebiet der künstlichen Intelligenz stellt die Roboterforschung (Robotik) einen wichtigen Schwerpunkt dar.

Flexible Fertigungssysteme (FFS)

– Ein *flexibles Fertigungssystem (FFS)* besteht aus einer Menge von numerisch gesteuerten Maschinen, die durch ein automatisiertes Transportsystem miteinander verbunden werden. Das FFS ist in der Lage, Werkstücke eines bestimmten Werkstückspektrums in beliebiger Reihenfolge ohne nennenswerte Verzögerungen durch Umrüstvorgänge zu bearbeiten [POM 2025].

Fahrerlose Transportsysteme

– Transport bzw. Bereitstellung von Werkstücken, Werkzeugen und Materialien an den Betriebsmitteln und Arbeitsplätzen ist die Aufgabe von *fahrerlosen Transportsystemen (FTS)* und *automatisierten Lagerhaltungssystemen* [ten Hompel 2018, S. 209]. FTS werden durch Induktionsschleifen geführt und von Prozessrechnern gesteuert. Bei automatischen Lagerhaltungssystemen erfolgt die Ein- und Auslagerung von Werkstücken, Werkzeugen und Materialien ebenfalls rechnergesteuert. Die Steuerungsprogramme beinhalten häufig Optimierungsverfahren, z. B. zur Minimierung von Ein- und Auslagerungsvorgängen.

Schnittstellen zum Enterprise Resource Planning

Lagerhaltung

Informationen über die Einlagerungs- und Entnahmevorgänge eines automatisierten Lagerhaltungssystems sind für die *materialwirtschaftlichen* ERP-Komponenten (Lagerbestandsführung, Nettobedarfsermittlung, Bestellauslösung) von Bedeutung. Die tatsächlichen Materialzugänge werden darüber hinaus auch für die Bestellverfolgung und für die Rechnungsprüfung benötigt.

Die im ERP-System geführten Lagerstrukturinformationen (Aufbau des Lagers und Zuordnung von Lagerplätzen und Materialien) bilden die Grundlage für die Planung, Durchführung und Kontrolle von Ein- und Auslagerungen durch automatisierte Lagerhaltungssysteme.

Verfügbarkeit von Betriebsmitteln

Die Grobplanung im MRP II, insbesondere die *Kapazitätsplanung*, benötigt aus dem CAM Informationen über die mittel- und langfristige

Verfügbarkeit von Betriebsmitteln (einschließlich der Transportmittel). Die im ERP-System verwalteten (Standard-) Arbeitspläne und Betriebsmittelstammdaten müssen ggf. anhand der real anfallenden Bearbeitungszeiten aktualisiert werden, wenn signifikante Abweichungen beobachtet werden. In den Arbeitsplänen betrifft dies vor allem die Zeitvorgaben (Bearbeitungs-, evtl. Rüstzeiten) und die Betriebsmittelzuordnungen, in den Betriebsmitteldaten eventuell die Kapazitäten sowie die Nutzungs- und Leistungsgrade der Betriebsmittel.

Transportzeiten

Die Transportzeiten der fahrerlosen Transportsysteme können für die *zeitwirtschaftlichen* ERP-Funktionen von Bedeutung sein und müssen ggf. bei der Terminplanung berücksichtigt werden. Wenn transportempfindliche oder zeitkritische Güter bewegt werden sollen, sind darüber hinaus Informationen über die Verfügbarkeit geeigneter Transportmittel wichtig.

Verfügbarkeit von Transportmitteln

Bei einer sehr genauen Planung werden eigene Transportarbeitsgänge mit entsprechenden Zeitansätzen und Transportmittelzuordnungen berücksichtigt, während bei einer pauschalen Betrachtung die Transporte sich in den Übergangszeiten zwischen Fertigungsarbeitsgängen niederschlagen. Im ersten Fall gibt das ERP-System, wie für die Fertigungsarbeitsgänge, Planzeiten für die Transportarbeitsgänge vor, während im zweiten Fall die Ecktermine für einen Transport durch die allgemeinen Übergangszeiten bestimmt werden. Aus Rückmeldungen des CAM über die tatsächlich erfolgten Transporte können die Zeitansätze in der ERP-Datenbasis aktualisiert werden. Sofern ein Maschinendatenerfassungssystem (vgl. Abschnitt 8.1.4) existiert, lassen sich diese Rückmeldungen auch automatisch gewinnen.

Seine Vorgaben – Fertigungsaufträge, Arbeitsgangreihenfolgen, Betriebsmittelzuordnungen und Termine – erhält das CAM-System aus der Produktionsplanung, z. B. in Form von NC-Programmen. Aus Gründen der Datenkonsistenz ist es sinnvoll, auch NC-Programme in einem PDM-System (Produktdatenmanagementsystem; vgl. Abschnitt 8.3) zu führen.

Kopplung von automatischen Fertigungseinrichtungen und Leitstand

Für die kurzfristige *Fertigungssteuerung* im Manufacturing Execution System sind CAM-Daten über die Durchführung der Fertigungsarbeitsgänge von höchstem Interesse. Wenn etwa die Feinplanung und Steuerung mithilfe eines elektronischen Leitstands durchgeführt wird, kann eine hohe Aktualität der Plantafel durch direkte Kopplung von automatisierten Fertigungseinrichtungen und Leitstand erzielt werden. Treten Störungen bei einem Fertigungsautomaten auf, kann der Leitstand unmittelbar mit Umplanungsmaßnahmen reagieren.

Da andererseits eine gute Belegungsplanung für komplexe Fertigungsanlagen von erheblicher Bedeutung ist, trifft man auch die Variante an, dass die Funktionalität eines elektronischen Leitstands in ein automatisiertes Fertigungssystem mitaufgenommen wurde.

8.2.5 Computer Aided Quality Assurance (CAQ)

Qualitätssicherung

Die Qualitätssicherung ist Gegenstand des CAQ (Computer Aided Quality Assurance). Im Rahmen von CIM wurde CAQ als phasenübergreifende Aktivität begriffen, wie z. B. auch in Abb. 8.25 zum Ausdruck kommt. Vielfach wird die Planung und Sicherung der Qualität heute den MES zugerechnet. Deshalb wurde das *Qualitätsmanagement* bereits oben in Abschnitt 8.1.5 behandelt.

Qualitätsmanagement

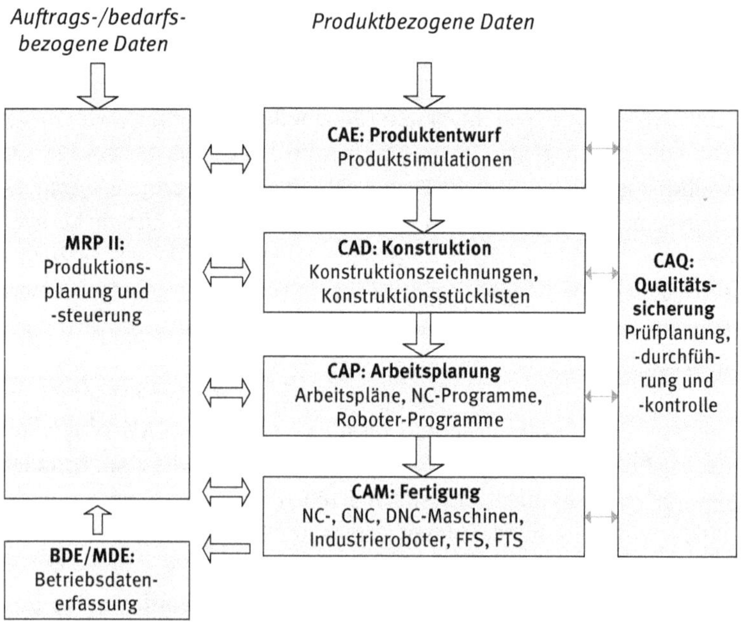

Abb. 8.25: Zusammenhänge zwischen CAx-, ERP- und MES-Modulen.

8.2.6 Zusammenhänge zwischen CAx-Komponenten

Die Zusammenhänge zwischen den CAx-Systemen untereinander und mit dem ERP-System, die im letzten Abschnitt bereits diskutiert wurden, sind in Abb. 8.25 veranschaulicht. Die breiten Pfeile deuten den Datenfluss bzw. -austausch an, die schlanken Pfeile eine funktions- und datenorientierte Kopplung.

Prozesskette

Der Ablauf von der Planung bis zur Fertigung könnte dann wie folgt aussehen: Die strategische Produktionsplanung als Teil der Unternehmensplanung liefert Produktanforderungen an das CAE-System, das einen Produktentwurf erstellt. Auf der Basis von vorläufigen Teilestammdaten, Varianteninformationen und ggf. Kundenauftragsdaten, die das Vertriebsmodul des ERP-Systems an das CAD-System gibt, erfolgt die Konstruktion des Produkts. Geometriedaten und Konstruktionsstücklisten gehen anschließend an das CAP-System, welches Arbeitspläne und/oder NC-Programme generiert und dabei auf die Betriebsmittelstammdaten sowie ggf. auf Standardarbeitspläne des ERP-Systems zurückgreift.

Arbeitspläne

Die erzeugten Arbeitspläne werden dem ERP-System zur Verfügung gestellt, die NC-Programme dem CAM-System übergeben und dort ausgeführt. Rückmeldungen über fertiggestellte Teile, Störungen oder sonstige Unterbrechungen werden über die BDE/MDE an das ERP-System übermittelt.

Die Qualitätssicherung (CAQ) begleitet und überwacht den gesamten Prozess. Sie übernimmt die Qualitätsvorgaben der Primärbedarfsplanung, die im CAD in Qualitätssolldaten umgesetzt werden, sorgt für die Erzeugung von Prüfplänen im CAP, überwacht die Durchführung im Rahmen des CAM, verarbeitet die Prüfdaten und veranlasst ggf. Korrekturmaßnahmen.

Der skizzierte Ablauf beschreibt eine Idealvorstellung. In der Praxis sind häufig nur Teile davon realisierbar. Gründe sind darin zu sehen, dass nicht alle CAx-Komponenten eingesetzt werden, dass keine Anbindung an das ERP-System realisiert ist oder die verschiedenen CAx-Systeme von unterschiedlichen Herstellern stammen und auf unterschiedlicher Basistechnologie implementiert sind.

Standard-Datenformate

Eine Voraussetzung für problemlosen Datenaustausch zwischen CAx-Systemen ist die Unterstützung von Standards, z. B. STEP (STandard for the Exchange of Product Model Data) für produktdefinierende Daten.

8.2.7 Organisatorische Einführung und Integration

Die Einführung von CAx-Systemen ist ähnlich wie die Einführung eines ERP-Systems (vgl. Kapitel 7) ein umfangreiches Projekt, das Auswirkungen auf alle mit der Fertigung verbundenen Unternehmensbereiche hat.

Meist wird nach einem *Phasenkonzept* vorgegangen, das zum Beispiel die folgenden Phasen umfasst [Vajna 2009, S. 443 ff.]:

Phasenkonzept für die CAx-Einführung

→ Projektbegründung
→ Bildung des Projektteams
→ Auswahl eines Partners (z. B. externer Berater)
→ Ist-Analyse
→ Sollkonzept und Anforderungsprofil
→ Systemevaluierung und -auswahl
→ Abschätzung der Wirtschaftlichkeit
→ Einführung
→ Migration vom Alt- zum Neusystem
→ Einrichtung einer CAx-Betreuungsfunktion

Migrationsphase

Die Phase *Migration* umfasst den Übergang vom bisherigen Zustand bzw. der bisherigen Lösung (Vorläufersysteme) zur Nutzung des neuen Systems. Statt eines harten Schnitts („Big Bang") erfolgt häufig ein Parallelbetrieb des Alt- und Neusystems über mehrere Monate, in denen die Umstellungsarbeiten, Mitarbeiterschulungen und insbesondere die Übernahme der Altdatenbestände durchgeführt werden.

Ebenso wenig wie bei einer ERP-Einführung alle Module des ERP-Systems gleichzeitig eingeführt werden, nimmt man bei der CAx-Einführung alle Teilsysteme auf einmal in Betrieb. Häufig fängt man mit einem kleinen Verbund von CIM-Komponenten an und erweitert diesen schrittweise (vgl. z. B. Scheer 1990, S. 86).

Integrationsreihenfolge

Ein möglicher Integrationspfad beginnt mit der Kopplung von Planung und Steuerung im PPS-Bereich (d. h. Kopplung von ERP und MES). Es folgen die Verbindung von CAD und CAM, dann die Verbindung der Stammdatenverwaltung von PPS, CAD und CAP. Anschließend wird die Betriebsdatenerfassung mit dem CAM gekoppelt. Wenn die Integration im CAx-Bereich erfolgt ist, können übergreifende Prozesse, insbesondere auch zwischenbetriebliche unter Einbezug von Kunden oder Lieferanten, in Angriff genommen werden.

Schnittstellen CAx – ERP

Die Berührungspunkte von CAx-Komponenten mit dem Enterprise Resource Planning wurden bereits mehrfach erwähnt. Beispielsweise basiert die Vor- und Nachkalkulation in der Kostenrechnung auf Stücklisten und Arbeitsplänen. Wenn eine Integration von CAD-System und Kalkulationsmodul besteht, können geeignete konstruktive Maßnahmen dazu beitragen, die Herstellkosten eines Produkts zu senken.

Nutzen der Integration

Die Integration der CAx-Systeme kann wesentlich zur Erreichung der produktionswirtschaftlichen Ziele beitragen. Besonders hervorgehoben werden die folgenden Ziele [Milling 1997, Schumann 1990]:

Ziele der CAx-Integration

- *Qualitätsziele:* Steigerung der Produktqualität, Verringerung der Planungsfehler und der Ausschussquote
- *Zeitziele:* Senkung der Durchlauf- und Entwicklungszeiten, Verbesserung der Termintreue
- *Kostenziele:* Kostensenkung durch höhere Anlagenauslastung, niedrigere Kapitalbindung und konsequente Nutzung von modernen Produktionstechnologien
- *Flexibilitätsziele:* Verringerung von Reaktionszeiten und Losgrößen, Erhöhung des Lieferbereitschaftsgrads

Empirische Untersuchung

Die Vorteile kommen umso stärker zum Tragen, je mehr und je besser die einzelnen Komponenten integriert werden. In einer empirischen Untersuchung deutscher Industriebetriebe stellte Milling einen starken Zusammenhang zwischen einem Integrations- und Zielerreichungsgrad fest [Milling 1997].

Geringer Integrationsgrad

Die Untersuchung zeigte aber auch, dass überzogene Nutzenerwartungen, die die Anfangszeit des Computer Integrated Manufacturing kennzeichneten, nicht erfüllt wurden. Viele Unternehmen waren noch Jahre nach Einführung der ersten CAx-Komponente weit von einer vollständigen Integration entfernt.

8.3 PDM – Produktdatenmanagement

Produktdatenmanagement

Produktdatenmanagement (PDM) ist ein Ansatz zur technischen und organisatorischen Integration der Datenverwaltung in die einschlägigen Geschäftsprozesse. Unter PDM versteht man die Speicherung, Aufbewahrung, Pflege und Bereitstellung aller produktbeschreibenden Daten, die im Zuge des Produktentwicklungsprozesses anfallen, und der zwischen ihnen bestehenden Beziehungen in den im Lebenszyklus des Produkts relevanten Geschäftsprozessen [Seiler 2003].

Engineering-Daten-Management (EDM)

Die Terminologie ist nicht ganz einheitlich. Es gibt einige verwandte Begriffe, die sich mit dem Begriff PDM überschneiden:

- Statt PDM sprach man in der Vergangenheit auch von *Engineering-Daten-Management* (Engineering Data Management, EDM). Hier steht der Prozessgedanke (Abläufe im Produktlebenszyklus) stärker im Vordergrund [Vajna 2009, S. 423].

Produktdaten- und Prozessmanagement

- Der Begriff *Produktdaten- und Prozessmanagement* verlangt, dass über die produktbeschreibenden Aktivitäten hinaus auch die entsprechenden Produktionsprozesse und Produktionsmittel beschrieben werden [Reinhart 2000].
- *Collaborative Product Definition Management* und *Collaborative Product Commerce* sowie ähnliche Ansätze stellen die computergestützte Zusammenarbeit von Arbeitsgruppen in den Vordergrund. Sie bauen teilweise auf Erkenntnissen des CSCW (Computer Supported Cooperative Work) auf.

Produktlebenszyklusmanagement (PLM)

Der Begriff *Produktlebenszyklusmanagement* (Product Lifecycle Management, PLM), der im Kontext des Produktdatenmanagements häufig genannt wird, hat ebenfalls unterschiedliche Bedeutungen.

- Teilweise wird unter PLM im übergreifenden Sinne das *strategische Management* eines Produkts über seinen gesamten Lebenszyklus hinweg verstanden. PLM umfasst hiernach z. B. die Anforderungsgenerierung, Produktplanung, Entwicklung, Prozessplanung, Beschaffung, Produktion, Betrieb und Recycling [Theuer 2010].
- Teilweise wird der Begriff auch dahingehend operationalisiert, dass er eine *Erweiterung des PDM* um ein durchgängiges Konfigurations-, Anforderungs- und Projektmanagement bezeichnet. *Konfigurationsmanagement* dient dazu, zu jedem Zeitpunkt im Produktlebenszyklus die Produktstruktur vollständig zu dokumentieren. Das *Anforderungsmanagement* hat die Aufgabe, alle Anforderungen und ihre Veränderungen im Produktlebenszyklus zu verwalten. Im *Projektmanagement* werden alle an der Produktentwicklung beteiligten Gruppen koordiniert.
- Auch als *Oberbegriff* über mehrere Anwendungsbereiche wird PLM teilweise verwendet, so z. B. in der SAP Business Suite, in der früher verschiedene Anwendungsmodule einschließlich des Produktdatenmanagements unter dem Dach des Produktlebenszyklusmanagement zusammengefasst wurden.

Notwendigkeit für PDM

Die Entstehung des Produktdatenmanagements ist auf die gestiegenen Anforderungen an die Datenverwaltung zurückzuführen. Die Komplexität der Produkte und die Dokumentationserfordernisse – sowohl bezüglich der Produkte als auch der Entwicklungsprozesse – haben immer mehr zugenommen. Man denke z. B. an Produkthaftung und Qualitätssicherungsnormen wie ISO 9000. Damit steigt die Menge an Informationen, die gespeichert und wieder gefunden werden müssen. Transparenz wird dadurch erschwert, dass in der Praxis Produkt- und Prozessdaten häufig in unterschiedlichen Anwendungssystemen (und Datenbanken) abgelegt werden.

Kern der Integration: PDM-CAD-Kopplung

Die im PDM-System zu verwaltenden Informationen werden zum großen Teil im CAD erzeugt. Die *PDM-CAD-Kopplung* wird demzufolge häufig als Kernstück der Integration angesehen. Daneben sollten auch CAE-, CAM-, CAP- und CAQ-Systeme mit dem PDM-System gekoppelt werden.

Das Zusammenspiel zwischen CAx-, PDM- und ERP-Systemen ist in einer VDI-Richtlinie beschrieben, die der Abb. 8.26 zugrunde liegt und wie folgt zu interpretieren ist [Vajna 2009, S. 424].

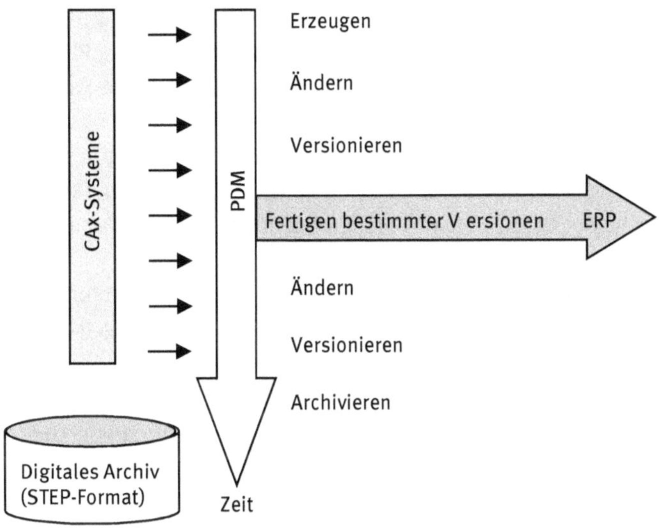

Abb. 8.26: Zusammenspiel von CAx-, PDM- und ERP-Systemen [Vajna 2009, S. 424].

Zusammenspiel CAx, PDM und ERP

Von der Produktplanung über Konstruktion, Arbeitsplanung, Herstellung und Vertrieb sollten alle relevanten Daten in einem integrierten Produkt- und Prozessdatenmodell abgelegt und rechnergestützt verwaltet werden. Die Produktstruktur wird nach und nach im PDM-System aufgebaut. Die CAx-Systeme modellieren das Produkt und erzeugen die Elemente der Produktstruktur, die in das PDM-System übernommen und dort geändert, versioniert und archiviert werden.

Das ERP-System unterstützt die Fertigung bestimmter ausgewählter Versionen einer Produktstruktur. Die Übergabe von Daten und Dokumenten aus dem PDM-System in das ERP-System erfolgt über eine eindeutige Schnittstelle, welche die Strukturdaten der freigegebenen Version (Produktstruktur, Stückliste, Arbeitspläne etc.) sowie die auftragsbezogenen Daten enthält.

8.3.1 Aufgaben und Funktionen von PDM-Systemen

Aufgaben des PDM

Als Aufgaben des Produktdatenmanagements werden neben der Verwaltung von Stammdaten (z. B. Teile, Erzeugnisstrukturen) einschließlich ablauforganisatorischer Merkmale (z. B. Freigabestatus, Version, Gültigkeit) die Verwaltung von Dokumenten (z. B. Zeichnungen, CAD-Modelle, NC-Programme, Videos) sowie die Unterstützung von Freigabe- und Änderungsprozessen angesehen.

Aufgrund der integrierten Datenbasis werden Probleme wie redundante Datenhaltung, aufwendige Suchvorgänge (welche Teile wurden früher schon konstruiert oder zugekauft?), Mehrfachfreigaben und unterschiedliche Nummern für gleiche Teile vermieden. Allerdings lösen sich die Probleme nicht schon allein durch den Einsatz eines PDM-Systems. Die Voraussetzung sind in der Regel organisatorische Analysen und Verbesserungen.

Funktionalität von PDM-Systemen

Zur Einführung und dem Betrieb von PDM-Systemen gibt es eine VDI-Richtlinie (VDI 2219/2016), in der auch die wichtigsten Funktionalitäten beschrieben sind. Softwareanbieter geben diese häufig als Bezugspunkt an, z. B. [Contact 2025]:

- *Produktstrukturmanagement:* Zusammensetzung des Produkts aus Baugruppen und Einzelteilen, Stücklisten (wie z. B. Mengen-, Struktur-, Entwicklungs- oder Fertigungsstücklisten)
- *Varianten- und Konfigurationsmanagement:* Verwaltung unterschiedlicher Produktausprägungen unter Verwendung von Gültigkeitsprüfungen
- *Sachmerkmalleisten/Klassifizierung:* Definition von charakterisierenden Produktmerkmalen, z. B. für Wiederverwendung
- *Materialmanagement:* Verwendung von definierten Materialien bzw. Ausschluss von unerwünschten Materialien in der Produktion
- *Änderungsmanagement:* Nachvollziehbarkeit von technischen Änderungen über den gesamten Produktlebenszyklus hinweg
- *Statusverwaltung und Freigabewesen:* Nachvollziehbarkeit der Gültigkeit einzelner Objekte, sodass nur gültige Dokumente oder freigegebene Bauteile im nächsten Entwicklungsschritt verwendet werden.

Darüber hinaus gehören zu einem PDM-System *Administrations-, Anpassungs-* und *Konfigurationswerkzeuge*. Sie dienen zur Einrichtung der PDM-Umgebung und zur unternehmensspezifischen Anpassung des Systems (Customizing). Auch Schnittstellen zu den gängigen CAx-Systemen und Bürosystemen (z. B. MS Office) sollten bereitgestellt werden.

Eine Kopplung von PDM- und ERP-System kann man voraussetzen, wenn beide vom selben Hersteller stammen. Bei unterschiedlichen Anbietern werden häufig Schnittstellen vorgesehen. Die Kopplung von PDM- und ERP-Systemen ist von hoher Bedeutung, da im ERP vielfältige Daten verwaltet werden, die im Produktdatenmanagement eine wichtige Rolle spielen (z. B. Teilestammdaten mit Angaben zu Material und Fertigungsverfahren, Erzeugnisstrukturen und Arbeitspläne).

Kopplung von PDM und ERP

Auch die Integration *heterogener CAD-Systeme* kann auf PDM-Basis realisiert werden. PDM-Systeme verfügen über entsprechende Daten- bzw. Programmierschnittstellen (APIs, Application Programming Interfaces).

Integration heterogener CAD-Systeme

Entwicklungsmethoden wie Concurrent Engineering und Simultaneous Engineering, die eine Verkürzung der Durchlaufzeiten im Produktentwicklungsprozess anstreben, bauen auf PDM-Systemen auf.

Beim *Concurrent Engineering* werden komplexe Entwicklungs- und Konstruktionsaufgaben so zerlegt, dass Teillösungen parallel bearbeitet und anschließend zu einer Gesamtlösung zusammengefügt werden können. *Simultaneous Engineering* bedeutet, dass Produkte und Produktionseinrichtungen gleichzeitig, unter Einbeziehung von Zulieferern und Systemherstellern, entwickelt werden. Es ist offensichtlich, dass eine konsistenzsichernde und redundanzvermeidende Produktdatenverwaltung ebenso wie flexible Mechanismen zur Ablaufsteuerung diese Methoden wirkungsvoll unterstützen können.

Concurrent Engineering

Simultaneous Engineering

Das Grundprinzip des Produktdatenmanagements ist Daten-, Funktions- und Vorgangsintegration, eingebettet in eine prozessbezogene Ablaufstruktur. Wie in Abb. 8.26 angedeutet, sollen alle relevanten Daten ausschließlich unter der Kontrolle des PDM-Systems erzeugt, gespeichert und verteilt werden. Jedes Mitglied eines Konstruktions- oder Entwicklungsteams oder im späteren Betrieb einer Anwenderabteilung, das eine Zugriffsberechtigung besitzt, kann dann grundsätzlich auf die gleichen, aktuellen Daten zugreifen. Nach der Bearbeitung werden die ablauforganisatorischen Folgeschritte von der Workflowkomponente automatisch initiiert. Zum Beispiel wird nach einer Konstruktionsänderung eine neue Versionsnummer vergeben, der Vorgang an den nächsten Bearbeiter weitergeleitet und der Konstruktionsleiter informiert, der ggf. bezüglich der weiteren Verwendung des Teils eingreifen kann.

Prozessbezogene Ablaufstruktur

Erweiterungen der oben genannten Kernfunktionalitäten eines PDM-Systems gibt es in mehrfacher Hinsicht [vgl. u. a. Seiler 2003]:

Erweiterungen der PDM-Funktionalität

– Leistungsfähiges *Anforderungsmanagement*, vor allem für die frühen Phasen des Produktentstehungsprozesses, und Vernetzung der entwickelten Unterlagen (z. B. Pflichtenhefte, Spezifikationen)

mit den späteren Phasen (Requirements Traceability Management, RTM)
- Produktkonfigurator*en* auf Basis von Variantenstrukturen, gekoppelt mit dem CAD-System, sodass kundenspezifische CAD-Modelle erzeugt werden können, und eventuell mit einem elektronischen Produktkatalog integriert
- *MRO (Maintain, Repair and Operations) Management*: Verknüpfung der Instandhaltungs-, Reparatur- und Servicedaten im operativen Betrieb mit den Informationen aus der Produktentstehungsphase
- *Engineering-Portale:* Bereitstellung aller für das PDM relevanten Informationsquellen in einem Internet- bzw. Intranetportal als „Single Point of Information". Dies schließt unternehmensinterne und -externe Informationen ein.
- *Integration* von PDM mit elektronischen Produktkatalogen, elektronischen Marktplätzen, Normteilbibliotheken u. a.

8.3.2 Nutzen und Probleme von PDM

Die Einführung eines PDM-Systems kann signifikante Vorteile bringen. Die Nutzeffekte sind seit Langem bekannt [Vajna 2009, S. 415; Schöttner 2000; Mäker 1996]:
- Verringerung des Aufwands für Informationsbeschaffung durch unternehmensweiten Zugriff auf Dokumente und leistungsfähige Recherchewerkzeuge
- Vermeidung von Neukonstruktionen durch erhöhte Wiederverwendung von Teilen
- Verkürzung des Produktentwicklungsprozesses, Steigerung der Produktivität
- Reduzierung von Durchlaufzeiten und Kosten in der Konstruktion und im Änderungsdienst
- Verringerung von Übertragungsfehlern und Mehrfacherfassung
- Erhöhung der Produktqualität
- Verbesserung der Produktdokumentation, dadurch u. a. bessere Nachvollziehbarkeit im Sinne der Produkthaftung

Einsparungen durch PDM

Ein „Vorzeigebeispiel" mag die Potenziale des Produktdatenmanagements verdeutlichen [Mäker 1996]. Bei einem Flugzeughersteller wurde die Entwicklung eines Flugzeugrumpfs unter anderem auf Basis eines PDM-Systems durchgeführt. Es handelte sich um ein Großprojekt, bei dem Entwicklungsteams in einem weltweiten Netz mit ca. 300 Workstations zusammenarbeiteten. Die Entwicklungszeit verkürzte sich von sonst üblichen 4 Jahren auf 2 $\frac{1}{2}$ Jahre. Die Neu- und Umkonstruktion bereits vorhandener Teile konnte um 90 % und die Anzahl der Bauteile um zwei Drittel verringert werden.

Hemmnisse

Trotz derartiger Vorteile gibt es auch Vorbehalte. Verschiedene Gründe können hier eine Rolle spielen:

- Angesichts der Begriffsvielfalt herrscht Unklarheit über die Funktionalität von PDM-Systemen, zumal sich diese mit der Funktionalität anderer Systeme (z. B. CAD, PLM) überlappt.
- Die Ermittlung des Nutzens ist schwierig, da sich verschiedene Faktoren wie höhere Flexibilität oder Nutzen aus der Datenintegration der Quantifizierung entziehen.
- Die PDM-Einführung ist ein komplexes Vorhaben, da bereichsübergreifend die ganze Unternehmensorganisation betroffen und der Aufwand für die Systemanpassung schwer abschätzbar ist.
- Die organisatorischen Voraussetzungen liegen nicht vor. Die Aufbau- und Ablauforganisation ist nicht bereichsübergreifend harmonisiert (z. B. unterschiedliche Begriffs- und Nummernsysteme, keine durchgängigen Prozessabläufe), sodass erst Maßnahmen des Business Process Reengineering durchgeführt werden müssten.
- Akzeptanzprobleme können auftreten, da sich die Benutzer eventuell überwacht fühlen und Rationalisierungseffekte befürchten.

Marktangebot

Auf dem Markt gibt es ein breites Angebot an PDM-Systemen. Neben zahlreichen spezialisierten Anbietern treten auch die Hersteller von ERP-Systemen auf. Ein wesentlicher Vorteil ihrer PDM-Lösungen besteht darin, dass die Kopplung mit einem ERP-System bereits implementiert ist.

9 SCM – Supply Chain Management

9.1 Grundgedanken des Supply Chain Management

9.1.1 Hintergrund von SCM

Das Enterprise Resource Planning (ebenso wie seine Vorläufer MRP II und MRP) betrachtet die Produktionsplanung und -steuerung im Wesentlichen aus der Perspektive des einzelnen Unternehmens. Dies erscheint auf den ersten Blick selbstverständlich, da die Produktion im Unternehmen stattfindet.

Geringere Fertigungstiefe

Die Verhältnisse in der Industrie sind heute jedoch wesentlich komplexer. Produktion findet zwar immer noch „im Unternehmen" statt, aber keineswegs ausschließlich. Die wenigsten Fertigungsunternehmen produzieren ihre Erzeugnisse in allen Bestandteilen vollständig und von Grund auf selbst. Die Fertigungstiefe ist in den meisten Branchen gesunken, und ein immer größerer Anteil am Endprodukt wird fremdproduziert.

PPS-Schwerpunkte verschieben sich

Man stelle sich eine Erzeugnisstruktur bzw. eine Strukturstückliste vor, die bei vollständiger Eigenfertigung vielleicht sechs oder sieben Stufen aufweisen würde. Wenn nur noch die Vor- und Endmontage im eigenen Unternehmen durchgeführt und die meisten Teile und Baugruppen zugekauft werden, dann beziehen sich die Aufgaben der Produktionsplanung und -steuerung nach klassischem Verständnis nur noch auf ein oder zwei – statt sechs oder sieben – Fertigungsstufen. Demzufolge verschieben sich auch die Schwerpunkte der Produktionsplanung und -steuerung des Unternehmens.

Koordination mit Zulieferern

Aus Sicht eines Kundenauftrags betrachtet, den das Unternehmen zu einem zugesagten Termin ausliefern soll, kommt es nun nicht nur darauf an, dass die Aktivitäten innerhalb des eigenen Unternehmens – Bedarfsauflösung, Durchlaufterminierung, Kapazitätsdisposition, Fertigungssteuerung u. a. – effektiv durchgeführt werden. Mindestens ebenso wichtig ist es, dass die Aktivitäten außerhalb des Unternehmens, bei den Zulieferern, mit der eigenen Planung und Steuerung koordiniert werden, sodass die benötigten Teile und Baugruppen termingerecht und qualitätskonform geliefert werden.

Supply Chain

Betrachtet man die Situation eines Zulieferers, so ist die Situation möglicherweise die gleiche. Das Unternehmen ist sein Kunde, der einen Auftrag erteilt, und der Zulieferer, der auch nicht alle Bestandteile seines Erzeugnisses selbst produziert, muss seine eigene Produktionsplanung und -steuerung wiederum mit seinen Zulieferern abstimmen. So setzt

https://doi.org/10.1515/9783111589688-009

sich der Prozess bis zu den Produzenten der Rohmaterialien fort. Man spricht dann von einer *Supply Chain* (Lieferkette).

Kundenzufriedenheit

Für alle Beteiligten in einer Supply Chain gibt es einen kritischen Erfolgsfaktor: Letztlich müssen sich die Endkunden, die die Nachfrage nach den Endprodukten – und damit indirekt nach den Zwischen- und Vorprodukten – auslösen, im Wettbewerb der Anbieter für die entsprechenden Endprodukte entscheiden. Je besser die Supply Chain funktioniert, umso höher wird der Nutzen für den Endkunden sein (Preis, Qualität, Lieferzeit o. Ä.) und umso mehr profitieren die in den verschiedenen Stufen der Kette beteiligten Unternehmen durch eine höhere Nachfrage.

Neben der Kundenzufriedenheit und der gesunkenen Fertigungstiefe gibt es eine Reihe weiterer Faktoren, welche die zwischenbetrieblichen Geschäftsbeziehungen in den Vordergrund des Interesses rücken. Kuhn und Hellingrath bezeichnen diese als *Veränderungstreiber* und nennen die folgenden (Originalbezeichnungen der Autoren kursiv [Kuhn 2002, S. 1 ff.]):

Veränderungstreiber

(1) Geschwindigkeit am Markt *(„Alles beginnt an den Märkten, alles beginnt beim Kunden."):* Da die Märkte heute stark von Informations- und Kommunikationstechnik durchdrungen sind, hat die Geschwindigkeit, mit der auf dem Markt agiert und reagiert werden muss, deutlich zugenommen. Wenn beispielsweise ein Kunde an der Kasse eines Supermarkts („Point of Sale") bezahlt, wird nicht nur der Warenabgang verbucht und der Lagerbestand aktualisiert. Ein Administrations- und Dispositionsprogramm veranlasst, dass der Supermarkt zur Regalauffüllung mit den verkauften Mengen wieder beliefert wird. Falls dadurch im Zentrallager oder im Warenverteilzentrum der Lagerbestand eine Mindestmenge unterschreitet, wird automatisch eine Nachbestellung beim Lieferanten des Artikels ausgelöst. Dies erfolgt im Grenzfall sofort, zum Zeitpunkt des Kundenkaufs an der Kasse, oder kurze Zeit danach, während früher Tage oder Wochen vergingen, bis eine solche Bestellung festgestellt und ausgefertigt wurde.

Wechsel von Push- zu Pull-Märkten

(2) Fertigungsorganisation *(„Der Wechsel von Push- zu Pull-Märkten";* d. h. der Übergang von Verkäufer- zu Käufermärkten): Auf einem Verkäufermarkt „drückt" das Liefersystem (Hersteller, Groß- und Einzelhandel) die Produkte in den Markt („Push"). Die Kunden, überspitzt formuliert, kaufentschlossen und hungrig nach Produkten, kaufen diese Produkte gern; d. h., die Nachfrage entwickelt sich automatisch. Dagegen bestimmt auf einem Käufermarkt der Kunde, welche Produkte er haben möchte, in welcher Art und Weise und zu welchem Termin; und der Anbieter muss sich entsprechend verhalten. Im Supermarktbeispiel steuert der Artikelabgang den Warenstrom zu den Regalen („Pull").

Informationstechnologie als „Enabler“

Dennoch produzieren noch viele Unternehmen in der „traditionellen“ Art und Weise; d. h., sie produzieren ein Waren-„Angebot“ in Großserien und nehmen die Produktion auf Lager, statt „nachfrage“-abhängig genau das herzustellen, was der Kunde haben will. Die Gründe sind mehrfacher Natur. Zum einen ist die Produktionsorganisation darauf ausgerichtet, nach längerfristigen Prognosen ein Güterangebot herzustellen. Da die Fertigungstechnologie nicht hinreichend flexibel ist, stellt man lieber große Mengen des gleichen Produkts her, als durch ständiges Umrüsten und Herstellen kleiner Mengen hohe Kosten zu verursachen.

Viele Unternehmen stellen ihre Produktionsorganisation mittlerweile auf die „Pull“-Philosophie um, die offensichtliche Vorteile hat. Wenn nur das produziert wird, was auch nachgefragt wird, vermeidet man hohe Lagerbestände und Lagerkosten. Die Informationstechnologie wirkt hier als „Enabler“. Durch eine automatisierte Datensammlung – Daten über Kunden, Kaufverhalten, Nachfrageänderungen u. ä. – stehen umfangreiche Datenbestände zur Verfügung, die mit geeigneten Methoden und Technologien ausgewertet und für eine proaktive Produktionsprogrammplanung herangezogen werden können.

Komplexität

(3) Komplexität *(„Komplexität und Dynamik“):* Wie bereits erwähnt, werden die vernetzten Lieferanten-, Abnehmer-, Produktionsstrukturen immer komplexer, zumal im Zuge der Globalisierung die Netze sich über die ganze Welt erstrecken können. Die Abhängigkeit von Partnern verstärkt sich. Die Orientierung am Kundenwunsch verlangt, dass auch kurzfristige Änderungen schnell und sicher bewältigt werden.

Dynamik

(4) Dynamik *(„Die Rolle der Dynamik“):* Auch die Dynamik steigt weiter. Es gibt eine zunehmende Zahl von Veränderungen im Umfeld des Unternehmens. Die Vorhersehbarkeit von Veränderungen sinkt. Die Planungszeiträume werden immer kürzer. Die Notwendigkeit der schnellen und effektiven Umplanung wird immer deutlicher.

Automobilindustrie und Maschinenbau

Während die vorgenannten Faktoren alle Unternehmen treffen, werden für die wichtigen Schlüsselbranchen „Automobilindustrie“ und „Maschinenbau“ weitere spezifische Veränderungstreiber genannt [Kuhn 2002, S. 8 ff.]:

Weniger Kunden, mehr Konkurrenz

(5) Konzentrationsprozesse *(„Wenn die Kunden immer weniger werden“):* In der Automobilbranche, aber nicht nur dort, sind zunehmende Konzentrationsprozesse zu beobachten. Wenn Automobilhersteller fusionieren oder aufgekauft werden, bedeutet dies für die ganze Zulieferindustrie, dass die Anzahl ihrer Kunden abnimmt. Auf der anderen Seite stehen die Zulieferer aber in einer wachsenden Konkurrenz. Die Zahl der Konkurrenten ist im Zuge der Globalisierung stark gestiegen, da die Abnehmer nun weltweit einkaufen. „Global Sourcing" nahm in den 1990er-Jahren einen starken Aufschwung. Die meisten Automobilhersteller kauften z. B. Baugruppen und Einzelteile in Indien ein bzw. ließen sie dort nach ihren Spezifikationen fertigen.

Höhere Prozessgeschwindigkeit

(6) Prozessgeschwindigkeit *(„Wenn Unternehmensprozesse sich beschleunigen"):* Auf immer neue, wechselnde Kundenwünsche müssen die Unternehmen mit einer Beschleunigung der Prozesse reagieren. Der Druck wird an die Zulieferer weitergereicht, indem sich die Automobilhersteller selbst auf ihre Kernkompetenzen konzentrieren und vermehrt Module und komplette Systeme einkaufen. Für die Zulieferer heißt dies, dass sie immer komplexere Baugruppen immer schneller liefern müssen, um im Geschäft zu bleiben. Dafür müssen sie in der Lage sein, Innovationen schnell umzusetzen und neue Technologien rasch einzuführen.

Informationstechnische Kopplung

(7) Informationsfluss *(„Wenn Informationsflüsse sich verdichten"):* Die informationstechnische Anbindung der Lieferanten an die Abnehmer führt zu einer weiteren Verkürzung der Prozesszeiten in der Beschaffung. Das heißt, die Dispositionsspielräume der Lieferanten werden immer kleiner: Wenn zum Beispiel das ERP-System des Zulieferers einen Auftrag (etwa einen Lieferabruf aus dem ERP-System des Automobilherstellers) erhält, dann muss die Lieferung sofort erfolgen, ungeachtet der tatsächlichen Materialsituation. Wenn das Material nur im Informationssystem, aber nicht physisch auf Lager ist, dann greifen Notfallmaßnahmen und es wird trotzdem geliefert.

Komplettlösungen

(8) Komplettlösungen *(„Wenn man gezwungen wird, Komplettlösungen anzubieten"):* Die Kunden verlangen zunehmend „Komplettlösungen". In der Automobilindustrie bedeutet dies, dass ganze Systeme geliefert und vom Automobilhersteller nur noch eingebaut werden müssen. Ein Beispiel ist das sog. „Frontend" (Stoßfänger, Scheinwerfer, Crashmanagementsystem, Kühler, Haubenschloss). Mit dem Trend zu Komplettlösungen wird eine frühzeitige Abstimmung der Abnehmer mit den Lieferanten und ggf. der Lieferanten untereinander notwendig. Dies beginnt mit der Konstruktion und geht über die Produktion, Logistik bis hin zum technischen Service.

Weltweite Lieferketten

Globalisierung

Die Lieferketten sind im Zuge weltweiter Wirtschaftsbeziehungen heute nicht mehr auf das eigene Heimatland begrenzt, sondern umspannen häufig Länder und Kontinente: Chips kommen aus Taiwan oder USA, Getriebeteile aus Indien, Elektronik und viele andere Artikel aus China.

Verletztlichkeit der Lieferketten

Weltweite Lieferketten sind naturgemäß gegenüber Störungen sehr empfindlich. Naturereignisse, wie Erdbeben oder Tsunamis in einem anderen Kontinent, erscheinen für Europäer auf den ersten Blick zwar „weit weg". Wenn aber beispielsweise eine Fabrik für Spezialchips in Taiwan zerstört wird, kann die Computer-, Handy- oder Maschinenproduktion in vielen anderen Ländern betroffen sein.

Corona-Krise 2020

Noch gravierendere Auswirkungen als Naturereignisse haben weltweite Grenzschließungen wie in der *Corona-Krise 2020*. Da der Nachschub nicht mehr funktionierte, mussten Fertigungsbetriebe weltweit, auch in Deutschland, über Wochen ihre Produktion einstellen. Selbst Vorprodukte aus Nachbarländern wie Polen und Frankreich waren nicht mehr verfügbar.

Übermäßige Abhängigkeit von ausländischen Zulieferern

Angesichts dieser Effekte setzte ein gewisses *Umdenken* in Bezug auf globale Lieferketten ein. Die extreme Ausnutzung der Vorteile des SCM bringt auf der anderen Seite eine starke Abhängigkeit von ausländischen Zulieferern mit sich. Wenn diese wie in der Corona-Krise nicht mehr liefern können, gibt es Engpässe bis hin zum Stillstand der heimischen Produktion.

9.1.2 Gegenstand und Ziele des SCM

Logistikkette

Das SCM ist ein Ansatz, bei dem die Güter- und Informationsflüsse über die *Logistikketten* hinweg betrachtet werden. Abbildung 9.1 zeigt schematisch die Stationen einer solchen Kette: Zulieferer des Unternehmens, verschiedene Abteilungen des Unternehmens (Einkauf, Lager, Produktion, Vertrieb, Marketing u. a.), Händler (Groß-, Zwischen- und Einzelhändler) und Kunden, wobei Stufen wie Spediteure, Lagerhäuser und Verteilzentren nicht ausgewiesen werden.

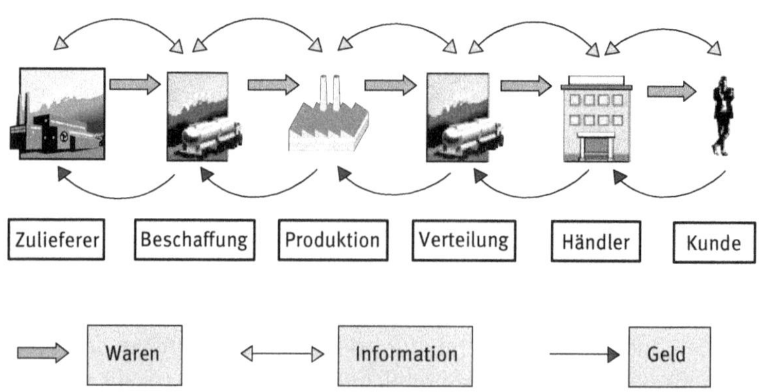

Abb. 9.1: Schema einer Logistikkette [Kuhn 2002, S. 10].

Von jeher beschäftigt sich das Fachgebiet *Logistik* mit den Güter- und Informationsflüssen im Unternehmen. Früher war das Blickfeld primär auf die Güterflüsse und auf die einzelwirtschaftlichen innerbetrieblichen Sachverhalte gerichtet, wie auch in der traditionellen Unterscheidung nach „Beschaffungslogistik", „Produktionslogistik", „Distributionslogistik" und „Entsorgungslogistik" etc. zum Ausdruck kommt.

Logistik

Später wurden die zwischenbetrieblichen Informations- und Güterflüsse thematisiert. Aus dieser Sicht heraus sprach man von Logistikketten und einem *integrierten Logistikmanagement* und brachte damit zum Ausdruck, dass alle Stationen bzw. Schritte von den Zulieferern bis zu den Endkunden Gegenstand des Managementhandelns sind.

Logistikmanagement

Der Begriff *Supply Chain* bedeutet im Prinzip auch „Lieferkette" und unterscheidet sich zunächst inhaltlich nur wenig von dem Begriff Logistikkette. Die Ketten werden aber aus einer anderen Perspektive betrachtet. Wenn man von Supply Chain *Management* spricht, ist damit grundsätzlich eine geschäftsprozessübergreifende bzw. -integrierende Behandlung der Schritte der Lieferketten gemeint.

Supply Chain

Es gibt viele verschiedene Definitionen des Begriffs Supply Chain Management (vgl. beispielsweise [Cooper 1997]). In Bechtel [1997] werden sogar 17 Definitionen aufgeführt). Gemeinsam ist allen die *überbetriebliche* Sicht der Lieferzusammenhänge. Die Material-, Finanz- und Informationsflüsse zwischen allen beteiligten Unternehmen einer Lieferkette müssen im Beziehungszusammenhang behandelt werden: Der Lieferant des einen Unternehmens kann selbst wieder Kunde eines anderen Unternehmens sein, wie Abb. 9.2 andeutet.

Definitionen

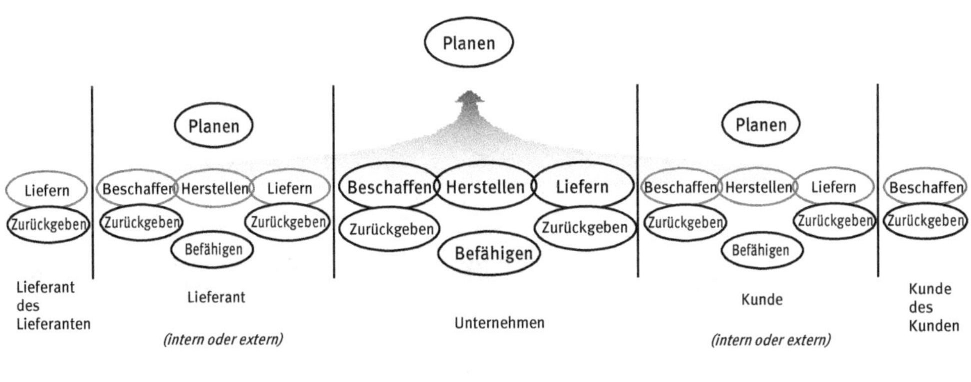

Abb. 9.2: Schema von Zulieferer-Abnehmer-Beziehungen (in Anlehnung an SCC [2012, S. i.2]).

Gegenstand des Managementhandelns müssen deshalb alle Stationen bzw. Schritte von den ersten Zulieferern bis zu den Endkunden sein. In diesem Sinne geht es im Supply Chain „Management“ um die geschäftsprozessübergreifende bzw. -integrierende Planung, Ausführung und Kontrolle aller Schritte der Lieferketten. In der folgenden Definition kommt dies zum Ausdruck (in Anlehnung an [Kuhn 2002, S. 10 f.]):

Definition Supply Chain Management

Supply Chain Management ist die integrierte prozessorientierte Gestaltung, Planung und Steuerung der Güter-, Informations- und Geldflüsse entlang der gesamten Wertschöpfungskette vom Kunden bis zum Rohstofflieferanten mit den Zielen:
- Verbesserung der Kundenorientierung
- Synchronisation der Versorgung mit dem Bedarf
- Flexibilisierung und bedarfsgerechte Produktion
- Abbau der Bestände entlang der Wertschöpfungskette

Prozessorientierung

Durch die *prozessorientierte* Sichtweise wird die Möglichkeit schnelleren Handelns als bei der traditionell funktionsorientierten Ablauforganisation betont. Da bei der letzteren jeweils eine (andere) Abteilung für einen Prozessschritt, aber niemand für den Prozess „gesamt“-verantwortlich ist, gibt es zahlreiche Übergänge zwischen Abteilungen, die Zeit kosten. Dieses Problem ist umso gravierender bei zwischenbetrieblichen Prozessen, an denen unterschiedliche Abteilungen unterschiedlicher Unternehmen beteiligt sind. Im SCM sollen demgegenüber alle am Gesamtprozess Beteiligten ihre Aktivitäten koordinieren. Dies wird in der Definition durch das Attribut „integriert“ zum Ausdruck gebracht.

Güter-, Informations- und Geldflüsse

SCM beinhaltet nicht nur die Gestaltung und Planung, sondern auch die Steuerung, d. h. Überwachung, Kontrolle, Rückkopplung und Anpassung der Lieferprozesse. Wie die Abb. 9.3 zeigt, geht es im SCM nicht nur um Güterflüsse. Mindestens genauso wichtig sind die Informations- und

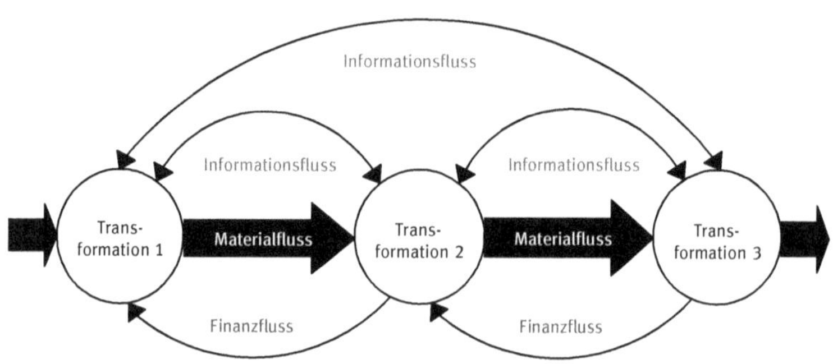

Abb. 9.3: Material-, Informations- und Finanzflüsse im SCM [Knolmayer 2009, S. 4].

Geldflüsse, die den Güterflüssen vorausgehen, folgen und sie begleiten. Informationen müssen am richtigen Ort zur richtigen Zeit bereitgestellt werden, damit die Prozesse optimal geplant und gesteuert werden können.

Gute Informationsversorgung ist wichtig

Supply Chain Management schließt die gesamte Wertschöpfungskette ein, denn die Optimierungspotenziale stecken nicht nur im eigenen Unternehmen, sondern zwischenbetrieblich in allen Elementen der Logistikketten und insbesondere im Zusammenwirken der Elemente. Der angestrebte Abbau der Lagerbestände wird beispielsweise durch eine gute Informationsversorgung zwischen allen beteiligten Unternehmen einer Kette unterstützt. Auf diese Weise kann vermieden werden, dass zu viel, zu früh und schneller als für den nächsten Prozessschritt eigentlich nötig produziert wird. Niedrigere Lagerbestände und Kapitalbindung sind die Folgen, und wertvolle Kapazität an Lagerplatz, Personal und Transportmitteln wird nicht unnötig gebunden.

Supply „Chain“ Management ist zu eng!

Es sei darauf hingewiesen, dass der Begriff Supply „Chain“ Management die eigentliche Komplexität des Problems vereinfacht. Ein Lieferant von Vergasern oder Sitzen beliefert im Normalfall nicht nur einen Abnehmer, sondern mehrere. Das heißt, das einzelne Unternehmen steht in der Realität nicht in einer einzigen Logistikkette, sondern meist in vielen gleichzeitig. Es muss alle Supply Chains und ggf. auch die Interdependenzen zwischen ihnen beachten. Abbildung 9.4 veranschaulicht dies visuell.

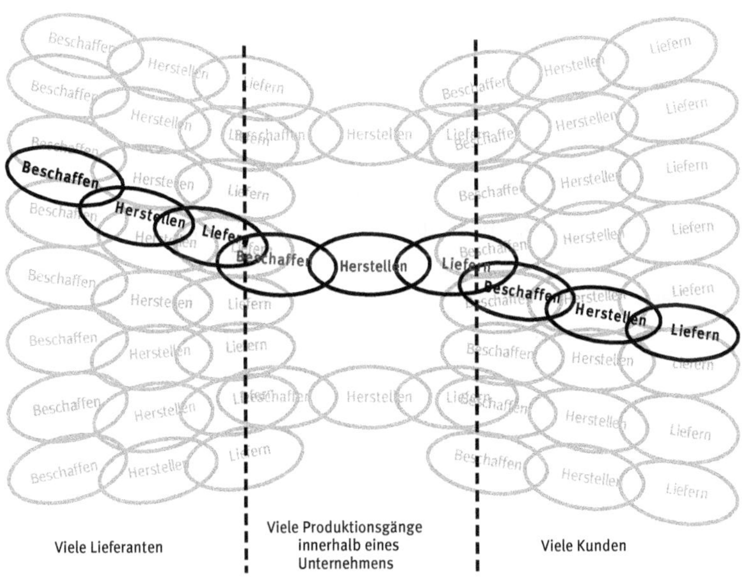

Abb. 9.4: Supply Network [Quelle: Supply-Chain Council].

Supply Network Management

Treffender als das Supply Chain Management brächte die Bezeichnung *Supply Network Management* das zu berücksichtigende Beziehungsgeflecht zum Ausdruck. Wenngleich sich diese nicht durchgesetzt hat, wird doch allgemein die Gestaltung von Netzwerken als eine wichtige strategische Aufgabe des SCM angesehen.

9.2 Koordination in der Supply Chain

9.2.1 Unkoordinierte Nachfrageschübe

Folgen von Inseldenken

Wenn sich jedes Unternehmen in einem Liefernetzwerk nur um seine internen Prozesse kümmert und sich bemüht, diese möglichst gut zu gestalten, zu planen und zu steuern, so läuft es nicht nur Gefahr, sich suboptimal zu verhalten; vielmehr kann es auch zu erheblichen Problemen im Gesamtsystem kommen. Angenommen, jedes Unternehmen einer Supply Chain plant seinen eigenen Bedarf isoliert und gibt Bestellungen an den jeweiligen Lieferanten der nächsten Stufe weiter. Dann bewirken relativ kleine Nachfrageschwankungen, d. h. Abweichungen des geplanten vom tatsächlichen Bedarf beim Endkunden, ein Hochschaukeln und führen zu immer größeren Schwankungen des Bedarfs in den früheren Stufen, je weiter diese in der logistischen Kette vorgelagert sind.

Zeitverzögerung

Zeitverzögerungen kommen erstens daher, dass Unternehmen eine gewisse Zeit benötigen, um Nachfrageänderungen festzustellen. Oft wird eine Nachfrageänderung erst daran erkannt, dass Bestandsveränderungen im Lager verzeichnet werden. Zweitens dauert es etwas, bis Bestell- oder Auftragsinformationen übermittelt und verarbeitet sind. Drittens benötigen auch die Entscheidungsprozesse in der Materialwirtschaft, mit denen zur Anpassung an die veränderte Nachfragesituation reagiert wird, ihre Zeit.

Nachfrageverstärkung

Nachfrageverstärkungen treten ein, wenn das Unternehmen mangels einer genauen Kenntnis der Ursachen einer Lagerbestandsveränderung zum Ausgleich und sicherheitshalber seine Bestellmengen beim Lieferanten überproportional verändert. Das Sicherheitsdenken kann darüber hinaus dazu führen, dass auf den Nachfrageschub durch Erhöhung des Mindest- oder Sicherheitsbestands reagiert bzw. überreagiert und damit beim Lieferanten zusätzlich ein höherer Bedarf angemeldet wird.

9.2.2 Industrial Dynamics

Das heute als „Bullwhip-Effekt“ bekannte Phänomen unvorhersehbarer Nachfrageausschläge in einer Lieferkette wurde schon Mitte des vorigen Jahrhunderts von einem Pionier der Industriebetriebslehre, Jay W. Forrester, ausführlich untersucht [Forrester 1958].

Eine Theorie für Produktionsmanager

In seinem Plädoyer für eine theoretische Fundierung des Managementhandelns („Towards a Theory“) argumentierte Forrester, dass Produktionsmanager die Zusammenhänge und Abhängigkeiten zwischen Informations- und Materialfluss, Personal- und Kapitaleinsatz verstehen lernen müssten. Dann könnten sie beispielsweise erkennen, wie kleine Änderungen der Einzelhandelsnachfrage letztlich zu heftigen Ausschlägen in der Fabrikproduktion führen und warum ein Produktionsmanager sich außerstande sehen kann, Kundenaufträge zu erfüllen, obwohl in seinem Bereich genügend Fertigungskapazität zur Verfügung steht.

Fallbeispiel Produktions- und Distributionssystem

Zur Untermauerung seiner Argumentation stellte Forrester detaillierte Untersuchungen und Simulationsstudien im Sinne des von ihm begründeten Fachgebiets „Industrial Dynamics“ an [Forrester 1961]. An seinem Fallbeispiel eines Produktions- und Distributionssystems sollen die Zusammenhänge kurz erläutert werden (vgl. Abb. 9.5). Die durchgezogenen Linien stehen für Güterflüsse, die gestrichelten für Informationsflüsse.

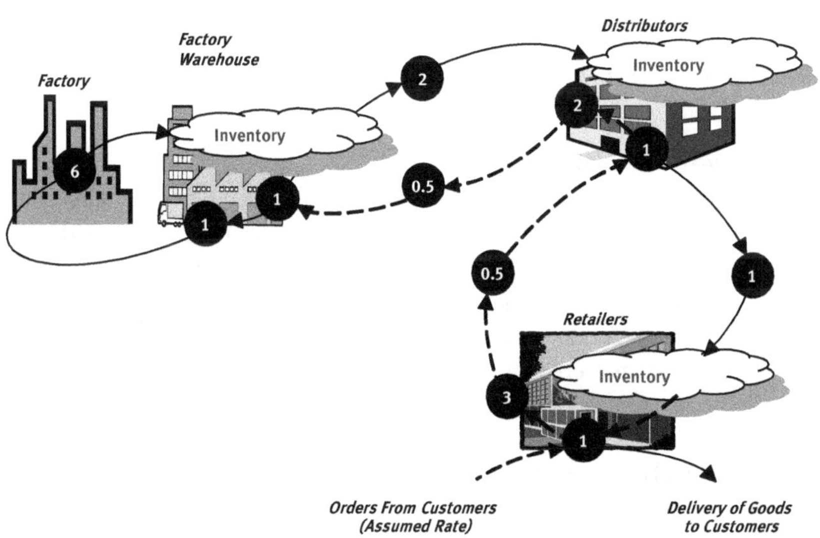

Abb. 9.5: Produktions- und Liefersystem [Forrester 1958].

Verzögerungen im System

In den Entscheidungen und Handlungen der beteiligten Akteure treten *Verzögerungen* auf, die durch Zahlen an den Kanten (Wochen) ausgedrückt werden:

- Lieferungen an Kunden aus dem Lager erfolgen im Modell durchschnittlich 1 Woche nach Bestellungseingang.
- Beim Einzelhändler vergehen mit Buchungen, Lagerbestandskontrolle und Tätigwerden der Einkaufsabteilung ca. 3 Wochen, bis ein Bestellauftrag zur Lagerauffüllung ausgefertigt ist.
- Der Postversand des Auftrags dauert im Schnitt $\frac{1}{2}$ Woche.
- Der Großhändler („Distributor“) benötigt ca. 1 Woche für die Auftragsbearbeitung und 1 weitere Woche für die Auslieferung an den Einzelhändler.
- Zwischen dem Lager des Produzenten („Factory Warehouse“) und dem Großhändler gelten ähnliche Fristen (zusammen 2 Wochen).
- Die Vorlaufzeit des Werks („Factory Lead Time“) beträgt 6 Wochen von der Entscheidung, die „Produktionsgeschwindigkeit“ zu erhöhen, bis der Produktionsoutput tatsächlich physisch diese Höhe erreicht.

Es gibt drei *Lagerstufen* im System: beim Werk des Herstellers (Factory Warehouse), beim Großhändler und beim Einzelhändler.

Modellannahmen

Für die *Bestell- und Lagerhaltungspolitik* werden bestimmte Annahmen getroffen. So soll die Zahl der Aufträge, die sich irgendwo im System – beim Einzelhändler, Großhändler etc., in der Post – befinden, proportional zum Aktivitätenniveau des Systems und der Durchlaufzeit eines Auftrags sein. Höheres Umsatzvolumen und längere Vorlaufzeiten resultieren dann in einer größeren Zahl von Aufträgen im System.

Systemsimulation

In einer Reihe von Simulationsstudien, die angesichts der damaligen technischen Möglichkeiten auch heute noch beeindrucken, untersuchte Forrester verschiedene Effekte und dokumentierte diese in detaillierten Grafiken. In der Originalveröffentlichung in Harvard Business Review sind pro Studie fünf bis zehn mehrfarbige Kurven detailliert mit Wochenraster über mehrere Jahre hinweg in mehrseitigen ausklappbaren Bildern gezeichnet [Forrester 1958].

Effekte einer Nachfrageerhöhung

Als Beispiel wird in Abb. 9.6 eine der Grafiken wiedergegeben, anhand derer Forrester die Auswirkungen einer einfachen Nachfrageerhöhung genau beschreibt. Ausgangspunkt ist eine Erhöhung der Nachfrage beim Einzelhändler um 10 % im Januar. Daraufhin treten folgende Effekte ein:

(1) Die Kurve der Kundenaufträge beim Einzelhändler („Retailer's Orders from Customers") erhält im Januar einen Ausschlag um 10 %. Es dauert dann etwa 1 Monat, bis auch die Bestellungen beim Großhändler nachgezogen haben (Buchungen, Einkaufsvorgänge, Postversand etc.).

(2) Die Kurve der Bestellaufträge beim Großhändler („Distributor's Orders from Retailers") erreicht im März ebenfalls ein höheres Niveau. Dieses steigt aber um 16 % (nicht 10 %). Die Gründe hierfür sind, dass der Einzelhändler seinen Lagerbestand „sicherheitshalber" etwas erhöht und nun mehr Aufträge im System sind. Später geht das Niveau allmählich wieder zurück und erreicht im Juni 10 %.

(3) Die Kurve der Aufträge beim Hersteller („Factory Warehouse Orders from Distributor") hat einen noch größeren Ausschlag, der im April 28 % beträgt. Hauptursache ist der Großhändler, der erstens seine Bestellungen um 16 % erhöht hat und zweitens „sicherheitshalber" auch seinen Lagerbestand noch etwas erhöht. Außerdem sind mehr Aufträge im System (lt. Annahme).

(4) Die Kurve des Lagerbestands im Auslieferungslager des Herstellers („Inventory at Factory Warehouse") geht deshalb um 13 % zurück. Da mehr auszuliefern ist, sinkt der Lagerbestand im April.

(5) Die Kurve des Produktionsausstoßes („Factory Production Output") steigt nach 6 Wochen Vorlaufzeit Anfang Juni um 40 %.

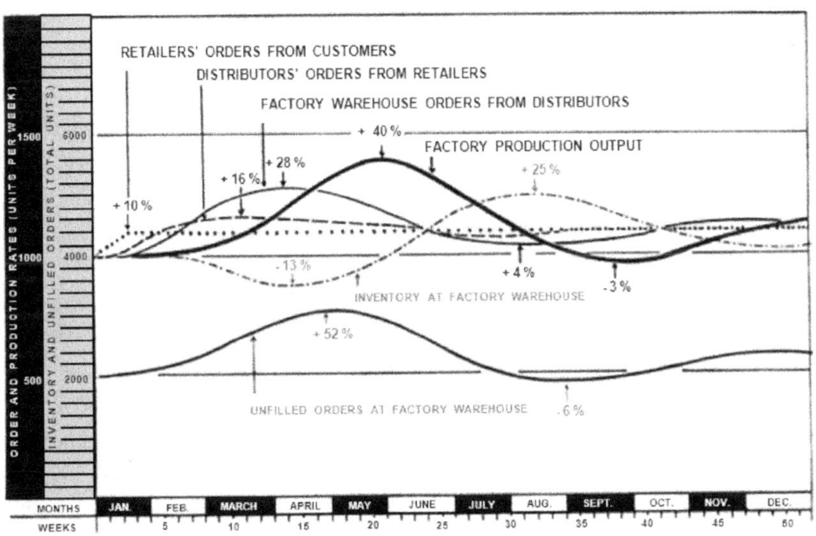

Abb. 9.6: Forresters Präsentation von Simulationsergebnissen in Harvard Business Review [Forrester 1958].

Rückwärtsbewegungen

Die Erhöhung der Endkundennachfrage steht jedoch immer noch bei 10 %. Die Produktion ist demgegenüber also um das Vierfache gestiegen! Deshalb setzen nun *Rückwärtsbewegungen* ein:

(6) Da der Einzelhändler die Nachfrage nun aus dem Lager befriedigen kann, reduziert er seine Bestellungen beim Großhändler.

(7) Der Großhändler stellt fest, dass er zu hohe Bestellungen tätigt und zu viel Lagerbestand hat. Er reduziert und bestellt nur noch 4 % mehr gegenüber dem Ausgangszustand (Dezember des Vorjahrs). Er bestellt also effektiv 6 % weniger, als die erhöhte Endkundennachfrage eigentlich gestiegen ist.

(8) Das Herstellerwerk produziert im September 3 % weniger gegenüber Dezember (d. h. 13 % unter der gestiegenen Endkunden-Nachfragerate)!

(9) Insgesamt dauert es ca. 1 Jahr, bis sich das Produktions- und Liefersystem im Modell mehr oder weniger auf die zehnprozentige Nachfragerhöhung eingependelt hat!

Forrester führte noch zahlreiche andere Untersuchungen zu Kausalitäten und Effekten von Schwankungen der Nachfrage und Auswirkungen von Kapazitätsrestriktionen durch. Der interessierte Leser sei auf die Originalquellen verwiesen [Forrester 1958, Forrester 1961].

9.2.3 Bullwhip-Effekt

Ähnliche Nachfrageverzerrungen und Effekte, wie sie schon Forrester untersuchte, werden in der Literatur zum Supply Chain Management unter dem Begriff „Bullwhip-Effekt" diskutiert. Der Begriff geht auf einen Aufsatz von Lee, Padmanabhan und Whang mit dem Titel „The Bullwhip Effect in Supply Chains" in Sloan Management Review 1997 zurück [Lee 1997a].

Die Autoren diskutieren ähnlich wie Forrester den Sachverhalt der Nachfrageverstärkung in einer Lieferkette. Abbildung 9.7 zeigt die Ausschläge der Nachfrage (Bestellmengen), die von dem jeweils nächsten Glied der Kette verzeichnet wird.

Kleine Änderung, große Wirkung

Bild a) zeigt die Konsumentennachfrage, wie sie der *Einzelhändler* verzeichnet. Den relativ kleinen Bedarfsänderungen begegnet der Einzelhändler mit einer leichten Erhöhung seines Mindestbestands und größeren Bestellungen beim *Großhändler* (Bild b). Dieser verzeichnet eine stärkere Nachfrage, und da er nicht weiß, ob es sich nur um eine einmalige oder eine dauerhafte Steigerung handelt, erhöht er seinen Bestand um das höhere Bestellvolumen plus einen Sicherheitszuschlag.

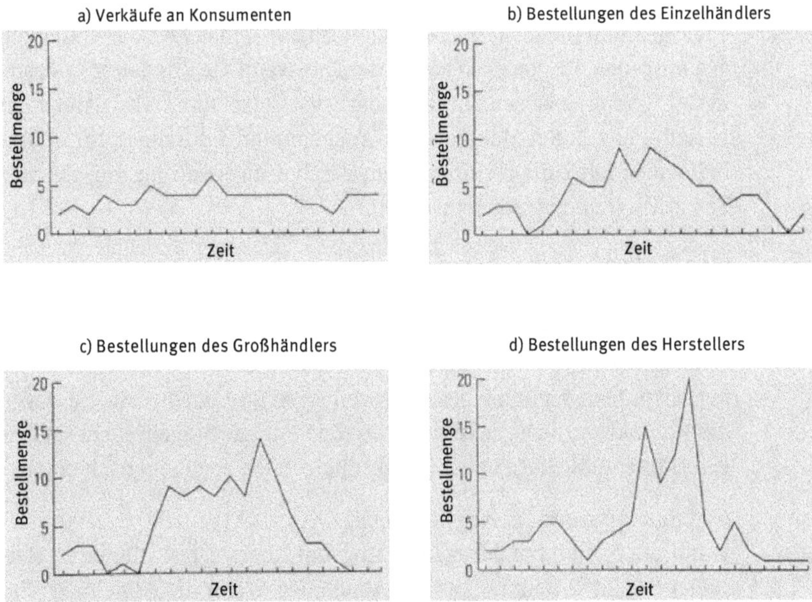

Abb. 9.7: Bedarfsveränderungen in der Supply Chain [Lee 1997a].

Der Großhändler bestellt nun entsprechend mehr beim *Hersteller*, der ebenfalls eine höhere Nachfrage verzeichnet (Bild c) und mangels besseren Wissens seine Produktion vorsichtshalber um etwas mehr als die Nachfragesteigerung erhöht. In der Folge muss auch der Hersteller seine eigenen Bestellungen bei seinen *Zulieferern* erhöhen. Um sich nicht der Gefahr von Produktionsunterbrechungen wegen fehlendem Material auszusetzen, fallen seine Bestellungen noch höher aus, sodass es letztlich Bedarfsspitzen wie im Bild d) gibt.

Ursachen für Nachfrageverzerrungen

Als Ursachen für Nachfrageverzerrungen in der Supply Chain nennen die Autoren im Wesentlichen vier [Lee 1997a]:

Jeder für sich

(1) Prognoseverfahren
Jedes Unternehmen nimmt seine Bedarfsprognosen individuell auf der Basis von Aufträgen seiner unmittelbaren Kunden vor. Bei einer Erhöhung der Nachfrage wird auch der Sicherheitsbestand entsprechend erhöht, sodass an den jeweiligen Lieferanten noch höhere Bedarfe gemeldet werden.

Punktuelle Ausschläge

(2) Bestellmengen und -perioden
Periodische Bestellungen tragen dazu bei, dass sich die Ausschläge erhöhen. Wenn ein Kunde bei seinem Zulieferer nur einmal im Monat bestellt, dann verzeichnet dieser einen punktuellen Bedarfsausschlag. Der Effekt wird verstärkt, wenn viele Kunden dasselbe Verhalten an den

Tag legen und möglicherweise auch noch zur selben Zeit ihre Bestellungen aufgeben. Letzteres ist häufig der Fall, wenn die Kunden MRP-orientierte Systeme einsetzen. Die Sekundärbedarfsermittlung wird dann meist periodisch, z. B. am Monats- oder Wochenanfang, durchgeführt, sodass bei den Kunden die resultierenden Beschaffungsaufträge zur gleichen Zeit erzeugt und versendet werden.

(3) Preisfluktuation

Sonderangebote

Das Kaufverhalten der Konsumenten wird durch Preisfluktuation aufgrund von Sonderangeboten und Rabattaktionen etc. beeinflusst. Im Extremfall kaufen die Konsumenten ein Produkt in Zeiten niedriger Preise in großen Mengen und leben dann von ihren Beständen, d. h., sie fragen das Produkt gar nicht mehr nach, bis die Bestände aufgebraucht sind. Es gibt starke Ausschläge in der Supply Chain, nach oben und nach unten.

(4) „Rationing and Shortage Gaming“

Zuteilungsspiele

Wenn die Produktnachfrage das Angebot übersteigt, rationieren Hersteller oft die Zuteilung an ihre Abnehmer. Wenn die Abnehmer dies vorhersehen, erhöhen sie zuvor ihre Bestellungen, um trotz der Zuteilungsquote genügende Mengen zu erhalten, oder sie bestellen bei mehreren Lieferanten und stornieren dann ihre restlichen Bestellungen, wenn sie bei einem Lieferanten Erfolg hatten. Geht die Endnachfrage später zurück, fällt die Nachfrage beim Hersteller im Übermaß von dem überhöhten Niveau zurück. Die Folge ist, dass der Hersteller aus den ihn erreichenden Bestellungen keine zuverlässigen Informationen über den tatsächlichen Bedarf gewinnen kann. Je weiter vorn in der Logistikkette das Unternehmen steht, umso härter wird es von dieser Unsicherheit getroffen.

Informationsdefizite und -verzerrungen

Die genannten Ursachen für den Bullwhip-Effekt führen auch Lee, Padmanabhan und Whang letztlich auf Informationsdefizite bzw. -verzerrungen in der Supply Chain zurück. Sie belegen ihre Hypothesen anhand eines stochastischen Minimierungsmodells [Lee 1997b].

Feste Bestellmengen

Neben den zunächst von Forrester und dann von Lee und Co-Autoren identifizierten Faktoren sind noch die Auswirkungen von vorgegebenen Bestellmengen zu erwähnen [Kuhn 2002, S. 19]. Obwohl diesen möglicherweise ein Optimierungsmodell mit bestimmten Voraussetzungen zugrunde liegt (z. B. „optimale Bestellmenge“; vgl. Abschnitt 3.3.1), geht man in der Praxis eher pauschal damit um. Wenn beispielsweise wegen einer Nachfrageveränderung eine zusätzliche Bestellung bei einem Zulieferer erforderlich wird, rundet man häufig einfach zur vollen Bestellmenge auf.

Auf diese Weise erhöht sich der Lagerbestand für gewisse Zeit. Da das Lager aufgrund der erhöhten Bestellung noch gefüllt ist, muss die nächste Bestellung erst um einiges später getätigt werden. Das Nachfrageverhalten des Unternehmens ist schwankend, worauf sein Zulieferer mit entsprechenden Ausschlägen reagiert.

Maßnahmen gegen den Bullwhip-Effekt

Negative Folgen des Bullwhip-Effekts sind Sonderschichten und Überstunden bzw. Kurzarbeit sowie unnötige Sicherheitsbestände, hohe Lagerhaltungskosten und eine erhöhte Kapitalbindung. Dennoch können auf der anderen Seite Aufträge nicht termingerecht erfüllt werden. Verzögerungen und lange Lieferzeiten führen dazu, dass Kunden verloren gehen. Die Auswirkungen der Nachfrageverstärkungen treffen die Unternehmen in der Supply Chain umso härter, je weiter sie vom Endkunden entfernt sind. Den tatsächlichen Bedarf der Endkunden, von dem alles ausgeht, kennen sie, am Rande bemerkt, gar nicht.

Gegenmaßnahmen

Die Gegenmaßnahmen, die Lee und Co-Autoren vorschlagen, greifen die oben genannten Ursachen auf [Lee 1997a]:

Informationen verfügbar machen

(1) *Vermeidung* unterschiedlicher *Bedarfsprognosen*: Während traditionell jedes Unternehmen seine eigenen Bedarfsvorhersagen unabhängig von seinen Zulieferern und Abnehmern macht, sollen die am Ende der Supply Chain vorhandenen Nachfrageinformationen allen Partnern an den vorgelagerten Knoten der Kette verfügbar gemacht werden.

Kleine, häufigere Bestellungen

(2) *Aufbrechen großer Bestellmengen („Break Order Batches"):* Da große Bestellmengen zu überhöhten Ausschlägen beim Lieferanten führen, sollten sie durch kleinere und dafür häufigere Bestellungen ersetzt werden. Aus betriebswirtschaftlicher Sicht ist dazu anzumerken, dass kleinere Mengen unter den Prämissen des Modells zur „optimalen Bestellmenge" nicht mehr kostenminimal sind. Höhere Kosten durch häufigere Bestellungen müssen also durch andere positive Effekte kompensiert werden.

Weniger Sonderangebote

(3) *Preise stabilisieren:* Statt häufiger Sonderangebote und Rabattaktionen sollen besser konstantere Niedrigpreisstrategien verfolgt werden, um die resultierenden Nachfrageausschläge zu vermeiden.

Gegen „Gaming" vorgehen

(4) *„Gaming" vermeiden:* Bei Lieferengpässen sollen Hersteller die Zuteilungen an ihre Abnehmer nicht auf Basis von jetzt vorliegenden Aufträgen, sondern im Verhältnis ihrer in der Vergangenheit erteilten Aufträge vornehmen. Abnehmer können dann keinen Vorteil daraus ziehen, dass sie ihre Bestellungen künstlich überhöhen.

9.2.4 Kooperation im SCM

Wenn selbstständige Unternehmen in einer Supply Chain zusammenarbeiten und an einem Strang ziehen, versprechen sie sich davon bestimmte Vorteile. Einige Teilziele, die bei unternehmensübergreifender Kooperation angestrebt und in Abb. 9.8 genannt werden, sind die folgenden [Kuhn 2002, S. 41 ff.]:

Kooperationsziele

- *Risikoreduzierung:* Verringerung der Marktrisiken und der Investitionsrisiken durch Kooperation.
- Economies of Speed (Schaffen von Zeitvorteilen): Durch die gemeinsame Nutzung von Personal, Technologie, finanziellen Ressourcen, Erfahrung und Know-how kann eine höhere Geschwindigkeit von Forschung und Entwicklung erzielt werden. Da sich die Produktlebenszyklen immer mehr verkürzen, ist es wichtig, neue Produkte und Dienstleistungen schnell auf dem Markt zu etablieren.
- *Economies of Scale* (Degressionseffekte durch größere Einheiten): Durch die Kooperation entstehen größere Einheiten. In der Produktion und bei der Ressourcenauslastung können eventuell Degressionseffekte erzielt werden. Wenn gemeinsamen Lieferanten gegenüber sozusagen die „Supply Chain“ (wie ein „virtuelles Unternehmen“) als Partner auftritt, können bessere Rabatte ausgehandelt werden.
- *Economies of Scope* (Verbundeffekte): Die Vermeidung mehrfacher Marketing-, Service- und Vertriebsaktivitäten hilft, Kosten zu sparen. Am Markt mag der Verbund für Neukunden attraktiver sein, da er ein umfassenderes Angebot – „alles aus einer Hand“ – erbringen kann.
- *Know-how-Transfer:* Wenn die verschiedenen Partner ihre unterschiedlichen Fähigkeiten einbringen und ein Austausch von technologie-, führungs-, marktbezogenem Know-how erfolgt, treten Lerneffekte bei den anderen Partnern ein.
- *Beeinflussung des Wettbewerbs:* Die Zusammenarbeit mit ehemaligen Konkurrenten in *horizontaler* Richtung reduziert den Konkurrenzdruck und schafft Größenvorteile, sodass der Verbund eine stärkere Stellung im Wettbewerb hat und Druck auf andere Konkurrenten am Markt ausüben kann. In *vertikaler* Richtung können Abnahmeschwankungen leichter ausgeglichen werden, wenn die Lieferanten-Abnehmer-Beziehungen sehr eng sind, insbesondere wenn Informationen über Bedarfsänderungen allen Partnern im Verbund rechtzeitig bekannt gemacht werden. Dies schafft Kosten- und Zeitvorteile und einen Vorsprung gegenüber der Konkurrenz, da die Leistungen schneller und günstiger am Markt angeboten werden können.

- *Sozio-emotionale* und *politische* Ziele können im Rahmen von Kooperationen ebenfalls eine Rolle spielen.

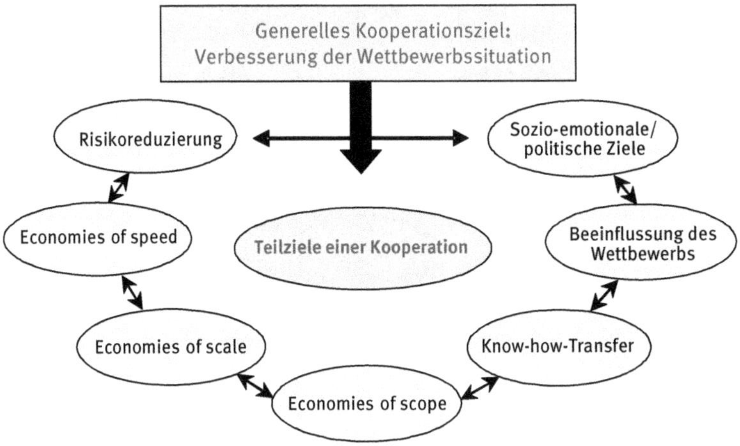

Abb. 9.8: Ziele bei unternehmensübergreifender Kooperation [Kuhn 2002, S. 41].

Kooperation basiert auf Vertrauen

Dem SCM liegt ein Modell der *Kooperation* zwischen den an der Supply Chain Beteiligten zugrunde. Es setzt auf eine vertrauensvolle Zusammenarbeit, eine gegenseitige Information und langfristige Verträge über die logistischen Leistungen in der Kette. Die unternehmensübergreifende Harmonisierung erstreckt sich sowohl auf die Vereinheitlichung und Abstimmung von Abläufen in der gesamten Kette als auch auf den Abbau von Lastspitzen durch eine gemeinsame Kapazitätsplanung, Standards im Materialflusssystem und nicht zuletzt unternehmensübergreifende Informationssysteme mit standardisierten Datenübertragungsschnittstellen.

Damit die Zusammenarbeit effektiv funktionieren kann, müssen die Unternehmen in der Lieferkette den jeweils anderen Unternehmen Informationen zur Verfügung stellen oder zugänglich machen. Dies bedeutet unter Umständen, dass sie ihnen Zugang zu den eigenen Informationssystemen gewähren müssen. Wenn beispielsweise ein Lieferant einen Einblick in den Produktionsplan und die Lagerhaltung des Kunden erhält, kann er seine eigene Produktion und Beschaffungspolitik darauf abstimmen.

Weitgehender Informationsaustausch

Während früher der Lieferant vom Abnehmer als Informationsobjekt im Wesentlichen den fertigen Bestellauftrag erhielt, sind heute viel detailliertere Informationen Gegenstand des Informationsaustauschs, wie Abbildung 9.9 andeutet: eine Absatzplanung des Abnehmers, Vorhersagedaten, Lagerbestände, die Inanspruchnahme von Ressourcen, der Auftragsstatus (zwecks Auftragsverfolgung), Versandstatus etc. [Knolmayer 2000, S. 13 ff.].

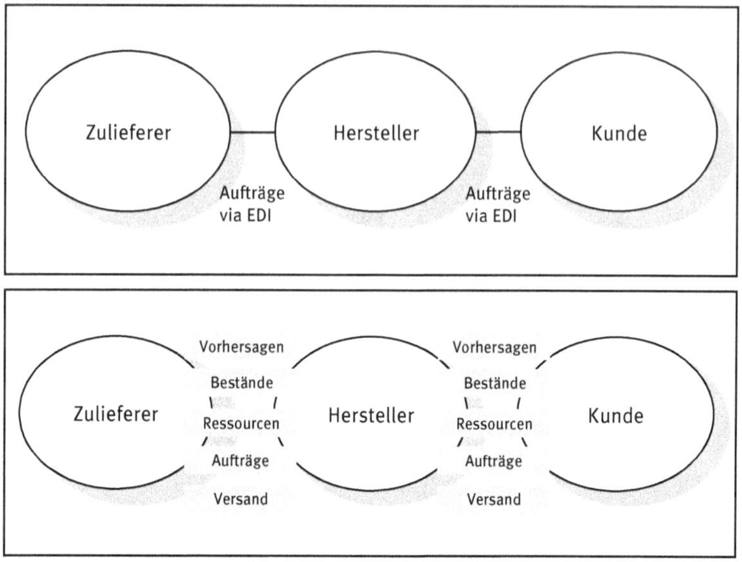

Abb. 9.9: Erweiterung des Informationsaustauschs im SCM [Knolmayer 2000, S. 14].

Dass hierbei Befürchtungen und Ängste um die eigenen Wettbewerbsvorteile zu überwinden sind, liegt auf der Hand. Der Partner könnte ja die Informationen zum Schaden des eigenen Unternehmens ausnutzen. Wenn beispielsweise der Abnehmer einsehen kann, dass der Zulieferer sehr hohe Lagerbestände hat, könnte er diese Information benutzen, um eine Preisreduktion auszuhandeln.

Die wechselseitige Verfügbarmachung unternehmensinterner Informationen ist ein sensibles Thema. Dennoch erkennen viele Unternehmen die Vorteile des gezielten Informationsaustauschs mit ihren Geschäftspartnern.

In den nachfolgend beschriebenen Ansätzen des VMI (Vendor Managed Inventory) und CPFR (Collaborative Planning, Forecasting and Replenishment) werden die Vorteile deutlich. VMI ist eine Ausprägung von ECR (Efficient Consumer Response), das neben CPFR eine Kategorie von Kooperationsmodellen im SCM darstellt [Riemer 2019a].

VMI – Vendor Managed Inventory

Kooperation zwischen Hersteller und Handel

Ein Ansatz für eine enge und vertrauensbasierte Kooperation zwischen dem Lieferanten und dem Abnehmer ist das *Vendor Managed Inventory (VMI)*. Der Lieferant übernimmt hier die Verantwortung für die Lagerbestände des Kunden – und damit die Verantwortung, im Sinne der Ziele des Kunden zu handeln. Ein bekanntes und oft zitiertes Beispiel ist die Zusammenarbeit zwischen der Handelskette *dm-drogerie markt* und zahlreichen Lieferanten wie Colgate, Melitta, L'Oreal und Henkel [Senger 2003].

Verantwortung beim Hersteller

VMI ist ein Ansatz, bei dem der Lieferant für die Aufrechterhaltung des Lagerbestandsniveaus beim Handel verantwortlich ist. Dazu erhält der Lieferant Zugang zu den Lagerhaltungsdaten des Händlers und sorgt selbst für die Erzeugung von Einkaufsaufträgen. Der Lieferant besitzt somit die Kontrolle über die Vorratsmenge, den Nachfüllzeitpunkt und die Lieferung seiner Waren beim Abnehmer. Die Voraussetzung ist, dass der Abnehmer dem Zulieferer aktuelle Point-of-Sale- und Bestandsdaten zur Verfügung stellt [Riemer 2019b].

Traditionell …

Bei der traditionellen Vorgehensweise erteilt der Händler an den Hersteller einen Auftrag, wenn er den Bedarf sieht. Der Bestellzeitpunkt und die Bestellmenge sind unter der Kontrolle des Händlers, der seine Lagerhaltung plant und überwacht.

… vs. VMI

Beim VMI-Modell ist der Hersteller für die Lagerhaltungsplanung und -kontrolle des Händlers zuständig. Er kennt die Lagerbestände des Händlers und den Absatz bis hin zu den Einzelvorgängen (Point-of-Sales-Daten). Deshalb kann er die Lagerhaltungspolitik des Händlers umsetzen und Einkaufsaufträge (Bestellungen) generieren.

Es sei darauf hingewiesen, dass die totale Kontrolle des Herstellers über das Lagergeschehen keine Veränderung der Eigentumsverhältnisse bedeutet. Das heißt, die Güter werden vom Händler wie zuvor gekauft, oder sie bleiben Eigentum des Lieferanten, wenn sie nur in Kommission genommen werden.

Vorteile

Die enge Zusammenarbeit zwischen den beiden Partnern hat entscheidende Vorteile. Wichtige Nachfrageinformationen sind auch dem Lieferanten bekannt, Übermittlungsfehler werden reduziert, Fehlmengen beim Händler werden vermieden, das Serviceniveau steigt u. v. a.

Probleme

Dennoch setzte sich der VMI-Ansatz im Handel nicht in der Breite durch [Behrenbeck 2003]. Die Gründe sind vielfältiger Natur. Zum einen kann der Lieferant i. d. R. über die Bestände seiner Kunden kaum so gut entscheiden wie der Kunde selbst. Brüche im Informationsfluss und wichtige Informationen, die nicht weitergegeben werden (z. B. der Verlust eines Großkunden), stellen ein Problem dar. Auch die mangelnde Integration der Informationssysteme beim Lieferanten und beim Kunden, die zu Medienbrüchen und einer manuellen Neuerfassung von Daten führt, behindert den VMI-Einsatz. Schließlich sind hohe Umsätze erforderlich, damit sich der Aufwand auch lohnt. Das heißt, VMI ist eher für „große" Partner geeignet [Behrenbeck 2003].

CPFR – Collaborative Planning, Forecasting and Replenishment

Zusammenarbeit bei der Absatzplanung

Collaborative Planning, Forecasting and Replenishment (CPFR) ist ein Ansatz zur Zusammenarbeit von Hersteller und Handel bei der Absatzplanung. Beide Seiten planen nicht mehr separat, sondern tauschen in der Planungsphase Prognosen aus und diskutieren abweichende Einschätzungen. Bei der Durchführung der gemeinsamen Absatzprozesse arbeiten beide aktiv zusammen, sodass Planungsfehler schnell erkannt und korrigiert werden können [Behrenbeck 2003].

Pilotprojekt von Walmart

CPFR geht auf ein Pilotprojekt des Handelskonzerns Walmart und eines seiner Lieferanten im Jahr 1995 zurück. Da man erkannte, dass weitergehende Nutzeffekte der Zusammenarbeit zwischen Industrie und Handel eine Standardisierung der Geschäftsprozesse voraussetzten, wurde auf Initiative von Walmart das *CPFR Committee* der VICS („Voluntary Interindustry Commerce Standards Association“) eingerichtet. Dem CPFR Committee gehörten große, bekannte Konsumgüter- und Handelsunternehmen an.

GS1

Die Aufgabe von VICS hat zwischenzeitlich die private Standardisierungsorganisation GS1 (http://www.gs1.org) übernommen, unter deren Dach heute auch die CPFR-Ressourcen zu finden sind. Zu den Zielen von GS1 gehört die Verbesserung der Supply Chains durch Standards [GS1US 2025]).

Durch Integration von Prozessen auf der Nachfrage- und Angebotsseite soll CPFR helfen, die Effizienz zu verbessern, den Umsatz zu steigern, die Kapitalbindung zu senken und die Lagerbestände in der gesamten Supply Chain zu senken.

CPFR-Referenzmodell

Zur Erreichung dieser Ziele wird ein Referenzmodell bereitgestellt, das in Abb. 9.10 wiedergegeben ist [VICS 2004]. In diesem Modell werden acht Hauptaktivitäten definiert, bei denen die Beteiligten kooperieren sollen. Wichtige Schritte darin sind die *gemeinsame* Erstellung der *Verkaufsprognose* (Sales Forecasting) und der Auftragsprognose (Order Planning/Forecasting) sowie die Definition von Ausnahmesituationen und ihrer Behandlung.

Bei der Ausführung der Prozesse werden automatisch die prognostizierten Bedarfe in Lieferaufträge umgesetzt, solange keine Ausnahmen auftreten. Wenn jedoch eine Ausnahmesituation verzeichnet wird, sollen die zuständigen Mitarbeiter beim Händler und beim Produzenten informiert werden und zur Problemlösung zusammenarbeiten.

Vorteile von CPFR

Als wesentliche Vorteile des CPFR sind zu nennen [Kuhn 2002, S. 113 f.]:

– Gemeinsame Prognose der Kundennachfrage, auf der beide Partner aufbauen

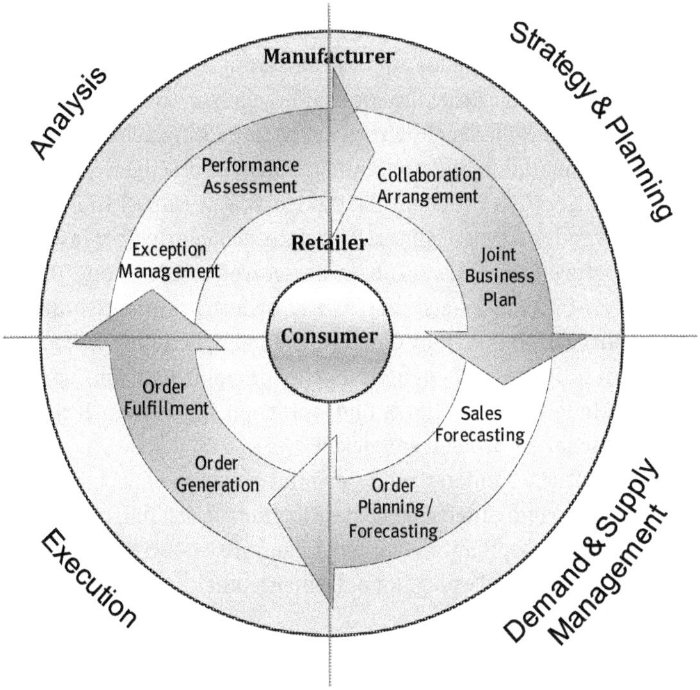

Abb. 9.10: CPFR-Referenzmodell [VICS 2004].

- Koordinierte Zusammenarbeit, von der gemeinsamen Prognose bis zur gemeinsamen Lösung von Problemfällen im operativen Geschäft
- Proaktives Handeln (mit Blick auf die Erfüllung der Kundenwünsche) statt reaktiven Handelns (Lösung von Problemfällen)
- Zugesicherte Bestellungen des Händlers und zugesicherte Lieferungen des Produzenten, basierend auf der gemeinsamen Prognose

Für den Produzenten impliziert CPFR eine Umorientierung in Richtung auf eine auftragsorientierte Fertigung hin und weg von der anonymen Lagerproduktion.

9.3 Beschreibung zwischenbetrieblicher Geschäftsprozesse: SCOR-Modell

Die durchgängige Gestaltung von Geschäftsprozessen setzt ein gemeinsames Verständnis aller Partner der potenziellen Supply Chains voraus. Die Partner müssen die Zusammenhänge und die Auswirkungen des eigenen bzw. fremden Handelns auf das gesamte Netz verstehen und die

Prozesse zusammen entwickeln. Dazu sind gemeinsame Analysen, das Erkennen von Schwachstellen und Verbesserungsmöglichkeiten sowie die Dokumentation der Erkenntnisse und Ergebnisse erforderlich.

Gemeinsame „Sprache"

Eine wichtige Rolle spielt eine gemeinsame „Sprache" für die Diskussion, Dokumentation und Kommunikation der Vorschläge, Entwürfe und Festlegungen. Verschiedene Methoden und Ausdrucksmittel, die hierfür verwendet werden, sind z. B. ereignisgesteuerte Prozessketten (EPKs), Structured Analysis (SA) bzw. Structured Analysis and Design Technique (SADT), Petri-Netze und Workflowbeschreibungssprachen. Seit dem durch Hammer und Champy 1992 eingeleiteten Umdenken zum „Business Process Reengineering" [Hammer 1993] hin, wurden zahlreiche Modellierungsansätze und -sprachen speziell zur Beschreibung von Geschäftsprozessen entwickelt.

Wenn die Partner unterschiedliche Sprachen verwenden, besteht die Gefahr, dass aufgrund unterschiedlicher Notationen, Detaillierungsgrade und Interpretationsspielräume Missverständnisse auftreten. Deshalb spielt die gemeinsame Festlegung auf einen einheitlichen Ansatz eine wichtige Rolle.

Referenzmodelle

Referenzmodelle dienen dazu, diese Bezugsbasis zu schaffen. Für das Supply Chain Management wurden verschiedene Referenzmodelle vorgeschlagen. Das bekannteste ist das SCOR-Modell.

9.3.1 Überblick

Supply Chain Council

Mit dem Ziel, das Supply Chain Management durch Standards zu fördern, wurde 1996 auf Initiative der Beraterfirma Pittiglio Rabin Todd & McGrath (PRTM) und des Analystenunternehmens AMR Research der „Supply Chain Council" gegründet. Diesem gehören weltweit bekannte Unternehmen wie Siemens, Daimler, Nokia, IBM, Intel, Coca-Cola, BASF, Hewlett Packard, Unilever u. v. a. an. Seit 2014 ist der Supply Chain Council ein Teil von APICS (www.apics.org).

SCOR-Modell

Der Supply Chain Council entwickelte eine eigenständige Modellierungstechnik für die Planung und Ausführung von Geschäftsprozessen im Supply Chain Management, das sogenannte SCOR-Modell (Supply-Chain Operations Reference-model). Dabei handelt es sich um ein Prozessreferenzmodell, d. h., um ein Modell, das als einheitliche Bezugsbasis für Sachverhalte und Begriffe auf dem Gebiet der Supply-Chain-Prozesse dienen soll.

Die Beschreibung des SCOR-Modells war früher öffentlich zugänglich. Mittlerweile stellt APICS sie nur noch Mitgliedern zur Verfügung.

Die nachfolgende Beschreibung von SCOR lehnt sich an die zuletzt veröffentlichten Versionen an (vgl. SCC [2008] und SCC [2012]).

Prozessreferenzmodell

Der Supply Chain Council definierte das *Prozessreferenzmodell* als ein Modell, welches bekannte Konzepte des Business Process Reengineering, des Benchmarking und der Messung der Prozesseffizienz in einem funktionsübergreifenden Rahmen integriert. Es enthält [SCC 2008, S. 1 f.]:

- Standardisierte Beschreibungen von Teilprozessen
- Bezugsrahmen für Beziehungen zwischen den Teilprozessen
- Standardisierte Metriken für die Messung der Prozesseffizienz
- Best Practices zur Verbesserung der Effizienz
- Standardisierte Ausrichtung an der Funktionalität von SCM-Software

9.3.2 SCOR-Prozesse

Produkttypen

Auf den ersten drei Ebenen des SCOR-Modells werden standardisierte Prozesse, Prozesskategorien und Prozesselemente verwendet, die im Folgenden erläutert werden. Teilweise werden sie für alle, teils nur für bestimmte Produkttypen angewendet. Die Produkttypen werden unterschieden nach:

- Lagerprodukten („Stocked Product“)
- Auftragsprodukten („Make-to-order Product“)
- Neuen Produkten („Engineer-to-order Product“)
- Handelsprodukten („Retail Product“)

Die Zusammenhänge zwischen den Standardprozessen werden aus der bekannten Grafik des SCOR-Modells deutlich, die in Abb. 9.11 wiedergegeben ist. Sie bringt die Vernetzung der beteiligten Unternehmen zum Ausdruck: Was bei einem Unternehmen als Beschaffung behandelt wird, ist beim anderen Vertrieb. Die Vernetzung setzt sich über mehrere Stufen fort („from your supplier's supplier to your customer's customer“).

SCOR-Managementprozesse

Im SCOR-Modell werden die vier wichtigen Prozesse „Beschaffen“, „Herstellen“, „Liefern“ und „Planen“ sowie der gegenläufige Prozess der „Retouren“ standardisiert. Diese werden als „Managementprozesse“ bezeichnet.

„Plan“

- *Planen („Plan“):* Dieser Prozess beinhaltet die Planung und Kontrolle von Angebot und Nachfrage mit dem Ziel der Optimierung aus der Sicht der gesamten Supply Chain. Die Planung der Ressourcen (Fertigungs-, Transporteinrichtungen, Personal, Material), der Produkteinführung sowie der Entscheidungen über Fremdbezug und Eigenfertigung und der Abgleich mit der Finanzplanung werden hierunter subsumiert.

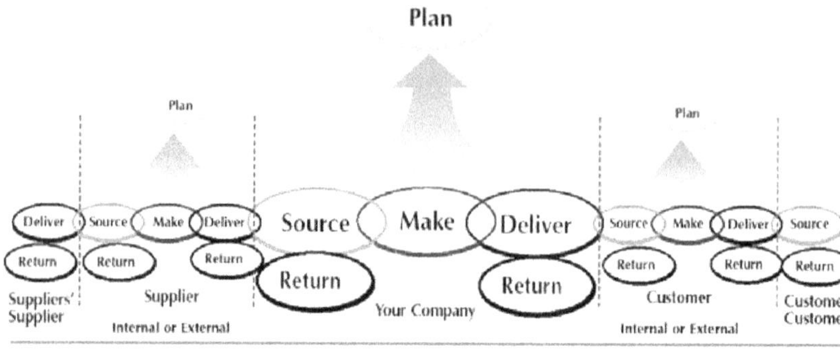

Abb. 9.11: SCOR-Prozesse [SCC 2012, S. i.2].

„Source" – *Beschaffen („Source")* beschreibt die Aktivitäten, die mit der Materialbeschaffung, dem Wareneingang und der Weiterleitung des Materials einhergehen. Er schließt bei neuen Produkten („Engineer-to-order") auch die Suche und Auswahl geeigneter Beschaffungsquellen ein. Managementaktivitäten, wie die Bewertung der Lieferanten und die Planung und Kontrolle des Umlauf- und Anlagevermögens, sowie Verträge mit Lieferanten, gehören zu diesem Prozess.

„Make" – *Herstellen („Make")* beschreibt die Terminierung der Produktion und der nachfolgenden Stufen im Herstellungsprozess (Qualitätsprüfung, Verpacken, Lagerung etc.). Bei neu entwickelten Produkten kommt die technische Feinplanung hinzu. Managementaktivitäten, wie die Planung und Kontrolle der Fertigungs- und Transporteinrichtungen, werden ebenfalls vorgesehen.

„Deliver" – *Liefern („Deliver")* umfasst die Vertriebsaktivitäten von Kundenanfragen über Angebote bis zum Versand und zur Transporteursauswahl, einschließlich der Vorgänge im Warenausgangslager (Entnahme, Verladung, Auslieferung u. a.) und ggf. der Installation komplexer Produkte beim Kunden. Die entsprechenden Managementaktivitäten, wie die Planung des Bestandsniveaus im Fertigwarenlager und der Transportmöglichkeiten, kommen hinzu.

„Return" – *Retouren („Return")* beinhaltet die Aktivitäten, die mit der Rückgabe von Produkten an den Lieferanten verbunden sind. Die Gründe für die Rückgabe können unterschiedlich sein: Produktmängel, Reparatur, Wartung, Mengenüberschüsse u. v. a. Die Retourenprozesse sind sowohl auf der Beschaffungsseite als auch auf der Absatzseite zu berücksichtigen, wie Abb. 9.11 andeutet.

9.3.3 Dekomposition der Prozesse

Auf den weiteren Ebenen des SCOR-Modells werden die Top-Level-Prozesse verfeinert, wie Abb. 9.12 andeutet. Auf der obersten Ebene spricht man von Prozesstypen und Prozesskategorien. Die Prozesskategorien

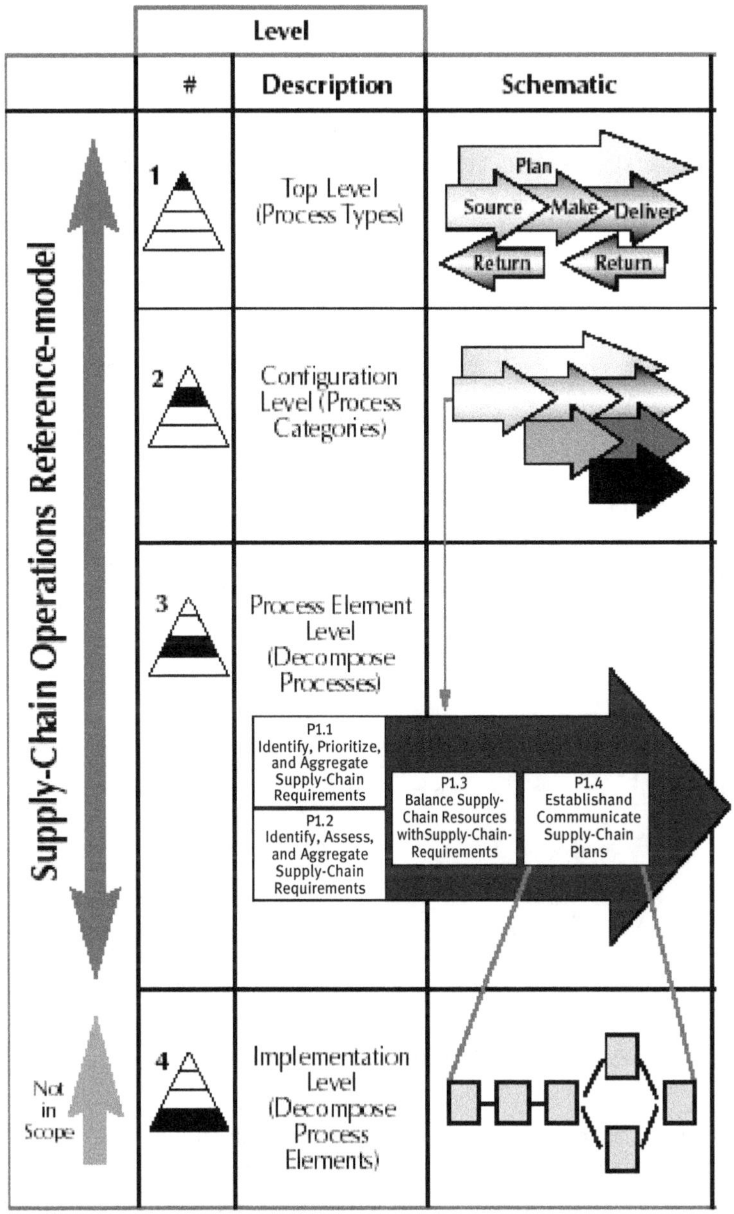

Abb. 9.12: SCOR-Dekomposition [SCC 2008, S. 7].

konfiguriert man auf Ebene 2, indem man sie mithilfe von Prozesselementen beschreibt. Die Prozesselemente werden auf Ebene 3 in Aufgaben aufgespalten. Ebene 4 ist für die genauere Beschreibung der Aufgaben und Aktivitäten vorgesehen. Da diese Details unternehmensspezifisch sind, gehört die Ebene 4 nicht zum Umfang von SCOR. Für jede der drei oberen Ebenen sind jeweils Ausdrucksmittel im Referenzmodell vorgesehen.

Prozesskategorien

Für die fünf Managementprozesse sind jeweils mehrere Prozesskategorien definiert, die nach den oben genannten Produkttypen unterscheiden. Beispiele sind in Abb. 9.13 gezeigt, etwa „S1 Source Stocked Product" (Lagerartikel beschaffen) oder „D3 Deliver Engineer-to-Order Product" (kundenspezifisches Produkt liefern).

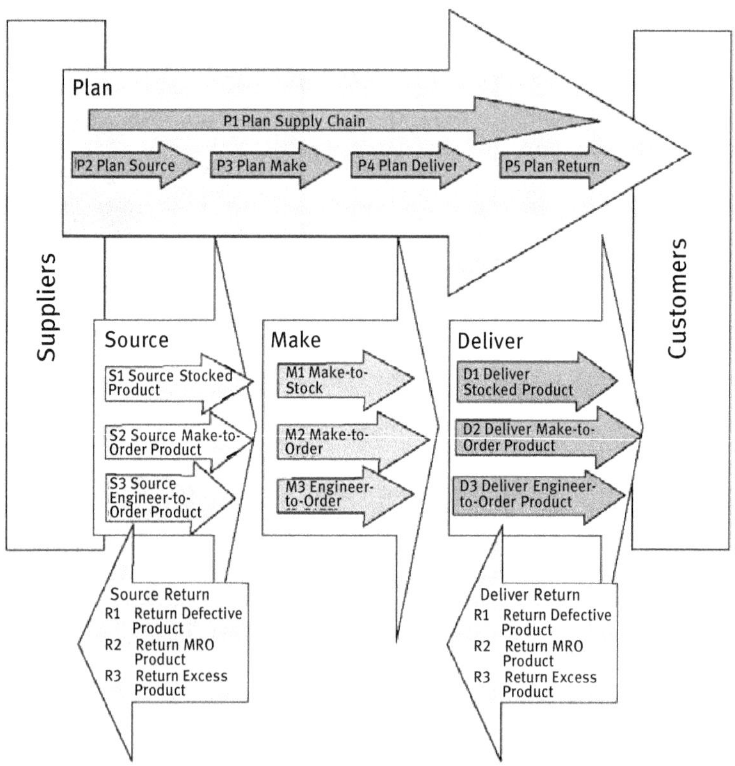

Abb. 9.13: Prozesskategorien auf Ebene 2 des SCOR-Modells [SCC 2008, S. 10].

Prozesselemente

Die Kategorien der zweiten SCOR-Ebene werden auf der dritten Ebene detailliert. Abb. 9.14 zeigt dies am Beispiel der Prozesskategorie „S1 Source Stocked Product". Auf der Verfeinerungsstufe der Ebene 3 werden die Prozesselemente

S1.1 Schedule Product Deliveries,
S1.2 Receive Product,
S1.3 Verify Product,
S1.4 Transfer Product und
S1.5 Authorize Supplier Payment

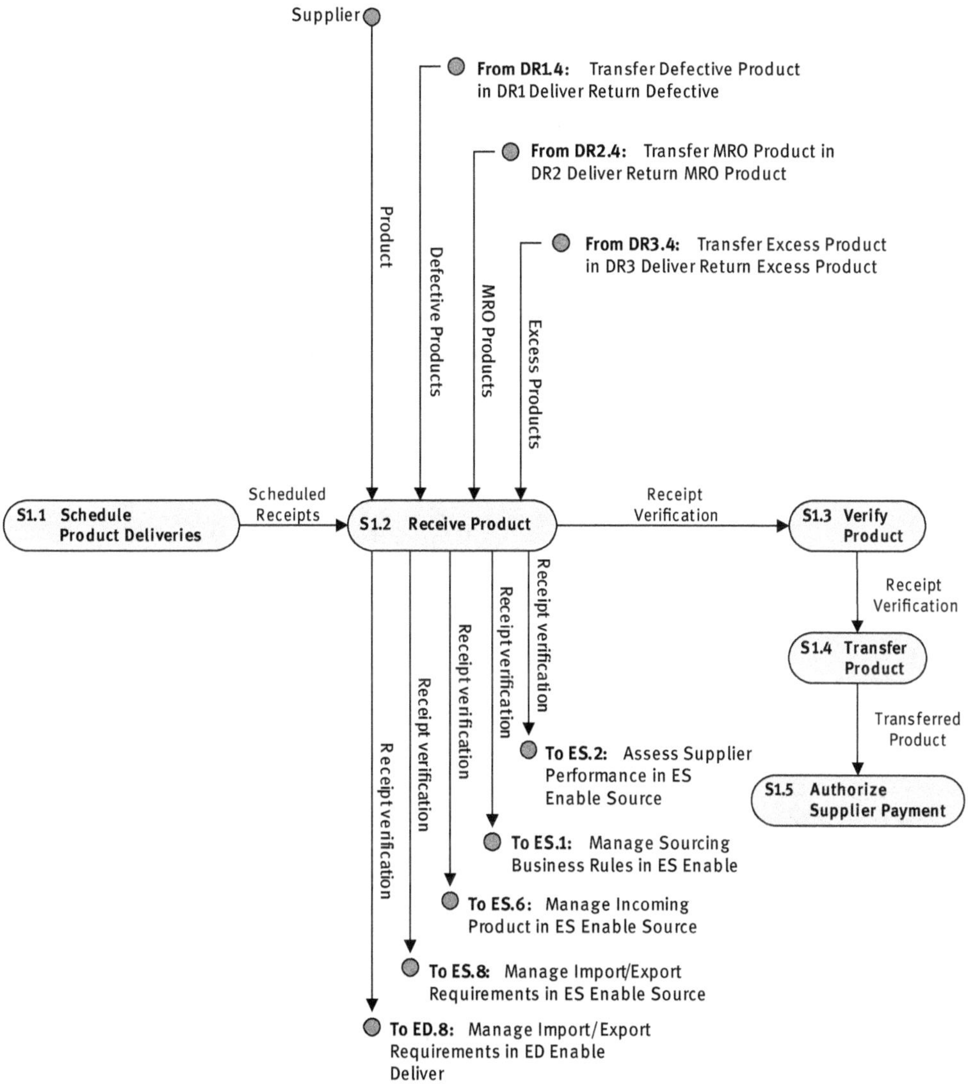

Abb. 9.14: Prozesselemente auf Ebene 3 (Beispiel) [SCC 2008, S. 11].

sowie die jeweiligen Inputs und Outputs spezifiziert. In der Abbildung sind der Übersichtlichkeit halber die Inputs und Outputs nur für das Prozesselement „S1.2 Receive Product“ explizit angegeben.

Auf der Ebene 4 (Implementierung) werden die Prozesselemente in Aufgaben zerlegt. Die Aufgaben können auf weiteren Ebenen in Aktivitäten und Teilaktivitäten verfeinert werden. Im Referenzmodell des Supply Chain Council sind jedoch nur die Ebenen 1 bis 3 standardisiert. Auf den tieferen, unternehmensspezifischen Ebenen können andere gebräuchliche Methoden der Prozessdekomposition verwendet werden.

9.3.4 Modellierung einer Supply Chain

Der SCOR-Ansatz bietet für die Modellierung einer konkreten Supply Chain mehrere Diagrammarten an. In den Abbs. 9.15 bis 9.18 werden diese für das Beispielunternehmen MP3 Inc. mit Kunde Retail Inc. sowie Zulieferern Flash Inc., Battery Ltd. und Components veranschaulicht.

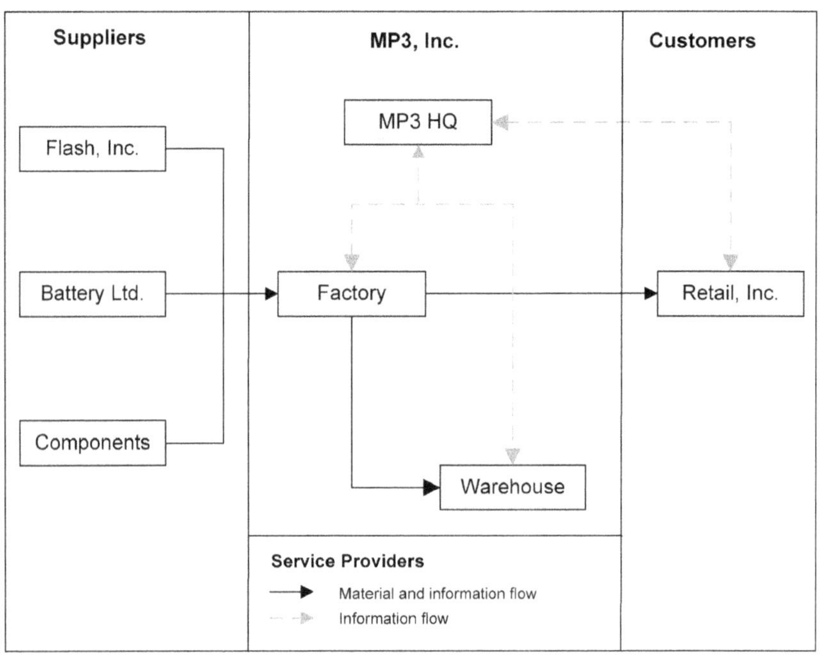

Abb. 9.15: Business Scope Diagram (Beispiel) [SCC 2008, S. 17].

Business Scope Diagram: Dieses Diagramm dient dazu, die wichtigsten Partner und Organisationseinheiten im eigenen Unternehmen zu identifizieren und mithilfe der Material- und Informationsflüsse zu verbinden. In dem Template für das Business Scope Diagram sind dafür drei Spalten vorgesehen, wie Abb. 9.15 zeigt.

Business Scope Diagram

Geographic Map: Eine Landkarte soll das Unternehmen dabei unterstützen, die Materialflüsse zwischen den Knoten zu beschreiben. Man geht wie folgt vor:

Geographic Map

(1) Auswahl der geografischen Orte von Produktionseinrichtungen (Make), Distributionsknoten (Deliver) und Beschaffungsquellen (Source)
(2) Festlegung wichtiger Materialflüsse (Punkt-zu-Punkt-Verbindungen zwischen Knoten), ausgehend vom Kunden und für jeden Knoten dann rückwärts schreitend zu den jeweiligen Zulieferern des Knotens
(3) Zuordnung geeigneter Prozesskategorien (S, M, D, P) für jeden der beteiligten Standorte

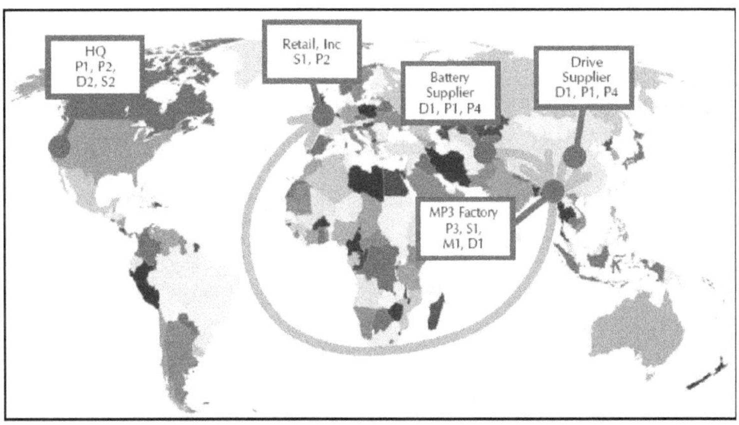

Abb. 9.16: Geographic Map (Beispiel) [SCC 2008, S. 18].

Thread Diagram: Unter einem „Supply Chain Thread" werden miteinander verbundene „Source-Make-Deliver"-Ketten für eine Produktfamilie, einschließlich der Planungsprozesse und ihrer Verbindung mit den ausführenden Prozessen, verstanden. Das Thread Diagram zeigt die Zusammenhänge zwischen den Prozessen der Ebene 2, wie aus Abb. 9.17 ersichtlich wird.

Thread Diagram

Workflow Model: Das Workflow Model (oder Process Model) beschreibt die Zusammenhänge zwischen den Prozesselementen auf Ebene 3 in Form der Arbeitsabläufe und der zugehörigen Informations- und Materialflüsse. Die organisatorischen Zuständigkeiten werden durch verschiedene Ebenen des Diagramms („Swimming

Workflow Model (Process Model)

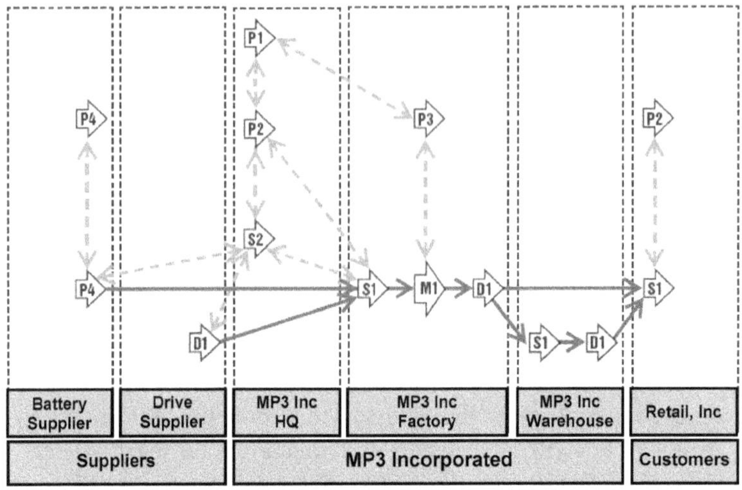

Abb. 9.17: Thread Diagram (Beispiel) [SCC 2008, S. 19].

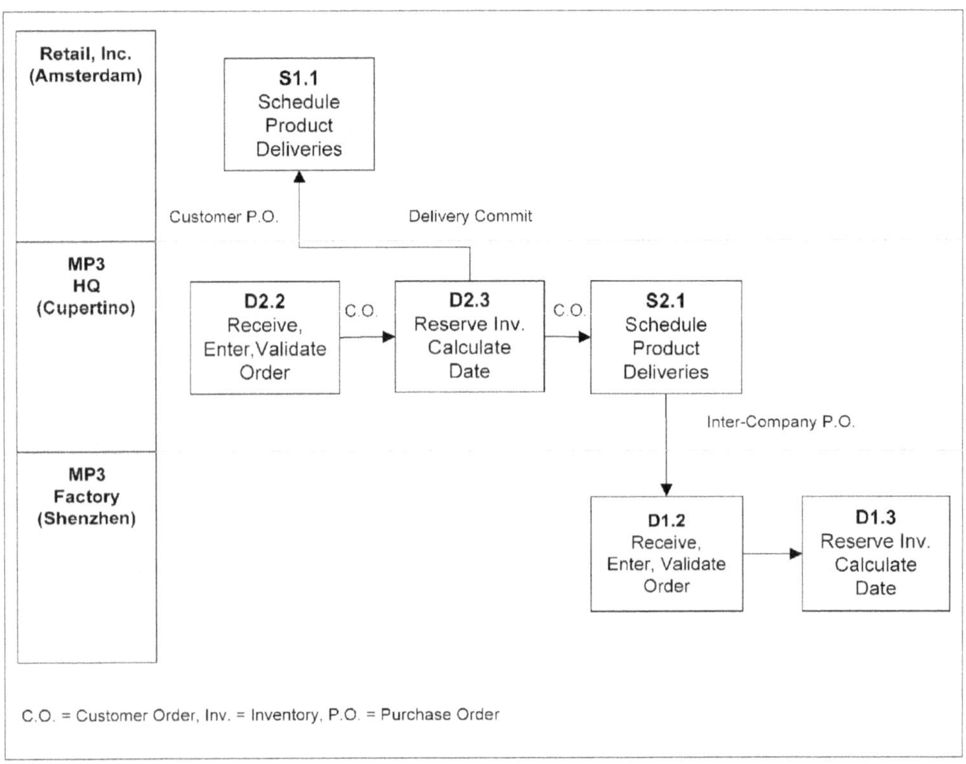

Abb. 9.18: Workflow Model (Beispiel) [SCC 2008, S. 20].

Lanes") zum Ausdruck gebracht. Abbildung 9.18 zeigt dies am Beispiel von drei beteiligten Organisationseinheiten (Retail Inc., MP3 Headquarters und MP3 Factory). Die mit den Workflows verbundenen Informationsobjekte wie z. B. der Kundenauftrag (P. O., Purchase Order) werden an den Kanten notiert.

In einer dynamischen Umwelt bleiben einmal konfigurierte Supply Chains nicht auf Dauer unverändert. In einem Glied der Kette kann zum Beispiel eine wichtige Fertigungsanlage ausfallen. Damit wird möglicherweise auch der Prozess „Liefern" gestört, und beim Abnehmer des Unternehmens mag der „Beschaffen"-Prozess mit weiteren Konsequenzen betroffen sein. Die Supply Chain muss dann ggf. kurzfristig rekonfiguriert werden.

9.4 Aufgaben von SCM-Systemen

Dem Supply Chain Management wird eine Vielzahl von Teilaufgaben zugerechnet. Diese befinden sich auf unterschiedlichen Ebenen und weisen unterschiedliche Detaillierungsgrade auf. Die Zeithorizonte erstrecken sich von mehreren Jahren bei der strategischen Gestaltung der Supply Chains bis zu Minuten im Ausführungsbereich.

Zur Zuordnung der verschiedenen Aufgaben zu Ebenen wurden Architektur- bzw. Aufgabenmodelle entwickelt. Grundsätzlich lassen sich drei oder mehr Ebenen unterscheiden: eine strategische Ebene, eine oder mehrere Planungsebenen sowie eine Ausführungsebene.

9.4.1 Strategische Ebene

Strategische Ebene

Gegenstand der strategischen Ebene ist die Gestaltung des gesamten Zulieferer-Abnehmer-Netzwerks entsprechend der SCM-Strategie des Unternehmens bzw. unter Abstimmung der Strategien des Unternehmensverbunds. Dabei werden Erlös- und Kostenalternativen abgewogen und Investitionsentscheidungen getroffen, zum Beispiel im Hinblick auf neue Produktionskapazitäten, Warenverteilzentren, Distributionskanäle u. a. Die strategische Bezugsquellenfindung ist eine weitere wichtige Aufgabe.

Von erheblicher Bedeutung auf der strategischen Ebene sind Simulationsmöglichkeiten (What-if). Auf diese Weise können die Auswirkungen von strategischen Entscheidungen (z. B. „Welches Produkt soll in welchem Werk gefertigt werden?") durchgespielt und bewertet werden.

9.4.2 Planungsebene

Planungsebene

Der Planungsebene im Supply Chain Management werden zahlreiche lang- und mittelfristige Planungsaufgaben zugerechnet. Diese überlappen sich teilweise mit den Aufgaben von ERP-Systemen und benutzen verschiedentlich sogar die gleichen Daten und Funktionen.

In *SAP Supply Chain Management* werden beispielsweise Aufgabenbereiche wie die

- Absatz- und Bedarfsplanung,
- Produktions- und Feinplanung,
- Distributionsplanung,
- Transportplanung und Fahrzeugterminierung sowie
- Verfügbarkeitsprüfung

unterstützt [Knolmayer 2009, S. 78 ff.; Hoppe 2007, S. 21 ff.]. Abbildung 9.19, die etwas vereinfachend nach Supply-Chain-Planung (längerfristig) und Supply-Chain-Steuerung (kurzfristig) unterscheidet,

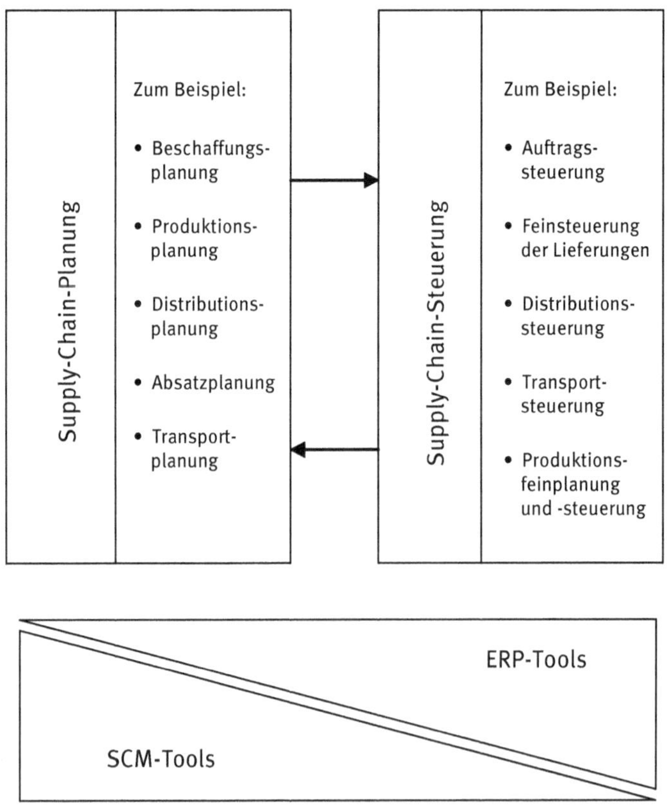

Abb. 9.19: Überlappung von SCM- und ERP-Systemen [Corsten 2007].

bringt die Überlappungen zwischen SCM- und ERP-Systemen zum Ausdruck [Corsten 2007]. Während die „Planung" stärker durch dedizierte SCM-Systeme unterstützt wird, werden für die „Steuerung" eher die Funktionen der ERP-Systeme genutzt.

Überschneidung von ERP- und SCM-Funktionalität

Ein Grund für manche Überschneidungen der ERP- und SCM-Funktionalität ist darin zu sehen, dass die Lösungen für verschiedene Probleme der Produktionsplanung und -steuerung in den MRP-, MRP-II- und ERP-Systemen nicht befriedigen – sei es, weil die methodischen Ansätze für die Planung und Steuerung zu einfach sind oder weil die theoretisch besseren Lösungen wegen des hohen Rechenaufwands bei der Entwicklung der Systeme nicht implementiert werden konnten.

Betrachtet man die im SCM unter den gleichen Begriffen wie im ERP aufgeführten Funktionen im Detail, so stellt man deutliche Unterschiede und Verbesserungen fest. Die Funktionalität geht zum Teil weit über die Möglichkeiten der ERP-Systeme hinaus. Dies liegt nicht zuletzt daran, dass über die Jahre methodische und technologische Fortschritte erzielt wurden. Ein Beispiel sind Optimierungsverfahren, die angesichts der gestiegenen Leistungsfähigkeit von Hardware und Software heute praktisch realisiert und eingesetzt werden können.

Ein anderes Beispiel ist die *Verfügbarkeitsprüfung*. Mithilfe von SCM-Systemen sind abgesicherte, differenzierte Aussagen möglich, die früher kaum getroffen werden konnten. Dafür haben sich neue Begriffe etabliert:

ATP, CTP, CoTP

- Available-to-Promise (ATP): Ist das Produkt im Lager oder dispositiv verfügbar?
- Capable-to-Promise (CTP): Wäre die Produktion kapazitäts- und materialmäßig machbar?
- Configure-to-Promise (CoTP): Ist die Konfiguration des Produkts nach Kundenwunsch und CTP zum Termin machbar?

Die verbesserten Planungs- und Steuerungsfunktionen im Supply Chain Management werden meist unter dem Begriff *APS (Advanced Planning and Scheduling)* zusammengefasst. Abschnitt 9.5 geht darauf näher ein.

9.4.3 Ausführungsebene

SCE – Supply Chain Execution

Auf der Ausführungsebene sind die Funktionen für die operative Abwicklung des Liefergeschehens angesiedelt (SCE, Supply Chain Execution). Auch hier stößt man auf vertraute Begriffe: Auftrags-, Lager-, Produktions-, Transportabwicklung und ähnliche [Kuhn 2002, S. 152 ff.], in

SAP SCM beispielsweise auf Materialwirtschaft, Produktionssteuerung, Lagerverwaltung und Transportmanagement [Hoppe 2007, S. 27 ff.].

Der wesentliche Unterschied zu den gleichnamigen ERP-Funktionen ist der, dass im Supply Chain Management die *unternehmensübergreifende* Steuerung und Kontrolle im Vordergrund steht und Optimierungsverfahren zum Einsatz kommen.

Überschneidungen mit PPS

Dennoch gibt es viele Überschneidungen mit der Produktionsplanung und -steuerung im ERP-System. So wird beispielsweise in SAP SCM für die Produktionssteuerung explizit die Funktionalität von SAP ERP (bzw. SAP R/3 PP) eingebunden. Auch andere Hersteller bieten für die Produktionssteuerung im einzelnen Unternehmen nicht ein gesondertes SCM-Modul an, sondern ziehen dafür ein Manufacturing Execution System (vgl. Abschnitt 8.1) oder entsprechende Funktionen eines ERP-Systems heran.

Definition Supply Chain Event Management

Supply Chain Event Management

Wichtige Rollen auf der Ausführungsebene spielen die Überwachung der Supply Chains im Hinblick auf relevante Ereignisse und das Ergreifen entsprechender Maßnahmen. Unter dem Begriff *Supply Chain Event Management (SCEM)* fasst man Maßnahmen zur Überwachung, Messung, Benachrichtigung, Entscheidungsfindung und Kontrolle in und zwischen den Partnerunternehmen einer Supply Chain zusammen.

Tracking & Tracing

Voraussetzung für das SCEM ist zum einen die Abbildung der inner- und zwischenbetrieblichen Geschäftsprozesse, zum anderen die mitlaufende Erfassung relevanter Daten. Einen ersten Schritt dorthin stellt das *Tracking & Tracing (T&T)* dar. Unter *Tracking* versteht man das Verfolgen von logistischen Objekten (Sendung, Container, Palette, Karton o. Ä.) auf ihrem Weg von A nach B sowie das Feststellen des aktuellen Orts und Status. *Tracing* bezeichnet demgegenüber das Nachvollziehen von Prozessen und Aktivitäten, wie es beispielsweise bei Rückrufaktionen von schadhaften Produkten auf Basis einer Chargenverfolgung erforderlich sein kann [Bretzke 2002].

T&T-Systeme

T&T-Systeme sind Informationssysteme für die Aufgaben des Tracking & Tracing. Sie wurden bisher vor allem in der Logistikbranche eingesetzt. Wichtige Funktionen werden heute auch den Kunden zugänglich gemacht. Beispielsweise geben Kurierdienste wie Federal Express, DHL oder UPS ihren Kunden die Möglichkeit, den jeweils aktuellen Status einer Sendung über eine WWW-Schnittstelle aus dem T&T-System abzufragen.

T&T als „Enabler" für SCEM

Tracking & Tracing wird als „Enabler“ für Supply Chain Event Management angesehen [Bretzke 2002]. Das heißt, auf der Basis von

T&T-Systemen kann SCEM realisiert werden. T&T ist in diesem Sinne ein „Datenlieferant“ für SCEM.

T&T-Systeme liefern ungefilterte und unbewertete Ist-Daten, die keinen Bezug auf die Soll-Daten aufweisen. Bei einer Meldung wie „Container x hat Ladestation A um 10:30 Uhr verlassen“ bleibt es dem Prozessverantwortlichen überlassen, die Meldung zu bewerten (Zu früh, zu spät, geplant, nicht geplant, ... ?) und ggf. Maßnahmen einzuleiten. Meist sind T&T-Systeme passiv, d. h., sie weisen nicht von sich aus auf Probleme hin oder initiieren gar Aktionen.

SCEM überwacht, interpretiert, handelt

Das Supply Chain Event Management geht weit über Tracking & Tracing hinaus. Statusmeldungen werden nicht nur in Echtzeit erfasst und zur Verfügung gestellt, sondern auch gefiltert, überprüft und ggf. in Events (Ereignisse) oder Alerts (Alarme) überführt. Ein SCEM-System handelt im Idealfall proaktiv, indem es Entscheidungsträger von sich aus auf wichtige Ereignisse hinweist, Handlungsvorschläge unterbreitet oder sogar eine Lösung selbst initiiert. Wenn etwa der kritische Hersteller in Hongkong seine Lieferung verspätet auf den Weg bringt und den Frachter nach Los Angeles verpasst, mag das SCEM-System vorschlagen, einen Luftfrachtversand zu erwägen oder auf das nächste Schiff zu warten, und die jeweiligen Konsequenzen (Kosten, Fehlmengen, Produktionsunterbrechung) aufzeigen [SAP 2001].

Meilensteinmodell

Voraussetzung für zeitnahes und proaktives Handeln ist, dass die relevanten Geschäftsprozesse mit Kontrollpunkten im System abgebildet sind. Dazu definiert man bestimmte Vorgänge bzw. Punkte im Prozessablauf, an denen wichtige Ereignisse auftreten können (Meilensteine). Beispiele für *Meilensteine* sind Wareneingang (Lieferung vollständig, qualitativ einwandfrei?), Fertigungsauftragsfreigabe und -fertigstellung, Versand, Rechnungsstellung, Zahlungseingang etc.

Ereignisarten

Die geplanten Ereignisse (Soll) werden dann mit den tatsächlich eingetretenen oder auch unterbliebenen (Ist) verglichen. Ereignisse können in

- erwartete Ereignisse (z. B. pünktliche, vollständige, einwandfreie Lieferung),
- nicht in dieser Form erwartete Ereignisse (z. B. Mengen- oder Qualitätsabweichung),
- überfällige Ereignisse (z. B. verspätete Lieferung) und
- ungeplante Ereignisse (z. B. Maschinenausfall)

unterschieden werden und müssen dementsprechend unterschiedlich behandelt werden.

In einem SCEM-System wird ein solches Meilensteinmodell zusammen mit Regeln zur Interpretation von Nachrichten und der Veranlassung von Maßnahmen abgebildet. Abbildung 9.20 zeigt am Beispiel von *SAP SCM* die wichtigsten Bausteine des Event Management [SAP 2008, S. 9]:

Abb. 9.20: Event Management in SAP SCM [SAP 2008].

SAP Event Management

Der *Ereignis-Prozessor* nimmt Nachrichten über eingetretene Ereignisse entgegen und prüft, bewertet und speichert diese. Der *Ereignis-Controller* verwaltet Ereignisse und gibt sie zur Verarbeitung weiter. Im *Ereignis-Monitor* werden die erwarteten, erforderlichen und überfälligen Ereignisse überwacht und überprüft. Der *Regel-Prozessor* wendet ein gegebenes Regelwerk auf Ereignisse an und erzeugt Reaktionen, z. B. Alerts oder den Aufruf weiterer Überwachungsfunktionen.

Analyse- und Frühwarninstrument

Exkurs: Supply Chain Performance Management

Nahe beim SCEM ist das Supply Chain Performance Management (SCPM) zu finden. Dieses beinhaltet jedoch nicht die Funktionalität der Ausführungsebene, sondern stellt vielmehr ein Analyse- und Frühwarninstrument dar. Es wird von den zahlreichen im SCEM erfassten und bewerteten Ereignissen gespeist. Darauf aufbauend können Analysen durchgeführt (z. B. Störungsursachen, -dauern, -häufigkeiten) und Entwicklungen oder Trends aufgezeigt werden [Hellingrath 2019].

Wenn entlang der SCM-Geschäftsprozesse Kennzahlen und Schwellwerte definiert sind, z. B. zu Lieferzeiten, Liefertreue, Lieferfähigkeit und Lieferqualität, kann das SCPM Über- oder Unterschreitungen feststellen und Frühwarnungen ausstoßen, sodass rechtzeitig Gegenmaßnahmen ergriffen werden können.

9.5 APS – Advanced Planning and Scheduling

Unter dem Namen APS („Advanced Planning and Scheduling“, manchmal auch: „Advanced Planning Systems“) werden eine ganze Reihe von Erweiterungen und Verbesserungen der ERP-Funktionalität sowie zwischenbetriebliche Funktionen zusammengefasst, die im Supply Chain Management Verwendung finden. Man trifft hier sowohl auf leistungsfähige Methoden für konventionelle PPS-Aufgaben, z. B. Terminierung, Reihenfolgeplanung und Ressourcenzuordnung, als auch für SCM-spezifische Aufgaben wie die Planung von Lieferanten-Abnehmer-Netzwerken.

APS-Systeme

APS ist zum einen ein konzeptioneller Begriff für bestimmte Planungs- und Steuerungsansätze, zum anderen aber auch eine Bezeichnung für die Softwarelösungen *(APS-Systeme)*. Die Funktionalität von APS-Systemen ist gekennzeichnet durch:

- Ausgeprägte Modellierungsmöglichkeiten
- Starke Orientierung an Engpässen (Constraint Management)
- Leistungsfähige Algorithmen, z. B. mathematische Optimierung (lineare Programmierung, gemischt-ganzzahlige Programmierung) und heuristische Methoden wie genetische Algorithmen, Simulated Annealing, neuronale Netze und andere
- Unterstützung komplexer Datenstrukturen (vielstufige Stücklisten und Arbeitspläne)
- Berücksichtigung des Pegging (darunter versteht man die Verbindung von Beschaffungs-, Produktions-, Transport- und Kundenaufträgen; ähnlich wie in konventionellen Fertigungsauftragsnetzen, aber übergreifend), vgl. auch Abschnitt 10.1.2
- Simulationsmöglichkeiten (What-if-Simulation) für unterschiedliche Produktions- und Lieferszenarien
- Schnittstellen zu ERP-Systemen

Supply-Chain-Planungsmatrix

Die APS-Funktionen sind teilweise auf die Planung im eigenen Unternehmen, teilweise auf die netzwerkbezogenen Sachverhalte ausgerichtet, wie die „Supply-Chain-Planungsmatrix“ in Abb. 9.21 zum Ausdruck bringt. Diese Matrix wurde ursprünglich von Rohde, Meyr und Wagner im Jahr 2000 vorgestellt und seitdem wiederholt publiziert [z. B. Meyr 2015, S. 109].

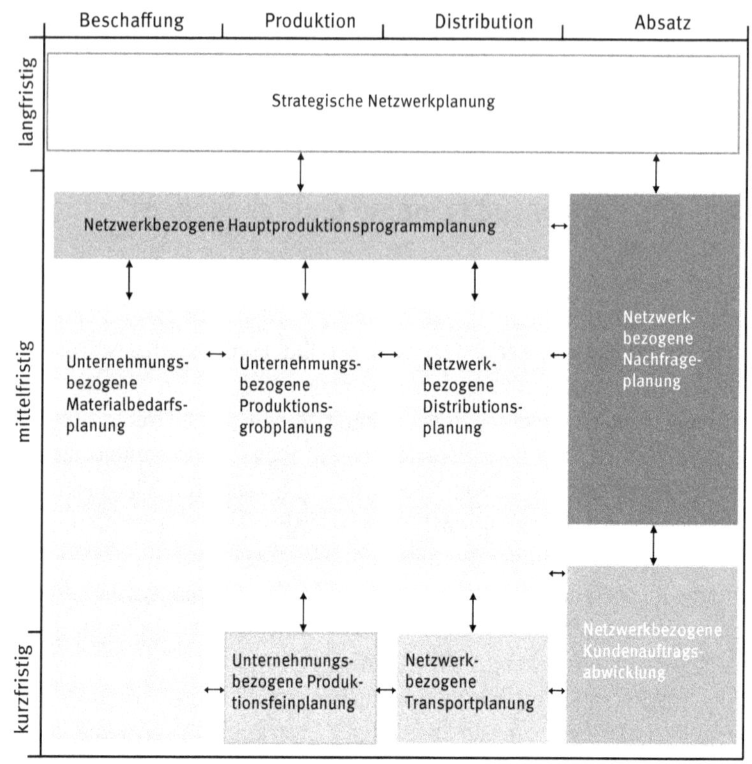

Abb. 9.21: Supply-Chain-Planungsmatrix [Meyr 2015, S. 109].

Die Komponenten eines APS-Systems decken sowohl strategische Aufgaben als auch Aufgaben der operativen Planung ab [Fleischmann 2015; Meyr 2015, S. 110]:

Die *strategische Netzwerkplanung* hat die Konfigurierung der Supply Chain bzw. des Netzwerks zur Aufgabe. Hier sind Entscheidungen zu treffen wie z. B. „Welche Distributionszentren sollen wo eingerichtet werden und welche Kunden beliefern?“ [Dudek 2002].

In der *netzwerkbezogenen Nachfrageplanung* (Demand Planning) kommen statistische Prognosetechniken und andere Methoden zur Ermittlung der erwarteten Nachfragemengen für die Endprodukte zur Anwendung.

Die *netzwerkbezogene Hauptprogrammplanung* (Master Planning) hat die Aufgabe, aufeinander abgestimmte Beschaffungs-, Produktions- und Distributionsmengen unter Berücksichtigung der verfügbaren und der benötigten Kapazitäten zentral zu bestimmen; bei geeigneter Aggregation können hierfür Optimierungsmethoden zum Einsatz kommen.

In der *unternehmensbezogenen Materialbedarfsplanung* (Material Requirements Planning) werden die dezentralen Aufgaben der verbrauchs- und bedarfsgesteuerten Materialdisposition mit konventionellen Methoden als auch Ansätzen wie Vendor Managed Inventory (VMI) und Collaborative Planning, Forecasting and Replenishment (CPFR) gelöst.

Die *Produktionsgrobplanung* und *-feinplanung* erstellt unternehmensbezogen Produktionspläne auf der Basis der netzwerkbezogenen Hauptprogrammplanung.

In der *netzwerkbezogenen Distributionsplanung* werden Endproduktmengen in Einklang mit dem Produktions- und Nachfrageplan allokiert und in der *netzwerkbezogenen Transportplanung* auf die einzelnen Kundenaufträge aufgeteilt. Zu der letzteren gehören auch die Transportmittelauswahl, Ladeplanung und Routenplanung.

Die *netzwerkbezogene Kundenauftragsabwicklung* (Demand Fulfilment) beinhaltet vor allem eine Verfügbarkeitsprüfung und Terminierungskomponente, weshalb hier manchmal auch direkt von *ATP (Available-to-Promise)* gesprochen wird [Meyr 2015, S. 109].

10 Ein beispielhaftes SCM-System: SAP SCM

Die Lösung von SAP für das Supply Chain Management trägt den Namen *SAP SCM.* Sie beinhaltet als Kernstück das System *SAP APO (Advanced Planner and Optimizer)*, das oft mit Supply Chain Management von SAP gleichgesetzt wird. Historisch war APO in der Tat „die" SAP-Lösung für SCM, denn APO war die erste SCM-Komponente von SAP und umfasste den Großteil der SCM-Funktionalität. Zusätzlich zu APO wurden später weitere Komponenten unter den Oberbegriff SAP Supply Chain Management gefasst. Anfang dieses Jahrhunderts waren es die folgenden [Knolmayer 2009, S. 60]:

Komponenten von SAP SCM

- SAP APO (Advanced Planner and Optimizer)
- SAP F&R (Forecasting and Replenishment)
- SAP SNC (Supplier Network Collaboration), früher SAP ICH (Inventory Collaboration Hub) genannt
- SAP EM (Event Management)
- SAP EWM (Extended Warehouse Management)

SAP SCM Solution Map

Einen guten Überblick gab die jeweils aktuelle Version der *SAP SCM Solution Map* (vgl. Abb. 10.1), die nach Geschäftsprozessen im weiteren Sinne aufgebaut war.

Mit zunehmender Diversifizierung und Erweiterung der Funktionalität wurden später die Übersichtsdarstellungen durch lange Modullisten ersetzt, in denen vergleichsweise kleine Module gleichrangig neben äußerst umfangreichen stehen. Zum Zeitpunkt der Drucklegung der neunten Auflage wurde unter Supply Chain Management die in Abb. 10.2 wiedergegebene heterogene Liste von Modulen aufgeführt.

Beziehung zwischen SAP SCM und SAP ERP

SAP SCM steht in enger Beziehung mit SAP ERP (vgl. Kapitel 6). Insbesondere die Planungs- und Steuerungsfunktionen von SAP APO greifen auf SAP ECC (ERP Central Component) zurück, den Kern des früheren SAP R/3. Dies ist naheliegend, denn ein Großteil der Stamm- und Bewegungsdaten, die im Supply Chain Management eine Rolle spielen, wird bereits im Enterprise Resource Planning angelegt und benutzt. Ebenso gibt es zahlreiche Planungs- und Steuerungsfunktionen, die im ERP-System bereits zur Verfügung stehen und im SCM weiterverwendet werden. Da SAP R/3 lange vor SAP APO existierte, war es naheliegend, dass die bereits vorhandene R/3-Funktionalität auch in APO genutzt wurde.

Schnittstelle zwischen SAP SCM und SAP ERP

Die meisten Unternehmen, die SAP SCM verwenden, setzen auch SAP ERP ein [Wood 2007, S. 15]. Eine vereinfachte Sicht der Arbeitstei-

https://doi.org/10.1515/9783111589688-010

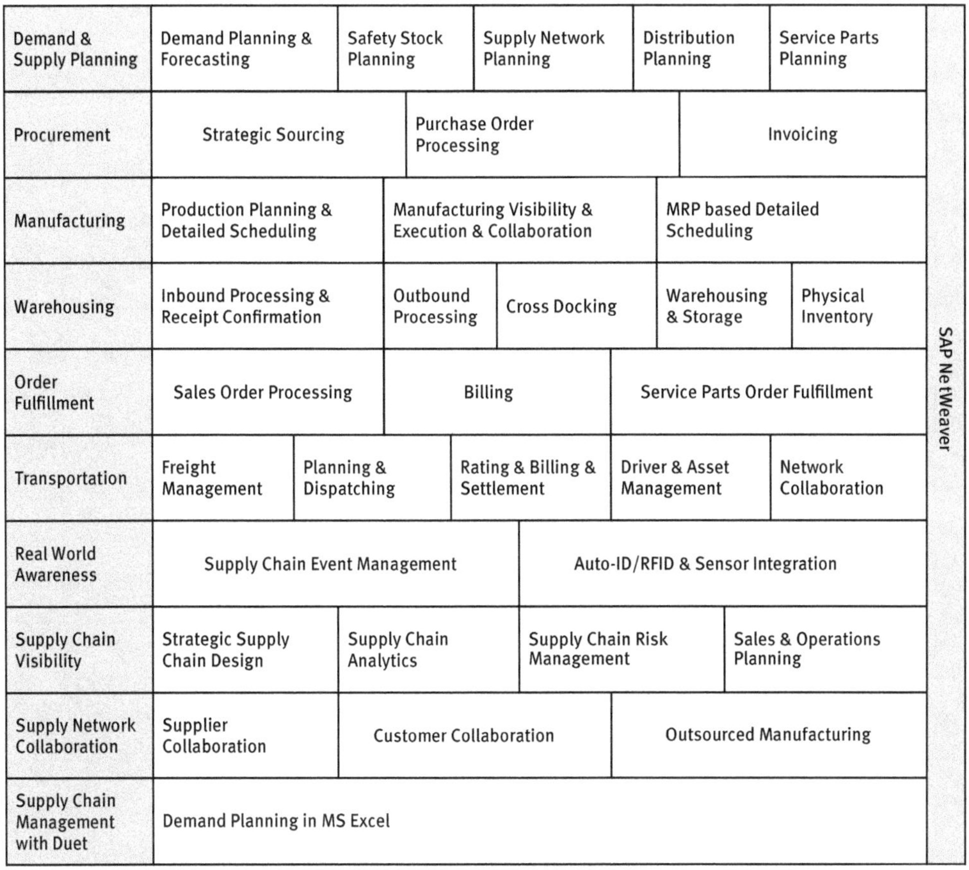

Abb. 10.1: SAP SCM Business Map [SAP 2010].

lung ist dann so, dass SAP APO primär als Planungs-, Steuerungs- und Analysesystem und SAP ERP als Tranksaktionssystem dient. Für die Informationsaufbereitungs- und Analyseaufgaben wird SAP Business Intelligence (SAP BI) benutzt [Knolmayer 2009, S. 60]. Die Schnittstelle zwischen SAP SCM und SAP ERP stellt das Core Interface (CIF) bereit [Wood 2007, S. 146 ff.].

Im Folgenden werden zunächst die Datenstrukturen erläutert, die in SAP SCM (und in ähnlicher Form auch in anderen SCM-Systemen) eine Rolle spielen. Anschließend werden die wichtigsten Planungs- und Steuerungsfunktionen von SAP APO diskutiert sowie weitere Module von SAP SCM kurz skizziert.

SAP Advanced Planning and Optimization
SAP Advanced Track and Trace for Pharmaceuticals
SAP Agricultural Contract Management
Automated Store Allocation
SAP Business Process Tracking for Utilities
SAP Connected Goods
SAP Demand Signal Management
SAP Direct Store Delivery
SAP Enterprise Inventory and Service-Level Optimization
SAP Event Management
SAP Extended Warehouse Management
SAP Forecasting and Replenishment for Retail
SAP Global Batch Traceability
SAP Global Track and Trace
SAP Integrated Business Planning
SAP Intelligent Asset Management
SAP Inventory Manager
SAP Logistics Business Network
SAP S/4HANA Supply Chain
SAP Sales and Operations Planning
SAP Secondary Distribution for Oil and Gas
Security Guides for SCM Products
SAP Supply Base Optimization
SAP Supply Chain Management
SAP Supply Chain Performance Management
SAP Supply Network Collaboration
SAP Transportation Management
SAP Transportation Resource Planning
SAP Yard Logistics

Abb. 10.2: Unter dem „SAP Supply Chain Management“ angebotene Liste von Modulen [Quelle: SAP Help Portal im Jahr 2020].

10.1 Datenstrukturen im Supply Chain Management

10.1.1 Stammdaten

Die in SAP SCM benötigten Stammdaten sind teilweise die gleichen, die auch in SAP ERP benutzt werden, jedoch erweitert um zusätzliche Attribute und teilweise auch neue Datenstrukturen. Die ersteren werden aus SAP ERP mithilfe des Core Interface (CIF) übernommen, auf das in Abschnitt 13.3 eingegangen wird.

SCM-Stammdaten

Zu den Stammdaten von SAP Supply Chain Management zählen insbesondere die folgenden [Dickersbach 2009, S. 17 ff.; Hoppe 2007, S. 215 ff.; Wood 2007, S. 63 ff.]:
- Lokation
- Produkt
- Ressource
- Produktionsprozessmodell (PPM)
- Produktionsdatenstruktur (PDS)
- Transportbeziehung
- Fremdbeschaffungsbeziehung
- Quotierung
- Hierarchien
- Modell und Version

Lokation

Lokationen sind physische oder logische Orte, an denen Produkte hergestellt, gelagert oder transportiert bzw. Ressourcen verwaltet werden. Einige vordefinierte Lokationstypen in SAP SCM sind:
- Produktionswerk
- Distributionszentrum
- Umlagerungspunkt
- Kunde
- Lieferant
- Transportdienstleister
- Transportzone
- Lagerortdispositionsbereich
- Terminal
- Geografisches Gebiet
- Filiale

Teilweise gibt es direkte Entsprechungen in SAP ERP, sodass die jeweiligen Stammdaten automatisch in SAP SCM übernommen werden können (z. B. Werk → Produktionswerk, Kunde → Kunde). Andere Lokationsdaten müssen manuell übertragen und angepasst werden.

Wichtige Attribute einer Lokation sind die *Zeitzone* sowie die anzuwendenden *Kalender* (Produktions-, Lager-, Versandkalender u. a.).

Produkt

Produkte sind das Äquivalent zu Materialien in SAP ERP, umfassen aber auch Dienstleistungen. Die Produktstammdaten sind äußerst umfangreich. Sie umfassen mehr als hundert Attribute, die für die verschiedenen SCM-Bereiche relevant sind.

Globale und lokationsabhängige Stammdaten

Es wird zwischen globalen und lokationsabhängigen Stammdaten unterschieden. Globale Attribute, wie die Produkteigenschaften (Gewicht, Volumen etc.) und Mengeneinheiten, werden normalerweise automatisch aus dem ERP-System übernommen. Lokationsabhängige Attribute, wie die Beschaffungsart, Losgrößen-, Wareneingangs- und Warenausgangseinstellungen, müssen meist in SAP SCM angelegt werden.

Ressource

Ressourcen sind Einheiten, an denen gearbeitet wird und die somit eine Kapazität haben, d. h. Maschinen, Maschinengruppen, Arbeiter, Teams, Transportmittel, Lager etc. Die Ressourcen bzw. ihre Kapazitäten werden für die Planung der Auftragstermine benötigt. In SAP SCM werden verschiedene Arten von Ressourcen unterschieden: Produktions-, Transport-, Lagerressourcen u. a.

Den Produktionsressourcen in SAP SCM entsprechen die Arbeitsplätze in SAP ERP. Über das Core Interface (CIF) können die Arbeitsplatzdaten übernommen und die Arbeitsplatzkapazitäten auf die Ressourcen abgebildet werden.

Produktionsprozessmodell und Produktionsdatenstruktur

Vorläufer „Ressourcenliste“

Die Produktionsdatenstruktur (PDS) und das Produktionsprozessmodell (PPM) sind ähnliche Datenstrukturen, die sich in der Anwendung und in Details unterscheiden. Ihnen liegt ein Ansatz zugrunde, der bereits seit den 1980er-Jahren unter dem Begriff Ressourcenliste in dem ERP-System *infor* und seinen Vorläufern verwirklicht wurde (vgl. Abschnitt 3.2.4). Eine Ressourcenliste vereinigt in sich die Informationen einer Stückliste und eines Arbeitsplans. Dahinter steht die Überlegung, dass für die Planung und Steuerung der Auftragsdurchführung alle erforderlichen Ressourcen gleichzeitig bekannt sein müssen [Kernler 2000]. Andernfalls besteht die Gefahr, dass Material und Betriebsmittel isoliert voneinander disponiert werden, was letztlich zu einem nicht realisierbaren Gesamtplan führen kann.

PPM-Plan

Ein *Produktionsprozessmodell (PPM)* enthält neben Kopfdaten (Lokation, zeitliche Gültigkeit u. a.) einen *PPM-Plan*, der Arbeitsschritte, Materialien und Ressourcen allgemein, d. h. ohne Auftragsbezug, beschreibt [Hoppe 2007, S. 226 ff.]. Der PPM-Plan definiert den Produktionsprozess für ein Produkt auf der Grundlage von Stücklisten-, Arbeitsplan- und Ressourcendaten.

Abbildung 10.3 zeigt die Zusammenhänge. Der PPM-Plan spezifiziert Vorgänge, die aus einzelnen Aktivitäten bestehen. Den Aktivitäten

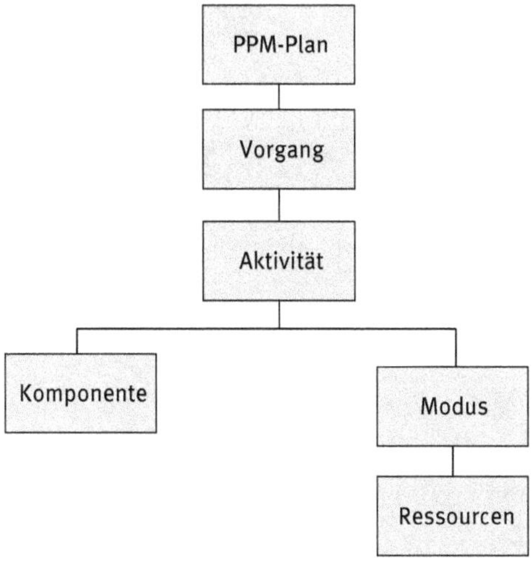

Abb. 10.3: PPM-Plan [Wood 2007, S. 108].

sind Komponenten (Materialien) und Ressourcen zugeordnet. Der Modus gibt an, welche Ressource in welcher Reihenfolge herangezogen wird. Es können Primärressourcen (z. B. eine Spezialmaschine für die jeweilige Aktivität) und Sekundärressourcen (z. B. Ersatzmaschinen) definiert werden.

Der Bildschirmabzug in Abb. 10.4 zeigt einen Ausschnitt aus einem Produktionsprozessmodell für ein Zwischenprodukt (Gehäuse mit Griff). Das PPM zeigt im oberen Teil einen Ausschnitt mit Vorgängen (z. B. „Loch bohren“), Aktivitäten (z. B. „Griff anschrauben“) und Komponenten (z. B. „Gehäuse mit Griff“). Im unteren Teil sind die Zusammenhänge grafisch visualisiert.

Den Aktivitäten und Ressourcen eines Produktionsprozessmodells werden *Kosten* zugeordnet, die von den Funktionen der APO-Module für die Planung (einschließlich Optimierungsrechnungen) verwendet werden.

Die *Produktionsdatenstruktur (PDS)* ist dem Produktionsprozessmodell sehr ähnlich. Sie hat einen anderen Entstehungshintergrund, kombiniert wie das PPM aber ebenfalls Stücklisten- und Arbeitsplandaten. Unterschiede liegen im Detail.

Transport-, Fremdbeschaffungsbeziehung und Quotierung

Transportbeziehung

Eine Transportbeziehung gibt an, dass ein Produkt von einem Sender A zu einem Empfänger B transportiert werden kann. Sie verbindet Lokationen miteinander und spezifiziert das Transportmittel (z. B. Flugzeug, LKW, Bahn, Schiff), wie Abb. 10.5 zeigt. Den Transportmitteln sind Kosten und Transportdauern zugeordnet. Diese werden beispielsweise

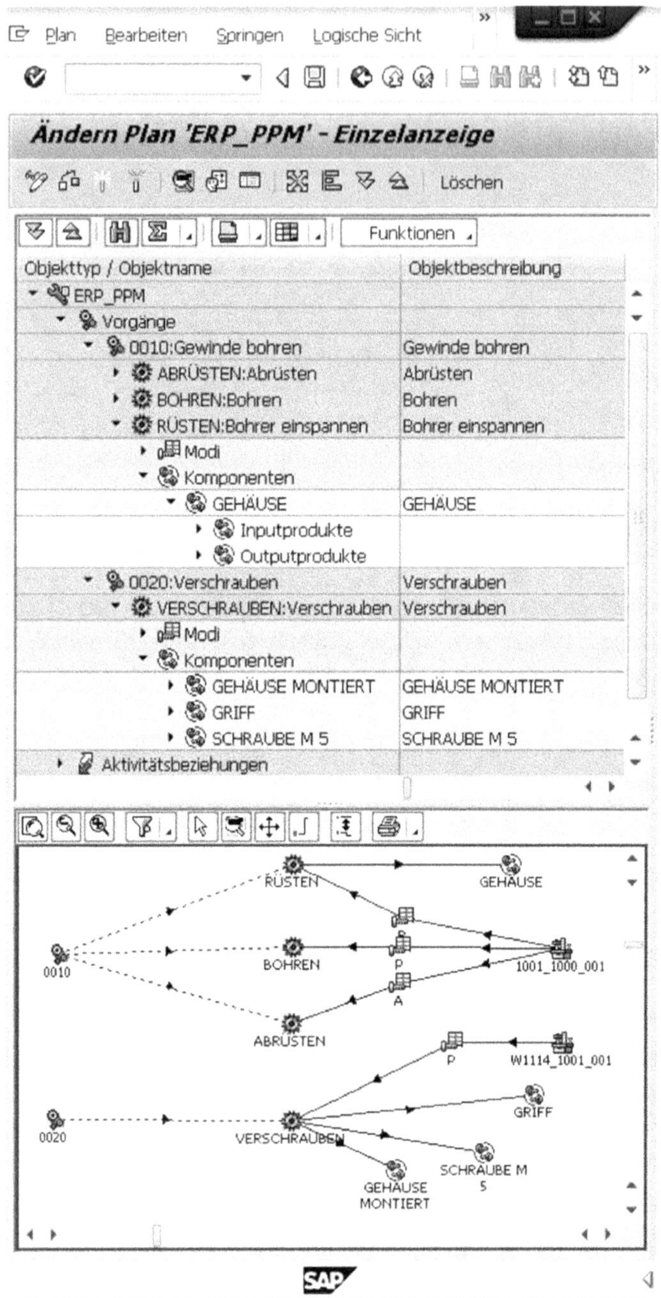

Abb. 10.4: Produktionsprozessmodell in SAP APO.

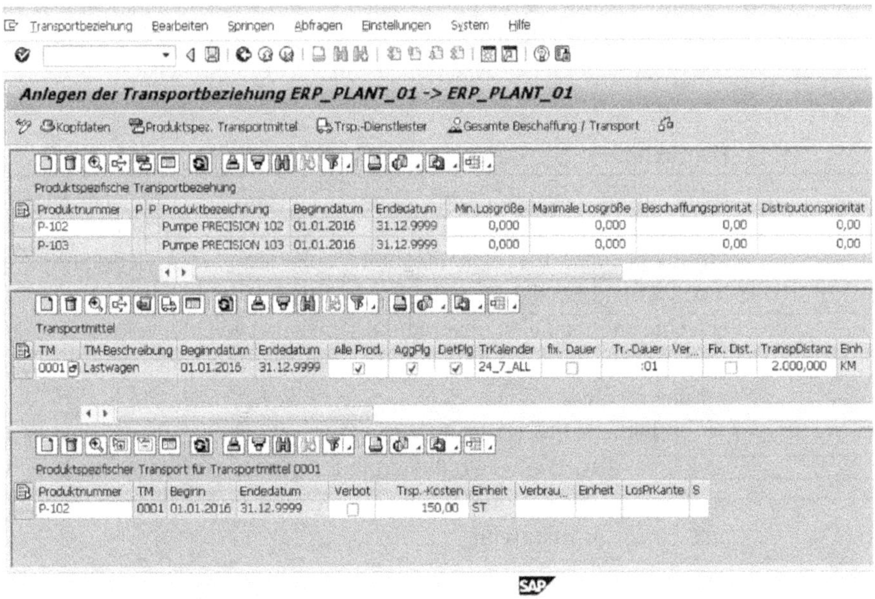

© SAP SE

Abb. 10.5: Transportbeziehung.

herangezogen, wenn bei einer Verspätung das bestmögliche Transportmittel ausgewählt werden soll.

Transportbeziehungen werden immer dann benötigt, wenn Geschäftsbeziehungen mit Zulieferern bzw. Abnehmern oder Umlagerungen zwischen Lokationen geplant werden. Produkte können beispielsweise nur dann beschafft werden, wenn eine Transportbeziehung zwischen den betroffenen Lokationen existiert. Da die Transportbeziehung produktorientiert ist, muss beim Anlegen angegeben werden, für welches Produkt bzw. welche Produkte sie gilt. Die Transportbeziehung in der Abbildung wurde beispielsweise für zwei Produkte (P-102 und P-103) eingerichtet, die beide das gleiche Transportmittel (LKW) benutzen.

Fremdbeschaffungsbeziehung

Fremdbeschaffungsbeziehungen basieren meist auf Informationen, die in SAP ERP bereits in Form eines Einkaufsinfosatzes oder Rahmenvertrags mit einem Lieferanten (Vertrag oder Lieferplan) existieren. Diese Informationen werden automatisch in das SCM-System übernommen und in einer Fremdbeschaffungsbeziehung und einer Transportbeziehung repräsentiert.

Quotierung

Quotierungen legen fest, welcher Anteil einer Gesamtmenge bei welchem Lieferanten beschafft werden soll bzw. allgemeiner, welcher Prozentsatz von welcher Lokation bezogen oder an welche Lokation geliefert werden soll. Sie gehören ebenfalls zu den Stammdaten, die in

SAP SCM geführt werden. Quotierungen werden bei der Bezugsquellenfindung (Auswahl der Bezugsquelle für ein Produkt) berücksichtigt.

Hierarchien

Hierarchien werden benötigt, wenn die Planung auf einer höheren Aggregationsebene erfolgen soll. Dann müssen insbesondere Produkte zu Produktgruppen und Lokationen zu Lokationsgruppen zusammengefasst werden. Auf der Basis der Produkthierarchie und der Lokationshierarchie können Lokationsproduktrhierarchien gebildet werden. *Lokationsprodukte* sind Produkte, deren Stammdaten lokationsabhängig geführt werden.

Lokationsprodukte

Abbildung 10.6 verdeutlicht die Zusammenhänge. Die Produkte # B und C werden zu einer Produktgruppe A zusammengefasst. Die Lokationsgruppe 1 hat nur eine Lokation (2), eine weitere Lokation (3) bleibt außerhalb der Hierarchie.

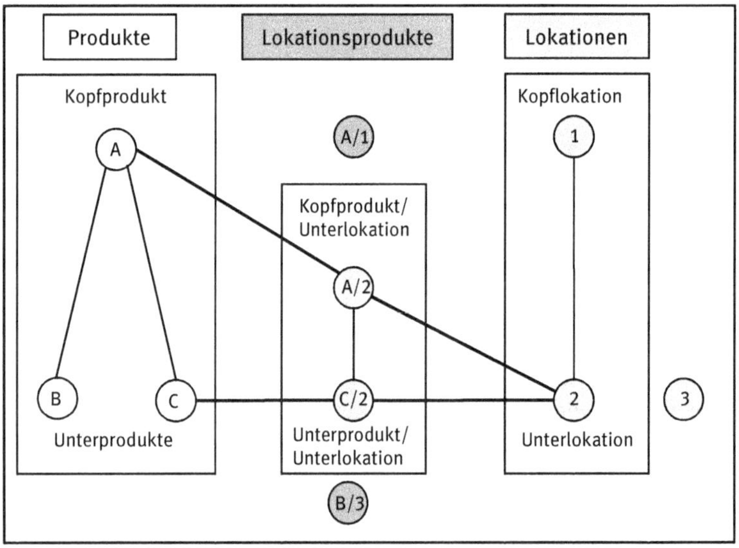

Abb. 10.6: Lokationsprodukthierarchie (Beispiel) [Hoppe 2007].

Lokationsprodukthierarchie

Die *Lokationsprodukthierarchie* wird in dem Beispiel aus der Produktgruppe A und der Lokation 2 erzeugt. Das Lokationsprodukt C/2 gehört zu der Hierarchie, das Produkt B/3 nicht.

Da die einzelnen Produkte bzw. Lokationen im Allgemeinen unterschiedliche Merkmale haben, ist beim Erzeugen einer Gruppe eine

Vereinheitlichung erforderlich. Beispielsweise müssen die Planungshorizonte, Beschaffungsarten, Losgrößenparameter und Transportbeziehungen über die Produkte einer Produktgruppe hinweg vereinheitlicht werden.

Modell und Version

Die Planung in SAP SCM erfolgt auf der Basis von Modellen und Versionen. Grundsätzlich enthält ein Modell die Stammdaten und eine Version die Transaktionsdaten (wenngleich es auch Ausnahmen gibt). Es kann gleichzeitig verschiedene Modelle geben – ein aktives Modell und mehrere inaktive Modelle.

Aktives Modell

Das *aktive Modell* ist die Grundlage für die aktuelle Planung. Es enthält die für die Umsetzung eines Plans zu benutzenden Daten, die über das Core Interface an SAP ERP übermittelt werden. Das heißt, die Planungsergebnisse des aktiven Modells werden an SAP ERP übergeben und lösen dort konkrete Transaktionen aus. In umgekehrter Richtung werden SCM-relevante Daten, die aus SAP ERP übernommen wurden, im aktiven Modell angelegt.

Inaktive Modelle

Inaktive Modelle werden vor allem für What-if-Simulationen benutzt. Ein inaktives Modell wird häufig als Kopie des aktiven Modells angelegt und dann in geeigneter Weise verändert. Es kann beliebig viele inaktive Modelle geben.

Versionen

Versionen sind unterschiedliche Ausprägungen desselben Modells. Man benutzt sie beispielsweise, um unterschiedliche Planvarianten auf der Basis derselben Supply Chain (-Daten) zu erzeugen. Wie bei den Modellen gibt es aktive und inaktive Versionen. Die *aktive Version* des aktiven Modells – dieses kann auch inaktive Versionen haben – ist diejenige, die an SAP ERP kommuniziert wird. Wenn man sich auf Basis der Simulationsergebnisse mittels einer inaktiven Version für einen bestimmten Plan entschieden hat, überträgt man die Plandaten der inaktiven Version teilweise oder vollständig in die aktive Version [Gaddam 2009, S. 36; Wood 2007, S. 120]. Diese Plandaten werden dann für die Realisierung des Plans im ERP- und SCM-System verwendet.

Simulation

Simulationen kann man sowohl in inaktiven Modellen oder auch in inaktiven Versionen des aktiven Modells durchführen. Letztere benutzt man, wenn man verschiedene Situationen in dem grundsätzlich gleichen Modell (gleiche Supply Chain) simulieren möchte. Unterschiedliche Modelle (d. h. unterschiedliche Stammdatenkonfigurationen) erzeugt man, wenn auch die zugrundeliegenden Supply Chains unterschiedlich sind.

10.1.2 Vorgangsdaten

Die vorgangsbezogenen Daten, in SAP SCM *Transaktionsdaten* oder allgemein *Bewegungsdaten* genannt, werden nach vier Kategorien unterschieden: Bestände, Wareneingänge, Bedarfe und Vorhersagen.

Arten von Transaktionsdaten

Viele Transaktionsdaten kommen letztlich in Aufträgen verschiedenster Art zum Ausdruck: Planaufträge, Fertigungsaufträge, Vertriebsaufträge etc. In SAP APO werden insbesondere die folgenden Arten von Transaktionsdaten unterschieden:

- Bestand (Stock)
- Vorhersage (Forecast)
- Umlagerungsreservierung (Stock Transfer Reservation)
- Vertriebsauftrag (Sales Order)
- Planauftrag (Planned Order)
- Fertigungsauftrag (Production Order)
- Bestellanforderung (Purchase Requisition)
- Unabhängiger Bedarf (Independent Requirement)
- Abhängiger Bedarf (Dependent Requirement)
- Bestellung (Purchase Order)
- Transportauftrag (Transportation Order)
- Lieferplan (Schedule Line)

Bei den Beständen existieren wie in SAP ERP zahlreiche Varianten: frei verwendbare, gesperrte, Qualitätsprüf-, Sicherheitsbestände u. a.

Die verschiedenen Arten von Aufträgen, Bedarfen und Beständen und insbesondere ihre Zusammenhänge können explizit ausgewertet werden. Dies ist im Supply Chain Management sehr wichtig, da aus vorgangsbezogener Sicht die *Lieferketten* letztlich durch eine *Verkettung unterschiedlicher Auftragsarten* gebildet werden.

Pegging

Das Verfahren, mit dem Verkettungen von Aufträgen (bzw. allgemeiner von Transaktionsdaten) über Bedarfs- und Zugangselemente realisiert werden, heißt *Pegging*. Abbildung 10.7 zeigt das Prinzip an einem Beispiel. Die Zugänge bzw. Abgänge werden durch kleine Rauten visualisiert. Die Pfeile stellen den Materialfluss, d. h. die Pegging-Beziehungen, dar.

Das Beispiel zeigt, wie Bestellungen, Fertigungs- und Umlagerungsaufträge zur Deckung von Kundenaufträgen zusammenwirken. Die beiden Bestellungen von je 80 ME gehen mit jeweils 50 ME in die drei Fertigungsaufträge ein, wobei ein Überschuss von 10 ME verbleibt. 30 ME des ersten Fertigungsauftrags gehen in den ersten Umlagerungsauftrag und 20 ME in den zweiten ein. Der letztere hat außerdem noch Zugänge von 50 und 30 ME aus dem zweiten bzw. dritten Fertigungs-

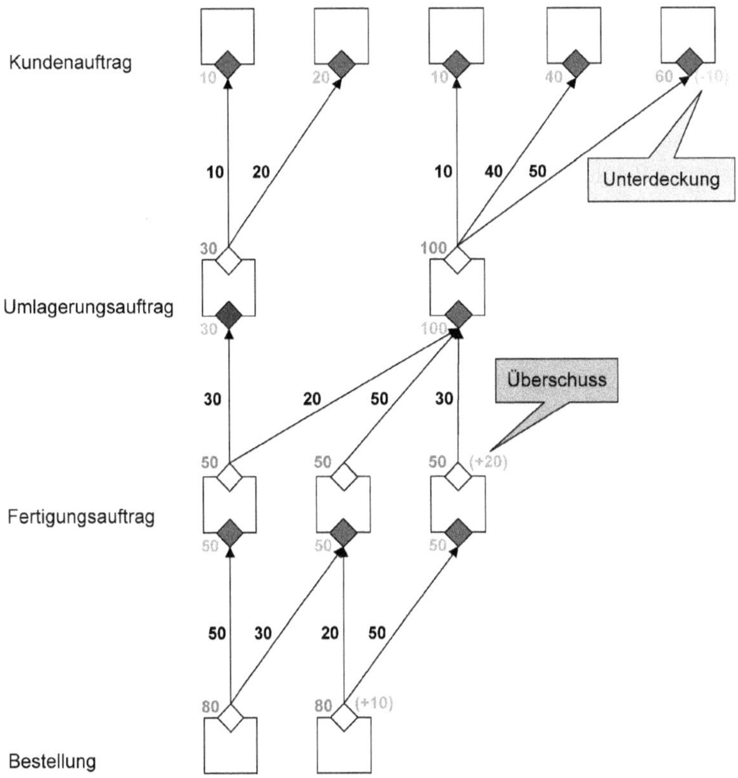

Abb. 10.7: Pegging-Struktur [SAP 2025e].

auftrag. 20 ME des dritten Fertigungsauftrags bleiben übrig, d. h., sie werden nicht für die Umlagerungsaufträge herangezogen. Die beiden Umlagerungsaufträge decken die Kundenaufträge ab, wobei für den dritten nun keine ausreichenden Mengen mehr vorhanden sind und somit eine Unterdeckung von 10 ME verbleibt.

Dynamisches Pegging

Beim Pegging wird zwischen dynamischem und fixiertem Pegging unterschieden. Beim *dynamischen Pegging* passt das System die Pegging-Beziehungen automatisch an, wenn sich die Bedarfs- oder Zugangssituation ändert. Bestehende Pegging-Beziehungen werden aufgelöst und neue angelegt. Die Zuordnung eines Zugangselements zu einem Bedarfselement bleibt also nicht dauerhaft erhalten, wenn sich die Planung ändert [SAP 2025e].

Fixiertes Pegging

Das *fixierte Pegging* bedeutet, dass ein Zugangselement einem Bedarfselement fest zugeordnet wird und das System diese Zuordnung bei der automatischen Planung nicht verändert. Fixierte Pegging-Beziehungen bleiben bei der Planung also dauerhaft erhalten.

10.2 SAP Advanced Planner and Optimizer (APO)

Optimierungsmethoden und leistungsfähige Heuristiken

Das Kernstück von SAP SCM bildet das System *SAP APO (Advanced Planner and Optimizer)*. Dieses stellt fortschrittliche Planungsverfahren zur Verfügung, die auf Optimierungsmethoden und leistungsfähigen heuristischen Verfahren beruhen. Im Gegensatz zur Produktionsplanung und -steuerung, die einer Sukzessivplanungsphilosophie folgt, sind die Methoden auf simultane Berücksichtigung aller relevanten Planungsbereiche ausgerichtet.

SAP APO gilt als APS-System, ist aber nicht identisch mit der anderweitig üblichen Auffassung von APS. Es deckt große Teile des Advanced Planning and Scheduling (vgl. Abschnitt 9.5) ab und geht andererseits in Teilen auch darüber hinaus. Eine Planungsunterstützung wird für die meisten Aufgaben in der Supply-Chain-Planungsmatrix geboten.

SAP APO besteht aus mehreren Modulen, die unterschiedliche Aufgabenbereiche und Zeithorizonte abdecken.

Abbildung 10.8 zeigt die Zuordnung der Aufgabenbereiche zu den APO-Modulen. Die zeitliche Dimension der Prozesse und Aufgabenbereiche ist im Supply Chain Management – ähnlich wie im Enterprise Resource Planning – sehr unterschiedlich. Die Absatzplanung erstreckt sich typischerweise auf einen Zeitraum von 1 bis 5 Jahren, die auto-

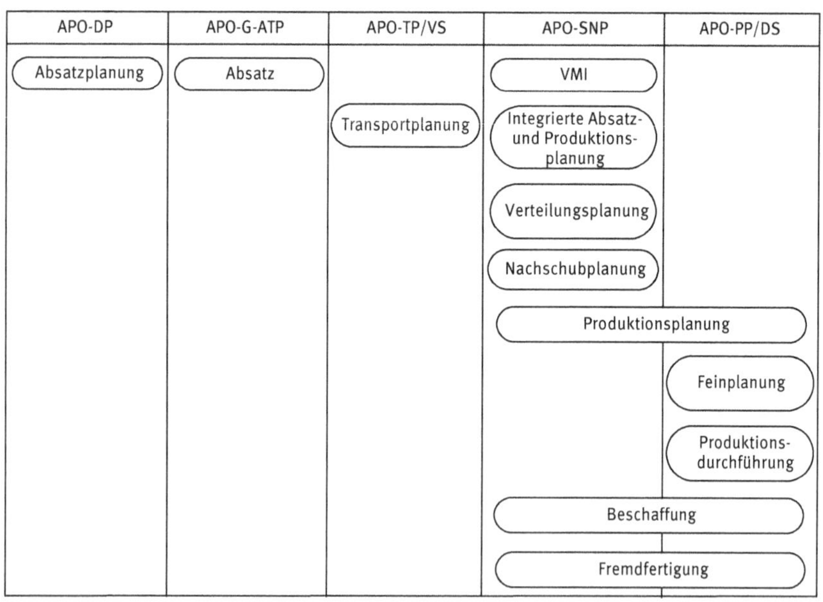

Abb. 10.8: Zuordnung von Aufgaben zu APO-Modulen [Dickersbach 2009, S. 12].

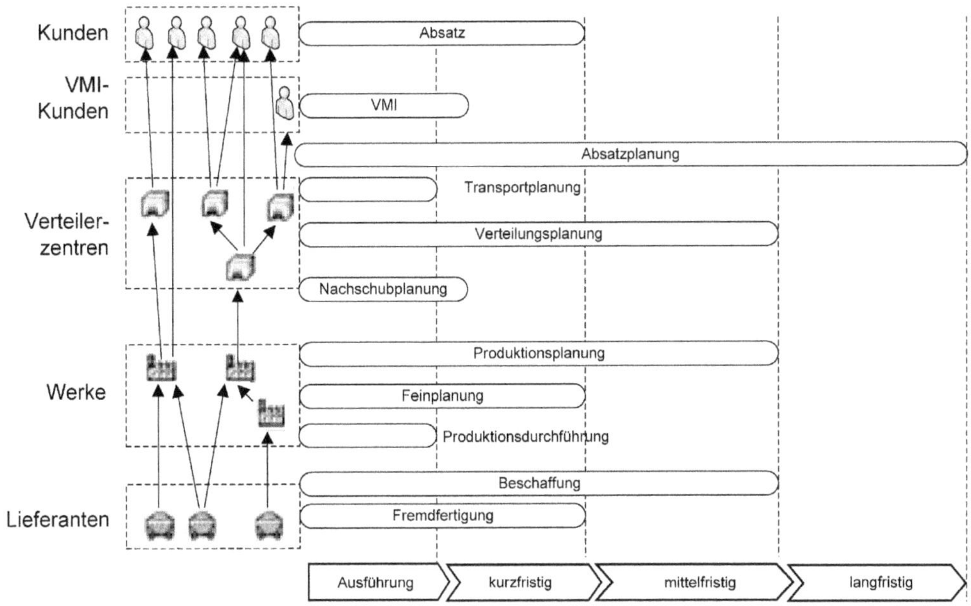

Abb. 10.9: Zeithorizonte und Aufgaben im SCM [Dickersbach 2009, S. 11].

matisierte Lagerauffüllung dagegen nur auf einige Tage oder Wochen [Dickersbach 2009, S. 10 f.]. Abbildung 10.9 veranschaulicht die Verhältnisse in vereinfachter Form.

In der Abbildung wird grob nach lang-, mittel- und kurzfristiger Planung sowie der Ausführung der Pläne unterschieden. Die Module von SAP APO sind demnach wie folgt einzustufen:

- Absatzplanung (Demand Planning, DP) – langfristig
- Bestandsplanung (Supply Network Planning, SNP) – mittelfristig
- Produktions- und Feinplanung (Production Planning/Detailed Scheduling, PP/DS) – kurz- bis mittelfristig
- Globale Verfügbarkeitsprüfung (Global Available-to-Promise, G-ATP) – kurz- bis mittelfristig
- Transportplanung und Fahrzeugterminierung (Transportation Planning/Vehicle Scheduling, TP/VS) – kurzfristig

Die Werkzeuge von SAP APO unterstützen strategische, taktische und operative Aufgaben in den genannten Bereichen. Für viele Problemkreise werden optimierende und suboptimierende bzw. heuristische Planungsmethoden angeboten.

10.2.1 Supply Chain Engineer, Cockpit und Alerts

Die Ebene der strategischen Netzwerkplanung in der Supply-Chain-Planungsmatrix (vgl. Abb. 9.21) unterstützt SAP APO durch den Supply Chain Engineer. Planungsmethoden zur Optimierung der strategischen Netzwerkebene werden allerdings nicht angeboten.

Supply Chain Engineer

Supply Chain Engineer

Mithilfe des Werkzeugs *Supply Chain Engineer* kann ein Supply-Netzwerk mit allen relevanten Komponenten (Standorte, Transportwege, Ressourcen, Produkte u. a.) modelliert oder geändert werden.

Die benötigten Daten der Knoten einer Lieferkette (z. B. Lieferant, Produkt) werden überwiegend aus SAP ERP oder anderen Quellsystemen übernommen. Um die Verbindungen zwischen den beteiligten Lokationen modellieren zu können, werden Transportbeziehungen herangezogen bzw. angelegt.

Supply Chain Cockpit

Supply Chain Cockpit

Zur Visualisierung der Planungsbereiche und zur Überwachung der Glieder der Logistikketten dient das *Supply Chain Cockpit (SCC)*. Es stellt Werkzeuge zum Abrufen von Eigenschaften eines Supply-Netzwerks sowie zum aktuellen Stand der Dinge zur Verfügung. Abbildung 10.10 zeigt ein Beispiel.

Nutzer des Supply Chain Cockpit

Das Supply Chain Cockpit kommt nicht nur auf allen Planungsebenen, sondern auch auf der Ausführungs- und Kontrollebene zum Einsatz. Mit dem SCC arbeiten beispielsweise:

- Netzwerkplaner, die ein neues Liefernetzwerk aufbauen oder ein existierendes modifizieren wollen
- Bedarfsplaner, die auf Bedarfsprognosen zugreifen, Nachrichten aus dem Alert Monitor empfangen, darauf reagieren u. a.
- Vertriebsplaner, die Vertriebspläne erstellen
- Controller, die Daten und Kennzahlen (z. B. „Key Performance Indicators") analysieren und nach Verbesserungsmöglichkeiten bei den logistischen Strukturen und Prozessen suchen

Das Supply Chain Cockpit ist ein Managementinstrument, das sowohl einen generellen Überblick über eine Lieferkette bietet, als auch aktuelle Informationen abzurufen gestattet und diese in grafischer Form visualisiert. Es weist eine grafische Benutzeroberfläche ähnlich wie ein Leitstand auf.

Abbildung 10.10 zeigt, dass das Cockpit eine geografische Übersicht in Form einer Landkarte sowie Detailinformationen zu Lokationen,

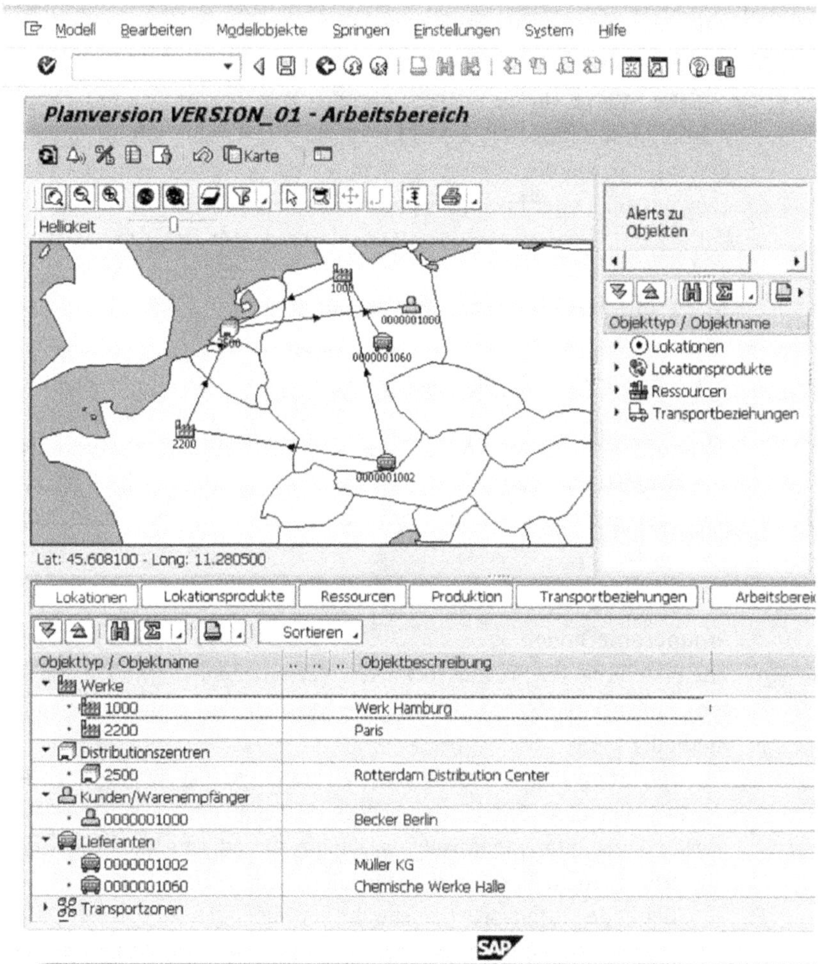

Abb. 10.10: Supply Chain Cockpit.

Lokationsprodukten, Ressourcen oder Transportziehungen enthält. Wie man sieht, wurden in der Abbildung Lokationen ausgewählt, die nach den Objekttypen Werke, Distributionszentren, Lieferanten etc. gegliedert sind.

Alert Monitor

Ein „Alert Monitor" ist mit dem SCC gekoppelt. Der Alert Monitor ist ein Werkzeug, das Management by Exception erlaubt [Wood 2007, S. 175 ff.]. Es vergleicht regelmäßig Ist- und Plandaten, berechnet Kennzahlen auf der Basis des SCOR-Modells (vgl. Abschnitt 9.3) und macht ggf. Fach- oder

Alert Monitor

Führungskräfte auf Abweichungen bzw. ungewöhnliche Ereignisse aufmerksam.

Die „Alerts“ definiert der Anwender; d. h., er legt fest, bei welchen Ausnahmesituationen eine Meldung ausgelöst werden soll. Die Meldungen werden entweder im Alert Monitor, der ein eigenständiges Werkzeug darstellt, oder im Supply Chain Cockpit angezeigt.

10.2.2 Absatzplanung (Demand Planning)

Der Bereich *Absatzplanung* umfasst Prognoseverfahren und Planungsfunktionen zur Berechnung der zukünftigen Nachfrage. Ausgangspunkt ist häufig eine Absatzprognose aus dem Vertriebsbereich. Diese wird konsolidiert, auf Plausibilität und gegen eigene statistische Verfahren und/oder Erfahrungswerte geprüft und ggf. modifiziert [Dickersbach 2009, S. 33].

Prognosemethoden

Prognosemethoden in SAP APO

Zur Erstellung der Prognosen werden verschiedene Methoden angeboten – univariate Methoden, Kausalanalysen und kombinierte Prognosemethoden:

Univariate Prognosemethoden

Univariate Prognosemethoden werden eingesetzt, wenn Daten aus der Vergangenheit (Zeitreihen) vorliegen und man ein typisches Verlaufsmuster (konstante, trendförmige, saisonale, sporadische Nachfrage) identifizieren kann. In diese Kategorie gehören [Hoppe 2007, S. 111 ff.]:

- Gleitende Mittelwerte (konstanter Verlauf)
- Exponentielle Glättung erster Ordnung (konstanter Verlauf)
- Lineare Regression (trendförmiger Verlauf)
- Holt-Methode (exponentielle Glättung erster Ordnung für trendförmigen Verlauf)
- Winters-Methode (exponentielle Glättung zweiter Ordnung für saisonalen Verlauf)
- Saisonale lineare Regression (saisonaler Verlauf)
- Croston-Methode (sporadische Nachfrage)

Multiple lineare Regression (MLR)

Kausalanalysen führt man durch, wenn es mehrere unabhängige Faktoren gibt, die den Nachfrageverlauf beeinflussen. Dazu wird die multiple lineare Regressionsanalyse (MLR) eingesetzt. Um die Modellparameter zu schätzen, benutzt man die Methode der kleinsten Quadrate.

Kombinierte Prognosen

Kombinierte Prognosen kommen zustande, wenn man mehrere unterschiedliche Prognosemethoden (z. B. exponentielle Glättung und MLR) unter Berücksichtigung einer Gewichtung kombiniert. Damit lassen sich die Vorteile verschiedener Methoden gleichzeitig ausschöpfen.

Lebenszyklusmanagement

Produktlebensphasen

Der Lebenszyklus eines Produkts wird häufig nach den Phasen „Markteinführung", „Wachstum", „Produktreife", „Sättigung" und „Auslaufen" des Produkts differenziert (vgl. Abb. 10.11). Der Nachfrageverlauf in den einzelnen Phasen ist unterschiedlich und kann somit nicht auf die gleiche Weise vorhergesagt werden.

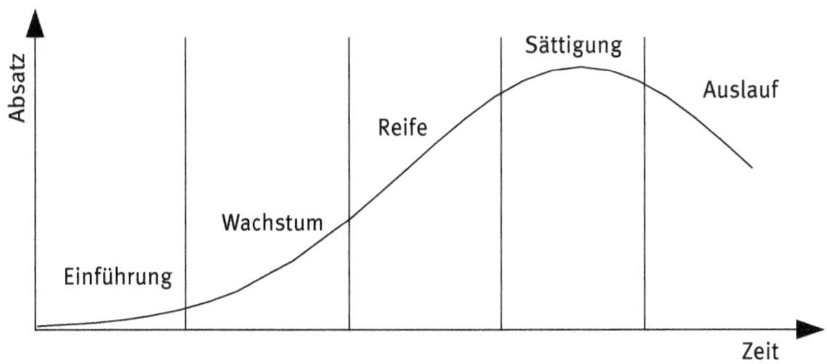

Abb. 10.11: Produktlebenszyklus.

Unterschiedliche Prognosemethoden erforderlich

In der Wachstumsphase wird der Absatz überproportional und viel stärker als in der Einführungsphase wachsen, sodass das für die Einführungsphase benutzte Prognoseverfahren nicht mehr passt [Hoppe 2007, S. 166 ff.]. Ebenso verändert sich der Nachfrageverlauf beispielsweise, wenn das Produkt von der Reife- in die Sättigungsphase eintritt. Wenn die Absatzplanung nicht berücksichtigt, dass jetzt andere Regeln gelten, würde weiterhin eine zu hohe Nachfrage prognostiziert. Damit wüchsen die Lagerbestände unnötig an und verursachten vermeidbare Kosten. Bei der Einführung eines neuen Produkts ist weiterhin zu berücksichtigen, dass sie möglicherweise zu Lasten eines vorhandenen Produkts geht, das sich in der Sättigungs- oder Auslaufphase befindet (sog. „Kannibalisierung").

Die Modellierung eines Produktlebenszyklus wird mithilfe sog. *Profile* unterstützt: Like-, Phase-in- und Phase-out-Profile.

Like-Profil

Ein *Like-Profil* enthält ähnliche Produkte, wie das gerade betrachtete sowie Gewichtungsfaktoren. Dahinter steht die Überlegung, dass es für neue Produkte noch keine Vergangenheitsdaten gibt. Also zieht man für die Prognose ähnliche, vorhandene Produkte heran.

Beispiel [Hoppe 2007, S. 169]: Es soll eine neue Eiscremesorte (Mandel), Artikelnr. T-FV300, eingeführt werden. Vergangenheitsdaten gibt es nur für zwei ähnliche Eiscremesorten T-FV100 (Vanille) und T-FV200 (Schokolade).

Like-Profil für T-FV300	
T-FV100	80 %
T-FV200	20 %

Dies bedeutet, dass für die Prognose des Absatzes von T-FV300 zu 80 % Vergangenheitsdaten von T-FV100 und zu 20 % von T-FV200 herangezogen werden.

Phase-in-/ Phase-out-Profile

Phase-in- und *Phase-out-Profile* dienen dazu, die Absatzprognosen entsprechend der ansteigenden bzw. absteigenden Absatzkurve im Produktlebenszyklus anzupassen. Ein Phase-in-Profil simuliert die aufsteigende Absatzkurve, die für die Einführungs- und Wachstumsphase des Produkts erwartet wird. Ein Phase-out-Profil simuliert die abfallende Absatzkurve, die in der Auslaufphase voraussichtlich gelten wird. Im Wesentlichen enthalten Phase-in- und Phase-out-Profile zeitabhängige Faktoren, mit denen die Werte der statistischen Prognose multipliziert werden.

Aggregation und Disaggregation zwischen Planungsebenen

Die Absatzplanung ebenso wie die Absatzprognosen können auf unterschiedlichen Ebenen erfolgen, beispielsweise:

Planungsebenen

- Produktspezifisch – nach Produkt, Produktgruppe, Produktfamilie oder Marke
- Regional – nach Verkaufsstelle, Postleitzahl, Ort, Region, Land oder Kontinent
- Zeitabhängig – nach Tag, Woche, Monat, Quartal oder Jahr

Da die Daten auf der feinsten Ebene gespeichert werden, kann beliebig aggregiert oder disaggregiert und dementsprechend detaillierter oder gröber geplant bzw. prognostiziert werden.

Aggregation

Aggregation bedeutet hier, dass die Werte der feinsten Ebene summiert und entsprechend der gewählten höheren Ebene angezeigt bzw. verwendet werden. Wenn man beispielsweise die Nachfrage einer Region anspricht, erhält man die Summe der Einzelwerte über die verschiedenen Vertriebswege, Produktfamilien, Marken, Kunden etc. in der Region [Hoppe 2007, S. 107 ff.].

Disaggregation

Disaggregation bedeutet, dass ein Nachfragewert auf einer höheren Ebene (z. B. Region) entsprechend der definierten Struktur (z. B. nach

Vertriebswegen, Produktfamilien, Marken, Kunden etc.) aufgeschlüsselt wird. Die Disaggregation erfolgt ebenso wie die Aggregation automatisch zur Laufzeit.

Weitere Funktionen der Absatzplanung

Neben den in den vorangegangenen Absätzen behandelten Schwerpunkten gibt es eine Reihe weiterer wichtiger Funktionen, die die Absatzplanung in SAP APO unterstützen [Dickersbach 2009, S. 67 ff.; Hoppe 2007, S. 180 ff.; Knolmayer 2009, S. 79 ff.]:

- *Promotion-Planung:* Promotions sind verkaufsfördernde Maßnahmen für spezielle Anlässe wie Werbeaktionen, Messen, Gutscheinaktionen, Verlosungen u. a., für die Prognosen und Planungen losgelöst von den regulären Vorhersagen durchgeführt werden. Die Trennung der „normalen" von der promotionsbezogenen Vorhersagetätigkeit hat den Vorteil, dass die Wirkungen der Promotions besser beurteilt werden können.
- *Sekundärbedarfsplanung:* Abhängige Bedarfe können anhand der Erzeugnisstrukturen ebenfalls prognostiziert werden. Wenngleich die Absatzplanung sich primär auf Endprodukte bezieht, ist eine Vorhersage des Bedarfs an untergeordneten Teilen manchmal sinnvoll. Dies ist z. B. der Fall, wenn es eine limitierte Menge eines untergeordneten Teils gibt, das in verschiedenen Endprodukten verwendet werden kann, oder bei stark ausgeprägter Variantenfertigung, wo der eigentliche Bedarf auf der Ebene der Komponenten (und nicht des Endprodukts) entsteht.
- *Kooperative Absatzplanung* (Collaborative Planning, CLP): Mit der kooperativen Absatzplanung kann das Unternehmen die logistischen Aktivitäten zusammen mit seinen Geschäftspartnern planen. Dies reicht von der Absatzprognose bis hin zur Transportplanung. Die Zusammenarbeit bei der Prognose und der späteren Durchführung ist ähnlich, wie oben unter dem Stichwort CPFR (Collaborative Planning, Forecasting and Replenishment)) beschrieben (vgl. Abschnitt 9.2.4). Wie Abb. 10.12 zeigt, erstellen der Hersteller und der Abnehmer ihre jeweils eigenen Prognosen, tauschen diese aus und arbeiten bei der Ausführung zusammen, wenn Ausnahmen auftreten.

Weitergabe des Absatzplans an SNP und PP/DS

Das Ergebnis der Absatzplanung wird für die mittelfristige Beschaffungs-, Produktions-, Distributions- und Transportplanung an die APO-Planungskomponente Supply Network Planning (SNP) und für die kurz- bis mittelfristige Produktionsplanung und -steuerung an die Komponente Production Planning/Detailed Scheduling (PP/DS) übergeben.

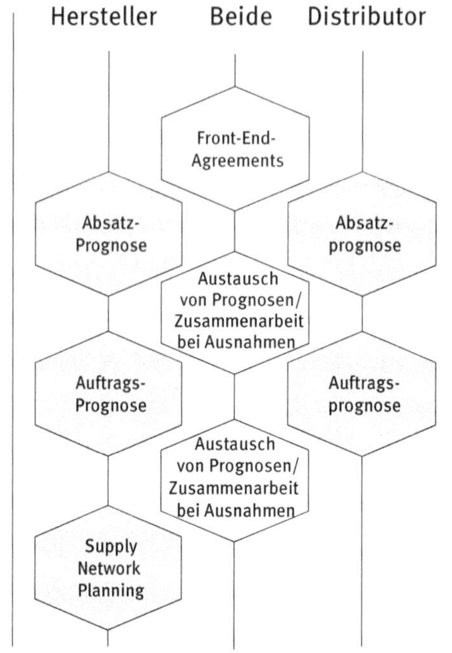

Abb. 10.12: Kooperative Absatzplanung [Hoppe 2007, S. 188].

Weitergabe des Absatzplans an SAP ERP

Da es auch Unternehmen gibt, die nur die Absatzplanung und nicht die gesamte Funktionalität von SAP APO nutzen, besteht weiterhin die Möglichkeit, die Ergebnisse an SAP ERP zu übergeben. Sie werden dort als Primärbedarfe in die Programmplanung übernommen.

10.2.3 Supply Network Planning (SNP)

Die APO-Komponente *Supply Network Planning (SNP)* unterstützt auf der taktischen Ebene eine integrierte Planung über die Bereiche Beschaffung, Fertigung, Distribution und Transport hinweg.

Ausgangspunkt: Absatzplan aus DP oder Primärbedarf aus SAP ERP

Ausgangspunkt der Planung ist ein Absatzplan (aus APO Demand Planning, DP) oder ein anderweitig vorgegebener Primärbedarf. Dieser kann z. B. mithilfe des SD-Moduls (SD, Sales & Distribution) von SAP ERP oder eines externen Anwendungssystems ermittelt worden sein.

Das Supply Network Planning berechnet einen zulässigen mittelfristigen Plan zur Deckung der prognostizierten Absatzmengen. Dieser Plan berücksichtigt sowohl die zu beschaffenden und zu produzierenden als auch die zwischen den Lokationen zu transportierenden Mengen [Hoppe 2007, S. 205].

Der Teil *Deployment* im Supply Network Planning ermittelt, wann und wie welche Mengen an Distributionszentren und Kunden geliefert werden sollen. Es wird ein Distributionsplan erstellt, der Restriktionen (z. B. Transportkapazitäten) und Geschäftsregeln (z. B. Nachschubstrategien) berücksichtigt. Die Zusammenstellung von Transportladungen, die die Gesamttransportkapazität möglichst gut ausnutzen, übernimmt der *Transport Load Builder (TLB).*

SNP-Planungsablauf

Ablauf der Planung in SNP

Der Planungsablauf im Rahmen des Supply Network Planning und das Zusammenspiel der APO-Komponenten sind in Abb. 10.13 skizziert. Die wichtigsten Schritte sind die folgenden [Hoppe 2007, S. 206 ff.]:

(1) *Administration des Planungsbereichs:* Die Basis der Aktivitäten im SNP ist ein sog. Planungsbereich, der zunächst eingerichtet werden muss. Ein Planungsbereich wird im Wesentlichen durch Parameter definiert, die Kennzahlen für die Absatzplanung (z. B. geplanter Bedarf), Merkmale, die als Planungsebenen und zur Selektion verwendet werden sollen (z. B. Produkt, Lokation), Angaben zur Aggregations-/Disaggregationsvorgehensweise, Basisinformationen wie Währung, Mengeneinheit, Zeitraster beinhalten u. a.

(2) *Einrichten der APO-Stammdaten*, die im SNP benötigt werden. Dies sind insbesondere Lokationen, Produkte, Ressourcen, Produktionsprozessmodelle, Produktionsdatenstrukturen, Transportbeziehungen und Daten für die hierarchische Planung (vgl. Abschnitt 10.1).

(3) *Anlegen des Modells* und Zuordnung einer *Version* (oder auch mehrerer Versionen für Simulationszwecke) im Supply Chain Engineer.

(4) *Einrichten des Supply-Chain-Modells:* Dazu werden im Supply Chain Engineer die Lokationen, Produkte, Ressourcen und Produktionsprozessmodelle einem Modell zugeordnet und die Transportbeziehungen angelegt.

(5) *Freigeben des Absatzplans an SNP:* Der in der Absatzplanung (Demand Planning) erzeugte Absatzplan wird für das Supply Network Planning freigegeben.

(6) *Festlegen der Planungsmethode* – Optimierung, heuristische Planung, CTM-Planung (s. u.) – und der Profileinstellungen für die einzelnen Methoden.

(7) *SNP-Planungslauf:* Mithilfe der gewählten Planungsmethode wird ein mittelfristiger Produktions- und Distributionsplan erstellt, und es werden Planaufträge erzeugt.

(8) *Interaktive Planung:* Der im SNP-Lauf erzeugte Plan kann in aggregierter oder detaillierter Form angezeigt und interaktiv verändert werden. Ebenso kann nach manueller Änderung von Planungsparametern ein neuer SNP-Planungslauf angestoßen werden.

(9) *Freigeben des SNP-Plans an DP:* Ein endgültiger SNP-Plan, der unter Beachtung von Kapazitätsrestriktionen aufgestellt wurde, kann an die Absatzplanung zurückgegeben werden, in der zunächst frei von Restriktionen geplant wurde. Bei größeren Diskrepanzen empfiehlt es sich, die Absatzplanung anzupassen.

(10) *Umsetzung von SNP-Aufträgen in PP/DS-Aufträg*e: Die im Supply Network Planning erzeugten Fertigungsaufträge werden an die Produktions- und Feinplanung übergeben und in PP/DS-Aufträge umgewandelt.

(11) Die *Produktions- und Feinplanung (PP/DS)* wird – außerhalb des SNP – durchgeführt. Sie erzeugt auf Basis der im SNP angelegten Planaufträge einen durchführbaren Produktionsplan.

(12) *Deployment-Lauf:* Die nach der Produktionsplanung tatsächlich zu produzierenden Mengen werden planerisch auf die Abnehmer verteilt. Dazu werden Umlagerungen erzeugt, welche die Güter vom Produktionswerk zu den Distributionszentren bringen.

(13) *Transport Load Building (TLB):* Der TLB-Lauf fasst die aus dem Deployment-Lauf stammenden sowie ggf. manuell angelegte Umlagerungen zu sog. TLB-Transporten zusammen.

Planungsmethoden

Für die Planung im Supply Network Planning, d. h. insbesondere die Berechnung des mittelfristigen Produktions- und Distributionsplans, stehen verschiedene Methoden zur Verfügung. Kapazitäts- und Lieferbeschränkungen sowie andere Restriktionen können, müssen aber nicht berücksichtigt werden. Die gewünschte Güte der Lösung, die natürlich Auswirkungen auf die Laufzeit der Programme hat, kann der Anwender beeinflussen.

Planungsmethoden

Angeboten werden im Wesentlichen drei Arten der Planung [Knolmayer 2009, S. 87 ff.; Hoppe 2007, S. 257 ff.]: optimierend, heuristisch („SNP-Heuristik“) und nach der CTM-Methode („Capable-to-Match“):

- Die *SNP-Heuristik* ist das schnellste Verfahren, jedoch mit der geringsten Lösungsgüte, weil es auf Kapazitätsrestriktionen und Materialverfügbarkeit keine Rücksicht nimmt. Treten derartige Probleme auf, werden nur Meldungen an den Planer (Alerts) erzeugt.

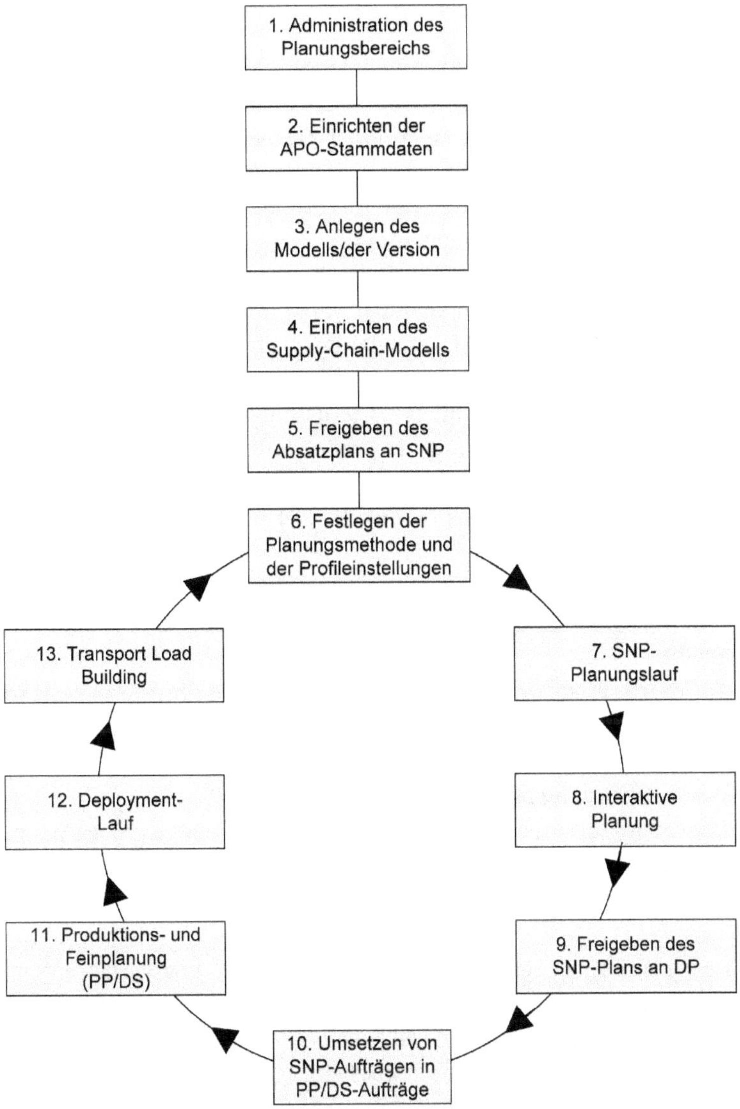

Abb. 10.13: Ablauf des Supply Network Planning [Hoppe 2007, S. 207].

- Die *Optimierung* ist am aufwendigsten (und langsamsten), weil sie ein Gesamtoptimum unter Beachtung aller Nebenbedingungen berechnet. Die Lösungsgüte ist naturgemäß die beste.
- *Capable-to-Match* liegt bezüglich der Lösungsgüte und Laufzeit zwischen den beiden anderen Ansätzen. Es ist regelbasiert und wird maßgeblich durch Prioritäten gesteuert.

Optimierung

Im Supply Network Planning können verschiedene Optimierungsmethoden verwendet werden. (Kontinuierliche) lineare Optimierungsprobleme werden auf der Basis der Simplex-Methode gelöst, Optimierungsprobleme mit diskreten Variablen oder stückweise linearen Kostenfunktionen mithilfe von Branch-and-Bound-Verfahren und gemischt-ganzzahliger Optimierung.

Zielfunktion

Die zu minimierende *Zielfunktion* ist eine Kostenfunktion, die verschiedene Bestandteile umfasst. Das Verhältnis der Kostenbestandteile untereinander ist in SAP APO standardmäßig festgelegt, jedoch kann der Benutzer die Relationen verändern. Die Kostenfunktion enthält:

- Produktions-, Beschaffungs-, Lagerhaltungs- und Transportkosten
- Kosten für die Erhöhung der Produktions-, Lager-, Transport- und Handling-Kapazität
- Kosten für die Unterschreitung des Sicherheitsbestands, Lieferverzug und Fehlmengen

Das Ergebnis der Optimierung ist ein integrierter Gesamtplan, der angibt,

- welche Produkte in welchen Mengen und zu welchen Terminen produziert, beschafft, gelagert, transportiert und ausgeliefert werden;
- welche Ressourcen und welche Produktionsprozessmodelle oder -datenstrukturen genutzt werden sollen;
- wo produziert, beschafft, gelagert und ausgeliefert werden soll und von welcher Lokation zu welcher Lokation Produkte transportiert werden sollen.

Dekomposition

Da die Laufzeiten bei der Anwendung von Optimierungsverfahren sehr hoch sein können, wird in SAP APO die Möglichkeit geboten, das Gesamtproblem zu zerlegen und Teilprobleme nacheinander zu lösen („Dekomposition“). Unterschieden wird zwischen:

- Zeitdekomposition (Zerlegung in zeitlich aufeinanderfolgende Teilprobleme)
- Produktdekomposition (Zerlegung in Gruppen von Produkten, die zusammen optimiert werden)
- Ressourcendekomposition (Zerlegung nach Ressourcen, für die nacheinander geplant wird)

Da nicht mehr das Gesamtproblem, sondern eine Folge von Teilproblemen lokal optimiert wird, verschlechtert sich i. d. R. die Lösungsgüte.

Das heißt, das Gesamtoptimum wird verfehlt. Dafür verkürzen sich aber die Laufzeiten.

Kapazitätsrestriktionen

Produktions-, Transport-, Handling- und Lagerressourcen können die Planungsmöglichkeiten im Supply Network Planning beschränken. Bei der Optimierung werden einzelne oder alle dieser Kapazitätsrestriktionen berücksichtigt, wenn der Benutzer entsprechende Einstellungen wählt und Ober- bzw. Untergrenzen angibt. Der Bedarf an einer Produktionskapazität wird dabei anhand der Produktionsprozessmodelle ermittelt, welche die Produktionsressourcen über den Modus identifizieren (vgl. Abschnitt 10.1).

Neben der Berücksichtigung von Kapazitätsrestriktionen bietet die SNP-Optimierung auch die Möglichkeit, kostenminimale Produktions-, Beschaffungs- und Transportlosgrößen zu ermitteln sowie die Lagerbestände in gewissen Ober- und Untergrenzen zu halten (Bestandsplanung).

SNP-Heuristik

Bei der sogenannten *SNP-Heuristik* handelt es sich um ein heuristisches Verfahren, bei dem – ausgehend vom Bedarf für ein Produkt oder eine Produktfamilie und unter Berücksichtigung von Lagerbestand, Produkten in Transit und bereits geplanten Produktionsmengen – der Nettobedarf berechnet wird. Die SNP-Heuristik fasst alle Bedarfe für ein Produkt in einer Lokation zusammen.

Anschließend werden für diesen Gesamtbedarf die Bezugsquellen und Bereitstellungsmöglichkeiten für das Produkt unter Berücksichtigung von Quotierungen, Vorlaufzeiten, Kalendern und Losgrößen- bzw. Bestellmengenregeln ermittelt.

Mehrstufige Planung

Bei einer mehrstufigen Planung geht die Heuristik stufenweise nach Lokationen und Erzeugnisstrukturen vor, wie Abb. 10.14 veranschaulicht. Ausgehend von der höchsten Lokationsstufe (d. h. Endprodukt am letzten Knoten der Supply Chain, z. B. der Kundenlokation) werden zunächst alle Produkte dieser Stufe geplant, anschließend alle Produkte der nächsttieferen Lokationsstufe (z. B. Distributionszentren) etc. Für jede Stufe im Netzwerk werden Produktions-, Beschaffungs- und Transportaufträge erzeugt.

Die SNP-Heuristik erstellt nicht notwendigerweise einen durchführbaren Plan, da sie die Kapazitätssituation nicht berücksichtigt. Deshalb muss die sich ergebende Kapazitätsbelastung anschließend überprüft werden. Steht sie nicht in Einklang mit der verfügbaren Kapazität, kann der Planer für die Engpassressourcen jeder Lokation interaktiv einen Kapazitätsabgleich durchführen und einen zulässigen Plan erstellen.

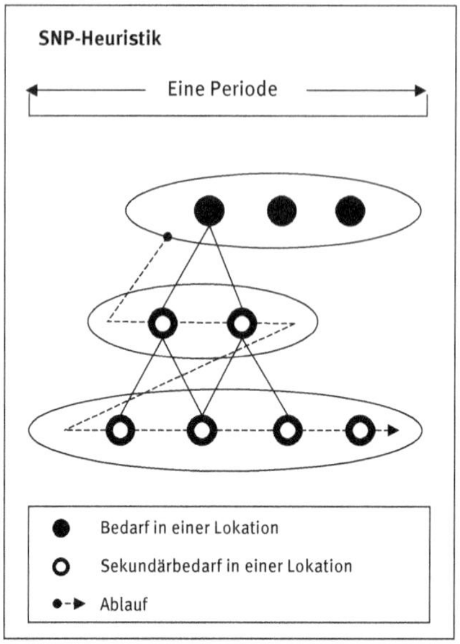

Abb. 10.14: Verarbeitungsebenen der SNP-Heuristik [Hoppe 2007, S. 244].

Capable-to-Match (CTM)

Capable-to-Match (CTM)

CTM ist ebenfalls ein heuristisches Verfahren, das top-down voranschreitet und lokationsübergreifend Beschaffungs-, Produktions- und Transportmöglichkeiten überprüft [Gaddam 2009, S. 21 f.]. Anders als die Optimierungsmethoden und die SNP-Heuristik, die mit einem Periodenraster für die Bedarfsplanung arbeiten, geht das CTM-Verfahren von Einzelbedarfen aus.

Die Grundidee von CTM ist ein iterativer Ansatz auf der Basis von

- Bedarfselementen, die mit Prioritäten versehen werden;
- Beständen bzw. Zugängen, die in Kategorien eingeteilt werden;
- dem Abgleich von Bedarfen und Beständen bzw. Zugängen mithilfe einer Suchstrategie.

Bedarfsprioritäten

Die Kriterien, nach denen die Bedarfsprioritäten bestimmt werden, legt der Planer durch Auswahl aus einer Liste von Kriterien fest. Es gibt über 250 vordefinierte Kriterien, die der Benutzer um eigene Kriterien erweitern kann. Beispiele für Kriterien sind:

- Materialbedarfsdatum
- Priorität des Produkts
- Priorität der Lokation
- Liefergruppe (Positionen werden zusammen ausgeliefert)
- Termin, an dem der Auftrag angelegt wurde

Bestandskategorien

Das CTM-Verfahren kategorisiert die für einen Planungslauf verfügbaren Bestände und Zugänge. Über die *Kategorien* kann man die Reihenfolge beeinflussen, in der Bestände und Zugänge zur Bedarfsdeckung herangezogen werden. Kategorien sind beispielsweise:
- Frei verfügbarer Bestand
- Planaufträge
- Reservierter Bestand
- Kategorien aufgrund von Bestandslimits

Der vierte Punkt, Kategorien aufgrund von Bestandslimits, bedeutet, dass Bestände nach Mengenintervallen aufgeteilt werden, die jeweils unterschiedliche Kategorien repräsentieren [Gaddam 2009, S. 95 f.]. Somit ist es möglich, Teilmengen eines Bestands auf unterschiedliche Weise zu verplanen.

Suchstrategie

Die *Suchstrategie* gibt an, in welcher Reihenfolge Zugänge und Bestände zur Bedarfsdeckung herangezogen und neue Aufträge erzeugt werden sollen. Der Planer kann die Suchstrategie definieren und damit über die Reihenfolge bei der Bedarfsdeckung entscheiden.

Abbildung 10.15 verdeutlicht die Wirkung der Suchstrategie an einem einfachen Beispiel [Dickersbach 2009, S. 197]. Es gibt fünf Bedarfe mit Prioritätsreihenfolge Bedarf 1 bis Bedarf 5, zwei Lokationen (wobei

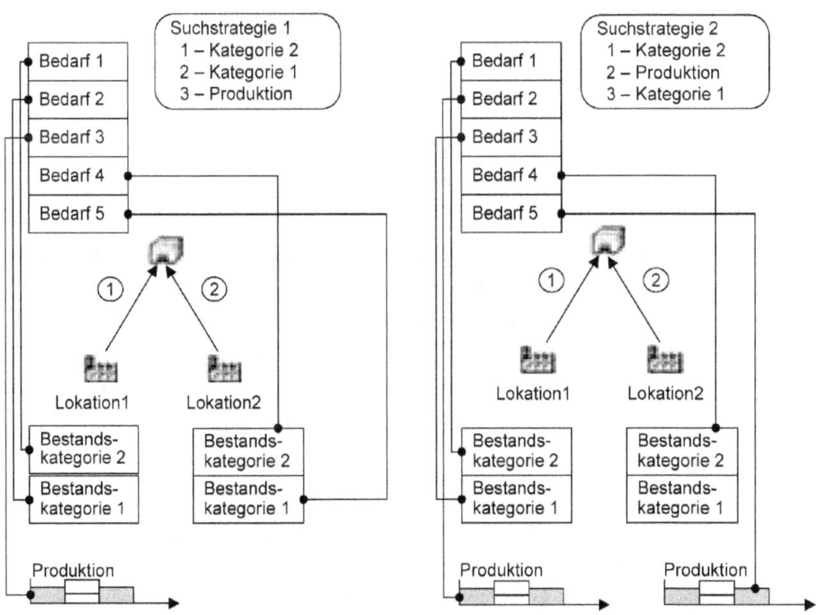

Abb. 10.15: Wirkung von CTM-Suchstrategien [Dickersbach 2009, S. 197].

Lokation 1 eine höhere Priorität als Lokation 2 hat) und je zwei Bestände (mit Bestandskategorien 1 und 2).

Suchstrategien (Beispiel)

Die *Suchstrategie 1* (im linken Teil der Abbildung) gibt an, dass zur Bedarfsdeckung erst Bestände der Kategorie 2, dann Bestände der Kategorie 1 und schließlich neu zu produzierende Mengen heranzuziehen sind. Bei der *Suchstrategie 2* ist die Reihenfolge Kategorie 2, dann Produktion und anschließend erst Kategorie 1. Da Lokation 1 eine höhere Priorität als Lokation 2 hat, werden unabhängig von der Suchstrategie zunächst die Möglichkeiten zur Bedarfsdeckung der Lokation 1 ausgeschöpft, bevor es mit Lokation 2 weitergeht.

Bei Anwendung der *Suchstrategie 1* ergibt sich – nach Maßgabe der im Beispiel unterstellten Bestands- und Produktionsmengen – folgende Zuordnung von Bedarfen zu Bedarfsdeckungsmöglichkeiten:

Bedarf 1 – Bestandskategorie 2 in Lokation 1
Bedarf 2 – Bestandskategorie 1 in Lokation 1
Bedarf 3 – Produktion
Bedarf 4 – Bestandskategorie 2 in Lokation 2
Bedarf 5 – Bestandskategorie 1 in Lokation 2

Die *Suchstrategie 2* führt hingegen zu den folgenden Zuordnungen:

Bedarf 1 – Bestandskategorie 2 in Lokation 1
Bedarf 2 – Produktion
Bedarf 3 – Bestandskategorie 1 in Lokation 1
Bedarf 4 – Bestandskategorie 2 in Lokation 2
Bedarf 5 – Produktion

Ablauf der Planung

Den Ablauf der Planung bei CTM illustriert Abb. 10.16. Vorab muss ein sog. CTM-Profil angelegt werden, das den Umfang und die Art und Weise der Planung bestimmt [Gaddam 2009, S. 22 f.]. Dann kann ein Planungslauf gestartet werden. Zunächst werden die in den Planungszeitraum fallenden Bedarfe und Bestände bzw. Zugänge selektiert. Die Bedarfe werden anhand der definierten Kriterien priorisiert und die Bestände (und Zugänge) den Bestandskategorien zugeordnet. Da das CTM-Teilsystem auf einem eigenen Server läuft, werden im nächsten Schritt die erforderlichen Stamm- und Bewegungsdaten ausgewählt und an den CTM-Server übergeben.

Die eigentliche *CTM-Planung* als wichtigster Schritt erfolgt im Anschluss daran. Nun wird ermittelt, welche Bedarfe mit welcher Menge und zu welchem Termin durch welche Bestände und Zugänge gedeckt werden sollen, und es werden die zur Realisierung erforderlichen Auf-

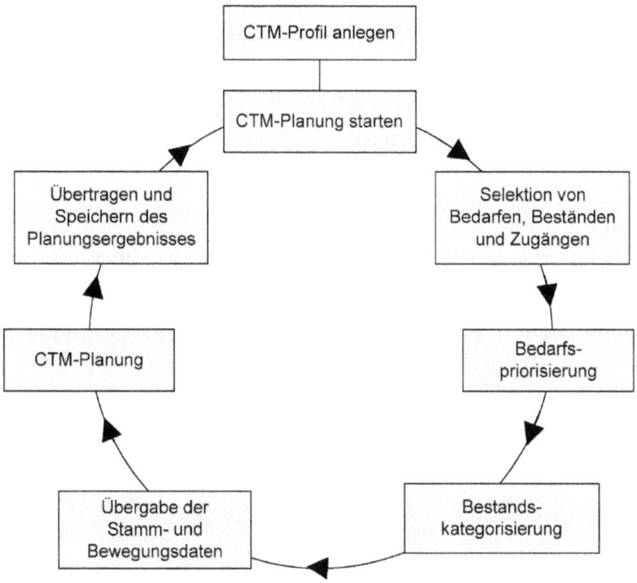

Abb. 10.16: Planungsablauf bei Capable-to-Match [Hoppe 2007, S. 301].

träge erzeugt. Methodische Grundlage des CTM-Verfahrens sind Constraint Propagation und zielorientierte Programmierung.

Planungsalgorithmus

Der Planungsalgorithmus verarbeitet die Bedarfe in der Reihenfolge ihrer Prioritäten nach der vorgegebenen Suchstrategie, ermittelt optimale (oder günstige) Bezugsquellen und terminiert die Bedarfe und Sekundärbedarfe rückwärts oder vorwärts (ja nach Einstellung). Dabei versucht er, eine termingerechte Bedarfsdeckung herbeizuführen. Falls dies nicht möglich ist, werden die Bedarfe für einen späteren Zeitpunkt eingeplant, je nach Strategie entweder vor-, gleich- oder nachrangig zu anderen Bedarfen in der Bedarfsliste.

Planungsergebnisse

Die Planungsergebnisse werden von dem CTM-Server an den *SAP liveCache* (dies ist die SAP-spezifische Speicherstruktur, in der alle im SCM relevanten Planungsdaten gehalten werden) übergeben, wo die erzeugten Aufträge und Pegging-Beziehungen gespeichert werden und für die anderen SCM-Module verfügbar sind. Wenn SAP ERP angebunden ist, werden die Planungsergebnisse ebenfalls dorthin transferiert.

Sicherheitsbestandsplanung

Die Planung der Sicherheitsbestände in einer Lieferkette ist eine komplexe Aufgabe, da es eine große Zahl von Möglichkeiten gibt, an welchen Stellen der Kette und in welcher Höhe jeweils Sicherheitsbestände gehalten werden können.

Lieferbereitschaftsgrad

Als Ziel bei der Planung von Sicherheitsbeständen wird ein bestimmtes Niveau der Lieferbereitschaft (Service Level) über die Supply Chain hinweg bei minimalen Lagerbeständen aller Zwischen- und Endprodukte an den jeweiligen Standorten angestrebt.

Deployment

Deployment = Nachschubplanung

Das *Deployment*, manchmal als *Nachschubplanung* bezeichnet, wird im Anschluss an die Produktions- und Feinplanung (PP/DS) durchgeführt. In SAP-Veröffentlichungen und der SAP-nahen Literatur wird das Deployment meist als ein Teilmodul des Supply Network Planning dargestellt.

Gegenüber der Planungssituation beim Supply Network Planning können in der Realität Änderungen sowohl auf der Nachfrageseite (z. B. zusätzliche Kundenaufträge) als auch auf der Angebotsseite eingetreten sein. Nach der Produktions- und Feinplanung ist genauer bekannt, welche Mengen tatsächlich produziert werden sollen und voraussichtlich verfügbar sein werden. Im Deployment kann nun die Verteilung dieser Mengen an die verschiedenen Bedarfsverursacher erfolgen, d. h., es wird festgelegt, welche Bedarfe durch welche Bestände bzw. Zugänge gedeckt werden. Auch dieser Planungsschritt kann mithilfe von heuristischen oder optimierenden Methoden durchgeführt werden.

Deployment-Umlagerungen

Der Kern des Deployment besteht darin, die im SNP geplanten Umlagerungen zu überprüfen, anzupassen und in bestätigte Umlagerungen (Deployment-Umlagerungen) zu überführen. Anhand der Deployment-Umlagerungen kann der Transport Load Builder (TLB) dann kurzfristige Transportladungen zusammenstellen.

Deployment-Heuristik

Die Deployment-Heuristik erzeugt einen Distributionsplan, für ein Produkt und auf eine Lokation bezogen. Dazu muss zunächst ermittelt werden, welche Produktmengen an den verschiedenen Lokationen vorhanden sind. Die Summe dieser Mengen wird als ATD-Menge bezeichnet (ATD, Available-to-Deploy). Die ATD-Menge wird dann an die Bedarfsverursacher verteilt.

ATD, Available-to-Deploy

Wenn der SNP-Plan und die tatsächlich verfügbaren Mengen exakt übereinstimmen, wird beim Deployment im Prinzip der SNP-Plan bestätigt. In der Regel ist jedoch die ATD-Menge kleiner oder größer als die Summe der Bedarfe. Dann muss sie nach bestimmten Regeln (sog. Fair-Share- und Push-Regeln) aufgeteilt werden, z. B. proportional, auf der Basis von Quotierungen, nach Fälligkeitsterminen o. a.

Abbildung 10.17 zeigt ein Beispiel, in dem eine ATD-Menge von 1.000 zu verteilen ist. Die zu deckenden Bedarfe von 100 ME am 5. Januar,

500 ME am 6. Januar und 800 ME am 7. Januar stammen von zwei Distributionszentren DZ 1 und 2. Im unteren Teil der Abbildung ist zu erkennen, dass die am 7. Januar noch verfügbare, aber nicht ausreichende Restmenge von 400 ME nach einer der Fair-Share-Regeln proportional auf die beiden Bedarfsverursacher aufgeteilt wird, nämlich im Verhältnis 100 zu 300 (statt 200 zu 600).

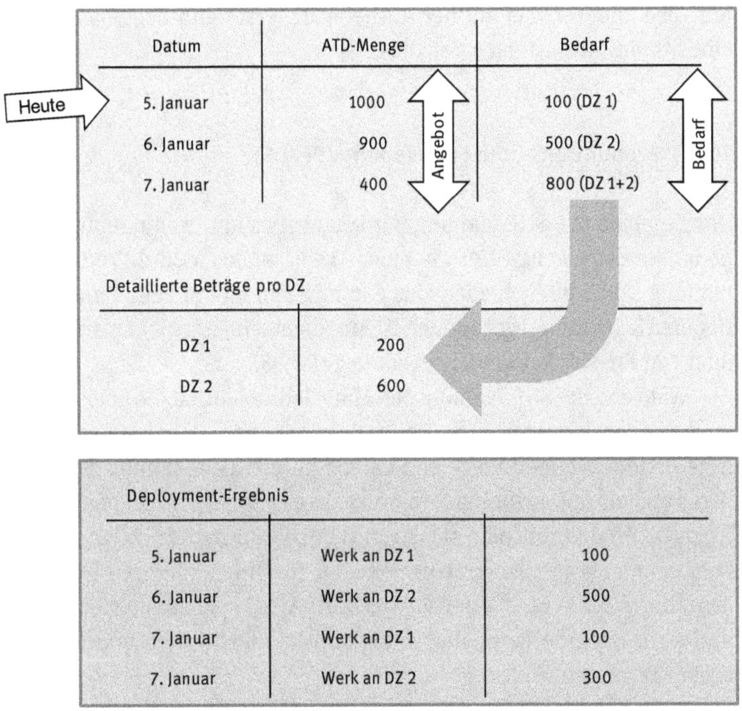

Abb. 10.17: Fair-Share-Verteilung beim Deployment [Hoppe 2007, S. 351].

Bei der Deployment-Optimierung wird ein kostenminimaler Deployment-Plan erzeugt. Dabei werden Restriktionen bezüglich der Transport- und Lagerkapazität, Transportlosgrößen u. a. sowie Distributionsregeln (im Falle, dass die ATD-Menge den Bedarf über- oder unterschreitet) berücksichtigt.

Deployment-Optimierung

Transport Load Builder (TLB)

Der *Transport Load Builder (TLB)* wird wie das Deployment meist als Bestandteil oder Teilmodul des SNP betrachtet. TLB erstellt Transportaufträge (Transportladungen) auf der Grundlage der Ergebnisse des Deployment (d. h. der Deployment-Umlagerungen).

Transportaufträge

Während beim Deployment im Wesentlichen die Sicht des einzelnen Produkts vorherrscht, bildet der Transport Load Builder Transportaufträge, welche Versandmengen mehrerer Produkte zusammenfassen. Auf diese Weise soll erreicht werden, dass die Kapazität der Transportmittel möglichst weit ausgeschöpft wird. Zur Verringerung der Transportkosten wird andererseits mit der Auslieferung erst dann begonnen, wenn eine Mindestauslastung erreicht ist.

10.2.4 Produktions- und Feinplanung (PP/DS)

Das Ergebnis der SNP-Planung wird, soweit es um Produkte und Komponenten des eigenen Unternehmens geht, an das Modul Produktionsplanung (PP) weitergegeben, das eng mit dem Modul Feinplanung (DS, Detailed Scheduling) verbunden ist. Im Allgemeinen spricht man zusammen von *Produktions- und Feinplanung (PP/DS)*.

Während die SNP-Planung den Materialfluss durch die Logistikkette im Auge hat, kümmert sich die Produktions- und Feinplanung um die Abläufe im einzelnen Werk und um die kurzfristige Planung der externen Beschaffung. Insbesondere muss sie den im SNP erzeugten mittelfristigen Produktionsplan (Master Production Schedule, MPS), in dem Lokationen als ganze betrachtet werden, für einen kürzeren Planungszeitraum auf die Ebene der Ressourcen (Arbeitsplätze, Betriebsmittel) und Aufträge innerhalb einer Lokation herunterbrechen und mit konkreten Terminen versehen.

Aufgaben und Ziele von PP/DS

Aufgaben und Ziele von PP/DS sind in diesem Sinne die Planung der Materialbereitstellung, die bestmögliche Nutzung knapper Ressourcen, die Bestimmung rüstkostenoptimaler Reihenfolgen und die Berücksichtigung unerwarteter Ereignisse auf die Ablaufplanung im eigenen Unternehmen und in anderen Unternehmen in der Supply Chain [Knolmayer 2009, S. 100].

Die Produktions- und Feinplanung in SAP APO hat ähnliche Aufgaben wie die Produktionsplanung und -steuerung in SAP ERP und ist mit dieser gekoppelt. Sie erfolgt jedoch aus der Sichtweise des Supply-Netzwerks und integriert die Teilaufgaben stärker.

Die Granularität ist bei PP/DS sehr fein. Während im Supply Network Planning mit einer Periodenlänge von einem Tag bis zu einer Woche gearbeitet wird, ist die Genauigkeit in PP/DS wesentlich höher, unter Umständen sogar sekundengenau.

Produktionsplanung

Konfigurierbare Planung

Für die Produktionsplanung im Modul PP gibt es verschiedene Ansätze. Sie basieren auf sog. „Heuristiken", die interaktiv aufgerufen oder variabel zu einem *„Planungslauf"* konfiguriert werden können. Dies ist ein entscheidender Unterschied zur Planung in SAP ERP (oder in anderen ERP-Systemen). Dort ist das Planungsverfahren normalerweise fest „verdrahtet", und Änderungen können nur vorab, auf dem Wege des Customizing (vgl. Abschnitt 7.3.2, vorgenommen werden.

Definition „Heuristik" in SAP APO

Als Heuristik wird in SAP APO eine parametrisierbare Planungsfunktion oder -regel bezeichnet, die einen, mehrere oder alle Planungsschritte für ein Planungsobjekt (Produkt, Ressource, Auftrag, Vorgang) umfasst [Balla 2016, S. 176]. Mit der Auswahl einer Heuristik (oder einer Folge von Heuristiken) teilt der Planer dem Modul PP/DS mit, auf welche Weise und mit welchen Methoden (Algorithmus) der Planungsprozess oder ein Teil davon ausgeführt werden soll.

Heuristiken gibt es nicht nur für den globalen Planungsansatz, sondern für die unterschiedlichsten Zwecke. Viele Heuristiken sind produktbezogen (z. B. Verfahren zur Losgrößenberechnung), andere beziehen sich auf Zusammenhänge zwischen Produkten (z. B. Stücklistenauflösung lt. MRP) und wieder andere haben Spezialaufgaben (z. B. Terminverschiebung). Abbildung 10.18 zeigt den Anfang einer Liste von Heuristiken, die in PP/DS standardmäßig zur Verfügung stehen. Weitere Heuristiken kann der Anwender selbst definieren.

Ein typischer Planungslauf in PP/DS

Als Beispiel für das Zusammenwirken von vier (bzw. fünf) Heuristiken sei ein typischer *Planungslauf* skizziert, der im Prinzip den MRP-II-Ansatz nachbildet [Wood 2007, S. 212; Balla 2016, 186 ff.]:

- *Heuristik 1 (SAP_PP_020):* Erzeugung der Dispositionsstufen (vgl. Abschnitt 4.3.2), als Voraussetzung für eine konsistente Planung.
- *Heuristik 2 (SAP_MRP_001):* Materialbedarfsplanung (MRP) einschl. der Erzeugung von Planaufträgen und Bestellanforderungen.
- *Heuristik 3 (SAP001):* Terminierung und Kapazitätsbedarfsplanung (CRP). Die Planaufträge werden rückwärtsterminiert (vgl. Abschnitt 3.3.1) und Arbeitsplätzen/Betriebsmitteln zugeordnet, mit Überprüfung der jeweils erzeugten Kapazitätsbelastungen.
- *Heuristik 4 (SAP_PP_009 bzw. SAP_PP_010):* Kapazitätsausgleich durch Verschiebung von Aufträgen, sofern dies möglich ist. Andernfalls werden Meldungen (Alerts) an den Produktionsleiter generiert.

© SAP SE

Abb. 10.18: Heuristiken für PP/DS.

Die vierte Heuristik behandelt das Problem, dass Kapazitätsprobleme auf der Ebene der Baugruppen auftreten und dort eine teilweise Neuterminierung erfordern. Dann kann es sein, dass sich Terminverschiebungen bis auf die Endproduktebene (oder hin zu den untergeordneten Teilen) fortpflanzen. Mithilfe der beiden Heuristiken kann eine konsistente Anpassung der Endprodukttermine (oder der Termine auf den tieferen Fertigungsstufen) erreicht werden [Balla 2016, S. 187 f.].

Planungsansätze in PP/DS: MRP II, CTM und interaktiv

Weitere Ansätze für die Produktionsplanung im Modul PP sind neben der MRP-II-orientierten Planung die CTM-Planung und die interaktive Planung. Die *CTM-Planung* wurde bereits oben im Rahmen des Supply Network Planning behandelt (vgl. Abschnitt 10.2.3). Sie steht nicht nur im SNP, sondern auch in PP/DS zur Verfügung.

Interaktive Planung

Interaktive Planung erlaubt es dem Anwender, ein einzelnes Produkt manuell zu planen. Dafür stehen als grafische bzw. tabellarische Hilfsmittel die Produktsicht (Sicht auf das einzelne Produkt), die Produktübersicht (Sicht auf mehrere Produkte gleichzeitig) sowie die Produktplanungstafel (Product Planning Table) zur Verfügung.

Produktsicht

Die *Produktsicht* ist eine auftragsorientierte Sicht der Planungsergebnisse mit einer Gegenüberstellung von Bedarfen und Zugängen/Beständen. Abbildung 10.19 zeigt den Teil der Produktsicht für das Produkt P-102, in dem die Bedarfs- und Zugangselemente gegenübergestellt sind (Reiter „Elemente").

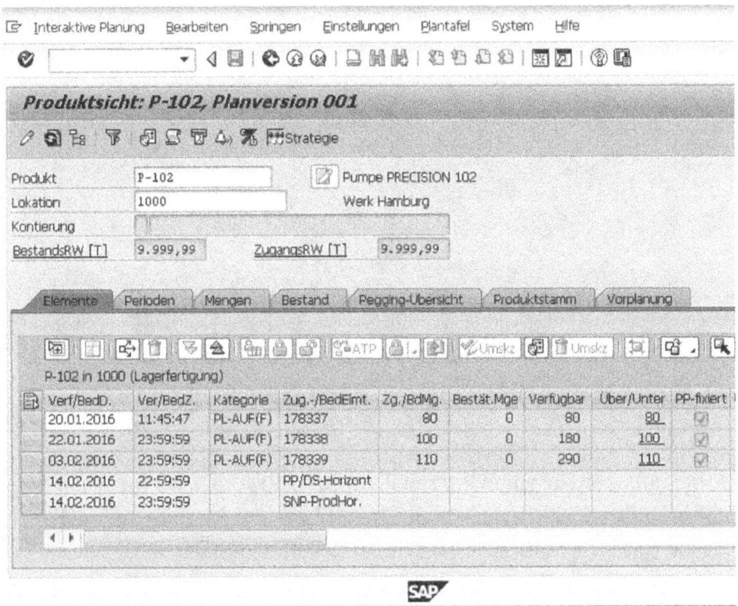

Abb. 10.19: Produktsicht in PP/DS.

Produktplanungstafel

Eine *Produktplanungstafel* fasst unterschiedliche Informationen entsprechend der Auswahl des Benutzers (bzgl. Produkten, Lokationen, Ressourcen und Zeithorizont) zusammen. In der in Abb. 10.20 wiedergegebenen Produktplanungstafel sind im linken Teil Navigationselemente und Anzeigeoptionen, im rechten Teil nach Produkten bzw. nach Ressourcen gegliederte Übersichten zu sehen. Aus der Produktplanungstafel heraus können interaktiv zwei Kategorien von Heuristiken aufgerufen werden, die mit „Produktheuristik" und „Variable Heuristik" bezeichnet sind.

Feinplanung

Aufgabe der Feinplanung (DS, Detailed Scheduling) ist die Einplanung von Produktionsaufträgen auf den vorhandenen Betriebsmitteln und

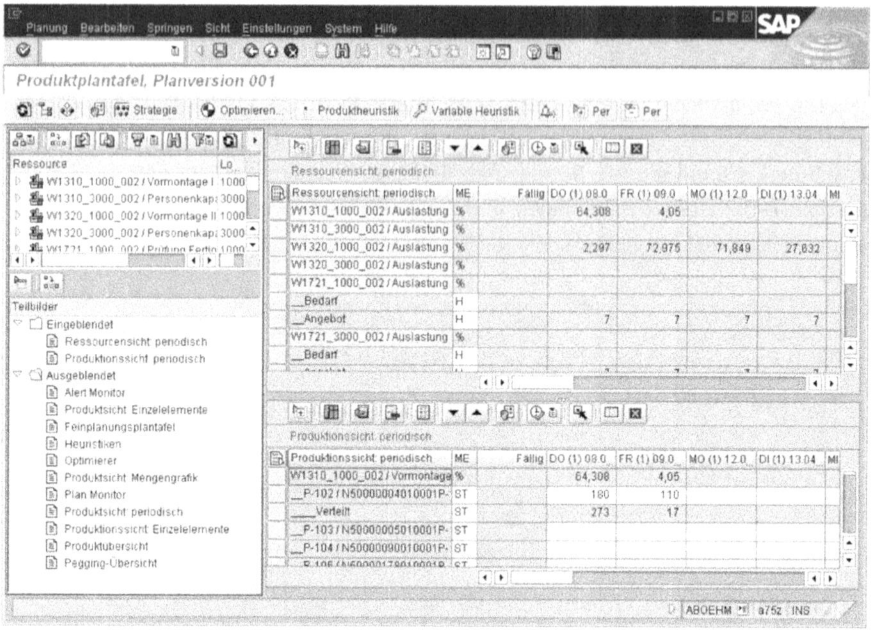

Abb. 10.20: Produktplanungstafel in PP/DS.

Arbeitsplätzen für einen kurzen Planungszeitraum. Dies wurde oben im Rahmen des MRP II (vgl. Abschnitt 3.5) bzw. der Manufacturing Execution Systems (vgl. Abschnitt 8.1) ausführlich behandelt.

Feinplanungstafel

Ein wichtiges Hilfsmittel für die Feinplanung in SAP APO ist die *Feinplanungstafel* (Detailed Scheduling Planning Board). Sie stellt Funktionalität eines Leitstandsystems (vgl. Abschnitt 8.1.2) zur Verfügung. Der Benutzer kann sie nach seinen Wünschen konfigurieren (z. B. Layout, Statusfarben, Zusatzinformationen).

Über die Anzeigefunktion hinaus bietet die Feinplanungstafel Funktionalitäten wie:

- Durchführung von Simulationen mit der Möglichkeit, das Ergebnis in das Transaktionssystem (SAP ERP) zu übernehmen
- Einplanung und Umplanung von Produktionsaufträgen bzw. -vorgängen unter Beachtung der Kapazität und Maschinenbelegung, manuell oder automatisch
- Reihenfolgeoptimierung (Erzeugung optimaler Auftragsreihenfolgen)

In PP/DS werden teilweise Optimierungsmethoden und heuristische Verfahren verwendet, insbesondere Constraint Propagation und genetische Algorithmen. Damit können unterschiedliche Zielfunktionen (z. B. Minimierung der maximalen Verspätung, Minimierung der durchschnittlichen Rüstkosten) verfolgt werden. Eine typische Anwendung von genetischen Algorithmen in PP/DS ist die Suche nach rüstkostenminimalen Auftragsreihenfolgen.

Constraint Propagation

Constraint Propagation ist vor allem geeignet für komplexe Planungsprobleme, bei denen viele Abhängigkeiten und Nebenbedingungen berücksichtigt werden müssen. Das Verfahren unterstützt zum Beispiel den Planer dabei, eine zulässige Lösung zu finden. Mit der Feinplanungstafel hat er zwar ein komfortables grafisches Werkzeug zur Verfügung, er wäre aber möglicherweise überfordert, wenn er alle technologischen und planerischen Abhängigkeiten selbst im Kopf haben und bei seinen Aktionen explizit behandeln müsste.

Pegging

Die Planungsmethoden in PP/DS benötigen Informationen über die Zusammenhänge zwischen Produkten, Lokationen und Ressourcen. Diese können durch das *Pegging* gewonnen werden (vgl. Abschnitt 9.1.2). In der Feinplanung werden Beschaffungs-, Produktions-, Transport- und Kundenaufträge miteinander verknüpft, sodass die Beziehungen zwischen den Zugangs- und den Abgangselementen eines Produkts innerhalb einer Lokation sichtbar werden.

10.2.5 Globale Verfügbarkeitsprüfung

Die *globale Verfügbarkeitsprüfung* (Global Available-to-Promise, G-ATP) dient zur kurz- bis mittelfristigen Prüfung der Produktverfügbarkeit. Außerdem stellt sie weitere, benachbarte Funktionen zur Verfügung.

Grundgedanken von ATP (Available-to-Promise)

Available-to-Promise (ATP)

Als *Available-to-Promise (ATP)* wird die Verfügbarkeitsprüfung zur Ermittlung von Lieferterminen bezeichnet. Es geht also um die Frage: Kann ein Lieferversprechen an den Kunden eingehalten werden?

Die Art und Anzahl der denkbaren Prüfungen zur Beantwortung dieser Frage sind vielfältig. In Mertens [2013, S. 359 f.] und Mertens [1999] werden die in Abb. 10.21 aufgeführten Dimensionen in Betracht gezogen.

Betrachtungsdimensionen bei Available-to-Promise (ATP)

1) Beschränkt sich die Prüfung auf einen Lager- und/oder Produktionsort, oder sind auch Querlieferungen von anderen Lokationen zu berücksichtigen?
2) Prüfung auf physisch vorhandene und freie Bestände (statische Betrachtungsweise) oder auch Einbeziehung geplanter Zu- und Abgänge (dynamische Sicht)?
3) Gelten Reservierungen als „zementiert" oder kann umreserviert werden?
4) Beschränkt sich die Prüfung
   a) nur auf Fertigerzeugnisse?
   b) auch auf die Verfügbarkeit von (Haupt-) Baugruppen etc. bis hin zum fremdbezogenen Rohstoff?
5) Ist auch die Möglichkeit in Betracht zu ziehen, fehlende Erzeugnisse bis zum zugesagten bzw. zuzusagenden Termin zu produzieren?
6) Sind auch verfügbare Kapazitäten zur Produktion abzufragen?

Abb. 10.21: Mögliche Prüfungen bei ATP [Mertens 2013, S. 359 f.].

SAP APO Global ATP (G-ATP)

ATP-Prüfungen stehen sowohl in SAP ERP als auch in SAP APO zur Verfügung. Häufig werden sie im Vertriebsmodul von SAP ERP angestoßen, wenn eine Kundenanfrage oder ein Kundenauftrag angelegt wird.

ATP-Funktionalität in SAP APO und SAP ERP

Die ATP-Funktionalität in SAP APO ist umfassender als die in SAP ERP verfügbare. So werden etwa mehrstufige ATP-Prüfungen (Stücklistenauflösung) sowie globale Lokations- oder Produktsubstitution unterstützt.

Global ATP

Als *globale Verfügbarkeitsprüfung (Global ATP)* wird die unternehmensübergreifende Verfügbarkeitsprüfung bezeichnet, wie sie in Supply-Netzwerken erforderlich sein kann. Während sich die einfache Prüfung („Local ATP") nur auf die im eigenen ERP-System verwalteten Informationen bezieht, erstreckt sich „Global ATP" auf die ERP-Systeme mehrerer Knoten im Netzwerk und über mehrere Stufen der Erzeugnisstruktur hinweg. Das heißt, die Verfügbarkeit von Endprodukten bzw. Komponenten wird aufgrund der Informationen aus mehreren SAP-Systemen oder auch Anwendungssystemen anderer Hersteller überprüft. Im Simulationsmodus können auch alternative Produkte, Komponenten oder Lieferstandorte in Betracht gezogen werden.

Grundsätzlich können verschiedene Arten von Prüfungen durchgeführt werden, nämlich eine Prüfung auf:

- Produktverfügbarkeit (Product Availability Check)
- Allokationsmöglichkeiten (d. h. Zuteilung von knappen Produktmengen an Kunden – Product Allocation Check)
- Deckung von Vorhersagebedarf (Forecast Check)

Produktverfügbarkeit

Am wichtigsten ist die Prüfung der *Produktverfügbarkeit*. Wenn ein Kundenauftrag erfasst wird, kann die Lieferung zum gewünschten Termin nur zugesagt werden, wenn die Güter rechtzeitig für alle vor der Lieferung notwendigen Bearbeitungsaktivitäten zur Verfügung stehen.

Für den Zeitpunkt, zu dem die Ware spätestens für den Versand bereitstehen muss, ist also eine dispositive Verfügbarkeitsprüfung erforderlich. Sofern sich dabei ein ausreichender Bestand ergibt, muss der Transport eingeplant, z. B. ein Transportunternehmen beauftragt und davor genügend Zeit für das Verpacken und Verladen berücksichtigt werden.

Reicht der Bestand nicht aus, muss die Produktion oder der Einkauf in Kenntnis gesetzt werden, damit die Produkte rechtzeitig gefertigt oder bestellt und in der Disposition als geplante Abgänge bzw. Reservierungen vermerkt werden.

Mehrstufige ATP-Prüfung

Von einer *mehrstufigen ATP-Prüfung* wird gesprochen, wenn die Verfügbarkeit untergeordneter Komponenten wichtig ist und geprüft wird. Dies ist typischerweise bei Produktionsprozessen der Fall, bei denen die Montage von eigengefertigten oder fremdbezogenen Baugruppen eine wesentliche Rolle spielt. Für die Baugruppen auf tieferen Fertigungsstufen ist ein zeitlicher Vorlauf erforderlich, der oft größer als die Zeitspanne bis zum Eintreffen des Kundenauftrags ist.

Auftragsorientierte Produktion

Baugruppen werden deshalb auf Lager gefertigt oder beschafft, und die Endmontage wird durch das Eintreffen eines Kundenauftrags eingeleitet. Die ATP-Prüfung muss dann mehrstufig erfolgen; bereits beim Anlegen eines Kundenauftrags wird die Verfügbarkeit der Komponenten geprüft, die für die Herstellung des Endprodukts erforderlich sind. Dazu erfolgt i. d. R. eine schrittweise Stücklistenauflösung.

Bei einer auftragsorientierten Produktion ist die mehrstufige Prüfung besonders wichtig. Wenn dem Kunden gar Konfigurierungsmöglichkeiten angeboten werden, wird das Endprodukt in seinen Bestandteilen erst bei Bedarf spezifiziert. Der Auftrag kann dem Kunden in diesem Fall nur bestätigt werden, wenn alle benötigten Komponenten dispositiv verfügbar sind. Aufgrund der zahlreichen Kombinationsmöglichkeiten kann diese Prüfung erst zum Zeitpunkt der Kundenauftragserfassung erfolgen.

Regelbasierte Verfügbarkeitsprüfung

Eine *regelbasierte Verfügbarkeitsprüfung* bedeutet, dass die Verfügbarkeitsprüfung nach Regeln abläuft, die der Anwender definiert. Die Optionen zur Lokations- und Produktsubstitution werden üblicherweise mithilfe von Regeln definiert. Das Beispiel in Abb. 10.22 veranschaulicht den Regelungsbedarf. Die Bedarfsdeckung aus Lokation XX01 heraus ist mangels Produktverfügbarkeit nicht möglich, aber in Lokation XX02 wäre ausreichender Bestand vorhanden. Eine Regel könnte für einen solchen Fall spezifizieren, unter welchen Bedingungen eine Bedarfsdeckung durch die primäre Lokation gegenüber einer Umlagerung von einer anderen Lokation und Bedarfsdeckung durch die primäre Lokation zu wählen ist.

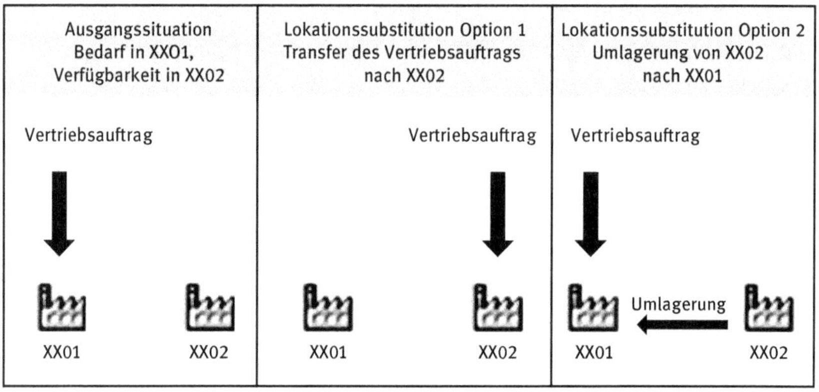

Abb. 10.22: Optionen für eine Lokationssubstitution [Dickersbach 2009, S. 125].

Eine Regel, die Lokations- und Produktsubstitution in Betracht zieht, könnte beispielsweise wie folgt aussehen:

(1) Prüfe, ob ein alternatives Erzeugnis am gleichen Standort verfügbar ist. Wenn nein, dann:
(2) Prüfe, ob das gewünschte Produkt von einem anderen Standort bezogen werden kann. Wenn nein, dann:
(3) Prüfe, ob ein alternatives Produkt von einem anderen Standort bezogen werden kann. Wenn nein, dann:
(4) Veranlasse die Produktion des gewünschten Produkts.

Ob der jeweils nächste Prüfschritt ausgeführt wird, hängt in dem Beispiel von den Prüfergebnissen des vorherigen Schritts und ggf. weiteren Parametern ab.

Die Möglichkeiten der Substitution von Produkten und Lokationen werden mithilfe sog. „Substitutionslisten“ definiert. Diese werden nach einer ebenfalls zu definierenden „Zugriffsstrategie“ und unter Beachtung zu definierender Produkt- und/oder Lokationsrestriktionen abgearbeitet [Dickersbach 2009, S. 125 ff.].

Grundsätzlich können auch die Produktionsprozessmodelle substituiert werden. Das bedeutet, dass das Produkt in einer anderen Materialzusammensetzung oder nach einem anderen Arbeitsplan herstellt wird.

Capable-to-Promise (CTP)

Auftragsorientierte Produktion

Die ATP-Prüfung ist grundsätzlich auf die Lagerproduktion ausgerichtet, bei der geplante Bestände, Zugänge und Bestände miteinander abgeglichen werden können. Bei einer *auftragsorientierten Produktion* (vgl. Kapitel 4) sind diese Plangrößen jedoch nicht oder zumindest nicht in gleichem Umfang vorhanden. Statt die Verfügbarkeit von Produktmengen zu prüfen, ist es hier zweckmäßiger, die Verfügbarkeit der Kapazität zu prüfen, die zur Herstellung der angefragten Produktmengen zum gewünschten Liefertermin erforderlich ist.

Die *CTP-Prüfung* untersucht in diesem Sinne die Kapazitätsverfügbarkeit sowie die Verfügbarkeit wichtiger Komponenten (z. B. Baugruppen), die für das Endprodukt benötigt werden. Sie kann auch bei der Lagerproduktion angewendet werden, hat aber ihr wichtigstes Einsatzgebiet bei der auftragsorientierten Fertigung.

Capable-to-Promise ist ein Teil von Global ATP und benutzt auch die regulären ATP-Prüfungen. Bei fehlenden Mengen des Endprodukts bzw. der Komponenten veranlasst das Verfahren letztlich eine Produktion oder Beschaffung. Abbildung 10.23 verdeutlicht das Zusammenspiel zwischen SAP ERP und den APO-Modulen G-ATP und PP/DS.

Zusammenspiel von SAP ERP, G-ATP und PP/DS

Der Terminauftrag (Kundenauftrag) wird in SAP ERP angelegt, wie in Abschnitt 6.3.2 beschrieben, und mit dem Kundenwunschtermin an das APO-Modul G-ATP übergeben. Dieses ermittelt die erforderliche CTP-Menge – evtl. gibt es ATP-Mengen, die in Abzug gebracht werden können – und übergibt sie zusammen mit dem Kundenwunschtermin an PP/DS. Dieses Modul erzeugt entsprechende simulative Planaufträge und Bedarfe, für die eine ATP-Prüfung durchgeführt wird. PP/DS terminiert die Planaufträge unter Berücksichtigung der Kapazitätssituation. Global ATP löst bei Nichtverfügbarkeit der CTP-Mengen Produktions- und Beschaffungsvorgänge aus.

Das Ergebnis der ATP-Prüfung und der Simulation in PP/DS wird dann kombiniert. Die bestätigten Mengen und Termine werden an SAP ERP übergeben, dort gespeichert und für die weitere Planung in SAP SCM an APO transferiert.

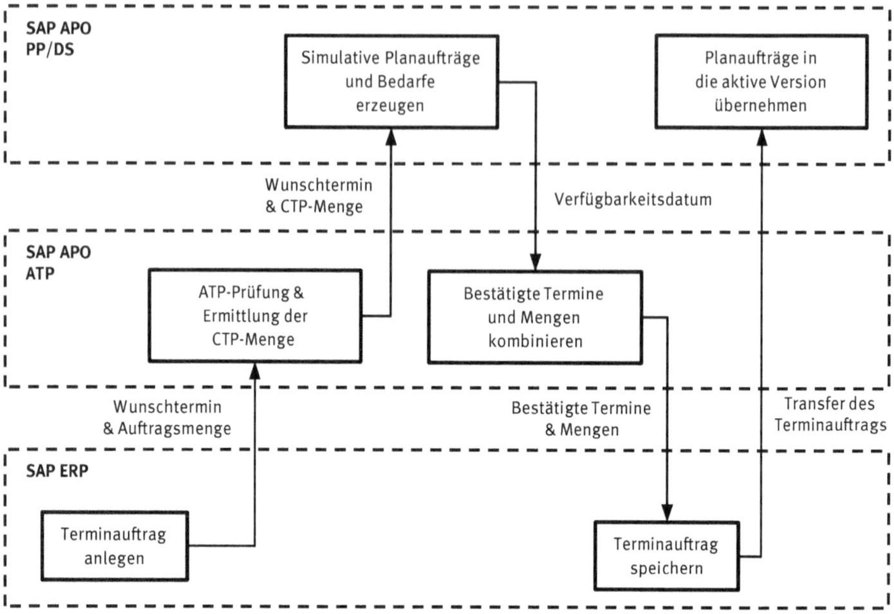

Abb. 10.23: Capable-to-Promise [Dickersbach 2009, S. 328].

10.2.6 Transportplanung und Fahrzeugterminierung

Das Modul *Transportplanung und Fahrzeugterminierung (Transportation Planning/Vehicle Scheduling, TP/VS)* unterstützt den Transportplaner darin, zu transportierende Frachtmengen (Transportaufträge, d. h. Lieferungen an Kunden, Umlagerungen, Retouren u. a.) zu Ladungen zusammenzustellen und auszuliefern [SAP 2025 f].

Ziele

Der Planer wird sich bemühen, die am besten geeigneten Transportmittel auszuwählen, die vorhandenen Transportmittel möglichst gut auszulasten und die Transportaufträge auf dem schnellsten oder dem kostengünstigsten Weg an ihre Bestimmungsorte zu bringen (Routenplanung).

Restriktionen

Dabei muss er verschiedene Restriktionen beachten, z. B. die verfügbaren Transportmittel, ihre Kapazitäten, die Liefertermine, vorgegebene Zeitfenster (Entlade- bzw. Ladezeiten) der Empfänger bzw. Sender, Unverträglichkeiten der Produkte und Sonderanforderungen für den Transport (z. B. Kühlung). Das Teilmodul Fahrzeugterminierung hilft in diesem Zusammenhang, Einschränkungen und Nebenbedingungen (z. B. Gefahrgut) bei der Routen- und Fahrzeugplanung zu berücksichtigen.

Planungshorizont ≤ 1 Tag

Das Modul TP/VS wird hauptsächlich für die operative Planung im Vertrieb, mit einem kurzfristigen Planungshorizont von einem Tag oder weniger, verwendet. Für die mittelfristige Transportplanung im Rahmen des Supply Network Planning setzt man dagegen den Transport Load Builder ein [Knolmayer 2009, S. 113].

Weitere TP-Funktionen

Üblicherweise werden im Zusammenspiel von SAP ERP und SAP APO Lieferungen erst im ERP-System angelegt, bevor ein Planungslauf in SAP APO erfolgt. Die von TP/VS erzeugten Transportladungen werden dann wieder an SAP ERP übergeben und dort weiterverarbeitet. Wenn es noch keine entsprechenden Lieferungen im ERP-System gibt, stößt TP/VS das Anlegen derselben an [Dickersbach 2009, S. 146].

Interaktive Plantafel

Das zentrale Hilfsmittel für die Transportplanung und Fahrzeugterminierung ist eine *interaktive Plantafel (TP/VS Planning Board)*. Mithilfe der Plantafel kann der Planer die Transportladungen manuell einplanen oder die Optimierungskomponente (TP/VS Optimizer) aufrufen.

TP/VS-Optimierung

Die obige Beschreibung der Aufgaben der Transportplanung und Fahrzeugterminierung mit Zielen und Nebenbedingungen lässt erkennen, dass es sich um ein Optimierungsproblem handelt. Deshalb stellt das Modul TP/VS eine Optimierungskomponente, den sogenannten *TP/VS Optimizer*, zur Verfügung.

TP/VS Optimizer

Im strengen Sinne benutzt der Optimizer nicht ein exaktes Optimierungsverfahren, sondern lokale Suchverfahren (suboptimierende Methoden aus dem Bereich der genetischen und evolutionären Algorithmen [Dickersbach 2009, S. 156]).

Mithilfe dieser Methoden versucht der Optimizer, einen bezüglich der Transport-, Verspätungs- (bzw. Verfrühungs-) und Nichtlieferungskosten möglichst guten *Ladungs-, Fahrzeugeinsatz- und Routenplan* zu erzeugen. Er berücksichtigt sowohl harte Restriktionen (z. B. Transportkapazität, Unverträglichkeit von Produkten, Ent-/Ladezeitfenster) als auch weiche Restriktionen (z. B. Liefertermine, deren Überschreitung Strafkosten verursachen kann) [Knolmayer 2009, S. 114].

Weitere TP/VS-Funktionen

Weitere Funktionen, die das Transportplanungs- und Fahrzeugterminierungsmodul unterstützt, sind die Transporteurauswahl und vordefinierte Routen [Dickersbach 2009, S. 160 ff.].

Transporteurauswahl

Zur *Transporteurauswahl* gehört, dass der Transportdienstleister nach verschiedenen möglichen Kriterien (Priorität, Kosten oder Anteil am Transportaufkommen) automatisch oder manuell ausgewählt werden kann. Lehnt der Angefragte ab, erhält je nach Konfiguration der Transportplaner eine Nachricht auf dem „Alert Monitor" des Supply Chain Cockpit, oder der nächste Transporteur wird ausgewählt.

Vordefinierte Routen

Vordefinierte Routen erlauben eine Einbeziehung der Transportressourcen in die ATP-Prüfung bereits zum Zeitpunkt der Kundenanfrage oder der Kundenauftragserteilung und nicht erst nach Durchführung der Transportplanung. Durch Rückgriff auf gespeicherte Routen können bei der Verfügbarkeitsprüfung auch Aussagen über die Transportmöglichkeiten getroffen und bei der Lieferterminaussage berücksichtigt werden.

10.3 Core Interface (CIF)

Zusammenspiel von SAP ERP und SAP APO

Unternehmen, die für das Supply Chain Management SAP APO einsetzen, benutzen meist auch gleichzeitig SAP ERP zur Unterstützung der geschäftstypischen Prozesse im Enterprise Resource Planning. Damit stellt sich die Aufgabe, dass beide Systeme, die teilweise sehr ähnliche und/oder sich ergänzende Aufgaben wahrnehmen, ohne Redundanz zusammen laufen müssen und dass das Zusammenspiel reibungsfrei funktionieren sollte. Die Integration der beiden Systeme erfordert nicht nur organisatorische Abstimmungen, sondern auch technische Vorkehrungen.

Die in einer SAP-Systemlandschaft realisierte technische Schnittstelle zwischen dem ERP-System und dem SCM-System ist das *Core Interface (CIF).* Es organisiert insbesondere den Datenaustausch zwischen SAP ECC und SAP APO. Dazu gehören [Hoppe 2007, S. 398]:

- Erstmalige Versorgung des APO-Systems mit relevanten Stamm- und Bewegungsdaten aus SAP ERP (Initialübertragung)
- Übertragung von Änderungen der Stamm- und Bewegungsdaten
- Übernahme von Planungsergebnissen aus SAP APO in SAP ERP

Stammdaten werden nur einmal geführt

Zu beachten ist, dass die Stammdaten nicht redundant gepflegt werden, sondern nur in demjenigen System, das originär für sie zuständig ist. Dies bedeutet, dass die meisten Stammdaten und auch Bewegungsdaten (z. B. Kunden, Lieferanten, Aufträge, Rechnungen) in SAP ERP und nur die SCM-spezifischen Daten (z. B. Produktionsprozessmodelle, Lokationen, Transportbeziehungen) in SAP APO geführt werden. Stammdaten werden nur in eine Richtung übertragen, d. h., in SAP APO werden letztlich Kopien der Stammdaten aus SAP ERP angelegt [Schweiger 2010].

Ereignisse und Remote Functions Calls

Das Core Interface wird als Plug-in in SAP ERP implementiert, wie Abb. 10.24 zeigt. Auf der anderen Seite, in SAP APO, ist die entsprechende Funktionalität immer verfügbar. Die Grundidee des Zusammenspiels basiert darauf, dass immer dann *Ereignisse* generiert werden, wenn eine Kommunikation zwischen beiden Systemen erforderlich wird (z. B. beim Anlegen eines Kundenauftrags). Das Ereignis veranlasst eine Aktion, die technisch in Form eines Funktionsaufrufs (qRFC, queued Remote Function Call) veranlasst wird.

Da die Funktionsaufrufe laufend abgesetzt werden (d. h. bei jedem relevanten Ereignis wie z. B. einer Datenänderung in SAP ERP), arbeitet das SCM-System mit stets aktuellen Daten. Unmittelbar nach einer Datenänderung wird diese in SAP APO registriert und löst ggf. einen neuen Planungslauf aus. Das bedeutet, dass die SCM-Planung praktisch in Echtzeit erfolgt.

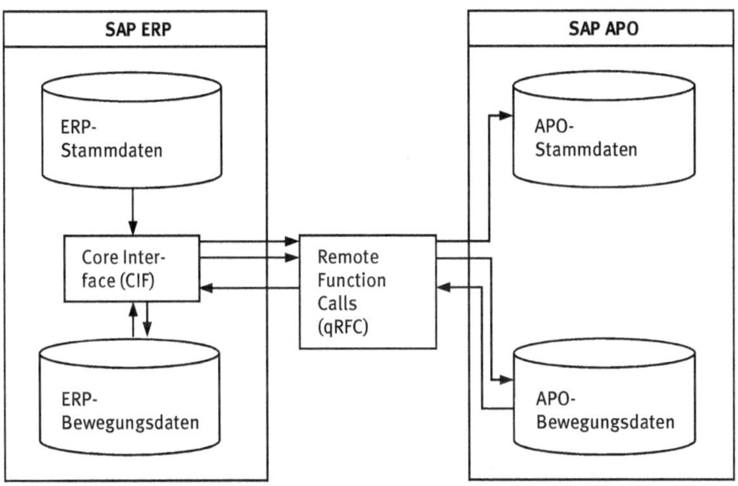

Abb. 10.24: Core Interface SAP ERP – SAP APO.

Integrationsmodell

Welche Informationen bei einem Ereignis übertragen werden, legen sogenannte *Integrationsmodelle* fest. Ein Integrationsmodell definiert ein oder mehrere Objekte, die von SAP ERP nach SAP APO übertragen werden, beispielsweise Materialien, Kunden, Werke, Lieferungen oder Fertigungsaufträge. Beim Anlegen des Integrationsmodells werden die relevanten Objekte ausgewählt, und beim Aktivieren des Modells werden sie effektiv an SAP APO übertragen.

In die umgekehrte Richtung, von SAP APO nach SAP ERP, werden nur *Bewegungsdaten* und nicht Stammdaten übertragen. In den Bewegungsdaten schlagen sich die Planungsergebnisse aus dem SCM-System nieder: Bedarfsvorhersagen, Bestände, Transportaufträge, Transportladungen u. a. Die Konsistenz der Bewegungsdaten wird von dem Core Interface überprüft.

10.4 Weitere Module von SAP SCM

Neben SAP APO (Advanced Planner and Optimizer) enthält das Supply Chain Management von SAP ein breites Spektrum an Komponenten, die bereits in Abb. 10.2 aufgelistet wurden. Einige davon sollen nachfolgend kurz skizziert werden: SAP SNC (Supply Network Collaboration), SAP F&R (Forecasting and Replenishment), SAP EM (Event Management) und SAP EWM (Extended Warehouse Management).

10.4.1 Supply Network Collaboration (SNC)

Unternehmen – Lieferanten – Kunden

SAP SNC (Supply Network Collaboration) unterstützt verschiedene Prozesse in der Zusammenarbeit des Unternehmens mit den Lieferanten und Kunden. Dieses Modul enthält die Funktionalität, die in früheren Versionen von SAP SCM unter dem Namen *SAP ICH (Inventory Collaboration Hub)* verfügbar war.

Die Geschäftspartner, die für SNC modelliert werden, sind Lieferanten und Kunden. Dabei werden sowohl die Organisationen als auch die Personen abgebildet, wie Abb. 10.25 zeigt. Die Organisationen (Unternehmen) sind Lokationen zugeordnet (Lieferanten- oder Kundenlokationen), die Personen wiederum Organisationen. Auf diese Weise kann auch die Beziehung zwischen einem Mitarbeiter und seinem Standort (bzw. dem seines Unternehmens) aufgefunden werden [Hamady 2008, S. 55 f.].

Die Funktionen für die Zusammenarbeit mit Lieferanten sind in dem SNC-Teil *Supplier Collaboration*, die Funktionen für die Zusammenarbeit mit Kunden unter *Responsive Replenishment* zu finden. Überwiegend unterstützen sie Aufgaben auf der taktischen und operativen Ebene.

Adaptive Supply Chain Networks

Mit Supply Network Collaboration soll das Konzept der *adaptiven Logistiknetzwerke (Adaptive Supply Chain Networks)* umgesetzt werden [Hamady 2008, S. 21]. Darunter versteht man Netze, die flexibel und dynamisch sich verändernden Gegebenheiten angepasst werden können. Solche Änderungen sind bei den heutigen, zunehmend komplexen Logistikstrukturen an der Tagesordnung. Sie können z. B. durch Transportrisiken, Kapazitätsprobleme, neue Bezugsquellen oder Kostendruck bedingt sein.

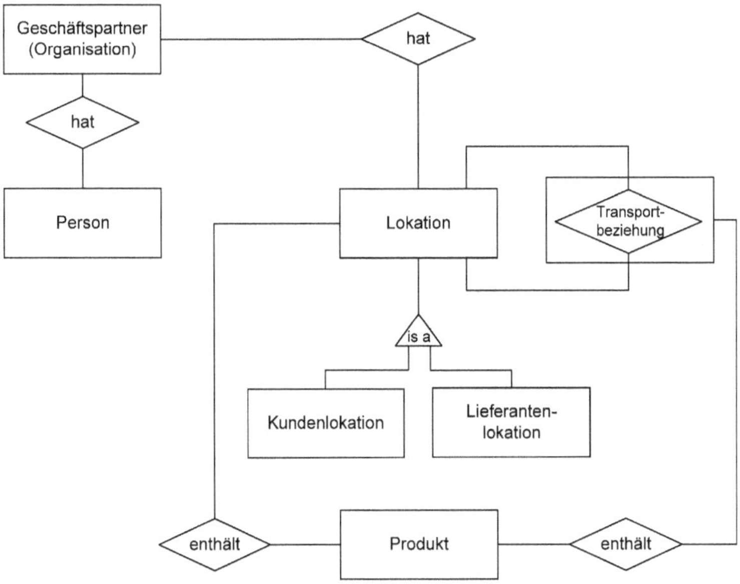

Abb. 10.25: Zusammenhänge zwischen Stammdaten in SNC.

Supplier Collaboration

Supplier Collaboration: webbasierte Funktionalität

Unter *Supplier Collaboration* in SNC werden Funktionen für die enge Zusammenarbeit mit Lieferanten angeboten. Diese sind webbasiert und setzen auf der Plattform SAP NetWeaver auf (vgl. Abschnitt 7.4.2). Der Informationsaustausch, der heute in vielen Fällen noch mithilfe von Papierdokumenten (z. B. Fax) oder EDI (Electronic Data Interchange) erfolgt, wird auf der Basis von Internet-Protokollen abgewickelt.

Im Teil Supplier Collaboration werden insbesondere die folgenden Geschäftsprozesse unterstützt [Hamady 2008, S. 26 ff.]:

Supplier Managed Inventory (SMI)

– *Supplier Managed Inventory (SMI)*: Dies ist eine SAP-spezifische Variante von VMI (Vendor Managed Inventory, vgl. Abschnitt 9.2.4), die im Rahmen von SAP SNC angeboten wird. VMI ist in SAP SCM ebenfalls verfügbar, gehört aber zu SAP APO (genauer zu SNP, Supply Network Planning; vgl. Abschnitt 10.2.3).

  Der Unterschied von SMI zu VMI besteht unter anderem darin, dass nicht der Lieferant, sondern der Abnehmer das System betreibt [Knolmayer 2009, S. 120]. Der Abnehmer ermittelt die Materialbedarfe und Lagerbestände in seinem ERP-System selbst und teilt sie dem Lieferanten mit. Der Lieferant sorgt für die Auffüllung des Lagers beim Kunden im Rahmen von Unter- und Obergrenzen oder nach den Reichweiten bemessen. Abbildung 10.26 zeigt das Zusammenspiel der Partnersysteme.

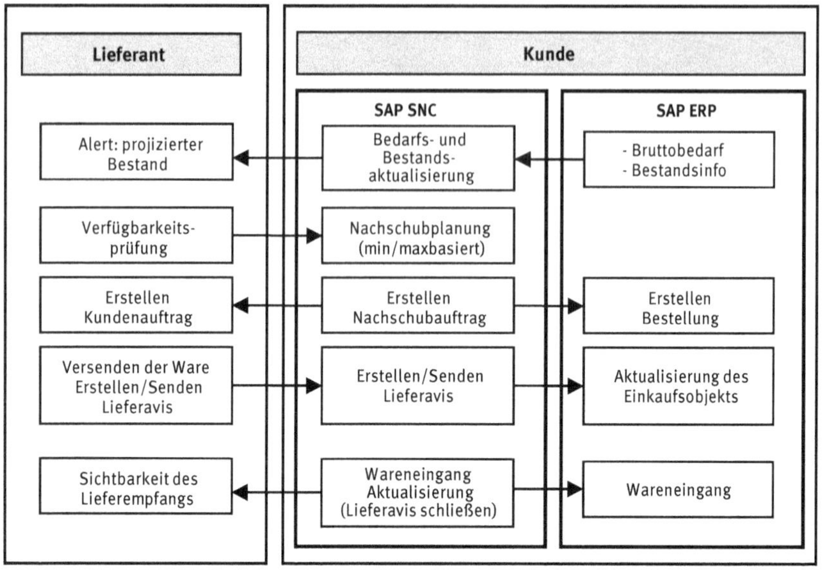

Abb. 10.26: Zusammenspiel Lieferant – Kunde bei SMI [Hamady 2008, S. 60].

Lieferabrufabwicklung, Bestellabwicklung

– *Lieferabruf-* und *Bestellabwicklung:* Lieferabrufe bei Rahmenverträgen oder explizite Bestellungen, die der Kunde aufgrund seiner eigenen Nachschubplanung tätigt, werden durch SNC-Funktionen unterstützt. In beiden Fällen erstellt der Lieferant nach Prüfung ein Lieferavis, mit dem er die bevorstehende Lieferung ankündigt, sodass der Abnehmer den Wareneingang vorbereiten kann.

Lohnbearbeitung (Subcontracting)

– *Lohnbearbeitung (Subcontracting):* Bei der sog. Lohnbearbeitung vergibt der Kunde die Arbeit an einen Vertragspartner. Damit sind eine ganze Reihe von Tätigkeiten verbunden, angefangen mit dem Anlegen einer „Lohnbearbeitungsbestellung" und der Belege zu den Materialien, die der Lohnbearbeiter zur Erledigung seiner Vertragsaufgabe benötigt. Diese Materialien werden „beigestellt" und deshalb „Beistellkomponenten" genannt. Da natürlich auch die Beistellkomponenten gebucht werden, muss der Kunde in seinem ERP-System einen sog. *Lieferantenbeistellbestand* einschließlich geplanter Zugänge und Abgänge führen.

Arbeitsauftragskooperation

– *Arbeitsauftragskooperation:* Sie steht im Zusammenhang mit der Lohnbearbeitung. Sie bezieht sich auf konkrete Fertigungsschritte (Phasen, Fertigungsstufen), die von einem externen Lohnbearbeiter (Dienstleister) durchgeführt werden sollen. Dem Lohnbearbeiter wird dazu insbesondere das Produktionsprozessmodell oder die Produktionsdatenstruktur (vgl. Abschnitt 10.1.1) übergeben, denen er die Stücklisten- und Arbeitsplaninformationen entnehmen kann.

- *Supply Network Inventory (SNI)*: Es schafft Sichtbarkeit im Netzwerk für die involvierten Partner (Kunden, Lohnbearbeiter, Lieferanten, Lieferanten von Lieferanten, Spediteure etc.). SNI unterstützt sie bei der Überwachung der Bestands- und Bedarfssituation an den verschiedenen Knoten der Lieferkette. Bei Über- oder Unterschreiten von Schwellenwerten werden Warnmeldungen (Alerts) abgesetzt. Wie bzw. welche Sichtbarkeit genau hergestellt wird, legt man in einem profilbasierten Sichtbarkeitskonzept fest.

  Supply Network Inventory (SNI)
- *Kanban-Steuerung mit externen Lieferanten:* Wenn der Benutzer in SAP ERP eine Kanban-Anforderung (vgl. Abschnitt 3.5.4) anlegt, kann er diese an SAP SNC schicken. SNC übernimmt dann die Übermittlung an den Lieferanten, die Lieferavis, Wareneingangsbuchung und Rechnungsabwicklung. Über eine webbasierte Oberfläche können sowohl der Kunde als auch der Lieferant die Kanban-Regelkreise überwachen (Anzahl, Status, Mengen der Kanbans) und entsprechend reagieren.

  Kanban-Steuerung
- *Anliefersteuerung:* Anders als das SMI (Supplier Managed Inventory), bei dem der Lieferant aufgrund von Bedarfsmeldungen des Kunden tätig wird, versetzt die Anliefersteuerung den Lieferanten in die Lage, *selbst* auf den aktuell vorhandenen Lagerbestand *kurzfristig* zu reagieren. Mithilfe eines *Anliefersteuerungsmonitors* überwacht der Lieferant ggf. mehrmals täglich den Lagerbestand beim Kunden. Darüber hinaus erzeugt das System eine Warnmeldung (Alert), wenn der Meldebestand unterschritten wird, sodass der Lieferant mit einem Transport zur Lagerauffüllung reagieren kann.

  Anliefersteuerung
- *Dynamische Wiederbeschaffung (Dynamic Replenishment):* Bei diesem Ansatz werden die Nettobedarfe des Kunden den Zugängen vom Lieferanten für den ausgewählten Zeitraum gegenübergestellt. Auf der einen Seite übergibt der Kunde seine geplanten oder verbindlichen Bedarfe aus SAP ERP an SAP SNC, auf der anderen Seite führt dies der Lieferant bezüglich seiner geplanten oder verbindlichen Zugänge durch. Wie Abb. 10.27 zeigt, aktualisiert SNC daraufhin seine Bedarfs- und Zugangsdaten. Es bewertet die Differenzen – unter Berücksichtigung von Toleranzen und Schwellwerten – und löst in Abhängigkeit von Einstellungen, die beim Customizing (vgl. Abschnitt 7.3) getroffen werden, bei kritischen Situationen Warnmeldungen aus.

  Dynamische Wiederbeschaffung (Dynamic Replenishment)

  Dynamische Wiederbeschaffung ist ein Ansatz, der primär zur Abstimmung der Planung des Lieferanten und des Kunden auf der taktischen Ebene dient [Hamady 2008, S. 186]. Die operative Umsetzung erfolgt durch die Funktionalitäten der Lieferabruf- und Bestellabwicklung (s. o.).

Rechnungskooperation

– *Rechnungskooperation* unterstützt die Abwicklung von Rechnungen und Gutschriften zwischen Lieferanten und Kunden. Der Lieferant legt eine *Rechnung* in SNC an. Der Kunde kann diese in seinem ERP-System prüfen und die entsprechenden Folgeschritte einleiten (Bestätigung, Zahlungslauf bzw. Veranlassung der Fehlerkorrektur etc.). *Gutschriften* werden auf dem Wege der sog. *automatischen Wareneingangsrechnung* (Evaluated Settlement Receipt, ERS) abgewickelt. Ein Rechnungsbeleg wird hierbei automatisch auf der Grundlage der Bestellung und des Wareneingangs gebucht, sodass auch nur die tatsächlich gelieferte Menge berücksichtigt wird. Eine zusätzliche Rechnungsprüfung entfällt.

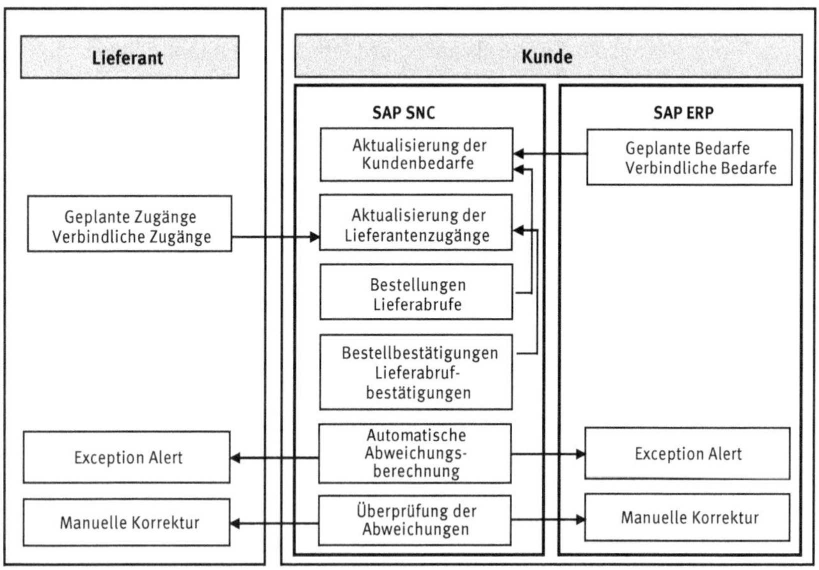

Abb. 10.27: Dynamische Wiederbeschaffung [Hamady 2008, S. 187].

10.4.2 Forecasting and Replenishment (F&R)

Artikelzahlen im Millionenbereich

Gegenstand des *SAP Forecasting and Replenishment (F&R)* ist die Planung der kurzfristigen Lagerauffüllung im Einzelhandel und in Distributionszentren. Im Einzelhandel gibt es sehr große Artikelzahlen (oft im Millionenbereich), sodass bereits die Stammdatenpflege durch Massendatenverarbeitung gekennzeichnet ist. Mit der Erfassung von POS-Daten (am Point of Sale, z. B. dem Kassenterminal) kommen weitere enorme Datenmengen hinzu.

Besonderheiten gegenüber der „normalen" Absatzplanung resultieren auch daraus, dass im Einzelhandel oft Faktoren wie Werbekampagnen, Feiertage (z. B. Weihnachten), Urlaubszeiten, Sportveranstaltungen (z. B. Weltmeisterschaften, Olympische Spiele), ungewöhnliche Wetterverhältnisse (z. B. Hitzewellen) u. v. a. eine Rolle spielen. Diese werden in der SAP-Terminologie *Bedarfseinflussfaktoren (BEFs)* genannt.

Bedarfseinflussfaktoren (BEFs)

Aufgrund der Besonderheiten wurde mit SAP F&R eine Lösung geschaffen, die das große Datenvolumen effizient bewältigen und zusammen mit *SAP ERP for Retail*, dem ERP-System für den Handel, eingesetzt werden kann. Abb. 10.28 skizziert das Zusammenspiel am Beispiel einer Promotion.

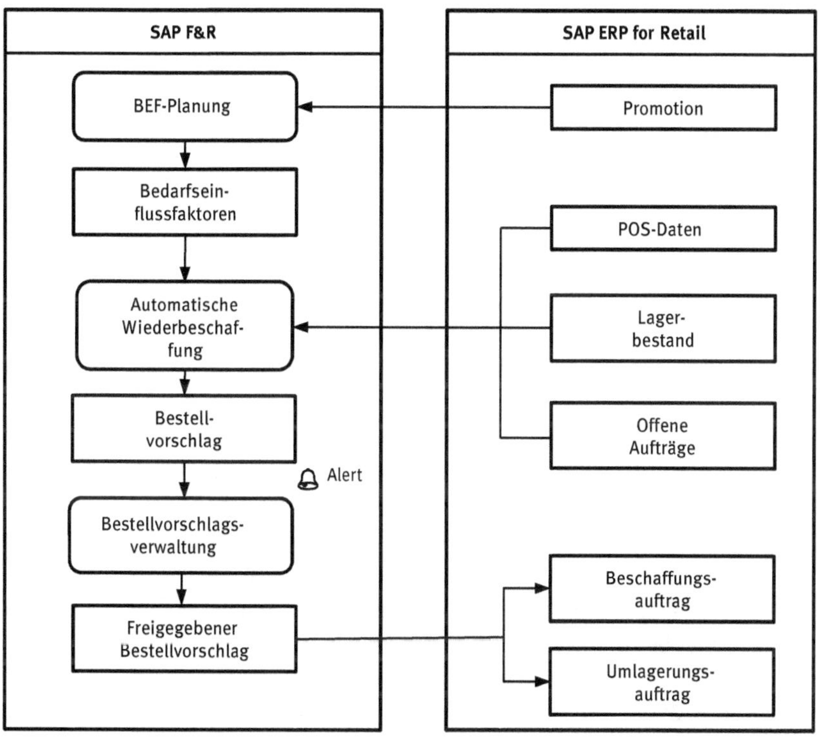

Abb. 10.28: Zusammenspiel SAP F&R – ERP for Retail [Knolmayer 2009, S. 151].

Die Promotion wird in SAP ERP for Retail angelegt und geht in F&R in die Planung mit Bedarfseinflussfaktoren ein. Im Rahmen der *automatischen Wiederbeschaffung* (Automatic Replenishment) werden auf der Ebene der Artikel und Lokationen Bedarfsvorsagen erzeugt, die Nettobedarfe

Automatische Wiederbeschaffung (Automatic Replenishment)

unter Berücksichtigung der dispositiven Verfügbarkeit ermittelt und Bestell-, Liefer- und Verfügbarkeitstermine berechnet.

Bestellvorschlagsverwaltung

Das Ergebnis sind Bestellvorschläge, die zur weiteren Bearbeitung als Umlagerungs- oder Beschaffungsaufträge an das ERP-System transferiert werden. Ausnahmen, wie Unterschreitung einer Mindestbestellmenge oder Überschreitung einer wertmäßigen Obergrenze, werden in der Bestellvorschlagsverwaltung behandelt, bevor sie dem ERP-System übergeben werden.

10.4.3 Event Management (EM)

Geplante und ungeplante Ereignisse

Das *Event Management (EM)* in SAP SCM dient dazu, die Lieferketten zu überwachen, insbesondere außerhalb des eigenen Unternehmens. Die Überwachung erfolgt anhand geplanter und ungeplanter Ereignisse. Bei *geplanten* Ereignissen (z. B. Laden der Waren beim Lieferanten durch den Spediteur) wird überprüft, ob sie im vorgesehenen Zeitfenster gemeldet werden. Abweichungen verlangen ebenso wie *ungeplante* Ereignisse (z. B. der Ausfall eines Transport- oder Produktionsmittels) eine besondere Behandlung. Dafür können Regeln definiert werden, die angeben, welche Konsequenzen zu ziehen sind, oder die Ereignisse werden manuell behandelt. Der bei SAP EM realisierte Lösungsansatz wurde bereits oben in Abschnitt 9.4.3 skizziert, sodass an dieser Stelle auf die früheren Ausführungen verwiesen wird.

Zusammenspiel von SAP EM, SNC und ERP

Ereignisse können grundsätzlich von verschiedenen Quellen gemeldet werden. Für SAP ERP und andere Quellen gibt es vordefinierte Schnittstellen. Ein Beispiel für die Integration von SAP Event Management mit SAP SNC (Supply Network Collaboration) ist in Abb. 10.29 skizziert. Das Beispiel zeigt die Behandlung des erwarteten Ereignisses „Bestätigung einer Bestellung durch den Lieferanten“, die innerhalb eines bestimmten Zeitraums erfolgen muss [Hamady 2008, S. 253].

Das erwartete Ereignis wird automatisch angelegt, wenn eine neue, in SAP ERP erzeugte Bestellung in SNC eintrifft. Danach prüft das Event Management, ob die Bestellbestätigung innerhalb des definierten Zeitraums erfolgt („veröffentlicht“). Ein zweites Ereignis wird im Übrigen in dem Beispiel ebenfalls überprüft, nämlich das Verschicken der Bestellbestätigung an das ERP-System.

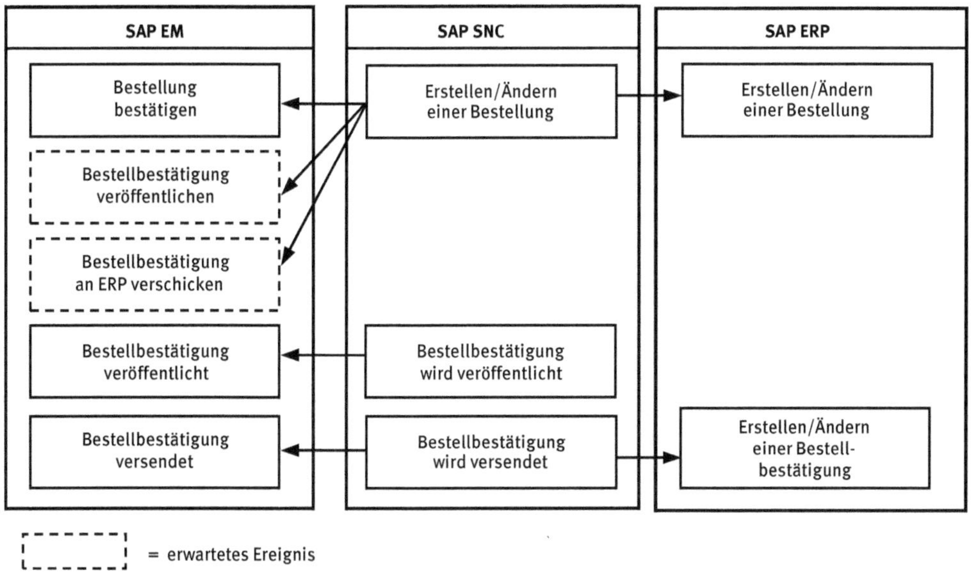

Abb. 10.29: Ereignisse in SAP EM, SNC und ERP [Hamady 2008, S. 253].

10.4.4 Extended Warehouse Management (EWM)

Umfangreiche Funktionalität für Warenbewegungen und Lagerbestandsführung

Das Modul *SAP Extended Warehouse Management (EWM)* stellt eine umfangreiche Funktionalität zur Abwicklung von Warenbewegungen und Verwaltung der Lagerbestände zur Verfügung. Diese geht über die Möglichkeiten der Bestandsführung in SAP ERP weit hinaus. Während in SAP ERP die Bestände nach Lagerorten getrennt geführt werden, kann in EWM der gesamte Lagerkomplex zusammen, aber detailliert bis auf die Ebene einzelner Lagerplätze hin, verwaltet werden.

Lagertypen

Der gesamte physische Lagerkomplex wird unter einer *Lagernummer* geführt. Unter dieser Nummer können unterschiedliche Lagereinrichtungen existieren, die nach *Lagertypen* unterschieden werden (z. B. Hochregallager, Blocklager, Palettenlager, Freilager). Abbildung 10.30 zeigt ein Beispiel, in dem fünf Lagertypen (0010, 0040, 0050, 9020, 9100) unter der Lagernummer 0001 definiert wurden [SAP 2025g].

Lagerstruktur

Die Lagerstruktur ist hierarchisch gegliedert, wie Abb. 10.31 verdeutlicht. Jeder Lagertyp wird in *Lagerbereiche* unterteilt. Zu einem Lagerbereich gehören Lagerplätze mit gemeinsamen Eigenschaften, beispielsweise „Lagerplätze für Schnelldreher" in der Nähe der Warenausgangszone (im Beispiel oben: Lagertyp 9020).

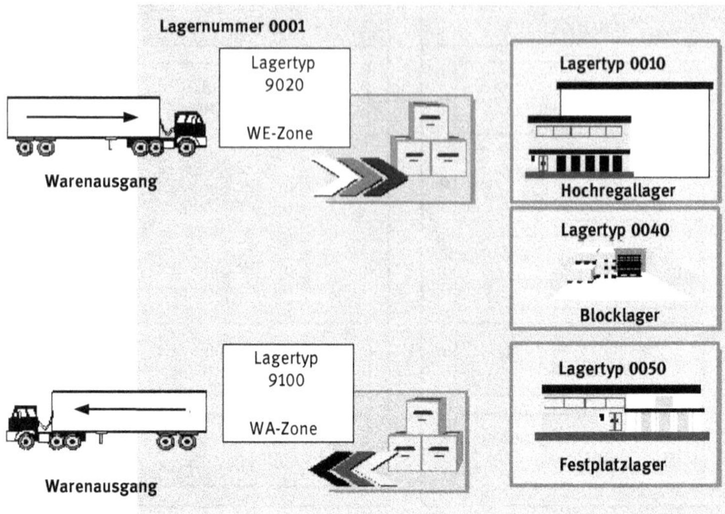

Abb. 10.30: Lagertypen in SAP EWM [SAP 2025g].

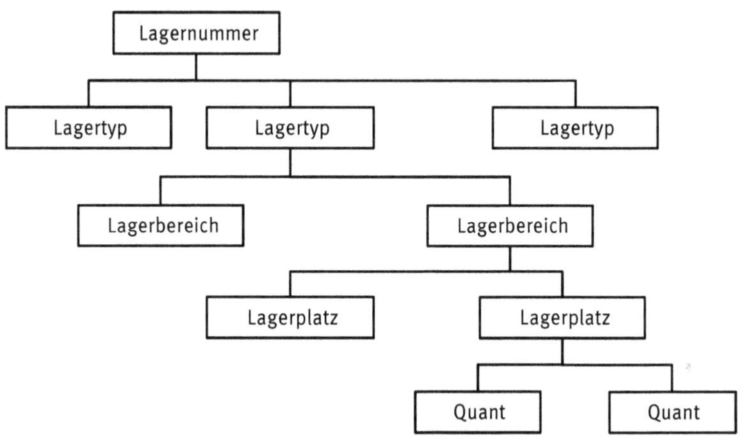

Abb. 10.31: Lagerstruktur in SAP EWM [SAP 2025g].

Jeder Lagerbereich eines Lagertyps besteht aus einer Reihe von *Lagerplätzen*, die durch Koordinaten lokalisiert werden können. An den Lagerplätzen werden die Produkte gelagert und bestandsmäßig geführt. Dadurch ist es möglich, genau herauszufinden, wo sich welche Mengen des Produkts befinden. Das *Quant* dient zur Bestandsführung am Lagerplatz. Damit wird der Bestand eines bestimmten Produkts mit gleichen Merkmalen an dem Lagerplatz bezeichnet [SAP 2025g].

Die EWM-Funktionalität unterstützt eine Reihe von Prozessen bei der Abwicklung von Warenbewegungen und Bestandsführung. Dazu gehören [SAP 2025h]:

- *Wareneingang*, einschließlich Yard Management (Fahrzeugverwaltung), Ein- und Auslagerungsstrategien, Cross Docking, Zusatzleistungen (z. B. Montage, Etikettierung) und Qualitätsmanagement
- *Warenausgang*, einschließlich Kommissionierwellenmanagement (Bündelung von Lieferpositionen), Nachschubsteuerung (Sicherstellen ausreichender Bestände für die Kommissionierung), Lagerplatzverwaltung und -optimierung, Handling Unit Management, Slotting (Lagerungsdisposition) und Inventur
- *Inventur*, einschließlich Erfassung von Inventurdifferenzen (tatsächlich vorhandener physischer Bestand verglichen mit den in EWM geführten Daten). Die Inventur kann lagerplatzbezogen oder produktbezogen erfolgen.
- *Übergeordnete Prozesse*, einschließlich Planung und Überwachung (Lagerverwaltungsmonitor), Datenfunk-Anbindung (Datenerfassung über RFID, Barcode), Ressourcenmanagement im Lager und Lagerautomation (Schnittstelle zu Fremdsystemen/Lagersteuerrechnern)

11 Lebenszyklusmanagement: Produktion und Supply Chains rückwärts

11.1 Lebenszyklusmanagement

11.1.1 Motivation für das Lebenszyklusmanagement

Güterrückflüsse

Während die bisherigen Kapitel dieses Buchs durch eine „nach vorn", d. h. auf die Erzeugung neuer Produkte gerichtete Sichtweise bestimmt waren, soll nun eine teilweise entgegengesetzte Position eingenommen werden. Es werden die *Rückflüsse* von Produkten untersucht, die in zunehmendem Maße das Handeln von Industrieunternehmen mitbestimmen.

Warenrücknahme nach Kauf

Dafür sind verschiedene Ursachen auszumachen. So geben etwa Konsumenten die gekauften Güter zurück. Angesichts der heutigen Kundenorientierung und des verschärften Wettbewerbs nehmen Händler Produkte großzügig zurück und reichen sie häufig an die Hersteller weiter. In den USA wurden bereits vor dem Aufschwung des Internethandels die rückwärts gerichteten Güterflüsse innerhalb von 3 Monaten nach dem Kauf auf ca. 100 Mrd. US$ pro Jahr geschätzt [Blackburn 2004].

OECD-Richtlinie „Extended Producer Responsibility"

Noch dramatischer ist die Situation am Ende der Nutzungsdauer der Produkte. Durch gesetzliche Verpflichtungen wird den Produktherstellern die Verantwortung für ihre Produkte am Ende des Lebenszyklus übertragen. Als Beispiele aus Deutschland sind zu nennen [Walther 2009]:

- Kreislaufwirtschafts- und Abfallgesetz (KrW-/AbfG)
- Altfahrzeuggesetz (AltfahrzeugG), das die europäische „End-of-Life Vehicle (ELV) Directive" umsetzt
- Elektro- und Elektronikgerätegesetz (ElektroG), das die europäische Richtlinie zum Waste Electrical and Electronic Equipment (WEEE) umsetzt

Die OECD hat zur Operationalisierung eine Richtlinie (Extended Producer Responsibility, EPR) für die Politik entwickelt [OECD 2025]. Nach der ELV-Direktive der Europäischen Union wird den Automobilherstellern eine weitgehende Verpflichtung zum Recycling übertragen: 85 % eines PKWs (in Gewicht) sollen wieder- oder weiterverwendet werden, während andererseits nur noch 5 % der Müllverbrennung zugeführt werden dürfen [Seitz 2004].

https://doi.org/10.1515/9783111589688-011

Umweltverträglichkeit

Rückflüsse am Ende der Nutzungsdauer sind nicht nur durch gesetzliche Vorschriften verursacht, sondern auch durch das gestiegene Umweltbewusstsein in der Gesellschaft. Unternehmen stellen die Umweltverträglichkeit ihrer Produkte im Marketing heraus, und Konsumenten neigen verstärkt dazu, Güter zu erwerben, die umweltverträglich dem Recycling zugeführt werden können.

„Returns flow below top management's radar screen"

In den Unternehmen wurde die Behandlung von Rückflüssen früher eher als lästige, wenn auch nicht vermeidbare Zusatzaufgabe empfunden, die beim Topmanagement keine Priorität genoss („At most firms, returns flow below top management's radar screen" [Blackburn 2004]).

Mit der quantitativen und wertmäßigen Zunahme der Rückflüsse in den letzten Jahren wurde immer deutlicher, dass eine Herausforderung für das Management darin liegt, die wirtschaftlichen Potenziale und Chancen der Rückflüsse zu untersuchen und zielgerichtet auszuschöpfen.

SCOR-Modell berücksichtigt „Return"-Prozesse

Das SCOR-Modell für die Gestaltung von Supply Chains, das in Abschnitt 9.3.1 erörtert wurde, berücksichtigt dementsprechend auch Rückflüsse, und zwar in Form der „Return"-Prozesse sowohl an der Schnittstelle zu den Lieferanten als auch an der Schnittstelle zu den Kunden hin [SCC 2012].

Aus den genannten Gründen wird die konventionelle Auffassung von Produkt- und Produktionsplanung sowie Supply Chain Management zunehmend durch eine ganzheitliche Betrachtungsweise ersetzt, die mit der Konstruktion des Produkts und der Rohstoffauswahl beginnt und insbesondere die Phasen nach Ende der normalen Nutzungsdauer einschließt. Dafür hat sich der Begriff *Lebenszyklusmanagement* eingebürgert [Raubold 2011; Spath 2000].

Recyclinggerechte Konstruktion und Arbeitsplanung

Aus ingenieurwissenschaftlicher Sicht spielt die *Konstruktion* eine herausragende Rolle, da hier bereits zahlreiche Vorentscheidungen bezüglich der späteren Recyclingmöglichkeiten implizit getroffen werden. In dem Begriff „recyclinggerechte Konstruktion" kommt die Notwendigkeit zum Ausdruck, die Rückführung eines Produkts oder seiner Bestandteile in den Stoffkreislauf am Ende seines Lebenszyklus bereits in der Konstruktionsphase zu berücksichtigen. Dazu gehört die Auswahl umweltfreundlicher Werkstoffe, deren Beseitigung möglichst wenig ökologische Belastungen verursacht, sowie die Einplanung von Baugruppen, die ggf. als ganze weiter- bzw. wiederverwendet werden können. Die *Arbeitsplanung* muss bei der Anordnung und Verbindung der Teile bedenken, wie aufwendig es später sein wird, sie wieder auseinanderzunehmen (z. B. Schraubverbindung vs. Schweißen).

Für den Konstrukteur und den Arbeitsplaner ist es wichtig, dass die Auswirkungen jeder Konstruktions- und Planungsentscheidung auf die Prozesse nach der Nutzungsphase transparent werden. Zur Unterstützung wurden Methoden, Kennzahlen, Richtlinien und Werkzeuge entwickelt [Spath 2000; Meerkamm 2000].

11.1.2 Reverse Supply Chain

„Rückwärts"-Prozesse

Bei der Verarbeitung von Rückflüssen treten insbesondere Prozesse wie die folgenden auf [Blackburn 2004]:

- *Produktakquisition:* Gebrauchte Güter werden von den Letztnutzern akquiriert.
- *Reverse Logistics* (Logistik rückwärts): Die Güter werden zu einer Einrichtung gebracht, in der die Begutachtung, Sortierung und Disposition erfolgen können.
- *Inspektion und Disposition:* Die Güter werden untersucht oder bewertet und für die wirtschaftlichste Art der Weiterbehandlung eingeteilt.
- *Behandlung:* Die Güter werden repariert, aufbereitet, demontiert bzw. in Bestandteile zerlegt oder ganz bzw. teilweise dem Abfall zugeführt.
- *Marketing und Absatz:* Für die wieder nutzbaren Güter, ihre Bestandteile oder die aus ihnen gewonnenen Materialien werden Marktchancen ermittelt und ausgeschöpft.

Reverse Supply Chains, Supply Loops

Die rückwärts gerichteten Materialflüsse werden in der angelsächsischen Literatur als *Reverse Supply Chains* [Blackburn 2004] bezeichnet. Genauer spricht man auch von *Supply Loops* (Lieferschleifen) [Geyer 2004], da ganzheitlich betrachtet sowohl die vorwärts, in Richtung auf Neuprodukte, als auch die rückwärts, in Richtung auf Recycling, zielenden Aktivitäten eingeschlossen sind.

Abbildung 11.1 deutet an, dass es verschiedenartige Schleifen geben kann. *Endprodukte* können nach Aufbereitung wieder in den Absatz gelangen. Für *Komponenten* (Baugruppen, Teile), die demontiert und aufbereitet werden, ist eine Wiederverwendung bei der Montage neuer Produkte denkbar und wiedergewonnene *Rohmaterialien* können in frühere Stufen des Produktentstehungsprozesses, z. B. die Teilefertigung, eingehen.

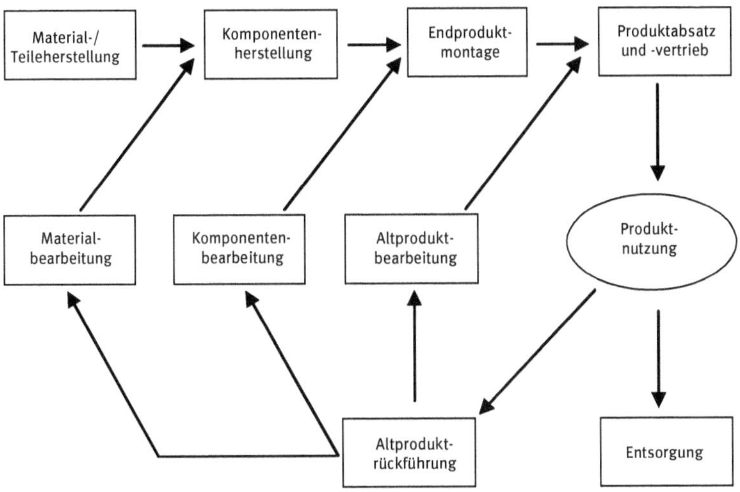

Abb. 11.1: Rückflüsse in Supply Loops [Geyer 2004].

Entsprechend der möglichen Verwendungen von zurückfließenden Produkten unterscheidet man
- Weiterverwendung und
- Wiederverwendung

von
- Endprodukten,
- Komponenten und
- Rohmaterialien.

Wieder- und Weiterverwendung

Weiterverwendung von Endprodukten oder von Komponenten ist möglich, wenn diese im Originalzustand ohne Beeinträchtigung ihrer Funktionsfähigkeit zurückgegeben werden und ohne wesentliche Veränderung ihres Zustands erneut ihrem Verwendungszweck zugeführt werden können. Müssen die Endprodukte oder Komponenten zuvor aufbereitet, z. B. repariert und gereinigt, werden, spricht man von *Wiederverwendung*. Bei Rohmaterial ist eine direkte Weiterverwendung im Allgemeinen nicht möglich. Hingegen kann durch technische oder chemische Prozesse häufig Material wiedergewonnen und neuen Produktions- oder Absatzprozessen zugeführt werden.

Ein bekanntes Beispiel für die Wiederverwendung von Komponenten sind Fotokopiergeräte. Wesentliche Teile eines Altprodukts werden hier ausgebaut, überholt und in neue Fotokopiergeräte wieder eingebaut.

Austauschmotoren

Ein anderes Beispiel sind Austauschmotoren für PKWs. Der entsprechende Recyclingprozess ist exemplarisch in Abb. 11.2 skizziert. Der Ablauf basiert auf der Untersuchung eines großen europäischen Automobilherstellers [Seitz 2004]. Am Anfang steht die manuelle Demontage der Motoren bis auf die Ebene von Baugruppen und Einzelteilen. Besonders mitgenommene Teile (Rost, Öl, Schmutz) werden einem chemischen Reinigungsprozess unterzogen.

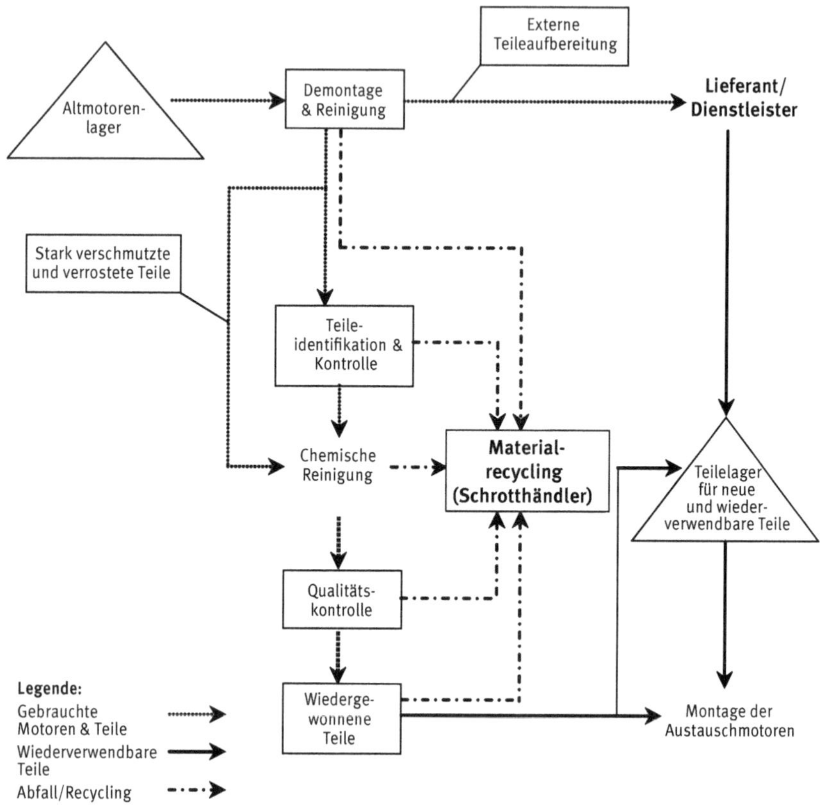

Abb. 11.2: Prozess zur Herstellung von Austauschmotoren [Seitz 2004].

Wiederverwendbare Teile fließen in die Montage der Austauschmotoren, während Teile, die aus technischen oder wirtschaftlichen Gründen nicht zu gebrauchen sind, dem Materialrecycling (Schrotthändler) zugeführt werden. Die Qualitätskontrolle stellt sicher, dass gesetzliche Regelungen und Gewährleistungsvorschriften eingehalten werden. 15 % eines Austauschmotors sind im Schnitt Neuteile (z. B. Kolben und Zylinder).

11.1.3 Managementgesichtspunkte beim Lebenszyklusmanagement

Im Gegensatz zur Produktion sind die rückwärts laufenden Prozesse zur Wieder- oder Weiterverwendung bzw. zur Verwertung sehr arbeitsintensiv. Während die Produktion zunehmend automatisiert wird – bis hin zur (fast) „menschenleeren Fabrik“ wie in der Automobilherstellung –, sind die Demontageprozesse durch einen hohen Anteil menschlicher Arbeit gekennzeichnet. Das Zerlegen eines Altprodukts in seine wesentlichen Bestandteile erfolgt weitgehend durch manuelle Arbeitsgänge. Bei PKWs wird darüber hinaus Fachwissen und Erfahrung benötigt – beispielsweise zur Identifizierung der Motoren, zur Fehlerdiagnose und zum erneuten Zusammenbau von Baugruppen [Seitz 2004].

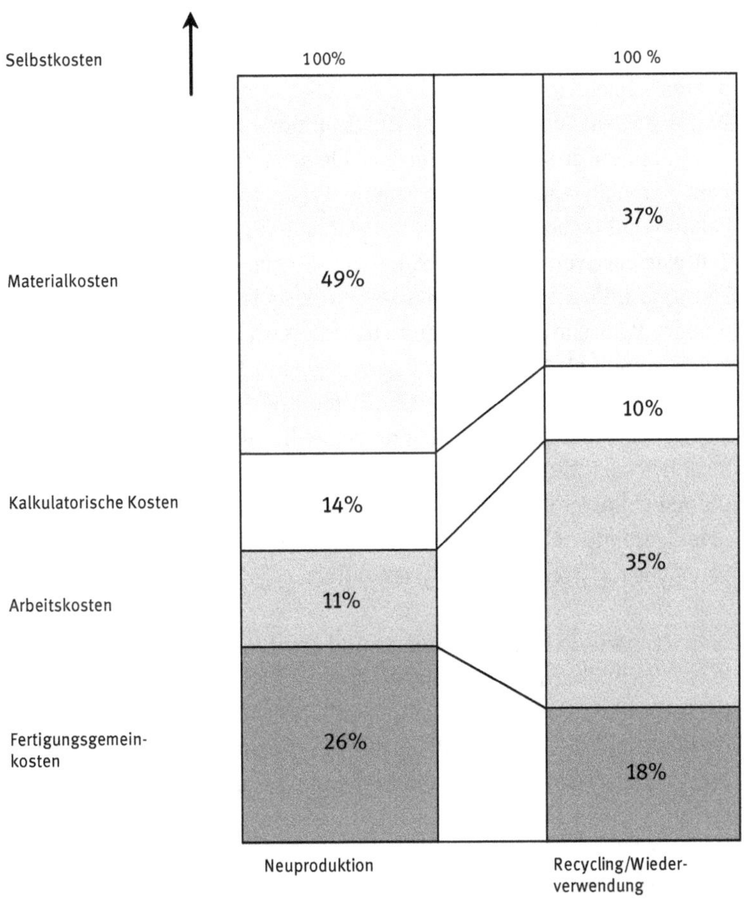

Abb. 11.3: Kostenstruktur bei Produktion von Neu- und Austauschmotoren [Seitz 2004].

Hoher Anteil der Arbeitskosten

Eine Gegenüberstellung der *Kostenstruktur* bei Neuproduktion und bei Recycling/Wiederverwendung zeigt Abb. 11.3 am Fall der Produktion von Neu- und Austauschmotoren. Man erkennt, dass zwar die Materialkosten bei Austauschmotoren nur einen geringeren Anteil an den Selbstkosten als bei Neumotoren ausmachen (37 % statt 49 %). Dagegen schlagen die Kosten für menschliche Arbeitsleistung signifikant höher zu Buche (35 % statt 11 %).

Altprodukte weisen gegenüber Neuprodukten erstens einen geringeren Wert und zweitens einen schnelleren Wertverlust auf [Blackburn 2004]. Naturgemäß müssen zurückfließende Altprodukte bearbeitet, überholt oder demontiert werden, bevor sie in neue Wertschöpfungsprozesse eingehen, oder sie fließen insgesamt als Gebrauchtwaren wieder dem Absatz zu.

Wertverlust im Zeitablauf

Der *Zeitfaktor* spielt bei den Prozessen nach Ende der Produktnutzung eine wesentliche Rolle. Der Wertverlust im Zeitablauf schreitet bei Altprodukten schnell voran. Dem steht die Beobachtung gegenüber, dass in der Praxis die Behandlung der Altprodukte oft nur sehr schleppend erfolgt.

Bei einem großen Computer- und Elektronikhersteller betrug die Zeit vom Wareneingang (Alt-PCs und andere Produkte) bis zum Beginn der Inspektion und Disposition mehr als $3\frac{1}{2}$ Monate [Blackburn 2004]. In dieser Zeit war der Wertverlust i. d. R. bereits so hoch, dass ein Recycling sich kaum noch lohnte. Die Rate des Wertverlusts ist abhängig von der Produktart. Während sie bei Produkten im Bereich „Consumer Electronics", z. B. PCs, mehr als 1 % pro Woche betragen kann, liegt sie bei weniger fortschrittsanfälligen Teilen, z. B. einem Kameragehäuse, deutlich niedriger.

Die Relationen zwischen unterschiedlichen Quellen des Wertverlusts bei Rückflüssen geben Blackburn und Co-Autoren aufgrund von Untersuchungen in der Praxis wie folgt an [Blackburn 2004]: Bei einer Grundgesamtheit (100 %) an zurückgenommenen Produkten im Wert von 1.000 US$ können erzielt werden für:

45 %	reparierte bzw. demontierte und recyclierte Produkte:	250 US$
10 %	leicht überholte Produkte:	75 US$
10 %	Produkte, aus denen Komponenten gewonnen werden:	20 US$
15 %	Produkte, die zu Abfall entsorgt werden müssen:	0 US$
20 %	neuwertige Produkte, die wieder auf Lager gehen:	190 US$
		535 US$

Der Wertverlust beträgt in dieser exemplarischen Rechnung ca. 45 %. Während der auf den „Altprodukt"-Charakter zurückzuführende Wertverlust kaum vermeidbar ist, kann auf den durch zeitliche verzögerte

Bearbeitung entstehenden Anteil durch strategische und operative Managemententscheidungen eingewirkt werden.

Frühzeitige Differenzierung

Eine frühzeitige Differenzierung der zurückgenommenen Altprodukte kann dazu beitragen, den Wertverlust durch den Zeitablauf zu mindern. Wenn beispielsweise eine schnelle Trennung von neuwertigen und zu entsorgenden bzw. zu demontierenden Produkten erfolgt, können die ersteren unmittelbar dem Absatzkanal wieder zugeführt werden. Implizite Opportunitätskosten werden durch schnellere Demontage und Wiederverwendung gewonnener Teile vermieden. Wenn die Differenzierung bereits bei der rücknehmenden Einrichtung (z. B. Einzelhandel) erfolgt, ist der Zeitgewinn für den Hersteller noch größer.

Wertschöpfungsaufwand und Umweltschädigungspotenzial

Der Aufwand für die Herstellung marktfähiger Produkte, der entsteht, wenn die Wertschöpfung auf der Basis von Altprodukten erfolgt, ist umso höher, je weiter ein Altprodukt in seine Bestandteile zerlegt wird. Umgekehrt ist das Umweltschädigungspotenzial umso niedriger, je „endproduktnäher“ die Bearbeitung erfolgen kann. Abbildung 11.4 veranschaulicht diesen Sachverhalt.

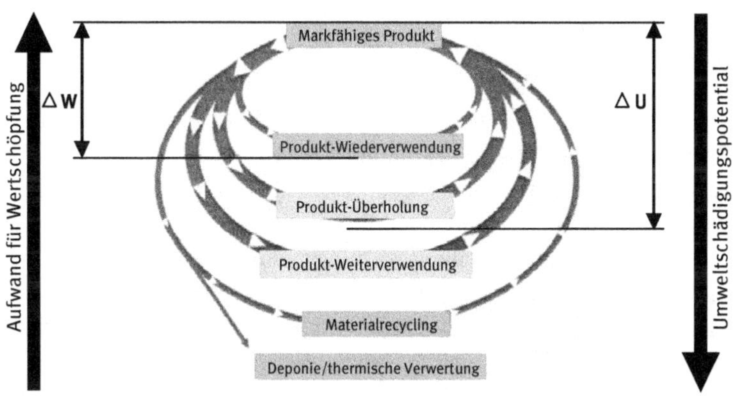

Abb. 11.4: Wertschöpfungsaufwand und Umweltschädigungspotenzial [Bullinger 2000].

Probleme und Restriktionen

Die Möglichkeiten, Altprodukte oder ihre Bestandteile wieder in den Wertschöpfungsprozess einzubringen, sind mit zahlreichen Schwierigkeiten, Problemen und Einschränkungen behaftet. Zu nennen sind insbesondere [Geyer 2004]:

- Fehlender Zugriff auf die Altprodukte am Ende ihrer Nutzungsdauer
- Mangelnde technische Machbarkeit der Demontage oder Trennung
- Fehlende Wiederverwendbarkeit von Komponenten oder Rohmaterialien aufgrund von Qualitätsansprüchen

– Kein Markt bzw. keine Nachfrage nach aufbereiteten Altprodukten, Komponenten oder Fraktionen/Rohmaterial

Empfehlungen für das Management

Aus ihrer Untersuchung von Unternehmen, die Rückflüsse systematisch behandeln, sprechen Blackburn und Co-Autoren Empfehlungen für das Management aus [Blackburn 2004]. Danach soll der Rücklauf an Produkten, wie verderblichen Gütern, die im Zeitablauf an Wert verlieren, nicht als ein Strom von Abfällen betrachtet werden. Er soll als integraler Teil des *Supply Chain Management* und damit mit höherer Priorität behandelt werden. Die Autoren schlagen vor, die Zeit zur wesentlichsten Messzahl für die Leistungsfähigkeit der Reverse Supply Chains zu machen und die rückwärts gerichteten Prozesse anhand des Zeitwerts der Produkte zu gestalten. Den Reverse Supply Chains soll die gleiche Aufmerksamkeit wie den auf Neuproduktion gerichteten Lieferketten gewidmet werden.

11.2 Recyclingplanung und -steuerung

Erweiterung der PPS-Grunddaten

Für das Recycling bzw. die vorausgehende Demontage sind spezifische Informationen erforderlich, die über die konventionellen Grunddaten der Produktionsplanung und -steuerung hinausgehen. Beispielsweise enthalten die Teilestammdaten üblicherweise keine Angaben über die Recyclingfähigkeit eines Teils und über die Art und Weise, wie die Entsorgung zu erfolgen hat. Angesichts der Menge an Entsorgungsvorschriften, kann man die relevanten dem Teil direkt im Stammsatz zuordnen.

Ferner sind für die Demontage Informationen darüber nützlich, wie die Teile zusammengesetzt sind bzw. ob ein geführtes Teil ein Bauteil im engeren Sinne darstellt oder nur als Verbindungselement dient. Deshalb sollten Bauteile und Verbindungselemente in den Teilestammdaten gesondert gekennzeichnet werden. Aus dem Vorhandensein eines bestimmten Verbindungselements (z. B. Stecker) in einer Erzeugnisstruktur kann auf die Art der Verbindung geschlossen und ein geeigneter Demontagearbeitsgang zugeordnet werden.

Erfassung umweltrelevanter Betriebsdaten

Viele Unternehmen speichern heute umweltrelevante Daten der Produktion. Damit wird es möglich, Produkte nicht nur nach Funktionalität, Kosten und Qualität, sondern auch nach den Belastungen für die Umwelt zu bewerten. So werden etwa Daten über Energieverbrauch (Elektrizität, Fernwärme, Öl, Erdgas), Frischwasser, Abwasser, Verbrauch an Roh-, Hilfs- und Betriebsstoffen, Lagerung und Verbrauch von Gefahrstoffen, Emissionen, Abfälle und Reststoffe erfasst und gespeichert. ERP-Systeme und MES müssen die Eingabe und Pflege derartiger Daten erlauben. Aufbauend auf den umweltrelevanten Daten können dann betriebs-, prozess- oder produktbezogene Ökobilanzen erstellt und Managemententscheidungen unterstützt werden.

11.2.1 Produktions- und Recyclingplanung und -steuerung (PRPS)

Wie in Abb. 11.4 angedeutet wurde, ist die zusätzliche Belastung der Umwelt umso geringer, je weniger ein Altprodukt zum Zwecke des Recyclings zerlegt und in seine Bestandteile zurückgeführt werden muss. Ökologisch am ungünstigsten ist es, wenn ein komplexes Produkt (z. B. ein Personal Computer) bis zu den Ursprungsmaterialien hin (z. B. Kunststoffe, Aluminium, Kupferschrott) zurückgeführt wird und nur die Materialien mittelbar oder unmittelbar wieder in neue Produkte eingehen. Produktion und Recycling sind in diesem Fall getrennte Prozesse, wie Abb. 11.5 veranschaulicht. Es handelt sich um eine Ausprägung des sog. *Materialrecyclings*.

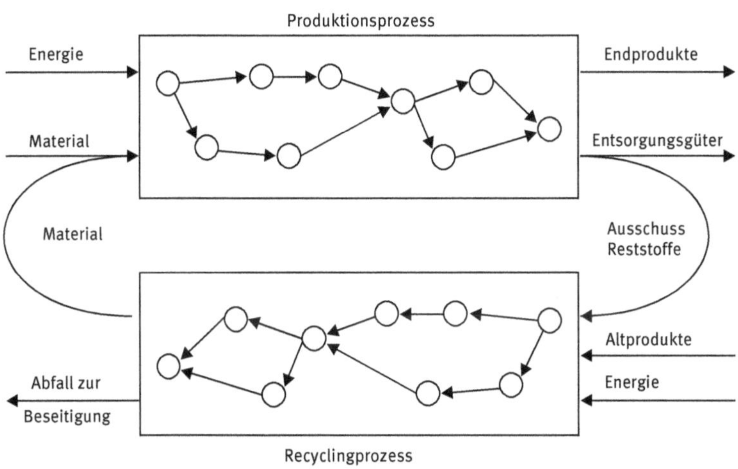

Abb. 11.5: Produktion und Recycling als getrennte Prozesse [Rautenstrauch 1997, S. 49].

Ökologisch vorteilhafter als das Materialrecycling ist das *Produkt-* oder *Komponentenrecycling*. Darunter versteht man den Wiedereinsatz von Altprodukten bzw. ihren Komponenten unter Nutzung der Gestalt und Funktionalität der Produkte bzw. Komponenten, ggf. nach Aufbereitung. Im Beispiel würde das PC-Gehäuse also nicht geschreddert, sondern vielleicht nur neu lackiert und wieder verwendet.

Komponentenrecycling

Wenn höhere Bestandteile eines Endprodukts in den Produktionsprozess zurückfließen, kann dies auf unterschiedlichen Stufen erfolgen.

Abbildung 11.6 deutet an, dass außer Sekundärrohstoffen wie zuvor („Material") auch Sekundärteile und -baugruppen an verschiedenen Stellen wieder in den Produktionsprozess eingehen. Umgekehrt ist es denkbar, dass Produktionsausschuss und Reststoffe sofort bei Anfall und nicht erst am Ende des Produktionsprozesses zum Recycling gehen.

PRPS-Systeme

Die Abbildung zeigt für diesen Fall enge Beziehungen zwischen Produktion und Recycling, die für eine Integration der Prozesse sprechen, sofern Produktion und Recycling vom selben Unternehmen durchgeführt werden. Dies führte zu der Forderung, Produktionsplanungs- und -steuerungssysteme (PPS-Systeme) mit Recyclingplanungs- und -steuerungssystemen (RPS-Systemen) zu *Produktions- und Recyclingplanungs- und -steuerungssystemen (PRPS-Systemen)* zu integrieren [Rautenstrauch 1997; S. 57, Kurbel 1997].

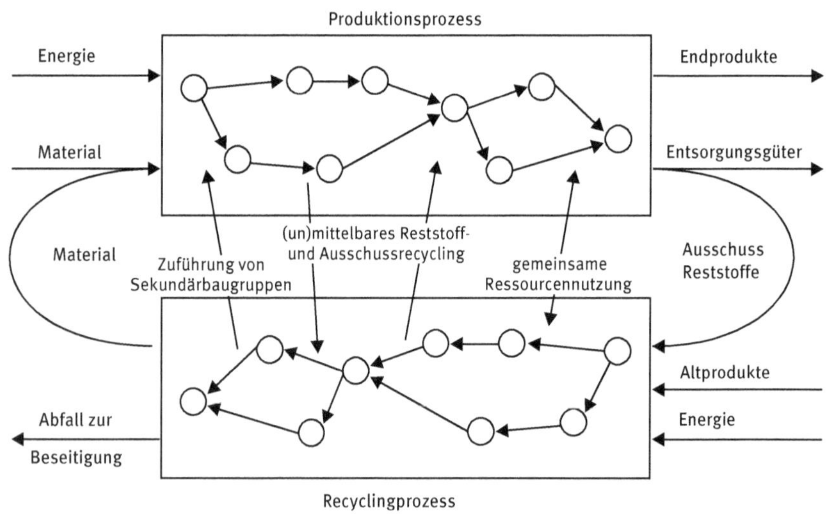

Abb. 11.6: Integrierte Produktions- und Recyclingprozesse [Rautenstrauch 1997, S. 50].

Recyclingorientierte Komponenten im ERP-System

Heute werden die recyclingorientierten Komponenten zunehmend in ERP-Systeme integriert. Dies bedeutet zum einen Erweiterungen bzw. Änderungen der Funktionalität, da Materialflüsse zwischen den Produktions- und Recyclingprozessen auftreten und eventuell die gleichen Kapazitäten benötigt werden.

Beispielsweise sind bei der Bedarfsauflösung (vgl. Abschnitt 2.6.1) die voraussichtlichen Mengen in Abzug zu bringen, die aus dem Komponenten- oder Materialrecycling gewonnen werden. Dementsprechend ist die Nettobedarfsermittlung zu erweitern. Die Terminplanung muss berücksichtigen, dass insbesondere bei einer engen Kopplung von Produktions- und Recyclingprozessen wie in Abb. 11.6 wechselseitige Input-Output-Beziehungen bestehen und die Prozesse nicht unabhängig voneinander terminiert werden können.

Die Problematik der integrierten Produktions- und Recyclingplanung und -steuerung kann hier nur angerissen werden. Der interessierte Leser sei auf die Ausführungen in Rautenstrauch [1997] und [Kurbel 1997] verwiesen.

11.2.2 Planung und Steuerung beim Produkt- und Komponentenrecycling

Demontage

Vor allem bei komplexen technischen Produkten, wie Haushaltsgeräten, Computern, Maschinen oder PKWs, führt man i. d. R. ein Recycling auf Komponenten-, in Einzelfällen auch auf Produktebene (z. B. Fotokopierer) durch. Voraussetzung für das Recycling ist im Allgemeinen eine *Demontage*, bei der die Altprodukte in ihre Bestandteile zerlegt werden. Diese Aufgabe erledigen meist spezialisierte Entsorgungsunternehmen. In manchen Fällen betreiben die Hersteller auch die Demontage und das Recycling ihrer Produkte.

Nur auf den ersten Blick ist die Demontage das Gegenstück von Montage. Beispielsweise lassen sich Teile, die in der Erzeugnisstruktur enthalten sind, gar nicht wieder als solche herauslösen, wenn bei der Arbeitsplanung bestimmte Verbindungsarten gewählt wurden (z. B. Schweißen), oder der Aufwand für das Lösen lohnt sich nicht. Da auch Entsorgungsunternehmen wirtschaftliche Ziele verfolgen, wird darüber hinaus eine Zerlegung nur dann durchgeführt, wenn die resultierenden Teile oder Sekundärrohstoffe einen positiven Deckungsbeitrag versprechen (d. h., es muss ein Absatzmarkt existieren) oder wenn gesetzliche Vorschriften dazu zwingen (z. B. Entfrachtung von Schadstoffen).

Recyclingerzeugnisstruktur

Wie für die Produktion wird für die Zerlegung eines Produkts eine Erzeugnisstruktur benötigt. Die sogenannten *Recyclingerzeugnisstrukturen* unterscheiden sich in mehrfacher Hinsicht von den Produktionserzeugnisstrukturen. Abbildung 11.7 verdeutlicht an einem einfachen Beispiel die Unterschiede [Kurbel 1995a].

Zum einen ist die Strukturbeziehung zwischen den Knoten anders zu interpretieren („wird getrennt in" statt „geht ein in"). Zwar spiegelt auch die Recyclingerzeugnisstruktur die Bestandteile eines Produkts wider. Sie stellt jedoch dar, in welche Komponenten das Produkt demontiert werden kann und ob die demontierten Teile ggf. dem Recycling zugeführt werden können.

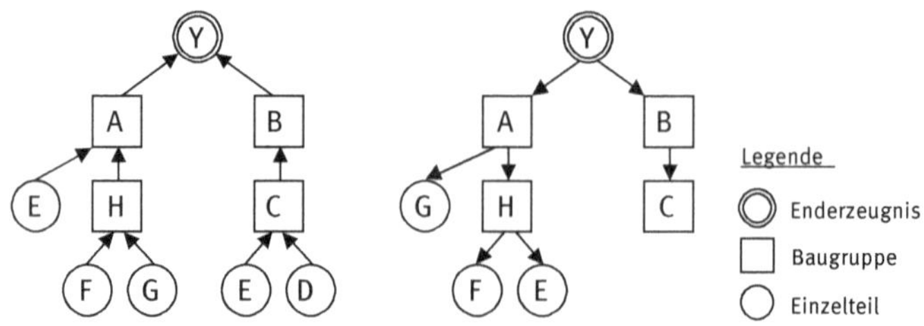

Abb. 11.7: Produktions- und Recyclingerzeugnisstruktur.

Lösbarkeit von Verbindungen

Unterschiede gibt es weiterhin nicht nur bei den Kanten, sondern auch bezüglich der Kriterien, nach denen die Knoten gebildet werden. Während für die Baugruppen in Produktionserzeugnisstrukturen konstruktive Gesichtspunkte maßgeblich sind, wird das Zusammenfassen von Teilen zu einer Demontagebaugruppe primär durch die Art und Weise bestimmt, wie die Teile miteinander *verbunden* sind (Lösbarkeit von Verbindungen).

Produktionserzeugnisstruktur ≠ Recyclingerzeugnisstruktur

Gegenüber einer Produktionserzeugnisstruktur können in der Recyclingerzeugnisstruktur sowohl Teile fehlen als auch Teile hinzukommen. Ersteres ist der Fall, wenn eine Baugruppe als Ganzes dem Recycling zugeführt und nicht weiter zerlegt wird (im Beispiel die Baugruppe C, sodass E und D nicht mehr ausgewiesen werden). Zusätzliche Teile treten in der Recyclingerzeugnisstruktur auf, wenn bei der Produktion eine Baugruppe zugekauft wurde, die jetzt aber mit demontiert werden muss.

Schließlich kann der Fall auftreten, dass ein Teil in der Recyclingerzeugnisstruktur an einer anderen Stelle als in der Produktionserzeugnisstruktur auftaucht. Betrachtet man etwa die Baugruppe A, so setzte sich diese ursprünglich aus dem Einzelteil E und der Unterbaugruppe H zusammen. Bei der Montage wurde vermutlich E physisch fest mit H verbunden und H vielleicht über das Teil G an das Gehäuse A geschraubt.

Bei der Demontage von A erhält man somit G und H, während E erst durch die Zerlegung von H wiedergewonnen wird. Das kleine Beispiel zeigt, dass für die Demontageplanung andere Daten als für die Fertigung benötigt werden und die Verbindungen zwischen den Teilen eine herausragende Rolle spielen. Voraussetzung für die Erstellung einer Recyclingerzeugnisstruktur sind somit Informationen über die Lösbarkeit dieser Verbindungen.

Recyclinggraph

Als Datenstruktur zur Darstellung der Bestandteile eines Produkts und der Art und Weise, wie die Bestandteile zusammenhängen, kann ein Recyclinggraph zum Einsatz kommen [Meerkamm 2000; Kurbel 1995a; Stobitzer 1997]. Abbildung 11.8 zeigt einen solchen Graphen für ein Altprodukt „Personal Computer". Er hat zwei Typen von Knoten: Teileknoten und Verbindungsknoten.

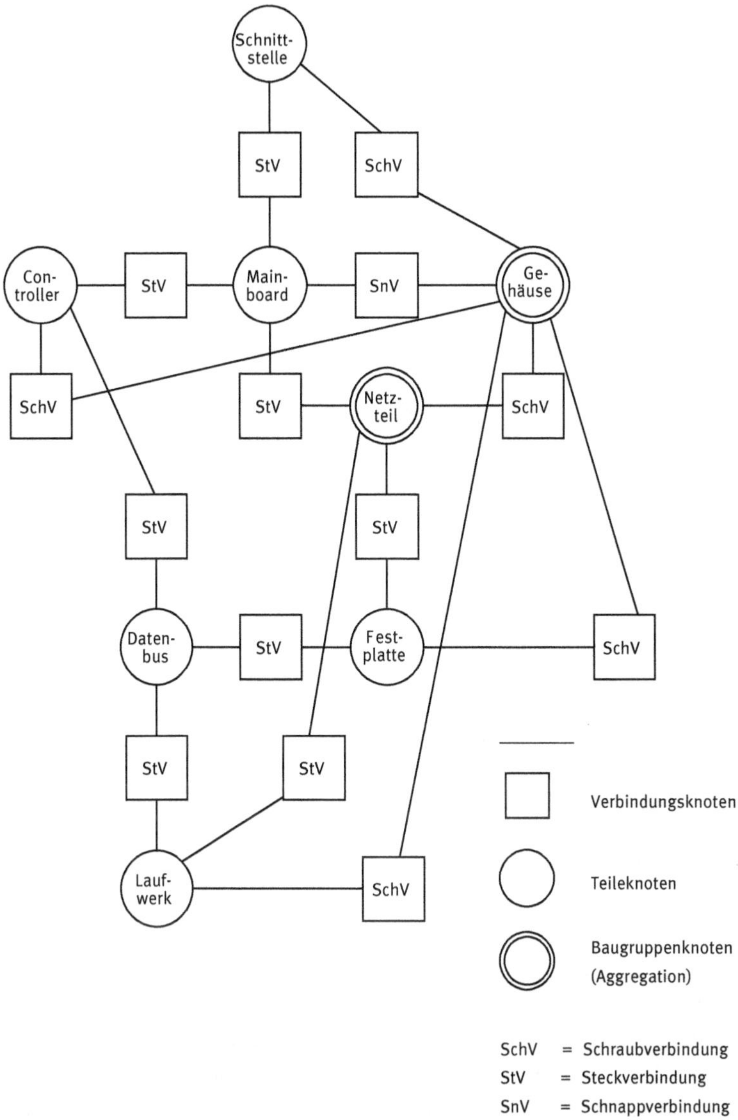

Abb. 11.8: Beispiel eines Recyclinggraphen für einen PC [Kurbel 1995a].

Teileknoten und Verbindungsknoten

Teileknoten enthalten die Teilestammdaten, ggf. ergänzt um recyclingrelevante Informationen wie Wiedereinsetzbarkeit, Lagerfähigkeit etc. *Verbindungsknoten* repräsentieren die bestehenden mechanischen Verbindungen zwischen den Teilen. In ihnen wird dokumentiert, worin die Verbindung besteht (geschraubt, gelötet, geschweißt, genietet, geklebt, aufgeschrumpft etc.), welche Werkstoffe verwendet wurden, wie die

Verbindung gelöst werden kann (sofern Informationen vorhanden) und mit welcher Zerstörungsquote zu rechnen ist.

Aus dem Recyclinggraphen kann die Recyclingerzeugnisstruktur konstruiert werden, indem Einzelteile zu *Demontagebaugruppen* und untergeordnete zu übergeordneten Baugruppen zusammengefasst werden. Zu diesem Zweck müssen die Verbindungsknoten analysiert werden. Als Sonderfall ist zu beachten, dass Teile, die nicht voneinander gelöst werden können, als ganze Baugruppe repräsentiert werden. Die Recyclingerzeugnisstruktur enthält somit nicht nur Teileknoten der Produktionserzeugnisstruktur, sondern auch zusätzliche Knoten, die Demontagebaugruppen repräsentieren.

Demontagearbeitsplan

Analoge Abweichungen gibt es bei den *Arbeitsplänen*. Bezüglich der Unterschiede zwischen Produktionsarbeitsplänen und Demontagearbeitsplänen und der Erzeugung von Demontagearbeitsplänen sei auf die Literatur verwiesen (z. B. [Rautenstrauch 1997, S. 54, Kurbel 1995a, Stobitzer 1997].

11.3 Ein Blick auf die Entsorgungsbranche

RPS-Systeme

Unter der Voraussetzung, dass Grunddaten wie die vorstehend skizzierten zur Verfügung stehen, könnten umfassende Recyclingplanungs- und -steuerungssysteme entwickelt werden. Wenngleich die Komplexität der Demontage und des Recyclings dies nahelegen, ist die Entwicklung in der Praxis nicht so eingetreten. Ein wesentlicher Grund liegt darin, dass sich ein differenziertes Recycling technischer Güter mit einer vielstufigen Zerlegung wirtschaftlich nicht lohnt.

Es sind vor allem mittelständische Entsorgungsunternehmen, die unter Wettbewerbsbedingungen innerhalb eines lokalen Einzugsbereichs eine breite Palette von Altprodukten entgegennehmen und zerlegen. Diese Betriebe haben nur kleine Gewinnspannen aus den Sekundärrohstoffen oder Gebrauchtteilen, sodass die Zerlegung sehr schnell und mit geringen Kosten durchgeführt wird. Selbst wenn feinere Zerlegungen möglich und ökologisch sinnvoll wären, unterbleiben diese zwangsläufig aus wirtschaftlichen Gründen.

Operative Entscheidungsprobleme

Während den aus dem Produktionsbereich übertragenen Planungs- und Steuerungsproblemen somit nur geringere Priorität beigemessen wird, treten häufig, vorwiegend auf der operativen Ebene, spezifische Entscheidungsprobleme auf, die unter Termindruck schnell gelöst werden müssen. Beispiele sind:

– Entscheidung, ob ein Gebrauchtteil aufbereitet oder als Schrott behandelt werden soll

- Wahl zwischen unterschiedlichen Vorgehensweisen bei der Demontage, in Abhängigkeit vom Zustand eines Altprodukts
- Bestimmung der optimalen Demontagetiefe in Abhängigkeit von Marktpreisen für Sekundärrohstoffe u. a.
- Kalkulation eines Entsorgungsauftrags ohne sichere Kenntnis der resultierenden Demontagekosten und Fraktionserlöse

Computergestützte Materialwirtschaft

Im Zusammenhang mit dem Absatz der Recyclate spielen auch die Lagerhaltung und die Materialwirtschaft in Entsorgungsunternehmen eine wichtige Rolle. Die Funktionen „Beschaffung" (der Altprodukte) und „Vertrieb" (der Recyclate) unterscheiden sich deutlich von den analogen Funktionen eines Fertigungsbetriebs. Beispielsweise stehen auf der Beschaffungsseite oft Abnahmeverpflichtungen durch Rahmenverträge, die auch zu erfüllen sind, wenn die Marktpreise für die gewinnbaren Recyclate gerade sehr niedrig sind. Eine längere Lagerung bis zum nächsten Preisanstieg kann dann zweckmäßig sein.

Insgesamt ist festzuhalten, dass im Bereich der Recyclingplanung und -steuerung weiterhin ein erheblicher Forschungs- und Entwicklungsbedarf besteht. Wenn die Preise für Primärrohstoffe niedrig sind, wird dieser Bedarf nicht als dringend empfunden. Mit zunehmender Verknappung mancher natürlichen Rohstoffe wächst aber der Druck, Demontage- und Recyclingprozesse sorgfältig zu durchleuchten und eine bessere Ressourcenausbeute zu erreichen.

12 Digitalisierung in der Industrie

12.1 Digitalisierung: Grundgedanken

Digitalisierung

Die *Digitalisierung* ist ein viel diskutiertes Schlagwort. Manchmal werden mit ihm visionäre Szenarien in Wirtschaft und Gesellschaft verbunden, manchmal dient es auch nur als Dach für unterschiedlichste neue Technologien. Obwohl es ernsthafte Bemühungen gibt, den Begriff zu definieren, wird er in Medienberichten und Publikationen eher schwammig verwendet.

Digitale Informationsdarstellung

Dies mag daran liegen, dass es – ausgehend von der Grundbedeutung – Implikationen in vielen Anwendungsfeldern gibt. Eigentlich bedeutet Digitalisierung nur eine Darstellung von Informationen in digitaler statt in analoger Form. Beispielsweise wird die Geschwindigkeit auf einem Tachometer in Ziffern statt in Zeigerstellungen/Winkeln angezeigt, und Informationen in einem (digitalen) Computer werden durch die Ziffern 0 und 1 statt durch Stromspannungen dargestellt.

Die Digitalisierung von Informationen eröffnet darüber hinaus aber neue Möglichkeiten in allen Bereichen, in denen Informationen erzeugt, verwendet oder übertragen werden. Informationen wie eine Bestellung werden digital erzeugt und weitergegeben, ein Produktvideo kann als E-Mail-Anhang verschickt oder im Browser angeklickt werden, und in einem Geschäftsprozess wird der nächste Arbeitsschritt automatisch angestoßen, wenn der vorige per Mausklick fertig gemeldet wurde.

12.1.1 Digitalisierung von Unternehmen

Digitalisierung von Unternehmen

Wenn man von der *Digitalisierung von Unternehmen* spricht, meint man demzufolge mehrere Anwendungsfelder. Eine systematische Beschreibung, was Digitalisierung umfasst, gaben Laudon & Laudon schon lange vor dem „Digitalisierung“-Hype. Der Untertitel ihres weltweit verbreiteten Lehrbuchs „Management Information Systems“ lautete schon im Jahr 2002 „Managing the Digital Firm“. Die Autoren skizzieren ein „digitales Unternehmen“ wie folgt [Laudon 2002; Laudon 2022]:

Das „digitale Unternehmen“

- Alle signifikanten *Geschäftsbeziehungen* innerhalb und außerhalb des Unternehmens – mit Kunden, Lieferanten und Beschäftigten – sind digitalisiert.

https://doi.org/10.1515/9783111589688-012

- Die (Kern-) *Geschäftsprozesse* werden auf der Basis digitaler Netze durchgeführt, die die ganze Organisation umspannen oder mehrere Organisationen verbinden.
- Die *Unternehmenswerte* („Core corporate assets") – Firmenvermögen, Mitarbeiter, geistiges Eigentum, Kernkompetenzen – werden mit digitalen Mitteln verwaltet und gesteuert, sodass jede Information, die für wichtige Geschäftsentscheidungen benötigt wird, jederzeit und überall im Unternehmen verfügbar ist.

ERP-Systeme fördern Digitalisierung

Wenn man Unternehmen betrachtet, die flächendeckend und unternehmensweit *ERP-Systeme* und ggf. weitere integrierte Informationssysteme einsetzen, dann kann man sagen, dass ein Teil dieser Merkmale bereits erfüllt ist.

Insbesondere sind *innerbetriebliche Geschäftsprozesse* weitgehend digitalisiert, wenn sie im ERP-System abgebildet sind und eine Workflowkomponente den automatisierten Ablauf steuert.

Zwischenbetriebliche Geschäftsprozesse sind meist nicht im gleichen Maße digitalisiert. Hier hängt es davon ab, ob bzw. inwieweit die an einer Lieferkette Beteiligten elektronisch kommunizieren, Dokumente austauschen und Geschäftstransaktionen mit integrierten oder gekoppelten Informationssystemen abwickeln. Der in Abschnitt 9.4.2 beschriebene VMI-Ansatz (Vendor Managed Inventory) ist in diesem Sinne ein digitaler (Teil-) Prozess.

Bezüglich der *Informationsdarstellung* ist die Digitalisierung beim ERP-Einsatz schon weit fortgeschritten. Ein Großteil der geschäftlichen Informationen wird in der Datenbank des ERP-Systems geführt. Aufbauend auf den Daten können weitere relevante Informationen erzeugt werden, wenn analytische Informationssysteme und andere Business-Intelligence-Anwendungen (vgl. Abschnitt 6.4.1) in die IT-Landschaft des Unternehmens integriert sind.

Wissensmanagement

Ein wichtiger Bestandteil im Sinne des dritten Spiegelstrichs oben (Unternehmenswerte) fehlt in vielen Unternehmen noch oder befindet sich gerade im Aufbau: *Wissensmanagement*. Digitale Unternehmen erfassen und speichern das Wissen ihrer Mitarbeiter, werten es aus und verwenden es bei zukünftigen Fragestellungen wieder. Dazu können spezifische *Wissensmanagementsysteme (WMS)* zum Einsatz kommen. Ein umfassendes Konzept für das Wissensmanagement in der Unternehmenspraxis beschreibt [Meusburger 2018].

Wissensmanagement-system (WMS)

Die Digitalisierung von Unternehmen bezieht sich zusammengefasst, sowohl im innerbetrieblichen als auch zwischenbetrieblichen Kontext, auf digitale Geschäftsprozesse, die digitale Kommunikation, digitale Informationsdarstellung und -weitergabe sowie das digitale Wissen.

Digitalisierung von Industrieunternehmen: Industrie 4.0

Wenn man *Industrieunternehmen* unter dem Gesichtspunkt der Digitalisierung betrachtet, dann kommen weitere Aspekte hinzu. Sie ergeben sich aus der fortschreitenden Automatisierung der Produktionstechnik. Maschinen und Produkte werden zunehmend „intelligent“, da sie ebenfalls auf digitalen Technologien aufbauen. Die Implikationen für Industrieunternehmen werden weiter unten unter dem Stichwort *Industrie 4.0* behandelt.

Neue Geschäftsmodelle

Neue Geschäftsmodelle

Die Digitalisierung fördert darüber hinaus neue *Geschäftsmodelle*. Diese zeichnen sich dadurch aus, dass sie für den digitalen Geschäftsverkehr nützliche Leistungen erbringen. Unternehmen mit solchen Geschäftsmodellen sind häufig selbst digital, kommunizieren mit ihren Kunden digital und erbringen ihre Leistungen ebenfalls vollkommen digital.

Beispiel Google

Das bekannteste Beispiel eines digitalen Geschäftsmodells ist das von *Google*: die digitale Suche und darauf basierend zahlreiche Zusatzleistungen wie kontextsensitive Werbung.

Beispiel SEO (Suchmaschinenoptimierung)

Ein etwas kleineres Beispiel ist die *Suchmaschinenoptimierung* (SEO, Search Engine Optimization). Unternehmen, die Aufmerksamkeit für ihre Produkte oder Dienstleistungen erreichen wollen, sind heute darauf angewiesen, dass sie von Suchmaschinen (wie Google) auf den vorderen Plätzen der Ergebnisliste genannt werden. Auf SEO-Techniken spezialisierte Dienstleistungsanbieter trimmen die Webseiten des Unternehmens entsprechend. Das SEO-Geschäftsmodell gibt es nur deshalb, weil die Informationssuche heute weitestgehend digitalisiert erfolgt.

12.1.2 Digitale Technologien

Bei einer etwas anderen Sicht auf die Digitalisierung werden neue Technologien und Methoden, durch die man sich einen Fortschritt in der Geschäftstätigkeit verspricht, in den Vordergrund gestellt. So gibt es etwa Begriffserläuterungen, die die Digitalisierung oder digitale Unternehmen durch Aufzählung technisch geprägter Stichwörter wie den folgenden beschreiben [Berg 2020; Streim 2019; Catharina 2018; Startup-Wissen 2025]:

- Kommunikation mit E-Mail, SMS oder Messenger-Nachrichten
- Softwareroboter (z. B. Chatbots, die in Chaträumen fragen und antworten; Messenger-Bots, die automatisch Nachrichten erzeugen und versenden)

- Videokonferenzen, Streaming
- Schnelles mobiles Internet (5G)
- Internet der Dinge (IoT, Internet of Things); vgl. Abschnitt 12.4
- Blockchain-Technologie; vgl. Abschnitt 12.5.5
- Kryptowährungen (z. B. Bitcoin)
- E-Health (elektronische Unterstützung des Gesundheitswesens), Legal Tech (Legal Technology – Automatisierung juristischer Prozesse) u. a. Anwendungen
- Wissensmanagement (s. o.)
- Künstliche Intelligenz (z. B. Maschinelles Lernen, Robotik, neuronale Netze)
- Big Data; vgl. Abschnitt 12.5.4
- 3D-Druck; vgl. Abschnitt 12.3.1
- Virtual Reality (Darstellung und Wahrnehmung einer virtuellen Realität)
- Augmented Reality (computergestützte, erweiterte Wahrnehmung der Wirklichkeit)
- Cloud Computing; vgl. Abschnitt 12.5.3
- Smart Home, Smart City (technologieunterstützte Wohnung bzw. Stadt)
- Predictive Maintenance (prognosegestützte Instandhaltung)
- Wearables (tragbare, vernetzte Mini-Computer)
- Sprachassistenten (sprachgesteuerte Assistenzsysteme, z. B. Siri, Alexa)
- Soziale Netzwerke (z. B. Facebook, Twitter, Instagram, Snapchat)
- Autonome Fahrzeuge, Connected Car (selbstfahrende Kraftfahrzeuge mit Internetverbindung)

Die Aufzählung zeigt ein Sammelsurium unterschiedlichster Technologien, Methoden und Forschungsansätze. Grundsätzlich können alle von ihnen für die Digitalisierung eines Unternehmens relevant sein.

Industrie 4.0

Die bloße Zusammenfassung von Technologien unter dem Schlagwort „Digitalisierung" bringt noch keinen weiteren Nutzen. Vielmehr benötigt das Unternehmen eine Strategie für den Ausbau der Digitalisierung und einen konzeptionellen Rahmen, in den sich die Aktivitäten einordnen. Für Industrieunterunternehmen stellt *Industrie 4.0* einen solchen Rahmen dar.

Industrie 4.0 war lange Zeit ein Schlagwort wie Digitalisierung. Um zu einer Präzisierung und Definition des Begriffs zu gelangen, wird zunächst der Weg aufgezeigt, der zu der Konzeption Industrie 4.0 führte. Deshalb werden in den nächsten Hauptabschnitten dieses Kapitel erst Technologien erörtert, die als Bestandteile oder Basis von Industrie 4.0 angesehen werden.

12.2 RFID als Basistechnologie für Industrie 4.0

Kontaktlose Identifikation auf Basis von Funkwellen

Neben der Netzwerktechnologie (lokale Netze, Weitverkehrsnetze, Internet) ist RFID eine der Basistechnologien für Industrie 4.0.

RFID steht für Radio Frequency Identification. Darunter versteht man die kontaktlose Identifikation von Objekten und die Datenerfassung auf der Basis von Funkwellen, die über kurze Entfernungen empfangen werden können.

Ein RFID-System hat grundsätzlich drei Arten von Komponenten, wie Abb. 12.1 zeigt: Transponder, RFID-Leser (RFID Reader) und eine Middleware mit Schnittstellen zu anderen Computersystemen.

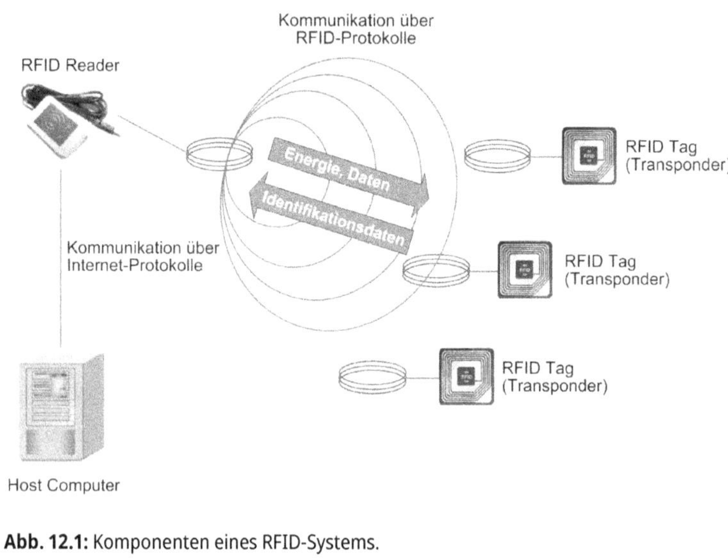

Abb. 12.1: Komponenten eines RFID-Systems.

Transponder

Ein *Transponder* ist ein kleines flaches Objekt, das aus einem Mikrochip und einer Mikrowellenantenne zum Empfangen und Senden von Daten besteht. Synonyme sind RFID Tag, Smart Tag, RFID-Etikett und Funketikett. Diese Namen kommen daher, dass sich der Transponder meist auf einem mit Plastik überzogenen Träger befindet, der wie ein Etikett an dem zu identifizierenden Objekt (z. B. Produkt, Karton, Palette) angebracht wird.

Passive Transponder

Ein typischer Mikrochip kann einige Datenbytes speichern und hat eine Größe von einem halben bis einen Millimeter. Er besitzt weder eine eigene Stromversorgung noch eine eigene Steuerung (Controller). Das heißt, er ist „passiv" und wird erst von außen aktiviert, wenn er Strom erhält. Die Stromversorgung erfolgt im Zuge der Energieaufnahme über die Antenne, die den Chip über Mikrowellen mit einem Lese- und Sendegerät verbindet.

Aktive Transponder

Neben den eben beschriebenen, passiven Transpondern gibt es auch sogenannte *aktive* (und semiaktive) *Transponder*, die eine eigene Batterie besitzen. Diese macht den Transponder leistungsfähiger, sodass er mehr Aufgaben übernehmen kann und vor allem über größere Entfernungen erreichbar ist, aber sie macht ihn auch teurer. Aktive Tags senden selbst Funksignale aus und können Entfernungen zum RFID Reader von mehreren Hundert Metern oder einigen Kilometern überbrücken. Sie werden vor allem für höherwertige Güter genutzt (z. B. Fahrzeuge, Schiffscontainer).

RFID Reader

Das Lese- und Sendegerät wird im Allgemeinen *RFID-Leser* (oder *RFID Reader*) genannt. Es sendet Funkwellen aus, die ein elektromagnetisches Feld erzeugen und den Mikrochip aktivieren. Der Transponder kann nun seine Identifikationsnummer sowie gespeicherte Daten zurückübertragen (wobei passive Transponder streng genommen nicht Daten senden, sondern der Reader Veränderungen im Sendefeld verzeichnet).

Da es sich bei RFID um Funkwellen handelt, braucht keine Sichtverbindung zwischen dem Transponder und dem Reader zu bestehen. Es können also auch RFID Tags innerhalb eines Behälters identifiziert werden. Dies ist ein prinzipieller Vorteil gegenüber der traditionellen Barcode-Technologie, bei der jedes Objekt sichtbar am Barcode-Leser vorbeigeführt werden muss.

Bulk Reading

Die Fähigkeit, Objekte ohne Sichtverbindung erkennen zu können, wird beim sog. *Bulk Reading* (Pulklesen, Pulkerkennung) ausgenutzt. Hier geht es darum, eine ganze Gruppe von mit RFID Tags versehenen Objekten zu lesen und separat zu identifizieren. Abbildung 12.2 verdeutlicht dies am Beispiel einer Palette mit Kartons, die durch eine RFID-Lesestation (RFID-Portal) geschoben wird. In jedem Karton ist eine gewisse Anzahl von Produkten verpackt, die mit RFID Tags versehen sind. Die fehlerfreie Identifizierung jedes Kartons und jedes darin enthaltenen Objekts stellt jedoch eine technische Herausforderung dar, die noch nicht abschließend gelöst ist.

Host Computer, Middleware

Da RFID Reader im Wesentlichen nur Transponder ansprechen und Daten auslesen, sind sie in der Regel mit einem anderen System verbun-

Abb. 12.2: RFID-Portal mit Pulkerkennung.

den, an das sie die Daten übermitteln. Dies ist ein Computer (Host Computer), der ein spezifisches Softwaresystem (*Middleware*) beherbergt. Die Middleware interpretiert die Daten und/oder leitet sie an sog. Backend-Systeme zur Interpretation und Verarbeitung weiter, in der Logistik z. B. an ein Manufacturing Execution System (vgl. Abschnitt 8.1), ein ERP- oder ein SCM-System.

12.2.1 EPC (Electronic Product Code)

Da Objekte in Logistikketten (z. B. Produkte, Container) immer wieder Unternehmensgrenzen überschreiten, ist es wichtig, dass alle relevanten Lokationen die Transponder gleichermaßen identifizieren und die gespeicherten Daten interpretieren können.

EPC (Electronic Product Code)

Die dafür erforderliche Standardisierung soll der elektronische Produktcode *EPC (Electronic Product Code)* leisten. Er wurde ursprünglich vom Auto-ID Center am MIT (Massachusetts Institute of Technology) entwickelt und später von der Einrichtung EPCglobal übernommen, die heute Teil der Standardisierungsorganisation GS1 ist. GS1 entwickelt Standards, die die Effizienz und Transparenz von Lieferketten organisationsübergreifend verbessern sollen (www.gs1.org).

Der EPC ist ähnlich wie ein Barcode aufgebaut. Er enthält Informationen über die Art des Objekts (z. B. Einzelstück, Karton), den Hersteller, die Artikelnummer sowie eine Seriennummer. Abbildung 12.3 zeigt

Electronic Product Code (EPC)			
01.	000A89.	00016 F.	001169DCO
Header	Domain-Manager	Objekt-Klasse	Seriennummer
8 Bit	28 Bit	24 Bit	36 Bit

Abb. 12.3: EPC (Electronic Product Code).

die Struktur anhand eines Beispiels (die Ziffern sind in hexadezimaler Schreibweise angegeben).

Die Bestandteile haben folgende Bedeutung [Weber 2025]:

- Der *Header* legt fest, welches Kodierungsschema für die nachfolgenden Sektoren des Codes verwendet wird.
- Der *Domain-Manager* beinhaltet eine Basisnummer, die Auskunft über die Herkunft des Objekts bzw. den Hersteller gibt.
- Die *Objekt-Klasse* enthält die Nummer einer Oberklasse, die dem Objekt zugeordnet ist (z. B. Apfelsaft 0,75 Liter, Tetrapack). Die Nummer entspricht der EAN-Artikelnummer.
- Die *Seriennummer* ist die fortlaufende Nummer eines bestimmten Produkts (z. B. die einzelnen Apfelsaftflaschen eines Herstellers).

EPC basiert auf Internet

Die EPC-Konzeption geht davon aus, dass Informationen über die Produkte nicht an den Produkten selbst (d. h. auf den Transpondern), sondern an anderen Stellen im Internet gespeichert sind. Die dann erforderliche Infrastruktur zur Verarbeitung von EPCs ist in Abb. 12.4 skizziert.

Object Naming Service (ONS)

Da auf den Transpondern nur Informationen zur Objektidentifikation gespeichert werden, gibt es einen *Object Naming Service (ONS)*, der die zum jeweiligen EPC gehörige Adresse im Internet kennt. Die Middleware kann dann die relevanten Produktinformationen von dem richtigen Anwendungssystem besorgen und neue Informationen zur Weiterverarbeitung an dieses weiterleiten. Für die Kommunikation zwischen Middleware und Anwendungssystemen über das Internet ist im EPC-Kontext eine XML-basierte Sprache, *PML (Physical Markup Language)*, vorgesehen.

Die skizzierte Infrastruktur wurde im Forschungsbereich entwickelt und mit dem Übergang in die Realisierungsphase in der Industrie fortgeschrieben und praktischen Anforderungen angepasst.

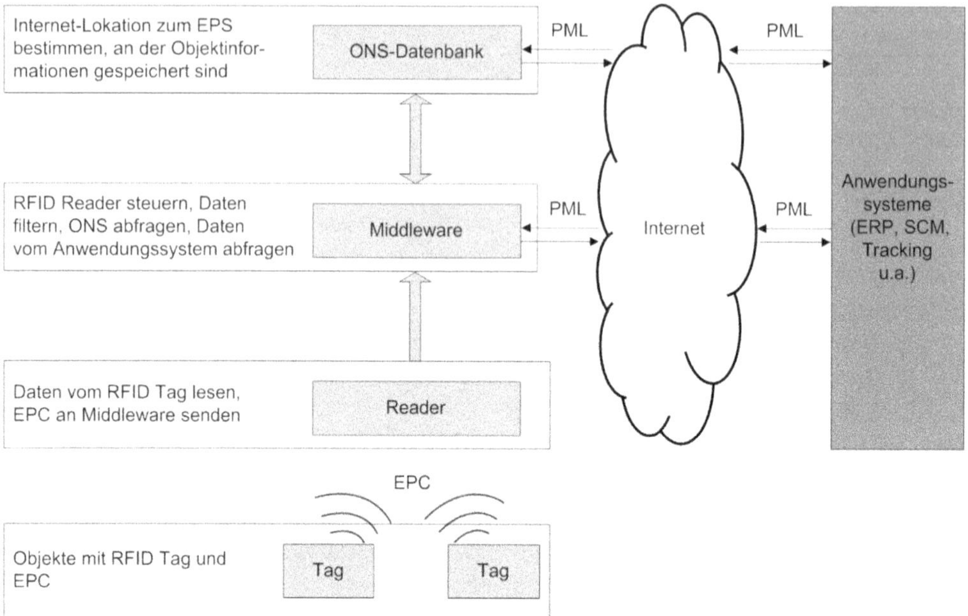

Abb. 12.4: EPC-Verarbeitung [in Anlehnung an Flörkemeier 2005, S. 88; Lewis 2005, S. 26].

12.2.2 RFID-Anwendungen

Die RFID-Technologie ist heute in vielfältigen Anwendungsfeldern zu finden. Diese reichen von der Zutrittskontrolle, Fahrzeugidentifikation und Wegfahrsperren über Reise- und Skipässe bis hin zur Produktfälschungssicherheit sowie Logistikanwendungen wie der Rückverfolgung von Sendungen.

Einige Beispiele, die Bezüge zum Enterprise Resource Planning und Supply Chain Management aufweisen, sollen im Folgenden kurz skizziert werden.

Artikelüberwachung

Wenn alle Produkte eines Supermarkts oder Teile eines Fertigungsunternehmens RFID Tags tragen, können sie automatisch überwacht, gezählt und fortbewegt werden. In der Folge können Prozesse im Rechnungswesen oder zur Lagerauffüllung automatisch angestoßen werden.

Der Leiter eines Supermarkts erhält zum Beispiel von der Überwachungs- und Steuerungssoftware automatisch Informationen über den jeweiligen Artikelbestand in den Regalen, Überschreitungen des Mindesthaltbarkeitsdatums, Ortsveränderungen (Artikel wird bewegt) u. a. [Presser 2012, S. 26]. Nimmt ein Kunde einen Artikel aus dem Regal, wird die Entnahme verzeichnet, sodass ein Auswertungsprogramm Statistiken über von den Kunden bevorzugte und weniger beliebte Artikel erstellen kann.

Einkaufsverhalten von Kunden

Wenn die Einkaufswagen ebenfalls mit RFID-Etiketten versehen sind, lässt sich das Einkaufsverhalten der Kunden beobachten und evaluieren. Beispielsweise können Korrelationen zwischen der Zeit, die der Kunde vor einem Regal verbringt, und der Kaufentscheidung ermittelt und für die zukünftige Positionierung von Artikeln genutzt werden. Für die Beobachtung und Evaluierung sind keine manuellen Aktionen erforderlich, vielmehr laufen sie automatisch mit.

Güterverfolgung in der Lieferkette

Die Funktionsweise der EPC-Infrastruktur wurde von mehreren Autoren am Beispiel einer Getränkeproduktion und -auslieferung demonstriert. Die folgende Darstellung vereinigt Aspekte aus mehreren Quellen (insbesondere [Auto-ID 2002], [Auto-ID 2003], [Lewis 2004, S. 25]).

An der Lieferkette sind drei Organisationen – Getränkehersteller, Distributionszentrum, Supermarkt – sowie Fahrzeuge von Spediteuren beteiligt. Abbildung 12.5 zeigt den Ablauf, wie er in Auto-ID [2002] dargestellt ist.

(1) Beim Getränkehersteller werden alle Flaschen, die über das Verpackungsfließband laufen, ebenso wie alle Kästen und Paletten mit RFID Tags versehen, die einen EPC enthalten.
(2) Wenn die Paletten durch das RFID-Portal an der Verladestation des Herstellers transportiert werden, sendet der RFID Reader Funkwellen aus, welche die Tags aktivieren.
(3) Die RFID Tags senden ihre EPCs an den Reader. Die einzelnen Tags werden nacheinander ausgelesen, d. h., die Transponder werden vom Reader jeweils an- und ausgeschaltet.
(4) Der Reader sendet die EPCs an einen Computer, auf dem die Middleware läuft (Savant). Diese schickt jeden EPC über das Internet an eine ONS-Datenbank, die eine Internetadresse erzeugt. Der Object Naming Service verwendet die Adresse, um über einen PML-Server die ausführlichen Produktinformationen zu besorgen.
(5) An der Entladerampe des Distributionszentrums, die ebenfalls mit einem RFID Reader ausgestattet ist, werden die EPCs ganzer Paletten gelesen, ohne dass die einzelnen Kartons oder Flaschen ausgepackt werden müssen. Die Middleware erzeugt mithilfe des ONS

eine Lieferliste und veranlasst den Transport und die Verladung der Palette auf dem richtigen LKW („Truck 34“). Dieser steuert dann den Supermarkt an, für den die Palette bestimmt ist.

(6) Wenn die Sendung beim Supermarkt ankommt, wird sie im Warenwirtschaftsmodul des Einzelhändlers verzeichnet. Auf diese Weise kann der Warenbestand automatisch und ohne zusätzliche Kosten fortgeschrieben werden.

(7) Intelligente Regale („Smart Shelves“) mit RFID-Lesern können Entnahmen registrieren und automatisch Bestellanforderungen für Nachbestellungen erzeugen, sodass Fehlmengen („Stockouts“) vermieden werden.

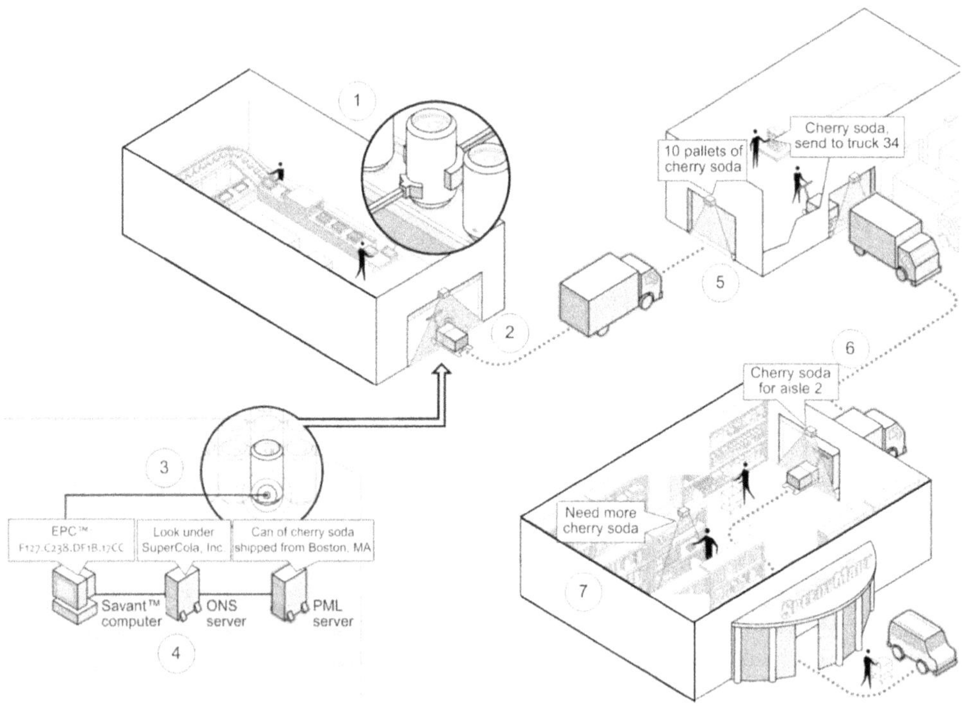

Abb. 12.5: EPC-Verarbeitung in einer Lieferkette [Lewis 2005, S. 26].

Alle beteiligten Organisationen profitieren von der RFID-Unterstützung der Lieferkette [Auto-ID 2003]:

– Der Getränkehersteller hat einen jederzeit aktuellen Informationsstand. Er kennt den Bestimmungsort jeder Flasche, sobald sie die Verpackungsstation verlassen hat. Wird zum Beispiel ein Mangel festgestellt, weiß der Hersteller, welche Flaschen er wo zurückrufen muss.

- Im Distributionszentrum kann der Lagerverwalter Sendungen zügig weiterleiten, denn er erfährt sofort, welche Güter sich auf einem LKW befinden und wohin sie weitertransportiert werden müssen.
- Im Supermarkt können die Regale optimal befüllt und Fehlmengen vermieden werden, da intelligente Regale Entnahmen selbst registrieren und automatisch die Wiederauffüllung veranlassen.
- Da das Management des Supermarkts die Warenbestände in den Regalen, im Lager und im Wareneingang genau kennt, muss es nur geringere Sicherheitsbestände vorsehen und spart so Lagerhaltungskosten.

12.3 Cyber-Physical Systems und Smart Factory

Ein essenzieller Bestandteil von Industrie 4.0 sind sog. Cyber-Physical Systems (CPS), eingedeutscht „cyber-physische Systeme“, die in ihrem Zusammenwirken die intelligente Fabrik („Smart Factory“) ermöglichen.

12.3.1 Was sind Cyber-Physical Systems (CPS)?

Softwareintensive physische Systeme

Cyber-Physical Systems (CPS) sind vernetzte softwareintensive physische Systeme (z. B. Maschinen), die grundsätzlich ortsunabhängig Dienste erbringen können. CPS arbeiten kontextspezifisch, adaptiv, autonom, automatisiert und multifunktional [Geisberger 2012].

Eine umfassende Definition des Begriffs Cyber-Physical System liefern die Umsetzungsempfehlungen des Arbeitskreises Industrie 4.0 [Kagermann 2013, S. 84]:

Definition CPS

„CPS umfassen eingebettete Systeme, Produktions-, Logistik-, Engineering-, Koordinations- und Managementprozesse sowie Internetdienste, die mittels Sensoren unmittelbar physikalische Daten erfassen und mittels Aktoren auf physikalische Vorgänge einwirken, mittels digitaler Netze untereinander verbunden sind, weltweit verfügbare Daten und Dienste nutzen und über multimodale Mensch-Maschine-Schnittstellen verfügen. Cyber-Physical Systems sind offene soziotechnische Systeme und ermöglichen eine Reihe von neuartigen Funktionen, Diensten und Eigenschaften.“

Merkmale von CPS

Die Definition spricht alle wesentlichen Merkmale von CPS an. Hervorzuheben sind insbesondere:

- Die Fähigkeit zur Informationsverarbeitung ist in die physischen Systeme integriert (eingebettete Systeme).

- Die Software initiiert und steuert physische Handlungen (bewegt beispielsweise „Aktoren").
- Die einzelnen Systeme sind vernetzt (über lokale Netze und/oder das Internet).
- Sie stellen ihre Dienste über definierte Schnittstellen bereit, die von anderen CPS, intelligenten Objekten oder Menschen in Anspruch genommen werden können.

Die Architektur von cyber-physischen Systemen ist in Abb. 12.6 skizziert. Sie zeigt die wesentlichen Komponenten eines CPS, in das Sensoren und Aktoren ebenso wie die Informationsverarbeitungshardware und -software eingebettet sind.

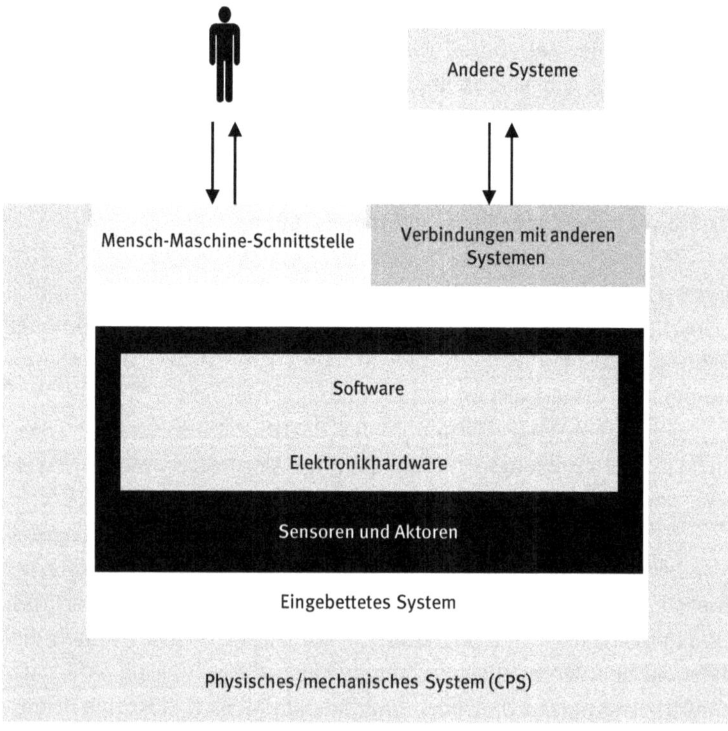

Abb. 12.6: Zwiebelschalenmodell eines CPS [Broy 2010].

Herausforderungen für die Realisierung von CPS

Für die Realisierung von CPS gibt es eine Reihe von *Herausforderungen*, die über die bei „konventioneller" Fertigungsautomation bekannten hinausgehen. Sie sind in einem Thesenpapier des Vereins Deutscher Ingenieure wie folgt aufgeführt [VDI 2013, S. 3 ff.]:

- Die komplexen *Interaktionen* von der realen Anlage, steuernden und überwachenden Software und den offenen, globalen Kommunikationsnetzen müssen beherrscht werden.
- Aufgrund der durch die Vernetzung komplexer werdenden Anlagen müssen die *Mensch-Maschine-Schnittstellen* angepasst bzw. neugestaltet werden.
- Die bisher unterschiedlichen *Vorgehensweisen* und *Lebenszyklen* in den beteiligten Disziplinen – Informationstechnik, Informatik, Mechanik, Automatisierungstechnik und in ihren Anwendungsgebieten wie Produktionstechnik, Prozesstechnik, Energietechnik und Fahrzeugbau – müssen zusammengebracht werden.
- Die bisher heterogenen Systemstrukturen müssen aneinander angepasst werden und miteinander funktionieren. Hierfür sind *Referenzarchitekturen* erforderlich.
- Zur Entwurfszeit nicht vorhersehbare *Änderungen im Betrieb* mit CPS (z. B. nachgeladene Applikationen, veränderte Systemtopologien) müssen problemlos integriert werden können.
- Die *Sicherheit* CPS-basierter Automatisierungslösungen muss auf dem hohen Standard der heutigen Automation gewährleistet bleiben.
- Angesichts der Vielzahl an CPS beteiligter Fachdisziplinen müssen alle betroffenen Teilnehmer in der Wertschöpfungskette disziplinübergreifend und durchgängig *Informationen austauschen*, z. B. über den Produkt-, Prozess- und Produktionsstatus.
- Wenn sich Marktbedingungen ändern und neue Produktvarianten nachgefragt werden, müssen CPS sich mit adaptiver, *wandlungsfähiger Konfiguration* bzw. partieller *Selbstorganisation* der Produktionsprozesse und der Automatisierungssysteme zur Laufzeit (Plug & Produce) darauf einstellen können. Dies beinhaltet den flexiblen Austausch von Komponenten und Anlagenteilen.
- Das zu fertigende *Produkt* wird selbst eine Automatisierungskomponente; es kommuniziert mit der Anlage, die es produziert. Dies erlaubt eine weitere Flexibilisierung und bessere Auslastung der Produktion.

CPS als Integrationsplattform

Da cyber-physische Systeme „intelligent" und integriert sind, können sie relevante Informationen an die an der Produktion Beteiligten weiterleiten und von diesen entgegennehmen. In diesem Sinne können sie als *Integrationsplattform* für den Informationsaustausch angesehen werden, wie Abb. 12.7 veranschaulicht.

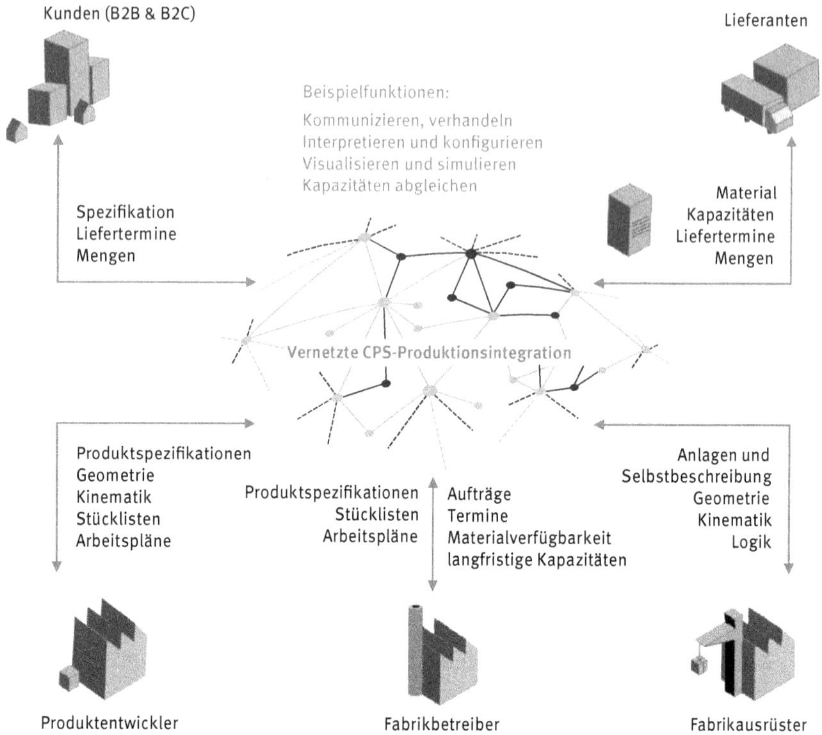

Abb. 12.7: CPS als Integrationsplattform [Geisberger 2012, S. 54].

Betriebswirtschaftliche Vorteile von CPS

Vorteile von cyber-physischen Systemen werden darin gesehen, dass sie eine automatische Optimierung der technischen und personellen Kapazitäten bezüglich Kosten, Ressourcenverbrauch und Durchsatz sowie die Selbstdiagnose der Komponenten und Anlagen unterstützen [VDI 2013, S. 5]. Damit soll die Zielerreichung bzgl. der Minimierung von Wartungskosten, Stillstandszeiten und Verschleiß verbessert werden.

„Mass Customization"

Da die Literatur zu cyber-physischen Systemen stark ingenieurwissenschaftlich und informatisch geprägt ist, werden auch die Nutzenpotenziale häufig eher aus technischer Sicht diskutiert. Aus *betriebswirtschaftlicher Sicht* liegt der Hauptvorteil von CPS in der Flexibilität, die CPS mit sich bringen, und der damit verbundenen Kostensenkung. Dies kommt in Schlagworten wie „Losgröße 1" und „Mass Customization" zum Ausdruck. Gemeint ist, dass die Kostenvorteile der Serien- oder Massenproduktion auf die Einzel- bzw. kundenspezifische Fertigung übertragen werden.

Konventionelle Serien- und Massenproduktion profitiert davon, dass die Fertigungsanlagen einmal eingerichtet und produktspezifisch optimiert werden. Demgegenüber verursacht kundenangepasste Produktion („Customization“), wie sie auftragsorientierte Betriebe betreiben, bei konventioneller Fertigungstechnologie oft erhebliche zusätzliche Kosten, da die Fertigungsanlagen im Prinzip für jeden Kundenauftrag umgerüstet werden müssen. Bei kleinen Stückzahlen sind die Herstellkosten pro Stück demzufolge wesentlich höher als bei Massenproduktion, wo keine Umrüstung erforderlich ist, oder bei Serienfertigung, wo nur zu Beginn einer Serie einmalig gerüstet wird.

Umrüstaufwand entfällt

Bei Nutzung von cyber-physischen Systemen entfällt der Rüstaufwand bei Varianten- oder Produktwechsel weitgehend oder ganz, da die Einstellungen für das nächste Werkstück bzw. Produkt durch Software veranlasst und automatisch vorgenommen werden. Im Idealfall entstehen durch die Umrüstung keine Kosten. „Mass Customization“ bedeutet in diesem Sinne, dass man trotz kundenspezifischer Produktmerkmale und häufiger Umrüstung grundsätzlich die gleichen Kostenvorteile wie bei Massenproduktion erzielt.

Exkurs: 3D-Druck

„Additive Manufacturing“

Eine Fertigungstechnologie, die zwar nicht ursächlich mit der Industrie-4.0-Initiative zusammenhängt, aber in diesem Zusammenhang oft genannt wird, ist das sogenannte „Additive Manufacturing“, umgangssprachlich meist als *3D-Druck* bezeichnet. Auch hierbei handelt es sich, wie bei den cyber-physischen Systemen, um softwareintensive Fertigungseinrichtungen, die auf der Basis von Objektmodellen Produkte (Endprodukte, Bauteile, Werkstücke) herstellen.

Material wird Schicht für Schicht aufgetragen

Die Analogie zum „Drucken“ wird daraus abgeleitet, dass schichtweise Material übereinander aufgetragen wird, bis das endgültige Objekt fertiggestellt ist. Typischerweise werden Kunststoffteile auf diese Weise erzeugt (aus flüssigem Kunststoff oder Kunststoffpulver, das erhitzt wird), aber auch Metallpulver, Keramikpulver und andere feste oder flüssige Werkstoffe kommen zum Einsatz. Im Prinzip kann jedes dreidimensionale Objekt hergestellt werden, das sich in Schichten fertigen lässt.

Anwendungen des 3D-Drucks

Die Anwendungsbeispiele reichen von Spielzeug, Schlüsseln, Schmuck und dreidimensionalen Portraits (d. h. ganzer Kopf, wofür das menschliche Modell gescannt wird) über Prototypen in der Architektur und im Modellbau sowie maßgefertigten Produkten in der Dentaltechnik bis hin zu Serienteilen in der Automobil- und Luftfahrtindustrie (z. B. Armaturenbrett). Ebenso gibt es Anwendungen in der Medizintechnik (z. B. künstliche Hüfte), im Werkzeugbau sowie in der Motoren- und Turbomaschinenproduktion [Leopoldina 2020, S. 8].

Branchenwirkungen

Es wird erwartet, dass Additive Manufacturing neue Anwendungsfelder erschließt und in manchen Branchen die konventionelle Fertigungstechnik ersetzen oder stark zurückdrängen wird [Groth 2015]. In anderen Branchen dürfte dies eher nicht der Fall sein. Im Maschinenbau wird beispielsweise nicht damit gerechnet, dass Additive Manufacturing die typischen Herstellungsverfahren Spanen, Gießen und Umformen ersetzen kann [Meboldt 2015, S. 85].

Allerdings erscheint es auch hier sinnvoll, die Anwendungspotenziale zu identifizieren, bei denen sich der Einsatz lohnt. Meboldt und Klahn klassifizieren diese in vier Potenzialbereiche [Meboldt 2015, S. 87 f.]:

Anwendungspotenziale im Maschinenbau

- *Funktionsintegration*: In der Konstruktion können mit additiven Verfahren z. B. mehrere Bauteile zu einem Bauteil zusammengefasst werden, was Kosten spart.
- *Leichtbaukonstruktion*: Leichtbaustrukturen gehen meist mit höherer Bauteilkomplexität einher, was die Fertigungskosten erhöht. Bei additiver Fertigung sinken demgegenüber die Kosten, da die Konstruktion grundsätzlich leichter wird.
- *Individualisierung*: Die Herstellung variantenreicher Produkte kann kostengünstiger werden, da der 3D-Druck ohne teure Formwerkzeuge auskommt und kundenindividuelle Anpassungen nur im bestehenden Modell auf der Softwareebene vorgenommen werden müssen.
- *Leistungssteigerung*: Bei durchströmten Bauteilen (z. B. Hydraulikblöcke mit Kühlkanälen) kann die Leistungsfähigkeit durch additive Verfahren verbessert werden. Auch lassen sich damit Strukturen realisieren, die mit anderen Verfahren gar nicht möglich wären.

Neue Anwendungsfelder

In einer Studie deutscher Wissenschaftsakademien werden neue Anwendungsfelder insbesondere in der Medizin, in der Architektur und im Bauwesen, im privaten Bereich, in der Archäologie und der Kulturgutpflege sowie in der Lebensmittelproduktion betont [Leopoldina 2020, S. 42 ff.].

12.3.2 Intelligente Fabrik (Smart Factory)

Die intelligente Fabrik („Smart Factory“) ist wie andere Begriffe im Kontext von Industrie 4.0 ein Schlagwort, das eine breite Spanne von Interpretationen hat. Im Laufe der Jahre wurde die Produktion mit zunehmendem IT-Einsatz bei der Planung, Steuerung und Durchführung schon „intelligenter“. Insbesondere mit dem Einzug der Informationstechnologie auf der Fertigungssteuerungsebene durch Manufacturing Execution Systems (MES) sprach man gelegentlich schon von der intelligenten Fabrik. Zusammen mit einer unternehmensweit vernetzten Systemlandschaft, die ERP-, SCM-, PLM- und andere Anwendungssysteme umfasst, bildet sie das *intelligente* oder *digitale Unternehmen* [Laudon 2022].

90er-Jahre: intelligente Softwareagenten

Bereits in den 1990er-Jahren gab es spezielle Forschungsansätze, Modelle und Methoden aus der künstlichen Intelligenz (sog. *intelligente Softwareagenten*) in der Fertigungssteuerung zum Einsatz zu bringen. Diese sollten dezentral Koordinierungs- und Verhandlungsaufgaben übernehmen, die bei Industrie 4.0 den cyber-physischen Systemen und intelligenten Produkten bzw. Werkstücken übertragen werden.

Multiagentensysteme

In ihrem Zusammenwirken, d. h. in Multiagentensystemen, realisieren die Agenten Funktionalität, die heute der intelligenten Fabrik zugeschrieben wird. Beispielsweise sollte ein Fertigungsauftrag für ein kundenspezifisches Produkt (bzw. der für ihn instanziierte Agent) mit den infrage kommenden Maschinen (d. h. mit deren Agenten) verhandeln und den kostengünstigsten Pfad durch die Fertigung wählen können.

Bestandteil der Hightech-Strategie der deutschen Bundesregierung

Heute ist der *Sprachgebrauch in Deutschland* stark durch die von der deutschen Bundesregierung initiierten Forschungsaktivitäten im Rahmen ihrer Hightech-Strategie geprägt. In einer Darstellung des Wirtschaftsministeriums wird die Fabrik der Industrie 4.0 folgendermaßen charakterisiert: „Intelligente Maschinen koordinieren selbstständig Fertigungsprozesse, Service-Roboter kooperieren in der Montage auf intelligente Weise mit Menschen, (fahrerlose) Transportfahrzeuge erledigen eigenständig Logistikaufträge“ [BMWK 2024, S. 572].

In den Umsetzungsempfehlungen für die Industrie 4.0 wird die folgende Definition des Begriffs „Smart Factory“ angegeben [Kagermann 2013, S. 87]:

Definition „Smart Factory“

„Einzelnes oder Verbund von Unternehmen, das/der IKT zur Produktentwicklung, zum Engineering des Produktionssystems, zur Produktion, Logistik und Koordination der Schnittstellen zu den Kunden nutzt, um flexibler auf Anfragen reagieren zu können. Die Smart Factory beherrscht Komplexität, ist weniger störanfällig und steigert die Effizienz in der Produktion. In der Smart Factory kommunizieren Menschen, Maschinen und Ressourcen selbstverständlich miteinander wie in einem sozialen Netzwerk.“

Smart Factory gehört zu Industrie 4.0

Als Bestandteil von Industrie 4.0 basiert die Smart Factory auf dem Zusammenwirken von cyber-physischen Systemen und intelligenten Objekten (Produkten bzw. Werkstücken). Die Objekte können eindeutig identifiziert und jederzeit lokalisiert werden. Sie kennen ihre Historie, ihren aktuellen Zustand sowie alternative Wege zum Zielzustand und kommunizieren mit den eingebetteten Produktionssystemen (CPS). Diese kennen ihre Einsatzgebiete, Konfigurationsmöglichkeiten sowie Produktionsrahmenbedingungen und kommunizieren eigenständig miteinander [acatech 2011, S. 23].

Objekte kennen ihre Möglichkeiten

Im Zusammenspiel mit den CPS wählen die Objekte die beste Route durch die Fertigung selbst. Das heißt, das individuell am besten geeignete Produktionssystem wird unter Berücksichtigung von Produkteigenschaften, Kosten, Logistik, Sicherheit, Zuverlässigkeit, Zeit und Nachhaltigkeit dynamisch konfiguriert [acatech 2011, S. 23].

Flexibilität durch Vernetzung

Da die cyber-physischen Systeme nicht nur untereinander, sondern auch mit den betriebswirtschaftlichen Anwendungssystemen vernetzt sind, können in der Smart Factory individuelle Kundenwünsche bzw. Änderungen derselben unmittelbar umgesetzt werden. Wenn das ERP-System die Spezifikation an das Steuerungssystem der Smart Factory mit den CPS und die Instanziierung der intelligenten Objekte weiterleitet, sollen die notwendigen Einstellungen und Informationen für die CPS und die Objekte automatisch erzeugt bzw. angepasst werden können. Ebenso wird gefordert, dass die Produktion flexibel verändert werden kann, wenn auf Störungen (z. B. Ausfälle von Zulieferern) reagiert werden muss [Kagermann 2013, S. 5].

Dezentralisierung von Entscheidungen

Aus Sicht der Planung und Steuerung ist der maßgebliche Unterschied zwischen einer konventionell organisierten und einer intelligenten Fabrik die weitgehende Dezentralisierung der Entscheidungen. Während konventionelle Fertigungsanlagen von einem mehr oder weniger zentralen System gesteuert werden, erlauben die Fähigkeiten der cyber-physischen Systeme die Umsetzung von Planungsentscheidungen zur Laufzeit.

Abbildung 12.8 veranschaulicht diesen Gedanken. Im Gegensatz zu der „Automatisierungspyramide“ bei konventioneller Fertigungstechnologie, bei der automatisierte Entscheidungen im Wesentlichen nur auf den untersten Ebenen getroffen werden, sind in einer Smart Factory auch Entscheidungen auf höheren Ebenen, einschließlich betriebswirtschaftlicher Planungsentscheidungen, automatisierbar.

Elemente der Smart Factory koordinieren sich selbst

Da wesentlich bessere Reaktionsmöglichkeiten bestehen, verlieren die vorherige Planung des Fertigungsdurchlaufs und damit auch die zentralen Planungssysteme erheblich an Bedeutung [Gronau 2014, S. 288]. Stattdessen koordinieren die Elemente der Smart Factory sich selbst.

Dem steht die erhöhte Komplexität des Gesamtsystems gegenüber. Die Lokalisierung von Störungsursachen (z. B. Ausfall einer Kompo-

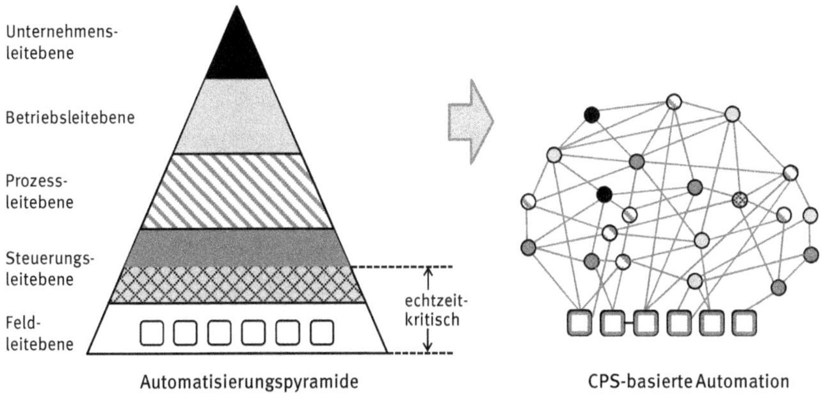

Abb. 12.8: Dezentralisierung von Entscheidungen durch CPS-basierte Automation [VDI 2013, S. 4].

nente) wird aufwendiger. Sie erfordert wesentlich besser geschultes Personal, da die Ursachen auf der mechanischen, elektronischen oder Software-Ebene oder in deren Zusammenspiel liegen können [Gronau 2014, S. 288].

Produktionsplanung und -steuerung in der Smart Factory

Produktionsplanung und -steuerung (PPS)

Mit Blick auf die *Produktionsplanung und -steuerung (PPS)* bedeutet die auf CPS basierende Smart Factory, dass klassische Aufgaben der Fertigungssteuerung wie z. B. Reihenfolgeplanung (vgl. Abschnitt 3.5) an Bedeutung verlieren [Kuprat 2015, S. 13]. Die intelligenten Werkstücke und Maschinen übernehmen einen Großteil dieser Aufgaben selbst und lösen sie autonom.

Höhere Genauigkeit

Andere Aufgaben, wie die Kapazitätsfeinplanung, können mit einer erheblich höheren Genauigkeit durchgeführt werden, da die cyber-physischen Systeme kontinuierlich Rückmeldungen aus der Fertigung geben. Die Voraussetzung ist, dass das ERP-System diese Rückmeldungen auch tatsächlich zielführend verarbeiten kann.

Gewicht der Produktionsgrobplanung steigt

Das Gewicht der Produktionsgrobplanung nimmt zu, insbesondere unter Berücksichtigung der Zulieferer-Abnehmer-Beziehungen zwischen den beteiligten Unternehmen [Kuprat 2015, S. 13]. Bei vernetzten Unternehmen, die die Leistungserbringung in Form eines virtuellen Produktionssystems (vgl. Abschnitt 12.5.2) organisieren, sind die Beziehungen noch enger als bei einer „konventionellen" Lieferkette im Supply Chain Management. Im Prinzip stellen sich aber die gleichen oder ähnliche Koordinationsaufgaben, die bereits aus dem Supply Chain Management bekannt sind (vgl. Abschnitt 9.2).

12.4 Das Internet der Dinge

Internet der Computer

Das Internet wird üblicherweise als Netzwerk wahrgenommen, das Computer miteinander verbindet, oder auch in einer sozialen Funktion, dass es Menschen verbindet, die miteinander – mithilfe ihrer elektronischen Geräte – kommunizieren.

Internet der Dinge

Beim *Internet der Dinge* (englisch *Internet of Things, IoT*) sind es physische Objekte, die miteinander kommunizieren. Zumindest hat es vordergründig diesen Anschein. In Wirklichkeit sind es natürlich auch hier Computer, die den Informationsaustausch erledigen, aber man sieht sie nicht, da sie sehr klein und in die Objekte eingebettet sind.

Dem Internet der Dinge wird ein erhebliches wirtschaftliches Potenzial zugeschrieben, insbesondere in der Produktion und Logistik. Da es gewisse Fähigkeiten dezentralisiert, lassen sich computergesteuerte Abläufe wesentlich flexibler gestalten oder auch neue erfinden. Dies hat Auswirkungen nicht nur auf die Produktions- und Transporttechnik, sondern auch auf die Planungs- und Steuerungsfunktionen im Enterprise Resource Planning und Supply Chain Management.

12.4.1 Eigenschaften von Dingen und dem Internet der Dinge

Intelligente Objekte

„Intelligenz“ von Objekten

Das Internet der Dinge wurde in dem Maße möglich, wie die Objekte (z. B. Maschinen, Werkstücke oder Produkte) „intelligenter“ wurden. Der Wegbereiter ist die RFID-Technologie, die in Abschnitt 12.2 behandelt wurde. Anstelle von Menschen oder mehr oder weniger zentralen Computern, die Informationen verarbeiten oder erzeugen, Abläufe steuern, Objekte überwachen und kommunizieren, sind es nun die Objekte selbst, die diese Aufgaben bis zu einem gewissen Grad übernehmen.

Eigenschaften von „Dingen“

Welche Eigenschaften haben Objekte, die im Internet der Dinge interagieren? Dazu wird häufig auf den Begriff der „Intelligenz“ zurückgegriffen („intelligente Objekte“, „Smart Products“), der indessen in der Psychologie nicht eindeutig definiert ist. In der Informatik, in der der Begriff hauptsächlich auf dem Gebiet der „Künstlichen Intelligenz“ verwendet wird, meint man mit Intelligenz insbesondere Fähigkeiten wie Wahrnehmung, autonomes Handeln, Treffen von Entscheidungen und Kommunikation mit anderen – seien es Menschen oder Maschinen.

Weitere Eigenschaften von „Dingen“ im Sinne des IoT, neben der vage umrissenen Intelligenz, sind die folgenden [Mattern 2010, S. 109 f.]:

- Identifikation, d. h., Objekte sind eindeutig identifizierbar, z. B. unter Nutzung von RFID, NFC (Near Field Communication) oder optisch erkennbaren Strichcodes
- Adressierbarkeit, d. h., Objekte können im Internet unter Nutzung eines Namensdiensts aus der Ferne angesprochen werden
- Lokalisierung, d. h., Dinge kennen ihren physischen Aufenthaltsort und/oder sind für andere Dinge auffindbar
- Eingebettete Informationsverarbeitung, d. h., Objekte besitzen einen Prozessor oder Mikrocontroller sowie Speicherkapazität
- Kooperationsfähigkeit, d. h., Objekte sind in der Lage, sich mit Ressourcen im Netz oder untereinander zu verbinden, um Daten und Dienste gegenseitig zu nutzen und ihren Zustand zu aktualisieren
- Sensorik, d. h., Objekte können Informationen über ihre Umgebung sammeln, aufzeichnen, weiter melden oder direkt darauf reagieren
- Effektorik, d. h., Objekte können auf ihre Umwelt einwirken, z. B. mit Aktoren, die elektrische Signale in mechanische Arbeit umwandeln

Intelligentes „Ding": Beispiel Reparaturbedarf

Ein fortgeschrittenes Beispiel für intelligente „Dinge" sind die Elektroautos von Tesla (www.teslamotors.com). Sie fordern bei Reparaturbedarf selbstständig Korrektursoftware an und laden diese herunter (oder senden dem Besitzer eine Nachricht mit Bitte um Vereinbarung eines Werkstatttermins) [Porter 2014, S. 50].

In Anlehnung an Fleisch und andere Autoren an der ETH Zürich [Fleisch 2019] und an die Terminologie der Europäischen Union, die das IoT zu einem ihrer Förderschwerpunkte erhoben hat, kann folgende Definition gegeben werden:

Definition „Internet der Dinge"

Das *Internet der Dinge* ist ein globales Netzwerk physischer Objekte, die mittels Sensoren und Aktoren in ihrer Umgebung agieren und mit anderen Objekten oder Computern kommunizieren. Zusammen mit dem konventionellen Internet (Internet der Computer) bildet es ein erweitertes Internet, welches neben klassischen Rechnern und mobilen Endgeräten auch beliebige physische Gegenstände in seine Infrastruktur einbindet und so zu Anbietern bzw. Konsumenten verschiedenster digitaler Dienste macht.

Unterschiede zwischen IoT und IoC

Die wichtigsten Unterschiede zwischen dem Internet der Dinge (IoT) und dem konventionellen Internet (Internet der Computer, IoC) hat Fleisch in sechs Punkten zusammengefasst [Fleisch 2010, S. 3 ff.]:

(1) *Unsichtbare vs. auffällige Hardware:* Die „Nervenenden" des Internets der Dinge sind meist sehr kleine, oft unsichtbare elektronische Geräte mit niedrigem Stromverbrauch und geringer Funktionalität. Im Gegensatz dazu sind die Endknoten des konventionellen Inter-

nets vollständige, leistungsfähige Computer, wobei die Spanne von Workstations über Notebooks bis hin zu Smartphones reicht. Sie verbrauchen nicht nur viel Strom, sondern werden auch regelmäßig mit Strom versorgt.

(2) *Billionen vs. Milliarden von Netzknoten:* Im konventionellen Internet liegt die Zahl der angeschlossenen Computer im Milliardenbereich. Im IoT kann die Zahl der vernetzten Objekte schnell auf Billionen anwachsen. Dies stellt andere Anforderungen an das Netz, als wenn es „nur" Milliarden sind.

„Last-mile bottleneck"

(3) *Engpass letzte Meile vs. Autobahn* („Last-mile bottleneck versus highway"): Im IoC werden heute hohe Übertragungsgeschwindigkeiten nicht nur über große Entfernungen hinweg, sondern auch bis hin zum Endgerät des Benutzers erreicht. Im Gegensatz dazu ist die Geschwindigkeit auf den letzten Metern zum RFID-Etikett eines Objekts sehr niedrig und liegt im Kilobitbereich.

(4) *Fehlende Standards* vs. globale Identifizierung und Adressierung: Die im IoC gebräuchlichen, standardisierten Identifizierungs- und Adressierungsverfahren (z. B. IP- und MAC-Adressen) können im IoT in der Regel nicht angewendet werden, weil der Energiebedarf zu hoch ist. Deshalb gibt es herstellerspezifische Lösungen für die „letzte Meile". Die fehlende Standardisierung verhindert eine global funktionierende herstellerunabhängige Identifizierung und Adressierung der Objekte.

Objekte interagieren direkt

(5) *Maschinenzentriert vs. benutzerzentriert:* Der Großteil an Funktionalität des konventionellen Internets (z. B. WWW, E-Mail, Chat, Multimedia) dient dazu, menschliche Benutzer zu unterstützen. Im Internet der Dinge interagieren die Objekte direkt, ohne menschliche Einwirkung. Wenn Menschen involviert werden, z. B. um Entscheidungen zu treffen, tragen sie mithilfe eines Computers zum Prozess bei.

Sensorik

(6) *Schwerpunkt Sensorik vs. Kommunikation:* Während beim konventionellen Internet die Kommunikation zwischen Menschen im Vordergrund steht, liegt der Schwerpunkt beim IoT auf Sensorik. Objekte verzeichnen Zustände der physischen Welt, sodass Messungen möglich werden, was wiederum eine Beeinflussung und Steuerung der zugrundeliegenden Sachverhalte erlaubt.

Technologische Herausforderungen

Aus diesen Unterschieden resultieren technologische Anforderungen, die über die an das IoC zu stellenden hinausgehen [Fleisch 2010, S. 6].

Identifizierung und Adressierung

Hervorzuheben ist insbesondere das Problem der *Energieversorgung*. Bekannte Identifizierungs- und Adressierungsmechanismen (DNS,

IP- bzw. MAC-Adressen[1]) können nicht verwendet werden, da sie höhere Prozessorleistung und damit mehr Energie erfordern, als auf den einfachen Endknoten des IoT zur Verfügung steht. Somit werden alternative Identifizierungs- und Adressierungsmechanismen mit geringeren Hardwareanforderungen benötigt.

Anforderungen auf der „letzten Meile“

Ein weiteres Problem ist die *Überbrückung der „letzten Meile“*, d. h. des letzten Stücks zum Endknoten hin. Da sich die Objekte des IoT in der realen Welt befinden und z. B. Fertigungs- oder extremen Wetterbedingungen unterworfen sind, muss die Kommunikationstechnologie nicht nur energieeffizient, sondern insbesondere auch robust sein. Teilweise gibt es Sicherheitsanforderungen und die Notwendigkeit, das Objekt zu lokalisieren und seine Entfernung zum nächsten Knoten messen zu können. Mangels einer Standardisierung existieren hierfür zahlreiche unterschiedliche Lösungen.

Konvertierung von Informationen

Schließlich ist die Notwendigkeit der Konvertierung der Informationen, die vom oder zum Endknoten fließen, zu nennen. Da der Transport von Informationen über größere Strecken i. d. R. das konventionelle Internet nutzt, wird ein Gateway benötigt. Die Informationen müssen von der „letzten Meile“ aus herstellerspezifischen Formaten in IoC-Formate oder umgekehrt konvertiert werden.

12.4.2 Vision: Milch-Lebenszyklus im Jahr 2030

Einen Ausblick auf das zukünftige Internet der Dinge in der Supply Chain gibt das Beispiel der Milchproduktion und -konsumption. In diesem Beispiel, das Ari Juels unter dem Titel „2030: A week in the life of a milk carton“ präsentierte, wird der Lebenszyklus der Milch von der Kuh bis zum Recycling des Milchkartons skizziert [Juels 2009]. Der Startpunkt ist „Bessie“, eine glückliche Kuh (vgl. Abb. 12.9).

30. April 2030:	Kuh „Bessie“, die ein RFID Tag trägt, produziert Milch.
30. April 2030:	Die Milch wird zu einem Tank mit RFID Tag transportiert. Dort werden die Identität der Kuh und die Melkzeit aufgezeichnet und in der Datenbank des Tanks gespeichert.
1. Mai 2030:	Das RFID-Portal eines Tankwagens verzeichnet eine Beladung mit Kühltanks. Der Tankwagen ist

1 DNS = Domain Name System, IP = Internet Protocol, MAC = Media Access Control

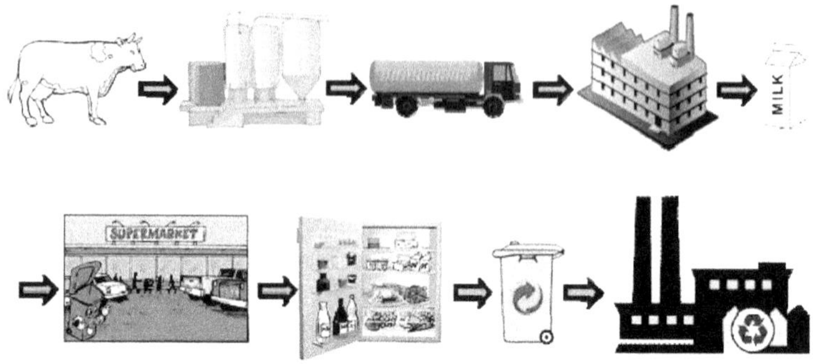

Abb. 12.9: RFID-gestützte Milchlieferkette [Juels 2009].

mit aktiven Transpondern und mit GPS (Global Positioning System) versehen, sodass er lokalisiert werden und Maut bezahlen kann.

2. Mai 2030: In der Milchfabrik wird ein Datensatz über die chemische Behandlung der Milch in die Datenbank geschrieben. Er beinhaltet Angaben über Zuckerzusätze, die der Milch hinzugefügt wurden, weil Bessies Herde auf der Weide Senfgras konsumierte.

3. Mai 2030: Die Milch wird in Kartons mit RFID-Etiketten verpackt. Ein Herkunftsnachweis der Milch in der Datenbank wird mit dem RFID-Etikett verbunden.

4. Mai 2030: Das RFID-Portal an der Rampe des Supermarkts registriert die Ankunft des Kartons.

5. Mai 2030: Ein intelligentes Regal zeichnet die Ankunft des Kartons im Kundenbereich auf.

5. Mai 2030, 09:30: Das intelligente Regal zeichnet die Entnahme von Milch auf.

5. Mai 2030, 09:53: Ein Point-of-Sale-Terminal registriert den Verkauf der Milch (an Alice).

5. Mai 2030, 11:03: Alices Kühlschrank verzeichnet die Ankunft der Milch.

5. Mai 2030, 14:05: Alices Kühlschrank verzeichnet die Entnahme der Milch. Er sieht im Herkunftsnachweis in der Datenbank nach und schreibt „Woodstock, Vermont, Stufe A, schonend pasteurisiert, artisanal, USDA biologisch, Rasse: Jersey, genetisches Design #81726“ auf das Display.

6. Mai 2030, 18:07: Alices intelligentes Haus („Smart Home") warnt den Hausroboter, dass die Milch länger als 4 Stunden außerhalb des Kühlschranks stand.

6. Mai 2030, 21:09: Alices Kühlschrank verzeichnet den Austausch der Milch.

7. Mai 2030, 05:30: Der Hausroboter lokalisiert die Milch im Kühlschrank über deren RFID-Etikett und füllt eine Babyflasche mit Milch auf.

7. Mai 2030, 23:57: Das Recyclingcenter liest das RFID-Etikett auf dem Milchkarton und leitet diesen an die Papierrecyclingstation weiter.

Das Beispiel schließt sowohl „einfache" RFID-Anwendungen (Lesen von Tags) als auch aktives Tätigwerden von Objekten (intelligentes Haus, Hausroboter) ein. 15 Jahre nach der Präsentation des Beispiels durch Ari Juels erkennt man, dass auf dem Weg nach 2030 bereits etliche technologische Merkmale des Prozesses im täglichen Leben praktisch realisiert sind.

12.5 Industrie 4.0

Die in den vorstehenden Abschnitten skizzierten Technologien werden gemeinhin als Wegbereiter oder Bestandteile von Industrie 4.0 angesehen. Industrie 4.0 ist ein Schlagwort, das häufig nur mit Zukunftsvisionen umschrieben wird. Leserinnen oder Leser, die nach einer Begriffsdefinition suchen, werden meist enttäuscht. Selbst die Erfinder des Begriffs belassen es bei Umschreibungen. Dies liegt nicht zuletzt daran, dass der Begriff in der Politik geboren wurde.

Zukunftsbild" bzw. „Zukunftsprojekt Industrie 4.0"

Im Rahmen der Hightech-Strategie der deutschen Bundesregierung wurden im Zeitraum von 2011–2013 Überlegungen angestellt, wie die Produktivität und Innovationskraft deutscher Industrieunternehmen und ihre Stellung im internationalen Wettbewerb gefestigt und verbessert werden können. Das Ergebnis waren Vorschläge von Experten, die vom Bundesministerium für Bildung und Forschung (BMBF) zuerst als „Zukunftsbild Industrie 4.0" [BMBF 2015] und von dem beauftragten Arbeitskreis dann als „Zukunftsprojekt Industrie 4.0" [Kagermann 2013] der Öffentlichkeit präsentiert wurden.

Industrielle Revolutionen

Die Zählform „4.0" lehnt sich an Vorbilder wie „Web 2.0" oder „Globalisierung 3.0" an und bezieht sich auf sogenannte *industrielle Revolutionen* (vgl. Abb. 12.10). Während die erste industrielle Revolution durch mechanische Produktionsanlagen (z. B. mechanischer Webstuhl), die zweite durch arbeitsteilige Massenproduktion mithilfe elektrischer Energie (z. B. Fließband) und die dritte durch den Einsatz von Elektronik und Informationstechnologie zur Automatisierung der Produktion gekennzeichnet waren, sind es bei der vierten insbesondere die cyber-physischen Systeme und ihre Vernetzung im Internet der Dinge, die Produktions- und Logistikprozesse grundlegend verändern.

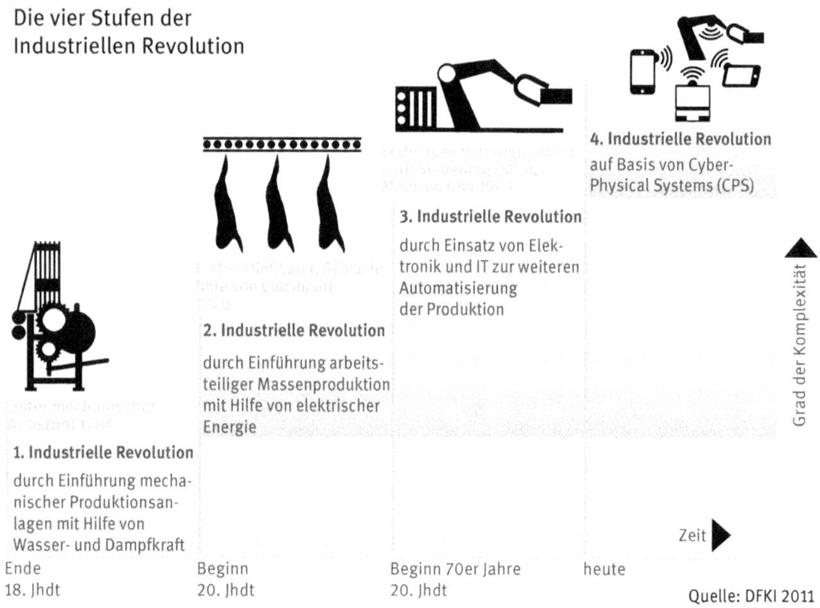

Abb. 12.10: Erste bis vierte industrielle Revolution [Promotorengruppe 2012].

12.5.1 Bausteine von Industrie 4.0

Bausteine von Industrie 4.0

Als Bausteine von Industrie 4.0 werden in den oben genannten Quellen insbesondere angesehen:

- Das Internet der Dinge (vgl. Abschnitt 12.4), erweitert um das Internet der Dienste (Internet of Services, IoS)
- Die intelligente Fabrik („Smart Factory"), mit einer intelligenten Kommunikation zwischen den Komponenten, insbesondere den cyber-physischen Systemen
- Die horizontale und vertikale Vernetzung von Unternehmen, Produktionsnetzwerke
- Intelligente Produkte („Smart Products")
- Intelligente Assistenzsysteme

Allgemein gesprochen liegt der Fokus von Industrie 4.0 auf der Interaktion aller an der Produktion und Logistik beteiligten Akteure und Ressourcen. Kagermann et al. charakterisieren diesen als „... Vernetzung von autonomen, sich situativ selbst steuernden, sich selbst konfigurierenden, wissensbasierten, sensorgestützten und räumlich verteilten Produktionsressourcen (Produktionsmaschinen, Roboter, Förder- und Lagersysteme, Betriebsmittel) inklusive deren Planungs- und Steuerungssysteme“ [Kagermann 2013, S. 24].

Fokus von Industrie 4.0: Intelligenz und Vernetzung

Der Begriff *Internet der Dienste* (Internet of Services, IoS) ist vor dem Hintergrund zu sehen, dass auf der Basis intelligenter Objekte auch intelligente Dienstleistungen im Internet angeboten werden können.

Internet der Dienste

Bereits in der Vergangenheit gingen viele Produkthersteller dazu über, ihre Produkte um Dienstleistungen anzureichern, um ihre Marktstellung zu verbessern. Das Internet der Dienste führt diese Entwicklung dahingehend weiter, dass granulare Dienste als webbasierte Komponenten im Internet angeboten werden (sog. Webservices).

Provider können die Dienste zu komplexeren Lösungen konfigurieren und auf Dienstplattformen anbieten. Die Idee dahinter ist, dass Anwenderunternehmen auf den Plattformen bereits vorgefertigte Lösungen vorfinden, statt Einzelbausteine suchen und zusammenstellen zu müssen [Kagermann 2013, S. 85]. (Auf intelligente Dienste wird weiter unten nochmals genauer eingegangen.)

Dienstplattformen

12.5.2 Anwendungsbeispiele

In den Dokumenten, welche die Zukunftsvisionen für Industrie 4.0 skizzieren, findet man auch Praxisbeispiele, die aufzeigen, wie die Konzepte von Industrie 4.0 anwendungsnah umgesetzt werden können.

Die nachfolgenden Beispiele (entnommen aus BMBF [2015] und Kagermann [2013]) veranschaulichen insbesondere das Konzept der *individualisierten Produktion.* Den Wunsch nach individuellen Produkten trifft man heute sowohl auf Konsum- als auch Investitionsgütermärkten an. Während die Individualisierung früher die Produktionskosten erheblich anwachsen ließ, z. B. weil Fertigungsschritte gewechselt werden mussten, erlauben die Technologien von Industrie 4.0 eine Individualisierung zu geringen zusätzlichen Kosten.

Individualisierte Produktion

Im Kern beruht die individualisierte Produktion auf einer kleinteiligen Standardisierung vieler einzelner Prozessschritte (Modularisierung). Auf der Grundlage einer rechnergestützten Modellierung der Produktionsabläufe können die einzelnen Prozessmodule dann flexibel kombiniert werden, vorausgesetzt die Fertigungsanlagen sind in der

Grundlage: Modularisierung von Prozessschritten

Lage, den ständigen Wechsel von Fertigungsschritten automatisch umzusetzen.

Beispiel 1: Variantensteuerung mittels RFID-Chips

Der Fall eines Farbenherstellers (industrielle Mischung von Farben) demonstriert die Steuerung der Fertigungsschritte mithilfe von RFID-Chips auf der Basis von Konfigurierungsentscheidungen des Endverbrauchers [BMBF 2015, S. 15].

Behälter mit RFID-Chip

Die Bestellungen der Kunden (Heimwerker im Internet) unterscheiden sich in Hinblick auf Menge, Farbmischung und gewünschtes Untergrundmaterial erheblich. Zu jeder Einzelbestellung erstellt der Farbenhersteller einen RFID-Chip, der alle relevanten Informationen enthält. Er wird an einem Behälter angebracht und kommuniziert direkt mit den eingebetteten Systemen entlang der Fertigungsstrecke. Jeder Behälter wird über seinen Chip eindeutig identifiziert und entsprechend der vorprogrammierten Mischung an den jeweiligen Abfüllstationen mit den gewünschten Grundfarben befüllt. Der Chip tauscht laufend aktuelle Prozessinformationen mit dem zentralen Server aus und beeinflusst so die weitere Produktionssteuerung.

Hohe Variantenzahl zu niedrigen Stückkosten

Die hohe Flexibilität in der Ablaufsteuerung versetzt das Unternehmen in die Lage, auf derselben Fertigungsanlage eine hohe Variantenzahl an Farbprodukten zu niedrigen Stückkosten herzustellen.

Beispiel 2: Dezentrale Steuerung einer flexiblen Fertigungsanlage

Rohlinge mit RFID-Chips

In diesem Anwendungsfall wird die dezentrale Steuerung einer flexiblen Fertigungsanlage in einem metallverarbeitenden Betrieb beschrieben [BMBF 2015, S. 16]. Auf der Anlage können diverse Metall- und Blechsorten auf unterschiedliche Art und Weise verarbeitet, umgeformt, gefräst, gebohrt, geschliffen oder lackiert werden. Das Produktionsziel ist die Herstellung unterschiedlichster Gehäuse aus Rohlingen. An den Rohlingen sind RFID-Chips angebracht, welche unter anderem steuerungsrelevante Informationen transportieren. Da die Produktionsbedingungen durch hohe Temperaturen gekennzeichnet sind, müssen die Chips extrem hitzebeständig sein.

Steuerung über Informationen auf Chip

Mithilfe der auf den Chips gespeicherten Informationen wird die Fertigungsanlage gesteuert, d. h., auf die Anforderungen des nächsten Gehäuses ausgerichtet. Beispielsweise müssen je nach Gehäuse unterschiedliche Bohrarbeiten durchgeführt werden. Diese werden von Fertigungsrobotern erledigt, welche eine große Zahl unterschiedlicher Bewegungen ausführen und in enger Abfolge unterschiedliche Werkzeuge benutzen können. Für das *Werkzeugmanagement* kommen cyber-physische Systeme (CPS) zum Einsatz. Zum Beispiel erkennt der Fertigungsroboter anhand der Informationen auf dem Chip des Gehäuserohlings, welchen der zahlreichen Bohrköpfe er an welcher Stelle verwenden muss. Auf diese Weise kann er kurz nacheinander Metallteile in unterschiedlicher Dichte und Härte bearbeiten.

Cyber-physische Systeme (CPS) für das Werkzeugmanagement

Parallel dazu wird die Abnutzung der Werkzeuge von eingebetteten Systemen registriert, sodass zu jedem Zeitpunkt bekannt ist, wie viele Gehäuse einer bestimmten Qualität noch mit demselben Bohrkopf bearbeitet werden können.

Beispiel 3: Flexibilität bei der Automobilproduktion

Fahrzeuge werden heute in der Regel nach individuellen Kundenwünschen konfiguriert. Der Verkäufer fragt diese beim Kunden ab und führt sie mittelbar einem Steuerungssystem zu, welches die Fertigungsanlagen auf einer getakteten Produktionsstraße entsprechend ausrichtet bzw. fahrzeugspezifisch umkonfiguriert. Die Bearbeitungsstationen der Produktionsstraße sind starr verkettet und haben einen genau definierten, beschränkten Funktionsumfang. Das einzelne Fahrzeug muss genau diese Stationen in der vorgegebenen Reihenfolge durchlaufen [Kagermann 2013, S. 68].

Dynamische Produktionsstraßen

In der Zukunft sollen die Produktionsstraßen „dynamisch" werden, d. h. auf der Basis CPS-fähiger Prozessmodule dynamisch umgerüstet werden können. Das Fahrzeug fährt dann als intelligentes Objekt autonom durch den Montageraum und „sucht" sich die nächste Bearbeitungsstation. Aufgrund der dadurch gewonnenen, hohen Flexibilität können kurzfristige Änderungen – z. B. aufgrund eines Lieferengpasses bei einem Material, Werkzeugausfalls an einer Anlage, Kundenwunschänderung – noch vorgenommen werden, wenn die Produktion bereits angelaufen ist.

Beispiel 4: Automatisierte Nachlieferung und Einhaltung von Verarbeitungsbedingungen

Analogie zu VMI und CPFR

Konzepte, denen zufolge Abnehmer mit Lieferanten ihre Lagerhaltungs- und Bestellpolitik abstimmen, wurden bereits im Kontext des Supply Chain Management in Abschnitt 9.2.4 eingeführt, so etwa VMI (Vendor Managed Inventory) und CPFR (Collaborative Planning, Forecasting, and Replenishment). Mithilfe von Industrie-4.0-Technologien können derartige Ansätze weiter automatisiert werden.

Automatisierte Nachbestellung

Das Anwendungsszenario, in dem die enge Kopplung von Lieferanten und Abnehmern veranschaulicht wird, ist BMBF [2015, S. 19] entnommen. Es greift auf die beiden in Beispiel 1 und 2 skizzierten Unternehmen – Farbenhersteller und Gehäuseproduzent – zurück. Der Gehäuseproduzent benötigt für die Lackierung der Gehäuse Speziallacke, die bestimmte Anforderungen an die Verarbeitungsbedingungen stellen. Wenn die Sensoren der Lackieranlage die Unterschreitung eines definierten Füllstands melden, wird automatisiert eine Nachbestellung generiert. Dadurch kann der Gehäuseproduzent Unterbrechungen der Gehäusefertigung (mit Konsequenzen wie Konventionalstrafen) vermeiden, die Lagerhaltung senken und Lagerhaltungskosten einsparen.

Verarbeitungsbedingungen auf RFID-Chip

Die Verarbeitungsbedingungen für den Speziallack sind auf dem RFID-Chip des Behälters gespeichert, in dem der Lack geliefert wird. Damit kann überprüft werden, ob die aktuellen Zustandsdaten des Gehäuserohlings (z. B. die Temperatur aus dem Umformungsvorgang) mit der vom Hersteller empfohlenen Temperatur zur Verarbeitung des Speziallacks übereinstimmen. Ist dies nicht der Fall, wird der Lackiervorgang automatisch angehalten und abgewartet, bis der Rohling auf die richtige Temperatur abgekühlt ist. In der Zwischenzeit können z. B. andere Aufträge vorgezogen werden.

Beispiel 5: Intelligente Kaffeemaschine

Maschinendaten von Kaffeeautomaten

Für einen Hersteller industrieller *Kaffeeautomaten*, die in der Gastronomie und in Unternehmen eingesetzt werden, sind Informationen über das Abnutzungs- und Verschleißverhalten sehr hilfreich. Dazu werden an jedem der Kaffeeautomaten verschiedene Daten erfasst (u. a. die produzierte Kaffeemenge, Wasserstand und Stillstandzeiten) und an das ERP-System des Kunden gemeldet [Asseco 2014]. Das ERP-System kann dann z. B. automatisch Nachbestellungen von Kaffee veranlassen.

Wenn darüber hinaus Maschinendaten mit Sensoren erfasst, an die Zentrale des Herstellers gemeldet und dort analysiert werden, kann der Hersteller automatisierte Schlussfolgerungen über den Zustand der Gerätekomponenten und des Verschleißmaterials an jedem der Aufstellungsorte ziehen. Er kann den Kunden z. B. darauf hinweisen, dass für das Kühlaggregat ein hohes Ausfallrisiko besteht, und die Durchführung von Wartungsarbeiten empfehlen. Seine eigene Disposition profitiert dadurch, dass die Materialbeschaffung und der Personaleinsatz (Servicetechniker) mit mehr Vorlauf geplant werden können.

Beispiel 6: Instandhaltungsmanagement

Ungeplanter Maschinenstillstand

Ein ungeplanter Maschinenstillstand kann in einem Fertigungsunternehmen erhöhte Produktionskosten und signifikante Umsatzeinbrüche zur Folge haben, wenn Aufträge liegen bleiben oder storniert werden.

Ursachen des Stillstands können z. B. Materialengpässe sein, die auf der Lieferantenseite liegen, oder Maschinenausfälle, die im eigenen Unternehmen auftreten.

Während Lieferprobleme durch Maßnahmen im Rahmen des Supply Chain Management vermieden bzw. behoben werden können, sind es auf der Maschinenseite geeignete terminierte Wartungs- und Instandhaltungsarbeiten, die Ausfälle vermeiden helfen. (Wäre die Maschine ein paar Tage früher gewartet worden, wäre sie nicht ausgefallen.)

Optimaler Wartungszeitpunkt

Die Bestimmung des „richtigen" Wartungszeitpunkts (oder Wartungsintervalls) ist schwierig, da sie von gegenläufigen Erwägungen getragen wird. Je früher (bzw. je häufiger) gewartet wird, umso mehr wird die Maschinenkapazität verringert, da die Maschine während der Wartungsarbeiten für Produktionsaufträge nicht zur Verfügung steht. Je später (bzw. seltener) gewartet wird, umso höher ist das Risiko eines ungeplanten Ausfalls.

Sensordaten

Letztlich hängt der ideale Wartungszeitpunkt vom Zustand der Maschine ab. In der Industrie-4.0-Konzeption sind Maschinen mit Sensoren versehen, die kontinuierlich Daten über die Maschinenlast und -zustände erfassen. Im Fall eines Kompressorherstellers wird berichtet, dass die Zahl der pro Tag für einen Kompressor anfallenden Messdaten ca. 1 Mio. beträgt [Lameter 2014].

Auf Basis der gemessenen Daten sowie lastabhängiger Zuverlässigkeitsanalysen und unter Heranziehung von Verschleißmodellen können geeignete Algorithmen dann detaillierte Prognosen über das Ausfallverhalten der Maschine oder kritischer Komponenten erstellen [Kagermann 2013, S. 107]. Da bei der Sensorik i. d. R. große Datenmengen anfallen, können Ansätze aus dem Feld „Big Data" (vgl. Abschnitt 12.5.4) zur Anwendung kommen.

Instandhaltungsterminierung auf Basis von Messdaten

Die Industrie-4.0-Technologien – hier insbesondere die Sensordatenerfassung und -auswertung – machen es in diesem Beispiel möglich, die nächsten Instandhaltungsarbeiten und die Ersatzteilbereitstellung optimal zu terminieren. Ungeplante Maschinenstillstände mit ihren negativen Folgen können damit vermieden oder zumindest reduziert werden.

Predictive Maintenance

Die vorausschauende Planung von Wartungsintervallen und -zeitpunkten ist Gegenstand des Forschungsgebiets *Predictive Maintenance*. Hier werden intelligente Algorithmen mit mathematischen und statistischen Verfahren eingesetzt. Ziel ist es, aus Echtzeitdaten frühzeitig zu erkennen, wann ein technisches Gerät Abweichungen vom Sollzustand zeigt und evtl. auf einen Ausfall zusteuert. Damit kann zum Beispiel die Gefahr, dass einer der vielen Motoren einer Produktionslinie ausfällt und das Fließband zum Stillstand bringt, abgemildert werden [Hilt 2015, S. 29].

12.5.3 „Smart Services“

Die bislang angesprochenen intelligenten (materiellen) Objekte werden in Anglizismen häufig mit dem Attribut „smart“ versehen: Smart Products, Smart Machines, Smart Factory etc.

Zunehmend wird auch der Dienstleistungsbereich einbezogen, wo man gern von *Smart Services* spricht. Diese sollen zukünftig im Internet der Dienste (Internet of Services, IoS) angeboten werden, wie bereits in Abschnitt 12.4.1 erwähnt.

„Produkt als Service“

Die Anreicherung von materiellen Produkten um Dienstleistungen ist schon seit vielen Jahren zu beobachten. In einer zunehmenden Zahl von Fällen geht dies so weit, dass statt des Produkts die Dienstleistung Gegenstand der Geschäftstransaktion ist („Produkt als Service“). Statt ein Produkt zu besitzen, legt der Abnehmer größeren Wert darauf, von der Nutzung des Produkts zu profitieren.

Als Beispiele für Dienstleistungen, die gegenüber den Produkten in den Vordergrund gerückt sind, können etwa die folgenden genannt werden [Birkenmeier 2014]:

- *Carsharing*: Kunden erwerben „Mobilität“, ohne sich selbst um den Kauf, Verkauf oder die Anmietung von Fahrzeugen kümmern zu müssen.
- *Energycontracting:* Kunden (Unternehmen) erwerben nicht nur Strom, sondern auch „Klima“ (d. h. Wärme, Kälte, konditionierte Luft u. a.). Statt eigene Energieversorgungs-, Heiz- und Klimaanlagen einrichten zu müssen, kümmert sich der Anbieter um die Planung, Finanzierung, Errichtung und den wirtschaftlichen Betrieb der Anlagen, die in seinem Besitz verbleiben.
- *Werkzeugmanagement*: Bauunternehmen erhalten vom Anbieter genau die Werkzeuge zur Verfügung gestellt, die sie für ihre spezifischen Bauprojekte benötigen. Der Anbieter ist für die Werkzeugversorgung, Reparatur, den Ersatz und Diebstahlschutz verantwortlich. Der Kunde profitiert dadurch, dass er stets über funktionstüchtige, dem aktuellen Stand der Technik entsprechende und auf die projektspezifischen Anforderungen ausgerichtete Werkzeuge verfügt.

Cloud Computing

Weitere bekannte Beispiele findet man beim *Cloud Computing*. Dort ist es seit Jahren üblich, Anwendungsprogramme, Plattformen oder die Infrastruktur als Dienste zu nutzen: Software-as-a-Service (SaaS), Platform-as-a-Service (PaaS), Infrastructure-as-a-Service (IaaS). Bei IaaS muss der Anwender also beispielsweise die Rechner- und Speicherkapazität nicht selbst installieren und betreiben. Stattdessen nimmt er die Dienstleistung eines Cloud-Computing-Anbieters in Anspruch, der die Rechen- und Speicherleistung vorhält und bedarfsangepasst bereitstellt.

Smart Services

Bei den *Smart Services* steht das Attribut „smart" nicht zuletzt dafür, dass die Dienstleistung in intelligenter Weise, den Anforderungen des Kunden angepasst, erbracht wird. Dies erfordert häufig eine Konfigurierung der Dienstleistung aus verschiedenen Teilkomponenten. Der Mehrwert für den Kunden besteht darin, dass er einfach die „Lösung" nutzen kann, ohne sich um die Koordination der beteiligten Akteure und deren Aktivitäten sowie die technischen oder rechtlichen Schnittstellen zwischen ihnen kümmern zu müssen [Krcmar 2015, S. 14 f.].

Merkmale von Smart Services

Zu den Merkmalen der Smart Services gehört, dass sie modular sind, zu Paketen zusammengefasst werden können und über das Internet angeboten werden. Ein Dienstprovider kann dann zum Beispiel vorkonfigurierte Angebotspakete erzeugen. Diese lassen sich umso kundenindividueller gestalten, je feiner die Granularität der Dienste ist, die auf einer der Dienstplattformen im IoS bereitgestellt sind. In dem Maße, wie die Dienstleistungsorientierung der Wirtschaft fortschreitet und die Kunden der Nutzung von Dienstleistungen höheres Gewicht als dem Erwerb von Produkten einräumen, dürften Smart Services zunehmende Verbreitung finden.

Smart Services und Industrie 4.0

Im Kontext von Industrie 4.0 spielen sie eine wichtige Rolle. Ein Grund dafür ist, dass die Vernetzung und Interaktion zwischen den technischen Komponenten und Produkten in Industrie 4.0 neue Geschäftsmodelle ermöglichen (vgl. Abschnitt 12.6). Anbieter, die die Potenziale ausschöpfen wollen, können innovative Dienstleistungspakete für ihre Kunden schnüren. Die primär auf materielle Objekte gerichteten Industrie-4.0-Ansätze werden damit in sinnvoller Weise um neue Dienstleistungsangebote ergänzt.

12.5.4 Big Data

Größenordnungen

Big Data ist ein Schlagwort, das „große" Datenmengen adressiert. „Groß" bedeutet hier aber etwas anderes als bei der konventionellen Datenverarbeitung. Wenngleich 350.000 Materialstammsätze (vgl. Abb. 1.9) oder Unternehmensdatenbestände im Gigabytebereich beeindruckend groß erscheinen mögen, geht es bei Big Data doch um andere Größenordnungen (Terabytes, Petabytes, bis hin zu Exabytes).

Wo fallen Big Data an?

Daten in diesem Volumen fallen nicht bei klassischen betrieblichen ERP- oder SCM-Aufgaben an, wo sie entweder manuell eingegeben (z. B. als Bestellanforderung in ein Bildschirmformular) oder von Computerprogrammen erzeugt (z. B. Planungsergebnisse) und als strukturierte Datensätze gespeichert werden. Vielmehr handelt es sich häufig um Daten, die etwa als unstrukturierte Texte (z. B. Meinungsäußerungen in sozialen Netzen) oder als Messdaten anfallen, sei es zufällig (z. B. GPS-Koordinaten von Smartphones) oder geplant (z. B. in regelmäßigen Abständen erfasste Sensordaten).

Einer der Pioniere auf dem Gebiet, der SAP-Gründer Hasso Plattner, definiert „Big Data“ als:

Definition „Big Data“

... Synonym für die Bedeutung großer Datenvolumen in verschiedensten Anwendungsbereichen sowie der damit verbundenen Herausforderung, diese verarbeiten zu können. ... Big Data beschreibt Datenbestände, die aufgrund ihres Umfangs, Unterschiedlichkeit oder ihrer Schnelllebigkeit nur begrenzt durch aktuelle Datenbanken und Daten-Management-Tools verarbeitet werden können. [Plattner 2019].

3-V-Modell

Die in der Definition angesprochenen Merkmale „Umfang“, „Unterschiedlichkeit“ und „Schnelllebigkeit“ wurden ursprünglich in einem Bericht der Gartner Group herausgestellt, auf den sich viele Autoren beziehen. Der Bericht charakterisiert Big Data anhand eines *3-V-Modells* („volume – variety – velocity“) [Gartner 2011]:

Volume

– *Volume (Umfang):* Die Bedeutung dieses Merkmals wird mit dem jährlichen Anwachsen des Umfangs an Informationen weltweit von mindestens 59 % begründet. Beispiele sind Messdaten, die von Sensoren erzeugt werden, und Nachrichten in sozialen Netzwerken (vgl. weiter unten). Große Datenvolumina stellen nicht nur Herausforderungen für die Speicherung dar, sondern insbesondere für die Auswertung der Daten.</IP>

Variety

– *Variety (Unterschiedlichkeit):* Im Gegensatz zu den traditionell in Datenbanken gehaltenen, strukturierten Daten spielen heute semistrukturierte (z. B. E-Mails) und unstrukturierte Daten (z. B. Bilder) eine zunehmend wichtige Rolle. Ihr Anwachsen hängt mit der Verbreitung sozialer Medien und kontextsensitiver mobiler Geräte zusammen. Die Datentypen reichen somit von strukturierten Daten in Datenbanktabellen über Textdokumente und E-Mails bis hin zu Finanztransaktionen, Börsentickern, Messdaten, Fotos, Videos und Audiodaten.

Velocity

– *Velocity (Geschwindigkeit):* Die Geschwindigkeit bezieht sich sowohl darauf, wie schnell Daten produziert, als auch darauf, wie schnell sie verarbeitet werden können. Damit eine zeitnahe Reaktion möglich ist, müssen in vielen Fällen Analysen in Echtzeit (realtime) oder Fast-Echtzeit, d. h. im Sekunden-, höchstens Minutenbereich, erfolgen, auch wenn Terabytes oder Petabytes an Daten auszuwerten sind.

4-V-Modell

Andere Autoren oder Organisationen ziehen zur Beschreibung von Big Data neben den drei Vs weitere Merkmale heran, so etwa „Value" (Wert der Daten bzw. Information), „Validity" (Gültigkeit) und „Volatility" (Unbeständigkeit). Häufiger wird „Veracity" genannt und das 3-V-Modell so zu einem *4-V-Modell* erweitert (z. B. Zikopoulos [2013, S. 14]):

Veracity

- *Veracity* (übersetzt etwa Vertrauenswürdigkeit, Wahrhaftigkeit oder Sinnhaftigkeit): Angesichts der Flut an Daten kann die Datenqualität zweifelhaft sein. Deshalb ist es wichtig herauszufinden, ob bzw. in welchem Ausmaß die Daten „vertrauenswürdig" sind. Als Beispiel nennen Zikopoulos und Co-Autoren Twitter-Nachrichten, die häufig von Spambots erzeugt oder auf andere Weise manipuliert sind. Würde man also beispielsweise eine Sentimentanalyse (s. u.) auf unbereinigten Daten fahren, wären die Ergebnisse verzerrt und nicht vertrauenswürdig. Andererseits ist eine schnelle Verfügbarkeit von Analysen häufig wichtig, sodass die Daten nicht rechtzeitig gesäubert werden können. Bei der Interpretation der Ergebnisse ist also zu berücksichtigen, dass den Daten eine gewisse Unsicherheit oder Ungenauigkeit anhaftet [Klein 2013].

Analysen direkt auf den Transaktionsdaten

Bei Big-Data-Anwendungen geht man oft davon aus, dass eine aufwendige Aufbereitung der Daten für die Analysezwecke entfällt, weil grundsätzlich direkt auf den Transaktionsdaten gearbeitet werden kann. Dies spart Kosten, erhöht die Flexibilität und ermöglicht die Analyse aktueller Daten in Echtzeit. Demgegenüber ist bei konventionellen Business-Intelligence-Ansätzen auf der Basis eines Data Warehouse meist eine aufwendige Aufbereitung der Transaktionsdaten in einem ETL-Prozess (ETL, Extract, Transform, Load) vorgeschaltet.

Big-Data-Technologien

Die Verarbeitung von Datenmengen im Sinne von Big Data erfordert andere Technologien, als für konventionelle relationale Datenbanken heute üblich sind. Ansätze sind z. B. spaltenorientierte Speicherung (d. h. nach Attributen; relationale Systeme speichern nach Datensätzen, somit zeilenweise) und In-Memory-Datenbanken.

In-Memory-Datenbanken

Bei *In-Memory-Datenbanken* werden die Datenbestände nicht auf Magnetplatten oder anderen externen Speichermedien gehalten, sondern direkt im Hauptspeicher (auf Chips). Damit wird die Verarbeitungsgeschwindigkeit um das 1.000- bis 100.000-fache schneller als bei einer externen Speicherung. In-Memory-Datenbanken sind möglich geworden, weil sich die Preise für Speicherchips in den letzten Jahren umgekehrt proportional zur Kapazität der Chips entwickelt haben.

Big-Data-Anwendungen

Die Anwendungsbereiche für Big-Data-Lösungen sind vielfältig. Sie reichen von der Aufdeckung von Unregelmäßigkeiten bei Finanztransaktionen („Fraud Detection“) [Zikopoulos 2013, S. 36 ff.] und der Auswertung von Datenströmen aus Sensoren (Produktionsmonitoring, Maschine-Maschine-Kommunikation) über das Erkennen von Zusammenhängen in der medizinischen Diagnostik (z. B. in der personalisierten Medizin zum Finden individueller Therapiemöglichkeiten) [Plattner 2019] bis hin zur Analyse von Meinungsäußerungen im Internet (Sentimentanalyse).

Sentimentanalyse

Meinungsäußerungen in sozialen Medien werden unter dem Oberbegriff *Sentimentanalyse* (oder „Opinion Mining“) erforscht. Im betriebswirtschaftlichen Kontext kann die Sentimentanalyse beispielsweise Erkenntnisse über neu eingeführte Produkte oder Produkteigenschaften liefern. Dazu analysiert man mithilfe linguistischer Methoden die Meinungsäußerungen der Kunden in sozialen Netzen. Der Produkthersteller kann aus den Ergebnissen Schlüsse ziehen und die nächste Produktgeneration entsprechend verändern.

Präsidentschaftswahl in USA

In einem anderen Fall wurde die Sentimentanalyse verwendet, um die Ergebnisse einer amerikanischen Präsidentschaftswahl vorherzusagen. Dazu wurden mehr als 50 Mio. Nachrichten in sozialen Netzen – Facebook und Twitter – ausgewertet. Für etwa 80 % der Bundesstaaten stimmten die in den Facebook- und Twitter-Nachrichten geäußerten Präferenzen mit dem späteren tatsächlichen Wahlergebnis überein [Freyburger 2013, S. 37].

Viele Anwendungen der Sentimentanalyse bedienen sich einfacher Textanalysemethoden (z. B. Zählung der Häufigkeit von Lexikonbegriffen). Dagegen kommen bei fortgeschrittenen Anwendungen ausgefeilte linguistische und statistische Methoden zum Einsatz. Einen vertieften Überblick über „höhere“ Methoden zur Sentimentanalyse findet man in zwei Themenheften der Fachzeitschrift IEEE Intelligent Systems [IEEE 2013].

Smart Metering

Intelligente Zähler („Smart Meter“) in der Energieversorgung

In der Energieversorgung fallen heute große Datenmengen an, die von *intelligenten Zählern („Smart Meter“)* erzeugt werden (vgl. zum folgenden Beispiel Manhart [2015]). Während früher ein Ableser ein- bis zweimal pro Jahr den Endkunden besuchte, die Verbrauchsdaten ablas und sie in ein Formular eintrug, werden die Messwerte heute automatisch erfasst.

Anzahl Messdaten

In manchen Bereichen werden Zähler alle 15 Minuten abgelesen, in anderen jede Minute. Das heißt, bei einem minütlichen Ablesen entstehen 1.440 Messwerte pro Tag und Zähler. In einer mittleren Großstadt mit 80.000 Zählern sind dies 115.200.000 Messwerte pro Tag bzw. 42.048.000.000 pro Jahr.

Der intelligente Zähler zeigt nicht nur dem Kunden den aktuellen Strom-, Gas- oder Wasserverbrauch an, sondern sendet auch die Daten an das Versorgungsunternehmen, das sie dann auswertet.

Vorteile für Energieversorgungsunternehmen

Für *Energieversorgungsunternehmen* liegen die *Vorteile* von Smart Metering darin, dass das Kundenverhalten detailliert transparent wird. Unternehmen können die Verbrauchsdaten nutzen, um die Versorgung bei Bedarfsspitzen zu planen und die Energieverteilung und -ströme besser zu steuern. Bei erneuerbaren Energien (wie Windkraft) ist dies z. B. wichtig, weil sie nach Verbrauch gesteuert und verteilt werden.

Vorteile für Kunden

Die *Vorteile* für die *Kunden* liegen darin, dass sie ihren Energiekonsum besser kontrollieren können. Sie sehen über die intelligenten Zähler, wann sie wie viel verbrauchen, und ändern möglicherweise ihr Verhalten. Wenn die Kilowattstunde nachts billiger ist, weil der Strombedarf insgesamt niedriger ist, könnten sie beispielsweise die Waschmaschine nachts laufen lassen. Theoretisch denkbar ist auch, dass der Kunde von Stunde zu Stunde seinen Anbieter wechselt, wie heute schon beim Telefonieren üblich (Call-by-Call). Smart Meter unterstützen schnelles Hin- und Herschalten zwischen verschiedenen Anbietern.

„Smart Building“

Intelligente Zähler werden auch für die Optimierung des Energieverbrauchs in Gebäuden („Smart Building“) genutzt. Ein Beispiel ist die Temperaturregelung. Zusätzliche Sensoren in jedem Raum erfassen verbrauchsrelevante Daten, beispielsweise ein Temperatursensor und ein Sensor, der die Sonneneinstrahlung misst. Die Sensoren senden die Daten an das Steuerungssystem, das sie unter Rückgriff auf die Stammdaten des Gebäudes (z. B. Raumgröße in qm) auswertet und daraufhin die Heizung oder Klimaanlage im Raum regelt.

Bessere Servicequalität durch Maschinendatenanalyse

Mess- und Sensordaten

Im Kontext von Industrie 4.0 sind vor allem Auswertungen von Mess- und Sensordaten von Interesse, die in den Produktionsanlagen, Transporteinrichtungen, in der inner- und außerbetrieblichen Logistik oder in den Produkten anfallen und systematisch erfasst werden. Außerdem interessiert sich das Produktmanagement für Analysen des Produktverbleibs bzw. der Produktnutzung auf der Kundenseite.

Servicequalität weltweit eingesetzter Kompressoren

Ein Beispiel gibt einer der größten Hersteller von Kompressoren. Das Unternehmen, dessen Produkte in mehr als 100 Ländern verkauft und eingesetzt werden, steht vor der Herausforderung, die Servicequalität weltweit auf einem hohen Niveau zu festigen [Lameter 2014]. Die Kompressortypen sind unterschiedlich und reichen von Schrauben- und Kolbenkompressoren über straßenfahrbare Baukompressoren bis hin zu Dentalkompressoren.

„Machine Health"

Um den aktuellen Maschinenzustand („Machine Health") eines jeden Kompressors beurteilen zu können, müssen die relevanten Messdaten in Echtzeit zur Verfügung stehen und ausgewertet werden. Dazu gehören die Menge an erzeugter komprimierter Luft, die Temperatur, der Druck sowie weitere Daten, aus denen der Maschinenstatus abgeleitet werden kann.

1 Mio. Messdaten pro Tag und Kompressor

Die Menge an Messdaten, die allein von einer einzigen Kompressorstation erzeugt werden, liegt bei 1 Mio. pro Tag. Geht man davon aus, dass das Unternehmen weltweit viele Tausende von Kompressoren im Einsatz hat, erkennt man schnell die Dimension der Datenbestände, die jeden Tag anfallen und ausgewertet werden müssen.

Predictive Analytics

Um Maschinenzustände und Nutzungsmuster adäquat vorhersagen zu können, setzt das Unternehmen *Predictive Analytics* ein. (Predictive Analytics ist ein Forschungsgebiet, das statistische Methoden vor allem aus dem Bereich Data Mining umfasst.) Damit wird es möglich, die vorausschauende Instandhaltung anwendergerecht zu terminieren und den ungeplanten Ausfall von Kompressoren zu vermeiden.

12.5.5 Blockchains in Industrie 4.0

Die Blockchain-Technologie bietet aufgrund ihrer immanenten Eigenschaften fortschrittliche Anwendungspotenziale für manche Bereiche von Industrie 4.0 ebenso wie für das Enterprise Resource Planning und Supply Chain Management.

Distributed Leger Technology (DLT)

Blockchains sind eine spezifische Ausgestaltung der *Distributed Leger Technology (DLT)* [Hellwig 2020, S. 4]. Distributed Ledger bedeutet wörtlich übersetzt „verteiltes Kontenbuch". Wie in einem realen Kontenbuch werden Transaktionen verzeichnet und sind damit gewissermaßen „für immer" aufgeschrieben. Die Verteilung ergibt sich dadurch, dass die Daten in einem Peer-to-Peer-Netzwerk (d. h. Netzwerk von gleichberechtigten Computern) auf vielen Computern repliziert werden. Sie sind also auf vielen Netzknoten in der ursprünglichen Form vorhanden.

Blockchain

Der Begriff *Blockchain* kommt daher, dass die Transaktionen nach einer bestimmten Zeit zu Blöcken zusammengefasst werden. Die Blöcke werden kryptografisch verschlüsselt, an die Blockchain angehängt und über das Peer-to-Peer-Netzwerk verteilt. Da sie vielfach vorhanden sind, sind nachträgliche Manipulationen quasi ausgeschlossen. Andere Netzknoten würden diese sofort bemerken. Bei einem Computer- oder Netzausfall gehen sie nicht verloren und können einfach durch eine Kopie ersetzt werden.

Vertrauenswürdigkeit

Die für viele Anwendungen wichtigste Eigenschaft einer Blockchain ist die *Vertrauenswürdigkeit* bzw. *Fälschungssicherheit*. Einmal in der Blockchain abgelegte Daten sind für immer in der gespeicherten Form vorhanden und damit unveränderlich. Diese Eigenschaft ist zum Beispiel im Bereich der Finanztransaktionen interessant, in dem auch die bekannteste Blockchain-Anwendung liegt (Bitcoins, vgl. Nakamoto [2008]).

Smart Contracts

Industrielle Anwendungen profitieren noch von einem weiteren Merkmal, den sog. *Smart Contracts*. Dabei handelt es sich um Computerprotokolle, die technische „Verträge“ abbilden und automatisiert abwickeln. Die Vertragspartner legen in Computeralgorithmen fest, welche Bedingung zu welcher Entscheidung („wenn-dann“) führt [Wilkens 2019, S. 8 ff.]. In Abhängigkeit davon können weitere Aktionen veranlasst werden.

Anders als bei einfachen Wenn-dann-Anweisungen in einem Computerprogramm können hier auch Skripte verwendet werden. Damit lässt sich die Geschäftslogik abbilden und automatisiert umsetzen.

Smart Contracts sind im Rahmen von Industrie 4.0 von besonderem Interesse, da sie eine Machine-to-Machine-Kommunikation (M2M) unterstützen können. Zum Beispiel erlauben sie es Cyber-Physical Systems, selbst ihre Nutzung durch Nachfrager (z. B. Aufträge, andere CPS) zu verhandeln (s. weiter unten).

Anwendungsbeispiele in der Industrie

Vertrauenswürdigkeit von Aufzeichnungen

Im Produktions- und Logistikbereich gibt es zahlreiche Anwendungsbeispiele der Blockchain-Technologie. Sie zeigen, dass Blockchains mehrheitlich dort zum Einsatz kommen, wo die *Vertrauenswürdigkeit* von Aufzeichnungen wichtig ist. Dies ist häufig der Fall, wenn Nachweise erbracht werden müssen, z. B. aufgrund rechtlicher Vorschriften. Anwendungsbeispiele findet man bei Prinz [2017], Seifert [2018], Pfeiffer [2019], Bugaiov [2019], Urbach [2020], so etwa:

– *Zertifizierte Produktionsprozesse:* Durch die Abbildung in der Blockchain kann unveränderlich und fälschungssicher dokumentiert werden, dass ein zertifizierter Produktionsprozess eingehalten wurde. Die Blockchain-Technologie erlaubt eine einfache, sichere und nachvollziehbare Protokollierung von qualitäts- und auditrelevanten Produktionsdaten.

- *Lieferketten:* Die Lieferkette, beispielsweise eines Medikaments in der Logistik- und Gesundheitsbranche, kann transparent und nachvollziehbar dokumentiert werden, wenn alle Prozessschritte auf DLT-basierten Systemen abgebildet sind.
- *Kühlketten:* Bei Tiefkühltransporten kann man über Sensoren erfasste Daten wie die Transporttemperatur oder andere Transportbedingungen unveränderlich im Netzwerk speichern, um zu dokumentieren, dass die Kühlkette nicht unterbrochen wurde.
- *Chargenverfolgung:* Pharma- und Lebensmittelunternehmen können mithilfe einer Blockchain eine sichere Chargenverfolgung realisieren.
- *Zusicherungen:* Zulieferer in einer Supply Chain können getestete Materialeigenschaften oder Qualitätssicherungsergebnisse für ihre Produkte in einer Blockchain ablegen und automatisiert ihren Abnehmern mitteilen.

Automatisierung mithilfe von Smart Contracts

Mit fortschreitender Automatisierung in der Produktion wird es immer wichtiger, dass Maschinen selbstständig agieren und Prozesse selbstständig abwickeln können. *Smart Contracts* spielen hierbei eine wesentliche Rolle. Man spricht zukunftsgerichtet manchmal bereits von einer „Machine Economy“, in der Maschinen dezentral und autonom miteinander Verträge eingehen und als eigenständige Wirtschaftsobjekte agieren [Pfeiffer 2019].

Die folgenden Anwendungsbeispiele wurden von Prinz [2017], Seifert [2018], Pfeiffer [2019] skizziert:

- Eine Vision lautet, dass *Produktionsmaschinen mit einer eigenen Identität* auftreten und ihre Dienstleistung über Smart Contracts verkaufen. Maschinen, die sich gegenseitig Aufträge erteilen und über Smart Contracts die Bezahlung abwickeln, können auch die notwendigen Bestellprozesse für Materialien über Smart Contracts auslösen und mit den erworbenen Erlösen Lieferanten und Kredite bezahlen.
- *Cost-per-Sale, Pay-per-Use:* Vor allem bei kleineren Transaktionen, die in großer Zahl anfallen, ist es nützlich, wenn die Auslösung, Abwicklung und Bezahlung automatisiert erfolgen. Blockchains und Smart Contracts ermöglichen Abrechnungsmodelle wie Cost-per-Sale und Pay-per-Use in Echtzeit.
- *Ersatzteilproduktion durch Dritte:* Wenn ein Dienstleister wie UPS im Auftrag von Unternehmen Ersatzteile mit 3D-Druckern ausdrucken und liefern will, dann kann er in der Blockchain dem

ursprünglichen Hersteller fälschungssicher protokollieren, dass die Teile originalgetreu gedruckt und in der korrekten Stückzahl geliefert wurden.

12.6 Geschäftsmodelle in Industrie 4.0

Neue Geschäftsmodelle und Geschäftsprozesse

Industrie 4.0 hat grundsätzliche Auswirkungen auf die Unternehmensführung. Um die Potenziale von Industrie 4.0 voll auszuschöpfen, überdenken Unternehmen bestehende *Geschäftsmodelle* und führen neue ein. Dies wiederum hat Auswirkungen auf die *Geschäftsprozesse*. Die gegenwärtig durchgeführten Geschäftsprozesse müssen überdacht und neue müssen implementiert werden. Daraus leiten sich neue Anforderungen an die betriebswirtschaftlichen Anwendungssysteme einschließlich der ERP- und SCM-Systeme ab, denn diese Systeme müssen letztlich die neuen Prozesse unterstützen.

Was ist ein Geschäftsmodell?

Ein *Geschäftsmodell* beschreibt die Art und Weise, wie ein Unternehmen sein Geld verdient. Aus den zahlreichen Definitionen sei die aus dem Abschlussbericht des Arbeitskreises Industrie 4.0 zitiert, die die wesentlichen Merkmale griffig zusammenfasst [Kagermann 2013, S. 85]:

Definition Geschäftsmodell

„Ein Geschäftsmodell ist eine vereinfachte Darstellung eines Unternehmens und eine Abstraktion davon, wie sein Geschäft und seine Wertschöpfung funktionieren, um letztlich Geld zu verdienen. Es beschreibt auf kompakte Weise Organisation, Kostenstrukturen, Finanzströme, Wertschöpfungskette und Produkte eines Unternehmens."

Traditionelles Geschäftsmodell

Bei Produktionsunternehmen, die im Fokus dieses Buchs stehen, sieht das *traditionelle Geschäftsmodell* so aus, dass das Unternehmen Produkte herstellt und an Abnehmer verkauft. Damit geht das Eigentum vom Hersteller auf den Abnehmer über, der auch die „Lasten" übernimmt: Er muss das Produkt beispielsweise pflegen, reparieren, seine Qualität prüfen/zertifizieren lassen („TÜV") etc., oder er kann Dienstleister beauftragen, dies für ihn zu erledigen.

„Produkt als Dienstleistung"

Nicht erst seit Industrie 4.0 sind Abwandlungen des traditionellen Geschäftsmodells hin zu dienstleistungsorientierten Modellen entstanden. Bei diesen Modellen verkauft der Hersteller nicht das Produkt, sondern die Nutzung desselben („Produkt als Dienstleistung"). Der Kunde bezahlt dann nicht einen Kaufpreis, sondern eine zeit- oder nutzungsabhängige Vergütung.

Darin kommt der wirtschaftliche Wandel von einer produktionsorientierten hin zu einer stärker dienstleistungsorientierten Industrie zum Ausdruck, der nicht zuletzt in der Verschärfung des Wettbewerbs und der verstärkten Nachfrageposition der Kunden begründet ist. Kunden haben höhere Ansprüche, erwarten einen umfangreicheren Service und beziehen diesen in ihre Produktentscheidung ein. Hersteller müssen folglich verstärkt Dienstleistungen zu ihren Produkten anbieten.

Carsharing

Im *Endverbraucherbereich* ist ein allgemein bekanntes Beispiel das *Carsharing*. Der Kunde kauft dabei nicht einen PKW, sondern die PKW-Nutzung, und bezahlt für diese. Der Hersteller (oder allgemein der Bereitsteller) bleibt Eigentümer und ist für alle Aufgaben der Bereitstellung (Fahrtüchtigkeit, TÜV, Reparaturen, Ersatzfahrzeug etc.) zuständig.

Da auch große Automobilhersteller Carsharing-Angebote im Programm haben, kann man sagen, dass sie ihr Geschäftsmodell erweitert haben. Automobilhersteller leben zwar auch weiterhin überwiegend vom Verkauf ihrer Fahrzeuge (traditionelles Geschäftsmodell), sie erzielen aber zunehmend Umsätze durch den „Nicht-Verkauf" (Carsharing).

Betreibermodelle

Im *Business-to-Business-Bereich* sind schon vor vielen Jahren sogenannte *Betreibermodelle* [Lay 2007] entstanden, bei denen ebenfalls das Nutzungsinteresse des Abnehmers im Vordergrund steht. Für ein Produktionsunternehmen bedeutet dies, dass die Fertigungsanlagen im eigenen Haus durch Fremdfirmen bereitgestellt und betrieben werden.

12.6.1 Betreibermodelle

Dienstleistung statt Produkt

Betreibermodelle sind eine spezielle Form von Lieferanten-Kunden-Beziehungen im Investitionsgüterbereich [Lay 2007]. Kunden erwerben nicht das Investitionsgut selbst, sondern den „Nutzen" daraus. Das heißt beispielsweise, dass ein Automobilhersteller nicht die Lackieranlage von deren Hersteller kauft, sondern die Dienstleistung „Lackieren eines PKW" [Wiendahl 2001]. Ein Getränkeproduzent erwirbt nicht die Abfüllanlage, sondern die Dienstleistung „Abfüllen eines Getränks". Durch die Zunahme der Arbeitsteilung verlieren traditionelle Unternehmensgrenzen an Bedeutung [Wildemann 2024].

In den Betreibermodellen kommt der wirtschaftliche Wandel von einer produktionsorientierten hin zu einer stärker dienstleistungsorientierten Industrie zum Ausdruck, der nicht zuletzt in der Verschärfung des Wettbewerbs und der verstärkten Nachfrageposition der Kunden begründet ist. Kunden haben höhere Ansprüche, erwarten umfangreicheren Service und beziehen diesen in ihre Kaufentscheidung ein. Hersteller müssen folglich verstärkt Dienstleistungen zu ihren Produkten anbieten. In der Investitionsgüterbranche führte dies teilweise dazu, dass nicht die Fertigungsanlage als solche, sondern das mit ihrer Nutzung erzielte Resultat Gegenstand der Vertragsbeziehung ist.

Betreibermodelle werden schon lange von der öffentlichen Hand angewendet. Im Auftrag des Staates oder einer Kommune baut und betreibt ein privater Anbieter eine Brücke, einen Tunnel, ein Kraftwerk etc. Die Finanzierung ist dann Angelegenheit des Privatunternehmens, das aus dem Betrieb der Anlage wiederum Einnahmen erzielt. Betreibermodelle der öffentlichen Hand

In Dritte-Welt-Ländern werden insbesondere Infrastrukturprojekte (Wasserversorgung, Telekommunikation, Straßenbau etc.) auf dem Weg von Betreibermodellen durchgeführt. Der Beweggrund ist hier, wie in den anderen Fällen meist auch, dass die Finanzierung der Investition nicht vom Auftraggeber bereitgestellt werden muss.

Nach den Eigentumsverhältnissen unterscheidet man verschiedene Formen von Betreibermodellen [Wiendahl 2001]:

- *Build-Operate-Transfer (BOT)*: Ein Unternehmen baut eine Anlage, betreibt sie für eine gewisse Zeit und übergibt sie dann an den Käufer (z. B. die öffentliche Hand). BOT
- *Build-Own-Operate-Transfer (BOOT)*: Ein Unternehmen baut und betreibt die Anlage als Eigentümer für eine vereinbarte Zeitdauer. Anschließend geht das Eigentum an den Käufer über. BOOT
- *Build-Operate-Own (BOO)*: Im Gegensatz zum BOOT-Modell verbleibt die Anlage im Eigentum des Herstellers und Betreibers der Anlage. BOO

Merkmale von Betreibermodellen

Die Ausgestaltung von Betreibermodellen in der Industrie kann im Detail sehr unterschiedlich sein. Dementsprechend kompliziert ist in der Praxis die Vertragsgestaltung. Eine Reihe von Kriterien sind etwa die folgenden [Lay 2003]:

(1) Wer ist Eigentümer der Anlage? Die Spanne reicht vom Hersteller über eine Leasing-Gesellschaft und Dienstleister bis zum Kunden selbst. Ausgestaltung von Betreibermodellen

(2) Wer stellt das Personal zum Betrieb der Anlage? Denkbar sind Mitarbeiter des Herstellers, des Kunden, aber auch von externen Dritten (Dienstleistungsunternehmen).

(3) Wer beschafft die Materialien, die zur Herstellung der Produkte erforderlich sind? Hier kommt ebenfalls der Hersteller, der Kunde oder ein Dienstleister in Betracht.

(4) Wo wird die Anlage aufgestellt? Möglichkeiten sind etwa in der Fertigung des Kunden, in einer „Fabrik in der Fabrik“, am Standort des Herstellers u. a.

(5) Wird die Anlage ausschließlich für einen Kunden betrieben? Beispielsweise ist bei Betrieb am Ort des Herstellers auch eine Nutzung für mehrere Kunden denkbar.

(6) Wie wird der Betreiber vergütet? Alternativen sind etwa: Pauschalbetrag für die Anlage (Pay-for-Equipment), Bezahlung für technische Verfügbarkeit (Pay-on-Availability) und Vergütung pro erstellte Leistungseinheit (Pay-on-Production).

Aufgabenverteilung Hersteller – Betreiber – Kunde

Die Aufgaben, die im Lebenszyklus einer Anlage anfallen, können unterschiedlich auf den Hersteller und den Anlagennutzer aufgeteilt sein. Der Hersteller auf der einen Seite plant, konstruiert und produziert die Anlage nach den Spezifikationen des Anlagennutzers. Dieser wiederum ist an der Funktionalität der Anlage interessiert, um seine Erzeugnisse herstellen zu können. Im Zeitablauf fallen Wartung, Inspektionen und Reparaturarbeiten an. Alle Aufgaben können im Prinzip vom Hersteller, vom Kunden oder von Dritten übernommen werden. Abbildung 12.11 zeigt die Möglichkeiten [Wiendahl 2001].

- Der als *„All-in-one“* bezeichnete Ansatz steht an einem Ende der Skala. Der Anlagennutzer produziert auch die Anlage und betreibt sie.
- Der *konventionelle Ansatz* ist der heute noch meist praktizierte: Der Hersteller produziert und liefert die Anlage, der Kunde kauft und betreibt sie.
- Der *Integrationsansatz* als Betreibermodell bezeichnet den Sachverhalt, dass der Hersteller die Anlage nicht nur produziert, sondern auch betreibt und dem Kunden die Produkte bereitstellt.
- Beim *Separationsansatz* übernimmt ein Dritter als Dienstleister die Rolle des Betreibers für die Herstellung der Erzeugnisse.

Bei den Betreibermodellen sind Kunde und Lieferant bzw. Betreiber eng miteinander verknüpft. Im Gegensatz zu einem konventionellen Kaufvorgang, der zunächst einmal mit der Bezahlung abgeschlossen ist, sind bei Betreibermodellen die Beziehungen zwischen den Partnern auf eine langfristige Zusammenarbeit gerichtet.

Bedingungen für Betreibermodelle

Die Bedingungen, unter denen Betreibermodelle realisiert werden, sind ebenso unterschiedlich wie die mögliche Ausgestaltung. Es lassen sich mehrere Typen unterscheiden [Lay 2003], d. h. Betreibermodelle für:

- Typ A – Kundenindividuelle Anlagenkonzepte, insbesondere in der Automobilindustrie. Die Anlagen werden auf die Produktion eines spezifischen Teils hin zugeschnitten.
- Typ B – Technologisch anspruchsvolle Maschinenbauprodukte, bei denen das Personal des Anlagennutzers zu einer produktiven Nutzung nicht oder nur schwer in der Lage ist. Der Hersteller kann dies besser gewährleisten.

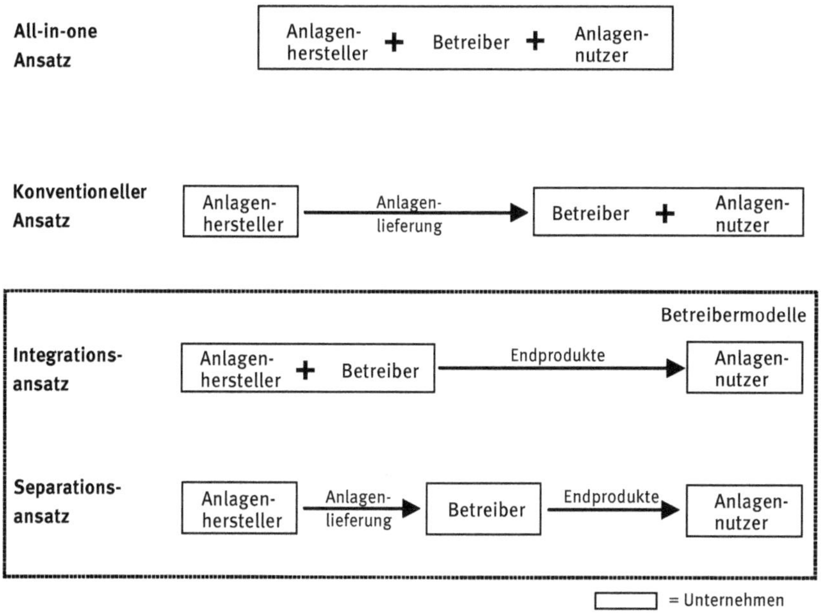

Abb. 12.11: Aufgabenverteilung zwischen Hersteller, Betreiber und Kunde.

- Typ C – Einsatzfelder von Hilfsaggregaten mit hohem Rationalisierungspotenzial. Dieses resultiert daraus, dass der Kunde seine für den Wettbewerb wichtige Kernkompetenz auf anderen Feldern sieht. Den Hilfsprozessen wird weniger Aufmerksamkeit gewidmet, und folglich wird auch der technische Fortschritt in den Randbereichen nicht erkannt oder umgesetzt.
- Typ D – Land- und Baumaschinenindustrie sowie andere Branchen mit starker Position des Handels. Durch zunehmende Technisierung steigen die Preise für Anlagen und Geräte immer höher, sodass Kleinbetriebe sie nicht mehr wirtschaftlich nutzen können. Für Hersteller und Handel ergibt sich daraus das Problem, dass sie ihren Absatz nur aufrechterhalten können, wenn sie neue innovative Geschäftsmodelle anbieten.

Idealtypische Betreibermodelle

Damit lassen sich idealtypische Bedingungen für erfolgreiche Betreibermodelle wie folgt charakterisieren [Lay 2003]: Der Hersteller hat einen signifikanten Know-how-Vorsprung gegenüber dem Anlagennutzer; Optimierungspotenziale bei den Geschäftsprozessen sind vorhanden; die Anlagen können auf das neue Geschäftsmodell technisch zugeschnitten werden; der Hersteller sieht neue Marktchancen in dem Geschäftsmodell und die Kernkompetenzen des Kunden sind nicht betroffen.

Vor- und Nachteile von Betreibermodellen

Wie die verschiedenen Ausgestaltungsmöglichkeiten und Rahmenbedingungen erkennen lassen, sind Betreibermodelle mit Vor- und Nachteilen für beide Seiten behaftet. Sie werden dann realisiert, wenn die Vorteile überwiegen. Hervorzuheben sind folgende Vor- und Nachteile [Wildemann 2024; Lay 2007; Wiendahl 2001; Freiling 2003; Spath 2001].

Vorteile von Betreibermodellen

Vorteile für Kunden

Vorteile für den Kunden (Anlagennutzer) liegen darin, dass der Abfluss erheblicher liquider Mittel und eine hohe Fixkostenbelastung vermieden werden. Fixkosten werden in variable Kosten umgewandelt und die Kapitalbindung ist geringer. Das Risiko einer Fehlinvestition und die Komplexität der Fertigungsprozesse sinken. Die Leistungen des Betreibers werden individuell auf den Kunden zugeschnitten.

Angesichts der Dynamik der technischen Entwicklung entfällt für den Kunden das Risiko der Veralterung der Anlage, da die Verantwortung für die technische Aktualität beim Hersteller bzw. Betreiber liegt. Die Flexibilität des Unternehmens steigt. Innovationssprünge und Produktivitätssteigerungen können ohne eigenen Ressourceneinsatz vollzogen werden. Die Anlagenverfügbarkeit steigt i. d. R. ebenfalls, da der Betreiber ein eigenes Interesse an der ständigen Funktionsfähigkeit hat und dafür eventuell sogar eine Gewährleistung eingeht.

Ein fehlendes fachliches Know-how muss nicht durch die Einstellung neuen Personals oder Qualifizierungsmaßnahmen mühsam aufgebaut werden.

Vorteile für Betreiber

Vorteile für den Betreiber sind insbesondere darin zu sehen, dass das Know-how im eigenen Unternehmen verbleibt. Durch den Betreibervertrag werden die Kundenbeziehungen vertieft und es entsteht eine langfristige Kundenbindung. Neue Marktchancen mit zusätzlichem Kundenakquisitionspotenzial und Ausnutzung der erweiterten Outsourcing-Optionen der Kunden können sich eröffnen. Der Betreiber trägt eine Mitverantwortung für den Erfolg und ist je nach Vertragsgestaltung daran auch beteiligt.

Nachteile von Betreibermodellen

Nachteile für Betreiber

Nachteile für den Betreiber ergeben sich zwangsläufig daraus, dass ein Teil des Investitionsrisikos auf ihn übertragen wird. Wenn die Anlage nicht genau auf den später eintretenden Bedarf hin bzw. zu groß dimensioniert ist, werden Leerkosten und damit geringere Rückflüsse anfallen. Schwankungen im Nachfrageverhalten der Endkunden schlagen direkt auch auf den Betreiber zurück, zumindest bei einer mengenabhängigen Vergütung. Der Betreiber ist meist verpflichtet, die Anlage auf dem Stand der Technik zu halten, was ggf. laufende Investitionen nötig macht.

Da die Verfügbarkeit i. d. R. garantiert werden muss, trägt der Betreiber auch das Risiko der technischen Erfüllung. Aus Organisationssicht können personalwirtschaftliche Maßnahmen erforderlich werden, da unter Umständen die Mitarbeiter des Betreibers direkt in die Prozesse des Kunden eingebunden sind und auf dessen Anforderungen reagieren müssen (z. B. Rufbereitschaft am Wochenende).

Nachteile für Kunden

Für den *Kunden* sind *Nachteile* darin zu sehen, dass er in ein enges Abhängigkeitsverhältnis gerät, gepaart mit einem Know-how-Verlust für das eigene Unternehmen. Widerstände im eigenen Unternehmen sind wahrscheinlich, wenn Teile des Betriebs abgegeben werden.

Die Gegenüberstellung von Vor- und Nachteilen zeigt, dass tendenziell mehr Vorteile bei den Kunden und mehr Nachteile bei den Betreibern auftreten. Ausschlaggebend ist damit die Wirtschaftlichkeit. Wenn ein Anlagenhersteller durch Betreibermodelle neue Geschäftsfelder eröffnen, neue Marktchancen ausschöpfen und höhere Gewinne realisieren kann, wird er diesen Weg einschlagen. Die Wettbewerbsverhältnisse, etwa in der Automobilindustrie, können ebenso ein Faktor sein, der zur Verbreitung von Betreibermodellen beiträgt.

Aufschwung von Betreibermodellen in Industrie 4.0

Im Rahmen von *Industrie 4.0* gewinnen Betreibermodelle einen neuen Schwung, da die technologischen Fähigkeiten von Anlagen und Produkten das Nutzungsspektrum erweitern. Dass Anlagen im Internet der Dinge mit anderen Anlagen, intelligenten Produkten und Computern kommunizieren können, bringt für den Betreiber eine erhebliche Vereinfachung mit sich. Er kann beispielsweise die von den Anlagen übermittelten Sensor- und Messdaten in seiner Zentrale mit intelligenten Algorithmen analysieren und die Anlagen weitgehend über Fernzugriffe überwachen und steuern.

12.6.2 Vernetzte Systeme und Unternehmen

Gesamtangebot basierend auf vernetzten Produkten und/oder Fertigungsanlagen

Neue Geschäftsmodelle ermöglicht Industrie 4.0 nicht zuletzt deswegen, weil nicht mehr zwangsläufig nur das einzelne Objekt (Produkt bzw. Fertigungsanlage) die Grundlage des Geschäfts bildet. Vielmehr können im Internet der Dinge vernetzte Produkte bzw. Fertigungsanlagen – und darüber hinaus *Dienstleistungsbündel* basierend auf einem Netzwerk von Produkten und/oder Fertigungsanlagen – angeboten werden. Das Gesamtangebot wird dann nicht notwendigerweise von einem einzelnen Unternehmen erbracht, sondern von einem Verbund von vernetzten und kooperierenden Unternehmen.

Vernetzte Unternehmen sind nicht neu

Auch dieser Ansatz ist im Grunde genommen nicht neu, wird aber durch die technologische Basis von Industrie 4.0 weiterbefördert. In den 1990er-Jahren waren insbesondere virtuelle Unternehmen, virtuelle Fabriken und Produktionsnetzwerke Gegenstand intensiver Forschungsbemühungen.

Bei allen diesen Ausprägungen arbeiten rechtlich unabhängige Unternehmen bei der Wertschöpfung zusammen. Ein wesentlicher Vorteil der Zusammenarbeit ist, dass sich die einzelnen Unternehmen auf ihre Kernkompetenzen konzentrieren und Randaktivitäten ihren jeweiligen Partnern überlassen können. Die kooperierenden Unternehmen stellen eine virtuelle Einheit dar, ohne ihre rechtliche Selbstständigkeit aufgeben zu müssen.

In einem Produktionsnetzwerk müssen die ERP-Systeme der beteiligten Unternehmen zusammenarbeiten können. Sie müssen sich in dem Sinne „verstehen", dass Informationen aus einem System an das ERP-System eines Partners übergeben und dort weiterverarbeitet werden können. Eine wesentliche Voraussetzung für eine effektive Datenkommunikation sind gemeinsame Standards, z. B. der myOpen-Factory-Standard (DIN PAS 1074) [Kompa 2010].

Virtuelle Unternehmen

Definition „virtuelles Unternehmen"

Der Begriff des virtuellen Unternehmens (VU) wurde von Davidow und Malone mit ihrem Buch „The Virtual Corporation" [Davidow 1992] bekannt gemacht. Aus dem Kreis der Wirtschaftsinformatik stammt die folgende Definition [Arnold 1995]: „Ein VU ist eine Kooperationsform rechtlich unabhängiger Unternehmen, Institutionen oder Einzelpersonen, die eine Leistung auf der Basis eines gemeinsamen Geschäftsverständnisses erbringen. Die kooperierenden Einheiten beteiligen sich an der Zusammenarbeit vorrangig mit ihren Kernkompetenzen und wirken bei der Leistungserstellung gegenüber Dritten wie ein einheitliches Unternehmen. Dabei wird auf die Institutionalisierung zentraler Managementfunktionen zur Gestaltung, Lenkung und Entwicklung des VU durch die Nutzung geeigneter Informations- und Kommunikationstechnologien weitgehend verzichtet".

Merkmale eines virtuellen Unternehmens

Wichtige Merkmale eines virtuellen Unternehmens sind die folgenden [Mertens 1995]: Die kooperierenden Einheiten schließen sich kurzfristig zusammen, um eine sich bietende Wettbewerbschance gemeinsam zu nutzen (dynamische Konfigurierung des VU). Dies ist von Vorteil, wenn ein Unternehmen allein das notwendige Know-how nicht anderweitig, z. B. durch Übernahmen oder Fusionen, oder nicht schnell genug erlangen kann. Auf dem Wege der Kooperation teilen sich die Partner sowohl Kosten als auch Risiken und Wissen. Sie agieren gemeinsam auf nationalen und globalen Märkten, wobei jeder seine „komparativen Vorteile" einbringt. Die Unternehmen handeln partnerschaftlich, weil sie das Gesamtziel nicht allein oder, in Konkurrenz, nicht wirtschaftlich erreichen können. Wenn die gemeinsame Aufgabe beendet ist, löst sich das virtuelle Unternehmen wieder auf. Als entscheidender Erfolgsfaktor wird eine gut entwickelte Informationsinfrastruktur angesehen, welche die Beteiligten effizient miteinander vernetzt und mit Informationen versorgt.

Produktionsnetze

Ein Teil der Literatur zu virtuellen Unternehmen im *Produktionssektor* kommt aus dem ingenieurwissenschaftlichen Bereich. Hier spricht man auch von „wandelbaren Produktionsnetzen", „Netzwerkpartnerschaften" oder „virtuellen Fabriken".

Virtuelle Fabriken

Virtuelle Fabrik

Als virtuelle Fabriken bezeichnen Meyer und Steven „ ... freiwillige, zeitlich befristete Produktionsnetzwerk-Kooperationen mehrerer i. d. R. rechtlich und wirtschaftlich selbstständiger Partner (...), um durch ... Kombination ihrer Kernkompetenzen arbeitsteilig und dezentralisiert bestimmte Produkte entlang der Wertschöpfungskette zu erzeugen oder eine diese begleitende industrielle Dienstleistung (z. B. im Logistikbereich) zu erbringen" [Meyer 2000].

Vorstufen zu virtuellen Unternehmen

Eine Vorstufe der virtuellen Fabrik ist die *Auslagerung von Arbeitsplätzen* an räumlich entfernte Standorte, wobei die Mitarbeiter (elektronischen) Zugriff auf alle Daten und Dokumente ihrer Arbeitsgruppe haben. Die nächste Stufe ist durch Bildung *virtueller Teams* charakterisiert, die sich aus Mitgliedern mehrerer Unternehmen zusammensetzen. Mithilfe der Informations- und Kommunikationstechnik können geografische Grenzen überwunden, Spezialisten zusammengeführt und Ressourcen kombiniert werden. Auf der dritten Stufe findet man *virtuelle Organisationseinheiten*, die in den verzweigten Werken eines Konzerns zentrale Serviceleistungen erbringen.

Virtuelle Unternehmen können grundsätzlich *top-down* oder *bottom-up* entstehen. Schuh und Co-Autoren identifizierten zwei Entwicklungstendenzen, die in Abb. 12.12 skizziert sind [Schuh 1998]:

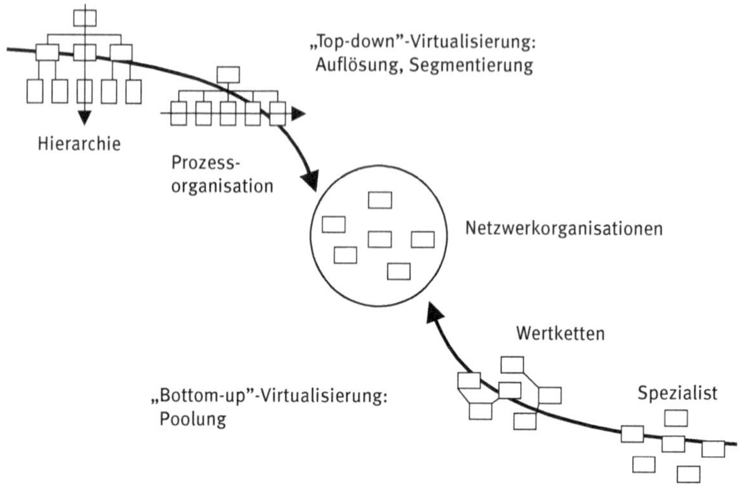

Abb. 12.12: Entstehung virtueller Unternehmen top-down und bottom-up [Schuh 1998].

Segmentierung von Großunternehmen

(1) Die eine Entwicklung ist die, dass Großunternehmen verstärkt segmentiert werden, damit die Prozessorientierung besser umgesetzt werden kann. Es werden selbstständige Geschäftseinheiten gebildet und die starren, hierarchischen Organisationsformen zerschlagen. Die neuen Einheiten agieren autonom und werden wirtschaftlich tätig. Wenn die so gewonnene Flexibilität noch nicht ausreicht, kommt eine räumliche Verlagerung zu Standorten mit komparativen Vorteilen hin in Betracht. Schließlich können die autonomen Einheiten in überbetriebliche Wertschöpfungsketten und Netzwerke (virtuelle Unternehmen) integriert werden.

Kooperation von kleinen und mittleren Unternehmen

(2) Der andere Weg zu virtuellen Unternehmen führt über Kooperationen von kleinen und mittleren Unternehmen entlang der Wertschöpfungskette. Ziel der Netzwerkbildung ist es hier, die Flexibilitätsvorteile von kleinen Einheiten mit den Stärken der Großunternehmen (z. B. Finanzierungsvorteile, Marktzugang, Beschaffungskonditionen) zu kombinieren. Während statische Netzwerke wie strategische Allianzen und Joint Ventures auf langfristige Zusammenarbeit ausgelegt sind, werden dynamische Netzwerke im Sinne von virtuellen Unternehmen kurzfristig konfiguriert, um temporäre Marktchancen wahrzunehmen.

Den Auslöser zur Bildung einer virtuellen Fabrik stellt ein konkreter Auftrag oder das Erkennen einer Marktchance dar (vgl. Abb. 12.13). Potenzielle Kooperationspartner entscheiden, sich zusammenzuschließen, und bringen ihre Kernkompetenzen ein. Sie bilden die virtuelle

Fabrik, führen den Auftrag durch oder schöpfen die Marktchance aus und lösen das virtuelle Unternehmen dann wieder auf [Meyer 2000].

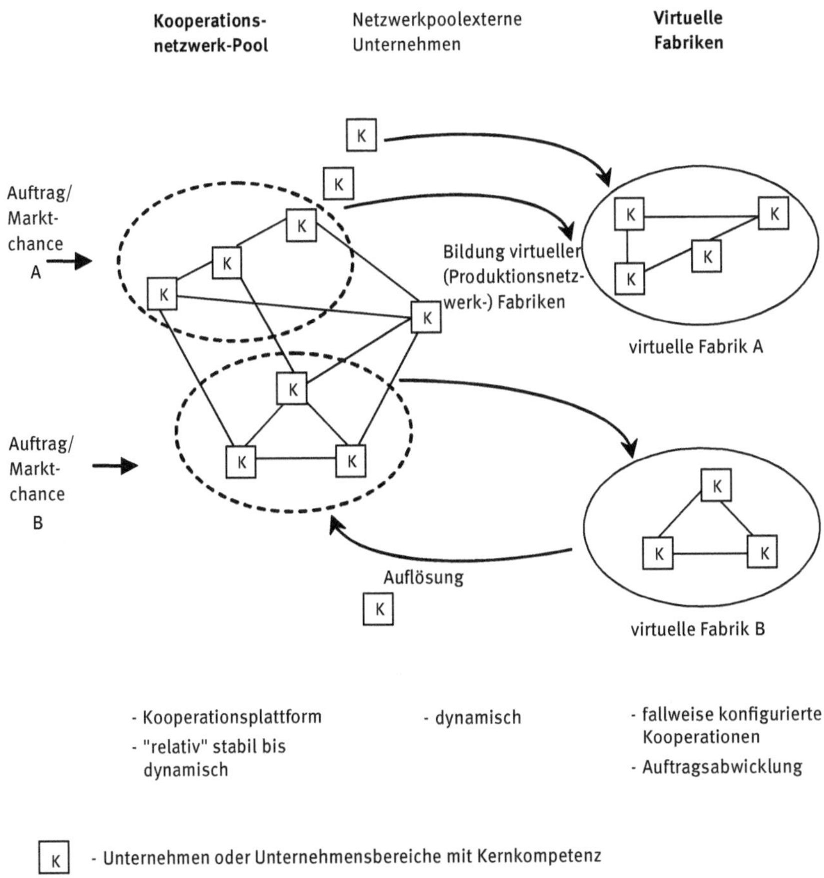

Abb. 12.13: Bildung und Auflösung virtueller Fabriken [Meyer 2000].

Ein wesentlicher Erfolgsfaktor für ein virtuelles Unternehmen ist die effektive Koordination der an den Geschäftsprozessen beteiligten Partner. Dies setzt eine geeignete organisatorische und kommunikationstechnische Infrastruktur voraus. Auf Basis der Vernetzung können dann temporäre virtuelle Fabriken kurzfristig zu Leistungseinheiten konfiguriert werden. Möglicherweise können so von dem virtuellen Unternehmen Aufträge angenommen werden, die ein Partner allein nicht bearbeiten könnte.

Informations- und Kommunikationstechnologie

Dass die Informations- und Kommunikationstechnologie für das Funktionieren eines virtuellen Unternehmens von entscheidender Bedeutung ist, liegt auf der Hand. Neben den Vernetzungskomponenten bei den Partnern spielt das Wissensmanagement eine wichtige Rolle. Insbesondere müssen aber die produktionswirtschaftlichen Informationssysteme „virtualisierungsfähig" sein, d. h., sie sollten die Planung und Steuerung in vernetzten und kooperierenden Unternehmen unterstützen.

ERP- und PPS-Systeme unterstützen „Virtualität" schlecht

Die konventionellen ERP-Systeme unterstützen „Virtualität" wenig oder gar nicht. Wesentliche Aufgaben und Anforderungen eines Produktionsnetzes, wie eine flexible Kommunikation zwischen den Systemen verschiedener Unternehmen, Synchronisation der Produktionspläne mehrerer Partner, netzwerkweite Logistik und Koordination der Materialflüsse, unternehmensübergreifende Auftragsverfolgung und Qualitätssicherung u. v. a., sind im Prinzip nicht vorgesehen [Meyer 2000].

Supply Chain Management

Hingegen sind im *Supply Chain Management* Ansätze entstanden, die gerade auf das Konfigurieren und ggf. schnelle Rekonfigurieren von Beziehungsnetzwerken gerichtet sind. Das *SCOR-Modell* (vgl. Abschnitt 9.3) stellt eine Modellierungstechnik für solche Netzwerke bereit, und in SCM-Systemen werden spezifische Werkzeuge für die strategische Netzwerkplanung angeboten. Diese sind zwar nicht explizit auf virtuelle Unternehmen ausgerichtet und arbeiten eher mit einer gröberen Granularität; sie erlauben aber immerhin die Abbildung von Organisationseinheiten unterschiedlicher Unternehmen und ihrer auftragsbezogenen Beziehungen zueinander.

Netzwerkweite Grobplanung

Eine mangelnde Abstimmung zwischen den Unternehmen eines Produktionsnetzwerks kann zu überhöhten Beständen und verlängerten Durchlaufzeiten führen. Damit werden wesentliche Vorteile eines virtuellen Unternehmens wieder zunichtegemacht. Eine wichtige Rolle kommt deshalb bereits der netzwerkweiten Grobplanung zu. Bei der Einplanung eines Kundenauftrags muss – unter Berücksichtigung der bei den Partnern verfügbaren Kapazitäten sowie ihrer Durchlaufzeiten, Kostenstrukturen, Bestände und geografischen Lage – der optimale Pfad durch das Netzwerk festgelegt werden. Es ist zu entscheiden, welche Partner an der Ausführung des Auftrags beteiligt werden, welche Teilaufgaben welcher Partner durchzuführen hat und in welchem Zeitraum die Teilaufgaben erledigt werden müssen.

Abschließend ist festzuhalten, dass ein Teil der Aufgaben, die in einem Produktionsnetzwerk zu lösen sind, heute im Rahmen des Supply Chain Management angegangen wird. Die einschlägigen Funktionen von SCM-Systemen decken zumindest diejenigen Anforderungen ab, die sich auf die Zusammenarbeit und Abstimmung zwischen verschiedenen Unternehmen beziehen (vgl. Kapitel 9 und 10).

Vernetzte Systeme und Unternehmen in Industrie 4.0

Wie die Beschreibung virtueller Unternehmen und Produktionsnetzwerke zeigt, spielt die Informations- und Kommunikationstechnologie eine entscheidende Rolle. Sie bildet die Grundlage für die Zusammenarbeit unterschiedlicher Unternehmen.

Cyber-physische Systeme und Internet der Dinge

Auf der Basis von Industrie-4.0-Technologien, insbesondere der *cyber-physischen Systeme* und des *Internets der Dinge*, gehen die technischen Möglichkeiten der Zusammenarbeit noch sehr viel weiter. Dies gilt sowohl a) für dynamisierte Produktionssysteme innerhalb eines Unternehmens als auch b) für die überbetriebliche Kooperation, bei der c) aus Sicht der Kunden ein „Generalunternehmer" der Ansprechpartner sein mag, der die Gesamtlösung anbietet.

CPS-basiertes virtuelles Produktionssystem

a) Da cyber-physische Systeme ihre Fähigkeiten kennen, dynamisch umkonfiguriert werden können und mit anderen cyber-physischen Systemen kommunizieren, können sie beispielsweise mit diesen im Rahmen einer Fertigungslinie zusammenarbeiten, sodass gewissermaßen ein *virtuelles Produktionssystem* entsteht.

Ortsübergreifendes virtuelles Produktionssystem

b) Da CPS ortsunabhängig sind, kann das Produktionssystem grundsätzlich auch aus Anlagen zusammengesetzt werden, die an verschiedenen Standorten in unterschiedlichen Unternehmen stehen. Damit arbeiten rechtlich selbstständige Unternehmen, wie in den vorangegangenen Unterabschnitten diskutiert, zusammen.

Generalunternehmer mit virtuellem Unternehmen dahinter

c) Kunden bevorzugen häufig *Gesamtlösungen*. Das einzelne Unternehmen kann diese jedoch nicht anbieten, wenn es auf seine Kernkompetenzen spezialisiert ist. Die vom Kunden gewünschten Teilleistungen müssen dann von mehreren Unternehmen erbracht werden, die möglicherweise aus verschiedenen Branchen stammen. In einer Konstellation, bei der der Kunde nur einen Ansprechpartner hat und dieser als Generalunternehmer agiert, steht letztlich ein Verbund von Unternehmen bzw. ein virtuelles Unternehmen dahinter, das die Gesamtleistung erbringt.

Beispiel Landmaschinensystem

Abbildung 12.14 veranschaulicht dies am Beispiel eines Herstellers intelligenter Traktoren. Die Kunden, landwirtschaftliche Betriebe, benötigen nicht nur Traktoren, sondern ein umfassenderes *Landmaschinensystem*, das auch Pflüge, Mähdrescher, Pflanzmaschinen sowie integrierte Planungs- und Steuerungssoftware einschließt. Traktoren tauschen in dem Landmaschinensystem Informationen mit den anderen Komponenten aus und koordinieren sich mit diesen.

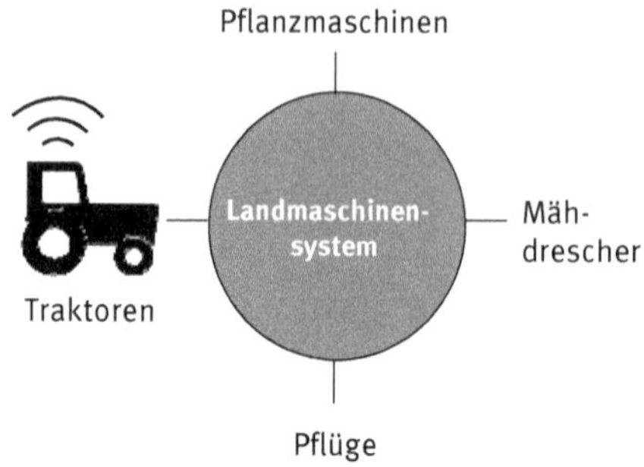

Abb. 12.14: Produktsystem [Porter 2014, S. 45].

Neben dem Einsatz von Landmaschinen hat ein landwirtschaftlicher Betrieb zahlreiche andere Managementaufgaben zu lösen. Er muss z. B. Saaten optimieren und die Bewässerung der Flächen planen und steuern (vgl. Abb. 12.15). Dabei spielen jeweils intelligente Hardware und Software zusammen.

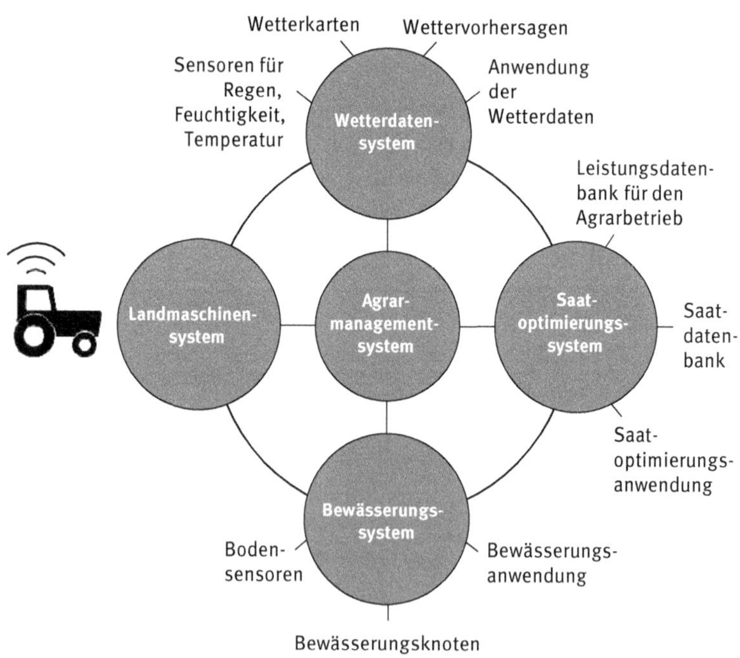

Abb. 12.15: System von Systemen [Porter 2014, S. 45].

Bei allen landwirtschaftlichen Aufgaben kommt den Wetterbedingungen eine herausragende Bedeutung zu. Neben Wetterdaten und Vorhersagesystemen nutzt der Betrieb ein eigenes Erfassungssystem mit

Sensoren, die Regen-, Feuchtigkeits- und Temperaturdaten an das Wetterdatensystem melden.

Die anderen Systeme interagieren direkt mit dem Wetterdatensystem. Das Bewässerungssystem stellt sich auf die Wetterprognose ein, und das Saatoptimierungssystem wird eine geplante Aussaat umterminieren, wenn das Wetterdatensystem Starkregen und Unwetter avisiert.

Agrarmanagementsystem

In dem Beispiel setzt sich das als *Agrarmanagementsystem* bezeichnete Gesamtsystem aus den Teilsystemen Landmaschinen-, Bewässerungs-, Saatoptimierungs- und Wetterdatensystem zusammen. Ein Anbieter der *Gesamtlösung* „Agrarmanagementsystem“ repräsentiert dann einen Firmenverbund (bzw. ein virtuelles Unternehmen), dessen Firmen aus vier unterschiedlichen Branchen stammen.

12.6.3 Industrie-4.0-spezifische Geschäftsmodelle

„Völlig neue Geschäftsmodelle“?

Eine Standardfloskel in Veröffentlichungen und Projektbeschreibungen zu Industrie 4.0 lautet, dass Industrie 4.0 „völlig neue Geschäftsmodelle“ mit sich bringe oder solche erfordere. Dem steht die geringe Zahl an konkreten Geschäftsmodellen gegenüber, über die tatsächlich berichtet werden kann.

Bei einer Untersuchung einer im Automatisierungsbereich tätigen Beratungsfirma, die nach Industrie-4.0-spezifischen Geschäftsmodellen in der Praxis und der Literatur suchte, wurden denn auch viele Werbebotschaften, aber keine konkreten Geschäftsmodelle gefunden [Binder 2014]. Ein Artikel in dem Magazin „Technology Review“ trägt den bezeichnenden Titel „Geschäftsmodell gesucht“ [Müller 2013].

Eine weitgehende Einigkeit besteht darüber, dass die neuen Geschäftsmodelle weniger im Produktbereich als vielmehr im Dienstleistungsbereich liegen. Darauf wurde bereits mehrfach hingewiesen. Insbesondere die Auswertung der „Big Data“, zum Beispiel des enormen Volumens an Betriebsdaten (Mess- und Sensordaten), bietet Ansatzpunkte.

In einer Studie differenzieren Emmerich und Co-Autoren Industrie-4.0-spezifische Geschäftsmodelle nach zwei grundsätzlich unterschiedlichen Kategorien: *evolutionäre* und *disruptive* Geschäftsmodelle [Emmerich 2015].

Geschäftsmodell Evolution

„Digitale Veredelung“

In diese Kategorie werden Geschäftsmodelle eingeordnet, die sich aus der Weiterentwicklung eines bestehenden Geschäftsmodells ergeben.

Die Autoren sprechen auch von der „digitalen Veredelung". Damit ist gemeint, dass existierende und/oder neue Produktfunktionen oder Dienstleistungen um das Produkt herum in elektronischer Form verfügbar gemacht werden. Die Art und Weise des Leistungsangebots selbst bleibt grundsätzlich bestehen; es wird nur um digitale Mehrwertdienste erweitert [Emmerich 2015, S. 38].

Nischenstruktur im Maschinen- und Anlagenbau

Die meisten beobachtbaren Geschäftsmodellinnovationen fallen in die Kategorie Evolution. Beispielsweise ist der Maschinen- und Anlagenbau, auf dem der Fokus der o. g. Studie liegt, wegen der sehr unterschiedlichen Anforderungen der Kunden durch zahlreiche Nischenplayer (kleine und mittelständische Unternehmen) geprägt. In dieser Nischenstruktur verdienen die Hersteller ihr Geld hauptsächlich aufgrund von Spezialisierung [Emmerich 2015, S. 24]. Das heißt, es besteht wenig Antrieb, die bestehenden Geschäftsmodelle umzustoßen. Vielmehr liegt es nahe, sie evolutionär weiterzuentwickeln.

Ein Beispiel ist ein *Maschinenhersteller*, der die Betriebsdaten aller bei seinen Kunden im Einsatz befindlichen Maschinen eines bestimmten Typs sammelt und auswertet. Er könnte etwa ermitteln, mit welchen Materialien, Werkzeugen und Hilfsmitteln die besten Ergebnisse auf Maschinen dieses Typs erzielt werden [Müller 2013, S. 39]. Das Wissen könnte er nutzen und Kunden eine Ausfallversicherung anbieten, die je nach Einsatzzweck unterschiedlich hohe Prämien vorsieht. Damit verändert sich sein Geschäftsmodell zwar nicht grundlegend, aber es erfährt eine Erweiterung in Richtung auf Versicherungsleistungen.

Vollautomatisches Füllstands-, Zähl- und Bestellsystem

Als Zweites sei ein Beispiel aus der Praxis genannt [Emmerich 2015, S. 39]. Ein Hersteller von *Behältern für Kleinteile* versieht diese mit einem RFID-Chip und einer Kamera, die den Befüllungszustand regelmäßig fotografiert. Die Fotos werden direkt an das Warenwirtschaftssystem geschickt, das der Hersteller mandantenorientiert (d. h. nach Kunden getrennt) betreibt. Ein Modul des Systems wertet die Fotos aus, ermittelt, wie voll der Behälter noch ist, und löst bei Bedarf einen Nachlieferungsauftrag aus.

Für den Hersteller bietet das vollautomatische Füllstands-, Zähl- und Bestellsystem vor allem Kosten- und Informationsvorteile. Der Nachbestellungsprozess läuft auf diese Weise autonom und standardisiert.

Aus Geschäftsmodellsicht verdient der Hersteller nicht nur mit dem Verkauf der intelligenten Hardware (Behälter) Geld, sondern auch durch die Zusatzdienste des Füllstands-, Zähl- und Bestellsystems. Da er ständig aktuelle Informationen über die Verbrauchsverläufe der Kunden erhält, kann er entsprechende Leistungspakete konfigurieren und in Rechnung stellen.

Geschäftsmodell Disruption

Veränderung der Branchenlogik

Im Gegensatz zum Geschäftsmodell Evolution, bei dem die „Branchenlogik" (d. h. die Art und Weise, wie das Geschäft in der Branche normalerweise abgewickelt wird) bestehen bleibt und der Fokus auf einer technologienahen Effizienzsteigerung liegt, verändern sich die Verhältnisse beim Geschäftsmodell Disruption grundlegend. Das heißt insbesondere, dass der Anteil an Informationstechnologie in den Produkten und Dienstleistungen des Unternehmens signifikant ansteigt und der Fokus hauptsächlich auf dem Wert für den Kunden und der Serviceorientierung liegt.

Bestehende Unternehmen

Ein konventioneller Maschinenbauer würde sich beispielsweise in die Richtung eines IT- und Serviceunternehmens bewegen oder ein Softwareunternehmen in die Herstellung materieller Produkte mit hohem IT-Anteil eintreten (Beispiel Google, das auch Automobil- und Roboterentwicklung betreibt).

Neue Unternehmen

Darüber hinaus entstehen *neue Unternehmen* mit Geschäftsmodellen, bei denen die Produkte und Dienstleistungen weitgehend digitalisiert werden.

Ein Beispiel für digitalisierte Dienstleistungen bietet das Portal *eMachineShop*, [eMachineShop 2025], das es jedem Kunden erlaubt, individuelle Teile in beliebiger Menge (einschließlich Stückzahl 1) zu fertigen. Der Kunde erstellt eine CAD-Datei mit der Konstruktionszeichnung und sendet diese an den Portalbetreiber. Ein eingebautes Expertensystem prüft die Konstruktion auf Fehler und gibt Feedback. Der Kunde erhält ein Preisangebot und erteilt den Auftrag, woraufhin der Portalbetreiber für die Herstellung nach den Spezifikationen des Kunden sorgt.

3D-gedrucktes Elektroauto

Ein disruptiver Ansatz für die Automobilproduktion – der erste *3D-gedruckte PKW* (das Elektroauto Strati) – wurde 2014 von dem Unternehmen Local Motors (https://localmotors.com/) demonstriert [Ortiz 2024, Kilimann 2015]. Ein weitgehend digitalisiertes Automobil wurde mithilfe von 3D-Drucktechnik aus einem Gemisch aus Karbon und Plastik „gedruckt", d. h. schichtweise aufgetragen (212 Schichten bei der Karosserie) [Werner 2015]. Das Drucken dauerte 44 Stunden, gefolgt von 3 Tagen Schleifen, Fräsen, Lackieren, Montieren und Hinzufügen der nicht druckbaren Teile (z. B. Motor, Lampen, Windschutzscheibe) [New Atlas 2014].

Aufgrund des vollständig digitalisierten Entwurfs und der 3D-Drucktechnik ist es bei dem Ansatz von Local Motors möglich, sehr flexibel auf Kundenanforderungen, -wünsche und -änderungen einzugehen.

Crowd Sourcing

Das Geschäftsmodell ist nicht nur hinsichtlich des Produktionsvorgangs disruptiv, sondern auch hinsichtlich des Entwicklungsprozesses. Anders als im konventionellen Automobilbau, den i. d. R. jeweils ein einzelnes (großes) Unternehmen betreibt, basiert Local Motors – nach dem Prinzip des Crowd Sourcing [Gassmann 2012] – auf der Mitwirkung vielen Ideengeber, Experten und Geldgeber.

12.7 Geschäftsprozesse in Industrie 4.0

In den vorstehenden Abschnitten dieses Kapitels wurden verschiedene Szenarien im Umfeld von Industrie 4.0 skizziert, insbesondere:

- Artikelüberwachung im Supermarkt
- Güterverfolgung in der Lieferkette
- Variantensteuerung mittels RFID-Chips
- Dezentrale Steuerung von Fertigungsanlagen
- Dynamisierung der Fertigungsstraßen in der Automobilproduktion
- Automatisierte Nachlieferung und Einhaltung von Verarbeitungsbedingungen in der Supply Chain
- Sentimentanalyse in sozialen Netzen
- Smart Metering durch Energieversorgungsunternehmen
- Intelligente Kaffeemaschine und Instandhaltungsmanagement
- Bessere Servicequalität durch Maschinendatenanalyse

Neue oder veränderte Geschäftsprozesse erforderlich

Alle Beispiele haben gemeinsam, dass sie entweder die Einführung neuer Geschäftsprozesse oder die Änderung bestehender Prozesse verlangen. Da intelligente Maschinen und Produkte letztlich die Basis von Industrie 4.0 darstellen, haben auch die meisten der betroffenen Geschäftsprozesse ihren Ausgangspunkt auf der Maschinen- oder Produktebene.

Beispiel Instandhaltungsmanagement

Im Folgenden wird exemplarisch das Instandhaltungsmanagement auf der Basis von Sensor- bzw. Messdaten skizziert, in dem sehr große Datenmengen anfallen (Big Data). In dem o. g. Fall des Kompressorherstellers (vgl. Abschnitt 12.5.4) waren es 1 Mio. Messdaten pro Kompressor und Tag.

Die zeitnahe Auswertung des Datenvolumens erlaubt es, technische Veränderungen (wie Verschleiß einzelner Komponenten) einer Fertigungsanlage frühzeitig zu erkennen. Darauf aufbauend kann das Unternehmen zusammen mit dem Hersteller oder Betreiber der Anlage vorausschauend eine Wartung zwecks Reparatur oder Austausch der Komponenten terminieren und ggf. die Beschaffung bzw. Fertigung von Spezialteilen rechtzeitig anstoßen.

Vorteile

Das Unternehmen vermeidet einen ungeplanten Ausfall der Anlage oder eine Verschlechterung der Produktqualität (z. B. durch allmähliches Überschreiten von Toleranzen). Der Hersteller oder Betreiber kann den Einsatz seiner Servicetechniker nach Optimalitätsgesichtspunkten planen.

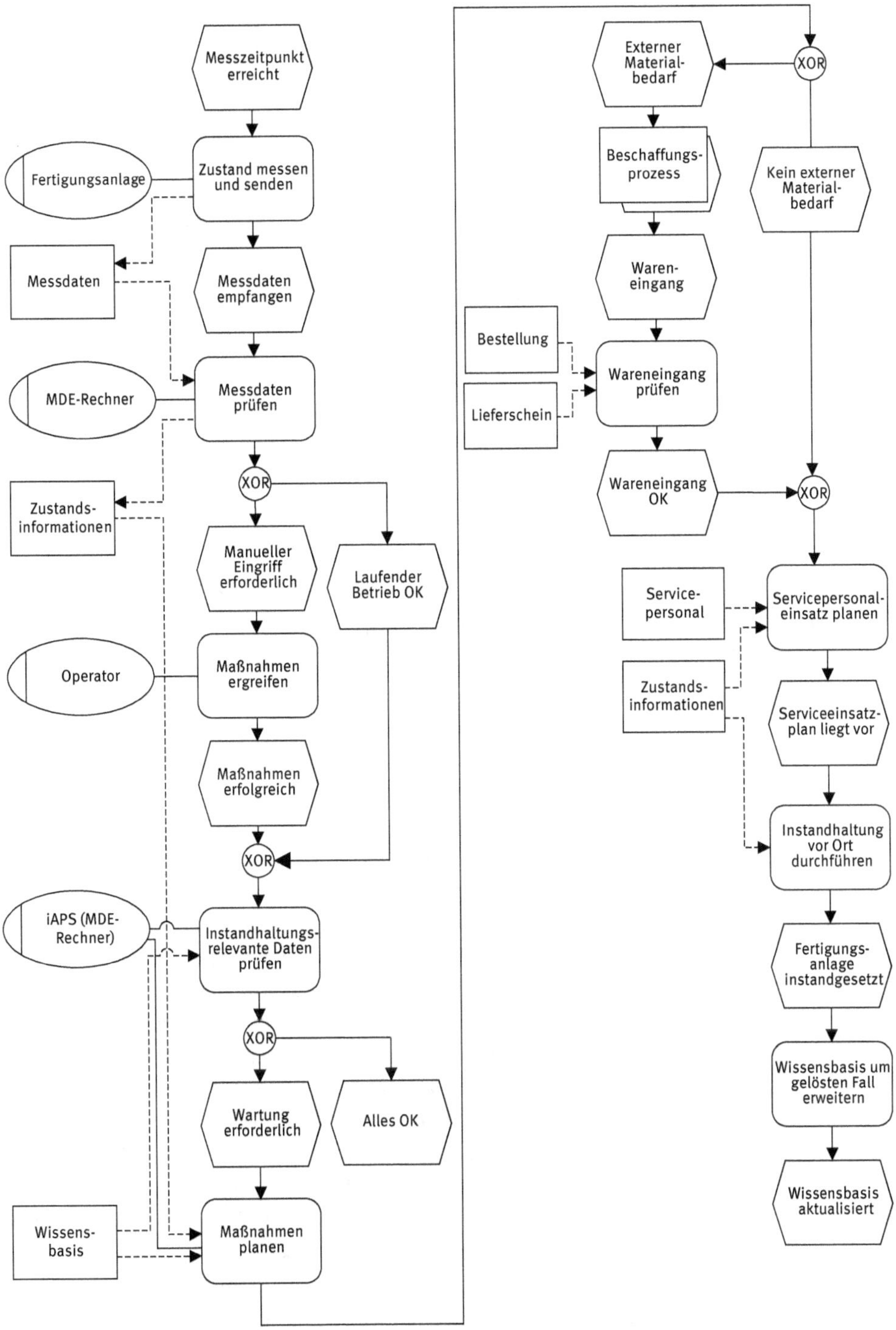

Abb. 12.16: Prozess „Sensorgesteuerte Anlagenüberwachung und Instandhaltung“.

Geschäftsprozess „Sensorgesteuerte Anlagenüberwachung und Instandhaltung"

Abbildung 12.16 zeigt ein vereinfachtes Modell des Geschäftsprozesses „Sensorgesteuerte Anlagenüberwachung und Instandhaltung" in Form einer ereignisgesteuerten Prozesskette (EPK). Der Prozess ist nicht von Grund auf neu, aber um wesentliche Bestandteile gegenüber einem nicht mess-/sensordatengetriebenen Prozess erweitert.

Intervallweise Datenauswertung

Hinsichtlich des Prozessanfangs wird angenommen, dass Mess- und Sensordaten intervallweise ausgewertet werden. Die Länge des Intervalls ist beliebig (z. B. 30 Sekunden, 1 Minute, 10 Minuten, 1 Stunde), d. h., der Messzeitpunkt wird periodisch erreicht. Die Betriebsdaten werden für die Dauer des Intervalls von der Fertigungsanlage erfasst und an den MDE-Rechner (MDE, Maschinendatenerfassung) gesendet.

Das Monitoringsystem auf dem MDE-Rechner prüft die empfangenen Daten auf Plausibilität, Konformität mit Normalverläufen und -profilen und andere Abweichungen. Es speichert die Zustandsinformationen in der Datenbank für spätere Analysen. Wenn die erfassten Daten auf Probleme beim laufenden Betrieb hindeuten, muss der Maschinenbediener eingreifen und die Probleme beheben.

Intelligentes Analyse- und Planungssystem (iAPS)

Der instandhaltungsrelevante Teil der EPK folgt nach dem XOR-Konnektor, der die beiden Zweige wieder zusammenführt. Ob die aufgrund der erfassten Daten gewonnenen Zustandsinformationen – ggf. zusammen mit weiteren, aus früheren Messintervallen gespeicherten – auf Instandhaltungsbedarf hinweisen, wird von einem *intelligenten Analyse- und Planungssystem (iAPS)* auf dem MDE-Rechner unter Rückgriff auf eine Wissensbasis ermittelt.

Wissensbasis

In der *Wissensbasis* kann z. B. Expertenwissen über Maschinenprofile/-verläufe, Ausfallursachen oder fallbasiertes Wissen aus früheren Instandhaltungsfällen gespeichert sein. Wenn die Auswertung der instandhaltungsrelevanten Daten ergibt, dass eine Anlagenwartung angeraten ist, plant das iAPS die erforderlichen Maßnahmen.

Dabei kann es sein, dass nicht nur *Handlungen*, sondern auch *Materialien* benötigt werden, die der Anlagenhersteller erst beschaffen muss. Handlungen werden durch Servicetechniker vor Ort oder durch eine Software über Fernwartung durchgeführt (letzterer Fall ist in der EPK ausgeklammert), d. h. sie müssen geplant werden.

Instandhaltung vor Ort und Erweiterung der Wissensbasis

Nach der Einsatzplanung für das Servicepersonal wird die Instandhaltung vor Ort durchgeführt. Der Servicetechniker kann dabei auf die Zustandsinformationen der Anlage zugreifen, die den Anstoß zu der vorausschauenden Wartung gaben. Zum Abschluss des Prozesses wird die Wissensbasis um den gelösten Fall und ggf. daraus extrahierte Informationen erweitert, die für zukünftige Wartungsfälle beim gleichen Anlagentyp von Bedeutung sein können.

A Anhang

Beschreibungsmittel für Datenstrukturen

Datenstrukturen und Datenbanken

Da ERP-Systeme und SCM-Systeme wie alle betrieblichen Informationssysteme auf Datenbanken basieren, kommt den *Datenstrukturen*, d. h. den Datenelementen und ihren Zusammenhängen, eine besondere Bedeutung zu. Die Beschreibung der Datenstrukturen ist der erste Schritt zur Speicherung der in Kapitel 3 erläuterten Grunddaten sowie der vorgangsbezogenen Daten, die im Rahmen der Geschäftsprozesse anfallen, in einer Unternehmensdatenbank.

Zur Beschreibung von Datenstrukturen gibt es verschiedene Modelle und Methoden, die je nach Verwendungszweck auf unterschiedlichen Ebenen liegen – näher bei der datenbanktechnischen Realisierung oder näher bei der abzubildenden Realität. Gängige Ansätze sind das Entity-Relationship-Modell (ER-Modell, ERM), das Relationenmodell sowie Klassendiagramme im Rahmen von UML (Unified Modeling Language). Im Folgenden werden die beiden erstgenannten Ansätze, das Entity-Relationship-Modell und das Relationenmodell, kurz erläutert.

Entity-Relationship-Modell

Entity-Relationship-Modell

Ein weitverbreitetes Beschreibungsmodell für Datenstrukturen auf der fachlichen Ebene ist das *Entity-Relationship-Modell*. Es wurde von P. P. Chen im Jahr 1976 vorgestellt [Chen 1976] und beinhaltet eine grafische Diagrammtechnik, die von den Anwendern oft mit dem Modell gleichgesetzt wird. Entity-Relationship-Diagramme (ER-Diagramme) erlauben eine übersichtliche Darstellung der Beziehungen zwischen Daten, solange die Anzahl der Elemente des Datenmodells nicht zu groß wird.

Obwohl das ursprüngliche Modell von Chen schon sehr mächtig war, zeigte sich bei der Modellierung komplexer Sachverhalte der Realität, dass zusätzliche Beschreibungsmittel sinnvoll wären. Heute gibt es eine große Zahl von Erweiterungen verschiedener Autoren, unter anderem auch von Chen selbst. Leider hat sich bei den zahlreichen Erweiterungsvorschlägen keine einheitliche Darstellung herausgebildet. Deshalb werden nachfolgend die in diesem Buch verwendeten Elemente des Entity-Relationship-Ansatzes kurz skizziert. Einen Überblick über Modell und Erweiterungen erhält man z. B. bei [Sinz 1990; Pernul 2003; Eicker 1994].

https://doi.org/10.1515/9783111589688-013

Grundelemente des ER-Modells sind Entitäten, Beziehungen und Attribute.

Die Grundelemente des ER-Modells sind Entitäten (Entities), Beziehungen (Relationships) und Attribute.

- *Entitäten* stehen für beliebige Objekte der realen Welt. Dies können sowohl reale Objekte (z. B. ein Produkt, eine Maschine, eine Person) als auch abstrakte Gebilde (z. B. ein Projekt, ein Kundenauftrag) sein. Im Allgemeinen interessiert man sich bei der Datenmodellierung nicht für das einzelne, individuelle Objekt, sondern für alle gleichartigen Objekte (d. h. für ihren Typ). Man spricht dann jeweils von einem *Entity-Typ*.
- *Beziehungen* zwischen den Objekten des zu modellierenden Ausschnitts der realen Welt werden durch die *Relationships* dargestellt. Wie bei den Entitäten ist weniger die einzelne Beziehung zwischen genau zwei konkreten Entitäten von Interesse, sondern vielmehr der Typ der Beziehungen. Gleichartige Beziehungen werden deshalb jeweils zu einem *Beziehungstyp* zusammengefasst.

  Im Entity-Relationship-Diagramm werden Entities (bzw. Entity-Typen) durch Rechtecke und Beziehungen (bzw. Beziehungstypen) durch Rauten dargestellt. Das Beispiel in Abb. A.1 zeigt die Entity-Typen „Kunde" und „Artikel" sowie den Beziehungstyp „kauft".

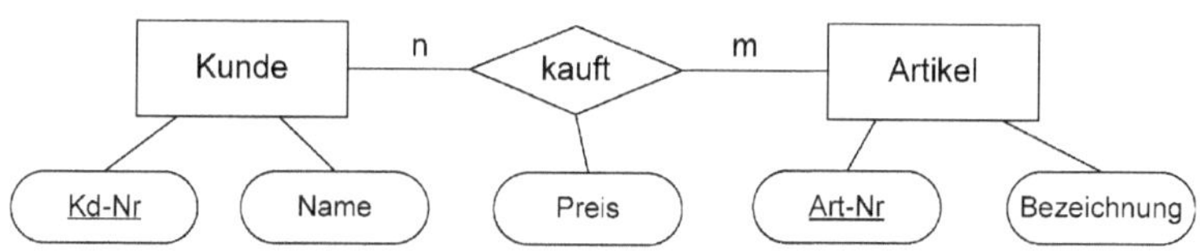

Abb. A.1: Entity-Relationship-Diagramm.

- *Attribute* dienen zur näheren Beschreibung der Entity-Typen und der Beziehungstypen. Sie drücken deren Eigenschaften (z. B. Kunden-Nummer, Name, Anschrift etc.) aus. Attribute werden in Kreisen oder Ovalen notiert und mit den Rechtecken bzw. Rauten verknüpft.

  Schlüsselattribute

  Attribute, die dazu dienen, ein Objekt eindeutig zu identifizieren, werden *Schlüsselattribute* (kurz: Schlüssel) genannt. In ER-Diagrammen unterstreicht man die Schlüsselattribute häufig. In dem Beispiel in Abb. A.1 sind Kd-Nr und Art-Nr Schlüsselattribute.

Kardinalität, Komplexität

- Die *Kardinalität* oder *Komplexität* eines Beziehungstyps gibt an, wie viele Objekte eines Entity-Typs mit einem Objekt eines anderen Entity-Typs in Beziehung stehen bzw. in Beziehung stehen können. Elementare Kardinalitäten sind:
  - 1 : 1-*Beziehung*: Ein Objekt des Entity-Typs A steht zu genau einem Objekt des Entity-Typs B in Beziehung.

- $m:1$-*Beziehung*: Ein Objekt des Entity-Typs A kann zu mehreren Objekten des Entity-Typs B in Beziehung stehen, während umgekehrt ein Objekt des Entity-Typs B nur zu einem Objekt des Entity-Typs A eine Beziehung hat.
- $n:1$-*Beziehung*: Ein Objekt des Entity-Typs B kann zu mehreren Objekten des Entity-Typs A in Beziehung stehen, während umgekehrt ein Objekt des Entity-Typs A nur zu einem Objekt des Entity-Typs B eine Beziehung hat.
- $m:n$-*Beziehung*: Ein Objekt des Entity-Typs A kann zu mehreren Objekten des Entity-Typs B in Beziehung stehen, und umgekehrt kann ein Objekt des Entity-Typs B zu mehreren Objekten des Entity-Typs A eine Beziehung haben.

In der Abb. A.1 ist eine $m:n$-Beziehung zwischen Kunden und Artikeln angegeben. Dies bedeutet, dass ein bestimmter Kunde m Artikelarten kaufen und umgekehrt ein bestimmter Artikel von n Kunden bezogen werden kann. Aus der $m:n$-Kardinalität erklärt sich auch, weshalb der Preis nicht als Attribut des Entity-Typs „Artikel“, sondern des Beziehungstyps „kauft“ aufgeführt ist. Auf diese Weise kann der Sachverhalt modelliert werden, dass der gleiche Artikel an verschiedene Kunden zu unterschiedlichen Preisen verkauft wird.

Die in der Abbildung und auch im Weiteren verwendete Schreibweise wurde unter anderem von Schlageter und Stucky vorgeschlagen [Schlageter 1983]. Man notiert hierbei die Anzahl der Beteiligungen eines Entity-Typs A an einem Beziehungstyp an derjenigen Kante, die von der Raute zum Rechteck des Entity-Typs A hinführt. Chen hatte ursprünglich die umgekehrte Schreibweise eingeführt [Chen 1976]; in seiner Notation wäre die „kauft“-Beziehung nicht eine $m:n$-Beziehung, sondern eine $n:m$-Beziehung.

- *Min-max-Kardinalitäten* (oder *-Komplexitäten*) dienen dazu, manche Sachverhalte, die mit den elementaren Kardinalitäten nicht eindeutig spezifiziert sind, genauer zu beschreiben. Dazu werden Untergrenzen (min) und Obergrenzen (max) für beide Komponenten einer Kardinalität eingeführt. Häufig verlangt man Min-max-Kardinalitäten

$$0 \leq \text{min} \leq 1 \leq \text{max} \leq *,$$

wobei $*$ für „beliebig viele“ steht. Als Unter- und Obergrenzen können grundsätzlich auch andere natürliche Zahlen angegeben werden. Vier häufig verwendete Min-max-Kardinalitäten sind [Sinz 1990]:

$$(0,1), \qquad (0,*), \qquad (1,1), \qquad (1,*)$$

Obwohl es sich um eine relativ einfache Erweiterung des ER-Grundmodells handelt, erlaubt sie in vielen Fällen die semantische Präzisierung von Zusammenhängen. Zum Beispiel lässt sich exakt und kompakt der Sachverhalt ausdrücken, dass einem Lieferanten gegenüber mehrere Verbindlichkeiten bestehen können (∗), dass es aber auch möglich ist, dass keine Verbindlichkeit existiert (0). Umgekehrt gehört zu jeder Verbindlichkeit genau ein Lieferant (min = max = 1). Abb. A.2 zeigt diesen Sachverhalt im ER-Diagramm. Mit elementaren Kardinalitäten hätte man das Gleiche (ungenauer) als $m:1$-Beziehung beschrieben.

Abb. A.2: Min-max-Kardinalitäten und elementare Kardinalitäten.

Konnektoren sind Verknüpfungselemente für Beziehungstypen

– *Konnektoren* sind Verknüpfungselemente für Beziehungstypen. Man kann u. a. die Konnektoren „and“, „or“ sowie „xor“ (exklusives Oder) unterscheiden [Eicker 1994]. Im ER-Diagramm stellt man sie als Dreieck mit einer Eingangskante und mehreren Ausgangskanten dar. Abbildung A.3 illustriert die drei Typen von Konnektoren. In Teil (a) ist modelliert, dass ein leitender Angestellter entweder ein Projekt oder eine Abteilung leitet, in Teil (b), dass auch beides zutreffen kann, und in Teil (c), dass ein leitender Angestellter sowohl ein Projekt als auch eine Abteilung leitet.

Generalisierung bedeutet, dass ähnliche Typen von Objekten zusammengefasst werden

– *Generalisierung* bedeutet, dass ähnliche Typen von Objekten zu einem Obertyp zusammengefasst werden. Das Gegenstück ist die *Spezialisierung*, die einen Entity-Typ in mehrere Ausprägungen untergliedert. Die Generalisierung erlaubt es unter anderem, gemeinsame Eigenschaften mit dem übergeordneten Typ zu verbinden und nur die Unterschiede bei den Untertypen zu führen.

Das Konzept der Generalisierung und Spezialisierung kann auf verschiedene Weise im Entity-Relationship-Modell repräsentiert werden. Gebräuchlich ist die Verwendung eines speziellen Beziehungstyps (*„is a“-Beziehung*). Dieser stellt eine Verbindung zwischen Entity-Typen her, die im Sinne der Generalisierung für Ober- und Untertypen stehen. Im ER-Diagramm wird er häufig mit einem entsprechend beschrifteten Dreieck realisiert. Abbildung A.4 zeigt dies am Beispiel der Entity-Typen Geschäftspartner, Kunde, Lieferant und Bank.

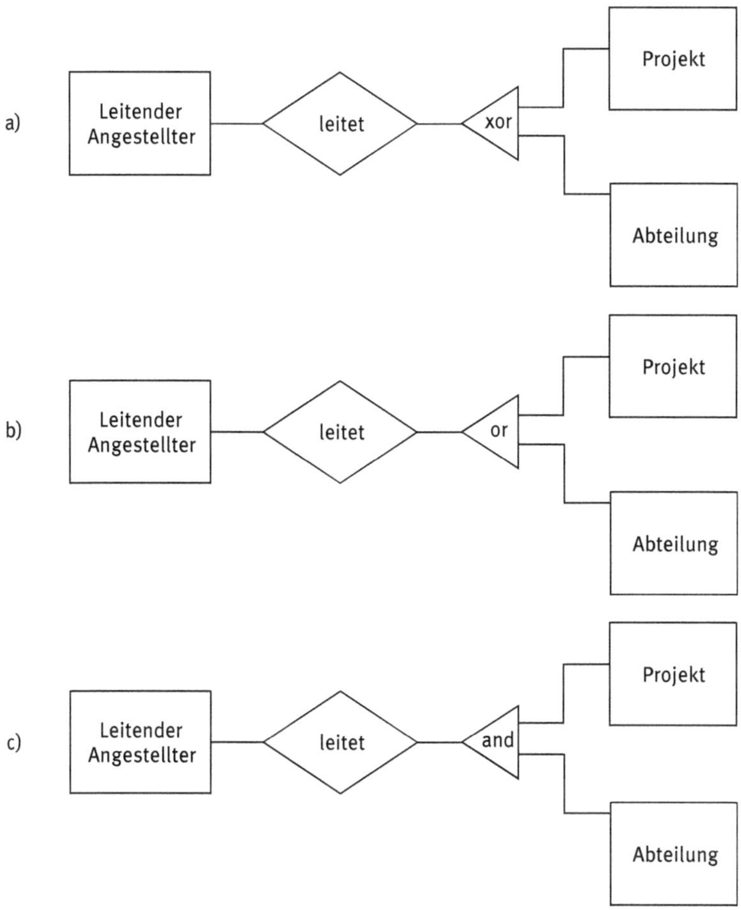

Abb. A.3: Konnektoren „xor“, „or“ und „and“.

Der gleiche Sachverhalt kann – präziser – mithilfe der Konnektoren ausgedrückt werden, ohne dass ein spezieller „is a“-Beziehungstyp (mit eigenständigem Symbol) verwendet wird. Die Abb. A.4 ist in der Hinsicht ungenau, dass sie beispielsweise nicht erkennen lässt, ob ein Kunde vielleicht auch gleichzeitig Lieferant oder ob eine Bank auch Kunde sein kann. Abbildung A.5 stellt diesen Fall mit den Konnektoren „or“ und „xor“ dar. Der Name des Beziehungstyps („is a“) wurde hier einfach an die Kante geschrieben. Dies ist eine gebräuchliche Alternative zur Verwendung des Dreiecks bzw. der Raute.

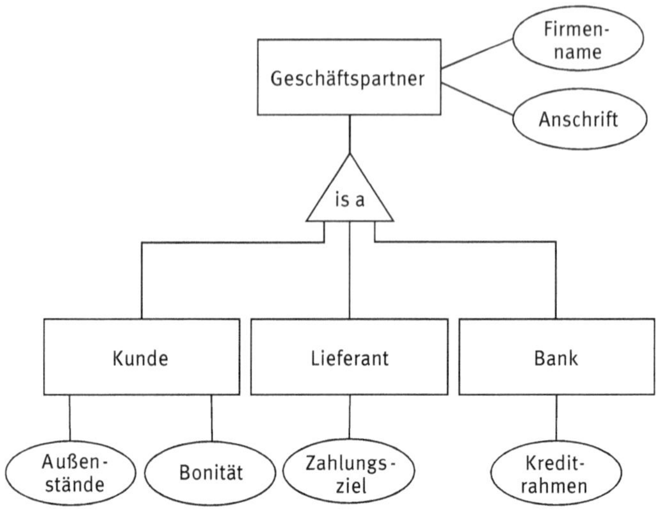

Abb. A.4: „is a"-Beziehung zur Generalisierung/Spezialisierung.

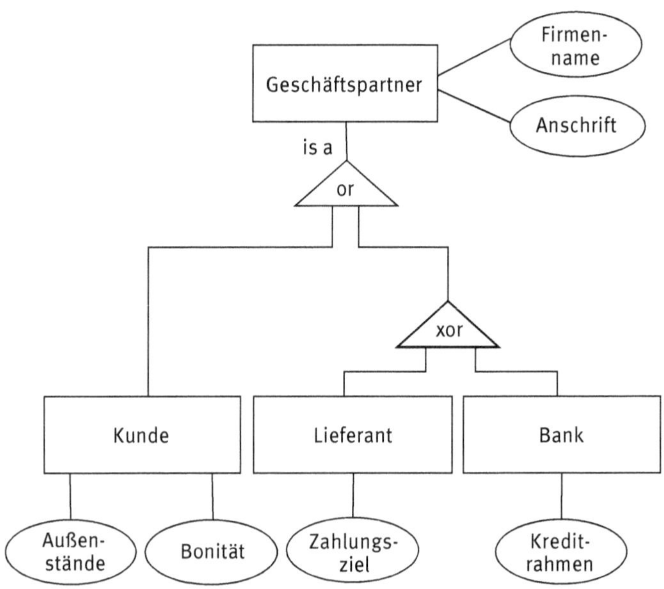

Abb. A.5: „is a"-Beziehung mit Konnektoren.

Semantisches Datenmodell

Der Entity-Relationship-Ansatz mit seinen Erweiterungen stellt ein mächtiges Instrumentarium für die konzeptionelle Datenmodellierung dar. In einem Entity-Relationship-Modell sind bereits zahlreiche inhaltliche Aussagen über Objekte und insbesondere über ihre Beziehungen enthalten. Man spricht deshalb auch von einem *semantischen Datenmodell*.

Relationenmodell

Zur Abbildung der im ER-Modell beschriebenen Sachverhalte in einem Datenbanksystem muss man sich eines „rechnernäheren" Datenmodells bedienen, da die Datenorganisation eines Datenbanksystems im Allgemeinen auf einem solchen Modell basiert. Von den Grundmodellen – hierarchisches Modell, Netzwerkmodell und Relationenmodell (relationales Datenmodell) – ist vor allem das letztere von Bedeutung, da es in den meisten Unternehmensdatenbanken verwendet wird. Das ER-Modell muss deshalb im nächsten Schritt in die Darstellungsform des Relationenmodells überführt werden.

Grundkonstrukt im relationalen Datenmodell ist die Tabelle

Das Grundkonstrukt im relationalen Datenmodell ist die *Tabelle* oder *Relation*. Eine Tabelle ist ein rechteckiges Schema aus Zeilen und Spalten wie in Abb. A.6. In einer Zeile stehen jeweils Eigenschaften (Attribute), die zu einer Entität oder zu einer Beziehung gehören. Alle Zeilen zusammengefasst enthalten die erfassten Entitäten eines Entity-Typs oder die Beziehungen eines Beziehungstyps.

ARTIKEL

Art-Nr	Bezeichnung	Bestand	Sich.-Bestand
A-2233	Turbolader	10	5
A-2457	Auspuff	23	8
A-4711	Rohr	23	8
B-5221	Krümmer	77	16
D-1001	Stoßstange	3	5
X-9899	Schelle	1201	200

Abb. A.6: Tabelle (Relation) ARTIKEL.

Betrachtet man die Tabelleneinträge spaltenweise, so sind in einer Spalte jeweils mögliche Ausprägungen (Werte) eines bestimmten Attributs aufgeführt. In Abbildung A.6 stehen etwa in der dritten Spalte („Bestand") einige der Werte des Attributs „Bestand".

Mathematischer Hintergrund des Modells

Die Bezeichnungen Relation und Relationenmodell entstammen dem mathematischen Hintergrund des Modells [Codd 1970]. Eine Zeile mit n Einträgen x_i kann mathematisch gesehen als ein n-Tupel aufgefasst werden:

$$x = (x_1, x_2, \dots ,x_n)$$

Eine Spalte enthält verschiedene Werte, die ein Attribut annehmen kann. Über die im konkreten Fall realisierten Ausprägungen hinaus könnte es bei anderen Entitäten oder Beziehungen natürlich auch noch weitere Attributwerte geben (z. B. beim Attribut „Bestand" die Werte 0, 1, 2, 4,

175 etc.). Die Menge D_i aller zulässigen Werte eines Attributs bezeichnet man als *Domäne* oder Wertemenge. Für jedes x_i gilt dann:

$$x_i \in D_i \; (i = 1, \ldots, n)$$

Betrachtete man das kartesische Produkt

$$D_1 \times D_2 \times \ldots \times D_n$$

Eine Relation ist eine Teilmenge des kartesischen Produkts über den Domänen

über den Domänen, so erhielte man *alle* möglichen n-Tupel, d. h. alle möglichen Kombinationen von Werten der unterschiedlichen Attribute. In einer konkreten Tabelle stehen aber im Allgemeinen nicht alle möglichen Kombinationen, sondern nur manche. In diesem Sinne ist eine (n-stellige) Relation eine *Teilmenge des kartesischen Produkts über den Domänen.*

Das Relationenmodell zeichnet sich vor allem durch Einfachheit und Flexibilität aus. Diese Vorteile werden jedoch teilweise auf Kosten der Semantik erkauft. Die Tabelle (Relation) ist im Grunde genommen das einzige Konstrukt, das vom Relationenmodell zur Verfügung gestellt wird. Mit seiner Hilfe müssen alle die Informationen ausgedrückt werden, die man bei der konzeptionellen Datenmodellierung zunächst im Entity-Relationship-Modell beschreibt. Teilweise ist dies nahe liegend, z. B. bei den Entity-Typen. Teilweise ist es auch recht schwierig, insbesondere bei manchen semantischen Abhängigkeiten.

Relation: einfach, aber wenig Semantik!

Während im ER-Modell durch Beziehungstypen, Kardinalitäten, Operatoren, Konnektoren und andere Konstrukte vielfältige semantische Abhängigkeiten abgebildet werden können, beinhaltet die Tabellenform zunächst fast keine Semantik. Sie drückt nur aus, dass die Einträge einer Zeile die Attributwerte einer bestimmten Entität (oder Beziehung) zusammenfassen und dass die Einträge einer Spalte die realisierten Ausprägungen von Attributwerten einer Domäne darstellen.

Alle weiteren semantischen Informationen des ER-Modells müssen folglich auf irgendeine Weise in die Tabellenform gebracht werden. Wenn dies nicht möglich ist, müssen sie entweder vernachlässigt oder aber aus den Datenstrukturen herausgenommen und in die Verarbeitungsprogramme übernommen werden. Dies ist ein gewisser Nachteil, der der grundlegenden Idee des Datenbankeinsatzes – konzeptionelle Trennung von Programmen und Datenverwaltung – zuwiderläuft.

Überführung ER-Modell in Relationenmodell

Die Überführung der verschiedenen Konstrukte eines Entity-Relationship-Modells in die relationale Form kann hier nicht im Einzelnen behandelt werden. Der Leser wird dazu auf die einschlägige Literatur über Datenbanksysteme und Datenmodellierung verwiesen (z. B. Pernul

[2003], Schlageter [1983]). Wie man prinzipiell vorgeht, soll jedoch kurz skizziert werden.

Einfach ist die Abbildung der *Entity-Typen*. Grundsätzlich wird jeder Entity-Typ in eine eigene Relation überführt. Die Attribute des Entity-Typs werden zu Attributen der Relation.

Für die Abbildung der *Beziehungstypen* ist es wichtig, die Kanten des ER-Diagramms zu betrachten. Die Kanten realisieren zusammen mit dem Rautensymbol die Verbindungen zwischen den Entity-Typen. Eine wichtige Rolle bei der Abbildung spielen die *Schlüsselattribute*. Die Verbindung zwischen zwei bestimmten Entitäten kann dann in der Weise hergestellt werden, dass man die Schlüssel der beiden Entitäten kombiniert. Auf der Typebene gilt das gleiche; das bedeutet, dass ein Beziehungstyp durch eine Kombination von Schlüsselattributen, zu denen möglicherweise weitere Attribute hinzukommen, repräsentiert wird.

Schlüsselattribute identifizieren Datensätze

Wenn man so vorgeht, kommen die Kardinalitäten der Beziehungstypen – insbesondere die m : 1-, 1 : n- und m : n-Beziehungen – im Relationenmodell dadurch zum Ausdruck, dass es in der Beziehungsrelation so viele Tupel (Zeilen) gibt, wie konkrete Beziehungen existieren.

In Abb. A.7 wird das Beispiel einer *m : n-Beziehung* aus Abbildung A.1 aufgegriffen, um die Zusammenhänge zu verdeutlichen. Von dem Beziehungstyp „kauft“ seien fünf konkrete Beziehungen (Verkaufsvorgänge) realisiert: Kunde 48143-01 (Gerber AG) kauft die Artikel A-2457 (Auspuff) sowie D-1001 (Stoßstange), Kunde 48159-05 die Artikel A-2457 sowie X-9899 und Kunde 89231-01 ebenfalls den Artikel A-2457. Die Relation „kauft“ hat also fünf Zeilen. Die Schlüsselattribute sind, wie im Relationenmodell üblich, in den drei Tabellen unterstrichen.

Abbildung von m : n-Beziehungen

In der relationalen Schreibweise werden die drei Relationen wie folgt notiert:

R.Artikel (<u>Art-Nr</u>, Bezeichnung, Bestand, Sicherheitsbestand)
R.Kunde (<u>Kd-Nr</u>, Name, Anschrift)
R.Kauft (<u>Kd-Nr</u>, <u>Art-Nr</u>, Preis, Menge)

Grundsätzlich kann man auch m : 1- und 1 : n-Beziehungen auf diese Weise abbilden. Sofern die Beziehung selbst keine eigenen Attribute hat (außer den Schlüsselattributen), gibt es jedoch einen einfacheren Weg: Man nimmt den Schlüssel desjenigen Objekts, auf dessen Seite „m“ notiert ist, als Verweis in die Relation des Objekts, auf dessen Seite „1“ notiert ist, mit auf. Solche Attribute werden *Fremdschlüssel* genannt.

Abbildung von m : 1-Beziehungen

Das Beispiel aus Abb. A.2 könnte man folglich im Relationenmodell durch zwei Relationen abbilden:

R.Lieferant (<u>Lief-Nr</u>, Firmenname, Anschrift, ...)
R.Verbindlichkeit (<u>Verb-Nr</u>, Lieferant-Nr, Betrag, Fälligkeit, ...)
– Fremdschlüssel: Lieferant-Nr verweist auf Lief-Nr in R.Lieferant

ARTIKEL			
Art-Nr	Bezeichnung	Bestand	Sich.-Bestand
A-2233	Turbolader	10	5
A-2457	Auspuff	43	8
A-4711	Rohr	23	8
B-5221	Krümmer	77	16
D-1001	Stoßstange	3	5
X-9899	Schelle	1201	200

KUNDE		
Kd-Nr	Name	Anschrift
48143-01	Gerber AG	48143 Münster, Salzstr. 12
48159-05	Nietsch AG	48159 Münster, Hafenstr. 17
44229-11	Bolte GmbH	44229 Dortmund, Am Wall 2
89231-01	Erkens KG	89231 Neu-Ulm, Eckplatz 33

KAUFT			
Kd-Nr	Art-Nr	Preis	Menge
48143-01	A-2457	373,50	10
48143-01	D-1001	1550,00	1
48159-05	A-2457	395,00	2
48159-05	X-9899	9,95	200
89231-01	A-2457	360,00	20

Abb. A.7: Entity- und Beziehungstypen in relationaler Darstellung.

Normalisierung und Normalformen

Eng mit dem Relationenmodell verbunden sind die Begriffe *Normalisierung* und *Normalformen*. Unter Normalisierung ist in der Datenbankterminologie eine systematische Zerlegung einer Relation in mehrere andere Relationen zu verstehen. Ziel ist es, die Relationen möglichst redundanzfrei zu gestalten, sodass bei späteren Änderungen – Einfügen, Löschen, Aktualisieren von Daten – keine Inkonsistenzen zwischen verschiedenen Relationen auftreten. Es gibt mehrere Stufen der Zerlegung, die man dann als erste, zweite etc. Normalform einer Relation bezeichnet. In der praktischen Anwendung geht man häufig bis zur dritten Normalform.

Obwohl die Normalisierung meist in Zusammenhang mit dem Relationenmodell behandelt wird, sind die grundlegenden Prinzipien allgemeingültig. Letztlich geht es um die sinnvolle Strukturierung von Datenmengen, unabhängig davon, ob man die Daten auf der Ebene des relationalen Datenmodells oder auf der Ebene des Fachkonzepts in Entities und Relationships beschreibt. Die produktionswirtschaftlichen Datenstrukturen in diesem Buch wurden deshalb auch in der Entity-Relationship-Darstellung von vornherein in weitestgehend normalisierter Form vorgestellt.

Literaturverzeichnis

[Aarts 1989] Aarts, E. H. L., Korst, J. H. M.: Simulated Annealing and Boltzmann Machines – A Stochastic Approach to Combinatorial Optimization and Neural Computing; Chichester, New York et al.: Wiley 1989.

[Abramovici 2010] Abramovici, M., Bellalouna, F., Neubach, M.: Delphi-Studie PLM 2010 – Experteneinschätzungen zur künftigen Entwicklung des Product Lifecycle Management; Industrie Management 26 (2010) 3, S. 47–50.

[acatech 2011] acatech Deutsche Akademie der Technikwissenschaften: Cyber-Physical Systems – Innovationsmotor für Mobilität, Gesundheit, Energie und Produktion; Berlin, Heidelberg: Springer 2011; online verfügbar unter: https://www.acatech.de/publikation/cyber-physical-systems/ (Abruf 2.1.2025).

[Adam 1992] Adam, D.: Aufbau und Eignung klassischer PPS-Systeme; in: Adam, D. (Hrsg.): Fertigungssteuerung – Grundlagen und Systeme; Schriften zur Unternehmensführung 38/39, Wiesbaden: Gabler 1992, S. 9–25.

[Ambler 2025] Ambler, S. W.: UML Activity Diagrams: An Agile Introduction; http://www.agilemodeling.com/artifacts/activityDiagram.htm (Abruf 11.1.2025).

[Anderson 1995] Anderson, J. A.: An Introduction to Neural Networks; Cambridge, MA: MIT Press 1995.

[Arnold 1995] Arnold, O., Faisst, W. et al.: Virtuelle Unternehmen als Unternehmenstyp der Zukunft?; HMD 32 (1995) 185, S. 8–23.

[Asseco 2014] Asseco Solutions, N+P Informationssysteme: Wenn die Kaffeemaschine die Kaffeebohnen kauft; Das APplus Magazin (2014) 2, S. 10–11; Karlsruhe: Asseco Solutions AG.

[ASUG 2020] ASUG, DSAG, SAP: Ihr Weg zu SAP S/4HANA® – Praktischer Leitfaden für IT-Führungskräfte; https://www.sap.com/germany/products/s4hana-erp/features.html (Abruf 22.8.2020).

[Auto-ID 2002] Auto-ID Center, XPLANE.com: How the EPC network will automate the supply chain. http://www.quintessenz.at/rfid-docs/www.autoidcenter.org/media/xplane/large/XPLANE-TheEPCNetwork-A.pdf (Abruf 12.8.2020).

[Auto-ID 2003] Auto-ID Center, XPLANE.com: How efficient is your supply chain? http://xplanearchive.org/2003/clients/autoid/XPLANE-AUTOID_SupplyChain.pdf (Abruf 26.6.2015).

[Bahr 2024] Bahr, I.: Kostenloses ERP: Die 5 besten kostenlosen ERP-Systeme und ihre Funktionen, 31.1.2024; https://www.capterra.com.de/blog/148/die-top-kostenlosen-erp-systeme (Abruf: 2.1.2025).

[Balla 2016] Balla, J., Layer, F.: Production Planning with SAP APO, 3rd Edition; Boston: SAP Press, Rheinwerk Publishing 2016.

[Baltes 2010] Baltes, G. H., Schäfer, T., Sticksel, P.: Steigerung der Vertriebseffizienz durch den Einsatz von Produktkonfiguratoren – Vertriebskonfiguratoren erfolgreich implementieren; Industrie Management 26 (2010) 3, S. 51–55.

[Bareiss 1989] Bareiss, R.: Exemplar-Based Knowledge Acquisition – A Unified Approach to Concept Representation, Classification, and Learning; San Diego, CA: Academic Press 1989.

[Bechtel 1997] Bechtel, C., Jayaram, J.: Supply Chain Management: A Strategic Perspective; International Journal of Logistics Management 8 (1997) 1, pp. 15–34.

[Becker 1990] Becker, J.: Entwurfs- und konstruktionsbegleitende Kalkulation; krp (1990) 6, S. 353–358.

[Becker 1991] Becker, J.: CIM-Integrationsmodell; Berlin et al.: Springer 1991.

[Behrenbeck 2003] Behrenbeck, K., Großpietsch, J., Küpper, J., Thonemann, U.: Wie Hersteller und Handel kooperieren; Harvard Business Manager (2003) September, S. 39–47.

[Benz 2011] Benz, J., Höflinger, M.: Logistikprozesse mit SAP – Eine anwendungsbezogene Einführung, 3. Auflage; Vieweg+ Teubner: Wiesbaden 2011.

[Berg 2020] Berg, A.: Digitalisierung der Wirtschaft, 1. April 2020; https://www.bitkom.org/sites/default/files/2020-03/bitkom-charts-digitalisierung-der-wirtschaft-01-04-2020_final.pdf (Abruf 7.1.2025).

[Berlak 2004] Berlak, J., Fauser, M, Schubert, M. A.: Fertigungsfeinplanung mit JobDISPO MES; PPS Management 9 (2004) 2, S. 45–48.

https://doi.org/10.1515/9783111589688-014

[Bernhardt 1990] Bernhardt, R., Bernhardt, W.: Nummerungssysteme – Grundbegriffe und Einführung, Systemvergleiche, praktische Anwendung, speziell bei EDV-Systemen, 2. Auflage; Ehningen: expert 1990.

[Bierwirth 1993] Bierwirth, C., Kopfer, H. et al.: Genetische Algorithmen und das Problem der Maschinenbelegungsplanung – Eine Übersicht und ein neuer Ansatz; Fachbericht, Lehrstuhl für Logistik, Universität Bremen 1993.

[Binder 2014] Binder, K.: In vier Schritten zum Geschäftsmodell 4.0; IT&Production, 10.12.2014; https://it-production.com/.

[Birkenmeier 2014] Birkenmeier, B.: Bewährte Denkmuster verlassen – Das Produkt als Service macht gute Unternehmen noch erfolgreicher; IM+io 29 (2014) 2, S. 22–27.

[Blackburn 2004] Blackburn, J. D., Guide Jr., V. D. R., Souza, G. C., Van Wassenhove, L. N.: Reverse Supply Chains for Commercial Returns; California Management Review 46 (2004) 2, pp. 6–22.

[BMBF 2015] Bundesministerium für Bildung und Forschung: Zukunftsbild „Industrie 4.0"; Bonn: Bundesministerium für Bildung und Forschung, 17.7.2015; online verfügbar unter: https://www.plattform-i40.de/PI40/Redaktion/DE/Downloads/Publikation/zukunftsbild-industrie-4-0.html (Abruf 2.1.2025).

[BMWK 2024] Bundesministerium für Wirtschaft und Klimaschutz (BMWK): Industrie 4.0 – Digitale Transformation in der Industrie; http://www.bmwi.de/DE/Themen/Industrie/industrie-4-0.html (Abruf 2.1.2025).

[Bodin 2000] Bodin, H.-G., Christmann-Jacoby, H.: Kanban-Prinzipien optimieren den Materialfluss bei DaimlerChrysler; PPS Management 5 (2000) 3, S. 56–59.

[Boos 2015] Boos, W., Pitsch, M., Samen, M. u. a.: Erfolgreich Kalkulieren im Werkzeugbau; Aachen: Werkzeugmaschinenlabor WZL der RWTH Aachen und WBA Aachener Werkzeugbau Akademie 2015.

[Brankamp 1973] Brankamp, K.: Ein Terminplanungssystem für Unternehmen der Einzel- und Serienfertigung – Voraussetzungen, Gesamtkonzeption und Durchführung mit EDV, 2. Auflage; Würzburg, Wien: Physica 1973.

[Bretzke 2002] Bretzke, W.-R., Stölzle, W., Karrer, M., Ploenes, P.: Vom Tracking & Tracing zum Supply Chain Event Management – aktueller Stand und Trends; Düsseldorf: KPMG Consulting AG 2002.

[Broy 2010] Broy, M.: Cyber-Physical Systems – Wissenschaftliche Herausforderungen bei der Entwicklung; in: Broy, M. (Hrsg.): Cyber-Physical Systems – Innovation durch softwareintensive eingebettete Systeme; Berlin, Heidelberg: Springer 2010, S. 17–31.

[Buck-Emden 1999] Buck-Emden, R.: Die Technologie des SAP-Systems R/3 – Basis für betriebswirtschaftliche Anwendungen, 4. Auflage; Bonn et al.: Addison-Wesley 1999.

[Bugaiov 2019] Bugaiov, M.: So revolutioniert die Blockchain die Industrie 4.0; Bugaiov, M.: So revolutioniert die Blockchain die Industrie 4.0; https://www.bigdata-insider.de/so-revolutioniert-die-blockchain-die-industrie-40-a-778279/ (Abruf: 8.1.2025).

[Bullinger 2000] Bullinger, H.-J., Menrad, W., Dietrich, J.: Schwerpunkte zukünftiger Forschungsaktivitäten in der Kreislaufwirtschaft – Ergebnisse einer Unternehmensbefragung; Industrie Management 16 (2000) 1, S. 43–48.

[Catharina 2018] Catharina: So digitalisiert ihr euer Unternehmen – Ein Überblick, 9.8.2018; https://www.fuer-gruender.de/blog/unternehmen-digitalisieren-1/ (Abruf: 3.1.2025).

[Chen 1976] Chen, P. P.: The Entity-Relationship Model – Toward a Unified View of Data; ACM Transactions on Database Systems 1 (1976) 1, pp. 9–36.

[Codd 1970] Codd, E. F.: A Relational Model of Data for Large Shared Data Banks; Communications of the ACM 13 (1970) 6, pp. 377–387.

[Contact 2025] Contact Software GmbH: Produktdatenmanagement (PDM); https://www.contact-software.com/de/wissen/schwerpunkte/produktdatenmanagement-pdm-system/ (Abruf 2.1.2025).

[Cooper 1997] Cooper, M. C., Lambert, D. M., Pagh, J. D.: Supply Chain Management: More Than a New Name for Logistics; International Journal of Logistics Management 8 (1997) 1, pp. 1–14.

[Corsten 1994] Corsten, H., May, C.: Möglichkeiten zur Unterstützung der Produktionsplanung und -steuerung durch Künstliche Neuronale Netze; Diskussionsbeiträge der Wirtschaftswissenschaftlichen Fakultät Ingolstadt Nr. 57, Universität Eichstätt-Ingolstadt, November 1994.

[Corsten 2007] Corsten, H., Gössinger, R.: Einführung in das Supply Chain Management; München, Wien: Oldenbourg Wissenschaftsverlag 2007.

[Czarnecki 2018] Czarnecki, C., Auth, G.: Prozessdigitalisierung durch Robotic Process Automation; in: Barton, T., Müller, C., Seel, C. (Hrsg.): Digitalisierung in Unternehmen – Von den theoretischen Ansätzen zur praktischen Umsetzung; Wiesbaden: Springer 2018, S. 113–132.

[Czeranowsky 1975] Czeranowsky, G.: Ein Lösungsansatz zur simultanen Programm- und Ablaufplanung bei Einzelfertigung; ZfB 45 (1975) 6, S. 353–370.

[Davenport 1993] Davenport, T. H.: Process Innovation – Reengineering Work through Information Technology; Boston, MA: Harvard Business School Press 1993.

[Davidow 1992] Davidow, W. H., Malone, M. S.: The Virtual Corporation – Structuring and Revitalizing the Corporation for the 21st Century; New York: Harper Collins 1992.

[DeMatteis 1968] DeMatteis, J. J.: An Economic Lot Sizing Technique I – The Part-Period Algorithm; IBM Systems Journal (1968) 7, pp. 30–38.

[Denecken 2022] Denecken, S., Musil, J., Santhanam, S.: SAP Activate – Project Management for SAP S/4HANA and SAP S/4HANA Cloud, 2nd edition; Quincy, MA: SAP Press, Rheinwerk Publishing 2022.

[Dickersbach 2009] Dickersbach, J. T.: Supply Chain Management with SAP APO – Structures, Modelling Approaches and Implementation of SAP SCM 2008, 3rd Edition; Heidelberg et al.: Springer 2009.

[Dittrich 2009a] Dittrich, J., Mertens, P., Hau, M., Hufgard, A.: Dispositionsparameter in der Produktionsplanung mit SAP® – Einstellhinweise, Wirkungen, Nebenwirkungen, 5. Auflage; Wiesbaden: Vieweg+Teubner 2009.

[Dittrich 2009b] Dittrich, Y., Vaucouleur, S., Giff, S.: ERP Customization as Software Engineering: Knowledge Sharing and Cooperation; IEEE Software 26 (2009) 4, S. 41–47.

[Dreher 2025] Dreher Consulting: Beratung zur unabhängigen ERP-Auswahl; https://www.dreher-consulting.com/erp-auswahl/ (Abruf 8.1.2025).

[Dudek 2002] Dudek, G., Rohde, J., Sürie, C.: Advanced Planning Systems – Lösungsverfahren und Modellierung; Industrie Management 18 (2002) 6, S. 49–52.

[Dueck 1990] Dueck, G., Scheuer, T.: Threshold Accepting: A General Purpose Optimization Algorithm Appearing Superior to Simulated Annealing; Journal of Computational Physics 90 (1990), pp. 161–175.

[Easy 2020] Easy Service Marketplace: Alle SAP Userexits (SMOD/CMOD) auf einen Blick; http://www.easymarketplace.de/userexit-de.php (Abruf 17.6.2020).

[Eggert 2013] Eggert, S.: Herausforderungen im Handel; ERP Management 9 (2013) 2, S. 34–36.

[Eicker 1992] Eicker, S., Kurbel, K., Pietsch, W., Rautenstrauch, C.: Einbindung von Software-Altlasten durch integrationsorientiertes Reengineering; Wirtschaftsinformatik 34 (1992) 2, S. 137–145.

[Eicker 1994] Eicker, S.: IV-Dictionary – Konzepte zur Verwaltung der betrieblichen Metadaten; Berlin, New York: de Gruyter 1994.

[eMachineShop 2025] eMachineShop: eMachineShop CAD – The easiest way to design your custom parts; https://www.emachineshop.com/free-download/ (Abruf 3.1.2025).

[Emmerich 2015] Emmerich, V., Döbele, M., Bauernhansl, T. u. a.: Geschäftsmodell-Innovation durch Industrie 4.0 – Chancen und Risiken für den Maschinen- und Anlagenbau, Studie, Dr. Wieselhuber & Partner GmbH, Fraunhofer IPA, März 2015; online verfügbar unter: http://www.wieselhuber.de/lib/public/modules/attachments/files/Geschaeftsmodell_Industrie40-Studie_Wieselhuber.pdf (Abruf 3.1.2025).

[Engelhard 2025] Engelhard, J.: Branche; in: Springer Gabler Verlag (Hrsg.): Gabler Wirtschaftslexikon; https://wirtschaftslexikon.gabler.de/definition/branche-27701 (Abruf 12.1.2025).

[Fandel 2009] Fandel, G., Fey, A., Heuft, B., Pitz, T.: Kostenrechnung, 3. Auflage; Berlin, Heidelberg: Springer 2009.

[Finnegan 2007] Finnegan, D., Willcocks, L. P.: Implementing CRM: From Technology to Knowledge; New York et al.: John Wiley & Sons 2007.

[Fitznar 2021] Fitznar, W., Fitznar, D.: SAP S/4HANA: Der Grundkurs für Einsteiger und Anwender; Quincy, MA: SAP Press, Rheinwerk Publishing 2021.

[Fleisch 2010] Fleisch, E.: What is the Internet of Things? An Economic Perspective; Auto-ID Labs White Paper WP-BIZAPP-053; online verfügbar unter: https://www.alexandria.unisg.ch/handle/20.500.14171/97276 (Abruf: 3.1.2025).

[Fleisch 2019] Fleisch, E., Thiesse, F.: Internet der Dinge; in: [Gronau 2022] (Abruf 3.1.2024).

[Fleischmann 2015] Fleischmann, B., Meyr, H., Wagner, M.: Advanced Planning; in: [Stadtler 2015], S. 71–96.

[Flörkemeier 2005] Flörkemeier, C.: EPC-Technologie – vom Auto-ID Center zu EPCglobal; in: Fleisch, E., Mattern, f. (Hrsg.): Das Internet der Dinge – Ubiquitous Computing und RFID in der Praxis: Visionen, Technologien, Anwendungen, Handlungsanleitungen; Berlin, Heidelberg: Springer 2005, S. 87–100; online verfügbar unter: http://www.vs.inf.ethz.ch/publ/papers/floerkem-autoid-2004.pdf (Abruf 12.1.2025).

[Forrester 1958] Forrester, J. W.: Industrial Dynamics – a major breakthrough for decision makers; Harvard Business Review (1958) July-August, pp. 37–66.

[Forrester 1961] Forrester, J. W.: Industrial Dynamics; Cambridge, MA: The MIT Press 1961.

[Freiling 2003] Freiling, J.: Pro und Kontra für die Einführung innovativer Betreibermodelle – Bestandsaufnahme und Handlungskonsequenzen aus Anbietersicht; Industrie Management 19 (2003) 4, S. 32–35.

[Freyburger 2013] Freyburger, K., Breitkopf, S., Grimm, C., Singh, N.: Seismografen im Politik-Geschäft – Sentiment-Analyse sozialer Netzwerke; BI Spektrum (2013) 2, S. 34–37.

[Friedrich 2002] Friedrich, J.-M., Mertens, P., Eversheim, W., Kampker, R.: Der CW-SCM-Ansatz – Eine komponentenbasierte Supply-Chain-Management-Software für kleine und mittlere Unternehmen; Wirtschaftsinformatik 44 (2002) 2, S. 117–130.

[Gaddam 2009] Gaddam, B.: Capable to Match (CTM) with SAP APO; Bonn, Boston: Galileo Press 2009.

[Gartner 2011] Gartner Group: Gartner Says Solving 'Big Data' Challenge Involves More Than Just Managing Volumes of Data – Gartner Special Report Examines How to Leverage Pattern-Based Strategy to Gain Value in Big Data; Stamford, Conn., June 27, 2011; https://www.pressebox.com/pressrelease/gartner-deutschland-gmbh/Gartner-Says-Solving-Big-Data-Challenge-Involves-More-Than-Just-Managing-Voumes-of-Data/boxid/432132 (Abruf 2.1.2025).

[Gassmann 2012] Gassmann, O.: Crowdsourcing – Innovationsmanagement mit Schwarmintelligenz, 2. Auflage; München: Hanser 2012.

[Geisberger 2012] Geisberger, E., Broy, M. (Hrsg.): agendaCPS – Integrierte Forschungsagenda Cyber-Physical Systems – acatech Studie; https://www.acatech.de/publikation/agendacps-integrierte-forschungsagenda-cyber-physical-systems/ (Abruf 10.1.2025).

[Geyer 2004] Geyer, R., Jackson, T.: Supply Loops and Their Constraints – The Industrial Ecology of Recycling and Reuse; California Management Review 46 (2004) 2, pp. 55–73.

[Glover 1989] Glover, F.: Tabu Search – Part I; ORSA Journal on Computing 1 (1989) 3, pp. 190–206.

[Goldberg 1989] Goldberg, D. E.: Genetic Algorithms in Search, Optimization, and Machine Learning; Reading, MA: Addison-Wesley 1989.

[Goldratt 2014] Goldratt, E. M., Cox, J.: The Goal: A Process of Ongoing Improvement, Third Revised Edition (30th Anniversary Edition); Great Barrington, MA: North River Press 2014.

[Graef 2010] Graef, H.-H., Wesemann-Ruzicka, J.: Kanban mit RFID – Verbindung der Materialflussebene mit der Geschäftsprozessebene; HMD 47 (2010) 272, S. 36–48.

[Gronau 2014] Gronau, N.: Der Einfluss von Cyber-Physical Systems auf die Gestaltung von Produktionssystemen; in: Kersten, W., Koller, H., Lödding, H. (Hrsg.): Industrie 4.0 – Wie intelligente Vernetzung und kognitive Systeme unsere Arbeit verändern; Berlin: GITO 2014, S. 279–295.

[Gronau 2016] Gronau, N., Fohrholz, C., Glaschke, C.: Ein Vorgehensmodell zur erfolgreichen ERP-Einführung; ERP Management 12 (2016) 3, S. 36–39.

[Gronau 2019] Gronau, N.: Warum ist ein systematischer ERP-Auswahlprozess so wichtig?; ERP Marktführer 15 (2019) 2, S. 6–8.

[Gronau 2022] Gronau, N., Becker, J., Kliewer, N., Leimeister, J.M., Overhage, S. (Hrsg.): Enzyklopädie der Wirtschaftsinformatik – Online-Lexikon, 11. Auflage; Berlin: GITO 2022; online verfügbar unter: http://www.enzyklopaedie-der-wirtschaftsinformatik.de (Abruf: 18.1.2025).

[Gronau 2023] Gronau, N.: Handbuch der ERP-Auswahl, 3. Aufl.; Berlin: Gito 2023.

[Groth 2015] Groth, O., Esposito, M., Tse, T.: Wie 3-D-Druck die Produktion revolutioniert; Harvard Business Manager (2015) 1, S. 82–89.

[Grupp 1993] Grupp, B.: Optimale Verschlüsselung bei Online-Datenverarbeitung; Köln: TÜV Media 1993.

[GS1US 2025] GS1US: GS1 Standards – The Global Language of Business; https://www.gs1us.org/what-we-do/standards (Abruf 21.1.2025).

[Günther 1971] Günther, H.: Das Dilemma der Arbeitsablaufplanung – Zielverträglichkeiten bei der zeitlichen Strukturierung; Berlin: Erich Schmidt 1971.

[Gutenberg 1983] Gutenberg, E.: Grundlagen der Betriebswirtschaftslehre – Band I: Die Produktion, 24. Auflage; Berlin, Heidelberg: Springer 1983.

[Hahn 2003] Hahn, A.: Integriertes Produktkatalog- und Konfigurationsmanagement; Industrie Management 19 (2003) 1, S. 29–32.

[Hamady 2008] Hamady, M., Leitz, A.: Supplier Collaboration with SAP SNC; Bonn, Boston: Galileo Press 2008.

[Hammer 1990] Hammer, M.: Reengineering Work: Don't Automate, Obliterate; Harvard Business Review 68 (1990) July-August, pp. 104–112.

[Hammer 1993] Hammer, M.; Champy, J.: Reengineering the Corporation – A Manifesto for Business Revolution; London: Nicholas Brealey 1993.

[Havermann 1990] Havermann, H.: Der Leitstand als Integrator in einem CIM-Konzept; HMD 27 (1990) 151, S. 37–50.

[Hedler 2013] Hedler, M., Hoffmann-Walbeck, T., Homann, J.-P.: Content- und Metadaten; in: Hoffmann-Walbeck, T., Zimmermann, G., Hedler, M. et al. (Hrsg.): Standards in der Medienproduktion, S. 29–102; Berlin, Heidelberg: Springer 2013.

[Hellingrath 2019] Hellingrath, B.: Supply Chain Performance Measurement; in: [Gronau 2022] (Abruf: 8.1.2025).

[Hellwig 2020] Hellwig, D., Karlic, G., Huchzermeier, A.: Build Your Own Blockchain – A Practical Guide to Distributed Ledger Technology; Cham, Schweiz: Springer Nature 2020.

[Helmke 2017] Helmke, S., Uebel, M., Dangelmaier, W. (Hrsg.): Effektives Customer Relationship Management, 6. Auflage; Wiesbaden: Gabler 2017.

[Hertz 1995] Hertz, J., Krogh, A., Palmer, R. G.: Introduction to the Theory of Neural Computation, Tenth Printing; Reading, MA: Addison-Wesley 1995.

[Hilbert 2019] Hilbert, A.: Customer Relationship Management (CRM); in: [Gronau 2022] (Abruf: 18.1.2025).

[Hildebrandt 2010] Hildebrandt, T., Frommberger, L. et al.: Perspektiven autonomer Inventarisierung – Transparente Lagerprozesse mittels autonomer Systeme; Industrie Management 26 (2010) 1, S. 61–65.

[Hilt 2015] Hilt, B., Martens, R.: Wenn der Motor leise flüstert ...; IM+io 30 (2015) 2, S. 28–32.

[Hoitsch 1993] Hoitsch, J.-J.: Produktionswirtschaft – Grundlagen einer industriellen Betriebswirtschaftslehre, 2. Auflage; München: Vahlen 1993.

[Hoppe 2007] Hoppe, M.: Absatz- und Bestandsplanung mit SAP APO; Bonn, Boston: Galileo Press 2007.

[Hoss 1965] Hoss, K.: Fertigungsablaufplanung mittels operationsanalytischer Methoden unter besonderer Berücksichtigung des Ablaufplanungsdilemmas in der Werkstattfertigung; Würzburg, Wien: Physica 1965.

[Howson 2014] Howson, C.: Successful Business Intelligence, Second Edition: Unlock the Value of BI & Big Data; McGraw-Hill: New York 2014.

[Hüllenkremer 2003] Hüllenkremer, M.: Erfolgreiche Unternehmen arbeiten mit Produktkonfiguratoren; Industrie Management 19 (2003) 1, S. 37–40.

[IDS o. J.] IDS Prof. Scheer GmbH: FI-2 – Der Fertigungsleitstand für die stückorientierte Fertigung; Saarbrücken: IDS Prof. Scheer GmbH o. J.

[IEEE 2013] IEEE Intelligent Systems 28 (2013) 1, Jan.-Feb., IEEE Intelligent Systems 28 (2013) 2, March-April.

[Inderfurth 1997] Inderfurth, K., Jensen, T.: Planungsnervosität im Rahmen der Produktionsplanung; ZfB 67 (1997) 8, S. 817–843.

[infoBoard 2020] infoBoard Europe GmbH: Der einfache Weg zur autom. Termin-Synchronisation – Verteilen Sie Aufgaben auf einzelne Abteilungsplantafeln; https://infoboard.biz/software/server-module/multisync-plantafel-synchronisation/ (Abruf: 22.9.2020).

[infoBoard 2025] infoBoard Europe GmbH: Die Plantafelsoftware für effiziente Geschäftsprozesse; https://infoboard.biz (Abruf: 12.1.2025).

[infor 2010] Infor Global Solutions Deutschland GmbH: Infor ERP COM – Produktbeschreibung; http://www.infor.de/produkt-spotlight/erp/erp-com/ (Abruf 23.5.2010).

[infor 2025] Infor (Deutschland) GmbH: Alle Branchen; https://www.infor.com/de-de/industries (Abruf: 3.1.2025).

[Infosoft 2025] Softwareauswahl – Wir finden die richtige Lösung für Ihr Unternehmen; https://www.infosoft.de/portfolio/softwareauswahl.html (Abruf 12.1.2025).

[Jacob 1971] Jacob, H.: Zur optimalen Planung des Produktionsprogramms bei Einzelfertigung; ZfB 41 (1971), S. 495–516.

[Johnson 1954] Johnson, S. M.: Optimal Two-and-Three-Stage Production Schedules with Setup Times Included; Naval Research Logistics Quarterly 1 (1954), pp. 61–68.

[Juels 2009] Juels, A.: RFID Security and Privacy: A Primer; RSA Laboratories ENISA-FORTH NIS, 15 September 2009; https://projects.ics.forth.gr/nis09/presentations/07-Juels.pdf (Abruf: 11.8.2024).

[Kagermann 2013] Kagermann, H., Wahlster, W., Helbig, J. (Hrsg.): Deutschlands Zukunft als Produktionsstandort sichern – Umsetzungsempfehlungen für das Zukunftsprojekt Industrie 4.0 – Abschlussbericht des Arbeitskreises Industrie 4.0; Frankfurt am Main: acatech – Deutsche Akademie der Technikwissenschaften e. V. 2013.

[Keckeis 2019] Keckeis, J., Weiss, C., Zechmeister, M.-C.: ERP Booklet 2019; Wien: ADV Handelsgesellschaft 2019.

[Kernler 2000] Kernler, H.: PPS der 3. Generation – Grundlagen, Methoden, Anregungen, 3. Auflage; Heidelberg: Hüthig 2000.

[Kief 2015] Kief, H. B., Roschiwal, H. A., Schwarz, K.: CNC Handbuch 2015/2016; München, Wien: Hanser 2015.

[Kilimann 2015] Kilimann, S.: Community, entwickle ein Auto – Local Motors; Zeit Online, 3.8.2015; http://www.zeit.de/mobilitaet/2015-08/local-motors-auto-regionale-produktion-berlin (Abruf 1.2.2025).

[Kirkpatrick 1983] Kirkpatrick, S., Gellat, S. D., Vecchi, M. P.: Optimization by Simulated Annealing; Science 220 (1983) 5, S. 671–680.

[Kirn 2002] Kirn, S.: Kooperierende intelligente Softwareagenten; Wirtschaftsinformatik 44 (2002) 1, S. 53–63.

[Kistner 2001] Kistner, K.-P., Steven, M.: Produktionsplanung, 3. Auflage; Heidelberg: Physica 2001.

[Klein 2013] Klein, D., Tran-Gia, P., Hartmann, M.: Big Data; in: Informatiklexikon der Gesellschaft für Informatik e. V.; https://gi.de/informatiklexikon/big-data (Abruf 20.1.2025).

[Kletti 2007] Kletti, J. (Ed.): Manufacturing Execution Systems – MES; Berlin et al.: Springer 2007.

[Kletti 2015] Kletti, J. (Hrsg.): MES – Manufacturing Execution System: Moderne Informationstechnologie unterstützt die Wertschöpfung, 2. Auflage; Berlin, Heidelberg: Springer 2015.

[Knolmayer 1985] Knolmayer, G.: Ein Vergleich von 30 „praxisnahen" Lagerhaltungsheuristiken; in: Ohse, D. et al. (Hrsg.): Operations Research Proceedings 1984; Berlin et al.: Springer 1985, S. 223–230.

[Knolmayer 2000] Knolmayer, G., Mertens, P., Zeier, A.: Supply Chain Management auf der Basis von SAP-Systemen; Berlin, Heidelberg: Springer 2000.

[Knolmayer 2009] Knolmayer, G., Mertens, P., Zeier, A., Dickersbach, J. T.: Supply Chain Management Based on SAP Systems – Architecture and Planning Processes; Berlin, Heidelberg: Springer 2009.

[Kompa 2010] Kompa, S., Härtel, J.: Überbetriebliche Interoperabilität zwischen ERP-Systemen; HMD 47 (2010) 272, S. 108–116.

[Krcmar 2015] Krcmar, H.: Smart Services und Industrie 4.0; IM+io 30 (2015) 2, S. 13–15.

[Kretzschmar 1996] Kretzschmar, R.: PPS-Auswahl: Mängel und Fehler sind in der Praxis nicht selten; Planung & Produktion 44 (1996) 3, S. 9–16.

[Kuhn 2002] Kuhn, A., Hellingrath, B.: Supply Chain Management – Optimierte Zusammenarbeit in der Wertschöpfungskette; Berlin, Heidelberg et al.: Springer 2002.

[Kumavision 2025] Kumavision AG: Die beste Software für Ihr Business; http://kumavision.com/branchen (Abruf 8.1.2025).

[Kuprat 2015] Kuprat, T., Mayer, J., Nyhuis, P.: Aufgaben der Produktionsplanung im Kontext von Industrie 4.0; Industrie 4.0 Management 31 (2015) 2, S. 11–14.

[Kurbel 1983] Kurbel, K.: Software Engineering im Produktionsbereich; Wiesbaden: Gabler 1983.

[Kurbel 1988] Kurbel, K., Meynert, J.: Flexibilität in der Fertigungssteuerung durch Einsatz eines elektronischen Leitstands; ZWF 83 (1988) 12, S. 581–585.

[Kurbel 1989a] Kurbel, K., Mertens, P., Scheer, A.-W. (Hrsg.): Interaktive betriebswirtschaftliche Informations- und Steuerungssysteme; Berlin, New York: de Gruyter 1989.

[Kurbel 1989b] Kurbel, K., Meynert, J.: Engpassorientierte Auftragsterminierung und Kapazitätsdisposition; in: [Kurbel 1989a], S. 69–87.

[Kurbel 1991] Kurbel, K., Rautenstrauch, C.: Graphisches Navigieren durch eine PPS-Datenbasis mit Browsern; ZWF 86 (1991) 12, S. 615–620.

[Kurbel 1992] Kurbel, K.: Entwicklung und Einsatz von Expertensystemen – Eine anwendungsorientierte Einführung in wissensbasierte Systeme, 2. Auflage; Berlin et al.: Springer 1992.

[Kurbel 1995a] Kurbel, K., Schneider, B.: Konzeption eines betrieblichen Recycling-Informationssystems auf der Basis von Produktionsdaten; in: Haasis, H.-D. et al. (Hrsg.): Betriebliche Umweltinformationssysteme (BUIS); Marburg: Metropolis 1995, S. 79–91.

[Kurbel 1995b] Kurbel, K., Rohmann, T.: Ein Vergleich von Verfahren zur Maschinenbelegungsplanung: Simulated Annealing, Genetische Algorithmen, mathematische Optimierung; Wirtschaftsinformatik 37 (1995) 6, S. 581–593.

[Kurbel 1996] Kurbel, K., Ruppel, A.: Integrating Intelligent Job-scheduling into a Real-world Production-scheduling System; Journal of Intelligent Manufacturing 7 (1996), pp. 373–377.

[Kurbel 1997] Kurbel, K., Rautenstrauch, C.: Integration des Produktrecycling in die Produktionsplanung und -steuerung; in: Weber, J. (Hrsg.): Umweltmanagement – Aspekte einer umweltbezogenen Unternehmensführung; Stuttgart: Poeschel 1997, S. 299–320.

[Kurbel 1998] Kurbel, K.: A Computational Study of the Effects of Parameters on the Performance of Intelligent Algorithms; in: Cantu, F. J. et al. (Eds.): Application of Advanced Information Technologies – Fourth World Congress on Expert Systems, Mexico City 1998, Vol. 1; New York et al.: Cognizant Communication 1998, pp. 407–414.

[Kurbel 2008] Kurbel, K.: The Making of Information Systems – Software Engineering and Management in a Globalized World; Berlin, Heidelberg Springer 2008.

[Lameter 2014] Lameter, F.: Kaeser Kompressoren: Customer Testimonial; Videobeitrag, September 2014; http://www.sap.com/germany/asset/detail.2014-09-sep.kaeser-sap-hana-ctv-mp4.html (Abruf: 21.8.2015).

[Laudon 2002] Laudon, K.C., Laudon, J.P.: Management Information Systems – Managing the Digital Firm, 7th Edition; Upper Saddle River, NJ: Prentice Hall 2002.

[Laudon 2022] Laudon, K.C., Laudon, J.P.: Management Information Systems – Managing the Digital Firm, 17th Edition; Harlow (UK): Pearson 2022.

[Lay 2003] Lay, G., Meier, H. et al.: Betreiben statt Verkaufen – Stand und Perspektiven neuer Geschäftsmodelle für den Maschinen- und Anlagenbau; Industrie Management 19 (2003) 4, S. 9–13.

[Lay 2007] Lay, G. (Hrsg.): Betreibermodelle für Investitionsgüter – Verbreitung, Chancen und Risiken, Erfolgsfaktoren; Stuttgart: Fraunhofer IRB Verlag 2007.

[Lee 1997a] Lee, H. L., Padmanabhan, V., Whang, S.: The Bullwhip Effect in Supply Chains; Sloan Management Review (1997) Spring, pp. 93–102.

[Lee 1997b] Lee, H. L., Padmanabhan, V., Whang, S.: Information Distorsion in a Supply Chain – The Bullwhip Effect; Management Science 43 (1997), pp. 546–557.

[Lewis 2005] Lewis, S.: A basic introduction to RFID technology and its use in the supply chain, White Paper, April 2005; https://www.rfidjournal.com/wp-content/uploads/2019/07/80.pdf (Abruf 12.1.2025).

[Leopoldina 2020] Nationale Akademie der Wissenschaften Leopoldina, Union der deutschen Akademien der Wissenschaften, acatech – Deutsche Akademie der Technikwissenschaften (Hrsg.): Additive Fertigung – Entwicklungen, Möglichkeiten und Herausforderungen; Halle (Saale) 2020; online verfügbar unter: https://www.leopoldina.org/uploads/tx_leopublication/2020_Stellungnahme_Additive_Fertigung_web.pdf (Abruf 2.1.2025).

[Leypold 2002] Leypold, K.-D., Furthmüller, B.: Variantenmanagement – ein Hemmnis für den E-commerce?; PPS Management 7 (2002) 4, S. 51–53.

[Local Motors 2015] Local Motors: Strati – Specs; https://localmotors.com/3d-printed-car/ (Abruf 1.9.2015).

[Macchiaroli 2002] Macchiaroli, R., Riemma, S.: A Genetic Algorithm for the Lot-sizing and Scheduling Problem; International Journal of Operations and Quantitative Management 8 (2002) 2, pp. 127–140.

[Magal 2009] Magal, S. R., Word, J.: Essentials of Business Processes and Information Systems; Hoboken, NJ: John Wiley & Sons 2009.

[Mäker 1996] Mäker, M.: Anwendungsbereiche und Nutzen von Engineering Daten Management; Industrie Management 12 (1996) 5, Special Engineering Management 1996/97, S. E37–E40.

[Manhart 2015] Manhart, K.: Big Data und Sensordaten – Smart Metering, Smart Building und Data Lakes; Computerwoche 13.4.2015.

[Martin 1989] Martin, J.: Information Engineering – Book I Introduction; Englewood Cliffs, NJ: Prentice Hall 1989.

[Martin 2002] Martin, R., Mauterer, H., Gemünden, H.: Systematisierung des Nutzens von ERP-Systemen in der Fertigungsindustrie; Wirtschaftsinformatik 44 (2002) 2, S. 109–116.

[Martin 2004] Martin, R., Bach, B.: Wirtschaftlichkeitsbetrachtungen bei ERP-Projekten am Beispiel von Microsoft Business Solutions-Navision; PPS Management 9 (2004) 2, S. 31–34.

[Matsui 2002] Matsui, Y., Sato, O.: An International Comparison Study on Benefits of Production Information Systems; International Journal of Operations and Quantitative Management 8 (2002) 3, pp. 191–214.

[Mattern 2010] Mattern, F., Flörkemeier, C.: Vom Internet der Computer zum Internet der Dinge; Informatik-Spektrum 33 (2010) 2, S. 107–121.

[Matzler 2009] Matzler, K., Stahl, H. K., Hinterhuber, H. H.: Die Customer-based View der Unternehmensführung; in: Hinterhuber, H. H., Matzler, K. (Hrsg.): Kundenorientierte Unternehmensführung, 6. Auflage; Wiesbaden: Gabler 2009.

[Meboldt 2015] Meboldt, M., Klahn, C.: Produktentwicklung mit digitalisierten Technologien – Wertschöpfung durch 3D-gedruckte Serienteile im Maschinenbau; IM+io 30 (2015) 1, S. 83–89.

[Meerkamm 2000] Meerkamm, H., Rosemann, B.: Ökonomisch-ökologische Produktoptimierung durch recyclinggerechte Konstruktion; Industrie Management 16 (2000) 1, S. 14–18.

[Mensch 1972] Mensch, G.: Das Trilemma der Ablaufplanung; ZfB 42 (1972) 2, S. 77–88.

[Mertens 1993] Mertens, P., Borkowski, V., Geis, W.: Betriebliche Expertensystem-Anwendungen, 3. Auflage; Berlin et al.: Springer 1993.

[Mertens 1995] Mertens, P., Faisst, W.: Virtuelle Unternehmen – eine Organisationsstruktur für die Zukunft?; technologie & management 44 (1995) 2, S. 61–68.

[Mertens 1999] Mertens, P., Zeier, A.: ATP – Available-to-Promise; Wirtschaftsinformatik 41 (1999) 4, S. 378–379.

[Mertens 2012] Mertens, P., Rässler, S. (Hrsg.): Prognoserechnung, 7. Auflage; Würzburg, Wien: Physica 2012.
[Mertens 2013] Mertens, P.: Integrierte Informationsverarbeitung 1 – Operative Systeme in der Industrie, 18. Auflage; Wiesbaden: Springer Gabler 2013.
[Meusburger 2018] Meusburger, G.: Unternehmensführung mit Wissensmanagement – Wissensorientiertes Management aus der Praxis, 2. Auflage; Wolfurt: Meusburger 2018.
[Meyer 2000] Meyer, H., Steven, M.: Produktionsplanung und -steuerung in virtuellen Fabriken; PPS Management 5 (2000) 3, S. 16–22.
[Meyr 2015] Meyr, H., Wagner, M., Rohde, J.: Structure of Advanced Planning Systems; in: [Stadtler 2015], S. 109–115.
[Milling 1997] Milling, P. M.: Computer integrated manufacturing in German industry: aspirations and achievements; International Journal of Operations & Production Management 17 (1997) 9/10, pp. 1034–1045.
[Microsoft 2025] Microsoft Corporation: Holen Sie sich branchenspezifische Lösungen; https://www.microsoft.com/de-de/industry (Abruf 7.1.2025).
[Möhle 1998] Möhle, S., Braun, M., Mertens, P.: PPS-Systementwicklung mit Componentware; in: Luczak, H., Eversheim, W. (Hrsg.): Produktionsplanung und -steuerung; Berlin, Heidelberg: Springer 1998, S. 696–731.
[Monden 1981a] Monden, Y.: What Makes the Toyota Production System Really Tick?; Industrial Engineering (1981) January, pp. 36–46.
[Monden 1981b] Monden, Y.: Adaptable Kanban System Helps Toyota Maintain Just-In-Time-Production; Industrial Engineering (1981) May, pp. 29–46.
[Monden 1998] Monden, Y.: Toyota Production Systems – Third Edition; Atlanta, GA: Industrial Engineering and Management Press 1998.
[MPDV 2020] MPDV Mikrolab GmbH: HYDRA Fertigungsprüfung – Qualitätsprüfung und Produktionsprozesse in einem System!, Doku-Ident: PRFEP 03/2020; Mosbach: MPDV 2020; online verfügbar unter: https://www.mpdv.com/media/Brochures/DE/Brochure_FEP_DE.pdf (Abruf 22.7.2020).
[MPDV 2025] MPDV Mikrolab GmbH: HYDRA X-Funktionen – Innovative Fertigungs-IT für Ihren Weg zur Smart Factory; https://www.mpdv.com/produkte/mes-hydra-x (Abruf 2.2.2025).
[Müller 2004] Müller, W.: Integriertes Projektmanagement in ERP-Systemen; PPS Management 9 (2004) 1, S. 25–28.
[Müller 2013] Müller, B.: Geschäftsmodell gesucht; Technology Review (2013) 12, S. 36–41.
[Murray 2009] Murray, M.: Discover Logistics with SAP ERP; Boston, MA: Galileo Press 2009.
[Nakamoto 2008] Nakamoto, S.: Bitcoin: A Peer-to-Peer Electronic Cash System; http://www.bitcoin.org (Abruf 5.1.2025).
[Nesbitt 2020] Nesbitt, S., Baker, J.: Top 9 open source ERP systems to consider, Feb 7, 2020; https://opensource.com/tools/enterprise-resource-planning (Abruf: 12.1.2025).
[New Atlas 2014] New Atlas: "World's first" 3D printed car created and driven by Local Motors; September 17, 2014; https://newatlas.com/local-motors-strati-imts/33846/ (Abruf 3.1.2025).
[Nüttgens 2019] Nüttgens, M.: EPK; in: [Gronau 2022] (Abruf: 9.1.2025).
[Nyhuis 2009] Nyhuis, P., Hartmann, W., Fischer, A.: Der Einfluss von Prioriätsregeln auf produktionswirtschaftliche Zielgrößen; Productivity Management 14 (2009) 3, S. 17–20.
[Obermaier 2010] Obermaier, R., Hofmann, J., Kellner, F.: Webbasierte Fertigungssteuerung in der Praxis – Produktivitätssteigerungen mit dem Manufacturing-Execution-System MR-CM; HMD 47 (2010) 272, S. 49–59.
[OECD 2025] Organisation for Economic Co-operation and Development (OECD): Extended producer responsibility and economic instruments; https://www.oecd.org/en/topics/extended-producer-responsibility-and-economic-instruments.html (Abruf 30.711.1.2025).
[OMG 2011] Object Management Group (OMG): Business Process Model and Notation (BPMN), Version 2.0, OMG Document Number: formal/2011-01-03; http://www.omg.org/spec/BPMN/2.0/ (Abruf: 28.9.2020).

[OMG 2025] Object Management Group: CORBA Basics; https://www.corba.org/faq.htm (Abruf 2.1.2025).
[Oracle 2025] Oracle Deutschland B.V. & Co. KG: Branchenlösungen und Ressourcen; https://www.oracle.com/de/industries/ (Abruf 8.1.2025).
[Ortiz 2024] Ortiz, P.: What Was Local Motors & the 3D-Printed Olli Shuttle?, Mar 11, 2024; https://housegrail.com/what-was-local-motors-and-the-3d-printed-olli-shuttle/ (Abruf: 2.1.2025).
[Pabst 1985] Pabst, H.-J.: Analyse der betriebswirtschaftlichen Effizienz einer computergestützten Fertigungssteuerung mit CAPOSS-E in einem Maschinenbauunternehmen mit Einzel- und Kleinserienfertigung; Frankfurt et al.: Peter Lang 1985.
[Pernul 2003] Pernul, G., Unland, R.: Datenbanken im Unternehmen – Analyse, Modellbildung und Einsatz, 2. Auflage; München, Wien: Oldenbourg Wissenschaftsverlag 2003.
[Pfeiffer 2019] Pfeiffer, K.: Wie Blockchain die Industrie verändern könnte; https://www.industry-of-things.de/amp/wie-blockchain-die-industrie-veraendern-koennte-a-853143/ (Abruf: 21.1.2025).
[Plattner 2009] Plattner, H.: A common database approach for OLTP and OLAP using an in-memory column database; in: Proceedings of the 2009 ACM SIGMOD International Conference on Management of Data: Providence, RI: ACM, pp. 1–2.
[Plattner 2012] Plattner, H., Zeier, A.: In-Memory Data Management – Technology and Applications, Second Edition; Berlin, Heidelberg: Springer 2012.
[Plattner 2014] Plattner, H.: A Course in In-Memory Data Management – The Inner Mechanics of In-Memory Databases, 2nd Edition; Berlin, Heidelberg: Springer 2014.
[Plattner 2019] Plattner, H.: Big Data; in: [Gronau 2022] (Abruf: 8.1.2025).
[Plinke 2020] Plinke, W., Utzig, B.P.: Industrielle Kostenrechnung: Eine Einführung, 9. Auflage; Berlin, Heidelberg: Springer Vieweg 2020.
[PMI 2021] Project Management Institute (PMI): A Guide to the Project Management Body of Knowledge, PMBOK Guide, Seventh Edition; Newtown Square, PA: PMI 2021.
[POM 2025] POM Prof. Tempelmeier GmbH: Design von Flexiblen Fertigungssystemen; Produktion und Logistik; http://www.produktion-und-logistik.de/produktionundlogistik-133.html (Abruf 2.2.2025).
[Porter 2014] Porter, M.E., Heppelmann, J.E.: Wie smarte Produkte den Wettbewerb verändern; Harvard Business Manager (2014) Dezember, S. 34–60.
[Presser 2012] Presser, M. (Hrsg.): Inspiring the Internet of Things, Special Edition; Alexandra Institute 2012; online verfügbar unter: https://aioti.eu/wp-content/uploads/2023/11/iot_comic_book_special.pdf (Abruf 12.1.2025).
[Prinz 2017] Prinz, W., Schulte, A.T. (Hrsg.): Blockchain und Smart Contracts – Technologien, Forschungsfragen und Anwendungen; München: Fraunhofer-Gesellschaft 2017; online verfügbar unter: https://www.sit.fraunhofer.de/fileadmin/dokumente/studien_und_technical_reports/Fraunhofer-Positionspapier_Blockchain-und-Smart-Contracts.pdf?_=1516641660 (Abruf 6.1.2025).
[Promotorengruppe 2012] Promotorengruppe Kommunikation der Forschungsunion Wirtschaft – Wissenschaft (Hrsg.): Bericht der Promotorengruppe Kommunikation – Im Fokus: Das Zukunftsprojekt Industrie 4.0; Handlungsempfehlungen zur Umsetzung; Berlin: Forschungsunion im Stifterverband für die deutsche Wissenschaft e. V. 2012.
[Raubold 2011] Raubold, U.: Lebenszyklusmanagement in der Automobilindustrie – Ein Optimierungsansatz auf Basis der auf den Lebenszyklus wirkenden Einflussfaktoren; Wiesbaden: Gabler 2011.
[Rautenstrauch 1997] Rautenstrauch, C.: Fachkonzept für ein integriertes Produktions-, Recyclingsplanungs- und Steuerungssystem (PRPS-System); Berlin, New York: de Gruyter 1997.
[Reinhart 1997] Reinhart, G., Ansorge, D.: Beherrschung flexibler Abläufe durch dezentrale Leittechnik; ZWF 92 (1997) 10, S. 514–517.
[Reinhart 2000] Reinhart, G., Brandner, S.: Produktdaten- und Prozessmanagement in virtuellen Fabriken; ProduktDatenManagement 1 (2000) 1, S. 8–12.
[Riemer 2019a] Riemer, K.: Kooperationsmodelle im SCM; in: [Gronau 2022] (Abruf: 11.1.2025).
[Riemer 2019b] Riemer, K.: Vendor Managed Inventory; in: [Gronau 2022] (Abruf: 11.1.2025).

[Riesbeck 1989] Riesbeck, C. K., Schank, R. C.: Inside Case-based Reasoning; Hillsdale, NJ: Erlbaum 1989.

[Roschmann 1996] Roschmann, K.: Betriebsdatenerfassung 1996 – Ident-, BDE- und mDE-Techniken und ihr Einsatz; FB/IE 45 (1996) 5, S. 204–247.

[Russell 2009] Russell, N., ter Hofstede, A. H. M.: Surmounting BPM Challenges: the YAWL Story; Computer Science Research and Development 23 (2009) 2, pp. 67–79.

[Sage 2025] Sage Software GmbH: ERP-Software für Produktion und Handel im Mittelstand; https://www.sage.com/de-de/produkte/sage-b7-warenwirtschaftssystem/ (Abruf 2.2.2025).

[Sames 1998] Sames, G., Büdenbender, W.: Aachener PPS-Modell – Das morphologische Merkmalsschema; Sonderdruck 4/90, 7. Auflage; Forschungsinstitut für Rationalisierung an der RWTH Aachen 1998.

[SAP 1997] SAG AG: Funktionen im Detail, System R/3, Technologie Infrastruktur; Walldorf: SAP AG 1997.

[SAP 2001] SAP Deutschland KG: Supply Chain Event Management mit mySAP Supply Chain Management; Walldorf: SAP AG 2001.

[SAP 2003a] SAP Deutschland AG & Co. KG: SAP NetWeaver; Walldorf: SAP AG 2003.

[SAP 2003b] SAP Deutschland AG & Co. KG: Plattform-Interoperabilität von SAP NetWeaver mit IBM WebSphere und Microsoft .NET; SAP White Paper, Walldorf: SAP AG 2003.

[SAP 2004] SAP Deutschland AG & Co. KG: SAP White Paper mySAP Enterprise Resource Planning – mySAP ERP; Walldorf: SAP AG 2004.

[SAP 2008] SAP Deutschland KG: Lösung im Detail – SAP Event Management; Walldorf: SAP AG 2008.

[SAP 2010] SAP Deutschland AG & Co. KG: SAP Supply Chain Management – Edition 2008 – SAP Solution Map; http://www.sap.com/germany/solutions/business-suite/scm/ businessmaps/index.epx (Abruf 30.7.2010).

[SAP 2012] SAP Deutschland AG & Co. KG: SAP ERP Solution Map; http://www. sap.com/germany/solutions/business-suite/scm/businessmaps/ (Abruf 11.3.2012).

[SAP 2020] SAP Deutschland SE & Co. KG: Funktionen von SAP S/4HANA; https://www.sap.com/germany/products/s4hana-erp/features.html (Abruf 22.9.2020).

[SAP 2025a] SAP SE: Welcome to the SAP Help Portal; https://help.sap.com (Abruf 2.1.2025).

[SAP 2025b] SAP Deutschland SE & Co. KG: Branchenlösungen von SAP; https://www.sap.com/germany/industries.html (Abruf 18.1.2025).

[SAP 2025c] SAP SE: SAP NetWeaver; in: [SAP 2025a, Suchbegriff "SAP NetWeaver"] (Abruf 20.1.2025).

[SAP 2025d] SAP SE: Projektsystem in: [SAP 2025a, Suchbegriff „Projektsystem"] (Abruf 20.1.2025).

[SAP 2025e] SAP SE: Production Planning and Detailed Scheduling (PP/DS) – Pegging; in: [SAP 2025a, Suchbegriff "Pegging"] (Abruf 13.1.2025).

[SAP 2025 f] SAP SE: Transportation Planning/Vehicle Scheduling (TP/VS); in: [SAP 2025a, Suchbegriff "Transportation Planning/Vehicle Scheduling"] (Abruf 3.2.2025).

[SAP 2025g] SAP SE: Extended Warehouse Management (EWM) – Lagerstruktur; in: [SAP 2025a, Suchbegriff „Lagertyp"] (Abruf 15.1.2025).

[SAP 2025h] SAP SE: SAP Extended Warehouse Management (SAP EWM); in: [SAP 2025a, Suchbegriff "Extended Warehouse Management"] (Abruf 21.1.2025).

[SAP 2025i] SAP Deutschland SE & Co. KG: SAP Fiori – Die neu gestaltete Benutzererfahrung im Unternehmen; https://www.sap.com/germany/products/technology-platform/fiori.html (Abruf 13.1.2025).

[SAP 2025j] SAP SE: What is machine learning?; https://www.sap.com/products/artificial-intelligence/what-is-machine-learning.html (Abruf 3.1.2025).

[SAP 2025k] SAP Deutschland SE & Co. KG: SAP Intelligent Robotic Process Automation; https://help.sap.com/docs/intelligent-robotic-process-automation?locale=de-DE (Abruf 4.1.2025).

[SAP 2025l] SAP Deutschland SE & Co. KG: Anwendungsfälle für die Situationsverarbeitung; in: [SAP 2025a, Suchbegriff „Situation Handling"] (Abruf 21.1.2025).

[SAP 2025 m] SAP Deutschland SE & Co. KG: Enterprise Resource Planning (ERP) – Funktionen von GROW with SAP; https://www.sap.com/germany/products/erp/grow/features.html (Abruf 4.1.2025).

[Sauer 2002] Sauer, J.: Intelligente Planungsverfahren; Industrie Management 18 (2002) 6, S. 17–19.
[SCC 2008] Supply-Chain Council: Supply-Chain Operations Reference-model – SCOR Overview Version 9.0; Washington DC: Supply-Chain Council 2008.
[SCC 2012] Supply-Chain Council: Supply-Chain Operations Reference Model – Revision 11.0; Chicago, IL: APICS Supply Chain Council 2012.
[Schäffer 2002] Schäffer, G.: Durchgängige Produktkonfiguration und Variantenmanagement; PPS Management 7 (2002) 1, S. 18–21.
[Scheer 1976] Scheer, A.-W.: Produktionsplanung auf der Grundlage einer Datenbank des Fertigungsbereichs; München, Wien: Oldenbourg 1976.
[Scheer 1984] Scheer, A.-W.: EDV-orientierte Betriebswirtschaftslehre – Grundlagen für ein effizientes Informationsmanagement; Berlin et al.: Springer 1984.
[Scheer 1990] Scheer, A.-W.: Computer integrated manufacturing: CIM = Der computergesteuerte Industriebetrieb, 4. Auflage; Berlin et al.: Springer 1990.
[Scheer 1997] Scheer, A.-W.: Wirtschaftsinformatik – Referenzmodelle für industrielle Geschäftsprozesse, 7. Auflage; Berlin et al.: Springer 1997.
[Scherer 2004] Scherer, E.: ERP-Zufriedenheit: Best Practises und Best Fit bei der ERP-Systemauswahl; PPS Management 9 (2004) 2, S. 38–40.
[Schlageter 1983] Schlageter, G., Stucky, W.: Datenbanksysteme: Konzepte und Modelle, 2. Auflage; Stuttgart: Teubner 1983.
[Schöttner 2000] Schöttner, J.: Produktdatenmanagement – Werkbank für das digitale Produkt; ZWF 95 (2000) 10, S. 463–466.
[Schröder 2012] Schröder, M.: Einführung in die kurzfristige Zeitreihenprognose und Vergleich der einzelnen Verfahren; in: [Mertens 2012], S. 11–45.
[Schubert 2019] Schubert, P.: Kollaboratives Customer Relationship Management; in: [Gronau 2022] (Abruf: 8.1.2025).
[Schuh 1998] Schuh, G., Müller, M., Levering, V.: Agilität durch virtuelle Fabriken; ZWF 93 (1998) 4, S. 124–126.
[Schuh 2019] Schuh, G., Stich, V. (Hrsg.): Marktspiegel Business Software – ERP/PPS 2019/2020, 10., überarbeitete Auflage; Aachen: Trovarit 2019.
[Schuh 2020] Schuh, P.: PLM (Product Lifecycle Management); in: [Gronau 2022] (Abruf: 18.1.2025).
[Schultmann 2002] Schultmann, F., Fröhling, M., Rentz, O.: Simulationsgestützte Auftragsreihenfolgeplanung auf Basis von Prioritätsregeln; PPS Management 7 (2002) 4, S. 21–24.
[Schultz 2000] Schultz, J., Mertens, P.: Untersuchung wissensbasierter und weiterer ausgewählter Ansätze zur Unterstützung der Produktionsfeinplanung – ein Methodenvergleich; Wirtschaftsinformatik 42 (2000) 1, S. 56–65.
[Schumann 1990] Schumann, M., Mertens, P.: Nutzeffekte von CIM-Komponenten und Integrationskonzepten (Teil 1); CIM Management 6 (1990) 3, S. 45–51.
[Schwalbe 2019] Schwalbe, K.: Information Technology Project Management, 9th Edition; Boston, MA: Cengage Learning 2019.
[Schweiger 2010] Schweiger, K., Pitzl, C., Kruse, J.: Integriertes Master Planning; HMD 47 (2010) 272, S. 71–80.
[Schweitzer 1967] Schweitzer, M.: Methodologische und entscheidungstheoretische Grundfragen der betriebswirtschaftlichen Prozessstrukturierung; ZfbF 19 (1967), S. 279–296.
[Schweitzer 1994] Schweitzer, M. (Hrsg.): Industriebetriebslehre – Das Wirtschaften in Industrieunternehmungen, 2. Auflage; München: Vahlen 1994.
[Seifert 2018] Seifert, C.: Wie Blockchain und die Industrie zusammenpassen; IT & Production (2018) 6, S. 70–71.
[Seiler 2003] Seiler, C.-M., Grauer, M., Schäfer, W.: Produktlebenszyklusmanagement; Wirtschaftsinformatik 45 (2003) 1, S. 67–75.

[Seitz 2004] Seitz, M. A., Peattie, K.: Meeting the Closed-Loop Challenge: The Case of Remanufacturing; California Management Review 46 (2004) 2, pp. 74–89.

[Segoni o.J.] Segoni GmbH: Segoni Futur – Höhe gewinnen – Die Navigation Ihres Unternehmens; Berlin: Segoni o.J.

[Senger 2003] Senger, E., Österle, H.: Fallstudie L'Oréal, Vendor Managed Inventory zwischen L'Oréal und „dm-drogerie markt"; St. Gallen: Institut für Wirtschaftsinformatik der Universität St. Gallen 2003.

[Siegel 1974] Siegel, T.: Optimale Maschinenbelegungsplanung; Berlin: Erich Schmidt 1974.

[Singh 1995] Singh, K., Schneider, B., Kurbel, K.: Solving Sequencing Problems Using Recurrent Neural Networks and Simulated Annealing – A Structural and Computational Comparison; in: Derigs, U. et al. (Eds.): Operations Research Proceedings 1994; Berlin, Heidelberg: Springer 1995, pp. 400–405.

[Sinz 1990] Sinz, E. J.: Das Entity-Relationship-Modell (ERM) und seine Erweiterungen; HMD 27 (1990) 152, S. 17–29.

[SIS 2024] SIS Consulting GmbH: ERP Booklet 2025; 14. November 2024; SIS Consulting: Sistrans (Östereich) 2024.

[SoftSelect 2024] SoftSelect GmbH; ERP Software Studie 2024 – ERP Software – Marktübersicht der ERP-Systeme in Deutschland, Österreich und der Schweiz; https://www.softselect.de/erp-studien (Abruf 22.1.2025).

[SoP 2025] SoP Solutions by Prof. Kurbel: DiCM – Die App für digitales Kapazitätsmanagement: http://www.sopk.de (Abruf: 25.1.2025).

[Spath 2000] Spath, D., Scharer, M., Trender, L.: Bewertungsmethoden zur Unterstützung einer lebenszyklusgerechten Konstruktion; Industrie Management 16 (2000) 1, S. 9–13.

[Spath 2001] Spath, D., Demuß, L.: Betreibermodelle für den Maschinen- und Anlagenbau – Chancen und Risiken einer komplexen Kunden-Lieferanten-Beziehung; ZWF 96 (2001) 1–2, S. 35–39.

[Stadtler 2015] Stadtler, H., Kilger, C., Meyr, H. (Eds.): Supply Chain Management and Advanced Planning – Concepts, Models, Software, and Case Studies, Fifth Edition; Berlin, Heidelberg: Springer 2015.

[Startupwissen 2025] Startupwissen.biz: Was bedeutet ... Digitalisierung? Erklärung & Beispiele für digitale Geschäftsmodelle; https://startupwissen.biz/was-bedeutet-eigentlich-digitalisierung/ (Abruf: 7.1.2025).

[Statistisches Bundesamt 2008] Statistisches Bundesamt: Klassifikation der Wirtschaftszweige, Ausgabe 2008 (WZ 2008); Statistisches Bundesamt: Wiesbaden 2008; online verfügbar unter: https://www.destatis.de/DE/Methoden/Klassifikationen/Gueter-Wirtschaftsklassifikationen/klassifikation-wz-2008.html (Abruf 22.7.2020).

[Steinmetz 1987] Steinmetz, G.: Grunddatenverwaltung; in: Geitner, U. W. (Hrsg.): CIM-Handbuch, 2. Auflage; Braunschweig: Vieweg 1987, S. 50–63.

[Stobitzer 1997] Stobitzer, M., Schneider, B.: Bereits der Konstrukteur muss an's Recycling denken! – erweiterte Recyclinggraphen als Grundlage einer Recyclingplanung; FB/IE 46 (1997) 4, S. 156–161.

[Streim 2019] Streim, A.: Digitalisierung kommt in den deutschen Unternehmen an; https://www.bitkom.org/Presse/Presseinformation/Digitalisierung-kommt-in-den-deutschen-Unternehmen-an (Abruf: 23.1.2025).

[SüdIB 2025] Süddeutsche Industrieberatung: Neutrale ERP Auswahl Beratung; https://www.sueddeutsche-industrieberatung.de/erp-auswahlberatung/erp-auswahl (Abruf 12.1.2025).

[Tempelmeier 2020] POM Prof. Tempelmeier GmbH: Produktion und Logistik – (s,S)-Politik; http://www.produktion-und-logistik.de/produktionundlogistik-145.html (Abruf 4.2.2025).

[ten Hompel 2018] ten Hompel, M., Schmidt, T., Nagel, L.: Materialflusssysteme – Förder- und Lagertechnik, 4. Auflage; Berlin: Springer Vieweg 2018.

[th data 2020] th data GmbH: planeus – Software für die Produktionsplanung; https://planeus-solutions.com (Abruf: 30.9.2020).

[th data 2025] th data GmbH: Software für die Produktionsplanung. Einfach. Intuitiv. planeus; https://planeus-solutions.com (Abruf: 30.1.2025).

[Theuer 2010] Theuer, H., Klaukien, M., Lass, S.: Marktrecherche Product Lifecycle Management Systeme; Productivity Management 15 (2010) 2, S. 33–36.

[Trovarit 2010] Trovarit AG: IT-Matchmaker Marktrecherche; http://www.it-matchmaker.com/software-suchen/marktrecherche-erp-software.html (Abruf 9.1.2010).

[Urbach 2020] Urbach, N., Völter, F.: Grundlagen und Potenziale der Distributed Ledger Technology; Legal Revolutionary (2020), S. 119–129; online verfügbar unter: https://www.fim-rc.de/Paperbibliothek/Veroeffentlicht/1135/wi-1135.pdf (Abruf: 11.1.2025).

[Vahrenkamp 2008] Vahrenkamp, R.: Produktionsmanagement, 6. Auflage; München, Wien: Oldenbourg Wissenschaftsverlag 2008.

[Vajna 2009] Vajna, S., Weber, C., Bley, H., Zeman, K.: CAx für Ingenieure – Eine praxisbezogene Einführung, 2. Auflage; Berlin, Heidelberg: Springer 2009.

[Vajna 2018] Vajna, S., Weber, C., Zeman, K. et al.: : CAx für Ingenieure – Eine praxisbezogene Einführung, 3. Auflage; Berlin: Springer Vieweg 2018.

[VDI 2016] Verein Deutscher Ingenieure: VDI-Richtlinien, Fertigungsmanagementsysteme, Manufacturing Execution Systems (MES), VDI 5600, ICS 35.240.50; Düsseldorf: Verein Deutscher Ingenieure e. V. 2016.

[VDI 2013] Verein Deutscher Ingenieure e. V.: Cyber-Physical Systems: Chancen und Nutzen aus Sicht der Automation – Thesen und Handlungsfelder; Verein Deutscher Ingenieure 2013; https://www.vdi.de/ueber-uns/presse/publikationen/details/cyber-physical-systems-chancen-und-nutzen-aus-sicht-der-automation (Abruf 22.8.2020).

[VICS 2004] Voluntary Interindustry Commerce Standards (VICS) Association: Collaborative Planning, Forecasting and Replenishment (CPFR) – An Overview; 18 May 2004; https://www.gs1us.org/DesktopModules/Bring2mind/DMX/Download.aspx? Command=Core_Download&EntryId=492 (Abruf: 23.7.2020).

[vom Brocke 2019] vom Brocke, J.: Total-Cost-of-Ownership von Anwendungssystemen; in: [Gronau 2022] (Abruf: 3.1.2025).

[Wagener 2018] Wagener, M.-L.: Introducing Governance, Risk, and Compliance (GRC) in SAP S/4HANA; Quincy, MA: SAP Press, Rheinwerk Publishing 2018.

[Walther 2009] Walther, G., Schmid, E., Spengler, T. S.: Dezentrale Koordination von Stoffströmen in Recyclingnetzwerken; ZfB 79 (2009), S. 717–750.

[Warnecke 1995] Warnecke, H.-J.: Der Produktionsbetrieb 1 – Organisation, Produkt, Planung, 3. Auflage; Berlin et al.: Springer 1995.

[Weber 2004] Weber, H., Caumanns, J.: ERP-Software-Generator; PPS Management 9 (2004) 4, S. 35–36.

[Weber 2025] Weber, T.: Was ist RFID? – Der elektronische Produktcode (EPC); https://www.rfid-basis.de/rfid-technik.html (Abruf 12.1.2025).

[Werner 2015] Werner, K.: Und es fährt doch – Local Motors Strati; Süddeutsche Zeitung, 22.1.2015; online verfügbar unter: http://www.sueddeutsche.de/auto/local-motors-strati-und-es-faehrt-doch-1.2314397 (Abruf 31.1.2025).

[WFMC 1999] Workflow Management Coalition: Terminology & Glossary, Document Number WFMC-TC-1011, Issue 3.0 (February 1999); im World Wide Web unter http://www.wfmc.org/standards/docs/TC-1011_term_glossary_v3.pdf (Abruf 2.10.2020).

[Wiendahl 1987a] Wiendahl, H.-P.: Belastungsorientierte Fertigungssteuerung – Grundlagen, Verfahrensaufbau, Realisierung; München, Wien: Hanser 1987.

[Wiendahl 1987b] Wiendahl, H.-P.: Belastungsorientierte Fertigungssteuerung; technologie & management (1987) 2, S. 28–34.

[Wiendahl 1992] Wiendahl, H.-P.: Die belastungsorientierte Fertigungssteuerung; in: [Adam 1992a], S. 207–243.

[Wiendahl 1997a] Wiendahl, H.-P.: Betriebsorganisation für Ingenieure, 4. Auflage; München, Wien: Hanser 1997.

[Wiendahl 1997b] Wiendahl, H.-P.: Fertigungregelung – Logistische Beherrschung von Fertigungsabläufen auf Basis des Trichtermodells; München, Wien: Hanser 1997.

[Wiendahl 2001] Wiendahl, H.-P., Harms, T.: Betreibermodelle – Ein Ansatz zur Verfügbarkeitssteigerung komplexer Produktionsanlagen; ZWF 96 (2001) 6, S. 324–327.

[Wiendahl 2019a] Wiendahl, H.-P.: Belastungsorientierte Auftragsfreigabe; in: [Gronau 2022] (Abruf: 4.2.2025).

[Wiendahl 2019b] Wiendahl, H.-P., Wiendahl, H.-H.: Betriebsorganisation für Ingenieure, 9. Auflage; München: Hanser 2019.

[Wiendahl 2019c] Wiendahl, H.-H., Kluth, A., Kipp, R.: Marktspiegel Business Software – MES – Fertigungssteuerung 2019/2020, 7., überarbeitete Auflage; Aachen: Trovarit AG 2019.

[Wight 1984] Wight, O. W.: Manufacturing Resource Planning: MRP II – Unlocking America's Productivity Potential, Revised Edition; New York et al.: Wiley 1984.

[Wildemann 1989] Wildemann, H. (Hrsg.): Flexible Werkstattsteuerung durch Integration von KANBAN-Prinzipien, 2. Auflage; München: gfmt 1989.

[Wildemann 2001] Wildemann, H.: Das Just-In-Time-Konzept – Produktion und Zulieferung auf Abruf, 5. Auflage; München: TCW 2001.

[Wildemann 2024] Wildemann, H.: Betreibermodelle – Leitfaden zur Berechnung, Konzeption und Einführung von Betreibermodellen und Pay-on-Production-Konzepten, 23. Auflage; München: TCW Transfer-Centrum 2024.

[Wildemann o. J.] Wildemann, H. (Hrsg.): Rechnergestützte Informationssysteme in der Qualitätssicherung – CAQ; München: Gesellschaft für Management und Technologie o. J.

[Wilkens 2019] Wilkens, R., Falk, R.: Smart Contracts – Grundlagen, Anwendungsfelder und rechtliche Aspekte; Wiesbaden: Springer Gabler 2019.

[Wilson 2020] Wilson, K.: SAP S/4HANA – Situation Handling Overview, Jan 28, 2020; https://blogs.sap.com/2020/01/28/sap-s-4hana-situation-handling-overview/ (Abruf: 21.1.2025).

[Wirth 2000] Wirth, N.: Algorithmen und Datenstrukturen – Pascal-Version, 5. Auflage; Stuttgart: Teubner 2000.

[Wirtschaftsinformatik 1996] Schwerpunktthema Fallbasierte Entscheidungsunterstützung; Wirtschaftsinformatik 38 (1996) 1, S. 7–62.

[Wood 2007] Wood, D. C.: SAP SCM – Applications and Modeling for Supply Chain Management (with B. W. Primer); Hoboken, NJ: Wiley 2007.

[Wu 2009] Wu, H., Cao, L.: Community Collaboration for ERP Implementation; IEEE Software 26 (2009) 4, S. 48–55.

[Wüpping 2003] Wüpping, J.: Praxiserfahrungen Variantenmanagement und Produktkonfiguration; Industrie Management 19 (2003) 1, S. 49–52.

[Zangemeister 1976] Zangemeister, C.: Nutzwertanalyse in der Systemtechnik, 4. Auflage; München: Wittemannsche Buchhandlung 1976.

[Zäpfel 1992] Zäpfel, G., Missbauer, H.: Bestandskontrollierte Produktionsplanung und -steuerung; in: [Adam 1992a], S. 27–52.

[Zäpfel 1996] Zäpfel, G.: Auftragsgetriebene Produktion zur Bewältigung der Nachfrageungewissheit; ZfB 66 (1996) 7, S. 861–877.

[Zäpfel 2001] Zäpfel, G.: Grundzüge des Produktions- und Logistikmanagement, 2. Auflage; Berlin, New York: de Gruyter 2001.

[Zikopoulos 2013] Zikopoulos, P.C., deRoos, D., Parasuraman, K., et al.: Harness the Power of Big Data – The IBM Big Data Platform; New York et al.: McGraw Hill 2013.

[Zimmermann 1989] Zimmermann, G.: Neue Ansätze zur Strukturierung von PPS-Systemen; FB/IE 38 (1989) 2, S. 72–77.

Stichwortverzeichnis

https://doi.org/10.1515/9783111589688-015

www.ingramcontent.com/pod-product-compliance
Lightning Source LLC
LaVergne TN
LVHW082023051026
849532LV00011B/3250